ELEKTRISCHE MASCHINEN

EINE EINFÜHRUNG IN DIE GRUNDLAGEN

VON

THEODOR BÖDEFELD
DR.-ING.,
O. PROFESSOR AN DER TECHNISCHEN
HOCHSCHULE MÜNCHEN

HEINRICH SEQUENZ
DR. TECHN. HABIL., DR.-ING., DR. PHIL.,
O. PROFESSOR AN DER TECHNISCHEN
HOCHSCHULE WIEN

ZWEITE DURCHGESEHENE UND ERGÄNZTE AUFLAGE

MIT 596 ABBILDUNGEN

WIEN
SPRINGER-VERLAG
1944

ISBN-13: 978-3-7091-9728-8 e-ISBN-13: 978-3-7091-9975-6
DOI: 10.1007/978-3-7091-9975-6

Vorwort zur ersten Auflage.

Vorliegendes Buch soll leicht faßlich in die wissenschaftlichen Grundlagen der elektrischen Maschinen und Transformatoren einführen. Es bringt in einheitlicher Darstellung die allgemeinen Grundbegriffe, den Aufbau, das Betriebsverhalten und die Anwendung der elektrischen Maschinen. Der Entwurf und die Berechnung mußten ausgeschieden werden; es ist beabsichtigt, sie in einem weiteren Buche zu behandeln.

Das Buch entstand aus dem Bedürfnis des Studierenden nach einem Lehrbuch zur Ergänzung der Vorlesungen und des Unterrichtes. Es wendet sich daher vor allem an die Studierenden an Technischen Hochschulen und auch an Fachschulen. Darüber hinaus ist das Buch aber auch geeignet, den jüngeren, im Berufe stehenden Ingenieuren eine Auffrischung und Erweiterung ihrer Kenntnisse zu vermitteln.

Zum erfolgreichen Studium des Buches ist die Kenntnis der Theorie der Wechselströme Bedingung und für manche Abschnitte auch das Vertrautsein mit der komplexen Schwingungsrechnung.

In der Einführung sind die wichtigsten Grundgesetze des elektromagnetischen Feldes nur deshalb vorausgeschickt worden, um den einheitlichen Aufbau der nachfolgenden Abschnitte zu ermöglichen. Insbesondere wurde auch den Vorzeichenregeln bei Wechselstrom besondere Aufmerksamkeit geschenkt, weil erfahrungsgemäß gerade die Vorzeichenfrage den Studierenden besondere Schwierigkeiten bereitet. Leider ist aber diese Frage mit dem Induktionsgesetze, bzw. mit dem Begriffe der EMK eng verknüpft. Um Mißdeutungen aus dem Wege zu gehen, haben die Verfasser auf den Begriff der EMK überhaupt verzichtet. Für die Beschreibung der elektrischen Vorgänge genügt die „elektrische Spannung“, die als Linienintegral der elektrischen Feldstärke definiert ist. Soll der Zusammenhang mit dem Induktionsgesetze zum Ausdruck gebracht werden, so nennen wir sie „induzierte Spannung“. Von der magnetischen Seite her steht uns für das Induktionsgesetz der magnetische Schwund zur Verfügung, eine Bezeichnung, die klar und unmißverständlich ist.

Wie schon erwähnt wurde, ist die komplexe Rechnung bei der Erläuterung der Wirkungsweise und der Betriebseigenschaften der elektrischen Maschinen und Transformatoren verwendet worden. Um jedoch auch jenen Lesern das Studium des Buches zu ermöglichen, die mit der komplexen Rechnung nicht vertraut sind, wurden bei den einzelnen Maschinen die wichtigsten Eigenschaften ohne dieses Hilfsmittel erklärt und wichtige Ergebnisse ohne Beweis hingesetzt und erst anschließend daran in einem besonderen Abschnitte die Grundlagen der Theorie der betreffenden Maschine mit Hilfe der komplexen Rechnung kurz gebracht. Nur bei den Stromwendermaschinen konnte diese Art der Darstellung nicht ganz durchgeführt werden.

Es gibt auf dem Gebiet der elektrischen Maschinen eine Reihe guter Werke. Aber alle diese Bücher sind als Sonderwerke anzusehen. Was unserer Meinung nach fehlt, ist ein Lehrbuch vor allem für den Hochschulunterricht. Die Kennzeichnung unseres Buches als Lehrbuch schließt es selbstverständlich aus, daß in diesem Buche wie in einem Handbuch alles und jedes zu finden ist. Um den Rahmen eines immerhin kurzgefaßten Lehrbuches nicht zu sprengen, haben die Verfasser sich selbst große Beschränkungen auferlegen und manche eigene Wünsche zurückstellen müssen. Eine erschöpfende Darstellung des Gesamtgebietes der elektrischen Maschinen und Transformatoren ist in einem Buche des gewählten Umfanges nicht möglich. Wir sind auch der Meinung, daß gerade für den Studierenden und angehenden Ingenieur eine Überfülle abschreckend und verwirrend wirken würde.

Das Buch baut sich zum Teil auch auf eigenen Arbeiten der Verfasser auf. Daß überdies das neueste Schrifttum berücksichtigt wurde, braucht wohl nicht hervorgehoben zu werden. Von der Anfügung eines umfassenden Verzeichnisses des Schrifttums wurde jedoch abgesehen. Es wurden nur die Wege aufgezeigt, die man beschreiten muß, um das Schrifttum über das Gebiet der elektrischen Maschinen und Transformatoren kennenzulernen. Hinweise auf einzelne Aufsätze erfolgen in Fußbemerkungen. Am Schlusse des Buches wurden die für ein weiteres Studium in Betracht kommenden Bücher zusammengestellt.

Um den Preis des Buches möglichst niedrig zu halten, wurden viele Bilder Büchern entlehnt, die aus dem gleichen Verlage stammen; oder Aufsätzen entnommen oder von Firmen erbeten.

Dem Leser wird empfohlen, den Abschnitt über die Streuung bei elektrischen Maschinen und Transformatoren (IG) erst nach dem Studium des Buches vorzunehmen.

Wir danken den Herren Dr.-Ing. F. Fraunberger (München) und Dipl.-Ing. Karl Graf (Wien) für ihre Hilfe bei der Abfassung, beim Lesen der Korrektur und bei der Anfertigung der Zeichnungen.

Die Verfasser schulden ferner vielen Dank dem Springer-Verlag in Wien für die Anteilnahme an dem Entstehen des Buches, für seine stete Hilfe und Förderung, die er ihm angedeihen ließ.

München und Wien, im August 1941.

Th. Bödefeld und **H. Sequenz.**

Vorwort zur zweiten Auflage.

Es freut uns, daß unser Buch von den Fachgenossen beifällig aufgenommen wurde, was aus den Besprechungen und verschiedenen Zuschriften hervorgeht, und daß es Anklang bei den Studierenden und jungen Ingenieuren gefunden hat, für die es vor allem bestimmt ist.

Die Fassung des Buches ist im wesentlichen die gleiche geblieben, wie in der ersten Auflage. Daß da und dort Verbesserungen ausgeführt und Druckfehler oder sonstige Unstimmigkeiten berichtigt wurden, ist selbstverständlich. Zu kleinen Erweiterungen und Ergänzungen haben wir uns nur schweren Herzens entschlossen; denn dieses Buch soll ein Lehrbuch für den Hochschulunterricht und kein Handbuch sein, in dem alles und jedes zu finden ist. Die gute, einprägsame und klare Darstellung erscheint uns wichtiger als die Vollständigkeit. Für die Aufgabe unseres Buches hat es aber schon einen Umfang angenommen, der unserer Meinung nach, nicht mehr ohne Schaden überschritten werden kann.

Neu aufgenommen wurden bei den Transformatoren Abschnitte über die Wandertransformatoren und über die Wandler. In der allgemeinen Theorie der Transformatoren wurde eingehender zwischen Spannungs- und Stromtransformatoren unterschieden. Die Ausführungen über die Wechselstromwicklungen wurden durch ein Beispiel einer Bruchlochwicklung und durch die Besprechung der Maßnahmen zur Verminderung der Wirbelströme in den Wicklungen ergänzt. Bei den Induktionsmaschinen wurde der doppelt gespeisten Maschine mehr Raum gewidmet und die elektrische Welle behandelt. In die Aufzählung der Arten der Drehzahlregelung von Gleichstrommotoren wurden die Meyerschaltung und die Drehzahlregelung durch Stromstöße eingereiht. Der Abschnitt über die Zwischenbürstenmaschinen wurde zum Teil umgeschrieben und erweitert. Mit Rücksicht darauf, daß die Gleichstrommaschinen ohne Stromwender jetzt wieder mehr beachtet werden, mußte ihnen ein Platz in unserem Buche angewiesen werden. Die Bebilderung des Buches wurde vor allem durch Schnittzeichnungen und Lichtbilder von ausgeführten Maschinen bereichert. Auch die Hinweise auf das Schrifttum in den Fußbemerkungen wurden vermehrt.

Die Entwicklung der Technik in diesen Kriegsjahren hat die Wichtigkeit der Normung und der Normen deutlich und überzeugend herausgestellt. Wir haben daher die kurze Abhandlung über das Schrifttum am Schlusse unseres Buches durch einen Überblick über die VDE-Vorschriften und Normen ergänzt. Die Tafel über die geschichtliche Entwicklung der elektrischen Maschinen dürfte vielleicht willkommen sein.

Wir wollen schließlich noch den Leser schon im Vorwort auf den Einfluß der magnetischen Eisensättigung auf das Verhalten der elektrischen Maschinen aufmerksam machen. Wenn auch das grundsätzliche Verhalten der elektrischen Maschinen durch die Eisensättigung nicht geändert wird, so ist dennoch von der Kenntnis dieser grundsätzlichen Wirkungsweise bis zur Durchführung von zahlenmäßigen Rechnungen oder Messungen ein Schritt, der nicht möglich ist, ohne über den Einfluß der magnetischen Sättigung Bescheid zu wissen. Eine eingehende Darstellung dieser Verhältnisse, die den Leser befähigt, solche Korrekturen vorzunehmen, würde den Rahmen dieses Buches überschreiten, zumal hierfür auch ein näheres Eingehen auf die Berechnung der elektrischen Maschinen notwendig wäre. Wir müssen uns daher im allgemeinen mit kurzen Hinweisen begnügen. Der Leser soll sich stets darüber klar sein, daß der Einfluß der Eisensättigung auf die verschiedenen „Maschinenkonstanten" bei den derzeitigen, hochausgenutzten Maschinen mehr denn je bei dem Vergleich von „Theorie und Praxis" beachtet werden muß.

Wir danken allen jenen Fachgenossen, die uns durch ihre Vorschläge Hinweise zur Verbesserung unseres Buches gegeben haben. Es sind dies vor allem die Herren: Prof. Dr. K. Humburg, Hannover; Prof. M. Landolt, Winterthur; Prof. Dr. A. Leonhard, Stuttgart; Prof. Dr. F. Punga, Darmstadt; Dr. W. Putz, Berlin; Dr. A. Timascheff, Berlin.

Die Ergänzung des Überblickes über das Schrifttum verdanken wir den Anregungen des Herrn Dr. H. Wagner von der Geschäftsstelle des VDE in Berlin.

Weiters danken wir Herrn Dozenten Dr. L. Kneissler, Wien, der das Namen- und Sachverzeichnis und die Übersicht über die Bedeutung der verwendeten Formelzeichen für die zweite Auflage zusammengestellt hat, sowie Frau L. Köllner von der Wissenschaftlichen Leitung der Zeitschrift „Elektrotechnik und Maschinenbau", die die Korrekturen gelesen hat.

Schließlich schulden wir noch Dank dem Springer-Verlag in Wien für das große Entgegenkommen bei der Erfüllung unserer zahlreichen Wünsche in bezug auf die Ausstattung unseres Buches.

Istanbul und Wien, im August 1943.

Th. Bödefeld und **H. Sequenz.**

Inhaltsverzeichnis.

Seite

II. Der Transformator.

III. Allgemeines über umlaufende Maschinen.

Seite

IV. Induktionsmaschinen.

V. Die Synchronmaschine.

VI. Die Gleichstrommaschine.

VII. Umlaufende Umformer.

Bedeutung der verwendeten Formelzeichen

(Frakturbuchstaben geben entweder die Vektoreigenschaft oder die Eigenschaft als komplexe Zahl der betreffenden Größe an.)

A = Arbeit.

a, A = Strombelag; A_ν der ν-ten Oberwelle; A_m Höchstwert; A_I Höchstwert der Grundwelle, $A_{I,m}$ der Grundwelle einer Drehstromwelle bei m Phasen.

a = Abstand zweier Leiter.

$2a$ = Zahl der parallelen Ankerzweige.

B = Felddichte des magnetischen Feldes (Induktion); B_{mit} Mittelwert, B_m Höchstwert; B_L Felddichte im Luftspalt, B_w Wendeinduktion; B_I Höchstwert der Grundwelle des Wechselfeldes, $B_{I,m}$ des m-phasigen Drehfeldes.

b = Bürstenbreite.

C = Kapazität.

c, C = Festwert.

c = synchronisierendes Moment.

D = Verschiebungsdichte.

D = Ankerdurchmesser; D_k Stromwenderdurchmesser.

e, E = induzierte Spannung; E_1 primäre, E_2 sekundäre, E_2' primärseitig umgerechnete Sekundärspannung, E_{2o} die im Stillstand im Läufer induzierte; E_{At} Ankerlängsfeldspannung, E_l gesamte Längsspannung, E_q Ankerquerfeldspannung, E_p Polradspannung; E_g induzierte Gleichspannung, E_w induzierte Wechselspannung; e_d, E_d Drehungsspannung; e_t, E_t transformatorische Spannung; e_{tk}, E_{tk} transformatorische Kurzschlußspannung; e_r, E_r Stromwendespannung, e_w, E_w Wendefeldspannung, e_s, E_s Stegspannung.

E = elektrische Feldstärke.

F = Querschnitt.

f = Frequenz; f_1 primäre, f_2 sekundäre.

G = Gewicht.

GD^2 = Schwungmoment.

g, G = Stromdichte.

g = Umrechnungsfaktor der Ankerrückwirkung bei der Synchronmaschine.

H = magnetische Feldstärke, H_{mit} Mittelwert.

i, J = Strom, J_g Gleichstrom, J_w Wechselstrom, J_o Leerlaufstrom, J_K Kurzschlußstrom, J_μ Magnetisierungsstrom, J_v Eisenverluststrom, J_1 primärer, J_2 sekundärer Strom, J_2' primärseitig umgerechneter Sekundärstrom, J_N Nennstrom, J_E Erregerstrom, J_A Ankerstrom, J_l Ankerlängsstrom, J_q Ankerquerstrom, J_s Leiterstrom, i_{kr} Stoßkurzschlußstrom.

k = Dämpfungskonstante, k_1 der asynchronen, k_2 der synchronen, k_3 der wechselseitigen Dämpfung.

k = Stegzahl.

L = Selbstinduktivität, L_1 primäre, L_2 sekundäre; $L_{1\sigma}$, $L_{2\sigma}$ primäre bzw. sekundäre Streuinduktivitäten; L_h Nutzinduktivität des Transformatorhauptfeldes bzw. des Luftspaltfeldes, $L_{h,m}$ bei m-phasigem Drehfeld.

l = Länge; l Ankerlänge, l_b Bürstenlänge.

M = Gegeninduktivität.

M = Drehmoment, M_N Nennmoment, M_A Anlaufmoment, M_K Kippmoment, M_m mechanisches Moment; M_n Oberwellenmoment der n-ten Oberwelle.

m = Strangzahl, m_1 primäre, m_2 sekundäre.

N = Leistung; N_S Scheinleistung, N_W Wirkleistung, N_B Blindleistung, N_D Drehfeldleistung, N_{D1} Ständer-, N_{D2} Läuferdrehfeldleistung, N_m mechanische Leistung.

N = Nutenzahl.
n = Drehzahl; n_1 synchrone Drehzahl, n_2 Schlupfdrehzahl.
p, P = Kraft.
p = Polpaarzahl.
Q = Ladung.
Q = Stromwärme, Q_{ms} Mittelwert in einer Ankerspule, Q_{gs} in einer Gleichstrom-Ankerspule.
q = Nutenzahl je Pol und Strang.
q_w = Wirbelstromwärme.
R = Ohmscher Widerstand, R_1 primärer, R_2 sekundärer, R_2' auf die Primärseite bezogen; R_E Eisenverlustwiderstand, R_K Kurzschluß-Wirkwiderstand, R_v Vorwiderstand; R_{2A} Anlauf-Läuferwiderstand, R_{2B} Betriebs-Läuferwiderstand, R_A Ankerwiderstand, R_s der kurzgeschlossenen Ankerspule; R_b Bürstenübergangswiderstand.
S = Spulenbreite.
S = Pendelschlupf.
s = Schlupf, s_K Kippschlupf, s_0 Leerlaufschlupf.
t, T = Zeit.
T_d = Dämpfungszeitkonstante der freien Pendelung, T_q, T_l der Polradwicklungen in der Quer- und Längsachse.
T_k = Dauer der Stromwendung.
t = Nutteilung.
t = Zeit.
u, U = Klemmenspannung, U_1, U_2 primäre bzw. sekundäre, U_{20} Leerlauf- bzw. Läuferstillstandspannung; U_g Gleich-, U_w Wechselspannung; U_K Kurzschlußspannung, U_N Nennspannung; U_r Regelspannung; U_S Stabspannung.
u_K = proz. Kurzschlußspannung, u_s proz. Streuspannung, u_r proz. Wirkspannungsverlust, u_φ proz. Spannungsänderung.
u = Spulenzahl quer zur Nut.
$ü$ = Übersetzungsverhältnis.
$ü$ = Überlastbarkeit.
v, V = magnetische Spannung, V_I Höchstwert der Grundwelle des Wechselfeldes, $V_{I,m}$ beim m-phasigen Drehfeld; V_w Umlaufspannung des Wendepolkreises.
V = Volumen.
v = Geschwindigkeit, v_1 der Grundwelle, v der ν-ten Oberwelle.
v_k = Umlaufgeschwindigkeit des Stromwenders.
W = magnetische Energie.
W = Spulenweite.
w = Windungszahl, w_1, w_2 primäre bzw. sekundäre, w_A des Ankers, w_s einer Spule, w_E der Erregerwicklung.
X = Blindwiderstand; X_h Nutzblindwiderstand, $X_{h,m}$ bei m-phasigem Drehfeld, X_σ Streublindwiderstand, $X_{1\sigma}$, $X_{2\sigma}$ primärer bzw. sekundärer, $X_{2\sigma}'$ auf die Primärseite bezogener; X_E Nutzblindwiderstand der Erregerwicklung; $X_{\sigma E}$ Streublindwiderstand der Erregerwicklung; $X_{\sigma A}$ Streublindwiderstand der Anker-, Kompensations- und Wendepolwicklungen; X_C Kondensatorblindwiderstand; X_K Kurzschlußblindwiderstand; X_{K2} sekundärer Kurzschluß-Blindwiderstand; X_l Blindwiderstand des Ankerlängsfeldes, X_q des Ankerquerfeldes.
y = Wicklungsschritt, y_1, y_2 Teilschritte, y_n Nutenschritt, y_k Stegschritt, y_v Verbindungsschritt; y_a Schritt zwischen zwei Anzapfpunkten, y_s Schritt zwischen zwei Schnittpunkten.
Z = Scheinwiderstand, Z_K Kurzschlußscheinwiderstand, Z_N Netzscheinwiderstand.
z = Leiterzahl.
α = Phasenwinkel.
α = Pendelwinkel der Polradspannung; α_N Pendelwinkel des Netzvektors.
β = Phasenwinkel.
β = halbe Spulenbreite in elektrischen Graden.
β = Lastwinkel der Synchronmaschine.
δ = Luftspalt.
δ = Dämpfungsfaktor.
δ = Ungleichförmigkeitsgrad.
Δ = dielektrische Leitfähigkeit, Δ_0 dielektrische Leitfähigkeit des Vakuums.
ε = Dielektrizitätskonstante.
η = Wirkungsgrad.
Θ = Trägheitsmoment.
Θ = Durchflutung; Θ_I Höchstwert der Grundwelle der Wechsel-

durchflutung; $\Theta_{I,m}$ Höchstwert der Grundwelle der Drehdurchflutung bei m Phasen, Θ_A des Ankers, Θ_p des Polrades; Θ_E Erregerdurchflutung, Θ_{Al} Ankerlängsdurchflutung; Θ_K Durchflutung der Kompensationswicklung, Θ_w der Wendepolwicklung.

λ = Wellenlänge; λ_ν Wellenlänge der ν-ten Oberwelle.

Λ = Leitwert des magnetischen Feldes, Λ_E der Grundwelle des Polradfeldes, Λ_l des Ankerlängsfeldes, Λ_q des Ankerquerfeldes.

μ = Permeabilität.

μ = Kreisfrequenz der gedämpften Eigenschwingungen.

ν = Oberwellenordnungszahl.

ν_0 = ungedämpfte Eigenkreisfrequenz; ν_R Resonanzfrequenz.

ξ = Wicklungsfaktor, ξ_1 der primären, ξ_2 der sekundären Wicklung, ξ_A der Ankerwicklung, ξ_E der Erregerwicklung, ξ_ν Wicklungsfaktor der ν-ten Oberwelle; ξ_N Nutschrägungsfaktor.

ξ = Pendelleistungsfaktor.

Π = magnetische Leitfähigkeit, Π_0 des Vakuums.

ϱ = spezifischer elektrischer Widerstand.

σ = Gesamtstreuziffer, σ_1, σ_2 primäre bzw. sekundäre.

ζ = Sehnungsfaktor, ζ_ν der ν-ten Oberwelle.

ζ = Resonanzmodul.

τ = Gesamtstreuziffer.

τ = Polteilung, τ_k Stegteilung.

φ = Phasenwinkel, φ_K Kurzschlußphasenwinkel.

Φ = magnetischer Fluß, Φ_w Windungsfluß, Φ_h Luftspaltfluß, Φ_R remanenter Fluß, Φ_l Längsfluß, Φ_q Querfluß.

ψ = räumlicher Winkel zwischen Strombelag und dem Feld.

ψ = Winkel zwischen der Ankerdrehdurchflutungsachse und der Querachse.

Ψ = Spulenfluß, Ψ_{1h}, Ψ_{2h} primärer bzw. sekundärer Hauptspulenfluß.

ω = Kreisfrequenz, ω' Kreisfrequenz der Selbsterregung.

ω = Winkelgeschwindigkeit.

Ω = elektrische Winkelgeschwindigkeit.

Ω = mechanische Winkelgeschwindigkeit.

I. Einführung.

A. Grundgesetze des magnetischen Feldes.

Die eingehende Kenntnis der Grundgesetze des magnetischen Feldes ist für das Studium des Betriebsverhaltens elektrischer Maschinen eine unerläßliche Voraussetzung. Es kann aber nicht Aufgabe dieses Buches sein, die Theorie des magnetischen Feldes, die in der MAXWELLschen Theorie des elektromagnetischen Feldes verankert ist, bis in die letzten Feinheiten vorzutragen. Wir müssen uns darauf beschränken, die wichtigsten Grundgesetze in einfacher Form, so wie wir sie für unsere Zwecke brauchen, zu erläutern.

1. Grundbegriffe des magnetischen Feldes.

Für die anschauliche Beschreibung der mathematischen und physikalischen Begriffe und Größen des magnetischen Feldes benutzen wir nach FARADAY die Vorstellung des von Kraftlinien (oder Feldlinien) erfüllten magnetischen Raumes. Einen solchen magnetisch durchsetzten Raum nennen wir kurz ein magnetisches Feld. Der magnetische Zustand dieses Raumes kann durch mechanische Kraftwirkungen und elektrische Wirkungen festgestellt werden. Der Verlauf der Feldlinien kann

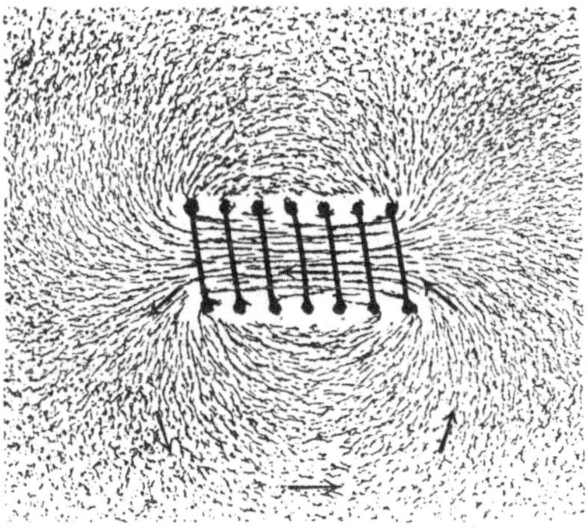

Abb. 1. Magnetische Feldlinien einer stromdurchflossenen Spule.

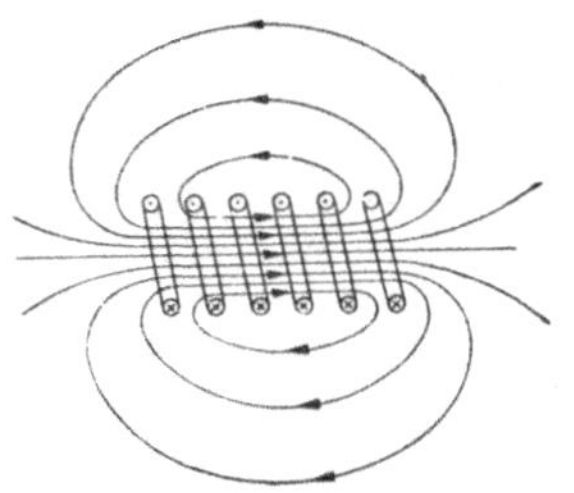

Abb. 2. Gezeichnete Feldlinien zu Abb. 1.

z. B. durch Versuche sichtbar gemacht werden. Abb. 1 zeigt das magnetische Feld einer stromdurchflossenen Spule in einer Längsschnittebene mit Hilfe von Eisenfeilicht. Abb. 2 zeigt dasselbe Feld mit gezeichneten Feldlinien. Nach dieser FARADAYschen Vorstellung ist der magnetische Fluß Φ die Gesamtzahl aller Feldlinien, die von der Spule erzeugt werden. Ein Grundgesetz des magnetischen Feldes besagt, daß diese Feldlinien stets in sich geschlossen, ohne Anfang und Ende, sind. Es ist daher gleichgültig, wo man den Kraftfluß als die Gesamtzahl aller Feldlinien bestimmt. Maßeinheiten[1]) des magnetischen Flusses sind „Voltsek“ (Vs) und „Maxwell“ (1 Voltsek (Vs) $= 10^8$ Maxwell).

Eine weitere wichtige Größe des magnetischen Feldes ist die magnetische Induktion B. In unserer Vorstellung ist B die Felddichte, d. h. die Zahl der Feldlinien je Flächeneinheit. Im folgenden werden wir statt „Induktion“ stets „Felddichte“ sagen. Die Maßeinheiten der Felddichte sind nach dieser Festlegung Maxwell/cm^2 = Gauß und Voltsek/cm^2 (1 Gauß $= 10^{-8}$ Voltsek/cm^2). Bei Zahlenangaben wird meistens die Maßeinheit „Gauß“ verwendet, weil die gebräuchlichen Werte dadurch in bequemen Zahlen angegeben werden können. Der Zusammenhang zwischen Fluß und Felddichte ist also

$$\Phi = B F. \tag{1}$$

Der Fluß Φ ist gleich Felddichte B mal Querschnitt F; allerdings muß man hier auf etwas achten: Denkt man sich ein kleines Flächenstück F z. B. aus Papier in ein Magnetfeld gebracht, dann ist die Zahl der die Fläche durchsetzenden Feldlinien an irgendeiner Stelle ganz davon abhängig, wie die Fläche im Raum liegt. Man kann sie parallel zu den Feldlinien legen, so daß keine einzige Feldlinie die Fläche schneidet; die Zahl der durchtretenden Feldlinien ist am größten, wenn die Fläche senkrecht zur Feldlinienrichtung steht. Aus dieser Betrachtung entnehmen wir: Die Felddichte ist eine Vektorgröße. Die Richtung des Vektors $\mathfrak{B}$ an irgendeiner Stelle ist durch die Richtung der Feldlinien oder bei gekrümmter Feldlinienbahn durch die Tangente an die Feldlinien gegeben. In obiger Gleichung ist also die Fläche F senkrecht zur Feldlinienrichtung, d. h. senkrecht zum Vektor $\mathfrak{B}$ zu legen. Gl. 1 setzt weiter voraus, daß die Felddichte an allen Stellen der Fläche gleich ist, andernfalls muß man mit einem Mittelwert der Felddichte rechnen oder zur Integration übergehen. Dann ist der Fluß Φ das Flächenintegral der Felddichte $\mathfrak{B}$ über die Fläche F, also

$$\boxed{\Phi = \int_F \mathfrak{B}\, d\mathfrak{F}.} \tag{2}$$

Das magnetische Feld wird von elektrischen Strömen erzeugt; der elektrische Strom ist also die erregende magnetische Kraft. Wir denken uns nun die erregende Kraft oder besser die vom Strom ausgehende Wirkung auf das ganze Feld verteilt und schreiben die Felddichte an jeder Stelle des Feldes einer dort herrschenden erregenden magnetischen Kraft, nämlich der magnetischen Feldstärke, zu. Wir setzen

$$\boxed{\mathfrak{B} = \Pi\, \mathfrak{H},} \tag{3}$$

nennen $\mathfrak{H}$ die magnetische Feldstärke und Π die magnetische Durchlässigkeit. Felddichte ist gleich Feldstärke mal Durchlässigkeit. Die magnetische Feldstärke ist ein Vektor und hat dieselbe Richtung wie die Felddichte.

Gebräuchliche Maßeinheiten der Feldstärke sind Amp/cm und Örsted (1 Amp/cm $= 0{,}4\,\pi$ Örsted). Aus den Maßeinheiten für Felddichte und Feldstärke ergeben sich die Maßeinheiten für die magnetische Durchlässigkeit: Gauß ⁄ Amp/cm, Gauß/Örsted und Voltsek/cm^2 ⁄ Amp/cm = Henry/cm.

[1]) Da die Feldlinien nur in der gedanklichen Vorstellung bestehen, müssen diese Maßeinheiten natürlich mit Hilfe physikalisch-magnetischer Erscheinungen festgelegt werden. Das geschieht mit Hilfe des Induktionsstoßes, s. z. B. Pohl, Elektrizitätslehre.

Die magnetische Durchlässigkeit ist für die verschiedenen Stoffe verschieden. Wir unterscheiden zwei große Gruppen, nämlich die der magnetischen (strenger: ferromagnetischen) und die der nichtmagnetischen Stoffe.[1]) Für die nichtmagnetischen Stoffe ist die magnetische Durchlässigkeit praktisch dieselbe wie die des Vakuums, nämlich

$\Pi_0 = 0{,}4\,\pi\,10^{-8}$ Henry/cm $= 0{,}4\,\pi$ Gauß cm/Amp $= 1$ Gauß/Örsted.

Die magnetischen Stoffe sind Eisen, Nickel, Kobalt sowie ihre Legierungen. Für elektrische Maschinen hat nur das Eisen mit seinen Legierungen Bedeutung erlangt.

Es ist üblich, die magnetische Durchlässigkeit Π im Verhältnis zur magnetischen Durchlässigkeit des Vakuums Π_0 anzugeben:

$$\mu = \frac{\Pi}{\Pi_0}.$$

μ nennen wir die Permeabilität; $\mu = 3000$ bedeutet, daß die magnetische Durchlässigkeit eines Stoffes 3000mal größer ist als die des Vakuums. Für Luft ist praktisch $\mu = 1$.

Die magnetische Durchlässigkeit von Eisen ist mit der Felddichte stark veränderlich und außerdem von Zusammensetzung, Herstellungsverfahren und von etwa vorausgegangener Magnetisierung abhängig.

Für den allgemeinen Gebrauch ist es bequemer, nicht die Permeabilität, sondern unmittelbar den Zusammenhang zwischen der Felddichte B und der Feldstärke H in Kurven darzustellen, die versuchsmäßig

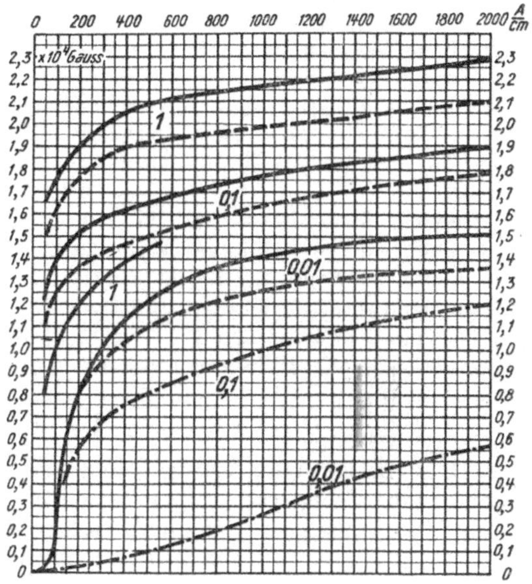

Abb. 3 (s. Abb. 4).
Der Abszissenmaßstab gilt nur fur die mit 1 bezeichneten Kurventeile; für die mit 0,1 und 0,01 bezeichneten ist er mit 0,1 bzw. 0,01 zu multiplizieren.

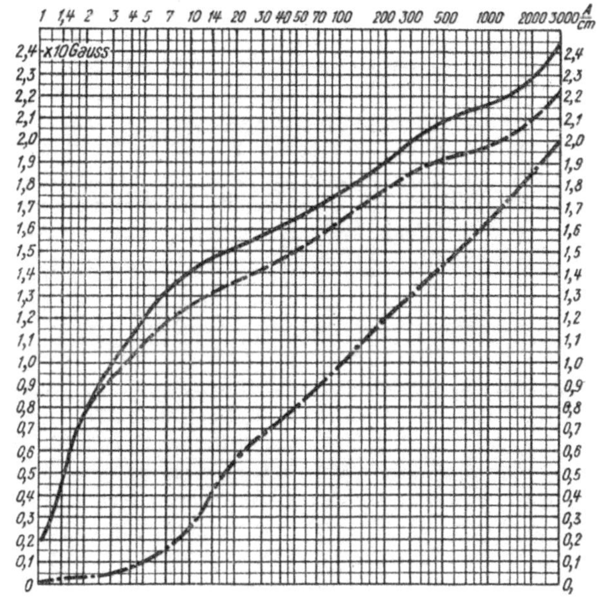

Abb. 4.
Abb. 3 (oben) und Abb. 4 (unten). Magnetisierungskurven. ——— gewöhnliches Dynamoblech, Dynamostahl, Stahlguß. – – – – hochlegiertes Dynamoblech. –·–·–· Gußeisen.

[1]) Die feinere Unterscheidung in para- und diamagnetische Stoffe ist hier für uns ohne Bedeutung.

zu ermitteln sind. Abb. 3 zeigt die Magnetisierungskurven $B = f(H)$ für verschiedene Blechsorten und Abb. 4 die gleichen Kurven mit logarithmischer Einteilung der Abszisse, die für die Ablesung bequemer sind (s. a. Abschn. I E). Die Kurven derartiger Dynamobleche zeigen mit verschiedenen Lieferungen u. U. starke Abweichungen. Eine laufende Überwachung der magnetischen Eigenschaften der angelieferten Bleche hat sich als unbedingt notwendig erwiesen.

Gewisse Zahlenwerte für die magnetischen Eigenschaften der im Elektromaschinenbau verwendeten Eisenbleche sind in DIN-VDE 6400 festgelegt. Die heute verwendeten Bleche sind aber infolge technischen Fortschrittes der Eisenhüttenwerke bedeutend günstiger.[1])

So wie im elektrischen Feld die elektrische Spannung durch Feldstärke mal Weg definiert ist, führen wir auch im magnetischen Feld die magnetische Spannung

$$V = H l \tag{4}$$

ein. Hierbei ist vorauszusetzen, daß der Weg l längs den Feldlinien gewählt wird und die Feldstärke H über den ganzen Weg konstant ist. Die magnetische Spannung ist ein Skalar; im allgemeinen ist der Weg, auf dem sie gemessen oder berechnet wurde, anzugeben. Die Angabe einer magnetischen Spannung zwischen zwei Punkten ist nur dann zulässig, wenn über den eingeschlagenen Weg von einem Punkt zum anderen kein Zweifel sein kann. Diese Notwendigkeit erkennt man ohne weiteres aus der Abb. 5: Es ist das einfache Bild konzentrischer Feldlinien um einen Stromleiter. Es liegt auf der Hand, daß bei der Symmetrie des Feldes längs einer Feldlinie die Feldstärke an allen Punkten des betreffenden Kreises gleich ist. Die magnetische Spannung zwischen den Punkten A und B auf dem Wege längs der Feldlinie über C ist als Produkt aus Feldstärke mal Weg natürlich kleiner als auf dem Wege längs der Feldlinie über D, denn bei gleichbleibender Feldstärke ist die magnetische Spannung verhältnisgleich der Weglänge.

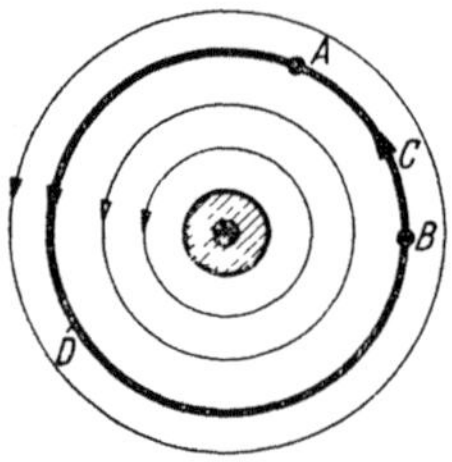

Abb. 5. Zur Definition der magnetischen Spannung.

Ist die Feldstärke längs des gewählten Weges nicht konstant, so gilt das Linienintegral

$$\boxed{V = \int \mathfrak{H}\, d\mathfrak{l}.} \tag{5}$$

Hierin ist an jeder Stelle des Weges das Produkt $H\,dl$ mit dem Kosinus des Winkels zwischen Vektorrichtung und Wegrichtung zu multiplizieren. Ein Weg senkrecht zu den Kraftlinien liefert keinen Beitrag zur magnetischen Spannung.

Die magnetische Spannung über einen in sich geschlossenen Weg (z. B. längs einer geschlossenen Feldlinie) nennen wir die magnetische Umlaufspannung.

$$\oint \mathfrak{H}\, d\mathfrak{l} = \sum_{\bigcirc} V = H_1 l_1 + H_2 l_2 + H_3 l_3 + \dots \tag{6}$$

In den meisten Fällen berechnet man die Umlaufspannung als $\sum_{\bigcirc} V$ aus den einzelnen Spannungen: $H_1 l_1$, $H_2 l_2$, $H_3 l_3$, ...

---

[1]) S. VDE-Fachberichte 1936.

2. Durchflutungsgesetz.

Unter Durchflutung Θ einer magnetischen Feldlinie oder überhaupt einer abgeschlossenen Fläche verstehen wir den gesamten elektrischen Strom, der diese Fläche durchsetzt. Ströme entgegengesetzter Richtung sind bei der Bestimmung der Durchflutung mit verschiedenen Vorzeichen zu versehen. In Abb. 6 sollen die eingezeichneten Leiter mit verschiedenen Strömen die Papierebene durchstoßen. Die Durchflutung der Fläche F_1 ist dann $15 + 8 + 4 - 10 - 12 = 5$ Amp mit Richtung aus der Papierebene heraus (könnte als positiv bezeichnet werden), die Durchflutung der kleineren Fläche F_2 ist dagegen $12 - 4 = 8$ Amp mit Richtung in die Papierebene hinein (wäre dann als negativ zu bezeichnen). Es gilt also $\Theta = \Sigma J$ unter Berücksichtigung der Stromrichtung. Führen alle Leiter denselben Strom, weil sie z. B. alle in Reihe geschaltet sind, dann ist $\Theta = J z$, wenn z die Zahl der die Fläche durchsetzenden Leiter ist. Handelt es sich um eine Spule (Abb. 7), dann ist die Zahl der einen Spulenquerschnitt F durchsetzenden Leiter gleich der Windungszahl w der Spule und die Durchflutung einer Querschnittfläche F ist dann $\Theta = J w$. Daher rührt auch die unschöne Bezeichnung „Amperewindungszahl" für Durchflutung. Eine weitere Bezeichnung für die Durchflutung ist „Magnetomotorische Kraft" (MMK).

Den Zusammenhang der Durchflutung mit dem magnetischen Feld liefert uns das Durchflutungsgesetz:

$$\boxed{\oint \mathfrak{H}\, d\mathfrak{l} = \Theta.} \tag{7}$$

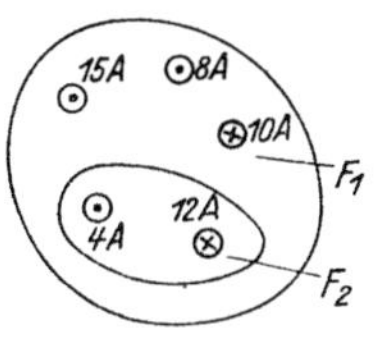

Abb. 6. Zur Definition der Durchflutung einer umrandeten Fläche.

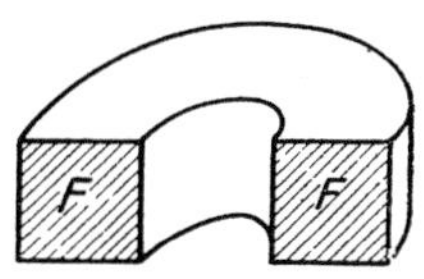

Abb. 7.

Gl. 7 besagt: Die magnetische Umlaufspannung längs eines geschlossenen Weges ist gleich der umfaßten Durchflutung. Das Gesetz schreibt über den einzuschlagenden Weg für die Bildung der magnetischen Umlaufspannung nichts vor; man kann also den Integrationsweg ganz beliebig wählen. Man darf sich aber nicht zu dem Schluß verleiten lassen, daß, wenn die Umlaufspannung von Null verschieden ist, auf dem gewählten Weg nun eine Feldlinie verlaufen müsse. Das kann sein, muß aber nicht sein. Anderseits muß aber eine vorhandene Feldlinie, die, wie oben schon betont, immer in sich geschlossen ist, stets eine Durchflutung umfassen. Dieses Durchflutungsgesetz ist die Grundlage für die Berechnung des „magnetischen Kreises" elektrischer Maschinen.

Eine Verbindung zwischen der Durchflutung und dem magnetischen Fluß können wir herstellen, indem wir

$$\Phi = \Theta \Lambda \tag{8}$$

setzen. Den Faktor Λ nennen wir den Leitwert des magnetischen Feldes. Der reziproke Wert $R = 1/\Lambda$ wird als magnetischer Widerstand bezeichnet in Anlehnung an das Ohmsche Gesetz. Der magnetische Leitwert läßt sich nur in verhältnismäßig wenigen Fällen in geschlossener mathematischer Form berechnen. Man kann obige Definition auch auf einen Teilfluß anwenden, dann ist Λ natürlich der Leitwert des Feldes für diesen Teilfluß.

3. Feldbilder.

Um den magnetischen Zustand eines Raumes zu beschreiben, benutzen wir Feldbilder. Die mathematische Berechnung solcher Feldbilder bereitet in den meisten Fällen große Schwierigkeiten. Dagegen lassen sich vielfach an Hand einiger Grundregeln in einfacher Weise Feldbilder rein zeichnerisch entwerfen, die uns wertvolle Dienste bei der Untersuchung des magnetischen Kreises von elektrischen Maschinen leisten. Hierzu brauchen wir noch die sogenannten Niveaulinien. Diese verlaufen stets senkrecht zu den Feldlinien und enden in den stromführenden Leitern. Die Niveaulinien sind *außerhalb der stromführenden Gebiete Linien konstanten magnetischen Potentials, d. i. konstanter magnetischer Spannung.* In Abb. 8 ist das Feldbild im Luftspalt zwischen Anker- und Polschuhoberfläche einer Gleichstrommaschine gezeichnet. Die Feldlinien laufen vom Polschuh zum Anker, die Niveaulinien senkrecht dazu. Die Randlinien des Polschuhes und des Ankers sind ebenfalls Niveaulinien, da bei nicht allzu hohen Felddichten

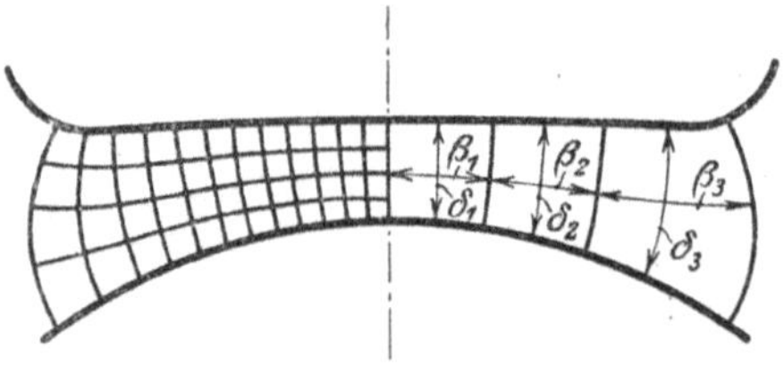

Abb. 8. Feldbild zwischen Anker- und Polschuhoberfläche.

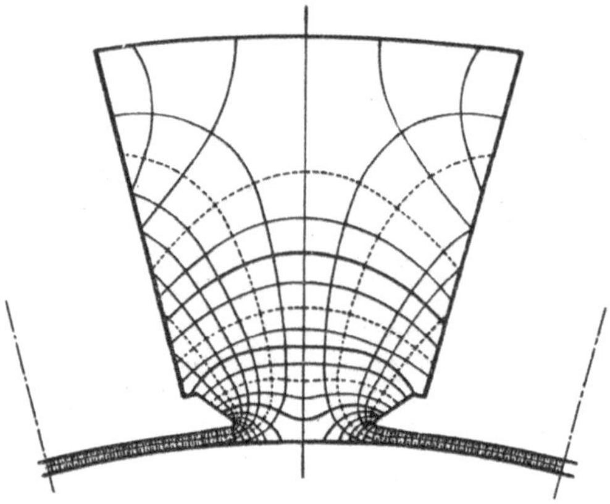

Abb. 9. Feld- und Niveaulinien im Querschnitt einer Gleichstrommaschine ohne Wendepole.

($<$ 20000 Gauß) die Kraftlinien stets senkrecht aus der Eisenoberfläche austreten, sofern nicht an dieser Stelle eine stromführende Wicklung sich befindet (s. Richter I, S. 15). Wir greifen zur Betrachtung eine Feldröhre in Abb. 8 heraus. Der Fluß dieser Röhre ist

$$\Phi = \beta_1 B_{\text{mit}} l. \tag{9}$$

l ist die Ausdehnung des Feldes senkrecht zur Papierebene, d. h. die Länge des Ankers. Die Spannung zwischen den eingrenzenden Niveaulinien (hier Polschuh und Anker) sei V. Dann ist

$$B_{\text{mit}} = \Pi_0 H_{\text{mit}} = \Pi_0 \frac{V}{\delta_1}. \tag{10}$$

Damit wird der Fluß dieser Röhre

$$\Phi = \Pi_0 \frac{\beta_1 l}{\delta_1} V. \tag{11}$$

Der magnetische Leitwert dieser Röhre ist also (vgl. Gl. 5, 7 und 8)

$$\Lambda = \frac{\Phi}{V} = \Pi_0 l \frac{\beta_1}{\delta_1}. \tag{12}$$

Sorgt man nun dafür, daß mit $\beta_1 = \delta_1$ die mittlere Breite β_1 der Röhre gleich dem mittleren Abstand δ_1 der Niveaulinien wird, dann ist

$$\Lambda = \Pi_0 l. \tag{13}$$

Bei quadratischer Struktur ($\beta_1 = \delta_1$) des Feldbildes ist also der Leitwert aller Röhren gleich und ebenso der magnetische Fluß, wenn die Niveaulinien gleiche Spannungsunterschiede aufweisen. Hierin liegt nun das zeichnerische Verfahren begründet: Niveaulinien und Feldlinien sind in quadratischer Struktur so aufzuzeichnen, daß der in Betracht kommende Raum damit ausgefüllt ist. Die Niveaulinien müssen gleiche Spannungsunterschiede aufweisen und in den stromführenden Gebieten enden. Die quadratische Struktur ist aber nur außerhalb der stromführenden Gebiete vorhanden.[1] Abb. 9 zeigt ein solches Feldbild für das Magnetfeld einer Gleichstrommaschine. Zur Vereinfachung sind die Feldmagnetspulen als sehr schmale Strombeläge an den Polkernflanken angesetzt. Die Endpunkte der Niveaulinien sind unter der Bedingung gleicher Spannungsdifferenz festzulegen und ihr Verlauf zu schätzen. Dann sind senkrecht zum Verlauf der Niveaulinien die Feldlinien in quadratischer Struktur einzuzeichnen. Nach einigem Probieren erhält man das Feld, das der quadratischen Teilung entspricht. (Über Einzelheiten s. RICHTER I, S. 190ff.)

4. Spulenfluß, Induktivität und magnetische Energie.

a) Spulenfluß. Für die in einer Leiterschleife induzierte Spannung ist, wie in Abschn. I C gezeigt wird, der mit der Leiterschleife verkettete magnetische Fluß maßgebend. Dieser mit der Leiterschleife verkettete magnetische Fluß ist gleich dem magnetischen Fluß Φ, der die Fläche der Leiterschleife durchsetzt. Im allgemeinen enthält der Stromkreis nicht einfache Leiterschleifen, sondern Spulen mit mehreren Windungen. Auch in diesen Fällen läßt sich immer eine zusammenhängende Fläche bilden, deren Rand durch den Leiterkreis der Spule gebildet wird, wie Abb. 10 zeigt. Wie bei einer einfachen Leiterschleife, ist auch hier die induzierte Spannung von dem Fluß abhängig, der mit der zusammenhängenden „Spulenfläche" verkettet ist. Aber ganz offensichtlich ist dieser mit der Spulenfläche verkettete Fluß nicht derselbe wie der magnetische Fluß Φ, der gleich der Gesamtzahl aller Feldlinien ist, denn eine Feldlinie, die in Abb. 10 z. B. alle vier Windungen umfaßt, ist ja mit der zusammenhängenden Spulenfläche vierfach verkettet, da diese Feldlinie die Spulenfläche viermal durchstößt. Diese Feldlinie wäre also in ihrem Beitrag zu dem mit der Spule verketteten Fluß vierfach zu zählen. Daraus ergibt sich also, daß der mit einer Spule verkettete Fluß größer ist als der magnetische Fluß Φ. Diesen mit der Spule verketteten Fluß nennen wir den Spulenfluß Ψ.

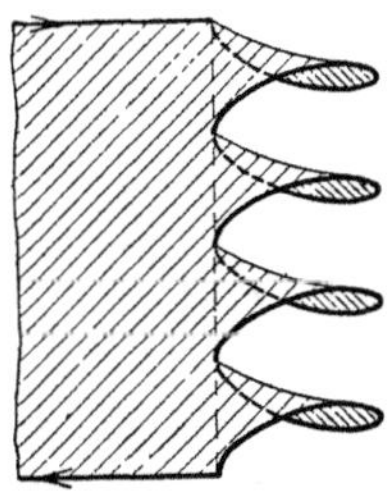

Abb. 10. Fläche, die von einer Spule und ihren Zuleitungen begrenzt wird.

Zur Berechnung des Spulenflusses lösen wir die Spulenfläche in Windungsflächen auf, wie in Abb. 10 durch die senkrechte strichpunktierte Linie angedeutet ist, bestimmen für jede Windungsfläche den sie durchsetzenden magnetischen Fluß und addieren alle „Windungsflüsse" zum resultierenden Spulenfluß. Danach ist also der Spulenfluß die Summe aller Windungsflüsse. Für den Spulenfluß einer aus w Windungen bestehenden Spule gilt somit allgemein:

$$\Psi = \Phi_{w1} + \Phi_{w2} + \Phi_{w3} + \dots = \sum_{n=1}^{w} \Phi_{wn}. \tag{14}$$

Der Spulenfluß Ψ ist die Summe aller Windungsflüsse Φ_w. Hat man irgendwie einen Mittelwert Φ_{mit} der Windungsflüsse bestimmt, dann ist

$$\Psi = w\,\Phi_{\text{mit}}. \tag{15}$$

[1] Auch rechteckige Struktur ist möglich, wenn man in Gl. 12 $\beta_1/\delta_1 \neq 1$ setzt und dieses gewählte Seitenverhältnis in der Zeichnung einhält.

b) Induktivität. Eine von Strom durchflossene Spule erzeugt einen magnetischen Fluß Φ, aus dem durch die Verkettung mit den Windungen dieser Spule der Spulenfluß Ψ berechnet oder gemessen werden kann. Als Selbstinduktivität bezeichnen wir dann das Verhältnis von Spulenfluß Ψ zum Strom J, der den Fluß erzeugt.

$$\boxed{L = \frac{\Psi}{J}.} \tag{16}$$

Maßeinheiten: Maxwell/abs. Amp[1]) = „cm" und Voltsek/Amp = Henry (1 H = $= 10^9$ cm). Die Induktivität beliebiger Spulenformen zu berechnen, bereitet beträchtliche Schwierigkeiten.[2]) In Fällen, wo ein fast geschlossener Eisenkern vorhanden ist, insbesondere also bei elektrischen Maschinen und Transformatoren, hat man im Laufe der Zeit auch in schwierigen Fällen gelernt, die Magnetisierungskennlinie $\Phi(J)$ mit praktisch genügender Genauigkeit zu bestimmen. Aus $\Phi(J)$ ist dann $\Psi(J)$ leicht zu berechnen und daraus ergibt sich $L(J)$. Bei eisenhaltigen Wicklungen ist die Induktivität von der Sättigung des Eisens abhängig (Abb. 11).

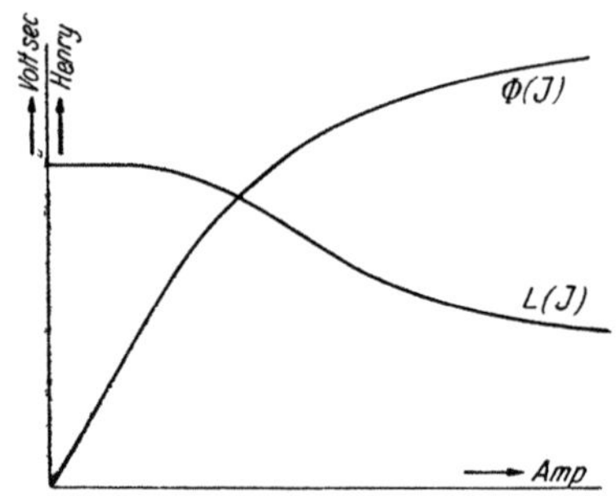

Abb. 11. Abhängigkeit des magnetischen Flusses Φ und der Induktivität L vom erregenden Strom J einer Wicklung mit nahezu geschlossenem Eisenkern.

Mit $\Psi = w\,\Phi_{\text{mit}}$ nach Gl. 15 und $\Phi_{\text{mit}} = \Lambda\Theta = \Lambda\, w\, J$ nach Gl. 8 wird

$$L = w^2 \Lambda. \tag{17}$$

Aus diesen wichtigen Beziehungen entnehmen wir, daß bei konstantem magnetischem Leitwert Λ, d. h. praktisch bei gleichbleibenden äußeren Abmessungen einer Spule, die Induktivität sich mit dem Quadrat der Windungszahl ändert.

Eine Spule 1 möge von einem Strom J_1 durchflossen werden und erzeuge einen magnetischen Fluß Φ_1. Wenn ein Teil dieses Flusses eine zweite Spule durchsetzt, bildet dieser Teil des Flusses, den wir mit Φ_{12} bezeichnen, mit den Windungen dieser Spule 2 einen Spulenfluß Ψ_{12}. Als Gegeninduktivität bezeichnen wir nun das Verhältnis

$$M_{12} = \frac{\Psi_{12}}{J_1}. \tag{18}$$

Ein Grundgesetz der Elektrizitätslehre besagt nun, daß zwischen zwei Spulen oder zwei sonstigen Stromkreisen nur eine Gegeninduktivität besteht, wenn im magnetischen Feld der Spulen kein Eisen vorhanden ist. Es ist also

$$\frac{\Psi_{12}}{J_1} = M_{12} = M_{21} = \frac{\Psi_{21}}{J_2}.$$

Zur Bestimmung der Gegeninduktivität auf Grund dieser Definition ist es also gleichgültig, ob man Spule 1 mit Strom beschickt und den in Spule 2 erzeugten Spulenfluß (z. B. durch Spannungsstoß) mißt oder umgekehrt Spule 2 mit Strom speist und den Spulenfluß in Spule 1 mißt. Bei Wicklungsanordnungen mit Eisen gilt obige Bezeichnung je nach den Verhältnissen nur mehr oder weniger angenähert.

Definieren wir nach Gl. 8 einen Leitwert Λ_{12} für den mit einer Spule 2 ver-

[1]) 10 Amp = 1 abs. Amp.

[2]) J. Hak, ETZ 50 (1929) S. 193.

ketteten, vom Strom der Spule 1 erzeugten Fluß Φ_{12} durch $\Lambda_{12} = \Phi_{12}/w_1 J_1$ und setzen $\Psi_{12} = w_2 \Phi_{12}$, dann wird aus Gl. 18

$$M = w_1 w_2 \Lambda_{12}. \tag{19}$$

Die Gegeninduktivität ist dem Produkt der Windungszahlen beider Spulen proportional. Sie kann größer sein als die Selbstinduktivität der Spule mit der kleineren Windungszahl; aber wie die Theorie zeigt, ist stets $M < \sqrt{L_1 L_2}$.

Befindet sich eine stromdurchflossene Spule 1 im Magnetfeld einer anderen Spule 2, dann setzt sich der gesamte Spulenfluß aus zwei Teilen, dem eigenen und dem fremden Spulenfluß, zusammen, also

$$\boxed{\Psi_1 = L_1 J_1 + M J_2.} \tag{20}$$

Hierbei ist zu beachten, daß M sowohl einen positiven als auch einen negativen Wert haben kann, je nachdem, ob die fremden Feldlinien die Spule in gleicher Weise wie die eigenen durchsetzen oder nicht.

c) Magnetische Energie. Das magnetische Feld ist ein Energiespeicher. Nach der Theorie ist die gesamte im Magnetfeld einer vom Strom J durchflossenen Spule vorhandene Energie

$$W = \frac{1}{2} J \Psi = \frac{1}{2} L J^2. \tag{21}$$

Ψ in Voltsek und J in Amp ergibt die magnetische Energie in Volt Ampsek = = Wattsek = Joule.

Die gesamte magnetische Energie eines von zwei Stromkreisen erzeugten Feldes ist

$$W = \frac{1}{2} (J_1 \Psi_1 + J_2 \Psi_2). \tag{22}$$

In beiden Gleichungen ist vorauszusetzen, daß die Induktivitäten konstant und die Spulenflüsse den erregenden Strömen proportional sind, also kein Eisen vorhanden oder wenigstens das Eisen ungesättigt ist. Ersetzen wir nach Gl. 20 die Spulenflüsse $\Psi_1 = L_1 J_1 + M J_2$ und $\Psi_2 = L_2 J_2 + M J_1$, dann ergibt sich

$$W = \frac{1}{2} [L_1 J_1^2 + 2 M J_1 J_2 + L_2 J_2^2]. \tag{23}$$

Bei der Überlagerung zweier Magnetfelder verschiedener Stromkreise ändert sich die ursprünglich vorhandene Energie der beiden einzelnen Felder um $M J_1 J_2$. Je nach dem Vorzeichen von M nimmt die Gesamtenergie um $M J_1 J_2$ zu oder ab.

Der Sitz der magnetischen Energie ist im magnetischen Feld und nicht im stromführenden Leiter. In manchen Fällen ist es daher günstiger, die magnetische Energie unmittelbar aus dem Feld zu berechnen:

$$W = \frac{1}{2} \int \mathfrak{H} \mathfrak{B} \, dv. \tag{24}$$

dv ist das Raumelement; das Integral ist über den ganzen Raum des magnetischen Feldes zu erstrecken. Bei konstanter Permeabilität vereinfacht sich obige Beziehung zu

$$W = \frac{\Pi}{2} \int \mathfrak{H}^2 \, dv. \tag{25}$$

Bestimmt man mit diesen Gleichungen die magnetische Energie unmittelbar aus dem Feld, so kann man z. B. Gl. 21 benutzen, um die Induktivität L zu berechnen.

Die Feldenergie von magnetischen Feldern in Eisenkörpern ist nicht nur von Feldstärke und Felddichte im Endzustand abhängig, sondern auch noch von der magnetischen Vorbehandlung des Eisens. Die Gl. 21 ist dann zu ersetzen durch[1])

$$W = \int_0^{\Psi} J\, d\Psi, \tag{26}$$

wobei der Zusammenhang von J und Ψ durch den durchlaufenen Teil der Magnetisierungskurve (gegebenenfalls Berücksichtigung der Hysteresisschleife, s. Abschn. I E) gegeben ist. Die Gl. 24 und 25 sind zu ersetzen durch

$$dW = dv \int_0^{\mathfrak{B}} \mathfrak{H}\, d\mathfrak{B}. \tag{27}$$

Das an Hand der durchlaufenen Magnetisierungskurve zu bestimmende Integral $\int_0^{\mathfrak{B}} \mathfrak{H}\, d\mathfrak{B}$ ergibt die im Raumelement dv aufgespeicherte magnetische Energie dW. Die Ausführung dieser Integration für alle Raumelemente und die Addition der ermittelten Energie dW aller Raumelemente ergibt die magnetische Energie W des gesamten Magnetfeldes (Abb. 12). Hat das Integral $\int_0^{\mathfrak{B}} \mathfrak{H}\, d\mathfrak{B}$ an allen Stellen den gleichen Wert, dann ist für das Volumen V die Gesamtenergie

$$W = V \int_0^{\mathfrak{B}} \mathfrak{H}\, d\mathfrak{B}. \tag{28}$$

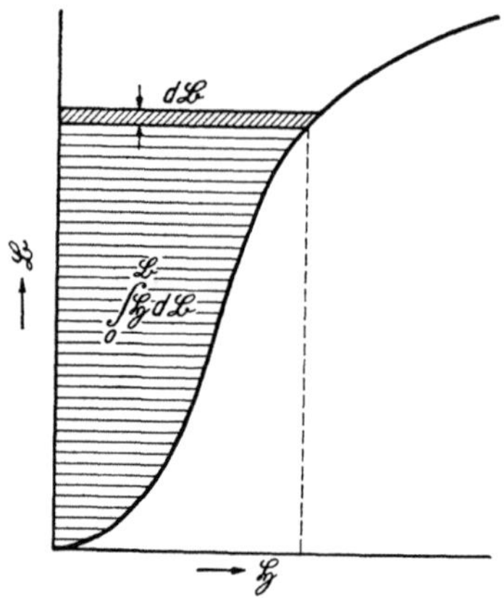

Abb. 12. Zur Bestimmung der Energie von magnetischen Feldern in Eisenkörpern.

Im allgemeinen ist bei elektrischen Maschinen glücklicherweise — die exakte Berechnung der Feldenergie bereitet Schwierigkeiten — die Feldenergie im Eisen verhältnismäßig klein im Vergleich zur Feldenergie in den Luftspaltfeldern, da die Feldstärke im Eisen sehr klein ist gegen die der Luft; ihre genaue Kenntnis ist daher ohne besonderes Interesse.

B. Das elektrische Feld.

Die Wirkungsweise unserer elektrischen Maschinen beruht auf der Wechselwirkung zwischen elektrischen und magnetischen Feldern. Im allgemeinen wird zwar von den elektrischen Feldern im besonderen nicht gesprochen, vor allem der Feldverlauf ist, solange es sich nicht um Hochspannungsmaschinen handelt, nicht von besonderer Bedeutung. Dennoch ist es für das tiefere Eindringen in die physikalischen Vorgänge unerläßlich, sich wenigstens mit den einfachsten Grundbegriffen und Gesetzen vertraut zu machen.

Die meisten Begriffe des magnetischen Feldes lassen sich auf das elektrische Feld übertragen. Während das Magnetfeld nur geschlossene Feldlinien (des Vektors $\mathfrak{B}$) kennt, haben wir im elektrischen Feld geschlossene und ungeschlossene Feldlinien (des Vektors $\mathfrak{D}$). Ungeschlossene Feldlinien enden in elektrischen Ladungen. Im magnetischen Feld sind ungeschlossene Feldlinien deshalb nicht möglich, weil es keine magnetisch geladenen Körper gibt. Die *Dichte der elektrischen Feldlinien* nennen wir die „*Verschiebungsdichte*“ oder „*elektrische Verschiebung*“ $\mathfrak{D}$ in Ampsek/cm² und die *elektrische Feldstärke* bezeichnen

[1]) Diese Gleichung ergibt sich aus Gl. 46 für $\delta A = 0$.

wir mit $\mathfrak{E}$ in Volt/cm. Zwischen Felddichte und Feldstärke besteht die gleiche Verknüpfung wie im magnetischen Feld:

$$\boxed{\mathfrak{D} = \varDelta\,\mathfrak{E}.} \tag{29}$$

$\varDelta$ ist die elektrische Durchlässigkeit (absolute Dielektrizitätskonstante). Auf die inneren Vorgänge im Dielektrikum (Polarisation) bei der Elektrisierung gehen wir nicht ein (s. z. B. POHL, El.). Der Verhältniswert der elektrischen Durchlässigkeit $\varDelta$ irgendeines Stoffes zur Durchlässigkeit $\varDelta_0$ des Vakuums ist die relative Dielektrizitätskonstante dieses Stoffes

$$\varepsilon = \frac{\varDelta}{\varDelta_0}. \tag{30}$$

Die elektrische Durchlässigkeit des leeren Raumes ist $\varDelta_0 = 0{,}886 \cdot 10^{-13}$ Ampsek/cm^2/Volt/cm = Farad/cm. Im allgemeinen kann im Gegensatz zur Permeabilität μ im magnetischen Feld die Dielektrizitätskonstante ε eines Stoffes als unveränderlich angesehen werden.

$\varPi_0$ und $\varDelta_0$ stehen im Zusammenhang mit der Ausbreitungsgeschwindigkeit elektrischer Wellen im leeren Raum, die bekanntlich gleich der Lichtgeschwindigkeit c ist, nämlich $c = 1/\sqrt{\varDelta_0 \varPi_0} \approx 3 \cdot 10^{10}$ cm/s.

Die elektrische Spannung U ist Feldstärke mal Weg:

$$U = \mathfrak{E}\,\mathfrak{l}. \tag{31}$$

Diese Beziehung ist aber nur anwendbar, wenn das Feld homogen ist, d. h. längs den Feldlinien konstante Feldstärke herrscht. Dies ist im elektrischen Feld weit weniger der Fall als im magnetischen, infolgedessen gehen wir zum Linienintegral über:

$$\boxed{U = \int \mathfrak{E}\, d\mathfrak{l}.} \tag{32}$$

Da wir im elektrischen Feld auch geschlossene Feldlinien (nämlich beim Induktionsvorgang) haben, muß in solchen Fällen der Weg, über den das Integral erstreckt werden soll, angegeben werden, um einen eindeutigen Wert der Spannung zu erreichen. Wird das Linienintegral über einen geschlossenen Weg genommen, sprechen wir ebenso wie im magnetischen Feld von einer elektrischen Umlaufspannung

$$U_0 = \oint \mathfrak{E}\, d\mathfrak{l}. \tag{33}$$

In elektrischen Feldern haben wir im Gegensatz zum magnetischen Feld wirkliche Strömungsvorgänge, wenn elektrische Ladungen unter dem Einfluß der durch das Feld ausgeübten Kräfte sich frei bewegen können. Das ist z. B. in elektrischen Leitern der Fall. Sobald in einem elektrischen Leiter elektrische Felder auftreten, haben wir Strömungsvorgänge elektrischer Ladungen; diese dauern so lange, bis das elektrische Feld im Innern des Leiters verschwunden ist. Bei einer Strömung in einem elektrischen Leiter gilt für die elektrische Feldstärke

$$\mathfrak{E} = \varrho\, \mathfrak{G}. \tag{34}$$

$\mathfrak{G}$ ist die Stromdichte als Vektor (Maßeinheit Amp/cm^2) und ϱ der elektrische Widerstand des Leiters in Ohmcm = $10^4 \cdot$ Ohm $\cdot$ mm^2/m. Der Übergang von der Feldstärke zur Spannung in einem Leitungsdraht mit konstantem Querschnitt F ergibt das OHMsche Gesetz:

$$U = \int \mathfrak{E}\, d\mathfrak{l} = \varrho\, \mathfrak{G}\, l = \varrho \frac{l}{F} J = R\, J. \tag{35}$$

Dieses Ergebnis muß man sehr beachten: Von sogenannten „eingeprägten Spannungen" (z. B. in einem Akkumulator) abgesehen, tritt in elektrischen Leitern nur die OHMsche Spannung $U = J\,R$ auf.

Eine wichtige Größe des elektrischen Feldes ist die Kapazität. Den von einer Ladung Q auf der Fläche F ausgehenden stationären elektrischen Fluß setzen wir dieser Ladung gleich (Maßeinheit Ampsek = Coulomb):

$$Q = \int_F \mathfrak{D}\, d\mathfrak{F}. \tag{36}$$

Diese Gleichung ist das Analogon zu Gl. 2 des magnetischen Flusses. Der von dieser Ladung (z. B. eines Kondensators) ausgehende Fluß muß in einer gleichgroßen Ladung entgegengesetzten Vorzeichens enden. Die Spannung U zwischen beiden Ladungen ist nach Gl. 32 zu bestimmen. Als Kapazität bezeichnen wir nunmehr

$$\boxed{C = \frac{Q}{U}.} \tag{37}$$

Die Kapazität ist also das Verhältnis von Ladung zur Spannung eines Kondensators. Daraus ergibt sich weiter die wichtige Tatsache: Die Ladung eines Kondensators ist in jedem Augenblick proportional der Spannung am Kondensator. Gl. 37 ist das Analogon zu Gl. 16 für die Selbstinduktivität. Maßeinheit für die Kapazität: Ampsek/Volt = sek/Ohm = Farad = $9 \cdot 10^{11}$ „cm".

C. Induktionsgesetz.

1. Ruheschwund.

Das erste Gesetz, das elektrische und magnetische Größen verknüpft, ist das Durchflutungsgesetz, das zweite das Induktionsgesetz. Beide bestimmen zusammen mit dem Gesetz über die magnetischen Kräfte auf Stromleiter die Wirkungsweise elektrischer Maschinen. Bei der Wichtigkeit des Induktionsgesetzes und bei den Schwierigkeiten, die dieses Gesetz erfahrungsgemäß den Studierenden bereitet, soll es im folgenden eingehend besprochen werden. Der Leser lasse sich die Mühe nicht verdrießen, diesen sowie den Abschn. I F über Vorzeichenregeln sorgfältig zu studieren.

Als magnetischen Schwund S bezeichnen wir die Abnahme des Spulenflusses in der Zeiteinheit. In Differentialform lautet die Beziehung $S = -d\Psi/dt$. Als Richtung des magnetischen Schwundes gilt die Richtung, in der der magnetische Fluß abnimmt; eine Zunahme des Flusses in einer beliebigen Richtung ist gleichbedeutend mit der Abnahme des Flusses in der entgegengesetzten Richtung.

In der allgemeinsten Form lautet das Induktionsgesetz:

$$\boxed{U_0 = -\frac{d\Psi}{dt}.} \tag{38}$$

„Die elektrische Umlaufspannung U_0 einer eingeschlossenen Fläche ist gleich dem magnetischen Schwund $-d\Psi/dt$, der diese Fläche durchsetzt." Hierzu gehört noch eine Vorzeichenregel: „Ein positiver Wert der Umlaufspannung ergibt sich, wenn Richtung des magnetischen Schwundes und Umlaufsrichtung des Linienintegrals der elektrischen Feldstärke (s. Gl. 33) rechtswendig[1]) zugeordnet sind."

Physikalisch besagt obiges Gesetz für den Fall des Ruheschwundes,[2]) daß

[1]) Das Minuszeichen in Gl. 38 ist durch die rechtswendige Zuordnung bedingt, eine linkswendige Zuordnung würde ein Pluszeichen erfordern.

[2]) Da dieser Schwund im Ruhezustand zwischen Feld und etwa vorhandener

bei Änderung eines magnetischen Feldes ein elektrisches Feld mit geschlossenen Feldlinien auftritt, deren Umlaufsinn dem magnetischen Schwund rechtswendig zugeordnet ist. Diese grundlegende Tatsache ist in Abb. 13 erläutert: In einem Eisenstab, der von einer entlegenen Stelle aus magnetisiert werden

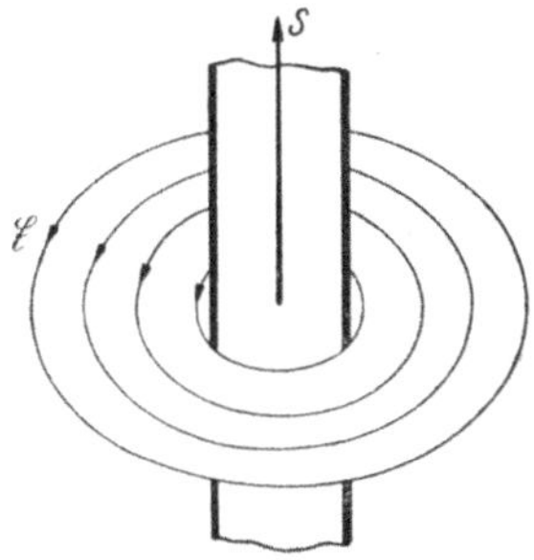

Abb. 13. Elektrisches Feld in einer Ebene senkrecht zum Eisenkern bei Änderung des magnetischen Feldes. S = Richtung des magnetischen Schwundes, d. h. Richtung, in der das magnetische Feld abnimmt.

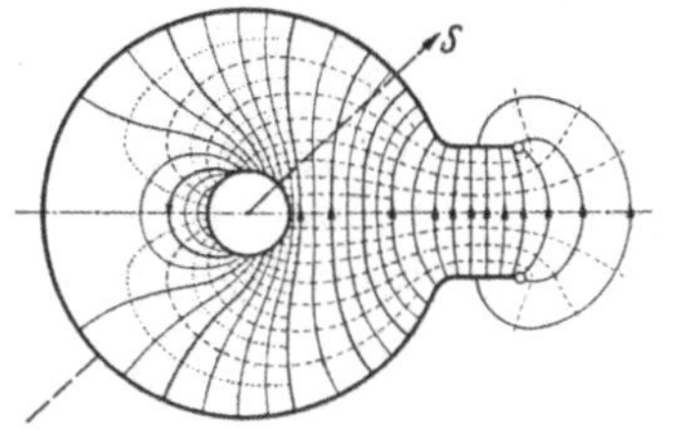

Abb. 14. Elektrisches Feldbild einer offenen Leiterschleife. Anmerkung: Das elektrische Feld außerhalb der Leiterschleife ist nur an den Klemmen angegeben.

möge, soll das nach oben gerichtete Magnetfeld im Abnehmen begriffen sein. Das durch diese Änderung des magnetischen Feldes entstehende elektrische Feld mit geschlossenen Feldlinien kann aus Symmetriegründen nur kreisförmig verlaufen. Die Richtung der elektrischen Feldlinien ergibt sich aus der rechtswendigen Anordnung zum Schwund, den wir in Abb. 13 mit S bezeichnet haben.

In der Betrachtung des Induktionsgesetzes gehen wir nun einen Schritt weiter und legen konzentrisch um den Eisenkern der Abb. 13 eine offene Leiterschleife (Abb. 14). Da nach dem Ohmschen Gesetz in einem elektrischen Leiter ein elektrisches Feld nur dann bestehen kann, wenn ein Strom fließt, tritt bei offener Schleife kurzzeitig eine Strömung ein, die zur Ansammlung von elektrischen Ladungen an der Leiteroberfläche, vor allem an den Leiterenden, den Klemmen, führt und zwar so lange, bis das Innere des Leiters feldfrei ist.[1] Dieser Vorgang spielt sich annähernd mit Lichtgeschwindigkeit ab. Das von den Ladungen an der Leiteroberfläche ausgehende Feld überlagert sich dem ursprünglichen Feld der Abb. 13, und es ergibt sich das resultierende Feldbild der Abb. 14. Trotz dieses stark veränderten Feldbildes gilt das Induktionsgesetz nach wie vor. Für jeden geschlossenen Weg, der den Eisenkern einschließt, ist die elektrische Umlaufspannung gleich dem magnetischen Schwund; die offenen Feldlinien denke man sich durch den Leiter geschlossen. Wählen wir nun einen Umlauf von einer Klemme durch die Luft zur anderen Klemme und durch den Leiter zur Ausgangsklemme zurück, dann ergibt sich, da die Feldstärke bzw. die elektrische Spannung im Leiter null[2]) ist, daß die Spannung zwischen den beiden Klemmen als Umlaufspannung übrig bleibt und somit gleich dem magnetischen Schwund ist. Wir sagen: „Der magnetische Fluß induziert eine Spannung an den Klemmen."

Spulen sich vollzieht, nennen wir ihn zur Unterscheidung von Induktionsvorgängen durch Bewegung „Ruheschwund". Er kommt also dadurch zustande, daß zeitlich gesehen eine Änderung der Felddichte erfolgt.

[1]) Th. Bödefeld, Elektrotechn. u. Masch.-Bau 56 (1938) S. 381.

[2]) Diese Folgerung aus dem Ohmschen Gesetz ist stets wohl zu beachten, wenn man sich Gedanken über den „Sitz" der induzierten Spannung macht!

Stülpen wir nun eine Spule aus mehreren Windungen über den Eisenkern, dann treten grundsätzlich dieselben Vorgänge auf. Das resultierende elektrische Feld ist jedoch ungleich komplizierter und zeichnerisch kaum darstellbar. Die an den Klemmen auftretende Spannung ist gleich dem magnetischen Schwund, gegenüber der einfachen Leiterschleife sind aber beide entsprechend der Windungszahl w auch w-mal größer. Bei gegebener Richtung des magnetischen Schwundes ist die Aufladung der Klemmen und damit die Feldrichtung zwischen den Klemmen je nach dem Wicklungssinn der Spule verschieden. Durch Vergleich mit Abb. 14 erkennt man ohne weiteres die Richtigkeit der Abb. 15a und b für eine rechtsgängige und eine linksgängige Spule.

Wir wollen nun das Induktionsgesetz erweitern für den Fall, daß der Leiter oder die Spule über einen äußeren Stromkreis geschlossen ist und somit ein Strom

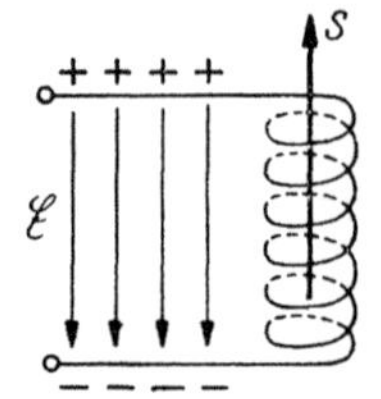

Abb. 15a. Merkschema für das elektrische Feld an den Klemmen einer Spule mit rechtsgängigem Wicklungssinn bei gegebener Schwundrichtung S (s Abb. 15b).

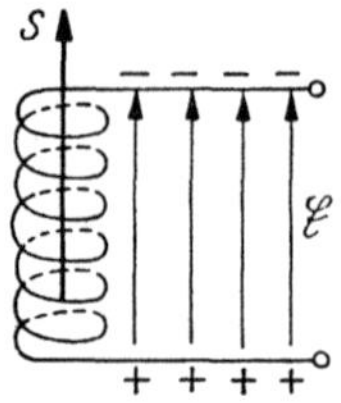

Abb. 15b. Merkschema für das elektrische Feld an den Klemmen einer Spule mit linksgängigem Wicklungssinn bei gegebener Schwundrichtung S (s. Abb. 15a).

fließen kann. Dann zerfällt die elektrische Umlaufspannung in zwei Teile, in die OHMsche Spannung iR im Leiter und die Klemmenspannung u zwischen den Klemmen. Zählen wir beide Spannungen positiv im Sinne des dem Schwund rechtswendig zugeordneten Integrationsweges für die elektrische Feldstärke, dann lautet die Anwendung des Induktionsgesetzes auf eine stromdurchflossene Spule oder Schleife:

$$\boxed{iR + u = -\frac{d\Psi}{dt}.} \tag{39}$$

Über andere Möglichkeiten der Zuordnung wird in Abschn. I F ausführlich gesprochen. Im Spulenfluß der Gl. 39 ist nicht nur der fremde Fluß, soweit er vorhanden ist, enthalten, sondern auch der Fluß, den der Strom i in der Spule selbst erzeugt. Wie sich beide zusammensetzen, hängt ganz von den Verhältnissen ab.

Gl. 39 ist die grundlegende Spannungsgleichung für alle elektrischen Maschinen. Ihre eingehende Diskussion bildet einen großen Teil der Theorie dieser Maschinen.

2. Bewegungsschwund.

Die bisher betrachtete Art der Änderung des Spulenflusses einer Spule oder Wicklung, der Ruheschwund, ist nicht die einzige. Eine andere Möglichkeit, einen magnetischen Schwund zu erzeugen, besteht darin, daß man eine Spule in ein an sich konstantes Magnetfeld hineinbringt, daraus herausnimmt oder die Windungsfläche durch Bewegung einzelner Leiterteile ändert. Da dieser magnetische Schwund immer mit einer Relativbewegung irgendwelcher Art zwischen Spule und Magnetfeld verbunden ist, sprechen wir von „Bewegungsschwund“. Verbreiteter ist die Kennzeichnung dieses Induktionsvorganges durch „Schneiden von Kraftlinien“.

Diese Art des magnetischen Schwundes ist natürlich in dem allgemeinen Induktionsgesetz nach Gl. 38 ebenfalls enthalten. Dies ergibt sich, wenn wir $\Psi = f(t, x)$ und damit

$$\boxed{\frac{d\Psi}{dt} = \frac{\partial\Psi}{\partial t} + \frac{\partial\Psi}{\partial x}\frac{dx}{dt}} \tag{40}$$

setzen. Die partielle Ableitung nach der Zeit $\partial\Psi/\partial t$ ist der Ruheschwund, durch die zeitliche Änderung des Flusses bedingt, auch wenn eine Bewegung dx/dt nicht vorhanden ist. Das zweite Glied der rechten Seite ist der Bewegungsschwund; hierbei ist x als allgemeine Koordinate aufzufassen, die die in irgendeiner Weise erfolgenden räumlichen Veränderungen relativ zum Magnetfeld beschreiben soll. dx/dt ist dann die Geschwindigkeit, mit der diese Veränderungen eintreten, und $\partial\Psi/\partial x$ die durch diese räumliche Veränderung eintretende Änderung des Spulenflusses.

Einen besonderen Fall des Induktionsvorganges durch „Schneiden von Kraftlinien", der für elektrische Maschinen wichtig ist, wollen wir an Hand von Abb. 16 untersuchen: Ein leitender Stab gleitet über zwei Metallschienen zwischen den Polen eines Magneten hindurch, schneidet also die Feldlinien des Magneten. Die beiden Metallschienen und der gleitende Stab bilden zwei offene Leiterschleifen, eine Schleife links und eine rechts vom Stab. Zum Studium der Vorgänge fassen wir eine von beiden, z. B. die linke, ins Auge. Bewegt sich der Stab um die Strecke dx nach rechts, dann nimmt der Fluß der linken Schleife um $d\Psi = B\,l\,dx$

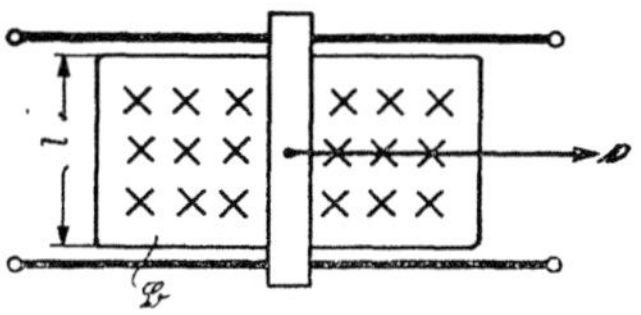

Abb. 16. „Bewegungsschwund" (Schneiden von Feldlinien).

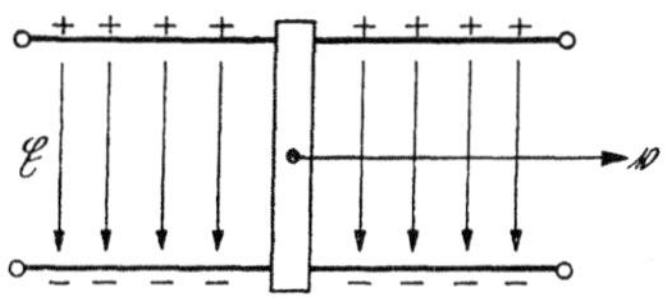

Abb. 17. Das bei dem Vorgang nach Abb. 16 entstehende elektrische Feld.

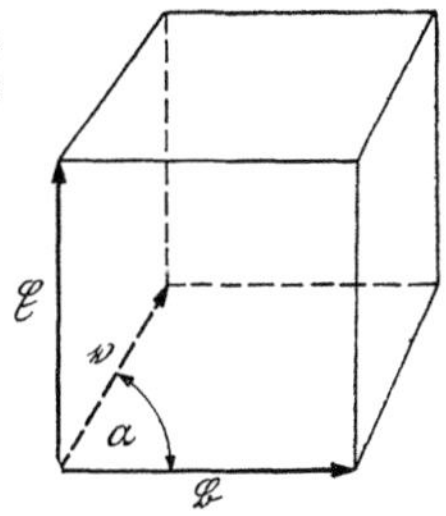

Abb. 18. Zur Erläuterung der Gl. 42.

zu. Es ist also $\partial\Psi/\partial x = B\,l$, und da $dx/dt = v$ die Geschwindigkeit des Leiters ist, ergibt sich auf Grund der Gl. 38 und 40 für die Klemmenspannung

$$\boxed{u = B\,l\,v,} \tag{41}$$

da $\partial\Psi/\partial t = 0$ und bei offener Schleife die Umlaufspannung gleich der Klemmenspannung ist. Durch die Bewegung des Stabes nach rechts tritt in der linken Schleife eine Zunahme des Flusses mit Richtung in die Papierebene auf; diese Zunahme ist aber gleichbedeutend mit einer Abnahme des Flusses in der entgegengesetzten Richtung. Die Richtung des magnetischen Schwundes für die linke Schleife der Abb. 16 ist also aus der Papierebene heraus anzunehmen. Die rechtswendige Zuordnung des elektrischen Feldes zum magnetischen Schwund ergibt den in Abb. 17 eingezeichneten Verlauf des elektrischen Feldes. Durch die Bewegung des Stabes im Magnetfeld wird die obere Schiene positiv und die untere negativ aufgeladen. Zwischen diesen Ladungen spannt sich das elektrische Feld; das Innere der Leiter selbst ist feldfrei.

Die Gl. 41 besagt also: Durch Schneiden von Feldlinien wird eine Spannung erzeugt, die sich ergibt aus Felddichte B mal Länge l des schneidenden Leiters mal Schnittgeschwindigkeit v. Setzt man B in Voltsek/cm², l in cm und v in cm/sek ein, so ergibt sich die Spannung in Volt. Der Faktor 10^{-8} erscheint, wenn die Felddichte B in Gauß eingesetzt wird.

Der sich aus unserer Betrachtung ergebende Zusammenhang zwischen der tangentialen elektrischen Feldstärke $\mathfrak{E}$ an der Oberfläche des bewegten Leiters, der magnetischen Felddichte $\mathfrak{B}$ und der Schnittgeschwindigkeit $\mathfrak{v}$ läßt sich in die eine einfache vektorielle Form bringen:

$$\mathfrak{E} = \mathfrak{B} \times \mathfrak{v}. \tag{42}$$

Aus der Abb. 18 läßt sich die Richtung der Feldstärke $\mathfrak{E}$ entnehmen, wenn die Richtungen von $\mathfrak{B}$ und $\mathfrak{v}$ bekannt sind. Man überzeuge sich, daß die Abb. 18 mit den Ergebnissen der Abb. 17 übereinstimmt.

3. Spannungserzeugung in umlaufenden elektrischen Maschinen.

Die Spannungserzeugung in umlaufenden elektrischen Maschinen kann in den meisten und wichtigsten Fällen auf „Schneiden von Feldlinien" zurückgeführt werden, so daß die Gl. 41 Anwendung findet. Bei elektrischen Maschinen

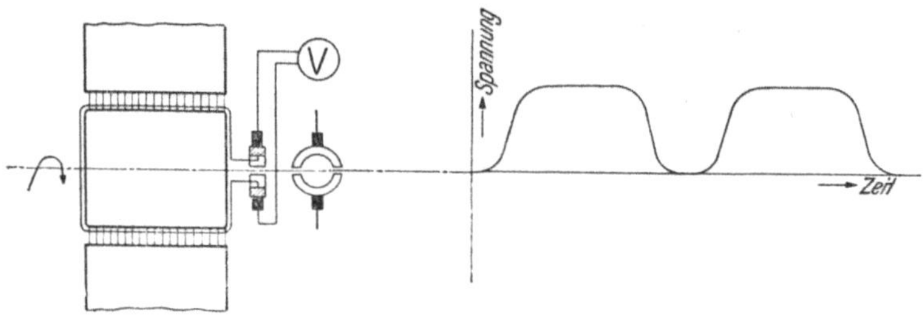

Abb. 19a. Erzeugung einer Wechselspannung durch einen im Felde eines Magneten umlaufenden Anker mit einer Windung, deren Spannung von den Schleifringen durch Bürsten abgenommen wird.

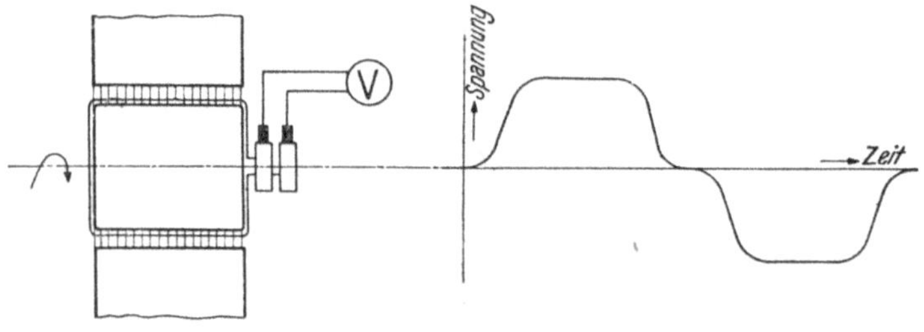

Abb. 19b. Erzeugung einer Gleichspannung durch einen im Felde eines Magneten umlaufenden Anker mit einer Windung, deren Spannung von einem zweiteiligen Stromwender durch Bürsten abgenommen wird. (Der zweiteilige Stromwender ist im Längs- und Querschnitt dargestellt.)

sind wir gewohnt, als kleinsten Teil der Wicklung eine Windung anzusehen. Je zwei Leiter bilden eine Windung und die an beiden Leitern erzeugten Spannungen addieren sich zur Windungsspannung. Abb. 19a zeigt die Erzeugung einer Wechselspannung und Abb. 19b die einer Gleichspannung durch eine zwischen den Polen eines Magneten umlaufende Windung. Der Vorgang ist in beiden Fällen derselbe, nur die Abnahme der Spannung über Schleifringe oder Stromwender ist verschieden. An den Schleifringbürsten ändert sich die Polarität, wenn der angeschlossene Leiter von einem Pol zum anderen wechselt; an den Stromwenderbürsten ändert sich dagegen die Polarität nicht, weil mit dem Polwechsel des Leiters auch der Anschluß der Bürsten gewechselt wird, so daß im äußeren Stromkreis eine Gleichspannung auftritt. Um eine sinusförmige Wechselspannung, die für die Betriebsweise unserer Motoren usw. günstig ist, zu erhalten, müssen besondere Vorkehrungen getroffen werden, die zum Aufgabengebiet der Konstruktion und Berechnung elektrischer Maschinen gehören (s. a. Abschn. III E). Für eine konstante, nicht pulsierende Gleichspannung sind vor allem viele Windungen bzw. viele Stromwenderstege erforderlich.

D. Magnetische Kräfte.

1. Kraft eines Magnetfeldes auf einen stromführenden Leiter.

Nach bekannten Gesetzen ist die Kraft $\mathfrak{p}$ auf ein stromführendes Leiterelement mit der Stromdichte $\mathfrak{G}$

$$\mathfrak{p} = \mathfrak{G} \times \mathfrak{B}, \tag{43}$$

wenn $\mathfrak{B}$ die Felddichte am Orte des Stromes ist. Abb. 20 stellt den Zusammenhang dieser drei Vektoren dar. Die Kraftrichtung ist senkrecht zur Ebene aus Stromrichtung und Feldlinienrichtung; der Größe nach ist die Kraft gleich dem Produkt aus Stromdichte mal Felddichte mal Sinus des von Strom- und Feldlinienrichtung eingeschlossenen Winkels. Mit $\mathfrak{G}$ in Amp/cm² und $\mathfrak{B}$ in Voltsek/cm² ergibt sich die Kraft $\mathfrak{p}$ in Joule/cm⁴ $= 10{,}2$ kg/cm³; $\mathfrak{p}$ ist also die Kraft auf einen Stromfaden von der Länge 1 cm und dem Querschnitt 1 cm². Obige Gleichung ist das Grundgesetz für alle Kraftwirkungen zwischen Magnetfeld und Stromleiter. Sind an irgendeiner Stelle eines Stromkreises $\mathfrak{G}$ und $\mathfrak{B}$ bekannt, dann ist obige Kraft $\mathfrak{p}$ nach Größe und Richtung gegeben ohne Rücksicht darauf, was sonst irgendwo auftreten möge. Allerdings ist die Anwendung dieses Gesetzes auf verwickelte Schaltungen zur Bestimmung der Gesamtkraft, zumeist schwierig oder gar undurchführbar.

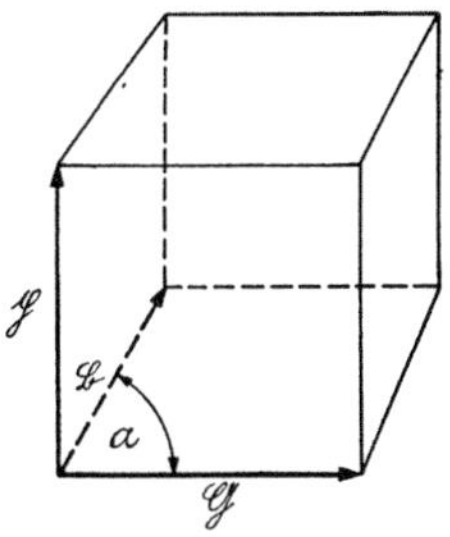

Abb. 20. Zur Erläuterung der Gl. (43).

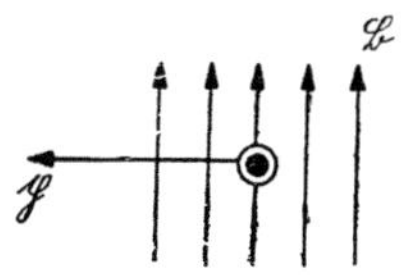

Abb. 21.

Für den einfachen Fall (Abb. 21) eines geraden Leiters mit konstanter Felddichte $\mathfrak{B}$ längs der ganzen Länge l und über den ganzen Leiterquerschnitt läßt sich die Gesamtkraft auf den ganzen Leiter leicht bestimmen.

Die Integration des Produktes $\mathfrak{G} \times \mathfrak{B}$ über den Querschnitt ergibt $J\,B$ und dann über die Länge ergibt die Gesamtkraft

$$\boxed{P = J\,B\,l,} \tag{44}$$

da nach Annahme $J\,B$ für die ganze Länge konstant ist. Die auf einen Leiter von der Länge l und dem Strom J vom Magnetfeld mit der Felddichte B ausgeübte Kraft P ist gleich dem Produkt dieser drei Größen, wenn der Leiter mit den Feldlinien einen rechten Winkel einschließt. Mit den bequemen Maßeinheiten Amp, Gauß und m ergibt sich die Kraft

$$P \approx \frac{J}{10}\,\frac{B}{10000}\,l \text{ kg} \tag{44a}$$

mit einem Fehler von rund 2%, weil $1{,}02 \approx 1$ gesetzt worden ist. Dieses einfache Gesetz benutzen wir bei der Berechnung der Drehmomente in elektrischen Maschinen.

Abb. 21 gibt uns auch über die Bewegungsrichtung bzw. Drehrichtung der elektr. Maschinen Auskunft. Befindet sich der Stromleiter in Abb. 21 auf einem Läufer und wird das Feld vom Ständer erzeugt, dann dreht sich die Maschine als Motor gemäß der Kraftwirkung nach Abb. 21 z. B. nach links, während sie als Generator entgegen der Kraftrichtung dann nach rechts angetrieben werden müßte. In solchen Fällen wird vielfach zur schnellen Bestimmung der Kraft- bzw. Drehrichtung nach Abb. 20 oder 21 die sogenannte „Rechte-Hand-Regel" benutzt: Spreizt man Daumen, Zeigefinger und Mittelfinger der rechten Hand so, daß sie ein Koordinatensystem bilden, wobei der Mittelfinger senkrecht zur Handfläche steht, dann gibt der Mittelfinger die Richtung der Kraft auf den Leiter an, wenn der Daumen die Stromrichtung und der Zeigefinger die Richtung des magnetischen Feldes einnimmt.

2. Elektromagnete und Stromkräfte auf Spulen.

Obwohl das Gesetz nach Gl. 43 stets Gültigkeit besitzt, ist es doch in den Fällen, wo das Magnetfeld von stromdurchflossenen Spulen erregt wird und irgendeine Wirkung dieses Magnetfeldes auf die Spule selbst betrachtet oder eine mechanische Arbeit, wie bei Elektromagneten, durch das Magnetfeld verrichtet werden soll, vorteilhafter, sich zur Bestimmung der Kräfte der Energiebilanz zu bedienen. Wir betrachten also eine Spule, die an ein Wechsel- oder Gleichstromnetz angeschlossen ist. Solange die Spule selbst den auftretenden Kräften standhält und auch sonst keine Bewegung irgendeines Körpers im Magnetfeld unter dem Einfluß dieser Kräfte erfolgt, wird an elektrischer Leistung nur Stromwärme in der Spule umgesetzt. Sobald aber während der Zeit dt die Kräfte irgendeine Veränderung bewirken, wird eine mechanische Arbeit δA geleistet und die magnetische Energie ändert sich wegen der veränderten Verhältnisse um dW. Addieren wir hierzu noch die Stromwärmemenge $i^2 R\,dt$, dann haben wir die Gesamtarbeit, die für den Ablauf der Bewegung vom Netz geliefert werden muß. Es gilt also die Arbeitsgleichung

$$\delta A + dW + i^2 R\,dt = u\,i\,dt. \tag{45}$$

$u\,i$ ist die augenblickliche Leistung des Netzes und $u\,i\,dt$ die während der Zeit dt geleistete Arbeit. Nach dem Induktionsgesetz gilt für die Spannung an der Spule nach Gl. 39:[1])

$$u = i\,R + \frac{d\Psi}{dt}. \tag{39a}$$

Damit ergibt sich aus Gl. 45:

$$\delta A + dW = i\,d\Psi. \tag{46}$$

$i\,d\Psi$ ist die gesamte vom Netz gelieferte Arbeit, die nicht in Stromwärme, sondern in die mechanische Arbeit δA der Feldkräfte und den Zuwachs dW der magnetischen Energie umgesetzt wird. Setzen wir δA gleich der mechanischen Arbeit, die von einer Kraft P längs eines kleinen Weges dx geleistet wird, also $\delta A = P\,dx$, und setzen wir weiter $W = \frac{1}{2}\,i\,\Psi$ nach Gl. 21 und damit $dW = \frac{1}{2}\,[i\,d\Psi + \Psi\,di]$, dann erhalten wir für diese arbeitleistende Gesamtkraft

$$P = \frac{1}{2}\left(i\,\frac{d\Psi}{dx} - \Psi\,\frac{di}{dx}\right). \tag{47}$$

[1]) Zur Wahl des positiven Vorzeichens auf der rechten Seite der Gl. 39a s. Abschn. I F. Wir müssen hier die aufgenommene Leistung positiv zählen, weil wir auf der linken Seite der Gl. 45 die mechanische Arbeit positiv zählen.

Im allgemeinen werden Strom und Spulenfluß bei Eintritt einer Bewegung unter dem Einfluß dieser Kraft sich ändern, wobei nach Beendigung des Bewegungsvorganges entweder der Strom oder der Spulenfluß auf den ursprünglichen Wert zurückkehren wird; einer von den beiden ändert sich aber unter allen Umständen. Der genaue Verlauf der Kraft P während einer Bewegung kann aber nur dann festgestellt werden, wenn sämtliche mechanischen und elektrischen Umstände genau bekannt sind (s. RICHTER I, S. 32). Wir wollen uns darauf beschränken, die Kraft vor Eintritt einer Bewegung mit Hilfe des Grundsatzes von der virtuellen Verrückung[1]) zu bestimmen. Dabei können wir zwei verschiedene Annahmen treffen, die in erster Annäherung auch praktischen Verhältnissen während einer etwa auftretenden Bewegung gerecht werden: einmal nehmen wir konstanten Strom an, wie es z. B. bei Gleichstrommagneten der Fall ist, oder es sei der Fluß als konstant angenommen, was z. B. bei Wechselstrommagneten, die mit konstanter Spannung betrieben werden, zutrifft. Welche Annahme man trifft, ist letzten Endes auf die Größe der zu bestimmenden Kraft ohne Einfluß, wovon man sich in einfachen Fällen leicht überzeugen kann. Die Wahl wird man so treffen, wie es den vorliegenden Verhältnissen am besten angepaßt ist.

a) $\Psi = \text{const.}$ Dann ist $d\Psi/dx = 0$ und

$$P = -\frac{1}{2}\Psi\frac{di}{dx} = -\frac{dW}{dx}. \tag{48}$$

Bei konstantem Spulenfluß ist die Kraft so gerichtet, daß bei eintretender Bewegung eine Abnahme der magnetischen Energie erfolgt. Die bei der Bewegung geleistete Arbeit geht auf Kosten der vorhandenen magnetischen Energie; vom Netz wird keine Leistung geliefert.

b) $i = \text{const.}$ Dann ist $di/dx = 0$ und

$$P = \frac{1}{2}\,i\,\frac{d\Psi}{dx} = \frac{dW}{dx}. \tag{49}$$

Bei konstantem Strom tritt eine Zunahme der magnetischen Energie ein und die Arbeit $P\,dx$ ist dieser gleich. Beide müssen vom Netz geliefert werden. Wie schon oben bemerkt, führen Gl. 48 und 49, auf den gleichen Fall angewendet, in jeder Beziehung auf dieselbe Kraft, solange keine Bewegung auftritt. Im Verlaufe einer Bewegung aber ändert sich die wirksame Kraft je nach den Verhältnissen verschieden (s. RICHTER I, S. 32ff.).

Aus Gl. 49 ergibt sich mit $\Psi = L\,i$ und bei konstantem Strom

$$P = \frac{1}{2}\,i^2\,\frac{dL}{dx}. \tag{49a}$$

Die Stromkräfte[2]) einer Spule oder Stromschleife suchen die Induktivität L zu vergrößern; das bedeutet das Bestreben, die Windungsfläche zu vergrößern (Radialkräfte) und in der Spulenachse die Spule zusammenzudrücken (axiale Kräfte).

3. Kräfte zwischen zwei Stromkreisen.

Mit Hilfe von Gl. 49 läßt sich ebenfalls die zwischen zwei Stromkreisen auftretende Kraft berechnen. Die gesamte magnetische Energie zweier Stromkreise ist

$$W = \frac{1}{2}\left[L_1\,i_1^2 + 2\,M\,i_1\,i_2 + L_2\,i_2^2\right]. \tag{23}$$

[1]) S. FÖPPL, Techn. Mechanik.

[2]) Kräfte zwischen den stromführenden Windungen einer Spule und dem eigenen Magnetfeld nennen wir „Stromkräfte", da ja auch das Magnetfeld vom Strom selbst erzeugt wird.

Wir setzen voraus, daß die Stromkreise selbst durch die Kräfte nicht verändert werden, so daß also L_1 und L_2 als konstant angenommen werden können. Dann ist nach Gl. 49 die gegenseitige Kraft der beiden Stromkreise aufeinander

$$P = i_1\, i_2 \frac{dM}{dx}. \tag{49b}$$

Je nach dem Vorzeichen (d. h. Richtung) der beiden Ströme tritt Anziehung oder Abstoßung auf. Die Größe der Kraft ist proportional der Änderung der Gegeninduktivität dM/dx.

In einem einfachen Beispiel, Abb. 22, wollen wir Gl. 49b auf zwei parallele Stromleiter anwenden. Wir denken uns diese zwei verschiedenen Stromkreisen angehörend, was in Wirklichkeit nicht erforderlich ist, sondern nur als Hilfs-

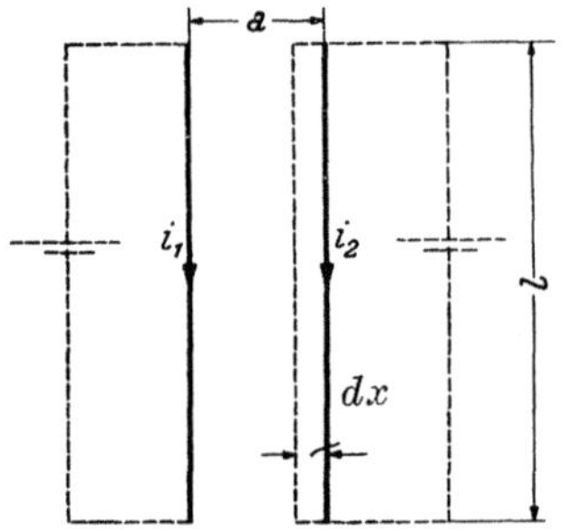

Abb. 22. Kraftwirkung zweier Stromleiter aufeinander.

Abb. 23. Elektromagnet.

vorstellung benutzt wird. Es sei a der Abstand und l die Länge der beiden Leiter. Wie sich zeigen läßt (s. Richter I, S. 41), ist $dM/dx = \Pi_0\, l/2\,\pi\, a$, und damit wird

$$P = i_1\, i_2 \frac{\Pi_0\, l}{2\,\pi\, a}. \tag{50}$$

Gleichgerichtete Ströme ziehen sich an, Ströme entgegengesetzter Richtung stoßen sich ab. Mit $\Pi_0 = 0{,}4\,\pi\, 10^{-8}$ H/cm und den Maßeinheiten Amp und cm erhalten wir $(1{,}02 \approx 1)$

$$P \approx 2\,\frac{l}{a}\, i_1\, i_2\, 10^{-8}\ \text{kg}. \tag{50a}$$

Bei Bestimmung von dM/dx ist angenommen worden, daß der Durchmesser der Stromleiter klein und die Länge l groß sei im Verhältnis zum Abstand a.

4. Kraft eines Magnetfeldes auf einen Eisenkern.

Die Anziehungskraft eines Magnetfeldes auf einen Eisenkern bestimmen wir mit Hilfe der oben entwickelten Formeln. In Abb. 23 ist ein einfacher Magnet dargestellt, der einen Anker anzieht. Ob es sich um einen Gleich- oder Wechselstrommagneten handelt, ist für die nach Gl. 48 oder 49 zu berechnende Kraft gleichgültig. Am schnellsten kommen wir zum Ziel, wenn wir für eine kleine Luftspaltänderung dx eine konstant bleibende Felddichte B annehmen; dann gilt wegen $\Psi = \text{const.}$ die Gl. 48. Bezeichnen wir die Luftspaltbreite zwischen Anker und Kern mit x und die Gesamtquerschnittsfläche beider Kerne mit F, dann ist nach Gl. 24 die magnetische Energie im Luftspalt

$$W = \frac{1}{2}(F x)\,\mathfrak{H}\,\mathfrak{B} = \frac{F\,B^2}{2\,\Pi_0}\,x; \tag{51}$$

und mit $P = -dW/dx$ nach Gl. 48 wird

$$P = \frac{FB^2}{2\,\Pi_0}. \tag{52}$$

Das Minuszeichen aus Gl. 48 haben wir in Gl. 52 unterdrückt, weil uns nur die Größe der Kraft interessiert. Das Minuszeichen würde zum Ausdruck bringen, daß die Kraft P den Luftspalt zu verkleinern und nicht zu vergrößern trachtet, was uns aber auch ohne das Minuszeichen geläufig ist. Mit $\Pi_0 = 0{,}4\,\pi\,10^{-8}$ H/cm und den Einheiten Gauß und cm² erhalten wir $(1{,}02 \approx 1)$

$$P \approx F\left(\frac{B}{5000}\right)^2 \text{kg}. \tag{52a}$$

Bei einer Felddichte von $B = 5000$ Gauß erhält man also eine Anziehungskraft von annähernd 1 kg/cm². Obige Gleichung setzt voraus, daß alle Feldlinien in die ebene Fläche F bei überall gleicher Felddichte B eintreten; ist das nicht der Fall, so muß man die Teilkräfte für kleine Flächen berechnen und dann alle am Kern angreifenden Teilkräfte nach Größe und Richtung addieren.

E. Umsetzung von Energie im Eisen. Eisenwärme.

In elektrischen Maschinen und Transformatoren nennen wir diejenigen Eisenteile, die den magnetischen Fluß führen, „aktives" oder „wirksames" Eisen. Bei gewöhnlichen Maschinen ist dieses aktive Eisen sowohl im Ständer als auch im Läufer vorhanden. Mindestens ein Teil, Ständer oder Läufer, wird entweder durch Relativbewegung zwischen Eisen und Feld oder durch Ruheschwund ummagnetisiert. Hierbei nimmt das Eisen aus zwei Gründen Energie auf, die sich in Wärme, die „Eisenwärme", umsetzt und für die nützliche Arbeit verlorengeht. Die dabei eintretende Erwärmung der Maschine begrenzt die Belastbarkeit, wenngleich auch noch andere Ursachen, wie in erster Linie die Stromwärme in der Wicklung, für die Erwärmung maßgebend sind.

1. Hysteresewärme.

Magnetisiert man einen Eisenkern „zyklisch", d. h. ändert man den magnetisierenden Strom bzw. die diesem proportionale Feldstärke H gemäß Abb. 24 von $O \to +H_1 \to -H_1 \to +H_1$, erhält man als $B = f(H)$ die sogenannte Hystereseschleife. Die „Nullkurve" $O \to B$ wird nur bei Beginn der Magnetisierung aus dem völlig entmagnetisierten Zustand durchlaufen. Bei jedem weiteren Kreislauf der Magnetisierung von $+H_1 \to -H_1 \to +H_1$ wird immer wieder die Hystereseschleife $B\,K\,B'\,K'\,B$ durchlaufen, wie z. B. in jeder Periode bei Wechselstrommagnetisierung.

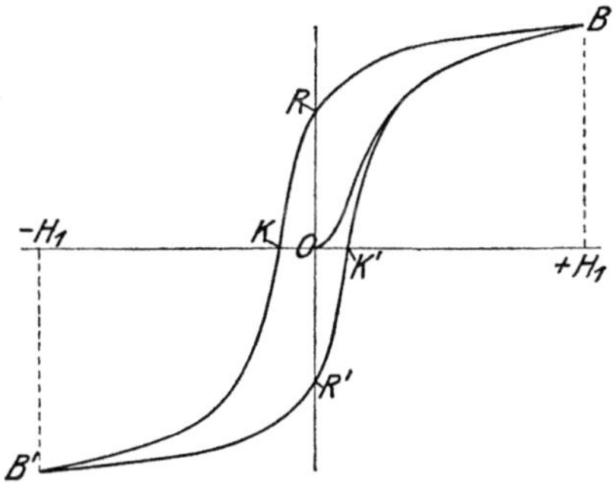

Abb. 24. Hystereseschleife.

Nach Gl. 27 ist die einem Raumelement dv im Eisen zugeführte Energie

$$dW = dv \int_0^{\mathfrak{B}} \mathfrak{H}\,d\mathfrak{B}. \tag{27}$$

Wie Abb. 12 zeigt, ist dieses Integral die Fläche zwischen der Kurve und der Ordinatenachse. Bei zunehmender Feldstärke wird dem Eisen Energie zugeführt und bei abnehmender Feldstärke ein Teil wieder zurückgewonnen. Die Durchführung obigen Integrals über die ganze Hystereseschleife zeigt, daß die bei einem Kreislauf der Magnetisierung im Eisen zurückgebliebene Energie dem Flächeninhalt der Schleife proportional ist. Diese Energie wird durch die „innere Reibung" der Moleküle in Wärme umgesetzt. Wir nennen sie „Hysteresewärme".

Bei Wechselstrommagnetisierung ist diese Hysteresearbeit dem Eisen in jeder Periode zuzuführen, z. B. bei 50 Hz 50mal in der Sekunde. Die zuzuführende Verlustleistung ist mithin proportional der Frequenz f.

Die Fläche der Hystereseschleife ist vom Werkstoff — hartes Eisen ergibt breite, weiches Eisen schmale Schleifen — und von der höchsten Felddichte B, die bei der Magnetisierung erreicht wird, abhängig. STEINMETZ fand auf empirischem Wege eine Abhängigkeit von $B^{1,6}$; jedoch gilt das nur für kleine Felddichten etwa unterhalb 10000 Gauß. Bei den praktisch verwendeten Felddichten oberhalb 10000 Gauß können wir die Fläche und damit die Hysteresewärme etwa B^2 proportional setzen. Unter Einführung einer Werkstoffkonstanten c_h erhalten wir somit für die in der Gewichtseinheit umgesetzte Hysteresewärme

$$q_h \approx c_h\, f\, B^2. \tag{53}$$

Bei den für elektrische Maschinen und Transformatoren verwendeten Blechen liegt c_h in den Grenzen $2 \ldots 4{,}4 \cdot 10^{-10}$ Watt/kg Hz Gauß²; bei 50 Hz und 10000 Gauß beträgt also die Hysteresewärme etwa 1...2,2 Watt/kg. (Weitere Einzelheiten s. RICHTER I, S. 150ff.)

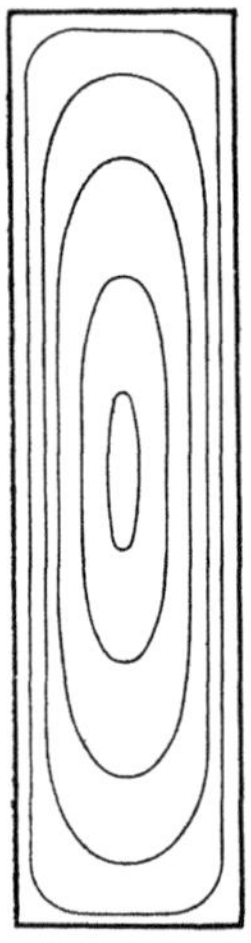

Abb. 25. Wirbelstromlinien in der Schmalseite der Eisenbleche senkrecht zur Richtung der Feldlinien bei Flußänderung.

2. Wirbelstromwärme.

Wie wir beim Induktionsgesetz gesehen haben, ruft eine Änderung des magnetischen Feldes ein elektrisches Feld hervor. Dieses elektrische Feld tritt überall, auch im aktiven Eisen auf. Da nun das Eisen gleichzeitig ein elektrischer Leiter ist, treten unter der Wirkung dieses elektrischen Feldes im Eisen auch elektrische Ströme auf, die wir ihrer geschlossenen Bahnen wegen „Wirbelströme" nennen. Sie kreisen in der Schmalseite der Bleche senkrecht zur Richtung der magnetischen Feldlinien (Abb. 25) und erzeugen Wärme. Die induzierten Wirbelströme sind proportional dem magnetischen Schwund, d. h. proportional der Felddichte und der Frequenz; da aber die erzeugte Stromwärme proportional J^2 ist, ist somit die Wirbelstromwärme in der Gewichtseinheit

$$q_w = c_w\, f^2\, B^2. \tag{54}$$

Die Wirbelstromwärme ist proportional dem Quadrate der Felddichte und proportional dem Quadrate der Frequenz. Eine eingehende Untersuchung (s. RICHTER I, S. 152) zeigt, daß die Wirbelstromwärme auch mit dem Quadrate der Blechdicke anwächst. In einem massiven Eisenkern wäre eine wirksame Magnetisierung nicht möglich, weil die entstehenden Wirbelströme einmal viel zu große Verluste und zum anderen eine Rückwirkung auf das Magnetfeld selbst haben würden; denn die Wirbelströme würden selbst ein starkes Magnetfeld erzeugen und dadurch das ursprüngliche bis auf einen kleinen Rest auslöschen. Diese Erkenntnis von der zweifachen Wirkung der Wirbelströme und der daraus folgende Übergang von massiven Ankern zu geblechten Ankern bildeten seinerzeit einen äußerst wichtigen Fortschritt im Bau leistungsfähiger elektrischer Maschinen. Über die heute verwendeten Bleche und ihre Eigenschaften siehe das Normblatt DIN-VDE 6400. Zur Unterdrückung der Wirbelstromwärme werden außer der Unterteilung des Eisens in schmale Bleche auch die Bleche selbst aus Eisen-Silizium-Legierungen hergestellt, weil hierdurch der spezifische elektrische Widerstand größer wird. Allerdings ändern sich mit dem Siliziumgehalt die mechanischen Eigenschaften in ungünstiger Weise. Für 0,5 mm-Dynamobleche (etwa 0,5% Si) beträgt die Wirbelstromwärme q_w bei 50 Hz und 10000 Gauß etwa 1,15 Watt/kg, während bei hochlegierten 0,35 mm-Blechen (etwa 4% Si) noch etwa 0,16 Watt/kg bei obigen Bezugswerten auftreten.

Die „Verlustziffer V_{10}" gibt die Gesamtverluste, Hysterese- und Wirbelstromwärme, bei 50 Hz und 10000 Gauß an und liegt in den Grenzen 3,6...1,0 Watt/kg. Daher rührt auch die abgekürzte Bezeichnung z. B. „3,6-Watt-Blech" für ein Blech mit der Verlustziffer $V_{10} = 3{,}6$ Watt/kg usw.

F. Vorzeichenregeln bei Wechselstrom.

1. Zählpfeile.

Bei mathematischen Beschreibungen von Wechselstromvorgängen muß die Bedeutung der Vorzeichen festgelegt werden, damit eine eindeutige physikalische Diskussion der Gleichungen möglich ist.[1])

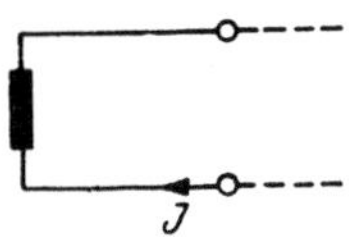

Abb. 26. Stromzählpfeil.

Abb. 27. Spannungszählpfeil.

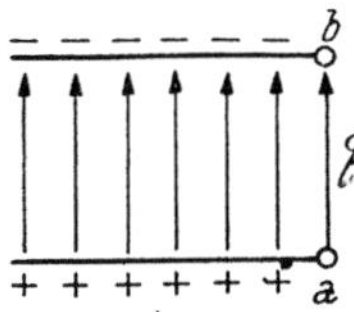

Abb. 28a. $u_{ab} = \int_a^b \mathfrak{E}\,d\mathfrak{l} = \text{positiv}.$

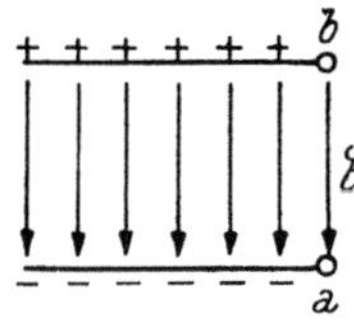

Abb. 28b. $u_{ab} = \int_a^b \mathfrak{E}\,d\mathfrak{l} = \text{negativ}.$

Ein Wechselstrom z. B. ändert seine Richtung periodisch. Mathematisch kommt dies durch das positive und negative Vorzeichen zum Ausdruck. Ein positiver Strom durchfließt den Stromkreis in der als positiv bezeichneten Richtung, ein negativer Strom in der entgegengesetzten Richtung. Sollen nun für einen Stromkreis die mathematischen Beziehungen bestimmt werden, so muß zuvor, ehe die Rechnung beginnt, die Festsetzung getroffen, werden, welche Stromrichtung von beiden als positiv gelten soll. Diese Angabe vollziehen wir durch den Strom-Zählpfeil, wie Abb. 26 zeigt.

Die Bedeutung des Stromzählpfeiles ist also folgendermaßen zu erklären: Wenn der Strom in der angegebenen Pfeilrichtung fließt, soll er positiv gezählt werden und in der entgegengesetzten Richtung als negativ. Falsch wäre es zu sagen: Der Strom fließt in der Pfeilrichtung! Denn ein Wechselstrom fließt abwechselnd in der einen wie in der anderen Richtung!

Wie für den Wechselstrom ist nun für alle Größen, die periodisch ihre Richtung ändern, eine Vorzeichenfestsetzung zu treffen. Zunächst soll dies für eine Wechselspannung geschehen. Eine sinusförmig mit der Zeit sich ändernde Wechselspannung ist durch

$$u = U\sqrt{2}\sin\omega t \tag{55}$$

1) BÖDEFELD, a. a. O.

gegeben und hat positive und negative Werte. Es muß klargestellt werden, was wir physikalisch unter einer positiven oder negativen Spannung zu verstehen haben. Nach Gl. 32 ist die Spannung das Linienintegral der elektrischen Feldstärke. Dieses fällt positiv aus, wenn wir in der Richtung der Feldlinien integrieren, und negativ bei Integration in der entgegengesetzten Richtung. Legen wir durch einen Pfeil nach Abb. 27 die Integrationsrichtung von einer Klemme zur anderen fest, dann ist die Spannung positiv, wenn das elektrische Feld in der Richtung des Pfeiles liegt, und negativ bei umgekehrter Richtung. Durch die Richtung des elektrischen Feldes ist auch die Polarität der Klemmen in jedem Augenblick eindeutig festgelegt, wie die Abb. 28 a und b zeigen.

Der Spannungszählpfeil gibt also an, in welcher Richtung das Linienintegral der elektrischen Feldstärke von einer Klemme zur anderen zu erstrecken ist. Bei positiver Spannung sind die elektrischen Feldlinien dem Pfeil gleichgerichtet und bei negativer Spannung entgegengesetzt gerichtet.

2. Zählpfeilsysteme.

Bei Versuchen, einen Strom- und einen Spannungspfeil gleichzeitig für ein Klemmenpaar festzulegen, wird man entdecken, daß es grundsätzlich nur zwei Möglichkeiten gibt. Das hängt mit dem Vorzeichen für die elektrische Leistung zusammen. Man kann z. B. eine aufgenommene Leistung entweder positiv oder negativ zählen, andere Möglichkeiten gibt es nicht. Da aber Spannung und

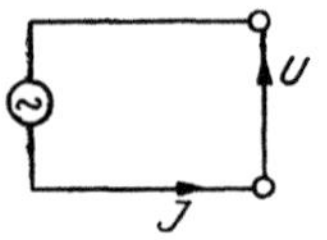

Abb. 29a. Erzeuger-Zählpfeilsystem.

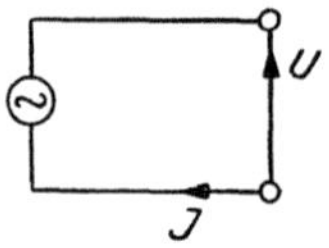

Abb. 29b. Verbraucher-Zählpfeilsystem.

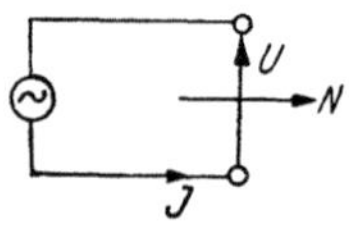

Abb. 30a. Leistungszählpfeil im Erzeuger-Zählpfeilsystem.

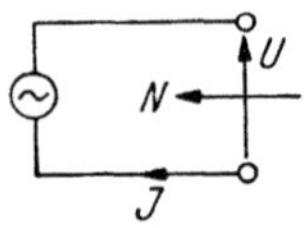

Abb. 30b. Leistungszählpfeil im Verbraucher-Zählpfeilsystem.

Strom die Leistung einschließlich Vorzeichen bestimmen, gibt es auch nur zwei Möglichkeiten für die paarweise Zuordnung von Spannungs- und Stromzählpfeilen. Diese beiden Möglichkeiten sind in Abb. 29 a und b angegeben. Setzen wir die Leistung

$$N = u\,i, \tag{56}$$

dann gibt bei gleichen Vorzeichen für Spannung und Strom, d. h. bei positivem Vorzeichen für die Leistung N, der Stromkreis nach Abb. 29a Leistung ab und der Stromkreis nach Abb. 29b nimmt bei positivem Vorzeichen Leistung auf, wovon man sich an Hand des Poyntingschen Strahlungsvektors oder aber durch Vergleich mit Verhältnissen bei Gleichstrom leicht überzeugen kann. Man könnte also Gl. 56 auch benutzen, um einen besonderen Zählpfeil für die Leistung einzuführen. Im allgemeinen ist dies nicht erforderlich; die Abb. 30 a und b, welche den Zählpfeil für die positive Leistungsrichtung zeigen, sollen daher nur zur Erläuterung dienen.

Zur kurzen Unterscheidung dieser beiden Möglichkeiten der paarweisen Festlegung von Spannungs- und Stromzählpfeil bezeichnen wir die Zählpfeilanordnung nach Abb. 29a als „Erzeuger-Zählpfeilsystem" (EZS) und diejenige nach Abb. 29b als „Verbraucher-Zählpfeilsystem" (VZS), weil eine positive Leistung im ersten Fall Erzeugerverhalten und im zweiten Fall Verbraucherverhalten (z. B. Motor) kennzeichnet.

Das Verhalten einer Maschine kann mit Hilfe des einen Zählpfeilsystems wie des anderen beschrieben werden, jedoch wird man zweckmäßig immer nur eines von beiden verwenden. Wir verwenden, soweit nicht besondere Gründe für das andere vorliegen, das Verbraucher-Zählpfeil-system.

3. Vorzeichenregeln für Wirk- und Blindwiderstände.

a) Wirkwiderstand. In den Abb. 31 und 32 sind die Beziehungen zwischen Spannung und Strom, die sich aus der Wahl der Zählpfeile ergeben, dargestellt. Von der Richtigkeit überzeugt man sich leicht, wenn man einen beliebigen

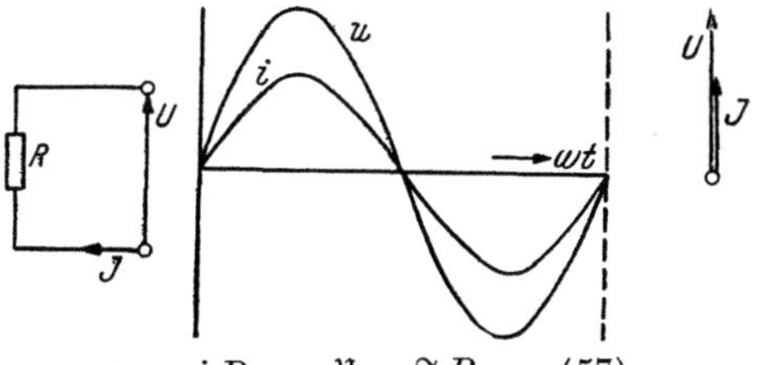

$$u = i\,R, \qquad \mathfrak{U} = \mathfrak{J}\,R \qquad (57)$$

Abb. 31. Strom-Spannungsbeziehungen für einen Wirkwiderstand im „Verbraucher-Zählpfeilsystem".

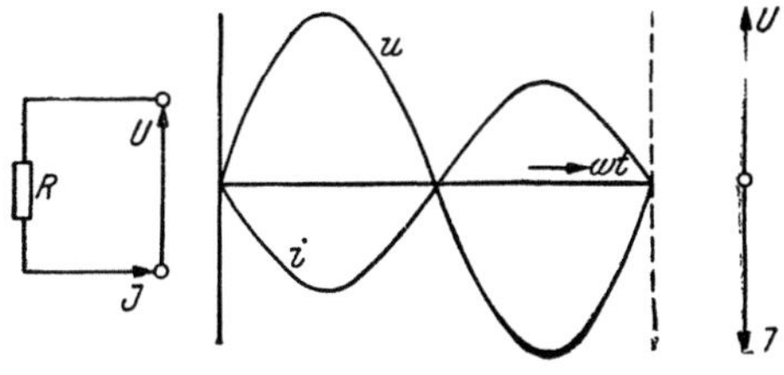

$$u = -i\,R, \qquad \mathfrak{U} = -\mathfrak{J}\,R \qquad (58)$$

Abb. 32. Strom-Spannungsbeziehungen für einen Wirkwiderstand im „Erzeuger-Zählpfeilsystem".

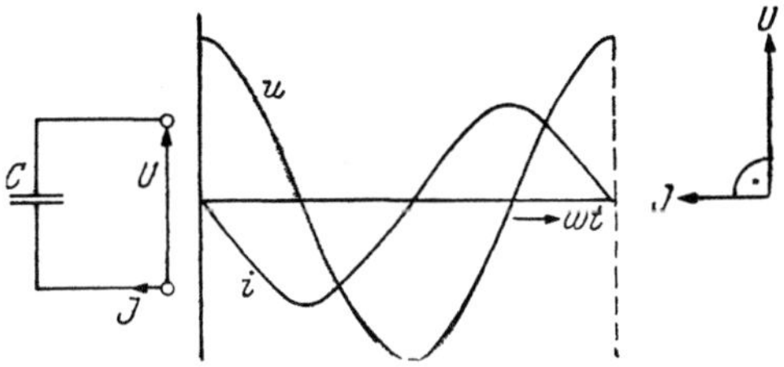

$$u = \frac{1}{C}\int i\,dt, \qquad \mathfrak{U} = -j\,\frac{1}{\omega C}\,\mathfrak{J} \qquad (59)$$

Abb. 33. Strom-Spannungsbeziehungen eines Kondensators im „Verbraucher-Zählpfeilsystem".

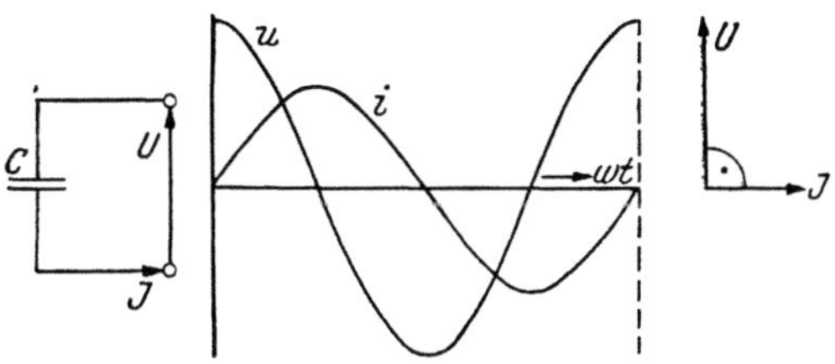

$$u = -\frac{1}{C}\int i\,dt, \qquad \mathfrak{U} = j\,\frac{1}{\omega C}\,\mathfrak{J} \qquad (60)$$

Abb. 34. Strom-Spannungsbeziehungen eines Kondensators im „Erzeuger-Zählpfeilsystem".

Augenblick herausgreift und bedenkt, daß der Strom in einem Ohmschen Widerstand jeweils von der Plusklemme zur Minusklemme fließt. Die Gl. 57 und 58 sind vollständig gleichberechtigt.

Die Beziehung $U = J\,R$ zwischen den Effektivwerten der Spannung und des Stromes ist von Zählpfeilen unabhängig, da diese stets positive Werte haben und richtungsunabhängig sind.

b) Kondensator. Die beim Kondensator gültigen Beziehungen sind in den Abb. 33 und 34 gegeben. Die Richtigkeit läßt sich ebenfalls leicht durch physikalische Überlegungen prüfen. Die allgemein gebräuchliche Aussage, daß der Strom eines Kondensators der Spannung um 90° in der Phase vorauseile, ist, wie man sieht, von der Zählpfeil-Festsetzung abhängig. Die Gleichung $U = J\,X_c$ der Effektivwerte ist von Zählpfeilen unabhängig.

c) Induktivitäten. α) Selbstinduktivität. Bei stationären Wechselstromvorgängen ist auch der magnetische Schwund S eines Wechselfeldes eine periodisch wechselnde Größe. Bezeichnen wir den magnetischen Schwund z. B. einer Drosselspule in der einen Richtung als positiv, dann ist der in der entgegengesetzten Richtung auftretende magnetische Schwund als negativ zu bezeichnen. Zur Anwendung des Induktionsgesetzes auf eine Drosselspule bei Wechselstromvorgängen müssen wir also auch für den magnetischen Schwund einen Zählpfeil festlegen. Auf Grund der Beziehung

$$\Psi = L\,i \tag{61}$$

gehört zu einem positiven Strom ein positiver Spulenfluß; Stromrichtung und Flußrichtung sind rechtswendig zugeordnet. Damit ist der Fluß-Zählpfeil festgelegt. Nimmt der Fluß in positiver Richtung ab, tritt in der positiven Flußrichtung ein Schwund auf, und da hierfür $S = -d\Psi/dt$ positiv ist, stimmt also die positive Schwundrichtung mit der positiven Flußrichtung überein, so daß ein besonderer Zählpfeil für den Schwund entbehrlich ist (s. Abb. 35 a und b sowie Abb. 36).

Bei Anwendung des Induktionsgesetzes nach Gl. 38 müssen wir Integrationsrichtung für U_0 und positive Schwundrichtung rechtswendig zuordnen, also in Richtung des Stromzählpfeiles integrieren (s. Abb. 35 a und b). Im Erzeuger-Zählpfeilsystem ist dann $U_0 = i\,R + u = -d\Psi/dt$ und im Verbraucher-Zählpfeilsystem $U_0 = i\,R - u = -d\Psi/dt$. Damit erhalten wir folgende Spannungsgleichungen einer Stromschleife oder Drosselspule:

im Erzeuger-Zählpfeilsystem: $$u = -i\,R - \frac{d\Psi}{dt} \tag{62a}$$

und im Verbraucher-Zählpfeilsystem: $$u = iR + \frac{d\Psi}{dt}\,. \tag{63a}$$

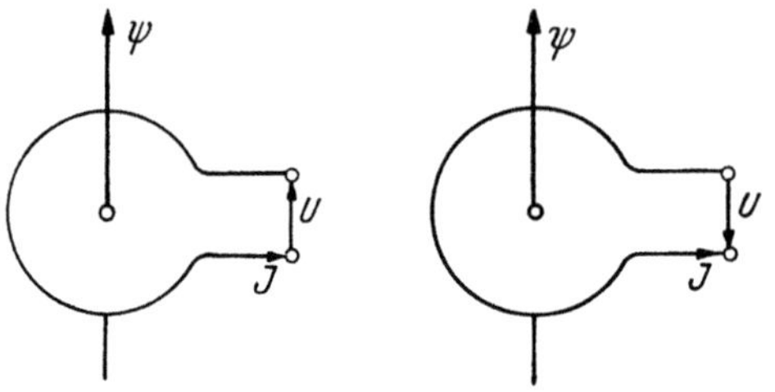

Abb. 35a und b. Zur Anwendung des Induktionsgesetzes
im EZS im VZS

Mit Gl. 61 ergibt sich daraus entsprechend

$$u = -i\,R - L\,\frac{di}{dt} \tag{62b}$$

und

$$u = i\,R + L\,\frac{di}{dt}. \tag{63b}$$

Die Abb. 37 a und b stellen die den Gl. 62 und 63 entsprechenden Vektordiagramme mit $X = \omega\,L$ dar.

Wie schon aus der Ableitung dieser Gleichungen hervorgeht, ist der Wicklungssinn einer Spule bei der Selbstinduktion ohne Einfluß, da der von einem Strom erzeugte magnetische Fluß die eigene Spulenfläche stets in rechtswendiger

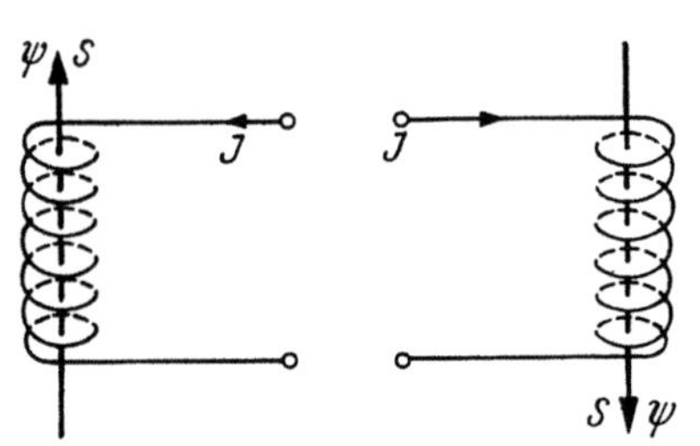

Abb. 36. Strom- und Flußzählpfeil einer
linksgängigen rechtsgängigen
Spule.

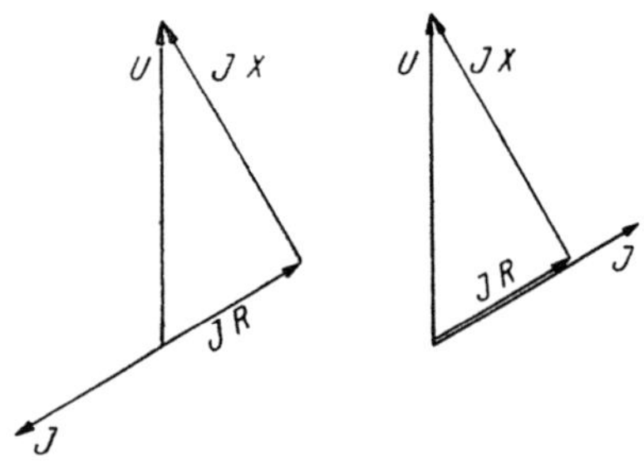

Abb. 37a und b. Diagramm einer Drosselspule mit Selbstinduktivität und OHMschem Widerstand
im EZS im VZS

Zuordnung durchsetzt, so daß die verschiedenen Richtungen der Flußzählpfeile in Abb. 36 für das Vorzeichen der selbstinduktiven Spannung ohne Bedeutung sind.

Gehen wir zu einer widerstandslosen Drosselspule bzw. Selbstinduktivität über, dann ergeben sich mit $R = 0$ die in den Abb. 38 und 39 bzw. in den Gl. 64 und 65 angegebenen Beziehungen. Auch hier ist wieder die allgemein gebräuchliche Aussage, daß der Strom einer Drosselspule der Spannung um 90° in der Phase nacheile, von der Wahl der Zählpfeile für Spannung und Strom abhängig.

Da praktisch jede Drosselspule mit Ohmschem Widerstand behaftet ist, ist die selbstinduktive Spannung nach Gl. 64 oder 65 an den Klemmen nicht meßbar. Um nun eine kurze Bezeichnung für die Spannung zu haben, nennen wir sie die „induzierte Spannung“. *Die induzierte Spannung ist also diejenige Spannung, die an den Klemmen einer Wicklung auf Grund des Induktionsgesetzes auftreten würde, wenn diese*

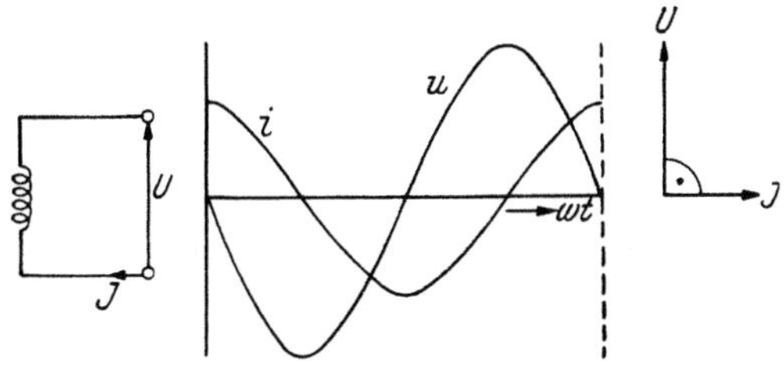

$$u = d\Psi\, d/t \qquad u = L\, di/dt \qquad \mathfrak{U} = j\omega L \mathfrak{J} \qquad (64)$$

Abb. 38. Strom-Spannungsbeziehungen einer widerstandslosen Drossel im „Verbraucher-Zählpfeilsystem“.

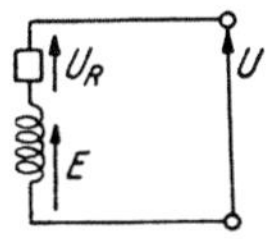

Abb. 40. Ersatzstromkreis einer Drosselspule mit den Teilspannungen U_R und E.

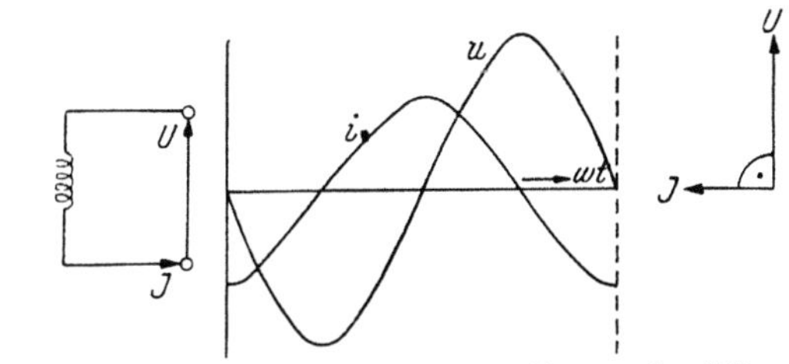

$$u = -d\Psi/dt \qquad u = -L\, i/dt \qquad \mathfrak{U} = -j\omega L \mathfrak{J} \qquad (65)$$

Abb. 39. Strom-Spannungsbeziehungen einer widerstandslosen Drossel im „Erzeuger-Zählpfeilsystem“.

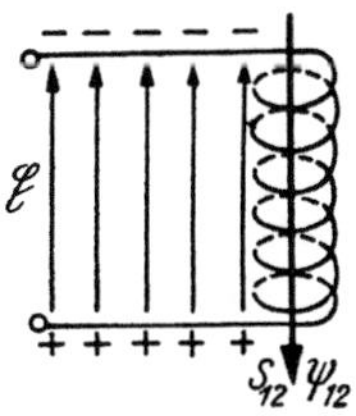

Abb. 41.

Wicklung frei von Ohmschem Widerstand wäre. Diese induzierte Spannung bezeichnen wir vielfach auch mit E bzw. e, wollen aber die hierfür übliche Bezeichnung „EMK“ vermeiden, weil über den Begriff „EMK“ keine einheitliche Auffassung besteht.

Auf Grund des Überlagerungsgesetzes können wir die Gl. 62 und 63 für eine Drosselspule mit Widerstand auch folgendermaßen deuten:

Der magnetische Fluß bedingt eine fiktive Klemmenspannung (induzierte Spannung) $e = \pm\, d\Psi/dt$ (Vorzeichen je nach Zählpfeilsystem); der Ohmsche Widerstand allein erfordert eine Klemmenspannung $u_R = \pm\, i\, R$; die resultierende, meßbare Klemmenspannung ergibt sich dann aus der Überlagerung beider „Teil-Klemmenspannungen“ zu $u = \pm\, i\, R \pm d\Psi/dt$. Dieser Überlagerung der Vorgänge entspricht auch der Ersatzstromkreis einer Drosselspule in Abb. 40.

Die obige Deutung der Gl. 62 und 63, d. h. die Anwendung des Überlagerungsgesetzes der elektromagnetischen Vorgänge, ist von grundsätzlicher Wichtigkeit, an die wir uns bei allen Maschinen halten: *Jeder Teilvorgang im Innern* einer Maschine erfordert eine gewisse, im allgemeinen fiktive Klemmenspannung (Teilklemmenspannung); die Summe aller Teilklemmenspannungen ergibt unter Berücksichtigung ihrer Phasenlagen die resultierende, meßbare Klemmenspannung.

β) Gegeninduktivität. Nach Gl. 18 ist

$$\Psi_{12} = M\, i_1$$

der vom Strom i_1 in der Spule 2 erzeugte Spulenfluß. Im Gegensatz zur Selbstinduktivität L kann die Gegeninduktivität positive oder negative Werte haben. Für die klare Diskussion der Spannungsgleichungen ist es aber besser, der Gegeninduktivität M stets positive Werte zu geben und die Vorzeichen im Ansatz für die induzierte Spannung zu berücksichtigen, wie dies im folgenden geschehen soll. Nach obiger Gleichung gehört unter diesen Voraussetzungen zu einem positiven Strom i_1 ein positiver Fluß Ψ_{12} in der Spule 2. Ist diese positive Richtung des Feldes, die zum positiven Strom i_1 gehört, innerhalb der Spule 2 bekannt, dann sind damit die Zählpfeile für den Fluß Ψ_{12} und für den Schwund S_{12} in der Spule 2 festgelegt. Den Spannungszählpfeil für die Spule 2 legen wir nun beliebig fest und bestimmen mit Hilfe der Abb. 15a oder b, je nach dem Wickelsinn der Spule 2, das zur Schwundrichtung S_{12} gehörige elektrische Feld $\mathfrak{E}$. Stimmen Feldrichtung und Spannungszählpfeil überein, dann gilt für die induzierte Spannung

$$u_{12} = -\frac{d\Psi_{12}}{dt} \quad \text{und} \quad u_{12} = -M\frac{di_1}{dt}. \qquad \text{(66a u. b)}$$

Bei entgegengesetzter Richtung des Spannungszählpfeiles und des zum positiven Schwund S_{12} gehörenden elektrischen Feldes gilt

$$u_{12} = \frac{d\Psi_{12}}{dt} \quad \text{und} \quad u_{12} = M\frac{di_1}{dt}. \qquad \text{(67a u. b)}$$

Zur Erläuterung dieser Gleichungen diene die Abb. 41: Unter Weglassung der stromdurchflossenen Spule 1 zeigt Abb. 41 die vom Feld der Spule 1 durchsetzte Spule 2 mit rechtsgängigem Wicklungssinn. Ein positiver Strom i_1 der Spule 1 möge in der Spule 2 ein magnetisches Feld in der Richtung des angegebenen Pfeiles Ψ_{12} bzw. S_{12} erzeugen. Durch Vergleich mit Abb. 15a finden wir die zugehörige Richtung des elektrischen Feldes wie angegeben und durch $\mathfrak{E}$ gekennzeichnet. Legen wir nun den Spannungszählpfeil mit den eingezeichneten Feldlinien in gleiche Richtung, dann gelten die Gl. 66a und b; bei umgekehrter Richtung des Spannungszählpfeiles sind dagegen die Gl. 67a und b zu benutzen.

Eine andere, einfache Regel für das Vorzeichen der gegeninduktiven Spannung läßt sich folgendermaßen ableiten: Legt man für die induzierte Spule außer dem Spannungszählpfeil auch noch einen Stromzählpfeil und dazu gemäß Gl. 61 bzw. Abb. 36 einen Flußzählpfeil fest, dann gilt: Die Spannung der gegenseitigen Induktion hat dasselbe Vorzeichen wie die Spannung der Selbstinduktion, wenn der Zählpfeil für den „fremden" Fluß mit dem Zählpfeil für den „eigenen" Fluß der Spule übereinstimmt. Das Vorzeichen für die Spannung der Selbstinduktion richtet sich nach dem gewählten Zählpfeilsystem.

Nach Möglichkeit wird man die Zählpfeile so wählen, daß alle Teilspannungen gleiches Vorzeichen erhalten. Das ist allerdings nicht immer möglich, z. B. dann nicht, wenn zwei Spulen gegengeschaltet sind.

d) Zusammenfassung. Die bisher gewonnenen Vorzeichenregeln lassen sich in einem Schaubild übersichtlich darstellen. Den Spannungsvektor zeichnen wir nur einmal und dazu die Stromvektoren für jeden der betrachteten Fälle.

Diese Schaubilder in Abb. 42 für die beiden Zählpfeilsysteme sind folgendermaßen zu lesen:

Im VZS eilt z. B. der Stromvektor einer Drossel dem Spannungsvektor um 90° nach, im EZS um 90° vor. Bei einem Generator z. B., der lediglich Wirkleistung abgibt, also bei $\cos\varphi = 1$ arbeitet, sind im EZS Stromvektor und Spannungsvektor in Phase und im VZS in Gegenphase usw.

Diese Schaubilder dienen gleichzeitig in einfacher Weise zur Beurteilung der Leistungsverhältnisse in einem gegebenen Vektordiagramm. Liegt z. B.

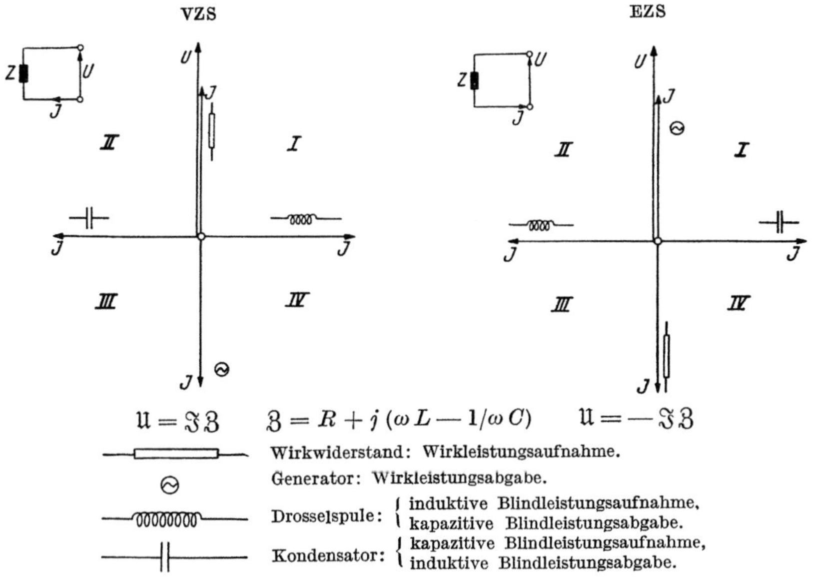

Abb. 42. Vorzeichenregeln bei Wechselstrom.

der Stromvektor im III. Quadranten im Vergleich zum Vektor der Klemmenspannung, dann würde das bei Anwendung eines VZS eine Maschine oder einen sonstigen Apparat bedeuten, der Wirkleistung und ind. Blindleistung abgibt; das könnte z. B. ein übererregter Synchrongenerator sein, im EZS würde es aber eine Maschine bedeuten, die Wirkleistung und ind. Blindleistung aufnimmt.

G. Streuung bei elektrischen Maschinen und Transformatoren.

Ein Begriff, der uns bei der Betrachtung der Wirkungsweise der Maschinen und bei ihrer Berechnung auf Schritt und Tritt begegnet, ist die „Streuung“ und so wichtig dieser Begriff offenbar ist, so schwer läßt sich in wenigen Worten sagen, was unter Streuung zu verstehen ist. Ein Blick in das Schrifttum[1]) zeigt auch, daß über den Begriff der Streuung keineswegs einheitliche Auffassungen bestehen. Das liegt zum Teil daran, daß die Streuung verschiedene Anwendungsarten umfaßt, die nicht immer klar auseinandergehalten werden, so daß Mißverständnisse unvermeidlich sind.

Im folgenden werden zwei Streuungsarten unterschieden, die wir „magnetische“ und „induktive“ Streuung nennen wollen. Bei der ersten Art ist die

1) BÖDEFELD, ETZ 52 (1931) S. 763.

„Streuung der magnetischen Feldlinien“ und bei der zweiten Art die „Streuung der induktiven Verkettung“ bei transformatorischen Beziehungen zwischen zwei Wicklungen gemeint.

1. Magnetische Streuung.

In elektrischen Maschinen und Geräten suchen wir den magnetischen Fluß durch den Einbau von Eisen in gewisse Bahnen zu lenken, um nützliche Wirkungen zu erzielen. Wir sprechen daher vom „Eisenweg“, d. h. vom Weg der Feldlinien im Eisen, und vom „Nutzfluß“. Es ist klar, daß außer den Feldlinien auf dem vorgeschriebenen Eisenweg auch andere Feldlinien auftreten, denn „Leiter und Nichtleiter des Magnetismus“ gibt es nicht; das magnetische Feld erfüllt den ganzen Raum auch außerhalb des Eisens. Wenn nun Feldlinien den vorgeschriebenen Weg verlassen oder sogar ganz außerhalb dieses Weges verlaufen, sprechen wir von Streulinien und Streufluß. Diesen magnetischen Streufluß können wir aus einem Feldbild ohne weiteres berechnen, indem wir die Feldlinien, die nicht den von uns gewünschten Weg einhalten, sozusagen abzählen. Als Streuziffer bezeichnen wir dann das Verhältnis von Streufluß zu Nutzfluß: $\sigma = \Phi_\sigma/\Phi_h$. Die Kenntnis des Streuflusses ist z. B. in den meisten Fällen nötig, um die magnetischen Kennlinien der Maschine usw. berechnen zu können.

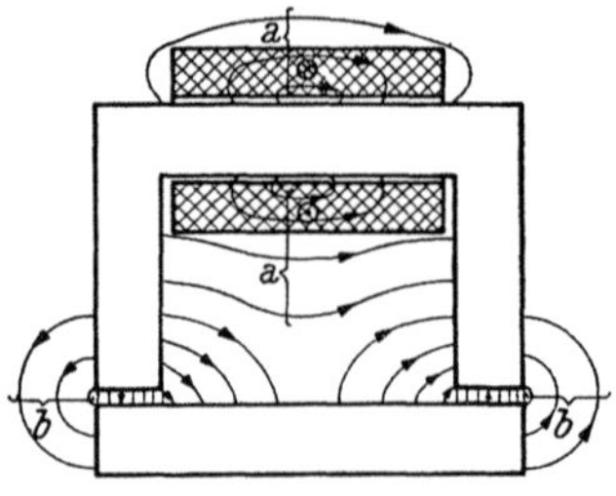

Abb. 43. Zur Definition der magnetischen Streuung.

Als Beispiel wählen wir zunächst einen Hubmagneten, dessen Feldlinienverlauf außerhalb des Eisens in Abb. 43 angedeutet ist. Aufgabe der Feldlinien ist, den Anker anzuziehen. Feldlinien, die überhaupt nicht in den Anker eintreten, liefern also keinen nützlichen Beitrag und sind daher als Streulinien zu bezeichnen. Sie sind in Abb. 43 mit *a* bezeichnet. Da diese Streulinien aber auch teilweise durch das Eisen, nämlich durch den von der Spule umschlossenen Kern laufen, ist die Kenntnis des gesamten Flusses einschließlich Streulinien notwendig, um die magnetische Kennlinie des Hubmagneten zu bestimmen.

Die in Abb. 43 mit *b* bezeichneten Feldlinien verlaufen zwar größtenteils auf dem Eisenweg, treten auch in den Anker ein, aber es ist offensichtlich, daß sie zur Hubkraft des Magneten keinen Beitrag liefern, weil ihre Zugkraft ganz oder beinahe senkrecht zur Hubrichtung wirkt. Man würde also auch diese als Streulinien bezeichnen, wenn man die Erzeugung der Hubkraft als Aufgabe des „Nutzflusses“ im Auge hat.

Als zweites Beispiel wählen wir die Gleichstrommaschine. Hier erzeugen die Feldmagnete einen magnetischen Fluß, der in den Anker eintreten soll, damit durch Schneiden dieser Feldlinien eine elektrische Spannung erzeugt werden kann. Auch hier ist die Aufgabe des Nutzflusses klar festgelegt. Feldlinien, die nicht in den Anker eintreten, können zu der gestellten Aufgabe nichts beitragen und sind daher als Streulinien zu bezeichnen (s. Abb. 9).

Für die Definition der magnetischen Streuung ergibt sich somit: Streulinien sind solche Feldlinien, die nicht zum Nutzfluß gehören. Zum Nutzfluß gehören die Feldlinien, die an der gewünschten Aufgabe mitwirken, bzw. den gewünschten Verlauf haben. Bei ein und demselben Gerät kann die Aufteilung des gesamten Flusses in Nutzfluß und Streufluß mit der gestellten „Aufgabe“ oder mit dem „gewünschten Verlauf“ sich ändern. Man sieht also, daß der Berechnung der magnetischen Streuung zuvor eine Festsetzung, was unter Streufluß verstanden werden soll, vorauszugehen hat, indem man die „Aufgabe“ oder den „gewünschten Verlauf“ des Nutzflusses angibt.

Eine Abtrennung der magnetischen Streulinien im Feldbild ist stets möglich; man kann also im Feldbild bei jeder Feldlinie angeben, ob sie zum Nutzfluß oder zum Streufluß gehört.

2. Induktive Streuung.

a) Allgemeine Definition der induktiven Streuung. Eine grundsätzlich andere Streuungsart ist die „induktive Streuung" bei transformatorischen Beziehungen zwischen zwei Wicklungen. Hier handelt es sich um die induktive Verkettung der beiden Wicklungen und dafür sind die Selbst- und Gegeninduktivitäten, bzw. die Spulenflüsse maßgebend. Aus der Transformatortheorie ist die Gesamtstreuziffer

$$\boxed{\sigma = 1 - \frac{M^2}{L_1 L_2}} \tag{68}$$

bekannt. Diese Definition ist allgemeingültig, bedarf also keines besonderen Übereinkommens im Einzelfall und hat mit Haupt- oder Nutzfluß und Streufluß nichts zu tun. Daß noch andere, aber im grundsätzlichen ähnlich definierte Streuziffern in der Transformatortheorie hin und wieder benutzt werden, ist hier ohne Bedeutung.

In der Theorie des technischen Transformators werden neben der Gesamtstreuziffer auch noch Einzelstreuziffern, die primäre und die sekundäre Streuziffer, verwendet. Ihrer Definition wollen wir uns nun zuwenden. Da für die induktive Verkettung die Spulenflüsse maßgebend sind, gehen wir von diesen aus. Nach Gl. 20 gilt für den primären bzw. sekundären Spulenfluß:

$$\left.\begin{aligned} \Psi_1 &= L_1 i_1 + M i_2 \\ \text{und} \qquad \Psi_2 &= L_2 i_2 + M i_1. \end{aligned}\right\} \tag{69}$$

Unter Zulassung beliebiger Zahlenwerte für λ_1 und λ_2 erweitern wir diese Gleichungen in folgender Weise:

$$\left.\begin{aligned} \Psi_1 &= (L_1 - \lambda_1 M)\, i_1 + M\, (\lambda_1 i_1 + i_2) \\ \text{und} \qquad \Psi_2 &= (L_2 - \lambda_2 M)\, i_2 + M\, (i_1 + \lambda_2 i_2). \end{aligned}\right\} \tag{70}$$

In diesen Gleichungen nennen wir $\Psi_{1h} = M\,(\lambda_1 i_1 + i_2)$ den primären und $\Psi_{2h} = M\,(\lambda_2 i_2 + i_1)$ den sekundären Hauptfluß. $\Psi_{1\sigma} = (L_1 - \lambda_1 M)\, i_1 = L_{1\sigma} i_1$ ist der primäre und $\Psi_{2\sigma} = (L_2 - \lambda_2 M)\, i_2 = L_{2\sigma} i_2$ der sekundäre Streufluß. Sämtliche Flüsse sind selbstverständlich Spulenflüsse. $L_{1h} = L_1 - L_{1\sigma} = \lambda_1 M$ ist die primäre und $L_{2h} = L_2 - L_{2\sigma} = \lambda_2 M$ die sekundäre Hauptinduktivität.

Als Streuziffer bezeichnen wir das Verhältnis von Streuinduktivität zu Hauptinduktivität. Es ist also die primäre bzw. die sekundäre Streuziffer:

$$\sigma_1 = \frac{L_1 - \lambda_1 M}{\lambda_1 M} \quad \text{bzw.} \quad \sigma_2 = \frac{L_2 - \lambda_2 M}{\lambda_2 M}. \tag{71}$$

Zwischen den zunächst willkürlichen Werten λ_1 und λ_2 läßt sich eine einfache Beziehung herstellen, wenn man, was physikalisch ohne weiteres einleuchtet, verlangt, daß die Gesamtstreuziffer $\sigma \to 0$ geht, sofern beide Streuinduktivitäten $L_{1\sigma}$ und $L_{2\sigma}$ null werden. Indem wir $L_1 = \lambda_1 M + L_{1\sigma}$ und $L_2 = \lambda_2 M + L_{2\sigma}$ in Gl. 68 einführen und $L_{1\sigma}$ sowie $L_{2\sigma}$ null werden lassen, ergibt sich für $\sigma \to 0$ die Bedingung:

$$\lambda_1 \lambda_2 = 1. \tag{72}$$

Diese Bedingung hat weiter $L_{1h} L_{2h} = M^2$ zur Folge. Wir erkennen also: Obwohl die Gesamtstreuziffer σ eindeutig definiert ist, sind die Einzelstreuziffern σ_1 und σ_2 nach Gl. 71 gänzlich willkürlich. Indem man λ_1 bzw. λ_2 unter Beachtung von Gl. 72 beliebige Werte erteilt, kann man die „Streuflüsse" beliebig der einen oder anderen oder beiden Wicklungen zuschreiben; ebenso wenig läßt sich ein „Nutzfluß" eindeutig definieren, obwohl der beabsichtigte Nutzen eines Transformators genau festliegt.

b) Schema der induktiven Verkettung eines Transformators. Um zu einer technisch brauchbaren Deutung der oben entwickelten Definition zu kommen, führen wir den aus der Transformatortheorie bekannten „von beiden Wicklungen gemeinsam erregten magnetischen Nutzfluß" oder kurz den „gemeinsamen Nutzfluß" ein. Wir denken uns also einen magnetischen Fluß Φ_h, der mit allen primären und sekundären Windungen verkettet sein soll, so daß wir für die Hauptspulenflüsse schreiben können:

$$\left.\begin{aligned} \Psi_{1h} &= M(\lambda_1 i_1 + i_2) = \Phi_h w_1 \\ \text{und}\qquad \Psi_{2h} &= M(i_1 + \lambda_2 i_2) = \Phi_h w_2. \end{aligned}\right\} \qquad (73)$$

w_1 und w_2 sind die Windungszahlen der beiden Wicklungen. Aus diesen Gleichungen ermitteln wir

$$i_1(\lambda_1 w_2 - w_1) + i_2(w_2 - w_1 \lambda_2) = 0. \qquad (74)$$

Da wir für i_1 und i_2 beliebige Werte zulassen müssen, so folgt daraus, daß jeder Klammerwert in obiger Gleichung null sein muß. Mithin wird

$$\lambda_1 = \frac{w_1}{w_2} \text{ und } \lambda_2 = \frac{w_2}{w_1}. \qquad (75)$$

Daraus erhalten wir also für den gemeinsamen Fluß $\Phi_h = M(i_1/w_2 + i_2/w_1)$. Mit den Beziehungen der Gl. 75 errechnen wir auch magnetische Streuflüsse $\Phi_{1\sigma}$ und $\Phi_{2\sigma}$, indem wir im Einklang mit Gl. 70 $\Psi_{1\sigma} = (L_1 - \lambda_1 M)\, i_1 = \Phi_{1\sigma} w_1$ und $\Psi_{2\sigma} = (L_2 - \lambda_2 M)\, i_2 = \Phi_{2\sigma} w_2$ setzen. Dadurch erhalten wir ein ganz einfaches und brauchbares Schema der induktiven Verkettung zweier Wicklungen, wie es in Abb. 44 dargestellt ist. Mit jeder Spule ist ein „Streufluß", der nur von dem Strom dieser Spule herrührt, und ein „gemeinsamer Fluß", der von beiden Wicklungen erzeugt wird, verkettet. Im Sinne der gewünschten Transformatorwirkung ist dieser gemeinsame Fluß als Nutzfluß zu bezeichnen. Mit diesem einfachen Schema der Flüsse läßt sich das Verhalten des Transformators in überaus einfacher und übersichtlicher Weise beschreiben, aber man darf sich indessen keineswegs zu der Annahme verleiten lassen, daß diese auf Grund einer rechnerischen Zerlegung gewonnenen Flüsse auch in Wirklichkeit vorhanden sein müssen. Die Flüsse sind zunächst als fiktiv zu betrachten; wie weit sie mit den wirklich vorhandenen magnetischen Flüssen übereinstimmen, muß von Fall zu Fall untersucht werden.

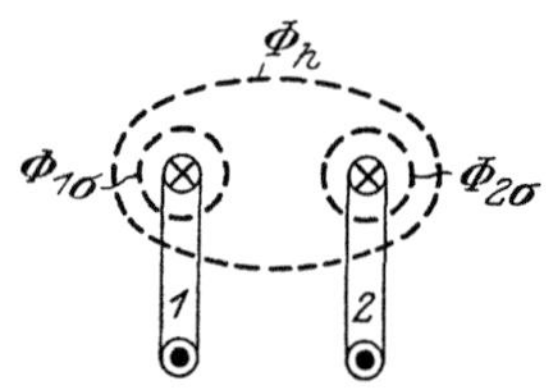

Abb. 44. Schema der induktiven Verkettung des Transformators.

c) Induktive Streuung und Feldbild. Abb. 45 zeigt das Feldbild eines eisenlosen Transformators bei einseitiger Erregung. Man erkennt sofort, daß dieses Feldbild dem in Abb. 44 dargestellten Schema nicht entspricht. Es treten einseitig sowie beiderseitig voll oder teilweise verkettete Feldlinien auf, während das Schema nur voll einseitig oder voll beiderseitig verkettete Linien zeigt. Es ist also klar, daß sich der physikalisch vorhandene magnetische Fluß hier nicht mit den fiktiven Flüssen des Schemas in Übereinstimmung bringen läßt. Für die nur teilweise mit beiden Wicklungen verketteten Feldlinien hat man den Begriff der „doppeltverketteten Streuung" eingeführt, um anzudeuten, daß diese Feldlinien sowohl zum Streufluß als auch zum Nutzfluß beitragen.

Ein weiterer Grund, warum das Feldbild zur Streuungsdefinition nicht herangezogen werden kann, besteht darin, daß das Feldbild eines Transformators seine Struktur ständig ändert, weil sich das gegenseitige Verhältnis der Ströme von primär und sekundär ebenfalls ständig ändert. Ein stets gleichbleibender Teil des Feldes, der z. B. als Streufeld angesprochen werden könnte, existiert also nicht.

Das Feldbild eines Transformators mit beliebigen Strömen in beiden Wicklungen kann man sich aus der Überlagerung zweier einseitig erregter Feldbilder

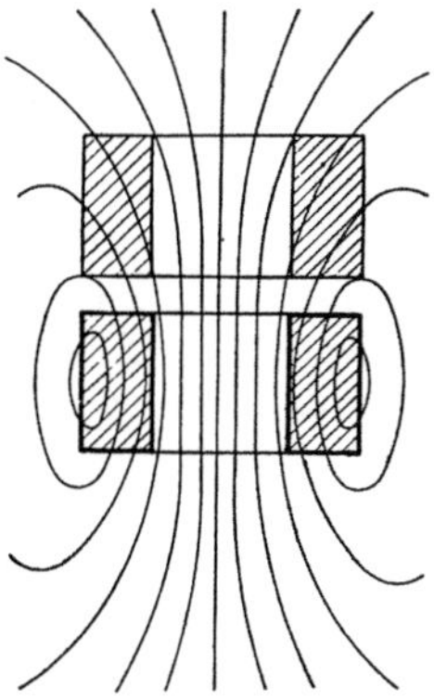

Abb. 45. Feldbild eines eisenlosen Transformators bei einseitiger Erregung (die untere Spule führt Strom).

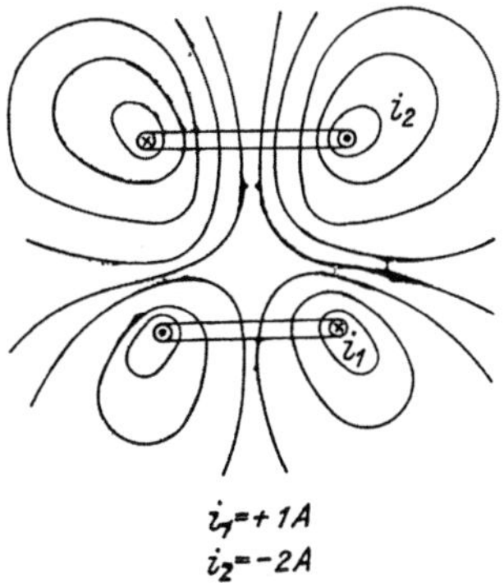

Abb. 46. Feldbild eines Transformators, aus zwei Windungen bestehend, bei beiderseitiger Erregung.

entstanden denken. Es zeigt sich, daß ein solches Feldbild noch weniger Ähnlichkeit mit dem Schema hat als das Feldbild bei einseitiger Erregung. Abb. 46 zeigt z. B. ein Feldbild für einen aus zwei Windungen bestehenden Transformator ohne Eisenkern bei beiderseitiger Erregung. Obwohl nach unserer Definition mit den gewählten Strömen $i_1 = +1$ Amp und $i_2 = -2$ Amp der gemeinsame Fluß $\Phi_h = M\,(i_1/w_2 + i_2/w_1)$ von Null verschieden ist, zeigt das Feldbild dennoch keine Feldlinien, die mit beiden Windungen verkettet sind. Wir stellen also fest: Bei Transformatoren ohne Eisen können die magnetischen Flüsse im allgemeinen nicht den fiktiven magnetischen Flüssen des Schemas gleichgesetzt werden. Die induktive Streuung kann nicht durch die magnetische Streuung im Feldbild zur Darstellung gebracht werden.

Etwas grundsätzlich anderes ist es dagegen, wenn wir das Feldbild benutzen, um daraus auf Grund unserer festen Definitionen die eine oder die andere Größe rechnerisch zu ermitteln. Das Feldbild in Abb. 45 für einseitige Erregung der primären Spule können wir z. B. benutzen, um die Selbstinduktivität L_1 und die Gegeninduktivität M zu ermitteln; auf Grund der Definition $L_{1\sigma} = L_1 - M\,w_1/w_2$ läßt sich dann anschließend auch noch die primäre Streuinduktivität $L_{1\sigma}$ bestimmen. Aber auf keine Art und Weise können wir aus demselben Feldbild auch noch die sekundären Streuwerte und schließlich die Gesamtstreuung bestimmen, wenn wir von dem Fall der völlig symmetrischen Anordnung absehen. — Die Gegenschaltung des Transformators z. B. wird vielfach benutzt, um die beiderseitigen Streuinduktivitäten zu bestimmen. In der Gegenschaltung ist mit $w_1\,i_1 = -w_2\,i_2$ der fiktive Fluß Φ_h null; die Primärspule führt den Fluß

$\Psi_1 = (L_1 - M\, w_1/w_2)\, i_1 = L_{1\sigma}\, i_1$ und die Sekundärspule den Fluß $\Psi_2 = (L_2 - M\, w_2/w_1)\, i_2 = L_{2\sigma}\, i_2$. Aus dem Feldbild des Transformators bei Gegenschaltung lassen sich also auf dem Wege über die Flüsse Ψ_1 und Ψ_2 die Streuinduktivitäten $L_{1\sigma}$ und $L_{2\sigma}$ berechnen. Ob man nun die Feldlinien des Feldbildes für Gegenschaltung als Streulinien bezeichnet oder nicht, ist gleichgültig, man darf nur nicht erwarten, diese einseitig verketteten Linien in Feldbildern für andere Betriebszustände wiederzufinden.

d) Induktive Streuung beim Transformator mit geschlossenem Eisenkern. Beim technischen Transformator mit geschlossenem Eisenkern liegen die Verhältnisse grundsätzlich anders. Durch den Einbau des Eisenkernes haben wir die Möglichkeit, den magnetischen Fluß in ganz bestimmte Bahnen zu lenken. Der magnetische Fluß, der auf dem geschlossenen Eisenwege verläuft und der immer vorhanden ist, wenn die resultierende Durchflutung beider Wicklungen nicht null ist, ist beiderseits mit allen Windungen voll verkettet. Zwar besteht auch noch eine induktive Verkettung über magnetische Felder, die sich im Luftraum des Transformators ausbreiten, aber diese sind gegenüber dem starken Feld im Eisen — unter Voraussetzung der üblichen, nicht allzu hohen Felddichten im Eisen — so schwach, daß wir sie, wie die Erfahrung gezeigt hat, vernachlässigen können. Unter dieser Voraussetzung bildet der beiderseits voll verkettete magnetische Fluß auf dem Eisenwege die induktive Verkettung zwischen den beiden Spulen und ist dem Nutzfluß Φ_h unseres Schemas gleichzusetzen. Hier ist es also möglich, den fiktiven magnetischen Fluß des Schemas mit einem physikalisch vorhandenen Fluß zu identifizieren. Wir haben auf diese Art die Möglichkeit gewonnen, aus den Spannungsgleichungen über die Spulenflüsse die magnetischen Verhältnisse im Eisenkern zu ermitteln.

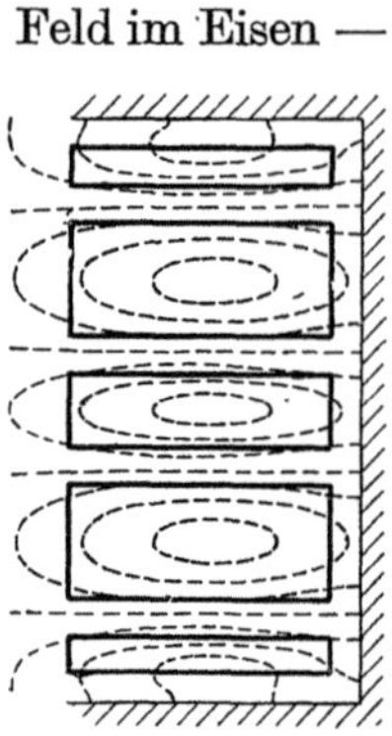

Abb. 47. Feldbild bei Gegenschaltung eines Transformators mit Scheibenwicklung.

Da der gemeinsame Nutzfluß nach unserer Festlegung nur auf dem geschlossenen Eisenweg verläuft, müßten wir folgerichtig die Felder im Luftraum des Transformators als die Streufelder des Transformators bezeichnen; aber es ist zu beachten, daß, wenn auch der Beitrag der Luftfelder zur gegenseitigen induktiven Verkettung bei der Ermittlung des gemeinsamen Nutzflusses vernachlässigt werden kann, wir diesen Beitrag bei der Ermittlung der Streuung nicht außer acht lassen können. Die Felder im Luftraum des Transformators können also nicht in vollem Umfang als Streufelder angesehen werden; die induktive Streuung des Transformators enthält doppelt verkettete Streuung. Die genaue Bestimmung der Transformatorstreuung an Hand eines Feldbildes erfolgt daher nicht bei einseitiger Erregung, sondern bei Gegenschaltung (Abb. 47).

In bezug auf den Nutzfluß haben wir also beim Transformator mit geschlossenem Eisenkern wieder weitgehend den Anschluß an die magnetische Streuung gewonnen: Der physikalisch vorhandene gemeinsame magnetische Fluß auf dem Eisenwege kann auch gleichzeitig zum Nutzfluß der induktiven Verkettung erklärt werden. Bei den Streufeldern ist jedoch die Übereinstimmung der magnetischen Streuung mit der induktiven Streuung nicht vollständig, weil doppelt verkettete Streuung auftritt.

3. Streuung bei umlaufenden Maschinen.

Auch bei den umlaufenden Maschinen ist grundsätzlich zwischen magnetischer und induktiver Streuung zu unterscheiden, wobei aber hier die Verhältnisse bedeutend schwieriger zu erfassen sind. Es ist daher hier nicht möglich, für alle

Maschinen eine eingehende Streuungsdefinition zu geben; wir müssen uns darauf beschränken, die Streuungsfrage bei der Induktionsmaschine und der Synchronmaschine, den beiden wichtigsten Fällen, zu untersuchen.

a) Drehstrom-Induktionsmaschine. Die Wirkungsweise der Asynchronmaschine kann man auch im Lauf auf die des Transformators zurückführen, indem man nur die Grundwelle des Drehfeldes als gemeinsames Nutzfeld ansieht. Die Oberwellenfelder durchsetzen zwar auch den Luftspalt sowie Ständer und Läufer, aber sie erzeugen in der gegenüberliegenden Wicklung Spannungen, deren Frequenz — vom Stillstand abgesehen — von der Grundwellenfrequenz („Nutzfrequenz") verschieden ist, so daß wir sie zu den Streufeldern rechnen müssen. Bei der Verkettung der Wicklung mit dem Grundwellenfeld ist der Wicklungsfaktor ξ_1 bzw. ξ_2 zu berücksichtigen; in Anlehnung an Gl. 73 setzen wir daher zur Bestimmung der induktiven Streuung:

$$\left.\begin{aligned} \Psi_{1h} &= M(\lambda_1 i_1 + i_2) = \Phi_h w_1 \xi_1 \\ \text{und} \qquad \Psi_{2h} &= M(i_1 + \lambda_2 i_2) = \Phi_h w_2 \xi_2, \end{aligned}\right\} \tag{76}$$

so daß sich

$$\lambda_1 = \frac{w_1 \xi_1}{w_2 \xi_2} \quad \text{und} \quad \lambda_2 = \frac{w_2 \xi_2}{w_1 \xi_1} \tag{77}$$

ergeben. Wenn man also das Grundwellenfeld als Nutzfeld zur Grundlage der induktiven Streuungsrechnung macht, muß man bei der Übersetzung die Wicklungsfaktoren berücksichtigen. Theoretisch ist damit die Streuungsdefinition eindeutig und klar gegeben: Es ist $L_{1\sigma} = L_1 - M\, w_1 \xi_1 / w_2 \xi_2$ und $L_{2\sigma} = L_2 - M\, w_2 \xi_2 / w_1 \xi_1$; aber die praktische Ermittlung bereitet beträchtliche Schwierigkeiten,[1]) weil es sich nicht um einphasige, sondern um mehrphasige Wicklungen auf der Primär- und Sekundärseite handelt. Es bestehen nicht nur zwischen Primär- und Sekundäranker, sondern auch zwischen den Wicklungssträngen ein und desselben Ankers induktive Verkettungen. Man geht daher dazu über, die Streuung in Teilen zu berechnen, und zwar unterscheidet man die Nutenstreuung (s. Abb. 48), die Stirnstreuung (s. Abb. 49) und die Spaltstreuung. Für letztere sind auch noch andere Bezeichnungen, wie Zahnkopfstreuung, Oberwellenstreuung oder doppelt verkettete Streuung gebräuchlich. Es liegt auf der Hand, daß es nicht einfach ist, die richtige Abgrenzung der einzelnen Streuungen untereinander zu finden. Man braucht sich daher auch nicht zu wundern, wenn gerade bei dieser Streuungsrechnung Unklarheiten und Mißverständnisse auftreten.

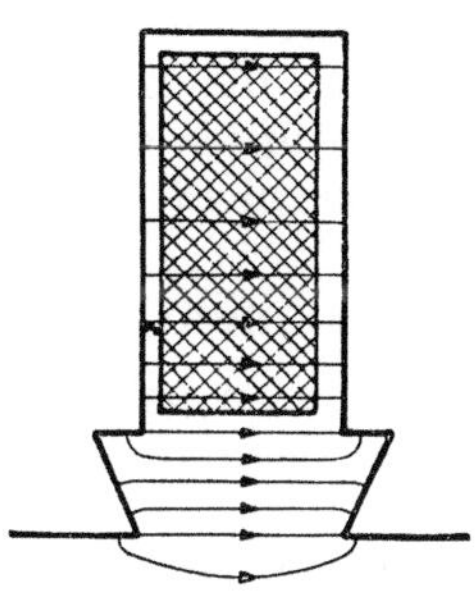

Abb. 48. Streufeld einer Ankernut.

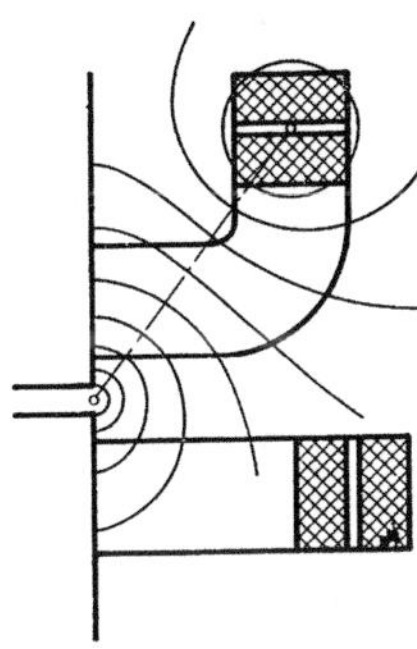

Abb. 49. Stirnstreufeld.

Auch die Gegenschaltung führt hier nicht in der einfachen Weise wie beim Transformator zum Ziel, weil mit $w_1 \xi_1 i_1 = -w_2 \xi_2 i_2$ zwar die Grundwelle des Drehfeldes verschwindet, aber die beiderseitige induktive Verkettung über die Oberwellen im Feldbild bestehen bleibt. Das stimmt zwar mit den Ver-

[1]) K. Humburg, Arch. Elektrotechn. Bd. 34 (1940) S. 445.

hältnissen im Stillstand der Maschine überein, aber im Lauf sollte, wie eingangs dargelegt worden ist, die gegenseitige induktive Verkettung durch die Oberwellenfelder vernachlässigt werden, weil sie nutzfrequenzfremde Frequenzen zur Folge haben und daher zur Wirkung des Motors, von unerwünschten Nebenerscheinungen abgesehen, nichts beitragen. Um den Verhältnissen im Lauf gerecht zu werden, muß man sich die Oberwellenfelder aus dem Luftspalt heraus verlegt und nur einseitig verkettet denken, was sich aber im Feldbild nicht darstellen läßt.

b) Synchronmaschine. Wie bei der Gleichstrommaschine, haben wir auch hier ein von Gleichstrom erregtes Polradfeld, dessen Aufgabe es ist, im Anker eine Spannung zu erzeugen. Man rechnet daher wie bei der Gleichstrommaschine alle Feldlinien, die nicht in den Anker eintreten, zum Streufeld des Polrades im Sinne der magnetischen Streuung. Bei dem von der Drehstromankerwicklung erzeugten Feld führt dagegen die Frage nach dem Nutzfeld nicht zum Ziel, weil das Ankerfeld zur Erzeugung der Ankerspannung und zur Bildung des Drehmoments in der Maschine gar nicht erforderlich ist und daher von einem Nutzen des Ankerfeldes keine Rede sein kann. Eine Unterteilung des Ankerfeldes in Haupt- und Streufeld läßt sich aber durchführen, wenn man von der Berechnung der magnetischen Kennlinien der Maschine ausgeht. Zum Ankerhauptfeld zählt man in diesem Sinne das zur Grundwelle der Felderregerkurve bei glattem Anker gehörige Feld, da dies auf demselben Wege wie das Polradfeld verläuft und wesentlich zur Eisensättigung beiträgt. In vollem Umfange trifft das aber nur beim Ankerlängsfeld zu, während das Ankerquerfeld nur bei der Vollpolmaschine, aber nicht bei der Schenkelpolmaschine zur Ermittlung der magnetischen Kennlinie herangezogen wird. Dennoch rechnet man im allgemeinen auch das Ankerquerfeld zum Ankerhauptfeld. Mit dieser Festlegung des Ankerhauptfeldes ist das Ankerstreufeld als der restliche Teil des Ankerfeldes anzusprechen. Zu seiner Berechnung müssen wir aber wie bei der Induktionsmaschine zu Teilfeldern übergehen,[1]) deren richtige Erfassung und gegenseitige Abgrenzung auch hier die gleichen Schwierigkeiten bereiten.

Während im symmetrischen Belastungszustand keine wechselseitige induktive Verkettung zwischen Ankerwicklung und Erregerwicklung besteht, so daß man die Streuungsrechnung nur auf der Grundlage der magnetischen Streuung durchführen kann, besteht für den unsymmetrischen Belastungszustand wie auch für Ausgleichsvorgänge die Möglichkeit, eine induktive Streuungsrechnung anzustellen, die natürlich zu anderen Ergebnissen führen muß. Auf diese Frage können wir hier aber nicht mehr eingehen.

4. Zusammenfassung.

Die magnetische Streuungsdefinition geht vom Feldbild aus. Nach irgend welchen Gesichtspunkten legt man einen Nutzfluß fest und erhält den Streufluß als den restlichen Teil des Feldes.

Die induktive Streuungsdefinition muß dagegen ihren Ausgangspunkt bei den Transformatorgleichungen nehmen und bei transformatorischen Beziehungen zweier Wicklungen verwendet werden. Die Definition der Teilstreuziffern ist weitgehend willkürlich und nur in besonderen Fällen ist — wenigstens teilweise — ein Anschluß an die magnetische Streuungsdefinition im Feldbild möglich.

[1]) S. Humburg, a. a. O.

II. Der Transformator.

A. Grundsätzliches Verhalten.

Ordnen wir auf einem Eisenkern nach Abb. 50 zwei Spulen S_1 und S_2 an und legen die Spule S_1 an ein Wechselstromnetz, so entnimmt sie dem Netz einen Wechselstrom, der ein magnetisches Wechselfeld erzeugt. Dieses Wechselfeld induziert sowohl in der Spule S_1 mit w_1 Windungen als auch in der Spule S_2 mit w_2 Windungen Spannungen.

Das Verhältnis dieser beiden Spannungen ist

$$\frac{E_1}{E_2} = \frac{w_1}{w_2},$$

ist also gleich dem Verhältnis der Windungszahlen. Man nennt es die Übersetzung des Transformators.

Belasten wir die Spule S_2 mit einem Strom J_2, so muß die Spule S_1 aus dem Wechselstromnetz erstens jenen Strom entnehmen, der für die Magnetisierung des Kernes notwendig ist (Magnetisierungsstrom), und zweitens einen Strom, der die magnetisierende Wirkung des Belastungsstromes J_2 der Spule S_2 auszugleichen hat. Vernachlässigen wir den für die Magnetisierung erforderlichen Strom, so muß nach dem Gesetz der Erhaltung der Energie

$$E_1 J_1 = E_2 J_2$$

sein. Daraus folgt, daß in der Nähe der Nennbelastung, bei der eben der Magnetisierungsstrom vernachlässigbar ist,

$$\frac{J_1}{J_2} = \frac{E_2}{E_1} = \frac{w_2}{w_1}$$

ist, daß sich also die Ströme in einem Transformator ungefähr umgekehrt wie die Windungszahlen verhalten.

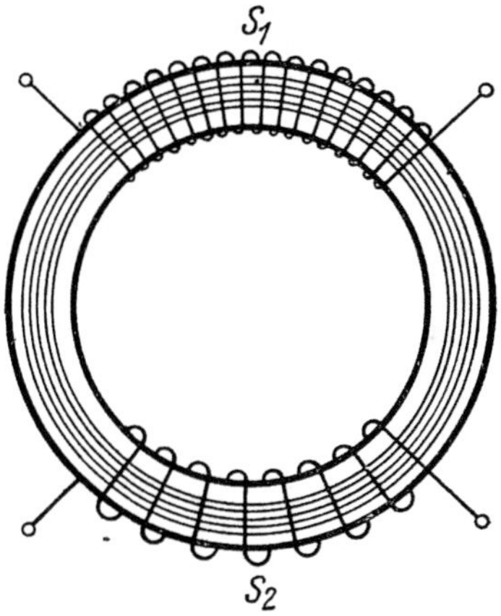

Abb. 50. Flußbild eines Transformators ohne Streuung.

Wir nennen nun jene Wicklung, der Leistung zugeführt wird, die Primärwicklung (in Abb. 50 die Spule S_1), und jene Wicklung, die Leistung abgibt, die Sekundärwicklung (in Abb. 50 die Spule S_2). Alle Größen, die sich auf die Primärwicklung beziehen, sollen den Zeiger 1 erhalten und alle Größen der Sekundärwicklung den Zeiger 2.

Da sich also die induzierten Spannungen oder angenähert die Spannungen an den Klemmen eines Transformators verhalten wie die Windungszahlen, so ist es möglich, eine Wechselspannung gegebener Höhe in eine anderer Höhe umzuwandeln. Man nennt die mit dem Netz der höheren Spannung verbundene Wicklung die Oberspannungswicklung, die mit dem Netz der niederen Spannung verbundene Wicklung die Unterspannungswicklung.

B. Aufbau der Transformatoren.

1. Eisengestell.

a) Einphasentransformator. Man kann zwei Bauarten unterscheiden: Kern- und Manteltransformatoren. Beim Einphasen-Kerntransformator sind auf jedem Schenkel die halbe Windungszahl der Primär- und die der Sekundär-

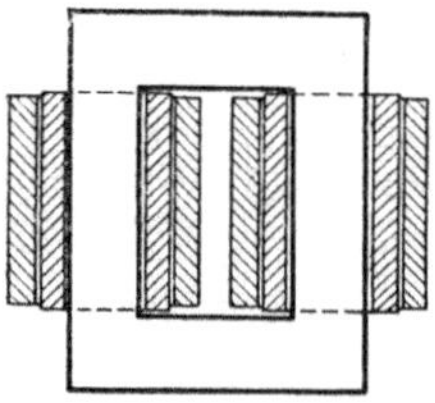

Abb. 51. Einphasenkern-transformator.

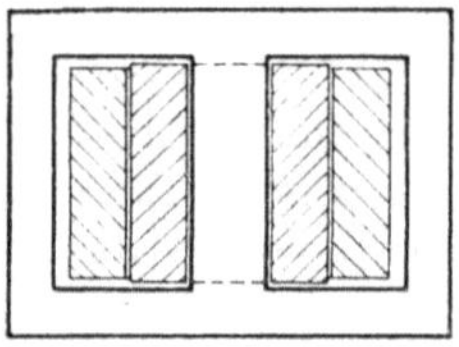

Abb. 52. Einphasenmantel-transformator.

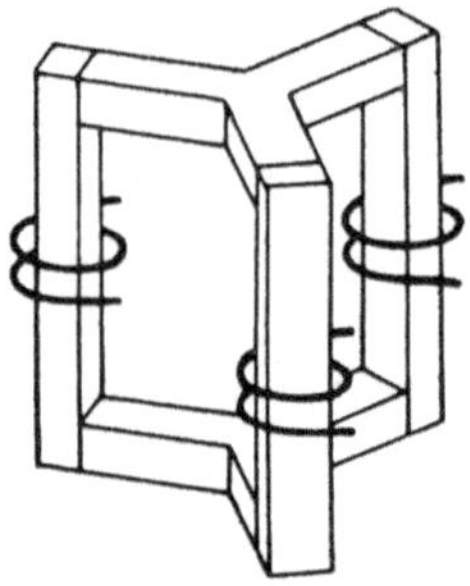

Abb. 53. Symmetrischer Drehstrom-Kerntransformator.

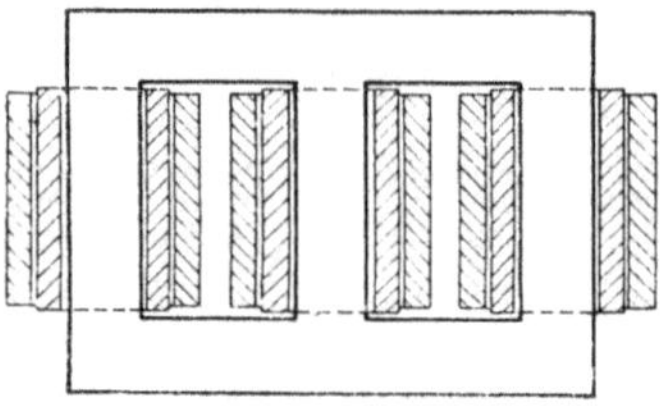

Abb. 54. Unsymmetrischer Drehstrom-Kerntransformator.

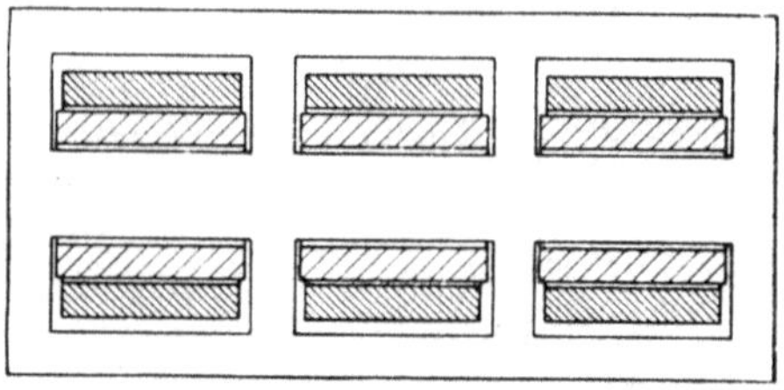

Abb. 55. Drehstrom-Manteltransformator.

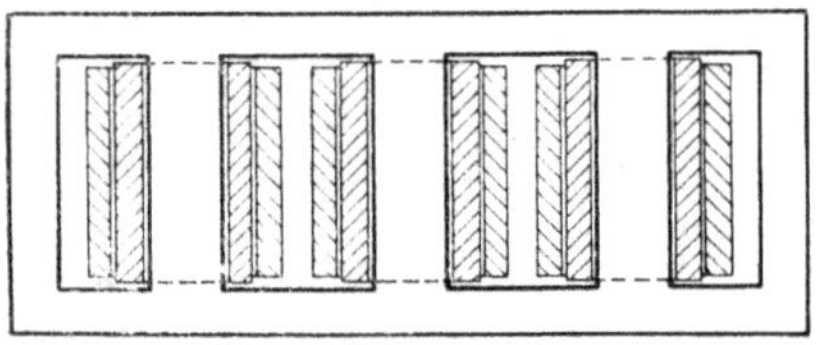

Abb. 56. Fünfschenkeltransformator.

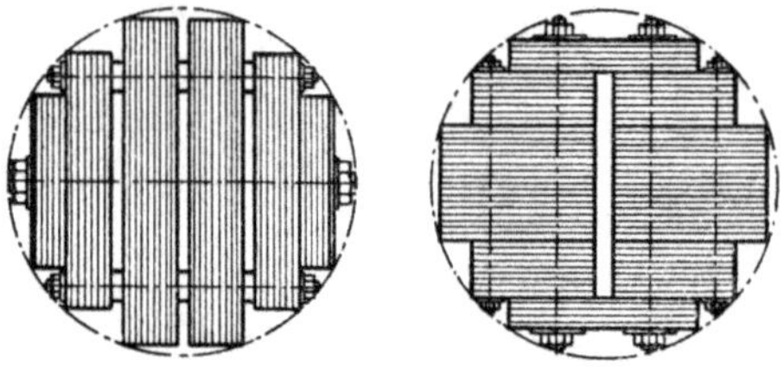

a b

Abb. 58a, b. Anordnung der Kühlkanäle im Eisenkern.

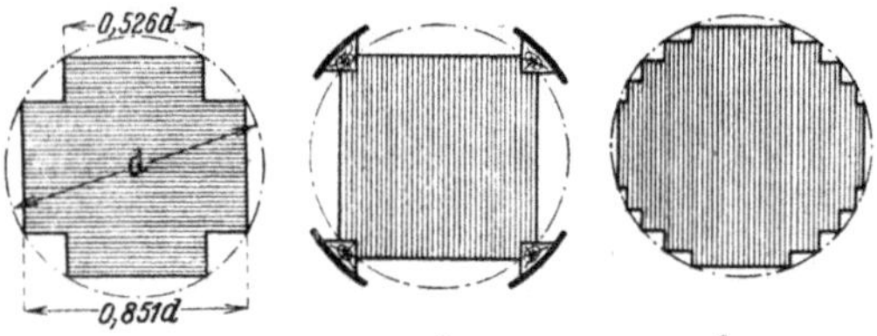

a b c

Abb. 57a, b, c. Kernquerschnitte.

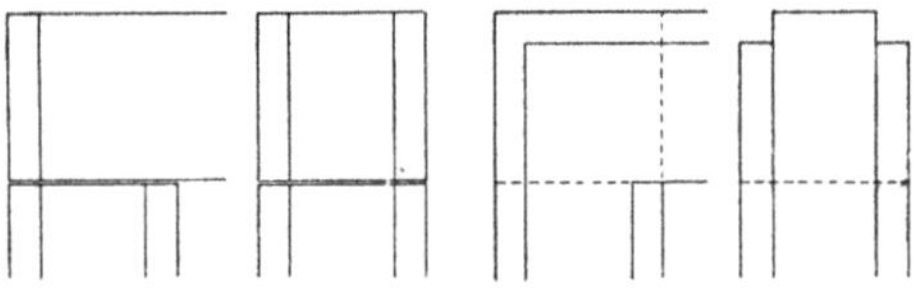

a b

Abb. 59a und b. Jochformen; a) stumpfe, b) verzapfte Stoßstelle.

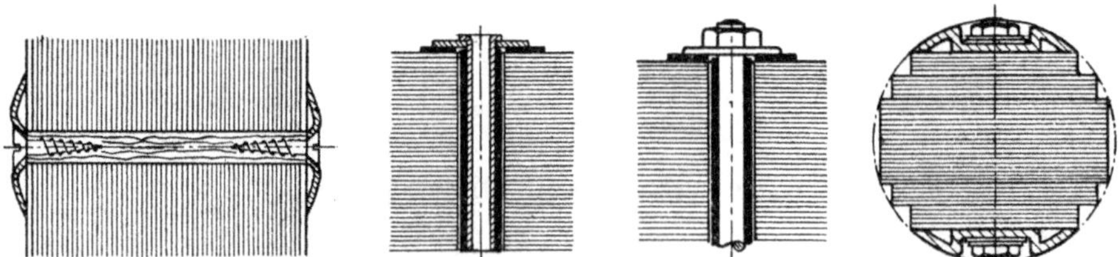

a b c d

Abb. 60a, b, c, d. Einrichtung zum Zusammenpressen von Eisenkernen. a) durch Holzdorne, b) durch Nieten, c) und d) durch Schrauben.

wicklung aufgebracht (Abb. 51). In Abb. 51 heißen die bewickelten Teile des Eisengestelles Schenkel, Säulen oder Kerne. Sie werden durch Joche miteinander verbunden.

Beim Einphasen-Manteltransformator sitzen die vollen Primär- und Sekundärwicklungen nach Abb. 52 auf einem Mittelschenkel und werden durch zwei Außenschenkel wie von einem Mantel umgeben. Der Querschnitt des Mittelschenkels ist ungefähr doppelt so groß wie der Querschnitt der Außenschenkel und Joche, weil der gesamte Fluß im Mittelschenkel sich so teilt, daß durch Joche und Außenschenkel nur der halbe Fluß geht.

b) Drehstromtransformatoren. Die sogenannte symmetrische Bauart von Drehstrom-Kerntransformatoren ist in Abb. 53 gezeigt; sie wird praktisch kaum verwendet, da sie konstruktiv zu ungünstig ist. Die wichtigste Bauart ist die des unsymmetrischen Kerntransformators, bei dem alle drei Schenkel in einer Ebene liegen. Auf jedem Schenkel sitzen Primär- und Sekundärwicklung eines Stranges (Abb. 54).

Der Drehstrom-Manteltransformator entsteht nach Abb. 55 einfach aus der Vereinigung dreier Einphasen-Manteltransformatoren.

Fünfschenkeltransformator. Mitunter erhalten Großtransformatoren für Drehstrom neben den drei Säulen, die die Primär- und Sekundärwicklungen der drei Stränge tragen, noch zwei unbewickelte Schenkel, die wie bei dem Einphasen-Manteltransformator die bewickelten Säulen mantelartig umgeben (Abb. 56). Der Vorteil dieser Bauart ist, daß dadurch der Querschnitt der Joche etwa auf 0,6 desjenigen beim dreischenkeligen Transformator herabgesetzt werden kann, wodurch die Bauhöhe des Transformators verkleinert wird.

c) Konstruktive Einzelheiten. Das Eisengestell wird aus Eisenblechen aufgebaut, die mit Silizium legiert und 0,35 mm stark sind. Die Bleche werden einseitig mit Papier beklebt (0,02...0,03 mm) oder mit Isolierlack oder Wasserglas bestrichen und so gegeneinander isoliert.

Der Querschnitt der Kerne kann bei kleinen und mittleren Transformatoren kreuzförmig oder auch quadratisch (Abb. 57a und b), bei großen Transformatoren abgestuft sein (Abb. 57c). Die Kühlkanäle können bei großen Kernquerschnitten entweder parallel zur Blechebene (Abb. 58a) oder senkrecht dazu (Abb. 58b) angeordnet werden.

Bei Transformatoren kleiner und mittlerer Leistung werden meist die Jochbleche mit den Kernblechen verzapft, so daß sich die Stoßstellen überlappen. Bei großen Transformatoren setzt man die Joche stumpf auf die Kerne und legt Hartpapier oder Mikanit dazwischen (Abb. 59a, b).

Das Zusammenpressen der Kernbleche erfolgt am einfachsten durch Umbandelung. Eine Reihe anderer Einrichtungen zum Zusammenpressen der Kernbleche ist in Abb. 60 dargestellt: Holzdorne, Nieten und Schrauben. Die Pressung soll etwa 5 bis 8 kg/cm^2 betragen, damit Brummen des Transformators vermieden wird. Die Nieten, Bolzen, Muttern und Köpfe müssen gegen die Bleche oder Preßplatten durch Rohre und Scheiben aus Hartpapier isoliert werden. Bei größeren Kernquerschnitten muß man eigens Preßplatten vorsehen, die entweder aus unmagnetischem Metall sein können oder für den Fall, daß sie aus Gußeisen oder Stahlguß sind, in der Längsrichtung unterteilt sein müssen, damit keine Wirbelströme auftreten (Abb. 60d).

2. Wicklungen.

Im Aufbau der Wicklungen unterscheiden wir zwei Arten: die Zylinderwicklung und die Scheibenwicklung. Bei der Zylinderwicklung wird nach

Abb. 61 die Röhre der Oberspannungswicklung über die Röhre der Unterspannungswicklung gestülpt. Bei der Scheibenwicklung nach Abb. 62 werden Primär- und Sekundärwicklung in mehrere Spulen, die Scheibenspulen genannt werden, unterteilt, die abwechselnd übereinander geschichtet werden. Mit Rücksicht auf die Streuung und eine einfache Isolation gegen Eisen ordnet man als Endspulen zwei Halbspulen der Unterspannungswicklung an, wie es Abb. 62 zeigt.

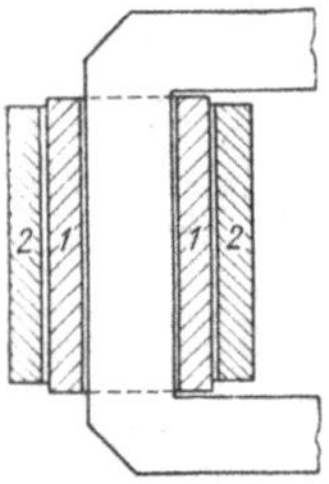

Abb. 61. Zylinderwicklung.

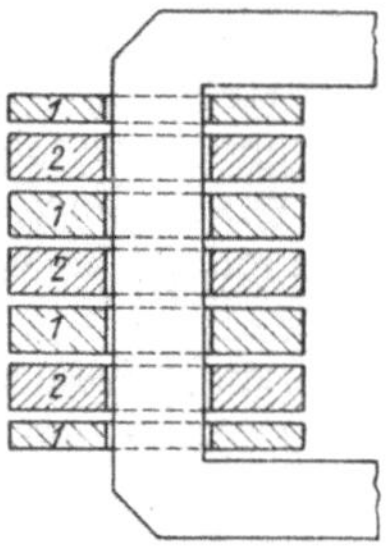

Abb. 62. Scheibenwicklung.

Meist wird die Zylinderwicklung, auch Röhrenwicklung genannt, bevorzugt. Um den Streublindwiderstand und die Bauhöhe herabzusetzen, kann die Unterspannungswicklung auch in zwei Röhren unterteilt werden. Zwischen diesen beiden Röhren liegt dann die Röhre der Oberspannungswicklung.

Den Aufbau der Wicklungen eines Transformators mit Zylinderwicklung zeigt Abb. 63. Die Unterspannungswicklung bildet eine Röhre, die auf einen Zylinder aus Hartpapier gewickelt ist. Doch kann dieser Zylinder auch fehlen. Die Oberspannungswicklung wird in einzelne Spulen unterteilt, und zwar derart, daß die Spannung einer Teilspule 1000 V nicht überschreitet. Die Oberspannungswicklung wird von der Unterspannungswicklung durch Hülsen aus Preßspan, Hartpapier, Haefelit, Bakelit usw. isoliert.

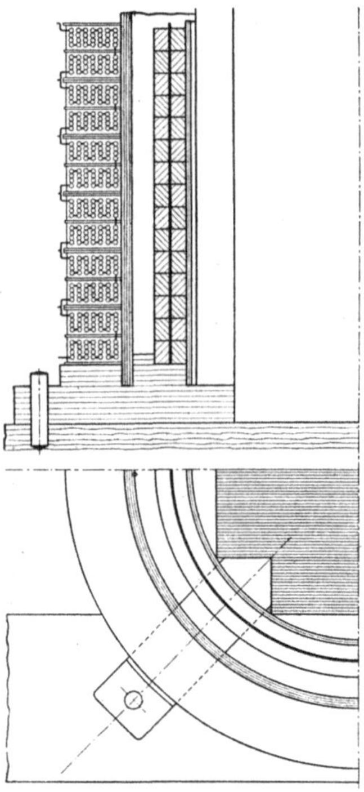

Abb. 63. Aufbau der Wicklung eines Transformators.

Sollen in größeren Überlandnetzen zwei Verteilungsnetze mit verschiedenen Unterspannungen von einer Oberspannungsleitung gespeist werden, so können Transformatoren mit drei Wicklungen verwendet werden (Abb. 64). Oder es kann der Generator z. B. mit 5 kV unmittelbar an den Transformator angeschlossen werden (mittlere Wicklung in Abb. 64), der diese Spannung in zwei verschiedene Spannungen von z. B. 20 kV (innenliegende Wicklung in Abb. 64) und 100 kV (außenliegende Wicklung) umzuwandeln hat. Solche Transformatoren heißen Dreiwicklungstransformatoren. Es wird empfohlen, die leistungaufnehmende Wicklung zwischen den beiden leistungabgebenden Wicklungen anzuordnen.

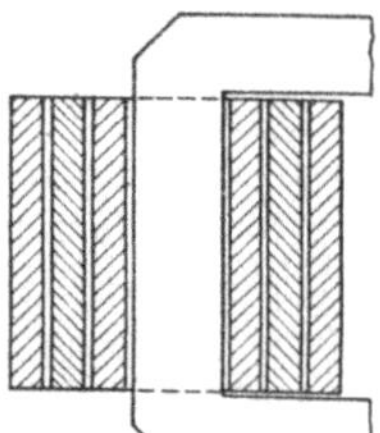

Abb. 64. Dreiwicklungstransformator.

Selbstverständlich können auch Vier- und Mehrwicklungstransformatoren gebaut werden.

3. Kühlung.

Wie in allen elektrischen Maschinen, treten auch in Transformatoren Verluste auf, die die Wicklungen und das Eisengestell erwärmen. In der Hauptsache sind dies die Stromwärme und die Eisenwärme, welche auf irgend eine Weise aus dem Transformator heraus an die Umgebung bzw. an die Luft abgeführt werden müssen.

Die Kühlmittel können Luft oder Öl sein. Man teilt daher die Transformatoren nach der Kühlungsart in solche mit Luftkühlung ein, das sind Trockentransformatoren, und in solche mit Ölkühlung, das sind Öltransformatoren.

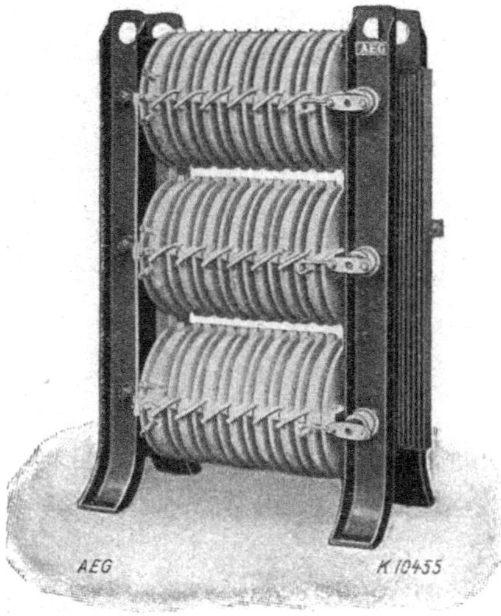

Abb. 65. Trockentransformator.

Die Trockentransformatoren werden entweder durch Strahlung und natürlichen Zug gekühlt (Selbstkühlung, Abb. 65) oder mit Hilfe eines Lüfters (Fremdlüftung). Mitunter kühlt Wasser die Unterspannungsspule eines Trockentransformators.

Die Vorteile, die das Öl als Kühlmittel gegenüber der Luft bietet, sind kurz folgende. Infolge des größeren spezifichsen Gewichtes, der größeren spezifischen Wärme und der größeren Wärmeleitfähigkeit kann einerseits die Wärme der Eisen- und Wicklungsverluste gut abgeführt und andrerseits eine große Wärmemenge aufgespeichert werden, was bei vorübergehenden Überlastungen zur Geltung kommt.

Abb. 66. Öltransformator mit Wellblechkessel.

Abb. 67. Öltransformator mit Röhrenkessel.

Außerdem ermöglicht das Öl die Bewältigung höherer Spannungen als die Luft, da die Durchschlagsfestigkeit des Transformatoröles etwa sechsmal so groß ist als die der Luft.

Das Öl des Umspanners muß gegen Feuchtigkeit und Luft geschützt werden. Die im Öl enthaltenen Fasern saugen nämlich Wasser auf und dieses Wasser setzt die Durchschlagsfestigkeit des Öles herab. Andrerseits zersetzt sich heißes Öl bei Berührung mit der Luft durch die Aufnahme von Sauerstoff. Sehr häufig bewirkt man den Schutz des Öles gegen Feuchtigkeit und Luft durch ein Ölausdehnungsgefäß oder einen Ölkonservator. Der Transformator wird durch ein Rohr mit diesem Ausdehnungsgefäß derart verbunden, daß das Rohr ein wenig über dem Boden des Ausdehnungsgefäßes einmündet. Im kalten Zustande muß das Öl noch einen Teil des Ausdehnungsgefäßes einnehmen, sodaß der Ölkessel des Transformators verläßlich mit Öl gefüllt ist. Das Öl im Ausdehnungsgefäß wird kälter sein als im Ölkessel des Transformators, sodaß durch die Berührung der verhältnismäßig kleinen Oberfläche dieses Öles mit der Luft keine Oxydation eintritt. Schwitzwasser kann sich nicht innen am Deckel des Transformators sammeln, sondern nur am Boden des Ausdehnungsgefäßes, von wo es aber durch einen Hahn leicht abgelassen werden kann, da ja das Verbindungsrohr zum Ölkessel des Transformators ein paar Zentimeter über dem Boden eintritt (Abb. 66 und 67).

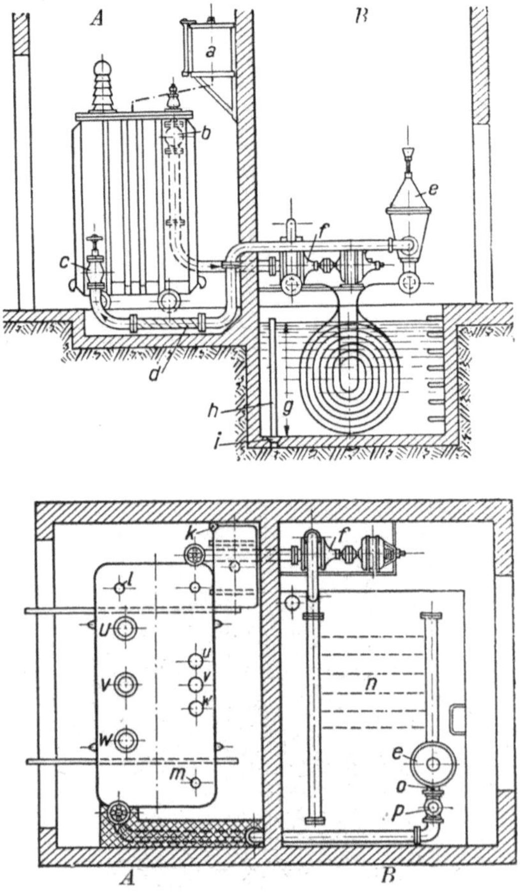

Abb. 68. Öltransformator mit äußerer Wasserkühlung.

Bei der Selbstkühlung wird die vom Eisen und den Wicklungen erzeugte Wärme durch das Öl auf den Ölkessel übertragen, der selbst durch Strahlung und natürlichen Zug gekühlt wird.

Für kleine Leistungen genügt mitunter ein Ölkessel mit glatten Wänden. Eine größere Oberfläche des Kastens wird erreicht, wenn man die Wände aus Wellblech ausführt (Abb. 66). Bei den Röhrenkesseln (Abb. 67) sind in die glatten Kesselwände Röhren eingeschweißt, durch die das im Ölkessel aufgestiegene warme Öl nach unten fließt, dabei die Wärme an die umgebende Luft abgibt und unten abgekühlt wieder in den Kessel zurückkehrt. Bei größeren Transformatoren können diese Kühlröhren zu Seitenkühlern, Kühltaschen oder Radiatoren ausgebildet werden, die oben das warme Öl aus dem Hauptkasten aufnehmen und nach der Abkühlung in den Kühltaschen unten dem Kessel zurückgeben.

Eine größere Wärmeabgabe kann dadurch erreicht werden, daß der Ölkasten durch Luft gekühlt wird, die durch einen Lüfter oder künstlichen Zug bewegt wird. Diese Kühlung mit Fremdlüftung läßt sich verbessern, wenn der Ölumlauf zwangweise erfolgt; wenn also z. B. eine Pumpe das Öl aus dem oberen Teil des Kessels saugt und in den unteren Teil wieder hineinpreßt.

Bei großen Leistungen kann man das heiße Öl, das sich im oberen Teil des Kessels sammelt, im Kessel durch Kühlwasser, das eine Kühlschlange durchfließt, kühlen; oder mittels einer Pumpe durch einen Wasserkühler pressen, der außerhalb des Ölkastens angeordnet ist (Abb. 68).

In neuerer Zeit sind noch andere Kühlmittel, wie Quarzmasse, Pyranol und Clophen, eingeführt worden, um das brennbare Öl zu ersetzen.[1])

Über die verschiedenen Möglichkeiten der Kühlung und ihre genormten Bezeichnungen s. VDE 0532/1940, § 22.

Wandertransformatoren.[2]) Großtransformatoren für hohe Spannungen wurden bis vor wenigen Jahren mit Rücksicht auf das Eisenbahnprofil ohne Rollen, Hochspannungsdurchführungen und Ausdehnungsgefäß versandt und erst am Einsatzorte zusammengebaut. Die Kühlanlage wurde ebenfalls gesondert geliefert und neben dem Transformator aufgestellt. Die dazu notwendigen Montagearbeiten erforderten besonders bei Freiluftanlagen viel Zeit und besondere Einrichtungen. Der Wandertransformator ist eine Bauform, die im praktisch betriebsfertigen Zustande durch die Reichsbahn befördert und an die Netzleitungen angeschlossen werden kann, so daß also ein freizügiger Transformator geschaffen ist, der in Transformatorenstationen bei plötzlichem Anstieg des Stromverbrauches oder bei Ausfall von Transformatoren wegen Betriebsschaden eingesetzt werden kann. Es handelt sich hier um Großtransformatoren für 30, 60 und 120 MVA und Oberspannungen von 110 und 220 kV. Die eine Wicklung wird umschaltbar für mehrere Spannungen ausgelegt und die andere für die Regelung in einem großen Bereich unter Last ausgeführt. Die Oberspannungsdurchführungen werden entweder schräg gestellt und auf einem erkerartigen Aufbau einer Stirnseite angeordnet oder waagrecht gelagert und auf beide Stirnseiten des Kessels verteilt. Die Unterspannungsdurchführungen befinden sich auf dem Deckel oder auf der den Hochspannungsdurchführungen gegenüberliegenden Schmalseite oder auf einer der Langseiten. Das Ausdehnungsgefäß liegt langgestreckt auf dem Deckel. Wandertransformatoren

Abb. 69. Wandertransformator für 30 000 kVA; 100 kV ± 22% auf 4 × 6 kV mit Regeleinrichtung für 26 Stufen.

[1]) C. Fitger, Z. VDI 85 (1941) S. 293.

[2]) J. Drabeck, Elektrotechn. u. Masch.-Bau Bd. 59 (1941) S. 110.

mit Leistungen bis 30 MVA werden mit einem sogenannten Tiefgangwagen befördert, solche mit Leistungen über 30 MVA mit Schwerlast- oder Schnabelwagen. Abb. 69 zeigt einen Wandertransformator für 30 MVA und 100 kV $\pm$ $\pm$ 22%/4 $\times$ 6 kV mit Regeleinrichtung für 26 Stufen.

C. Betriebseigenschaften des Einphasentransformators.

1. Leerlauf.

Im Leerlauf (Sekundärwicklung stromlos!) verhält sich der Transformator wie eine gewöhnliche Eisendrossel. Die Primärwicklung nimmt einen „Leerlaufstrom" auf, der bei technischen Transformatoren für Leistungsübertragung (Übertrager der Fernmeldetechnik, Meßwandler und Transformatoren für Sonderzwecke also ausgenommen) etwa 5 bis 15% des Nennstromes beträgt. Dieser Leerlaufstrom erzeugt im Eisenkern des Transformators einen magnetischen

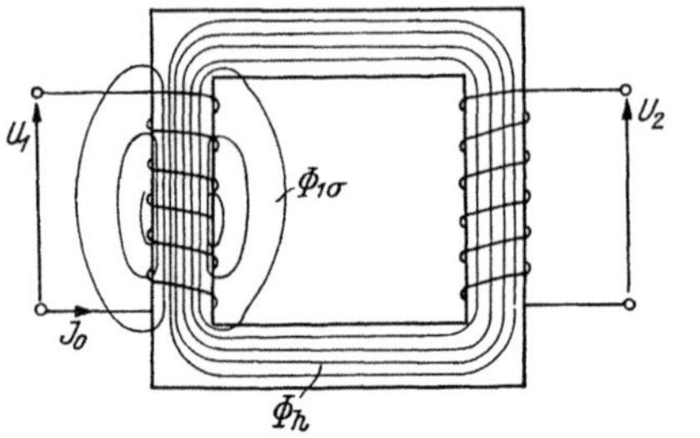

Abb. 70. Magnetische Felder des Transformators im Leerlauf.

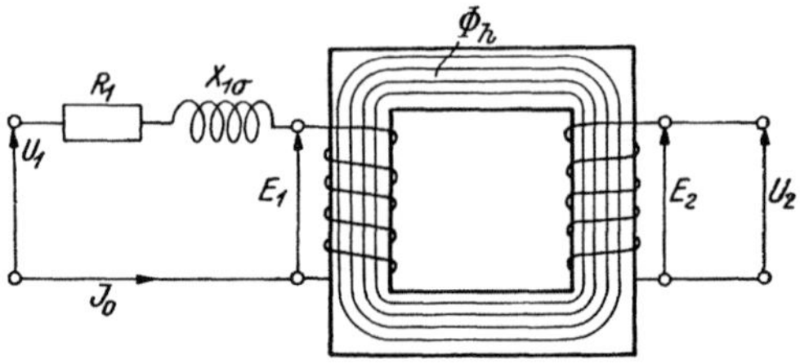

Abb. 71. Ersatztransformator bei Leerlauf.

Fluß, dessen Verlauf in Abb. 70 schematisch skizziert ist. Der größte Teil des Flusses verläuft auf dem geschlossenen Eisenwege durch Kerne und Joche und durchsetzt die Sekundärwicklung. Diesen Teil des Flusses nennen wir den Hauptfluß Φ_h oder auch Nutzfluß, weil er den von uns gewünschten Zweck, in der Sekundärwicklung eine Spannung zu erzeugen, erfüllt. Ein geringer Teil des magnetischen Flusses dagegen schließt sich über den Luftweg, ohne die Sekundärwicklung zu umfassen. Diesen Teil nennen wir deshalb den Streufluß,[1]) und zwar, da er von der Primärwicklung erzeugt wird, den primären Streufluß $\Phi_{1\sigma}$. Entsprechend dem ungleich höheren magnetischen Widerstand des Luftweges im Vergleich zu dem des Eisenweges ist dieser Streufluß sehr klein. Er ist im Leerlauf kleiner als $^1/_2$% des Nutzflusses; aber dennoch spielt dieser Streufluß, wie wir noch sehen werden, eine wichtige Rolle im Betrieb des Transformators.

Um die Vorgänge im Transformator besser übersehen zu können und sozusagen ein „anschauliches" Bild davon zu erhalten, denken wir uns einen „idealen" Transformator, der die Eigenschaft haben soll, daß er keinen Streufluß erzeugt und eine Wicklung ohne Ohmschen Widerstand besitzt. Von diesem idealen Transformator gelangen wir zum „technischen" Transformator, indem wir einen Ohmschen Widerstand und eine Drossel vorschalten. Abb. 71 zeigt den auf diese Weise entstandenen „Ersatztransformator" für Leerlauf. R_1 ist gleich dem Widerstand der Primärwicklung des wirklichen Transformators zu machen. Die Drossel ersetzt den im idealen Transformator fehlenden Streufluß. Der Blindwiderstand $X_{1\sigma} = 2\pi f L_{1\sigma}$ ist aus dem Streuspulenfluß $\Psi_{1\sigma}$ des Transformators

---

[1]) Über die strenge Definition der Streuung s. Abschn. I G.

zu berechnen[1]) mit $L_{1\sigma} = \Psi_{1\sigma}/i_1$. Der ideale Transformator selbst in Abb. 71 erzeugt nur den mit beiden Wicklungen verketteten Hauptfluß Φ_h.

Die vom Hauptfluß erzeugten Spannungen E_1 und E_2 nennt man auch die EMKe des Transformators. Der Zusammenhang zwischen dem Hauptfluß und diesen Spannungen ist durch die Induktionsformel

$$\boxed{E = 4{,}44\, f\, w\, \Phi_h} \tag{78}$$

gegeben. Danach verhalten sich die induzierten Spannungen wie die Windungszahlen

$$E_1 : E_2 = w_1 : w_2. \tag{79}$$

Bei technischen Transformatoren ist — mit einem Fehler kleiner als $^1/_2\%$ — im Leerlauf $U_1 \approx E_1$. Da außerdem bei stromloser Sekundärwicklung $E_2 = U_2$ ist, verhalten sich im Leerlauf auch die Klemmenspannungen angenähert wie die Windungszahlen:

$$U_1 : U_2 \approx w_1 : w_2. \tag{80}$$

Der hierin liegende Fehler von kleiner als $^1/_2\%$ liegt bei Betriebsmessungen innerhalb der Meßgenauigkeit. Um aber Mißverständnissen aus dem Wege zu gehen, hat der Verband Deutscher Elektrotechniker als „Übersetzung" des Transformators nicht das Verhältnis der Leerlaufspannungen, sondern das genaue Verhältnis der Windungszahlen festgelegt. Auf dem Leistungsschild des Transformators werden die diesem Windungszahlverhältnis entsprechenden „Nennspannungen" angegeben.

Das Vektordiagramm der Spannungen läßt sich an Hand des Ersatztransformators nach Abb. 71 leicht zeichnen. In Abb. 72 erzeugt der Leerlaufstrom J_0 den Hauptfluß Φ_h. Die Spannung E_1 ist gegenüber diesem Hauptfluß im VZS um 90° phasenvoreilend. Wegen der bei der Ummagnetisierung des Eisens auftretenden Eisenwärme (s. Abschn. I E) entsteht eine kleine Voreilung des Stromes J_0 gegenüber dem Fluß Φ_h. Den Vorgang der Magnetisierung zerlegen wir, indem wir die Erzeugung des Flusses Φ_h dem Magnetisierungsstrom J_μ (in Phase mit Φ_h) und die Aufbringung der Eisenwärme dem Eisenverluststrom J_v zuschreiben. Da bei technischen Transformatoren $\cos\varphi_0 \approx 0{,}1$ beträgt, ist J_v nur etwa 10% des Leerstromes und J_μ praktisch gleich J_0.

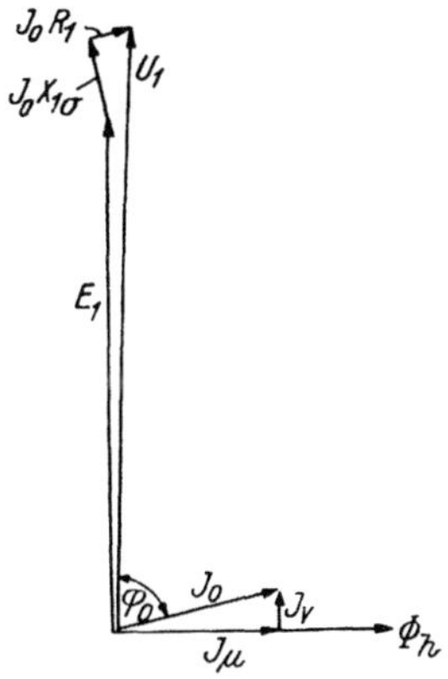

Abb. 72. Leerlaufdiagramm des Transformators.

Aus der Multiplikation der Verhältniszahlen für den Leerlaufstrom mit dem Leistungsfaktor im Leerlauf errechnet sich ein Leerlaufverlust von 0,5...1,5% der Nennleistung. Da die Stromwärme im Leerlauf gering ist, ist dieser Leerlaufverlust der Eisenwärme praktisch gleichzusetzen. Der technische Fortschritt im Transformatorenbau bestand nicht zuletzt in der Verringerung dieser Verluste durch Entwicklung von Sonderblechen (hochlegierte Bleche) mit niedrigen Verlustziffern. Die Verlustziffer neuzeitlicher Bleche liegt etwa bei $V_{10} = 1{,}0 \ldots 1{,}2$ Watt/kg gegenüber etwa 10 Watt/kg in den allerersten Zeiten.

Der Anteil des Streuflusses an den Eisenverlusten ist gering. Wir denken uns daher die Drossel in Abb. 71 verlustlos. Die Spannung $J_0 X_{1\sigma}$ an dieser Drossel ist somit um 90° phasenvoreilend gegenüber dem Strom J_0. Die Wirkspannung $J_0 R_1$ liegt in Phase mit dem Strom. Beide Spannungen sind in Abb. 72

[1]) S. Richter III, S. 55ff.

der Deutlichkeit halber übertrieben groß gezeichnet. Wie oben schon angegeben, ist der Unterschied zwischen E_1 und U_1 kleiner als $^1/_2\%$; danach ist die wirkliche Größe der Vektoren abzuschätzen.

Die Permeabilität des Eisens ist mit der Induktion veränderlich. Das hat zur Folge, daß der Magnetisierungsstrom nicht sinusförmig verläuft. Auf die hiermit zusammenhängenden Fragen betriebstechnischer und konstruktiver Natur wird im Abschnitt II E näher eingegangen, ebenso auf den Einschaltvorgang beim Transformator (s. a. VDE 0145/1933; I 1 und II 1 b).

2. Belastung.

Um das Verhalten des Transformators bei Belastung betrachten zu können, erweitern wir den nur für Leerlauf gültigen Ersatztransformator der Abb. 71 in folgender Weise: Da bei Belastung jede Wicklung Strom führt, erzeugt auch jede Wicklung einen Streufluß, der die andere Wicklung nicht induziert. In Abb. 73[1]) unterscheiden wir daher einen primären Streufluß $\Phi_{1\sigma}$ und einen sekundären Streufluß $\Phi_{2\sigma}$. Diese beiden Streuflüsse verlegen wir nun aus dem Trans-

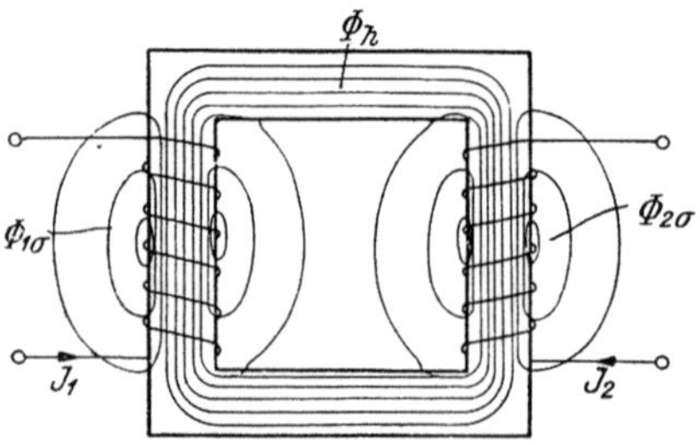

Abb. 73. Schema der Felder des Transformators.

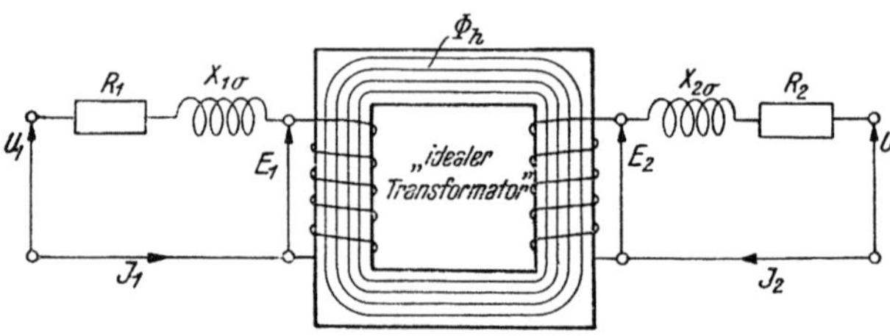

Abb. 74. Ersatztransformator aus einem idealen Transformator mit vorgeschalteten Streudrosseln und Widerständen.

formator in vorgeschaltete Drosselspulen mit den Blindwiderständen $X_{1\sigma}$ und $X_{2\sigma}$. Ebenso ziehen wir die Wirkwiderstände heraus und schalten sie vor den Transformator. Der auf diese Weise entstehende Ersatztransformator besteht aus dem idealen Transformator ohne Streuung und Wirkwiderstände mit den den beiden Wicklungen vorgeschalteten Drosselspulen und Wirkwiderständen. Er ist in Abb. 74 dargestellt; sein Verhalten unterscheidet sich in keiner Weise von dem eines technischen Transformators. An Hand dieses Ersatztransformators, den man als „zerlegten Transformator" bezeichnen könnte, ist es leicht, jeden Betriebszustand des technischen Transformators zu untersuchen.

Wir untersuchen zunächst das Verhalten des idealen Transformators ohne Streuung und Wirkwiderstände. Seine Spannungen E_1 und E_2 verhalten sich streng genau wie die Windungszahlen. Der auf dem Eisenwege verlaufende Hauptfluß Φ_h ist durch die Spannung E_1 bzw. E_2 auf Grund der Induktionsformel Gl. 78 gegeben. Durch den Hauptfluß sind nun weiter die zur Magnetisierung des Eisenkernes erforderliche Durchflutung Θ_0 und der primäre Leerlaufstrom $i_0 = \Theta_0/w_1$ vorgeschrieben. Da nun bei Belastung im Gegensatz zum

[1]) In Wirklichkeit überlagern sich die Flüsse der Abb. 73 zu einem resultierenden Feldbild, das die Einzelflüsse nicht mehr erkennen läßt. Die Gestalt dieses Feldbildes ist zeitlich veränderlich, da die erzeugenden Ströme phasenverschoben sind und daher zu verschiedenen Zeiten in einem verschiedenen Verhältnis zueinander stehen. Ein solches Feldbild ist also zur Trennung der Einzelflüsse nicht geeignet. Es ist aber zu beachten, daß Abb. 73 kein Feldbild, sondern nur ein Schema der zu überlagernden Felder ist.

Leerlauf beide Wicklungen auf den Eisenkern magnetisierend wirken, müssen auch beide Durchflutungen zusammen in jedem Augenblick die erforderliche Durchflutung Θ_0 aufbringen. Es gilt also für die Augenblickswerte der Durchflutungen bzw. der Ströme

$$\left.\begin{aligned} \Theta_1 + \Theta_2 &= \Theta_0 \\ \text{bzw.} \quad i_1 w_1 + i_2 w_2 &= i_0 w_1. \end{aligned}\right\} \tag{81}$$

Diese Gleichungen stellen die Magnetisierungsbedingungen des Transformators dar; zusammen mit dem Induktionsgesetz regeln diese das Verhalten des idealen Transformators. Im Vektordiagramm der Abb. 75 kommen diese beiden Grundgesetze des idealen Transformators klar zum Ausdruck. Die angeschriebenen Werte der Durchflutungen bedeuten Effektivwerte; die Vorzeichen der Durchflutungen bzw. der Ströme sind so zu wählen, daß positive Durchflutungen primär und sekundär den Kern in gleicher Richtung magnetisieren. Die sekundäre Durchflutung ist in Abb. 75 nach Größe und Phase willkürlich angenommen worden. Die primäre Durchflutung stellt sich nun auf Grund der Magnetisierungsbedingung selbsttätig so ein, daß beide Durchflutungen zusammen die erforderliche Magnetisierungsdurchflutung Θ_0 für den Fluß Φ_h, der für die Spannungen E_1 und E_2 durch die Induktionsformel vorgeschrieben ist, liefern. Man kann die Magnetisierungsbedingung des Transformators auch noch in folgender Weise ausdrücken: Der durch die primäre Spannung bestimmte Hauptfluß wird im Leerlauf von der primären Seite aus erregt. Nimmt nun die sekundäre Wicklung Strom auf, wird dieser Zustand gestört. Die Primärwicklung ist gezwungen Strom aufzunehmen, um die magnetisierende Wirkung des sekundären Stromes aufzuheben und das magnetische Gleichgewicht wieder herzustellen. Wir nennen diesen Vorgang die transformatorische Rückwirkung des sekundären Stromes auf den primären Strom.

Das Vektordiagramm des wirklichen Transformators ergibt sich an Hand des Ersatztransformators nach Abb. 74 durch Addition der Ohmschen Spannung und der Streuspannung zur induzierten Spannung auf jeder Seite des Transformators. In Abb. 76 ist für den gleichen Betriebsfall wie in Abb. 75 das vollständige Vektordiagramm eines Transformators gezeichnet. Die Phase der Ströme ist dieselbe wie die der Durchflutungen. Die Streuspannungen sind gegen die zugehörigen Ströme bzw. Durchflutungen, entsprechend den gewählten Zählpfeilen, um 90° phasenvoreilend. Die Ohmschen Spannungen liegen in Phase mit den Strömen bzw. Durchflutungen. Der vorliegende Betriebsfall entspricht einer Wirk- und einer induktiven Blindlast bei $\cos\varphi_1 = 0{,}8$. Die Ohmschen Widerstände und die Streublindwiderstände haben eine Verringerung der sekundären Spannung gegenüber Leerlauf zur Folge; die primäre Durchflutung ist größer als die sekundäre. Aus einem Vektordiagramm für kapazitive Belastung würde man entnehmen, daß die Ohmschen Widerstände

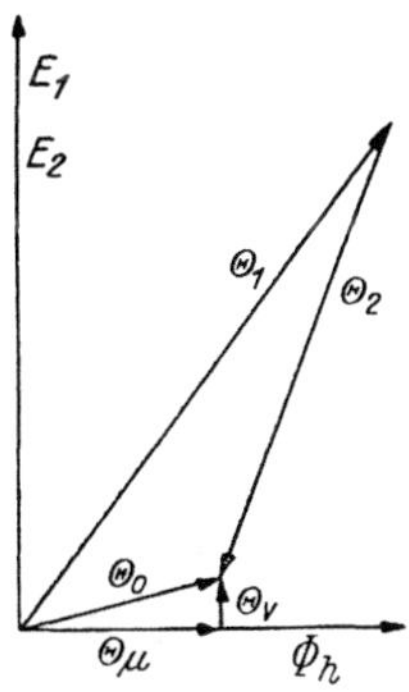

Abb. 75. Vektordiagramm des idealen Transformators ohne Streuung und Wirkwiderstand.

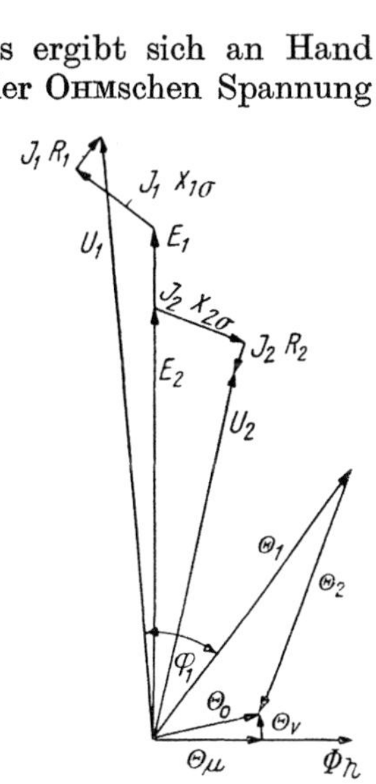

Abb. 76. Vektordiagramm eines Transformators bei Belastung mit $\cos\varphi_1 = 0{,}8$ ind.

stets spannungsvermindernd, aber die Streublindwiderstände in diesem Fall spannungserhöhend wirken würden; die sekundäre Durchflutung würde sich als die größere erweisen.

3. Ersatzstromkreis.

Die Aufzeichnung des Vektordiagramms nach Abb. 76 mit gleichem Maßstab für primäre und sekundäre Spannungen wird schwierig, wenn die Spannungen sehr verschieden sind, d. h. wenn das Übersetzungsverhältnis groß ist. Bei einem Transformator 6000/220 Volt müßte das Vektorbild der Oberspannungswicklung rund 27mal größer sein als das der Unterspannungswicklung. Man wird also ganz zwangläufig dazu geführt, verschiedene Maßstäbe einzuführen. Es führt aber nun im Vektordiagramm zum gleichen Ergebnis, wenn man statt dessen eine der beiden Wicklungen auf die Windungszahl der anderen umrechnet und dadurch auf eine Übersetzung 1:1 übergeht. Die Windungszahl hat nämlich auf das elektromagnetische Verhalten des Transformators keinen Einfluß, wenn man davon absieht, daß hohe Spannungen besondere Fragen der elektrischen Festigkeit aufwerfen, die hier aber nicht behandelt werden sollen.

Wir untersuchen nun, wie eine Wicklung gegebener Windungszahl auf eine andere Windungszahl umzurechnen ist. Die Ergebnisse haben nicht nur für Transformatoren, sondern auch für alle elektrischen Maschinen Gültigkeit. An und für sich ist es gleichgültig, welche Wicklung und auf welche Windungszahl man umrechnet, es ist jedoch üblich, die sekundäre Wicklung auf die Windungszahl der primären Wicklung umzurechnen. Die umgerechneten Größen bezeichnen wir mit (′).

Sämtliche Spannungen sind im Verhältnis der Windungszahlen umzurechnen:

$$E_2' = E_2 \frac{w_1}{w_2} = E_1. \tag{82}$$

Ebenso gilt $U_2' = U_2\, w_1/w_2$ usw. Für die Umrechnung der Ströme gilt die Forderung, daß die Durchflutung gleichbleiben muß. Es ist also

$$J_2'\, w_1 = J_2\, w_2. \tag{83}$$

Die Ströme verhalten sich mithin umgekehrt wie die Windungszahlen.

Bei der Umrechnung der Widerstände müssen wir die Gleichheit der Verluste verlangen:

$$J_2'^2\, R_2' = J_2^2\, R_2. \tag{84}$$

Unter Benutzung der Gl. 83 ergibt sich damit

$$R_2' = R_2 \left(\frac{w_1}{w_2}\right)^2. \tag{85}$$

Die Widerstände ändern sich also mit dem Quadrat der Windungszahlen. Das gleiche gilt auch für die Blindwiderstände, z. B. $X_{2\sigma}' = X_{2\sigma}\,(w_1/w_2)^2$. Mit den Gl. 82 bis 85 haben wir also die Sekundärwicklung auf die primäre Windungszahl umgerechnet. Betrachtet man unter dem Gesichtspunkt gleicher Windungszahlen den idealen Transformator in Abb. 74, so erkennt man ohne weiteres, daß die primäre und die sekundäre Wicklung zu einer einzigen zusammengefaßt werden können, da $E_1 = E_2'$ ist. Wir haben damit eine weitere Vereinfachung erreicht. In der gemeinsamen Wicklung des idealen Transformators mit dem Übersetzungsverhältnis 1:1 fließt die Summe beider Ströme:

$$i_1 + i_2' = i_0, \tag{86}$$

also der zur Erregung des Nutzflusses Φ_h erforderliche Strom i_0. Wir gehen nun noch einen Schritt weiter und zerlegen entsprechend dem Vektordiagramm in Abb. 72 den Leerlaufstrom $i_0 = i_\mu + i_v$. i_μ ist ein Blindstrom und i_v ein Wirkstrom in bezug auf die induzierte Spannung E. Wir verlegen nun die Eisenwärme in einen Wirkwiderstand R_E mit dem Strom i_v. Dieser liegt parallel zum Blindwiderstand X_h mit dem Strom i_μ. Der Widerstand R_E muß so bemessen sein, daß die Stromwärme E^2/R_E denselben Wert hat wie die Eisenwärme Q_E des wirklichen Transformators. Der Blindwiderstand X_h der gemeinsamen Wicklung läßt sich aus $E = J_\mu X_h$ berechnen. Damit haben wir nun einen vollständigen Ersatzstromkreis (Abb. 77) für unseren Transformator gewonnen; der ideale Transformator in Abb. 74 konnte nach Umrechnung auf gleiche Windungszahlen ersetzt werden durch die Parallelschaltung einer Drossel (mit verlustlosem Eisen) mit einem Wirkwiderstand. Dieser endgültige Ersatzstromkreis gibt das Verhalten des Transformators in allen Einzelheiten richtig wieder, besonders wenn wir beachten, daß X_h und R_E mit der Sättigung des Eisens veränderlich sind. Die Zahlenwerte der Widerstände im Ersatzstromkreis verändern sich in ihrem gegenseitigen Verhältnis stark mit der Leistung des Transformators; einen größenordnungsmäßigen Anhalt mögen nachfolgende Zahlen geben:

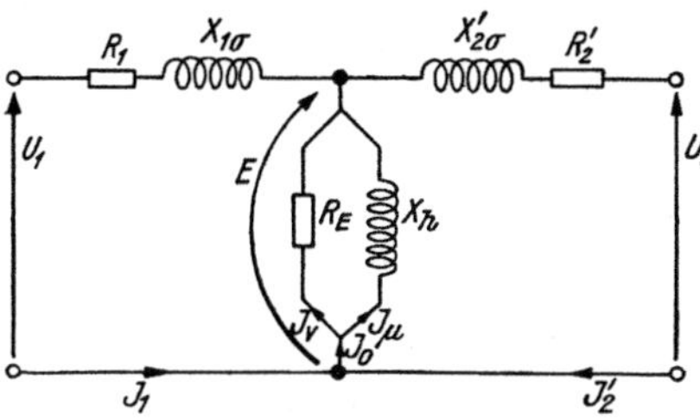

Abb. 77. Ersatzstromkreis des Transformators.

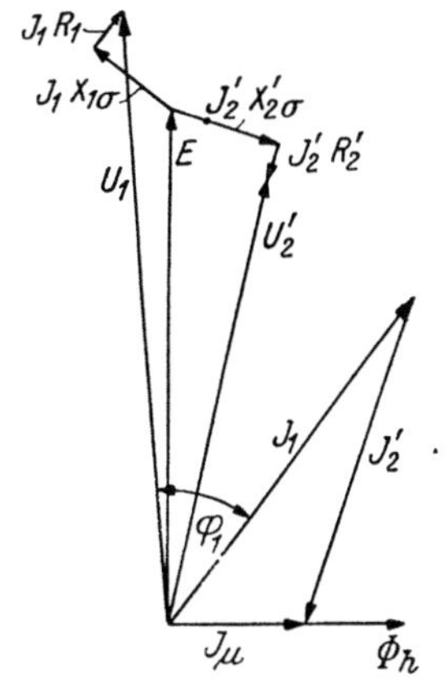

Abb. 78. Vektordiagramm eines Transformators mit dem Übersetzungsverhältnis 1:1 bei Belastung mit $\cos\varphi_1 = 0{,}8$ ind.

$$R_1 : R_2' : X_{1\sigma} : X_{2\sigma}' : X_h : R_E \approx 1:1:2:2:1000:10000. \tag{87}$$

Abb. 78 gibt das Vektordiagramm eines Transformators an Hand des Ersatzstromkreises nach Abb. 77 für den gleichen Betriebsfall wie in Abb. 76 wieder. Allerdings haben wir diesmal in üblicher Weise den Eisenverluststrom i_v vernachlässigt. Statt der Durchflutungen erscheinen die Ströme, da sie ja auf gleiche Windungszahl bezogen sind. Aus diesem Diagramm erhält man die wirklichen Spannungen und Ströme der Sekundärwicklung durch Umrechnung mit den Windungszahlen entsprechend den Gl. 82 bis 85. Durch die Einführung des Ersatzstromkreises haben wir das Vektordiagramm und auch die übrige Betrachtung, wie sich noch zeigen wird, auf eine Form gebracht, die an Einfachheit und Klarheit nichts mehr zu wünschen übrig läßt.

4. Kurzschluß.

Wie sich aus dem Ersatzstromkreis des Transformators entnehmen läßt, verhält sich der Transformator im Dauerkurzschluß wie eine Drosselspule mit Wirkwiderstand und induktivem Blindwiderstand, die wir zusammenfassend mit R_K und X_K bezeichnen, während Z_K der Scheinwiderstand sein soll. Abb. 79 zeigt den hierdurch bei Kurzschluß entstehenden Ersatzstromkreis. Aus dem hierfür gültigen Kurzschluß-Widerstandsdreieck der Abb. 80 entnehmen wir

$$R_K = Z_K \cos \varphi_K$$

und

$$X_K = Z_K \sin \varphi_K. \tag{88}$$

In komplexer Schreibweise ist

$$\mathfrak{Z}_K = R_K + j\, X_K. \tag{89}$$

Die Kurzschlußwiderstände R_K und X_K können aus dem Ersatzstromkreis in Abb. 77 bei kurzgeschlossener Sekundärseite berechnet werden. Aus den Verhältniswerten der Gl. 87 entnimmt man aber, daß X_h und R_E in Parallelschaltung zu R_2' und $X_{2\sigma}'$ vernachlässigt werden können, so daß wir mit guter Annäherung

$$\left.\begin{aligned} R_K &\approx R_1 + R_2' \\ \text{und} \quad X_K &\approx X_{1\sigma} + X_{2\sigma}' \end{aligned}\right\} \tag{90}$$

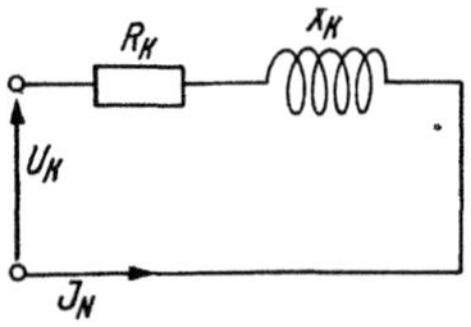

Abb. 79. Ersatzstromkreis des Transformators im Kurzschluß.

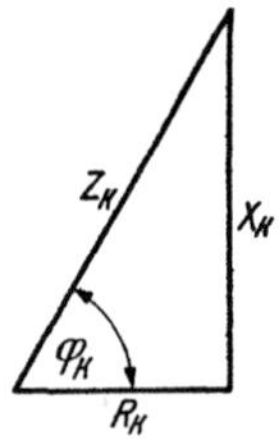

Abb. 80. Kurzschluß-Widerstandsdreieck.

setzen können. Man kann daher die Streublindwiderstände auch durch einen einfachen Kurzschlußversuch mit Hilfe der üblichen Strom-, Spannungs- und Leistungsmessungen bestimmen. — Die im Kurzschluß aufgenommene Wirkleistung ist praktisch Stromwärme, denn die Eisenwärme ist vernachlässigbar gering. Je nach Nennleistung des Transformators ist die im Kurzschluß gemessene Stromwärme mehr oder weniger größer als die Gleichstromwärme, da infolge Stromverdrängung in der Wicklung und infolge Wirbelströmen in eisernen Bauteilen zusätzliche Verluste entstehen. Der durch Kurzschlußversuch bestimmte Widerstand R_K ist daher größer als die Summe der auf die primäre Windungszahl bezogenen Gleichstromwiderstände.

Zur Feststellung der Kurzschlußverluste (d. h. der gesamten Stromwärme bei Nennlast) und der Kurzschlußspannung wird der Transformator in vorgeschriebener Weise geprüft, indem man bei kurzgeschlossener Sekundärwicklung den Transformator mit geringer Spannung so speist, daß auf der Primärseite der Nennstrom fließt. Welche Wicklung, Ober- oder Unterspannungswicklung, kurzgeschlossen wird, ist im allgemeinen gleichgültig und hängt von den zur Verfügung stehenden Stromquellen ab. Hierbei ist die Unterscheidung von primär und sekundär ohne Belang für die spätere Verwendung im Netz. Die für diesen Kurzschlußversuch — mit Nennstrom auf der Primärseite — erforderliche Klemmenspannung heißt Kurzschlußspannung. Nach Abb. 79 ist diese Kurzschlußspannung

$$U_K = J_N Z_K. \tag{91}$$

Das zugehörige Vektorbild ist in Abb. 81 dargestellt.

Als Nennkurzschlußspannung u_K bezeichnen wir das Verhältnis der Kurzschlußspannung U_K zu der Nennspannung U_N:

$$\boxed{u_K = \frac{U_K}{U_N}.} \tag{92}$$

Die Nennkurzschlußspannung wird in Prozenten der Nennspannung ausgedrückt; sie beträgt etwa 3 bis 5% bei Einheitstransformatoren (DIN-VDE 2600 und 2601) und etwa 5 bis 12% bei Leistungen über 1000 kVA und ist auf dem Leistungsschild des Transformators anzugeben.

Aus dem Vektordiagramm der Abb. 81 entnehmen wir noch den prozentualen Wirkspannungsverlust u_r und die prozentuale Streuspannung u_s zu

$$u_r = J_N \frac{R_K}{U_N} = u_K \cos\varphi_K \text{ und } u_s = J_N \frac{X_K}{U_N} = u_K \sin\varphi_K. \quad (93)$$

Der prozentuale Wirkspannungsverlust u_r ist gleich dem prozentualen Kurzschlußverlust, d. h. gleich den Kurzschlußverlusten in Prozenten der Nennleistung ausgedrückt. Der Kurzschlußleistungsfaktor $\cos\varphi_K$ ist etwa 0,4 bis 0,8; er ist um so kleiner, je größer die Nennleistung des Transformators ist. Aus $u_r = u_K \cos\varphi_K$ errechnet sich mit den angegebenen Zahlenwerten unter Beachtung ihrer leistungsmäßigen Zugehörigkeit ein prozentualer Kurzschlußverlust bzw. Wirkspannungsverlust von etwa 4 bis 2% bei Einheitstransformatoren.

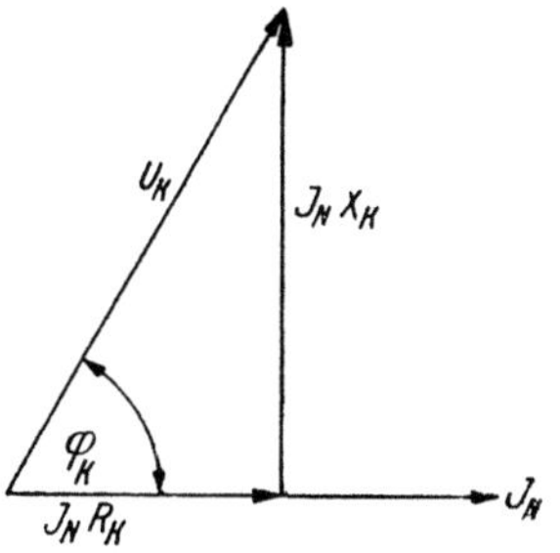

Abb. 81. Kurzschluß-Spannungsdreieck.

Der Strom, der sich nach Ablauf eines etwaigen Ausgleichsvorganges im Dauerzustand auf der Primärseite einstellt, wenn bei kurzgeschlossener Sekundärwicklung die Nennspannung an der Primärwicklung liegt, heißt Nennkurzschlußstrom. Nach Abb. 79 ist dieser gleich

$$J_K = \frac{U_N}{Z_K} = \frac{J_N}{u_K}. \quad (94)$$

Ist also z. B. $u_K = 5\%$, so würde der Nennkurzschlußstrom das Zwanzigfache des Nennstromes erreichen, sofern nicht die Primärspannung bei dieser Strombelastung zusammenbricht.

5. Stoßkurzschluß.

Wird ein Transformator bei voller Spannung plötzlich kurzgeschlossen, so tritt ein Ausgleichsvorgang ein, der den Transformator in den stationären Kurzschluß überleitet. Die kurz nach dem Schaltaugenblick auftretende Stromspitze nennt man den Stoßkurzschlußstrom i_{kr}. Im ungünstigsten Fall — Schaltaugenblick im Nulldurchgang der Spannung — kann diese Stromspitze das Doppelte des Scheitelwertes des Dauerkurzschlußstromes erreichen:

$$i_{kr} \leqq 2\, J_K \sqrt{2}. \quad (95)$$

Der physikalische Vorgang ist folgender: Wie auch in Abschn. V B 5 c erläutert wird, hat eine kurzgeschlossene Spule unter Entwicklung von Ausgleichströmen das Bestreben, den mit ihr im Augenblick des Kurzschlusses verbundenen Fluß beizubehalten. Wird nun z. B. die Sekundärwicklung eines Transformators in dem Augenblick kurzgeschlossen, in welchem die Spannung durch Null geht und der Fluß seinen Höchstwert durchläuft, dann behält die Sekundärspule diesen Fluß für eine gewisse Zeit unverändert bei, während die Primärspule ihren Fluß entsprechend der angelegten Wechselspannung zeitlich sinusförmig ändern muß. Eine halbe Periode nach dem Kurzschluß muß die Primärwicklung wieder den vollen Fluß, aber in der entgegengesetzten Richtung, führen, während die kurzgeschlossene Sekundärwicklung den vollen Fluß in der alten Richtung beibehalten hat. Beide Flüsse haben auf dem Hauptkraftlinienweg entgegengesetzte Richtung und können sich somit auf diesem Wege nicht entwickeln. Jede Wicklung muß daher im ungünstigsten Fall etwa den vollen Hauptfluß auf dem Streuwege erzeugen gegenüber dem halben Wert im Dauerkurzschluß. Damit steigt auch der Strom auf das Doppelte und die Stromspitze ist noch $\sqrt{2}$mal größer.

Infolge der Dämpfung durch die Wirkwiderstände erreicht die Stromspitze allerdings nicht ganz diesen Wert, sondern bei Einheitstransformatoren etwa 1,5 J_K und bei großen Transformatoren etwa 2,4 J_K.

Bei diesen Stromstößen treten gewaltige Stromkräfte auf, die die Wicklung und die gesamte Konstruktion mechanisch auf das äußerste beanspruchen. Primär- und Sekundärwicklung suchen den gegenseitigen Abstand zu vergrößern. Radiale Kräfte drücken die äußere Wicklung vom Kern weg und pressen die innere Wicklung an den Kern. Diesen Kräften sind besonders nichtzylindrische Wicklungen bei rechteckigen und elliptischen Kernquerschnitten ausgesetzt. Nicht zuletzt hat sich aus diesen Gründen heute die Zylinderwicklung durchgesetzt, weil die kreisrunde Spule diese radialen Kräfte ohne äußere Abstützungen aufnehmen kann. Bei unsymmetrischen Anordnungen von Ober- und Unterspannungswicklungen treten auch noch axiale Schubkräfte in Richtung des Kernes auf, die die Wicklungen auseinanderreißen bzw. zusammenpressen. In dieser Hinsicht bereiten Transformatoren mit angezapften Wicklungen, bei denen Unsymmetrie kaum vermeidbar ist, besondere Schwierigkeiten. Nach VDE 0532 müssen Transformatoren Stoßkurzschlußströme bis zum 75fachen des Nennstromes aushalten können. Für die Begrenzung des Stoßkurzschlußstromes ist die Streuung des Transformators maßgebend. Aus diesem Grunde wird sie daher nicht so klein gewählt, wie dies an sich wohl möglich wäre: in besonderen Fällen werden den Transformatoren noch Drosselspulen zur Begrenzung des Kurzschlußstromes vorgeschaltet.

6. Spannungsänderung des Transformators bei Nennlast.

Für einfache Untersuchungen bei Nennbetrieb ist es üblich, den Magnetisierungsstrom zu vernachlässigen, so daß wir den vereinfachten Ersatzstromkreis wie bei Kurzschluß benutzen können. Von der Transformierung der Spannung und des Stromes abgesehen, verhält sich hiernach der Transformator betriebstechnisch wie eine in die Leitung eingeschaltete Drosselspule mit den Widerständen R_K und X_K (s. Abb. 82). Der am Transformator auftretende Spannungsverlust ist bei Nennstrom gleich der Kurzschlußspannung. Abb. 83 zeigt das vereinfachte Vektordiagramm für den gleichen Belastungsfall wie früher. Das schraffierte Spannungsdreieck ist das Vektordiagramm der Spannungen bei Kurzschluß (mit Nennströmen J_N) nach Abb. 81 und wird auch „Kappsches Dreieck“ genannt.

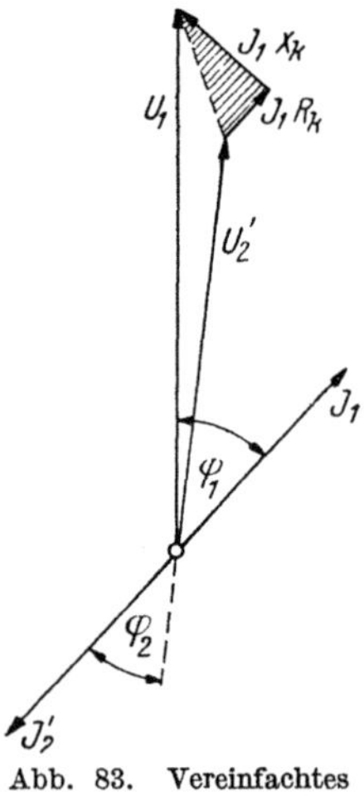

Abb. 83. Vereinfachtes Vektordiagramm des Transformators.

Als Spannungsänderung bezeichnen wir die Änderung der Sekundärspannung, die bei Übergang von Leerlauf auf Nennbetrieb auftritt, wenn die Primärspannung ungeändert bleibt. Die Spannungsänderung wird in Prozenten der Nennspannung ausgedrückt und mit u_φ bezeichnet, um ihre Abhängigkeit vom Phasenwinkel anzudeuten. Es ist

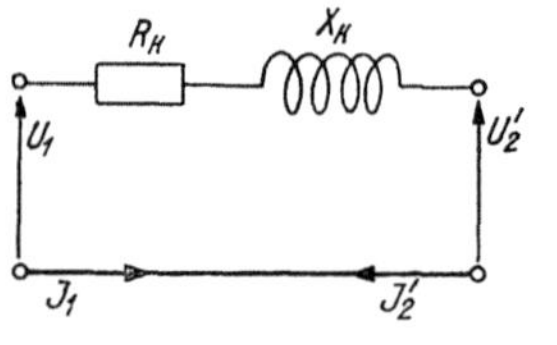

Abb. 82. Vereinfachter Ersatzstromkreis des Transformators bei Belastung.

$$u_\varphi = \frac{U_1 - U_2'}{U_1} = \frac{U_{20} - U_2}{U_{20}}, \tag{96}$$

wenn U_{20} die sekundäre Leerlaufspannung ist, die mit dem Nennwert übereinstimmen soll, und wenn wir unter U_1 die primäre Nennspannung verstehen.

Abb. 84 zeigt das KAPPsche Dreieck der Abb. 83 in maßstabsgerechter Darstellung, aus der wir

$$U_1 - U_2' \approx J_N R_K \cos\varphi + J_N X_K \sin\varphi \tag{97}$$

entnehmen, indem wir mit guter Annäherung $\varphi_1 \approx \varphi_2 \approx \varphi$ setzen. Durch Division mit U_1 beiderseits ergibt sich mit den Bezeichnungen der Gl. 93:

$$u_\varphi \approx u_r \cos\varphi + u_s \sin\varphi. \tag{98}$$

Bei kapazitiver Belastung ist $\sin\varphi$ negativ einzusetzen. Ein negativer Wert u_φ bedeutet Spannungserhöhung, der mithin nur bei überwiegend kapazitiver Belastung zu erwarten ist. Den größten Wert erreicht u_φ, wenn $\varphi = \varphi_K$ ist; dann ist $u_\varphi = u_K$.

Die der Gl. 97 für die Spannungsänderung u_φ zugrunde liegende Annäherung $\varphi_1 \approx \varphi_2 \approx \varphi$ ist nach VDE 0532 bei Streuspannungen bis zu 4% zulässig, darüber hinaus ist eine dort angegebene Formel zu verwenden.

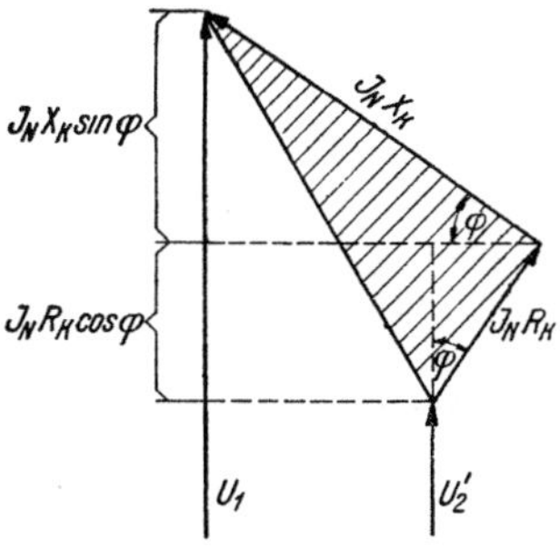

Abb. 84. Zur Erläuterung der Gl. (97).

7. Parallelbetrieb von Transformatoren.

Es ist noch zu untersuchen, wie sich parallel geschaltete Transformatoren verhalten. Unter parallel geschalteten Transformatoren versteht man solche, deren Primärseite und Sekundärseite parallel auf gemeinsame Primär- und Sekundärnetze arbeiten (Abb. 85). Hierbei unterscheiden wir noch zwischen

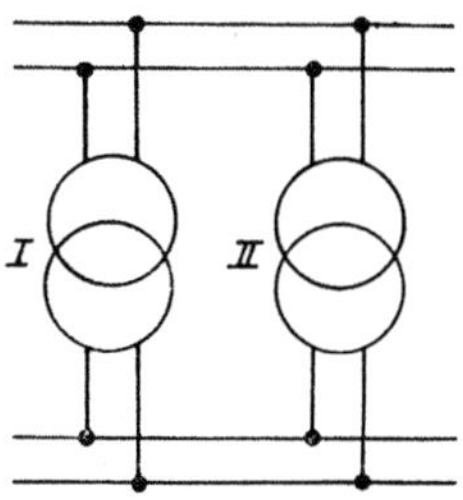

Abb. 85. Parallelschaltung zweier Transformatoren.

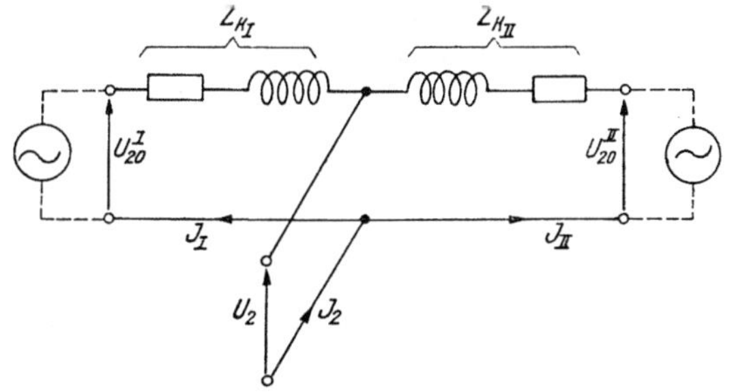

Abb. 86. Ersatzstromkreis zweier parallelgeschalteter Transformatoren für die Sekundärseite.

Sammelschienen- und Netzparallellauf; im ersten Fall hängen die Transformatoren primär und sekundär an Sammelschienen, sozusagen in nächster Nachbarschaft, im Netzparallellauf dagegen liegen zwischen den einzelnen Transformatoren noch längere Netzstrecken, die auf den Parallelbetrieb ausgleichend wirken. Im folgenden soll daher nur der unmittelbare Parallelbetrieb, der Sammelschienenparallellauf, betrachtet werden.

Wie in Abschn. II C 9 gezeigt wird, ist der vereinfachte Ersatzstromkreis nach Abb. 82 streng gültig, wenn man die Primärspannung U_1 durch die sekundäre Leerlaufspannung U_{20} ersetzt. Von der Sekundärseite aus betrachtet, verhält sich dann der Transformator wie ein Generator mit der induzierten Spannung U_{20} und den inneren Widerständen R_K und X_K. Eine Parallelschaltung zweier Transformatoren ergibt den in Abb. 86 gezeigten Stromkreis. Bei stromlosem Sekundärnetz (Leerlauf) tritt bereits ein Ausgleichstrom zwischen beiden Transformatoren auf, wenn die Leerlaufspannungen $U_{20}{}^{\mathrm{I}}$ und $U_{20}{}^{\mathrm{II}}$ nicht gleicher Größe und Phase sind. Der auftretende Ausgleichstrom wird in Abschn. II C 9 berechnet. Damit solche Ausgleichströme nicht auftreten, müssen in erster Linie die Übersetzungen gleich sein. Ferner dürfen die relativen Magnetisierungsströme nicht allzusehr verschieden sein, da diese bereits im Leerlauf auf der Primärseite verschieden große Spannungsverluste und damit verschiedene sekundäre Leerlaufspannungen zur Folge haben. Da die relativen Magnetisierungsströme mit zunehmender Größe des Transformators abnehmen, wird in VDE 0532 empfohlen, das Leistungsverhältnis parallel arbeitender Transformatoren nicht größer als 1:3 zu wählen.

Die Verteilung der Netzlast auf die beiden Transformatoren wollen wir unter der vereinfachenden und praktisch auch meist zutreffenden Voraussetzung $\mathfrak{U}_{20}{}^{\mathrm{I}} = \mathfrak{U}_{20}{}^{\mathrm{II}}$ betrachten. Da auch $\mathfrak{U}_2$ für beide Transformatoren gleich ist, muß auch der Spannungsverlust in beiden Transformatoren gleich sein. Es gilt also, wenn wir die sekundären Transformatorströme kurz mit J_{I} und J_{II} bezeichnen,

$$J_{\mathrm{I}}\, Z_{K_{\mathrm{I}}} = J_{\mathrm{II}}\, Z_{K_{\mathrm{II}}}. \tag{99}$$

Aus der Betrachtung der beiden Transformatoren als parallel geschaltete Drosseln mit den Widerständen $Z_{K_{\mathrm{I}}}$ und $Z_{K_{\mathrm{II}}}$ hätten wir auch sagen können: Die Ströme verhalten sich umgekehrt wie die Widerstände, was obiger Anschrift entspricht. Gl. 99 erweitern wir auf jeder Seite im Zähler und Nenner mit dem Nennstrom $J_{N_{\mathrm{I}}}$ bzw. $J_{N_{\mathrm{II}}}$ und dividieren auf beiden Seiten durch die Nennspannung:

$$\left(\frac{J}{J_N}\right)_{\mathrm{I}} \frac{J_{N_{\mathrm{I}}} Z_{K_{\mathrm{I}}}}{U_N} = \left(\frac{J}{J_N}\right)_{\mathrm{II}} \frac{J_{N_{\mathrm{II}}} Z_{K_{\mathrm{II}}}}{U_N}. \tag{100}$$

$b = J/J_N$ ist die prozentuale Belastung eines Transformators und $u_K = J_N Z_K/U_N$ ist die Nennkurzschlußspannung. Obige Gleichung läßt sich also in vereinfachter Form schreiben

$$b_{\mathrm{I}} : b_{\mathrm{II}} = u_{K_{\mathrm{II}}} : u_{K_{\mathrm{I}}} \tag{101}$$

und ohne weiteres verallgemeinern:

Die prozentualen Belastungen parallel arbeitender Transformatoren verhalten sich umgekehrt wie die Nennkurzschlußspannungen.

Die algebraische Summe der Einzelbelastungen ist gleich der Netzlast, wenn die Transformatorströme gleiche Phase haben. Das ist aber nur dann der Fall, wenn die Wirkwiderstände R_K aller Transformatoren im gleichen Verhältnis zueinander stehen wie die Blindwiderstände X_K, oder kurz gesagt, wenn die Kurzschlußleistungsfaktoren $\cos\varphi_K$ gleich sind. Dies trifft im allgemeinen bei Transformatoren verschiedener Größe nicht zu. Da bei Phasenverschiebung der Ströme diese größer sind als der Netzlast entsprechend nötig wäre, empfiehlt es sich auch mit Rücksicht hierauf, das Leistungsverhältnis nicht größer als 1:3 zu wählen.

Parallel arbeitende Transformatoren sollten also zwecks gleichmäßiger Lastverteilung gleiche Kurzschlußspannungen haben (und nicht allzu unterschiedliche Kurzschlußleistungsfaktoren). Mit Rücksicht auf die erzielbare Herstellungsgenauigkeit ist die Toleranz für die prozentuale Kurzschlußspannung auf $+ 10\%$ und $- 20\%$ festgelegt worden. Nach VDE 0532/1937 gilt ein Parallelbetrieb als einwandfrei, wenn die Nennkurzschlußspannung des zu prüfenden Transformators nicht mehr als $\pm 10\%$ vom Mittel der Kurzschlußspannungen der bereits vorhandenen Transformatoren abweicht. Wenn schon die Kurzschlußspannungen ungleich sind, ist es günstiger, wenn die Transformatoren kleinerer Leistung die größere Kurzschlußspannung haben; denn eine Entlastung eines kleinen Transformators z. B. um 10% bedeutet für einen Transformator fünffacher Leistung nur eine zusätzliche Belastung um 2%. Auch unter diesem Gesichtspunkt empfiehlt sich die Einhaltung eines Leistungsverhältnisses 1:3, denn im umgekehrten, manchmal unvermeidbaren Fall der geringen Entlastung eines großen Transformators ergibt sich leicht eine unzulässig hohe Überlast eines kleinen parallel arbeitenden Transformators.

8. Sparschaltung.

Die Anwendung eines Transformators in Sparschaltung läßt in vielen Fällen eine bedeutende Werkstoffersparnis zu. Dieses Verfahren ist besonders dann von Vorteil, wenn die Netzspannung nur um einen kleinen Betrag herauf- oder heruntergesetzt werden soll oder dann, wenn z. B. für Anlauf von Motoren eine stufenweise Änderung der Spannung von einem Kleinstwert bis zur vollen Netzspannung verlangt wird.

Wir betrachten zunächst den Fall, wo die Sekundärspannung U_2 größer ist als die Primärspannung U_1. In Abb. 87a und 87b ist eine solche Schaltung

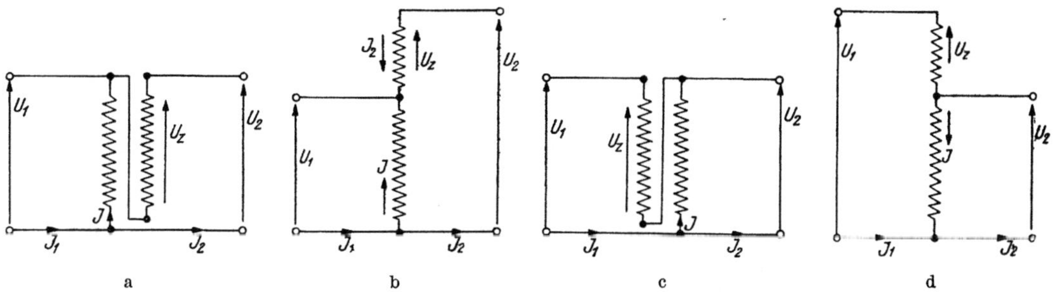

Abb. 87a bis d. Einphasentransformator in Sparschaltung.
a und b zur Spannungserhöhung, c und d zur Spannungserniedrigung.

in zweifacher Weise dargestellt. Abb. 87b entspricht der Schaltung eines Spannungsteilers und ist in dieser Form im Schrifttum am meisten verbreitet; Abb. 87a dagegen läßt die Zusammenhänge klarer erkennen und entspricht der technischen Ausführung.

Die folgenden Betrachtungen sollen unter der vereinfachenden Annahme durchgeführt werden, daß der Transformator ohne Verluste und ohne Streuung und der Magnetisierungsstrom vernachlässigbar sei. — Die sekundäre Spannung ist nach Abb. 87a bzw. b

$$U_2 = U_1 + U_Z.$$

Als Übersetzung des Spartransformators gilt das Verhältnis $U_2/U_1 = 1 + U_Z/U_1$; dabei sind den obigen Voraussetzungen zufolge alle Spannungen als Nennspannungen anzusehen. Die sekundäre Nennleistung $N_S = U_2 J_2$ wollen wir „Durchgangsleistung“ und die Leistung $U_Z J_2$, die für die Typengröße des Transformators ausschlaggebend ist, die „Eigenleistung“ N_S' des Transformators nennen. Für das Verhältnis der Eigenleistung N_S' zur Durchgangsleistung N_S erhalten wir dann bei Spannungserhöhung von U_1 auf U_2:

$$\frac{N_S'}{N_S} = \frac{U_Z J_2}{U_2 J_2} = 1 - \frac{U_1}{U_2}.$$

Durch den Übergang von der Vollschaltung auf die Sparschaltung erniedrigt sich also die Typengröße des zu wählenden Transformators auf das $(1 - U_1/U_2)$-fache. Die Ersparnis ist um so größer, je geringer der Spannungsunterschied zwischen primär und sekundär ist. Mit $U_2 = 1{,}1\, U_1$ z. B. ist $N_S'/N_S = 1 - 1/1{,}1 = 0{,}09$; die in Sparschaltung zu wählende Typengröße würde nur 9% der Durchgangsleistung betragen. Diese Ersparnis hat ihren Grund darin, daß ja nur ein ganz geringer Teil der Leistung, nämlich die Eigenleistung, transformatorisch übertragen wird, während der größere Restbetrag unmittelbar dem sekundären Netz zugeführt wird. Im Grenzfall $U_2 = U_1$ würde $N_S'/N_S = 0$ werden, d. h. es wäre überhaupt kein Transformator erforderlich, was selbstverständlich ist.

Der primäre Netzstrom ist J_1; aus der Gleichheit der Leistungen $U_1 J_1 = U_2 J_2$ ergibt sich dann $J_1/J_2 = U_2/U_1 = 1 + U_Z/U_1$. Der Transformator führt auf der Primärseite den Strom J und auf der Sekundärseite den Strom J_2, wie aus Abb. 87a hervorgeht. Das Verhältnis beider Ströme ergibt sich aus $U_1 J = U_Z J_2$ zu $J/J_2 = U_Z/U_1$.

Bei Spannungserniedrigung ist die Schaltung nach Abb. 87c bzw. d zu wählen. Im gleichen Rechnungsgang wie oben erhalten wir für das Verhältnis der Eigenleistung zur Durchgangsleistung mit $U_1 = U_2 + U_Z$:

$$\frac{N_S'}{N_S} = 1 - \frac{U_2}{U_1}.$$

Die Verhältniswerte der Ströme sind: $J_1/J_2 = U_2/U_1 = 1 - U_Z/U_1$ und $J/J_1 = U_Z/U_2$.

Es liegt die Frage nahe, warum denn angesichts solcher Ersparnismöglichkeiten nicht stets Spartransformatoren verwendet werden. Der Grund dafür, daß dies nicht geschieht, liegt einmal darin, daß ja Ober- und Unterspannungsnetz über den Transformator einpolig leitend miteinander verbunden sind und bei einem Fehler des Transformators die Oberspannung zu leicht in das Unterspannungsnetz übertreten und Schaden anrichten kann. In Stromkreisen mit mehr als 250 Volt gegen Erde soll daher nach VDE 0532 in der Regel der Unterschied der Spannungen nicht mehr als 25% betragen.

Wichtiger ist aber noch die Beanspruchung des Netzes und des Transformators im Kurzschluß. Durch den Übergang von der Vollschaltung auf die Sparschaltung geht der Kurzschlußstrom des Transformators selbst, wie auch der Netzkurzschlußstrom auf das $[U_o/(U_o - U_u)]$-fache hinauf. Hinsichtlich des Netzkurzschlußstromes ist dabei in beiden Fällen gleiche Nennkurzschlußspannung vorausgesetzt worden; U_o ist die Oberspannung und U_u die Unterspannung. Solche Beanspruchungen des Netzes und insbesondere des Transformators verbieten ganz von selbst die allgemeine Anwendung der Sparschaltung. Auch der Parallelbetrieb von Transformatoren in Sparschaltung bereitet Schwierigkeiten, weil eine genügend genaue Abgleichung der Kurzschlußspannungen nur schwer erreicht werden kann.

9. Allgemeine Theorie des Transformators.

Im folgenden soll kurz die allgemeine Theorie des Transformators im stationären Betrieb mit Hilfe der komplexen Rechnung erläutert werden; auf die Betrachtung von Ausgleichsvorgängen müssen wir dagegen verzichten.

a) Die Streuziffern. Auf Grund der bei den Gl. 71 und 72 durchgeführten Betrachtungen definieren wir mit $\lambda_1 = w_1/w_2$ und $\lambda_2 = w_2/w_1$ die primäre und die sekundäre Streuziffer durch

$$\sigma_1 = \frac{L_{1\sigma}}{L_{1h}} = \frac{X_{1\sigma}}{X_{1h}} = \tau_1 \text{ und } \sigma_2 = \frac{L_{2\sigma}}{L_{2h}} = \frac{X_{2\sigma}}{X_{2h}} = \tau_2. \qquad (102)$$

Die Doppelbezeichnungen σ_1 bzw. τ_1 und σ_2 bzw. τ_2 führen wir deshalb ein, weil sich beide Bezeichnungen im Schrifttum vorfinden und sich je nach der Bezeichnung durch die Zusammensetzung zur Gesamtstreuziffer unterscheiden. Als Gesamtstreuziffer gelten

$$\sigma = 1 - \frac{M^2}{L_1 L_2} \quad \text{und} \quad \tau = \frac{L_1 L_2}{M^2} - 1. \tag{103}$$

Die Gesamtstreuziffer τ wird auch „HEYLANDsche Streuziffer" genannt. Zwischen beiden Definitionen bestehen die Beziehungen

$$\sigma = \frac{\tau}{1+\tau} \quad \text{und} \quad \tau = \frac{\sigma}{1-\sigma},$$

wovon man sich durch Einsetzen leicht überzeugt. Die Zahlenwerte liegen in den Grenzen $0 \leqq \sigma \leqq 1$ und $0 \leqq \tau \leqq \infty$. Bei geringer Streuung sind σ und τ annähernd gleich und klein gegen 1. Bei großer Streuung sind beide Zahlenwerte sehr verschieden; σ geht gegen 1 und τ gegen ∞. Da $L_1 = L_{1\sigma} + L_{1h}$ und $L_2 = L_{2\sigma} + L_{2h}$ ist, erhalten wir für den Zusammenhang der Streuziffern mit der Gesamtstreuziffer folgende Beziehungen:

$$\left.\begin{aligned} \sigma &= 1 - \frac{1}{(1+\sigma_1)(1+\sigma_2)} \\ \text{und} \qquad \tau &= \tau_1 + \tau_2 + \tau_1 \tau_2. \end{aligned}\right\} \tag{104}$$

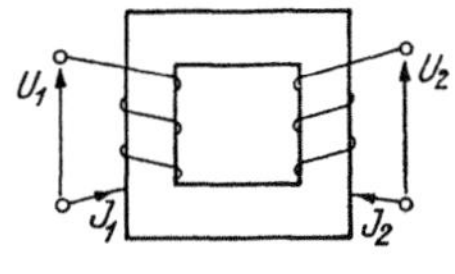

Abb. 88. Zur Aufstellung der Spannungsgleichungen.

Bei kleinen Werten kann man $\sigma \approx \sigma_1 + \sigma_2 \approx \tau \approx \tau_1 + \tau_2$ setzen.

b) Spannungsgleichungen. Für die Aufstellung der Spannungsgleichungen legen wir die in Abb. 88 angegebenen Zählpfeile fest, d. h. wir verwenden das Verbraucher-Zählpfeilsystem und legen außerdem die positiven Stromrichtungen beiderseits so fest, daß positive Ströme den Kern in gleicher Richtung magnetisieren. Dann gelten die bekannten Gleichungen (s. Gl. 70):

$$\left.\begin{aligned} u_1 &= i_1 R_1 + L_1 \frac{d i_1}{d t} + M \frac{d i_2}{d t} \\ \text{und} \qquad u_2 &= i_2 R_2 + L_2 \frac{d i_2}{d t} + M \frac{d i_1}{d t} \end{aligned}\right\} \tag{105}$$

Diese Differentialgleichungen beschreiben alle Betriebszustände des Transformators, gleichgültig, ob stationär oder nicht. Allerdings ist in diesen Gleichungen bereits eine konstante Permeabilität des Eisenkernes als Voraussetzung enthalten, insofern als diese Gleichungen nur für konstante Werte der Selbstinduktivität und der Gegeninduktivität Gültigkeit haben. Das bedeutet gleichzeitig auch die Vernachlässigung der Hystereseverluste.

Für den stationären Betrieb mit sinusförmigen Spannungen und konstanter Frequenz lautet der Lösungsansatz in komplexer Form:

$$u = \Re\mathrm{e}\,(\mathfrak{U}\sqrt{2}) = \Re\mathrm{e}\left(U\sqrt{2}\,e^{j\omega t}\right), \quad i = \Re\mathrm{e}\,(\mathfrak{J}\sqrt{2}) = \Re\mathrm{e}\left(J\sqrt{2}\,e^{j(\omega t - \varphi)}\right)$$
$$\text{und} \quad di/dt = \Re\mathrm{e}\,(j\omega\mathfrak{J}\sqrt{2}).$$

Die Einführung dieses Lösungsansatzes in obige Differentialgleichungen und der allgemeine Übergang vom Realteil zum komplexen Wert ergibt:

$$\left.\begin{aligned} \mathfrak{U}_1 &= (R_1 + j\omega L_1)\,\mathfrak{J}_1 + j\omega M\,\mathfrak{J}_2 \\ \text{und} \qquad \mathfrak{U}_2 &= (R_2 + j\omega L_2)\,\mathfrak{J}_2 + j\omega M\,\mathfrak{J}_1. \end{aligned}\right\} \tag{106}$$

Um die Rechnung noch weiter zu vereinfachen, gehen wir wie früher zum Transformator mit der Übersetzung 1:1 über, bzw. wir rechnen die Wicklungen auf gleiche Windungszahlen um. Wie dies erfolgt, ist schon in Abschn. II C 3 gezeigt worden. Zur Vereinfachung der Schreibweise lassen wir aber fortan den Umrechnungsstrich (′) weg und nehmen von vornherein eine Übersetzung 1 : 1 an. Beachtet man noch, daß bei gleichen Windungszahlen primär und sekundär $L_{1h} = M = L_{2h}$ ist, dann können wir die Gl. 106 in abgekürzter Form schreiben:

$$\mathfrak{U}_1 = \mathfrak{J}_1 \mathfrak{Z}_{11} + \mathfrak{J}_2 \mathfrak{Z}_0 \qquad (107\,a)$$

und

$$\mathfrak{U}_2 = \mathfrak{J}_2 \mathfrak{Z}_{22} + \mathfrak{J}_1 \mathfrak{Z}_0, \qquad (107\,b)$$

mit den komplexen Scheinwiderständen

$$\mathfrak{Z}_{11} = R_1 + j\,X_1,\ \mathfrak{Z}_{22} = R_2 + j\,X_2 \text{ und } \mathfrak{Z}_0 = j\,X_h, \qquad (108)$$

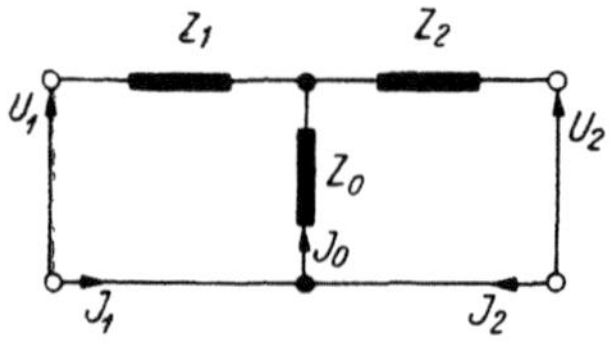

Abb. 89. Ersatzstromkreis des Transformators.

wobei wir im folgenden stets $X_{1h} = X_{2h} \equiv X_h$ setzen.

c) Ersatzstromkreis. Zur Aufstellung der Gl. 107 können wir auch den in Abb. 89 gezeigten Ersatzstromkreis benutzen, wenn wir

$$\mathfrak{Z}_{11} = \mathfrak{Z}_1 + \mathfrak{Z}_0 \text{ und } \mathfrak{Z}_{22} = \mathfrak{Z}_2 + \mathfrak{Z}_0 \qquad (109)$$

setzen, wobei entsprechend $X_1 = X_{1\sigma} + X_{1h}$ und $X_2 = X_{2\sigma} + X_{2h}$

$$\mathfrak{Z}_1 = R_1 + j\,X_{1\sigma} \text{ und } \mathfrak{Z}_2 = R_2 + j\,X_{2\sigma} \qquad (110)$$

ist. $(\mathfrak{J}_1 + \mathfrak{J}_2)\,\mathfrak{Z}_0 = \mathfrak{J}_0\,\mathfrak{Z}_0 = \mathfrak{E}$ ist die vom Hauptfeld induzierte Spannung.

Dieser Ersatzstromkreis stimmt mit dem der Abb. 77 überein, wenn man bei Vernachlässigung der Eisenwärme $R_E = \infty$ setzt und von dem weggelassenen Umrechnungsstrich (′) absieht; mit Rücksicht auf einen anderen Ersatzstromkreis (s. Abb. 91) nennen wir diesen hier den „primären Ersatzstromkreis". Umgekehrt entnehmen wir aus dieser Übereinstimmung auch die Berechtigung, die Eisenverluste nachträglich durch Einführung von R_E zu berücksichtigen, wenn uns das nützlich erscheint. Dann wäre

$$\mathfrak{Z}_0 = \frac{j\,X_h\,R_E}{R_E + j\,X_h} = j\,X_h \frac{R_E}{R_E + j\,X_h} = j\,X_h \frac{R_E}{\sqrt{R_E^2 + X_h^2}\,e^{j\,\delta}} = j\,X_h\,\eta\,e^{-j\,\delta}.$$

δ ist der Eisenverlustwinkel mit $\operatorname{tg}\delta = X_h/R_E$ und $\eta = R_E/\sqrt{R_E^2 + X_h^2}$; es ist größenordnungsmäßig $\operatorname{tg}\delta \approx 0{,}1$ und $\eta \approx 0{,}995$.

Die Determinante des Gleichungssystems 107 ist

$$\Delta = \begin{vmatrix} \mathfrak{Z}_{11} & \mathfrak{Z}_0 \\ \mathfrak{Z}_0 & \mathfrak{Z}_{22} \end{vmatrix} = \mathfrak{Z}_{11}\,\mathfrak{Z}_{22} - \mathfrak{Z}_0^2 = (R_1\,R_2 - \sigma\,X_1\,X_2) + j\,(R_1\,X_2 + R_2\,X_1). \qquad (111)$$

Hierzu ist zu beachten, daß $\sigma = 1 - X_h^2/X_1\,X_2$ ist, wie sich aus Gl. 102 und 104 ergibt, und daß unter Vernachlässigung der Eisenverluste $\mathfrak{Z}_0 = j\,X_h$ gesetzt wurde.

d) Der Spannungstransformator. Bei Transformatoren, die in der Energiewirtschaft verwendet werden, unterscheiden wir zwei verschiedene Betriebszustände: Beim „Spannungstransformator" wird die Primärspannung vom Primärnetz bestimmt — der Transformator ist an die Netzspannung angeschlossen — und beim „Stromtransformator" wird der Primärstrom vom Primärnetz vorgeschrieben — der Transformator ist in den primären Stromkreis eingeschaltet. Dienen Transformatoren lediglich zu Meßzwecken, also nicht zur Leistungsübertragung, nennen wir sie Meßwandler und unterscheiden dann Spannungswandler und Stromwandler.

Beim Spannungstransformator, der in erster Linie für die Leistungsübertragung verwendet wird, fragen wir nach der Änderung des Primärstromes und der Sekundärspannung mit dem Belastungsstrom. Wir suchen also die Funktionen

$$\mathfrak{J}_1 = f(\mathfrak{J}_2) \quad \text{und} \quad \mathfrak{U}_2 = g(\mathfrak{J}_2).$$

Aus Gl. 107a ergibt sich sofort die erste Funktion, indem wir nach $\mathfrak{J}_1$ auflösen:

$$\mathfrak{J}_1 = \frac{\mathfrak{U}_1}{\mathfrak{Z}_{11}} - \mathfrak{J}_2 \frac{\mathfrak{Z}_0}{\mathfrak{Z}_{11}}. \tag{112}$$

Mit diesem Wert für $\mathfrak{J}_1$ erhalten wir aus Gl. 107b die andere gesuchte Funktion

$$\mathfrak{U}_2 = \mathfrak{U}_1 \frac{\mathfrak{Z}_0}{\mathfrak{Z}_{11}} + \mathfrak{J}_2 \frac{\mathfrak{Z}_{11}\mathfrak{Z}_{22} - \mathfrak{Z}_0^2}{\mathfrak{Z}_{11}}. \tag{113}$$

Um dem Inhalt dieser beiden Gleichungen auf den Grund zu gehen, unterziehen wir zunächst die einzelnen Glieder bzw. ihre Koeffizienten einer näheren Betrachtung:

In Gl. 112 ist $\mathfrak{U}_1/\mathfrak{Z}_{11} = \mathfrak{J}_{10}$ der Leerlaufstrom des Transformators, der als fest gegeben anzunehmen ist, solange $\mathfrak{U}_1$ konstant ist. Mit diesem Leerlaufstrom $\mathfrak{J}_{10}$ stimmt der Strom $\mathfrak{J}_0$ des Ersatzstromkreises in Abb. 89 nur im Leerlauf überein; $\mathfrak{J}_0 = \mathfrak{J}_1 + \mathfrak{J}_2$ ist mit der Belastung veränderlich, während $\mathfrak{J}_{10}$ konstant ist.

Zur Bestimmung von $\mathfrak{U}_1 \mathfrak{Z}_0/\mathfrak{Z}_{11}$ aus Gl. 113 betrachten wir den Ersatzstromkreis Abb. 89; bei $\mathfrak{J}_2 = 0$ ist die sekundäre Leerlaufspannung $\mathfrak{U}_{20}$ gleich der am Widerstand $\mathfrak{Z}_0$ auftretenden Spannung, während die Spannung $\mathfrak{U}_1$ am Widerstand $\mathfrak{Z}_1 + \mathfrak{Z}_0 = \mathfrak{Z}_{11}$ liegt. Wie beim Spannungsteiler verhalten sich die Spannungen wie die Widerstände, also

$$\mathfrak{U}_1 : \mathfrak{U}_{20} = \mathfrak{Z}_{11} : \mathfrak{Z}_0 \quad \text{oder} \quad \mathfrak{U}_{20} = \mathfrak{U}_1 \frac{\mathfrak{Z}_0}{\mathfrak{Z}_{11}}. \tag{114}$$

Danach ist also $\mathfrak{Z}_0/\mathfrak{Z}_{11}$ die Leerlaufübersetzung der Spannungen bei gleichen Windungszahlen beiderseits. Die Differenz von $|\mathfrak{Z}_0/\mathfrak{Z}_{11}|$ gegenüber 1 ist also der relative Spannungsverlust im Leerlauf, um den sich die sekundäre Leerlaufspannung von dem Nennwert, der dem Übersetzungsverhältnis der Windungszahlen entspricht, unterscheidet und arc $(\mathfrak{Z}_0/\mathfrak{Z}_{11})$ ist der Phasenwinkel zwischen der primären und sekundären Spannung.

Beim Spannungswandler, der die zu messende Spannung auf einen bequem meßbaren Wert übersetzen soll, kommt es darauf an, daß die Übersetzung der Spannungen der der Windungszahlen möglichst genau entspricht. Es soll also $|\mathfrak{Z}_0/\mathfrak{Z}_{11}|$ möglichst wenig von 1 abweichen; dazu muß der Meßwandler streuungsarm gebaut und sein Eisenkern darf nur schwach magnetisiert werden. Selbstverständlich darf auch die sekundäre Belastung durch die anzuschließenden Meßgeräte nicht zu groß sein, so daß man praktisch noch von Leerlauf sprechen kann. Den Differenzbetrag von $|\mathfrak{Z}_0/\mathfrak{Z}_{11}|$ gegenüber 1 nennt man beim Spannungswandler den Spannungsfehler und arc $(\mathfrak{Z}_0/\mathfrak{Z}_{11})$ den Fehlwinkel, der vor allem bei Leistungsmessungen beachtet werden muß. Die zulässigen Werte für diese Größen sind in VDE 0414/X. 40, § 13 festgelegt. Z. B. darf bei Spannungswandlern der Klasse 0,1 der Spannungsfehler nicht mehr als 0,1% betragen und der Fehlwinkel muß kleiner als 5 Minuten sein. Es muß also $|\mathfrak{Z}_0/\mathfrak{Z}_{11}| \geqq 0{,}999$ und arc $(\mathfrak{Z}_0/\mathfrak{Z}_{11}) \leqq 5'$ sein.

$\mathfrak{Z}_0/\mathfrak{Z}_{11}$ tritt auch noch in Gl. 112 als Koeffizient von $\mathfrak{J}_2$ auf. Denkt man sich den Ersatzstromkreis in Abb. 89 auf der Primärseite kurzgeschlossen und sekundär den Strom $\mathfrak{J}_2$ fließen, dann gilt für den kurzgeschlossenen Kreis, wenn man $\mathfrak{J}$ statt $\mathfrak{J}_1$ einführt:

$$(\mathfrak{J} + \mathfrak{J}_2)\,\mathfrak{Z}_0 + \mathfrak{J}\,\mathfrak{Z}_1 = 0.$$

Daraus folgt:

$$\mathfrak{J} = -\mathfrak{J}_2 \frac{\mathfrak{Z}_0}{\mathfrak{Z}_{11}}. \tag{115}$$

$\mathfrak{J} = -\mathfrak{J}_2\,\mathfrak{Z}_0/\mathfrak{Z}_{11}$ ist derjenige Strom, der vom sekundären Strom $\mathfrak{J}_2$ in der kurzgeschlossenen Primärwicklung erzeugt werden würde. $\mathfrak{Z}_0/\mathfrak{Z}_{11}$ ist also nicht nur die Leerlaufübersetzung der Spannungen, sondern auch die Kurzschlußübersetzung der Ströme von sekundär auf primär.

Die Berechnung von $\mathfrak{Z}_0/\mathfrak{Z}_{11}$ ergibt:

$$\frac{\mathfrak{Z}_0}{\mathfrak{Z}_{11}} = \frac{j\,X_h}{R_1 + j\,X_1} = \frac{X_h\,e^{j\alpha}}{\sqrt{R_1^2 + X_1^2}} \approx \frac{e^{j\alpha}}{1+\sigma_1} \approx \frac{1}{1+\sigma_1}. \tag{116}$$

Mit $\operatorname{tg}\alpha = R_1/X_1 \approx 0{,}0005 \ldots 0{,}001$ ist $\alpha \approx 2$ bis 4 Minuten. Dieser Winkel ist so klein, daß seine Vernachlässigung beim technischen Transformator (vom Meßwandler abgesehen) stets gerechtfertigt ist; ebenso ist stets $R_1^2 \ll X_1^2$.

Wir betrachten nun noch den Faktor $(\mathfrak{Z}_{11}\,\mathfrak{Z}_{22} - \mathfrak{Z}_0^2)/\mathfrak{Z}_{11}$ aus Gl. 113. Es ist

$$\mathfrak{Z}_{11}\,\mathfrak{Z}_{22} - \mathfrak{Z}_0^2 = (\mathfrak{Z}_1 + \mathfrak{Z}_0)\,(\mathfrak{Z}_2 + \mathfrak{Z}_0) - \mathfrak{Z}_0^2 = \mathfrak{Z}_2\,\mathfrak{Z}_{11} + \mathfrak{Z}_0\,\mathfrak{Z}_1,$$

und damit wird

$$\frac{\mathfrak{Z}_{11}\,\mathfrak{Z}_{22} - \mathfrak{Z}_0^2}{\mathfrak{Z}_{11}} = \mathfrak{Z}_2 + \frac{\mathfrak{Z}_0\,\mathfrak{Z}_1}{\mathfrak{Z}_1 + \mathfrak{Z}_0} = \mathfrak{Z}_{K_2}. \tag{117}$$

$(\mathfrak{Z}_{11}\,\mathfrak{Z}_{22} - \mathfrak{Z}_0^2)/\mathfrak{Z}_{11}$ ist der sekundäre Kurzschlußwiderstand $\mathfrak{Z}_{K_2}$ des Ersatzstromkreises nach Abb. 89 bei kurzgeschlossener Primärwicklung, denn $\mathfrak{Z}_{K_2}$ besteht aus dem Vorwiderstand $\mathfrak{Z}_2$ und den beiden im Kurzschluß parallel liegenden Widerständen $\mathfrak{Z}_0$ und $\mathfrak{Z}_1$. Dieser sekundäre Kurzschlußwiderstand $\mathfrak{Z}_{K_2}$ kann unmittelbar bei kurzgeschlossener Primärwicklung durch Messung bestimmt werden, allerdings nur mit einer gewissen Ungenauigkeit infolge der veränderlichen Eisensättigung. Die Berechnung gestaltet sich folgendermaßen:

$$\mathfrak{Z}_{K_2} = \frac{\mathfrak{Z}_{11}\,\mathfrak{Z}_{22} - \mathfrak{Z}_0^2}{\mathfrak{Z}_{11}} = \mathfrak{Z}_{22} - \frac{\mathfrak{Z}_0^2}{\mathfrak{Z}_{11}} = R_2 + j\,X_2 + \frac{X_h^2\,(R_1 - j\,X_1)}{R_1^2 + X_1^2}. \tag{118a}$$

Im letzten Glied auf der rechten Seite haben wir den Bruch mit dem konjugiert komplexen Widerstand $R_1 - j\,X_1$ erweitert. Wir vernachlässigen R_1^2 gegen X_1^2 und beachten, daß $\sigma = 1 - X_h^2/X_1\,X_2$ ist; dann wird

$$\mathfrak{Z}_{K_2} \approx \frac{R_1}{(1+\sigma_1)^2} + R_2 + j\,\sigma\,X_2 = R_{K_2} + j\,X_{K_2}. \tag{118b}$$

Unter Vertauschung der Zeiger erhalten wir für den primären Kurzschlußwiderstand

$$\mathfrak{Z}_{K_1} = \frac{\mathfrak{Z}_{11}\,\mathfrak{Z}_{22} - \mathfrak{Z}_0^2}{\mathfrak{Z}_{22}} \approx R_1 + \frac{R_2}{(1+\sigma_2)^2} + j\,\sigma\,X_1 = R_{K_1} + j\,X_{K_1}. \tag{119}$$

Dieses Ergebnis für den Kurzschlußwiderstand vergleiche man mit den Gl. 89 und 90, wobei zu beachten ist, daß in obigen Gleichungen alle Werte auf gleiche Windungszahlen bezogen sind und daß die Streuziffern σ_1 und σ_2 nach Gl. 87 und 102 in der Größenordnung von etwa 1/500 liegen, praktisch also gegen 1 vernachlässigt werden können. Mit $X_1 \approx Z_{11} \sin\varphi_0$ aus dem Leerlaufversuch und mit $X_{K_1} = Z_{K_1} \sin\varphi_K$ aus dem Kurzschlußversuch ergibt sich auf Grund von Gl. 119 die Gesamtstreuziffer

$$\boxed{\sigma = \frac{X_{K_1}}{X_1}.}$$

Mit den nunmehr ermittelten Beziehungen der Gl. 114 bis 117 schreiben wir für die Gl. 112 und 113:

$$\boxed{\mathfrak{J}_1 = \mathfrak{J}_{10} + \mathfrak{J},} \tag{120}$$

und

$$\boxed{\mathfrak{U}_2 = \mathfrak{U}_{20} + \mathfrak{J}_2\,\mathfrak{Z}_{K_2}.} \tag{121}$$

Die Stromgleichung 120 vermittelt eine feste Beziehung zwischen dem sekundären Belastungsstrom $\mathfrak{J}_2 = -\mathfrak{J}\,\mathfrak{Z}_{11}/\mathfrak{Z}_0 \approx -\mathfrak{J}\,(1+\sigma_1)$ und dem Primärstrom $\mathfrak{J}_1$; der Leerlaufstrom $\mathfrak{J}_{10}$ ist dabei nach den Anmerkungen zu Gl. 112 als konstant anzusehen. Man kann $\mathfrak{J}$ als denjenigen Strom auf der Primärseite bezeichnen, der die magnetisierende Wirkung des Sekundärstromes aufhebt. In Abb. 90 ist diese Stromgleichung im Vektordiagramm dargestellt; dieses Stromdreieck darf nicht mit dem der Abb. 75, 76 und 78 identifiziert werden. Die obige Stromgleichung bringt das bekannte Gesetz zum Ausdruck, daß die Ströme in Netzwerken sich stets aus Leerlauf- und Kurzschlußstrom zusammensetzen lassen.

Die Spannungsgleichung 121 gibt uns die Berechtigung für einen einfachen Ersatzstromkreis nach Abb. 91, den

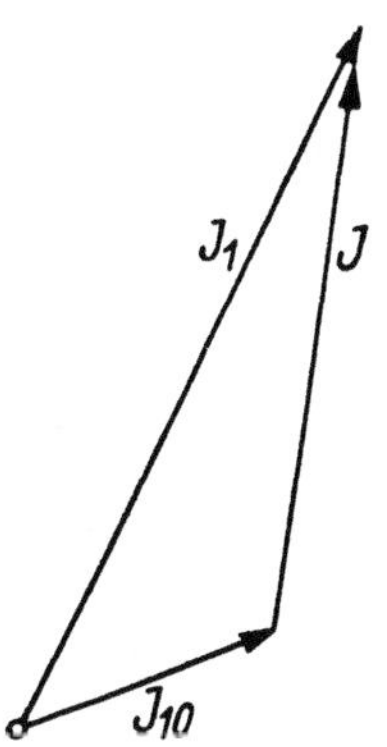

Abb. 90. Stromdreieck.

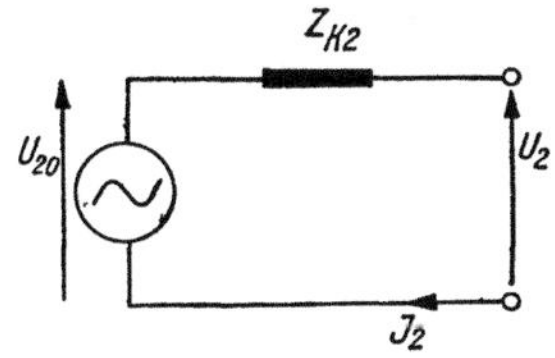

Abb. 91. Sekundärer Ersatzstromkreis des Spannungstransformators.

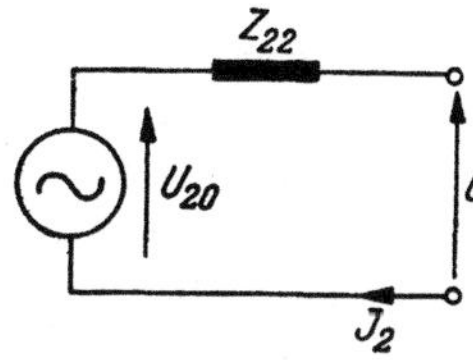

Abb. 92. Sekundärer Ersatzstromkreis des Stromtransformators.

wir den „sekundären Ersatzstromkreis des Spannungstransformators" nennen wollen. Von der Sekundärseite aus gesehen verhält sich danach der Transformator wie ein Generator mit der konstanten Spannung $\mathfrak{U}_{20}$ und dem vorgeschalteten Widerstand $\mathfrak{Z}_{K_2}$. Mit $\mathfrak{U}_{20} \approx \mathfrak{U}_1$ stimmt dieser Ersatzstromkreis mit dem der Abb. 82, den wir unter Vernachlässigung des Magnetisierungsstromes abgeleitet hatten, überein. Bei Benutzung des Ersatzstromkreises der Abb. 82 für die primäre Seite darf man diese Vernachlässigung aber nicht aus dem Auge verlieren, denn sonst würde sich z. B. beim Übergang auf Leerlauf $J_1 = 0$ statt $J_1 = J_0 = J_{10}$ ergeben, während die Anwendung auf die sekundäre Seite streng genaue Ergebnisse liefert. — Indem man die Widerstände eines Generators in die primären Widerstände des Transformators einbezieht und dadurch im Kurzschlußwiderstand $\mathfrak{Z}_{K_2}$ berücksichtigt, kann man von der Sekundärseite aus mit Hilfe des obigen Ersatzstromkreises Generator und Transformator als eine Einheit betrachten.

e) Der Stromtransformator. Beim Stromtransformator, dessen Primärwicklung wie eine Drosselspule mit einem anderen Stromkreis in Reihe liegt und zwangsläufig dessen Strom führt, ist der Primärstrom als gegeben zu betrachten, während die Spannung an der Primärwicklung vom Primärstrom und von den Transformatorwiderständen bestimmt wird. Für den Leerlauf, d. h. bei geöffnetem Sekundärkreis, erhalten wir auf Grund der unverändert gültigen Gl. 107 für die primäre Leerlaufspannung

$$\mathfrak{U}_{10} = \mathfrak{J}_1\,\mathfrak{Z}_{11}; \tag{122a}$$

und für die sekundäre Leerlaufspannung

$$\mathfrak{U}_{20} = \mathfrak{J}_1 \mathfrak{Z}_0. \tag{122b}$$

Bei sekundärer Belastung gelten ebenfalls die bereits entwickelten Gleichungen. Wenn wir die sekundären Netzwiderstände in den sekundären Widerstand $\mathfrak{Z}_2 = \mathfrak{R}_2 + j\,X_{2\sigma}$ einbeziehen, dann gilt für die Primärspannung

$$\mathfrak{U}_1 = \mathfrak{J}_1 \mathfrak{Z}_{K_1}. \tag{123}$$

Der primäre Ersatzstromkreis stellt sich somit als ein einfacher Widerstand $\mathfrak{Z}_{K_1}$ dar, der vom Strom $\mathfrak{J}_1$ durchflossen wird. $\mathfrak{Z}_{K_1}$ ist nach Gl. 119 unter der oben besprochenen Voraussetzung hinsichtlich der Netzwiderstände zu berechnen. Hierbei ist für den Grenzübergang auf Leerlauf mit $\mathfrak{R}_2 \to \infty$ zu beachten, daß die Definition für $\mathfrak{Z}_{K_1}$ entsprechend Gl. 117 (mit vertauschten Indizes) zwar streng genau gilt, aber nicht der in Gl. 119 angegebene Nährungswert, denn dieser setzt entsprechend Gl. 118b ein $\mathfrak{R}_2^2 \ll X_2^2$ voraus.

Für die Sekundärspannung $\mathfrak{U}_2$ gilt bei Belastung die Gl. 107b, in der wir $\mathfrak{J}_1 \mathfrak{Z}_0$ nach Gl. 122b durch $\mathfrak{U}_{20}$ ersetzen:

$$\boxed{\mathfrak{U}_2 = \mathfrak{U}_{20} + \mathfrak{J}_2 \mathfrak{Z}_{22}.} \tag{124}$$

Bei dieser Betrachtung des Transformators von den sekundären Klemmen aus sind selbstverständlich die sekundären Netzwiderstände nicht in $\mathfrak{Z}_{22}$ bzw. $\mathfrak{Z}_2$ einzubeziehen. Mit Gl. 124 erhalten wir einen der Abb. 91 entsprechenden „sekundären Ersatzstromkreis des Stromtransformators", aber mit anderen Werten: Statt $\mathfrak{Z}_{K_2}$ erscheint $\mathfrak{Z}_{22}$ und statt $\mathfrak{U}_{20} = \mathfrak{U}_1 \mathfrak{Z}_0/\mathfrak{Z}_{11}$ ist $\mathfrak{U}_{20} = \mathfrak{J}_1 \mathfrak{Z}_0$ einzuführen (Abb. 92).

In den meisten Fällen, insbesondere beim Stromwandler, handelt es sich beim Stromtransformator um einen Betriebszustand, bei dem der sekundäre Netzwiderstand klein ist, so daß es günstiger ist, diesen Betriebszustand vom Standpunkt des sekundären kurzgeschlossenen Transformators aus zu betrachten.

Zur Bestimmung der Stromübersetzung im Kurzschluß mit $\mathfrak{U}_2 = 0$ erhalten wir aus Gl. 107b:

$$\boxed{\mathfrak{J}_2 = -\frac{\mathfrak{Z}_0}{\mathfrak{Z}_{22}} \mathfrak{J}_1.} \tag{125}$$

Bei gleichen Windungszahlen beiderseits ist also $\mathfrak{Z}_0/\mathfrak{Z}_{22}$ die Übersetzung des Stromtransformators bei Speisung auf der Primärseite, während wir bei Gl. 115 in $\mathfrak{Z}_0/\mathfrak{Z}_{11}$ die Stromübersetzung für Speisung auf der Sekundärseite kennengelernt haben. In $\mathfrak{Z}_{22} = \mathfrak{Z}_0 + \mathfrak{Z}_2$ enthält $\mathfrak{Z}_2 = \mathfrak{R}_2 + j\,X_{2\sigma}$ sämtliche Widerstände im sekundären Stromkreis, d. h. auch die Netzwiderstände. Gl. 125 ist für alle Werte von $\mathfrak{Z}_{22}$ gültig, auch dann, wenn die Netzwiderstände so groß sind, daß man nicht mehr von Kurzschluß sprechen kann.

Wie $|\mathfrak{Z}_0/\mathfrak{Z}_{11}|$ beim Spannungswandler, so soll auch $|\mathfrak{Z}_0/\mathfrak{Z}_{22}|$ beim Stromwandler möglichst wenig von 1 abweichen. Man nennt den Differenzbetrag von $|\mathfrak{Z}_0/\mathfrak{Z}_{22}|$ gegenüber 1 den Stromfehler und arc $(\mathfrak{Z}_0/\mathfrak{Z}_{22})$ den Fehlwinkel. Für diese Werte gelten ähnliche Bestimmungen wie beim Spannungswandler und sind in VDE 0414/X. 40, § 12 zu finden. Auch dieselben konstruktiven Gesichtspunkte sind beim Stromwandler in noch schärferer Form gültig.

Da in $\mathfrak{Z}_2$ die Widerstände der sekundär angeschlossenen Meßgeräte als „Netzwiderstände" enthalten sind, kommt es beim Stromwandler darauf an, diese als „Bürde" bezeichneten Widerstände so klein als möglich zu halten. Zu der obengenannten VDE-Vorschrift sind daher die für die einzelnen Klassen zugelassenen Bürden festgelegt.

Der magnetische Hauptfluß und damit die Sättigung des Eisenkernes sind proportional der Spannung $\mathfrak{E} = \mathfrak{J}_0 \mathfrak{Z}_0 = j\,(\mathfrak{J}_1 + \mathfrak{J}_2)\,X_h$. Während der Hauptfluß beim Spannungstransformator annähernd konstant ist und somit auch die Eisensättigung, ist er beim Stromtransformator stark veränderlich. Im Leerlauf mit $\mathfrak{J}_2 = 0$ gilt

$$\mathfrak{E}_0 = \mathfrak{J}_1\,\mathfrak{Z}_0 \tag{126a}$$

und bei Belastung bzw. Kurzschluß ist

$$\mathfrak{E}_K = (\mathfrak{J}_1 + \mathfrak{J}_2)\,\mathfrak{Z}_0. \tag{126b}$$

Unter Berücksichtigung der Gl. 125 erhalten wir für das Verhältnis der Spannungen bzw. der Hauptflüsse im Kurzschluß und Leerlauf bei konstantem Primärstrom:

$$\varrho = \frac{\mathfrak{E}_K}{\mathfrak{E}_0} = \frac{\mathfrak{Z}_{22} - \mathfrak{Z}_0}{\mathfrak{Z}_{22}} = \frac{\mathfrak{Z}_2}{\mathfrak{Z}_{22}}, \tag{127}$$

wenn man die Änderung von $\mathfrak{Z}_0$ mit der Eisensättigung außer acht läßt. Schätzen wir z. B. $\varrho = 0{,}05$, dann bedeutet das, daß bei konstantem Primärstrom der Hauptfluß im Kurzschluß nur noch 5% des Leerlauf-Hauptflusses beträgt. Durch die entmagnetisierende Wirkung des Sekundärstromes ist also das ursprünglich vorhandene (Leerlauf-) Feld des Primärstromes, wie man sagt, „abgedämpft" worden. Man nennt daher den Faktor ϱ den „Abdämpfungsfaktor". $\varrho = 0$ bedeutet vollständige Abdämpfung und bei $\varrho = 1$ tritt gegenüber Leerlauf gar keine Abdämpfung auf. Die Bezeichnung „Abdämpfungsfaktor" ist daher nicht ganz zutreffend, denn je größer der Zahlenwert ϱ, um so kleiner ist die Abdämpfung.

Bei Stromwandlern für Meßzwecke ist der Kurzschluß der Nennbetriebszustand. Öffnet man beim Stromwandler den Sekundärkreis, ohne daß zuvor der Primärstrom ausgeschaltet wurde, dann geht für $\varrho = 0{,}05$ der Hauptfluß im Eisen auf das Zwanzigfache des Nennwertes herauf. Das hat nicht nur eine starke Erwärmung und unter Umständen sogar eine Beschädigung des Stromwandlers zur Folge, sondern durch die starke Magnetisierung tritt auch nach wiedererfolgter Schließung eine Änderung der magnetischen Eigenschaften des Kernes ein, so daß mit der dadurch bedingten Änderung von $\mathfrak{Z}_0$ eine Verringerung der Meßgenauigkeit eintreten kann. Für Stromwandler, insbesondere Präzisionswandler, gilt daher die strenge Vorschrift, daß der Meßkreis auf der Sekundärseite nicht geöffnet werden darf, solange die Primärwicklung Strom führt.

f) Leistungsbilanz. Die Scheinleistung läßt sich in komplexer Form darstellen durch

$$\boxed{\mathfrak{N} = \mathfrak{U}\,\mathfrak{J}^* = U\,J\cos\varphi + j\,U\,J\sin\varphi,} \tag{128}$$

wenn $\mathfrak{J}^*$ die zu $\mathfrak{J}$ konjugiert komplexe Größe ist und φ der Phasenwinkel zwischen Spannung und Strom.

Die Zerlegung der Scheinleistung $\mathfrak{N}$ in die Wirkleistung N_W und die Blindleistung N_B ergibt danach:

$$\mathfrak{N} = N_W + j\,N_B. \tag{129}$$

Gemäß dem verwendeten Verbraucher-Zählpfeilsystem erscheint eine aufgenommene Wirkleistung positiv und die aufgenommene ind. Blindleistung ist positiv, wenn man den Winkel φ bei Nacheilung des Stromes positiv zählt.[1]

[1] Zur Frage des Vorzeichens für die Blindleistung s. K. Pohlhausen und A. Timascheff, ETZ 55 (1934) S. 301.

Mit $(\mathfrak{J}_1 + \mathfrak{J}_2)\,\mathfrak{Z}_0 = \mathfrak{E}$ lauten die Gl. 107:

$$\left.\begin{aligned}\mathfrak{U}_1 &= \mathfrak{J}_1\,\mathfrak{Z}_1 + \mathfrak{E} \\ \text{und} \quad \mathfrak{U}_2 &= \mathfrak{J}_2\,\mathfrak{Z}_2 + \mathfrak{E}.\end{aligned}\right\} \tag{130}$$

Durch Erweiterung dieser Gleichungen mit $\mathfrak{J}_1^*$ bzw. $\mathfrak{J}_2^*$ erhalten wir für die primäre und sekundäre Scheinleistung, indem wir noch $\mathfrak{J}_1^* = \mathfrak{J}_0^* - \mathfrak{J}_2^*$ einführen:

$$\left.\begin{aligned}\mathfrak{N}_1 &= \mathfrak{U}_1\,\mathfrak{J}_1^* = J_1^2\,\mathfrak{Z}_1 + \mathfrak{E}\,\mathfrak{J}_0^* - \mathfrak{E}\,\mathfrak{J}_2^* \\ \text{und} \quad \mathfrak{N}_2 &= \mathfrak{U}_2\,\mathfrak{J}_2^* = J_2^2\,\mathfrak{Z}_2 + \mathfrak{E}\,\mathfrak{J}_2^*.\end{aligned}\right\} \tag{131}$$

$\mathfrak{E}\,\mathfrak{J}_2^*$ ist die von der primären auf die sekundäre Seite übertragene Scheinleistung. Die Addition beider Leistungen ergibt die im Transformator umgesetzte Scheinleistung

$$\begin{aligned}\Delta\,\mathfrak{N} &= J_1^2\,\mathfrak{Z}_1 + \mathfrak{E}\,\mathfrak{J}_0^* + J_2^2\,\mathfrak{Z}_2 \\ &= J_1^2\,R_1 + J_2^2\,R_2 + E\,J_v + j\,[J_1^2\,X_{1\sigma} + J_2^2\,X_{2\sigma} + E\,J_\mu].\end{aligned}$$

J_v ist die Eisenverlustkomponente nach Abb. 72 und J_μ die Magnetisierungskomponente des Stromes J_0. Dieses Ergebnis für die Leistungsbilanz des Transformators kann man natürlich auch ohne Rechnung aus dem Ersatzstromkreis unmittelbar entnehmen. Es sollte jedoch bei dieser Gelegenheit einmal grundsätzlich die Anwendung der komplexen Rechnung für die Leistungsbeziehungen gezeigt werden.

D. Drehstromtransformatoren.

1. Allgemeines.

Die elektrische Verbindung dreier Einphasentransformatoren in Stern- oder Dreieckschaltung bei getrennter räumlicher Aufstellung ergibt in einfachster Weise einen Drehstromtransformator, wie er z. B. in Amerika vielfach verwendet wird (Transformatorenbank). Die magnetischen Flüsse der drei Einphasentransformatoren verlaufen in getrennten Bahnen, überlagern sich also nicht. Wir sprechen daher von einem Drehstromtransformator mit freiem magnetischen Rückschluß; die Wicklungsstränge der drei Kerne sind miteinander nur elektrisch, aber nicht magnetisch gekoppelt. Auf die Bedeutung dieser Eigenschaft kommen wir noch zu sprechen.

Ein konstruktiv enger Zusammenbau von drei Einphasen-Manteltransformatoren ergibt den Drehstrom-Manteltransformator, der ebenfalls die Eigenschaft des freien magnetischen Rückschlusses bzw. der magnetisch nicht gekoppelten Wicklungsstränge besitzt (s. Abb. 55).

Eine kleine Überlegung zeigt, daß beim Zusammenbau von drei Einphasen-Kerntransformatoren in ein Eisengestell eine Werkstoffersparnis möglich ist. In Abb. 93 sind drei solcher Transformatoren mit angedeuteten Primärwicklungen räumlich symmetrisch zueinander aufgestellt. Der resultierende magnetische Fluß der drei freien zusammenstoßenden Kerne ist null; eine um die drei Kerne gelegte Hilfswindung würde keine Spannung anzeigen, sodaß diese drei Kerne beim Zusammenbau wegfallen können. Daß die Summe der drei Flüsse null wird, ist aus der Abb. 93 und dem Vektordiagramm der Spannungen und Flüsse in Abb. 94 ohne weiteres zu entnehmen. Durch Weglassung dieser überflüssigen Kerne erhält man zunächst den heute nicht mehr verwendeten symmetrischen Dreischenkel- oder Kerntransformator nach Abb. 53. Die Einfügung der drei

Schenkel in eine Ebene unter Verkürzung der Joche für den mittleren Schenkel ergibt den heute üblichen Drehstrom-Kerntransformator nach Abb. 54. Bei diesem Transformator muß sich der Fluß eines Schenkels über die beiden anderen schließen; er durchsetzt also auch die anderen Wicklungsstränge. Der Transformator hat also keinen freien magnetischen Rückschluß; die Wicklungsstränge sind auch magnetisch miteinander gekoppelt.

Eine Zwischenstufe zwischen dem Manteltransformator mit freiem magnetischen Rückschluß und dem Kerntransformator ohne freien magnetischen Rückschluß bildet der Fünfschenkeltransformator, der zur Verringerung der Jochhöhe und damit der gesamten Bauhöhe bei Grenzleistungen gebaut wird (Abb. 56).

Bei symmetrischer Belastung im stationären Betrieb ist die Frage nach der Art des magnetischen Rückschlusses, vom Magnetisierungsstrom abgesehen, bedeutungslos; die verschiedenen Drehstromtransformatoren verhalten sich alle wie der Einphasentransformator. Auch die beim Einphasentransformator entwickelten einphasigen Ersatzstromkreise können bei symmetrischer Belastung

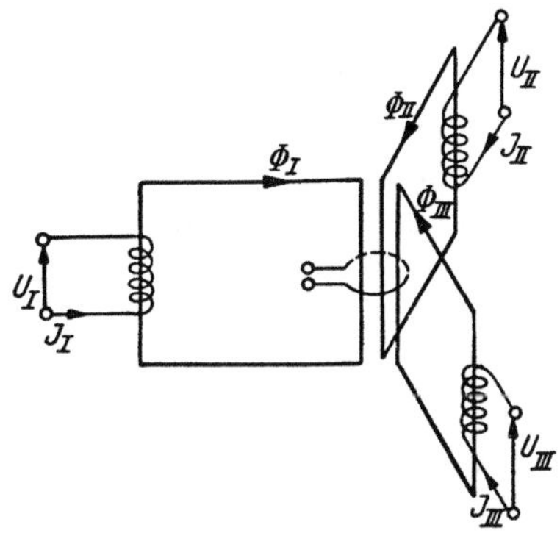

Abb. 93. Zusammenbau von drei Einphasen-Kerntransformatoren zu einem Drehstromtransformator.

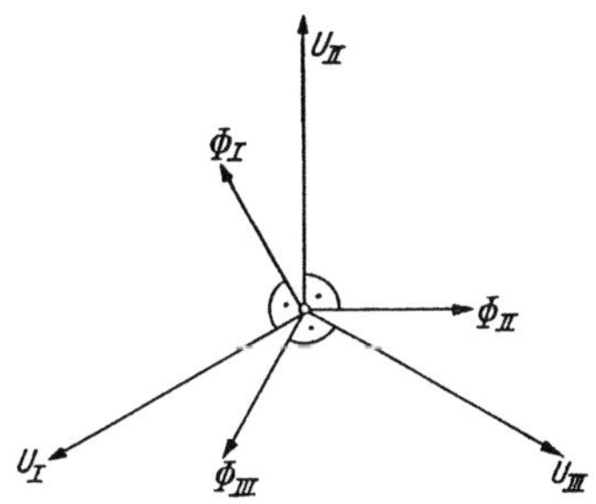

Abb. 94. Vektordiagramm der primären Spannungen und Flüsse im Leerlauf.

des Drehstromtransformators verwendet werden. Dazu ist es jedoch vorteilhaft, die gegebene Schaltung, z. B. Dreieck-Stern in eine gleichwertige Stern-Stern-Schaltung umzurechnen. Das erfolgt nach denselben Grundsätzen, nach denen wir beim Einphasentransformator die Sekundärwicklung auf die Windungszahl der Primärwicklung umgerechnet haben. Die Überführung einer Dreieckschaltung z. B. in eine gleichwertige Sternschaltung würde eine Änderung der Windungszahl auf $1/\sqrt{3}$ entsprechend dem Verhältnis der Strangspannung zur Netzspannung bedingen. Sofern es sich um die Parallelschaltung von Transformatoren verschiedener Schaltgruppen und um Transformatoren in Maschen- und Ringnetzen, bei denen die sekundäre Phase der Spannung beachtet werden muß, handelt, ist es am günstigsten, nur den sekundären Ersatzstromkreis und zur Bestimmung von $\mathfrak{J}_1$ die Stromgleichung 120 zu verwenden.

Im sekundären Ersatzstromkreis ist die Phasenlage der Leerlaufspannung durch Einführung von $\mathfrak{U}_{20}\, e^{j\alpha}$ zu berücksichtigen, wobei α je nach der Schaltgruppe an Hand der Abb. 99 zu bestimmen ist.

Die Art des magnetischen Rückschlusses ist bei unsymmetrischen Belastungen, vor allem bei Nulleiterlast, von Bedeutung, wenn der Transformator in Stern-Stern geschaltet ist; darauf werden wir in Abschn. II D 2 c noch näher eingehen! Zum anderen machen sich die Unterschiede im magnetischen Rückschluß beim Magnetisierungsstrom des Drehstromtransformators bemerkbar, wenn keine

Dreieckwicklung oder Ausgleichwicklung (Tertiärwicklung) vorhanden ist. Hierauf kommen wir weiter unten noch zu sprechen.

Wie beim Einphasentransformator, so ist auch beim Drehstromtransformator der Magnetisierungsstrom nicht sinusförmig; der Magnetisierungsstrom eines Einphasentransformators enthält alle Oberschwingungen ungerader Ordnungszahl, die auch beim Drehstromtransformator auftreten würden, wenn dieser frei magnetisieren könnte. Es stellt sich aber heraus, daß die Oberschwingungen mit einer durch 3 teilbaren Ordnungszahl in allen drei Wicklungssträngen gleichphasig sind und sich über das Drehstromnetz nicht schließen können, da für gleichphasige Ströme in den drei Netzleitern $\Sigma i \neq 0$ ist. Sie können daher nur unter gewissen Bedingungen, auf die wir in Abschn. II E im einzelnen eingehen werden, fließen, sodaß vielfach die Magnetisierung eines Transformators einem gewissen Zwang, nämlich ohne die gleichphasigen Oberschwingungen im Magnetisierungsstrom auskommen zu müssen, unterliegt. Wir sprechen dann von einer erzwungenen Magnetisierung des Transformators. In einem solchen Fall treten statt der gleichphasigen Oberschwingungen im Magnetisierungsstrom gleichphasige Oberschwingungen in den Schenkelflüssen auf, die sich beim Transformator ohne freien magnetischen Rückschluß von Joch zu Joch über die Luft

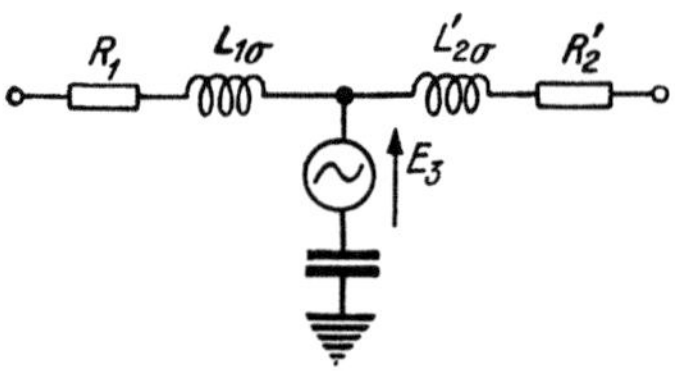

Abb. 95. Ersatzstromkreis eines Transformators für die dritte Oberschwingung der Strangspannung bei erzwungener Magnetisierung.

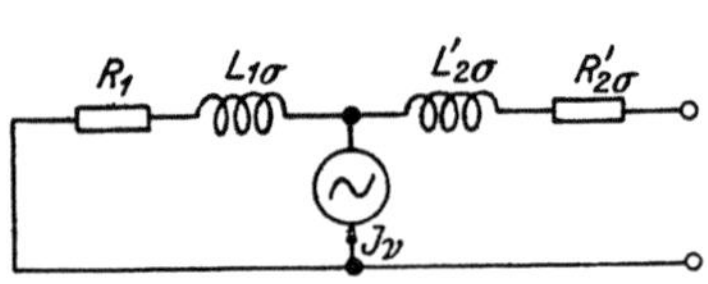

Abb. 96. Ersatzstromkreis eines Transformators für die Magnetisierungsoberschwingungen $\nu = 5, 7, 11, 13$ usw.

schließen, während sie sich bei freiem magnetischen Rückschluß in beachtlicher Stärke ungehindert auf dem Eisenwege entwickeln können (s. a. VDE 0145, II). Diese gleichphasigen Oberschwingungen der Flüsse haben entsprechende gleichphasige Strangspannungen drei- und mehrfacher Frequenz zur Folge, die in unseren elektrischen Netzen unangenehme Wirkungen hervorrufen können. Um die im Zusammenhang mit dem Netz auftretenden Verhältnisse besser überschauen zu können, benutzen wir den primären Ersatzstromkreis in etwas geänderter Form, indem wir in erster Annäherung den Nutzblindwiderstand X_h als den Erzeuger einer Spannung dreifacher Frequenz ansehen und ihn demgemäß im Ersatzstromkreis durch einen Generator ersetzen, wie Abb. 95 zeigt. Man muß nur beachten, daß die Oberschwingungsströme dreifacher Frequenz sich nicht über das Netz, wohl aber über die Erdkapazitäten schließen können; deshalb ist in Abb. 95 gleich die Kapazität des Transformator-Sternpunktes gegen Erde mit eingezeichnet worden. Im Zusammenarbeiten mit den Induktivitäten der Generatoren, Transformatoren und des Netzes können durch diese Oberwellen besonders in Hochspannungsnetzen gefährliche Resonanzüberspannungen auftreten. — Die Ströme dreifacher Frequenz über die Erdkapazitäten können ferner die schnelle Löschung von Erdschlußlichtbögen verhindern und Störungen von Fernsprechkreisen verursachen. Man wird daher zur Vermeidung dieser gleichphasigen Spannungsoberschwingungen nach Möglichkeit dem Transformator eine freie Magnetisierung verschaffen. — Ohne Rücksicht auf die Art der Magnetisierung treten im Magnetisierungsstrom, der sich über das Netz schließt, Oberschwingungen 5., 7., 11. usw. Ordnungszahl auf, die ebenfalls unerwünscht sind.

Ihren Einfluß auf das Netz können wir mit Hilfe des Ersatzstromkreises in Abb. 96 untersuchen, wenn wir den eingezeichneten Generator bei diesen Oberschwingungen nicht als einen Erzeuger konstanter Spannung, sondern als Erzeuger eines annähernd konstanten Stromes mit veränderlicher Klemmenspannung ansehen. Dieser Ersatzstromkreis der Abb. 96 ist stets über den speisenden Netzgenerator auf der Primärseite geschlossen. In die Primärwiderstände R_1 und $2\pi f_\nu L_{1\sigma}$ sind die Widerstände des Netzgenerators einzubeziehen; die Spannung des Netzgenerators bleibt hierbei als von anderer Frequenz unberücksichtigt. Auch bei diesen Oberschwingungen können Resonanzüberspannungen und sonstige unangenehme Wirkungen im Netz auftreten.

Unsere Transformatoren sind also wegen des nicht sinusförmigen Magnetisierungsstromes als Oberschwingungsgeneratoren zu bezeichnen. Neben den neuerdings in den Vordergrund tretenden Gleichrichtern sind die Transformatoren sogar als die hauptsächlichsten Oberschwingungserzeuger unserer Netze anzusprechen.

2. Schaltungen und Schaltgruppen.

a) Grundschaltungen. Die Ober- und Unterspannungswicklungen eines Drehstromtransformators können in Stern oder Dreieck geschaltet werden. Auf der Unterspannungsseite wird aber noch eine dritte Schaltungsart verwendet, die Zickzackschaltung.

In Abb. 97a sind die drei Stränge der Oberspannungswicklung eines Drehstromtransformators in Dreieck geschaltet. Das Strahlenbild der Oberspannungen ist darunter gezeichnet. Abb. 97b zeigt die Sternschaltung der Unterspannungswicklungen und das Strahlenbild der Spannungen. In Abb. 97c ist jeder Wick-

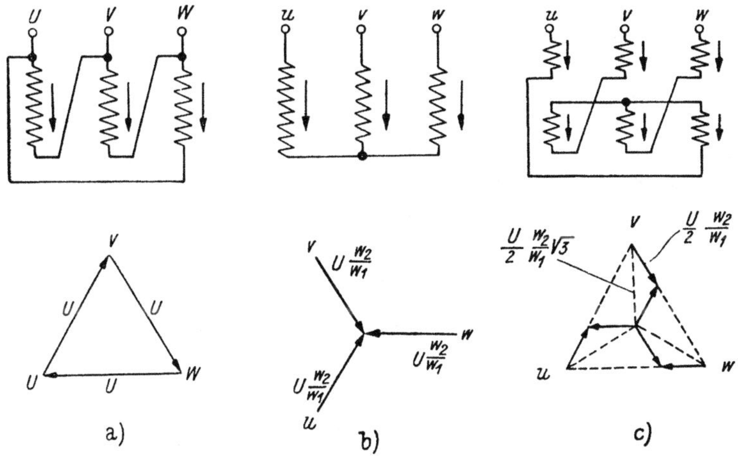

Abb. 97. Zur Erklärung der Zickzackschaltung.

lungsstrang der Unterspannungsseite in zwei gleiche Hälften geteilt, und eine Hälfte des einen Stranges gegen die zweite Hälfte des nächsten Stranges geschaltet. Aus den beiden Abb. 97b und c läßt sich leicht das Strahlenbild der Spannungen bei dieser Zickzackschaltung ableiten.

Die Übersetzung dieses Transformators mit Zickzackschaltung errechnet sich aus folgenden Überlegungen. Wir bezeichnen die Spannung eines Stranges der Oberspannungswicklung mit U. Seine Windungszahl sei w_1. Dann ist die Spannung eines halben Stranges der Unterspannungswicklung $\frac{U}{2}\frac{w_2}{w_1}$, wenn wir unter w_2 die in Reihe geschaltete Windungszahl eines Stranges der Unterspannungswicklung verstehen. Aus Abb. 97c ist zu entnehmen, daß dann die Spannung zwischen einer Unterspannungsklemme und dem Sternpunkt der Zickzackschaltung $\frac{U}{2}\frac{w_2}{w_1}\sqrt{3}$ wird. Somit ergibt sich die Übersetzung zu $\frac{2}{\sqrt{3}}\frac{w_1}{w_2} = 1{,}154\frac{w_1}{w_2}$.

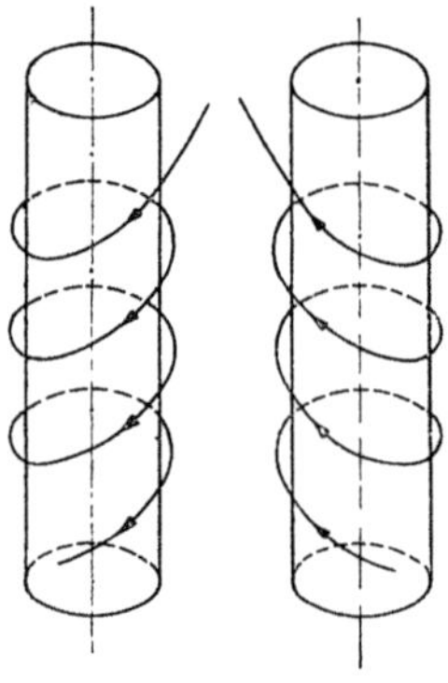

Abb. 98. Wicklungen mit entgegengesetztem Wicklungssinne.

Der Sinn dieser Schaltung ist, wie gezeigt werden wird, der, daß bei einer sekundären Belastung, die zwischen einer Klemme und dem Null- oder Sternpunkt liegt, diese Belastung auf zwei Kerne verteilt wird.

b) Die Schaltgruppen.[1]) Nach den Regeln für die Bewertung und Prüfung von Transformatoren VDE 0532 werden folgende Schaltungen der Ober- und Unterspannungswicklungen verwendet:

Bei der Schaltgruppe A besteht zwischen den verketteten Oberspannungen und den verketteten Unterspannungen keine Phasenverschiebung (s. Abb. 99a). Die Klemmenbezeichnungen setzen gleichsinnig gewickelte Ober- und Unterspannungsstränge voraus (Abb. 98).

Bei der Schaltgruppe B sind Anfang und Ende jedes Unterspannungsstranges gegenüber den Oberspannungssträngen vertauscht oder der Wicklungssinn der Unterspannungsstränge ist dem der Oberspannungsstränge entgegengesetzt. Die Spannungsstrahlen der Unterspannungswicklung kehren sich dann um, und das Vektorbild der Unterspannungen dreht sich gegenüber dem der Oberspannungen um seinen Mittelpunkt um 180°. Die sekundären Leerlaufspannungen sind um 180° gegen die primären phasenverschoben (Abb. 99d).

Der Phasenverschiebungswinkel zwischen den verketteten Ober- und Unterspannungen beträgt hier 180°. Vertauscht man mithin bei den Transformatoren der Schaltgruppe A die Anfänge mit den Enden der Unterspannungsstränge oder wickelt man die Unterspannungsstränge in entgegengesetztem Sinne, so entstehen die Transformatoren der Schaltgruppe B.

Bei der Schaltgruppe C sind die verketteten Unterspannungen gegenüber den Oberspannungen um 150° in der Phase verspätet, wie aus den Vektor- und Schaltbildern dieser Schaltgruppe und aus Abb. 99g zu entnehmen ist.

Die Schaltgruppe D läßt sich aus der Schaltgruppe C wieder durch Vertauschen der Wicklungsanfänge mit den Enden auf der Unterspannungsseite ableiten oder durch Umkehrung des Wicklungssinnes, so daß Ober- und Unterspannungswicklungen gleichsinnig sind. Daher sind hier die verketteten Unterspannungen um 30° (= 150° — 180°) phasenverfrüht oder um 330° phasenverspätet (Abb. 99k). Außerdem lassen sich die Transformatoren der Schaltgruppe D in solche der Gruppe C überführen, wenn auf der Oberspannungsseite der Transformatoren der Schaltgruppe D die Klemmen V und W und auf der Unterspannungsseite die Klemmen u und w miteinander vertauscht werden, wie aus einem Vergleich der Abb. 99g und k zu ersehen ist. Oder man vertauscht oberspannungsseitig die Klemmen U und W und unterspannungsseitig die

[1]) R. Mangold, AEG-Mitt. (1941) S. 1.

Schaltungen und Schaltgruppen.

(Nach VDE 0532/VI. 40: Regeln für Transformatoren S. 7, Tafel 1.)

I. Dreiphasentransformatoren		Vektorbild (Ober- / Unter-spannungen) — Schaltungsbild (Ober- / Unter-spannung)
Schaltgruppe A	A_1, A_2, A_3	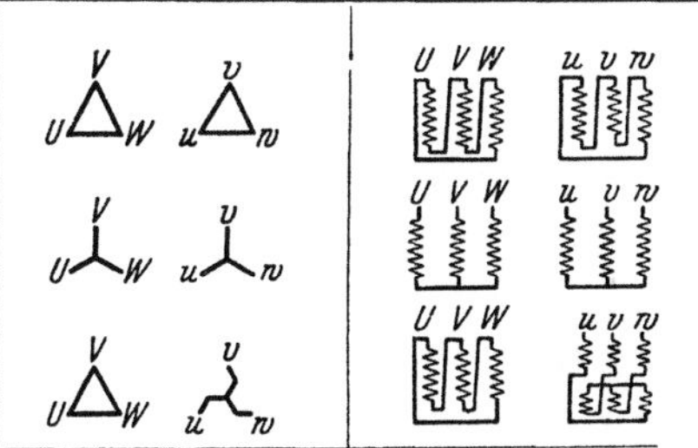
Schaltgruppe B	B_1, B_2, B_3	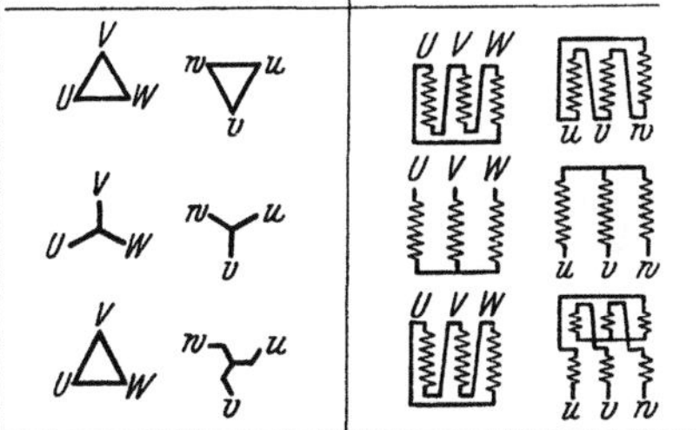
Schaltgruppe C	C_1, C_2, C_3	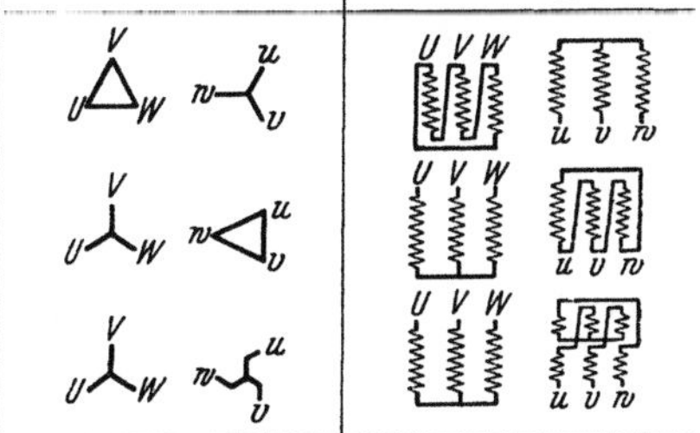
Schaltgruppe D	D_1, D_2, D_3	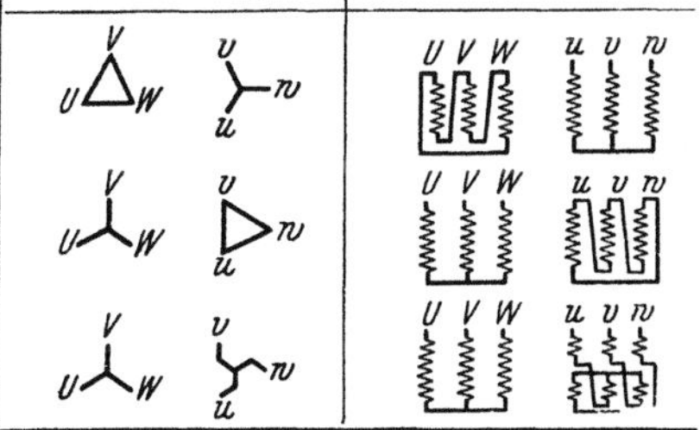
II. Einphasentransformatoren Schaltgruppe E		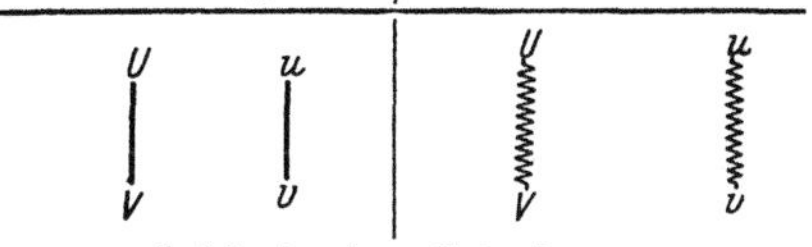 gleichsinnige Schaltung

Klemmen u und v, oder die Klemmen U und V und v und w. Durch zyklische Vertauschung der Stränge der Unterspannungsseite (also u mit v, v mit w, w mit u) wird ihr Vektorbild um 120° gedreht (Abb. 99a bis m).

Somit ergeben sich durch Wahl der Schaltung und Klemmenbezeichnung nach nebenstehender Tafel insgesamt zwölf Schaltgruppen, bei denen der Phasenwinkel zwischen den verketteten Ober- und Unterspannungen 0°, 30°, 60°, 90°, ... 360° bzw. 0° beträgt.

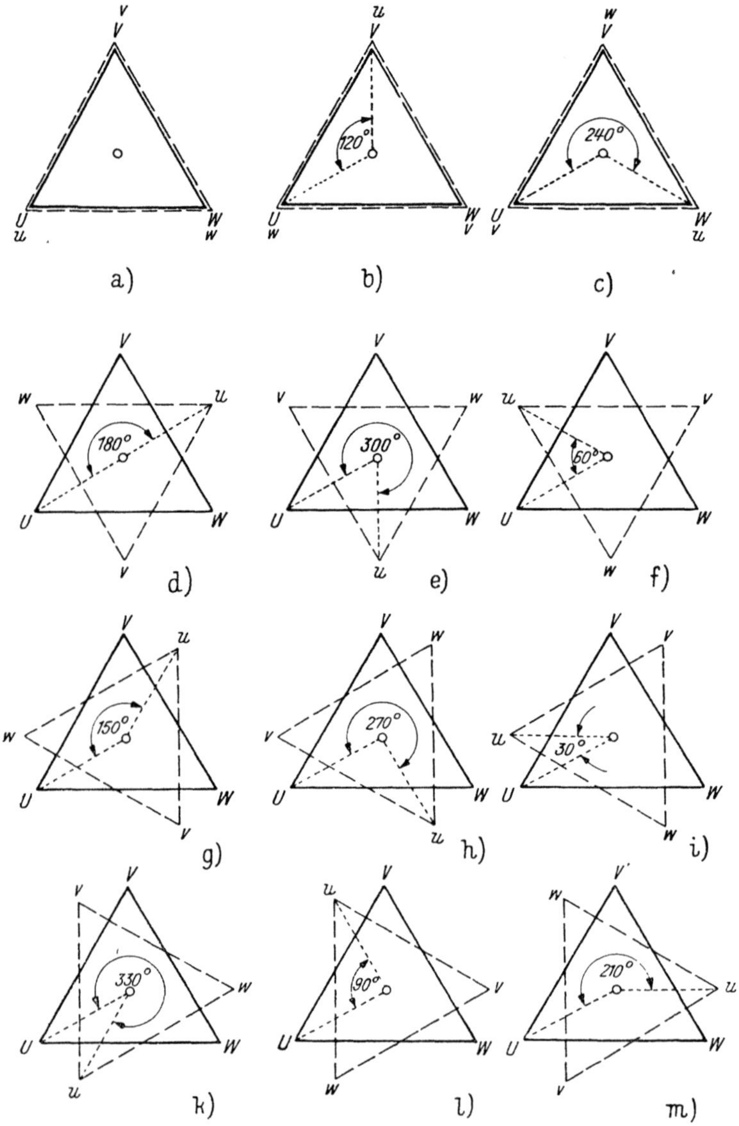

Abb. 99. Phasenlage der verketteten Ober- und Unterspannungen bei Drehstromtransformatoren.

Für den Parallelbetrieb ist es notwendig, daß die Transformatoren der gleichen Schaltgruppe angehören.

Die Bezeichnung der Schaltungen von Drehstromtransformatoren nach den IEC-Regeln ist in ETZ 61 (1940) S. 583 oder in den Regeln für Transformatoren VDE 0532/VI. 40, § 10 zu finden.

Zahlentafel 1.

Schaltgruppe	Phasenwinkel zwischen verketteten Ober- und Unterspannungen		
	bei Klemmenbezeichnung nach VDE 0532	bei einmaliger zyklischer Vertauschung der Klemmenbezeichnungen der Unterspannungsseite	bei zweimaliger zyklischer Vertauschung der Klemmenbezeichnungen der Unterspannungsseite
A	0°	120°	240°
B	180°	300°	420° — 360° = 60°
C	150°	270°	390° — 360° = 30°
D	— 30° bzw. 330°	90°	210°

c) Verwendung der Schaltgruppen. Man erhält bei Verteilungstransformatoren sekundär zwei Spannungen, wenn man bei Sternschaltung der Sekundärseite den Sternpunkt herausführt, wie es die Abb. 101, 107, 108 zeigen.

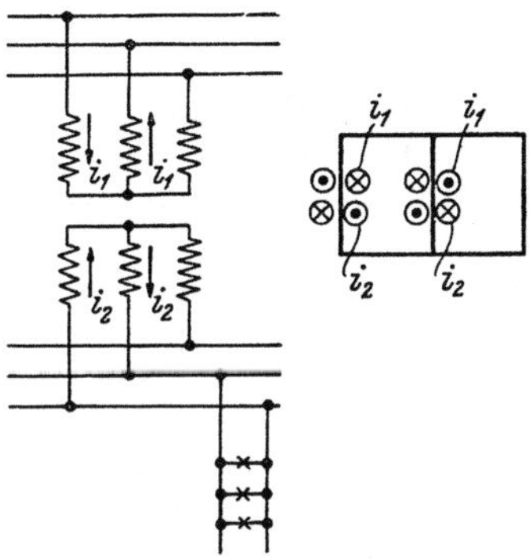

Abb. 100. Einphasige Last zwischen zwei Außenleitern.

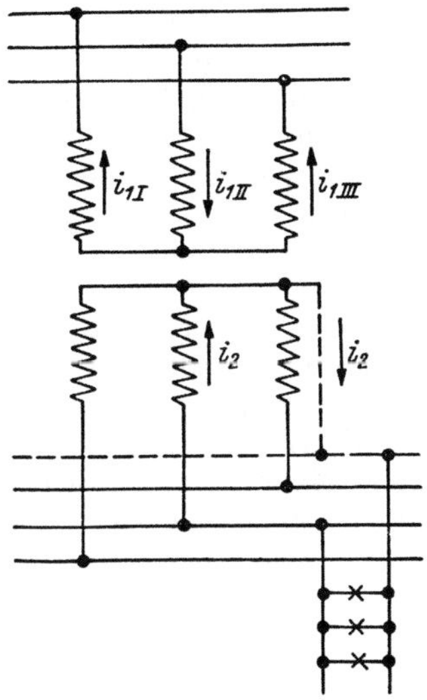

Abb. 101. Drehstromtransformator in Stern-Stern-Schaltung mit einphasiger Belastung zwischen einem Außenleiter und dem Nulleiter.

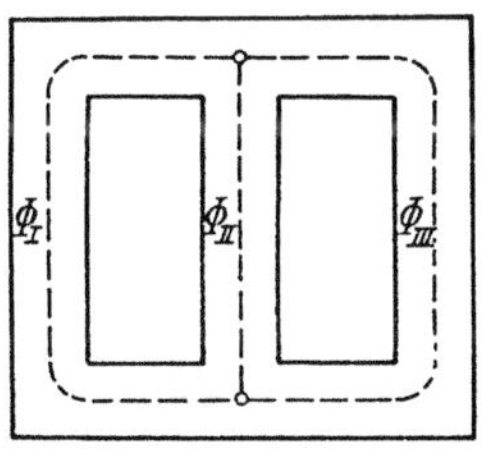

Abb. 102. Unsymmetrischer Drehstromtransformator mit Phasenflüssen in Sternschaltung.

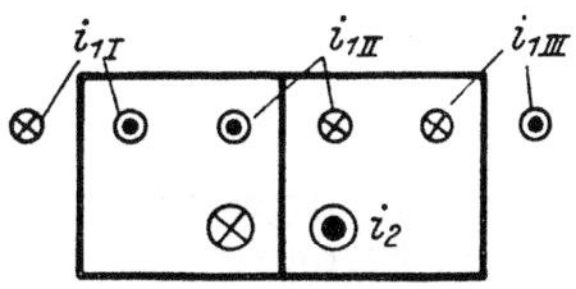

Abb. 103. Stromverteilung im Drehstromtransformator nach Abb. 101.

Die Glühlampen hängen dann an der Spannung zwischen Nulleiter und Außenleiter, die nur das $\frac{1}{\sqrt{3}}$fache der Spannung zwischen den Außenleitern ist. Werden auch Motoren gespeist, so schließt man sie an die Außenleiter an. Es soll nun untersucht werden, welchen Einfluß eine unsymmetrische Belastung der Phasen hat.

Jeder Transformator muß sowohl in elektrischem als auch in magnetischem Gleichgewichte sein; d. h. die in den Primärwicklungen erzeugten Spannungen müssen der aufgedrückten Spannung das elektrische Gleichgewicht halten, und der Nutzfluß soll von den Durchflutungen der Belastungsströme nicht gestört werden, d. i. das magnetische Gleichgewicht. Bei einphasigen Transformatoren stellen sich diese Gleichgewichtszustände ohne Schwierigkeit her. Bei den Mehrphasentransformatoren, die den Bedingungen einer bestimmten Schaltung genügen müssen, können ungleichmäßige Belastungen der Phasen aber zu Störungen des elektrischen oder magnetischen Gleichgewichtes führen.

α) Einphasige Last zwischen zwei Außenleitern. Eine einphasige Last zwischen zwei Außenleitern nach Abb. 100 stört das magnetische Gleichgewicht nicht: die Durchflutung der Belastungsströme i_1 und i_2 ergibt in jedem Fenster des Transformators die Summe Null und auch die Durchflutungen der Wicklungen auf jedem Kern heben sich auf, wenn vom Magnetisierungsstrom abgesehen wird. Dabei haben wir der Einfachheit halber angenommen, daß die Windungszahlen primär und sekundär gleich groß sind, so daß wir nur mit den Strömen rechnen können.

β) Einphasige Last zwischen dem Null- und einem Außenleiter. Wir betrachten zuerst Transformatoren mit Stern-Stern-Schaltung nach Abb. 101. Der Sekundärstrom fließt bei einphasiger Belastung nur zwischen einem Außenleiter und dem Nulleiter, wie es z. B. die Pfeile andeuten. Der Primärstrom aber durchfließt die Wicklungen auf allen Kernen, wie aus der Abbildung zu entnehmen ist.

Kerntransformatoren haben, wie schon hervorgehoben wurde, keinen freien magnetischen Rückschluß. Das magnetische Gleichgewicht der Belastungsströme muß für jeden der drei magnetischen Kreise in jedem Augenblick bestehen, da sich der Fluß eines Schenkels über die beiden anderen schließen muß. Dies wird erreicht, wenn die Durchflutung der Belastungsströme bei vernachlässigtem Magnetisierungsstrom in jedem Fenster des Transformators Null ist, was leicht einzusehen ist, wenn man das Durchflutungsgesetz auf die Abb. 103 anwendet, welche der Belastung nach Abb. 101 entspricht, sodaß man

$$\begin{aligned} i_{1\,\mathrm{I}} - i_{1\,\mathrm{II}} + i_{1\,\mathrm{III}} &= 0, \\ i_{1\,\mathrm{I}} + i_{1\,\mathrm{II}} - i_2 &= 0, \\ -i_{1\,\mathrm{II}} - i_{1\,\mathrm{III}} + i_2 &= 0 \end{aligned}$$

erhält, woraus folgt

$$\begin{aligned} i_{1\,\mathrm{I}} = i_{1\,\mathrm{III}} &= \frac{i_2}{3}, \\ i_{1\,\mathrm{II}} &= 2\,\frac{i_2}{3}. \end{aligned}$$

Bei den vorhin angeschriebenen Gleichungen sind die in Abb. 101 und 103 eingetragenen Stromrichtungen berücksichtigt.

Betrachten wir nun jeden der drei Kerne für sich allein. Die beiden Außenschenkel dieses Kerntransformators haben resultierende Durchflutungen, die gleich sind einem Drittel der Sekundärdurchflutung auf dem Mittelschenkel. Und die resultierende Durchflutung dieses Mittelschenkels ist ebenfalls gleich einem Drittel der Sekundärdurchflutung. Außerdem sind diese resultierenden Durchflutungen auf allen Schenkeln gleichphasig, wie ein Blick auf Abb. 103 lehrt. Sie erregen einen einphasigen zusätzlichen Fluß, der seinen Weg durch alle drei Schenkel nimmt und sich durch die Luft schließt (Abb. 104). Bei Öltransformatoren tritt er in die Kesselwände ein und ruft dort Stromwärmeverluste hervor. Dies ist ein Nachteil der Stern-Stern-Schaltung bei unsymmetrischer Belastung.

Eine weitere Folge des Zusatzflusses ist die Verschiebung des Sternpunktes. Wir haben im Transformator die drei Hauptflüsse der Phasen und den einphasigen Zusatzfluß. Die drei Phasenhauptflüsse erzeugen drei Spannungen, die in Abb. 105 durch die drei Strahlen $\overline{M'R'}$, $\overline{M'S'}$ und $\overline{M'T'}$ dargestellt sind. Der Zusatz-

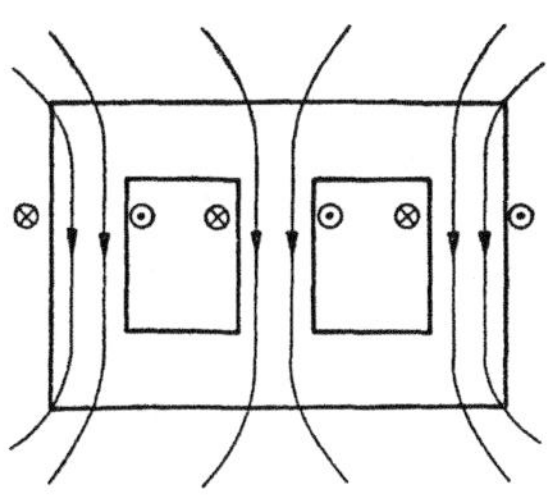

Abb. 104. Einphasiger zusätzlicher Fluß bei Nulleiterlast eines Kerntransformators.

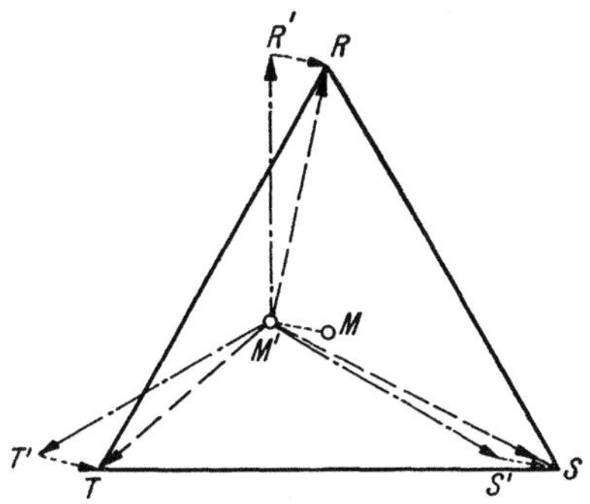

Abb. 105. Verschiebung des Sternpunktes eines Drehstromtransformators, dessen Phasenflüsse in jedem Augenblick die Summe Null ergeben müssen (Kerntransformator).

fluß, der durch alle drei Schenkel des Transformators fließt, induziert in allen drei Strängen gleichphasige Spannungen, deren Strahlen in Abb. 105 mit $\overline{R'R}$, $\overline{S'S}$ und $\overline{T'T}$ bezeichnet sind. Die Summen der Spannungen in jeder Phase lassen sich dann durch die Strahlen $\overline{M'R}$, $\overline{M'S}$ und $\overline{M'T}$ versinnbilden: Dies sind auch die tatsächlich erzeugten Phasenspannungen. Somit führt der Zusatzfluß zu einem Spannungsverlust. Der Nullpunkt wird aus dem Schwerpunkt des Dreieckes der aufgedrückten Spannungen $\overline{RST}$ von M nach M' verschoben. Die Phasenlage der Zusatzspannungen $\overline{R'R}$, $\overline{S'S}$ und $\overline{T'T}$ wird von der Art der Belastung des Transformators bedingt.

Mit Rücksicht auf die angeführten Nachteile dieser Schaltung schreiben die „Regeln für die Bewertung und Prüfung von Transformatoren" vor, daß die Stern-Stern-Schaltung nur bei Betrieben vorgesehen werden soll, in denen der sekundäre Nullpunkt überhaupt nicht oder nur zu Erdungszwecken benutzt wird. Bei dreischenkeligen Kerntransformatoren ist eine Belastung des Nullpunktes mit höchstens 10% des Nennstromes zulässig.

Beim Manteltransformator sind die Phasenflüsse frei; er besitzt einen freien magnetischen Rückschluß. Wohl muß für die Primärströme gelten

$$i_{1\,\mathrm{I}} + i_{1\,\mathrm{II}} + i_{1\,\mathrm{III}} = 0;$$

die Summe der Phasenflüsse aber ist

$$\Phi_{\mathrm{I}} + \Phi_{\mathrm{II}} + \Phi_{\mathrm{III}} \neq 0.$$

In einem Manteltransformator in Stern-Stern-Schaltung tritt, wenn er auch nur schwach einphasig zwischen dem Null- und einem Außenleiter belastet wird, eine starke Verschiebung des Sternpunktes auf (Abb. 106), da die Flußoberwellen dritter Ordnung der einzelnen Phasen ganz im Eisen verlaufen und sich kräftig ausbilden können. Und zwar sinkt die Spannung jenes Stranges beträchtlich, der einseitig sekundär belastet ist (Strahl $\overline{M'R}$ in Abb. 106), so daß sich die Spannungen der anderen Stränge ($\overline{M'S}$ und $\overline{M'T}$) den verketteten Spannun-

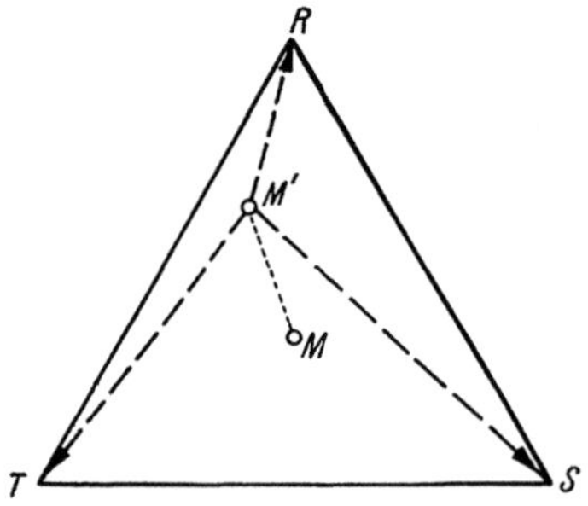

Abb. 106. Verschiebung des Sternpunktes eines Drehstromtransformators mit freien Flüssen (Manteltransformator).

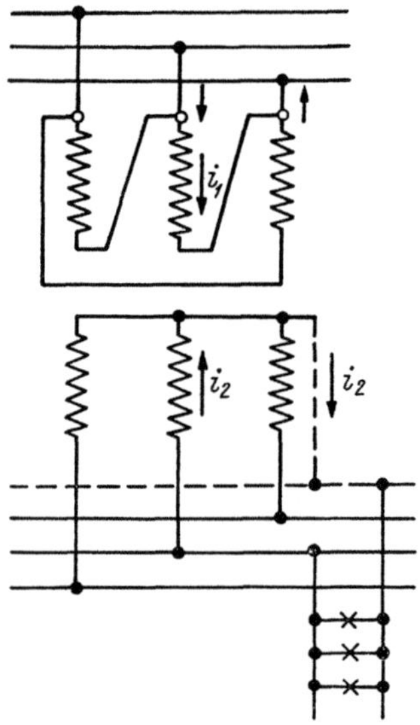

Abb. 107. Drehstromtransformator in Dreieck-Stern-Schaltung mit einphasiger Belastung zwischen einem Außenleiter und dem Nulleiter.

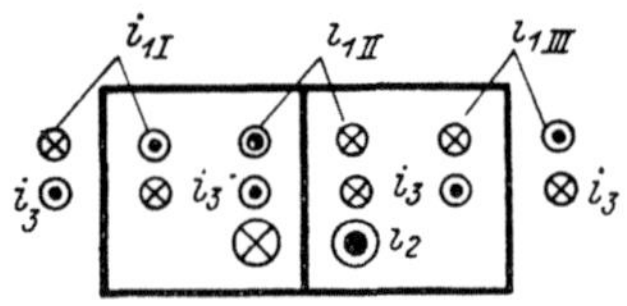

Abb. 109. Stromverteilung im Drehstromtransformator nach Abb. 108.

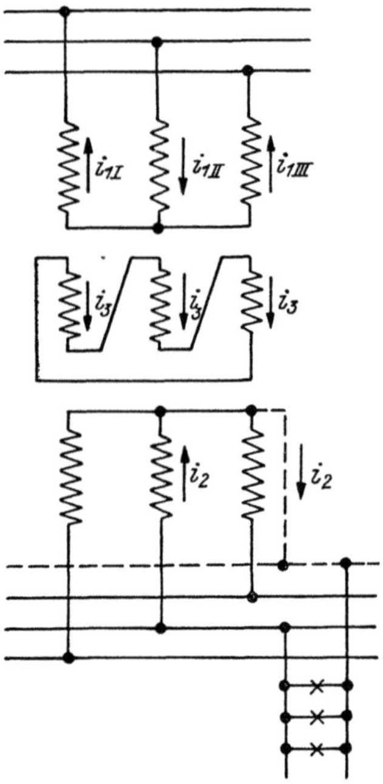

Abb. 108. Drehstromtransformator in Stern-Stern-Schaltung mit tertiärer Dreieckswicklung mit einphasiger Belastung zwischen einem Außenleiter und dem Nulleiter.

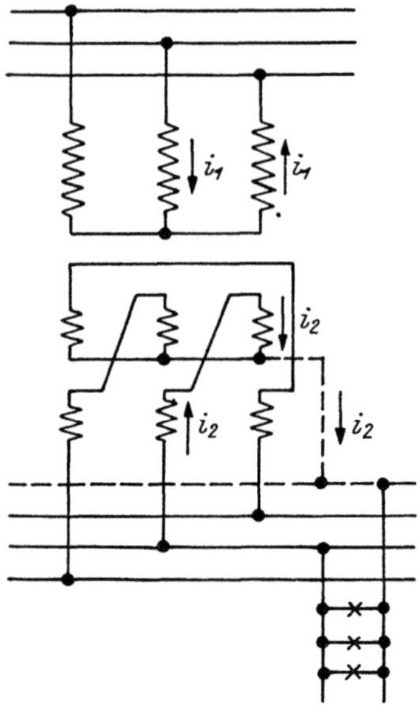

Abb. 110. Drehstromtransformator in Stern-Zickzack-Schaltung mit einphasiger Belastung zwischen einem Außenleiter und Nulleiter.

gen ($\overline{TR}$ und $\overline{RS}$) nähern. Bei Manteltransformatoren ist daher eine Belastung des Nullpunktes nicht nur unzulässig, sondern auch praktisch unmöglich.

Transformatoren in Dreieck-Stern-Schaltung. In Abb. 107 erkennt man, daß eine Nulleiterlast keine Störung des magnetischen Gleichgewichtes hervorruft, weil die Durchflutung der Sekundärwicklung des belasteten Stranges durch die Durchflutung seiner Primärwicklung aufgehoben wird.

Somit eignet sich die Dreieck-Stern-Schaltung für Transformatoren, die ein Verteilungsnetz mit Nulleiter speisen. Und zwar wird diese Schaltung für Transformatoren größerer Leistung vorgesehen.

Die Abb. 108 und 109 zeigen, daß eine *tertiäre Ausgleichswicklung* auch bei Stern-Stern-Schaltung einen Ausgleich der Durchflutungen bewirkt, so daß der Nullpunkt belastet werden kann. Die gleiche Rechnung wie nach Abb. 103 ergibt, daß $i_{1\,I} = i_{1\,III} = \frac{i_2}{3}$ und $i_{1\,II} = 2\,\frac{i_2}{3}$ und $i_3 = i_{1\,I} = i_{1\,III}$ sind. Die resultierende Durchflutung der Wicklungen ist hier bei Vernachlässigung des Magnetisierungsstromes auf jedem Kern Null. Es kommt hier also nicht zur Ausbildung eines Zusatzflusses.

Transformatoren in Stern-Zickzack-Schaltung. Der Wert der Zickzackschaltung geht aus Abb. 110 hervor. Die Einphasenlast verteilt sich auf zwei Schenkel. Dem Sekundärstrom in den beiden Strängen entsprechen Primärströme in den Primärwicklungen der beiden Schenkel, deren Durchflutung die Durchflutung der Sekundärwicklungen auf jedem Schenkel aufheben können.

Man verwendet Transformatoren in dieser Schaltung für Verteilungsnetze mit Nulleiter vorteilhaft bei kleineren Leistungen.

γ) *Haupttransformatoren, Zusammenstellung der vorwiegend verwendeten Schaltungen für Haupt-, Verteilungs- und Gleichrichtertransformatoren.* Die Stern-Dreieck-Schaltung (C_2) wird bei Haupttransformatoren großer Kraftwerke und Unterstationen vorgesehen, die nicht zur Verteilung dienen, denn es kann auf der Sekundärseite kein Nulleiter verwendet werden.

Sowohl die Dreieck-Stern-Schaltung (C_1) als auch die Stern-Dreieck-Schaltung (C_2) verhindern das Austreten eines magnetischen Flusses aus dem Kern und damit zusätzliche Verluste, wie im nächsten Abschnitt ausgeführt werden wird.

Somit ergibt sich folgendes Bild der Verwendungsmöglichkeiten der Schaltungen:

Transformatoren

Verteilungstransformatoren | Haupttransformatoren C_2

mit sekundär

vollbelastbarem Nulleiter | wenig belastbarem Nulleiter A_2

kleine Leistung C_3 | große Leistung C_1

Bei Transformatoren für Gleichrichter werden bei dreianodigen Gleichrichtern die Schaltungen A_2, A_3, B_2, B_3, C_1, C_3 und D_1, D_3 verwendet.

E. Der Magnetisierungsstrom und der Stromstoß beim Einschalten eines Transformators.

1. Der Magnetisierungsstrom des Einphasentransformators.

Liegt ein Transformator an einem Netz mit sinusförmiger Spannung, dann verlaufen auch die magnetische Induktion und mit ihr der Fluß zeitlich sinusförmig. Welches ist der zeitliche Verlauf des Magnetisierungsstromes i, der aus dem gegebenen sinusförmigen Verlauf der magnetischen Induktion b und aus der gegebenen magnetischen Kennlinie (Magnetisierungslinie) des Transformators folgt? Die magnetische Kennlinie des Transformators ist die Abhängigkeit der magnetischen Induktion oder des Flusses im Transformator vom Magnetisierungsstrom: $b = b\,(i)$.

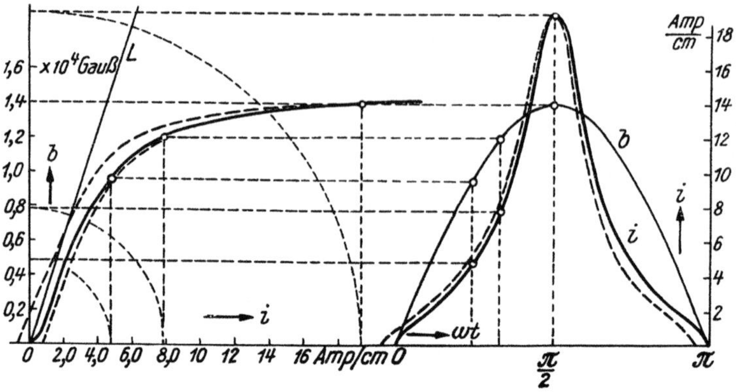

Abb. 111. Ableitung des zeitlichen Verlaufes des Magnetisierungsstromes i aus dem Verlauf der magnetischen Induktion b und der Magnetisierungslinie eines Transformators.

In Abb. 111 ist links die magnetische Kennlinie eines Transformators gezeichnet. Die gestrichelte Kurve berücksichtigt die Hysterese. Die magnetische Kennlinie würde in die Gerade L übergehen, wenn die Permeabilität des Eisens des Transformators unendlich groß wäre und wenn nur die Stoßfugen des Transformators zu magnetisieren wären.

Rechts ist die zeitlich sinusförmig sich ändernde Induktion b dargestellt: $b = b\,(\omega\, t)$. Wählen wir auf der Kurve $b = b\,(\omega\, t)$ einen bestimmten Augenblickswert der Induktion, so können wir aus der magnetischen Kennlinie $b = b\,(i)$ den dazugehörigen Magnetisierungsstrom ablesen, den wir auf jener Ordinate über $\omega\, t$ auftragen, die mit der Ordinate des zuerst gewählten Augenblickswertes der Induktion b zusammenfällt. Führen wir das punktweise durch, so erhalten wir den Magnetisierungsstrom $i = i\,(\omega\, t)$. Die gestrichelte Kurve berücksichtigt wieder die Hysterese. Man sieht, daß der Einfluß der Hysterese gering ist.

Eine Zerlegung der Kurve des Magnetisierungsstromes in Grund- und Oberwellen zeigt, daß neben der Grundwelle alle Oberwellen ungeradzahliger Ordnung erscheinen und daß besonders bei hohen Sättigungen eine Oberwelle dritter Ordnung hervortritt.

Z. B. können bei Einphasentransformatoren die auf die Grundwelle J_1 bezogenen Oberwellen J_ν des Magnetisierungsstromes bei Vernachlässigung der Hysterese folgende Werte annehmen:

Zahlentafel 2.

Kerninduktion in Gauß	J_3/J_1	J_5/J_1	J_7/J_1	J_9/J_1
10000	— 0,162	0,050	0,011	0,009
12000	— 0,287	0,094	— 0,013	0,010
14000	— 0,528	0,267	— 0,113	0,062
16000	— 0,658	0,331	— 0,121	0,031
18000	— 0,658	0,275	— 0,053	— 0,018

Der Magnetisierungsstrom wirkt aber auf die Spannungskurve des Netzes zurück. Die induzierte Spannung des Generators, der das Netz speist, kann als sinusförmig angenommen werden. Der Magnetisierungsstrom des Transformators durchfließt nun die Blind- und Wirkwiderstände dieses Generators und die Zuleitungen zum Transformator. Während die Grundwelle des Magnetisierungsstromes in diesen Widerständen sinusförmige Spannungsverluste hervorruft, die die Spannungskurve am Ende der Leitung nicht verzerren, stören vor allem die Blindspannungsverluste der Oberwellen des Magnetisierungsstromes den sinusförmigen Verlauf der Spannung am Ende der Zuleitung zum Transformator. Denn obwohl die Amplituden der Oberwellen klein sind im Verhältnis zur Amplitude der Grundwelle des Magnetisierungsstromes, und obwohl dieser selbst klein ist, so sind doch die Blindwiderstände des Generators und der Zuleitung proportional der Frequenz des Stromes. Somit verzerrt also der Magnetisierungsstrom die Netzspannung. Diese verzerrte Spannungskurve beeinflußt übrigens wieder den Magnetisierungsstrom.

2. Der Magnetisierungsstrom des Drehstromtransformators.

Wir haben bei der Ermittlung des Magnetisierungsstromes eines Einphasentransformators gesehen, daß seine Kurve $i = i(\omega t)$ alle Oberwellen ungeradzahliger Ordnung, insbesondere aber eine stark ausgebildete Oberwelle dritter Ordnung aufweist. Gerade im Hinblick auf diese Oberwellen im Magnetisierungsstrom bedürfen die Drehstromtransformatoren mit ihren verschiedenen Schaltungen und verschiedenen magnetischen Verhältnissen einer besonderen Betrachtung.

a) Primärwicklung in Sternschaltung mit Nulleiter, Sekundärwicklung in Sternschaltung. Wir gehen von jenem wohl nur selten verwendeten Transformator aus, dessen Primärwicklung in Stern geschaltet und mit ihrem Sternpunkt an den Nulleiter des Dreiphasennetzes angeschlossen ist und dessen Sekundärwicklung in Stern geschaltet oder unverkettet ist.

Wir wollen uns zuerst mit Transformatoren mit freiem magnetischen Rückschluß befassen, also mit einer Gruppe von drei Einphasentransformatoren oder mit einem dreiphasigen Manteltransformator. In jedem Wicklungsstrange fließt ein Magnetisierungsstrom, der sich zeitlich so ändert, wie er im vorigen Abschnitt ermittelt wurde. Im Leerlauf fließt dann im Nulleiter die Summe der Magnetisierungsströme der drei Wicklungsstränge, das ist hauptsächlich der dreifache Strom der dritten Einzelwelle des Magnetisierungsstromes eines Stranges; genauer die Summe der Oberwellen der Magnetisierungsströme, deren Ordnungszahl durch drei teilbar ist. Denn erstens ist in jedem Augenblick die Summe der Grundwellen und jener Oberwellen der Magnetisierungsströme der drei Stränge, deren ungerade Ordnungszahl nicht durch drei teilbar ist, Null, und zweitens sind alle Oberwellen der Magnetisierungsströme der drei Stränge mit einer durch drei teilbaren Ordnungszahl phasengleich und summieren sich im Sternpunkt. Die Spannung, die in jedem Wicklungsstrang induziert wird, ist sinusförmig.

Bei Transformatoren ohne freiem magnetischen Rückschluß, also Kerntransformatoren, treten die gleichen Verhältnisse auf. Nur ist zu beachten, daß beim unsymmetrischen dreiphasigen Kerntransformator der Magnetisierungsstrom in der Wicklung des mittleren Schenkels kleiner ist als der in den beiden Außenschenkeln, weil die Länge des magnetischen Kreisteiles zwischen den beiden magnetischen Nullpunkten in den Jochen für den Mittelschenkel kürzer ist als für die äußeren Säulen (Abb. 102). Da wir jedoch einen Transformator vorausgesetzt haben, dessen Sternpunkt der Primärwicklung mit dem Sternpunkt des Generators verbunden ist, so kann der Summenstrom ($J_{\mu 0}$ in Abb. 112) durch den Nulleiter fließen. Es muß gelten:

$$\mathfrak{J}_{\mu \mathrm{I}} + \mathfrak{J}_{\mu \mathrm{II}} + \mathfrak{J}_{\mu \mathrm{III}} = \mathfrak{J}_{\mu 0}.$$

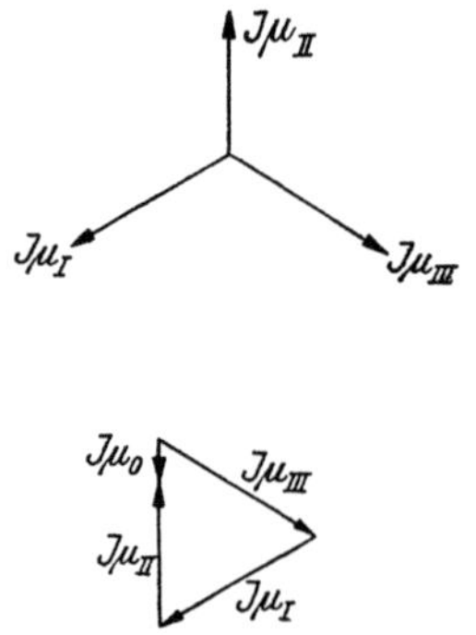

Abb. 112. Magnetisierungsströme und Nulleiterstrom eines Drehstrom-Kerntransformators mit Primärwicklung in Sternschaltung und Nulleiter.

b) Primärwicklung in Sternschaltung ohne Nulleiter. Liegt die Primärwicklung in Stern geschaltet an einem Dreiphasennetz ohne Nulleiter, so können die dritten und alle jene Einzelwellen der Magnetisierungsströme nicht fließen, deren ungerade Ordnungszahl durch drei teilbar ist.

Denn hier muß die Summe der Strangströme in jedem Augenblicke Null sein. Dies wäre für die Grundwellen und die fünften und siebenten usw. Wellen der Magnetisierungsströme wohl der Fall, aber nicht für die dritten Einzelwellen oder für alle Wellen, deren Ordnungszahl durch drei teilbar ist, da diese phasengleich sind. Der Magnetisierungsstrom muß bei sinusförmigem Verlauf des Flusses die in Abb. 111 oder Abb. 113 dargestellte zeitliche Änderung aufweisen. Er besitzt dann, wie Abb. 113 zeigt, vor allem eine Oberwelle dritter Ordnung i_3. Wenn aber diese Oberwelle nicht fließen kann, so ergibt sich der wirkliche Magnetisierungsstrom als Unterschied aus dem einem sinusförmigen Flußverlauf (Φ_1 in Abb. 113) entsprechenden Strome i und dem Oberwellenstrom i_3; er verläuft also nach der Kurve $(i - i_3)$ in Abb. 113. Diesem Magnetisierungsstrom entspricht aber eine abgeflachte Flußkurve Φ_2, die eine starke Oberwelle dritter Ordnung enthält.[1]) Diese dritten Wellen des Induktionsflusses sind in allen drei Strängen phasengleich und deshalb in allen drei Kernen des Transformators gleichgerichtet. Ihr Rückschluß kann bei Kerntransformatoren nur über die beiden Joche durch die Luft oder den Ölkessel erfolgen oder sich bei freiem magnetischen Rückschlusse (z. B. Manteltransformatoren) auf dem Eisenwege kräftig entwickeln.

Wie schon in der allgemeinen Besprechung der Drehstromtransformatoren gesagt wurde, treten statt der phasengleichen Oberwellen im Magnetisierungsstrom gleichphasige Oberwellen in den Schenkelflüssen auf, und wir sprechen von einer erzwungenen Magnetisierung des Transformators.

Die gleichphasigen Oberwellen der Flüsse erzeugen gleichphasige Strangspannungen 3-, 9-, 15facher usw. Frequenz.

---

[1]) Das gilt nur angenähert, denn wir dürfen die Flußkurve Φ_2 aus der Magnetisierungslinie mit Hilfe der angenommenen Kurve des Stromes $(i - i_3)$ nur dann ableiten, wenn für den Fluß der Oberwelle dritter Ordnung die gleiche Kennlinie gilt, wie für den übrigen Fluß. Dies trifft z. B. beim Kerntransformator nicht zu.

Da bei Sternschaltung je zwei Stränge gegeneinandergeschaltet sind, so heben sich bei Sternschaltung der Sekundärwicklung die Spannungen 3-, 9-, 15facher usw. Frequenz in den verketteten Spannungen auf. Bei Dreieckschaltung der Sekundärwicklung dagegen, bei der ja die Stränge hintereinandergeschaltet sind, ruft der Zusatzfluß Ströme 3-, 9-, 15facher usw. Frequenz hervor, die ihrer Entstehungsursache entgegenwirken und daher den Zusatzfluß abdämpfen.

Unter einer „Tertiärwicklung" oder Ausgleichswicklung versteht man eine um alle Kerne geschlungene, in sich geschlossene Wicklung (Abb. 108), die ebenso wirkt wie die soeben besprochene in Dreieck geschaltete Sekundärwicklung. Sie gibt selbstverständlich keine Leistung ab und dient nur zur Unterdrückung des Zusatzflusses 3-, 9-, 15facher usw. Frequenz.

Bei Kerntransformatoren muß die Summe der Magnetisierungsströme in jedem Augenblicke Null sein. Nun ist aber der Magnetisierungsstrom für den Mittelschenkel kleiner ($J_{\mu\,\mathrm{II}}$ in Abb. 114) als für die Außenschenkel ($J_{\mu\,\mathrm{I}}$ und $J_{\mu\,\mathrm{III}}$).

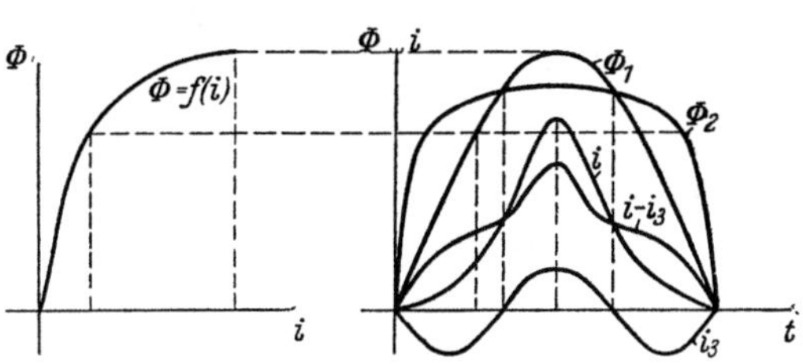

Abb. 113. Erzwungene Magnetisierung eines Transformators.

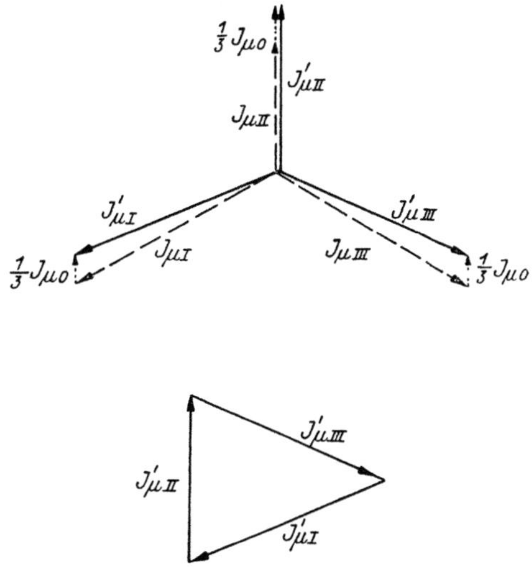

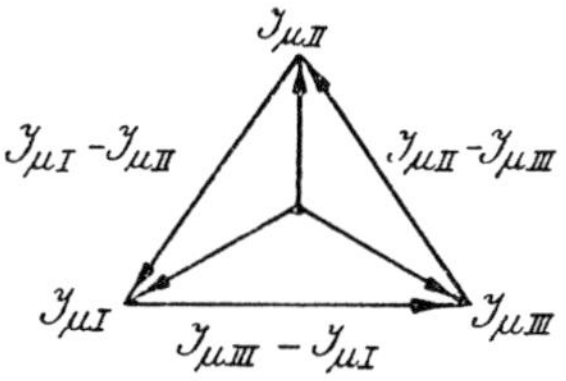

Abb. 115. Magnetisierungsströme eines Drehstrom-Kerntransformators mit Primärwicklung in Dreieckschaltung.

Abb. 114. Magnetisierungsströme eines Drehstrom-Kerntransformators mit Primärwicklung in Sternschaltung ohne Nulleiter.

Der Reststrom $J_{\mu 0}$, der in Abb. 112 als Nulleiterstrom auftrat, wird hier durch einen Ausgleichsstrom entgegengesetzter Phase aufgehoben, der sich gleichmäßig auf alle drei Phasen verteilt, so daß die Magnetisierungsströme $J_{\mu\,\mathrm{I}}'$, $J_{\mu\,\mathrm{II}}'$ und $J_{\mu\,\mathrm{III}}'$ die Bedingung erfüllen:

$$\mathfrak{J}'_{\mu\,\mathrm{I}} + \mathfrak{J}'_{\mu\,\mathrm{II}} + \mathfrak{J}'_{\mu\,\mathrm{III}} = 0.$$

Durch die zusätzlichen gleichphasigen Magnetisierungsströme $\frac{1}{3} J_{\mu 0}$ in jedem Strang entstehen zusätzliche gleichphasige Flüsse in den drei Schenkeln eines Kerntransformators, die sich wieder nur durch die Luft von Joch zu Joch oder durch den Ölkessel schließen können (Abb. 104).

Dieser Zusatzfluß induziert in den Strängen Spannungen, die sich mit den von den Magnetisierungsströmen $J_{\mu\,\mathrm{I}}$, $J_{\mu\,\mathrm{II}}$ und $J_{\mu\,\mathrm{III}}$ erzeugten Spannungen zusammensetzen. Da das aufgedrückte Spannungsdreieck erhalten bleiben muß, so ergibt sich wieder eine Verlagerung des Nullpunktes.

Eine Dreieckwicklung sekundär oder tertiär vermag auch diesen Zusatzfluß abzudämpfen.

c) Primärwicklung in Dreieckschaltung. Wenn die Primärwicklung in Dreieck geschaltet ist, so erscheint jeder Wicklungsstrang frei gespeist. In den Magnetisierungsströmen der Stränge können sich auch die Oberwellen 3., 9. usw. Ordnung ausbilden; sie sind in allen drei Strängen gleichgerichtet und schließen sich in der Wicklung, so daß der dem Netz entnommene Magnetisierungsstrom die Oberwellen 3. usw. Ordnung nicht enthält.

Auch die Ungleichheit der Stärke der Magnetisierungsströme bei Kerntransformatoren bringt bei Dreieckschaltung der Primärwicklung keine Schwierigkeiten mit sich. Obwohl der Magnetisierungsstrom für die mittlere Säule $J_{\mu\,\mathrm{II}}$ kleiner ist als die Magnetisierungsströme für die Außensäulen $J_{\mu\,\mathrm{I}}$ und $J_{\mu\,\mathrm{III}}$ (Abb. 115), so ist die Summe der verketteten Ströme, wie aus der Abbildung hervorgeht, doch Null.

d) Zusammenfassung. Bei der gebräuchlichen Betriebsform von Transformatoren ohne Nulleiter auf der Primärseite können im Primärnetz keine Oberwellen des Magnetisierungsstromes, deren Ordnungszahl durch drei teilbar ist, fließen, gleichgültig ob die Primärwicklung in Stern oder in Dreieck geschaltet ist. Dagegen enthält der aus dem Netz entnommene Magnetisierungsstrom alle anderen Oberwellen mit ungerader und nicht durch drei teilbarer Ordnungszahl, vor allem die fünfte und siebente Einzelwelle.

Ist die Primärwicklung in Stern geschaltet, so treten in den Schenkelflüssen gleichphasige Oberwellen 3., 9., 15. usw. Ordnung auf (erzwungene Magnetisierung), die in den Wicklungssträngen Spannungen 3-, 9-, 15facher usw. Frequenz induzieren. Bei Transformatoren mit freiem magnetischen Rückschluß (Manteltransformatoren, Fünfschenkeltransformatoren, drei zu einem Dreiphasensatz zusammengeschaltete Einphasentransformatoren) sind diese zusätzlichen Flüsse beträchtlich größer als bei Transformatoren ohne freiem magnetischen Rückschluß (Kerntransformatoren).

Eine Sekundärwicklung oder eine tertiäre Ausgleichswicklung in Dreieckschaltung dämpft den Zusatzfluß 3-, 9-, 15facher usw. Frequenz ab.

Bei Dreieckschaltung der Primärwicklung werden solche gleichphasige Oberwellen 3., 9., 15. usw. Ordnung in den Schenkelflüssen nicht erzwungen.

Die gewöhnliche unsymmetrische Bauart des Kerntransformators ergibt für den Mittelschenkel einen geringeren Magnetisierungsstrom als für die beiden Außenschenkel. Bei Sternschaltung der Primärwicklung führt dies ebenfalls zu zusätzlichen gleichphasigen Schenkelflüssen, die aber wieder durch eine sekundäre oder tertiäre Dreieckwicklung abgedämpft werden können.

3. Transformatoren mit sinusförmigem Magnetisierungsstrom.

Aus dem vorstehenden Abschnitt folgt, daß für den Fall, daß die Primärwicklung eines Drehstromtransformators nicht an einen Nulleiter angeschlossen ist, Oberwellen der Magnetisierungsströme einer durch drei teilbaren Ordnungszahl im Netz nicht fließen können. Störend bleibt dann vor allem die nächstgrößte Oberwelle, die 5. Ordnung.

Vergleicht man zwei Transformatoren in Stern-Stern-Schaltung miteinander, von denen der eine mit freiem magnetischen Rückschluß, der andere ohne solchen ausgestattet ist, so zeigt sich, daß die Magnetisierungsströme dieser Transformatoren die Oberwellen 5. Ordnung aufweisen; nur ist diese Oberwelle für den einen Transformator negativ, für den andern aber positiv. Es muß nun einen Wert der magnetischen Leitfähigkeit des Rückschlußschenkels geben, bei dem die 5. Welle im Magnetisierungsstrom durch Null geht. Man muß also die Rückschlußschenkel entsprechend bemessen (Abb. 116).

Auch bei der Untersuchung von zwei in Stern-Stern geschalteten Transformatoren mit freiem oder teilweise freiem magnetischen Rückschluß (Mantel- oder Fünfschenkeltransformator) mit und ohne tertiärer Dreieckwicklung findet man in den Magnetisierungsströmen in dem einen Fall eine positive, in dem andern Fall eine negative 5. Einzelwelle im Magnetisierungsstrom. Somit muß sich auch durch eine über eine entsprechend bemessene Drosselspule geschlossene tertiäre Dreieckwicklung die Oberwelle 5. Ordnung im Magnetisierungsstrom zum Verschwinden bringen lassen.

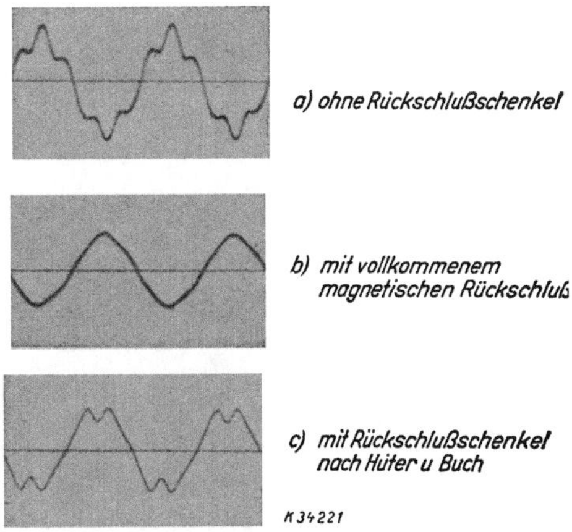

Abb. 116. Beeinflussung des Magnetisierungsstromes eines Transformators durch Rückschlußschenkel nach HUETER und BUCH.

Diese Art der Entzerrung des Magnetisierungsstromes, die von BUCH und HUETER[1]) angegeben wurde, eignet sich für Verteilungstransformatoren in Stern-Stern- oder in Stern-Zickzack-Schaltung. Eine andere Möglichkeit, den Magnetisierungsstrom von den Oberwellen 5. und auch der 7. Ordnung zu befreien, besteht grundsätzlich in folgendem. Wir nehmen einen Drehstromtransformator mit drei Säulen an, die durch zwei dreieckförmige Joche verbunden werden (Abb. 117). In diesem Fall teilt sich der Schenkelfluß Φ_s in die beiden Jochflüsse Φ_j, die gegen ihn um $\pm 30°$ in der Phase verschoben sind. Die Grundwellen der Magnetisierungsströme für den Schenkel und die Joche sind dann ebenfalls um $\pm 30°$ gegeneinander phasenverschoben, die Oberwellen 5. Ordnung um $\pm (5\cdot 30°) = \pm 150°$, die Oberwellen 7. Ordnung um $\pm (7\cdot 30°) = \pm 210°$. Die Oberwellen 3. Ordnung und aller durch drei teilbaren Ordnungszahlen können ja nicht fließen. Die Schenkelwicklung hat die für die Magnetisierung des Schenkels und der beiden anschließenden Jochabschnitte notwendige Durchflutung aufzubringen, also den Summenmagnetisierungsstrom

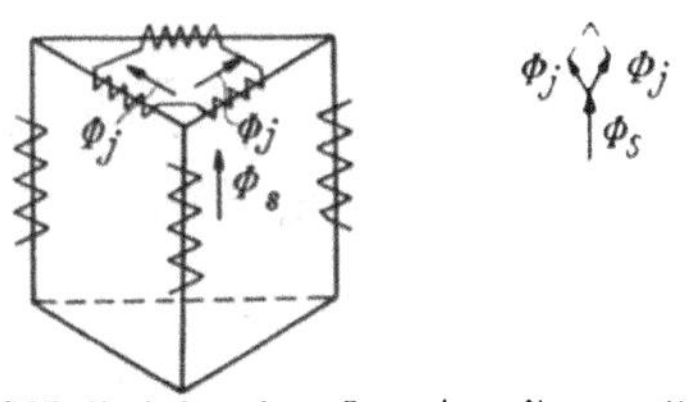

Abb. 117. Drehstromtransformator mit magnetischer Stern-Dreieck-Schaltung.

$$
\begin{aligned}
i_\mu &= i_s + i_j' + i_j'' = \\
&= J_{s1}\sqrt{2}\sin\omega t + J_{s5}\sqrt{2}\sin 5\,\omega t + J_{s7}\sqrt{2}\sin 7\,\omega t + \ldots \\
&\ldots + J_{j1}\sqrt{2}\sin(\omega t - 30°) + J_{j5}\sqrt{2}\sin(5\,\omega t - 150°) + J_{j7}\sqrt{2}\\
&\quad \sin(7\,\omega t - 210°) + \ldots \\
&\ldots + J_{j1}\sqrt{2}\sin(\omega t + 30°) + J_{j5}\sqrt{2}\sin(5\,\omega t + 150°) + J_{j7}\sqrt{2}\\
&\quad \sin(7\,\omega t + 210°) + \ldots
\end{aligned}
$$

zu führen. Dieser ergibt sich zu

$$
\begin{aligned}
i_\mu = \sqrt{2}\left(J_{s1} + J_{j1}\sqrt{3}\right)\sin\omega t + \sqrt{2}\left(J_{s5} - J_{j5}\sqrt{3}\right)\sin 5\,\omega t + \\
+ \sqrt{2}\left(J_{s7} - J_{j7}\sqrt{3}\right)\sin 7\,\omega t + \ldots
\end{aligned}
$$

[1]) R. BUCH u. E. HUETER, ETZ 56 (1935) S. 933.

Durch passende Wahl der magnetischen Leitfähigkeiten von Joch und Schenkel kann

$$J_{s5} = J_{j5}\sqrt{3} \quad \text{und} \quad J_{s7} = J_{j7}\sqrt{3}$$

erzielt werden, so daß der Magnetisierungsstrom frei von Oberwellen der 5. und 7. Ordnung wird.

Abb. 118 Eisengestell eines oberwellenfreien Transformators mit geschlitztem Joche.

Auf den Jochen muß eine geschlossene Tertiärwicklung angeordnet werden, die den Zweck hat, die im magnetischen Jochdreieck umlaufenden Flüsse drei usw.-facher Frequenz zu verhindern.

Die magnetische Dreieckschaltung der Joche läßt sich bei Dreischenkeltransformatoren ersetzen durch geschlitzte Joche, so daß die übliche unsymmetrische Bauart verwendet werden kann (Abb. 118).

Eine ganze Reihe anderer Möglichkeiten besteht noch, um den Magnetisierungsstrom von der 5. und 7. Einzelwelle zu reinigen. Z. B. hat eine Parallel- oder Reihenschaltung von zwei Transformatorschaltungen eine Unterdrückung der genannten Oberwellen zur Folge, wenn die Strangspannungen der beiden Transformatoren um 30° gegeneinander phasenverschoben sind (Parallelschaltung Stern/Dreieck, Parallelschaltung Stern/Zickzack, Reihenschaltung Stern/Dreieck). Aus der Tatsache, daß getrennte Eisenkerne mit Stern- und Dreieckwicklungen die Oberwellen 5. und 7. Ordnung ihrer Magnetisierungsströme gleich groß, aber gegenphasig ausbilden, ergibt sich ebenfalls eine Bauart eines oberwellenfreien Transformators. Eine Aufhebung der Oberwelle 5. Ordnung im Magnetisierungsstrom kann auch durch eine 36°-Spaltung der Flüsse in den Kernen eines unsymmetrischen Kerntransformators bewirkt werden.

4. Der Stromstoß beim Einschalten eines Transformators.

Schaltet man einen Transformator, dessen Sekundärwicklung offen ist, primär ans Netz, so können mitunter Stromstöße beträchtlicher Stärke auftreten, wie aus folgenden Rechnungen zu ersehen ist.

Nach Gl. 105 gilt für $i_2 = 0$

$$u_1 = i_1 R_1 + L_1 \frac{d i_1}{dt} = i_1 R_1 + w_1 \frac{d\Phi}{dt}. \tag{132}$$

Mit der zugeführten Spannung

$$u_1 = U\sqrt{2}\cos(\omega t + \alpha)$$

wird daraus

$$U\sqrt{2}\cos(\omega t + \alpha) = i_1 R_1 + w_1 \frac{d\Phi}{dt}.$$

α bedeutet den Phasenwinkel im Augenblick des Einschaltens. Zwischen dem Induktionsfluß Φ und dem Strom i_1 besteht die Beziehung $\Phi = \Phi(i_1)$, die durch die magnetische Kennlinie des Transformators gegeben ist. Die Lösung vorstehender Gleichung gibt:

$$\Phi = \frac{U\sqrt{2}}{\omega w_1} \sin(\omega t + \alpha) - \frac{R_1}{w_1}\int i_1\, dt + C. \tag{133a}$$

Im Augenblick des Einschaltens, zur Zeit $t = 0$ also, ist $i_1 = 0$ und der Induktionsfluß im Transformator gleich dem remanenten Flusse Φ_R, so daß für C folgt:

$$C = \Phi_R - \frac{U\sqrt{2}}{\omega w_1} \sin\alpha.$$

Damit wird

$$\Phi = \Phi_R + \frac{U\sqrt{2}}{\omega w_1}[\sin(\omega t + \alpha) - \sin\alpha] - \frac{R_1}{w_1}\int i_1\, dt. \tag{133b}$$

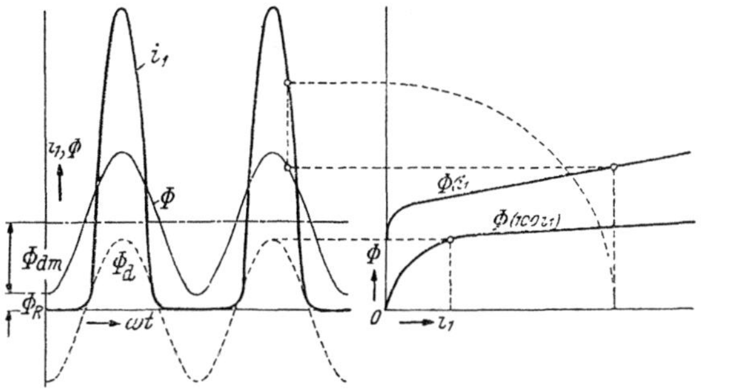

Abb. 119. Zur Bestimmung des Einschaltstromes ohne Berücksichtigung des Wirkwiderstandes.

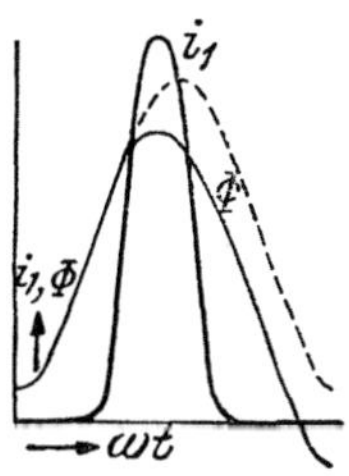

Abb. 120. Einschaltstrom mit Berücksichtigung des Wirkwiderstandes.

Der stationäre oder Dauerfluß im Transformator ergibt sich bei Vernachlässigung des Wirkwiderstandes R_1 aus

$$u_1 = U\sqrt{2}\cos(\omega t + \alpha) = w_1 \frac{d\Phi}{dt}$$

zu

$$\Phi_d = \frac{U\sqrt{2}}{\omega w_1} \sin(\omega t + \alpha) = \Phi_{dm} \sin(\omega t + \alpha). \tag{134}$$

Wir können damit für Φ auch schreiben

$$\Phi = \Phi_R + \Phi_d - \Phi_{dm} \sin\alpha - \frac{R_1}{w_1}\int i_1\, dt. \tag{133c}$$

Der größte Induktionsfluß, der möglich ist, tritt offenbar auf, wenn einerseits der remanente Fluß Φ_R positiv ist und wenn anderseits der Phasenwinkel α im Einschaltaugenblick $\alpha = -\frac{\pi}{2}$ ist und die Zeit t so gewählt wird, daß $\sin(\omega t + \alpha) = 1$ wird. Mit andern Worten: Wird der Transformator in jenem Augenblicke ans Netz gelegt, in dem $\alpha = -\frac{\pi}{2}$, also $u_1 = 0$ ist, so ergibt sich der größtmögliche Induktionsfluß eine halbe Periode nach dem Einschalten. Und zwar ist dieser größte Wert

$$\Phi_m = \Phi_R + 2\,\Phi_{dm} - \frac{R_1}{w_1}\int i_1\, dt. \tag{135}$$

In Abb. 119 ist nach der Gleichung

$$\Phi = \Phi_R + \Phi_{dm}\left[\sin\left(\omega t - \frac{\pi}{2}\right) + 1\right], \tag{133 d}$$

also für $\alpha = -\frac{\pi}{2}$ der Strom i_1 ohne Berücksichtigung des Wirkwiderstandes R_1 aus der magnetischen Kennlinie des Transformators ermittelt worden. Bestimmt man nun die Beträge von $\frac{R_1}{w_1}\int i_1\,dt$ schrittweise in kleinen Zeitabschnitten aus der Kurve

$$i_1 = i_1(\omega t)$$

in Abb. 119 und zieht man diese Beträge von

$$\Phi = \Phi_R + \Phi_{dm}\left[\sin\left(\omega t - \frac{\pi}{2}\right) + 1\right]$$

in Abb. 119 ab, so erhält man auf diese Weise den tatsächlichen Verlauf des Induktionsflusses Φ in Abhängigkeit von der Zeit. Aus dieser Kurve und der magnetischen Kennlinie des Transformators ergibt sich wieder der wirkliche zeitliche Verlauf des Stromes i_1. In Abb. 120 wurde dies für einen bestimmten Wert des Wirkspannungsverlustes im Verhältnis zur Klemmenspannung ausgeführt. Die gestrichelte Kurve ist die Kurve des Induktionsflusses bei $R_1 = 0$ wie in Abb. 119, die dünne und voll ausgezogene Kurve stellt den auf die geschilderte Weise abgeleiteten wirklichen Verlauf der Flußkurve mit der Zeit dar. Die voll und stark gezeichnete Kurve ist die daraus gewonnene Kurve des Stromes i_1. Der Stromstoß ist also bei Berücksichtigung des Wirkwiderstandes R_1 geringer.

Der Einschaltstromstoß kann das 10-, 20-, 30fache usw. der Amplitude des Nennstromes sein.

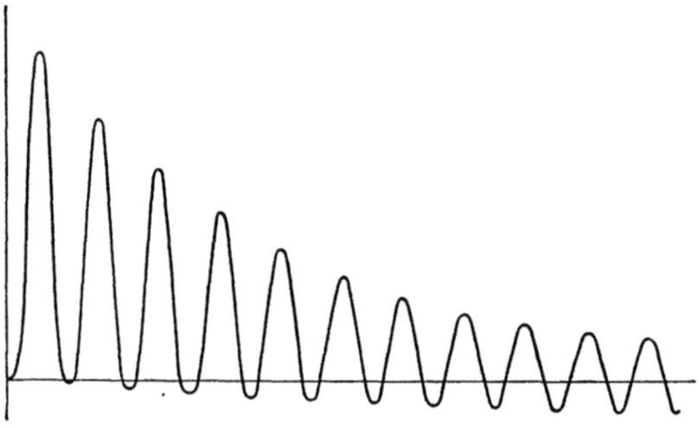

Abb. 121. Abklingen des Einschaltstromes.

Das Abklingen des Einschaltstromes ist in Abb. 121 dargestellt. Beim Einschalten eines sekundär kurzgeschlossenen Transformators tritt ein Ausgleichsvorgang ein, der jenem gleicht, der sich beim plötzlichen Kurzschließen eines leerlaufenden Transformators einstellt (vgl. II C 5). Schaltet man einen Transformator ans Netz, an dem bereits Verbraucher hängen, so kann der Ausgleichsstrom als aus zwei Exponentialfunktionen bestehend angesehen werden, denn es überlagern sich der Stromstoß der Magnetisierung des leerlaufenden Transformators und ein Ausgleichsvorgang, der dem bei Schaltung auf Kurzschluß ähnelt und durch die Einschaltung der Verbraucher bedingt ist.

F. Sonderbauarten von Transformatoren.

1. Überspannungen und schwingungsfreie Transformatoren.

Atmosphärische Entladungen und plötzliche Änderungen eines elektrischen Zustandes des Netzes, wie z. B. Schaltvorgänge oder Erd- und Kurzschlüsse, können Überspannungen hervorrufen. Solche Überspannungs- oder Wanderwellen haben eine steile Stirn. Trifft eine Überspannungswelle auf den Transformator, so ändert sich plötzlich die Spannungsverteilung in ihm.

Der Transformator ist bei den gebräuchlichen Frequenzen als Induktivität aufzufassen. Bei einer Überspannungswelle jedoch oder bei Spannungsschwingungen hoher Frequenz kommt die Kapazität von Windung gegen Windung und von Windung gegen Erde ins Spiel, so daß sich für eine Transformatorwicklung das in Abb. 122 dargestellte Ersatzbild ergibt, wenn die Wirkwiderstände vernachlässigt werden. L sind die Induktivitäten, C_W die Kapazitäten der einzelnen Wicklungsabschnitte gegeneinander, C_E ihre Kapazitäten gegen Erde. Im ersten Augenblick des Auftreffens einer Überspannungswelle am Wicklungsanfang spielen die Induktivitäten L keine Rolle und die Verteilung der Spannung gegen Erde längs der Wicklung hängt nur vom Verhältnis $\frac{C_E}{C_W}$ ab. In Abb. 123 sind eine geerdete und eine ungeerdete Transformatorwicklung gezeichnet, die von einer Wanderwelle der Spannung U_0 getroffen werden. Die Spannungsverteilung längs der Spule von der Länge l im Augenblick des Eintreffens der Wanderwelle am Spulenanfang ist aus Abb. 124 zu entnehmen, und zwar bezieht sich Abb. 124a auf die geerdete und Abb. 124b auf die ungeerdete Wicklung (vgl. auch Abb. 125 für $t = 0$).

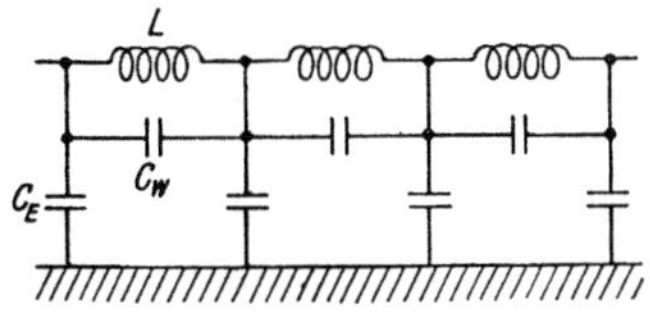

Abb. 122. Ersatzbild für eine Transformatorwicklung bei Spannungsschwingungen hoher Frequenz.

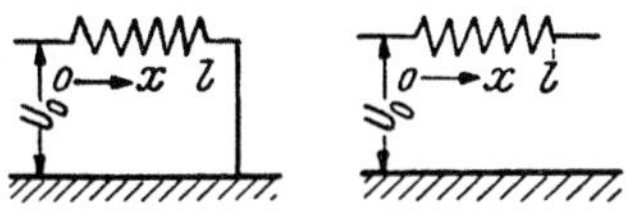

Abb. 123. Geerdete und ungeerdete Transformatorwicklungen.

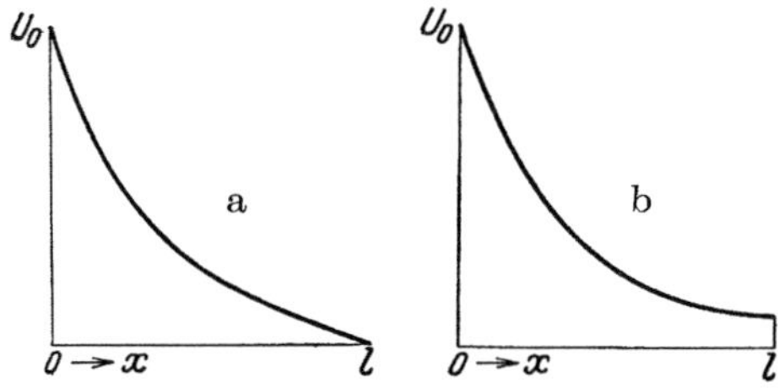

Abb. 124. Spannungsverteilung längs der Spulen im Augenblicke des Eintreffens der Wanderwelle.

In Form von Schwingungen werden aber nach kurzer Zeit die Spannungen an den Kapazitäten durch die Induktivitäten abgebaut, wie aus dem Spannungsgebirge der Abb. 125 zu erkennen ist. Diese Abbildung zeigt die räumliche Verteilung der Spannung an bestimmten Punkten der Wicklung und ihren zeitlichen Ablauf. Man sieht, daß zur Zeit $t = 0$, also im Augenblick des Auftreffens der Überspannungswelle zwischen der Wicklungsklemme mit 100% Windungen und der Anzapfung bei 84% der Windungen etwa die Hälfte der Spannung der Wanderwelle liegt. Zwischen den Anzapfungen bei 84 und 65% der Windungen liegt noch etwa ein Viertel der Spannung.

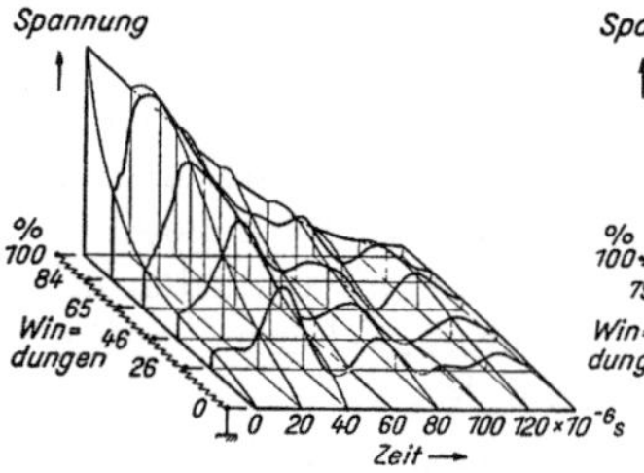

Abb. 125.

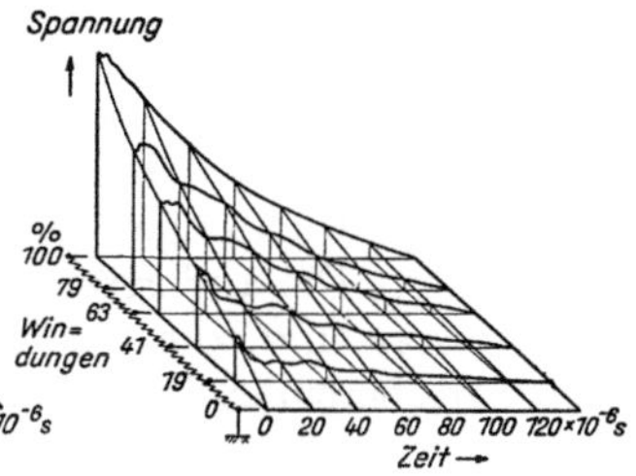

Abb. 126.

Spannungsgebirge von gewöhnlichen und schwingungsfreien Transformatoren.

Etwa drei Viertel des ganzen Spannungsstoßes müssen somit von 35% der Windungen am Spulenanfang aufgenommen werden.

Diese Erkenntnis führt zu besonderen Maßnahmen bei den Eingangswindungen. Aus Rechnungen ergibt sich, daß man das Verhältnis $\frac{C_E}{C_W}$ klein machen muß, d. h. daß die Windungskapazität groß und die Kapazität gegen Erde klein sein sollen. Aus diesem Grunde stellt man die Eingangswindungen als flach übereinander gewickelte Leiter mit flachem Rechteckquerschnitt her, die durch Stoffe hoher elektrischer Festigkeit und großer Dielektrizitätskonstante isoliert werden. Bei Transformatoren kleiner und mittlerer Leistung begnügt man sich mit verstärkten Lagenisolationen. Mitunter ordnet man Schutzringe an, die am Anfang der Oberspannungswicklung liegen und mit der ersten Windung verbunden werden. Sie wirken ähnlich wie eine Vergrößerung der Kapazität der Eingangswindungen.

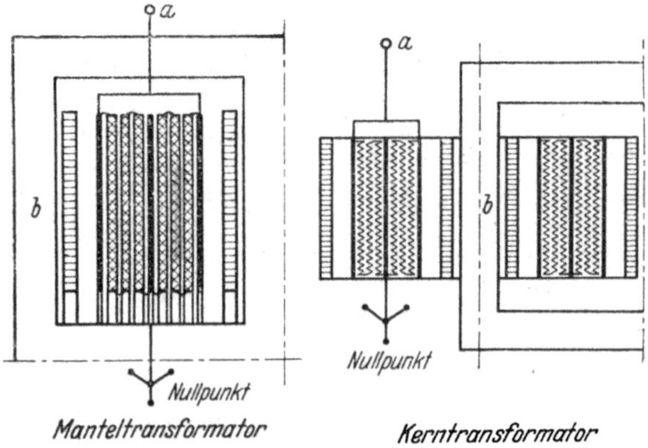

Abb. 127. Bauarten von schwingungsfreien Mantel- und Kerntransformatoren.

Aus dem Spannungsgebirge in Abb. 125 ersieht man, daß die Ausgleichsschwingungen ein Hindurchwandern der Punkte stärkster Beanspruchung durch die ganze Wicklung hervorrufen. Z. B. liegt zur Zeit $t = 35 \cdot 10^{-6}$ s an den letzten 26% der Windungen etwas weniger als die Hälfte der ursprünglichen Spannung der Wanderwelle, während von den ersten 74% der Windungen nur etwa ein Viertel der ursprünglichen Wanderwellenspannung aufgenommen wird. Aus diesem Grunde bemüht man sich um einen „schwingungsfreien" Transformator. Das Spannungsgebirge eines solchen Transformators zeigt Abb. 126. Während der Stoßvorgang beim gewöhnlichen Transformator Schwingungen auslöst, die, wie besprochen wurde, in der Wicklung ein stark schwankendes und ungleichmäßiges Spannungsgefälle verursachen, verteilt sich beim schwingungsfreien Transformator die Beanspruchung bei Stoß gleichmäßig über alle Punkte der Wicklung.

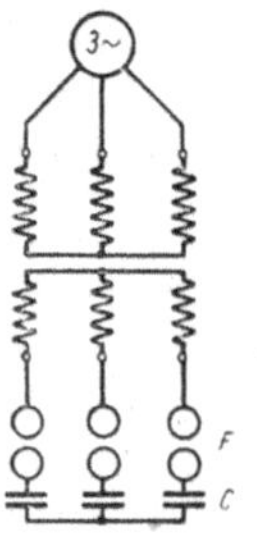

Abb. 128. Sprungwellenprobe zur Prüfung der Windungsisolation.

Einen schwingungsfreien Transformator erhält man z. B. durch eine lagenförmige Anordnung der Oberspannungswicklung. In Abb. 127 setzen sich die Oberspannungswicklungen aus einigen Röhrenspulen zusammen. Und zwar sind diese Lagenwicklungen so in zwei Hälften geteilt, daß der Sternpunkt in der Mitte liegt. Die äußersten Röhrenspulen werden mit zylindrischen Metallbelägen ausgerüstet und zur Oberspannungsklemme geführt. Der Sternpunkt ist ebenfalls mit einem Schirm verbunden.

Zur Prüfung der Transformatoren auf Überspannungswellenfestigkeit dient die Sprungwellenprobe. Sie ahmt die im Betrieb auftretende Beanspruchung der Transformatoren durch Wanderwellen nach. Bei dieser Probe wird nach Abb. 128 die eine Wicklung gespeist und die zu prüfende Wicklung strangweise über eine Funkenstrecke F auf einen Kondensator C geschaltet. Die Funkenstrecken sind so einzustellen (für einen Überschlag bei 1,1facher Nennspannung) und der Transformator ist auf eine bestimmte Spannung (1,3facher Nennspannung) so zu erregen, daß an den Funkenstrecken gerade noch ein die ständige Auf- und Umladung der Kondensatoren bewirkendes Funkenspiel (von 10 s Dauer) bestehen bleibt. Jeder Funke führt hierbei zu einer steilen in die Wicklung einziehenden Sprungwelle und bewirkt so die Prüfung der inneren Wicklungsisolation.

2. Spannungsregelung.

a) Stufenregelung.[1]) Die Übersetzung eines Transformators kann dadurch geändert werden, daß man das Verhältnis der Windungszahlen ändert, indem man die Wicklungen anzapft. Die dadurch erzielte Spannungsregelung wird, von Transformatoren für Sonderzwecke abgesehen, vor allem bei Netztransformatoren häufig gefordert, um bei Belastungsänderungen die Spannung des Netzes an bestimmten Stellen unverändert zu erhalten. Die dazu notwendigen Schalteinrichtungen müssen es ermöglichen, die Transformatorwicklungen ohne Betriebsunterbrechung, mithin unter Last, anzuzapfen. Man nennt solche Schalteinrichtungen Stufenregeleinrichtungen.

Die Aufgabe einer Stufenregeleinrichtung besteht aus zwei Teilaufgaben: dem Wählvorgang und dem Lastumschaltvorgang. Beim Wählvorgang muß aus den an die Stufenregeleinrichtung herangeführten Anzapfungen eines Transformators die gewünschte Anzapfung im stromlosen Zustand, aber unter Spannung ausgewählt werden. Beim Lastumschaltvorgang wird die Stromableitung unter Last von der alten auf die neue Anzapfung umgeschaltet.

Somit setzt sich eine Stufenregeleinrichtung aus einem Stufenwähler und einem Lastschalter zusammen. Bei mittleren und kleinen Schaltleistungen (bis 250 A und zwischen 20 bis 60 kV) können Stufenwähler und Lastschalter zu einem Lastwähler vereinigt werden. Durch einen Wender kann der Regelsinn umgekehrt und so die Stufenzahl und der Regelbereich verdoppelt werden.

Die Bedingungen, die eine Stufenregeleinrichtung erfüllen muß, sind: der äußere Stromkreis darf nicht unterbrochen werden; während des Umschaltens dürfen Wicklungsteile zwischen benachbarten Anzapfungen nicht kurzgeschlossen werden; die Überschaltzeit soll klein sein.

Die Spannungsregelung kann entweder unmittelbar am Haupttransformator erfolgen, oder man bildet einen vom Haupttransformator getrennten Regeltransformator (Zusatztransformator) aus, der die Regelung vornimmt. In diesem Fall kann der Regeltransformator vom Haupttransformator entfernt aufgestellt oder z. B. über dem Haupttransformator im gleichen Ölkessel eingebaut werden. Das Schaltbild für einen solchen vom Haupttransformator getrennten Regeltransformator zeigt Abb. 129.

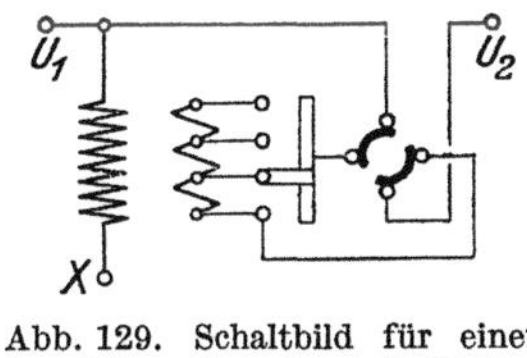

Abb. 129. Schaltbild für einen Zusatztransformator mit Stufenregelung.

Die Wirkungsweise eines Lastwählers, bei dem also die Aufgabe des Lastschalters mit der des Stufenwählers vereinigt ist, kann aus Abb. 130 entnommen werden. Sie ist wohl ohne Erklärung verständlich.

Als Beispiel für eine Stufenregeleinrichtung mit getrenntem Wähler und Lastschalter sei der Schalter von JANSEN angeführt. Das grundsätzliche Schaltbild für diese Stufenregelung mit Zusatztransformator zeigt Abb. 129. Zwischen den Klemmen U_1 und X liegt die ungeregelte Spannung, zwischen den

[1]) H. MANZINGER, Elektrotechn. u. Masch.-Bau 60 (1942) S. 85. — L. ZÖTL, Elektrotechn. u. Masch.-Bau 60 (1942) S. 393.

Klemmen U_2 und X die geregelte. Die Primärwicklung (zwischen U_1 und X in Abb. 129) ist in Abb. 131 dünn ausgezogen, die anzapfbare Sekundärwicklung

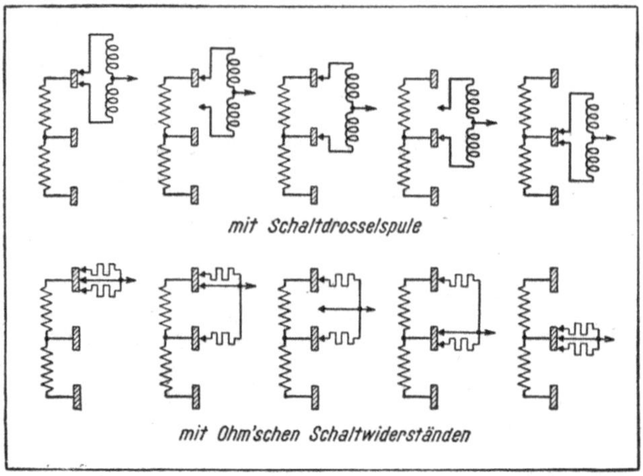

Abb. 130. Schaltvorgang beim Lastwähler der Siemens-Schuckert-Werke.

(zwischen U_1 und U_2 in Abb. 129) dagegen stark. Der Wender in Abb. 131 (*WS*) und Abb. 129 ermöglicht neben einer Spannungserhöhung auch eine Spannungserniedrigung. Wir erkennen in Abb. 131 einen Anzapfwähler W_a und W_b, der mit den Anzapfungen 1 bis 10 der Transformatorwicklung durch Gleit-

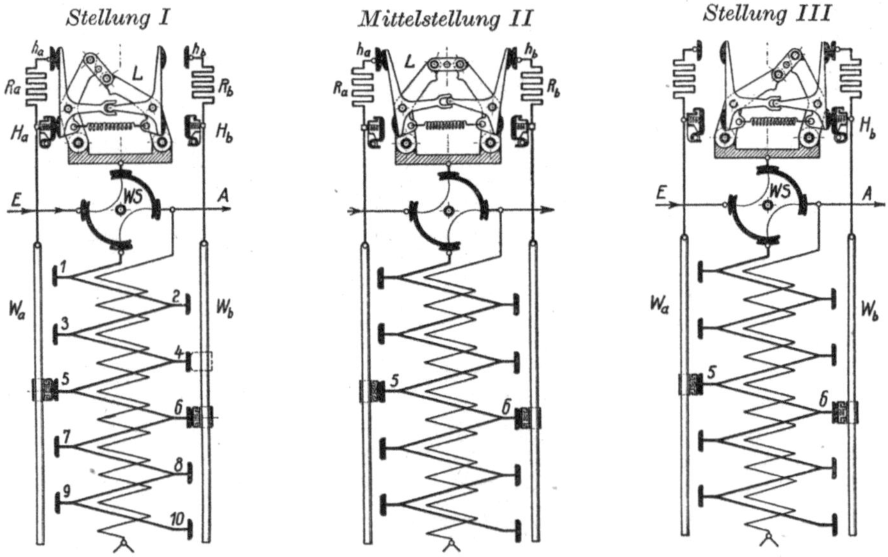

Abb. 131. Stufenregeleinrichtung mit getrenntem Wähler und Lastschalter nach JANSEN.

kontakte verbunden werden kann. Außerhalb des Transformatorkessels ist der Lastschalter L angeordnet. Die ungeregelte Spannung tritt bei E über den Wender WS in die anzapfbare Sekundärwicklung des Zusatztransformators ein und bei der Stellung I des Lastschalters aus der Anzapfung 5 über die Wählerhälfte W_a und den Hauptkontakt H_a durch den Lastschalter L und den Wender *WS* bei *A* nach der Regelung ins Netz. Bei der Umschaltung auf die höhere Spannungsstufe 6 z. B. muß zuerst die unbelastete Wählerhälfte W_b mit dieser Stufe verbunden werden. Dann muß der Lastschalter *L* von links nach rechts umgelegt werden, was nur unter Durchlaufen von drei Zwischenstellungen möglich ist. In der Mittelstellung *II* ist der Teil der Sekundärwicklung zwischen den Anzapfungen 5 und 6 über die Widerstände R_a und R_b kurzgeschlossen. Wie die Hilfskontakte h_a und h_b, sowie die Überschaltwiderstände R_a und R_b während des Umschaltvorganges zur Wirkung kommen, dürfte aus Abb. 131 auch ohne Erklärung zu erkennen sein.

Abb. 132. Transformator für 15000 kVA und 105/20 kV mit Regelung oberspannungsseitig in $\pm$ 10 Stufen zu 20%. Sprunglastschalter System JANSEN.

Der Vorgang vollzieht sich in etwa $^1/_{25}$ Sekunde und wird durch eine in den Lastschalter eingebaute, in Abb. 131 aber nicht gezeichnete Kraftspeicherfeder bewirkt. Diese kurze Schaltzeit ist notwendig, weil innerhalb der Überschaltzeit eine Einsattelung der Spannung eintritt, die durch den Spannungsverlust bedingt ist, den der Laststrom im Überschaltwiderstand hervorruft.

Die gesamten Regeleinrichtungen können in einem getrennten Kasten neben dem Transformator aufgestellt werden oder in einem Kasten, der an eine Seiten-

Abb. 133. Zusatztransformator, 12000 kVA Durchgangsleistung, 40 kV, mit zwei voneinander unabhängigen Stufenregeleinrichtungen, die aus je drei einphasigen bestehen.

wand oder auf dem Deckel des Transformators fest angebaut ist (Abb. 132). Oder man befestigt die Regeleinrichtung an der Transformatordurchführung so, daß der Stufenwähler am unteren Ende der Durchführung im Transformatoröl liegt und der Lastschalter in einem besonderen Ölgefäß auf das obere Ende der Durchführung aufgebaut ist. Man kann aber auch die gesamte Regeleinrichtung auf das obere Ende der Durchführung bauen. Erweitert man die Transformatordurchführung, so kann sie die Regeleinrichtung aufnehmen. Die Stufenregeleinrichtungen können auch in Isolierstofftöpfe eingebaut werden, die unter dem Deckel in das Transformatoröl hineinragen (Abb. 133). Schließlich kann man noch die ganze Stufenregeleinrichtung in dem Transformatorkessel unterbringen.

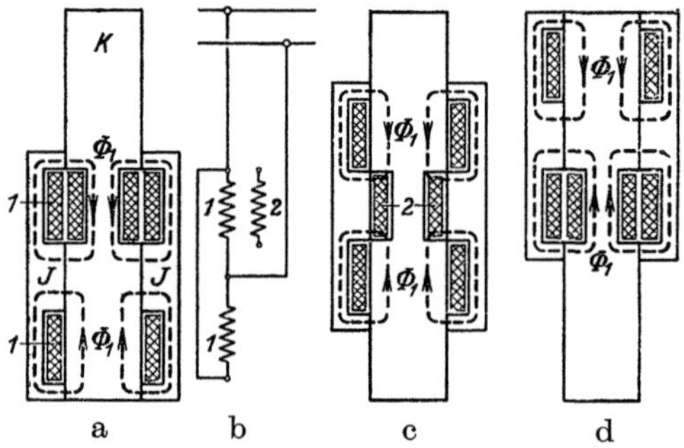

Abb. 134. Schubtransformator von KOCH und STERZEL.

b) Stetige Regelung. Eine stufenlose, stetige Regelung der Klemmenspannung an der Sekundärwicklung ist durch den Schubtransformator der Koch u. Sterzel A. G. in Dresden möglich (Abb. 134).

Ein Kern K trägt die Sekundärwicklung 2. Auf diesem Kern können die Joche J verschoben werden, die zwei parallel geschaltete Primärwicklungen 1 besitzen. Diese werden von der gleichen Stromquelle nach Abb. 134b so gespeist, daß sie im Kern zwei Induktionsflüsse Φ_1 erzeugen, die einander entgegenwirken. In der Mittelstellung der Joche zum Kern (Abb. 134c) heben sich die von den beiden Primärwicklungen induzierten Spannungen auf. In den Stellungen a und d sind die in der Sekundärwicklung induzierten Spannungen am größten und in der Phase gegeneinander um 180° verschoben. In diesen Endstellungen wirkt der Schubtransformator wie ein gewöhnlicher Manteltransformator, weil sich die eine Primärwicklung nicht an der Energieübertragung beteiligt.

3. Längs- und Querregler.

Soll in einem Ringnetz (Abb. 135a) die Stromverteilung geändert werden, die sich einerseits durch die Impedanzen der Teile der Ringleitung und anderseits durch die Speisung und Belastung an den Anschlußpunkten ergibt, so können Quer- und Längsregler zur Bewältigung dieser Aufgabe herangezogen werden. Die Gründe, die zu einer solchen Änderung der Stromverteilung zwingen, können sein: Stromlieferungsverträge, Überlastungen von Ringteilen usw.

Man kann den Energiefluß in einem Ringnetz dadurch steuern, daß man dem Ring eine Zusatzspannung U_z einprägt, die einen Ausgleichstrom J_a hervorruft. Die Zusatzspannung liefert ein Regeltransformator. Der Ausgleichstrom J_a ist um den Winkel γ (Impedanzwinkel) gegen die Zusatzspannung U_z phasenverschoben (Abb. 135b), welcher Winkel durch die Widerstände des Ringes bedingt ist. Die Zusatzspannung U_z kann in eine Zusatzlängsspannung U_{zl} und in eine Zusatzquerspannung U_{zq} zerlegt werden.

Vernachlässigt man den Wirkwiderstand des Ringes, so wird der Winkel $\gamma = 90°$ und eine Zusatzspannung U_z in Richtung des Netzspannungsvektors U_N würde einen Ausgleichblindstrom hervorrufen, der also die Verteilung des Blindstromes im Netz beeinflußt. Eine Zusatzspannung, die um 90° gegen den Netzspannungsvektor phasenverschoben ist, würde einen Ausgleichstrom erzeugen, der als Wirkstrom die Wirkstromregelung übernimmt.

Man kann nun als Quertransformator oder Querregler einen Transformator bezeichnen, der eine Zusatzspannung erzeugt, die um eine Viertelperiode gegenüber dem Netzspannungsvektor verschoben ist und im wesentlichen den

Wirkstrom beeinflußt. Ein **Längstransformator** oder **Längsregler** dagegen ist ein Transformator, dessen Zusatzspannung in Richtung des Netzspannungsvektors liegt und im wesentlichen den Blindstrom regelt.

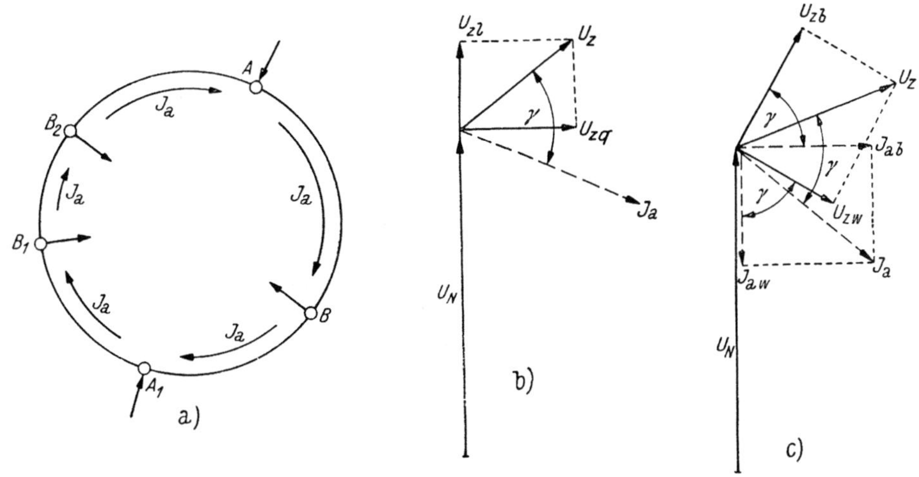

Abb. 135. Zur Wirk- und Blindstromregelung in Ringnetzen. a) Ringnetz, b) Zusatzspannung U_z und Ausgleichsstrom J_a, c) Wirk- und Blindstromregelung durch Quer- und Längsregler.

Mit Berücksichtigung des Wirkwiderstandes des Ringes muß für eine Wirkstromregelung (J_{aw} in Abb. 135c) die Zusatzspannung (U_{zw}) gegenüber dem Netzspannungsvektor U_N um $(180° - \gamma)$ phasenverspätet oder um γ phasenverfrüht

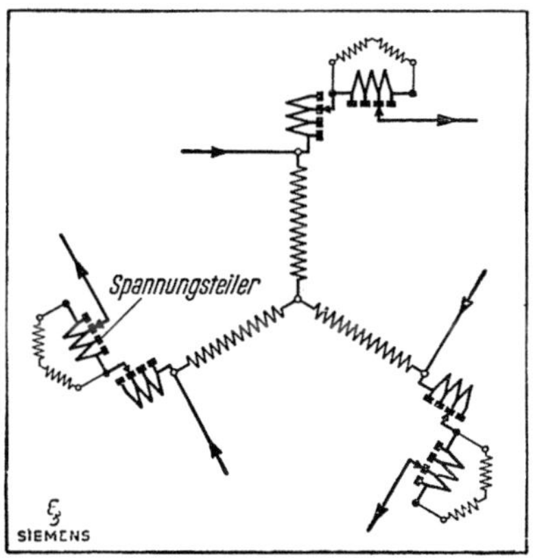

Abb. 136. Zusatztransformator mit Regelung der Phase der Zusatzspannung.

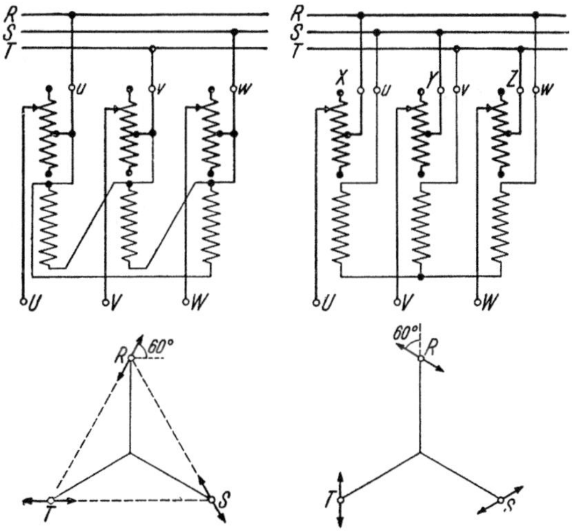

Abb. 137. Schaltungen von Transformatoren als Blind- und Wirkstromregler.

sein, je nach der gewünschten Phasenlage des Wirkstromes (**Wirkstromregler**). Der Blindstrom wird durch eine Zusatzspannung (U_{zb}) geregelt, die entweder um $(90° - \gamma)$ gegen den Netzspannungsvektor U_N phasenverspätet oder um $(90° + \gamma)$ phasenverfrüht ist (**Blindstromregler**).

Zur Erzeugung der Zusatzspannung U_z (in Abb. 135b und c) könnte man einen Regeltransformator verwenden mit zwei Regelwicklungen, deren Zusatzspannungen um 90° gegeneinander phasenverschoben sind. Abb. 136 zeigt einen solchen Zusatztransformator. Durch Regelung der Spannungskomponenten U_{zl} und U_{zq} kann der Zusatzspannung U_z eine beliebige Phasenlage gegenüber dem Netzspannungsvektor U_N gegeben werden.

Statt eines solchen Transformators mit zwei Regelwicklungen kann man aber auch zwei getrennte Transformatoren als Längs- und Querregler oder Blind- und Wirkstromregler heranziehen. In Abb. 137 ist ein Spartransformator so geschaltet, daß seine Zusatzspannungen den Blind- und Wirkstrom bei einem Impedanzwinkel von $\gamma = 60°$ regeln.

4. Transformatoren zur Änderung der Phasenzahl.

a) Umformung von Drei- in Sechsphasenstrom. Liegt die Primärwicklung eines Transformators an einem Drehstromnetz, so kann der Sekundärwicklung Sechsphasenstrom entnommen werden, wenn sie z. B. nach Abb. 138, 139 oder 140 geschaltet ist. Die erste wird Doppelsternschaltung, die zweite Doppeldreieckschaltung und die dritte Gabelschaltung genannt. Die dazugehörigen Spannungssterne sind in den Abb. 138b, 139b und 140b gezeichnet.

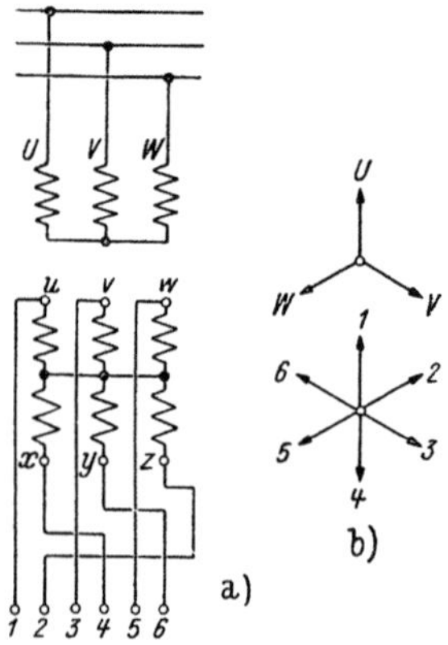

Abb. 138. Doppelsternschaltung zur Umformung von Drei- in Sechsphasenstrom. a) Schaltung, b) Spannungsstern.

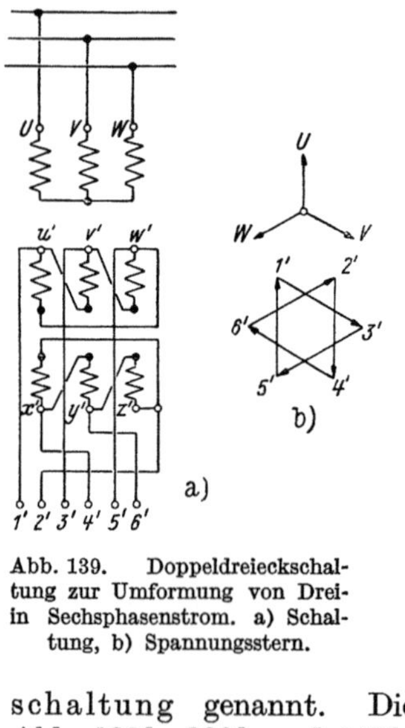

Abb. 139. Doppeldreieckschaltung zur Umformung von Drei- in Sechsphasenstrom. a) Schaltung, b) Spannungsstern.

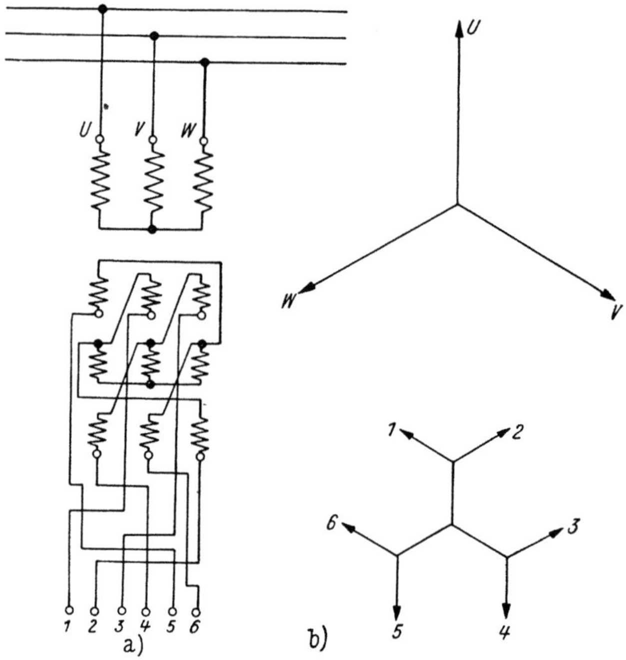

Abb. 140. Stern-Gabel-Schaltung zur Umformung von Drei- in Sechsphasenstrom. a) Schaltung, b) Spannungsstern.

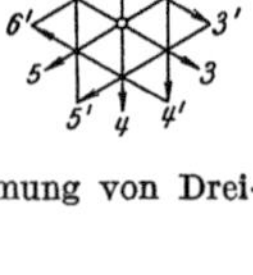

Abb. 141. Zur Umformung von Drei- in Zwölfphasenstrom.

b) Umformung von Drei- in Zwölfphasenstrom. Ordnet man auf einem Drehstromtransformator zwei Sekundärwicklungen an, von denen die eine in Doppelstern nach Abb. 138, die andere in Doppeldreieck nach Abb. 139 geschaltet ist, so kann man, wie man aus dem Spannungsstern der Abb. 141 erkennen kann, zwölfphasige Ströme entnehmen. Auch mit zwei Transformatoren läßt sich Drei- in Zwölfphasenstrom nach Abb. 142 umwandeln, wenn die Primärwicklungen der beiden Transformatoren in Stern und Dreieck und die Sekundärwicklungen entweder in Doppelstern wie in Abb. 142 oder in Gabel geschaltet sind. Zwölfphasenschaltungen lassen sich auf mannigfache Weise auslegen. In Abb. 143 sind Vektorbilder weiterer drei Zwölfphasenschaltungen angegeben.

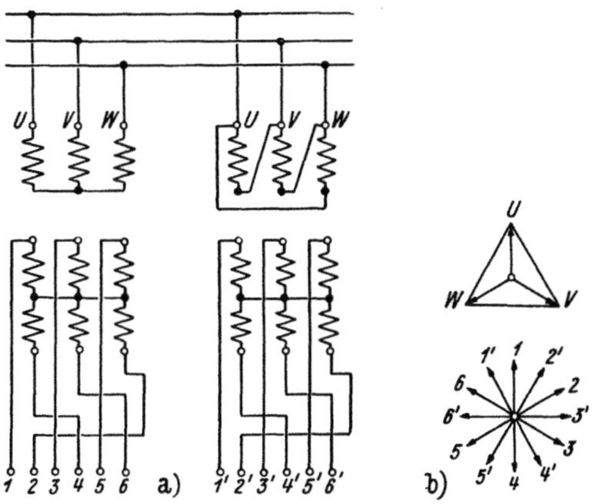

Abb. 142. Umformung von Drei- in Zwölfphasenstrom mit zwei Transformatoren. a) Schaltung, b) Spannungsstern.

Transformatoren zur Umformung von Drei- in Sechs- und Zwölfphasenstrom werden vor allem bei Einankerumformern und Gleichrichtern verwendet.[1])

c) Umformung von Drei- in Zweiphasenstrom. Für diese Umformung gibt es eine Reihe von Schaltungen, die entweder zwei Einphasentransformatoren oder einen Dreiphasentransformator oder einen Zweiphasentransformator benutzen.

Als Beispiel für die zuerst genannten Schaltungen sei die Scottsche Schaltung angeführt. Nach Abb. 144 sind die Primärwicklungen der beiden Transformatoren I und II so mit dem Drehstromnetz verbunden, daß die Enden U,

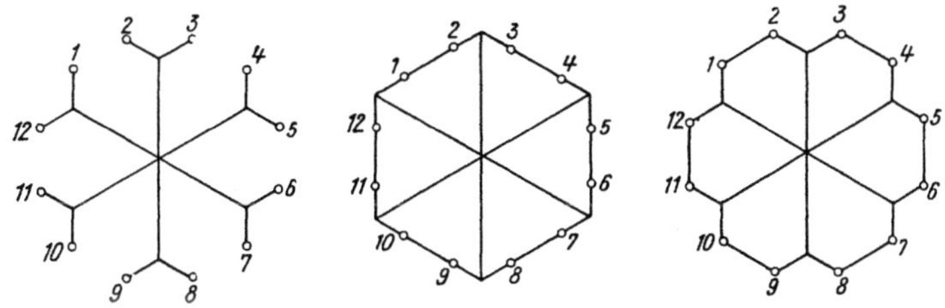

Abb. 143. Vektorbilder von Zwölfphasenschaltungen.

V und W zum Netz führen, während das Ende O der Primärwicklung des Transformators I mit dem Anzapfpunkt in der Mitte der Primärwicklung des Transformators II zusammengeschlossen ist. Die Enden der Sekundärwicklung der beiden Transformatoren u, x und v, y liegen am unverketteten Zweiphasennetz. Wählt man die Windungszahlen der Transformatoren I und II so, wie sie in Abb. 144 eingeschrieben sind, so ergibt sich bei $w_1 = w_2$ bei Leerlauf das in Abb. 145 gezeichnete Spannungsdiagramm. Während die Primärspannungen UV, VW und WU um 120° gegeneinander phasenverschoben sind, beträgt die Phasenverschiebung der beiden Sekundärspannungen ux und vy eine Viertelperiode.

[1]) Vgl. VDE 0555/1936, § 14.

Die von KÜBLER angegebene Schaltung in Abb. 146 soll ein Beispiel geben für die Umformung von Drei- in Zweiphasenstrom mit Hilfe eines dreiphasigen Transformators. Das Zweiphasennetz ist verkettet. Geht man vom Leerlaufspannungsdiagramm in Abb. 147 für

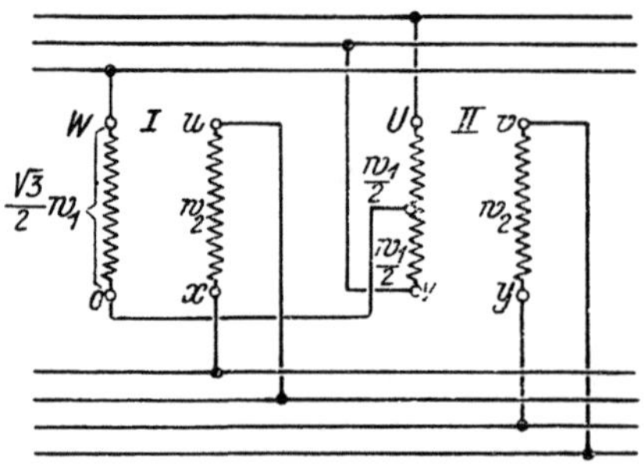

Abb. 144. SCOTTsche Schaltung zur Umformung von Drei- in Zweiphasenstrom.

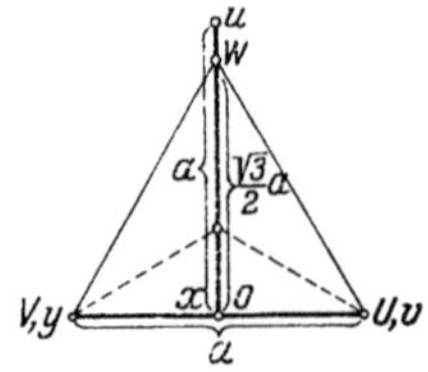

Abb. 145. Spannungsdiagramm der SCOTTschen Schaltung bei Leerlauf.

$w_1 = w_2$ aus, so lassen sich daraus leicht die in Abb. 146 angegebenen Windungszahlen der einzelnen Wicklungsteile ableiten.

Die Schaltung von SONNS als Beispiel für die Umformung von Drei- in Zweiphasenstrom durch einen Zweiphasentransformator nach Abb. 148 benutzt ein Eisengestell eines gewöhnlichen Drehstromtransformators, bei dem der Querschnitt des Mittelschenkels $\sqrt{2}$ mal größer

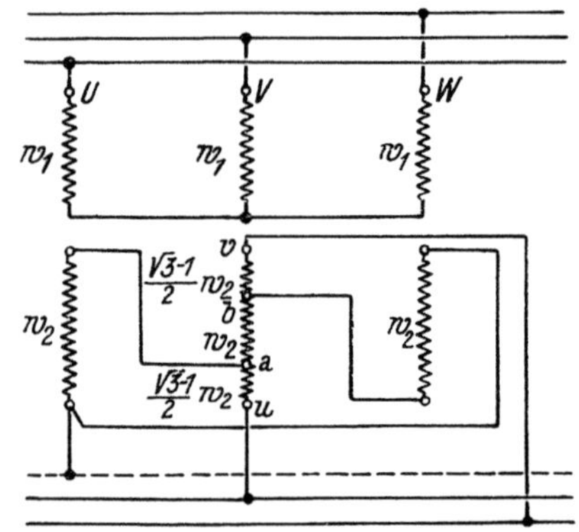

Abb. 146. Umformung von Drei- in Zweiphasenstrom mit Hilfe eines Dreiphasentransformators.

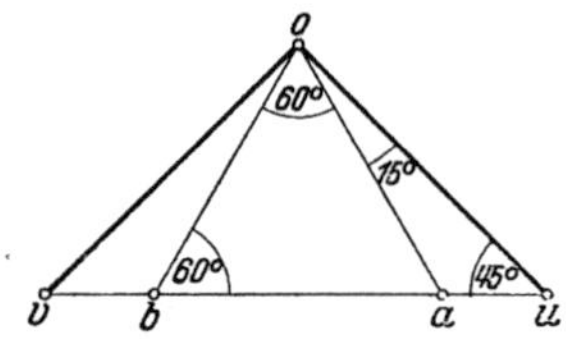

Abb. 147. Leerlaufspannungsdiagramm für die Schaltung nach Abb. 146.

ist als der jedes Außenschenkels. Die Dreiphasenwicklung, die auf diesem Gestell angeordnet wird, besitzt in den beiden Strängen auf den äußeren Kernen z. B. w_1 Windungen, im Strang auf dem Mittelkern aber nur $\frac{\sqrt{3}-1}{2}\,w_1$ Windungen. Die Zweiphasenseite erhält auf allen Säulen Wicklungen mit gleichen Windungszahlen, die bei einem verketteten Zweiphasennetz zu einem Dreieck zusammen-

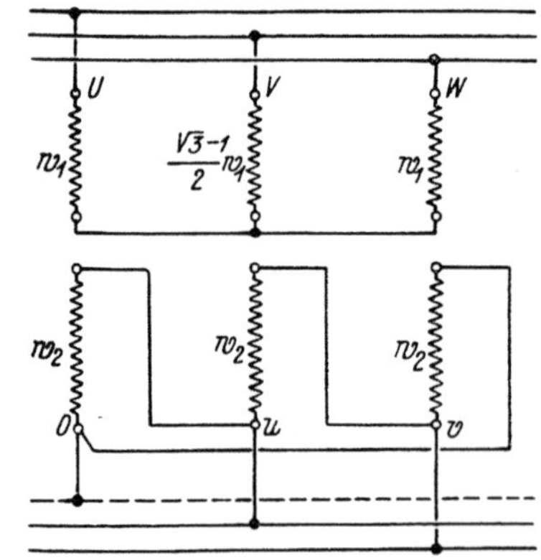

Abb. 148. Umformung von Drei- in Zweiphasenstrom durch einen Zweiphasentransformator.

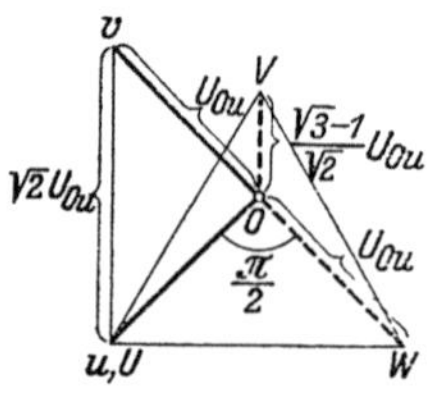

Abb. 149. Leerlaufspannungsdiagramm für die Schaltung nach Abb. 148.

geschaltet werden. Berücksichtigt man einerseits die in Abb. 148 eingeschriebenen Windungszahlen und anderseits die Tatsache, daß der Fluß im Mittelkern $\sqrt{2}$mal so groß ist wie in jedem der beiden äußeren Kerne, so erhält man das in Abb. 149 dargestellte Spannungsdiagramm für Leerlauf und $w_1 = w_2$.

5. Wandler.[1])

Die Wandler sind Sondertransformatoren für Meßzwecke. Wir unterscheiden Strom- und Spannungswandler. Die Stromwandler werden mit ihrer Primärwicklung in die Hauptleitung gelegt, so daß sie vom Strom durchflossen werden, der zu messen ist. Der Stromwandler ist so gebaut, daß auf der Sekundärwicklung der Nennstrom 5 Amp und in besonderen Fällen 1 Amp (auch 10 Amp) beträgt. Die Stromwicklungen der Meßgeräte werden in Reihe an diese Sekundärwicklung gelegt. Für die Primärseite sind Nennströme von 5 bis 6000 Amp genormt.

Die Spannungswandler transformieren die Hochspannung, an die ihre Primärwicklung gelegt ist, in eine Niederspannung und halten auf diese Weise

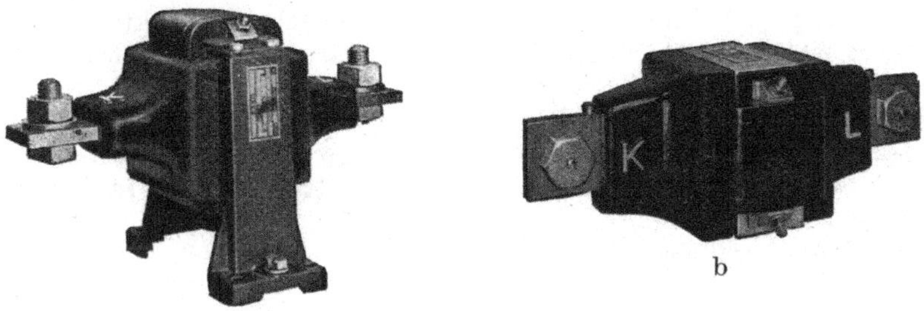

a b

Abb. 150. Schienenstromwandler der Reihe 3 (AEG).

die Gefahren der Hochspannung vom Beobachter und den Meßgeräten fern. Genormt sind für die Primärseite Nennspannungen von 1 bis 400 kV, während die sekundäre Nennspannung 100 Volt beträgt. Die Spannungskreise der Meßgeräte werden parallel an die Sekundärwicklung angeschlossen.

a) Stromwandler. Der Stromwandler ist ein Einphasentransformator. Der Eisenkern ist entweder ein Schenkelkern wie beim einphasigen Kerntransformator (Abb. 51) oder ein Mantelkern wie beim Einphasenmanteltransformator (Abb. 52) oder ein Ring- oder Stabkern. Diese Kerne werden aus mit Silizium legierten Eisenblechen von 0,35 bis 1 mm Dicke oder aus Blechen aus Nickel-Eisen-Legierungen geschichtet; die Ringkerne mitunter aus Bändern gewickelt. Da der Magnetisierungsstrom klein sein muß, sind Stoßfugen zu vermeiden oder von Blech zu Blech zu versetzen.

Mit Rücksicht auf die Ausführung der Primärwicklung spricht man von Stab- und Schienenstromwandlern, wenn die Primärseite nur eine einzige Windung besitzt. Gegenwärtig werden Stabstromwandler von 20/1 Amp bis 2000/5 Amp und Schienenstromwandler von 100/5 bis 50000/10 Amp gebaut. Stromwandler, deren Primärwicklung aus mehreren Windungen besteht, heißen

[1]) VDE 0414/X. 40. M. Walter, Strom- und Spannungswandler. Verlag von R. Oldenbourg, München und Berlin 1937. — G. Brion u. V. Vieweg, Starkstrommeßtechnik IV B. Springer-Verlag Berlin 1933.

Mehrleiterwandler. Hierher gehören die Kleinstromwandler und die U-Rohre, Querloch-, Stützer-, Reifen-, Topf-Stromwandler usw.

Für die Reihenspannungen[1]) von 0 bis 30 kV werden Stromwandler mit Porzellan- oder auch mit Preßstoffisolierung ausgeführt. Sollen die Wandler in Freiluftanlagen verwendet werden, so bevorzugt man bei den höheren Reihenspannungen von 30 bis 200 kV die ölarme Ausführung und in Innenräumen hartpapierisolierte Stab- und Schleifenstromwandler mit Kondensatordurchführungen.

Zu den Sonderausführungen gehören neben den Stromwandlern mit mehreren Kernen; neben solchen, die z. B. im Verhältnis 1 : 2 primär oder sekundär umschaltbar sind; und neben solchen, bei denen die Ströme von mehreren Leitungen zu einem Sekundärstrom zusammengefaßt werden (Summenstromwandler) u. a. auch der Dietze-Anleger. Das ist ein Einleiterstromwandler in Zangenform. Die Zangenbacken stellen den Eisenkern dar, der den Leiter des Prüflings als Primärleiter umschließt.[2])

Die Einteilung der Stromwandler in Genauigkeitsklassen erfolgt nach dem Stromfehler und Fehlwinkel (vgl. II C 9 e).

Der Fehlwinkel eines Stromwandlers ist die Phasenverschiebung des um 180° umgeklappten Vektors des Sekundärstromes gegen den Vektor des Primärstromes. Er ist positiv bei Voreilung des Sekundärstromes und wird in Minuten angegeben (vgl. Abb. 76).

Der Stromfehler F_i eines Stromwandlers ist bei einer gegebenen primären Stromstärke J_1 die prozentuale Abweichung der sekundären Stromstärke J_2 von ihrem Sollwert $J_{2\,\text{soll}}$. Da dieser gleich ist $J_{2\,\text{soll}} = J_1\,\ddot{u}_N$, so erhalten wir

$$F_i = \frac{J_2 - J_{2\,\text{soll}}}{J_{2\,\text{soll}}} = \frac{J_2\,\ddot{u}_N - J_1}{J_1}, \qquad (136)$$

wenn $\ddot{u}_N$ die Nennübersetzung darstellt. Der Stromfehler wird positiv gerechnet, wenn der Istwert der sekundären Stromstärke den Sollwert übersteigt.

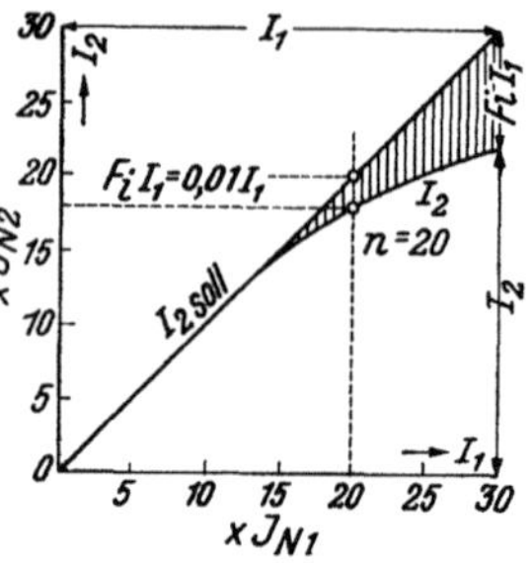

Abb. 151. Überstromkennlinie eines Stromwandlers 5/5 Amp bei unveränderlicher Bürde.

Während im Nennbetrieb die magnetische Induktion im Eisenkern des Stromwandlers etwa 800 ... 2000 Gauß beträgt, kann sie bei Kurzschlußströmen bis zu 15000 und 20000 Gauß ansteigen. Dies bedingt einen höheren Leerlaufstrom J_0, wodurch der Stromfehler größer wird. In Abb. 151 gibt die unter 45° geneigte Gerade die Sollwerte des sekundären Stromes an und die Kurve seine Istwerte. Beim 20fachen Primär-Nennstrom z. B. beträgt der Stromfehler bereits 10%. Unter der Nenn-Überstromziffer n versteht man bei Stromwandlern jenes Vielfache des Primär-Nennstromes, bei dem der Stromfehler bei Nennbürde 10% beträgt. Im Beispiel der Abb. 151 ist somit die Nenn-Überstromziffer $n = 20$.

b) Spannungswandler. Spannungswandler werden ein- und dreiphasig ausgeführt. Einphasen-Spannungswandler werden selten einzeln verwendet, sondern meist zu zwei oder drei Wandlern zusammengeschaltet, und zwar die zwei Einphasen-Spannungswandler in V-Schaltung und die drei Wandler in Sternschaltung. Dreiphasen-Spannungswandler sind nach der Schaltgruppe A 2 zu schalten.

---

[1]) VDE 0414/X. 40, § 24.

[2]) G. Dietze, ETZ (1902) S. 843.

Bei den Einphasenwandlern werden Schenkel- (Abb. 51) und Mantelkerne (Abb. 52) ausgeführt; bei den Dreiphasen-Spannungswandlern Dreischenkelkerne (Abb. 54) oder meist Fünfschenkelkerne (Abb. 56). Baustoff der Kerne sind Bleche aus Siliziumeisen mit 0,5 oder 0,35 mm Dicke.

Die Anordnung der Wicklungen ist aus dem Beispiel der Abb. 152 zu ersehen. Die Sekundärwicklung erhält meist eine Anzapfung, um zwei sekundäre Nennspannungen von 100 und 110 Volt zu bekommen.

Die Spannungswandler werden mit Trocken- oder Ölisolation gebaut. Die Ölspannungswandler werden hauptsächlich in Freiluftanlagen verwendet.

Die Einteilung der Spannungswandler in Genauigkeitsklassen erfolgt nach dem Spannungsfehler und Fehlwinkel (vgl. II C 9 d).

Der Fehlwinkel bei Spannungswandlern ist die Phasenverschiebung der sekundären Klemmenspannung gegen die Primär-Klemmenspannung (vgl. Abb. 76). Für den Spannungsfehler F_u bei einer gegebenen Primär-Klemmenspannung U_1 können wir schreiben

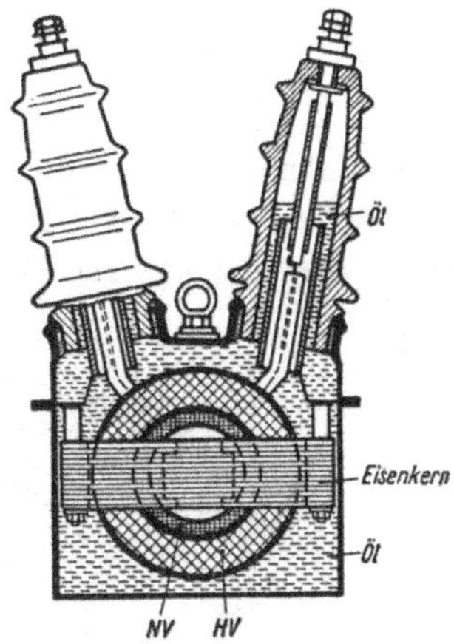

Abb. 152. Ölspannungswandler der Reihe 10.

$$F_u = \frac{U_2 - U_{2\,\text{soll}}}{U_{2\,\text{soll}}} = \frac{U_2\,\ddot{u}_N - U_1}{U_1}, \tag{137}$$

wenn wir darunter wieder die prozentuale Abweichung der sekundären Ist-Klemmenspannung U_2 von ihrem Sollwert $U_{2\,\text{soll}}$ verstehen und uns vor Augen halten, daß $U_{2\,\text{soll}}\,\ddot{u}_N = U_1$ ist. Der Spannungsfehler wird positiv gerechnet, wenn der Istwert der sekundären Spannung den Sollwert übersteigt.

Die Fehlergrößen lassen sich beim Spannungswandler leichter beherrschen als beim Stromwandler, da die Spannungswandler im normalen Betrieb an einer annähernd gleichbleibenden Spannung hängen, während die Stromwandler von in der Stärke veränderlichen Strömen durchflossen werden.

Für Spannungen über etwa 70 kV hat man Kaskadenwandler ausgeführt.

III. Allgemeines über umlaufende Maschinen.

A. Wechselstromwicklungen.

Die Austeilung einer Wechselstromwicklung[1]) geschieht am einfachsten mit Hilfe des Nutensternes.

1. Aufstellung des Nutensternes.

In dem feststehenden Ständer der in Abb. 153 dargestellten Maschine, der als Anker anzusehen ist, seien N Nuten angeordnet, die mit je einem Leiter gefüllt sind. Das Rad mit $2\,p$ Polen wird bei der Drehung in den Leitern der einzelnen Nuten Spannungen erregen, die sich sinusförmig mit der Zeit ändern, vorausgesetzt, daß die Feldmagnete ein zeitlich unveränderliches magnetisches

[1]) Vgl. H. SEQUENZ, ETZ 56 (1935) S. 983.

Feld erzeugen, dessen Normalkomponente der Induktion am Innenumfang des Ankers sinusförmig verteilt ist. Die Wechselspannungen zwischen den Leitern benachbarter Nuten sind in der Phase um

$$\boxed{\alpha = \frac{p}{N} 360^\circ} \tag{138}$$

verschoben, da dem Raumwinkel z. B. zwischen den Mitten zweier aufeinanderfolgender ungleichnamiger Magnete des Polrades 180° entsprechen und in diesem Winkel zwischen zwei Polmitten $\frac{N}{2p}$ Nuten liegen. Somit lassen sich die Amplituden der in den Leitern erregten Spannungen durch einen Strahlenstern darstellen, dessen Strahlen den Spannungen der Leiter entsprechen und daher um den Winkel α gegeneinander verschoben sind.

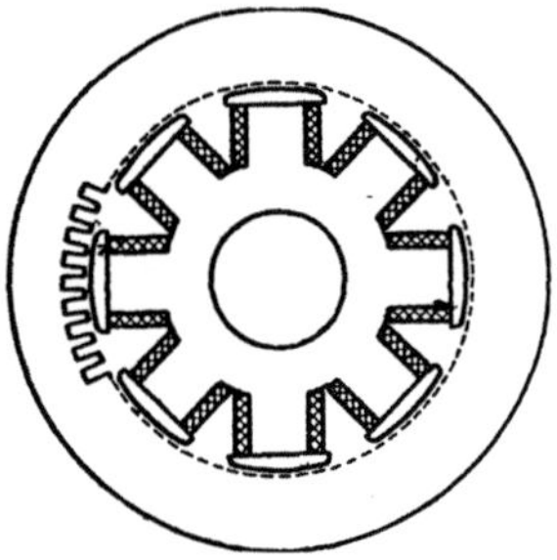

Abb. 153. Wechselstromerzeuger.

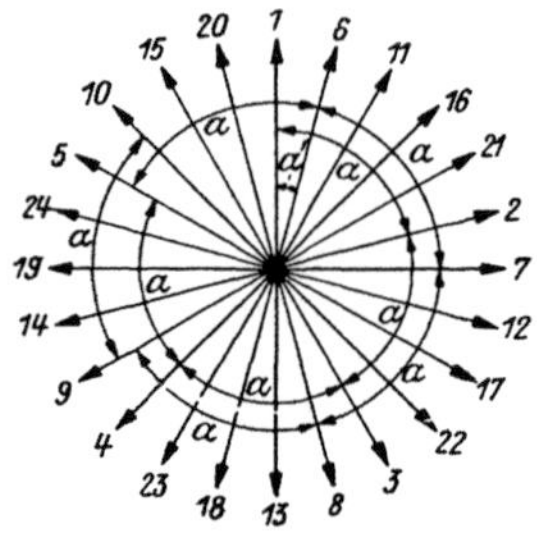

Abb. 154. Aufbau eines Nutensternes für $N = 24$ Nuten und $2p = 10$ Pole $\left(\alpha = \frac{5}{24} 360^\circ,\ \alpha' = \frac{360^\circ}{24}\right)$.

Beziffern wir nun die Nuten fortlaufend, so wie sie z. B. rechtsherum im Ständer liegen und ordnen wir einem Strahl des Strahlensternes, der der Spannung eines Leiters entspricht, dieselbe Zahl zu wie der Nut, in der der Leiter liegt, so haben wir an den Strahl mit der Bezifferung 1 im Stern einen Strahl mit der Bezifferung 2 zu fügen (Abb. 154), der der Spannung des Leiters der Nut 2 entspricht und somit um den Winkel α gegen den Strahl 1 verdreht ist. An diesen Strahl 2 setzen wir im Stern unter dem Winkel α den Strahl 3 usw. Sind die Nutenzahl N und die Polpaarzahl p teilerfremd, so muß man $(N-1)$mal fortschreitend unter dem Winkel α Strahlen im Stern ansetzen, bis man schließlich zum Ausgangsstrahl 1 zurückkehrt. Somit besteht der Strahlenstern, der hier Nutenstern genannt wird, aus insgesamt N Strahlen, die gegeneinander im Stern um den gleichen Winkel

$$\alpha' = \frac{360^\circ}{N}$$

verdreht sind.

Haben jedoch Nutenzahl N und Polpaarzahl p den größten gemeinsamen Teiler t, so kehrt man schon nach dem Ansetzen von $\left(\frac{N}{t} - 1\right)$ Strahlen an den Anfangsstrahl 1 zurück, so daß der Strahlenstern diesmal nur aus $\frac{N}{t}$ ungleichphasigen Strahlen besteht, die gegeneinander um den Winkel

$$\boxed{\alpha' = \frac{t}{N} 360^\circ} \tag{139}$$

verdreht sind. Mit jedem der $\frac{N}{t}$ ungleichphasigen Strahlen fallen im Spannungsstern dann t gleichphasige Strahlen zusammen (Abb. 155).

Abb. 156 dürfte die Entwicklung des Nutensternes einer Wechselstromwicklung, so wie sie bis jetzt erklärt wurde, noch deutlicher machen. Der Anker besitzt $N = 24$ Nuten. Die Wechselspannungen in den Leitern der 24 Nuten werden von einem vierpoligen Felde erregt. Die Spannungen in den einzelnen Leitern sind in der Phase um den Winkel $\alpha = \frac{p}{N}\,360^\circ = \frac{2}{24}\,360^\circ = 30^\circ$ gegeneinander verschoben. Je zwei Leiter oder Nuten sind stets phasengleich. Der größte gemeinsame Teiler von Nuten- und Polpaarzahl ist ja auch $t = 2$. Da somit die Polpaarzahl p und der Teiler t gleich sind, ist auch der Winkel zwischen ungleichphasigen Strahlen im Nutenstern

$$\alpha' = \frac{t}{N}\,360^\circ$$

gleich dem Winkel α.

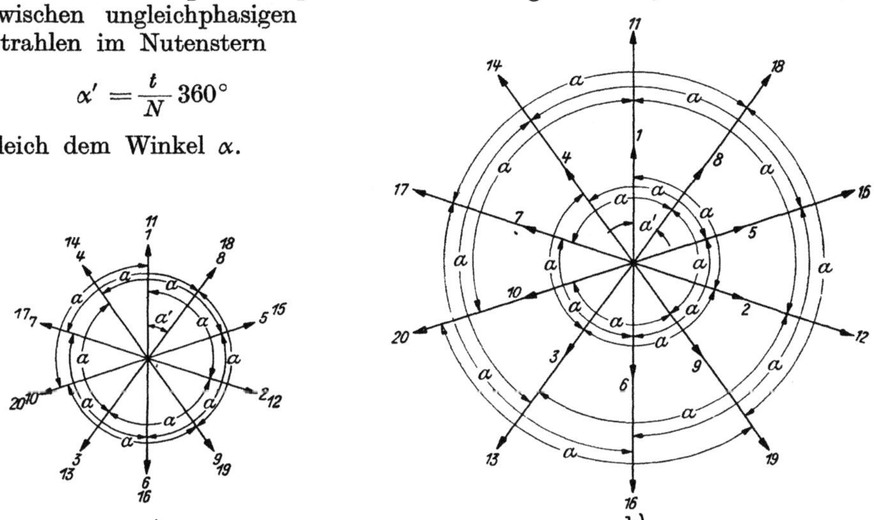

Abb. 155. Aufbau eines Nutensternes für $N = 20$ Nuten und $2p = 12$ Pole ($t = 2$)

$\left(\alpha = \frac{6}{20}\,360^\circ,\ \alpha' = \frac{2}{20}\,360^\circ\right)$.

a) mit zusammengelegten gleichphasigen Strahlen, b) mit getrennt gezeichneten gleichphasigen Strahlen.

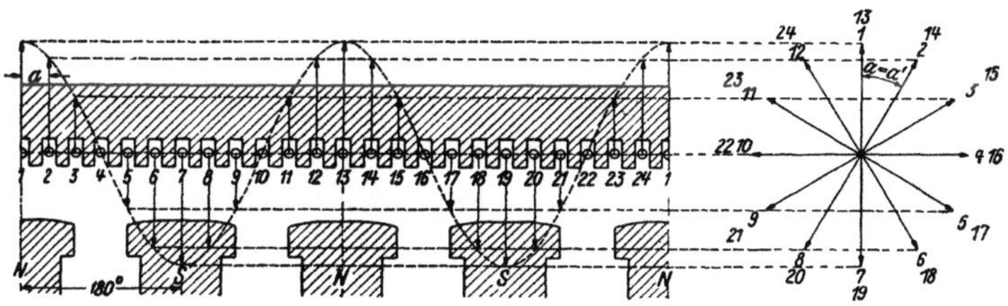

Abb. 156. Zur Entwicklung des Nutensternes einer Wechselstromwicklung für $N = 24$ Nuten und $2p = 4$ Pole.

Für die Aufstellung des Nutensternes einer Wechselstromwicklung für N Nuten und $2p$ Pole ergibt sich somit die Vorschrift: Wir zeichnen einen Strahlenstern mit $\frac{N}{t}$ Strahlen, die um den Winkel

$$\alpha' = \frac{t}{N}\,360^\circ$$

gegeneinander verdreht sind. t ist der größte Teiler, den Nutenzahl N und Polpaarzahl p gemeinsam haben. Wir beziffern einen willkürlich gewählten Strahl mit 1; dann jenen Strahl, der rechts herum oder links herum um den Winkel

$$\alpha = \frac{p}{N} 360°$$

gegen den Strahl 1 verdreht ist, mit 2; weiters jenen Strahl, der wieder mit dem Strahl 2 den Winkel α einschließt, mit 3 usw. Ist $t > 1$, so erhält jeder Strahl bei diesem Bezifferungsvorgang t Bezifferungen oder jeder Strahl ist t-mal wiederholt zu zeichnen und zu beziffern.

2. Zuordnung der Nuten zu den Wicklungssträngen.

Die Leiter müssen zu Spulen vereinigt und die Spulen zu m Wicklungssträngen zusammengeschlossen werden. Zu jeder Spule gehören zwei Leiter, die um möglichst 180° in der Phase verschoben sind (Abb. 157a). Bis jetzt wurde angenommen, daß in jeder Nut nur ein Leiter liegt, daß also eine auf die geschilderte Weise entstandene Spule nur eine Windung hat.

An der ganzen bisherigen Betrachtung ändert sich jedoch nichts, wenn man mehr als einen Leiter in jede Nut legt, sodaß eine Spule dann mehr als eine Windung besitzt (Abb. 157b). Die Strahlen des Nutensternes stellen dann nicht die Spannungen eines Leiters in jeder Nut dar, sondern die Spannung einer aus mehreren Leitern bestehenden Spulenseite einer Spule.

Sollen nun m Wicklungsstränge entstehen, so beträgt die Zahl der Spulen in jedem Wicklungsstrange $\gamma = \frac{N}{2m}$, da zu jeder Spule zwei Spulenseiten, mithin zwei Nuten gehören, die, wie schon betont wurde, um möglichst 180° in der Phase verschoben sein sollen. Somit setzt sich jeder Wicklungsstrang aus γ gleichsinnigen und ebensoviel dagegen um 180° in der Phase verschobenen Spulenseiten oder Nuten zusammen. Wir wollen die einen Spulenseiten als positive, die anderen als negative Spulenseiten bezeichnen.

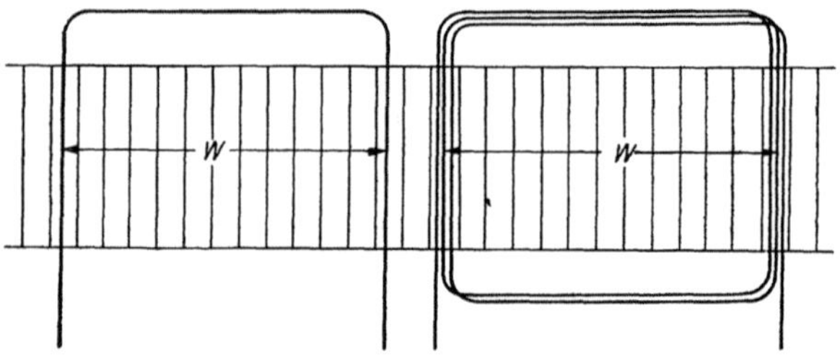

Abb. 157. Spule mit einer (a) und mehreren (b) Windungen.

Jene Nuten, in denen gleichsinnige Spulenseiten desselben Wicklungsstranges liegen, sollen möglichst wenig Phasenunterschied haben, damit die Wicklung gut ausgenutzt ist, d. h. damit die durch die Spannungen der Spulen aufgebaute Strangspannung möglichst groß wird.

Die positiven Spulenseiten der anderen Wicklungsstränge müssen in Nuten liegen, die um $\frac{360°}{m}$, $2\,\frac{360°}{m}$, $3\,\frac{360°}{m}$, ... $(m-1)\,\frac{360°}{m}$ in der Phase gegen die Nuten mit den positiven Spulenseiten des ersten Stranges verschoben sind, damit eine symmetrische Wicklung entsteht.

Die negativen Spulenseiten jedes Wicklungsstranges müssen in Nuten liegen, die, wie schon gesagt wurde, gegenüber den Nuten mit den positiven Spulenseiten desselben Stranges um möglichst 180° in der Phase verschoben sind, untereinander jedoch möglichst wenig Phasenunterschied haben.

Für die Zuordnung der Nuten zu den m Wicklungssträngen gelten also die Regeln:

a) Wir wählen im Nutenstern willkürlich $\gamma = \frac{N}{2m}$ Strahlen, Spulenseiten oder Nuten, die gegeneinander möglichst wenig Phasenunterschied aufweisen und ordnen sie als positive Strahlen, Spulenseiten oder Nuten dem ersten Wicklungsstrange zu.

b) Dann suchen wir im Nutenstern jene $\gamma = \frac{N}{2m}$ Strahlen, die gegen die soeben festgelegten Strahlen um $\frac{360^\circ}{m}$ verdreht sind und bezeichnen die Spulenseiten, die diesen Strahlen entsprechen, als positive Spulenseiten des zweiten Wicklungsstranges.

c) Weiters gehören die Strahlen, die gegen die Strahlen der positiven Spulenseiten des zweiten Wicklungsstranges um $\frac{360^\circ}{m}$ verdreht sind, zu den positiven Spulenseiten oder Nuten des dritten Wicklungsstranges usw.

d) Die Strahlen, die den $\gamma = \frac{N}{2m}$ negativen Spulenseiten oder Nuten eines Wicklungsstranges zugeordnet sind, sollen gegen die Strahlen, die zu den positiven Spulenseiten oder Nuten des gleichen Wicklungsstranges gehören, um möglichst 180° verdreht sein.

3. Schaltung zu Spulen.

Stets kann man nun je zwei ungleichsinnige (eine positive und eine negative) Spulenseiten eines Stranges zu einer Spule vereinigen, wobei die Wahl der positiven und negativen Spulenseiten ganz frei ist. Man wird nur trachten, die Verbindung so auszuführen, daß die Herstellung der Wicklung einfach wird.

4. Schaltung der Spulen zu Wicklungssträngen.

Die Schaltverbindungen der $\frac{N}{2m}$ Spulen eines Wicklungsstranges müssen stets ungleichsinnige Spulenseiten bei Reihenschaltung der Spulen miteinander verbinden.

5. Zuleitungen zu den Maschinenklemmen.

Zu den Maschinenklemmen müssen die Enden von gleichsinnigen Spulenseiten der Wicklungsstränge geführt werden, die aber beliebig gewählt werden können.

6. Beispiel.

Es sollen in die 24 Nuten der vierpoligen Maschine, für die in Abb. 156 der Nutenstern entwickelt wurde, eine dreiphasige Wicklung gelegt werden. Zuerst haben wir die Nuten den einzelnen Wicklungssträngen zuzuteilen. Wir wollen dies nach den in Punkt 2 aufgestellten Regeln machen. Nach Regel a) ordnen wir $\gamma = \frac{N}{2m} = \frac{24}{2 \cdot 3} = 4$ Strahlen mit möglichst wenig Phasenunterschied dem ersten Wicklungsstrang zu, z. B. die Strahlen 1, 2, 13, 14 in Abb. 158a. Nach den Regeln b) und c) müssen die um $\frac{360^\circ}{m} = \frac{360^\circ}{3} = 120^\circ$ und $2 \cdot \frac{360^\circ}{m} = 2 \cdot \frac{360^\circ}{3} = 240^\circ$ gegen die soeben angenommenen Strahlen verdrehten Strahlen den positiven Spulenseiten oder Nuten des zweiten und dritten Wicklungsstranges entsprechen; das sind die Strahlen 5, 6, 17, 18 und 9, 10, 21, 22 in Abb. 158a. Nach Regel d) sollen die $\gamma = 4$ negativen Spulenseiten oder Nuten jedes der drei Wicklungsstränge zu Strahlen gehören, die gegen die Strahlen für die positiven Spulenseiten oder Nuten jedes Wicklungsstranges um möglichst 180° verdreht sind. Somit vertreten in Abb. 158a die Strahlen 7, 8, 19, 20 die negativen Spulenseiten des ersten Wicklungsstranges, die Strahlen 11, 12, 23, 24 die des zweiten und die Strahlen 3, 4, 15, 16 die des dritten Wicklungsstranges.

Nun zeichnet man am besten die 24 Nuten nebeneinander auf, wobei man sich vorstellt, daß der Innenmantel des Ständers aufgeschnitten und in einer Ebene ausgebreitet ist (Abb. 159a). Dann bezeichnet man die Nuten, die zu den drei Wicklungssträngen gehören, z. B. mit drei verschiedenen Farben und gibt außerdem bei jeder Nut an, ob sie eine positive oder negative Spulenseite

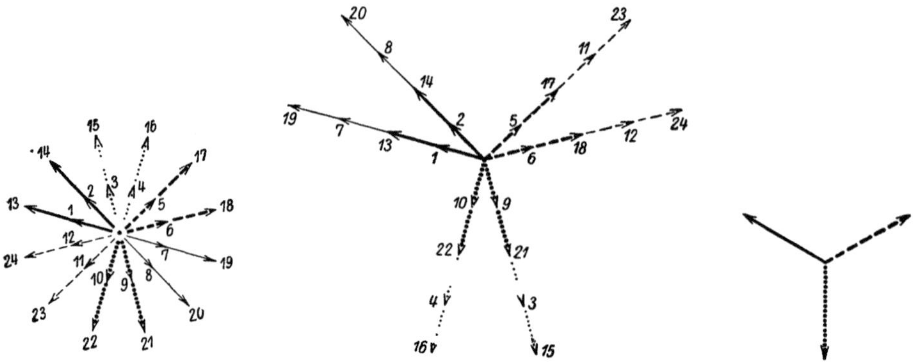

a b c

Abb. 158. a) Nutenstern einer Dreiphasenwicklung mit 24 Nuten für 4 Pole, b) Stern der Einzelspannungen, c) Strangspannungen.

enthält. Nun kann man je zwei ungleichsinnige Spulenseiten eines Wicklungsstranges zu einer Spule verbinden. Auf diese Weise bekommt man z. B. eine Wicklung, wie sie in Abb. 159a dargestellt ist. Bei Reihenschaltung der Spulen zu einem Wicklungsstrange, wie hier angenommen ist, müssen nach Punkt 4 stets ungleichsinnige Spulenseiten miteinander verbunden werden. In Abb. 159a sind die drei Wicklungsstränge überdies in Stern geschaltet.

Da die negativen Spulenseiten mit den positiven hintereinandergeschaltet werden, sich die Spannungen der negativen Spulenseiten also zu denen der positiven Spulenseiten addieren, ergeben sich die Einzelspannungen für jeden Wicklungsstrang der Wicklung in Abb. 159a aus Abb. 158a, wie sie Abb. 158b zeigt und daraus die resultierenden Spannungen der Wicklung in Abb. 159a nach Abb. 158c.

7. Ausführungsarten für Drehstromwicklungen.

In den Abb. 159a bis h sind verschiedene Schaltungsarten der gleichen Dreiphasenwicklung für 24 Nuten und 4 Pole zusammengestellt. Alle diese Wicklungen ergeben sich aus dem gleichen Nutenstern in Abb. 158a, wenn man stets je zwei ungleichsinnige Spulenseiten eines Wicklungsstranges zu einer Spule vereinigt.

Bei den Zweietagenwicklungen sind die Querverbindungen oder Spulenköpfe in zwei Etagen oder Ebenen an den Stirnflächen des Ständers angeordnet. Abb. 160 zeigt drei Möglichkeiten der Lage der beiden Etagen. Die Formen von Spulenköpfen, die in drei Etagen an den Stirnflächen liegen, sind aus Abb. 161 zu entnehmen. Besteht die Wicklung aus Spulen gleicher Weite, so können die Spulenköpfe die in Abb. 162 dargestellten Formen haben.

Die Abb. 159b und 159g lassen zwei Trennstellen des Ständers frei, die von keinen Querverbindungen oder Spulenköpfen überspannt werden. Solche Wicklungen werden verwendet, wenn der Ständer zweiteilig ausgeführt und z. B. versandt und die Wicklung trotzdem vollständig fertiggestellt werden soll. Beim Zusammenbau am Standorte müssen dann nur ein paar Schaltverbindungen ausgeführt werden.

Bei den Zweietagenwicklungen besteht jeder Wicklungsstrang aus gleichviel großen und kleinen Spulengruppen, wie aus den Abb. 159a und 159h zu ersehen ist. Die Wicklungsstränge sind deshalb in bezug auf Streuinduktivität und Widerstand vollkommen gleichwertig. Dies gilt jedoch nur für Wicklungen mit gerader

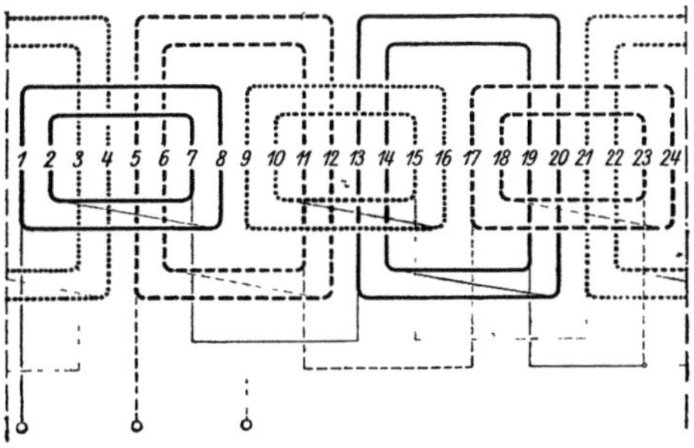

Abb. 159 a. Zweietagenwicklung.

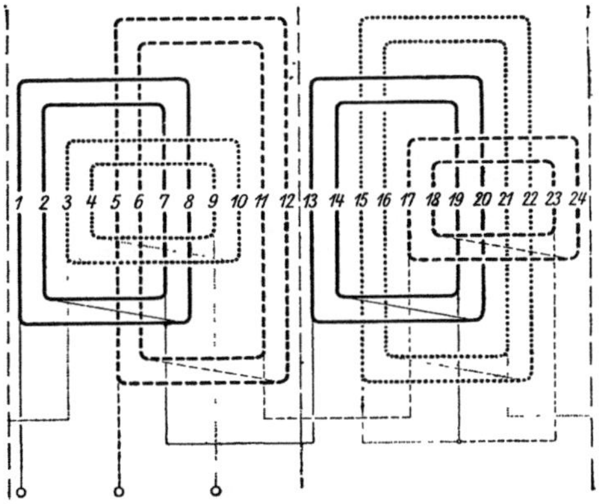

Abb. 159 b. Dreietagenwicklung mit zusammengedrängten Wicklungsköpfen für geteilten Ständer.

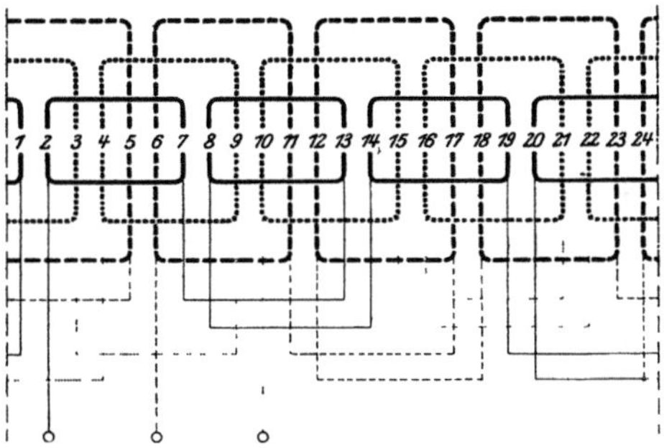

Abb. 159 c. Dreietagenwicklung mit gleichmäßig verteilten Wicklungsköpfen.

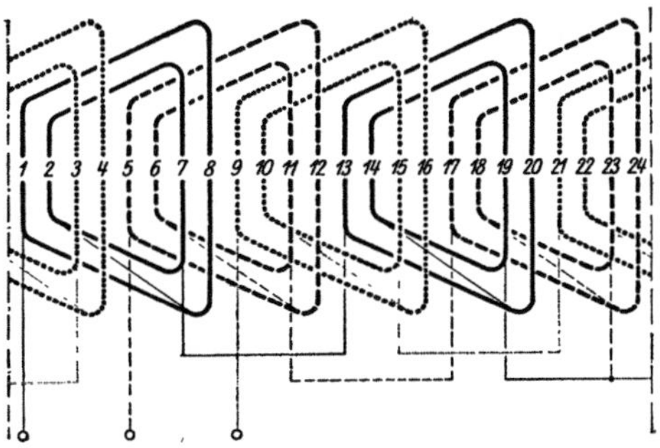

Abb. 159 d. Dreiphasenwicklung mit zweifachen Wicklungsköpfen und gleichgeformten Spulengruppen.

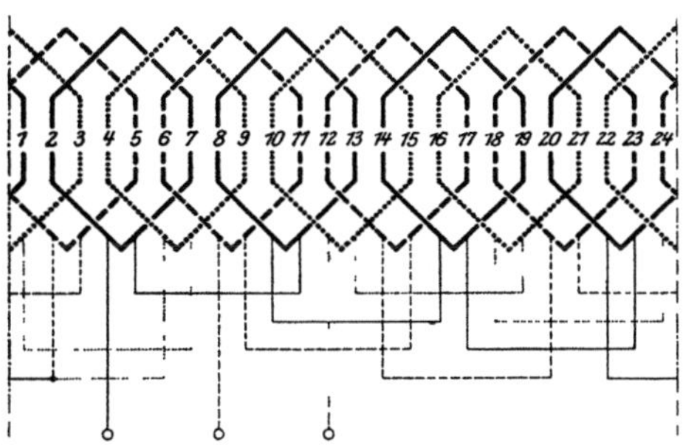

Abb. 159 e. Dreiphasenwicklung mit Spulen gleicher Weite und dreifachen, gleichmäßig verteilten Wicklungsköpfen.

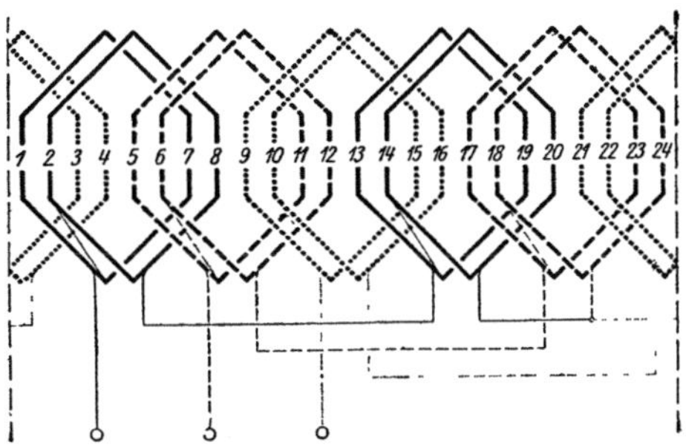

Abb. 159 f. Dreiphasenwicklung mit Spulen gleicher Weite und zweifachen Wicklungsköpfen.

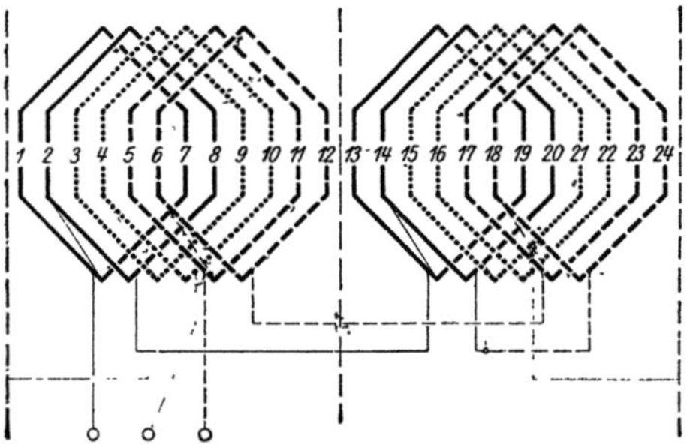

Abb. 159 g. Dreiphasenwicklung mit Spulen gleicher Weite und dreifachen, zusammengedrängten Wicklungsköpfen für geteilte Ständer.

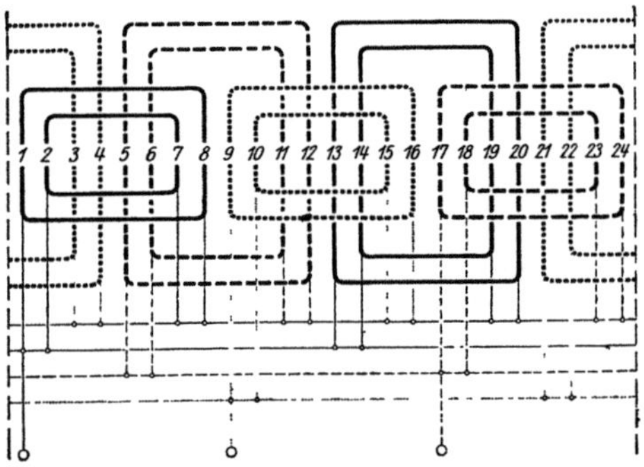

Abb. 159 h. Zweietagenwicklung mit zwei parallelen Zweigen.

Abb. 159 a bis h. Verschiedene Schaltungsarten der Dreiphasenwicklung für 24 Nuten und 4 Pole. In den Abbildungen sind die drei Wicklungsstränge in Stern geschaltet. In allen Abbildungen, außer Abb. 159 h, sind die Spulen jedes Wicklungsstranges in Reihe geschaltet; in Abb. 159 h ist die Wicklung mit $2p = 4$ parallelen Zweigen je Wicklungsstrang ausgelegt.

In den Abbildungen bedeutet der Ausdruck „zweifache oder dreifache Wicklungsköpfe", daß die größte Zahl der an den Ständerstirnseiten übereinanderliegenden Wicklungsstränge zwei oder drei ist.

Polpaarzahl. Zweietagenwicklungen für eine ungerade Polpaarzahl erhalten eine gekröpfte oder krumme Spulengruppe, wie Abb. 163 zeigt, in der eine Zweietagenwicklung für eine sechspolige Maschine gezeichnet ist. Der durch diese gekröpfte Spule bedingte Unterschied in den Streuinduktivitäten und Widerständen der Wicklungsstränge ist gering. Die Form des Kopfes einer gekröpften Spule ähnelt der des Wickelkopfes einer Spule gleicher Weite nach Abb. 162.

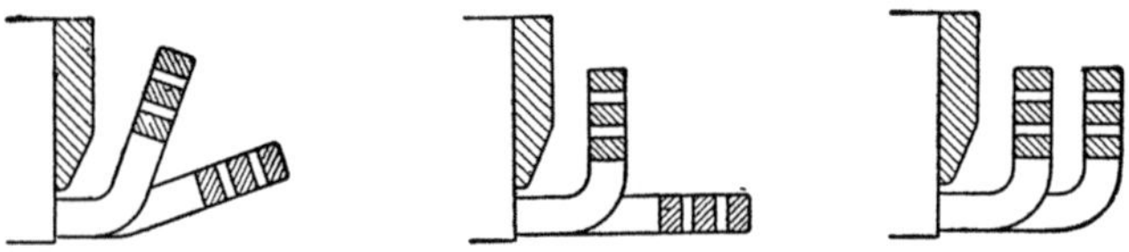

a b c

Abb. 160. Formen der Wicklungsköpfe bei Zweietagenwicklungen.

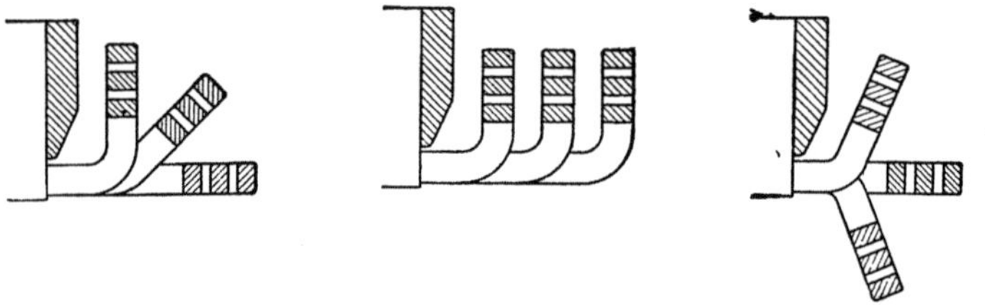

a b c

Abb. 161. Formen der Wicklungsköpfe bei Dreietagenwicklungen.

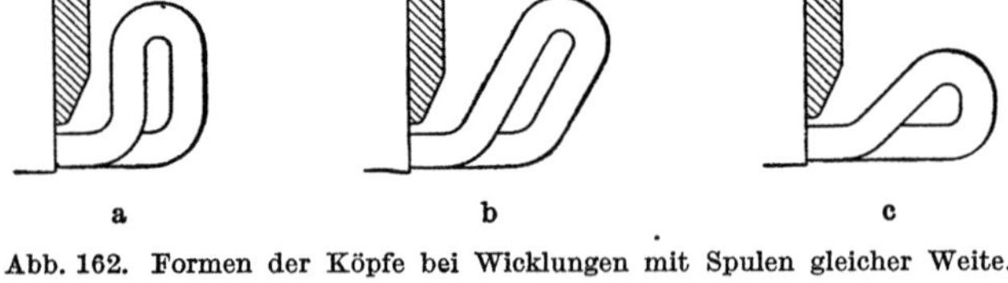

a b c

Abb. 162. Formen der Köpfe bei Wicklungen mit Spulen gleicher Weite.

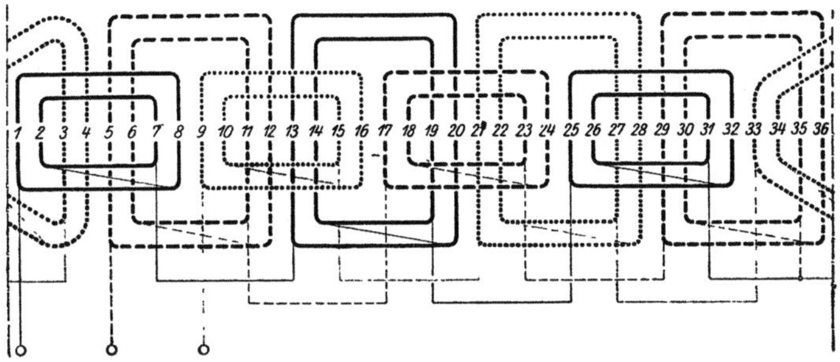

Abb. 163. Zweietagenwicklung mit krummer Spulengruppe.

8. Parallele Zweige in den Wicklungssträngen.

Sollen in einem Wicklungsstrange mehrere Zweige parallel geschaltet werden, so müssen die Spannungen dieser Zweige nach Größe und Phase gleich sein. Aus dem Nutenstern der Wicklung läßt sich ermitteln, wie viele solcher Zweige in einem Wicklungsstrange möglich sind.

Für die Dreiphasenwicklung mit 24 Nuten und 4 Polen z. B. ergibt sich aus Abb. 158a oder b, daß man in jedem Wicklungsstrange vier Spulen — 1 bis 8, 13 bis 20, 2 bis 7, 14 bis 19 im voll ausgezogenen Wicklungsstrange — parallel schalten kann, denn die Spannungen dieser vier Spulen sind der Größe und Phase nach gleich. In Abb. 159h ist diese Wicklung dargestellt.

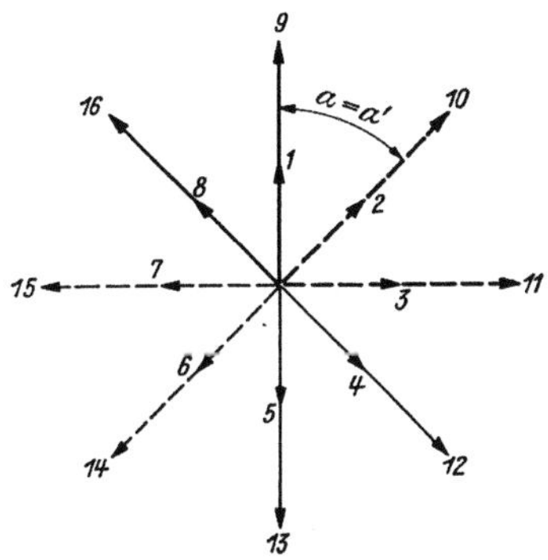

Abb. 164. Nutenstern für eine Zweiphasenwicklung mit 16 Nuten und 4 Polen.

9. Zweiphasenwicklungen.

Bei der Ausmittlung einer Zweiphasenwicklung ist nur zu beachten, daß bei der Regel b) des Punktes 2 für die Errechnung der Phasenverschiebung $m = 4$ zu setzen ist, da ja die Zweiphasenwicklung eigentlich eine Vierphasenwicklung ist. Dagegen ergibt sich die Zahl der positiven oder negativen Spulenseiten oder Nuten eines Wicklungsstranges, die nach Regel a) des Punktes 2

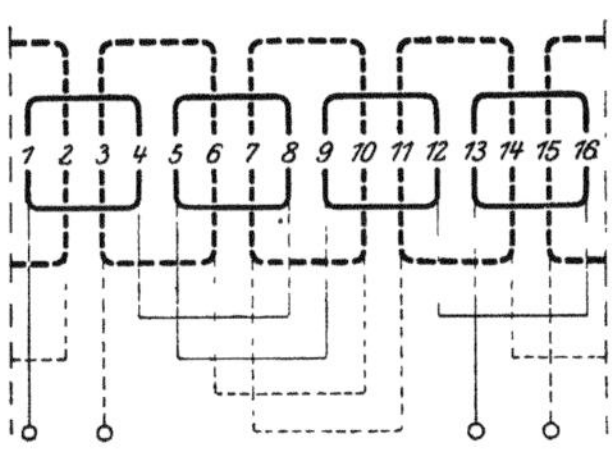

Abb. 165. Zweiphasenwicklung mit gleichmäßig verteilten Wicklungsköpfen.

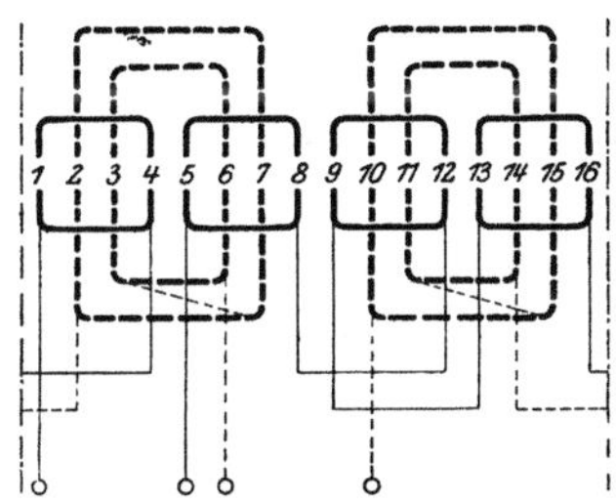

Abb. 166. Zweiphasenwicklung mit teilweise zusammengedrängten Wicklungsköpfen.

aus $\gamma = \frac{N}{2m}$ berechnet wird, wenn $m = 2$ eingesetzt wird. Das aus dem Nutenstern (Abb. 164) unter Beachtung der Punkte 3, 4 und 5 entwickelte Schaltbild der Wicklung ist aus Abb. 165 oder Abb. 166 zu entnehmen. Beide Abbildungen stellen Zweietagenwicklungen dar, da man bei Zweiphasenwicklungen stets mit zwei Etagen für die Spulenköpfe auskommt. Bei der Wicklung nach Abb. 166 kann der Ständer zweiteilig ausgeführt werden, da die Teilungsebene keine Spule schneidet.

10. Einphasenwicklungen.

Einphasenwicklungen liegen im allgemeinen nur in zwei Drittel der Ständernuten, während ein Drittel der Ständernuten unbewickelt bleibt. Würde man nämlich alle zur Verfügung stehenden Ständernuten bewickeln, so stiege das Kupfergewicht verhältnismäßig mehr, als die Erhöhung der induzierten Spannung ausmachte.

Die Zahl der nach Regel a) des Punktes 2 als positive oder negative Spulenseiten zu wählenden Strahlen mit möglichst wenig Phasenunterschied beträgt somit

$$\gamma = \frac{2}{3}\frac{N}{2m} = \frac{2}{3}\frac{N}{2} = \frac{N}{3}.$$

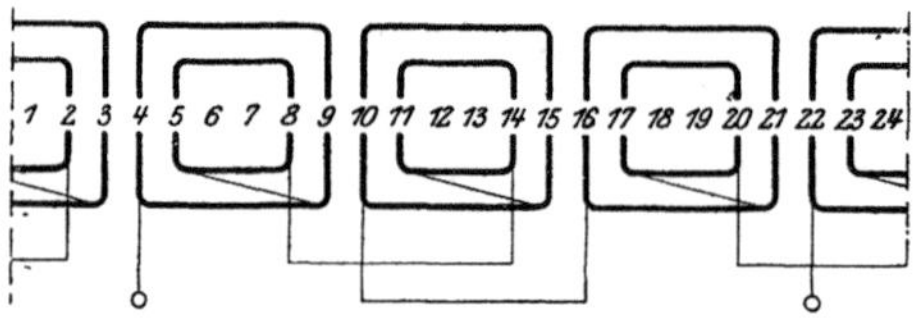

Abb. 167. Einphasenwicklung.

Soll z. B. eine Einphasenwicklung für 24 Nuten und vier Pole entworfen werden, so geht man vom Nutenstern der Abb. 158 aus. Nun hat man $\gamma = \frac{N}{3} = 8$ Strahlen mit möglichst wenig Phasenunterschied beliebig zu wählen, z. B. die Strahlen 2, 3, 4, 5, 14, 15, 16 und 17, die die Nuten mit z. B. positiven Spulenseiten anzeigen. Die um 180° dagegen verdrehten Strahlen 8, 9, 10, 11, 20, 21, 22 und 23 entsprechen den Nuten mit den negativen Spulenseiten. Somit bleiben die Nuten 1, 6, 7, 12, 13, 18, 19, 24 unbewickelt. Unter Beachtung der Punkte 3 und 4 dieses Abschnittes ergibt sich dann das in Abb. 167 gezeichnete Wicklungsbild.

Eine Einphasenwicklung erhält man auch, wenn man aus einer Dreiphasenwicklung einen Wicklungsstrang herausnimmt. Nur wird man die Spulenköpfe nachher in einer einzigen Etage anordnen.

11. Bruchlochwicklungen.

In allen Beispielen, die bis jetzt ausgeführt wurden, war die Zahl der Nuten je Pol und Wicklungsstrang

$$q = \frac{N}{2pm}$$

eine ganze Zahl. Bei der Dreiphasenwicklung mit 24 Nuten und 4 Polen z. B., die in den Abb. 158 bis 159 behandelt ist, beträgt $q = \frac{24}{4\cdot 3} = 2$; bei der Zweiphasenwicklung der Abb. 164 bis 166 ist $q = \frac{16}{4\cdot 2} = 2$; und bei der Einphasenwicklung in Abb. 167 ist $q = \frac{2/3\cdot 24}{4\cdot 1} = 4$. Für die Dreiphasenwicklung mit einer gekröpften Spulengruppe, die in Abb. 163 mit 36 Nuten und für sechs Pole dargestellt ist, errechnet sich die Nutenzahl je Pol und Strang zu $q = \frac{36}{6\cdot 3} = 2$.

Die Nutenzahl je Pol und Strang muß jedoch nicht eine ganze Zahl sein. Es ist mitunter vorteilhafter eine Wicklung auszulegen, deren Nutenzahl je Pol und Strang ein echter oder unechter Bruch ist. Solche Wicklungen nennt man B r u c h l o c h w i c k l u n g e n im Gegenteil zu den G a n z l o c h w i c k l u n g e n mit einer ganzen Zahl von Nuten je Pol und Strang.

Bruchlochwicklungen werden nach den gleichen Regeln ausgemittelt, wie sie für den Entwurf der Ganzlochwicklungen aufgestellt wurden.

Ein Beispiel soll dies zeigen.

In einen Ständer mit 24 Nuten soll eine zehnpolige Dreiphasenwicklung gelegt werden. Die Nutenzahl je Pol und Strang ist hier

$$q = \frac{N}{2\,p\,m} = \frac{24}{10\cdot 3} = \frac{4}{5}.$$

Der Nutenstern ergibt sich mit dem Winkel

$$\alpha' = \frac{360^\circ}{N} = \frac{360^\circ}{24},$$

da Nutenzahl und Polpaarzahl keinen gemeinsamen Teiler haben. Die Bezifferung des Nutensternes erfolgt mit Hilfe des Winkels

$$\alpha = \frac{p}{N}\cdot 360^\circ = 5\,\alpha'.$$

Die Zuordnung der Strahlen und Nuten zu den Wicklungssträngen geschieht nach den Regeln des Punktes 2. Die Zahl der positiven oder negativen Spulen-

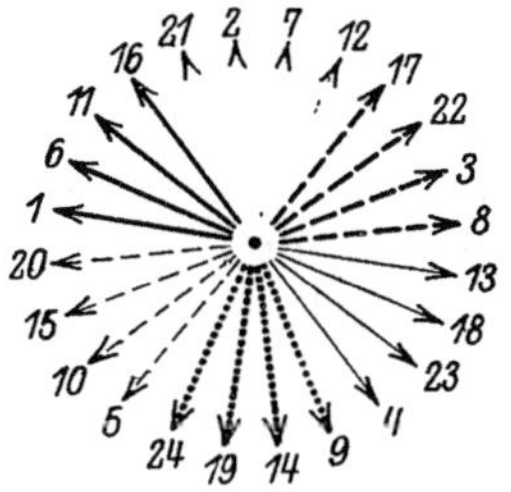

Abb. 168. Nutenstern einer Dreiphasenwicklung mit 24 Nuten für 10 Pole (Bruchlochwicklung mit $q = {}^4/_5$).

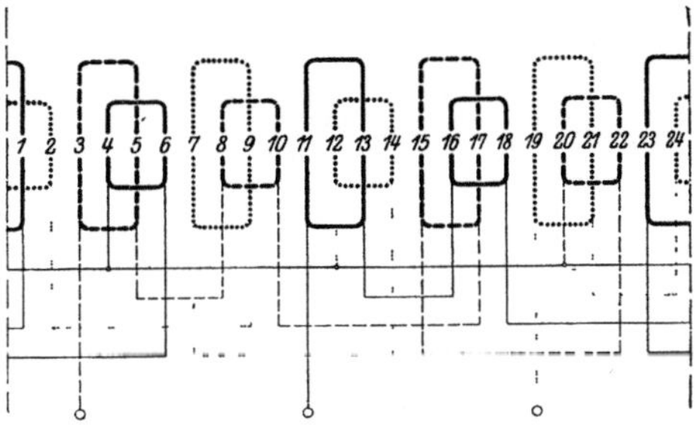

Abb. 169. Schaltbild der Wicklung nach Abb. 168 mit Reihenschaltung der Spulen im Strang und Sternschaltung der Wicklungsstränge.

seiten in jedem Wicklungsstrange ist $\gamma = \frac{N}{2m} = \frac{24}{2\cdot 3} = 4$. Auf diese Weise entsteht der Nutenstern in Abb. 168.

Unter Beachtung der Punkte 3, 4 und 5 läßt sich das Schaltbild der Wicklung zeichnen, wie es Abb. 169 zeigt. Hier sind die Spulen jedes Wicklungsstranges in Reihe und die Wicklungsstränge selbst in Stern geschaltet.

Die Ausführbarkeit solcher Bruchlochwicklungen ist an zwei Bedingungen gebunden: erstens muß die Zahl der positiven oder negativen Spulenseiten oder auch Spulen eines Wicklungsstranges

$$\gamma = \frac{N}{2\,m}$$

eine ganze Zahl sein; zweitens muß der Phasenverschiebungswinkel $\frac{360^\circ}{m}$ zwischen den m Wicklungssträngen ein ganzzahliges Vielfaches des Phasenwinkels α' zwischen den ungleichphasigen Strahlen im Nutenstern sein, damit Regel b) des Punktes 2 eingehalten werden kann, d. h. es muß

$$\frac{360^\circ}{m} = g\,\alpha' \quad (g = \text{ganze Zahl})$$

oder mit

$$\alpha' = \frac{t}{N}\cdot 360^\circ$$

$$\frac{N}{t\,m} = g$$

eine ganze Zahl sein. t ist dabei, um es noch einmal zu wiederholen, der größte gemeinsame Teiler von Nuten- und Polpaarzahl. Bei Zweiphasenwicklungen ist wie in Punkt 9 für die Berechnung der Spulenzahl eines Wicklungsstranges $\gamma = \frac{N}{2m}$ für $m = 2$ einzusetzen, jedoch die zweite Bedingung: $\frac{N}{tm}$ muß ganzzahlig sein, mit $m = 4$ zu prüfen, da sich diese Bedingung aus der Phasenverschiebung von 90° zwischen den beiden Wicklungssträngen ableitet.

Abb. 170. Zwei-Etagen-Wicklung.

12. Ausführungsbeispiele von Wechselstromwicklungen.

Die Abb. 170 bis 172 zeigen Werkbilder von einigen in den Abb. 159a bis 159h angegebenen Ausführungsarten von Dreiphasenwicklungen.

13. Zweischichtwicklungen.

Die Nuten von Zweischichtwicklungen enthalten je zwei übereinander liegende Spulenseiten, so daß die Gesamtzahl der Spulenseiten und Spulen

Abb. 171. Dreiphasenwicklung mit Spulen gleicher Weite nach Abb. 159f.

Abb. 172. Drei-Etagen-Wicklung mit gleichmäßig verteilten Wicklungskopfen.

Abb. 170 bis 172. Werkbilder von einigen in den Abb. 159a bis 159h angegebenen Ausführungsarten von Dreiphasenwicklungen.

doppelt so groß ist wie die Spulenseiten- und Spulenzahl einer Einschichtwicklung, bei der in jeder Nut nur eine Spulenseite eingebettet ist. Die Spulen werden so eingelegt, daß die eine Spulenseite in der einen Nut gegen die Nutöffnung, die andere Spulenseite in der anderen Nut am Nutengrunde liegt. Man bezeichnet die Spulenseiten, die in den Nuten gegen die Nutöffnung liegen, als oberschichtige Spulenseiten, und die Spulenseiten, die am Nutengrunde eingebettet sind, als unterschichtige Spulenseiten (Abb. 173 und 178).

Man kann sowohl Ganz- als auch Bruchlochwicklungen als Zweischichtwicklungen ausbilden.

Beim Entwurf einer Zweischichtwicklung ordnet man die oberschichtigen Spulenseiten genau so nach dem Nutensterne den einzelnen Wicklungssträngen zu, als ob die Nuten nur diese oberschichtigen Spulenseiten enthielten. Dann vereinigt man jede oberschichtige Spulenseite mit einer um eine gewünschte Spulenweite von ihr entfernten unterschichtigen Spulenseite zu Spulen gleicher Weite. Beträgt die Spulenweite eine Polteilung, dann ist die Wicklung eine Durchmesserwicklung. Ist die Spulenweite jedoch

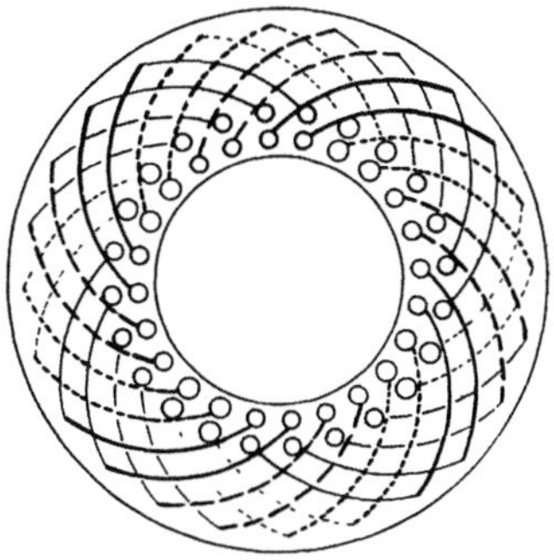

Abb. 173. Dreiphasige zweischichtige Durchmesserwicklung mit 24 Nuten für 4 Pole.

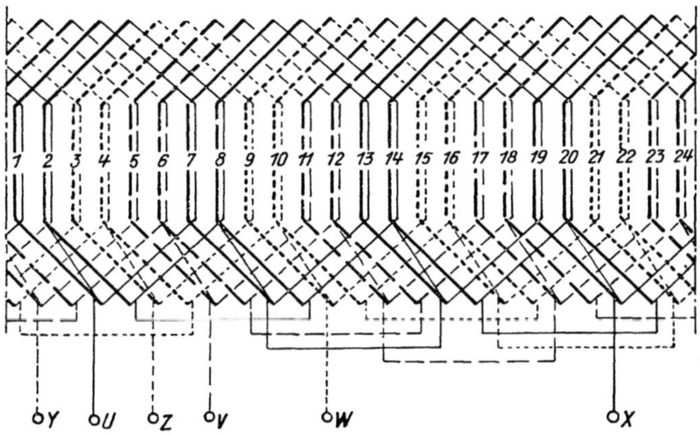

Abb. 174. Dreiphasige Zweischichtwicklung mit Durchmesserspulen mit 24 Nuten für 4 Pole.

kleiner (oder größer) als eine Polteilung, dann hat man es mit einer Sehnenwicklung zu tun.

Abb. 173 und 174 stellen eine Zweischichtwicklung mit Durchmesserspulen dar, die aus der dreiphasigen Einschichtwicklung mit 24 Nuten für vier Pole entsteht, deren Nutenstern in Abb. 158 gezeichnet ist, wenn jede oberschichtige Spulenseite mit einer unterschichtigen verbunden wird, die um eine Polteilung gegen sie verschoben ist.

Der Stern der Spannungen der Spulenseiten dieser Zweischichtwicklung, der hier statt Nutenstern Spulenseitenstern genannt werden muß, entsteht aus dem Nutenstern der Abb. 158, wie ein Vergleich der Abb. 175 und 158 zeigt, dadurch, daß jeder Nut ein Teilstrahl für die oberschichtige Spulenseite (*o*) und ein Teilstrahl für die unterschichtige Spulenseite (*u*) zugeordnet werden, die für Durchmesserwicklungen denselben Wicklungssträngen angehören.

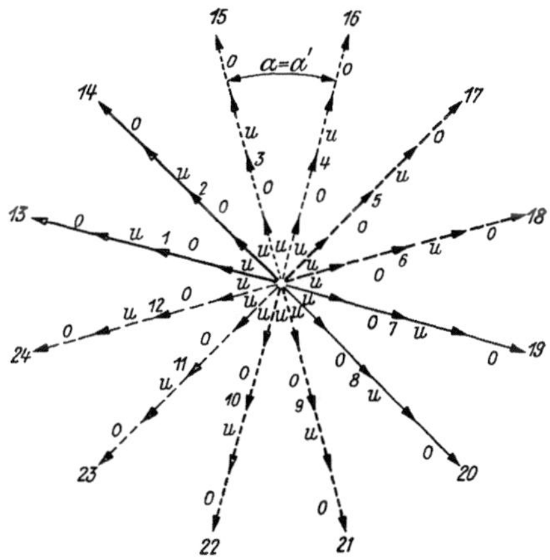

Abb. 175. Spulenseitenstern für eine dreiphasige Zweischichtwicklung mit Durchmesserspulen mit 24 Nuten für 4 Pole.

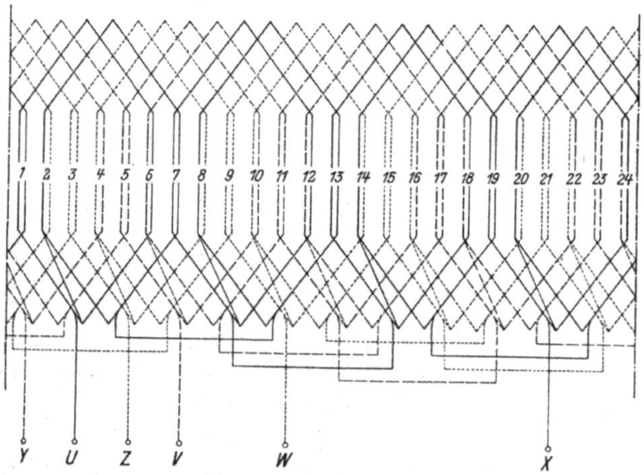

Abb. 176. Dreiphasige Zweischichtwicklung mit Sehnenspulen (Spulenweite = $^5/_6$ Polteilung) mit 24 Nuten für 4 Pole.

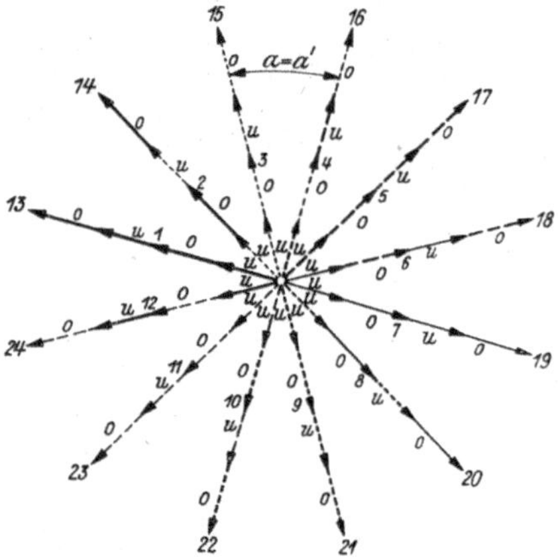

Abb. 177. Spulenseitenstern für eine dreiphasige Zweischichtwicklung mit Sehnenspulen (Spulenweite = $^5/_6$ Polteilung) mit 24 Nuten fur 4 Pole.

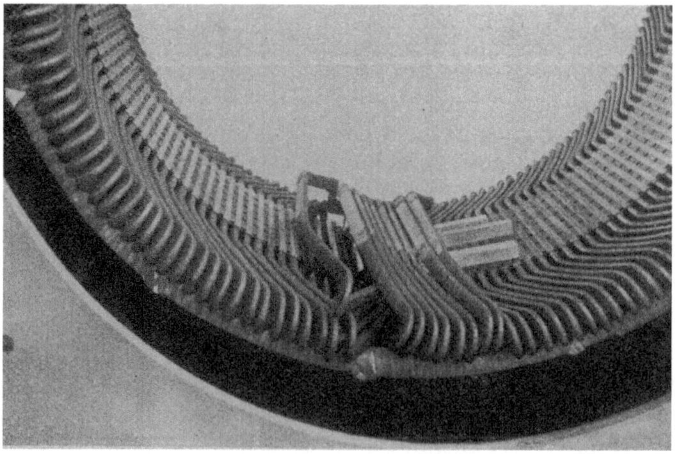

Abb. 178. Zweischichtwicklung.

Für die Reihenschaltung der Spulen zu Wicklungssträngen, für die Zuleitungen zu den Maschinenklemmen, sind wieder die Regeln der Punkte 4 und 5 zu beachten. Für die Parallelschaltung von Zweigen in den Wicklungssträngen ist das in Punkt 8 Gesagte maßgebend. In Abb. 174 sind die Spulen jedes Wicklungsstranges in Reihe geschaltet und die Stränge unverkettet.

Abb. 179. Zweischichtige Stab-Kegelwicklung für einen Turbogenerator.

Die gleiche Wicklung kann auch mit Sehnenspulen ausgeführt werden. In diesem Falle sind die oberschichtigen Spulenseiten, deren Zugehörigkeit zu den einzelnen Wicklungssträngen sich aus dem Nutenstern der Abb. 158 ergibt, mit jenen unterschichtigen Spulenseiten zu Spulen zusammenzuschalten, die um weniger oder mehr als eine Polteilung gegen ihre oberschichtigen Spulenseiten verschoben sind, so daß die Spulenweite von der Polteilung abweicht, wie z. B. in Abb. 176, wo die Spulenweite nur fünf Sechstel der Polteilung beträgt.

Der Spulenseitenstern für diese gesehnte Zweischichtwicklung entsteht aus dem Spulenseitenstern der Durchmesserwicklung in Abb. 175, wenn alle Strahlen, die unterschichtigen Spulenseiten zugehören, um das K-fache des Winkels α (d. i. der Winkel der Phasenverschiebung zwischen benachbarten Nuten) entgegen dem Bezifferungssinne des Spulenseitensternes verschoben werden. Dabei ist K die Zahl der Nutteilungen, um die die Spulenweite kleiner als eine Polteilung ist. Im Beispiel der Abb. 176 ist die Spulenweite fünf Sechstel der Polteilung, die sechs Nutteilungen umfaßt; somit ist $K = 1$. Deshalb sind alle mit u bezeichneten Teilstrahlen in Abb. 177 um den Winkel α, der hier gleich α' ist, entgegen dem Bezifferungssinne verschoben.[1])

In Abb. 178 ist eine ausgeführte Zweischichtwicklung abgebildet.

Abb. 179 zeigt eine neuzeitliche zweischichtige Stab-Kegelwicklung für einen Turbogenerator. Die Stirnverbindungen bilden einen Kegelstumpfmantel, der um 45° bis 60° gegen die Druckplatten geneigt ist.

Die zweischichtigen Faßwicklungen werden heute bevorzugt ausgeführt. Sie sind einfacher in der Herstellung als die vorhin behandelten Spulenwicklungen und zeichnen sich durch geringeren Kupferaufwand, kleinere magnetische Streuung, größere Kurzschlußfestigkeit und andere Vorteile aus. Oft werden bei Turbogeneratoren auch Vierstab-Kegelwicklungen verwendet.

Zusammenfassend kann folgendes gesagt werden: Bei Synchronmaschinen verwendet man im allgemeinen heute zweischichtige Ganz- oder Bruchlochwicklungen. Durch die letzteren erhält man eine bessere Spannungskurve. Bei Induktionsmaschinen werden gewöhnlich ein- und zweischichtige Ganzloch-

---

1) H. Sequenz, Elektrotechn. u. Masch.-Bau 56 (1938) S. 7.

wicklungen ausgeführt, weil Induktionsmotoren mit Bruchlochwicklungen leichter zur Geräuschbildung und in der Drehzahl-Drehmoment-Kurve zur Sattelbildung neigen. Doch ist eine Bruchlochwicklung mitunter nicht zu umgehen bei polumschaltbaren Motoren oder wenn man gezwungen ist, einen vorhandenen Blechschnitt für eine andere Polzahl zu verwenden.

14. Verminderung der Wirbelströme in den Wicklungen.

Betrachten wir einen Leiter mit verhältnismäßig großer Höhe, wie er in Abb. 180 dargestellt ist. Das Nutenquerfeld (vgl. Abb. 48) wechselt mit dem Strom und induziert im Leiter Wirbelströme. Mit dem Streifen *a b* sind alle Induktionslinien verkettet, so daß in ihm die größte Spannung induziert wird. In dem äußeren Streifen *c d* aber wird das Nutenquerfeld die kleinste Spannung hervorrufen, da mit ihm die wenigsten Induktionslinien verkettet sind. Der Spannungsunterschied erzeugt Wirbelströme im Leiter, die den Leiterstrom nach außen drängen. Diesen Vorgang nennt man „einseitige Stromverdrängung" im Gegensatz zur „allseitigen Stromverdrängung" in freien Leitern.

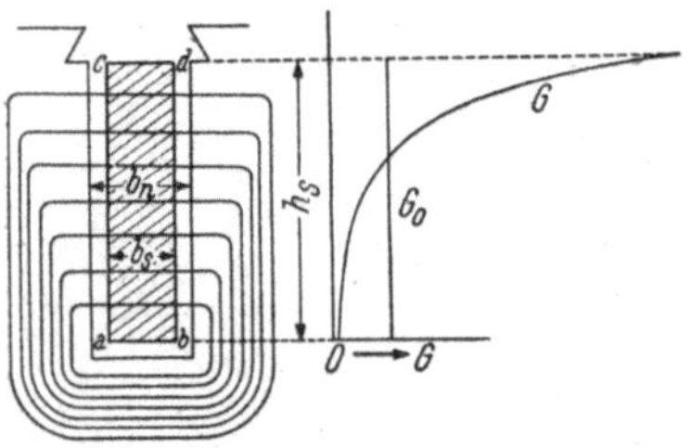

Abb. 180. Nutenquerfeld eines Stabes und Effektivwert G der Stromdichte über der Leiterhöhe. G_0 Stromdichte bei gleichmäßiger Verteilung über den Leiterquerschnitt.

Diese Wirbelströme vergrößern die Stromwärmeverluste in der Wicklung. Unter der z u s ä t z l i c h e n S t r o m w ä r m e versteht man den Unterschied zwischen den Stromwärmen, die auftreten, wenn Wechsel- und Gleichstrom die Wirkung

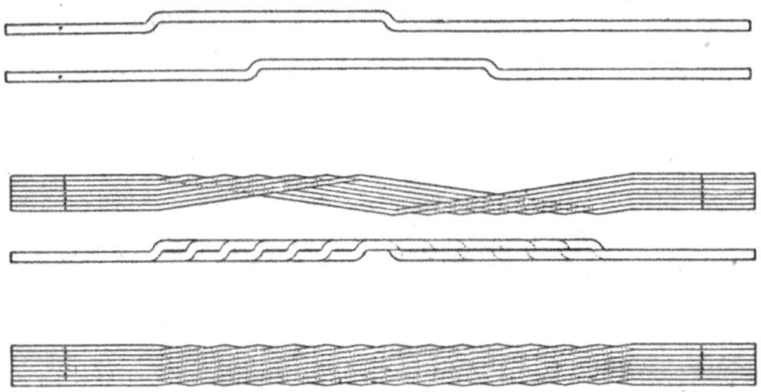

a)

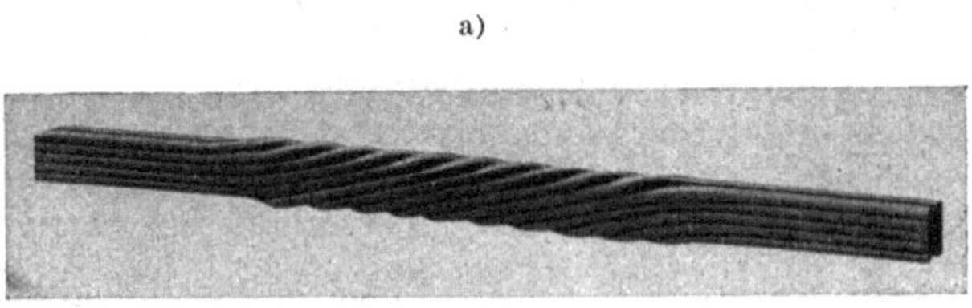

b)

Abb. 181. Roebelstab.
a) Aufbau, b) fertiger Stab.

durchfließt bei gleichen effektiven Strömen. Zur Verminderung der zusätzlichen Stromwärmeverluste unterteilt man die Leiter der Wicklungen für Maschinen großer Leistung und ordnet die Teilleiter z. B. so in den Nuten an, daß sie alle mit annähernd dem gleichen Nutenfluß verkettet sind. In Abb. 181 ist ein solcher verdrillter Stab (Roebelstab der Firma Brown, Boveri & Cie.) dargestellt. Jeder Teilleiter führt innerhalb einer Nut einen Schraubengang aus und durchläuft auf diese Art alle Höhenschichten des Gesamtstabes. Oft wird die Verlagerung der Teile eines unterteilten Leiters nicht in der Nut, sondern in den Stirnverbindungen vorgenommen. In Abb. 182 ist eine Verschränkung der Querverbindungen einer Zweischichtwicklung wiedergegeben.[1])

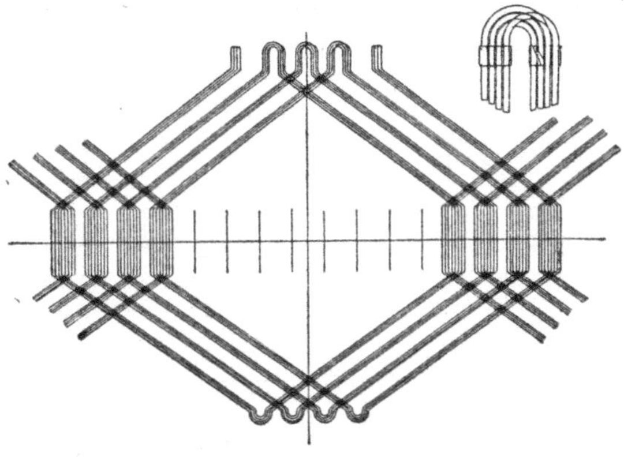

Abb. 182. Verschränkung der Querverbindungen bei Zweischichtwicklungen.

B. Magnetische Felder in elektrischen Maschinen.

1. Feldkurve.

In Abb. 183 a ist das magnetische Feld einer stromdurchflossenen Ankerspule schematisch skizziert. Die eingezeichneten Leiter sollen in Ankernuten mit schmalen Schlitzen liegen. Bei nicht zu hohen Eisensättigungen und geringer Luftspaltbreite können wir annehmen, daß die Feldlinien den Luftspalt radial durchsetzen. Sie schließen sich durch den äußeren und den inneren Eisenkern, indem sie eine Spulenseite oder einen Teil von ihr umfassen.

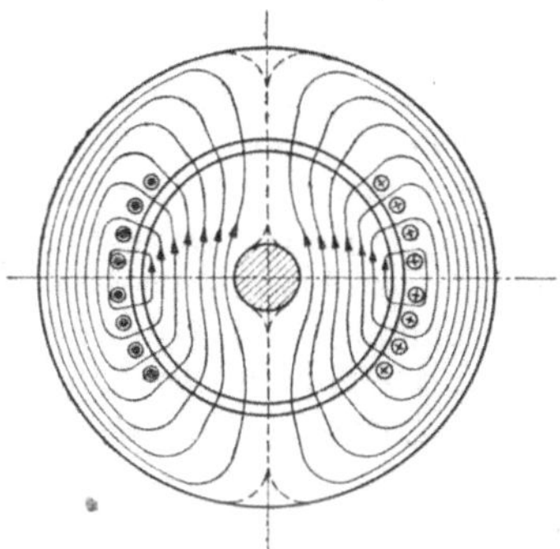

Abb. 183 a. Magnetisches Feld einer Ankerspule.

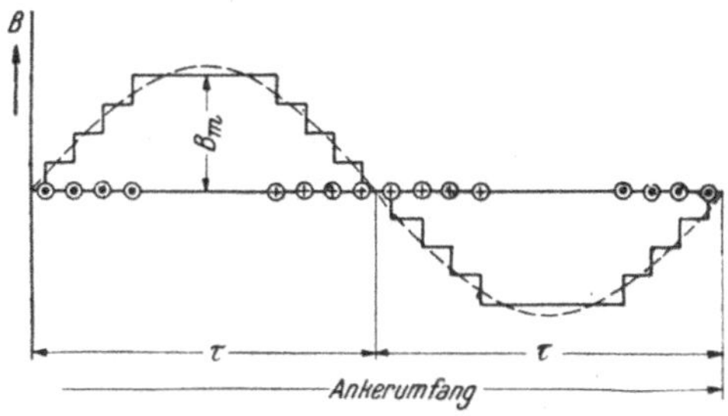

Abb. 183 b. Feldkurve einer Ankerspule.

Für die Bildung der Drehmomente zwischen Ständer und Läufer einer elektrischen Maschine ist das magnetische Feld im Luftspalt maßgebend; wir betrachten daher im folgenden in erster Linie den Feldverlauf im Luftspalt. Bei symmetrischem Aufbau der Maschine ist das magnetische Feld im Luftspalt unter der Spulenmitte Null (neutrale Zone). In der spulenfreien Ankerzone dagegen ist das Feld am stärksten, da alle hier verlaufenden Feldlinien die Spulenseite voll umfassen und der magnetische Widerstand, der hauptsächlich im Luftspalt liegt, für alle Feldlinien praktisch gleich ist.

Trägt man die Felddichte (Induktion) über dem abgewickelten Ankerumfang auf, dann erhält man die sogenannte Feldkurve. Die in Abb. 183 b gezeigte Feld-

[1]) E. Kübler, Elektrotechn. u. Masch.-Bau 60 (1942) S. 525, vgl. auch Elektrotechn. u. Masch.-Bau 47 (1929) S. 858.

kurve ist etwas idealisiert, insofern als die Felddichte über der Mitte einer Nut sprunghaft ansteigt (Treppenform); in Wirklichkeit sind diese Stufen etwas abgerundet, was aber für unsere Betrachtungen belanglos ist. In den meisten Fällen vernachlässigt man sogar diese treppenförmigen Stufen und ersetzt die Treppenkurve durch eine Trapezkurve (s. z. B. Abb. 198b). In Abb. 184 ist die Feldkurve einer über den ganzen Ankerumfang verteilten Wicklung gezeigt, welche bei Vernachlässigung der Treppenstufen in die eingezeichnete dreieckförmige Feldkurve übergeht. Die Feldkurve zerlegen wir in sinusförmige Grund- und Oberwellen. Die Gleichung der Feldkurve lautet dann in Form einer Fourierschen Reihe:

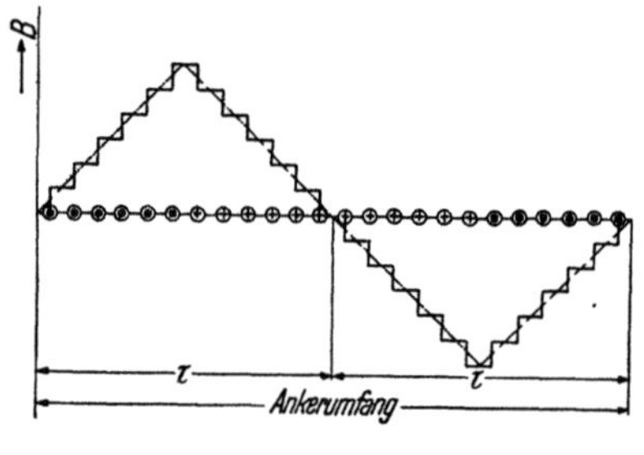

Abb. 184. Feldkurve einer über den ganzen Ankerumfang verteilten Wicklung.

$$B(x) = B_1 \sin\frac{x}{\tau}\pi + B_3 \sin 3\frac{x}{\tau}\pi + B_5 \sin 5\frac{x}{\tau}\pi + \ldots + B_\nu \sin\nu\frac{x}{\tau}\pi + \ldots \quad (140).$$

Aus Symmetriegründen können nur ungeradzahlige Oberwellen auftreten. ν ist die Ordnungszahl der Oberwelle und τ die Polteilung des Ankers, die elektrisch einem Winkel von 180° für die Grundwelle entspricht und durch $\tau = \pi D/2p$ mit dem Ankerdurchmesser D verknüpft ist. Die Amplitude B_ν der ν-ten Oberwelle ist auf Grund dieser Fourier-Analyse

$$B_\nu = \frac{4}{\nu\pi}\,\xi_\nu\, B_m.$$

Hierin ist ξ_ν der Wicklungsfaktor einer Ankerspule für die ν-te Oberwelle (s. Abschn. III E) und B_m der Höchstwert der Feldkurve.

Eine Ankerspule erzeugt also eine Reihe sinusförmiger Felder, deren Wellenlänge im ungeradzahligen Verhältnis zueinander stehen. Die Wellenlänge der Grundwelle des Feldes wird als doppelte Polteilung bezeichnet; die Grundwelle einer Spule bildet also immer ein zweipoliges Feld, wie in Abb. 183b eingezeichnet. Eine 13. Oberwelle z. B. hat dagegen eine Wellenlänge, die ein Dreizehntel der Grundwellenlänge ist. Für das grundsätzliche Verhalten der Maschine ist die Grundwelle des Luftspaltfeldes maßgebend; die Oberwellenfelder haben nur störende Nebenerscheinungen zur Folge. Für die Entwicklung der Theorie der elektrischen Maschinen müssen wir also im wesentlichen das Verhalten der Grundwelle betrachten; wir gehen daher im folgenden stets von der sinusförmigen Grundwelle des Luftspaltfeldes aus.

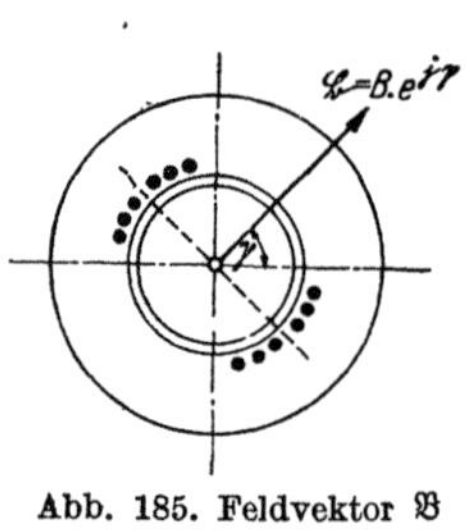

Abb. 185. Feldvektor $\mathfrak{B}$ eines im Luftspalt mit dem Höchstwert B sinusförmig verteilten Feldes.

Als Feldachse und gleichzeitig als Spulenachse bezeichnen wir die radiale Richtung, in der die sinusförmige Grundwelle ihren höchsten Wert hat; mit anderen Worten, der Höchstwert des Grundwellenfeldes liegt in der Spulenachse. Ein solches sinusförmig am Ankerumfang verteiltes magnetisches Feld können wir durch einen Vektor $\mathfrak{B}$ darstellen, den wir in die Feldachse legen und dessen Größe wir der Amplitude des Feldes gleichmachen. Die Feldverteilung am Ankerumfang ist damit in eindeutiger Weise festgelegt. In Abb. 185 ist ein solcher Feldvektor in ein rechtwinkliges Koordinatensystem eingetragen und die Lage der erzeugenden Spule angedeutet.

Ein magnetisches Feld mit mehr als zwei Polen erhalten wir durch die Reihenschaltung mehrerer am Ankerumfang verteilter Spulen. Eine solche Wicklung aus mehreren in Reihe liegenden Spulen nennen wir einen Wicklungsstrang. Abb. 186 zeigt das von zwei in Reihe liegenden Spulen erzeugte Feld. Die zugehörige Feldkurve ist in Abb. 187 aufgetragen; wie man sieht, ist das Grundwellenfeld vierpolig. Ein Wicklungsstrang mit p Spulen am Ankerumfang erzeugt also ein $2\,p$-poliges Grundwellenfeld. Da sich jedoch nach Ablauf einer doppelten

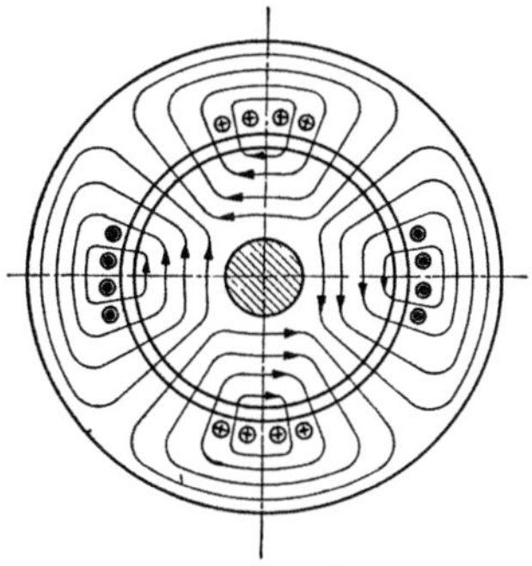

Abb. 186. Vierpoliges Feld eines Wicklungsstranges mit zwei Ankerspulen.

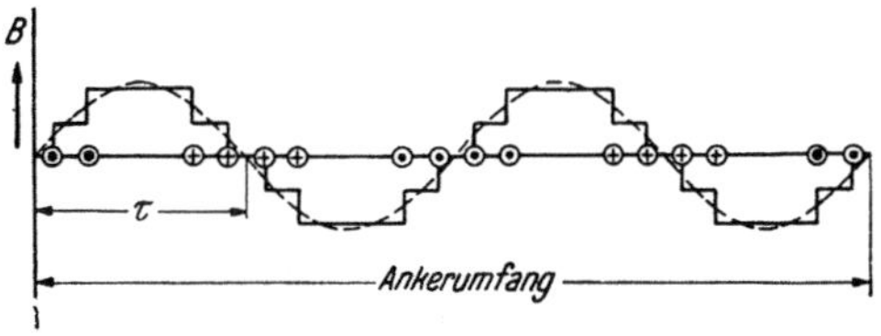

Abb. 187. Feldkurve eines Wicklungsstranges mit zwei Ankerspulen.

Polteilung alles in gleicher Weise wiederholt, genügt es in den meisten Fällen, die Gesetzmäßigkeiten an zweipoligen Wicklungen zu studieren und abzuleiten, was wir auch im folgenden so durchführen werden, wenn nicht ausdrücklich etwas anderes angegeben wird.

2. Wechselfeld.

Bei Betrachtung der Feldkurve hatten wir stillschweigend einen unveränderlichen Spulenstrom angenommen. Nun speisen wir die Spule mit Wechselstrom. Es ist klar, daß das magnetische Feld zu jeder Zeit grundsätzlich die gleiche Form hat wie in Abb. 183b oder 184. Mit der Stromstärke in der Spule ändert sich lediglich die Stärke des Feldes. Ist also der Strom z. B. von irgendeinem Wert auf die Hälfte heruntergegangen, dann ist auch die Felddichte an allen Stellen in gleichem Maße zurückgegangen. Geht der Strom durch Null, dann ebenso das magnetische Feld. Ein solches Feld, das

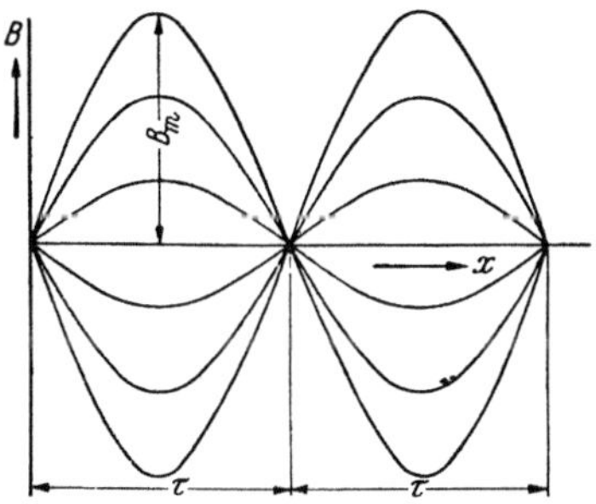

Abb. 188. Feldkurve eines Wechselfeldes.

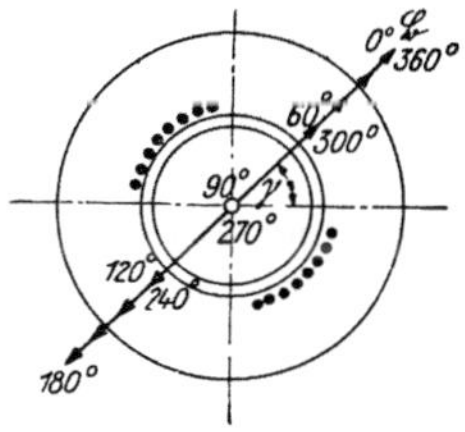

Abb. 189. Vektorielle Darstellung eines Wechselfeldes.

seine Stärke periodisch ändert, aber seine Form und Lage zur erzeugenden Spule beibehält, nennen wir ein Wechselfeld. Eine mit Wechselstrom gespeiste Ankerspule erzeugt also ein Wechselfeld. In Abb. 188 ist die Feldkurve eines Wechselfeldes mit sinusförmigem Verlauf am Ankerumfang dargestellt. Es ist eine Sinuskurve über dem Ankerumfang, deren Amplitude sich periodisch zwischen einem positiven und negativen Höchstwert mit der gleichen Frequenz wie der erzeugende Strom ändert. Die mathematische Anschrift dieses Wechselfeldes lautet:

$$\boxed{B(x,t) = B_m \sin \frac{x}{\tau}\pi \cos \omega t.} \tag{141}$$

x ist ein beliebiger Ort am Ankerumfang, den wir durch seinen Bogenabstand vom Punkt $x = 0$ messen; den Punkt $x = 0$ legen wir in die neutrale Zone, d. h. an diejenige Stelle am Ankerumfang, wo das magnetische Feld Null ist. B_m ist der beim Höchstwert des Stromes auftretende Höchstwert des Feldes und $\omega = 2\pi f$ die Kreisfrequenz des Stromes. Gl. 141 ist die Gleichung einer ebenen stehenden Welle. Das Wechselfeld ist also eine stehende Welle; der Wellenbauch liegt in der Achse und der Wellenknoten in der neutralen Zone des Feldes.

Die Darstellung eines solchen Wechselfeldes durch einen Vektor zeigt die Abb. 189. Es ist ein Vektor, dessen Größe sich zeitlich mit $\cos\omega t$ ändert:

$$\boxed{\mathfrak{B} = \mathfrak{B}_m \cos\omega t.} \tag{142a}$$

Die in der Abbildung eingezeichneten Winkelgrade geben an, welche Amplituden das Feld im Laufe einer Periode (360°) annimmt. Den Augenblickswert des Feldes an einer beliebigen Stelle x erhalten wir durch Projektion des Feldvektors auf diese Achse (d. h. auf den zum Punkt x gehörenden radialen Strahl). In bezug auf ein Koordinatensystem kann der Vektor $\mathfrak{B}$ folgendermaßen angeschrieben werden:

$$\mathfrak{B} = B_m e^{j\gamma} \cos\omega t. \tag{142b}$$

3. Drehfeld.

Im Gegensatz zum Wechselfeld steht der Begriff eines Drehfeldes. Zur Erläuterung eines magnetischen Drehfeldes diene eine Synchronmaschine. Diese besteht aus einem ruhenden Wechselstromanker[1]) und einem umlaufenden Polrad

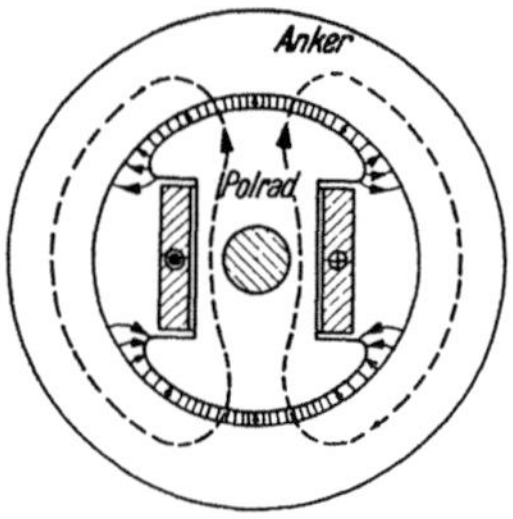

Abb. 190. Magnetfeld einer Schenkelpolmaschine.

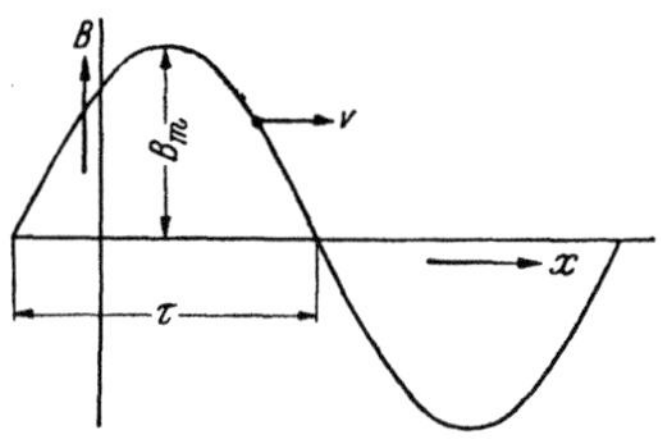

Abb. 191. Feldkurve eines Drehfeldes.

mit Gleichstromerregung (Abb. 190). Das von der Gleichstromwicklung erzeugte magnetische Feld ist bei entsprechender Gestaltung des Polschuhes praktisch sinusförmig. Dieses Feld läuft gegenüber dem Wechselstromanker um, ändert also seine Lage zum Anker, aber nicht seine Größe. Ein solches Feld nennen wir ein Drehfeld. Wichtig ist also, daß dieses Feld mit unveränderlicher Amplitude gegenüber dem Anker umläuft; seine Umlaufgeschwindigkeit gegenüber dem Raume dagegen ist gleichgültig. Auch wenn das Polrad z. B. stillstehen und der Anker umlaufen würde, sprechen wir von einem Drehfeld. Die Auftragung des sinusförmigen Drehfeldes über dem abgewickelten Anker ergibt eine Sinuskurve, die mit der Geschwindigkeit v sich in steter Bewegung befindet, wie in Abb. 191 für einen beliebig herausgegriffenen Zeitpunkt gezeigt ist. Die Geschwindigkeit v errechnet sich aus der Drehzahl des Polrades und dem Ankerumfang. Der

[1]) Als Anker bezeichnen wir nach VDE 0530 den Teil der Maschine, in dessen Wicklungen durch Umlauf in einem magnetischen Felde oder durch Umlauf eines magnetischen Feldes elektrische Spannungen erzeugt werden.

Ankerumfang ist $2\,p\,\tau$. Dieser wird während einer Umdrehung einmal und während n Umdrehungen je Sekunde n-mal durchlaufen, mithin ist

$$v = 2\,p\,\tau\,n. \tag{143a}$$

Das Vorüberlaufen des magnetischen Feldes an irgendeinem Punkte des Ankers bei Drehung des Polrades ist ein periodischer Vorgang; eine Periode ist abgelaufen, wenn an diesem Punkt eine Welle vorübergelaufen ist. Ein Polrad mit p Polpaaren hat ein p-welliges Drehfeld; bei n Umdrehungen in der Sekunde laufen somit $p\,n$ Wellen in der Sekunde an dem gewählten Beobachtungspunkt vorüber. Die Frequenz dieses periodischen Vorganges ist also

$$\boxed{f = p\,n.} \tag{144}$$

Mit dieser Frequenz erzeugt das Drehfeld z. B. Spannungen im Anker. Obige Beziehung zwischen Frequenz, Polzahl und Drehzahl des Drehfeldes gegenüber einem Wechselstromanker ist von grundlegender Bedeutung für alle Wechselstrommaschinen. Mit dieser Beziehung erhalten wir aus Gl. 143a:

$$v = 2\,\tau\,f. \tag{143b}$$

Das ist die bekannte Beziehung zwischen der Wellenlänge $\lambda = 2\,\tau$, der Frequenz f und der Fortpflanzungsgeschwindigkeit v einer elektromagnetischen Welle.

Aus dem Vergleich des Drehfeldes mit einer fortschreitenden Welle entnehmen wir auch die bekannte mathematische Anschrift einer solchen Welle:

$$\boxed{B\,(x, t) = B_m \sin\left(\frac{x}{\tau}\pi \mp \omega\,t\right).} \tag{145}$$

Das negative Zeichen gilt für eine in Richtung positiver x-Werte und das positive Zeichen für eine in Richtung negativer x-Werte fortschreitende Welle.

Daß die Gl. 145 das Verhalten des Drehfeldes richtig beschreibt, zeigt folgende Überlegung: Für einen festen Punkt x am Ankerumfang ändert sich die Felddichte zeitlich sinusförmig dadurch, daß das Drehfeld mit sinusförmig veränderlichem Wert an diesem Punkt vorbeiläuft. Dieser zeitliche Ablauf ergibt sich aus obiger Gleichung mit $\frac{x}{\tau}\pi = \text{const.}$ Greifen wir dagegen einen beliebigen Augenblick heraus und halten ihn fest, dann muß das Drehfeld eine Sinusfunktion des Ortes x am Ankerumfang sein, was sich mit $\omega\,t = \text{const.}$ auch in der vorgeschriebenen Weise aus der obigen Gleichung ergibt. Die obige Gleichung für das Drehfeld erfüllt somit alle Bedingungen.

Auch die Geschwindigkeit der umlaufenden Welle läßt sich aus dieser Anschrift für das Drehfeld entnehmen. Für den Punkt, an dem das Feld den positiven Höchstwert besitzt, muß in Gl. 145 die Sinusfunktion stets gleich 1 sein. Daraus folgt, daß hierfür

$$\frac{x}{\tau}\pi \mp \omega\,t = (1, 3, 5, \ldots)\,\frac{\pi}{2}$$

sein muß. Aus dem Differential dieses Ausdruckes,

$$\frac{\pi}{\tau}\,d\,x \mp \omega\,d\,t = 0,$$

ergibt sich mit $\omega = 2\,\pi\,f$:

$$v = \frac{d\,x}{d\,t} = \pm\frac{\omega\,\tau}{\pi} = \pm\,2\,\tau\,f.$$

Wir haben also dieselbe Beziehung wie oben in Gl. 143b erhalten. Auch die oben angegebene Bedeutung der Vorzeichen findet hier ihre Erklärung.

In ähnlicher Weise wie das Wechselfeld können wir auch das Drehfeld durch einen Vektor beschreiben. Es ist ein Vektor $\mathfrak{B}$, der mit der Winkelgeschwindigkeit ω umläuft und die Größe und augenblickliche Lage der Amplitude des Drehfeldes angibt (Abb. 192). Es ist

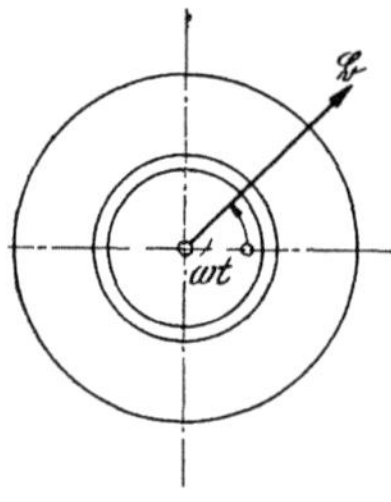

Abb. 192. Feldvektor eines Drehfeldes.

$$\boxed{\mathfrak{B} = \mathfrak{B}_m e^{\pm j\omega t}.} \tag{146}$$

Auch hier erhalten wir den Augenblickswert der Felddichte an einer beliebigen Stelle des Ankerumfanges (im Luftspalt) durch Projektion des Feldvektors auf die zugehörige Achse.

Auf Grund dieser Gleichung erhalten wir für die Addition zweier, mit gleicher Geschwindigkeit in gleicher Richtung umlaufenden Drehfelder:

$$\mathfrak{B} = \mathfrak{B}_1 e^{j\omega t} + \mathfrak{B}_2 e^{j\omega t} = (\mathfrak{B}_1 + \mathfrak{B}_2)\, e^{j\omega t}.$$

In gleicher Richtung mit gleicher Geschwindigkeit umlaufende Drehfelder setzen sich also zu einem resultierenden Drehfeld zusammen. Die Größe ergibt sich aus der geometrischen Addition der Feldvektoren.

Abb. 193. Addition zweier gegensinnig umlaufender Drehfelder zu einem stehenden Wechselfeld.

4. Beziehungen zwischen Drehfeld und Wechselfeld.

Ein Drehfeld konnten wir mit einer fortschreitenden Welle und ein Wechselfeld mit einer stehenden Welle vergleichen. An Hand dieser physikalisch wohlbekannten Vorstellungen ergibt sich auch sofort der Zusammenhang zwischen Drehfeld und Wechselfeld. Ebenso wie eine stehende Welle sich als die Überlagerung einer fortschreitenden und einer rückläufigen Welle ergibt, deuten wir auch ein Wechselfeld als die Überlagerung zweier entgegengesetzt umlaufender Drehfelder. Ist B_m der Höchstwert der Wechselfeldamplitude, dann ist der Höchstwert der beiden Drehfelder $B_m/2$. Abb. 193 zeigt, wie aus den Vektoren der beiden entgegengesetzt umlaufenden Drehfelder der veränderliche Vektor eines Wechselfeldes entsteht. Unsere Behauptung hat also folgende mathematische Form:

$$\mathfrak{B}_m \cos \omega t = \frac{1}{2}\, \mathfrak{B}_m\, e^{j\omega t} + \frac{1}{2} \mathfrak{B}_m\, e^{-j\omega t}.$$

$\mathfrak{B}_m \cos \omega t$ ist das Wechselfeld nach Gl. 142a, das wir in das linksumlaufende Drehfeld $\frac{1}{2} \mathfrak{B}_m e^{j\omega t}$ und in das rechtsumlaufende Drehfeld $\frac{1}{2}\, \mathfrak{B}_m e^{-j\omega t}$ zerlegen. Den Beweis für die Richtigkeit obiger Gleichsetzung erhalten wir unmittelbar, indem wir $e^{\pm j\omega t} = \cos \omega t \pm j \sin \omega t$ auf der rechten Seite einführen und die entsprechenden Glieder zusammenfassen.

Dieser Vorgang der Zerlegung eines Wechselfeldes ist für das Verständnis der Vorgänge in elektrischen Maschinen äußerst wichtig, weshalb wir noch einmal wiederholen: Ein Wechselfeld läßt sich stets in zwei entgegengesetzt umlaufende Drehfelder von halbem Höchstwert zerlegen. Wir nennen sie „rechtläufiges und gegenläufiges Drehfeld“, um zum Ausdruck zu bringen, daß das rechtläufige Drehfeld im richtigen Sinne bezüglich des gewünschten Vorganges umläuft und das gegenläufige Drehfeld entgegengesetzt (z. B. der Drehrichtung eines Motors). Das gegenläufige Drehfeld ist daher meist unerwünscht.

5. Elliptisches Drehfeld.

Drehen wir das Ergebnis des vorigen Abschnittes um, dann ergibt sich: Die Addition zweier entgegengesetzt umlaufender Drehfelder gleicher Größe ergibt ein Wechselfeld. Es ist nun die Frage, was für ein Feld entsteht, wenn die beiden entgegengesetzt umlaufenden Drehfelder verschiedener Größe sind. Wir wollen zeigen, daß dann ein sogenanntes elliptisches Drehfeld auftritt, ein Feld, dessen Achse wie beim Drehfeld umläuft und dessen Amplitude sich wie beim Wechselfeld ändert. Das elliptische Drehfeld ist also eine Zwischenform zwischen Wechselfeld und Drehfeld. Der Name rührt daher, daß die Spitze des Feldvektors eine Ellipse durchläuft. Zum Beweis dessen nehmen wir also zwei verschieden große, entgegengesetzt umlaufende Drehfelder $\mathfrak{B}_1\, e^{j(\omega t + \varphi_1)}$ und $\mathfrak{B}_2\, e^{-j(\omega t + \varphi_2)}$ an. Den Zeitpunkt $t = 0$ bzw. $\omega t = 0$ setzen wir unbeschadet der Allgemeingültigkeit unseres Beweises so an, daß die beiden Drehfelder in diesem Augenblick gerade zusammenfallen, und in diese augenblickliche Achse des resultierenden Feldes legen wir die reelle Achse unseres Koordinatensystems (Abb. 194). Dann lautet die Gleichung des resultierenden Feldes:

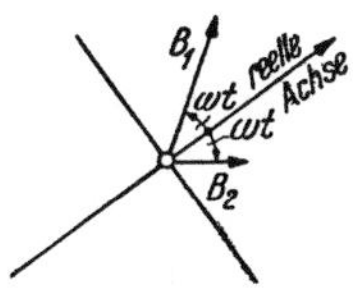

Abb. 194.

$$\mathfrak{B} = B_1\, e^{j\omega t} + B_2\, e^{-j\omega t}.$$

Mit der Zerlegung von $e^{\pm j\omega t} = \cos\omega t \pm j \sin\omega t$ erhalten wir

$$\mathfrak{B} = A \cos\omega t + j\, D \sin\omega t,$$

wenn wir $A = B_1 + B_2$ und $D = B_1 - B_2$ setzen. Das ist aber bereits die Gleichung einer Ellipse in Parameterdarstellung. Die Hauptachse A der Ellipse ist die Summe und die kleine Achse D ist die Differenz der beiden Drehfeldamplituden. — Aus der Komponentenzerlegung $\mathfrak{B}_x = A\cos\omega t \equiv x$ und $\mathfrak{B}_y = D \sin\omega t \equiv y$ ergibt sich durch Quadrieren und Addieren die gewöhnliche Gleichung einer Ellipse:

$$\left(\frac{x}{A}\right)^2 + \left(\frac{y}{D}\right)^2 = 1,$$

wobei die räumliche Lage des Koordinatensystems entsprechend den Anfangsbedingungen zur Zeit $t = 0$ beliebig sein kann (Abb. 194). Der Feldvektor des

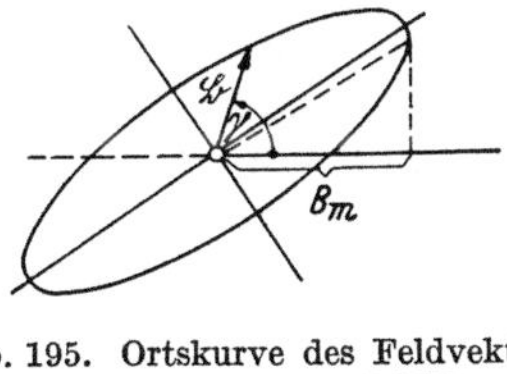

Abb. 195. Ortskurve des Feldvektors eines elliptischen Drehfeldes.

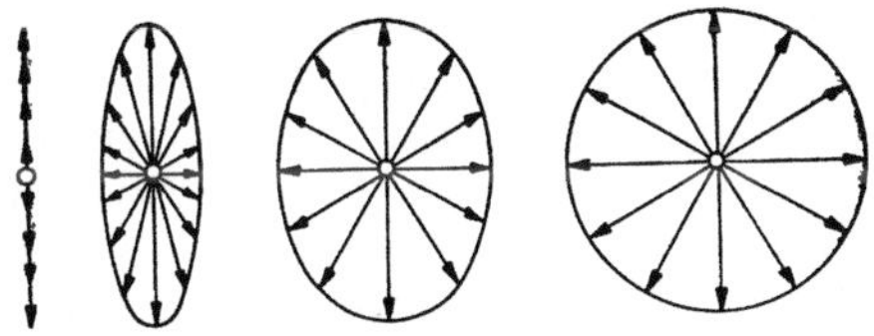
Abb. 196. Stetiger Übergang der Ortskurven vom Wechselfeld über das elliptische Drehfeld zum Kreisdrehfeld.

resultierenden Feldes durchläuft also eine Ellipse, wie Abb. 195 zeigt. Auf Grund des Ansatzes nach Abb. 194 darf man aber nicht schließen, daß etwa auch der Feldvektor $\mathfrak{B}$ des resultierenden Feldes mit der Winkelgeschwindigkeit ω umlaufe; im Gegenteil, dieser Feldvektor durchläuft die Ellipse nicht mit konstanter Winkelgeschwindigkeit, so daß aus seiner augenblicklichen Lage im Diagramm nur die räumliche Lage, in Abb. 195 durch den Winkel γ gekennzeichnet, entnommen werden kann.

Auch bei dieser Ellipse erhalten wir wieder, wie beim Wechselfeld und Drehfeld, den Augenblickswert des Feldes in einer beliebigen Achse durch Projektion des umlaufenden Feldvektors auf diese Achse. Daraus ergibt sich weiter, daß die in einer beliebigen Achse auftretende größte Felddichte B_m durch dasjenige Lot auf diese Achse bestimmt ist, das die Ellipse tangiert, wie es in Abb. 195 z. B. für die horizontale Achse eingezeichnet worden ist.

Um das Drehfeld konstanter Amplitude besser vom elliptischen Drehfeld sprachlich unterscheiden zu können, nennt man jenes, da dessen Ortskurve des Feldvektors ein Kreis ist, auch Kreisdrehfeld. Wir haben damit nun einen stetigen Übergang vom Wechselfeld über das elliptische Drehfeld zum Kreisdrehfeld gefunden, der von der Geraden des Wechselfeldvektors über die Ellipse zum Kreis des Kreisdrehfeldvektors führt und in Abb. 196 angedeutet ist.

Das elliptische Drehfeld kann auch noch in anderer Weise als durch Überlagerung zweier gegenläufiger Drehfelder verschiedener Größe gedeutet werden. Dazu zerlegen wir das größere Drehfeld in zwei Teildrehfelder, von denen das eine so groß wie das gegenläufige Drehfeld ist. Die Addition der beiden nunmehr gleichen, gegenläufigen Drehfelder ergibt ein Wechselfeld und dazu kommt noch das restliche Teildrehfeld. Ein elliptisches Drehfeld kann somit auch als die Überlagerung eines Wechselfeldes und eines Kreisdrehfeldes aufgefaßt werden. Die Hauptachse der Ellipse ist auch die Achse des Wechselfeldes.

6. Addition mehrerer Wechselfelder.

Jede Ankerspule erzeugt bei Speisung mit Wechselstrom ein Wechselfeld. Es soll nun untersucht werden, wie die Wechselfelder verschiedener räumlich am Ankerumfang versetzter Spulen sich addieren.

a) Gleichphasige Ströme bei versetzten Spulen erzeugen ein resultierendes Wechselfeld, dessen Höchstwert sich aus der geometrischen Summe der Einzelfeldvektoren ergibt:

$$\begin{aligned} \mathfrak{B} &= \mathfrak{B}_1 \cos \omega t + \mathfrak{B}_2 \cos \omega t + \dots \\ &= (\mathfrak{B}_1 + \mathfrak{B}_2 + \dots) \cos \omega t. \end{aligned}$$

b) Sind die einzelnen Ströme phasenverschoben, dann zerlegen wir das Wechselfeld jeder Spule in zwei gegensinnig umlaufende Drehfelder. Die rechtläufigen Drehfelder aller Spulen addieren wir für sich und ebenso die gegenläufigen für sich in der bekannten Weise und erhalten damit ein resultierendes rechtläufiges und ein resultierendes gegenläufiges Drehfeld. Diese beiden zusammen ergeben ein elliptisches Drehfeld, wenn die beiden Drehfelder verschieden groß sind. Im allgemeinen bilden also verschiedene Wechselfelder, die zeitlich phasenverschoben und räumlich versetzt sind, ein elliptisches Drehfeld. Ein resultierendes Wechselfeld würde sich einstellen, wenn das resultierende rechtläufige Drehfeld gleich dem resultierenden gegenläufigen Drehfeld wäre. Das ist aber nur in dem oben bereits unter a) besprochenen Sonderfall möglich. Ein Kreisdrehfeld würde entstehen, wenn das resultierende gegenläufige Drehfeld verschwindet, was unter gewissen Bedingungen möglich ist.

c) Es soll gezeigt werden, unter welchen Bedingungen die gegenläufigen Drehfelder verschwinden, d. h. unter welchen Bedingungen aus der Addition von Wechselfeldern ein Kreisdrehfeld entsteht.

Es sei ein Anker mit mehreren Spulen so geschaltet, daß eine Spule,[1]) die in der Drehrichtung der rechtläufigen Drehfelder auf eine andere folgt, auch einen Strom führt, der gegen den Strom der vorhergehenden Spule nacheilt.

[1]) Es wird im folgenden immer vorausgesetzt, daß alle Spulen untereinander gleichwertig sind, also vor allem gleiche Windungszahl haben.

Bezeichnen wir nun mit γ_n den räumlichen Winkel, um den die Spule n gegen die vorhergehende Spule versetzt ist, und mit φ_n die Phasennacheilung des Stromes dieser Spule gegenüber dem Strom der vorhergehenden Spule, dann gilt für die Phasenwinkel $\sum_1^m \varphi_n = 2\pi$ und ebenso für die Raumwinkel $\sum_1^m \gamma_n = 2\pi$. Schreibt man nun für die Wechselfelder die Gleichung der Wechselfelder bzw. Teildrehfelder nach den Gl. 141 und 145 unter Benutzung der Winkel φ_n und γ_n an, dann erhält man für die gegenläufigen Teildrehfelder einen Vektorstern mit den gegenseitigen Winkeln $(\gamma_n + \varphi_n)$. Soll das resultierende Feld verschwinden, muß dieser Vektorstern symmetrisch sein, d. h. alle Winkel $(\gamma_n + \varphi_n)$ müssen einander gleich sein. Unter Beachtung der oben zuvor gegebenen Werte für die Summe der Phasen- und Raumwinkel läßt sich diese Bedingung nur dann erfüllen, wenn

$$\gamma_n + \varphi_n = 2\,\frac{2\pi}{m}. \tag{147}$$

m ist die Anzahl der Spulen. Sind mehrere Spulen am Ankerumfang in Reihe geschaltet und werden sie vom gleichen Strom durchflossen, so sind diese bei der Bestimmung von m als eine einzige Spule (Wicklungsstrang) anzusehen (vgl. Abb. 186). Für eine Wicklung mit zwei Wicklungssträngen ist in obiger Bedingung $m = 4$ zu setzen. Voraussetzung für obige Beziehung ist, daß die Windungszahlen und die Ströme aller Spulen gleich groß sind, sonst läßt sich eine allgemein gültige Regel nicht angeben.

Sind die Spulen symmetrisch verteilt, dann wird $\gamma_n = 2\pi/m$ und damit muß auch $\varphi_n = 2\pi/m$ werden. Bei symmetrischen Wicklungen muß die zeitliche Phasenverschiebung der Ströme gleich der räumlichen Versetzung (im elektrischen Winkelmaß ausgedrückt) der Spulen am Ankerumfang sein, damit ein Kreisdrehfeld entsteht.

In elektrischen Maschinen interessiert uns am meisten die symmetrische Drehstromwicklung mit drei Wicklungssträngen ($m = 3$). Damit eine solche Drehstromwicklung ein Kreisdrehfeld erzeugt, muß die räumliche Versetzung der Wicklungen 120° und die zeitliche Phasenverschiebung der Ströme ebenfalls 120° bei gleichen Spulenabmessungen und gleichen Stromstärken betragen.

7. Erzeugung eines Drehfeldes durch eine Drehstromwicklung.

Als Ergebnis des letzten Abschnittes erhielten wir die Bedingungen, unter denen eine Drehstromwicklung ein Drehfeld erzeugt. Wegen der Wichtigkeit wollen wir diesen Vorgang noch etwas eingehender betrachten. Wir untersuchen die Vorgänge im Luftspalt eines Drehstrommotors. Der Ständer trage eine dreiphasige Drehstromwicklung in zweipoliger Ausführung; die Läuferwicklung interessiert hierbei nicht. Die Ständerwicklung sei am Ankerumfang gleichmäßig fein verteilt, so daß wir von dem Einfluß der Nuten auf die Feldkurve (Treppenform!) absehen können (Abb. 197). In Abb. 198a bis c sind die Feldkurven für verschiedene Augenblicke angegeben: In Abb. 198a mit dem willkürlich herausgegriffenen Augenblick $\omega t = 0$ führt die Spule I den Höchstwert des Stromes und die beiden anderen je den halben Strom mit negativem Vorzeichen. In der beigefügten Skizze ist die Stromverteilung am Ankerumfang mit der zugehörigen Feldachse für diesen Augenblick angegeben; die gegenüber den beiden anderen Spulen doppelte Stromstärke

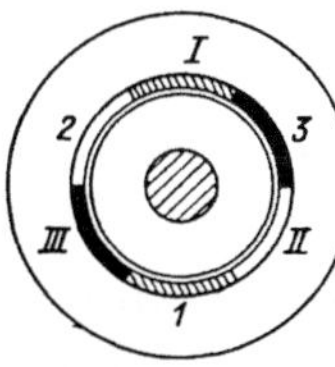

Abb. 197. Anordnung einer Drehstromwicklung am Ankerumfang bei gleichmäßiger Verteilung der Leiter.

in der Spule I soll durch die eingezeichnete doppelte Reihe der Stromrichtungszeichen (+ bzw. •) angedeutet werden. Die Feldkurve hat hier in Abb. 198a Trapezdreieckform. Man kann sie sich entstanden denken aus der Überlagerung einer Dreieck- und einer Trapezfeldkurve. Die Dreieckfeldkurve gehört zu den Strömen, welche in der Zeichnung des Ankers durch die Reihe der gleichmäßig über den ganzen Ankerumfang verteilten Stromrichtungszeichen dargestellt werden (s. Abb. 184), während die Trapezfeldkurve zu den Strömen gehört, welche nur auf einem Drittel des Ankerumfanges fließen. Der Strom jeder Reihe hat den

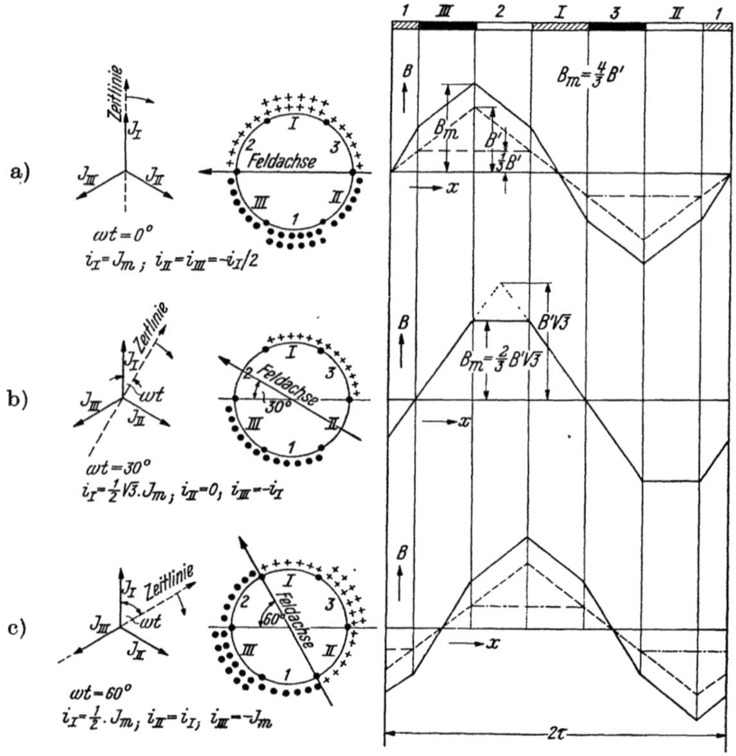

Abb. 198. Feldkurven einer Drehstromwicklung.

Wert 0,5 J_m und setzen wir den Höchstwert der Induktion für die Dreieckkurve gleich B', dann ist wegen der entsprechend geringeren Spulenbreite der Höchstwert der Trapezkurve $^1/_3\, B'$, so daß der resultierende Höchstwert $B_m = \frac{4}{3} B'$ wird. In Abb. 198b bei $\omega t = 30°$ ist der Strom in der Spule II inzwischen auf null und der Strom in der Spule I auf 0,866 $J_m = {}^1/_2\sqrt{3}\, J_m$ zurückgegangen, während der Strom in der Spule III auf $-$ 0,866 J_m angewachsen ist. Die zugehörige Feldkurve hat trapezförmigen Verlauf; entsprechend dem Winkel $\omega t = 30°$ hat sich auch die Feldachse um 30° räumlich (bei $2p = 2$) gedreht. Wegen des $\sqrt{3}$-mal größeren Stromes wäre der Höchstwert der dreieckförmigen Feldkurve bei voller Bedeckung auch $\sqrt{3}$-mal größer, also gleich $B'\sqrt{3}$, wegen der $^2/_3$-Bedeckung ist aber $B_m = \frac{2}{3} B' \sqrt{3}$. In Abb. 198c haben wir bei $\omega t = 60°$

wieder dieselbe Stromverteilung am Ankerumfang wie in Abb. 198a, jedoch um 60° räumlich gedreht. Man erkennt also hieraus in einfacher Weise das Zustandekommen eines umlaufenden Feldes. Die Feldkurve schwankt bei ihrem Umlauf zwischen der Trapezdreieckform und der Trapezform; der Übergang von der einen Grenzform zur anderen erfolgt natürlich in stetiger Weise. Dieser Wechsel der Feldform erfolgt mit sechsfacher Netzfrequenz (360°:60° = 6!). Wir werden weiter unten noch erkennen, daß trotz dieses Wechsels der Feldkurve die Grundwelle des Drehfeldes unveränderlich ist. Die Höchstwerte der Induktionen für die Kurvenformen Trapezdreieck:Trapez: Grundwelle verhalten sich wie 1:0,866:0,912 und die zugehörigen Flüsse wie 1:0,99:0,995, wie man aus Abb. 199 ohne weiteres, bezüglich der Grundwelle mit Hilfe der FOURIER-Analyse entnehmen kann. In den Abb. 199 sind diese Verhältniszahlen auf die Werte der Grundwelle als Einheit umgerechnet worden. Diese Pulsationen des gesamten Flusses sind im allgemeinen bedeutungslos; für das Verhalten der Maschinen ist im wesentlichen die Grundwelle des Drehfeldes maßgebend, wie wir schon früher betont haben.

Es soll nun noch kurz gezeigt werden, wie die Grundwelle des Drehfeldes aus den Wechselfeldern der einzelnen Spulen entsteht. Jede Spule (bzw. Wicklungsstrang) entwickelt ein Wechselfeld. Die Achsen dieser Felder sind um 120° verdreht und ebenso die zeitliche Phase dieser Felder. Wir zerlegen nach den uns bekannten Gesetzen jedes Wechselfeld in zwei entgegengesetzt umlaufende Drehfelder von halbem Höchstwert des Wechselfeldes und erhalten somit drei rechtläufige und drei gegenläufige Drehfelder, die wir je für sich zu addieren haben. Dazu müssen wir wissen, welche räumlichen Winkel die Achsen der rechtläufigen bzw. der gegenläufigen Drehfelder untereinander einschließen. Wie ohne weiteres einzusehen ist, gibt es aus Symmetriegründen nur zwei Möglichkeiten für die räumliche Lage der Drehfeldvektoren zueinander: Entweder beträgt der Winkel jeweils 120° oder 0°. Diese beiden Möglichkeiten sind in Abb. 200a und b dargestellt. Die in Sternform liegenden Drehfeldvektoren ergeben zusammen null, sind also als die gegenläufigen Drehfelder zu bezeichnen, während die rechtläufigen Drehfelder in gleicher Achse gemeinsam umlaufen und sich addieren. Das allein übrigbleibende, resultierende rechtläufige Drehfeld ist demnach dreimal so groß wie ein Teildrehfeld und somit $^3/_2$-mal größer als der Höchstwert des Wechselfeldes einer Spule. Wir erkennen ferner, daß tatsächlich die Grundwelle des Luftspaltfeldes ein Drehfeld konstanter Amplitude, also ein Kreisdrehfeld ist, weil die gegenläufigen Drehfelder verschwinden. Da wir dieselben Überlegungen auch für eine beliebige m-phasige Wicklung anstellen können, so gilt für das Verhältnis der Amplitude des Drehfeldes $B_{I,m}$ zur Amplitude B_I des Wechselfeldes eines Wicklungsstranges:

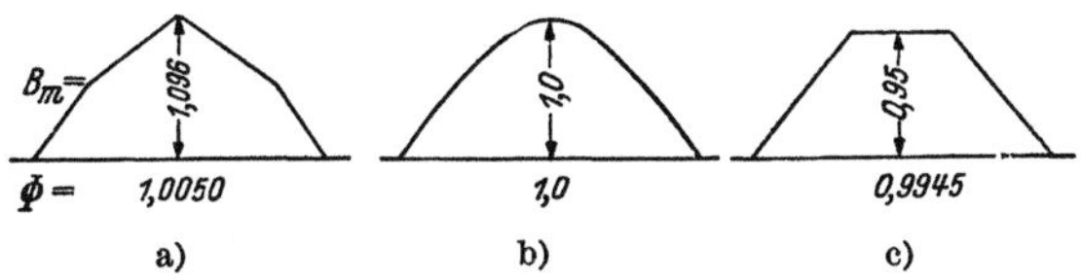

Abb. 199. Größenverhältnisse der Feldkurven einer Drehstromwicklung.

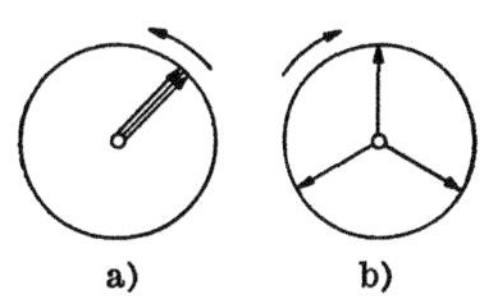

Abb. 200. Zur Addition der gegensinnig umlaufenden Drehfelder einer Drehstromwicklung.

$$B_{I,m} = \frac{m}{2} B_I. \tag{148}$$

Das gleiche gilt auch für die Flüsse des Drehfeldes und des Wechselfeldes, so daß wir dieses Ergebnis in der einfachen Weise zusammenfassen können: Durch das Zusammenwirken der Wicklungsstränge einer m-phasigen Wicklung wird der Fluß eines Wicklungsstranges auf das $\frac{m}{2}$-fache erhöht; aus einem Wechselfeld wird dabei ein Kreisdrehfeld. Wie man aus Abb. 198 ferner erkennen kann, läuft die Achse des Drehfeldes durch die Spulenachse, wenn diese Spule gerade den Höchstwert des Stromes führt; d. h. in bezug auf eine Spule hat das Drehfeld dieselbe Phase wie das Wechselfeld dieser Spule. Da wir den Fluß des Wechselfeldes dem Strom dieser Spule proportional setzen, können wir entsprechend Gl. 148 auch den Fluß des Drehfeldes dem Strom einer Spule bzw. eines Wicklungsstranges proportional setzen. Hierauf werden wir später noch zu sprechen kommen.

8. Symmetrische Komponenten.

Ein symmetrischer Drehstrom erzeugt in einer Drehstromankerwicklung, wie wir gesehen haben, ein Kreisdrehfeld. In sehr vielen Fällen ist nun aber das wirkliche Drehstromnetz nicht symmetrisch belastet, die einzelnen Ströme sind verschieden groß und ihre gegenseitige Phasenverschiebung ist nicht 120°. Ein solcher Drehstrom kann in einer Drehstromwicklung kein Kreisdrehfeld erzeugen, sondern nur ein elliptisches Drehfeld, wie wir in Abschn. III B 5 gesehen haben. Das bedeutet zwei entgegengesetzt umlaufende Drehfelder. Es liegt nun der Gedanke nahe, jedem der beiden umlaufenden Drehfelder einen symmetrischen Drehstrom zuzuordnen. Entsprechend den entgegengesetzt umlaufenden Drehfeldern müssen dann auch die beiden Drehstromsysteme entgegengesetzte Phasenfolge aufweisen. Diesen Vorgang nennen wir die Zerlegung eines unsymmetrischen Drehstromsystems in zwei symmetrische Drehstromsysteme mit entgegengesetzter Phasenfolge oder auch kurz die Zerlegung eines unsymmetrischen Drehstromsystems in seine symmetrischen Komponenten. Durch diese Zerlegung erspart man sich den Umweg über die Addition der Wechselfelder, um die beiden gegenläufigen Drehfelder im Endergebnis unmittelbar zu erhalten.

Es sei gemäß Abb. 201a ein unsymmetrisches Drehstromsystem gegeben, für das sogar $\Sigma i = i_0 \neq 0$ sein soll, weil wir der Allgemeingültigkeit unserer

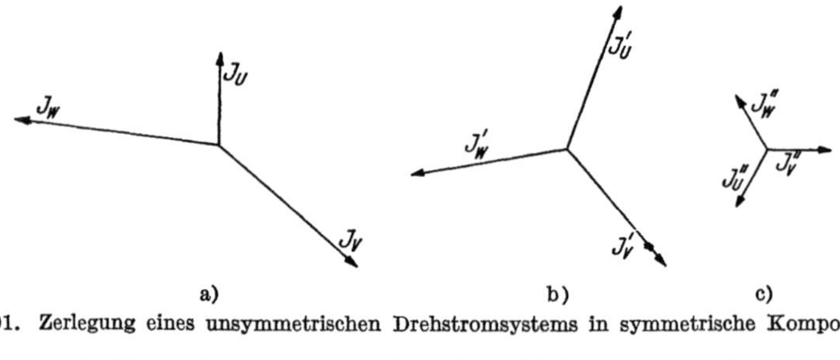

a) b) c)

Abb. 201. Zerlegung eines unsymmetrischen Drehstromsystems in symmetrische Komponenten.

Entwicklungen halber einen stromführenden Nulleiter annehmen wollen. Es gilt also:

$$\mathfrak{J}_U + \mathfrak{J}_V + \mathfrak{J}_W = \mathfrak{J}_0.$$

Der Nulleiterstrom bedeutet eine gleichphasige Komponente im Strom jedes Wicklungsstranges; der restliche Strom jeder Phase soll nun in zwei Komponenten zerlegt werden, von denen die eine zum rechtläufigen und die andere zum gegenläufigen System gehört. Wir wollen also folgende Zerlegung durchführen und beweisen:

$$\mathfrak{J}_U = \frac{1}{3}\mathfrak{J}_0 + \mathfrak{J}_U' + \mathfrak{J}_U''; \quad \mathfrak{J}_V = \frac{1}{3}\mathfrak{J}_0 + \mathfrak{J}_V' + \mathfrak{J}_V'';$$

$$\mathfrak{J}_W = \frac{1}{3}\mathfrak{J}_0 + \mathfrak{J}_W' + \mathfrak{J}_W''. \qquad (149)$$

Die Komponenten $\mathfrak{J}_U'$, $\mathfrak{J}_V'$ und $\mathfrak{J}_W'$ sowie $\mathfrak{J}_U''$, $\mathfrak{J}_V''$ und $\mathfrak{J}_W''$ bilden symmetrische Sterne, die eine gewisse, rechnerisch bestimmbare gegenseitige Lage zueinander und zum Ausgangsstern der Abb. 201a sowie entgegengesetzte Phasenfolge haben, wie in Abb. 201b und c gezeigt ist.

Zum Beweis unserer Behauptung schreiben wir unter Einführung der Operatoren $\eta = e^{j2\pi/3}$ und $\varepsilon = e^{-j2\pi/3}$ folgende Gleichungen an:

$$\left.\begin{aligned}
\mathfrak{J}_U &= \frac{1}{3}(\mathfrak{J}_U + \mathfrak{J}_V + \mathfrak{J}_W) + \frac{1}{3}(\mathfrak{J}_U + \eta\mathfrak{J}_V + \varepsilon\mathfrak{J}_W) + \frac{1}{3}(\mathfrak{J}_U + \varepsilon\mathfrak{J}_V + \eta\mathfrak{J}_W);\\
\mathfrak{J}_V &= \frac{1}{3}(\mathfrak{J}_V + \mathfrak{J}_W + \mathfrak{J}_U) + \frac{1}{3}(\mathfrak{J}_V + \eta\mathfrak{J}_W + \varepsilon\mathfrak{J}_U) + \frac{1}{3}(\mathfrak{J}_V + \varepsilon\mathfrak{J}_W + \eta\mathfrak{J}_U);\\
\mathfrak{J}_W &= \frac{1}{3}(\mathfrak{J}_W + \mathfrak{J}_U + \mathfrak{J}_V) + \frac{1}{3}(\mathfrak{J}_W + \eta\mathfrak{J}_U + \varepsilon\mathfrak{J}_V) + \frac{1}{3}(\mathfrak{J}_W + \varepsilon\mathfrak{J}_U + \eta\mathfrak{J}_V).
\end{aligned}\right\} \quad (150)$$

Die beiden letzten Gleichungen gehen aus der ersten durch zyklische Vertauschung der Indizes hervor. Diese Gleichungen sind weiter nichts als formale Erweiterungen der Identitäten $\mathfrak{J}_U \equiv \mathfrak{J}_U$, $\mathfrak{J}_V \equiv \mathfrak{J}_V$ und $\mathfrak{J}_W \equiv \mathfrak{J}_W$. Um das zu erkennen, sind z. B. in der ersten Gleichung nach Auflösung der Klammern die Ausdrücke $\frac{1}{3}(\mathfrak{J}_V + \eta\,\mathfrak{J}_V + \varepsilon\,\mathfrak{J}_V)$ sowie $\frac{1}{3}(\mathfrak{J}_W + \eta\,\mathfrak{J}_W + \varepsilon\,\mathfrak{J}_W)$ einer besonderen Betrachtung zu unterziehen. Die in diesen Ausdrücken enthaltenen Vektoren sind in den Abb. 202a und b dargestellt; ihre Summe ist jeweils null. Streicht man also diese Ausdrücke auf der rechten Seite der ersten Gleichung, so bleibt die Identität $\mathfrak{J}_U \equiv \mathfrak{J}_U$ übrig. Die gleichen Verhältnisse ergeben sich auch für die beiden anderen Gleichungen.

Wir haben nun noch nachzuweisen, daß die Klammerausdrücke in den obigen Gleichungen die in Gl. 149 geforderten Komponenten darstellen. Für die erste Gleichung soll also gelten:

$$\left.\begin{aligned}
\frac{1}{3}\mathfrak{J}_0 &= \frac{1}{3}(\mathfrak{J}_U + \mathfrak{J}_V + \mathfrak{J}_W);\\
\mathfrak{J}_U' &= \frac{1}{3}(\mathfrak{J}_U + \eta\,\mathfrak{J}_V + \varepsilon\,\mathfrak{J}_W);\\
\text{und}\quad \mathfrak{J}_U'' &= \frac{1}{3}(\mathfrak{J}_U + \varepsilon\,\mathfrak{J}_V + \eta\,\mathfrak{J}_W).
\end{aligned}\right\} \quad (150')$$

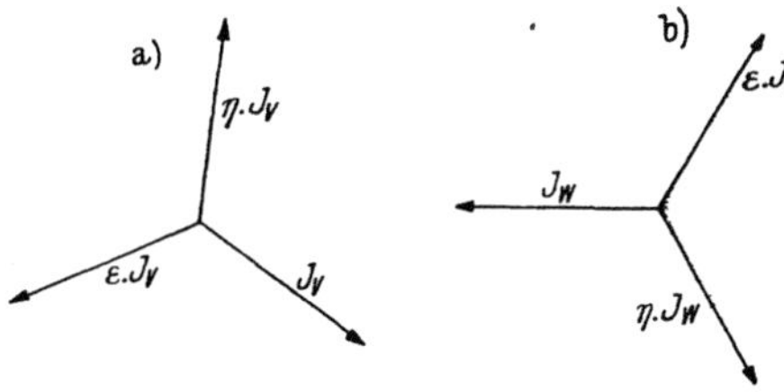

Abb. 202.

Die Richtigkeit der ersten dieser drei Beziehungen versteht sich von selbst. Wenn $\mathfrak{J}_U'$ die in Abb. 201b geforderte Komponente sein soll, dann muß $\mathfrak{J}_U'$ die Bedingung:

$$\mathfrak{J}_U' = \eta\,\mathfrak{J}_V' = \varepsilon\,\mathfrak{J}_W',$$

erfüllen. Indem man die entsprechenden Klammerausdrücke für $\mathfrak{J}_V'$ bzw. $\mathfrak{J}_W'$ in Gl. 150′ mit η bzw. ε multipliziert, erkennt man die Richtigkeit dieser Behauptung, wobei man zu beachten hat, daß $\eta^2 = \varepsilon$, $\varepsilon^2 = \eta$ und $\eta\,\varepsilon = 1$ ist. Entsprechend ist auch für $\mathfrak{J}_U''$ gemäß Abb. 201c die Bedingung:

$$\mathfrak{J}_U'' = \varepsilon\,\mathfrak{J}_V'' = \eta\,\mathfrak{J}_W''$$

nachzuprüfen, was keinerlei Schwierigkeiten bereitet.

Die Gl. 150 erfüllen also die in Gl. 149 gestellten Bedingungen. Die in allen drei Wicklungssträngen gleichphasig auftretende Komponente $\frac{1}{3}\mathfrak{J}_0$ erzeugt in jedem Wicklungsstrang wie jeder Strom ein Wechselfeld, das wir in Grund-

und Oberwellen zerlegen. Da diese Wechselfelder gleichphasig sind und die Achsen dieser Felder wie die Spulenachsen einen symmetrischen Stern bilden, sind die resultierende Grundwelle der drei Wechselfelder und ebenso die Resultierenden der nicht durch 3 teilbaren Oberwellen null, während die durch 3 teilbaren Oberwellen gleichphasige und gleichachsige Wechselfelder mit der Polzahl $2\,p\,\nu$ bilden.

$\mathfrak{J}_U'$, $\mathfrak{J}_V'$ und $\mathfrak{J}_W'$ sind die rechtläufigen Stromkomponenten und erzeugen das rechtläufige Drehfeld, $\mathfrak{J}_U''$, $\mathfrak{J}_V''$ und $\mathfrak{J}_W''$ sind die gegenläufigen Komponenten und erzeugen das gegenläufige Drehfeld. Im allgemeinen soll natürlich das gegenläufige Drehfeld möglichst klein sein, da dieses zusätzliche Verluste und bremsende Drehmomente in unseren Maschinen bewirkt. Nach VDE 0530/XII. 37 § 15 wird ein Drehstromsystem praktisch als symmetrisch angesehen, wenn die gegenläufige Komponente kleiner als 5% der rechtläufigen ist. Die graphische Ermittlung der symmetrischen Komponenten ist auf Grund der Gl. 150′ leicht durchzuführen und in Abb. 203 angegeben.

Die von den symmetrischen Stromkomponenten in elektrischen Maschinen erzeugten magnetischen Felder induzieren Spannungen, welche ebenfalls symmetrische Komponenten bilden:

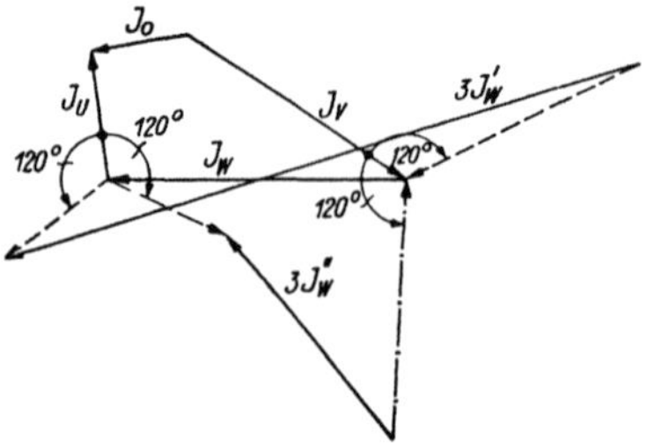

Abb. 203. Zerlegung eines unsymmetrischen Drehstromsystems in symmetrische Komponenten.

$$\mathfrak{U}_U = \frac{1}{3}\,\mathfrak{U}_0 + \mathfrak{U}_U' + \mathfrak{U}_U'';$$

$$\mathfrak{U}_V = \frac{1}{3}\,\mathfrak{U}_0 + \mathfrak{U}_V' + \mathfrak{U}_V'';$$

$$\mathfrak{U}_W = \frac{1}{3}\,\mathfrak{U}_0 + \mathfrak{U}_W' + \mathfrak{U}_W'';$$

$$\mathfrak{U}_U' = \varepsilon\,\mathfrak{U}_V' = \eta\,\mathfrak{U}_W';$$

$$\mathfrak{U}_U'' = \eta\,\mathfrak{U}_V'' = \varepsilon\,\mathfrak{U}_W''.$$

Dann bestehen zwischen den Strom- und den Spannungskomponenten folgende Beziehungen:

$$\mathfrak{U}_0 = \mathfrak{J}_0\,\mathfrak{Z}_g; \qquad \mathfrak{U}' = \mathfrak{J}'\,\mathfrak{Z}'; \qquad \mathfrak{U}'' = \mathfrak{J}''\,\mathfrak{Z}''.$$

Hierbei ist $\mathfrak{Z}_g$ der Widerstand für die gleichphasige Stromkomponente, $\mathfrak{Z}'$ der Widerstand für die rechtläufige und $\mathfrak{Z}''$ der Widerstand für die gegenläufige Stromkomponente.

Die Widerstände $\mathfrak{Z}'$ und $\mathfrak{Z}''$ sind verschieden, weil ja das rechtläufige und das gegenläufige Drehfeld verschiedene Drehzahlen gegenüber dem Polrad bzw. Läufer haben.

C. Strombelag, Durchflutung und Felderregerkurve.

1. Strombelag.

Nachdem wir uns mit den magnetischen Feldern eingehend beschäftigt haben, wenden wir uns den die Felder erzeugenden Strömen zu. Bei einer elektrischen Maschine kommt es wie beim Transformator nicht auf die Stromstärke allein, sondern auch auf die Windungszahl an, d. h. mit anderen Worten, die Durchflutung bestimmt das magnetische Feld. Die Aufteilung der Durchflutung auf mehr oder weniger Leiter ist eine Zufälligkeit, die durch die gewünschte Spannung der Maschine bedingt ist. In Abb. 204 ist eine Spule in mehreren Nuten gezeichnet. Die Durchflutungen sind in den einzelnen Nuten zusammengefaßt, also nicht gleichmäßig am Ankerumfang verteilt. Die Folge dieser unstetigen Verteilung der Durchflutungen ist, wie wir bei der Feldkurve gesehen haben, ein treppenförmiges Ansteigen des Feldes. Anderseits hat die Erfahrung gezeigt, daß für die grundsätzliche Wirkungsweise einer Maschine diese Treppenform belanglos ist. Wir können uns daher, ohne einen grundsätzlichen Fehler zu machen, die Leiter am Ankerumfang gleichmäßig verteilt denken. Als Strombelag bezeichnen wir dann die Durchflutung (Leiterzahl mal Strom), die auf 1 cm des Ankerumfanges entfällt. Bei einer Spulenbreite S und einer Leiterzahl $2\,w/2\,p$ je Spulenseite ist der Strombelag

$$A = \frac{J\,w}{S\,p}. \tag{151a}$$

w ist hierbei die Windungszahl aller in Reihe liegenden Spulen eines Wicklungsstranges. Dieser Strombelag ist von den Zufälligkeiten der Nuten- und Windungszahlen unabhängig und ein bewährtes Vergleichsmaß für die Beanspruchung elektrischer Maschinen. Bei ausgeführten Maschinen ist $A \approx 200$ bis 400 bis 600 Amp/cm. Bei $A = 200$ Amp/cm z. B. fließen also je Zentimeter Ankerumfang 200 Amp in axialer Richtung, wenn man sich die Leiter gleichmäßig am Ankerumfang verteilt denkt. Bei Wechselstrom ist in Gl. 151a der Effektivwert des Stromes einzusetzen.

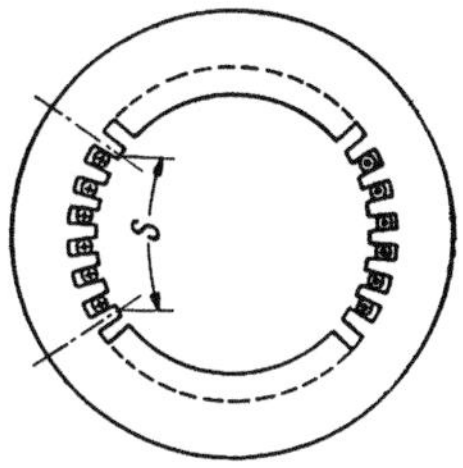

Abb. 204. Ankerspule in Nuten.

Bei einem vollbewickelten Anker kann man auch von der Gesamtleiterzahl und dem ganzen Ankerumfang ausgehen und schreiben:

$$A = \frac{2\,m\,w\,J}{\pi\,D}. \tag{151b}$$

m ist die Strangzahl, w die Windungszahl je Strang und D der Ankerdurchmesser. Die Phasenlage der einzelnen Ströme ist ohne Belang, da der Effektivwert unabhängig von der Phase für alle Wicklungsstränge gleich ist (symmetrische Belastung vorausgesetzt!).

2. Wechselstrombelag.

Der oben definierte Strombelag ist vor allem ein konstruktives Maß, das bei dem Entwurf und der Belastung der Maschine als Erfahrungszahl eine bedeutsame Rolle spielt. Für die Untersuchung der Vorgänge in der elektrischen Maschine ist aber diese Definition nicht brauchbar. Hier müssen wir die Verteilung des Strombelages am Ankerumfang und die zeitliche Phase der Ströme beachten.

Bei der angenommenen gleichmäßigen Verteilung der Wicklungsdrähte am Ankerumfang ist der örtliche Verlauf des Strombelages durch ein Rechteck über der Spulenbreite darstellbar. Da aber der Wechselstrom seine Größe ständig ändert, ist auch die Höhe dieses Rechteckes zeitlich veränderlich. Der höchste Wert dieses Wechselstrombelages ist nach Gl. 151a offenbar $A\,\sqrt{2}$. In gleicher Weise wie beim magnetischen Feld gehen wir auch hier dazu über, vorerst nur die Grundwelle des Strombelages zu betrachten, denn es liegt ja nahe, ein sinusförmig verteiltes magnetisches Feld einem sinusförmig verteilten Strombelag zuzuschreiben. Es wäre auch denkbar, eine dementsprechend sinusförmig verteilte Wicklung in der Maschine anzuordnen, wenn nicht konstruktive Gründe dies verbieten würden. In Abb. 205 ist die Rechteckkurve des Strombelages und die zugehörige Grundwelle dargestellt. Auf Grund der bekannten Zerlegung eines Rechtecks nach Fourier ist die Amplitude der Grundwelle

$$A_{\mathrm{I}} = \frac{4}{\pi} A\,\sqrt{2}\,\sin\beta. \tag{152a}$$

β ist die halbe Spulenbreite im elektrischen Winkelmaß gemessen, also $\beta = \frac{S}{\tau}\frac{\pi}{2}$; die Polteilung τ entspricht dabei dem Winkel π. Obiger Wert A_{I} des Wechselstrombelages ist der zeitliche und örtliche Höchstwert, der auftritt, wenn die Spule den Höchstwert des Stromes führt. Wie im Abschn. III E gezeigt wird, ist

$$\xi = \frac{\sin\beta}{\beta} \tag{153}$$

der Wicklungsfaktor der Spule bei gleichmäßiger Verteilung der Leiter über die Spulenbreite S. Ersetzen wir mit Hilfe obiger Beziehung $\sin\beta$ durch $\beta\,\xi = \frac{S}{\tau}\frac{\pi}{2}\xi$ und den Strombelag A nach Gl. 151a durch den Strom J, dann ist die Amplitude der Stromwelle:

$$A_{\mathrm{I}} = 2\sqrt{2}\,\frac{w\,\xi}{p\,\tau}\,J. \tag{152b}$$

Die Gleichung der Grundwelle des Wechselstrombelages (der Stromwelle) als Funktion von Zeit und Ort ist

$$a_{\mathrm{I}} = A_{\mathrm{I}} \cos\frac{x}{\tau}\pi\cos\omega\,t. \tag{154}$$

Mit Rücksicht auf weitere noch folgende Entwicklungen und Zusammenhänge haben wir hier zur Beschreibung des örtlichen Verlaufes die Cosinusfunktion gewählt. $x = 0$ ist dann, wie in Abb. 205 eingetragen, in der Spulenmitte anzusetzen.

Auf Grund dieser Gleichung, die im grundsätzlichen mit der Gleichung für das Wechselfeld übereinstimmt, können wir die Grundwelle des Wechselstrombelages als „stehende Stromwelle" bezeichnen. In Abb. 206 ist versucht worden, diese sinusförmige Stromwelle durch entsprechend im Durchmesser abgestufte Ankerleiter zur Darstellung zu bringen; Achse der Stromwelle (Lage der Amplitude) und Feldachse stehen senkrecht aufeinander.

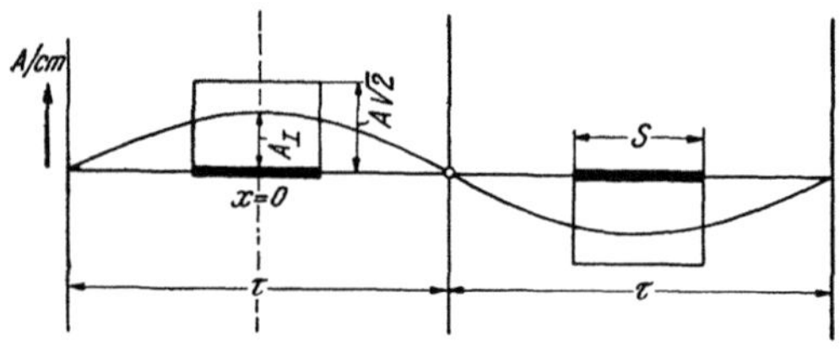

Abb. 205. Grundwelle des Strombelages.

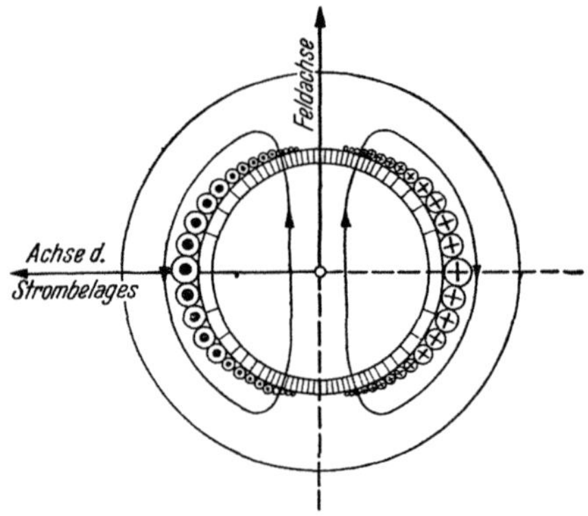

Abb. 206. Darstellung einer zweipoligen Ankerstromwelle.

Die Fourierscher Analyse liefert auch die Oberwellen des Wechselstrombelages nach Abb. 205. Sie sind ebenfalls als stehende Stromwellen zu bezeichnen; ihre Wellenlänge ist der ν-te Teil der Grundwellenlänge, also $\lambda_\nu = 2\,\tau/\nu$, und ihre Amplitude ist

$$A_\nu = \pm\frac{4}{\nu\,\pi}A\sqrt{2}\sin\nu\,\beta. \tag{155a}$$

Das positive Vorzeichen gilt für $\nu = 1, 5, 9, 13$ usw. und das negative Vorzeichen für $\nu = 3, 7, 11, 15$ usw.; aber auch das Vorzeichen von $\sin\nu\,\beta$ ist natürlich noch zu berücksichtigen, um das endgültige Vorzeichen für A_ν zu erhalten. Auch hier läßt sich der Wicklungsfaktor $\xi_\nu = \sin \nu \beta / \nu \beta$ einführen und der Strombelag A nach Gl. 151a durch J ausdrücken, so daß wir

$$A_\nu = \pm 2 \sqrt{2} \frac{w J}{p \tau} \xi_\nu \tag{155b}$$

erhalten. Hierbei ist entsprechend $\sin \nu \beta$ das Vorzeichen für den Wicklungsfaktor ξ_ν zu berücksichtigen. Die Gleichung der ν-ten Oberwelle des Wechselstrombelages ist

$$a_\nu = A_\nu \cos \nu \frac{x}{\tau} \pi \quad \cos \omega t. \tag{156}$$

Die zeitliche Abhängigkeit hat sich gegenüber der Grundwelle nicht geändert, weil auch die Oberwellen zeitlich mit der Frequenz des Stromes variieren.

3. Drehstrombelag.

Verfolgen wir den Strombelag einer Drehstromwicklung in seinem zeitlichen und örtlichen Verlauf, so ergeben sich Kurven, wie sie in Abb. 207 für einen nutenlosen Anker gezeichnet sind. Die Kurvenform des Strombelages ändert sich stetig und der ganze Strombelag verschiebt sich am Ankerumfang. Einen solchen Strombelag nennen wir im Gegensatz zum Wechselstrombelag mit unveränderlicher örtlicher Lage „Drehstrombelag", um zum Ausdruck zu bringen, daß dieser Strombelag sich dreht. Für unsere Betrachtungen ist jedoch der Drehstrombelag in dieser Form nicht geeignet. Wir gehen deshalb wieder wie beim Wechselstrombelag zur Grundwelle des Drehstrombelages, die wir auch „Drehstromwelle" (lies: Dreh-Stromwelle!) nennen wollen, über und lassen die Oberwellen zunächst außer Betracht. Da nun der Drehstrombelag durch das Zusammenwirken aller vorhandenen Wicklungsstränge zustande kommt, so ist auch zu erwarten, daß die Grundwelle des Drehstrombelages durch die Grundwelle der Wechselstrombeläge entsteht. Diesen Zusammenhang wollen wir nun ermitteln.

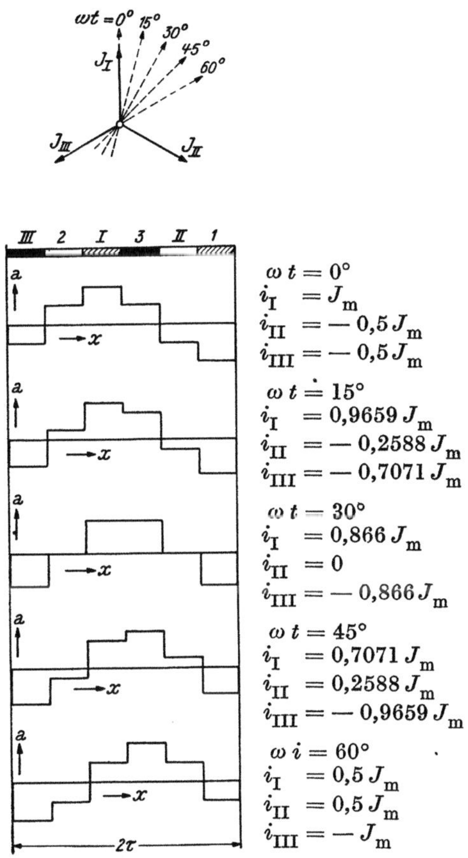

Abb. 207. Drehstrombelag einer Drehstromwicklung bei einem nutenlosen Anker und gleichmäßig verteilten Spulenseiten.

Die Grundwelle des Wechselstrombelages hatten wir als eine stehende Welle bezeichnet. Daraus folgt, daß diese stehende Welle sich in zwei gegenläufige Stromwellen, Drehstromwellen, mit konstanter Amplitude zerlegen läßt. Bei $m = 3$ haben wir also drei rechtläufige und drei gegenläufige Drehstromwellen, die wir zu addieren haben. Es liegt auf der Hand, daß diese Addition in gleicher Weise wie beim Drehfeld einer Mehrphasenwicklung erfolgt. Bei symmetrischer Belastung addieren sich die rechtläufigen Drehstromwellen algebraisch und die gegenläufigen heben sich auf. Die resultierende Drehstromwelle ist mithin

$$A_{\mathrm{I},m} = \frac{m}{2} A_{\mathrm{I}}, \tag{157a}$$

oder unter Beachtung von Gl. 152b:

$$A_{\mathrm{I},m} = m \frac{w \xi}{p \tau} J \sqrt{2}. \tag{157b}$$

Aus den Grundwellen der Wechselstrombeläge einer Mehrphasenwicklung haben wir somit die Beziehung für die Grundwelle des Drehstrombelages gefunden. Diese Grundwelle des Drehstrombelages erzeugt ein sinusförmiges Drehfeld und läuft ebenso schnell wie dieses um. Auf Grund der Drehfeldgleichung schreiben wir für eine beliebige Ordinate $a_{\mathrm{I},m}$ der Drehstromwelle

$$a_{\mathrm{I},m} = A_{\mathrm{I},m} \sin\left(\frac{x}{\tau}\pi \mp \omega t\right). \tag{158}$$

Das negative bzw. positive Zeichen gilt für Umlauf in der positiven bzw. negativen Richtung des Ankerumfanges. Die in Abb. 206 dargestellte Stromwelle können wir auch als Drehstromwelle ansehen, wenn wir uns diese Stromwelle mit der eigenen Achse und der Feldachse umlaufend denken. Im allgemeinen werden wir zur Abkürzung statt von Grundwelle des Wechselstrombelages bzw. Drehstrombelages nur von Wechselstrombelag bzw. Drehstrombelag sprechen, wenn eben kein Irrtum darüber möglich ist, daß es sich um die Grundwelle handelt, weil ja auch Stromwelle und Drehstromwelle streng genommen eines Zusatzes bedürfen, daß es sich um die Grundwelle und nicht um eine Oberwelle handelt. Das Wort „Welle" bringt nur die örtlich sinusförmige Verteilung zum Ausdruck. Auf die Oberwellen des Drehstrombelages kommen wir später noch zurück.

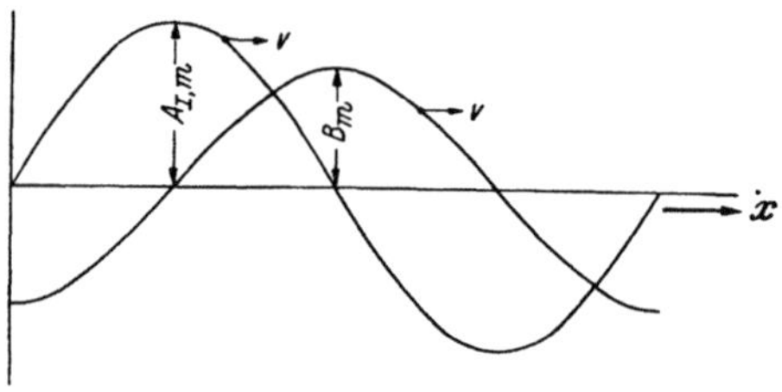

Abb. 208. Drehstrombelag und Drehfeld einer Drehstromwicklung (Grundwelle).

Abb. 208 zeigt die graphische Darstellung einer Drehstromwelle über dem abgewickelten Ankerumfang. Drehstromwelle und Drehfeld laufen beide mit der gleichen Geschwindigkeit um und ihre Achsen sind räumlich um 90° elektrisch verschoben.

4. Durchflutung, Wechsel- und Drehdurchflutung.

Um den Höchstwert des Drehfeldes, das von einem Drehstrombelag erzeugt wird, zu bestimmen, müssen wir die Durchflutung kennen, die im Höchstfall von einer Feldlinie umfaßt wird. Das ist die gesamte Durchflutung eines Strombelages gleichen Vorzeichens, d. h. einer Polteilung. Diese Durchflutung berechnen wir aus dem Integral des Strombelages über eine Polteilung:

$$\boxed{\Theta = \int_0^\tau a\, dx.} \tag{159}$$

$x = 0$ liegt hierbei in der Achse des Feldes bzw. dort, wo der Strombelag null ist. Diese Definition gilt ganz allgemein, gleichgültig, ob es sich um den gesamten vorhandenen Strombelag handelt oder nur um die Grundwellen des Wechsel- oder Drehstrombelages. Je nachdem wir einen Wechselstrombelag oder einen Drehstrombelag integrieren, sprechen wir von einer Wechseldurchflutung oder von einer Drehdurchflutung.

Die Integration einer Wechselstromwelle ergibt für die Grundwelle der **Wechseldurchflutung** einer Spule bzw. eines Stranges:

$$\Theta_{\mathrm{I}} = \frac{2}{\pi} A_{\mathrm{I}} \tau; \tag{160a}$$

und mit Berücksichtigung der Gl. 152b ist

$$\Theta_{\mathrm{I}} = \frac{4\sqrt{2}}{\pi} \frac{w\xi}{p} J. \tag{160b}$$

Die **Drehdurchflutung** ist $m/2$-mal größer, also

$$\Theta_{\mathrm{I},m} = \frac{2\sqrt{2}}{\pi} m \frac{w\xi}{p} J. \tag{161}$$

Auch der Durchflutung können wir eine Achse im Ankerraum zuordnen, die infolge deren Eigenschaft als Integral des Strombelages um 90° gegenüber der Achse des Strombelages versetzt ist und daher mit der Achse des Feldes zusammenfällt.

Berücksichtigen wir nun für einen magnetischen Kreis nur den magnetischen Widerstand der beiden Luftspalte, vernachlässigen also die magnetische Spannung im Eisen, dann besteht zwischen der Durchflutung und dem Höchstwert der Felddichte auf Grund des Durchflutungsgesetzes und auf Grund der Beziehung $B = \Pi_0 H$ folgender Zusammenhang:

$$B_m = \frac{\Theta \Pi_0}{2\delta}. \tag{162}$$

Θ ist die gesamte, für beide Luftspalte eines magnetischen Kreises zur Verfügung stehende Durchflutung und $\Theta/2\delta$ die magnetische Feldstärke im Luftspalt bei homogenem, radial gerichtetem Feld. Je nachdem, welchen Wert der Durchflutung man einsetzt, erhält man den wirklich auftretenden Höchstwert der Induktion oder die Amplitude der Grundwelle des Feldes.[1])

Den Einfluß der Eisensättigung kann man berücksichtigen, indem man einen etwas vergrößerten Luftspalt δ in die Rechnung einführt. Dies ist auch schon wegen der Nutung des Ankers erforderlich. Der Zuschlag für den vergrößerten magnetischen Widerstand des Luftspaltes infolge der Nutung beträgt etwa 10 bis 20%. Der Zuschlag für die Eisensättigung ist ganz von der Maschinenart abhängig und kann 50 bis 100% betragen!

5. Felderregerkurve.

In vielen Fällen, insbesondere bei der Untersuchung von Nebenerscheinungen und bei der Berechnung der Streuung und der Verluste, ist die Kenntnis der wirklichen Feldkurve unerläßlich. Hierfür reichen die bisher entwickelten Begriffe des Strombelages und der Durchflutung nicht aus, da bei diesen Größen lediglich die sinusförmige Grundwelle berücksichtigt wurde. Um die wirkliche Feldkurve zu erhalten, müssen wir die wirkliche Verteilung des Strombelages (nicht seiner Grundwelle) beachten. Aus dieser leiten wir die Felderregerkurve ab. Hierfür legen wir in Abb. 209 den Punkt $x = 0$ an die Stelle des Ankerumfanges, wo das Feld null ist und mithin auch die magnetische Spannung

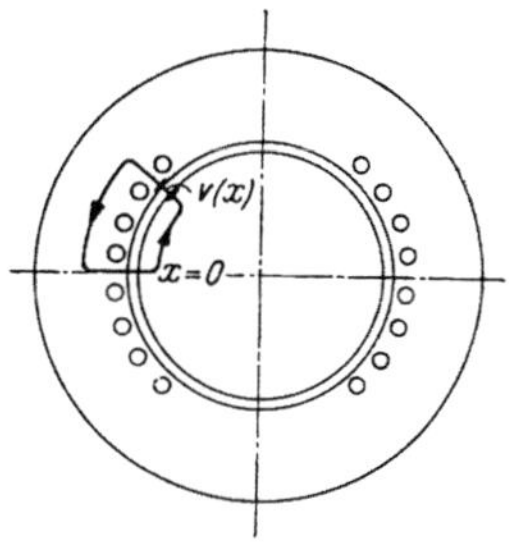

Abb. 209. Zur Definition der Felderregerkurve.

[1]) In Gl. 162 ist $\Pi_0 = 0{,}4\,\pi$ Gauß cm/Amp einzusetzen, um die Induktion B in Gauß zu erhalten. Die Durchflutung Θ wird stets in Amp und der Luftspalt δ in Zentimeter eingeführt.

am Luftspalt. Auf Grund des Durchflutungsgesetzes ist dann unter Vernachlässigung der magnetischen Spannung im Eisen für den eingezeichneten Umlauf:

$$\boxed{v\,(x) = \int_0^x a\,d\,x.} \tag{163}$$

Dieses Integral $v\,(x)$ des Strombelages nennen wir „Felderregerkurve"; sie gibt an, welche magnetische Spannung uns an jeder Stelle des Ankerumfanges im Luftspalt zur Erzeugung eines magnetischen Feldes zur Verfügung steht. Der Punkt $x = 0$ kann meist aus Symmetriegründen bestimmt werden. Es gibt auch Fälle, wo dies nicht möglich ist, so z. B. beim Auftreten von Unipolarflüssen. Eine genauere Untersuchung zeigt dann, daß die magnetische Spannung durch den Strombelag nicht eindeutig bestimmt ist, sondern lediglich deren örtliche Änderung (s. Richter I, S. 126). Wenden wir obige Definition für die Felderregerkurve auf einen sinusförmigen Strombelag, d. h. eine Stromwelle, an, so erhalten wir für $v\,(x)$ eine um 90° gegen die Stromwelle verschobene Sinuswelle; ihre Amplitude ist

$$V_{\mathrm{I}} = \frac{2}{\pi} A_{\mathrm{I}} \frac{\tau}{2} = \frac{\Theta_{\mathrm{I}}}{2} \tag{164}$$

bei Anwendung auf die Grundwelle des Wechselstrombelages, und

$$V_{\mathrm{I},m} = \frac{2}{\pi} A_{\mathrm{I},m} \frac{\tau}{2} = \frac{\Theta_{\mathrm{I},m}}{2} \tag{165}$$

bei Anwendung auf die Grundwelle des Drehstrombelages. Im ersten Fall handelt es sich wieder um eine stehende Welle, im zweiten Fall um eine umlaufende Welle; die Achsen dieser Wellen sind auch gleichzeitig die Achsen der Wechsel- und Drehdurchflutung.

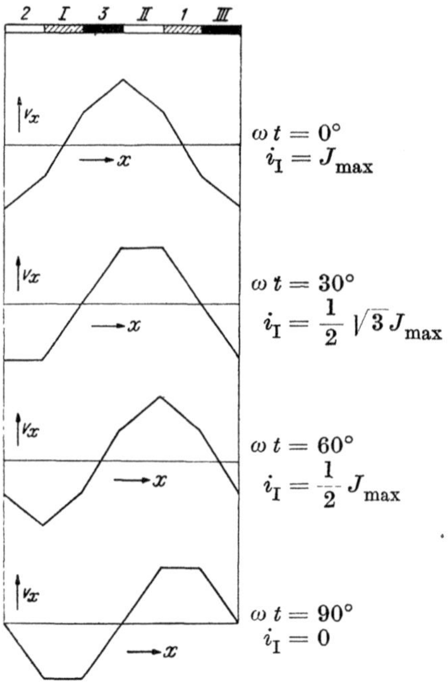

Abb. 210. Felderregerkurven einer Drehstromwicklung.

Unter Voraussetzung einer konstanten Luftspaltbreite und unter Vernachlässigung der magnetischen Spannung im Eisen ist die radiale Komponente der Luftspaltinduktion (s. a. Gl. 162)

$$\boxed{B\,(x) = \frac{v\,(x)\,\Pi_0}{\delta}.} \tag{166}$$

Unter diesen Voraussetzungen hat also die Felderregerkurve denselben Verlauf wie die Feldkurve. Ist dagegen die Luftspaltbreite veränderlich oder die Eisensättigung nicht mehr vernachlässigbar, dann kann nicht ohne weiteres von der Felderregerkurve auf den Verlauf der wirklichen Feldkurve geschlossen werden. Insbesondere hat die Eisensättigung auch bei konstanter Luftspaltbreite (Drehstrommotor) eine Verzerrung der Feldkurve im Vergleich zur Felderregerkurve zur Folge; die Feldkurve enthält dann Oberwellen, die in der Felderregerkurve nicht enthalten sind und die Ankerwicklung mit höherer Frequenz induzieren! In Abb. 210 sind die Felderregerkurven einer Drehstromwicklung für verschiedene Zeitpunkte gezeigt, wobei der Einfachheit halber die Treppenstufen vernachlässigt, also eine gleichmäßige Verteilung der Wicklung am Ankerumfang angenommen wurde; diese Kurven stimmen mit den Feldkurven in Abb. 198 überein.

6. Durchflutungsvieleck.

Die Aufzeichnung der Felderregerkurve zwecks rechnerischer Auswertung ist meist sehr mühsam und zeitraubend. Vor allem, wenn wir dazu übergehen, die Nutung des Ankers bei der Felderregerkurve zu berücksichtigen, läßt sich das Integral nach Gl. 163 nicht mehr in der einfachen Weise ausführen, da ja von einem stetig verteilten Strombelag nicht mehr die Rede sein kann. Wir müssen daher zu der Durchflutung einer Nut, dem Produkt aus Strom mal Leiterzahl einer Nut, übergehen. Längs der Breite eines Zahnes ist nunmehr $v(x)$ konstant und beim Übergang zum nächsten Zahn nimmt $v(x)$ um die Durchflutung der zwischen beiden Zähnen liegenden Nut zu. Der Einfachheit halber denken wir uns hierbei unendlich schmale Nuten und Nutenspulen mit ebenso schmalen Schlitzen. Dann steigt $v(x)$ beim Übergang von einem Zahn zum anderen über dem unendlich schmal gedachten Nutenschlitz sprunghaft um die Nutdurchflutung an. Aus dem Integral des Strombelages wird somit eine schrittweise Summation der einzelnen Nutdurchflutungen. Bezeichnen wir den Augenblicks-

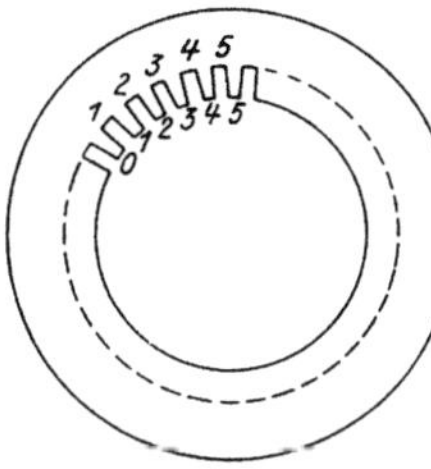

Abb. 211. Zur Entwicklung des GÖRGESschen Durchflutungsvieleckes.

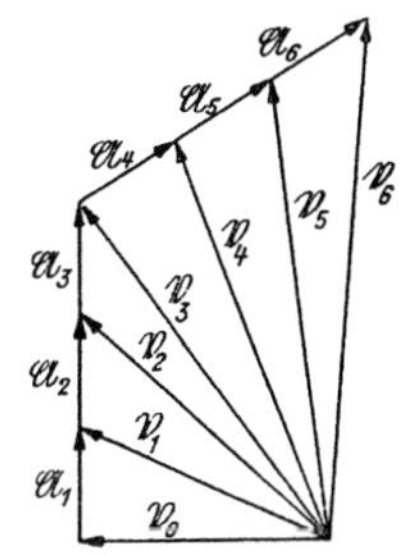

Abb. 212. Zeitvektoren $\mathfrak{A}$ der Nutdurchflutung und Zeitvektoren $\mathfrak{V}$ der Felderregerkurve.

wert der Nutdurchflutung der n-ten Nut mit a_n und die Ordinate der Felderregerkurve des darauffolgenden Zahnes mit v_n, dann gilt an Stelle von Gl. 163

$$v_n = a_1 + a_2 + \dots a_n. \tag{163'}$$

a_1 ist die Durchflutung jener Nut, die auf jenen Zahn folgt, dessen Feld Null ist.

Die Bestimmung dieser Ordinaten v_n der Felderregerkurve läßt sich durch die Einführung von Zeitvektoren bedeutend vereinfachen. Wie den Strömen, so ordnen wir auch den Nutdurchflutungen Zeitvektoren zu, deren Phase mit der des Stromes übereinstimmt und deren Größe durch den Höchstwert der Durchflutung einer Nut gegeben ist. Den Zeitvektor der n-ten Nutdurchflutung bezeichnen wir mit $\mathfrak{A}_n$. Gemäß Gl. 163′ ist dann der Zeitvektor $\mathfrak{V}_n$ für die Ordinate v_n der Felderregerkurve durch die Summe der Nutdurchflutungsvektoren gegeben. In Abb. 212 sind Zeitvektoren von Nutdurchflutungen in der Reihenfolge, wie die Nuten in Abb. 211 aufeinanderfolgen, eingetragen worden. Unter Annahme eines zunächst beliebigen Vektors $\mathfrak{V}_0$ für den Zahn 0 in Abb. 212 ergeben sich die übrigen Vektoren $\mathfrak{V}_1$, $\mathfrak{V}_2$ usw. durch Addition der jeweiligen Vektoren $\mathfrak{A}_1$, $\mathfrak{A}_2$ usw. Zu jeder Nut gehört also ein Vektor $\mathfrak{A}$ und zu jedem Zahn ein Vektor $\mathfrak{V}$. Die Nutdurchflutungsvektoren ein und derselben Spulenseite haben gleiche Phase, die Vektoren der zugehörigen anderen Spulenseite der gleichen Spule dagegen haben entgegengesetzte Phase, da die Ströme in zwei zusammengehörenden Spulenseiten immer in entgegengesetzter Richtung den Anker durchfließen. Bei einer symmetrischen Wicklung muß die Summe aller Nutdurchflutungen stets Null sein; die Vektoren $\mathfrak{A}_n$ bilden daher für jede symmetrische Mehrphasenwicklung ein geschlossenes Vieleck. In gleicher Weise muß aber auch die Summe der Ordinaten der Felderregerkurve Null sein. Daraus folgt, daß der von diesen Vektoren gebildete Stern symmetrisch sein muß. Durch diese Bedingung ist die Lage des Ursprungs der Vektoren $\mathfrak{V}_n$ festgelegt und die obige Willkür bei der Annahme des Vektors $\mathfrak{V}_0$ in Abb. 212 beseitigt. In Abb. 213 ist das vollständige Vieleck einer dreiphasigen Ankerwicklung mit $2\,p = 2$ und $q = 3$ gezeigt. Dieses von GÖRGES angegebene Durchflutungsvieleck mit den eingezeichneten Vektoren nennen wir auch wohl „Zeitvektordiagramm der Felderregerkurve“. Die Ordinaten der Felderregerkurve ergeben sich durch Projektion der Zeitvektoren $\mathfrak{V}_n$ auf eine Zeitlinie. Bei mehrpoligen Maschinen treten mehrfach geschlossene Vielecke auf, die sich auch überdecken können.

D. Oberwellen.

Wir haben uns bisher immer mit den Grundwellen sowohl des Feldes wie der Felderregerkurve befaßt. Im folgenden sollen nun kurz die Oberwellen einer

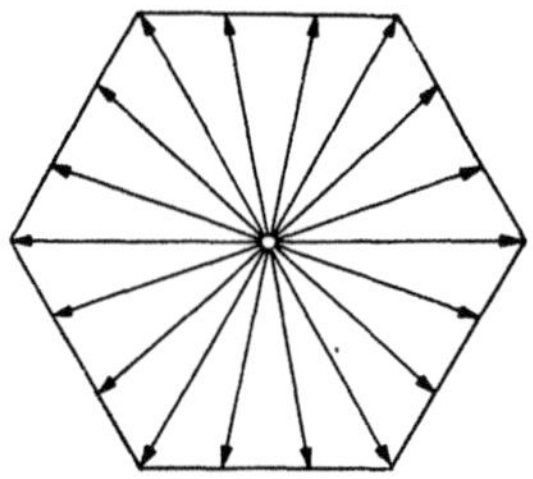

Abb. 213. GÖRGESsches Durchflutungsvieleck. Zeitvektordiagramm der Felderregerkurve einer dreiphasigen Wicklung mit $q = 3$.

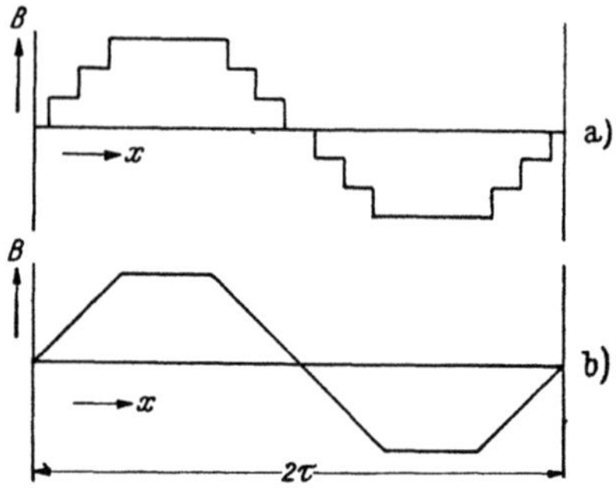

Abb. 214 a, b. Felderregerkurve einer Spule mit und ohne Nuten.

Betrachtung unterzogen werden. Dazu gehen wir von der Felderregerkurve einer Spule aus, die in Abb. 214 a und b mit und ohne Treppenstufen gezeichnet ist. Die FOURIERsche Analyse dieser Kurven ergibt eine Grundwelle und theoretisch unendlich viele Oberwellen ungerader Ordnungszahl. Da die Spule mit Wechselstrom gespeist werden soll, ist die Amplitude zeitlich sinusförmig veränderlich, und zwar mit der konstanten Frequenz des Ankerstromes. Jede Oberwelle ist eine stehende Welle mit einer Wellenlänge $\lambda_\nu = 2\,\tau/\nu$. Ihre Amplitude ergibt sich durch Ausführung des Integrals nach Gl. 163 unter Berücksichtigung der Gl. 155a bis 156 zu

$$V_\nu = \frac{2\sqrt{2}}{\nu\,\pi}\,\frac{w}{p}\,J\,\xi_\nu. \tag{167}$$

Somit lautet die FOURIERsche Reihe für die Felderregerkurve einer Wechselstromspule

$$v(x,t) =$$

$$= \frac{2\sqrt{2}}{\pi}\,\frac{w}{p}\,J\cos\omega t\left[\xi_1 \sin\frac{x}{\tau}\pi - \frac{1}{3}\,\xi_3 \sin 3\,\frac{x}{\tau}\pi + \frac{1}{5}\,\xi_5 \sin 5\,\frac{x}{\tau}\pi - \dots\right]. \tag{168}$$

Die Wicklungsfaktoren ξ_ν sind unter Berücksichtigung ihres Vorzeichens einzuführen! Jede Oberwelle der Felderregerkurve erzeugt ein entsprechendes Wechselfeld gleicher Wellenlänge. Das Wechselfeld einer beliebigen Oberwelle der Felderregerkurve zerlegen wir wieder in zwei gegenläufige Drehfelder. Bei einer Drehstromwicklung mit m Wicklungssträngen erhalten wir dann für jede

Oberwelle m nach der einen und m nach der anderen Seite umlaufende Drehfelder. Es ist nun die Frage, unter welchen Bedingungen auch bei den Oberwellen Kreisdrehfelder entstehen. Zuvor wollen wir aber noch die Umlaufsgeschwindigkeit dieser Oberwellendrehfelder bestimmen. Aus Gl. 143b hatten wir entnommen, daß die Geschwindigkeit einer fortschreitenden Welle gleich der Wellenlänge mal Frequenz ist. Diese Beziehung gilt aber nicht nur für die Grundwellen, sondern auch für die Oberwellendrehfelder. Die Wellenlänge einer Oberwelle ist $\lambda_\nu = 2\,\tau/\nu$; mithin ist die Umlaufsgeschwindigkeit ohne Rücksicht auf die Umlaufsrichtung

$$v_\nu = \frac{2\,\tau}{\nu}\,f = \frac{v_1}{\nu}. \tag{169}$$

Ein von der Felderregerkurve des Ankers herrührendes Oberwellendrehfeld läuft demnach um so langsamer um, je höher seine Ordnungszahl ν ist. Die Umlaufsgeschwindigkeit ist der ν-te Teil der Geschwindigkeit v_1 der Grundwelle. — Dieses Ergebnis kann man auch auf andere Weise leicht erhalten. Das ν-te Oberwellendrehfeld hat eine Polzahl von $2\,p\,\nu$, wenn $2\,p$ die Polzahl der Grundwelle ist. Damit nun ein $2\,p\,\nu$-poliges Drehfeld den Anker mit der Frequenz f induziert, muß nach Gl. 144 die Drehzahl

$$n_\nu = \frac{f}{p\,\nu} \tag{170}$$

sein, also ν-mal kleiner als die Drehzahl der Grundwelle.

Für das Zustandekommen eines Kreisdrehfeldes hatten wir die Bedingung erhalten, daß bei symmetrischen Wicklungen die räumliche Versetzung der Spulen der zeitlichen Phasenverschiebung der Ströme gleich sein müsse. Diese Bedingung war unabhängig von der Polzahl der Felder, muß somit auch für die Oberwellen gelten. Da die Oberwellendrehfelder alle von ein und demselben Strom erzeugt werden, bleibt für diese auch die Phasenverschiebung der Ströme von 120° bei einer dreiphasigen Wicklung bestehen. Dagegen ist die Versetzung der Spulen am Ankerumfang nicht mehr 120°, sondern $\nu \cdot 120°$. Da dieser Winkel 360° übersteigt, muß man ihn um 360° oder um ein Vielfaches davon vermindern. Damit aus dem Zusammenwirken der Wechselfelder einer Oberwelle ein resultierendes Drehfeld zustande kommt, dadurch, daß die gegenläufigen Drehfelder Null werden und die rechtläufigen sich algebraisch addieren, muß demnach folgende Bedingung erfüllt werden:

$$\nu\,120° - k\,360° = \pm\,120°, \qquad k = 0, 1, 2, 3, \ldots. \tag{171a}$$

Daraus ergibt sich weiter die Bedingung:

$$\boxed{\frac{\nu \mp 1}{3} = k = \text{ganze Zahl.}} \tag{171b}$$

Bei einer m-strängigen Wicklung ist hier die 3 durch m zu ersetzen. Diese Bedingung zeigt zunächst, daß Drehfelder von Oberwellen, deren Ordnungszahl ν durch 3 teilbar ist, nicht auftreten können, denn wenn ν durch 3 teilbar ist, kann $\nu \pm 1$ nicht durch 3 ganzzahlig teilbar sein. Den Grund hierfür wollen wir an Hand der dritten Oberwelle aufzeigen. Für die dritte Oberwelle beträgt die Versetzung $3 \cdot 120° = 360°$. Das heißt, etwa vorhandene Wechselfelder der verschiedenen Wicklungsstränge decken sich längs des Ankerumfanges. Da sie aber in der zeitlichen Phase 120° phasenverschoben sind, ergibt ihre Summe an jeder Stelle des Ankerumfanges Null. Eine dreiphasige Drehstromwicklung kann somit keine Drehfeldoberwellen erzeugen, deren Ordnungszahl durch 3 teilbar ist.[1]) Es treten damit nur folgende Oberwellen auf:

$$\nu = 5, 7;\ 11, 13;\ 17, 19; 23, 25;\ 29, 31 \text{ usw.}$$

Diese Ordnungszahlen ergeben sich aus der Gl. **171b,** wenn für k ganze, gerade positive Zahlen einschließlich Null eingesetzt werden.[2])

Die Bedeutung der doppelten Vorzeichen in Gl. 171b bzw. 171a ist leicht zu ermitteln. Aus unseren früheren Betrachtungen über das Zustandekommen eines Drehfeldes geht hervor, daß die Grundwelle des Drehfeldes in der Richtung umläuft, in der die Ströme der einzelnen Spulen in der Phase aufeinanderfolgen. Die Phasenfolge der Ströme stimmt also mit der Drehrichtung des Grundwellendrehfeldes überein. Wenn sich nun in Gl. 171a ein negativer Phasenwinkel einstellt, so bedeutet das nichts anderes, als daß im Drehsinn des Drehfeldes dieser Oberwelle die Phasenfolge negativ ist, d. h. die aufeinanderfolgenden Ströme Voreilung haben. Der Drehsinn dieser Oberwelle ist danach entgegengesetzt dem der Grundwelle. In Gl. 171b sind die Vorzeichen umgekehrt; das negative Zeichen bedeutet also einen mit der Grundwelle gleichsinnigen Umlauf und das positive Zeichen einen gegensinnigen Umlauf. Man kann auch eine einfache Probe machen: Bei der Grundwelle mit $\nu = 1$ muß man das negative Zeichen wählen, um die Bedingung $k =$ ganze Zahl, d. h. hier $k = 0$, zu erfüllen!

Nachdem wir nun erkannt haben, welche Wechselfeldoberwellen sich zu Kreisdrehfeldern zusammensetzen und welche nicht, können wir auch unter Anwendung der gleichen Überlegungen auf die Oberwellen der Felderregerkurve nun sagen, wie sich die resultierende Felderregerkurve einer Drehstromwicklung aus den Felderregerkurven der einzelnen Spulen zusammensetzt, indem wir von den stehenden Wellen zu den gegensinnig drehenden Wellen übergehen. Die resultierende Amplitude ist jeweils $m/2$-mal größer. Die Fouriersche Reihe der Felderregerkurve einer m-phasigen Wicklung lautet somit:

$$v(x, t) = \frac{\sqrt{2}}{\pi}\, m\, \frac{wJ}{p}\left[\xi_1 \sin\left(\omega t - \frac{x}{\tau}\pi\right) + \frac{1}{5}\,\xi_5 \sin\left(\omega t + 5\,\frac{x}{\tau}\pi\right) - \right.$$
$$- \frac{1}{7}\,\xi_7 \sin\left(\omega t - 7\,\frac{x}{\tau}\pi\right) - \frac{1}{11}\,\xi_{11} \sin\left(\omega t + 11\,\frac{x}{\tau}\pi\right)$$
$$\left. + \quad \cdots \qquad\qquad + \quad \cdots \right]. \tag{172}$$

Das Vorzeichen der einzelnen Oberwellen richtet sich nach Gl. 155a, der Umlaufsinn nach Gl. 171b. Der Umlaufsinn der Welle kommt durch das Vorzeichen in $\sin\left(\omega t \mp \nu \frac{x}{\tau}\pi\right)$ zum Ausdruck; das negative Vorzeichen bedeutet gleichsinnigen Umlauf mit der Grundwelle, das positive Vorzeichen gegensinnigen Umlauf. Schließlich ist nicht zu vergessen, daß auch die Wicklungsfaktoren ξ_ν nach Gl. 187 mit Vorzeichen eingesetzt werden müssen!

Die in obiger Gleichung enthaltenen Oberwellen der Felderregerkurve einer Drehstromwicklung erzeugen also Drehfeldoberwellen, deren Drehzahl ν-mal kleiner als die der Grundwelle ist und die alle den Anker mit gleicher Frequenz, nämlich mit der Frequenz des Ankerstromes, induzieren. Von diesen Oberwellen

---

[1]) Dagegen können solche Oberwellen dreifacher Ordnungszahl, die in der Felderregerkurve nicht enthalten sind, in der Feldkurve sehr wohl infolge von Eisensättigung oder Luftspaltunsymmetrien (Schenkelpole!) auftreten.

[2]) Bei einer symmetrischen Mehrphasenwicklung können Oberwellen mit gerader Ordnungszahl aus Symmetriegründen nicht auftreten.

sind die fünfte und siebente sowie die Nutoberwellen die wichtigsten. Auf ihren Einfluß, besonders bei der Induktionsmaschine, kommen wir jeweils bei den einzelnen Maschinen zurück. Außer diesen Oberwellen treten in der Feldkurve (nicht in der Felderregerkurve) noch weitere Oberwellen auf, die durch die ungleichmäßige Eisensättigung und durch die manchmal nicht konstante Luftspaltbreite hervorgerufen werden. Diese Oberwellen im Drehfeld laufen mit der gleichen Geschwindigkeit wie die Grundwelle um und erzeugen in der Ankerwicklung Spannungen von der Frequenz νf.

Die hier durchgeführten Betrachtungen lassen sich in gleicher Weise auch auf den Strombelag, vor allem den Drehstrombelag, anwenden, aber praktisch ist das bedeutungslos, weil ja zur Bestimmung der Feldverhältnisse die Felderregerkurve ausreicht und ausschließlich herangezogen wird.

E. Spannungserzeugung in elektrischen Maschinen.

1. Ungesehnte Wicklungen.

In elektrischen Maschinen kann die Erzeugung einer elektrischen Spannung stets auf die Drehung eines Leiters in einem magnetischen Felde zurückgeführt werden. Es ist dabei gleichgültig, ob der Leiter sich dreht oder das Feld, da es ja nur auf die Relativbewegung ankommt. Wir untersuchen daher zunächst die Erzeugung einer Wechselspannung durch ein sinusförmig verteiltes Drehfeld. Wie wir in Abschn. I C 2 gesehen haben, ist die Spannung zwischen den Enden eines im Magnetfeld sich bewegenden Leiters

$$u = B\,v\,l, \tag{41}$$

wenn die drei Größen B, v und l senkrecht zueinander stehen, was wir, da wir immer mit der Radialkomponente des Magnetfeldes rechnen, stets annehmen können. Unserer Fragestellung angemessen sagen wir, ein Drehfeld erzeugt an einem Ankerleiter eine elektrische Spannung $u = B\,v\,l$. Nun ist das an dem Ankerleiter vorbeilaufende Feld nicht konstant, sondern ändert sich so, wie die Feldkurve es angibt, und zwar in unserem angenommenen Fall sinusförmig. Der zeitliche Verlauf der induzierten Spannung entspricht also dem räumlichen Verlauf der Feldkurve. Diese Tatsache benutzt man, *um durch Oszillographieren der induzierten Spannung einer Hilfsschleife den Verlauf des Feldes, d. h. der Feldkurve,* z. B. einer Synchronmaschine, *zu bestimmen.*

Führen wir in Gl. 41 die Umlaufsgeschwindigkeit des Drehfeldes $v = 2\,\tau\,f$ ein, dann ist der Höchstwert der sinusförmigen induzierten Spannung an einem Ankerleiter

$$U_m = B_m\,2\,\tau\,f\,l.$$

Mit dem Mittelwert $\frac{2}{\pi}B_m$ der Induktion ergibt sich der Fluß eines Poles aus Polquerschnitt mal Induktion mit den Bezeichnungen der Abb. 215 zu

$$\Phi = \frac{2}{\pi}\,B_m\,\tau\,l, \tag{173}$$

und damit wird der Effektivwert der Spannung eines Stabes $U_S = U_m/\sqrt{2}$:

$$U_S = \frac{\pi}{\sqrt{2}}\,f\,\Phi. \tag{174}$$

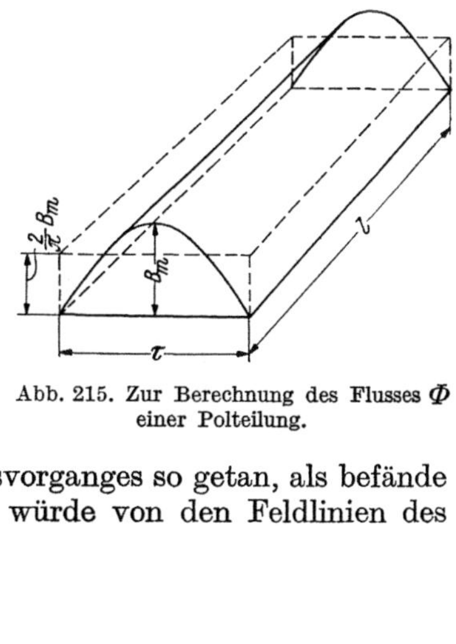

Abb. 215. Zur Berechnung des Flusses Φ einer Polteilung.

Wir haben bei der Berechnung des Induktionsvorganges so getan, als befände der Leiter sich im Luftspalt der Maschine und würde von den Feldlinien des

Feldes geschnitten. In Wirklichkeit jedoch liegt der Leiter in einer Nut und ist vom Magnetfeld weitgehend abgeschirmt; Theorie und Erfahrung aber zeigen, daß dies ohne Belang ist. Von dem Induktionsvorgang werden die Ankerbleche genau so betroffen wie etwa ein im Luftspalt liegender Kupferleiter, und von den Blechen überträgt sich das elektrische Feld auf die in den Nuten liegenden Leiter.

Es handelt sich nun darum, Spannungen von Leitern, die in verschiedenen Nuten liegen und in Reihe geschaltet sind, zur resultierenden Spannung zu addieren. Spannungen von Leitern, die in derselben Nut liegen, sind gleichphasig und können daher ohne weiteres algebraisch addiert werden, spielen also bei unseren Betrachtungen hier keine Rolle. Dagegen sind die Spannungen von Leitern in verschiedenen Nuten nach Abb. 216 nicht gleichphasig, denn die Spannung eines Leiters erreicht den höchsten Wert, wenn der Höchstwert des Feldes gerade an diesem Leiter vorbeistreicht. Die Höchstwerte der Leiter-

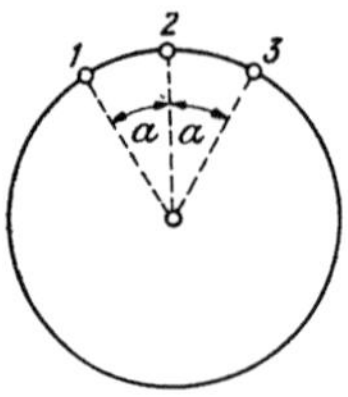

Abb. 216.

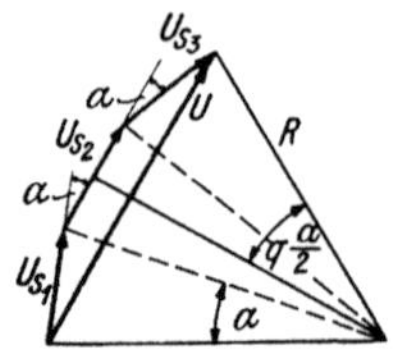

Abb. 217. Addition der Leiterspannungen. Bestimmung des Wicklungsfaktors.

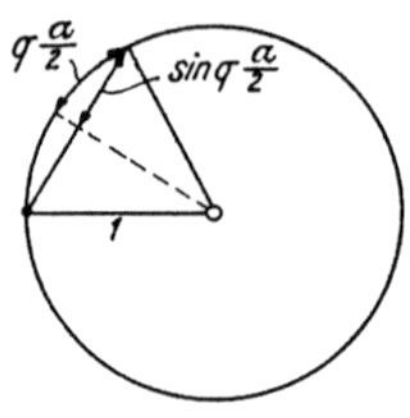

Abb. 218.

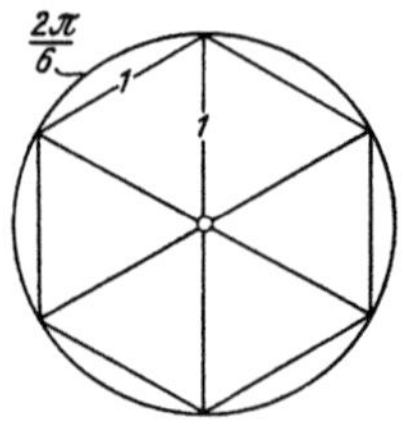

Abb. 219. Zur Bestimmung des Wicklungsfaktors einer gewöhnlichen Drehstromwicklung.

spannungen sind damit offensichtlich um den Winkel α phasenverschoben, um den die Nuten auseinander liegen. Hierbei ist natürlich eine Polteilung dem Winkel π gleichzusetzen (Polteilungsgrade oder elektrische Grade). Es ist also

$$\alpha = p\,\frac{2\,\pi}{N}. \tag{175}$$

N ist die Nutenzahl des Ankers, p die Polpaarzahl. Es ergibt sich nunmehr das Problem, mehrere gleichmäßig um den Winkel α verdrehte Vektoren gleicher Größe zu addieren. An Hand der Abb. 217 berechnen wir:

$$U = 2\,R\sin q\,\alpha/2.$$

q, in Abb. 217 gleich 3, ist die Zahl der zu addierenden Vektoren und gleichzeitig die Nutenzahl je Pol und Strang. Mit

$$R = \frac{U_S}{2\sin\alpha/2}$$

erhalten wir für die resultierende Spannung

$$U = \frac{\sin q\,\alpha/2}{q\sin\alpha/2}\,q\,U_S, \tag{176}$$

wobei wir gleichzeitig auf der rechten Seite im Zähler und Nenner mit q erweitert haben. $q\,U_S$ ist die algebraische Summe aller zu addierenden Spannungen. Da die resultierende Spannung U aber die geometrische Summe ist, berücksichtigt also der Bruch auf der rechten Seite den Übergang von der algebraischen Addition zur geometrischen.

Wir nennen

$$\boxed{\xi = \frac{\sin q\,\alpha/2}{q\sin\alpha/2} = \frac{\text{geometr. Summe}}{\text{algebr. Summe}}} \tag{177}$$

den Wicklungsfaktor. Durch Multiplikation mit diesem Wicklungsfaktor erhalten wir aus der algebraischen Summe aller Leiterspannungen die durch die Phasenverschiebung bedingte geometrische Summe. Bei Spulen, deren beide Spulenseiten durch Verschiebung um eine Polteilung zur Deckung gebracht werden können ($W = \tau$), addieren sich die Spannungen beider Spulenseiten algebraisch. Es genügt daher, den Wicklungsfaktor nur für eine Spulenseite anzuwenden. Ist die Leiterzahl einer Spule $2\,w$, dann ergibt sich für die resultierende Spannung

$$U = 2\,w\,U_S\,\xi. \tag{178}$$

Aus Gl. 174 erhalten wir dann mit $2\,\pi/\sqrt{2} = 4{,}44$ für die Spannung einer Ankerspule mit w Windungen:

$$\boxed{U = 4{,}44\,f\,w\,\Phi\,\xi.} \tag{179}$$

Diese Induktionsformel unterscheidet sich von der des Transformators durch das Hinzutreten des Wicklungsfaktors ξ, weil eben die Windungsspannungen nicht wie beim Transformator phasengleich sind.

Bei unendlich vielen Nuten oder bei gleichmäßiger nutenloser Verteilung der Wicklung geht $q \to \infty$ und $\alpha/2 \to 0$. Dann kann man $\sin\alpha/2$ gleich $\alpha/2$ setzen und $q\,\alpha/2$ ist gleich der halben Spulenbreite im Winkelmaß ausgedrückt. Nach Abb. 218 ist damit

$$\xi = \frac{\sin q\,\alpha/2}{q\,\alpha/2} = \frac{\text{Sehne}}{\text{Bogen}}. \tag{180}$$

Der größte Wert von ξ ergibt sich für $q = 1$ nach Gl. 177 und der kleinste für $q \to \infty$. Für eine gewöhnliche Drehstromwicklung mit sechs Spulenseiten für eine doppelte Polteilung wird der Wicklungsfaktor im Falle $q \to \infty$ nach Abb. 219:

$$\xi = \frac{1}{2\,\pi/6} = \frac{3}{\pi} = 0{,}955.$$

2. Wicklungsfaktor bei gesehnten Wicklungen.

Bei gesehnten Wicklungen lassen sich die Leiterspannungen der beiden Spulenseiten einer Spule nicht mehr algebraisch addieren, da die beiden Spulenseiten nicht um eine Polteilung auseinander liegen ($W \neq \tau$). Wir müssen daher die Gesamtspannung noch in dem Verhältnis verringern, um das die Windungsspannung einer gesehnten Spule gegenüber einer ungesehnten zurückgeht. Nach Abb. 220 ist dieser Faktor gleich $\sin\frac{W}{\tau}\frac{\pi}{2}$ und der Gesamtwicklungsfaktor eines Wicklungsstranges mit gesehnten Spulen ist

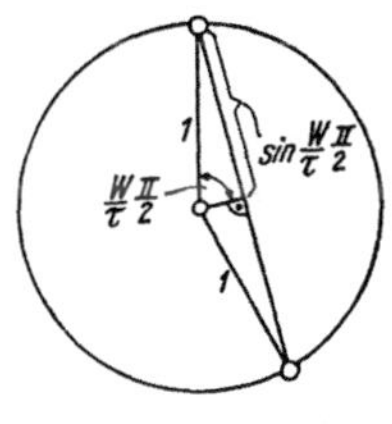

Abb. 220. Zur Bestimmung des Sehnungsfaktors einer Windung mit verkürztem Schritt.

$$\xi = \frac{\sin q\,\alpha/2}{q \sin \alpha/2}\,\sin\frac{W}{\tau}\frac{\pi}{2}. \tag{181}$$

Man bezeichnet den neu hinzugekommenen Faktor auch als Sehnungsfaktor. Dieser Sehnungsfaktor liegt bei dreiphasigen Wicklungen für $\frac{2}{3} \leqq \frac{W}{\tau} \leqq 1$ in den Grenzen von 0,866 bis 1.

3. Spannungserzeugung durch das Wechselfeld einer Spule.

Durch die Zerlegung des Wechselfeldes einer Spule in zwei gegenläufige Drehfelder läßt sich die Spannungserzeugung auf Grund der vorhergehenden Entwicklungen berechnen. Die von den beiden Teilfeldern erzeugten Spannungen sind phasengleich. Es ist also wie früher

$$U = 4{,}44\, f\, w\, \Phi\, \xi, \tag{179}$$

wo Φ die Grundwellenamplitude des gesamten Wechselflusses ist. Da anderseits dieser Induktionsvorgang auch dem des Transformators entspricht, wenn man vom Gesamtfluß ausgeht, ihn also nicht zerlegt, so folgt aus dem Vergleich, daß, da alle Windungsspannungen phasengleich sind, der Wicklungsfaktor ξ nunmehr die Verkettung der Spule mit dem Gesamtfluß berücksichtigt. Der Spulenfluß Ψ einer Spule ist somit

$$\Psi = w\, \xi\, \Phi, \tag{182}$$

wenn Feldachse und Spulenachse zusammenfallen. Die Induktionsformel nach Gl. 179 ist also auch durch

$$U \sqrt{2} = \omega\, \Psi \tag{183}$$

darstellbar.

4. Wicklungsfaktoren der Oberwellen.

Für den Induktionsvorgang durch Oberwellendrehfelder ändert sich an der obigen Berechnung im Grundsätzlichen nichts. Zunächst ist nur zu beachten, daß nunmehr

$$\alpha_\nu = \nu\, \alpha = \nu\, p \frac{2\pi}{N} \tag{175'}$$

zu setzen ist. Damit erhalten wir den Wicklungsfaktor einer ungesehnten Wicklung:

$$\xi_\nu = \frac{\sin \nu\, q\, \alpha/2}{q \sin \nu\, \alpha/2}. \tag{184}$$

Bei den Oberwellenwicklungsfaktoren ist die Einführung eines Vorzeichens unerläßlich, weil in manchen Formeln (z. B. Gl. 172) durch das Vorzeichen des Wicklungsfaktors die Lage der Oberwelle zur Grundwelle oder deren Drehsinn berücksichtigt werden muß. In obiger Formel ist das Vorzeichen richtig enthalten, im Sehnungsfaktor $\sin \frac{W}{\tau} \frac{\pi}{2}$ dagegen nicht, wenn wir diesen in gleicher Weise auf die Oberwellen anwenden würden. Bei der Addition von Vektoren bzw. deren Projektion auf eine Achse wird das Vorzeichen nur dann richtig gewahrt, wenn der Winkel, den der Vektor mit der Projektionsachse bildet, herangezogen wird, was wir bei der Berechnung des Sehnungsfaktors in Abb. 220 nicht getan haben. Wegen der Gegenschaltung der beiden Leiter einer Windung ist die Windungsspannung die Differenz der Leiterspannungen, $u_W = u_{S_1} - u_{S_2}$. Diese Differenz formen wir in eine Summe um, indem wir $u_W = u_{S_1} + (-u_{S_2})$ setzen. Diesen Vorgang haben wir in Abb. 221 dargestellt und die zugehörigen Winkel für die Grundwelle eingetragen. Indem wir diese Winkel ν-fach vergrößern, erhalten wir für den Oberwellensehnungsfaktor $\zeta_\nu = U_W/2\, U_s$ den Wert

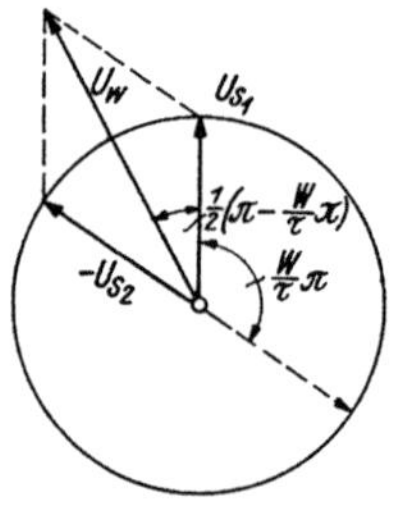

Abb. 221. Zur Bestimmung des Sehnungsfaktors für Oberwellen.

$$\zeta_\nu = \cos \frac{\nu}{2} \left(\pi - \frac{W}{\tau}\, \pi\right). \tag{185}$$

Die Auflösung dieser Cosinusfunktion ergibt

$\cos \nu\, \pi/2 \cos \nu \frac{W}{\tau} \frac{\pi}{2} + \sin \nu \frac{\pi}{2} \sin \nu \frac{W}{\tau} \frac{\pi}{2}$. Nun ist $\cos \nu\, \pi/2$ nur für gerade Ordnungszahlen ν gleich 1; da diese aber, wie wir gesehen haben, in der Feld- bzw. Felderregerkurve nicht auftreten, ist stets $\cos \nu\, \pi/2 = 0$. Es wird also bei ν = ungerade

$$\zeta_\nu = \sin \nu \frac{\pi}{2} \sin \nu \frac{W}{\tau} \frac{\pi}{2}. \tag{186}$$

Dieser Sehnungsfaktor entspricht, von dem das Vorzeichen regelnden Faktor $\sin \nu\, \pi/2$ abgesehen, dem früher abgeleiteten Sehnungsfaktor für die Grundwelle.

Für $\nu = 1, 5, 9, 13$ usw. ist $\sin \nu \pi/2 = +1$ und für $\nu = 3, 7, 11, 15$ usw. ist $\sin \nu \pi/2 = -1$. Bei $\frac{W}{\tau} = 1$ ist für alle Ordnungszahlen $\zeta_\nu = \sin^2 \nu \pi/2 = +1$.

Für den Oberwellenwicklungsfaktor einer gesehnten Wicklung erhalten wir daher

$$\xi_\nu = \pm \frac{\sin \nu q \alpha/2}{q \sin \nu \alpha/2} \sin \nu \frac{W \pi}{\tau 2}. \tag{187}$$

Für $\nu = 1, 5, 9, 13, \ldots$ gilt das positive Zeichen, für $\nu = 3, 7, 11, 15, \ldots$ das negative Zeichen.

Bei ungesehnten Wicklungen und $q = 1$ ist für alle Oberwellen $\xi_\nu = 1$.

Bei gewöhnlichen Drehstromwicklungen mit $S/\tau = 1/3$ ist für $q \to \infty$ der Wicklungsfaktor $\xi_\nu = \xi_1/\nu = 3/\nu \pi$ mit Ausnahme der Oberwellen, deren Ordnungszahl durch 3 teilbar ist. Für diese durch 3 teilbaren Oberwellen ist $\xi_\nu = 2 \xi_1/\nu = 6/\nu \pi$ bei $q \to \infty$, d. h. bei großen Nutenzahlen je Pol und Strang.

Bei Spulen, deren Spulenseiten zwei Drittel der Polteilung einnehmen, ist der Wicklungsfaktor der Oberwellen mit einer durch 3 teilbaren Ordnungszahl gleich Null. Das ist der Fall bei einphasigen Wicklungen, wenn nur zwei Drittel des Ankerumfanges bewickelt sind, und bei dreiphasigen Wicklungen, wenn man in Sternschaltung zwei Stränge in bezug auf die Berechnung der verketteten Spannung als eine einzige Spule betrachtet, so daß in der verketteten Spannung keine Oberwellen auftreten können, deren Ordnungszahl durch 3 teilbar ist, auch wenn z. B. im Drehfeld eine dritte Oberwelle vorhanden ist.

Welchen Einfluß haben die Wicklungsfaktoren auf die Kurvenform einer erzeugten Spannung? Nehmen wir an, die Feldkurve des Polradfeldes einer Synchronmaschine enthalte Oberwellen. Da diese mit gleicher Geschwindigkeit wie das Polrad bzw. die Grundwelle des Drehfeldes umlaufen, ist die Frequenz der induzierten Spannungsoberwellen $f_\nu = \nu f_1$. Die Induktionsformel nach Gl. 179 ist hierfür also folgendermaßen zu schreiben:

$$U_\nu = 4{,}44 f_\nu w \xi_\nu \Phi_\nu. \tag{179'}$$

Es ist $\Phi_\nu = 2/\pi \cdot \tau/\nu \cdot l B_\nu$ und damit erhalten wir für das Verhältnis der Spannungen:

$$\frac{U_\nu}{U_1} = \frac{B_\nu}{B_1} \frac{\xi_\nu}{\xi_1}. \tag{188}$$

Die Oberwellen in der Spannungskurve sind somit im Verhältnis zur Grundwelle bedeutend kleiner als die Oberwellen in der Feldkurve. Nimmt man z. B. die oben gegebenen Grenzwerte einer gewöhnlichen dreiphasigen Wicklung für ξ_ν bei $q \to \infty$, dann ist das Verhältnis $U_\nu/U_1 \approx B_\nu/B_1 \nu$, nimmt also mit $1/\nu$ ab. Das erklärt auch, warum trotz einer vielfach von der Sinusform stark abweichenden Feldkurve die Spannungskurve eines Generators dennoch praktisch sinusförmig ist, weil die Spannungsoberwellen durch den schlechten Wicklungsfaktor stark unterdrückt werden.

Durch besondere Auslegung der Wicklung kann man diesen Vorgang noch verstärken und einzelne in der Feldkurve stark vertretene Oberwellen vollständig aussieben. Macht man z. B. die Schrittverkürzung einer Generatorwicklung $W/\tau = 6/7$, dann wird für die siebente Oberwelle

$$\sin \nu \frac{W \pi}{\tau 2} = \sin 7 \frac{6}{7} \frac{\pi}{2} = 0,$$

d. h. die siebente Oberwelle wird in der Spannungskurve ganz unterdrückt; bei $W/\tau = 4/5$ die fünfte Spannungsoberwelle usw., weil der jeweils von der

Windung umfaßte Fluß der betreffenden Oberwelle im gesamten Null ist (siehe Abb. 222a und b).

Es ist noch zu bemerken, daß Oberwellen des magnetischen Feldes, die von Oberwellen in der Felderregerkurve einer Ankerwicklung herrühren und nicht

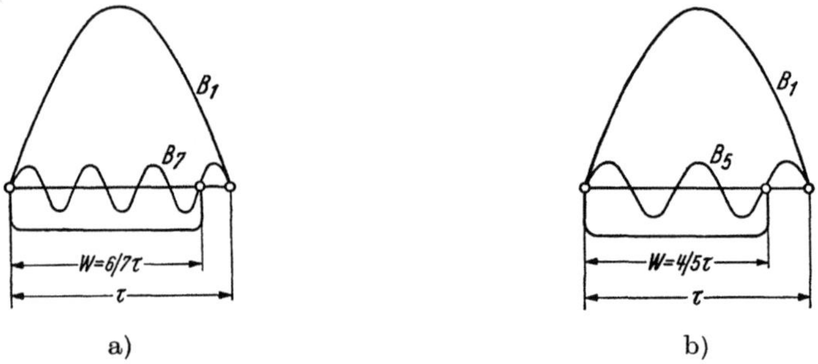

Abb. 222. Schrittverkürzung einer Ankerspule zur Unterdrückung: a) einer Oberwelle 7. Ordnung und b) einer Oberwelle 5. Ordnung

auf Eisensättigung oder veränderlichen Luftspalt zurückzuführen sind, in der Ankerwicklung **keine** Spannungsoberwellen hervorrufen, da sie die Wicklung mit der Grundfrequenz induzieren!

F. Induktivitäten.

1. Induktivität einer Einphasenwicklung.

Die Theorie von Wechselstrommaschinen benutzt heute mit Vorliebe Induktivitäten bzw. Blindwiderstände. Wir unterscheiden Streuinduktivitäten und Nutzinduktivitäten, entsprechend der Einteilung des Feldes in Streu- und Nutzfeld. Die Berechnung der Streuinduktivitäten ist ziemlich umständlich und kann hier im einzelnen nicht erläutert werden. Dagegen soll hier die Nutzinduktivität einer Spule nach Abb. 183a oder 186 im folgenden berechnet werden, wobei wir aber nur die Grundwelle des Feldes berücksichtigen.

Nach Gl. 16 gilt für die durch die Grundwelle des Luftspaltfeldes Φ_h erzeugte Nutzinduktivität

$$L_h = \frac{\Psi_h}{i}. \tag{16'}$$

Nach Gl. 182 ist

$$\Psi_h = w\,\xi\,\Phi_h.$$

Ferner gilt nach Gl. 173 und 162:

$$\Phi_h = \frac{2}{\pi}\tau\,l\,B_m \text{ und } B_m = \frac{\Theta\,\Pi_0}{2\,\delta}.$$

Indem wir noch die Gl. 160b für die Wechseldurchflutung einer Spule berücksichtigen, wobei $J\sqrt{2} = i$ zu setzen ist, erhalten wir für die Nutzinduktivität L_h einer Ankerspule bei konstanter Luftspaltbreite und Vernachlässigung der Eisensättigung

$$L_h = \frac{4\,\Pi_0}{\pi^2}\,\frac{\tau\,l}{p\,\delta}\,(w\,\xi)^2.$$

Mit $\Pi_0 = 0{,}4\,\pi\,10^{-8}\,H/cm$ wird

$$L_h = \frac{16}{\pi}\,\frac{\tau\,l}{p\,\delta}\,(w\,\xi)^2\,10^{-9}\,\mathrm{H}, \tag{189}$$

und der induktive Nutzblindwiderstand einer Ankerspule

$$\boxed{X_h = 32\, f \frac{\tau\, l}{p\, \delta} (w\, \xi)^2\, 10^{-9}\ \text{Ohm}.} \tag{190}$$

Soll bei theoretischen Untersuchungen die Eisensättigung angenähert berücksichtigt werden, setzt man in obigen Formeln einen entsprechend vergrößerten Luftspalt ein.

Es versteht sich wohl von selbst, daß sich alle Größen immer nur auf die Grundwelle beziehen, auch wenn dies nicht besonders durch entsprechende Indizes angezeigt worden ist, um die Formeln nicht zu überladen.

2. Induktivität einer Drehstromwicklung.

Auch hier soll nur die Nutzinduktivität aus dem Grundwellendrehfeld berechnet werden. Wie wir gesehen haben, entsteht durch das Zusammenwirken symmetrisch verteilter und phasenverschobener Wechselfelder einer Drehstromwicklung ein Drehfeld, dessen Fluß $m/2$-mal größer als der des Wechselfeldes einer Spule ist, so daß auch die Induktivität auf Grund von Gl. 148 $m/2$-mal größer sein muß, als wenn die übrigen Wicklungsstränge nicht vorhanden wären. Es ist also die Nutzinduktivität L_{hm} einer Drehstromwicklung:

$$L_{hm} = \frac{m}{2} L_{h\mathrm{I}},$$

und unter Berücksichtigung von Gl. 189 ist

$$L_{hm} = \frac{8}{\pi} m \frac{\tau\, l}{p\, \delta} (w\, \xi)^2\, 10^{-9}\ \text{H}. \tag{191}$$

Mit $m = 3$ ist dann der Nutzblindwiderstand einer Drehstromwicklung

$$\boxed{X_{hm} = 48\, f \frac{\tau\, l}{p\, \delta} (w\, \xi)^2\, 10^{-9}\ \text{Ohm}.} \tag{192}$$

L_{hm} ist also die Mehrphasen-Nutzinduktivität je Strang einer m-phasigen Wicklung aus dem Grundwellendrehfeld und $L_{h\mathrm{I}}$ die Einphasen-Nutzinduktivität eines Wicklungsstranges, nur aus der Grundwelle des Wechselfeldes dieses Stranges berechnet.

Von der Mehrphasen-Nutzinduktivität werden wir vor allem bei der Induktionsmaschine und bei der Synchronmaschine Gebrauch machen, aber, da wohl keine Mißverständnisse zu befürchten sind, den Index m weglassen, also L_h statt L_{hm} schreiben.

G. Drehmoment und Drehschub.

Ein Magnetfeld übt auf einen stromdurchflossenen Leiter eine Kraft $P = i\, B\, l$ aus. Ist dieser Leiter drehbar angeordnet, so entsteht ein Drehmoment gleich Kraft mal Hebelarm. In elektrischen Maschinen ist dieser Hebelarm gleich dem Ankerradius. Da wir es hier mit vielen Leitern zu tun haben, müssen wir alle Einzelkräfte oder Einzeldrehmomente addieren, um das Gesamtdrehmoment des Ankers zu erhalten. Gehen wir von einer gleichmäßig verteilten Wicklung aus. dann ist als Leiterstrom der Strombelag zu setzen und die Gesamtkraft durch Integration über den ganzen Ankerumfang zu bestimmen. In den meisten Fällen genügt aber eine Integration über eine Polteilung und die Multiplikation dieses Ergebnisses mit der Polzahl, da sich ja alle Verhältnisse von Polteilung zu Polteilung wiederholen. Es ist also das Drehmoment

$$\boxed{M = p\,D\,l \int_0^\tau a\,B\,d\,x.} \tag{193}$$

$a\,(x)$ ist der Strombelag, $B\,(x)$ die Feldkurve, D der Ankerdurchmesser, l die Ankerlänge und p die Polpaarzahl. Wir zerlegen den Strombelag in Grund- und Oberwellen und ebenso auch die Feldkurve. Beachten wir, daß nach bekannten Gesetzen $\int_0^{2\pi} \sin m\,x \; \sin n\,x \; d\,x = 0$ ist für $m \neq n$, so ergibt sich daraus, daß nur die Wellen des Strombelages mit den Wellen der Feldkurve ein Drehmoment miteinander bilden, die von gleicher Wellenlänge sind. Die Grundwelle des Strombelages bildet also nur mit der Grundwelle des Feldes und die ν-te Oberwelle des Strombelages nur mit der ν-ten Oberwelle des Feldes ein Drehmoment. Uns interessiert in erster Linie das Drehmoment der Grundwellen.

Die Achse des sinusförmigen Strombelages — ob es ein Wechselstrom- oder ein Drehstrombelag ist, lassen wir noch offen — möge um den Winkel ψ gegen die Feldachse verschoben sein. Bezeichnen wir die Amplitude der Stromwelle mit A_m und die des Feldes mit B_m, dann ergibt obiges Integral:

$$M = p\,D\,l\,A_m\,B_m \int_0^\tau \sin\left(\frac{x}{\tau}\,\pi - \psi\right) \sin\frac{x}{\tau}\,\pi\,d\,x.$$

Beachten wir, daß $\int_0^\pi \sin x \cos x\,d\,x = 0$ ist und führen die bekannte Beziehung zwischen Fluß und Induktion (Gl. 173) ein, dann erhalten wir

$$M = \frac{\pi}{4}\,p\,D\,A_m\,\Phi_m \cos\psi. \tag{194}$$

Mit A_m in A/cm, Φ_m in Voltsek und D in cm erhält man das Drehmoment in Joule = 0,102 mkg.

Bei einphasigen Wechselstrommaschinen ist in Gl. 194 der Fluß $\Phi_m = \Phi \sin\omega\,t$ ein Wechselfluß und $A_m = A_{\mathrm{I}} \sin(\omega\,t - \alpha)$ ein Wechselstrombelag. Wir zerlegen das Produkt nach bekannten Regeln:

$$\sin\omega\,t \sin(\omega\,t - \alpha) = \sin^2\omega\,t \cos\alpha - \frac{1}{2}\sin 2\,\omega\,t \sin\alpha.$$

Entsprechend dieser Zerlegung enthält also das Drehmoment einen Teil, der nach einer Sinusquadratfunktion zwischen Null und einem Höchstwert um einen Mittelwert mit doppelter Frequenz pulsiert, während der zweite Teil mit doppelter Frequenz nach einer Sinusfunktion um den Mittelwert Null schwingt. Nur der erste Teil liefert ein nach einer Richtung wirksames Drehmoment, dessen Mittelwert gleich dem halben Höchstwert ist. Wir erhalten also als mittleres Drehmoment einer Einphasen-Wechselstrommaschine:

$$M_{\mathrm{mit}} = \frac{\pi}{8}\,p\,D\,A_{\mathrm{I}}\,\Phi \cos\psi \cos\alpha. \tag{194a}$$

Bei Drehfeldmaschinen sind die Amplituden des Drehstrombelages A_m und der Induktion B_m zeitlich konstant, so daß Gl. 194 für Drehfeldmaschinen ein konstantes Drehmoment liefert. — Eine wichtige Drehmoment formel erhält man, wenn man den Drehstrombelag und die Induktion in zueinander senkrecht stehende Komponenten zerlegt, wie Abb. 223 zeigt. B_q und A_l liegen gleichachsig, B_l und A_q ebenfalls, aber mit entgegengesetzten Vorzeichen, so daß wir aus der Gl. 194 durch die Komponentenzerlegung für das Drehmoment einer Drehfeldmaschine erhalten:

$$M = \frac{\pi}{4}\, p\, D\, [A_l\, \Phi_q - A_q\, \Phi_l]. \qquad (194\text{b})$$

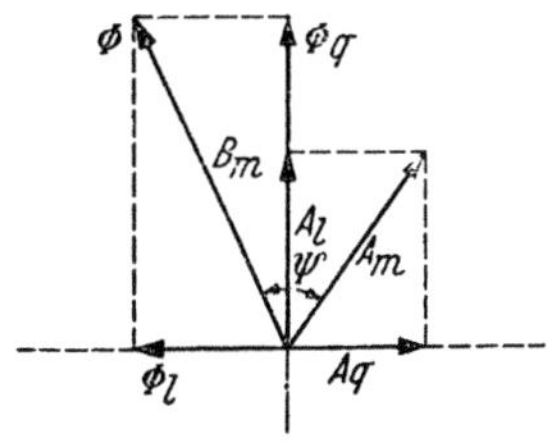

Abb. 223. Zur Berechnung des Drehmomentes einer Drehfeldmaschine.

Die Drehstrombeläge A_l und A_q sind in diesem Fall mit den entsprechenden Strömen aus Gl. 157b zu berechnen.

Eine besondere Betrachtung verdienen die Gleich- und Wechselstromwendermaschinen. Bei diesen ist der Strombelag zwischen zwei aufeinanderfolgenden Bürsten, d. h. im allgemeinen längs einer Polteilung, konstant, so daß wir nunmehr aus Gl. 193

$$M = p\, D\, l\, a \int_0^\tau B\, d x \qquad (195)$$

erhalten. Unabhängig von der Form der Feldkurve ist $l \int_0^\tau B\, d x = \Phi$ der gesamte, längs einer Polteilung zwischen zwei Bürsten in den Anker eintretende Fluß. Hier ist also die Zerlegung des Feldes in Grund- und Oberwellen nicht nötig. Für das Drehmoment bei Gleich- und Wechselstromwendermaschinen erhalten wir demnach:

$$M = p\, D\, a\, \Phi. \qquad (196)$$

Bei Gleichstrommaschinen ist der Strombelag auch zeitlich konstant, so daß wir mit $a = A$

$$M = p\, D\, A\, \Phi \qquad (197)$$

setzen können.

Bei Wechselstromwendermaschinen dagegen ist sowohl der Strombelag wie auch der Fluß zeitlich veränderlich, so daß auch das Drehmoment zeitlich pulsiert. Es ergeben sich grundsätzlich dieselben Verhältnisse, wie wir sie oben bei Gl. 194 besprochen haben. Wir kommen darauf noch bei den Stromwendermaschinen zurück.

Zum Schluß wollen wir noch kurz den Zusammenhang zwischen der elektrischen Leistung und dem Drehmoment betrachten, und zwar zunächst bei einer Drehfeldmaschine. Setzen wir in Gl. 194 die Beziehungen nach Gl. 157b bzw. 173 ein und führen weiter die vom Drehfeld in der Ankerwicklung induzierte Spannung E nach Gl. 179 ein, dann wird

$$M = \frac{m\, E\, J}{\omega/p} \cos \psi. \qquad (198)$$

$E\, J \cos \psi$ ist die vom Drehfeld auf einen Wicklungsstrang übertragene (Generator) oder entnommene (Motor) Leistung. $N_D = m\, E\, J \cos \psi$ nennen wir die „Drehfeldleistung" der Maschine oder auch „innere Leistung". Aus der Drehfeldleistung ergibt sich das Drehmoment durch Division mit der räumlichen Drehfeldwinkelgeschwindigkeit ω/p. Es war ψ der räumliche Winkel zwischen der Achse des Strombelages und der Achse des Feldes; ψ ist aber auch gleichzeitig der zeitliche Phasenwinkel zwischen induzierter Spannung und Ankerstrom. Liegen z. B. Drehstrombelag und Drehfeld um 90° räumlich auseinander, dann sind auch induzierte Spannung und Strom 90° phasenverschoben.

Bei der Gleichstrommaschine ist $m = 1$ und $\cos\psi = 1$ zu setzen, so daß hier, indem wir noch $\omega/p = 2\pi n$ einführen,

$$M = \frac{E J}{2\pi n} \tag{199}$$

ist.

Drehschub. Eine wichtige Größe, die einen unmittelbaren Vergleich verschiedener Maschinen hinsichtlich ihrer mechanischen Beanspruchung und damit ihrer Ausnutzung der Werkstoffe erlaubt, ist der mittlere Drehschub, die am Anker im Mittel je Flächeneinheit tangential angreifende Schubkraft, welche mit dem Ankerhalbmesser $D/2$ das Drehmoment bildet. Da die Ankermantelfläche gleich $\pi D l$ ist, so ist der mittlere Drehschub als Kraft je Flächeneinheit gleich $2 M/D : \pi D l$ oder

$$\sigma = \frac{2}{\pi} \frac{M}{D^2 l} = \frac{N_D}{\pi^2 D^2 l n}. \tag{200}$$

Der rechtsstehende Ausdruck entsteht auf Grund der Beziehung $N_D = 2\pi n M$. Mit M in kJoule bzw. N_D in kW, D und l in m und n in 1/sec erhält man den Drehschub in kJoule/m³ = 102 kg/m².

Da nun aber bei vielen Maschinen, z. B. bei einem Drehstromgenerator, trotz gleichbleibender elektrischer und magnetischer Beanspruchung der Drehschub mit der Wirkleistung bzw. mit dem Leistungsfaktor $\cos\varphi$ schwankt, nimmt man als Vergleichswert nicht die Drehmomentleistung N_D, sondern die zugehörige „innere" Scheinleistung N_{Si} und nennt

$$\sigma_S = \frac{N_{Si}}{\pi^2 D^2 l n} \tag{201}$$

den scheinbaren Drehschub. Der scheinbare Drehschub ist im wesentlichen eine Funktion der Polteilung und liegt etwa in den Grenzen $6 \leqq \sigma \leqq 30$ kJoule/m³.

Unter Einführung der Drehzahl in Umdrehungen je Minute nennt man $C = \sigma_S \pi^2/60 \approx \sigma_S/6$ die „Ausnutzungsziffer" einer Maschine und

$$N_{Si} = C D^2 l n$$

die „Leistungsgleichung". Entsprechend den obigen Werten für σ_S schwankt C etwa innerhalb der Werte 1 bis 5.

Der Drehschub σ_S läßt sich auch durch den Strombelag und die Induktion ausdrücken. Ersetzen wir in Gl. 200 das Drehmoment M durch die Gl. 194 mit $\cos\psi = 1$, führen $\Phi = 2/\pi \cdot \tau l B$ ein und ersetzen A_m nach Gl. 157b, so erhalten wir für den scheinbaren Drehschub einer Drehstrommaschine

$$\sigma_S = \frac{1}{2} A_m B = \frac{1}{\sqrt{2}} A B \xi.$$

Für eine Gleichstrommaschine erhalten wir dagegen aus Gl. 197 und 383:

$$\sigma = \alpha A B.$$

Hierbei ist $\alpha \approx 0{,}6 \ldots 0{,}75$ der Polbedeckungsfaktor. Setzt man in beiden Formeln den Strombelag in A/cm und die Induktion in Gauß ein, erhält man den Drehschub in 10^{-5} kJoule/m³.

IV. Induktionsmaschinen.

A. Aufbau und Wirkungsweise.

1. Aufbau.

Eine Induktionsmaschine besteht im wesentlichen aus einem feststehenden Teil, dem Ständer, der eine ein-, zwei- oder dreiphasige Wicklung nach III A in seinen Nuten trägt, und einem umlaufenden Teil, dem Läufer (Abb. 224).

Abb. 224 Einzelteile eines Drehstrom-Kurzschlußmotors der „Elin" und Schorch-Werke.

Der Ständerwicklung wird bei den ständergespeisten Motoren der Strom vom Netz aus zugeführt (Abb. 226), so daß sie, wenn sie mehrphasig ist, ein Drehfeld nach III B 7 erregt. Von den Oberwellen der Feldkurve der Ständerwicklung (III D) sei hier abgesehen. Die Drehmomente werden durch das Drehfeld und jene Ströme erzeugt, die das Drehfeld selbst in der Wicklung des Läufers induziert. Deshalb bezeichnet man diese Maschinen als Induktionsmaschinen.

a b c d e f g h

Abb. 225. Nutenformen.

Damit die für die Erregung des Drehfeldes notwendige Durchflutung möglichst klein wird, verwendet man einerseits im Ständer halbgeschlossene, im Läufer halb- oder ganzgeschlossene Nuten, und macht man anderseits den Luftspalt zwischen Ständer und Läufer klein. Nur bei Maschinen, deren Ständerwicklung für höchste Spannungen ausgelegt ist, kommen offene Nuten im Ständer vor, in die sogenannte Formspulen eingelegt werden, d. s. Spulen, die außerhalb der Maschine gewickelt und fertig isoliert werden. Abb. 225 zeigt offene (a und b) und halbgeschlossene Nuten (c bis h). Als ganz geschlossene Nuten kommen vor allem die Formen c, d und e in Betracht.

Die Wechselstromwicklungen können in ihre Nuten eingeträufelt, eingefädelt oder als Formspulen eingelegt werden. Das Einträufeln wird bei Maschinen kleiner und kleinster Leistung und für Spannungen bis etwa 1000 V angewendet. Durch den Schlitz der halbgeschlossenen Nuten werden die Drähte einer auf Schablonen hergestellten Spule eingelegt. Beim Einfädeln wird der Draht durch Nutisolationshülsen durchgezogen und an der Maschine selbst zu Spulen geformt. Auch für diese Wicklungsart kommen halbgeschlossene Nuten in Betracht. Man führt sie bei Maschinen mittlerer Leistung und für Spannungen bis ungefähr 6000 V aus. Wie schon erwähnt wurde, werden fertiggewickelte und isolierte Formspulen in offene Nuten eingelegt, wenn die Wicklung für höchste Maschinenspannungen bestimmt ist. Halbformspulen sind Formspulen, bei denen ein Spulenkopf fehlt, so daß die fertiggewickelte und isolierte Halbformspule durch halbgeschlossene Nuten eingeschoben werden kann. Der fehlende Spulenkopf wird nach dem Einschieben der Halbformspule angelötet oder angeschweißt.

Obwohl also mit Rücksicht auf die Herstellung der Wicklung die offenen Nuten die bequemsten sind, werden doch zumeist halbgeschlossene Nuten ausgeführt, weil die offenen Nuten zu viele Nachteile aufweisen. Bei den Induktionsmaschinen, die einen kleinen Luftspalt besitzen, würden offene Nuten einen hohen Magnetisierungsstrom erfordern, starke Feldschwankungen verursachen und damit besonders bei Käfigankermotoren große zusätzliche Verluste im Läufer, auch an der Eisenoberfläche, mit sich bringen und ferner unerwünschte Oberwellendrehmomente erzeugen. Aus diesen Gründen verwendet man offene Nuten nur bei höchsten Spannungen. Bei den im nächsten Hauptabschnitt behandelten Synchronmaschinen, die einen großen Luftspalt aufweisen, aber führen die offenen Nuten einerseits zu Wirbelstrombildungen und anderseits zu einer Spannungsverzerrung. Die vom Pol ausgehenden Kraftlinien treten auch in die offenen Nuten ein und erzeugen Wirbelströme. Weiters entstehen durch den Wechsel der Kraftliniendichte im Luftspalt, der durch den verschiedenen magnetischen Leitwert zwischen Pol und Ständernuten und -zähnen bedingt ist, in den Polschuhen des Magnetrades Wirbelstromverluste. Und schließlich kommen in die Spannungskurve Oberwellen durch die Nutung des Ständers. Dennoch werden meistens offene Nuten verwendet, da man z. B. die Nutenoberwellen durch besondere Maßnahmen, wie Abschrägung der Polschuhkanten, Schrägstellung der Zahnflanken, Bruchlochwicklungen, unterdrücken kann.

Die Läuferwicklung von Induktionsmotoren kann kurzgeschlossen sein. In diesem Falle spricht man bei den Motoren von Kurzschlußläufermotoren (Abb. 226a). Oder sie ist zu Schleifringen geführt. Solche Motoren heißen Schleifringläufermotoren (Abb. 226b).

Bevor der weitere Aufbau von Induktionsmaschinen beschrieben wird, sollen ein paar Worte über die umlaufenden elektrischen Maschinen überhaupt gesagt werden.

Über die Formen elektrischer Maschinen gibt das Normblatt DIN-VDE 2950 Auskunft, auf das hier verwiesen werden muß. Man unterscheidet Maschinen in waagrechter und senkrechter Anordnung. Die Maschinen können ohne Lager für die Läuferwelle gebaut werden. In diesem Falle sitzt der Läufer auf der verlängerten Welle der Antriebsmaschine oder er wird von einer kurzen Flanschwelle getragen, ohne daß ein Außenlager vorhanden ist. Solche Maschinen gehören zur Gruppe A. Maschinen kleiner und mittlerer Leistung sind mit Schildlagern ausgerüstet (Abb. 224). Mitunter sitzt der Läufer auf einer Flanschwelle, die außen durch ein Schildlager gestützt ist. Die Maschinen mit Schildlagern bilden die Gruppe B. Bei großen Maschinen sind die Schildlager durch Stehlager ersetzt (Gruppe D). Maschinen der Gruppe C besitzen Schild- und Stehlager. Zur Gruppe V werden die Maschinen mit senkrechter Welle gezählt (Abb. 227). Die Maschinen für Kupplung mit Wasserturbinen in senkrechter Anordnung sind mit dem Kurzzeichen *W* gekennzeichnet.

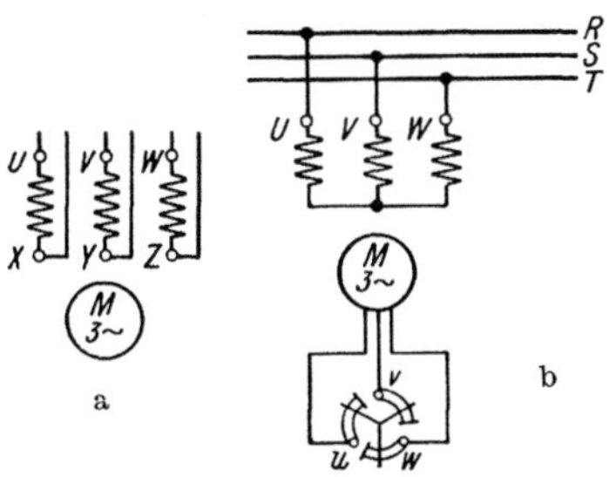

Abb. 226. Schaltbilder von Induktionsmotoren. a Kurzschlußläufer mit offener Ständerwicklung, b Schleifringläufer mit in Stern geschalteter Ständerwicklung.

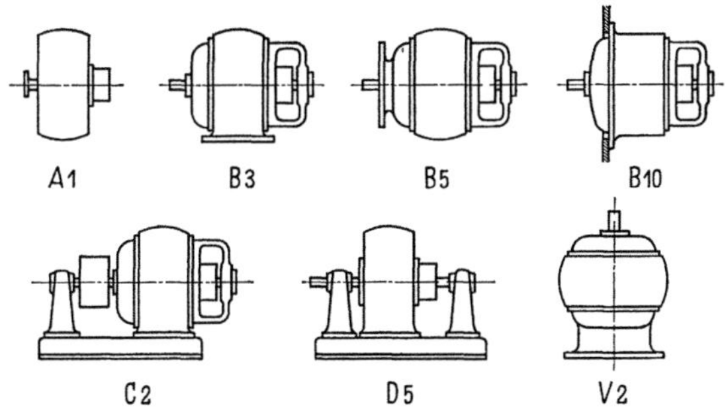

Abb. 227. Einige Formen elektrischer Maschinen.

Die Lager von umlaufenden elektrischen Maschinen können sowohl als Gleit- als auch als Wälzlager (Kugel- und Rollenlager) ausgebildet sein. Kleine und mittlere Maschinen sowie Bahnmotoren erhalten meist Rollenlager, große Maschinen Gleitlager.

Das Normblatt DIN-VDE 50 teilt die elektrischen Maschinen nach der Schutzart ein. Darnach kann eine Maschine gegen Berührung der Spannung führenden und der inneren bewegten Teile und gegen das Eindringen fester Fremdkörper geschützt sein (Schutzart A). Der Schutz kann sich auf zufällige Berührung und auf große feste Fremdkörper (A 1) erstrecken oder auf zufällige Berührung und auf kleine feste Fremdkörper (A 2) oder auf absichtliche Berührung und auf groben Staub (geschlossene Maschinen ohne besondere Dichtung, A 3) oder auf absichtliche Berührung und auf feinen Staub (gekapselte Maschinen mit besonderer Dichtung gegen feinen Staub, A 4).

Sind die Spannung führenden und die inneren bewegten Teile der Maschinen gegen senkrecht fallende Wassertropfen geschützt, so spricht man von Tropfwasserschutz (B 1). Spritzwasserschutz schützt vor Wassertropfen von oben bis zur Waagrechten (B 2) und Schwallwasserschutz vor Wassertropfen oder Wasserstrahlen ohne besonderen Druck aus beliebiger Richtung (B 3). Schließlich können die Maschinen noch gekapselt sein mit besonderer Dichtung gegen Feuchtigkeit (B 4). Sonderschutzarten (C) stellen der Explosions- und Schlagwetterschutz dar. Diese Schutzarten können noch durch Schutz gegen inneren Überdruck erweitert werden (D). Man bezeichnet Maschinen, bei denen die Zugänglichkeit der stromführenden und inneren umlaufenden Teile nicht wesentlich erschwert ist, auch als offene Maschinen. Geschlossene Maschinen sind solche, bei denen die Spannung führenden und die inneren bewegten Teile allseitig abgeschlossen sind.

Nach der Kühlungs- und Lüftungsart unterscheidet man Maschinen mit Selbstkühlung, bei denen die Kühlluft durch die umlaufenden Teile der Maschine ohne Zuhilfenahme eines besonderen Lüfters bewegt wird; weiters

Maschinen mit Eigenlüftung, bei denen ein Lüfter, der am Läufer angebracht oder von ihm angetrieben ist, die Kühlluft bewegt. Bei Fremdlüftung besitzt der Lüfter einen eigenen Antriebsmotor.

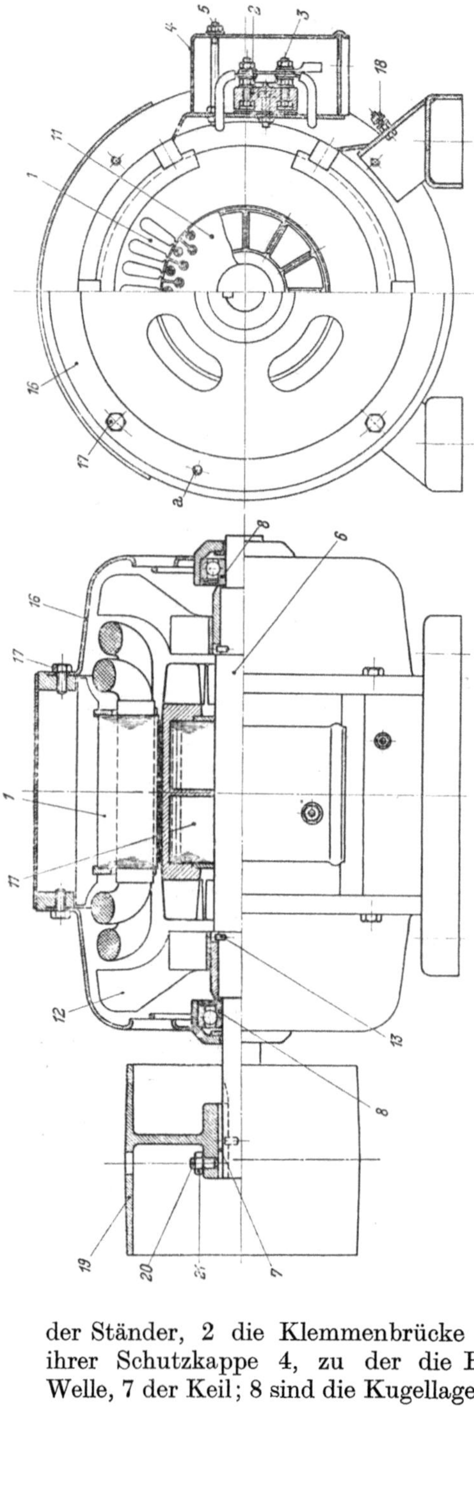

Abb. 228. Schnittbild des Drehstrom-Kurzschlußmotors der Abb. 224.

Und nun wieder zurück zu den Induktionsmaschinen! Der Aufbau einer solchen soll am Beispiel eines außenbelüfteten Kurzschlußankermotors nach Abb. 228 beschrieben werden. Der Läufer und Ständer wird aus Blechen von meist 0,5 mm Stärke zusammengesetzt, die voneinander durch aufgeklebtes Papier von ungefähr 0,03 mm Stärke oder durch einen Anstrich von Lack oder Wasserglas isoliert sind. Das Gesamtblechpaket wird in Einzelpakete von 40 bis 70 mm Länge unterteilt, um dazwischen Lüftungsschlitze von etwa 10 mm freizulassen. Damit das Aufblättern der Blechpakete verhindert wird, ordnet man stärkere Endbleche (1 mm) und zwischen den Stirnflächen benachbarter Blechpakete im Luftschlitz Distanzbleche an. Solche Distanzbleche sind Endbleche, auf die Distanzstege genietet oder geschweißt werden. Bei kleinen und mittleren Maschinen werden die Läuferbleche unmittelbar auf die Welle geschoben; Aussparungen in den Läuferblechen oder Löcher sorgen dafür, daß den radialen Lüftungsschlitzen die Kühlluft axial zuströmen kann. Bei größeren Läuferdurchmessern sitzen die Läuferbleche nicht mehr unmittelbar auf der Welle, sondern auf einem Armstern. Die Bleche müssen mit einem Druck von 5 bis 10 kg/cm^2 zusammengepreßt werden. Dazu sind Preßplatten im Ständer und Läufer vorgesehen. Das Gehäuse besteht entweder aus Gußeisen oder ist aus Eisenblech zusammengeschweißt.

In den Abb. 224 und 228 weisen die Zahlen auf folgende Einzelteile des Motors hin. 1 ist der Ständer, 2 die Klemmenbrücke mit ihren Befestigungsschrauben 3 und ihrer Schutzkappe 4, zu der die Befestigungsmuttern 5 gehören. 6 ist die Welle, 7 der Keil; 8 sind die Kugellager. 11 ist der Läufer, 12 ein Lüfter mit dem

Mitnehmer 13; die Lagerschilder sind mit 16 bezeichnet, ihre Befestigungsschrauben mit 17. 18 ist eine Erdungsschraube, 19 die Riemenscheibe mit Feststellschraube 20 und Mutter 21. Die Löcher *a* sind zum Abdrücken des Lagerschildes da.

2. Läuferwicklungen.

Bevor die gebräuchlichen Läuferwicklungen aufgezählt werden, wollen wir zuerst auf eine Sonderbauart, den nutenlosen Läufer, hinweisen.

a) Nutenlose Läufer.[1]) Würde man den Läufer aus vollem Eisen machen, so entstünden in ihm Wirbelströme, die ein nützliches Drehmoment ergeben. Wirkungsgrad und Leistungsfaktor eines solchen Motors wären jedoch schlecht. Um die Eigenschaften eines Motors mit wicklungslosem Läufer zu verbessern, wird empfohlen, den Läufer aus verschiedenen Schichten geeigneter Baustoffe herzustellen. Abb. 229 stellt z. B. einen radial geschichteten Läufer dar. Und zwar bedeuten: 1 den Kern aus vollem Eisen, 2 und 2′ Stirnverbindungsringe aus Kupfer, 3 eine Schicht aus Kupfer oder Kupfer-Eisen, 4 eine Schicht aus Nickeleisen oder aus gespritztem Eisen; 5 bedeutet den Ständer. Die Schichtung kann auch axial oder tangential erfolgen.

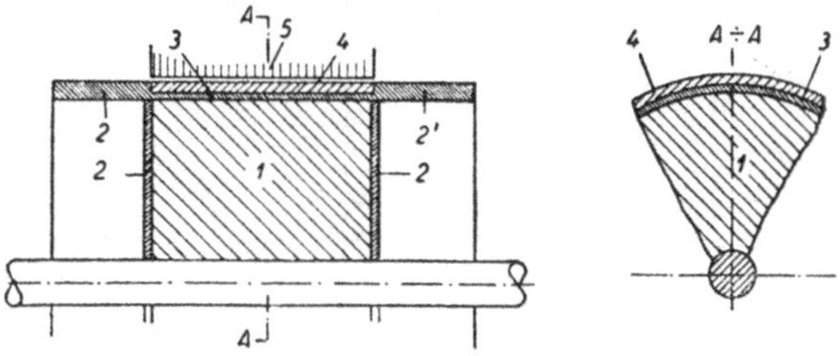

Abb. 229. Nutenloser geschichteter Läufer.

Hier wäre auch kurz auf den Hysteresemotor hinzuweisen. In jeder Induktionsmaschine entsteht infolge der Hysteresis ein Hysteresedrehmoment, das im Untersynchronismus motorisch, im Übersynchronismus generatorisch wirkt. Ein Motor, dessen Drehmoment die Hysteresekräfte allein bilden, ist ein Hysteresemotor. Der Läufer eines solchen Motors trägt ebenfalls keine Wicklung und besteht entweder aus massiven hysteretischen Stoffen, das sind Stoffe mit breiter Hystereseschleife und großen Hystereseverlusten, oder ist aus Schichten von hochhysteretischen und gut permeablen Stoffen aufgebaut.[2])

b) Käfigwicklungen. Die einfachste Wicklung, die der Läufer eines Kurzschlußläufermotors tragen kann, ist die in Abb. 262 links dargestellte Käfigwicklung. In den z. B. runden Nuten, die entweder einen schmalen Schlitz haben oder ganz geschlossen sind, liegen blanke Kupferstäbe, die an den beiden Stirnseiten des Läufers durch Kupferringe mittels Hartlötung oder Schweißung miteinander verbunden werden. Man kann aber auch den Läuferkäfig aus Aluminium oder einer Aluminiumlegierung unter hohem Druck unmittelbar in die Läufernuten gießen und die Kurzschlußringe und gegebenenfalls Lüftungsflügel mit angießen. Ein solcher Läuferkörper ist praktisch unzerstörbar.

Die Käfigwicklung mit N_2 Stäben ist als eine N_2-phasige Wicklung aufzufassen mit je einem Stab je Wicklungsstrang. Die N_2 Wicklungsstränge sind durch den einen Kurzschlußring in Stern geschaltet und durch den anderen Ring kurzgeschlossen. Ein und dieselbe Käfigwicklung kann für beliebige Polzahlen verwendet werden.

Um die Anlaufverhältnisse zu verbessern, baut man auch Käfigwicklungen mit hohen schmalen Stäben (Abb. 275), sogenannte Hochstabläufer oder mit Stäben nach Abb. 272. Auch die in Abb. 273 dargestellten Doppel- und

---

[1]) H. Moser, Bull. schweiz. elektrotech. Ver. 26 (1935) S. 553 und 29 (1928) S. 107.
[2]) H. E. Jaeschke, Dissertation Breslau. 1940.

Mehrfachkäfiganker dienen der Verbesserung der Anlaufverhältnisse der Induktionsmotoren.

Die Vorteile der Käfigankermotoren gegenüber den Motoren mit Schleifringankern, deren Wicklungen im nächsten Punkt besprochen werden, liegen auf der Hand. Der Schleifringankermotor braucht Schleifringe, Bürsten und Anlaßwiderstände. Außerdem sind oft Vorrichtungen vorgesehen, die ein Abheben der Bürsten nach erfolgtem Anlassen und ein Kurzschließen der Schleifringe erlauben. Dies alles fällt beim Käfigankermotor weg. Überdies besitzt der Käfiganker weniger Kupfer als der Schleifringanker. Der Preis eines Induktionsmotors mit Käfiganker ist geringer als der eines Schleifringläufermotors.

Trotzdem wurde der Schleifringankermotor nicht gänzlich durch die Käfigankermotoren verschiedener Bauart verdrängt. Dies hat seinen Grund in den Verhältnissen beim Anlassen, die später eingehend besprochen werden.

c) Läuferwicklungen für Schleifringankermaschinen. Schleifringläufer von Maschinen bis etwa 10 kW werden häufig mit Spulenwicklungen ausgerüstet, wie sie im Ständer verwendet werden. Mitunter wird auch die sechsfach auf-

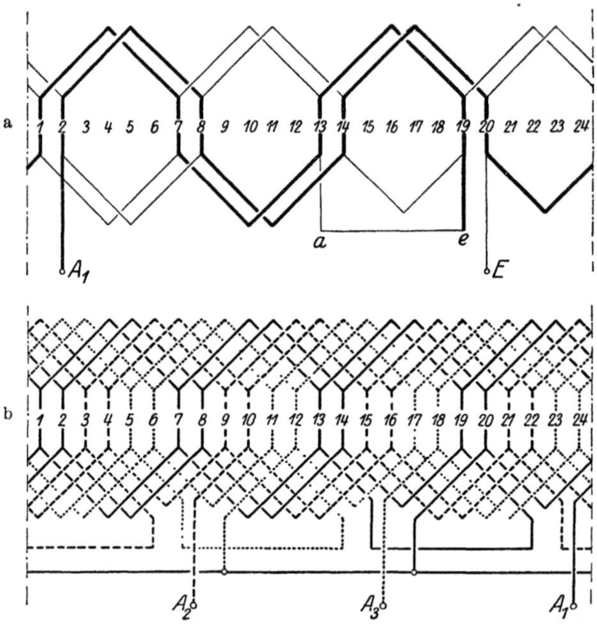

Abb. 230. Dreiphasige Zweischicht-Stabwicklung fur 4 Pole und 24 Nuten.

geschnittene Gleichstromankerwicklung benutzt, die im Anschluß an die Gleichstromankerwicklungen besprochen werden wird.

Bei Schleifringläufern von Maschinen ab 10 kW wird stets eine Zweischichtwicklung verwendet mit zwei Stäben in jeder Nut und mit ganzer oder gebrochener Nutenzahl je Pol und Strang. In Abb. 230a, b, ist eine solche Wicklung für 24 Nuten, 4 Pole und 3 Wicklungsstränge gezeichnet.

Die Nutenzahl je Pol und Strang ist $q_2 = \frac{N_2}{2\,p\,m_2} = \frac{24}{4\cdot 3} = 2.$

Der Nutenstern dieser Wicklung ist der gleiche wie der in Abb. 158a des Abschn. III A angegebene. Dem ersten Wicklungsstrange sind also die Nuten 1, 2, 7, 8, 13, 14, 19 und 20 zuzuordnen, wobei die Nuten 1, 2, 13 und 14 je zwei positive, die Nuten 7, 8, 19 und 20 je zwei negative Spulenseiten enthalten. Beginnen wir willkürlich den ersten Wicklungsstrang mit dem Oberstab der Nut 2 und schalten wir abwechselnd positive und negative Spulenseiten oder Stäbe hintereinander, indem wir stets einen Oberstab mit einem Unterstab verbinden, so ergibt sich z. B. der stark ausgezogene Wicklungszweig in Abb. 230a. Dieser Wicklungszweig nimmt aber nur in jeder der zum ersten Wicklungsstrange gehörigen Nuten abwechselnd den Ober- und Unterstab in sich auf, so daß nun ein zweiter Wicklungszweig mit den übrigbleibenden Ober- und Unterstäben der gleichen Nuten ausgeführt werden kann. Dieser zweite Wicklungszweig beginnt bei a in Abb. 230a, eine Polteilung gegen das Ende des ersten Wicklungszweiges e verschoben. Dieser zweite Wicklungszweig ist in Abb. 230a dünn ausgezogen und wird im umgekehrten Sinne durchlaufen wie der erste. Sein Ende ist mit E in Abb. 230a bezeichnet. Wie aus der Abbildung zu erkennen ist, werden je eine positive und negative Spulenseite miteinander verbunden, die um eine Polteilung, das sind sechs Nutteilungen, auseinander liegen. Nach einem Umgang um den Läuferumfang muß eine Spulenseite (in Abb. 230 in Nut 20) mit einer ungleichsinnigen verbunden werden, die um eine Nutteilung weniger gegen sie verschoben ist (in Abb. 230 in Nut 1), da man sonst zum Ausgangsstabe (in Nut 2) zurückkehren und den Teilwicklungszug kurzschließen würde. In Abb. 230b ist ein vollständiges Schaltbild der Wicklung mit allen drei Wicklungssträngen, Reihenschaltung aller Spulen eines Stranges und Sternschaltung der Stränge gezeichnet. Selbstverständlich können auch die beiden Wicklungszweige jedes Stranges (z. B. $A_1 — e$ und $a — E$ in Abb. 230a) parallel geschaltet werden. Dies hängt von der Spannung zwischen den Schleifringbürsten ab, die im Normblatt DIN-VDE 2651 für die verschiedenen Leistungen genormt ist.[1]) Doch kommt für Maschinen kleiner oder mittlerer Leistung meistens die Reihenschaltung in Betracht.

3. Wirkungsweise einer mehrphasigen Induktionsmaschine.

Wie schon erwähnt wurde, wird bei den ständergespeisten Induktionsmotoren der Strom vom Netz aus der Ständerwicklung zugeführt. Es entsteht ein Drehfeld, das gegen den stillstehenden Ständer mit der „synchronen Drehzahl“

$$n_1 = \frac{f_1}{p}$$

umläuft, wenn f_1 die Netzfrequenz und p die Polpaarzahl der Ständerwicklung bedeutet. Dieses Drehfeld induziert in den Leitern der Läuferwicklung Ströme so, daß diese ihre Entstehungsursache, d. i. die Relativbewegung des Ständerdrehfeldes gegen den Läufer, aufzuheben trachten; d. h. sie bilden mit dem Drehfelde Drehmomente, die den Läufer in Richtung des Ständerdrehfeldes antreiben und seine Drehzahl der Ständerdrehfelddrehzahl zu nähern suchen. Der Läufer kann aber diese Drehfelddrehzahl nicht ganz erreichen, denn sonst würde, weil keine Relativbewegung des Läufers gegen das Drehfeld da wäre, die Induktionswirkung aufhören: der Läufer zeigt also einen gewissen Schlupf gegen das Ständerdrehfeld; seine Drehzahl ist kleiner als die des Drehfeldes; der Läufer läuft „asynchron“ (Asynchronmaschinen). Der beschriebene Betriebszustand

[1]) Offene Drehstrommotoren mit Kurzschlußläufer sind im Normblatt DIN-VDE 2650 für Leistungen von 0,125 bis 100 kW zusammengestellt, offene Motoren mit Schleifringläufer und Leistungen von 1,1 bis 250 kW in dem oben genannten Normblatt. Über normale Läuferanlasser geben die Regeln für die Bewertung und Prüfung von Anlassern und Steuergeräten (VDE 0650/1933) Auskunft.

entspricht dem eines **Induktionsmotors**. Je größer das vom Motor verlangte Drehmoment wird, um so größer wird die Schlüpfung des Läufers gegen das Ständerdrehfeld, da mit steigendem Schlupfe auch der im Läufer induzierte Strom und eben damit das Drehmoment zunimmt. Doch geht dies nur bis zu einer gewissen Grenze, dem **Kippmoment**. Wird vom Motor ein noch größeres Drehmoment gefordert, so bleibt er stehen.

Wird der Läufer in der Drehrichtung des Drehfeldes mit einer Drehzahl angetrieben, die über der synchronen Drehzahl liegt, so wird die Schlüpfung des Läufers gegenüber dem Ständerdrehfelde entgegengesetzt wie früher. Bezeichnen wir die Schlüpfung bei dem geschilderten Betriebszustande eines Induktionsmotors als positiv, so muß sie jetzt als negativ angesehen werden. Das Drehmoment, das vom Läuferstrom und Drehfeld gebildet wird, wirkt nun gegen die Drehrichtung des Drehfeldes. Die Maschine ist ein **Generator** geworden und gibt elektrische Leistung über den Ständer ins Netz ab. **Somit geht ein Induktionsmotor in den Generatorzustand über, wenn er im Umlaufsinne des Ständerdrehfeldes übersynchron angetrieben wird. Die Schlüpfung ist negativ.**

Was geschieht aber, wenn ein Induktionsmotor, der z. B. eine Last zu heben hat, diese Last nicht bewältigen kann, so daß sein Läufer von der sinkenden Last durchgezogen wird und seine Umlaufrichtung somit dem Drehsinne des Ständerdrehfeldes entgegengesetzt ist? Die Schlüpfung ist positiv und größer als im Falle des Motorzustandes. Der Maschine wird sowohl vom Netz aus über den Ständer elektrische Leistung als auch von der sinkenden Last über den Läufer mechanische Leistung zugeführt. Beide Leistungen werden in Läuferstromwärme umgewandelt: die Maschine ist **Bremse** geworden. Das von der Maschine entwickelte Drehmoment wirkt wie beim Motor im Drehsinne des Ständerdrehfeldes, also dem Drehmomente der sinkenden Last entgegen, bremst diese also ab. Eine solche Bremsung wird als Gegenstrom-Senkbremsung bezeichnet.

Bisher wurde angenommen, daß der Ständer gespeist ist. Man kann aber auch den **Läufer** vom Netz aus **speisen**. Dann erregt die Läuferwicklung ein Drehfeld, das mit der synchronen Drehzahl n_1 gegenüber dem Läufer umläuft, gleichgültig ob dieser sich dreht oder stillsteht. In der Ständerwicklung werden dann von diesem Läuferdrehfeld Ströme induziert, die wieder ihrer Entstehungsursache entgegenwirken wollen, also mit dem Läuferdrehfelde ein Drehmoment bilden, das die Drehzahl des Läuferdrehfeldes gegenüber dem stillstehenden Ständer verringert; d. h. der Läufer wird durch dieses Drehmoment entgegen dem Läuferdrehfelde angetrieben. **Ein läufergespeister Induktionsmotor läuft also gegen das Drehfeld um.**

Bei stillstehendem Läufer ist die mehrphasige Induktionsmaschine nichts als ein Transformator, bei dem das Wechselfeld durch ein Drehfeld ersetzt ist. Man baut solche Maschinen als **Drehregler** oder **Drehtransformatoren**. Als weitere Sonderbauarten von Induktionsmaschinen erwähnen wir hier nur die Maschinen, bei denen statt des Läufers der Ständer umläuft; Maschinen mit einem Zwischenläufer zwischen Ständer und eigentlichem Läufer; doppelt gespeiste Maschinen, bei denen sowohl die Ständer- als auch die Läuferwicklung aus Wechselstromnetzen gespeist werden; Maschinen mit Doppelständern; Maschinen mit Ständerwicklungen verschiedener Polzahlen; Maschinen, bei denen die Polzahl der Ständerwicklung geändert wird usw.

B. Betriebseigenschaften der mehrphasigen Induktionsmaschine.

1. Frequenzgleichung und Schlupf; Frequenzumformung.

Für die Untersuchung der grundsätzlichen Betriebseigenschaften der mehrphasigen Induktionsmaschine bedienen wir uns einer ständergespeisten, dreiphasigen Schleifringankermaschine. Die dreiphasige Ständerwicklung ist somit die Primärwicklung, die an ein Drehstromnetz konstanter Spannung und konstanter Frequenz angeschlossen ist; die Läuferwicklung ist dann die Sekundärwicklung. Diese denken wir uns der Einfachheit halber ebenso wie die Ständerwicklung in Stern geschaltet und die freien Enden an Schleifringe geführt.

Bei offenen Schleifringen ist natürlich die Läuferwicklung stromlos und die Ständerwicklung nimmt den Leerlaufstrom auf, der in erster Linie ein Drehfeld erzeugt, wenn wir von den auftretenden Verlusten, Eisen- und Stromwärme, zunächst absehen. Die Drehzahl, mit der das Drehfeld[1]) gegenüber dem Ständer bzw. der erzeugenden Ständerwicklung umläuft, ist nach Gl. 144

$$n_1 = \frac{f_1}{p}, \tag{144}$$

wenn f_1 die Frequenz des Drehstromnetzes ist.

Diese Drehzahl[2]) n_1 ist eine sehr wichtige Kenngröße der Drehstrommaschine; wir nennen sie, wie schon gesagt wurde, „synchrone Drehzahl". In ihrer Nähe, etwas unterhalb oder oberhalb, liegt die Betriebsdrehzahl als Motor oder als Generator. Durch eine vorgeschriebene synchrone Drehzahl ist nach obiger Beziehung die Polzahl der Wicklung bei gegebener Netzfrequenz festgelegt.

Treiben wir den offenen Läufer mit der Drehzahl n im Drehsinne des Drehfeldes an, dann ist die Relativdrehzahl, mit der das Ständerdrehfeld über den Läufer hinweg läuft, gleich der Differenz

$$\boxed{n_2 = n_1 - n.} \tag{202}$$

Das Ständerdrehfeld erzeugt dabei in der offenen Läuferwicklung eine Spannung, deren Frequenz offenbar

$$f_2 = p\, n_2 \tag{203}$$

ist, denn n_2 ist ja die Drehzahl, mit der das Drehfeld die Leiter der Läuferwicklung schneidet. Aus der umgestellten Gl. 202,

$$n_1 = n_2 + n, \tag{202 a}$$

erhalten wir durch Multiplikation mit der Polpaarzahl p auf Grund der Gl. 144 und 203 die Beziehung

$$\boxed{f_1 = f_2 + p\, n} \tag{204}$$

zwischen der primären Frequenz f_1, der sekundären Frequenz f_2 und der Drehzahl n. Bei Umlauf des Läufers gegen Drehfeldrichtung ist die Drehzahl negativ

---

[1]) Im folgenden betrachten wir stets nur die Grundwelle des Drehfeldes, ebenso der Durchflutung usw.

[2]) Bei Zahlenrechnungen ergibt sich nach Gl. 144 die Drehzahl in U/s, wenn die Frequenz in Hz, d. i. in 1/s, eingeführt wird. Da unsere Gleichungen grundsätzlich Größengleichungen sind, kann auf Maßeinheiten, auch wenn sie vorzugsweise verwendet werden, keine Rücksicht genommen werden.

einzusetzen. — Denken wir uns nun vorübergehend die Läuferwicklung kurzgeschlossen, so ist wohl klar, daß die vom Ständerdrehfeld im Läufer erzeugte Spannung der Frequenz f_2 auch einen Strom der Frequenz f_2 zur Folge hat. Dieser Läuferstrom erzeugt seinerseits ein Drehfeld, dessen Drehzahl gegenüber dem Läufer $n_2 = f_2/p$ ist. Dieses Läuferdrehfeld läuft also gegenüber dem Läufer mit der gleichen Drehzahl wie das erzeugende Ständerfeld um, d. h. beide haben gleiche Drehzahl, nicht nur dem Läufer, sondern auch dem Ständer gegenüber. Die obige Drehzahlgleichung 202a gilt also auch für das erzeugte Läuferdrehfeld und die Gl. 204, die wir die Drehfeldgleichung oder auch Frequenzgleichung nennen wollen, gilt auch für die Ströme beiderseits. Die Drehzahl- und die Frequenzgleichung haben also allgemeingültige, grundlegende Bedeutung, und zwar für alle Drehfeldmaschinen. Die beiden in Wechselwirkung stehenden Drehfelder des Ständers und des Läufers haben also gleiche Umlaufsgeschwindigkeit. Es liegt auf der Hand, daß dies auch aus anderen Gründen so sein muß, denn wie sollte wohl ein Drehmoment zustande kommen, wenn nicht beide Felder in stets gleicher Weise wie zwei sich anziehende Magnete aufeinander einwirken würden! Als weitere Folgerung entnehmen wir z. B. der Frequenzgleichung, daß die Drehzahl der mehrphasigen Induktionsmaschine genau festgelegt ist, wenn der Ständer mit der Frequenz f_1 und der Läufer mit der Frequenz f_2 gespeist wird.

Bei der Betrachtung der grundsätzlichen Wirkungsweise der Induktionsmaschine in der Einleitung hatten wir erkannt, daß die Induktionsmaschine aus eigener Kraft nicht synchron laufen kann, weil dann im Läufer keine Ströme erzeugt werden und daher auch kein Drehmoment auftreten kann. Die Drehzahl weicht also von der synchronen Drehzahl im Betrieb um einige Hundertstel ab, wir sagen, die Maschine „schlüpft“. Nach Gl. 202a bleibt die Motordrehzahl n um die Drehzahl n_2 hinter der synchronen zurück. Wir nennen daher diese Drehzahl n_2 „Schlupfdrehzahl“ und ihr Verhältnis zur synchronen Drehzahl „Schlupf“. Dieser Schlupf ist also:

$$s = \frac{n_2}{n_1}; \tag{205}$$

oder auf Grund der Gl. 202 ist

$$\boxed{s = \frac{n_1 - n}{n_1}.} \tag{206}$$

Im Stillstand mit $n = 0$ ist $s = 1$ und im synchronen Lauf mit $n = n_1$ wird $s = 0$. Wird der Läufer über die synchrone Drehzahl angetrieben (übersynchroner Lauf mit $n > n_1$), dann wird der Schlupf negativ. Bei Antrieb des Läufers gegen das Drehfeld ist n negativ und $s > 1$. Für $n \to \infty$ geht auch $s \to \infty$. Aus Gl. 206 folgt durch Auflösung nach der Läuferdrehzahl

$$n = (1 - s)\, n_1. \tag{207}$$

Dividieren wir Gl. 205 im Zähler und Nenner durch die Polpaarzahl p, dann erhalten wir für den Schlupf:

$$\boxed{s = \frac{f_2}{f_1}.} \tag{208}$$

Der Schlupf s gibt also nicht nur das Verhältnis der Schlupfdrehzahl zur synchronen Drehzahl an, sondern auch das Verhältnis der sekundären Frequenz f_2

zur primären Frequenz f_1. Bei übersynchroner Drehzahl bekommen wir in obiger Gleichung für einen negativen Schlupf auch eine negative Frequenz: dieses negative Vorzeichen, das physikalisch hinsichtlich der Frequenz ohne Bedeutung ist, bringt zum Ausdruck, daß sich im Läufer die Phasenfolge ändert, weil ja mit s auch die Schlupfdrehzahl n_2 ihr Vorzeichen ändert, und die Läuferwicklung nunmehr im umgekehrten Drehsinn vom Drehfeld geschnitten wird (s. Abb. 231).

Durch Gl. 204, ebenso auch durch Gl. 208, die über Gl. 202a und 206 auseinander folgen, wird das Verhalten der Induktionsmaschine als Frequenzumformer gekennzeichnet. Je nach der eingestellten Drehzahl oder dem Schlupf läßt sich an den Schleifringen eine Spannung beliebiger Frequenz entnehmen. Von dieser Möglichkeit wird vielfach Gebrauch gemacht, um Drehstromnetze höherer Frequenz für besondere Zwecke zu erhalten. Gleichstrom kann den Schleifringen aber nicht entnommen werden, weil bei $f_2 = 0$ auch die induzierte Spannung null ist.

2. Läuferspannung und Läuferstrom; Phasenumformung.

Auf Grund der Induktionsformel für Wechselstrommaschinen, Gl. 179,

$$E = 4{,}44\, f\, w\, \xi\, \Phi, \tag{179}$$

ergibt sich das Verhältnis der von einem Drehfeld im Ständer und Läufer induzierten Spannungen bei beliebiger Drehzahl zu

$$\boxed{\frac{E_2}{E_1} = \frac{f_2}{f_1}\,\frac{w_2\,\xi_2}{w_1\,\xi_1}.} \tag{209}$$

Die sekundär induzierte Spannung E_2 ändert sich mit der Frequenz f_2, weil die Schnittdrehzahl n_2, mit der die Läuferwicklung vom Drehfeld geschnitten wird,

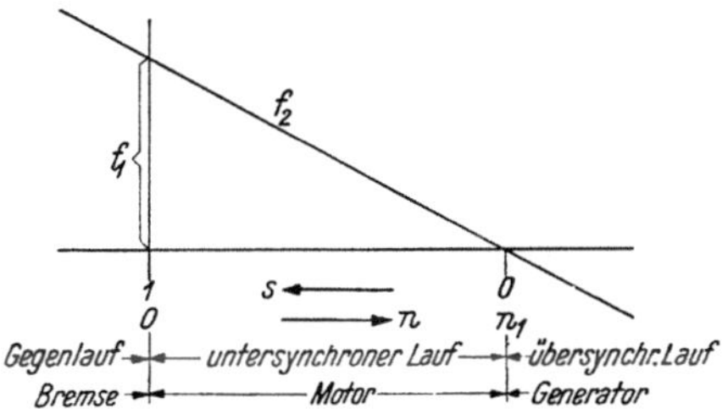

Abb. 231.

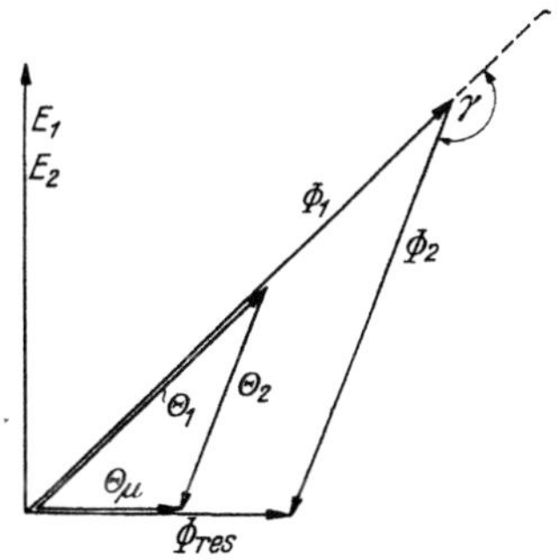

Abb. 232. Fluß- und Durchflutungsdiagramm.

nach Gl. 203 proportional der Frequenz f_2 ist. Daß bei Drehfeldmaschinen die induzierte Spannung nicht nur proportional der Windungszahl, sondern auch proportional dem Wicklungsfaktor ist, haben wir bereits in Abschn. III E gesehen. Die im Stillstand mit $f_2 = f_1$ im Läufer induzierte Spannung ist

$$E_{20} = E_1\,\frac{w_2\,\xi_2}{w_1\,\xi_1}.$$

Gl. 209 läßt sich daher mit $f_2/f_1 = s$ auch in der Form:

$$E_2 = s\, E_{20} \tag{210}$$

schreiben. Diese Form der Gleichung setzt allerdings voraus, daß im Stillstand und im Lauf das gleiche Drehfeld vorhanden ist. Das im übersynchronen Lauf in Gl. 210 auftretende negative Vorzeichen hat dieselbe Bedeutung wie in Gl. 208, nämlich Umkehr der Phasenfolge. Es kann im allgemeinen unbeachtet bleiben.

Wird der Läuferstromkreis geschlossen, bewirkt die im Läufer erzeugte Spannung einen Strom der Frequenz f_2. Dieser Läuferdrehstrom erzeugt natürlich auf dem Wege über die Drehdurchflutung ein Drehfeld, dessen Drehzahl gegenüber dem Läufer $n_2 = f_2/p$ und gegenüber dem Ständer gleich n_1 ist. Wie wir schon festgestellt haben, laufen also stets, d. h. unabhängig von der Läuferdrehzahl, Ständer- und Läuferdrehfeld gleich schnell um; sie können daher zu einem resultierenden Drehfeld zusammengesetzt werden. Ebenso können wir auch die zugehörigen Drehdurchflutungen, die Ständer- und die Läuferdrehdurchflutung, zu einer resultierenden Drehdurchflutung $\dot{\Theta}_\mu = \dot{\Theta}_1 + \dot{\Theta}_2$, die das resultierende Drehfeld erzeugt, zusammensetzen. Es ergibt sich somit ein Vektordiagramm in Abb. 232, das mit dem des idealen Transformators in Abb. 75 übereinstimmt. Der hier eingezeichnete Winkel γ zwischen den beiden Flußvektoren ist gleich der räumlichen Verschiebung der beiden Drehfeldachsen (auf eine zweipolige Maschine bezogen). Da nun die Drehdurchflutungen den Strömen proportional sind, können wir auch wieder zu diesen übergehen, wobei wir aber wieder wie beim Transformator einen umgerechneten Sekundärstrom einführen müssen. Auf Grund der Gl. 161 können wir die Addition der Drehdurchflutungen unter Weglassung aller gemeinsamen Konstanten auch folgendermaßen zum Ausdruck bringen:

$$m_1 w_1 \xi_1 \dot{i}_1 + m_2 w_2 \xi_2 \dot{i}_2 = m_1 w_1 \xi_1 \dot{i}_\mu .$$

Dividieren wir durch $m_1 w_1 \xi_1$, so folgt daraus für den umgerechneten Sekundärstrom:

$$\dot{i}_2' = \frac{m_2 w_2 \xi_2}{m_1 w_1 \xi_1} \dot{i}_2 \tag{211}$$

und

$$\boxed{\dot{i}_1 + \dot{i}_2' = \dot{i}_\mu .} \tag{212}$$

In gleicher Weise ist auch der Effektivwert des Sekundärstromes umzurechnen.

In der Gl. 209 für die Bestimmung der Läuferspannung erscheint die Strangzahl des Läufers nicht. Unabhängig von der Strangzahl, ist die im Läufer induzierte Spannung nur proportional der Frequenz f_2, der Windungszahl w_2 und dem Wicklungsfaktor ξ_2. Man kann also im Läufer statt drei auch beliebig viele Wicklungsstränge anordnen; sie werden alle entsprechend Gl. 179 induziert, und die Phasenverschiebung zwischen den einzelnen Spannungen ist gleich dem Winkel $2\pi/m_2$. An den Schleifringen erhalten wir dann ein symmetrisches Mehrphasennetz beliebiger Phasenzahl. Die Induktionsmaschine kann somit auch als Phasenumformer benutzt werden; praktische Bedeutung hat diese Eigenschaft jedoch nicht erlangt, so daß wir auf weitere Betrachtungen hierüber verzichten können.

3. Drehfeldtransformator und Ersatzstromkreis.

Im Stillstand verhält sich die Induktionsmaschine wie ein Transformator. Das bedarf keiner besonderen Erläuterung. Aber darüber hinaus entwickelt dieser Transformator noch besondere Eigenschaften, die wir zum Teil schon kennengelernt haben. Auf Grund des konstruktiven Aufbaues entsteht im Gegensatz zum gewöhnlichen Transformator ein Drehfeld, das zunächst einmal, wie wir schon gesehen haben, eine Umformung der Phasenzahl in beliebiger Weise erlaubt. Darüber hinaus können wir aber auch bei gleicher Phasenzahl im

Ständer und Läufer das sekundäre Drehstromnetz beliebig und stetig gegenüber dem primären Netz in der Phase verdrehen, indem wir den Läufer um den entsprechenden Winkel drehen; beide Netze sind gleichphasig, wenn die Wicklungen im Ständer und Läufer gleichachsig liegen. Bei Verwendung der Induktionsmaschine für diesen Zweck bezeichnet man sie als „Drehregler". Hierauf kommen wir in Abschn. IV H noch zurück. Wir haben schließlich noch die Eigenschaft der Induktionsmaschine als Frequenzumformer kennengelernt. Alle diese neuen Eigenschaften, die die Induktionsmaschine vom gewöhnlichen Transformator unterscheiden, beruhen auf der Wirkung des Drehfeldes, so daß die Induktionsmaschine auch „allgemeiner Drehfeldtransformator" genannt wird.

Auch im Lauf bleiben die Eigenschaften des Drehfeldtransformators erhalten. Dies hatten wir stillschweigend schon vorausgesetzt, als wir von der Wirkung als Frequenzumformer sprachen. Aber auch das Vektordiagramm der Abb. 232 bringt bereits die Unabhängigkeit der Transformatorwirkung von der Drehzahl zum Ausdruck. Wir wollen uns nun einen Einblick verschaffen, welchen Einfluß die Drehzahl auf die Transformatoreigenschaften hat; bei dieser Untersuchung beschränken wir uns aber auf das Verhalten der Maschine bei unmittelbar oder mittelbar über Wirkwiderstände geschlossenem Sekundärkreis.

Das resultierende Drehfeld erzeugt im Läufer die Spannung $E_2 = s\,E_{20}$ und bei geschlossenem Läuferkreis den Strom

$$J_2 = \frac{s\,E_{20}}{\sqrt{R_2^2 + (s\,X_{2\sigma})^2}}. \tag{213}$$

R_2 ist der Ohmsche Widerstand, $X_{2\sigma}$ der für die Frequenz $f_2 = f_1$ im Stillstand berechnete Streublindwiderstand und $s\,X_{2\sigma} = f_2/f_1 \cdot X_{2\sigma}$ der auf beliebige sekundäre Frequenz f_2 umgerechnete Blindwiderstand des Läufers. Dividieren wir Zähler und Nenner durch den Schlupf s, dann ist

$$J_2 = \frac{E_{20}}{\sqrt{(R_2/s)^2 + X_{2\sigma}^2}}. \tag{214}$$

Da E_{20} die im Stillstand induzierte Spannung ist, so läßt sich nach Gl. 214 der bei einem Schlupf s nach Gl. 213 auftretende Strom J_2 auch im Stillstand ein-

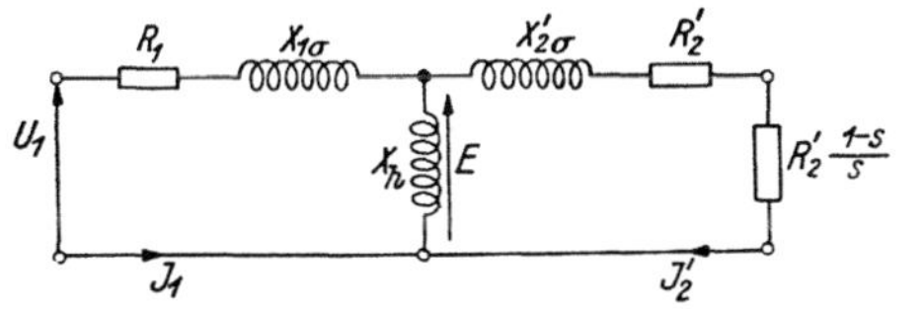

Abb. 233. Primärer Ersatzstromkreis der Induktionsmaschine bei kurzgeschlossenem Sekundärkreis.

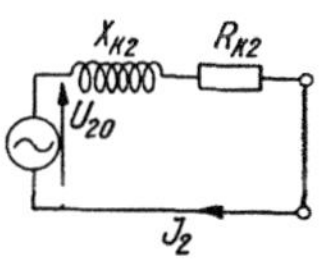

Abb. 234. Sekundärer Ersatzstromkreis der Induktionsmaschine bei kurzgeschlossenem Sekundärkreis.

stellen, wenn man den Läuferwiderstand auf R_2/s einregelt. Der im Läuferkreis vorzuschaltende Widerstand ist demnach $R_2/s - R_2 = R_2\,(1 - s)/s$.

Wir gewinnen also folgende wichtige Einsicht:

Jeder Betriebszustand der Induktionsmaschine mit geschlossenem Läuferkreis läßt sich bei gleichen elektrischen Verhältnissen im Stillstand durch passend bemessene Läuferwiderstände einregeln.

Die Induktionsmaschine mit geschlossenem Läuferkreis verhält sich elektrisch bei jeder Drehzahl wie ein Transformator, der sekundär mit einem Widerstand $R_2\,(1 - s)/s$ belastet ist.

Aus diesen Betrachtungen ergibt sich folgerichtig auch die Übernahme der Ersatzstromkreise des Transformators für die Induktionsmaschine (Abb. 233 u. 234). Der Widerstand $R_2\,(1 - s)/s$ ist der im Stillstand wirklich vorzuschaltende Widerstand, im Lauf der Maschine dagegen bei kurzgeschlossenen Schleifringen der Ersatzwiderstand für die abgegebene mechanische Leistung. Dieser Widerstand kann natürlich mit dem Wicklungswiderstand zu einem einzigen Widerstand gleich R_2/s zusammengezogen werden. Nach Gl. 118 ist in Abb. 234 der Widerstand $R_{K_2} = R_1'/(1 + \sigma_1)^2 + R_2/s$ und $X_{K_2} = \sigma\, X_2$. Während beim Transformator $\sigma \approx 0{,}002$ bis $0{,}005$ war, liegt σ bei der Induktionsmaschine etwa in den Grenzen von 0,04 bis 0,08, bei kleinen Maschinen und großen Polzahlen sogar bis 0,16, so daß im allgemeinen bei Berechnung der Kurzschlußwirkwiderstände σ_1 bzw. σ_2 zu berücksichtigen ist. In $X_1 = X_{1h} + X_{1\sigma}$ und $X_2' = X_{2h} + X_{2\sigma}$ sind die Mehrphasen-Nutzblindwiderstände X_{1h} und X_{2h} enthalten, die nach Gl. 192 zu berechnen sind. Auf die Berechnung der Streublindwiderstände $X_{1\sigma}$ und $X_{2\sigma}$ können wir hier nicht eingehen; sie können durch den Kurzschlußversuch bestimmt werden.

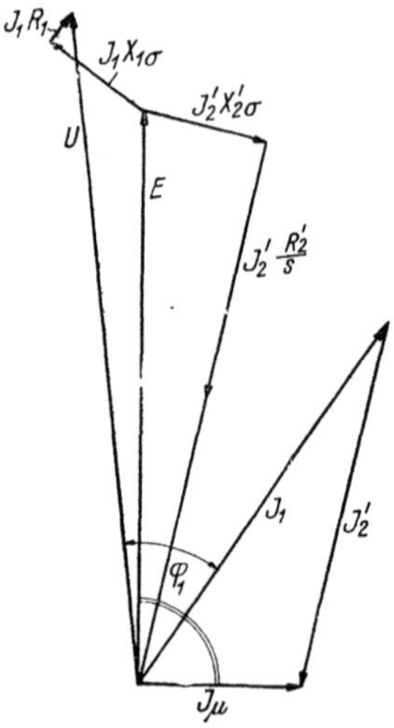

Abb. 235. Vektordiagramm eines Drehstrommotors im untersynchronen Lauf.

Wie beim gewöhnlichen Transformator, sind auch hier alle sekundären Größen umzurechnen; so ist $E_2' = E_1 = E_2\, w_1\, \xi_1/w_2\, \xi_2$, nach Gl. 211 ist ferner $J_2' = J_2\, m_2\, w_2\, \xi_2/m_1\, w_1\, \xi_1$ und aus der Forderung gleichbleibender Verluste erhalten wir die Umrechnung der Widerstände: $R_2' = R_2\, m_1\, (w_1\, \xi_1)^2/m_2\, (w_2\, \xi_2)^2$. Der Streublindwiderstand $X_{2\sigma}$ ist ebenso umzurechnen.

Aus diesen Ersatzstromkreisen lassen sich alle Betriebseigenschaften der Induktionsmaschine ableiten. Vor allem entnehmen wir aus diesem Ersatzstromkreis die Tatsache, daß bei gegebener, primärer Netzspannung der Betriebszustand der Induktionsmaschine durch die Annahme eines bestimmten Schlupfes vollständig bestimmt ist, wenn, wie wir vorausgesetzt haben, die Schleifringe im Stillstand über den Widerstand $R_2\,(1 - s)/s$, im Lauf aber unmittelbar oder zum mindesten über einen in R_2 enthaltenen, konstanten Widerstand geschlossen sind. In Abb. 235 ist an Hand des primären Ersatzstromkreises nach Abb. 233 ein Vektordiagramm für Motorbetrieb bei untersynchroner Drehzahl dargestellt.

4. Drehmoment und Leistungsaufteilung der Induktionsmaschine.

Die in der Läuferwicklung auftretenden Ströme bilden mit dem Drehfeld ein Drehmoment, das nach Gl. 194 berechnet werden kann. Im Synchronismus werden im Läufer keine Spannung und kein Strom induziert; damit ist auch im Synchronismus (und nur allein hier) das Drehmoment Null. Die Induktionsmaschine kann also aus eigener Kraft nicht synchron laufen; deshalb auch die Bezeichnung „Asynchronmaschine".

Ehe wir zur zahlenmäßigen Aufteilung der Leistung übergehen, wollen wir zuvor an Hand eines Schaubildes eine Leistungsbilanz aufstellen und die verschiedenen Umsetzungsmöglichkeiten von Leistungen betrachten. Da in weitaus den meisten Fällen der Betrieb als Motor von Interesse ist, ist in Abb. 236 der Leistungsfluß für einen Motor, der im Läuferkreis noch mit einem Verbraucher (z. B. Anlasser) belastet ist, dargestellt worden.

Der Ständer nimmt die „primäre Netzleistung" N_1 auf. Nach Abzug der Verluste Q_1 aus Strom- und Eisenwärme[1]) bleibt die Leistung $N_{D_1} = N_1 - Q_1$ übrig, die wir „Ständerdrehfeldleistung"[2]) nennen wollen, da diese Leistung mit Hilfe des durch das Drehfeld zustande kommenden Drehmomentes „im Luftspalt umgesetzt" wird. Die Ständerleistung $N_{D_1} = N_1 - Q_1$ teilt sich auf in die mechanische Leistung N_m an der Welle und in die von der Läuferwicklung aufgenommene elektrische Leistung N_{D_2}, die wir Läuferdrehfeldleistung nennen, da auch sie aus dem Drehmoment berechnet werden kann. Die Reibungsverluste einschließlich Lüftung sind Q_R; die an der Welle abgegebene Nutzleistung ist daher $N_m' = N_m - Q_R$. Die Verluste in der Läuferwicklung sind Q_2; mithin kann an einen Verbraucher noch die „sekundäre Netzleistung" $N_2 = N_{D_2} - Q_2$ abgegeben werden. Die mit Q bezeichneten Verluste haben stets positives Vorzeichen, alle mit N bezeichneten Leistungen dagegen sind umkehrbar, sie können ihre Richtung bzw. ihr Vorzeichen wechseln. Im Generatorbetrieb z. B.

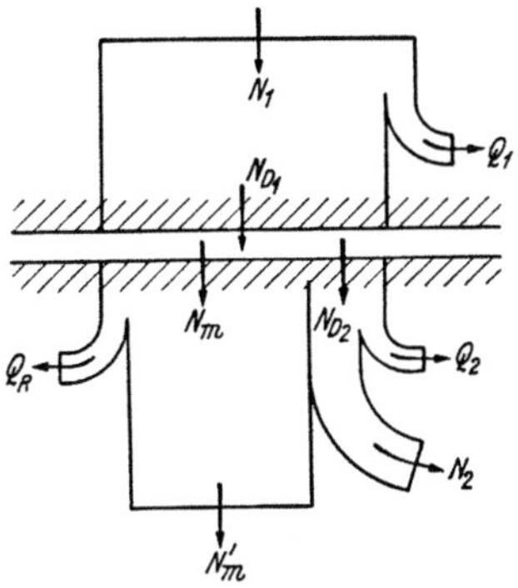

Abb. 236. Leistungsfluß in einer Induktionsmaschine.

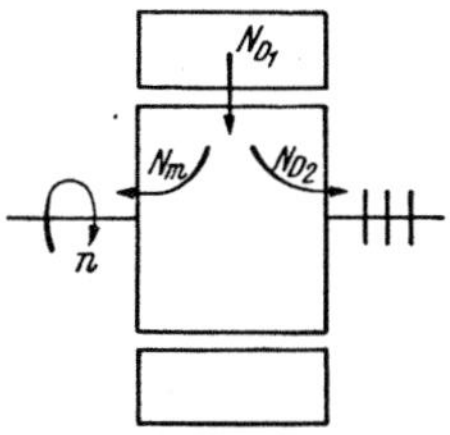

Abb. 237. Leistungsfluß einer verlustlosen Induktionsmaschine.

sind N_1, N_{D_1} und N_m bzw. N_m' bei umgekehrter Leistungsrichtung negativ zu zählen. Beim Gegenstrombremsen ($s > 1$) ändert nur die mechanische Leistung ihr Vorzeichen. Liegen die Schleifringe an einem Sekundärnetz, so kann unter Umständen der Läufer von diesem Netz her auch Leistung aufnehmen. Dann ist zunächst N_2 negativ und, falls $|N_2| > Q_2$ ist, wird auch N_{D_2} negativ, d. h. die Läuferwicklung gibt in diesem Fall über das Drehfeld eine Leistung an den Luftspalt ab, die entweder der Welle oder dem Ständer zufließt.

Wir fragen nun nach dem Schlüssel, nach dem die über den Luftspalt ausgetauschten Leistungen aufgeteilt werden. Welcher Zusammenhang (s. Abb. 237) besteht zwischen N_{D_1}, N_{D_2} und N_m? Hierbei sollen der Einfachheit halber die Reibungsverluste zur abgegebenen mechanischen Leistung gerechnet werden; ebenso wollen wir die Läuferwicklung als verlustlos ansehen. Dann ist N_{D_2} zugleich die an den Schleifringen abgegebene Leistung N_2. Dieser Vereinfachung entspricht der in Abb. 237 gezeigte Verlauf der Leistung innerhalb der Maschine. Das in der Maschine entwickelte Drehmoment M greift grundsätzlich in gleicher Stärke sowohl am Ständer als auch am Läufer an. Die „Ständer-Drehfeldleistung" N_{D_1} ist dann aus Drehmoment und Winkelgeschwindigkeit des Drehfeldes bzw. Drehmoments gegenüber dem Ständer zu bestimmen; also ist

$$\boxed{N_{D_1} = 2\pi n_1 M.} \tag{215}$$

[1]) Auf die Feinheiten der Aufteilung der Eisenwärme auf Ständer und Läufer wollen wir nicht eingehen.

[2]) Für diese Leistung sind auch die Bezeichnungen „innere Leistung N_i" und „Luftspaltleistung N_δ" gebräuchlich.

Ebenso ist die „Läuferdrehfeldleistung“ oder auch „Schlupfleistung“ N_{D_2} aus Drehmoment mal Winkelgeschwindigkeit des Drehfeldes gegenüber dem Läufer zu berechnen:

$$\boxed{N_{D_2} = 2\,\pi\, n_2\, M.} \tag{216}$$

Dies erscheint vielleicht auf den ersten Blick etwas merkwürdig, aber ist es keineswegs. Das Drehfeld bildet mit der umlaufenden Drehdurchflutung des Läufers ein Drehmoment, wie wir es in Gl. 194 berechnet haben. Dieses Drehmoment, das auf den Läufer wirkt, muß auf Grund des alten Satzes der Mechanik: „actio gleich reactio“ gleich dem auf den Ständer wirkenden Drehmoment sein. Aus dem Produkt Drehmoment mal Winkelgeschwindigkeit, d. i. derjenigen Geschwindigkeit, mit der das Drehfeld gegenüber dem Läufer umläuft, ergibt sich dann diejenige Leistung, die auf die Läuferwicklung elektrisch übertragen und bei kurzgeschlossenem Läuferkreis in Stromwärme umgesetzt wird.

Die mechanische Leistung N_m ergibt sich in bekannter Weise aus Drehmoment und Läuferdrehzahl zu

$$\boxed{N_m = 2\,\pi\, n\, M.} \tag{217}$$

Wie aus Abb. 237 ersichtlich und wie auf Grund des Energieprinzips erforderlich, ist

$$\boxed{N_{D_1} = N_m + N_{D_2}.} \tag{218}$$

Zu dem gleichen Ergebnis gelangen wir, wenn wir die Gl. 216 und 217 addieren und beachten, daß nach Gl. 202a ja $n_1 = n_2 + n$ ist. Aus denselben Gleichungen erhalten wir ferner, indem wir M eliminieren und $n/n_1 = 1 - s$ sowie $n_2/n_1 = s$ setzen:

$$\boxed{N_m = (1 - s)\, N_{D_1} \quad \text{und} \quad N_{D_2} = s\, N_{D_1}.} \tag{219}$$

Diese außerordentlich wichtigen Beziehungen gelten uneingeschränkt für alle Drehfeldmaschinen und jeden Betriebszustand. Ohne auf die Wirkungsweise im einzelnen einzugehen, haben wir sie aus ganz allgemeingültigen Überlegungen abgeleitet, und sie beanspruchen daher auch Allgemeingültigkeit. Je nach dem Betriebszustand sind die Leistungen N_m, N_{D_2} und N_{D_1} sowie der Schlupf mit Vorzeichen einzuführen; die positiven Leistungsrichtungen sind durch Abb. 237 festgelegt.

Nach den obigen Beziehungen ist mithin der Schlupf s der Aufteilungsschlüssel für den Leistungsumsatz im Luftspalt. Z. B. bei $s = 5\%$ werden im Motorbetrieb 5% der Ständerdrehfeldleistung im Läufer in Stromwärme umgesetzt und 95% als mechanische Leistung an die Welle abgegeben. $(1 - s)$ kann also bei Motorbetrieb als Wirkungsgrad der Leistungsübertragung angesehen werden. Bei Generator mit $s = -5\%$ hätte man 105% der an den Ständer übertragenen Leistung an der Welle aufzubringen, wovon 5% an den Läufer abgehen. Hier wäre als Wirkungsgrad der Leistungsübertragung $N_{D_1}/N_m = 1/(1 - s)$ zu nehmen. In beiden Fällen hat man Interesse daran, den Schlupf so klein wie möglich zu halten. Bei Kaskaden zur Drehzahlregelung handelt es sich darum, die Läuferdrehfeldleistung N_{D_2} bei großen Schlupfwerten nicht zu vernichten, sondern irgendwie nutzbar in elektrische oder mechanische Leistung umzuformen.

5. Kippschlupf, Kippmoment und Drehmomentkurve.

An Hand der Ersatzstromkreise nach Abb. 233 und 234 wollen wir die oben genannten Betriebsgrößen bestimmen. Die Ständerdrehfeldleistung N_{D_1} wird im Ersatzstromkreis im Widerstand R_2/s umgesetzt; R_2/s ist der Ersatzwiderstand für die Leistung $N_m + N_{D_2}$. Bei Generatorbetrieb (s = negativ) wird R_2/s negativ, das bedeutet im Gegensatz zum positiven Widerstand Leistungserzeugung. Es ist also nach Abb. 234 und 235:

$$N_{D_1} = m\, J_2{}^2 \frac{R_2}{s} = m \left(\frac{U_{20}}{Z_{K_2}}\right)^2 \frac{R_2}{s}. \tag{220}$$

Hierin ist $Z_{K_2}{}^2 = R_{K_2}{}^2 + X_{K_2}{}^2$ mit $R_{K_2} \approx R_1'/(1+\sigma_1)^2 + R_2/s$ und $X_{K_2} = \sigma X_2$, wie sich ohne weiteres aus dem Vergleich der Abb. 235 mit dem Ersatzstromkreis des Transformators und der Gl. 118 ergibt. Um das Grundsätzliche herauszuschälen und um die weitere Rechnung zu vereinfachen, wollen wir in Gl. 220 den Ständerwiderstand R_1 vernachlässigen und $Z_{K_2}{}^2 \approx (R_2/s)^2 + X_{K_2}{}^2$ setzen. Nach Gl. 215 und 220 erhalten wir somit für das Drehmoment:

$$M \approx \frac{m}{2\pi n_1} \frac{U^2_{20}}{(R_2/s)^2 + X_{K_2}{}^2} \cdot \frac{R_2}{s}. \tag{221}$$

In der Nähe des Synchronismus ergibt sich mit $s \to 0$ ein geradliniger Verlauf des Drehmoments als Funktion vom Schlupf s (s. Abb. 238):

$$M \approx \frac{m}{2\pi n_1} \frac{U^2_{20}}{R_2} s. \tag{221 a}$$

Diese Gleichung ist — anders ausgedrückt — die Gleichung der Tangente an die Drehmomentkurve im Punkte $s = 0$. Aus $\partial M/\partial s = 0$ auf Gl. 221 angewendet, finden wir den Schlupf, bei dem ein Höchstwert der Ständerdrehfeldleistung und des Drehmoments auftritt. Wir nennen diesen Schlupf den Kippschlupf s_K und das zugehörige, größte Drehmoment das Kippmoment M_K. Es genügt daher, in Gl. 221 allein den Nenner nach s zu differentiieren, da der Zähler von s unabhängig ist. Man erhält ohne Schwierigkeit für den Kippschlupf:

$$\boxed{s_K \approx \pm \frac{R_2}{X_{K_2}}.} \tag{222}$$

Das positive Zeichen gilt für Motor- und das negative Zeichen für Generatorbetrieb. Demnach tritt das größte Drehmoment auf, wenn der im Läufer bei veränderlicher Frequenz auftretende Blindwiderstand $s\,X_{K_2}$ gleich dem Ohmschen Widerstand R_2 wird. Dieses Ergebnis hätte man aus dem Ersatzstromkreis der Abb. 235 mit einer kleinen Überlegung auch unmittelbar entnehmen können, denn in einem Stromkreis mit konstanter Klemmenspannung und konstantem Blindwiderstand X_{K_2} ergibt sich bekanntlich bei veränderlichem Ohmschen Widerstand ($R_{K_2} \approx R_2/s$) die größte Wirkleistung, wenn beide Widerstände gleich groß sind. Bei der gewöhnlichen Induktionsmaschine liegt s_K etwa in den Grenzen von 0,08 bis 0,2, je größer die Maschine, um so kleiner s_K. (Wegen Berücksichtigung des Ständerwiderstandes s. Gl. 243.) Mit dem Ergebnis berechnen wir nun aus Gl. 221 das zugehörige Kippmoment M_K, indem wir den Kippschlupf einführen:

$$M_K \approx \frac{1}{2\pi n_1} \frac{m}{2} \frac{U^2_{20}}{X_{K_2}}. \tag{223}$$

Mit n_1 in 1/s erhält man das Drehmoment in Joule (1 Joule = 0,102 mkg). Das Kippmoment ist nur vom Kurzschlußblindwiderstand X_{K_2} abhängig, kann also durch Einschalten von Ohmschen Widerständen im Läufer nicht verändert werden. Der Einfluß des Ständerwiderstandes, den wir bei unserer Rechnung außer acht gelassen haben, ist bei gewöhnlichen Maschinen nicht zu kleiner Leistung vernachlässigbar. Das Kippmoment ändert sich quadratisch mit der Spannung $U_{20} \approx U_1/(1+\sigma_1)$, also auch quadratisch mit der primären Netzspannung. Diese quadratische Abhängigkeit von der Spannung gilt jedoch nur so lange, als sich die Sättigung im Eisen nicht merklich ändert. Bei zunehmender Sättigung steigt das Kippmoment stärker als quadratisch mit der Spannung an. Das gleiche gilt auch für jedes beliebige Drehmoment. Bei der experimentellen Bestimmung des Kippmoments mit erniedrigter Spannung führt daher die quadratische Umrechnung auf volle Spannung unter Umständen zu beträchtlichen Fehlern.

Das Verhältnis des Kippmoments M_K eines Drehstrommotors zum Nennmoment M_N nennt man „Überlastbarkeit": $\ddot{u} = M_K/M_N$. Diese Überlastbarkeit spielt besonders bei stoßweiser Belastung eines Motors eine wichtige Rolle und ist in den Normen für Drehstrommotoren DIN-VDE 2650/2651 mit den Grenzen $\ddot{u} = 1{,}6$ bis 2,5 je nach Leistung vorgeschrieben.

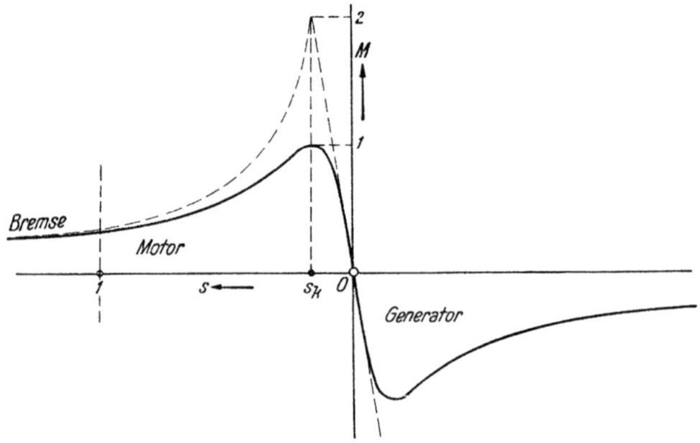

Abb. 238. Drehmoment der Induktionsmaschine bei kurzgeschlossenem Lauferkreis in Abhängigkeit vom Schlupf.

Eine für alle Drehstrommotoren unter der Voraussetzung $R_1 \approx 0$ gültige Einheitskennlinie ergibt sich, wenn man das auf das Kippmoment bezogene Drehmoment als Funktion des auf den Kippschlupf bezogenen Schlupfes darstellt, also $M/M_K = f(s/s_K)$. Diese Funktion erhält man ohne weiteres aus Gl. 221 und 223 zu:

$$\frac{M}{M_K} = \frac{2\,X_{K_2}}{(R_2/s)^2 + X_{K_2}^{\,2}} \cdot \frac{R_2}{s}. \tag{224a}$$

Mit Einführung von $R_2/X_{K_2} = s_K$ ergibt sich ohne Schwierigkeit

$$\boxed{\frac{M}{M_K} = \frac{2}{s/s_K + s_K/s}.} \tag{224}$$

Bei Vernachlässigung des Ständerwiderstandes hat die Drehmomentkurve $M/M_K = f(s/s_K)$ für alle Induktionsmaschinen den gleichen Verlauf. Für $s/s_K \ll 1$ ist $M/M_K \approx 2\,s/s_K$ annähernd eine Gerade. Dieser Bereich ist der übliche für den Motornennbetrieb. Man spricht daher auch von einem „Nebenschlußverhalten" des Drehstrommotors, da die Drehzahl nur wenig mit der Belastung abfällt. Im Anlauf mit $s/s_K \gg 1$ gilt $M/M_K \approx 2\,s_K/s$; die Drehmomentkurve schmiegt sich in diesem Bereich einer Hyperbel an. Gerade und Hyperbel schneiden sich im Punkte $M/M_K = 2$ für $s/s_K = 1$, während die wirkliche Drehmomentkurve hier den Wert $M/M_K = 1$ besitzt. Abb. 238 zeigt die so entstandene Kurve.

Will man den primären Widerstand annähernd berücksichtigen, kann man etwa setzen:

$$\frac{M}{M_K} = \frac{2 + v_1}{s/s_K + s_K/s + v_2} \tag{225}$$

mit $v_1 \approx 2\, R_1/X_{K_1}$ und $v_2 \approx (2 + s)\, R_1/X_{K_1}$.

Da nach Gl. 222 der Kippschlupf dem Läuferwiderstand proportional ist und anderseits nach Gl. 224 der Drehmomentverlauf von s/s_K abhängig ist, so entnehmen wir daraus, daß unter Erhaltung des grundsätzlichen Kurvenverlaufes die Drehmomentkurve $M = f(s)$ durch Änderung des Läuferwiderstandes beliebig gestreckt werden kann, wie Abb. 239 zeigt. Insbesondere können wir also die Neigung der Kurventangente bei $s = 0$ und das Anlaufmoment bei $s = 1$ in weiten Grenzen durch Einschalten von Läuferwiderständen verändern; das Kippmoment wird dabei aber nicht geändert, was der Gl. 223 entspricht und wohl zu beachten ist.

Anderseits erkennt man aus der Abb. 239, daß man auch, wenn man von einem konstanten Drehmoment ausgeht, eine Drehzahlregelung durch Einschalten von Läuferwiderständen durchführen kann. Die Bedingung hierfür entnehmen wir am besten dem Ersatzstromkreis der Abb. 234. Darnach bleiben alle elektrischen Verhältnisse ungeändert, wenn R_2/s konstant bleibt. Es ergibt sich also zwecks Drehzahlregelung bei konstantem Drehmoment für den Läufervorwiderstand R_v die Bedingung:

$$\boxed{\frac{R_2 + R_v}{s'} = \frac{R_2}{s}.} \tag{226}$$

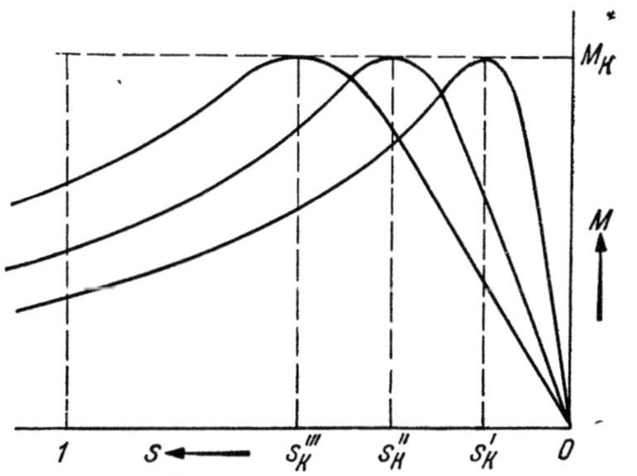

Abb. 239. Änderung der Drehmomentkurve bei Änderung des Widerstandes im Sekundärkreis.

Die Änderung des Schlupfes von s auf s' bei gleichbleibendem Drehmoment ist gleich der Änderung des Läuferwiderstandes von R_2 auf $R_2 + R_v$. Trotz des gleichbleibenden Drehmoments ändert sich aber die Leistungsaufteilung mit dem Schlupf, d. h. bei abnehmender Drehzahl wird die mechanische Leistung geringer.

6. Stabiler Betriebsbereich.

Für den Motor- und Generatorbetrieb ist die Frage wichtig, wie weit die Maschine hinsichtlich der Drehzahl stabil arbeitet. Für einen stabilen Drehzahlpunkt gilt bekanntlich die Bedingung $\partial M_{\text{Last}}/\partial n > \partial M_{\text{Motor}}/\partial n$, d. h. das Lastmoment muß mit zunehmender Drehzahl größer sein als das Motordrehmoment (s. Abb. 240). Auf Grund des Verhaltens der üblichen Arbeitsmaschinen ist beim Drehstrommotor der Bereich $s < s_K$ oberhalb des Kippmoments als stabil und unterhalb $s > s_K$ als labil anzusehen. Dagegen kann z. B. ein Ventilator, dessen Drehmoment quadratisch mit der Drehzahl ansteigt, auch im Bereich $s > s_K$ stabil von einem Drehstrommotor angetrieben werden, jedoch dürfte wegen des schlechten Wirkungsgrades hieran kein Interesse vorliegen.

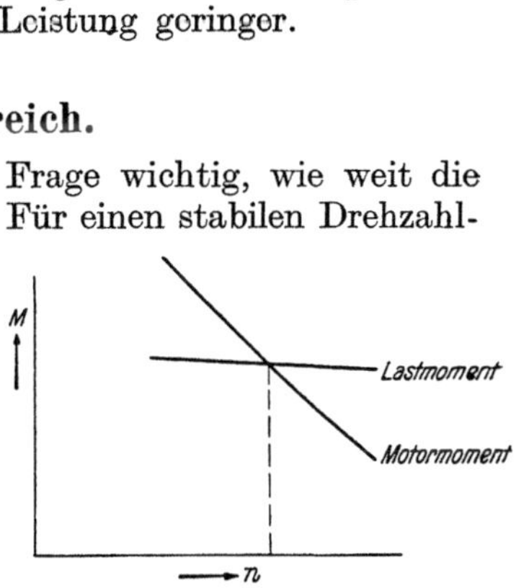

Abb. 240. Stabiler Betriebspunkt.

Aus dieser Betrachtung erklärt sich auch die Bezeichnung „Kippmoment", denn sobald die Belastung das Kippmoment überschreitet, bleibt der Motor stehen, d. h. er kippt, wie man sagt, während der Generator bei zu großem Antriebsmoment durchgeht. Beim Drehstrommotor ist daher eine gewisse Überlastbarkeit $ü = M_K/M_N$ vorgeschrieben, wie wir schon im vorhergehenden Abschnitt gesehen haben.

7. Stromdiagramm der Induktionsmaschine.

Ein wichtiges Hilfsmittel zur Erfassung aller Betriebseigenschaften der Induktionsmaschine, soweit sie aus der Annahme eines sinusförmigen Drehfeldes abgeleitet werden können, ist die Ortskurve des Primärstromes bei geschlossenem Läuferkreis (Sekundärkreis). Diese Ortskurve ist, solange die Daten des Ersatzstromkreises als konstant angesehen werden können, ein Kreis.[1]) Die primären Stromvektoren sämtlicher nur möglichen Betriebszustände der Induktionsmaschine liegen mit ihrem Endpunkt auf diesem Kreis (Abb. 241).

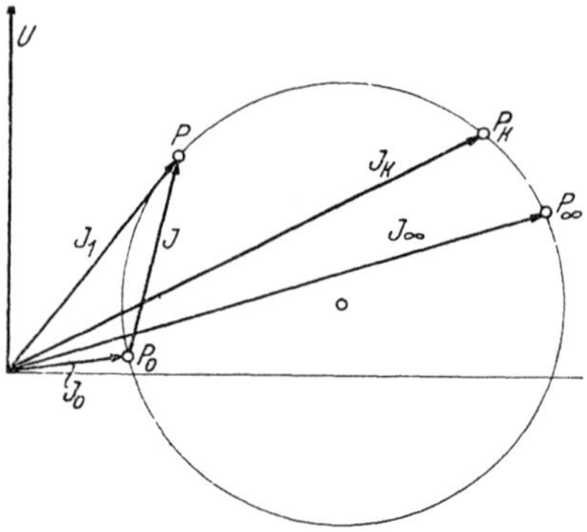

Abb. 241. Stromdiagramm der Induktionsmaschine bei konstanter Netzspannung und kurzgeschlossenem Sekundärkreis.

Die wichtigsten Stromvektoren, die zur Bestimmung und Orientierung des Kreises dienen, sind in Abb. 241 angegeben.[2]) — Der Leerlaufstrom J_0 (mit dem Kreispunkt P_0) ist der Strom bei $s = 0$; er beträgt je nach Leistung und Polzahl der Maschine etwa 25 bis 60% des Nennstromes und kann experimentell durch Antrieb der Maschine auf synchrone Drehzahl ohne Schwierigkeit gemessen werden. Die hierbei aufgenommene Leistung ist in erster Linie die Eisenwärme. — Der Strom J_1 mit dem Kreispunkt P ist etwa der Nennstrom der Maschine im Motorbetrieb. Nach der Beziehung $\mathfrak{J}_1 = \mathfrak{J}_0 + \mathfrak{J}$ ist der Vektor $\overline{P_0 P}$ der Ausgleichstrom $\mathfrak{J}$, aus dem mit $J \approx J_2/(1 + \sigma_1)$ sich der zu dem Betriebspunkt gehörige Läuferstrom berechnen läßt.

$J_K = \dot{U}/Z_K$ (Kreispunkt P_K) ist der „Kurzschlußstrom" im Stillstand bei $s = 1$. Er kann wegen der zu hohen Strombelastung (vier- bis sechsfacher

---

[1]) Mit Hilfe der Abb. 235 läßt sich dies leicht einsehen. Die konstante Spannung U_{20} arbeitet auf einen Blindwiderstand und einen Ohmschen Widerstand. Sie setzt sich also aus einer Blindspannung und einer Wirkspannung zusammen. Diese beiden bilden mit U_{20} als Basis ein rechtwinkliges Dreieck. Mit veränderlichem Ohmschen Widerstand ändert sich das Verhältnis Blindspannung zur Wirkspannung. Wegen des rechten Winkels über der Basis wandert also die Spitze des Dreieckes auf einem Kreis mit U_{20} als Durchmesser. Dividiert man die Blindspannung durch den konstanten Wert X_{K_2}, erhält man den Strom J_2. Der Blindspannungsvektor ist also gleichzeitig in anderem Maßstab auch der Stromvektor J_2. Durch eine Maßstabsänderung erhält man aus J_2 den primären Ausgleichstrom $J \approx J_2/(1 + \sigma_1)$ und daraus den primären Strom J_1 durch Hinzufügung des Leerlaufstromes J_0. Eigenschaften und Existenzbeweis dieses Kreises wurden in der Zeit von 1895 bis 1900 von Heyland und Ossanna im wesentlichen entwickelt.

[2]) In dieser, wie auch in allen anderen diesbezüglichen Abbildungen, sind der Punkt P_0 und der Kreismittelpunkt der Deutlichkeit wegen übertrieben hoch über der Abszissenachse gezeichnet worden. Bei gewöhnlichen Motoren liegen beide Punkte ziemlich dicht an der Abszissenachse.

Nennstrom) meistens nicht unmittelbar bei voller Spannung gemessen werden, sondern ist aus der Stromaufnahme bei erniedrigter Spannung umzurechnen. Wie beim Kippmoment, ist auch hier Vorsicht geboten, denn bei zunehmender, merklicher Eisensättigung steigt der Kurzschlußstrom stärker als proportional mit der Spannung an. Die im Kurzschluß bei Stillstand aufgenommene Leistung ist in erster Linie Stromwärme. Bei der Messung stellt man leicht fest, daß im Stillstand der Kurzschlußstrom in merkbarer Weise von der Läuferstellung abhängt, was auf den Einfluß der veränderlichen magnetischen Verkettung zwischen Ständer und Läufer zurückzuführen ist. Es ist der Ausdruck dafür, daß das erzeugte Drehfeld nicht sinusförmig ist, sondern auch Oberwellen enthält, die im Stillstand im Gegensatz zum Lauf Ständer- und Läuferwicklung mit der Grundfrequenz induzieren. Zur Ablesung des Stromes ist es daher vorteilhaft, den Läufer mit möglichst geringer Drehzahl gegen das Drehfeld anzutreiben. Die geringe Schlupfabweichung gegenüber $s = 1$ ist hierbei praktisch unmerklich.

Der Strom J_∞ (Kreispunkt P_∞) würde bei $s = \infty$, also bei unendlich großer Drehzahl, auftreten. Es liegt auf der Hand, daß dieser Strom praktisch auch nicht annähernd gemessen werden kann. Er ist aber ein wichtiges Bestimmungsstück des Kreises und kann auf andere Art ermittelt werden, wie später noch gezeigt wird.

Für einen Betriebszustand der Induktionsmaschine mit geschlossenem Sekundärkreis ist, wie wir beim Ersatzstromkreis gesehen haben, R_2/s maßgebend. Bei Änderung des Läuferwiderstandes tritt derselbe Betriebszustand bei einem in gleichem Maße geänderten Schlupf auf. Die Änderung des Läuferwiderstandes bewirkt eine Verschiebung des Punktes P_K auf der Peripherie und damit eine Änderung der Schlupfverteilung auf dem Kreis, aber der Kreis selbst wird nicht verändert. Aus der Schlupfverteilung ergibt sich der Motorbetriebsbereich zwischen den Punkten P_0 und P_K über P. Der Generatorbetrieb liegt auf der Peripherie unterhalb der Abszissenachse und der Bremsbereich zwischen P_K und P_∞, der aber durch Verschiebung des Punktes P_K bis zum Punkte P_0 erweitert werden kann.

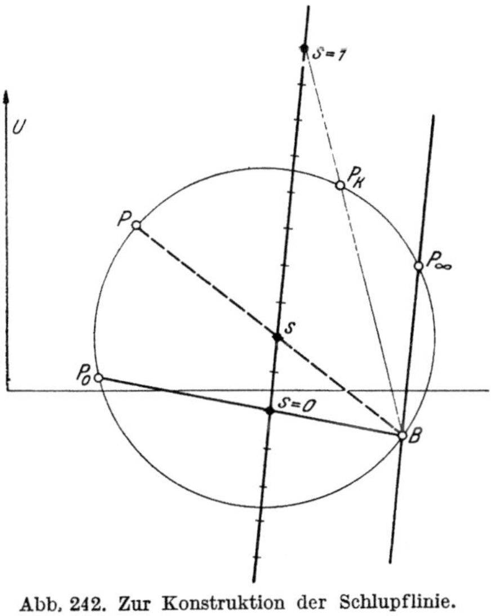

Abb. 242. Zur Konstruktion der Schlupflinie.

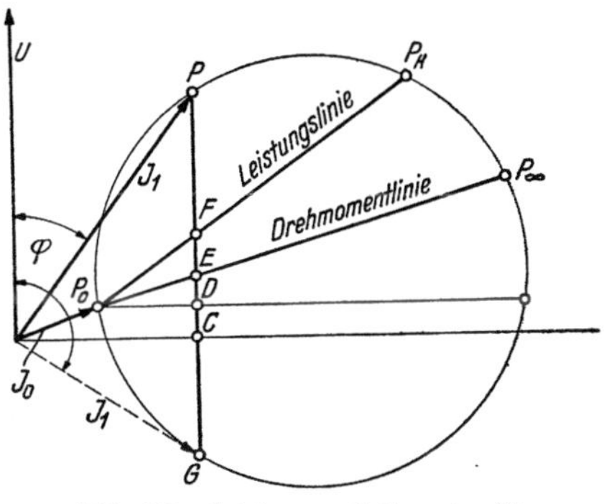

Abb. 243. Leistungsaufteilung im Stromdiagramm der Induktionsmaschine.

a) Schlupflinie. Zu jedem Betriebspunkt auf dem Kreis gehört ein bestimmter Schlupf. Zur Bestimmung dieses Schlupfes dient die Schlupflinie mit linearem Maßstab. Um die Verbindung der Schlupflinie mit dem Kreis herstellen zu können, müssen mindestens drei Schlupfwerte auf dem Kreis bekannt sein.

Im allgemeinen werden hierzu die Punkte P_0 ($s = 0$), P_K ($s = 1$) und P_∞ ($s = \infty$) herangezogen. Die Konstruktion der Schlupflinie ist aus Abb. 242 ersichtlich. Man wähle auf der Peripherie des Kreises einen beliebigen Bezugspunkt B. Dann ist die Schlupflinie parallel zur Sehne $\overline{BP_\infty}$ in beliebigem, von Null verschiedenen Abstand zu ziehen. Die Sehnen $\overline{BP_0}$ und $\overline{BP_K}$ bestimmen auf der Schlupflinie die Punkte $s = 0$ und $s = 1$ und damit den Maßstab.

Durch entsprechende Wahl des Punktes B kann man jede beliebige Lage der Schlupflinie erreichen. Fällt B mit P_∞ zusammen, ist die Schlupflinie parallel zur Tangente an den Kreis im Punkte P_∞ zu ziehen. Die Gerade $\overline{BP_\infty}$ selbst kann als Schlupflinie nicht verwendet werden, weil die endlichen Skalenwerte in den Punkt B zusammenschrumpfen. Die Gerade $\overline{BP_\infty}$ muß die Schlupflinie für $s = \infty$ im Unendlichen schneiden, deshalb ist also die Schlupflinie parallel zu $\overline{BP_\infty}$ zu ziehen.

b) Leistung und Drehmoment im Kreisdiagramm. Leistung und Drehmoment lassen sich in einfacher Weise mit Hilfe besonderer Geraden aus dem Kreisdiagramm entnehmen. Die beim Motorbetrieb elektrisch aufgenommene und beim Generatorbetrieb elektrisch abgegebene Leistung der Induktionsmaschine ist bei konstanter Spannung proportional der Wirkkomponente $J_1 \cos \varphi_1$, die in Abb. 243 für einen angenommenen Betriebsfall durch die Strecke $\overline{PC}$ beim Motor und $\overline{GC}$ beim Generator dargestellt wird. Im Leerlauf ($s = 0$) nimmt die Maschine in der Hauptsache Leistung zur Deckung der Eisenwärme auf, die der Wirkkomponente des Leerlaufstromes J_0, nämlich der Strecke $\overline{DC}$, proportional ist. Es wird angenommen, daß die Eisenwärme für sämtliche Betriebszustände gleichbleibt, was allerdings nur annähernd zutrifft. Eine theoretische Untersuchung[1]) zeigt weiter, daß die Strecke $\overline{ED}$ proportional der Ständerstromwärme und $\overline{FE}$ proportional der Läuferstromwärme, d. i. der Leistung N_{D_2}, ist. Damit ist die noch übrigbleibende Strecke $\overline{PF}$ dann proportional der abgegebenen mechanischen Leistung N_m des Motors und die Strecke $\overline{GF}$ proportional der zuzuführenden mechanischen Leistung N_m des Generators. Hierbei ist die Reibungsleistung außer acht gelassen; beim Motor ist diese von N_m bzw. $\overline{PF}$ abzuziehen und beim Generator zu $\overline{GF}$ hinzuzuschlagen. Die Sehne $\overline{P_0 P_K}$ heißt daher „Leistungslinie".

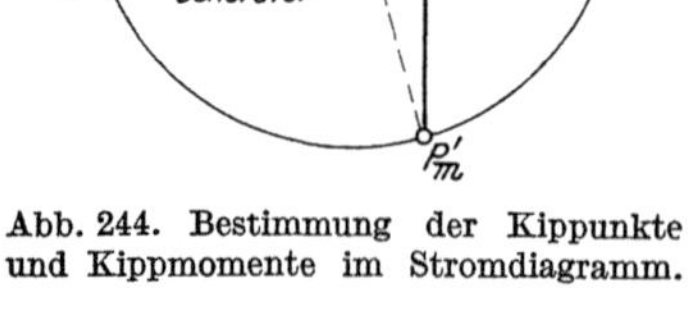

Abb. 244. Bestimmung der Kippunkte und Kippmomente im Stromdiagramm.

Die Strecke $\overline{PE}$ ist nach dem Vorausgeschickten ein Maß für die vom Ständer an den Läufer abgegebene Leistung N_{D_1} (nach Gl. 218 gleich mechanische Leistung + Läuferstromwärme). Nach Gl. 215 ist dieser Leistung N_{D_1} das Drehmoment proportional, da die synchrone Drehzahl n_1 konstant ist. Die Sehne $\overline{P_0 P_\infty}$ heißt deshalb „Drehmomentlinie". $\overline{PE}$ ist also das abgegebene Motormoment und $\overline{GE}$ das aufzuwendende Generatormoment. Das Reibungsmoment ist wieder gesondert zu berücksichtigen, d. h. beim Motor von $\overline{PE}$ abzuziehen und bei $\overline{GE}$ hinzuzuschlagen. Die Maßstäbe ergeben sich praktisch genügend genau wie folgt: Ist m_J der Strommaßstab z. B. in Amp/cm, dann ist der Leistungsmaß-

[1]) S. z. B. Richter IV, S. 45.

stab $m_N = 3\,U_1\,m_J$ Watt/cm und der Drehmomentmaßstab $m_M = 0{,}975\,m_N/n_1$ in mkg/cm, wobei die synchrone Drehzahl n_1 in U/min einzuführen ist.

Das **Kippmoment** der Induktionsmaschine erhalten wir aus der größten Ordinate von der Kreisperipherie auf die Drehmomentlinie. Wie leicht einzusehen, ist dieser Punkt durch eine Tangente an den Kreis parallel zur Drehmomentlinie sofort auffindbar, wie Abb. 244 zeigt. Die beiden Kippunkte im Motor- und Generatorbetrieb liegen auf einem Durchmesser. Das Generatorkippmoment ist größer als das Motorkippmoment. Die beiden Kippschlupfe sind nach Gl. 222 zahlenmäßig gleich. Die Kippunkte P_m und P_m' trennen auf der Peripherie die labilen Betriebsbereiche von den stabilen. Der stabile Motorbereich liegt auf der Peripherie zwischen P_0 und P_m, der stabile Generatorbereich zwischen H und P_m' (s. Abb. 244).

Ist der Nennbetriebspunkt im Kreisdiagramm bekannt, so läßt sich in einfacher Weise aus der zugehörigen Drehmomentordinate und der Drehmomentordinate des Kippunktes die Überlastbarkeit des Motors $ü = M_K/M_N$ entnehmen.

c) Bestimmung des Kreismittelpunktes und der Drehmomentlinie. Im Laufe der Zeit sind viele Verfahren zur Konstruktion des Mittelpunktes bekannt geworden, die wir nicht alle anführen können. Eine einfache und doch zuverlässige

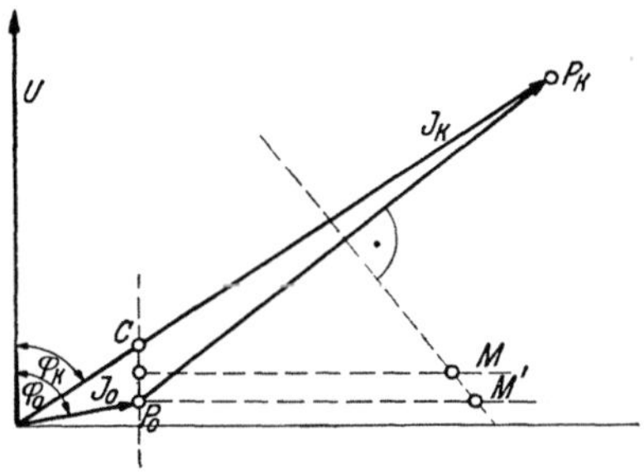

Abb. 245. Bestimmung des Kreismittelpunktes.

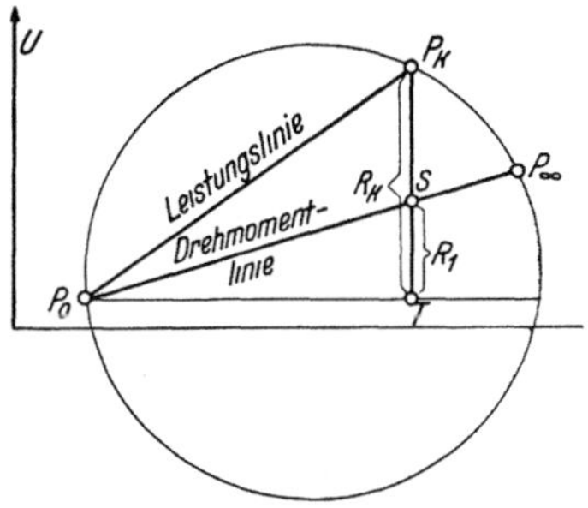

Abb. 246. Zur Bestimmung der Drehmomentlinie und des Punktes P_∞.

Konstruktion nach Abb. 245 ist ohne weiteres verständlich: J_0 und J_K sind die gemessenen Ströme. Die Mittelsenkrechte auf $\overline{P_0 P_K}$ und die Horizontale durch den Halbierungspunkt der Vertikalen $\overline{P_0 C}$ ergeben in ihrem Schnittpunkt den Mittelpunkt M. Bei größeren Motoren genügt es, den Mittelpunkt M' auf der Horizontalen durch P_0 anzunehmen.

Die Ordinate $\overline{P_K T}$ in Abb. 246 ist die im Kurzschluß gemessene gesamte Stromwärme und $\overline{ST}$ die Ständerstromwärme. Die Lage der Drehmomentlinie und des Punktes P_∞ ergibt sich mithin aus folgender Beziehung:

$$\frac{\overline{ST}}{\overline{P_K T}} = \frac{\text{Ständerstromwärme}}{\text{Gesamtstromwärme}} = \frac{R_1}{R_K}.$$

Die Ständerstromwärme ist hierbei auf den gleichen Kurzschlußstrom zu beziehen wie die Gesamtstromwärme.

8. Betrieb der Induktionsmaschine als Motor.

Die wichtigste Verwendung der Induktionsmaschine ist die als Motor, kurzweg als Drehstrommotor. Wir wollen daher noch einmal alles zusammentragen, was von unseren bisherigen Betrachtungen für den Drehstrommotor von Wichtigkeit ist.

Für den gewöhnlichen Motorbetrieb kommt der untersynchrone Drehzahlbereich, vom Stillstand mit $s = 1$ bis zum Synchronismus mit $s = 0$, in Betracht. Beim ständergespeisten Motor enthält der Ständer die Primärwicklung und der Läufer die Sekundärwicklung. Die Ständerwicklung liegt somit an einem Netz konstanter Frequenz und das Drehfeld läuft daher mit konstanter synchroner Drehzahl gegenüber dem Ständer um; der Läufer folgt dem Drehfeld im gleichen Sinne. Beim läufergespeisten Motor liegt der Läufer am Primärnetz und das Drehfeld hat gegenüber dem Läufer die konstante synchrone Drehzahl, gegenüber dem Ständer mit der Sekundärwicklung dagegen die Schlupfdrehzahl n_2. Damit nun diese Drehzahl $n_2 = n_1 - n$ erreicht wird, muß der Läufer in dem der Drehfelddrehrichtung entgegengesetzten Sinne umlaufen. An den elektrischen und mechanischen Verhältnissen ändert sich jedoch nichts, so daß man den läufergespeisten Motor nicht besonders zu betrachten braucht.

Auf das Anlassen der Motoren wird in einem späteren Abschnitt noch ausführlich eingegangen, so daß wir uns hier nur mit dem stationären Nennbetrieb bei kurzgeschlossenen Schleifringen, sofern solche vorhanden sind, beschäftigen wollen.

Im Stillstand verhält sich der Motor bei kurzgeschlossenem Läuferkreis in jeder Beziehung wie ein kurzgeschlossener Transformator, wenn auch zahlenmäßig Unterschiede vorhanden sind. Der Dauerkurzschlußstrom J_K beträgt etwa das Vier- bis Sechsfache des Nennstromes, kann bei Käfigankermotoren sogar das Achtfache erreichen. Der Kurzschlußleistungsfaktor ist etwa $\cos\varphi_K \approx 0{,}25$ bis $0{,}5$.

Im synchronen Lauf nimmt der Motor den Leerlaufstrom auf, der etwa 25 bis 60% des Nennstromes beträgt. Er ist bedeutend größer als beim Transformator, weil hier ja der Eisenweg durch den Luftspalt unterbrochen wird. Je größer die Polzahl, um so öfter muß auch der magnetische Fluß über den Luftspalt, so daß der Magnetisierungsstrom mit der Polzahl zunimmt. Er nimmt dagegen mit der Nennleistung des Motors ab, weil bei größeren Motoren der Luftspalt im Verhältnis kleiner gehalten werden kann als bei kleinen Motoren, bei denen ein gewisser Mindestwert aus konstruktiven und betrieblichen Sicherheitsgründen nicht unterschritten werden kann. Der im synchronen Lauf bei $s = 0$ gemessene Leerlaufstrom unterscheidet sich kaum von dem im Stillstand bei offenem Läuferkreis gemessenen Strom; im Stillstand wird der Läufer mit

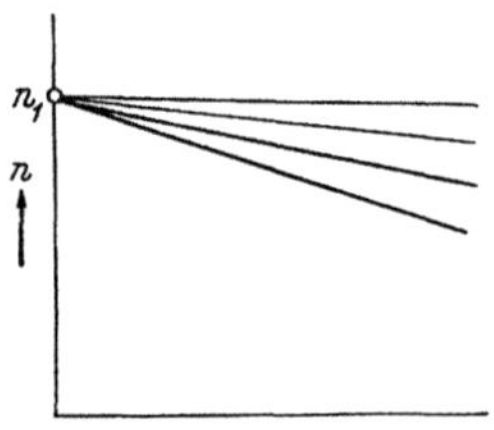

Abb. 247. Drehzahl-Drehmoment-Kennlinie für den stationären Betrieb in der Nähe des Synchronismus bei Änderung des Läuferwiderstandes.

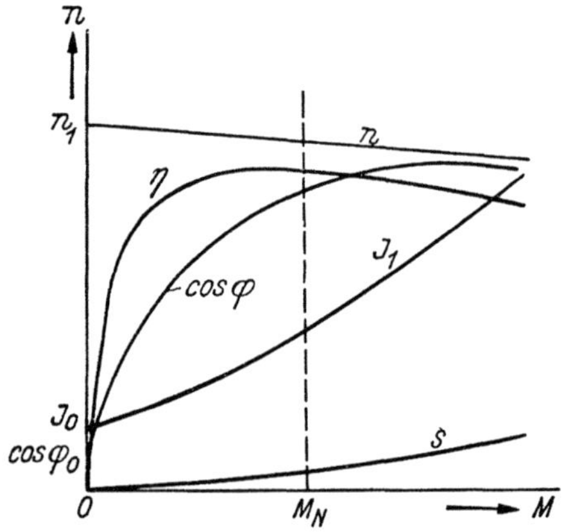

Abb. 248. Betriebskennlinien der Asynchronmaschine.

voller Frequenz magnetisiert, im Lauf dagegen nicht, so daß nur in den an sich schon kleinen Wirkkomponenten der Ströme ein Unterschied zu bemerken ist. Der Leerlaufleistungsfaktor ist etwa $\cos\varphi_0 \approx 0{,}05$ bis $0{,}15$.

Zwischen Leerlauf und Kurzschluß spannt sich nun der Betriebsbereich des Motors. Für den stationären Betrieb kommt jedoch nur der Bereich vom Leerlauf bis zum Kippschlupf in Anwendung, weil nur dieser Bereich im allgemeinen stabil ist. Für die Stabilität galt ja die Bedingung, daß im Betriebspunkt $\partial M_L/\partial n > \partial M_m/\partial n$ sein muß. In Abb. 240 war diese Bedingung in grundsätzlicher Weise gezeigt worden.

Die Nenndrehzahl des Drehstrommotors liegt etwa 1 bis 6% unterhalb der synchronen Drehzahl, d. h. also der Schlupf bei Nennbetrieb beträgt etwa 1 bis 6% und ist um so kleiner, je größer die Maschine. Der Kippschlupf ist im allgemeinen etwa vier- bis sechsmal größer als der Nennschlupf, liegt also etwa in den Grenzen von 6 bis 20 bis 30%.

In der nachstehenden Tafel sind Werte für den Schlupf bei Nennbetrieb und den Kippschlupf von neuzeitlichen vier- bis achtpoligen Motoren mit verschiedenen Läuferbauarten zusammengestellt:

Läuferart	N	s_N	s_K
Gewöhnlicher Kurzschlußanker...	5 bis 100 kW	6 bis 3 %	30 bis 17 %
Schleifringläufer	50 bis 500 kW	5 bis 1,5 %	25 bis 9 %
Doppelnutläufer	16 bis 500 kW	4 bis 2 %	14 bis 7 %

Für den sicheren Betrieb, insbesondere bei stoßweiser Beanspruchung, ist auch die Überlastbarkeit $ü = M_K/M_N$ wichtig; sie liegt in den Grenzen von 1,6 bis 2,5 und ist in DIN-VDE 2650/2651 genormt.

Die Drehmoment-Drehzahlkurve kann in der Nähe der synchronen Drehzahl, wie aus Abb. 238 hervorgeht, durch eine Gerade dargestellt werden, soweit sie praktisch im stationären Betrieb benutzt wird. Auf Grund dieser Kurve wurde bereits das „Nebenschlußverhalten" des Drehstrommotors festgestellt. Wie aus Abb. 239 ersichtlich, kann die Neigung der Drehzahl-Drehmomentkennlinie durch Einschalten von Widerständen in den Läuferkreis verändert werden. In Abb. 247 sind diese verschiedenen geneigten Kennlinien dargestellt. Man kann also durch Einschalten von Läuferwiderständen bei konstantem Moment eine Drehzahlregelung durchführen, jedoch hat diese den Nachteil des schlechten Wirkungsgrades.

Die aus dem Kreisdiagramm entnommenen Betriebskurven eines kleineren Drehstrommotors sind in Abb. 248 in Abhängigkeit vom Schlupf innerhalb des Bereiches $0 \leqq s \leqq s_K$ aufgetragen worden.

Beim Ausbleiben einer Netzphase (Ausfall einer Sicherung!) läuft der Drehstrommotor als Einphasenmotor. Da hierbei das Kippmoment stark abfällt, besteht Gefahr, daß der Motor kippt und stehen bleibt. Bei größeren Motoren ist daher ein Überstromschutz unerläßlich.

9. Theorie der Induktionsmaschine.

Die Eigenschaften der Induktionsmaschine als Drehfeldtransformator lassen sich durch dieselben Gleichungen wie beim gewöhnlichen Transformator darstellen. Wir schließen die Schleifringe an ein Sekundärnetz veränderlicher Frequenz an. Dann gelten die Gleichungen:

$$\mathfrak{U}_1 = \mathfrak{J}_1 \mathfrak{Z}_1 + \mathfrak{E}_1, \tag{227}$$

$$\mathfrak{U}_2 = \mathfrak{J}_2 \mathfrak{Z}_2 + \mathfrak{E}_2. \tag{228}$$

Gl. 227 gilt für die Frequenz f_1 und Gl. 228 für die Frequenz f_2. Beide Gleichungen sind durchaus gleichberechtigt. Wir setzen $\mathfrak{Z}_2 = R_2 + j\,s\,X_{2\sigma}$, da $X_{2\sigma}$ auf die feste Ständerfrequenz bezogen ist. Um die Schreibung zu vereinfachen, nehmen wir, was unbeschadet der Allgemeingültigkeit möglich ist, gleiche Strangzahl $m_1 = m_2$ und gleiche effektive Windungszahlen $w_1\,\xi_1 = w_2\,\xi_2$ an. E_1 und E_2 sind die vom resultierenden Drehfeld in den beiden Wicklungen induzierten Spannungen. Das resultierende Drehfeld wird von der resultierenden Drehdurchflutung $\dot{\Theta}_\mu = \dot{\Theta}_1 + \dot{\Theta}_2$ erzeugt. Die Durchflutungen sind aber proportional den Strömen. Wir ersetzen daher die Drehdurchflutungen durch die Ströme $\mathfrak{J}_\mu = \mathfrak{J}_1 + \mathfrak{J}_2$. Der Phasenwinkel zwischen den Strömen ist gleich dem räumlichen (in Polteilungsgraden gemessenen) Winkel zwischen den beiden Drehdurchflutungen. Es gilt also:

$$\mathfrak{E}_1 = (\mathfrak{J}_1 + \mathfrak{J}_2)\,\mathfrak{Z}_0\,, \tag{229}$$

$$\mathfrak{E}_2 = s\,(\mathfrak{J}_1 + \mathfrak{J}_2)\,\mathfrak{Z}_0\,. \tag{230}$$

Bei Vernachlässigung der Eisenwärme ist $\mathfrak{Z}_0 = j\,X_{1h}$ der Blindwiderstand des Drehfeldes (auf die Frequenz f_1 bezogen).

Damit ergibt sich

$$\boxed{\mathfrak{U}_1 = \mathfrak{J}_1\,\mathfrak{Z}_{11} + \mathfrak{J}_2\,\mathfrak{Z}_0\,,} \tag{231}$$

$$\boxed{\mathfrak{U}_2 = \mathfrak{J}_2\,\mathfrak{Z}_{22} + s\,\mathfrak{J}_1\,\mathfrak{Z}_0} \tag{232}$$

mit $\mathfrak{Z}_{22} = R_2 + j\,s\,X_2$. Es ist noch folgendes zu beachten: Die Läuferdrehdurchflutung Θ_2 hat gegenüber dem Ständer die gleiche Drehzahl n_1 wie die

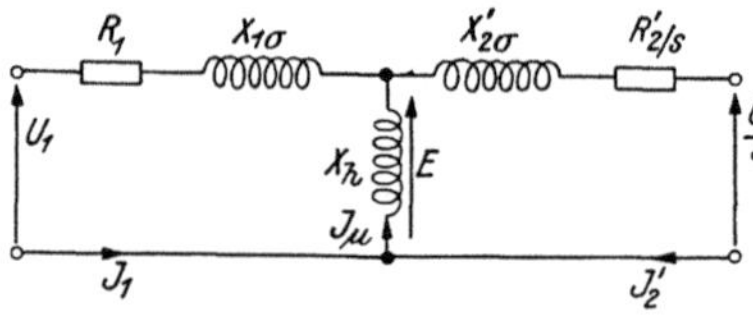

Abb. 249. Primärer Ersatzstromkreis des allgemeinen Drehfeldtransformators.

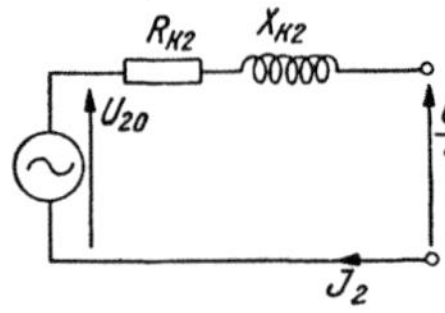

Abb. 250. Sekundärer Ersatzstromkreis des allgemeinen Drehfeldtransformators.

Ständerdurchflutung Θ_1; daher ist in den Gl. 229 und 231 der Strom $\mathfrak{J}_2$ in bezug auf den Ständer ein Zeitvektor mit der Ständerfrequenz. Umgekehrt hat die Drehdurchflutung Θ_1 gegenüber der Läuferwicklung die gleiche Drehzahl n_2 wie die Läuferdurchflutung Θ_2 und der zugehörige Zeitvektor $\mathfrak{J}_1$ hat also in den Gl. 230 und 232 die Läuferfrequenz f_2. In Gl. 231 haben somit die Zeitvektoren $\mathfrak{U}_1$, $\mathfrak{J}_1$ und $\mathfrak{J}_2$ die Frequenz f_1 und in Gl. 232 die Zeitvektoren $\mathfrak{U}_2$, $\mathfrak{J}_2$ und $\mathfrak{J}_1$ die Frequenz f_2. Kürzt man nun Gl. 231 mit $e^{j\,2\pi f_1 t}$ und Gl. 232 mit $e^{j\,2\pi f_2 t}$, dann sind beide von der Frequenz unabhängige Gleichungen zwischen komplexen Größen, z. B. $\mathfrak{U}_1 = U_1\,e^{j\alpha}$ und $\mathfrak{J}_1 = J_1\,e^{j(\alpha - \varphi_1)}$ usw.

Dividiert man Gl. 232 durch s, erhält man den zugehörigen Ersatzstromkreis des allgemeinen Drehfeldtransformators in Abb. 249.

Die Auflösung der Gl. 231 nach $\mathfrak{J}_1$ ergibt, wie in Gl. 120 der Transformatortheorie,

$$\mathfrak{J}_1 = \mathfrak{J}_0 + \mathfrak{J}. \tag{233}$$

$\mathfrak{J}_0 = \mathfrak{U}_1/\mathfrak{Z}_{11}$ ist der Leerlaufstrom, den wir beim Transformator mit $\mathfrak{J}_{10}$ bezeichnet hatten. Es ist ferner $\mathfrak{J} = -\,\mathfrak{Z}_0/\mathfrak{Z}_{11}\cdot\mathfrak{J}_2 \approx -\,\mathfrak{J}_2/(1 + \sigma_1)$. Nach dieser Gleichung ist der primäre Ausgleichstrom $\mathfrak{J}$ im Kreisdiagramm die Sehne von P_0 zu einem beliebigen Betriebspunkt P (s. Abb. 241). Aus den Gl. 231 und 232 läßt sich ferner wie beim Transformator der Ersatzstromkreis nach Abb. 250 für die sekundäre Seite ableiten. Es ist

$$\boxed{\frac{\mathfrak{U}_2}{s} = \mathfrak{U}_{20} + \mathfrak{J}_2\,\mathfrak{Z}_{K_2}} \tag{234}$$

mit

$$\mathfrak{Z}_{K_2} = \frac{\mathfrak{Z}_{11}\,\mathfrak{Z}_{22}/s - \mathfrak{Z}_0^2}{\mathfrak{Z}_{11}} = R_{K_2} + j\,X_{K_2} \tag{235}$$

und

$$R_{K_2} \approx \frac{R_1'}{(1+\sigma_1)^2} + \frac{R_2}{s}. \tag{236}$$

$\mathfrak{U}_{20} = \mathfrak{Z}_0\,\mathfrak{U}_1/\mathfrak{Z}_{11} \approx \mathfrak{U}_1/(1+\sigma_1)$ bei $\ddot{u} = w_2\,\xi_2/w_1\,\xi_1 = 1$ ist die sekundäre Strangspannung im Stillstand an den offenen Schleifringen. Der Ersatzstromkreis nach Abb. 250 und die Gl. 234 leisten besonders bei der Untersuchung von Kaskadenschaltungen gute Dienste, indem hiernach die Induktionsmaschine auf der Läuferseite wie ein Generator (bzw. Motor) mit der Spannung $\mathfrak{U}_{20}$ und dem inneren Widerstand $\mathfrak{Z}_{K_2}$ auf die sekundär angeschlossenen Geräte wirkt.

Kreisdiagramm. Aus den Gl. 231 und 232 entnehmen wir bei kurzgeschlossenem Läufer mit $\mathfrak{U}_2 = 0$ die Abhängigkeit des primären Stromes vom Schlupf:

$$\mathfrak{J}_1 = \frac{\mathfrak{Z}_{22}}{\mathfrak{Z}_{11}\,\mathfrak{Z}_{22} - s\,\mathfrak{Z}_0^2}\,\mathfrak{U}_1 = \frac{\mathfrak{U}_1}{\mathfrak{Z}_{K_1}}. \tag{237}$$

Um die Abhängigkeit vom Schlupf besser erkennen zu können, formen wir, soweit nötig, um und beachten, daß $(1 - X_{1h}^2/X_1\,X_2) = \sigma$ ist.

$$\boxed{\mathfrak{J}_1 = \frac{R_2 + j\,s\,X_2}{R_2\,\mathfrak{Z}_{11} + j\,s\,X_2\,(R_1 + j\,\sigma\,X_1)}\,\mathfrak{U}_1.} \tag{238}$$

Der Vergleich mit der bekannten Kreisgleichung aus der Ortskurventheorie,

$$\mathfrak{K} = \frac{\mathfrak{A} + \mathfrak{B}\,s}{\mathfrak{C} + \mathfrak{D}\,s} \tag{239}$$

zeigt, daß der komplexe Vektor $\mathfrak{J}_1$ in Abhängigkeit vom reellen Wert s einen Kreis durchläuft. Auch die Einbeziehung der Eisenverluste in $\mathfrak{Z}_0$ würde an dem Ergebnis nichts ändern, da wir ja keinerlei Voraussetzungen über $\mathfrak{Z}_0$ gemacht haben. Durch Vergleich der Kreisgleichung mit Gl. 238 ergeben sich die einzelnen Konstanten:

$$\left.\begin{aligned} \mathfrak{A} &= R_2\,\mathfrak{U}_1; & \mathfrak{C} &= R_2\,\mathfrak{Z}_{11};\\ \mathfrak{B} &= j\,X_2\,\mathfrak{U}_1; & \mathfrak{D} &= j\,X_2\,(R_1 + j\,\sigma\,X_1). \end{aligned}\right\} \tag{240}$$

Der Mittelpunktsvektor $\mathfrak{M}$ ergibt sich aus Gl. 239 mit $s_{\mathfrak{M}} = -(\mathfrak{C}/\mathfrak{D})^*$, wobei $(\mathfrak{C}/\mathfrak{D})^*$ der zu $(\mathfrak{C}/\mathfrak{D})$ konjugierte Wert ist.[1]) Dieser Schlupfwert kann nur komplex sein, da alle zu reellen Schlupfwerten gehörenden Vektoren auf der Kreisperipherie enden, der Mittelpunktsvektor aber geht zum Kreismittelpunkt (s. Abb. 251).

[1]) Bödefeld, Elektrotechn. u. Masch.-Bau 56 (1938) S. 514.

Die Komponenten des Mittelpunktsvektors sind die Mittelpunktskoordinaten. Wir wollen uns die Rechnung ersparen; die Koordinaten sind mit $r_1 = R_1/X_1$:

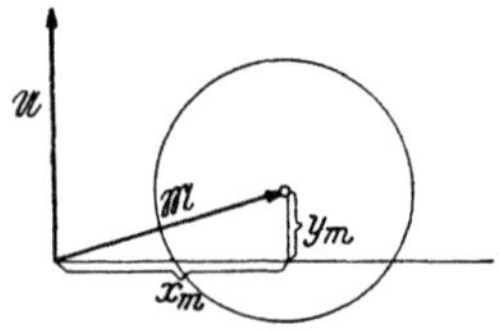

Abb. 251. Komponenten des Mittelpunktsvektors 𝔐.

$$\left.\begin{aligned} x_m &= \frac{1+\sigma}{\sigma + r_1^2}\,\frac{U_1}{2\,X_1} \\ \text{und} \qquad y_m &= \frac{2\,r_1}{\sigma + r_1^2}\,\frac{U_1}{2\,X_1}, \end{aligned}\right\} \tag{241}$$

wenn der Spannungsvektor $\mathfrak{U}_1$ in die y-Achse gelegt wird. Will man die Eisenwärme in vereinfachter Form nachträglich berücksichtigen, senke man die Abszisse um den Eisenverluststrom J_v.

Einfacher ist es vielfach, den Kreis aus den Punkten P_0, P_K und P_∞ zu bestimmen (s. Abb. 241). Für die zugehörigen Ströme finden wir:

$$\left.\begin{aligned} \mathfrak{J}_0 &= \frac{\mathfrak{U}_1}{\mathfrak{Z}_{11}}; & \mathfrak{J}_K &= \frac{\mathfrak{U}_1}{R_{K_1} + j\,\sigma X_1}; & \mathfrak{J}_\infty &= \frac{\mathfrak{U}_1}{R_1 + j\,\sigma X_1}; \\ \operatorname{tg}\varphi_0 &= \frac{X_1}{R_1}; & \operatorname{tg}\varphi_K &= \frac{\sigma X_1}{R_{K_1}}; & \operatorname{tg}\varphi_\infty &= \frac{\sigma X_1}{R_1}. \end{aligned}\right\} \tag{242}$$

Während die Ströme $\mathfrak{J}_0$ und $\mathfrak{J}_\infty$ sich in obiger Form ohne Umrechnung aus Gl. 238 für $s = 0$ und $s = \infty$ ergeben, bedarf es zur Bestimmung von $\mathfrak{J}_K$ noch einer kleinen Umrechnung. Es ist daher vielleicht einfacher, auf Grund der beim Transformator entwickelten Formeln diesen Strom, wie oben angegeben, anzuschreiben. Es ist dabei entsprechend Gl. 119: $R_{K_1} = R_1 + R_2'/(1+\sigma_2)^2$ mit $s = 1$ und $X_{K_1} \approx \sigma X_1$.

Aus $s_K = \pm\,|\mathfrak{C}/\mathfrak{D}|$ berechnen wir den Kippschlupf zu

$$s_K = \pm\,\frac{R_2}{\sigma X_2}\sqrt{\frac{1+r_1^2}{1+(r_1/\sigma)^2}} \approx \pm\,\frac{R_2}{\sigma X_2}\,\frac{1}{\sqrt{1+(r_1/\sigma)^2}}, \tag{243}$$

wenn wir $r_1^2 = R_1^2/X_1^2$ gegen 1 vernachlässigen, was praktisch in allen Fällen erlaubt ist. Wir schätzen etwa $r_1 \approx 0{,}005$ bis $0{,}02$ und $\sigma \approx 0{,}04$ bis $0{,}16$.

Gegenüber der früher mit $R_1 \approx 0$ abgeleiteten Gl. 222 erscheint hier noch zusätzlich ein Wurzelausdruck, der die Rolle eines Korrektionsfaktors spielt und im allgemeinen bei größeren Maschinen unbeachtet bleiben kann. Demgegenüber sind die Ungenauigkeiten durch die veränderliche Eisensättigung, die Vernachlässigung der Oberwellen des Drehfeldes usw. viel schwerwiegender. Man darf sich also über die erzielbare Genauigkeit nicht täuschen.

Manche Eigenschaften des Kreises lassen sich besser überschauen, wenn man die Gleichung für den Ausgleichstrom $\mathfrak{J}$ betrachtet. Für diese Stromvektoren gilt der Punkt P_0 als Nullpunkt. Die Beziehung für $\mathfrak{J}$ läßt sich sowohl aus den eingangs gegebenen Gleichungen als auch aus der allgemeinen Kreisformel ableiten. Wir wählen letzteren Weg, indem wir die allgemeine Kreisgleichung in zwei Glieder zerlegen:

$$\mathfrak{J}_1 = \frac{\mathfrak{A}}{\mathfrak{C}} + \frac{\mathfrak{B} - \mathfrak{A}\,\mathfrak{D}/\mathfrak{C}}{\mathfrak{D} + \mathfrak{C}/s}. \tag{244}$$

An dieser Form der Gleichung erkennt man, warum, wie aus der Ortskurventheorie bekannt, $\mathfrak{A}\,\mathfrak{D} - \mathfrak{B}\,\mathfrak{C} \neq 0$ sein muß, weil nämlich andernfalls der Kreis in die Konstante $\mathfrak{A}/\mathfrak{C}$ übergehen würde. Bei der Induktionsmaschine ist diese

Bedingung ohne weiteres erfüllt. $\mathfrak{A}/\mathfrak{C} = \mathfrak{U}_1/\mathfrak{Z}_{11} = \mathfrak{J}_0$ ist der Leerlaufstromvektor, wie nicht anders zu erwarten, und das zweite Glied ist der Ausgleichstrom

$$\mathfrak{J} = \frac{(1-\sigma)\,\mathfrak{J}_0}{(\sigma - j\,r_1) - (r_1 + j)\,R_2/s\,X_2} \tag{245}$$

mit $r_1 = R_1/X_1$. Hieraus lassen sich z. B. Kreisdurchmesser und Mittelpunkt in einfacher Weise berechnen. Differentiation des Nennerbetrages nach $y = R_2/s\,X_2$ und Nullsetzen der Ableitung ergibt ein Minimum des Nenners und ein Maximum des Bruches für

$$y = -\frac{r_1\,(1-\sigma)}{1 + r_1^2}. \tag{246}$$

Hierzu findet man den größtmöglichen Strom, der durch den Mittelpunkt geht, den Durchmesserstrom[1]) zu

$$\mathfrak{J}_{\mathfrak{M}} = \frac{(1-\sigma)\,(1+r_1^2)}{\sigma + r_1^2}\,\frac{\mathfrak{J}_0}{1 - j\,r_1}. \tag{247}$$

Der erste Faktor auf der rechten Seite ist eine reelle Zahl; der Durchmesserstrom $\mathfrak{J}_{\mathfrak{M}}$ ist daher gegenüber dem Leerlaufvektor $\mathfrak{J}_0$ um den Winkel ϱ vorgedreht, der sich aus dem Nenner $(1 - j\,r_1)$ zu $\operatorname{tg}\varrho = r_1$ ergibt. Da $\mathfrak{J}_0$ bereits gegenüber der Abszisse um ϱ bei Vernachlässigung der Eisenverluste gedreht ist, liegt also der von P_0 gezogene Durchmesser in einem Winkel $2\,\varrho$ gegen die Abszisse (s. Abb. 252). Die Größe des Durchmessers erhalten wir aus dem Betrag des Stromvektors $\mathfrak{J}_{\mathfrak{M}}$:

$$D = |\mathfrak{J}_{\mathfrak{M}}| = \frac{1-\sigma}{\sigma + r_1^2}\,\frac{U_1}{X_1}. \tag{248}$$

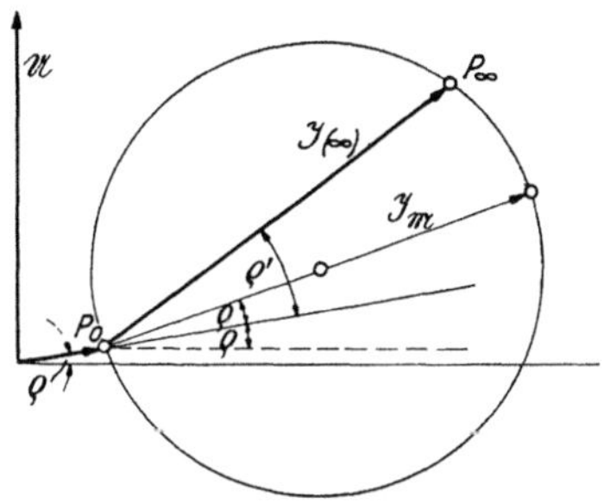

Abb. 252. Zur Erläuterung der Gl. (247) und (250).

Hierbei ist $J_0 = U_1/\sqrt{R_1^2 + X_1^2} = U_1/X_1\sqrt{1 + r_1^2}$ eingeführt worden. Bei Vernachlässigung des Ständerwiderstandes ist $r_1 = 0$ und nach Gl. 247

$$\boxed{D = \frac{1-\sigma}{\sigma}\,J_0 = \frac{1-\sigma}{\sigma}\,\frac{U_1}{X_1},} \tag{249}$$

der bekannte Wert für den Durchmesser des vereinfachten Kreisdiagramms. Der Punkt P_∞ ergibt sich ebenfalls sehr einfach mit $s = \infty$ aus

$$\mathfrak{J}(\infty) = \frac{1-\sigma}{\sigma - j\,r_1}\,\mathfrak{J}_0. \tag{250}$$

$\mathfrak{J}(\infty)$ ist nicht mit $\mathfrak{J}_\infty = \mathfrak{J}_1(\infty) = \mathfrak{J}_0 + \mathfrak{J}(\infty)$ zu verwechseln! Dieser Strom $\mathfrak{J}(\infty)$ ist gegenüber dem Leerlaufstrom $\mathfrak{J}_0$ um den Winkel $\varrho' = \operatorname{arc}\operatorname{tg} r_1/\sigma$ verdreht (s. Abb. 252).

Frequenzänderung. In manchen Fällen[2]) wird zur Drehzahlregelung eine Änderung der Frequenz herangezogen, insbesondere um die Drehzahl kurzzeitig oder dauernd herabzusetzen. Wir wollen daher kurz die bei Frequenzänderung auftauchenden Fragen untersuchen, wobei wir vorzugsweise eine Verminderung der Frequenz im Auge behalten wollen.

---

[1]) Der Durchmesserstrom $\mathfrak{J}_{\mathfrak{M}}$ ist nicht mit dem Mittelpunktsvektor $\mathfrak{M}$ nach Abb. 251 zu verwechseln.

[2]) E. RODEWALD, ETZ 54 (1933) S. 793.

Bezeichnen wir die neue Frequenz mit $f_1' = \alpha f_1$, wobei also α das Frequenzverhältnis in bezug auf die Nennfrequenz f_1 ist, und führen $f_1' = \alpha f_1$ in die Gl. 238 ein, indem wir $2\pi f_1' L = 2\pi\alpha f_1 L = \alpha X$ setzen, dann erhalten wir mit einer kleinen Umformung:

$$\mathfrak{J}_1 = \frac{R_2/\alpha + j\,s\,X_2}{\frac{R_2}{\alpha}\left(\frac{R_1}{\alpha} + j\,X_1\right) + j\,s\,X_2\left(\frac{R_1}{\alpha} + j\,\sigma\,X_1\right)}\,\frac{\mathfrak{U}_1}{\alpha}. \tag{251}$$

Gegenüber Gl. 238 erscheinen hier formal die frequenzabhängigen Wirkwiderstände R_1/α und R_2/α sowie die frequenzabhängige Spannung $\mathfrak{U}_1/\alpha$. Es ist aber ohne weiteres einzusehen, daß bei einem festen Wert α kein grundsätzlicher Unterschied gegenüber Gl. 238 vorhanden ist. $\mathfrak{J}_1 = f(s)$ ist nach wie vor eine Kreisgleichung. Die frequenzabhängigen Widerstände bringen nur das zum Ausdruck, was von vornherein zu erwarten war, nämlich je geringer die Frequenz wird, um so mehr schieben sich die Ohmschen Widerstände im Verhältnis zu den geringer werdenden induktiven Blindwiderständen in den Vordergrund. Oder, auf konstante Blindwiderstände bezogen, erscheinen die Ohmschen Widerstände mit geringer werdender Frequenz vergrößert. Es handelt sich nun darum, die Kreiskonstruktion für niedrige Frequenzen ohne die sonst üblichen Vernachlässigungen durchzuführen und zu untersuchen, welchen Einfluß die Ohmschen Widerstände auf den Kreis haben. Die Eisenwärme bzw. R_E werden wir weiterhin vernachlässigen. Das ist bei abnehmender Frequenz erst recht zulässig, weil die Verluste schneller als die Frequenz abnehmen. Etwas anderes ist jedoch der Einfluß der Sättigung, auf den wir weiter unten noch zu sprechen kommen.

Zunächst müssen wir eine Annahme über die Klemmenspannung treffen. Wir wollen annehmen, daß sich die primäre Klemmenspannung in gleichem Maße wie die Frequenz ändert; dann ist $\mathfrak{U}_1/\alpha =$ konst., und wir können in Gl. 251 $\mathfrak{U}_1/\alpha$ durch $\mathfrak{U}_{10}$ ersetzen, wenn wir fortan unter $\mathfrak{U}_{10}$ die primäre Klemmenspannung bei Nennfrequenz verstehen und die Klemmenspannung bei beliebiger Frequenz mit $\mathfrak{U}_1 = \alpha\,\mathfrak{U}_{10}$ bezeichnen. Unter dieser Voraussetzung treten dann in Gl. 251 im Vergleich zu Gl. 238 nur noch die andersartigen Widerstände R_1/α und R_2/α auf, deren Einfluß im folgenden besprochen wird.

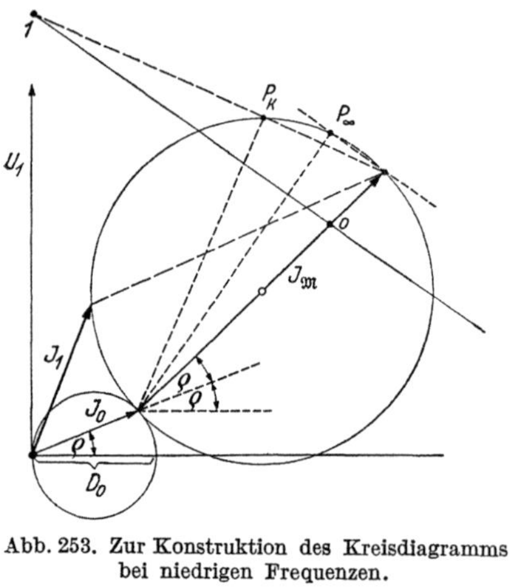

Abb. 253. Zur Konstruktion des Kreisdiagramms bei niedrigen Frequenzen.

Wir untersuchen zunächst den Verlauf des Magnetisierungsstromes $\mathfrak{J}_0 = = \mathfrak{U}_{10}/(R_1/\alpha + j\,X_1)$. Mit R_1/α als Veränderliche durchläuft $\mathfrak{J}_0$ einen Kreis, der für $\alpha = 0$ bzw. $R_1/\alpha = \infty$ durch den Ursprung geht. Der größte Strom tritt bei $\alpha = \infty$ bzw. $R_1/\alpha = 0$ ein und ist gleich dem Durchmesser D_0 dieses Kreises, also $D_0 = \mathfrak{U}_{10}/X_1$ (s. Abb. 253). Bei einem gegebenen Wert von α ergibt sich die Lage von $\mathfrak{J}_0$ im Kreis durch $\operatorname{tg}\varrho = R_1/\alpha X_1$.

Der Durchmesser $D = |\mathfrak{J}_{\mathfrak{M}}|$ des Kreises $\mathfrak{J}_1 = f(s)$ nach Gl. 251 ist im Verhältnis zum Durchmesser D_0 gleich $D/D_0 = (1 - \sigma)/[\sigma + (r_1/\alpha)^2]$, wie aus Gl. 248 und den oben gegebenen Erläuterungen zu entnehmen ist. Die Verringerung des Kreisdurchmessers gegenüber dem Kreis bei Nennfrequenz mit $\alpha = 1$ ist

$D/D_{\alpha=1} = (\sigma + r_1^2)/[\sigma + (r_1/\alpha)^2]$. Der Durchmesser D ist gegenüber der Abszisse, wie Abb. 252 zeigt, um den Winkel 2ϱ mit $\operatorname{tg} \varrho = r_1/\alpha$ gedreht. Mit der Lage und der Größe des Durchmessers ist der Kreis festgelegt. Die Bestimmung der Punkte P_K und P_∞ zeigen die Abb. 254 a und b auf Grund der Gl. 245 (für $s = 1$) und 250.

Der Einfluß der Sättigung kann bei kleinen Frequenzen nicht vernachlässigt werden. Je geringer die Frequenz, um so größer ist der Anteil der OHMschen Spannung an der Klemmenspannung und um so kleiner wird der Anteil der vom Drehfeld aufzubringenden Spannung, wodurch die Sättigung und damit

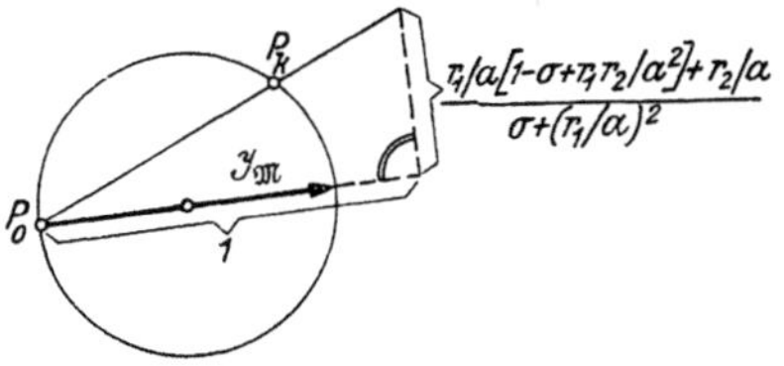

Abb. 254 a. Zur Bestimmung des Punktes P_K bei veränderlicher Frequenz.

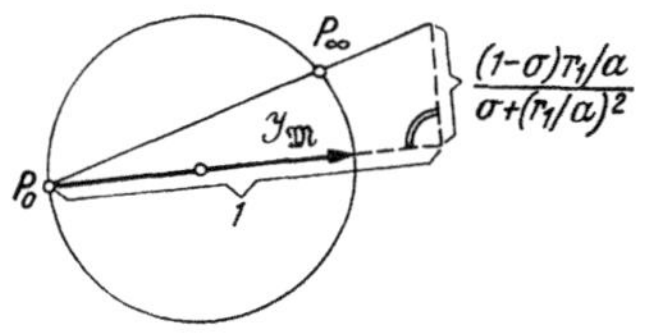

Abb. 254 b. Zur Bestimmung des Punktes P_∞ bei veränderlicher Frequenz.

der Magnetisierungsstrom abnehmen, während anderseits der Leistungsfaktor im Leerlauf zunimmt, weil die Wirkverluste im Verhältnis zur Blindleistung zunehmen. Die Grenze, bei der der Leerlaufstrom kleiner zu werden beginnt, läßt sich allgemein kaum angeben; sie ist stark von Maschinengröße, Polzahl und Sättigung bei Nennfrequenz abhängig. Abb. 255 zeigt die bei einem vierpoligen Motor von 2,2 kW aufgenommenen Kurven des Leerlaufstromes in Abhängigkeit von der Frequenz bei $U_1'/\alpha =$ konst. für verschiedene Sättigungsgrade. Auch den deformierenden Einfluß der Sättigung auf das Kreisdiagramm können wir hier nicht untersuchen, jedenfalls trifft die Annahme $X_{1h} \approx$ konst. um so weniger zu, je geringer die Frequenz[1]) ist.

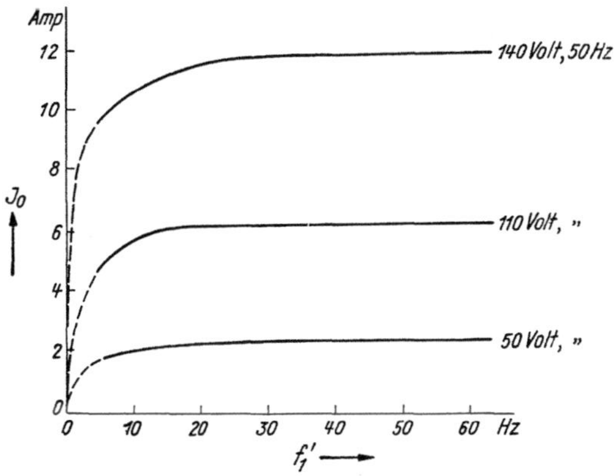

Abb. 255. Änderung des Magnetisierungsstromes eines Drehstrommotors, 2,2 kW, 1500 U/min, mit der Frequenz bei U_1'/α = const. für drei verschiedene Sättigungsgrade.

Wir betrachten nun noch kurz, wie sich das **Anlaufmoment bei Frequenzänderung** verhält, wobei wir extrem niedrige Werte von α unberücksichtigt lassen wollen, so daß $(r_1/\alpha)^2$ und $(r_2/\alpha)^2$ klein gegen 1 bleiben.

Nach Gl. 220 ist mit $s = 1$

$$M_A = \frac{m}{2\pi\alpha n_1} \frac{(\alpha U_{20})^2}{Z_{K_2}^2} R_2 \tag{252}$$

und

$$Z_{K_2}^2 = \left(\frac{R_1'}{(1+\sigma_1)^2} + R_2\right)^2 + (\sigma\alpha X_2)^2. \tag{253}$$

αU_{20} ist die bei der Frequenz $f_1' = \alpha f_1$ an den offenen Schleifringen im Stillstand auftretende sekundäre Leerlaufspannung und αn_1 die synchrone

[1]) A. WIENHARD, Wiss. Veröff. Siemens-Werk 21 (1942) S. 91.

Drehzahl. Zur Vereinfachung nehmen wir $r_1 = r_2 \equiv r$ bzw. $R_1'/(1+\sigma_1)^2 \approx R_2$ an und erhalten

$$M_A \approx \frac{m}{2\pi n_1} \frac{\alpha U_{20}^2}{[4+(\sigma\alpha/r)^2] R_2}. \tag{254}$$

Dieses Anlaufmoment vergleichen wir mit dem Kippmoment des Motors bei Nennfrequenz nach Gl. 223:

$$\frac{M_A}{M_K} \approx \frac{2\sigma\alpha/r}{4+(\sigma\alpha/r)^2}. \tag{255}$$

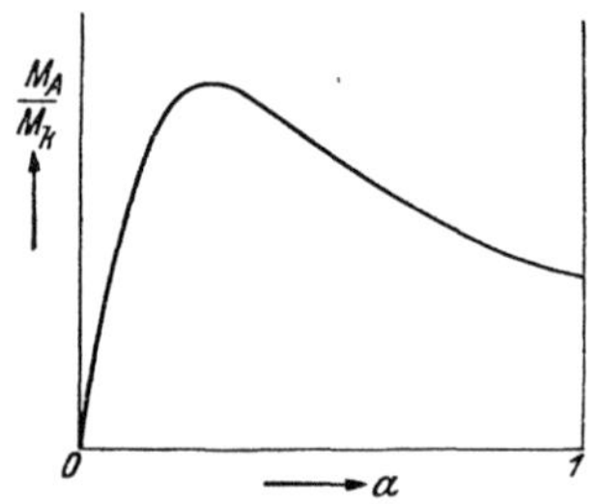

Abb. 256. Abhängigkeit des auf das Kippmoment bezogenen Anlaufmomentes vom Frequenzverhältnis $\alpha = f_1'/f_1$.

Abb. 256 zeigt die Abhängigkeit dieses Verhältnisses M_A/M_K vom Frequenzverhältnis α für $\sigma/r = 0{,}04/0{,}005 = 8$. Aus einer einfachen Maximumrechnung ergibt sich für $\sigma\alpha/r = 2$:

$$\left(\frac{M_A}{M_K}\right)_{\max} = \frac{1}{2}.$$

Das im günstigsten Fall erzielbare höchste Anlaufmoment beträgt etwa 50% des Kippmoments bei der Nennfrequenz und zwar bei einer Frequenz mit $\alpha = 2r/\sigma$, wenn man die Klemmenspannung im gleichen Maße wie die Frequenz verändert.[1] Mit $r \approx 0{,}005$ bis $0{,}015$ und $\sigma \approx 0{,}04$ bis $0{,}08$ liegt dieser Wert α etwa in den Grenzen von 0,25 bis 0,375. Von $\alpha = 1$ bis herunter zu diesen Werten steigt das Anlaufdrehmoment an, um unterhalb 0,25 bis 0,375 wieder abzunehmen. Bei Frequenzen oberhalb des Maximums bei $\sigma\alpha/r = 2$ kann das Anlaufmoment durch Einschalten von Läuferwiderstand erhöht werden. Da man vielfach bis zu $\alpha = 0{,}1$ heruntergeht, muß man, um annehmbare Anlaufmomente zu erreichen, die Spannung wieder heraufsetzen, was ja unbedenklich geschehen kann, da die Eisenwärme sehr gering geworden ist. Die übliche Erhöhung der Spannung bei $\alpha = 0{,}1$ beträgt nach RODEWALD[2] etwa 40 bis 60 %.

Selbsterregung. Die komplexe Spannungsgleichung $\mathfrak{U} = \mathfrak{J}\,\mathfrak{Z}$ ist, mathematisch gesprochen, die partikuläre bzw. stationäre Lösung der Differentialgleichung des Stromes als Funktion der Spannung. Die allgemeine Lösung einer Differentialgleichung für erzwungene Schwingungen erfordert aber noch ein Zusatzglied, das sich als freie Schwingung aus der Lösung der homogenen Differentialgleichung ergibt. Die bekannte „charakteristische Gleichung" der homogenen Differentialgleichung lautet:

$$\mathfrak{Z}(\mu) = 0. \tag{256}$$

Im allgemeinen ist μ komplex; wir setzen daher $j\mu = j\omega - \delta$, so daß die allgemeine Lösung lautet:

$$\mathfrak{J} = \frac{\mathfrak{U}}{\mathfrak{Z}(\omega_0)} + J_f\, e^{-\delta t} e^{j\omega t}. \tag{257}$$

$\mathfrak{Z}(\omega_0)$ ist der Scheinwiderstand für die Kreisfrequenz ω_0, während $\omega = 2\pi f$ die Frequenz der freien Schwingungen und δ der Dämpfungsfaktor ist. J_f ist durch die Anfangsbedingungen, unter denen die freien Schwingungen auftreten, festgelegt und muß von Fall zu Fall ermittelt werden. Ist δ positiv, klingen die freien Schwingungen exponentiell ab, bei negativen Werten δ, d. h. bei negativer Dämpfung, steigen sie theoretisch unbegrenzt an. Im ersten Fall sprechen wir

[1] S. a. A. LEONHARD, ETZ 56 (1935) S. 1215.

[2] A. a. O.

von einem „abklingenden Ausgleichsvorgang“, im zweiten Fall dagegen von „selbsterregten Schwingungen“ oder „Selbsterregung“.

Wie die Gl. 257 aussagt, überlagern sich die freien Schwingungen den erzwungenen, ohne sich gegenseitig zu stören, solange die in $\mathfrak{Z}(\omega_0)$ und $\mathfrak{Z}(\mu)$ enthaltenen gemeinsamen Koeffizienten nicht verändert werden. Wird aber z. B. eine Induktivität infolge Eisensättigung durch den Strom der erzwungenen Schwingungen verändert, geht dieser veränderte Wert auch in die Gleichung $\mathfrak{Z}(\mu) = 0$ ein und erhält damit auch Einfluß auf die freien Schwingungen. Diese gegenseitige Abhängigkeit, die in erster Linie durch die veränderliche Eisensättigung gegeben ist, können wir nicht im einzelnen untersuchen, da uns das zu weit führen würde. Wir nehmen daher an, daß die in $\mathfrak{Z}$ enthaltenen Koeffizienten konstant sind, so daß eine gegenseitige Beeinflussung der erzwungenen und freien Schwingungen nicht eintritt. Dann ist es aber auch einfacher, die erzwungenen Schwingungen überhaupt außerhalb unserer Betrachtung zu lassen und nur die selbsterregten Ströme zu untersuchen. Wir nehmen daher im folgenden an, daß der untersuchte Stromkreis über äußere Widerstände geschlossen ist und vernachlässigen eine etwa vorhandene fremde Spannungsquelle. Für die selbsterregten Ströme gelten natürlich die üblichen Strom-Spannungsgleichungen, nur daß wir die Spannungen und die Ströme sowie die Frequenz zunächst noch nicht kennen.

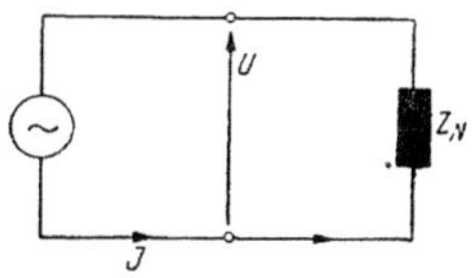

Abb 257.

An Hand des einphasigen Ersatzstromkreises nach Abb. 257 gilt für eine auf ein Netz geschaltete Induktionsmaschine:

$$\mathfrak{U}_1 = -\mathfrak{J}_1 \mathfrak{Z}_{K_1} = \mathfrak{J}_1 \mathfrak{Z}_N.$$

$\mathfrak{Z}_N$ ist der Scheinwiderstand des Netzes und $\mathfrak{Z}_{K_1}$ der primäre Scheinwiderstand der Induktionsmaschine. $\mathfrak{U}_1$ ist unbekannt, ebenso $\mathfrak{J}_1$. Durch die Kürzung mit $\mathfrak{J}_1$ in den beiden Ausdrücken rechts erhalten wir

$$\boxed{\mathfrak{Z}_{K_1} + \mathfrak{Z}_N = 0.} \qquad (256')$$

Das ist allgemeingültige Bedingung für die Selbsterregung. In dieser Gleichung erscheint im allgemeinen μ als komplexe Funktion der Drehzahl, d. h. sowohl die reelle Kreisfrequenz ω als auch der Dämpfungsfaktor δ ändert sich mit der Drehzahl. Da wir an der Frage, wie etwaige Ausgleichsvorgänge abklingen oder die selbsterregten Ströme ansteigen, nicht interessiert sind, wollen wir diejenige Drehzahl suchen, bei der δ gerade null wird. Das ist dann die untere Drehzahlgrenze, bei deren Überschreitung δ negativ wird und exponentiell ansteigende selbsterregte Ströme auftreten. Das vereinfacht die Rechnung ungemein und ist für die praktischen Bedürfnisse völlig ausreichend. Mit $\delta = 0$ ist $\mu = 0$ reell und die komplexe Gleichung $\Sigma \mathfrak{Z} = 0$ läßt sich in den meisten Fällen in Real- und Imaginärteil trennen, so daß die beiden, für die Unbekannten ω und n notwendigen Gleichungen vorhanden sind.

Wir nehmen zunächst den Fall, daß die Induktionsmaschine vom Netz abgetrennt und auf Kondensatoren geschaltet worden ist, so daß $\mathfrak{Z}_N = \mathfrak{Z}_C = -jX_c$ wird. Den primären Scheinwiderstand entnehmen wir aus Gl. 237. Die Einführung dieser Werte in die Gl. 257 ergibt mit einer kleinen Umformung:

$$\mathfrak{Z}_{22}(\mathfrak{Z}_{11} + \mathfrak{Z}_C) - s\,\mathfrak{Z}_0^2 = 0.$$

Die Einführung der einzelnen Wirk- und Blindwiderstände und die Trennung der Gleichung in den Real- und den Imaginärteil ergibt:

$$\left.\begin{aligned} R_2 R_1 + s X_2 (X_C - X_K) &= 0 \\ R_2 (X_1 - X_C) + s X_2 R_1 &= 0 \end{aligned}\right\} \tag{258}$$

Hierin ist $X_K = \sigma X_1$ und $\sigma = 1 - X_{1h}^2/X_1 X_2$. Aus diesen beiden Gleichungen ermitteln wir die Selbsterregungsbedingungen: In den Blindwiderständen ist die Selbsterregungsfrequenz ω enthalten und aus dem Schlupf s bestimmen wir die Drehzahl, bei der die Selbsterregung einsetzt.

Zur Bestimmung der Kreisfrequenz ω eliminieren wir $s X_2$ aus den beiden Gl. 258 und erhalten

$$R_1^2 - (X_C - X_K)(X_1 - X_C) = 0. \tag{259}$$

Das ergibt eine biquadratische Gleichung für ω, die ohne besondere Schwierigkeiten zu lösen ist. Die wesentlichen Ergebnisse lassen sich jedoch viel einfacher gewinnen, wenn man $R_1^2 \approx 0$ setzt. Wie man sich durch Ausrechnen der vollständigen Lösung überzeugen kann, ist dies erlaubt, solange $R_1^2 \ll L_1/C$, d. h. solange der Schwingungskreis schwach gedämpft ist. Mit $R_1^2 = 0$ zerfällt die Gl. 259 in zwei Teile: $X_1 - X_C = 0$ und $X_C - X_K = 0$. Wir erhalten also zwei Resonanzfrequenzen:

$$\omega' \approx \sqrt{\frac{1}{L_1 C}} \quad \text{und} \quad \omega'' \approx \sqrt{\frac{1}{\sigma L_1 C}}. \tag{260}$$

ω' ist die Resonanzfrequenz der Kondensatoren mit der Leerlaufinduktivität L_1 (Leerlaufresonanz) und ω'' die Resonanzfrequenz der Kondensatoren mit der Kurzschlußinduktivität $L_K = \sigma L_1$ (Kurzschlußresonanz). Das Verhältnis der beiden ist $\omega' = \omega'' \sqrt{\sigma}$.

Diese Selbsterregungsfrequenzen lassen sich am besten abschätzen, wenn man die Blindwiderstände X_{10} und X_{C_0} für die Netzfrequenz ω_0 einführt. Dann ist

$$\omega' \approx \omega_0 \sqrt{\frac{X_{C_0}}{X_{10}}} \quad \text{und} \quad \omega'' \approx \omega_0 \sqrt{\frac{X_{C_0}}{X_K}}. \tag{260'}$$

Da X_{10} der den Magnetisierungsstrom bestimmende Blindwiderstand ist, ist der untere Grenzwert der Selbsterregungsfrequenz ω' eines mit Kondensatoren im Leerlauf z. B. zu 80% kompensierten Drehstrommotors gleich $\omega' = \omega_0 \sqrt{8} \approx 0{,}9\, \omega_0$, wenn der Drehstrommotor vom Netz abgetrennt wird und auf die Kondensatoren geschaltet bleibt.

Aus Gl. 258 berechnen wir den Schlupf, indem wir R_1 eliminieren und erhalten

$$s = -\frac{R_2}{X_2} \sqrt{\frac{X_1 - X_C}{X_C - X_K}}.$$

Wir wählen das negative Wurzelzeichen, weil die Induktionsmaschine bei Selbsterregung natürlich als Generator übersynchron laufen muß, um die entstehenden Verluste zu decken. Da der Wurzelausdruck reell sein muß, so folgt, daß sich die Selbsterregungsfrequenz stets so einstellt, daß $X_1 > X_C > X_K$ ist. Daraus folgt, daß der zuvor berechnete Wert ω' bei Berücksichtigung von R_1^2 etwas größer wird und ω'' etwas kleiner.

Für den ersten Resonanzfall $X_1 - X_C \approx 0$ ist $s' \approx 0$; die Maschine läuft annähernd synchron und zwischen Drehzahl und Selbsterregungsfrequenz besteht die Beziehung $f' \approx p\, n$.

Im zweiten Resonanzfall $X_C - X_K \approx 0$ ist $s'' \approx \infty$. Selbst unter Berücksichtigung der begangenen Vernachlässigungen ist s'' so hoch, daß auch bei sehr geringer Frequenz f'' die Selbsterregungsdrehzahl weit über der zulässigen liegt!

In praktischen Fällen hat man es daher immer mit der Leerlaufresonanz zu tun. Mit $R_1 \approx 0$ gilt dann an Stelle der Gl. 256 nun $U_1 = J_1 X_1 = J_1 X_C$ mit

$J_1 \equiv J\mu$. Die Lösung dieser Gleichungen läßt sich graphisch ermitteln, indem man die Magnetisierungskennlinie $U_1 = f(J\mu)$ und die Gerade $U_1 = J_1 X_C$ aufträgt und beide zum Schnitt bringt. Da jedoch die Magnetisierungskennlinie von der Drehzahl abhängt, ist es günstiger, $U_1/\omega = f(J\mu)$ und als Gerade $U_1/\omega = J_1/\omega^2 C$ aufzutragen, wie Abb. 258 zeigt; hierbei ist also $\operatorname{tg} \alpha = 1/\omega^2 C$. In der Lage a ist die untere Grenze der Selbsterregung erreicht; aus $\operatorname{tg} \alpha = 1/\omega^2 C$ ermittelt man hierfür entweder ω oder C. Bei einer beliebigen höheren Drehzahl oder einer größeren Kapazität ergibt sich eine Lage nach b, aus der man den auftretenden Strom und die Spannung entnehmen kann. Eine Abschätzung läßt sich leicht vornehmen: Ist ein Drehstrommotor z. B. im Leerlauf voll kompensiert, dann treten bei Selbsterregung mit diesen Kondensatoren (z. B. im Auslauf) bei der Nenndrehzahl die Nennspannung und der Magnetisierungsstrom auf. Bei Überkompensation und Leerlauf sind für die Nenndrehzahl höhere Spannungen und höhere Ströme zu erwarten.

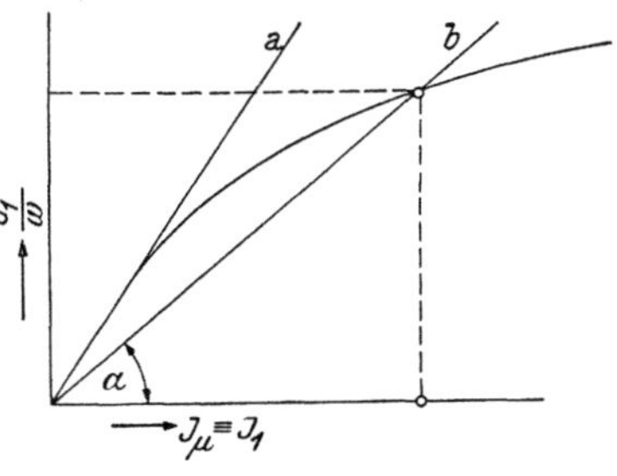

Abb. 258. Zur Bestimmung der Ströme und Spannungen bei Selbsterregung.

Im allgemeinen kann man also damit rechnen, daß sich eine vom Netz abgeschaltete Maschine, die aber mit den Kondensatoren für die Blindleistungskompensation noch verbunden ist, während des Auslaufens selbst erregt und die Spannung an den Kondensatoren unter Umständen unzulässig hohe Werte erreicht. Dies ist besonders bei Asynchrongeneratoren zu beachten, wenn sie an einem ausgedehnten Netz mit beachtlicher Kapazität hängen. Die Asynchrongeneratoren müssen dann gleichzeitig mit den Synchronmaschinen vom Netz abgeschaltet werden oder ihre rechtzeitige Abschaltung muß durch ein besonderes Spannungsrelais besorgt werden.

Da die Selbstinduktivität L_1 bzw. der Blindwiderstand X_1 von der Sättigung abhängt, so tritt die Selbsterregung nicht bei einer festen Drehzahl, sondern in einem mehr oder weniger großen Drehzahlbereich auf. Die untere Grenze dieses Drehzahlbereiches ist durch den größten Wert der Selbstinduktion L_1 bei ungesättigter Maschine gegeben. Bei ansteigender Drehzahl setzt die Selbsterregung bei dieser Drehzahl mit kleinen Strömen ein; mit weiter zunehmender Drehzahl nimmt der Strom stark zu, indem sich die mit zunehmendem Strom absinkende Selbstinduktivität L_1 den Selbsterregungsbedingungen nach Gl. 258 und 260 anpaßt. Im allgemeinen kann man die obere Grenze des Selbsterregungsbereiches nicht erreichen, weil die Strombelastung die für die Maschine zulässigen Werte überschreitet. Umgekehrt folgt daraus, daß beim Abschalten der Maschine die Selbsterregung praktisch sofort, und zwar mit um so stärkeren Strömen bzw. Spannungen einsetzt, je niedriger die untere Grenze des Selbsterregungs-Drehzahlbereiches liegt. Die Selbsterregung reißt ab, wenn die untere Grenze des Selbsterregungsbereiches nach Gl. 260′ unterschritten wird.

Es ist die Frage, ob sich eine an einem Netz mit fester Frequenz liegende Asynchronmaschine mit netzfremder Frequenz selbst erregen kann. Wie Laboratoriumsversuche zeigen, ist dies tatsächlich möglich. Es entstehen dann im Netz Ströme mit verschiedenen, aber nahe beieinander liegenden Frequenzen, so daß Stromschwebungen auftreten. Im gewöhnlichen Betrieb ist dies aber nicht zu befürchten, weil das Netz praktisch für die fremde Frequenz einen Kurzschluß bedeutet und somit die Wirkung der Kondensatoren herabsetzt. Rechnerisch kann man dies verfolgen, wenn man die Netzinduktivität L_N als parallel zu L_1 der Maschine betrachtet, und nur dann, wenn die Selbsterregungsfrequenz f'

für die resultierende Induktivität $L = L_N L_1/(L_1 + L_N)$ nach Gl. 260 noch kleiner ist als die Netzfrequenz, tritt Selbsterregung auf. Das ist jedoch im allgemeinen kaum zu befürchten.

Aus diesen Betrachtungen ergibt sich auch das Verhalten der Maschine als selbständiger Generator an einem eigenen Netz ohne Synchronmaschinen: Bei Wirkbelastung ist der Betrieb mit sinkender Frequenz bei zunehmender Last in einem gewissen Bereich möglich, aber sobald eine induktive Belastung hinzukäme, würde die Selbsterregung aussetzen, wenn nicht weitere Kondensatoren hinzugeschaltet werden, was praktisch mit zu großen Schwierigkeiten verbunden wäre. Der selbsterregte Asynchrongenerator dürfte daher an einem Netz ohne Synchronmaschinen wohl kaum nennenswerte Verwendung finden.

C. Oberwellenerscheinungen.[1]

1. Die Wellen der Feldkurve des Ständers.

Wie im Abschn. III D gezeigt wurde, enthält die Felderregerkurve $v(x)$ und damit bei Vernachlässigung des magnetischen Spannungsverlustes im Eisen auch die Feldkurve einer Drehstromwicklung außer der Grundwelle, deren Wellenlänge gleich der Polpaarteilung der Drehstromwicklung ist, noch Wellen anderer Wellenlänge. Ihre Ordnungszahl findet man nach Gl. 171b zu

$$\nu = k_1 m_1 \mp 1. \tag{261}$$

ν ist die Ordnungszahl, m_1 die Strangzahl der Ständerwicklung und k_1 eine beliebige positive ganze Zahl einschließlich Null. Für eine symmetrische Dreiphasenwicklung, die nur Wellen ungerader Ordnungszahl hervorbringt, umfaßt k_1 nur gerade und ganze positive Zahlen einschließlich Null. Wird die Ordnungszahl ν mit dem Minuszeichen in Gl. 261 berechnet, so läuft die Einzelwelle in entgegengesetztem Sinne wie die Grundwelle um; dem Pluszeichen entspricht ein Umlaufsinn der Einzelwelle, wie ihn die Grundwelle hat. Die niedrigen Ordnungszahlen der Wellen einer solchen Wicklung sind somit die folgenden:

$k_1 =$	0	2	2	4	4	6	6	8	8	usw.
$\nu =$	1	—5	7	—11	13	—17	19	—23	25	usw.

Die Einzelwellen mit negativer Ordnungszahl laufen also im entgegengesetzten Sinne um wie die Grundwelle, die mit positiver Ordnungszahl im Sinne der Grundwelle. Die Ordnungszahl der Grundwelle ist $\nu = 1$.

Die Drehzahl n_ν einer Einzelwelle ν-ter Ordnung ist nach Gl. 170

$$n_\nu = \frac{1}{\nu} n_1, \tag{262}$$

wenn die Umlaufzahl der Grundwelle mit n_1 bezeichnet wird. ν ist mit dem entsprechenden Vorzeichen einzusetzen.

2. Läuferströme.

Der von einer Einzelwelle ν-ter Ordnung der Feldkurve der Ständerwicklung im Läufer induzierte Strom hat nach Gl. 208 die Frequenz

$$f_{2\nu} = s_\nu f_1, \tag{263}$$

und gemäß Gl. 206 ist die Schlüpfung s_ν des Läufers gegenüber der Welle ν-ter Ordnung

[1] H. Sequenz, Elektrotechn. u. Masch.-Bau 57 (1939) S. 390.

$$s_\nu = \frac{n_\nu - n}{n_\nu} = 1 - \nu\,(1 - s), \tag{264}$$

wenn wir mit n_ν die synchrone Drehzahl der ν-ten Oberwelle bezeichnen.

3. Die Wellen der Feldkurve des Läufers.

Um die Ordnungszahl μ jener Einzelwellen der Läuferwicklung zu bestimmen, die von dem vorhin besprochenen Läuferstrom mit der Frequenz $f_{2\nu}$ erregt werden, den die ν-te Einzelwelle der Ständerwicklung induziert, sollen drei Fälle unterschieden werden. Dabei hat die Welle $\mu = 1$ die Polzahl der Grundwelle der Ständerwicklung ebenso wie die Welle $\nu = 1$.

a) Strang- und Polpaarzahlen der Ständer- und Läuferwicklung sind gleich. In diesem Falle erregt die Läuferwicklung nur solche Einzelwellen, die auch die Ständerwicklung erzeugt.

b) Gleiche Polzahlen, aber verschiedene Strangzahlen der Ständer- und Läuferwicklung. Hier lassen sich die Ordnungszahlen der Einzelwellen aus der Formel

$$\mu = \nu + k_2\, m_2 \tag{265}$$

finden, wenn mit ν die Ordnungszahl jener Einzelwelle des Ständers bezeichnet wird, die den Strom der Frequenz $f_{2\nu}$ in der Läuferwicklung induziert, der das Feld des Läufers erregt, und wenn weiters $m_2 \geqq 2$ die Strangzahl der Läuferwicklung bedeutet und für k_2 alle positiven und negativen ganzen Zahlen einschließlich Null gesetzt werden.

c) Verschiedene Strangzahlen der Ständer- und Läuferwicklung; Läuferwicklung für beliebige Polzahl. In diesem Falle finden wir die Ordnungszahlen der Einzelwellen nach

$$\mu = \nu + \frac{k_2\, m_2}{p}. \tag{266}$$

Wieder ist m_2 die Strangzahl der Läuferwicklung und k_2 umfaßt alle positiven und negativen ganzen Zahlen einschließlich Null.

Hierher gehört die Käfigwicklung.

Z. B. erregt der von der fünften im negativen Sinne umlaufenden Einzelwelle ($\nu = -5$) einer vierpoligen Drehstromwicklung in einer Käfigwicklung mit $N_2 = 46$ Nuten induzierte Läuferstrom folgende Wellen:

$k_2 =$	0	+1	−1	+2	−2	+3	−3 usw.
$\mu =$	−5	+18	−28	+41	−51	+64	−74 usw.

Dabei ist zu beachten, daß nach IV A 2 b die Strangzahl m_2 der Käfigwicklung gleich N_2 ist.

d) Drehzahlen der Wellen der Feldkurve des Läufers. Gegenüber dem Läufer läuft die μ-te Einzelwelle der Läuferwicklung, die von der ν-ten Welle der Ständerwicklung hervorgerufen wird, mit der Drehzahl

$$n_\mu = \frac{1}{\mu}\,[1 - \nu\,(1 - s)]\, n_1 \tag{267}$$

um. Diese Formel ergibt sich aus Gl. 263 und 264, wenn für n_μ nach Gl. 203 geschrieben wird $n_\mu = \frac{f_{2\nu}}{\mu p}$, da die Polpaarzahl der μ-ten Oberwelle $\mu\, p$ ist. Gegenüber dem Ständer aber läuft diese Einzelwelle mit der Drehzahl

$$n_\mu + n = n_\mu + n_1\,(1 - s) = \frac{1}{\mu}\,[1 - (\nu - \mu)\,(1 - s)]\, n_1 \tag{268}$$

um.

e) Zusammenwirken der Oberwellen der Ständer- und Läuferwicklung. Die Oberwellen der Ständer- und Läuferwicklung bilden zusammen zusätzliche und schädliche (parasitäre) Drehmomente und Kräfte aus, die sich besonders bei Käfigläufermotoren im Anlauf störend bemerkbar machen. Diese Erscheinungen sollen in drei Gruppen geteilt und getrennt besprochen werden.

α) Asynchrone Oberwellendrehmomente. Unter den Oberwellen der Ständer- und Läuferwicklung gibt es auch solche, deren Polzahl gleich ist und die relativ zum Ständer bei jeder Läuferdrehzahl mit der gleichen Geschwindigkeit umlaufen. Wie sich leicht zeigen läßt, kann nur jene Läuferwelle dieselbe Polzahl und dieselbe Geschwindigkeit (unabhängig von der Drehzahl des Läufers) wie eine Ständerwelle haben, die eben von dieser Ständerwelle erzeugt wird. Dies folgt schon aus der Frequenzgleichung 204, nach der diejenigen Wellen gleicher Polzahl, die miteinander induktiv gekoppelt sind, also ursächlich voneinander abhängen, auch gleich schnell umlaufen. Bezeichnen wir nämlich die Ordnungszahl einer beliebigen Ständerwelle mit ν' und die Ordnungszahl der mit gleicher Geschwindigkeit umlaufenden Läuferwelle mit μ', so muß nach Gl. 262 und 267 gelten:

$$\frac{1}{\nu'} = \frac{1}{\mu'}\left[1 - (\nu'' - \mu')\,(1 - s)\right],$$

wenn ν'' die Ordnungszahl jener Ständerwelle bedeutet, die die Läuferwelle μ'-ter Ordnung hervorbringt. Für jede Läuferdrehzahl n oder für jeden Wert der Schlüpfung s kann diese Gleichung nur bestehen, wenn $(\nu'' - \mu') = 0$ ist, oder wenn $\nu'' = \mu'$ und damit $\nu' = \nu''$ ist, d. h. wenn die Ständerwelle mit der Ordnungszahl ν' die Läuferwelle mit der Ordnungszahl μ' verursacht, die wegen $\nu' = \mu'$ auch die gleiche Polzahl wie die Ständerwelle hat.

Nun liegen aber die Verhältnisse bei der Entstehung der Drehmomente, die die besprochenen Oberwellen der Ständer- und Läuferwicklung miteinander bilden, ebenso wie bei einer Induktions- oder Asynchronmaschine, bei der nur die Grundwellen betrachtet werden. Auch dort ruft das Ständerdrehfeld ein Drehfeld im Läufer hervor, das einerseits mit der gleichen Geschwindigkeit relativ zum Ständer umläuft wie das Ständerdrehfeld, gleichgültig, welche Drehzahl auch der Läufer hat, und das anderseits dieselbe Polzahl wie das Ständerdrehfeld besitzt. Aus diesem Grunde nennt man diese besprochenen Drehmomente der Oberwellen „asynchrone Oberwellendrehmomente".

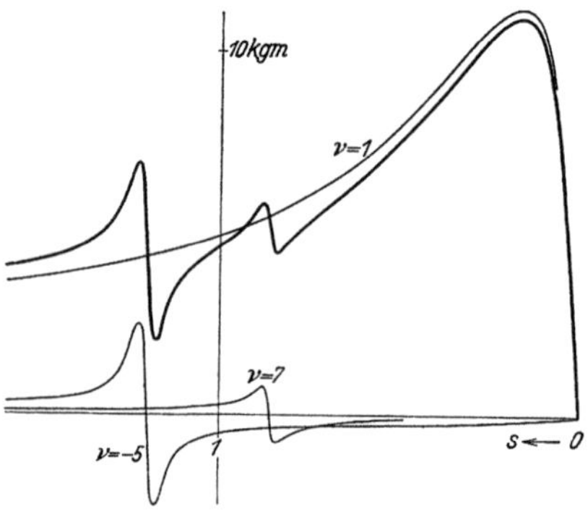

Abb. 259. Asynchrone Oberwellendrehmomente.

Diese asynchronen Oberwellendrehmomente addieren sich zum Drehmoment der Induktionsmaschine. In Abb. 259 ist das resultierende Drehmoment gezeichnet, das aus dem Hauptdrehmoment (für $\nu = 1$) und aus dem Drehmoment der Einzelwellen $\nu = \mu = -5$ und $\nu = \mu = 7$ sich zusammensetzt. Man erkennt aus der Abbildung, daß die Drehmomente der Oberwellen Einsattelungen der resultierenden Drehmomentkurve hervorrufen, die beim Hochlaufen des Motors ein Hängenbleiben bei einer bestimmten, unterhalb der Betriebsdrehzahl liegenden Drehzahl, ein sogenanntes Schleichen des Motors bewirken können. Dies wird dann der Fall sein, wenn bei dieser Schleichdrehzahl das resultierende Drehmoment nicht mehr größer ist als das Lastmoment.

β) Synchrone Oberwellendrehmomente. Stimmt aber die Polzahl einer Oberwelle der Läuferwicklung mit jener einer Oberwelle der Ständerwicklung überein, die nicht diese Läuferwelle hervorgerufen hat, so bewirken diese beiden Wellen abermals ein Drehmoment, wenn diese beiden Wellen mit gleicher Geschwindigkeit umlaufen. Nur kann die Entstehung dieses Drehmoments nicht mehr mit einer Asynchronmaschine, sondern mit einer Synchronmaschine verglichen werden, in der ja ebenfalls ein Ständerdrehfeld mit einem von ihm nicht erzeugten, sondern fremd erregten Läuferdrehfeld zusammenwirkt, wie im Abschnitt über die Synchronmaschinen gezeigt werden wird. Das synchrone Oberwellendrehmoment ist bei gleicher Geschwindigkeit der beiden es erzeugenden Ständer- und Läuferwellen (Synchronismus) konstant. Dieser Synchronismus kann entweder bei Stillstand (also im Augenblick des Anlaufes) oder bei Lauf auftreten. Im allgemeinen sind die bei Stillstand wirkenden synchronen Momente gefährlicher, da sie das Anlaufen des Motors verhindern können (Kleben des Läufers am Ständer). Abb. 260a zeigt ein Beispiel für ein solches synchrones

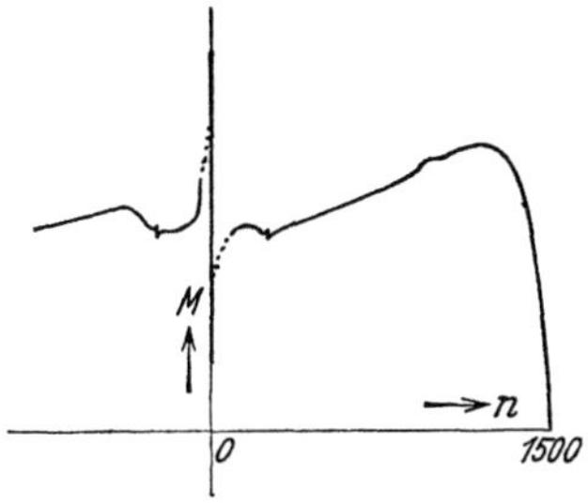

Abb. 260 a. Synchrones Oberwellendrehmoment bei Stillstand.

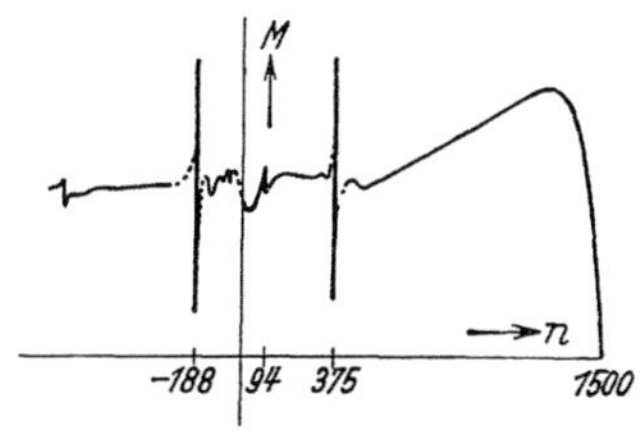

Abb. 260 b. Synchrone Oberwellendrehmomente bei Lauf.

Moment bei Stillstand; Abb. 260b eines für synchrone Momente im Lauf. Die Maschine kann infolge eines synchronen Moments im Lauf nur dann bei dieser Drehzahl hängen bleiben, wenn das durch das synchrone Drehmoment verkleinerte resultierende Drehmoment der Maschine gleich oder kleiner als das Lastmoment wird.

Bei allen anderen Drehzahlen außer der Drehzahl, bei der Synchronismus der beiden ein synchrones Moment bildenden Oberwellen auftritt, ändert sich dieses Moment sinusförmig mit der Zeit. Man nennt es in diesem Fall ein Pendelmoment. Auch diese Erscheinung entspricht den Verhältnissen bei einer Synchronmaschine. Durch solche Pendelmomente wird die Maschine abwechselnd beschleunigt oder verzögert. Ist die Frequenz dieser Momente bei einer bestimmten Drehzahl gleich der Eigenfrequenz eines schwingungsfähigen Maschinenteiles, so treten infolge der Resonanz Geräusche auf.

Eine Asynchronmaschine ist nach den bis jetzt besprochenen Wirkungen aufzufassen als eine asynchrone Hauptmaschine, deren Drehmoment von den Hauptwellen der Ständer- und Läuferwicklung gebildet wird, und als eine Reihe von asynchronen und synchronen Nebenmaschinen, die alle mit der Hauptmaschine gekuppelt sind und deren Drehmomente von den Oberwellen der Ständer- und Läuferwicklung entwickelt werden. Diese Nebenmaschinen befinden sich bei den verschiedenen Drehzahlen in verschiedenen Betriebszuständen: die asynchronen Nebenmaschinen im Motor-, Brems- und Generatorzustand, die synchronen Nebenmaschinen in und außer Tritt, wie bei den Synchronmaschinen die Zustände des Synchronismus und Nichtsynchronismus auch bezeichnet werden.

γ) Rüttelkräfte. Mit diesen besprochenen Erscheinungen sind jedoch die

Wirkungen der Oberwellen noch nicht erschöpft. Die Oberwellen bilden auch sogenannte Rüttelkräfte aus, das sind einseitige Zugkräfte zwischen Läufer und Ständer, die umlaufen.

Zu solchen einseitigen umlaufenden Zugkräften kommt es bei Überlagerung zweier Oberwellen des Ständers oder des Läufers oder einer Ständer- und einer Läuferoberwelle, wenn sich die Ordnungszahlen dieser Oberwellen um 1 voneinander unterscheiden und wenn die Oberwellen in entgegengesetztem Sinne umlaufen. Diese Oberwellen setzen sich nämlich zu einer umlaufenden Schwebungswelle zusammen, die bewirkt, daß eine Stelle großer Induktion einer Stelle kleiner

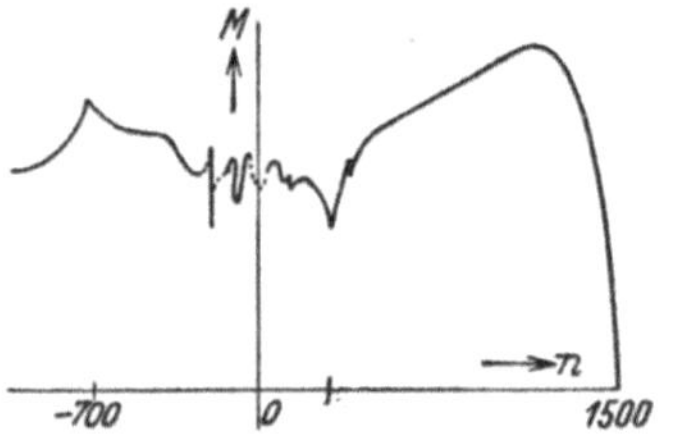

Abb. 261. Änderung der Drehmomentlinie durch Rüttelkräfte.

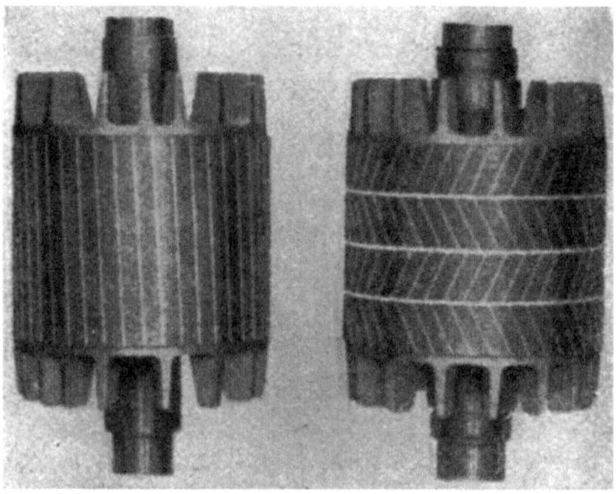

Abb. 262. Läufer mit schräggestellten Nutschlitzen und Staffelläufer.

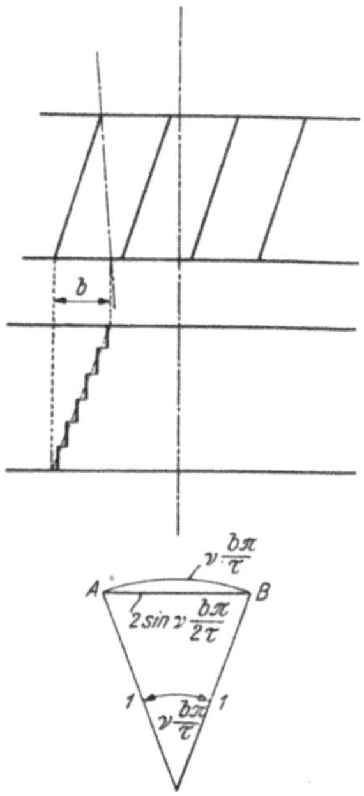

Abb. 263. Zur Berechnung des Nutschrägungsfaktors bei geschrägten Läufer- und Ständernuten.

Induktion im Durchmesser einander gegenüberliegen, was einseitige Zugkräfte hervorruft, die, da die Schwebungswelle umläuft, ebenfalls umlaufen und zwischen Läufer und Ständer rütteln. Da dadurch Maschinenteile zu Schwingungen angeregt werden, entsteht Geräusch, besonders dann, wenn die Frequenz der Rüttelkräfte mit der Eigenfrequenz eines schwingenden Maschinenteiles übereinstimmt. Auch die Rüttelkräfte ändern den Verlauf der Drehmomentkurve, wie Abb. 261 zeigt. Dies erklärt sich dadurch, daß die Schwingungen Energie verbrauchen.

δ) Vermeidung der Oberwellenerscheinungen. Mittel zur Vermeidung der Störungserscheinungen sind: Wahl einer entsprechenden Ständer- und Läufernutenzahl auf Grund von praktischen Erfahrungen und rechnerischer Vorausbestimmung;[1]) Wahl einer passenden Ständerwicklung (mit Spulen, deren Weite kleiner als die Polteilung ist); Schrägstellung der Nutschlitze des Läufers gegenüber den Nutschlitzen des Ständers, wie Abb. 262 links zeigt; Unterteilung

[1]) SEQUENZ, Elektrotechn. u. Masch.-Bau 50 (1932) S. 428; ETZ 55 (1934) S. 269.

des Läufers in axialer Richtung in zwei oder mehrere Teile nach Abb. 262 rechts, die gegeneinander versetzt sind und dazwischen weitere Kurzschlußringe tragen (Staffelläufer); Vergrößerung des Luftspaltes.

Die Erklärung der Wirkungsweise eines Läufers mit schräggestellten Nutschlitzen ist kurz folgende: Wir können uns den schrägliegenden Läuferstab durch hintereinander geschaltete Stabteile ersetzt denken, die alle parallel zur Läuferachse liegen. Die in den einzelnen Stabteilen induzierten Spannungen sind gegeneinander in der Phase verschoben. Das Spannungsvieleck wird bei unendlich feiner Unterteilung des Läuferstabes durch den Kreisbogen über dem Winkel $\nu \frac{b\,\pi}{\tau}$ dargestellt. Die Vektorsumme ist dann die Sehne AB und damit gleich $2 \sin \nu \frac{b\,\pi}{2\,\tau}$ (Abb. 263). Da der Bogen $A\,B$ sich zu $\nu \frac{b\,\pi}{\tau}$ errechnet, wird der sogenannte Nutschrägungsfaktor

$$\xi_N = \frac{\text{Sehne}\, AB}{\text{Bogen}\, AB} = \frac{\sin \nu \frac{b\,\pi}{2\,\tau}}{\nu \frac{b\,\pi}{2\,\tau}}. \tag{269}$$

ν ist die Ordnungszahl der Oberwelle des Ständers, für die der Faktor angegeben ist. Dieser Nutschrägungsfaktor ist wie der Wicklungsfaktor für eine Oberwelle ν-ter Ordnung beträchtlich kleiner als für die Grundwelle. In Abb. 263 ist angenommen, daß auch die Ständernutschlitze nicht parallel zur Läuferachse liegen, sondern gegen sie schräg gestellt sind. Und zwar ist die Lage der Ständernutschlitze durch die strichpunktierte Gerade, die schräg zur Läuferachse steht, angedeutet.

D. Anlassen der Induktionsmotoren.

Aus dem Stromdiagramm der Induktionsmaschine in Abb. 264 erkennt man, daß beim Anlauf eines Induktionsmotors im allgemeinen ungünstige Verhältnisse vorhanden sind: Erstens ist der Anlaufstrom oder Kurzschlußstrom ($\overline{O\,P_K}$) groß und zweitens ist das Anlaufdrehmoment ($\overline{P_K\,S}$) klein. Die Bedingungen, die die Elektrizitätswerke für den Anschluß der Motoren aufgestellt haben, schreiben aber eine Grenze für das Verhältnis des höchsten Stromes beim Anlassen zum Nennstrom des Motors vor. Die Hilfsmittel beim Anlassen der Motoren werden also zuerst die Aufgabe haben, den Anlaufstrom zu verringern. Außerdem soll aber das Anlaufdrehmoment groß sein, damit der Motor nicht nur das Last- und Reibungsmoment überwindet, sondern auch noch ein Beschleunigungsmoment aufbringt.

Diese beiden Aufgaben erfüllt einwandfrei der Läuferanlasser bei den Schleifringankermotoren.

1. Anlassen von Schleifringankermotoren.

Durch Einschalten von Wirkwiderständen in die Läuferwicklungsstränge kann man sowohl den Anlaufstrom als auch das Anlaufdrehmoment regeln. Wie schon in Abschn. IV C 7 betont wurde, bewirkt eine Änderung des Läuferwiderstandes eine Verschiebung des Kurzschlußpunktes P_K auf dem Umfange des Kreises; d. h. schaltet man Wirkwiderstände in den Läuferkreis, so wandert der Punkt P_K gegen P_0. Ist z. B. der Kurzschlußpunkt in die Lage P_K' in Abb. 264 gekommen, so ergeben sich ein geringerer Anlaufstrom ($\overline{O\,P_K'}$) und ein höheres Anlaufdrehmoment ($\overline{P_K'\,S'}$).

Im Abschn. IV C 5 wurden in Abb. 239 die Drehmomentkurven gezeichnet, die für verschiedene Läuferwirkwiderstände entstehen. Schaltet man nun z. B. einen Widerstand in vier Stufen in den Läuferkreis, so entspricht dem Läuferwiderstand, vermehrt um alle vier Widerstandsstufen des Anlassers, die Drehmomentkurve 4 in Abb. 265; die Kurve 3 gehört zu dem Fall, daß der Läufer neben seinem Wirkwiderstand noch drei Stufen des Anlaßwiderstandes enthält usw., und die letzte, mit 0 bezeichnete Drehmomentkurve weist der Motor mit dem um keine Anlaßwiderstände vergrößerten Läuferwiderstand auf. Aus Abb. 265

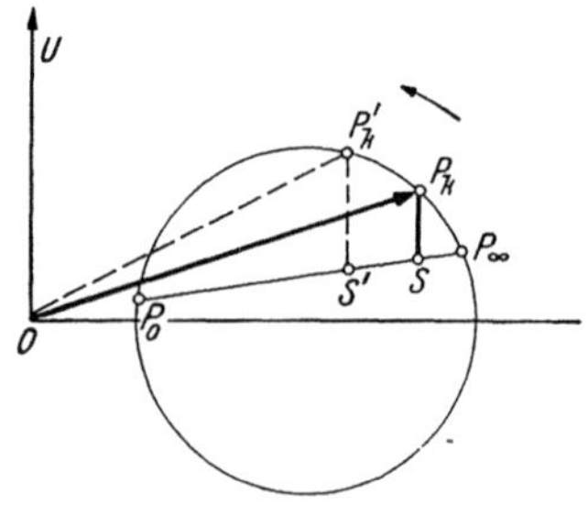

Abb. 264. Zum Anlassen von Schleifringankermotoren.

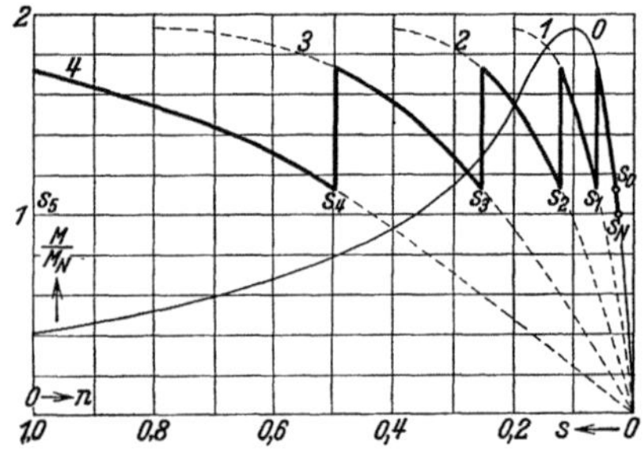

Abb. 265. Vorgang beim Anlassen mit Läuferanlasser.

läßt sich der Anlaßvorgang erkennen. Die Anlaßwiderstände sind so ausgelegt, daß das Drehmoment beim Anlassen stets über dem Nenndrehmoment M_N liegt und der Strom beim Anlassen den zweifachen Nennstrom nicht überschreitet.

2. Fliehkraftanlasser.

Anstatt daß man die Läuferwicklungsstränge zu den Schleifringen führt, an die dann die Widerstände des Anlassers angeschlossen werden, und anstatt daß man die Anlaßstufen von Hand aus abschaltet, kann man z. B. die Anlaßwiderstände unmittelbar, also ohne Schleifringe, an die Stränge der Läuferwicklung anschließen, indem man diese Vorschaltwiderstände auf der Läuferwelle aufbaut und mit dieser umlaufen läßt. Z. B. kann man drei Widerstandsstufen vorsehen, deren Enden zu einem Sternpunkt vereinigt sind und die bei bestimmten Umlaufzahlen mit Hilfe der Fliehkraft abgeschaltet werden (Abb. 266).

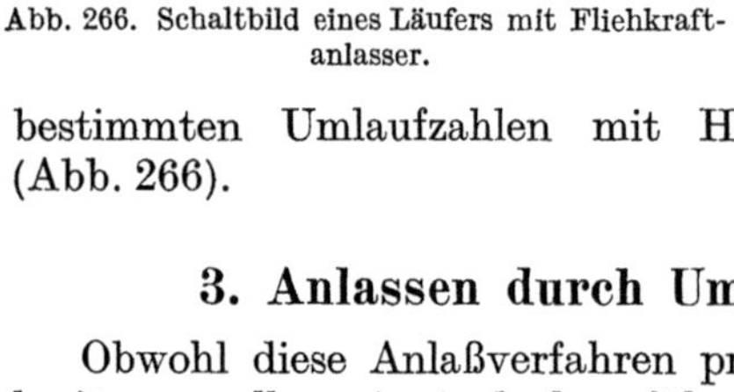

Abb. 266. Schaltbild eines Läufers mit Fliehkraftanlasser.

3. Anlassen durch Umschaltungen im Läuferkreis.

Obwohl diese Anlaßverfahren praktisch kaum mehr eine große Bedeutung besitzen, wollen wir sie doch anführen, da sie viele geistreiche Lösungen hervorgebracht haben und zum Verständnis der Wirkungsweise der Induktionsmotoren beitragen. (Vgl. das Buch von Punga-Raydt.)

a) Gegenschaltungen. Die Gegenschaltungen, die im Läuferkreis beim Anlassen des Motors vorgenommen werden, beruhen auf folgendem Gedanken: Die im Läufer induzierte Spannung treibt den Läuferstrom durch die Läuferwiderstände. Dieser Läuferstrom und mit ihm der Ständerstrom kann nun offenbar dadurch verringert werden, daß man die in der Läuferwicklung induzierte Spannung verkleinert. Und dies kann dadurch geschehen, daß man durch Gegenschaltung von Wicklungsteilen die in dem einen Wicklungsteil induzierte Spannung um jene Spannung vermindert, die in dem entgegengeschalteten Wicklungsteil induziert wird.

Sind z. B. die drei Klemmen u, v, w in Abb. 267 nicht miteinander verbunden, so wirkt in jedem der drei geschlossenen Stromkreise $0u$, $0v$ und $0w$ nur der algebraische Unterschied der in den Wicklungsteilen mit w_a und w_b Windungen induzierten Spannungen. Diese Schaltung wird daher für den Anlauf des Motors verwendet. Der auf die Ständerwicklung bezogene Läuferwiderstand errechnet sich somit für den Anlauf zu

$$R_{2A}' = (R_a + R_b) \frac{m_1 (w_1 \xi_1)^2}{m_2 [(w_a - w_b) \xi_2]^2},$$

wenn R_a und R_b die Widerstände der Wicklungsteile a und b bedeuten. $(w_a - w_b)$ ist die im Anlauf wirksame Windungszahl. Dabei ist vorausgesetzt, daß sich die ungleichen Wicklungsteile in denselben Nuten befinden.

Im Betrieb werden die Klemmen u, v und w kurzgeschlossen. Nun können die Ströme jedes Wicklungsteiles unabhängig voneinander durch die Kurzschlußverbindung über die anderen Wicklungsstränge fließen. Wir haben jetzt zwei unabhängige Sternschaltungen, die parallel geschaltet sind. Der auf die Primärseite bezogene Läuferwiderstand ist deshalb im Betriebe gleich

$$R_{2B}' = \frac{m_1 (w_1 \xi_1)^2 R_a R_b}{m_2 \xi_2^2 (R_a w_b^2 + R_b w_a^2)}.$$

Das Verhältnis der Wirkwiderstände der Läuferwicklung im Anlauf und Betrieb ist somit:

$$\frac{R_{2A}'}{R_{2B}'} = \left(\frac{w_a + w_b}{w_a - w_b}\right)^2, \tag{270}$$

da

$$\frac{R_a}{R_b} = \frac{w_a}{w_b}.$$

Daraus folgt für den Anlauf ein geringerer Strom und ein größeres Anzugsmoment.

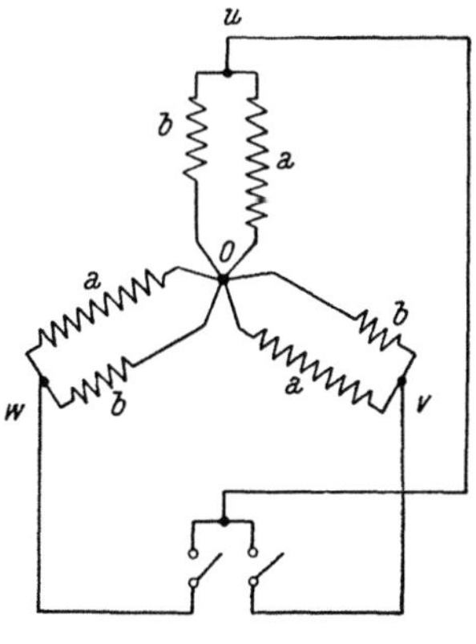

Abb. 267. Gegenschaltung.

Die Umschaltung im Läuferkreis kann durch einen Fliehkraftschalter oder von Hand aus erfolgen.

Bei der betrachteten Gegenschaltung liegen zwei ungleiche Wicklungsteile a und b in denselben Nuten, so daß sich für den Anlauf die induzierten Spannungen algebraisch subtrahieren. Man kann aber auch die beiden Wicklungsteile verschiedenen Wicklungssträngen entnehmen, so daß sich die in ihnen induzierten Spannungen geometrisch im Anlauf subtrahieren. In einem solchen Falle können die beiden Wicklungsteile gleiche Windungszahlen haben.

b) Andere Umschaltungen. Man kann auch zwei voneinander getrennte Wicklungen im Läufer unterbringen: eine Anlaufwicklung mit hohem Wirkwiderstand und eine Laufwicklung mit geringem Widerstand. Die Laufwicklung ist während des Anlaufes offen und wird erst kurzgeschlossen, wenn der Motor angelaufen ist.

Es läßt sich das Wirksamwerden der Laufwicklung auch in Stufen erreichen. Der Motor läuft z. B. mit einer Kurzschlußwicklung an. Diese ist so angeordnet, daß das Kreisdiagramm des Motors mit dieser Kurzschlußwicklung allein einen kleinen Durchmesser hat. Der Widerstand dieser Wicklung wird so gewählt, daß Anlaufstrom und Anzugsmoment gewünschte Werte annehmen. Eine zweite Läuferwicklung, die Laufwicklung, ist an mehreren Stellen angezapft. Fliehkraftschalter schließen nun bei genau festgesetzten Umlaufzahlen die Teile der Läuferwicklung nach und nach kurz. Es wären z. B. die drei Wicklungsstränge der Läufer-Lauf-Wicklung in Stern geschaltet. Die Anfänge der Wicklungsstränge sind über Schaltkontakte kurzschließbar. Die Stränge sind aber in zwei Punkten zwischen Wicklungsanfang und Ende angezapft. Sowohl die dem Sternpunkt der Stränge näherliegenden als auch die den Wicklungsanfängen benachbarten Anzapfpunkte können durch je eine Gruppe von Kontakten miteinander kurzgeschlossen werden. Zuerst werden durch die Kontakte die Anzapfpunkte miteinander verbunden, die dem Sternpunkt der Laufwicklung näher liegen, so daß der erste Teil der Wicklungsstränge wirksam wird. Die Leiter dieser Wicklungsteile liegen am Grunde der Laufwicklungsnuten. Dadurch besitzt der Motor eine große Läuferstreuung, die ein Kreisdiagramm mit kleinem Durchmesser bedingt. Die Auslegung ist so getroffen, daß dieser Durchmesser größer ist als der des Kreisdiagramms für den Motor mit der Kurzschluß-Anlauf-Wicklung allein. Wird nun durch die zweite Gruppe von Schaltkontakten auch der zweite Teil der Stränge der Laufwicklung wirksam gemacht, dessen Leiter in der Mitte der Laufwicklungsnuten liegt, so ergibt sich eine geringere Läuferstreuung und damit ein Durchmesser des Kreisdiagramms, der größer ist als vorher. Und schließt nun endlich die letzte Kontaktgruppe die Anfänge der Stränge der Laufwicklung kurz, so erreicht die Läuferstreuung den Betriebswert und der Motor zeigt das endgültige Kreisdiagramm. Die Schaltdrehzahlen können so gewählt werden, daß die Schaltströme immer gleich groß sind (Abb. 268).

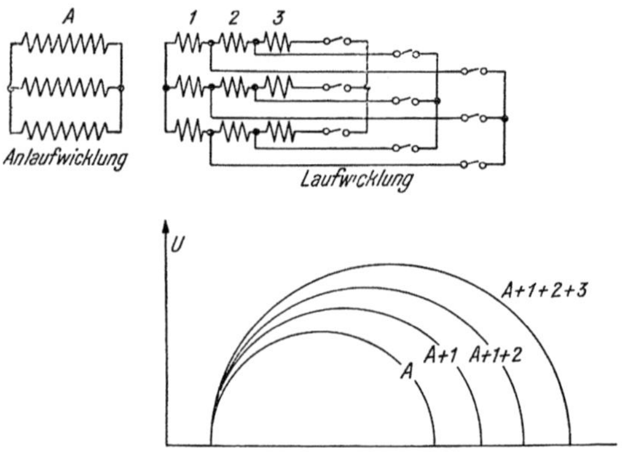

Abb. 268. Läuferwicklungen und Kreisdiagramme eines Motors mit veränderlicher Lauferstreuung.

Um den Wirkwiderstand von Käfigwicklungen für den Anlauf zu erhöhen, ist auch vorgeschlagen worden, die Kurzschlußringe in Abhängigkeit von der Pol- und Stabzahl an bestimmten Stellen aufzuschneiden, so daß beim Einschalten des Motors nur ein Teil der Stäbe und Kurzschlußringe wirksam ist, wodurch der Läuferwiderstand vergrößert wird. Beim Hochlaufen des Motors legen sich durch die Fliehkraft Kontaktklötze in die Aussparungen der Kurzschlußringe und vermindern so den Läuferwiderstand.

4. Anlassen durch Umschaltungen im Ständerkreis.

Nach Gl. 242 im Abschn. IV B 9 ist der Anlaufstrom J_1 verhältnisgleich der Klemmenspannung U_1. Somit kann man den Anlaufstrom auch durch Verminderung der zugeführten Klemmenspannung herabsetzen. Ein Nachteil dieses Anlaßverfahrens liegt jedoch darin, daß mit dem Anlaufstrom auch das Anzugsmoment verkleinert wird. Und zwar sinkt die vom Motor aufgenommene Scheinleistung proportional mit dem Quadrat der Klemmenspannung und mit ihr das Anzugsmoment des Motors (s. Gl. 220).

a) Ständeranlasser. Die Klemmenspannung des Motors läßt sich z. B. durch einen Transformator verkleinern, der meist als Einspulentransformator ausgeführt ist.

Da die primäre Scheinleistung des Transformators etwa gleich der sekundären ist, diese letztere aber proportional dem Anzugsmoment des Motors ist, so sinkt der dem Netz vom Transformator entnommene Strom im gleichen Verhältnis wie das Drehmoment, denn die Netzspannung ist ja unveränderlich. Will man also den aus dem Netz aufgenommenen Anlaufstrom auf die Hälfte herabsetzen, so wird dadurch auch das Anzugsmoment um die Hälfte verringert, während der Anlaßtransformator die Spannung auf $^7/_{10} \approx \sqrt{^1/_2}$ vermindern muß.

Statt eines Anlauftransformators können auch Wirkwiderstände, die dem Ständer vorgeschaltet werden, zur Herabregelung der dem Motor zugeführten Klemmenspannung verwendet werden.

b) Stern-Dreieck-Schaltung. Zum Anlassen von Motoren kleiner oder mittlerer Leistungen wird meist der Stern-Dreieck-Schalter verwendet, der es ermöglicht, die Ständerwicklung für den Anlauf in Stern und für den Betrieb in Dreieck zu schalten. Die Spannung, die auf einen Strang der Ständerwicklung bei Sternschaltung, also im Anlauf, kommt, ist nur $^1/_{\sqrt{3}}$ jener bei Dreieckschaltung. Somit ist auch der Strom in einem Strange bei Sternschaltung nur $^1/_{\sqrt{3}}$ des Strangstromes bei Dreieckschaltung. Da weiter der Leiterstrom bei Sternschaltung gleich dem Strangstrom ist, bei Dreieckschaltung aber das $\sqrt{3}$fache des Strangstromes beträgt, so wird bei Sternschaltung dem Netz nur $^1/_3$ desjenigen Stromes entnommen, der bei Dreieckschaltung durch die Zuleitungen zum Ständer fließen würde.

Das Anzugsmoment ist dem Quadrat der Strangspannung proportional. Daher sinkt das Anlaufdrehmoment bei der Sternschaltung auf $^1/_3$ des Wertes, den der Motor bei Dreieckschaltung entwickeln würde.

Beim Anfahren mit Ständeranlassern oder Stern-Dreieck-Schaltern ergibt sich ein vermindertes Anzugsmoment. Der Motor kann deshalb mit der Last im allgemeinen nicht hochlaufen. Man verwendet in solchen Fällen Fliehkraftkupplungen, die einen Leeranlauf des Motors ermöglichen. Erst wenn sich der Motor seiner Nenndrehzahl nähert, so rückt die Kupplung unter dem Einfluß der Fliehkraft ein und der Motor nimmt die Last mit. Bemerkenswert ist das Anlaßgerät von K. Obermoser. Es besteht aus einer selbsttätigen Anlaßkupplung und einem in vervollkommneter Sterndreieckschaltung selbsttätig arbeitenden Schaltgerät in der Motorzuleitung.[1])

c) Doppelständermotoren. Diese Motoren bestehen aus zwei Ständern, deren Drehfelder auf einen gemeinsamen Läufer wirken. In Abb. 269 sind mit *e* Endringe mit kleinem Widerstand und mit *m* Kurzschlußringe mit größerem Widerstand bezeichnet. Sind die Drehfelder der beiden Ständer um 180° gegeneinander in der Phase verschoben, so werden in den beiden Hälften der Läuferstäbe Ströme induziert, die einander entgegenwirken und sich über die mittleren Kurzschlußringe *m* schließen. Durch den hohen Widerstand dieser Ringe werden gute Anlaufeigenschaften, d. h. kleiner Anlaufstrom und großes Anlaufdrehmoment gewährleistet. Bei gleichphasigen Drehfeldern der Ständer fließen die Ströme in den Käfigstäben im gleichen Sinne, und zwar von einem zum anderen Endring, so daß die Widerstandsringe stromlos bleiben. Dies ist die Laufstellung.

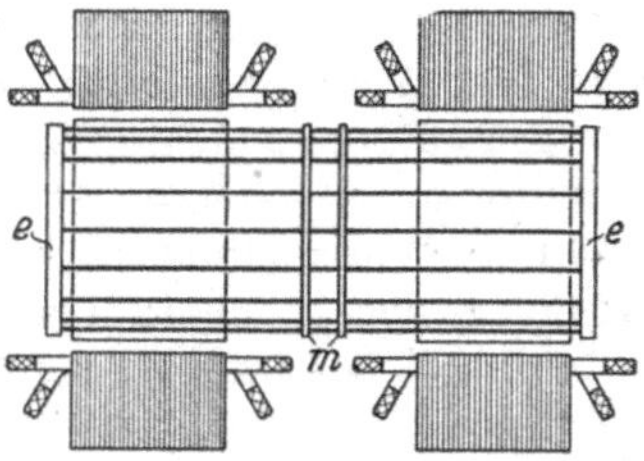

Abb. 269. Doppelständermotor.

[1]) K. Obermoser, ETZ 57 (1936) S. 653; ETZ 63 (1942) S. 381 u. 461.

Die Verschiebung der Drehfelder kann entweder durch Verdrehen des einen Ständers um eine Polteilung gegen den anderen oder mit Hilfe eines Drehtransformators bewirkt werden. Eine dritte Möglichkeit besteht darin, daß man die Stränge der beiden Ständer verschieden schaltet. Auch dadurch kann eine Phasenverschiebung der Drehfelder der Ständer gegeneinander erreicht werden.

d) Anlassen mit Hilfe von Anwurfmotoren, Doppelfeldmotoren. In Abb. 270 wird der Hauptmotor *B* mit Hilfe eines Anwurfmotors *A* hochgefahren, dessen Ständerwicklung in Reihe liegt mit der Ständerwicklung des anzuwerfenden Motors *B*. Die Polzahl des Anwurfmotors *A* ist kleiner als die des Hauptmotors; außerdem ist der Wirkwiderstand des Läufers des Anwurfmotors groß, der des Hauptmotors klein.

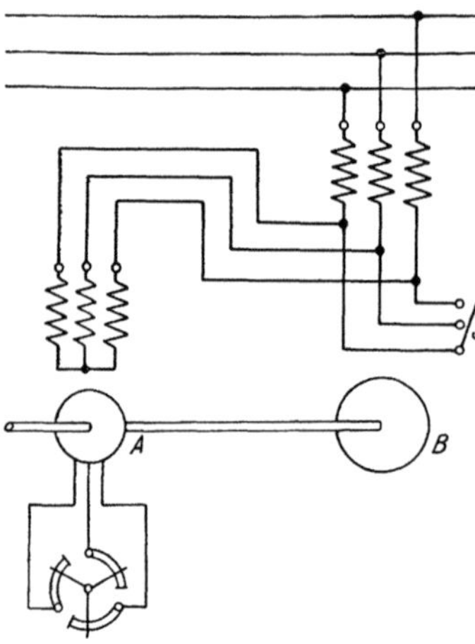

Abb. 270. Anlassen mit Hilfe von Anwurfmotoren.

Um den Anlaufvorgang zu verstehen, halten wir uns folgendes vor Augen: Jeder Induktionsmotor nimmt beim Einschalten den größten Strom auf. Mit zunehmender Drehzahl sinkt der Strom und erreicht in der Nähe der synchronen Drehzahl seinen kleinsten Wert. Mit anderen Worten heißt dies, daß der Scheinwiderstand im Stillstand des Motors am kleinsten ist, mit steigender Umlaufzahl wächst, um in der Nähe des Synchronlaufes den Höchstwert anzunehmen.

In der obigen Schaltung wächst somit der Scheinwiderstand des Motors *B* rascher an als der Scheinwiderstand des Motors *A*, weil der Motor *B* vermöge seiner größeren Polzahl eine kleinere synchrone Drehzahl besitzt und diese eher erreicht und damit den Höchstwert des Scheinwiderstandes annimmt, während die Läufer der synchronen Drehzahl des Anwurfmotors *A* überhaupt nicht nahekommen. Die einer Reihenschaltung der Ständer nach Abb. 270 zugeführte Netzspannung teilt sich im Verhältnis der Scheinwiderstände auf die beiden Motoren auf. Im Stillstand wird mit Rücksicht auf den größeren Läuferwirkwiderstand der Anwurfmotor den größeren Teil der Netzspannung aufnehmen und ein großes Anzugsmoment bei kleinem Anlaufstrom erzeugen. Mit wachsender Drehzahl des Motorsatzes aber ändert sich das Verhältnis der Scheinwiderstände, denn der Motorensatz strebt der synchronen Drehzahl des Hauptmotors zu, der die größere Polzahl besitzt, und kommt überhaupt nicht in die Nähe der synchronen Drehzahl des Anwurfmotors. Bei Stillstand also ist der Scheinwiderstand des Anwurfmotors größer als der des Hauptmotors. Der Anwurfmotor bekommt den größeren Teil der Netzspannung; wirkt somit hauptsächlich beim Anlauf und bestimmt die Anlaufverhältnisse, die wegen des großen Wirkwiderstandes des Läufers gut sind. Während des Hochlaufens geht die zugeführte Spannung immer mehr auf die Klemmen des Hauptmotors über, so daß bei Erreichung der Betriebsdrehzahl des Hauptmotors die Ständerwicklung des Anwurfmotors kurzgeschlossen werden kann.

Anwurf- und Hauptmotor der Schaltung nach Abb. 270 lassen sich in einem einzigen Motor vereinigen. Der Ständer trägt in den gleichen Nuten sowohl die Ständerwicklung des Anwurfmotors mit der kleinen Polzahl als auch die des Hauptmotors mit der größeren Polzahl. Der Läufer besitzt entweder zwei getrennte Wicklungen: eine Anlauf- und eine Betriebswicklung. Man kann aber auch mit einer einzigen Läuferwicklung auskommen, wenn man nach Richter eine besondere Kurzschlußwicklung verwendet.

e) Anlauf mit Teilwicklungsschaltung. Bei diesem Verfahren muß die Ständerwicklung aus zwei parallelen Zweigen bestehen. Zum Anlaufen wird nur ein Zweig eingeschaltet; der zweite Zweig wird erst nach dem Hochlaufen des Motors zugeschaltet. Als Ständerwicklung empfiehlt sich eine Zweischichtwicklung mit einer Schrittverkürzung von zwei Dritteln. Zum Umschalten von der Anlauf- in die Betriebsstellung genügt ein dreipoliger Umschalter. Mit Hilfe dieses Verfahrens wird der Anlaufstrom auf ungefähr zwei Drittel herabgesetzt; das Anlaufdrehmoment auf etwa 40% seines Wertes bei unmittelbarer Einschaltung des Motors[1] (vgl. V D 5).

f) Kurzschlußläufersanftanlauf-Schaltung. Wird bei verhältnismäßig kleinen Induktionsmotoren mit Kurzschlußläufern ein sanfter, gleichmäßig langsamer Antrieb, wie z. B. bei Webmaschinen, gewünscht, so kann man das Anlaufdrehmoment, das bei diesen Motoren, die im Nennbetrieb mit großem Schlupf arbeiten und ein großes Anzugsmoment besitzen, dadurch verringern, daß man in die Zuleitung zu einer Ständerphase einen OHMschen Widerstand einschaltet.[2]) Die Wirkung dieses Widerstandes sieht man leicht ein, wenn man sich folgendes vor Augen hält: Wäre der Widerstand in einer Ständerzuleitung unendlich groß, so hätten wir einen einphasig gespeisten Induktionsmotor vor uns, der, wie wir noch hören werden, überhaupt kein Anlaufmoment entwickelt. Bei unendlich kleinem Widerstand in der Zuleitung ist unser Motor ein gewöhnlicher Induktionsmotor, der unmittelbar mit allen drei Ständerphasen am Netz liegt und sein normales Anlaufdrehmoment aufweist. Es muß daher möglich sein, Anlaufmomente zwischen dem Wert Null und dem normalen Anzugsmoment zu erreichen, wenn man verschiedene Werte des OHMschen Widerstandes zwischen Unendlich und Null einschaltet. Der Widerstand in einer Phase der Ständerzuleitung wird Kusawiderstand genannt, weil er für den Kurzschlußläufermotor einen Sanftanlauf ermöglicht.

5. Anlassen durch Ausnutzung der Stromverdrängung.

a) Wirbelstromläufermotoren. Beim Anlaßvorgang wünschen wir, daß der Wirkwiderstand im Läuferkreis groß ist; im Betrieb aber soll dieser Widerstand klein sein. Übersteigt nun die Höhe des Läuferleiters eine bestimmte Grenze, so macht sich in den Läuferleitern die Stromverdrängung bemerkbar. Und diese Stromverdrängung läßt sich zum Anlassen der Induktionsmotoren ausnutzen.

Wie in Abschn. III A 14 besprochen wurde, wird in einem Läuferleiter mit verhältnismäßig großer Höhe der Läuferarbeitsstrom durch die Wirbelströme nach außen gedrängt. Dem Läuferarbeitsstrom steht also mit Rücksicht auf diese Wirbelströme ein geringerer Leiterquerschnitt zur Verfügung als tatsächlich vorhanden ist; das bedeutet aber, daß der Wirkwiderstand der Läuferwicklung durch die Wirbelströme vergrößert erscheint. Das Verhältnis zwischen dem durch Wirbelströme erhöhten Wirkwiderstand R_w eines Leiters und seinem tatsächlichen Widerstand für Gleichstrom R_g heißt man das Widerstandsverhältnis. Dieses Verhältnis ist abhängig von den Leiter- und Nutabmessungen und von der Frequenz des Läuferstromes. Und zwar nimmt das Widerstandsverhältnis mit wachsender Frequenz zu. Für den in Abb. 180 gezeichneten Leiter z. B. kann das Widerstandsverhältnis angesetzt werden durch

$$\frac{R_w}{R_g} = \xi \frac{\mathfrak{Sin}\, 2\,\xi + \sin 2\,\xi}{\mathfrak{Cos}\, 2\,\xi - \cos 2\,\xi},$$

[1]) W. SCHMITT, Elektrotechn. u. Masch.-Bau 60 (1942) S. 411.

[2]) A. LEONHARD, Elektrotechn. u. Masch.-Bau 61 (1943) S. 122.

wenn wir unter ξ verstehen

$$\xi = 2\pi \sqrt{\frac{b_s}{b_n} \frac{f_2}{\varrho\, 10^5}}\, h_s.$$

Hier bedeuten ϱ den spezifischen elektrischen Widerstand in $\Omega\,\mathrm{mm}^2/\mathrm{m}$, b_s die Leiter- und b_n die Nutbreite und f_2 die Frequenz der Läuferströme. h_s ist die Leiterhöhe.

Im Augenblick des Einschaltens ist die Frequenz der Läuferströme gleich der Netzfrequenz, denn bei Stillstand des Läufers ist die Induktionsmaschine nichts als ein Transformator. Wächst die Läuferdrehzahl, so nimmt der Schlupf und mit ihm die Frequenz der Läuferströme $f_2 = s\, f_1$ ab. Im Betrieb des Motors ist die Läuferfrequenz klein. Somit wirkt sich die Stromverdrängung und damit die Zunahme des Läuferwirkwiderstandes am stärksten beim Einschalten aus und bedingt dadurch gute Anlaufverhältnisse. In dem Maße als der Motor hochläuft, wird die Stromverdrängung immer geringer, so daß bei Nennbetrieb sie kaum mehr in Erscheinung tritt. Das ist aber gerade das, was wir für den Anlauf wünschen: hoher Wirkwiderstand im Läufer beim Einschalten und seine Abnahme mit dem Hochlaufen des Motors bis zum Kleinstwert beim Nennbetrieb.

Zur Vergrößerung des Widerstandes durch die Wirbelströme tritt noch eine Verminderung der Nutstreuung oder Induktivitätsverminderung durch sie.

Die Ortskurve des Stromes für einen Motor mit Hochstabläufer läßt sich aus zwei Kreisstücken zusammensetzen. In Abb. 271 folgt sie zuerst für Schlüpfungen unter $s = 0{,}1$ dem Kreise K_B und für Schlüpfungen über $s = 0{,}4$ dem Kreise K_A. K_0 ist der Kreis für den Motor ohne Stromverdrängung. K_A kann als Anlaufkreis,

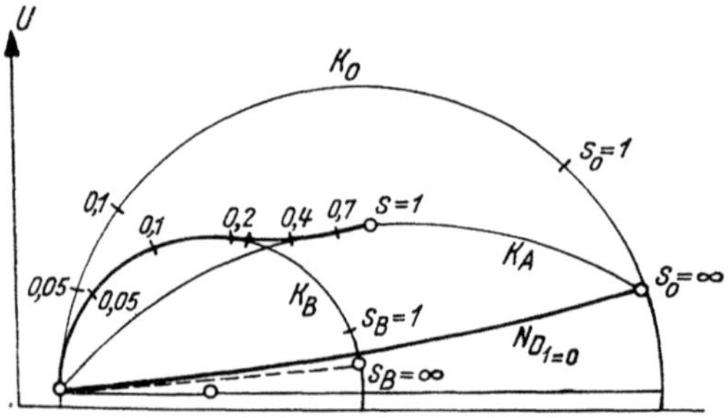

Abb. 271. Ortskurve des Stromes für einen Motor mit Hochstabläufer.

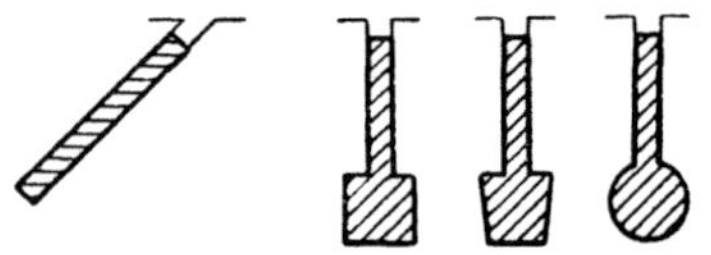

Abb. 272. Abarten von Hochstabläufern.

K_B als Betriebskreis bezeichnet werden. Die Ordinatenabschnitte zwischen der Ortskurve des Stromes und der Leistungslinie $N_{D_1} = 0$ sind den Drehmomenten verhältnisgleich.

Abarten des Hochstabläufers sind der Anker mit mehreren Leitern oder mit einem verdrillten Leiter, Läufer mit Stäben nach Abb. 272 und der in Abb. 275 angedeutete Keilstab.

b) Mehrfachkäfigankermotoren. Zu den Stromverdrängungsmotoren gehören auch die Doppel- und Mehrfachkäfigankermotoren. Die Läufer der Doppelkäfigankermotoren (Abb. 273 a, b, c) besitzen am Umfange einen Käfig mit hohem Wirkwiderstand und tiefer im Läufereisen eingebettet eine zweite Käfigwicklung mit kleinem Wirkwiderstand. Beim Anlaufe ist der Streublindwiderstand der tief im Eisen liegenden Wicklung mit Rücksicht auf die große Läuferfrequenz so hoch, daß der Strom hauptsächlich im Außenkäfig fließt, der bei kleinem Streublindwiderstand einen großen Wirkwiderstand aufweist, mithin dem Motor ein großes Anzugsmoment bei verhältnismäßig kleinem Anlaufstrom verleiht. Je mehr sich die Umlaufzahl des Motors der synchronen Drehzahl nähert, um so kleiner werden mit Rücksicht auf die abnehmenden Läuferfrequenzen die

Streublindwiderstände. Im Betriebe teilt sich also der Arbeitsstrom so auf die beiden Käfigwicklungen auf, wie die Wirkwiderstände es vorschreiben, d. h. im Betrieb fließt der Strom hauptsächlich im Innenkäfig, weil dieser den kleineren Wirkwiderstand besitzt. Somit kann man den Außenkäfig als den Anlaufkäfig, den Innenkäfig als den Betriebskäfig ansprechen. Auch die Einreihung dieser

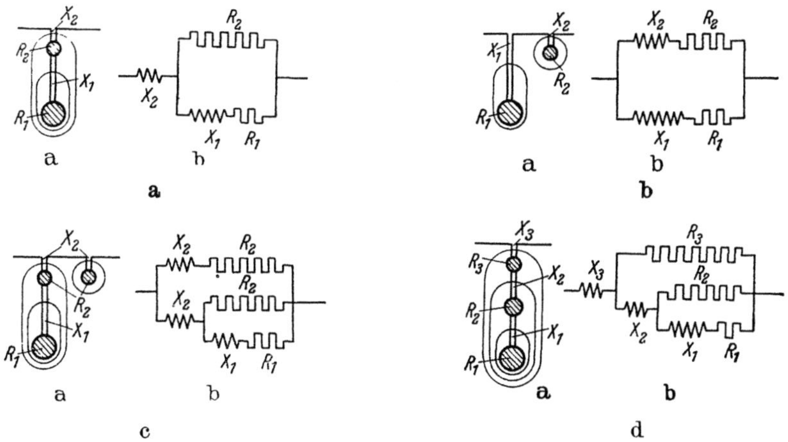

Abb. 273. Verschiedene Ausführungsarten von Doppel- und Dreifachkäfigläufern und ihre Ersatzschaltbilder.

Motoren in die Motoren mit Stromverdrängungsläufern ist berechtigt, denn der Arbeitsstrom wird beim Anlauf tatsächlich nach außen gedrängt wie bei den Hochstabläufermotoren z. B.

Die Doppelkäfigankermotoren können ersetzt gedacht werden durch zwei Einfachkäfigankermotoren, die auf der gleichen Welle sitzen: der eine Motor hat im Läufer einen großen Wirkwiderstand, aber kleine Streuinduktivität; der andere einen kleinen Wirkwiderstand, jedoch einen großen Streublindwiderstand. Der erste Motor bestimmt durch die Größe seines Anlaufstromes die Größe des Anzugsmoments des Motorsatzes, der Anlaufstrom des zweiten Motors ist maßgebend für die größte Leistung, die die Motorgruppe abgeben kann.

In den Abb. 273a, b, c und d sind verschiedene Ausführungsformen von Doppel- und Dreinutläufern zu sehen und die Ersatzschaltbilder daneben gezeichnet.[1]) Beim gewöhnlichen Doppelnutläufer in Abb. 273a wird das Streufeld, das dem Blindwiderstand X_2 entspricht, vom gesamten Läuferstrom erzeugt. Deshalb muß der Widerstand X_2 in der Ersatzschaltung ebenfalls vom Gesamtläuferstrom durchflossen und vor der Verzweigung eingeschaltet werden. Der Blindwiderstand X_1 aber wird nur von dem Streufluß des Teilstromes im Innenkäfig gebildet und deshalb in der Ersatzschaltung in den Zweig dieses Teilstromes gelegt. Bei der Anordnung nach Abb. 273b liegen die beiden Stäbe nicht in einem Schlitz wie in Abb. 273a; die beiden Streuflüsse und die ihnen entsprechenden Widerstände X_1 und X_2 werden von den Teilströmen getrennt erzeugt; sie müssen daher mit den Wirkwiderständen R_1 und R_2 in parallelen Zweigen der Ersatzschaltung eingeschaltet werden. Bei der Abart nach Abb. 273c erhält der Außenkäfig die doppelte Anzahl Stäbe als der Innenkäfig. Der innere Stab bildet mit dem über ihm im gleichen Schlitze liegenden Außenstab einen gewöhnlichen Doppelkäfig. Der allein liegende Außenstab hat keine Verkettung mit den

[1]) W. Schuisky, Elektrotechn. u. Masch.-Bau 59 (1941) S. 153 u. 519. Vgl. H. Sequenz, Elektrotechn. u. Masch.-Bau 58 (1940) S. 246.

Stäben des Doppelkäfigs und muß daher durch einen getrennten parallelen Zweig im Ersatzschaltbild dargestellt werden. Beim Dreinutläufer nach Abb. 273d wird der Streufluß mit dem Blindwiderstand X_3 vom Gesamtläuferstrom erzeugt. Der Widerstand X_3 ist daher vor die Verzweigung zu schalten. Im Widerstande R_3 fließt nur der Teilstrom J_3; während der Widerstand X_2 durch die Ströme $J_1 + J_2$ gebildet wird. Dies gibt die erste Verzweigung. Die zweite Verzweigung erhalten wir nach dem Widerstand X_2.

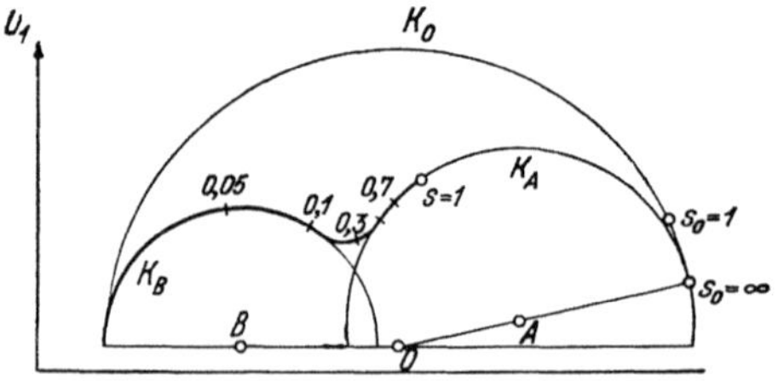

Abb. 274. Ortskurve des Stromes eines Doppelkäfigankermotors.

Die Ortskurve des Stromes eines Doppelkäfigankermotors (Abb. 274) kann wieder wie beim Motor mit Hochstabläufer im wesentlichen aus zwei Kreisen zusammengesetzt werden; einem Anlaufkreis K_A (Mittelpunkt A) und einem Betriebskreis K_B (Mittelpunkt B). K_0 stellt den Kreis dar für den Motor ohne Stromverdrängung und mit vernachlässigbar kleiner Läufernutstreuung (Mittelpunkt 0).

Abb. 275 erlaubt einen Vergleich der verschiedenen Läuferarten: ein Läufer mit einer Mehrphasenwicklung, ein gewöhnlicher Einfachkäfiganker mit Rundstäben, ein Hoch- oder Keilstabläufer und ein Doppelkäfiganker. Die Abb. 275 zeigt den Drehmomentverlauf dieser Läuferarten bei gleicher Motorgröße, gleichem Anlaufstrom und gleichen Läuferverlusten bei Nennlast. Wie man sieht, fallen die Kippmomente mit den steigenden Anlaufdrehmomenten ab.

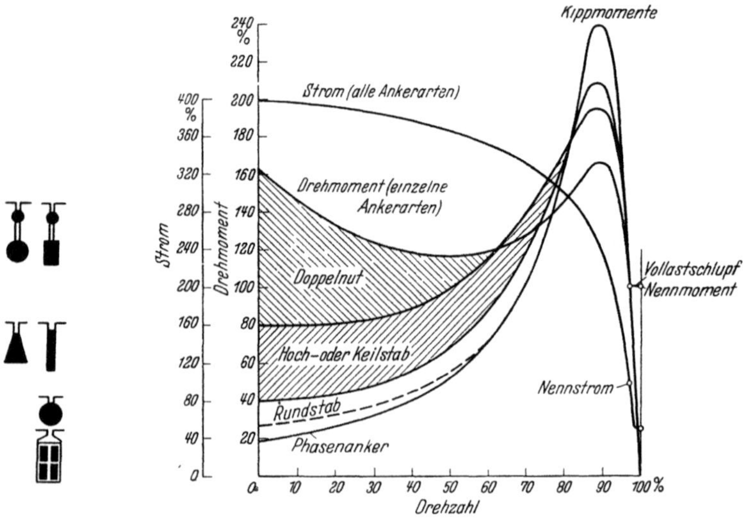

Abb. 275. Strom und Drehmoment in Abhängigkeit von der Drehzahl bei Motoren mit Phasenanker, Käfiganker mit Rundstäben, Hoch- oder Keilstabläufer und Doppelkäfiganker.

Der Doppelkäfigankermotor wird entweder unmittelbar oder mit Hilfe eines Stern-Dreieck-Schalters ans Netz gelegt.

Um die in Abb. 275 erkennbare Einsattelung der Drehmomentkurve zu vermeiden, kann man statt zwei Käfigen deren drei einbauen. Boucherot, nach dem die Mehrfachkäfigankermotoren auch benannt werden, gab sogar Motoren mit mehr als drei Käfigen an.

E. Regelung der Drehzahl eines Drehstrom-Induktionsmotors.

Nach Gl. 207 ist die Läuferdrehzahl

$$n = n_1 (1 - s). \tag{207}$$

Mit Gl. 144 wird die Läuferdrehzahl

$$n = \frac{f_1}{p} (1 - s). \tag{207 a}$$

f_1 ist die Frequenz des zugeführten Wechselstromes, p die Polpaarzahl der Maschine und s die Schlüpfung.

Aus dieser Gleichung für die Läuferdrehzahl ergeben sich drei Möglichkeiten, die Drehzahl zu regeln: erstens durch Änderung der Primärfrequenz, zweitens durch Änderung der Polzahl (Polumschaltung) und drittens durch Änderung der Schlüpfung.

1. Drehzahlregelung durch Änderung der Primärfrequenz.

Diese Art der Drehzahlregelung verlangt besondere Generatoren oder Umformer. Sie kommt vor, wenn z. B. Holzbearbeitungsmaschinen mit regelbaren Drehzahlen über 3000 U/min angetrieben werden sollen. Bei manchen Antrieben jedoch, die gewöhnlich mit hoher Drehzahl laufen, muß man vorübergehend die Drehzahl stark, z. B. auf $^1/_{10}$ der Betriebsdrehzahl, herabsetzen, so z. B. bei Papierkalandern für das Einziehen des Papiers, bei Zentrifugen für das Füllen der Schleudertrommeln, bei Aufzügen für das sanfte Einfahren in die Haltestellen.

Das Verhalten eines Drehstrommotors, der mit verminderter Frequenz und mit einer Klemmenspannung betrieben wird, die sich im gleichen Maße wie die Frequenz ändert, ist in Abschn. IV B 9 unter „Frequenzänderung" untersucht worden. Ändert sich nämlich die Klemmenspannung verhältnisgleich der Frequenz, so bleibt das Feld in dem zu regelnden Motor annähernd gleich und der Motor ist voll ausgenutzt. Wie wir gesehen haben, muß man, wenn man bis auf $^1/_{10}$ der normalen Frequenz geht, die Spannung erhöhen, um brauchbare Werte für die Drehmomente zu erreichen. Für die Erzeugung der Frequenz können Motorgeneratoren als auch asynchrone Frequenzumformer herangezogen werden. Werden kleine Frequenzen, wie in den zuletzt geschilderten Beispielen, verlangt, so ist der asynchrone Frequenzwandler dem Motorgenerator wirtschaftlich überlegen.

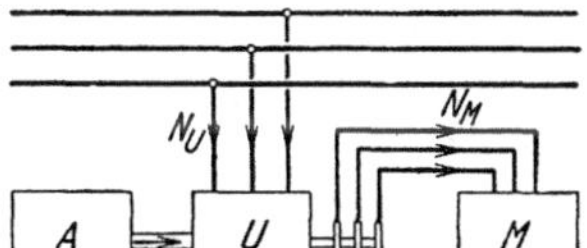

Abb. 276. Asynchroner Frequenzumformer.

Aus diesem Grunde soll im folgenden kurz die Wirkungsweise dieses Frequenzumformers erläutert werden.

In Abb. 276 ist A ein regelbarer Antriebsmotor, U der Frequenzumformer und M der zu regelnde Induktionsmotor. Der Frequenzumformer ist eine Induktionsmaschine, deren Läufer im Sinn des Ständerdrehfeldes oder gegen es angetrieben wird. Nach Gl. 204 ändert sich dann die Frequenz des an den Schleifringen abnehmbaren Läuferstromes von Null bis $2 f_1$, wenn die höchste Drehzahl, mit der der Frequenzumformer angetrieben wird, die synchrone Drehzahl n_1 ist, und zwar sowohl beim Lauf mit dem Drehfeld ($n = + n_1$) als auch beim Lauf gegen das Drehfeld ($n = - n_1$).

Bei sehr geringen Frequenzen wird zweckmäßigerweise auch ein freilaufender Frequenzwandler verwendet, der im Abschn. IX C 3 erwähnt wird. Viele Kalanderantriebe haben solche Umformer.

2. Drehzahlregelung durch Polumschaltung.

Ordnet man im Ständer eines Induktionsmotors mehrere Wicklungen mit verschiedenen Polzahlen an oder Wicklungen, deren Polzahl durch Umschaltung geändert werden kann (polumschaltbare Wicklungen), so kann bei unveränderlicher Primärfrequenz nach Gl. 207a die Drehzahl des Motors stufenweise geregelt werden. Es empfiehlt sich, den Läufer eines solchen Motors als Käfigläufer auszubilden, da er für jede Polzahl geeignet ist. Ein Schleifringläufer müßte so wie der Ständer mehrere Wicklungen oder polumschaltbare Wicklungen erhalten, was für die Umschaltung während des Betriebes auch eine größere Zahl von Schleifringen erfordert.

Diese Art der Stufenregelung ist wohl die praktisch wichtigste und das Anwendungsgebiet der polumschaltbaren Motoren ist sehr groß; z. B. werden sie für den Antrieb von Pumpen und Gebläsen, Werkzeugmaschinen und Aufzügen verwendet.

Für zwei Drehzahlen im Verhältnis 1:1,5 und 1:2 ordnet man zumeist eine polumschaltbare Ständerwicklung an; für ein Drehzahlverhältnis 1:3 oder mehr

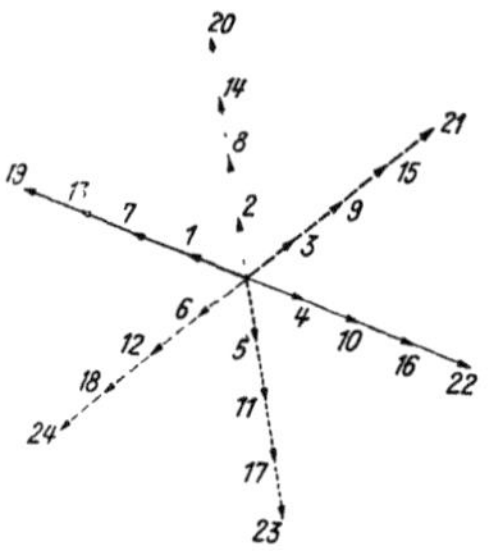

a

Abb. 277. Nutenstern einer Dreiphasenwicklung mit 24 Nuten für 8 Pole und Zuordnung der Nuten zu den einzelnen Wicklungssträngen.

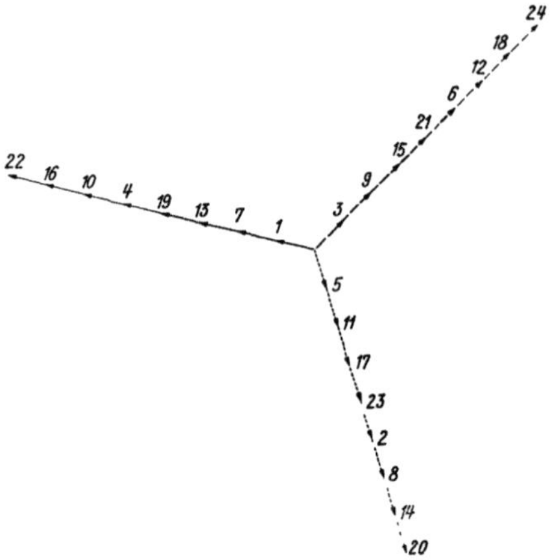

b

Abb. 278. Zusammensetzung der Einzelspannungen in jedem Wicklungsstrange.

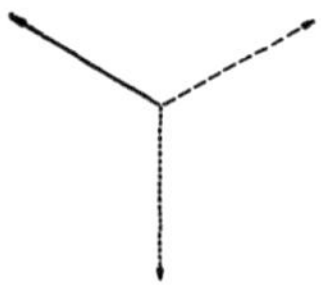

c

Abb. 279. Strangspannungen bei Reihenschaltung der Spulen und Sternschaltung der Wicklungsstränge.

aber zwei getrennte Wicklungen mit den entsprechenden Polzahlen. Drei und vier Drehzahlen erhält man durch Einbau von zwei Wicklungen, von denen nur eine oder beide polumschaltbar ausgeführt sind. Gebräuchliche Drehzahlverhältnisse sind: 2:1 (synchrone Drehzahlen bei 50 Hz 3000/1500, 1500/750, 1000/500); 1,5:1 (1500:1000, 1000:750, 750/500); 3:1 (1500/500, 1000/333); 4:1 (1000/250); 3:1,5:1 (3000/1500/1000); 4:2:1 (3000/1500/750); 3:2:1 (1500/1000/500); 2:1,5:1 (1000/750/500); 6:3:2:1 (3000/1500/1000/500); 3:2:1,5:1 (1500/1000/750/500).

Als Beispiel für eine polumschaltbare Wicklung soll die dreiphasige Beispielswicklung in Abschn. III A 6 mit 24 Nuten umschaltbar von vier auf acht Pole ausgelegt werden. Wir können zwei Wege einschlagen: wir entwerfen die Wicklung entweder für acht Pole und suchen die Umschaltung auf vier Pole oder wir ordnen die Wicklung für vier Pole an und schalten diese auf acht Pole um.

Wir beschränken uns auf den ersten Weg und beginnen mit der Auslegung der Wicklung für acht Pole. Der Nutenstern dafür und die Zuordnung der Nuten zu den einzelnen Wicklungssträngen ist in Abb. 277 angegeben. Daraus ergibt sich das Wicklungsschaltbild in Abb. 280. Auf die Schaltung der Spulen zu Wicklungssträngen achten wir noch nicht. Nun soll untersucht werden, wie aus dieser achtpoligen Wicklung eine vierpolige zu machen ist. Der Nutenstern einer dreiphasigen Wicklung mit 24 Nuten für vier Pole und auch die Zuordnung der Nuten zu den einzelnen Wicklungssträngen ist aus Abb. 158a zu ersehen. Ein Vergleich der beiden Nutensterne für vier und acht Pole ergibt für den ersten Wicklungsstrang, daß die Nuten 1 und 13 in beiden Fällen positive Spulenseiten enthalten. Die Nuten 7 und 19 umschließen bei der achtpoligen Schaltung positive, bei der vierpoligen Schaltung aber negative Spulenseiten.

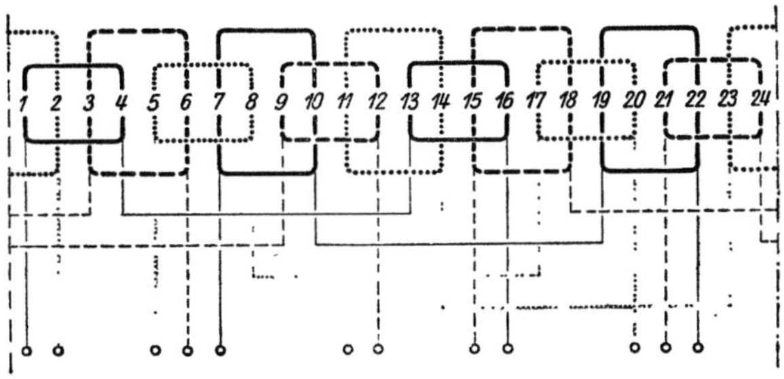

Abb. 280. Polumschaltbare Drehstromwicklung für 4 und 8 Pole.

In die Nuten 4 und 16 sind bei der achtpoligen Wicklung negative Spulenseiten eingebettet, die wohl oder übel auch negative Spulenseiten bei der vierpoligen Wicklung bleiben müssen. Dann müssen aber die Nuten 10 und 22 negative Spulenseiten für acht Pole, positive Spulenseiten für vier Pole bekommen. Mithin muß die Stromrichtung bei der Umschaltung von acht auf vier Pole in folgenden Spulenseiten des ersten Wicklungsstranges umgekehrt werden: 7, 10, 19 und 22, während die Stromrichtung bei den Spulenseiten 1, 4, 13 und 16 bei der Umschaltung ungeändert bleibt. Wir werden daher die Spulen 1 bis 4 und 13 bis 16 sowie die Spulen 7 bis 10 und 19 bis 22 zu je einem Wicklungszweige hintereinanderschalten und die Enden herausführen, was in Abb. 280 auch geschehen ist.

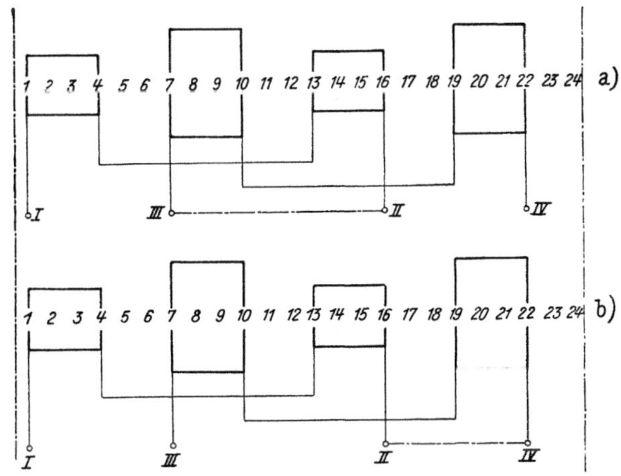

Abb. 281. Wicklungsstrang der dreiphasigen Wicklung mit 24 Nuten in Abb. 280 und Umschaltung von 8 Polen (a) auf 4 Pole (b).

Die Schaltung der beiden Wicklungszweige I bis II und III bis IV ist in Abb. 281a für acht Pole und in Abb. 281b für vier Pole ausgeführt. Dadurch ist die Stromrichtung in den Spulenseiten der Nuten 7, 10, 19 und 22 umgekehrt worden, wie es die Umschaltung von acht auf vier Pole verlangt. Für die anderen beiden Wicklungsstränge gelten die gleichen Überlegungen. In den Abb. 282a, b, c sind der Nutenstern, die Zuordnung der Nuten zu den einzelnen Wicklungssträngen, die Zusammensetzung der Einzelspannungen (Spannungen der Spulenseiten) in jedem Wicklungsstrange und endlich der Stern der Strangspannungen bei Sternschaltung der Wicklungsstränge gezeichnet, wie sie sich aus der Umschaltung der Dreiphasenwicklung in Abb. 280 nach den Schaltungen der Abb. 281

von acht Polen auf vier Pole ergeben. Aus Abb. 282c im Vergleich mit Abb. 279c folgt, daß die Reihenfolge der Wicklungsstränge nach der Umschaltung auf vier Pole die verkehrte ist wie in der Schaltung für acht Pole. Soll nun das Drehfeld

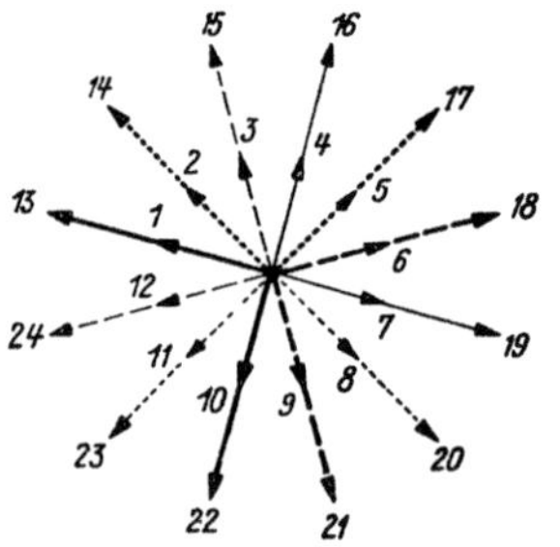

a

Abb. 282a. Nutenstern und Zuordnung der Nuten zu den einzelnen Wicklungssträngen, wie sie sich aus der Umschaltung der Dreiphasenwicklung in Abb. 280 nach Abb. 281 von 8 Polen auf 4 Pole ergeben.

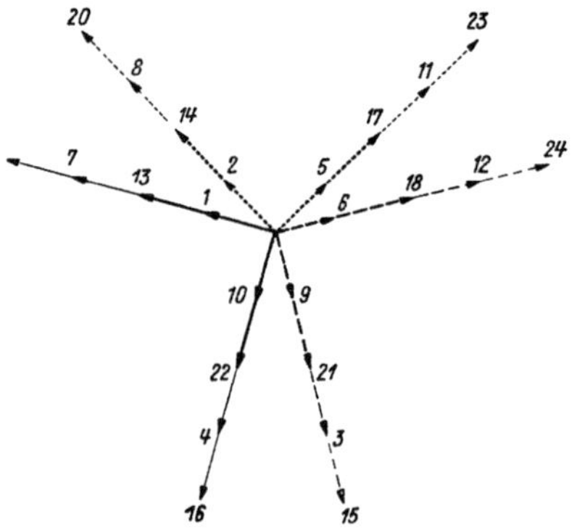

b

Abb. 282b. Zusammensetzung der Einzelspannungen in jedem Wicklungsstrange nach der Umschaltung von 8 Polen auf 4 Pole.

c

Abb. 282c. Strangspannungen nach der Umschaltung von 8 Polen auf 4 Pole.

bei der einfachen Polzahl im selben Sinn umlaufen wie bei der doppelten Polzahl, so sind zwei Wicklungsstränge nach der Polumschaltung miteinander zu vertauschen.

Die Ausnutzung der Wicklung kann für beide Polzahlen nicht gleich gut sein. Der Wicklungsfaktor für die achtpolige Schaltung der Wicklung ist nach Abb. 279b eins, für die vierpolige Anordnung der Spulen jedoch nach Abb. 282b nur $\frac{4\sqrt{2}}{8} = 0{,}7$.

3. Drehzahlregelung durch Änderung der Schlüpfung.

a) Änderung der Schlüpfung durch Änderung der Leistung im äußeren Läuferkreis. Aus der Leistungsaufteilung in Abschn. IV B 4 ergab sich in Gl. 219

$$N_{D_2} = s\, N_{D_1}. \tag{219}$$

N_{D_1} ist die primäre Drehfeldleistung, die zum Teil in die mechanische Leistung N_m und zum restlichen Teil in die sekundäre Drehfeldleistung umgesetzt wird:

$$N_{D_1} = N_m + N_{D_2}. \tag{218}$$

Positive Werte von N_{D_2} bedeuten eine von der Sekundärwicklung aufgenommene Leistung. Aus Gl. 219 ergibt sich, daß der Schlupf bei konstanter Leistung N_{D_1} proportional N_{D_2} ist. Konstante Leistung N_{D_1} bedeutet nach Gl. 215 konstantes Drehmoment. Daraus ergibt sich also: Will man bei konstantem Drehmoment den Schlupf ändern, muß man die sekundäre Drehfeldleistung regeln, und zwar bei gleichbleibenden Strömen primär und sekundär. Das kann auf zweierlei Art geschehen: Einmal vergrößert man die vom Läufer aufgenommene und umgesetzte Leistung N_{D_2} durch Einschalten von Wirkwiderständen in den Läuferkreis — d. i. die schon in Gl. 226 im grundsätzlichen zum Ausdruck gebrachte Widerstandsregelung — oder man regelt die sekundäre Leistung dadurch, daß man den Läuferkreis an ein sekundäres Hilfsnetz anschließt. Bei konstantem Drehmoment bzw. konstantem Sekundärstrom bedeutet natürlich im letzten Falle die Änderung der Läuferleistung eine Spannungsregelung an den Schleifringen. Man nennt daher diese regelbare Spannung des sekundären Hilfsnetzes an den Schleifringen auch kurz „Regelspannung".

α) Wirkwiderstände im Läuferkreis. Nach Gl. 226 lautet das Regelgesetz für Widerstandsregelung

$$\frac{R_2}{s} = \frac{R_2 + R_v}{s'}. \tag{226}$$

R_v ist der Vorwiderstand im Läuferkreis und s' ist der neue, bei gleichem Drehmoment sich einstellende Schlupf, während s der bei kurzgeschlossenen Schleifringen auftretende Schlupf ist.

Die Nachteile dieser Drehzahlregelung sind: Unwirtschaftlichkeit mit Rücksicht auf die im Regelanlasser entwickelte Stromwärme und starke Abhängigkeit der Drehzahl vom Drehmoment. Der Abb. 247 kann die Neigung der Drehzahl-Drehmomentkennlinie für verschiedene Läuferwiderstände im gewöhnlichen Betriebsbereich entnommen werden.

Verwendet wird diese Regelung bei kleineren Motoren, außerdem bei Antrieben, die ein mit der Drehzahl sinkendes Drehmoment verlangen, wie z. B. die Lüfter. Schließlich macht man noch von dieser Regelung Gebrauch bei Antrieben mit Schwungradpufferung, z. B. beim Ilgner-Leonard-Antrieb. Hier wird der Drehstrommotor als Antriebsmotor durch Wirkwiderstände im Läuferkreis bei Belastungsstößen in der Drehzahl vermindert, so daß die Schwungradenergie zur Wirkung kommen und damit den Antriebsmotor und das Netz entlasten kann.

β) Regelspannung im Läuferkreis. Entnimmt man dem Läuferkreis eine elektrische Leistung über die Schleifringe oder führt man ihm eine solche zu, so kommt dies einer Regelung der Spannung an den Schleifringen gleich, wie wir gehört haben.

Die dazu notwendige Regelspannung kann in Stromwendermaschinen erzeugt werden, die elektrisch oder mechanisch oder elektrisch und mechanisch mit dem zu regelnden Motor gekuppelt werden.

Man nennt solche Schaltungen Kaskadenschaltungen mit Stromwendermaschinen. Sie werden im Abschn. IX besprochen werden. Mit diesen Schaltungen ist eine stetige und verlustfreie Regelung der Drehzahl möglich.

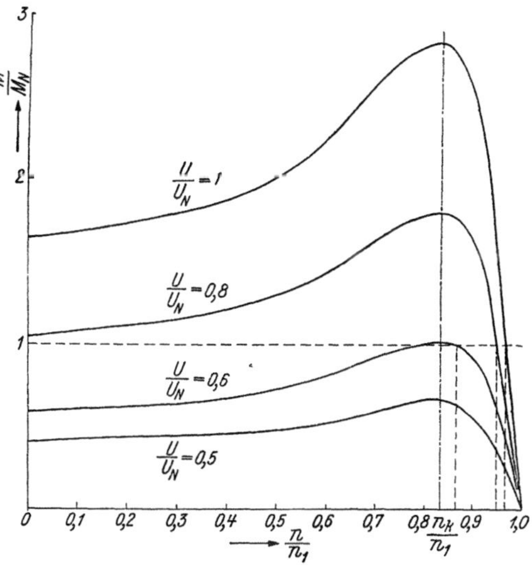

Abb. 283. Drehmoment-Drehzahl-Kurven für verschiedene angelegte Klemmenspannungen.

b) Änderung der Schlüpfung durch Änderung der Klemmenspannung des Ständers. Nach Gl. 223 ist mit Vernachlässigung des primären Widerstandes das Kippmoment:

$$M_K = \frac{1}{2\pi n_1} \frac{m}{2} \frac{U_{20}^2}{X_{K_2}}. \tag{271}$$

Das Kippmoment ändert sich also mit U_{20}^2. Da aber $U_{20} \approx U_1/(1+\sigma_1)$ ist, ändert sich das Kippmoment auch mit dem Quadrat der primären Spannung.

In Abb. 283 sind Kurven für verschiedene Spannungswerte aufgezeichnet. Man erkennt ohne weiteres, daß sich im stabilen Betriebsbereich bei gegebenem Drehmoment der Betriebsschlupf ändert, während der Kippschlupf fest bleibt. Man erreicht also bei ein und demselben Wert des Kippschlupfes stets das Kippmoment, so daß man über diesen Wert nicht hinaus kann, ohne in den labilen Betriebsbereich zu kommen. Diese Drehzahlregelung ist also auf den Schlupfbereich $s \leqq s_K$ beschränkt.

Die Änderung der Klemmenspannung kann mit Hilfe eines Stufen- oder Drehtransformators praktisch verlustfrei erfolgen oder durch Vorschaltwiderstände im Ständer.

4. Drehzahlregelung durch Zusammenarbeiten von zwei oder mehreren Drehstrom-Induktionsmaschinen.

a) Kaskadenschaltung von zwei oder mehreren Drehstrom-Induktionsmaschinen. Führt man nach Abb. 284 die elektrische Leistung, die der Läufer eines Induktionsmotors, des Vordermotors V, abgibt, dem Ständer eines zweiten Induktionsmotors, des Hintermotors H zu und kuppelt beide Maschinen entweder unmittelbar oder durch eine Riemen- oder Zahnradübersetzung miteinander, so hat man eine Kaskadenschaltung zweier Induktionsmaschinen ausgeführt. Die beiden Ständerwicklungen müssen so geschaltet werden, daß die Drehrichtungen der Drehfelder in Vorder- und Hintermaschine gleich sind.

Hat die Vordermaschine p_1 und die Hintermaschine p_2 Polpaare und wird unter $ü$ die mechanische Übersetzung von Hinter- zu Vordermaschine verstanden, so läßt sich durch Gleichsetzen der Sekundärfrequenz der Vordermaschine

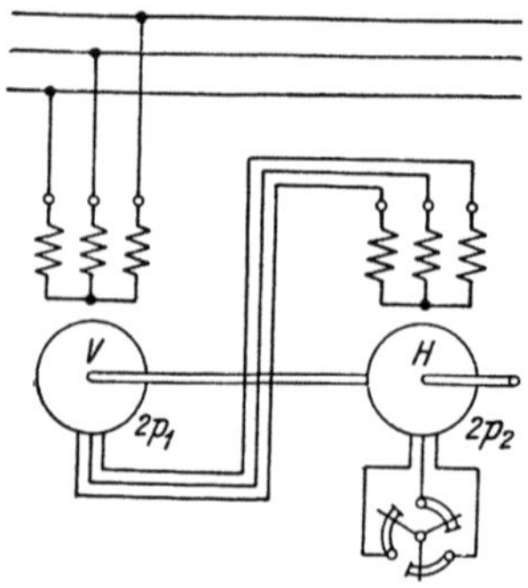

Abb. 284. Kaskadenschaltung zweier Drehstrom-Induktionsmaschinen.

$$f_{2V} = (n_{1V} - n)\, p_1$$

und der Primärfrequenz der Hintermaschine

$$f_{1H} = ü\, n\, p_2$$

die synchrone Drehzahl der Kaskade n errechnen zu:

$$n = \frac{n_{1V}\, p_1}{(p_1 + ü\, p_2)} = \frac{f_1}{(p_1 + ü\, p_2)}. \tag{272}$$

n_{1V} ist die synchrone Drehzahl der Vordermaschine, also

$$n_{1V} = \frac{f_1}{p_1}.$$

Mit den beiden Maschinen lassen sich jetzt drei verschiedene Drehzahlen einstellen. Arbeitet die Vordermaschine allein am Netz, so läuft sie mit der synchronen Drehzahl

$$n_{1V} = \frac{f_1}{p_1};$$

arbeitet die Hintermaschine allein am Netz, so erzielt man eine synchrone Drehzahl

$$n_{1H} = \frac{f_1}{p_2};$$

laufen beide Maschinen in Kaskadenschaltung mit gleichen Umlaufrichtungen der Ständerdrehfelder in beiden Maschinen, so wird sich die synchrone Drehzahl ergeben:

$$n = \frac{f_1}{(p_1 + ü\, p_2)}.$$

Lassen wir allgemein mehrere Induktionsmaschinen nach Abb. 285 über Riemen- oder Zahnradübersetzungen auf eine gemeinsame Welle arbeiten und legen wir nur die erste Maschine ans Netz, während jede folgende Maschine mit

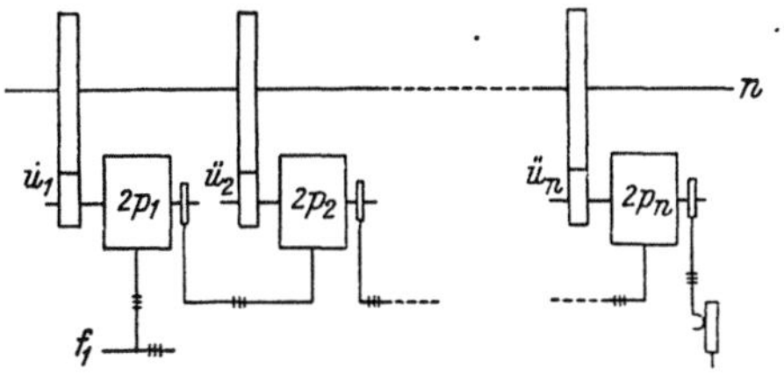

Abb. 285. Kaskadenschaltung mehrerer Drehstrom-Induktionsmaschinen.

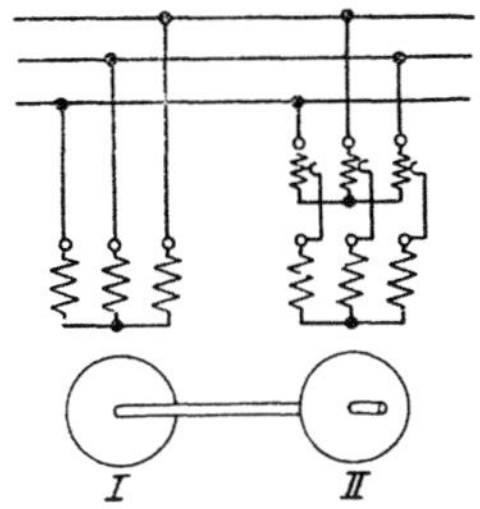

Abb. 286. Zwei Drehstrom-Induktionsmotoren mit entgegengesetztem Umlaufsinne der Drehfelder zur Drehzahlregelung.

der Sekundärfrequenz der vorhergehenden gespeist wird, so wird die Kaskade die synchrone Drehzahl annehmen:

$$n = \frac{f_1}{\ddot{u}_1 p_1 + \ddot{u}_2 p_2 + \ddot{u}_3 p_3 + \cdots + \ddot{u}_n p_n}. \tag{273}$$

Es sind noch eine Reihe anderer Kaskadenschaltungen angegeben worden, auf die aber nicht eingegangen werden soll.

b) Überlagerung eines zweiten Drehfeldes. Werden nach Abb. 286 zwei Induktionsmotoren *I* und *II* vom gleichen Netz aus gespeist und miteinander gekuppelt, so läßt sich die Drehzahl dadurch regeln, daß man entgegengesetzten Umlaufsinn der Drehfelder herstellt und die Klemmenspannung des Motors *II* durch einen Stufentransformator verändert.

Eine Vereinigung der beiden Maschinen in einem einzigen Motor mit zwei gegeneinander umlaufenden Drehfeldern ist möglich, wenn man nach Abb. 287 verschiedene Unsymmetrien der Klemmenspannung durch Verschieben des Kontaktes des einen Wicklungsstranges auf dem Spartransformator erzeugt.

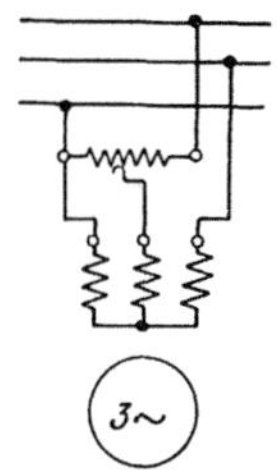

Abb. 287. Unsymmetrische Schaltung eines Drehstrom-Induktionsmotors zur Drehzahlregelung.

5. Weitere Möglichkeiten der Drehzahlregelung.

Mit der Aufzählung vorstehender Verfahren, um die Drehzahl eines Drehstrommotors zu regeln, sind natürlich nicht alle Möglichkeiten der Drehzahlregelung angeführt.

a) Die doppeltgespeiste Induktionsmaschine. Führt man z. B. dem Ständer eines Drehstrommotors einen Strom der Frequenz f_1 zu und dem Läufer einen Strom der Frequenz f_2, so nimmt der Läufer eine Drehzahl nach Gl. 204

$$n = \frac{f_1 \mp f_2}{p} \tag{274}$$

an. Das Minuszeichen gilt, wenn das Läuferdrehfeld hinsichtlich des Ständers im selben Sinne umläuft wie das Ständerdrehfeld, das Pluszeichen gehört zum umgekehrten Fall. Für $f_2 = f_1$ und einen Drehsinn des Läuferdrehfeldes, der entgegengesetzt ist zu jenem des Ständerdrehfeldes (relativ zum Ständer), ist

$$n = \frac{2 f_1}{p}.$$

Somit läßt sich durch doppelte Speisung des Motors vom gleichen Netz aus die doppelte synchrone Drehzahl einstellen.

Die doppeltgespeiste Induktionsmaschine verhält sich eigentlich wie eine Synchronmaschine. Wir haben sie jedoch unter die Induktionsmaschinen eingereiht, weil ihr Aufbau und ihre Schaltung sie diesen zuweist. Sie wird auch Doppelfeldmaschine genannt.

Der Läufer der doppeltgespeisten Induktionsmaschine muß auf die Drehzahl n in Gl. 274 angeworfen werden. Ein selbständiger Anlauf kann dadurch erreicht werden, daß zwischen Ständer und Läufer ein Zwischenläufer angeordnet wird, der aus zwei Kurzschlußkäfigen besteht.[1])

Die doppeltgespeiste Induktionsmaschine kann in folgenden Schaltungen arbeiten: 1. in der Nebenschlußlaufschaltung, bei der Ständer und Läufer so an das Netz angeschlossen werden, daß die beiden Drehfeldrichtungen gegenüber ihren Wicklungen einander entgegengesetzt sind. Der Läufer dreht sich hier mit doppeltsynchroner Drehzahl. 2. In Nebenschluß-Ruheschaltung, bei der die beiden Drehfeldrichtungen übereinstimmen: hier steht der Läufer still; 3. in Reihenschluß-Laufschaltung wie unter 1, nur daß Reihenschluß statt Nebenschluß besteht; 4. in Reihenschluß-Ruheschaltung wie unter 2. Diese Schaltung ist als Regeldrosselspule bekannt; 5. die Zweifrequenz-Vorlaufschaltung, bei der Ständer und Läufer an Netze verschiedener Frequenz so angelegt sind, daß die Drehfeldrichtungen einander entgegengesetzt sind (Pluszeichen in Gl. 274); 6. die Zweifrequenz-Nachlaufschaltung, bei der die Drehfeldrichtungen gleichsinnig sind (Minuszeichen in Gl. 274); 7. Sonderfälle der Zweifrequenzmaschine sind die Synchronmaschine, bei der $f_2 = 0$ ist, und die gewöhnliche Induktionsmaschine mit kurzgeschlossenem Läufer und veränderlichem f_2.[2])

Die doppeltgespeiste Induktionsmaschine mit doppeltsynchroner Drehzahl wird vor allem bei Holzbearbeitungsmaschinen verwendet. Ein Nachteil ist ihre starke Neigung zum Pendeln, die es unter Umständen, trotz sorgfältigster Synchronisierung beim Anlassen, unmöglich macht, sie im Synchronismus zu halten. Für die Stabilisierung solcher Maschinen stehen eine Reihe von Verfahren zur Verfügung: die Wicklungen im Ständer und Läufer werden mit verschiedener Windungszahl ausgeführt; im Ständer wird eine Hilfswicklung angeordnet, in der beim Pendeln des Läufers ein Strom entsteht, der auf die Pendelungen bremsend wirkt; usw.[3])

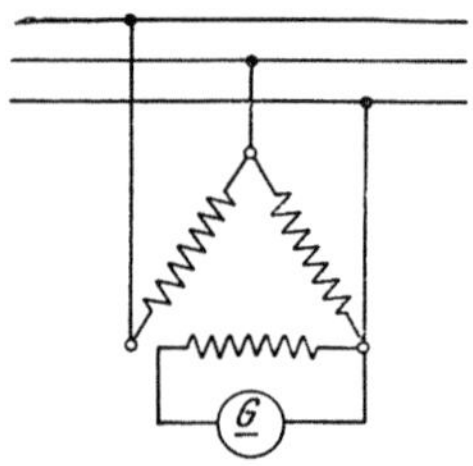

Abb. 288. Schaltung zur Drehzahlregelung mit überlagertem Gleichstrom.

b) Drehzahlregelung durch überlagerten Gleichstrom. Eine Drehzahlregelung ist auch dadurch möglich, daß man dem Drehfeld des Drehstrommotors ein Gleichstromfeld überlagert. Dies geschieht z. B. dadurch, daß man die in Dreieck geschaltete Ständerwicklung, die normal ans Netz angeschlossen ist, an einer Stelle öffnet und den so einpolig abgeschalteten Wicklungsstrang mit Gleichstrom erregt, wie es Abb. 288 zeigt. Das resultierende Drehmoment setzt sich aus zwei Komponenten zusammen: dem vom unsymmetrischen Drehfeld hervorgerufenen Drehmoment, das beschleunigend wirkt, und dem Gleichstromdrehmoment, das verzögernd wirkt. Die Drehzahl kann entweder durch Änderung der Gleichstromerregung oder durch Läufervorschaltwiderstände in weiten Grenzen geregelt werden.[4])

[1]) H. Alquist, ETZ 55 (1934) S. 386.
[2]) E. Messing, Arch. Elektrotechn. 27 (1933) S. 279.
[3]) H. Voigt, VDE-Fachberichte 10 (1938) S. 48.
[4]) W. Schmitt und H. Jordan, AEG-Mitt. (1940) S. 266.

F. Bremsschaltungen für Drehstrom-Induktionsmotoren.

Bei Hebezeugen unterscheidet man Fahr- und Hubwerke. Die Antriebsmaschine muß nicht nur das Fahrwerk in beiden Richtungen antreiben, sondern als Bremse auch stillsetzen können. Die gleiche Notwendigkeit besteht auch für viele kleinere Arbeitsmaschinen und Hilfsantriebe. Auch hier wird eine möglichst schnelle Stillsetzung ohne besondere mechanische Bremsung verlangt. Bei Hubwerken arbeitet die Antriebsmaschine in der Hubrichtung der Last als Motor, beim Senken der Last als Generator und Bremse; nur wenn leichte Lasten oder z. B. der leere Kranhaken zu senken sind, braucht man motorische Drehmomente zur raschen Beschleunigung des Hubwerkes. Wie der Drehstrom-Induktionsmotor diesen Forderungen gerecht wird, soll im folgenden gezeigt werden.

1. Gleichstrombremsung.

Schaltet man die Ständerwicklung des Drehstrommotors vom Drehstromnetz ab und speist man sie mit Gleichstrom, so entsteht im Motor ein stillstehendes magnetisches Feld. Bei der Drehung des Läufers werden in der kurzgeschlossenen oder über Läuferwiderstände geschlossenen Läuferwicklung Ströme hervorgerufen, die eine stoßfreie, kräftige Bremsung bis zum Stillstand bewirken.

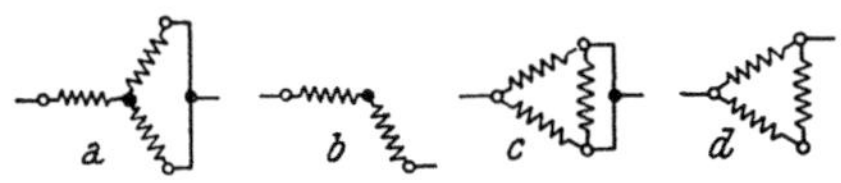

Abb. 289. Schaltungen der Ständerwicklung zur Erregung mit Gleichstrom.

Wie die Ständerwicklung mit Gleichstrom erregt werden kann, zeigt Abb. 289. Die Maschine verhält sich wie eine Synchronmaschine mit Volltrommelläufer, deren Drehzahl sich ändert.

2. Übersynchrone Senkbremsschaltung.

Ein Induktionsmotor geht in den Generatorzustand über, wenn er über seine synchrone Drehzahl hinaus angetrieben wird und entwickelt kräftige Bremsdrehmomente. Wir wollen den Vorgang des Hebens und Senkens einer Last an Hand der Abb. 290 und 291 verfolgen. Für das Heben der Last ist der Motor im Hubsinne geschaltet, d. h. so ans Netz gelegt, daß das Drehfeld im Motor

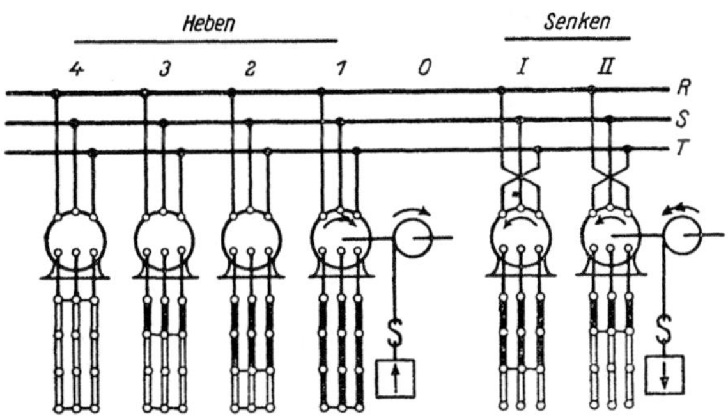

Abb. 290. Übersynchrone Senkbremsschaltung.

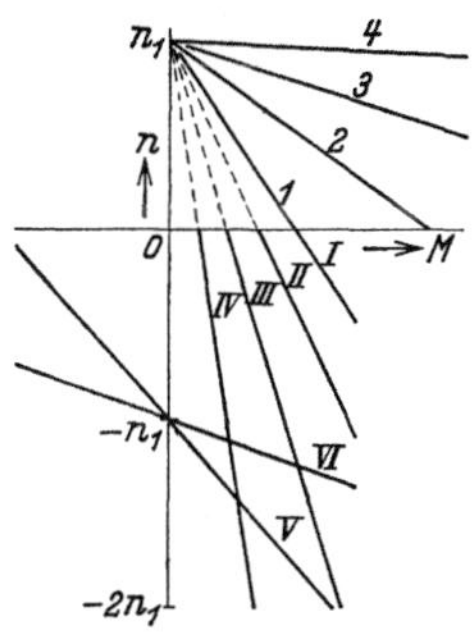

Abb. 291. Drehzahl-Drehmoment-Kurven bei der übersynchronen und Gegenstrom-Senkbremsschaltung.

im Sinne des Hubes der Last umläuft (Stellungen 1, 2, 3 und 4 in Abb. 290). Die Drehzahlkurven 1, 2, 3 und 4 in Abb. 291 ergeben sich durch Abschalten der Läuferwiderstände. Die Regelfähigkeit ist also für größere Lasten besser als für kleinere.

Zum Senken der Last ist der Motor im Senksinn zu schalten, indem man zwei Zuleitungen zu den Ständerklemmen vertauscht. Das Motordrehfeld läuft im Sinne des Senkens der Last um. Überschreitet der Läufer seine synchrone Drehzahl im Senksinne ($-n_1$ in Abb. 291), so wird er zum Generator und bremst ab. Die Drehzahlkurven für Senken der Last (*V* und *VI* in Abb. 291) entsprechen den in Abb. 290 bei *I* und *II* eingeschalteten Läuferwiderständen. Diese Senkkurven sind ungünstig aus zweierlei Gründen. Erstens: die Senkbewegung muß vom Stillstande des Läufers weg nach der Kurve *V* eingeleitet werden. Denn das negative Moment für $n = 0$ bei der Drehzahlkurve *V* ist kleiner (Verlängerung der Kurven bis zum Schnitt mit der *M*-Achse) als das bei der Kurve *VI*. Der Motor würde also nach Kurve *VI* mit einem zu großen Drehmoment beschleunigt werden. Damit nun aber beim Senken der Last keine zu große Geschwindigkeit auftritt, ist es notwendig, von Kurve *V* zunächst auf Kurve *VI* zu schalten und dann erst für eine weitere Beschleunigung der Last zurück nach Kurve *V* zu gehen. Der zweite Nachteil dieser übersynchronen Senkbremsschaltung ist, daß jede Regelmöglichkeit unterhalb der synchronen Drehzahl fehlt.

3. Gegenstrom-Senkbremsschaltung.

Man kann zwischen die Hub- und die soeben erklärten übersynchronen Senkschaltungen nach Abb. 290 noch Senkbremsschaltungen legen, bei denen der Motor beim Senken der Last im Hubsinne eingeschaltet bleibt (Stellungen *I*, *II*, *III* und *IV* in Abb. 292). Solche Bremsschaltungen heißen Gegenstrom-Senkbremsschaltungen. Die Drehzahlkurven für diese Schaltungen verlaufen steil

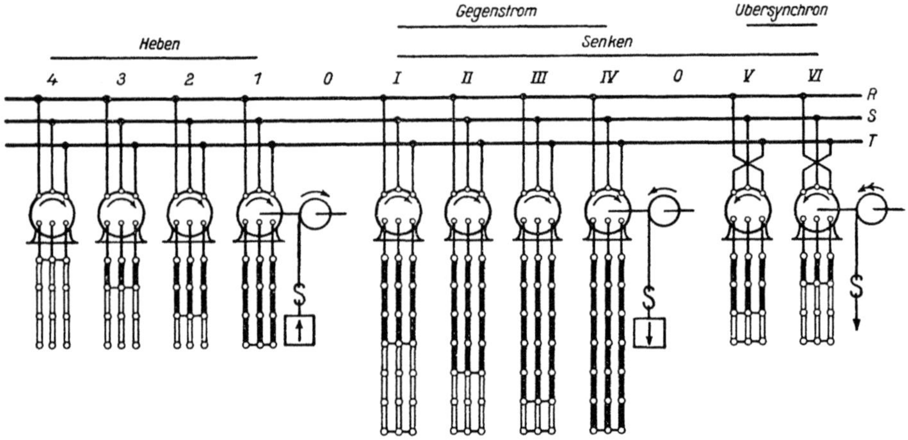

Abb. 292. Gegenstrom-Senkbremsschaltung.

(*I*, *II*, *III*, *IV* in Abb. 291). Der Motor ist, wie gesagt, im Hubsinne geschaltet; die Last jedoch zieht den Läufer im Senksinne durch. Die dazu notwendige Schwächung des Motordrehmoments wird durch genügend große Widerstände im Läufer erzielt. Die Induktionsmaschine befindet sich im Bremsbereich; die Schlüpfung ist größer als 1, da der Läufer entgegengesetzt zum Ständerdrehfeld umläuft.

Die Nachteile dieser Schaltung sind Unwirtschaftlichkeit und der Umstand, daß bei größeren Läuferwiderständen die Drehzahlen mit den Drehmomenten so stark zunehmen, daß beim Senken es schwierig ist, eine bestimmte Drehzahl einzuhalten. Weiters ist es möglich, daß bei einer kleinen Last Hubbewegung statt Senken eintritt, wenn z. B. auf Stellung *I* stehengeblieben wird. Sicherungseinrichtungen, wie doppeltwirkende Sperradbremsen oder Schleppschalter, müssen einerseits eine Lastbewegung verhindern, die nicht erwünscht ist, und Fliehkraftschalter müssen anderseits die Senkgeschwindigkeit begrenzen.

4. Untersynchrone Senkbremsschaltung.

Um im untersynchronen Bereich einen günstigen Verlauf der Drehzahl-Drehmomentenkurven zu erreichen, verbindet man zwei Stränge der Ständerwicklung miteinander und legt den Ständer einphasig ans Netz, während die Läuferwicklung über symmetrische Widerstände kurzgeschlossen ist (Abb. 293).

Die Drehzahlkurven für diese Schaltung sind aus Abb. 294 (*II*, *III*, *IV*) zu ersehen. Die Regelung erfolgt durch den Widerstand im Läuferkreis.

Während bei der Gegenstrom-Senkbremsschaltung bei Entlastung der Maschine die Drehzahlen der synchronen Drehzahl (n_1 in Abb. 291) zustreben, ist dies bei der soeben geschilderten untersynchronen Senkbremsschaltung nicht der Fall. Verschwindet die Last, so wird die Drehzahl Null, weil der Motor bei einphasiger Speisung im Stillstand kein Drehmoment entwickeln kann, wie wir noch hören werden.

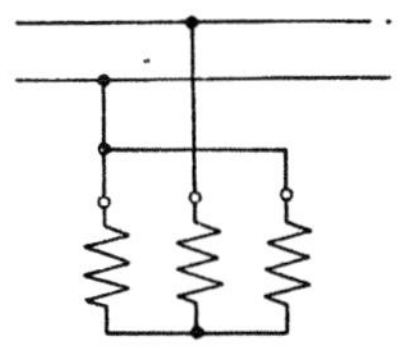

Abb. 293. Einphasige Bremsschaltung.

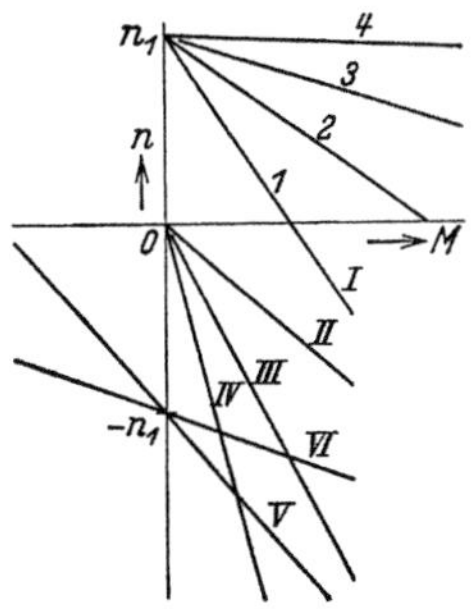

Abb. 294. Drehzahl-Drehmoment-Kurven bei einphasiger Bremsschaltung.

Das höchste Drehmoment, das die Maschine in dieser Schaltung aufbringen kann, ist ein Drittel des Kippmoments der Maschine als Motor.

Verbindet man diese Schaltung (mit den Drehzahlkurven *II*, *III* und *IV* in Abb. 294) mit einer Stufe für Gegenstrom-Senkbremsung (Kurve *I* in Abb. 294) und mit der übersynchronen Bremsschaltung mit den Drehzahlkurven *V* und *VI* (in Abb. 294), so ergibt sich die Schar der Senkbremskurven in Abb. 294, die in der Reihenfolge *I*, *II*, *III*, *IV*, *V*, *VI*, *V* einzuschalten sind.

5. Zweimotoren-Senkschaltung.

Bei dieser Schaltung werden zwei gleich große Drehstrommaschinen, die am selben Netz liegen, miteinander mechanisch unmittelbar gekuppelt. Sie besitzen getrennte Läuferwiderstände. Zum Heben der Last sind beide Motoren im Hubsinne geschaltet, so daß die Summe ihrer Drehmomente zur Wirkung kommt. Beim Senken der Last wird ein Motor im Hubsinne, der andere im Senksinne ans Netz gelegt: die Drehmomente wirken einander entgegen.

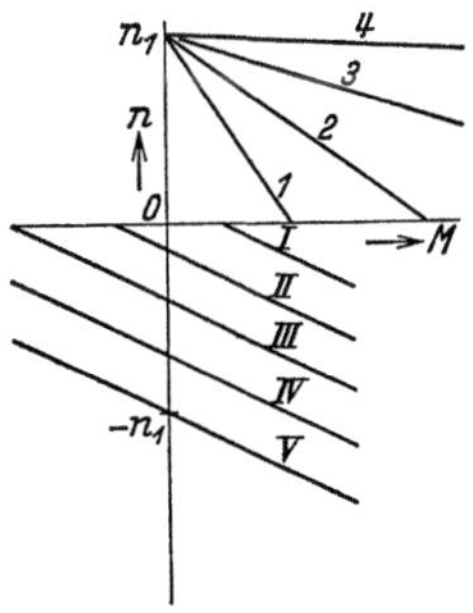

Abb. 295. Drehzahl-Drehmoment-Kurven bei Doppelmotoren-Senkschaltung.

Die Senkkurven, die bei dieser Schaltung erreicht werden, sind in Abb. 295 dargestellt. Sie haben geringe Neigung und sind günstig abgestuft. Diese Schaltung wird sich dort empfehlen, wo eine gute Regelfähigkeit und die Beherrschung kleiner Senkgeschwindigkeiten bei allen Lasten gefordert werden.

6. Bremsung mit unsymmetrischen Ständerschaltungen.

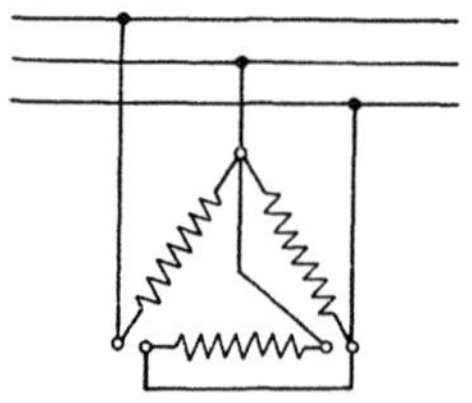

Abb. 296. Unsymmetrische Ständerschaltung.

Bei diesem Bremsverfahren stellt man eine Unsymmetrie in der Ständerwicklung her, wie es z. B. Abb. 296 zeigt. Dadurch entsteht neben dem rechtläufigen Drehfeld im Motor noch ein gegenläufiges. Dieses Drehmoment muß größer sein als das des rechtläufigen Drehfeldes, damit eine Bremsung eintritt. Diese Forderung läßt sich mit einem Stromverdrängungsläufer erfüllen; bei einem Schleifringläufer durch Einschalten eines Läufervorwiderstandes. Ist der Motor zum Stillstand gekommen, so ist das vom gegenläufigen Drehfeld erzeugte Drehmoment ebenso groß wie das Drehmoment des rechtläufigen Drehfeldes und der Motor kann nicht nach der entgegengesetzten Richtung hochlaufen.[1])

G. Die elektrische Welle.

Sollen zwei Triebwerke mit genau gleicher Drehzahl laufen, so kann diese Aufgabe sowohl durch eine mechanische als auch durch eine elektrische Welle gelöst werden. Beim Antrieb von Klappbrücken, Hubbrücken, Hubtoren, Kranen, Verladebrücken, Hebebühnen, Hebeböcken, Werkzeugmaschinen und Wehranlagen ist die mechanische Welle öfters baulich unbequem. Man kann dann durch zwei oder mehr Motoren antreiben, die durch eine elektrische Welle miteinander verbunden sind. Das Schaltbild einer solchen elektrischen Ausgleichwelle ist in Abb. 297a zu sehen. T_1 und T_2 sind die Triebwerke, M_1 und M_2 die Antriebsmotoren. W_1 und W_2 stellen die Drehstrom-Induktionsmaschinen mit Schleifringläufern dar, die die elektrische Welle bilden. Sie sind mit den Antriebsmotoren starr gekuppelt. Ihre Ständerwicklungen liegen phasengleich an einem gemeinsamen Netz. Die Läuferschleifringe sind phasengleich miteinander verbunden. Ist nun das eine Triebwerk T_1 und damit auch die Wellenmaschine W_1 stärker belastet als das Triebwerk T_2 mit seiner Gleichlaufmaschine W_2, so wird sein Läufer sich gegen den Läufer des schwächer belasteten Motors verdrehen, seine Läuferspannung sich gegen die Läuferspannung des zweiten Motors W_2 um den gleichen Winkel verschieben, so daß im Kreise der beiden Läufer eine Differenzspannung entsteht, die einen Ausgleichsstrom und damit ein synchronisierendes Moment hervorruft. Durch den Ausgleichsstrom wird dem stärker belasteten Triebwerk ein Zusatzmoment gegeben, das der Motor des schwächer belasteten Triebwerkes zur Verfügung stellt. Beide Motoren sind somit gleich belastet. Je nach Größe und Polzahl der Wellenmaschinen und der Höhe des

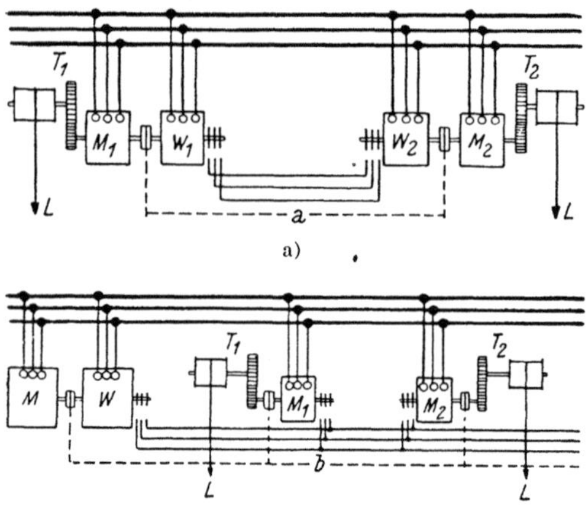

a)

b)

Abb. 297.
a) Elektrische Ausgleichwelle.
b) Elektrische Arbeitswelle.

---

[1]) H. Jordan und W. Schmitt, AEG-Mitt. (1940) S. 269.

zu übertragenden Ausgleichmoments ist der räumliche Verdrehungswinkel dieser elektrischen Welle etwa ·0 bis 15°. Da die Läuferspannung eines Induktionsmotors mit wachsender Drehzahl sinkt, läßt man im allgemeinen die Ausgleichsmotoren gegen ihr Drehfeld arbeiten, um das synchronisierende Moment zu steigern. Laufen die Ausgleichsmotoren mit ihrem Drehfelde, so kann ein ausreichendes synchronisierendes Moment erzielt werden dadurch, daß man ihre Polzahl von der der Arbeitsmotoren verschieden wählt. Und zwar macht man die Polzahl der Wellenmaschinen kleiner als die der Antriebsmotoren. Die Antriebsmotoren M_1 und M_2 können beliebige sein: Drehstrom-Induktionsmotoren mit Käfig- oder Schleifringläufern, Gleichstrommotoren oder andere. Selbstverständlich müssen sie gleiche Drehzahlkennlinien haben, damit die Ausgleichsdrehmomente bei verschiedener Belastung der Triebwerke nicht zu groß werden. An eine elektrische Ausgleichswelle können beliebig viele Triebwerke angeschlossen werden; jedes Triebwerk muß dann eine Wellenmaschine als Übertragungsglied erhalten.

Unter bestimmten Bedingungen kann ein Gleichlauf von Triebwerken auch durch eine „vereinfachte elektrische Ausgleichswelle“ oder „Läuferkupplung“ erzwungen werden. In diesem Falle übernehmen die Wellenmaschinen W_1 und W_2 in Abb. 297a gleichzeitig die Aufgabe der Antriebsmotoren M_1 und M_2, so daß diese ausfallen können. An die Verbindungsleitungen der Schleifringe wird ein gemeinsamer regelbarer Schlupfwiderstand geschaltet zur Erzeugung des asynchronen Motormoments. Der Schlupfwiderstand muß einen Schlupf von mindestens 25% bewirken. Diese vereinfachte elektrische Ausgleichswelle ist auf Betriebe beschränkt, die stets mit einem möglichst gleichbleibenden Lastmoment beansprucht sind und bei denen keine allzu großen Lastmomentunterschiede zwischen den einzelnen Triebwerken auftreten.

In Abb. 297b ist das Schaltbild einer elektrischen Arbeitswelle dargestellt. Der Antriebsmotor M und die Wellenleitmaschine W bilden das „Leitaggregat“. Der Antriebsmotor kann wieder ein Induktionsmotor mit Käfig- oder Schleifringläufer sein oder ein Drehstrom-Kommutatormotor oder ein Gleichstrommotor. Die Wellenmaschinen M_1, M_2 usw. sind mit den Triebwerken T_1, T_2 usw. mechanisch starr gekuppelt. Alle Wellenmaschinen sind ständerseitig an das Drehstromnetz angeschlossen und läuferseitig phasengleich miteinander verbunden. Die Zahl der im Gleichlauf zu haltenden Triebwerke kann beliebig groß sein. Verwendet wird die elektrische Arbeitswelle bei Fahrwerken von Kranen, bei Hebeböcken, Werkzeugmaschinen und anderen Antrieben.[1])

H. Asynchrongeneratoren.

Ein Drehstrom-Induktionsmotor geht, wie schon öfter gesagt wurde, in den Generatorzustand über, wenn der Läufer übersynchron im Sinne des Drehfeldes angetrieben wird; die Schlüpfung s ist dann negativ.

Ein solcher Induktionsgenerator hat nun die besondere Eigenschaft, daß er seinen Magnetisierungsstrom nicht selbst erzeugen kann, sondern ihn dem Netz, in das er arbeitet, entnehmen muß. Man sieht ja im Kreisdiagramm der Abb. 243, daß die Blindkomponente des Ständerstromes, d. i. der Magnetisierungsstrom, ihr Vorzeichen beibehält, wenn der Motor in den Generatorzustand übergeht. Der Blindstrom für die Erregung des Induktionsgenerators

[1]) W. Stoll, AEG-Mitt. (1941) S. 197. — H. Jordan und W. Schmitt, AEG-Mitt. (1941) S. 102. — H. Jordan und Fr. Lax, Jb. AEG-Forschung 9/1 (1942) S. 18.

muß also vom Netz geliefert werden, und dies ist z. B. möglich, wenn am gleichen Netz Synchrongeneratoren arbeiten, die induktiven Strom erzeugen können. Die Periodenzahl des Netzes wird dann durch die Synchrongeneratoren bestimmt, die die Umlaufzahl des Drehfeldes angeben. Man nennt diese Synchrongeneratoren deshalb Takthalter.

Aus Abb. 243 ist zu entnehmen, daß die von einem Asynchrongenerator gelieferten Ströme eine solche Phasenlage haben, die kapazitiven Leistungen von Generatoren entsprechen. Schließt man nun an einen Asynchrongenerator kapazitive Widerstände (Kondensatoren) an, so lassen sich diese so bemessen, daß der Generator bei vorgeschriebener Spannung und Periodenzahl einen Strom abgibt, der sowohl der Größe als auch der Phase nach einem Punkt des Kreisdiagramms entspricht. Somit arbeitet die Maschine in diesem Falle als Generator, ohne den Blindstrom z. B. aus Synchronmaschinen zu entnehmen, d. h. der Generator wird durch die Kondensatoren erregt. Doch kann diese Erregung des Generators nicht vom spannungslosen Zustand aus erfolgen. Die Anfangs-

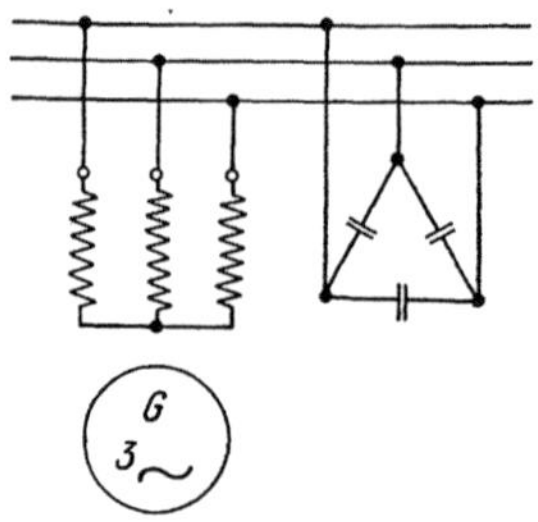

Abb. 298. Asynchrongenerator mit parallelgeschalteten Kondensatoren.

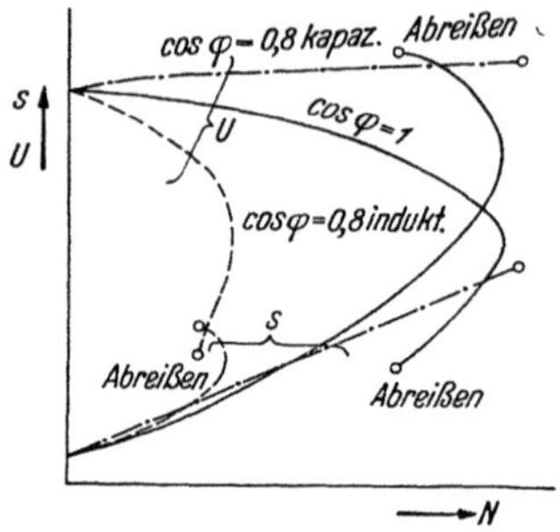

Abb. 299. Belastungskennlinien eines Asynchrongenerators.

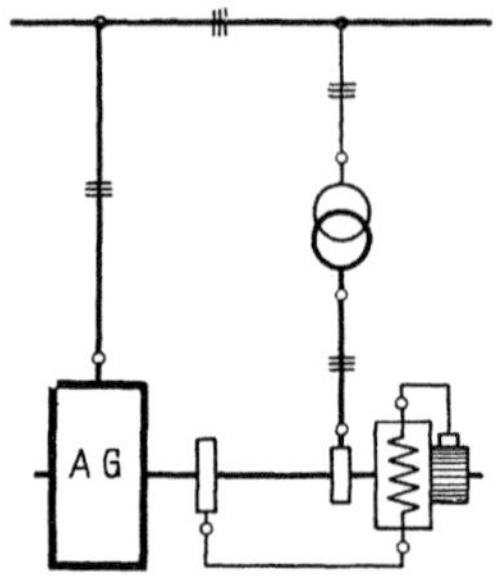

Abb. 300. Asynchrongenerator mit Drehstrom-Erregermaschine.

bedingungen für einen möglichen Betriebszustand müssen besonders geschaffen werden, z. B. durch den Restmagnetismus in der Induktionsmaschine oder durch kurzzeitiges Anlegen einer Spannung usw.

In Abb. 298 sind zur Ständerwicklung Kondensatoren parallel geschaltet. Auf diese Weise entstehen im Ständer drei Schwingungskreise mit eisenhaltigen Induktivitäten, die sowohl untereinander als auch mit dem Läufer magnetisch gekoppelt sind. Wird der Läufer angetrieben und werden die Schwingungskreise im Ständer z. B. durch einen Stromstoß im Läufer oder vom Restmagnetismus angeregt, so entstehen unter bestimmten Bedingungen Schwingungen, die ungedämpft bleiben, auch wenn die Wirkung der Anregung aufgehört hat; die Asynchrongeneratoren haben sich selbst erregt und können Leistung ins Netz liefern.

Die Kurve der Klemmenspannung von Asynchrongeneratoren ähneln jenen von Gleichstrom-Nebenschlußmaschinen. Abb. 299 zeigt sie für verschiedene Leistungsfaktoren. U bedeutet die Strangspannung, s den Schlupf und N die Phasenleistung. Bei bestimmten Belastungspunkten reißen die selbsterregten Schwingungen ab und der Generator wird plötzlich enterregt.

Statt Kondensatoren können zur Selbsterregung von Asynchrongeneratoren auch Drehstrom-Kommutator-Erregermaschinen verwendet werden. Abb. 300 zeigt ein Schaltbild für eine solche Anordnung. Die Erregermaschine wird über einen Transformator vom Netz aus gespeist und liefert Strom mit Läuferfrequenz dem Läufer des Asynchrongenerators. Dadurch beeinflußt sie Größe und Phasenlage des Läufer- und damit auch des Ständerstromes des Generators. Die Asynchrongeneratoren ohne Selbsterregung sind, wenn sie mit einem Kurzschlußanker ausgerüstet werden, einfache Maschinen, die im Preise billiger als Synchronmaschinen kommen. Außerdem ist das Parallelschalten solcher Generatoren leichter. In den meisten Fällen können sie wie Drehstrommotoren angelassen werden. Diesen Vorteilen stehen aber auch Nachteile gegenüber. Z. B. verschlechtert der Asynchrongenerator den Leistungsfaktor des Gesamtwerkes, da er Blindstrom benötigt. Durch die Selbsterregung mit Kondensatoren oder Drehstrom-Kommutator-Erregermaschinen wird dieser Nachteil wohl aufgehoben, doch die Maschinen werden dagegen verteuert. Für vollautomatische, bedienungslose Wasserkraftwerke wird sowohl der mit einer Drehstrom-Erregermaschine als auch der mit Kondensatoren erregte Asynchrongenerator mit Vorteil angewendet.[1]) Zur Zeit dürfte der asynchrone Generator, der mit Kondensatoren selbsterregt wird, den Generator mit Drehstromhintermaschine verdrängen.

J. Drehtransformatoren (Drehregler).

1. Dreiphasige Drehtransformatoren.

Es wurde schon bei den einleitenden Ausführungen über die Induktionsmaschinen bemerkt, daß im Stillstand die Induktionsmaschine ein Transformator ist, bei dem jedoch das Wechselfeld durch ein Drehfeld ersetzt ist.

Eine Induktionsmaschine, deren Läufer festgehalten ist und nur um bestimmte Winkel verdreht werden kann, wird ein Drehtransformator (Drehregler, Induktionsregler) genannt.

Bei einem solchen Transformator ist es möglich, die in den beiden Wicklungen, Ständer- und Läuferwicklung, vom Drehfeld induzierten Spannungen in der Phase gegeneinander zu verschieben, indem man den Läufer gegen den Ständer verdreht. Fallen nämlich die Achsen der Stränge der beiden Wicklungen zusammen, so kommt das umlaufende Drehfeld gleichzeitig zu den entsprechenden Strängen der beiden Wicklungen: die Spannungen in der Ständer- und Läuferwicklung sind gleichphasig. Verdrehen wir aber z. B. den Läufer im Sinne des Drehfeldes um einen Winkel α gegen den Ständer und nehmen wir an, die Ständerwicklung wäre die Primärwicklung, so gelangt das Drehfeld zuerst zu einem Strange der Ständerwicklung und dann erst später zu dem entsprechenden Strange der Läuferwicklung, die hier die Sekundärwicklung ist: und zwar ist die Spannung des Sekundärwicklungsstranges zeitlich um $\alpha\, p$ gegen die Spannung des entsprechenden Primärwicklungsstranges verspätet. p ist die Polpaarzahl des Drehtransformators. Die Größe der sekundären Spannung ändert sich nicht; nur ihre Phasenlage ist gegenüber der der primären Spannung je nach Läuferstellung verschieden.

Bei der im allgemeinen verwendeten Zusatzschaltung werden die Stränge der Läuferwicklung als Primärwicklung parallel zum Netz geschaltet, während die Stränge der Ständerwicklung als Sekundärwicklung in Reihe mit dem Netz liegen (Abb. 301). Bedeuten U_1 und U_z die in der Primär- und Sekundärwicklung induzierten Spannungen, so stellt Abb. 301a das Spannungsdiagramm für einen solchen Drehtransformator dar. Sehen wir von den Spannungsverlusten ab,

---

[1]) C. Lommel, VDE-Fachberichte (1929) S. 19. — B. Fleck, AEG-Mitt. (1932) S. 275; Z. VDI 85 (1941) S. 723. — H. Wotypka, Wasserkr. u. Wasserwirtsch. 35 (1940) S. 251.

so läßt sich sagen, daß wir mit Hilfe dieses Drehtransformators die Spannung U_2 zwischen den Grenzen $(U_1 + U_z)$ und $(U_1 - U_z)$ regeln können. U_2 ist aber bis auf die beiden Grenzfälle in der Phase von U_1 verschieden.

Zur Verringerung der geregelten Spannung ist der Drehregler stets mechanisch in jenem Sinne zu verstellen, in dem sich sein Läufer drehen würde, wenn seine Wicklung abgeschaltet und kurzgeschlossen wäre.

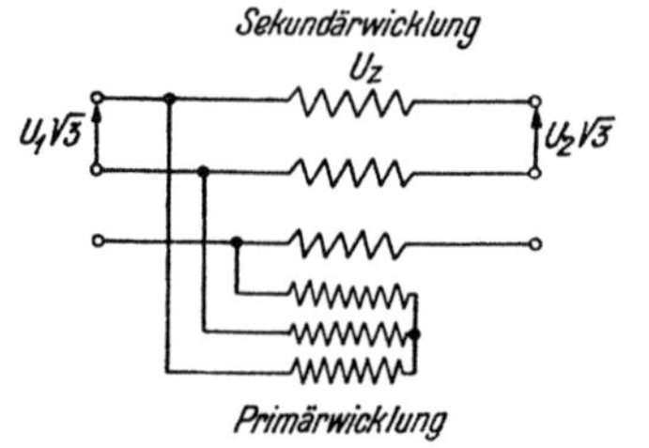

Abb. 301. Schaltbild eines dreiphasigen Drehtransformators.

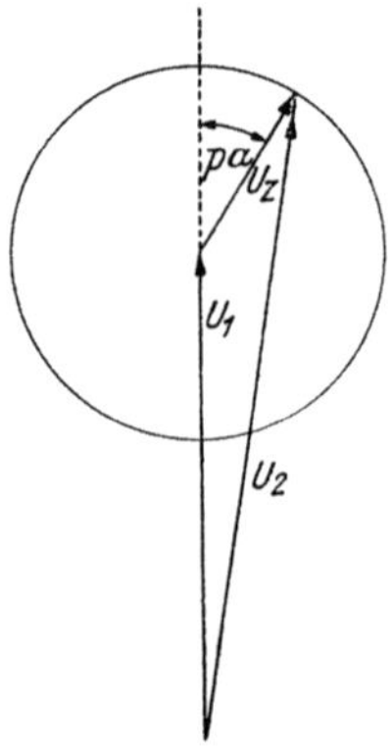

Abb. 301 a. Netzspannung U_1, Zusatzspannung U_z und geregelte Netzspannung U_2 für einen Drehtransformator nach Abb. 301.

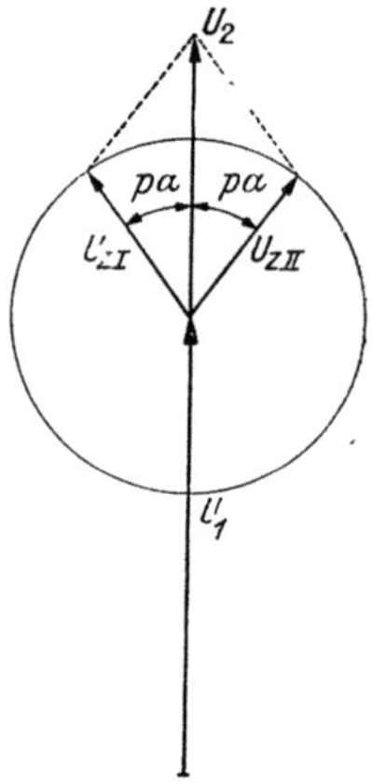

Abb. 303. Netzspannung U_1, Zusatzspannungen $U_{z\,I}$ und $U_{z\,II}$ und geregelte Netzspannung U_2 für einen Doppeldrehtransformator nach Abb. 302.

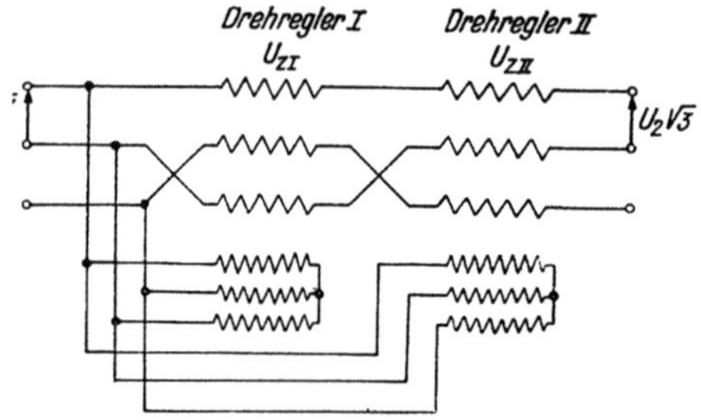

Abb. 302. Schaltbild eines Doppel-Drehtransformators.

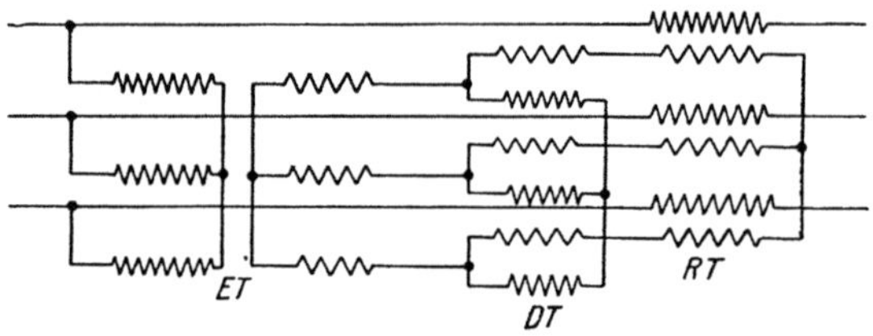

Abb. 304. Schaltbild eines dreiphasigen Drehtransformators (*DT*) mit Erreger- (*ET*) und Reihentransformatoren (*RT*) bei Hochspannung.

Wünscht man jedoch, daß die geregelte Spannung phasengleich mit der zugeführten Spannung ist, so verwendet man zwei Drehtransformatoren. Die Ständerwicklungen als Sekundärwicklungen sind in Reihe geschaltet (Abb. 302), die beiden Läuferwicklungen als Primärwicklungen liegen parallel zum Netz und sind so angeschlossen, daß die primären Drehfelder entgegengesetzten Umlaufsinn haben. Die Wellen der beiden Drehtransformatoren sind miteinander unmittelbar gekuppelt. Bei Verdrehung der beiden Läufer gegenüber ihren Ständern wird die Spannung der einen Ständer- oder Sekundärwicklung in der Phase gegen die Primärspannung verfrüht, die andere aber um ebensoviel verspätet. Die beiden Sekundärspannungen U_{zI} und U_{zII} addieren sich zur Primärspannung U_1 und ergeben, wenn wir wieder von den Spannungsverlusten absehen, eine resultierende geregelte Spannung U_2, die in Phase mit der ungeregelten Spannung U_1 ist (Abb. 303). Das resultierende Drehmoment an der Welle eines solchen Doppeldrehtransformators ist Null, da die Drehmomente der beiden Drehtransformatoren einander aufheben.

Wenn die Betriebsspannung größer als etwa 12000 V ist, so legt man den Läufer des Drehtransformators über einen Transformator ans Netz. Dieser

Transformator wird Erregertransformator genannt, weil die Erregung des Drehtransformators über diesen Transformator erfolgt. Für noch größere Betriebsspannungen wird auch der Ständer des Drehtransformators über einen eigenen Transformator, einen Reihentransformator, ans Netz angeschlossen (Abb. 304). Selbstverständlich läßt sich auch die Schaltung eines Doppeldrehtransformators mit Erreger- und Reihentransformatoren ausführen.

2. Einphasige Drehtransformatoren.

Bisher wurde nur von dreiphasigen Drehtransformatoren gesprochen. Bei der einphasigen Ausführung sind Ständer und Läufer mit je einer Einphasenwicklung ausgerüstet (Abb. 305a). Wird vorerst die Ständerwicklung als Primärwicklung angenommen und verdreht man den Läufer mit der Sekundärwicklung um einen Winkel α, so ist die in der Sekundärwicklung induzierte Spannung bei fester Primärspannung U_1 und Leerlauf proportional $\cos p\,\alpha$, wenn der Drehtransformator $2p$-polig ist.

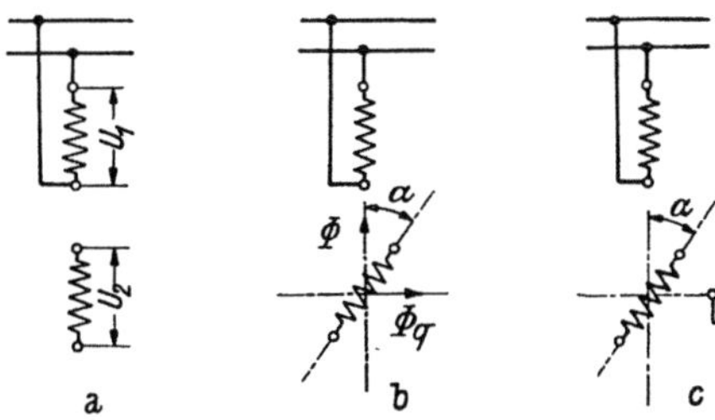

Abb. 305. Einphasiger Drehtransformator.

Die Sekundärwicklung erregt außer einem Längsfluß in Richtung der Ständerwicklungsachse auch noch einen Querfluß Φ_q (Abb. 305b). Dieser Querfluß würde einen großen induktiven Spannungsverlust hervorrufen, deshalb wird er durch eine Kurzschlußwicklung abgedämpft (Abb. 305c). Man ordnet die Kurzschlußwicklung in jenem Teil des Drehtransformators an, der die Primärwicklung trägt. Doch muß sie gegen die Primärwicklung um eine halbe Polteilung am Ankerumfang verschoben sein.

Wie der dreiphasige Drehtransformator, so wird auch der einphasige meist in Zusatzschaltung verwendet.

K. Die einphasige Induktionsmaschine.

1. Wirkungsweise.

Schaltet man bei einem Drehstrom-Induktionsmotor einen Wicklungsstrang des Ständers ab, so arbeitet die Maschine als einphasiger Induktionsmotor weiter. Es zeigt sich aber, daß ein solcher Einphasenmotor von selbst nicht anlaufen kann: er entwickelt kein Anlaufdrehmoment. Bringt man ihn jedoch in der einen oder anderen Drehrichtung auf eine bestimmte Drehzahl, so läuft er in diesem Sinne weiter und kann belastet werden. Sein Drehmoment wächst mit sinkender Läuferdrehzahl. Überschreitet dieses Drehmoment einen bestimmten Höchstwert, so bleibt der Motor stehen.

Diese Wirkungsweise läßt sich folgendermaßen erklären. Die Ständerwicklung ist einphasig; der Läufer trägt eine mehrsträngige Wicklung. Diese kann sowohl eine Schleifringankerwicklung als auch eine Käfigwicklung sein. Bei Stillstand des Läufers verhält sich die Maschine wie ein einphasiger Transformator im Kurzschluß. Das einphasige Wechselfeld des Ständers induziert in der Läuferwicklung Ströme. Ein sinusförmiges stehendes Wechselfeld aber können wir uns nach Abschn. III B 4 zerlegt denken in zwei gegenläufige Drehfelder, deren Amplitude halb so groß ist wie die des Wechselfeldes. Diese beiden Drehfelder ergeben mit den Läuferströmen zwei Drehmomente, die untereinander gleich sind, aber entgegengesetzte Richtung haben: die Drehmomente heben sich auf und **der Motor besitzt kein Anlaufdrehmoment.**

Nun nehmen wir an, daß der einphasige Induktionsmotor auf irgendeine Weise in einer beliebigen Drehrichtung auf eine bestimmte Drehzahl gebracht worden ist. Das stehende Wechselfeld, das von der Ständerwicklung hervorgebracht wird, zerfällt in zwei gegenläufige Drehfelder, von denen eines im Sinne des umlaufenden Läufers sich dreht und als rechtläufiges Drehfeld angesehen wird, während das andere, das gegenläufige Drehfeld in einem Sinne umläuft, der dem des Läufers entgegengesetzt ist.

Bezeichnen wir mit n_1 die synchrone Drehzahl, mit der die beiden gegenläufigen Drehfelder umlaufen, und mit n die Drehzahl des Läufers, so ist der Schlupf des Läufers gegenüber dem rechtläufigen Drehfeld

$$s = \frac{n_1 - n}{n_1},$$

und gegenüber dem gegenläufigen Drehfeld

$$s' = \frac{n_1 + n}{n_1} = 2 - s.$$

Somit induziert das rechtläufige Drehfeld in der Läuferwicklung einen Strom der Frequenz $f_1 s$ und das gegenläufige Drehfeld einen zweiten Strom der Frequenz $f_1 s' = f_1 (2 - s)$. Die beiden Drehfelder bilden zusammen mit diesen Läufer-

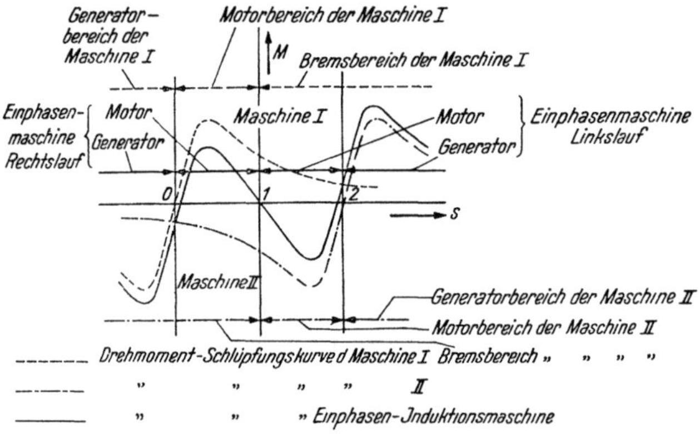

Abb. 306. Entstehung der Drehmoment-Schlüpfungskurve einer einphasigen Induktionsmaschine.

strömen Drehmomente aus, deren Summe das resultierende Drehmoment der Maschine gibt. Und zwar wirken das rechtläufige Drehfeld auf die Läuferströme der Frequenzen $f_1 s$ und $f_1 (2 - s)$ und das gegenläufige Drehfeld auf eben diese Läuferströme, so daß insgesamt vier Drehmomentkomponenten entstehen. Jedoch ändern sich die Drehmomente, die vom rechtläufigen Drehfelde mit dem Läuferstrom der Frequenz $f_1 (2 - s)$ und dem gegenläufigen Drehfelde mit dem Läuferstrom der Frequenz $f_1 s$ gebildet werden, zeitlich, weil sich die gegenseitige räumliche Lage dieser Drehfelder und der entsprechenden Strombeläge des Läufers zeitlich ändert. Ihr zeitlicher Mittelwert ist Null. Die restlichen Drehmomentkomponenten geben in ihrer Summe oder Differenz das resultierende Drehmoment.

Da die Wirkung jedes der beiden gegeneinander laufenden Drehfelder auf den nicht von ihm in der Läuferwicklung induzierten Strom den Mittelwert Null ergibt, so kann die einphasige Induktionsmaschine aufgefaßt werden als ein Maschinensatz, der aus zwei mehrphasigen Induktionsmaschinen mit entgegengesetzten Ständerdrehfeldrichtungen besteht, deren Ständerwicklungen in Reihe geschaltet sind. Die Läufer dieser beiden Maschinen sind miteinander mechanisch gekuppelt und laufen daher im selben Sinne um. Die eine Maschine (*I* in Abb. 306) bringt im Ständer das rechtläufige Drehfeld hervor. Die Schlüpfung ihres Läufers ist s. Sie erzeugt z. B. Drehmomente des Motorbereiches, solange $0 < s < 1$ ist. Die zweite Maschine (*II*) mit dem gegenläufigen Ständerdrehfeld und der Läuferschlüpfung $s' = 2 - s$ erzeugt dann Bremsdrehmomente, da $s' > 1$ ist. Diese beiden Drehmomente wirken einander entgegen und ihr Unterschied ist das resultierende Drehmoment des einphasigen Induktionsmotors. Alles übrige dürfte aus Abb. 306 ohne nähere Erklärung hervorgehen. Wir sehen z. B., daß das Anlaufdrehmoment des Einphasenmotors Null ist ($s = 1$) und erkennen, daß das Kippmoment dieser Maschine als Generator höher ist. Die Kurven für die Drehmomente der Maschinen *I* und *II* gelten für den Fall, daß beide Maschinen an der gleichen Spannung liegen. Im Synchronismus muß der Leerlaufstrom der Maschine *I* mit dem rechtläufigen Drehfelde gleich dem Ständerstrome der Maschine *II* bei der Schlüpfung $s = 2$ sein (der ungefähr gleich dem Kurzschlußstrom ist), da wir ja eine Reihenschaltung der beiden Maschinen angenommen haben. Für den Fall des Synchronismus muß also der Durchmesser des Kreisdiagramms für die Maschine *II* so klein sein, daß diese Forderung erfüllt werden kann. Das bedeutet aber auch eine Verringerung des Drehmoments der Maschine *II* und damit eine Vergrößerung der Drehmomente des Einphasenmotors über die in Abb. 306 ermittelten Werte. In der Nähe der Synchrondrehzahl wird also das gegenläufige Drehfeld bis auf einen kleinen Rest vernichtet, so daß hauptsächlich das rechtläufige Drehfeld übrig bleibt.

2. Das Anlassen der Einphasenmotoren.

Der Einphasenmotor hat eine Reihe von Nachteilen: Der Motor läuft nicht selbständig an; seine Leistung ist nur $^1/_2$ bis etwa $^2/_3$ jener einer Mehrphasenmaschine mit den gleichen Abmessungen und den gleichen elektrischen und magnetischen Beanspruchungen; sein Leistungsfaktor ist schlechter als beim Mehrphasenmotor und schließlich neigt er zur Geräuschbildung. Wir wollen zuerst die Möglichkeiten besprechen, die bestehen, solche Motoren anzulassen.

a) Anwurfmotoren. Bei Leistungen von etwa $^1/_4$ bis $1^1/_2$ kW können Einphasenmotoren am Riemen oder durch Handkurbel angeworfen werden. Sie werden Anwurfmotoren genannt.

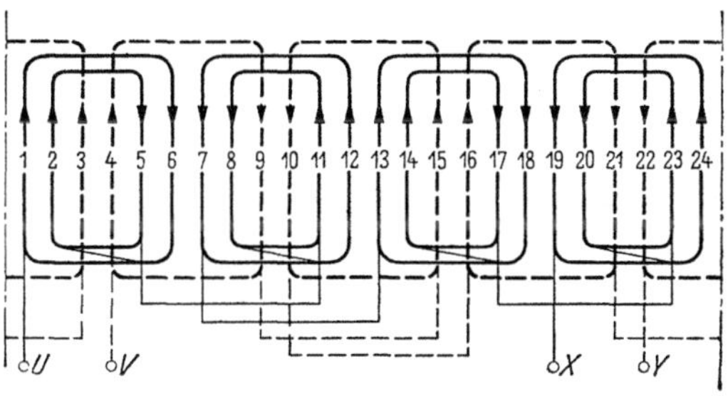

Abb. 307. Schaltbild einer einphasigen Wicklung mit 4 Nuten je Pol mit einer Anlaufwicklung mit 2 Nuten je Pol.

b) Anlauf mit Hilfswicklung. Bei größeren Leistungen aber erzeugt man mit Hilfe einer zweiten Wicklung im Ständer, die um 90° elektrische Grade gegen die Hauptwicklung verschoben ist und Anlaufwicklung, Hilfswicklung oder Hilfsstrang heißt, ein Drehfeld, so daß der Motor bereits im Stillstand ein Drehmoment entwickelt, mit dem er hochlaufen kann.

Haupt- und Hilfsstränge bilden eine zweiphasige Wicklung. Jedoch werden die beiden Stränge nicht gleichwertig ausgebildet. Im allgemeinen nimmt der Hauptstrang $^2/_3$ der Ankernuten ein, während der Hilfsstrang in dem verbleibenden Drittel der Nuten liegt, wie Abb. 307 zeigt.

Der Strom in der Hilfswicklung muß nun eine zeitliche Phasenverschiebung gegenüber jenem in der Hauptwicklung haben. Dies läßt sich erzielen, indem man in Reihe mit der Hilfswicklung einen Kondensator, eine Drosselspule oder einen Wirkwiderstand schaltet und diesen Zweig parallel mit dem Hauptstrange ans Netz legt. Ist der Motor angelaufen, so kann die Hilfswicklung abgeschaltet werden (Abb. 308). Statt der Hilfswicklung einen Wirkwiderstand vorzuschalten, kann man die Wicklung selbst aus Widerstandsbaustoff ausführen. Es wurden auch Schaltungen ausgeführt, bei denen z. B. die Hilfswicklung aus Widerstands-

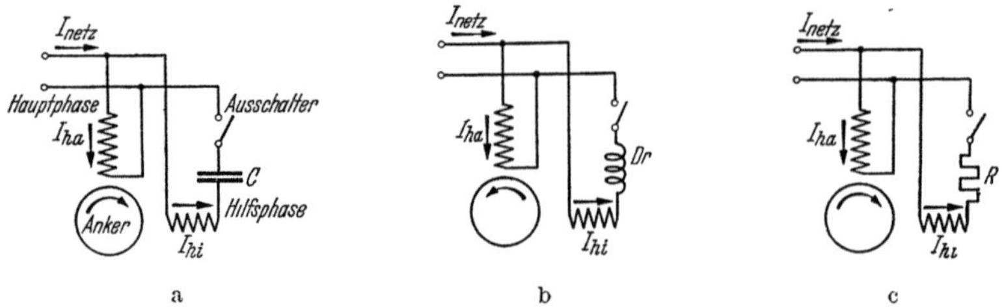

Abb. 308. Anlaufschaltungen für einen Einphasenmotor.

baustoff ist und die Drosselspule in Reihe mit der Hauptwicklung geschaltet wurde. Man kann auch die Ständerwicklung mit drei Strängen in Sternschaltung ausbilden: Dabei liegt ein Strang an einer Ständerklemme und die beiden anderen Stränge an der zweiten Klemme. Von den beiden zuletzt genannten Strängen enthält ein Strang eine Drossel, der andere einen Wirkwiderstand in Reihenschaltung. Oder man legt bei Sternschaltung der drei Ständerwicklungsstränge zwei Stränge in Reihe an die beiden Netzklemmen und schaltet den dritten Strang über einen Wirkwiderstand parallel zu einem der beiden zuerst genannten Stränge und gleichzeitig über eine Drosselspule parallel zum zweiten dieser Stränge. Oder man schließt die drei Ständerstränge in Dreieckschaltung ans Netz an, indem man einen Strang mit den Netzklemmen verbindet. Parallel zum zweiten Strang legt man einen Wirkwiderstand, parallel zum dritten eine Drosselspule.

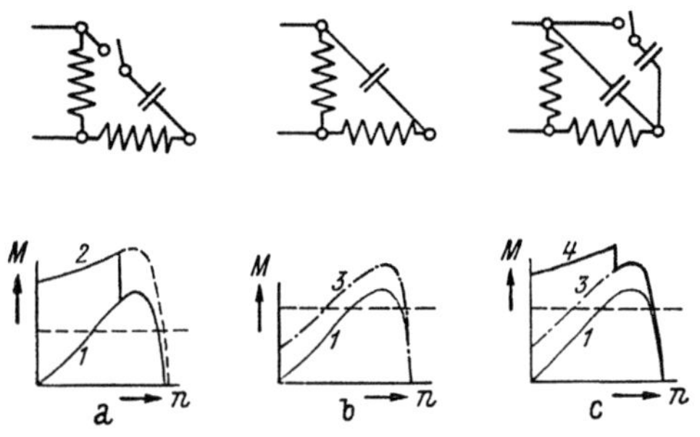

Abb. 309. Drehmoment-Drehzahl-Kurven von Kondensatormotoren. a Motor mit Anlaufkondensator; b Motor mit Betriebskondensator; c Motor mit Doppelkondensator. *1* Anwurfmotor; *2* Motor mit Anlaufkondensator; *3* Motor mit Betriebskondensator; *4* Motor mit Doppelkondensator.

3. Kondensatormotoren.

Im allgemeinen entwickeln die Motoren die größten Anlaufdrehmomente, wenn sie mit Kondensatoren im Hilfsstrange angelassen werden. Solche Motoren werden Kondensatormotoren genannt. Man kann nun den Kondensator im Hilfsstrang nur für den Anlauf des Motors verwenden und, wenn der Motor hochgelaufen ist, den Kondensator durch einen Fliehkraftschalter abschalten (Abb. 308a). Die Drehmoment-Drehzahlkurve für einen derartigen Motor mit Anlaufkondensator zeigt Abb. 309a. Die mit 1 bezeichnete Kurve gilt für den einphasigen Induktionsmotor ohne Hilfsstrang. Bei einer bestimmten Drehzahl, etwa $^2/_3$ der synchronen Drehzahl, wird der Kondensator durch den Fliehkraftschalter abgeschaltet und die Drehmomentkurve fällt von 2 auf 1. Der Grund, warum man den Kondensator nicht auch im Betrieb eingeschaltet läßt, ist die dadurch eintretende übermäßige Belastung der Hilfswicklung und somit unzulässige Erwärmung des Motors. Das Anlaufdrehmoment wird durch die Größe des Kondensators bestimmt und kann ein Mehrfaches des Nenndrehmoments sein. Die Vorteile solcher Motoren sind neben dem hohen Anzugmoment: guter Leistungsfaktor im Anlauf und günstiges Verhältnis von Anlaufstrom und Anlaufdrehmoment.

Wird die Anlaufkapazität so weit verkleinert, daß der Kondensator auch im Betrieb eingeschaltet bleiben kann, so haben wir eigentlich einen Zweiphasenmotor vor uns. Die Drehmoment-Drehzahlkurve ist aus Abb. 309b zu entnehmen. Die Vorteile eines solchen Motors mit Betriebskondensator gegenüber einem Motor mit Anlaufkondensator sind: größeres Kippmoment, Leistungsfaktor im Betrieb etwa 1, besserer Wirkungsgrad, höhere Nennleistung bei der gleichen Motorgröße. Der Nachteil liegt im kleineren Anlaufdrehmoment, das hier zwischen dem 0,3- bis 0,5fachen des Nenndrehmoments schwankt.

Man kann die Eigenschaften des Motors mit Anlaufkondensator mit jenen eines Motors mit Betriebskondensator vereinigen, indem man einen Teil der Anlaufkapazität durch einen Fliehkraftschalter abschaltet und den anderen Teil der Kapazität im Betriebe eingeschaltet läßt. Die Vorteile dieses Doppelkondensatormotors sind aus der Drehmomentkurve in Abb. 309c zu ersehen.

Werden bei einem Motor mit Betriebskondensator die beiden Stränge im Ständer symmetrisch ausgebildet, so kann ein symmetrischer Betrieb als Zweiphasenmaschine erzielt werden, wenn die Hilfswicklung mit dem Kondensator an die Sekundärseite eines Transformators gelegt wird, der vom Einphasennetz gespeist ist. In Abb. 310 ist der Transformator ein Spartransformator. Für ein bestimmtes Übersetzungsverhältnis des Transformators und eine bestimmte Kapazität erhalten wir einen symmetrischen Betrieb. Doch gehört zu jedem Belastungszustand eine andere Übersetzung und eine andere Kapazität.

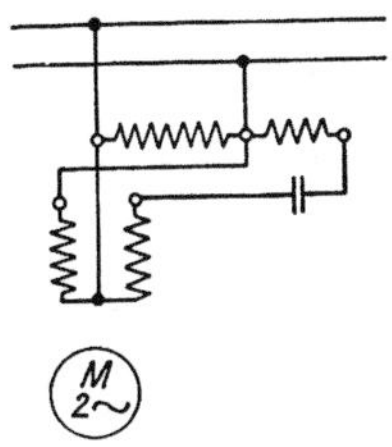

Abb. 310. Symmetrische Zweiphasenmaschine als Einphasen-Kondensatormaschine über einen Spartransformator an einem Einphasennetz.

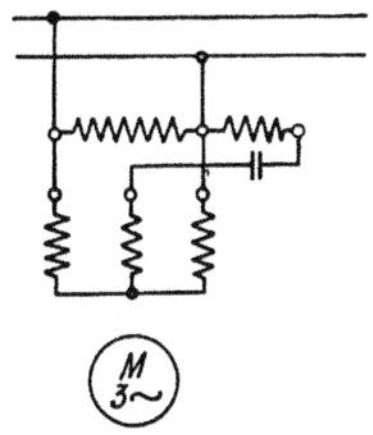

Abb. 311. Dreiphasenmaschine als Einphasen-Kondensatormaschine über einen Spartransformator an einem Einphasennetz.

Die Schaltungen einer Dreiphasenmaschine als einphasige Kondensatormaschine zeigt die Abb. 311. Wieder ist ein symmetrischer Betrieb für verschiedene Belastungen durch entsprechende Einstellung der Übersetzung des Transformators und der Kapazität des Kondensators erreichbar.

4. Drehzahlregelung.

Eine Drehzahlregelung des einphasigen Induktionsmotors läßt sich durch Widerstände im Läuferkreis bewerkstelligen. Abb. 312 zeigt die Drehmoment-Schlupfkurven für verschiedene Läuferwiderstände. Das Kippmoment des Motors nimmt mit zunehmendem Läuferwiderstand stark ab. Somit ist also beim einphasigen Induktionsmotor diese Art der Drehzahlregelung weniger wirksam als beim Dreiphasenmotor.

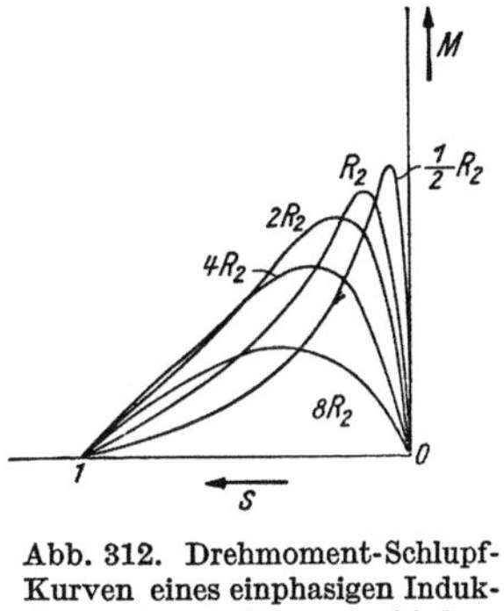

Abb. 312. Drehmoment-Schlupf-Kurven eines einphasigen Induktionsmotors für verschiedene Läuferwiderstände im Motorbereich.

Man kann die Drehzahlregelung auch durch Polumschaltung bewirken. Beim Anlaufen wird man die kleinste Polzahl einstellen. Polumschaltbar soll dann nur die Hauptwicklung sein.

V. Die Synchronmaschine.

A. Aufbau.

Die Synchronmaschine ist die wichtigste elektrische Maschine für die Erzeugung elektrischer Energie im großen und bildet somit den Kernpunkt eines jeden Elektrizitätswerkes für Wechsel- oder Drehstrom. Von den Kraftwerken

Abb. 313. Polrad einer Schenkelpolmaschine.

für die mit Wechselstrom betriebenen elektrischen Vollbahnen abgesehen, kommt nur noch die Drehstrom-Synchronmaschine zur Verwendung. Im folgenden wird daher ausschließlich diese behandelt und anschließend die Einphasen-Synchronmaschine als Sonderfall der Drehstrom-Synchronmaschine kurz besprochen.

Abb. 314. Polrad eines vierpoligen Turbogenerators.

Die gewöhnliche Synchronmaschine besitzt ein mit Gleichstrom erregtes Polrad und einen Ständer mit einer Drehstromwicklung, die grundsätzlich dieselbe ist wie bei Asynchronmaschinen, wenn auch die konstruktiven Äußerlichkeiten der Ausführung vielfach verschieden sind. Die Bezeichnung „Synchronmaschine“ rührt daher, daß das Polrad synchron mit dem Drehfeld umläuft. Bei Gleichstromerregung des Läufers ist $f_2 = 0$ zu setzen und die allgemeine Frequenzgleichung, Gl. 204, ergibt

$$f_1 = p\,n. \tag{275}$$

Die Drehzahl ist also starr an die gegebene Netzfrequenz gebunden. Ist dieser Zusammenhang im Störungsfall nicht mehr vorhanden, ist die Synchronmaschine „außer Tritt“.

Da die Erregung der Synchronmaschine nicht als Blindleistung aus dem Netz bezogen wird, sondern aus dem Gleichstromnetz erfolgt, ist man — rein konstruktiv gesehen — in der Wahl der Luftspaltbreite nicht so beschränkt; sie bewegt sich je nach der Größe der Maschine zwischen 0,5 bis 5 cm, während sie bei den größten Asynchronmaschinen wohl kaum über 0,3 cm hinauskommt. Wegen $f_2 = 0$ braucht ferner der Läufer nicht geblecht zu sein; er ist in den meisten Fällen massiv. Dagegen sind die Polschuhe oft zur Vermeidung von Wirbelströmen an der Oberfläche geblecht.

Die Drehzahl der Synchronmaschine oder vielmehr die Polzahl bei gegebener Frequenz ist durch die Drehzahl der Antriebsmaschine bestimmt. Es haben

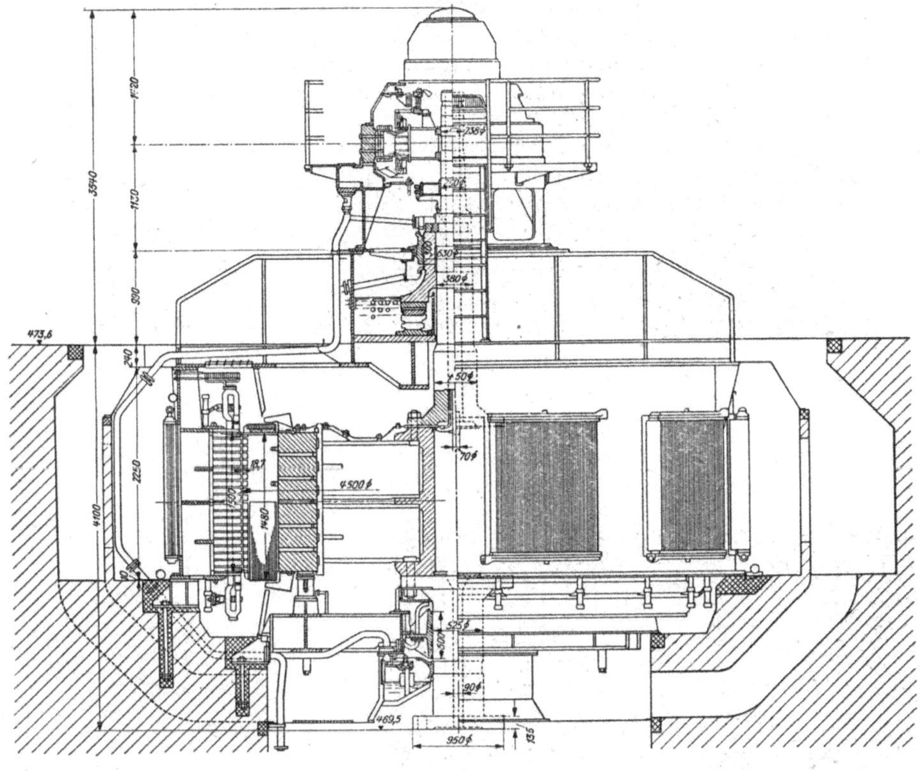

Abb. 315. Schnittzeichnung eines Wasserkraftgenerators fur 25 000 kVA der Firma Oerlikon (9000 bis 11 000 V bei 42 wie bei 50 Perioden, entsprechend 210 und 250 U/min).

sich im Laufe der Zeit einige ganz kennzeichnende Bauarten herausgebildet, die durch die besonderen Forderungen des Antriebes ihr eigenes konstruktives Gesicht erhalten haben. Die langsamlaufenden, von Gasmaschinen angetriebenen Generatoren haben große Polräder mit Speichen und einen Durchmesser bis zu 8 m und darüber bei Drehzahlen um 94 U/min. Die von Dieselmaschinen und Wasserkraftmaschinen angetriebenen Generatoren haben Drehzahlen von etwa 250 bis 600 U/min, bei Wasserkraftantrieb vielfach mit vertikaler Welle oder Kegelradübersetzung. Die Schnittzeichnung eines Wasserkraftgenerators für 25000 kVA der Firma Oerlikon zeigt Abb. 315. Die Spannung beträgt 9000 bis 11000 V bei 42 wie bei 50 Perioden, entsprechend 210 und 250 U/min. Die wichtigste Gruppe sind die von Dampfturbinen angetriebenen, sogenannten Turbogeneratoren mit den höchsten Drehzahlen von 1000, 1500 und 3000 U/min bei 50 Hz. Bei den unmittelbar gekuppelten Generatoren bevorzugt man mit

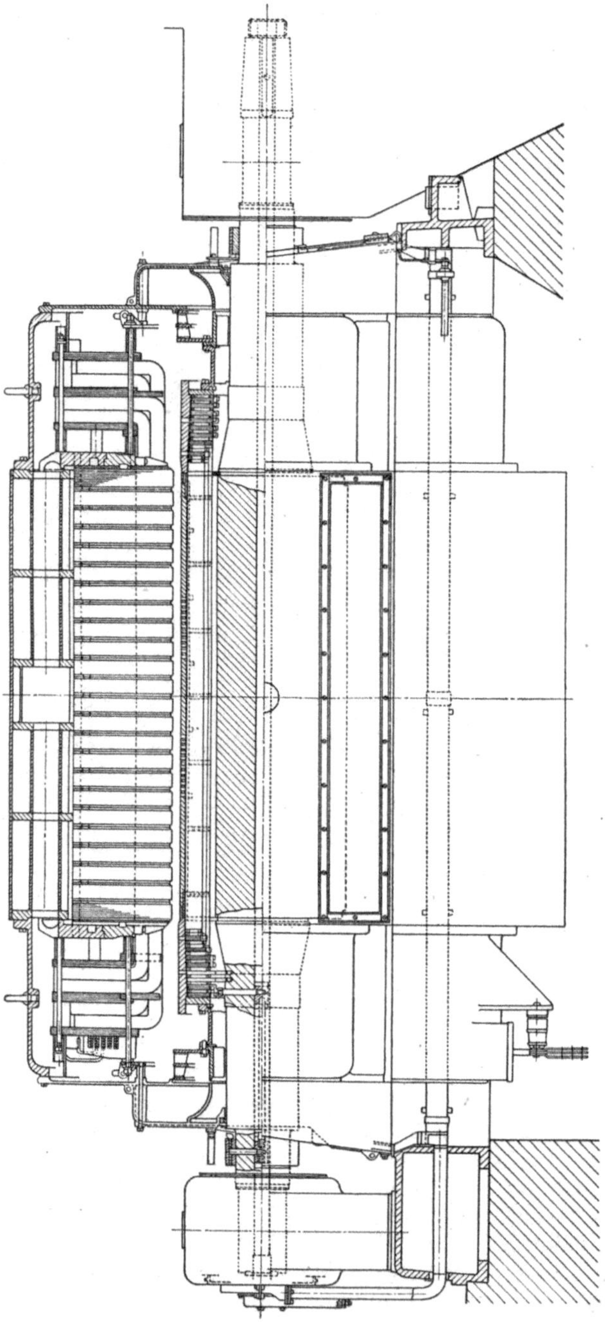

Abb. 316. Schnittzeichnung eines Turbogenerators der Firma Oerlikon für 32 500 kVA (10 500 V bei 50 Hz und 3000 U/min).

Rücksicht auf die Dampfturbine die hohe Drehzahl von 3000 U/min bei 50 Hz. Diese hohe Drehzahl bedeutet jedoch große konstruktive Schwierigkeiten hinsichtlich der Werkstoffe und ihrer mechanischen Beanspruchung sowie der Lüftung, so daß man bei kleinen und mittleren Leistungen neuerdings[1]) mehr und mehr zu Getriebeturbinen mit Drehzahlen von 3000 bis 12000 U/min übergeht und den Generator mit ausgeprägten Polen bei 1000 oder 1500 U/min ausführt. In Abb. 316 ist die Schnittzeichnung eines 32500 kVA-Oerlikon-Turbogenerators zu sehen, der für 10500 V Spannung bei 50 Hz und 3000 U/min gebaut wurde. Zur Verringerung der bei großen, schnellaufenden Maschinen erforderlichen hohen Lüftungsleistung wird vielfach eine Kühlung mit Wasserstoffgas statt mit Luft verwendet.

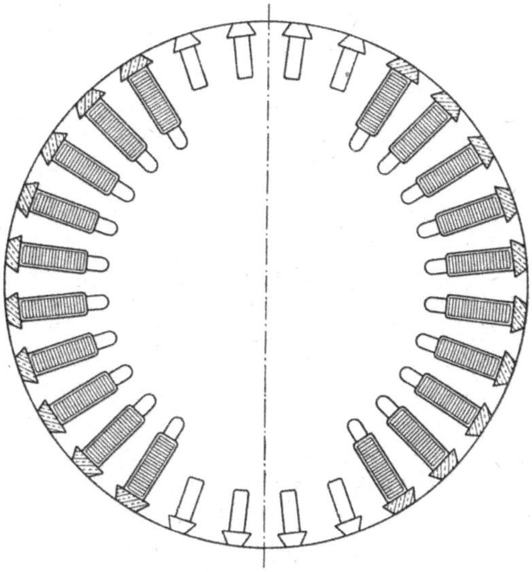

Abb. 317. Zweipoliger Turboläufer.

Je nach der konstruktiven Ausführung des Polrades unterscheiden wir zwischen Schenkelpolläufern (Abb. 313) und Turboläufern (Abb. 314). Der Schenkelpolläufer hat einzelne, ausgeprägte Pole wie die Gleichstrommaschine. Die Gleichstrommaschine kann ja auch als Synchronmaschine verwendet werden, wenn man die Ankerwicklung nicht an einen Stromwender, sondern an Schleifringe anschließt. Der Turboläufer dagegen besteht aus einer massiven Walze mit Nuten für die Erregerwicklung, um die Wicklung bei den hohen Umfangsgeschwindigkeiten gegen die Fliehkräfte halten zu können. Abb. 317 zeigt einen zweipoligen Turboläufer im Schnitt. Die konstruktive Ausführung ist allerdings bei den einzelnen Firmen verschieden. Der Turboläufer wird auch Induktor, Trommelläufer oder Vollpolläufer genannt.

Beachtung verdienen auch die hier und da verwendeten Synchronmaschinen mit dauermagnetischen Polrädern ohne Erregerwicklung. Im Betrieb verhalten sie sich grundsätzlich wie die gewöhnliche Synchronmaschine mit Gleichstromerregung; jedoch ergeben sich aus den Eigenschaften der Dauermagnete einige Besonderheiten, auf die wir hier nicht eingehen können, weil wir uns sonst zuvor mit den Dauermagneten selbst beschäftigen müßten.[2])

B. Die Vollpol-Synchronmaschine.

1. Feldkurve und Leerlaufkennlinie.

a) Feldkurve. Für die Erzeugung einer sinusförmigen Spannung, die nicht nur beim Generator, sondern auch beim Synchronmotor verlangt wird, ist in erster Linie die Feldkurve wichtig. Abb. 318 zeigt die idealisierte Feldkurve und Abb. 318a das Oszillogramm der Feldkurve bei einer ausgeführten Maschine. Der Anstieg der einzelnen Stufen ist mit der Sättigung des Eisens veränderlich. Trotz dieser Feldkurvenform erreicht man eine sinusförmige Klemmenspannung,

---

[1]) K. Bätz, AEG-Mitt. (1942) S. 1.
[2]) S. K. Pohlmann, Arch. Elektrotechn. 34 (1940) S. 363.

weil die Oberwellen durch die niedrigen Oberwellen-Wicklungsfaktoren der Ankerwicklung unterdrückt werden. Ein wichtiges Hilfsmittel, um das Auftreten von Oberwellen in der Spannungskurve zu verhindern, ist hierbei die Kürzung des Wicklungsschrittes auf etwa 120 bis 150° (s. Abschn. III E 4).

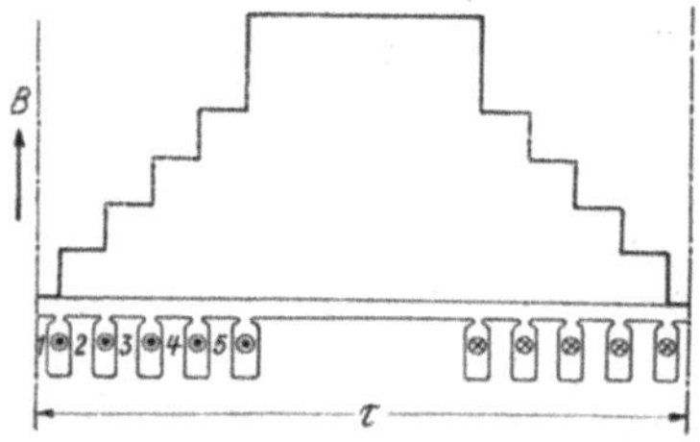

Abb. 318. Feldkurve eines Turbolaufers.

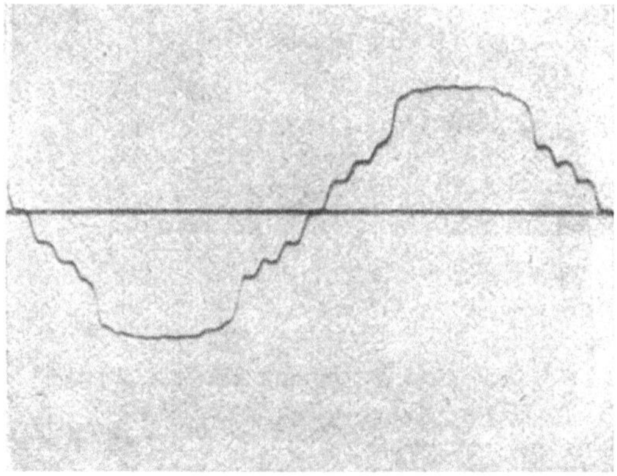

Abb. 318 a. Oszillogramm der Feldkurve eines Turbogenerators.

b) Leerlaufkennlinie. Die Abhängigkeit der Leerlaufspannung von der Gleichstromerregung bei konstanter Drehzahl zeigt Abb. 319. Die gestrichelte Tangente an die Kurve im Nullpunkt gibt den weitaus überwiegenden Erregerbedarf für den Luftspalt an. Kann aus irgendwelchen Gründen bei der Aufnahme der Kurve die Nenndrehzahl nicht eingehalten werden, ist die gemessene Spannung im Verhältnis der Drehzahlen umzurechnen. Zur Vermeidung von Unfällen ist zu beachten, daß nach Abschaltung der Erregung noch eine Klemmenspannung infolge Remanenz des Polrades auftritt; z. B. bei etwa 5% Remanenz und 6000 Volt ist die Remanenzspannung immerhin noch 300 Volt. Daraus geht auch hervor, daß streng genommen die Leerlaufkennlinie nicht durch den Nullpunkt geht, sondern wie eine Hystereseschleife verläuft, was jedoch meist vernachlässigt wird.

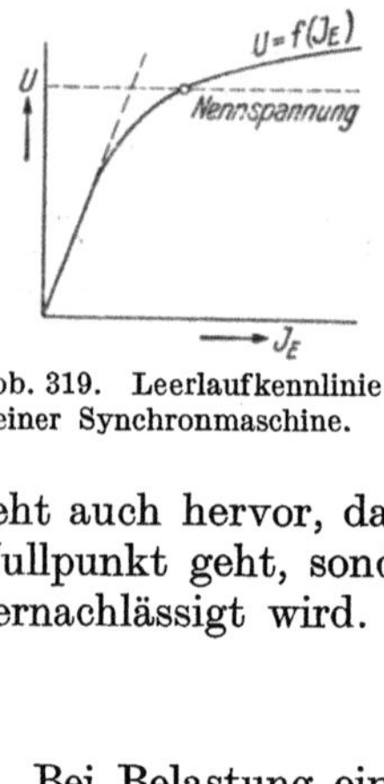

Abb. 319. Leerlaufkennlinie einer Synchronmaschine.

2. Ankerrückwirkung.

Bei Belastung einer Synchronmaschine fließt im Anker ein Drehstrom, der seinerseits ebenso wie bei der Asynchronmaschine ein Drehfeld erzeugt. Dieses Drehfeld setzt sich mit dem Polradfeld zu einem resultierenden Drehfeld zusammen, das nach Größe und Lage anders ist als das ursprünglich allein vorhandene Polradfeld. Diesen Vorgang der Rückwirkung des Ankerstromes auf das Polradfeld nennen wir „Ankerrückwirkung". Je nach dem Betriebszustand macht sich diese „Ankerrückwirkung" durch eine Spannungsänderung oder sonstwie bemerkbar.

Im übrigen ist dieser Vorgang der gleiche wie bei der Asynchronmaschine, wo Ständerdrehfeld und Läuferdrehfeld sich ebenso zu einem resultierenden Drehfeld zusammensetzen. Wie die Felder, setzen wir auch die Durchflutungen von Anker und Feldmagnet zusammen. Für den praktischen Gebrauch ist es jedoch einfacher, nicht mit den Durchflutungen, sondern mit den zugehörigen Strömen zu rechnen. Da die über J_E aufgetragene Leerlaufkennlinie als Grundlage für alle Rechnungen dient, rechnen wir den Ankerstrom in einen gleichwertigen Erregerstrom um und nennen

$$J' = g\,J \tag{276}$$

den „wirksamen“ Ankerrückwirkungsstrom. Ein Erregerstrom gleich J' würde also dasselbe Feld erzeugen wie der Ankerstrom J. Die Drehdurchflutung des Ankers ist nach Gl. 161:

$$\Theta_A = m \frac{2\sqrt{2}}{\pi} \frac{w_A\,\xi_A}{p} J, \tag{161'}$$

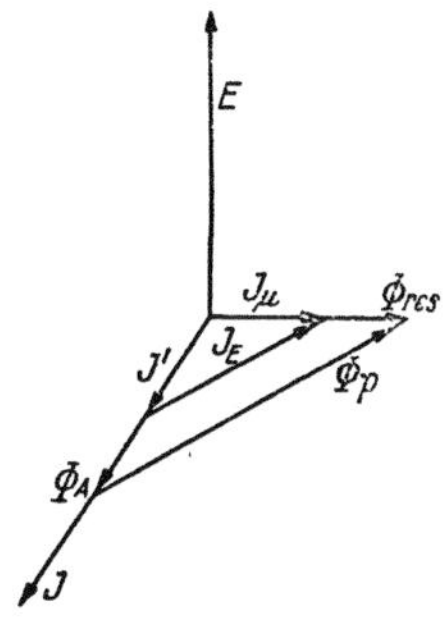

Abb. 320. Addition der Flusse und Ströme.

und nach Gl. 160 b ist mit $J\sqrt{2} = J_E$ die Grundwelle der Polraddurchflutung

$$\Theta_p = \frac{4}{\pi} \frac{w_E\,\xi_E}{p} J_E. \tag{277}$$

w_E ist die in Reihe liegende Windungszahl der Erregerwicklung und ξ_E der Wicklungsfaktor der in Nuten untergebrachten Erregerwicklung. Die Gleichsetzung beider Durchflutungen und der Ersatz von J_E durch J' ergibt den Umrechnungsfaktor mit $m = 3$ zu

$$g = \frac{3}{\sqrt{2}} \frac{w_A\,\xi_A}{w_E\,\xi_E}. \tag{278}$$

Die Zusammensetzung der Flüsse und Ströme zeigt Abb. 320 für den Fall eines übererregten Generators. E ist die vom resultierenden Drehfeld Φ_{res} im Anker erzeugte Spannung, J_μ ist die nach der Leerlaufkennlinie für E erforderliche Erregung, die sich aus dem Ankerrückwirkungsstrom J' und dem einzustellenden Erregerstrom J_E ergibt. Dieses Diagramm kann dazu benutzt werden, um den Erregerstrom J_E zu bestimmen[1]), wenn der Ankerstrom J nach Größe und Phase bekannt ist und ebenso $J_\mu = f(E)$. Φ_A ist das vom Ankerstrom erzeugte Drehfeld und Φ_p das vom Polrad erzeugte Feld. Die zur Konstanthaltung der Spannung erforderliche Erregung muß wegen der Ankerrückwirkung in den meisten Fällen erheblich gegenüber Leerlauf vergrößert werden. Die richtige Einstellung wird durch Schnellregler besorgt; jedoch lassen sich die erforderlichen Erregerstromänderungen nicht so schnell erzielen, daß nicht bei plötzlicher Belastung ein Absinken und bei plötzlicher Entlastung ein Ansteigen der Spannung kurzzeitig erfolgt. Je nach den Verhältnissen im Netz kann dies zu unerwünschten Störungen Anlaß geben, worauf wir noch im Abschnitt über Verbundbetrieb eingehen werden. Die bei Entlastung eintretende Spannungserhöhung soll nach VDE 0530 nicht mehr als 50% der Nennspannung betragen, damit die angeschlossenen Geräte usw. nicht gefährdet werden.

3. Vektordiagramm der Spannungen und Ströme bei Belastung.

Wenn wir in Abb. 320 zu der Spannung E noch die Streuspannung für den Nuten- und Stirnstreufluß und die Ohmsche Spannung hinzufügen, erhalten wir das vollständige Vektordiagramm der Synchronmaschine der Abb. 321; E_p steht senkrecht zu J_E und E_A senkrecht zu J. Es ist E_p die vom Polradfeld und E_A die vom Ankerfeld erzeugte Spannung.

Den Winkel β zwischen U und E_p nennen wir den Lastwinkel der Maschine. β ist derjenige Winkel, um den das Polrad bei mechanischer Belastung gegenüber dem Leerlauf zurückbleibt (Motor) oder vorauseilt (Generator). Er ist

[1]) Wegen des Zuschlages zum Erregerstrom für die erhöhte Polstreuung siehe S. 229 und 237.

also für die mechanische Last kennzeichnend und kann unmittelbar (z. B. optisch) gemessen werden.

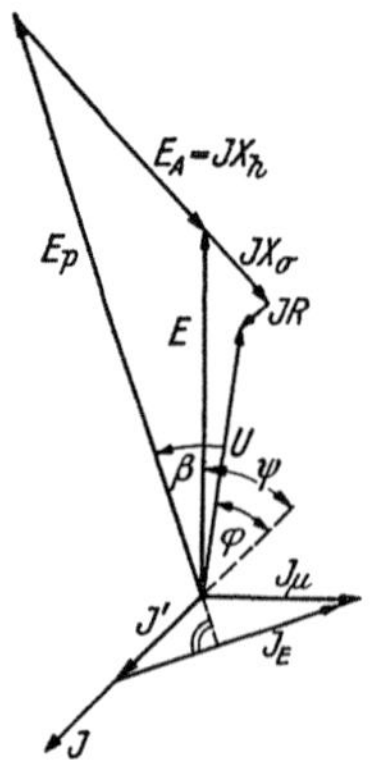

Abb. 321. Vektordiagramm eines Synchrongenerators mit Vollpolläufer.

Geht man von einem gegebenen Betriebszustand aus, dann ist das Diagramm folgendermaßen zu zeichnen: Klemmenspannung U und Strom J sind nach Größe und Phase durch den vorgeschriebenen Betriebszustand gegeben (s. Abb. 346). Man trägt JR und JX_σ an und erhält damit die Spannung E des resultierenden Drehfeldes. Für diese Spannung E entnimmt man aus der Leerlaufkennlinie die erforderliche Erregung J_μ. Aus $J' = g\,J$ und J_μ erhält man dann den wirklichen Erregerstrom J_E.

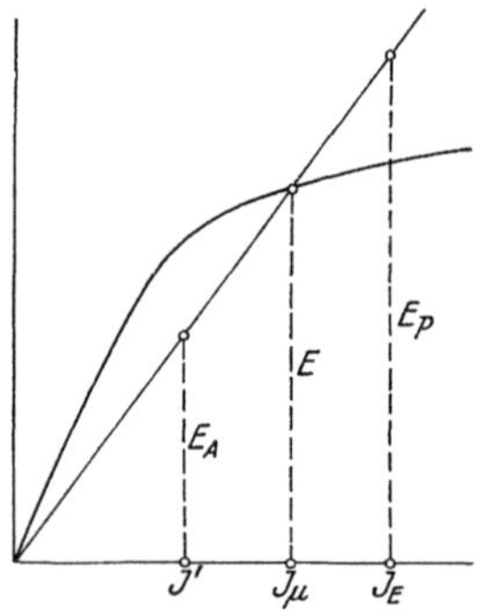

Abb. 322. Zur Entnahme der Spannungen E_A und E_p aus der Leerlaufkennlinie.

Die zu J' und J_E gehörenden Spannungen E_A und E_p sind aus der Leerlaufkennlinie gemäß Abb. 322 zu entnehmen, da für den Sättigungszustand nur das resultierende Feld bzw. die Spannung E maßgebend ist. Das aus E_p, E_A und E gebildete Dreieck ist dem aus J_E, J' und J_μ gebildeten ähnlich. Der Winkel zwischen E_p und J wird vielfach mit ψ bezeichnet und in dieser Bezeichnung auch von uns später beim Einankerumformer verwendet werden.

4. Ersatzstromkreis der Synchronmaschine.

Für manche Zwecke ist der Ersatzstromkreis der Synchronmaschine sehr nützlich. An Hand der Abb. 321 läßt sich dieser in einfacher Weise zeichnen, wie Abb. 323a zeigt. Da die Erregerwicklung vom Ankerfeld nicht induziert wird, erscheint im Ersatzstromkreis nur der Stromkreis des Ankers mit der

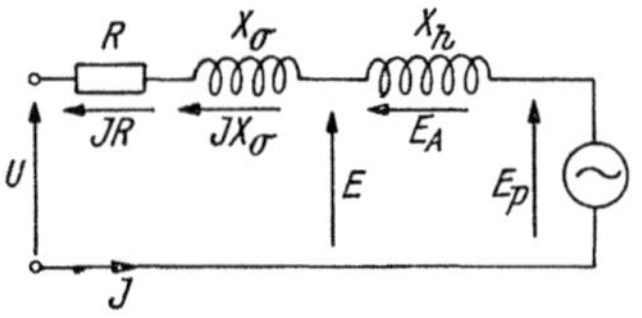

Abb. 323 a. Ersatzstromkreis der Vollpol-Synchronmaschine.

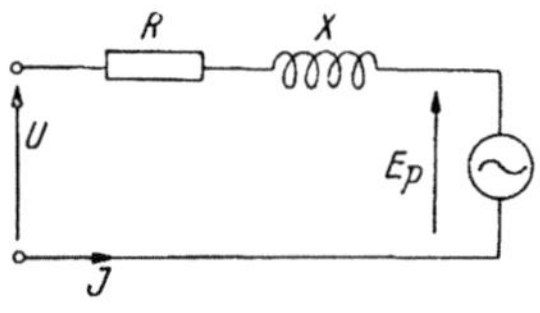

Abb. 323 b. Ersatzstromkreis der Vollpol-Synchronmaschine.

eingefügten Polradspannung E_p. Der Blindwiderstand X_h des Ankerfeldes ist von der Sättigung, die durch das resultierende Drehfeld bzw. die Spannung E bestimmt wird, abhängig; für qualitative Überlegungen kann man aber diese Veränderlichkeit vernachlässigen.

Führt man den Gesamtblindwiderstand des Ankers $X = X_h + X_\sigma$ ein, erhält man den überaus einfachen Ersatzstromkreis der Abb. 323 b. Danach kann man sich die Synchronmaschine zusammengesetzt denken aus einer idealen Maschine ohne Ankerrückwirkung, die eine Spannung E_p liefert, mit einer vorgeschalteten Drossel X und einem Widerstand R. Die Ankerrückwirkung ist durch den Blindwiderstand X berücksichtigt.

5. Kurzschluß.

a) Dreipoliger Kurzschluß. Wird eine Synchronmaschine bei voller Spannung plötzlich an den Ankerklemmen kurzgeschlossen, treten starke Ausgleichströme im Anker und Feldmagneten auf. Diese Art des Kurzschlusses nennen wir Stoßkurzschluß. Nach einiger Zeit stellt sich ein Dauerzustand ein, von dem im folgenden die Rede sein soll und den man auch ohne Stoßkurzschlußströme erreichen kann, wenn man erst kurzschließt und dann die Erregung langsam einschaltet. Um die Verhältnisse möglichst klar zu überschauen, soll der Ohmsche Widerstand, der bei größeren Maschinen im Verhältnis zum Blindwiderstand X sehr klein ist, vernachlässigt werden. Dann ergibt sich aus Abb. 323a die Abb. 324 im Kurzschluß. Der ideale Generator mit der Spannung E_p ist durch eine Drosselspule belastet. Unter Berücksichtigung der festgelegten, aus Abb. 323a über-

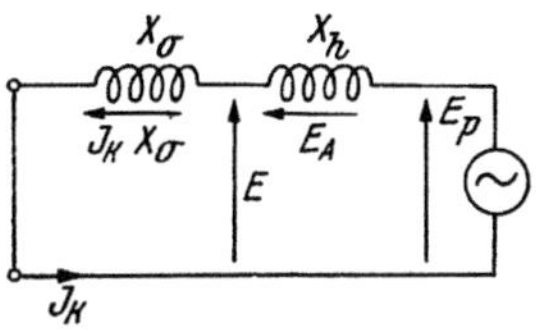

Abb. 324 a. Ersatzstromkreis mit $R = 0$ für Kurzschluß des Ankers.

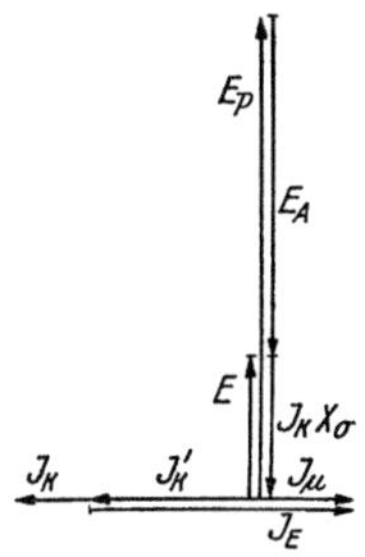

Abb. 324 b. Vektordiagramm im Kurzschluß.

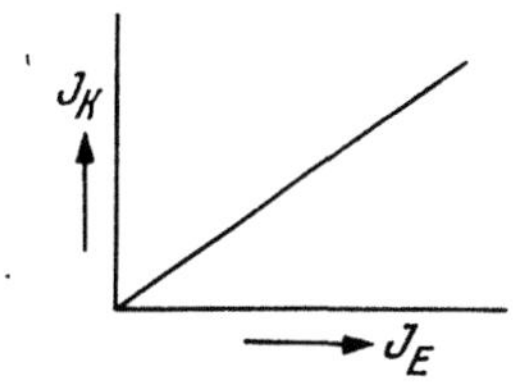

Abb. 325. Kurzschlußkennlinie.

nommenen Zählpfeile[1]) ergibt sich das Vektordiagramm der Abb. 324b. Es ist hierbei $J_K = E_p/X$ und $E = J_K X_\sigma$. Bei $J_K = J_N$ ist $E = J_K X_\sigma$ ungefähr gleich 10 bis 15% der Nennspannung. Selbst bei höheren Strömen im Kurzschluß ist die Spannung E immer noch so klein, daß eine nennenswerte Sättigung des magnetischen Kreises nicht vorhanden ist. Die Spannung E liegt also im Kurzschluß auf dem geradlinigen Teil der Leerlaufkennlinie. Daraus folgt weiter, daß der Ankerblindwiderstand X als konstant angesehen werden kann, und damit wird $J_K = E_p/X = f(J_E)$ eine Gerade, wie Abb. 325 zeigt. Ihre experimentelle Bestimmung ist also recht einfach; es genügt die Aufnahme eines Punktepaares. Außerdem ist die Einhaltung der Nenndrehzahl nicht erforderlich, da sowohl die Spannung E_p als auch der Blindwiderstand X der Drehzahl bzw. der Frequenz proportional sind und der Kurzschlußstrom als das Verhältnis E_p/X damit von der Drehzahl unabhängig ist. Der Ohmsche Widerstand macht sich erst bei ganz geringen Drehzahlen bemerkbar.

Bei Leerlauferregung ist bei älteren langsamlaufenden Maschinen $J_K/J_N \approx 0{,}8$ bis 1,2 und bei modernen schnellaufenden Maschinen $J_K/J_N \approx 0{,}5$ bis 0,8 zu erwarten. Bei sehr hohen Kurzschlußströmen wird natürlich eine Krümmung der Kennlinie infolge Sättigung der Eisenwege eintreten, jedoch dürften so hohe Ströme bei der gewöhnlichen Kurzschlußmessung wohl kaum eingestellt werden.

Wie sich aus $E = J_K X_\sigma$ ergibt, ist im Kurzschluß das resultierende Drehfeld so groß, daß im Anker die Streuspannung induziert wird. Baut man in den Anker eine Meßschleife ein, so kann man diese Spannung messen bzw. oszillo-

[1]) In bezug auf die Drosselspulen gilt für E_p und J_K das EZS, infolgedessen ist J_K um 90° gegenüber E_p voreilend; für den Generator gilt das VZS für Abgabe von induktiver Blindleistung, was zu den gleichen Festlegungen für E_p und J_K führt.

graphieren, um auf diesem Wege den Streublindwiderstand zu bestimmen. Allerdings sind diese Spannungen keineswegs sinusförmig, so daß man aus der oszillographierten Kurve die Grundwelle analysieren muß (vgl. Abb. 326).

Abb. 327 zeigt das sogenannte Kurzschlußdreieck[1]) in Verbindung mit der Leerlaufkennlinie. Es läßt sich aus Abb. 324 b ohne weiteres entnehmen, wenn man nur die Vektoren $E = J_K X_\sigma$, J_K' und J_μ betrachtet. Um dieses Dreieck für einen beliebigen Ankerstrom $J \equiv J_K$ zeichnen zu können, muß der Ankerrückwirkungsfaktor g nach Gl. 278 bekannt sein. Durch Abtragung von $J' = g\,J$ vom Kurzschlußpunkt aus erhält man als Rest den Strom J_μ und damit $J\,X_\sigma$, so daß man auf diese Weise den Streublindwiderstand X_σ bestimmen kann. Man kann aber auch umgekehrt, wenn X_σ bekannt ist, dieses Verfahren benutzen, um J' bzw. den Umrechnungsfaktor g zu bestimmen. Beide Verfahren, das zur Bestimmung von X_σ bei Kenntnis des Umrechnungsfaktors g wie das zur Bestimmung von X_σ bei Kenntnis von g, sind jedoch für praktische Bedürfnisse[2]) zu ungenau, weil die stets vorhandene Unsicherheit der benutzten Größe einen zu großen Einfluß auf das Resultat der Konstruktion nach Abb. 331 hat.

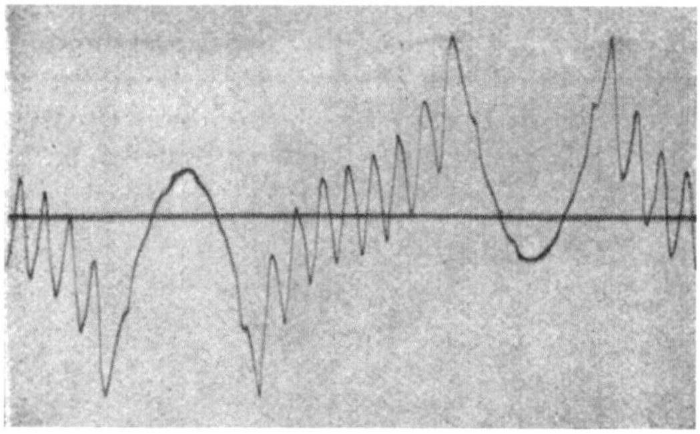

Abb. 326. Oszillogramm der Feldkurve eines Turbogenerators im dreipoligen Kurzschluß.

Beim Kurzschluß eines Synchrongenerators über längere Netzstrecken (Netzkurzschluß) muß man zur Ermittlung des Dauerkurzschlußstromes den Blindwiderstand X_N des Netzes in den Streublindwiderstand der Maschine einbeziehen, ohne daß sich sonst an dem nach Abb. 327 einzuschlagenden Verfahren etwas ändert. Da man jedoch in diesem Fall größere Werte $E = J\,(X_\sigma + X_N)$ erhält, gerät man auch schon bei geringeren Kurzschlußströmen in den gekrümmten Teil der Leerlaufkennlinien, so daß sich die Kurzschlußlinie bei Netzkurzschluß früher krümmt als die Kurzschlußlinie bei unmittelbarem Kurzschluß an den Klemmen.

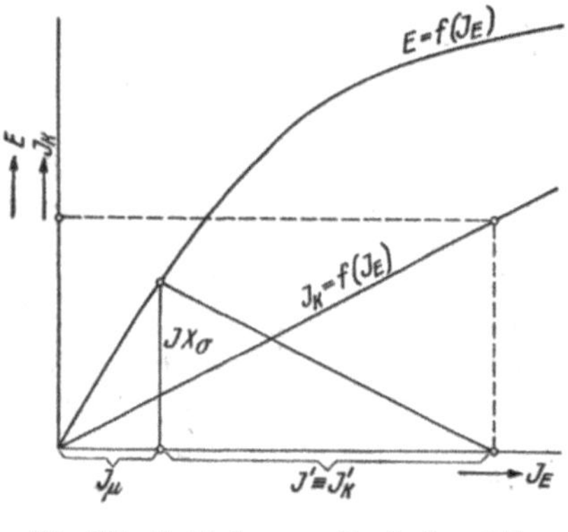

Abb. 327. Verbindung von Leerlauf- und Kurzschlußkennlinie durch das Kurzschlußdreieck.

b) Zweipoliger und einpoliger Kurzschluß. Wenn nur zwei oder eine Klemme des Ankers mit dem Sternpunkt kurzgeschlossen sind, kann der Anker kein Drehfeld, sondern nur ein Wechselfeld entwickeln. Wir zerlegen dieses Wechselfeld in bekannter Weise in ein rechtläufiges und ein gegenläufiges Drehfeld. Das rechtläufige Drehfeld läuft mit dem Polrad synchron um und verhält sich wie das Drehfeld im gewöhnlichen Kurzschluß. Das gegenläufige Drehfeld läuft dagegen mit doppelt synchroner Drehzahl über das Polrad hinweg und

---

[1]) Auch Potier-Dreieck genannt.

[2]) L. Binder, ETZ 59 (1938) S. 492.

induziert die Feldwicklung mit doppelter Netzfrequenz. Aber nicht nur die Wicklung, sondern auch alle Massivteile des Polrades werden induziert. Es entstehen Wirbelströme, die Verluste und starke Erwärmung bedeuten. Dies kann besonders bei Turboläufern zu Beschädigungen führen, wenn durch die Erhitzung von Massivteilen des Läufers die mechanische Festigkeit leidet und die Fliehkräfte zur Auswirkung kommen (Bandagenbruch usw.!). Weitere Einzelheiten s. Abschn. V F und RICHTER II, S. 260ff.

c) Der Stoßkurzschlußstrom. Zu den gefürchtetsten Betriebsstörungen einer Synchronmaschine, insbesondere bei großen Generatoren, gehört der plötzliche Kurzschluß der Maschine bei voller Spannung. Im Verlauf des verhältnismäßig rasch abklingenden Ausgleichsvorganges, der den Übergang vom Betrieb mit voller Spannung zum Dauerkurzschluß herbeiführt, treten gewaltige Ströme und Kräfte auf, die die Wicklung auf das äußerste beanspruchen und nur durch eine sorgfältige Ausführung und Versteifung der Stirnverbindungen beherrscht

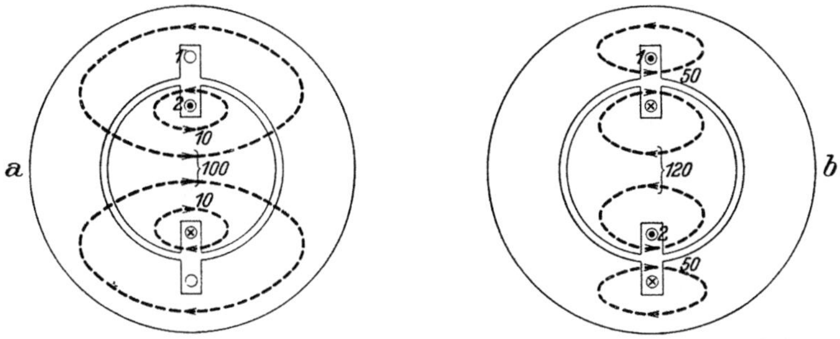

Abb. 328a und b. Einphasig-einsträngiger Kurzschluß bei gleichachsiger Lage von Anker- und Feldmagnetwicklung.

werden können. Auch mechanische Schwingungen, vor allem Drehmomentstöße, können hierbei unangenehm auf das Fundament, das Maschinengehäuse und sonstige Bauteile einwirken.[1]) Die kurz nach dem Kurzschließen auftretende größte Stromspitze, die das Zwanzigfache des Nennstromes und mehr erreichen kann, während der Dauerkurzschlußstrom nur etwa das 1,5- bis 4fache des Nennstromes beträgt, nennen wir den Stoßkurzschlußstrom oder auch die kritische Stromspitze. Nach VDE 0530 darf dieser Stoßkurzschlußstrom das $15\sqrt{2}$fache des Nennstromes nicht überschreiten. Für die Einhaltung dieses Wertes hat der Hersteller der Synchronmaschine durch einen entsprechenden Entwurf der Maschine zu sorgen.

Ob der größtmögliche Wert des Stoßkurzschlußstromes wirklich auftritt, hängt vom Schaltmoment und der Art des Kurzschlusses ab. Der ungünstigste Fall ist der einphasig-einsträngige Kurzschluß eines leerlaufenden Synchrongenerators im Augenblick des Nulldurchganges der Spannung. Diesen Fall wollen wir im folgenden einer kurzen Betrachtung unterziehen, um das Wesentliche des Vorganges zu erkennen.

Abb. 328a zeigt die Lage des Polrades im Schaltmoment: Die Ankerspule umfaßt den vollen Fluß des Polrades, in der Abbildung mit 100 als Zahlenbeispiel angegeben, während der mit zweimal 10 angegebene Fluß der Streufluß des Polrades ist. Während dieses Schaltmoments ist die in der Ankerspule induzierte Spannung gerade Null. Nach dem Induktionsgesetz gilt für eine Spule: $u = i\,R + d\Psi/dt$; vernachlässigen wir zunächst den OHMschen Widerstand,

[1]) H. WINKELSTRÄTER, VDE-Fachberichte (1936) S. 90.

dann gilt mit $u = 0$ im Kurzschluß: $d\Psi/dt = 0$, und daraus folgt: $\Psi =$ konst. Dieses Ergebnis bedeutet physikalisch, daß eine kurzgeschlossene Spule ohne Widerstand einen einmal umfaßten Fluß festhält und sich jeder Änderung des Flusses widersetzt. Es müssen also in jedem Augenblick derartige Ausgleichströme in der Ankerspule auftreten, daß der gesamte umfaßte Fluß konstant bleibt. Abb. 328b zeigt nun die Lage des Polrades nach einer halben Periode: Der Fluß des Polrades würde die Ankerwicklung in der entgegengesetzten Richtung durchsetzen; damit die Ankerwicklung nun doch ihren Fluß im Werte von 100 in der ursprünglichen Richtung beibehalten kann, muß sie ihn auf dem Streuwege entwickeln und auch der Feldmagnet muß seinen Fluß über den Streuweg schließen. In der Abb. 328b sind gleiche Leitwerte für den Anker- und den Feldmagnetstreuweg angenommen worden; in Wirklichkeit aber besteht nun der Feldmagnet aus massivem Eisen, so daß eine beinahe plötzliche Zunahme des Streuflusses durch die entstehenden Wirbelströme verhindert wird. Dann ist die Abbildung dahin zu ändern, daß auch der Feldmagnetfluß im Betrage von zweimal 50 den Streuweg des Ankers laufen muß. In diesem Fall muß also der doppelte Leerlauffluß auf dem Ankerstreuwege erzeugt werden. Dieser Fall ist der denkbar ungünstigste und die zugehörige Stromspitze die größtmögliche; die wirklich auftretenden Stromspitzen bleiben je nach den Verhältnissen mehr oder weniger hinter diesem Wert zurück. Dreht sich das Polrad weiter, wird der von der Ankerspule umfaßte Polradfluß wieder kleiner, so daß auch der Streufluß wieder abnehmen kann. Nach einer weiteren halben Periode, das ist nach einer vollen Periode seit dem Schaltmoment, umfaßt die Ankerspule den Polradfluß wieder in der richtigen Weise und vollen Höhe, so daß die Ankerspule zusätzlich keinen Fluß zu entwickeln braucht und der Strom Null ist. Der Stoßkurzschlußstrom, das ist die größte Stromspitze, tritt demnach eine halbe Periode nach dem Schaltmoment auf. Der Vorgang des An- und Abschwellens des Ankerstromes von Null bis zur kritischen Stromspitze würde sich mit der Drehung des Polrades periodisch wiederholen, wenn nicht durch den Einfluß des Ohmschen Widerstandes im Ankerkreis diese Ausgleichströme und mit ihnen der mit der Ankerwicklung verkettete Fluß auf Null abklingen würden, denn die Lösung $\Psi =$ konst. gilt ja nur unter der Bedingung $R = 0$. Aber durch diesen Kunstgriff war es uns auf einfache Weise möglich, einen klaren Einblick in die physikalischen Vorgänge zu gewinnen und gleichzeitig den Zeitpunkt für das Auftreten der Stromspitze zu bestimmen. Auf Grund dieser Einsicht können wir nun auch den Vorgang in einfacher Weise rechnerisch verfolgen.

Der von der Ankerwicklung im Schaltmoment umfaßte und festzuhaltende Fluß ist $M\, i_E$; der von ihr selbst entwickelte Fluß ist $L_1\, i_1$ und der zu einer beliebigen Zeit von der Polradwicklung in der Ankerwicklung erzeugte Fluß ist $M\, i_2 \cos\omega t$, wenn i_2 ein beliebiger Erregerstrom ist und $\cos\omega t$ die Änderung der Gegeninduktivität M durch Drehung des Polrades zum Ausdruck bringt. In bezug auf die Ausgleichströme soll annäherungsweise auch die Erregerwicklung einschließlich Gleichstromnetz als widerstandslos angesehen werden, so daß auch die Erregerwicklung ihren Fluß $L_2\, i_E$ im Schaltmoment beibehalten muß. Wir gelangen damit zu folgenden Flußgleichungen:

$$\left.\begin{aligned} &L_1\, i_1 + M\, i_2 \cos\omega t = M\, i_E \\ \text{und} \qquad &L_2\, i_2 + M\, i_1 \cos\omega t = L_2\, i_E. \end{aligned}\right\} \tag{279}$$

Die Auflösung nach den Strömen i_1 und i_2 ergibt:

$$i_1 = \frac{1-\cos\omega t}{1-(1-\sigma)\cos^2\omega t}\, i_{K_m} \quad \text{und} \quad i_2 = \frac{1-(1-\sigma)\cos\omega t}{1-(1-\sigma)\cos^2\omega t}\, i_E. \tag{280}$$

In diesen Formeln ist $\sigma = 1 - M^2/L_1 L_2$ die Gesamtstreuziffer zwischen Ankerspule und Erregerwicklung in koaxialer Lage und $i_{K_m} = M\, i_E/L_1 = J_K \sqrt{2}$ der Scheitelwert des einphasig-einsträngigen Dauerkurzschlußstromes in der Ankerwicklung, wenn man z. B. durch Einschalten einer Drossel dafür sorgt, daß durch die einphasige Ankerrückwirkung, bzw. durch das gegenläufige Drehfeld keine Oberwellen im Erregerstrom auftreten.

Obige Formeln drücken den zeitlichen Verlauf der Ausgleichströme aus, wenn man den Ohmschen Widerstand der Wicklungen vernachlässigt. Wir wollen obige Formeln aber nur benutzen, um den theoretisch größten Wert des Stoßkurzschlußstromes zu bestimmen. Wie wir oben festgestellt haben, tritt dieser nach einer halben Periode bei $\omega t = \pi$ auf, wenn sich das Polrad um eine Polteilung gedreht hat. Dann ist

$$i_{1_{kr}} = \frac{2\sqrt{2}}{\sigma} J_K \text{ und } i_{2_{kr}} = \frac{2-\sigma}{\sigma} J_E. \tag{281}$$

In diesen Formeln ist $i_{K_m} = J_K \sqrt{2}$ und $i_E = J_E$ gesetzt worden. Setzen wir $J_K = E_p/X_1$, dann ist $X_K = \sigma X_1$ der Kurzschlußblindwiderstand, den man bei kurzgeschlossener Erregerwicklung und koaxialer Lage des Polrades mißt, wenn man die Ankerspule primär mit Strom speist. Bei der Vorausberechnung von X_K entstehen Unsicherheiten dadurch, daß man die Wirbelstrombildung in den massiven Eisenteilen des Polrades nur schwer in Rechnung ziehen kann. Man setzt daher bei Vollpolmaschinen der Sicherheit wegen $X_K \approx X_{1\sigma}$. Durch die Spannung E_p ist der Erregerstrom im Schaltmoment bestimmt. Da vom VDE verlangt wird, daß der Stoßkurzschlußstrom bei $E_p = 1{,}05\, U_N$ das $15\sqrt{2}$fache des Nennstromes nicht überschreiten darf, so ergibt sich

$$i_{1_{kr}} = \frac{2{,}1}{e_S} J_N \sqrt{2} \leqq 15 \sqrt{2}\, J_N, \tag{282}$$

wenn wir mit $e_S = J_N X_{1\sigma}/U_N$ die prozentuale Streuspannung der Synchronmaschine bei Nennstrom bezeichnen. Damit diese Forderung erfüllt wird, müßte $e_S = 2{,}1/15 \approx 14\%$ sein. Da wir aber die Abdämpfung der Ausgleichströme durch den Ohmschen Widerstand und auch die Streuung des Feldmagneten (wegen der unsicheren Abschätzung infolge der Wirbelströme) vernachlässigt haben, genügen meistens auch kleinere Streuwerte, um unter der zulässigen Grenze zu bleiben; aber um diese Streuwerte zu erreichen, müssen bei großen Maschinen besondere Maßnahmen, wie z. B. Streunuten, getroffen werden. Bei Schenkelpolmaschinen muß man zu der üblicherweise berechneten Streuung noch die Streuung des Ankers in der Pollücke, d. h. das Ankerquerfeld, hinzurechnen, so daß man bei diesen Maschinen keine Schwierigkeiten hat, die notwendige Streuung zu erreichen.

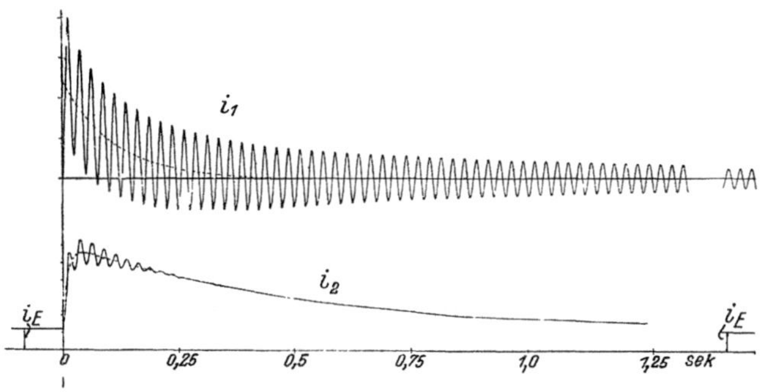

Abb. 329. Stoßkurzschlußstrom einer Synchronmaschine im dreipoligen Kurzschluß: Ankerstrom i_1 und Strom in der Erregerwicklung i_2.

Eingehende Untersuchungen[1]) zeigen, daß man beim dreipoligen Stoßkurz-

[1]) S. z. B. Richter II, S. 282 ff.

schluß die gleichen Beziehungen verwenden kann, wenn man wieder die Spule betrachtet, die im Schaltmoment die gleiche Lage wie in Abb. 328a hat. L_1 ist dann nicht mehr die Einphasen-, sondern die Mehrphaseninduktivität und J_K der dreipolige Kurzschlußstrom. Da dieser kleiner ist als im einphasigen Betrieb, ist auch der Stoßkurzschlußstrom im dreipoligen Kurzschluß kleiner. Der Sicherheit wegen rechnet man daher immer mit dem ungünstigsten Fall, dem einpoligen Kurzschluß.

Abb. 329 zeigt den Verlauf des Stoßkurzschlußstromes einer Synchronmaschine im dreipoligen Kurzschluß. i_1 ist der Ankerstrom und i_2 der Strom in der Erregerwicklung. Der stationäre Strom, in den i_1 am Ende ausläuft, ist der Dauerkurzschlußstrom i_K.

6. Belastungskennlinien bei $\cos\varphi = 0$.

Mit Hilfe des Kurzschlußdreiecks der Abb. 327 lassen sich auch die wichtigen Belastungskennlinien $U = f(J_E)$ bei konstantem Belastungsstrom und $\cos\varphi = 0$ zeichnen. Abb. 330 zeigt die beiden Vektordiagramme der Synchronmaschine für induktive und kapazitive Belastung unter Vernachlässigung des Ohmschen Widerstandes der Ankerwicklung. Der Einbau dieser Diagramme in die Kennlinien der

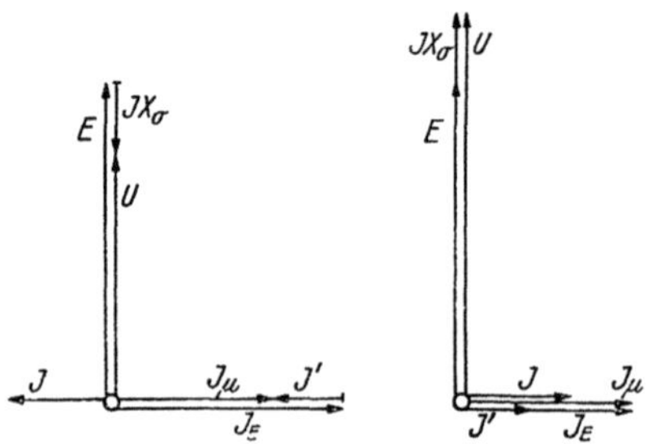

Abb. 330. Vektordiagramm für induktive und kapazitive Belastung eines Synchrongenerators.

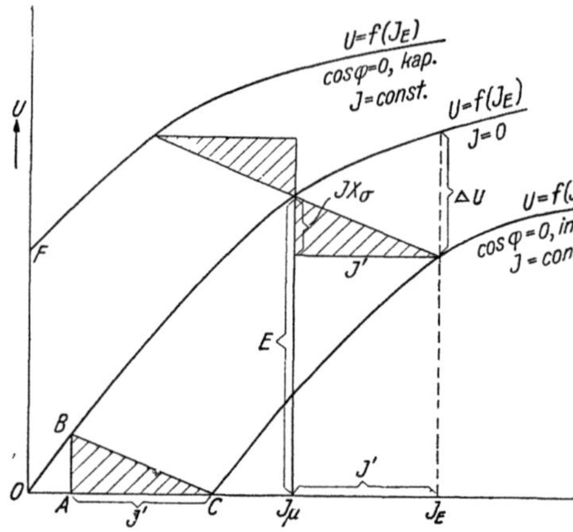

Abb. 331. Belastungskennlinien der Synchronmaschine.

Abb. 331 zeigt, wie die Belastungskennlinie aus der Leerlaufkennlinie dadurch entsteht, daß man das Kurzschlußdreieck an der Leerlaufkennlinie entlang gleiten läßt. Die so entstandene induktive Belastungskennlinie der Abb. 331 stimmt allerdings nicht genau mit der experimentell gemessenen Kurve überein, weil mit der Zunahme des Erregerstromes um den Betrag der Ankerrückwirkung das Streufeld des Feldmagneten bei sonst gleichbleibendem Hauptfeld zunimmt und die dadurch erhöhte Sättigung des Feldmagneten eine weitere Erhöhung des Erregerstromes erfordert. Bei der kapazitiven Belastungskennlinie tritt die umgekehrte Wirkung ein: durch die Verringerung des Erregerstromes bei gleichbleibendem Hauptfeld ist infolge der Verringerung der Streuung bzw. der Sättigung eine zusätzliche Verringerung des Erregerstromes im gekrümmten Teil der Kennlinie gegenüber der vereinfachten Konstruktion nach Abb. 331 zu erwarten.

Geht man in Abb. 331 von einer konstant zu haltenden Spannung aus, dann ist bei induktiver Belastung die Erregung zu verstärken und bei kapazitiver Belastung zu schwächen. Das bedeutet: Bei induktiver Belastung wirkt die Ankerrückwirkung auf das Polradfeld schwächend, bei kapazitiver Belastung verstärkend. Im Einzelbetrieb wird also bei unveränderter Erregung und induktiver Belastung die Spannung absinken, bei kapazitiver Belastung dagegen ansteigen. Macht man bei kapazitiver Belastung die Gleichstromerregung Null, so ist der für die vorliegende Kurve maßgebende kapazitive Belastungsstrom in der Lage, eine Spannung OF an der Maschine aufrechtzuerhalten. Die Synchronmaschine verhält sich hierbei wie eine Asynchronmaschine, die Magnetisierungsstrom aus dem Netz aufnimmt.

Ist umgekehrt eine bestimmte Netzspannung vorgeschrieben, kann die Synchronmaschine auch nur eine ganz bestimmte kapazitive Last übernehmen. Leerlaufende Hochspannungsnetze bilden eine beträchtliche kapazitive Belastung für die Generatoren, so daß die zulässige kapazitive Belastung eines Generators eine wichtige Bedeutung hat. Eine negative Erregung, um das Ankerfeld zu schwächen, ist bei Vollpolmaschinen nicht möglich, weil das Polrad um eine Polteilung schlüpfen und sich damit die schwächende Wirkung in eine Verstärkung umwandeln würde. Die Bestimmung der zulässigen Belastung ergibt sich aus Abb. 332: Bei kapazitiver Belastung gelten die beiden Gleichungen: $E = U - JX_\sigma$ entsprechend Abb. 330 und $E = f(J_E)$. Die Gerade $J\,X_\sigma = f(J')$ hat die Neigung der Strecke $\overline{BC}$ im Kurzschlußdreieck der Abb. 332. Die Gerade $C'\,B' \parallel C\,B$, welche den Punkt U_N auf der Ordinate schneidet, erfüllt also die Gleichung $E = U - J\,X_\sigma$ und ihr Schnittpunkt B' mit der Leerlaufkennlinie ergibt die Lösung beider Gleichungen. Der zulässige kapazitive Strom steht dann im Verhältnis $B'\,C'/BC$ zu dem Ankerstrom, für den das Kurzschlußdreieck gezeichnet worden ist.

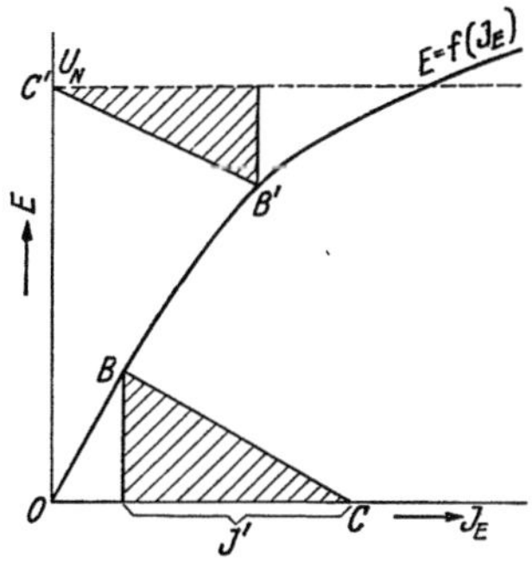

Abb. 332. Zur Bestimmung der kapazitiven Belastbarkeit eines Synchrongenerators.

Die experimentell aufgenommene Belastungskurve für induktive Belastung kann man benutzen, um die Ankerstreuung und die Ankerrückwirkung zu bestimmen. Verschiebt[1]) man die induktive Belastungskurve, bis sie sich mit der Leerlaufkennlinie deckt, durchläuft der Kurzschlußpunkt C den Weg von C nach B. Damit ist das Dreieck ABC festgelegt und somit X_σ und J' ebenfalls. Bei der praktischen Durchführung wird man merken, daß die Kurven sich nicht genau zur Deckung bringen lassen. Das liegt daran, daß die wirkliche Belastungskurve von der in Abb. 331 theoretisch entwickelten abweicht, und zwar deshalb, weil sich durch die Vergrößerung des Erregerstromes zur Kompensation der Ankerrückwirkung die Streuung und damit die Sättigungsverhältnisse im Feldmagneten gegenüber der Leerlaufkennlinie ändern, wie eingangs schon besprochen worden ist. Wegen der Ungenauigkeit im stark gekrümmten Teil wird man daher vor allem die Deckung im unteren Teil der Kennlinie als maßgebend beachten. Wegen anderer Verfahren s. BINDER.[2])

7. Spannungsänderung.

Wird ein Synchrongenerator entlastet, ohne daß eine Änderung der Erregung erfolgt, so tritt bei induktiver Belastung eine Spannungserhöhung auf, die in Abb. 331 mit ΔU bezeichnet ist. Bei gleichbleibendem Belastungsstrom nimmt diese Spannungserhöhung mit kleinerer Phasenverschiebung ab, um bei kapaziti-

[1]) Dazu ist die Belastungskurve auf durchsichtigem Papier aufzutragen.

[2]) A. a. O. und H. SEQUENZ, Elektrotechn. u. Masch.-Bau 49 (1931) S. 525 u. S. 721.

ver Belastung negativ zu werden, d. h. in eine Spannungsabsenkung überzugehen. Nach VDE 0530 soll die Spannungsänderung bei Nennerregung und $\cos\varphi = 0{,}8$ induktiv den Wert von 50% nicht überschreiten.

8. Regulierkurven.

Abb. 333 zeigt die Abhängigkeit des Erregerstromes vom Ankerstrom bei konstanter Netzspannung für verschiedene Leistungsfaktoren.

Die Regulierkurven zeigen, daß bei zunehmender induktiver Belastung die Erregung gegenüber Leerlauf wegen der erforderlichen Vergrößerung der resultierenden Drehfeldspannung E und vor allem wegen der Ankerrückwirkung einschließlich des Zuschlages für erhöhte Feldmagnetstreuung stark erhöht werden muß, um die Klemmenspannung konstant zu halten, wie dies ja ohne weiteres aus Abb. 331 entnommen werden kann. Bei kapazitiver Belastung dagegen unterstützt die Ankerrückwirkung das Polradfeld, so daß die notwendige Erregung kleiner wird. Über den Punkt $J_E = 0$ hinaus kann die kapazitive Belastung der Maschine nicht gesteigert werden, ohne daß die Klemmenspannung der Maschine ansteigt.

9. Drehmoment.

Wie in Abschn. E 1 gezeigt wird, verläuft das Drehmoment der Synchronmaschine in Abhängigkeit vom Lastwinkel β (s. Abb. 321) nach einer Sinuskurve:

$$\boxed{M = -m\,\frac{p}{\omega}\,U\,J_K\left[\sin(\beta-\varrho) + \frac{E_p}{U}\sin\varrho\right],} \tag{283}$$

die in Abb. 334 für Motor- und Generatorbetrieb gezeichnet ist: Bezüglich des Vorzeichens ist zu beachten, daß β im Motorbetrieb negativ ist, so daß für den

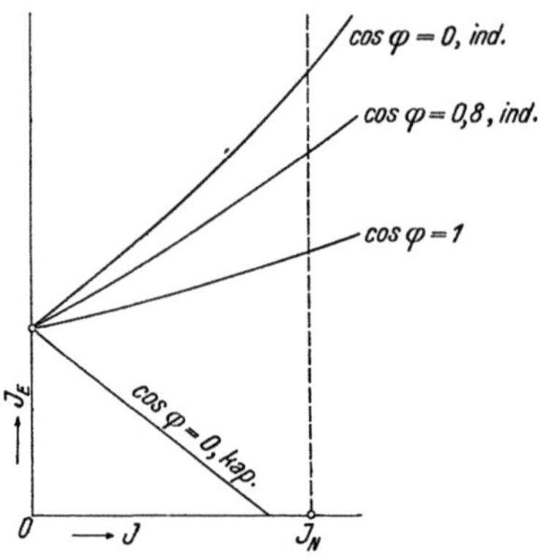

Abb. 333. Regulierkurven.
Die unterste Kurve für $\cos\varphi = 0$ gilt bei voreilendem Strom im VZS.

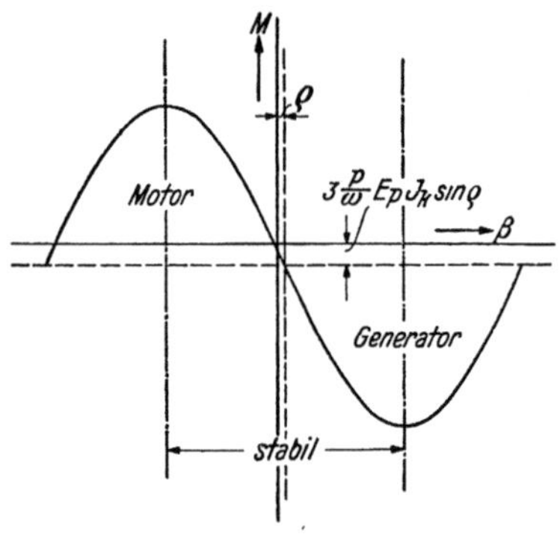

Abb. 334. Drehmoment der Vollpolmaschine.

Motor das Drehmoment positiv erscheint. Bei größeren Maschinen kann man den Ohmschen Widerstand vernachlässigen, dann wird $\operatorname{tg}\varrho = R/X \approx 0$ und es gilt die einfache Formel:

$$M = -m\,\frac{p}{\omega}\,U\,J_K\sin\beta. \tag{284}$$

Mit $J_K = E_p/Z$ bzw. E_p/X ist der Erregungszustand gegeben und der Lastwinkel β legt die mechanische Leistung fest. Für den praktischen Betrieb kommt nur der eingezeichnete stabile Betriebsbereich in Betracht. Wird das Kippmoment in Richtung größerer Winkel β überschritten, fällt die Synchronmaschine außer Tritt; als Generator geht sie auf hohe Drehzahl, als Motor bleibt sie stehen. Da das Kippmoment bei $\beta \approx 90°$ auftritt und da man mit Rücksicht auf sicheren Betrieb eine etwa 2 bis 1,5fache Überlastbarkeit einhalten muß, wird der Lastwinkel bei Nennlast etwa 30° bis 40° betragen. Dabei ist zu beachten, daß bei Stoßlast die Spannung meistens absinkt und dadurch gemäß Gl. 284 auch das Drehmoment herabgesetzt wird; anderseits wird das Polrad wegen seiner Schwungenergie einen Teil der Stoßlast abfangen können. Auch die in einer etwa vorhandenen Dämpferwicklung bei Stoßlast auftretenden Ströme tragen durch das von ihnen entwickelte Drehmoment, das asynchrone Dämpfungsmoment, zur Erhöhung der Stabilität bei Stoßlast bei. Man kann also nicht allgemein die statische Überlastbarkeit als Sicherheitsmaß für die zulässige Stoßbelastung ansehen.

Das Kippmoment M_K ergibt sich nach Gl. 284 für $\sin\beta = 1$ zu $M_K = 3\,p\,U\,J_K/\omega$. Das Nennmoment kann man unter Vernachlässigung aller Verluste im Ständer aus der elektrischen Leistung zu $M_N = \frac{3\,p}{\omega}\,U\,J_N \cos\varphi_N$ bestimmen. Daraus ergibt sich in einfacher Weise ein Anhalt für die Überlastbarkeit einer Synchronmaschine bei konstanter Spannung:

$$\ddot{u} \approx \frac{J_K}{J_N \cos\varphi_N}. \tag{285}$$

Die Überlastbarkeit ist also mit J_K proportional dem Erregerstrom, entsprechend dem geradlinigen Verlauf der Kurzschlußkennlinie.

C. Besonderheiten der Schenkelpolmaschine.

1. Aufteilung der Ankerdurchflutung.

Infolge der ausgeprägten Pole bei der Schenkelpolmaschine ist der Luftspalt nicht überall gleich; wir müssen daher dazu übergehen, magnetisch zwei ver-

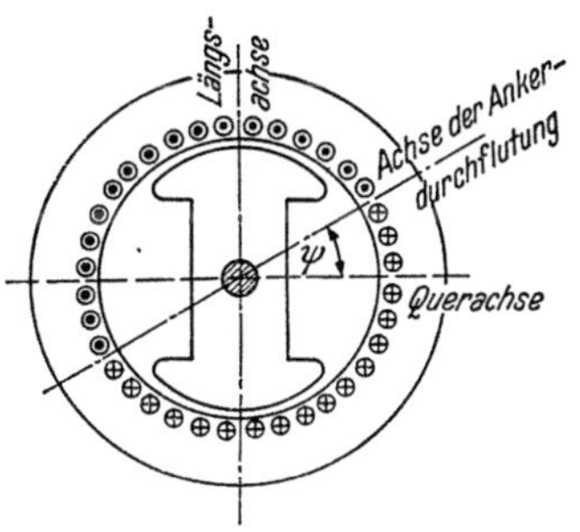

Abb. 335. Zur Aufteilung der Ankerdurchflutung.

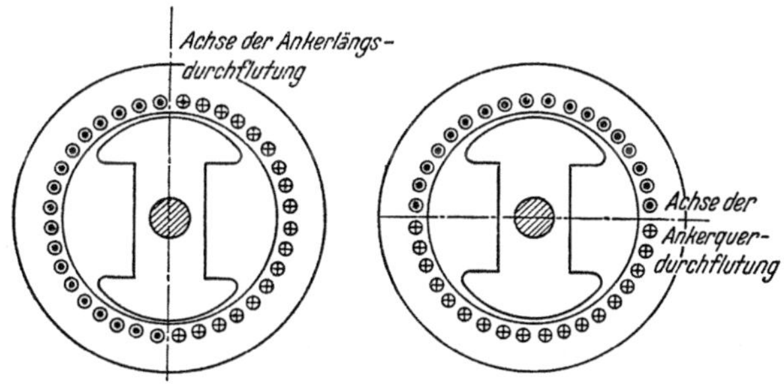

Abb. 335 A. Aufteilung der Ankerdrehdurchflutung.

schiedene Achsen zu unterscheiden, nämlich die Längsachse und die Querachse. Die Längsachse fällt mit der Polachse zusammen; die Querachse liegt in der Pollücke, wie Abb. 335 zeigt.

Der magnetische Leitwert ist in der Querachse bedeutend geringer als in der Längsachse, was aus Abb. 335 ohne besondere Erläuterung ersichtlich ist. Je nach Lage der Ankerdrehdurchflutung zum Polrad — beide laufen ja synchron miteinander um — ist also das erzeugte Ankerfeld bei gleichem Strom verschieden. Wir zerlegen deshalb die Ankerdurchflutung in zwei Teile, von denen der eine Teil in der Längsachse und der andere in der Querachse wirksam ist. Bequemer ist es jedoch, mit den Strömen, die ja den Durchflutungen proportional sind, zu rechnen. Wir zerlegen daher den Ankerstrom in zwei Komponenten:

$$J_l = J \sin \psi \text{ und } J_q = J \cos \psi. \quad (286)$$

ψ ist, wie Abb. 335 zeigt, der Winkel zwischen der Achse der Ankerdrehdurchflutung und der Querachse. Die zu den Strömen J_l und J_q gehörenden Drehstrombeläge sind in den Abb. 335 A a und b gezeichnet. Zu J_l gehört der Ankerlängsdrehstrombelag bzw. die Ankerlängsdurchflutung und zu J_q der Ankerquerdrehstrombelag bzw. die Ankerquerdurchflutung.

2. Feldkurven von Ankerlängs- und -querfeld.

Die Ankerlängsdurchflutung erzeugt ein Feld in der Längsachse des Polrades und die Ankerquerdurchflutung ein Feld in der Querachse. Unter Vernachlässigung der Oberwellen können wir für die Felderregerkurve sowohl für die Längsachse als auch für die Querachse eine sinusförmige Verteilung annehmen. Die Abweichung der Feldkurve von der Sinusform ergibt sich dann lediglich durch die veränderliche Luftspaltbreite. Die Feldkurven des Ankerlängsfeldes und des Polradfeldes in Abb. 336 sind für gleiche Durchflutungen gezeichnet, so daß die Höchstwerte der Felder in Polmitte gleich sind. Der Verlauf der beiden Feldkurven ist aber verschieden, weil die Ankerlängsdurchflutung sinusförmig am Ankerumfang verteilt ist (Felderregerkurve), die Durchflutung des Polrades dagegen in der Pollücke konzentriert ist. Für das Betriebsverhalten der Synchronmaschine sind in erster Linie die Grundwellen dieser beiden Feldkurven maßgebend. Das Verhältnis dieser beiden Grundwellen ist gleich dem Verhältnis der magnetischen Grundwellenleitwerte Λ_E für das Polradfeld und Λ_l für das Ankerlängsfeld:

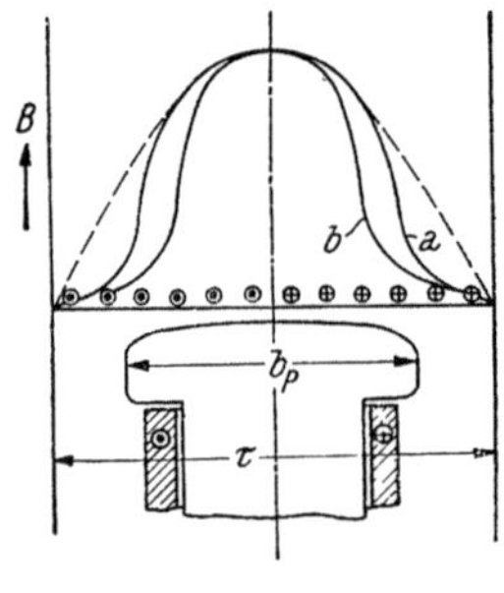

Abb. 336. a Feldkurve des Polradfeldes; b Feldkurve des Ankerlängsfeldes bei sinusförmigem Luftspalt.

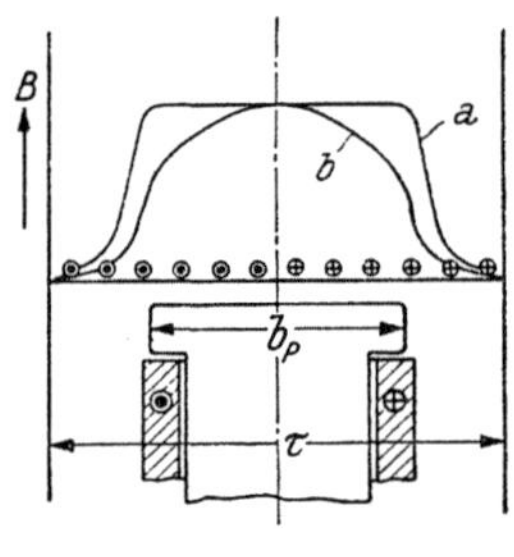

Abb. 337. a Feldkurve des Polradfeldes; b Feldkurve des Ankerlängsfeldes bei konstantem Luftspalt.

$$k_l = \frac{\Lambda_l}{\Lambda_E}. \quad (287)$$

Dieser Faktor k_l schwankt etwa in den Grenzen von 0,8 bis 0,92 bei einem Polbogenverhältnis $b_p/\tau \approx 0{,}4$ bis 0,85 und sinusförmig abgestufter Luftspaltbreite. Er ist auch von der Sättigung stark abhängig (RICHTER II, S. 209). In manchen Fällen ist aus Herstellungsgründen die Luftspaltbreite nicht sinusförmig abgestuft, sondern vor dem Polschuh konstant. Die zugehörigen Feldkurven sind in Abb. 337 gezeigt. Da wir stets nur die Grundwelle berücksichtigen, brauchen wir diesen Fall nicht besonders zu behandeln.

Um trotz der starken Oberwellen sinusförmige Klemmenspannungen zu erhalten, wendet man gerade bei vielpoligen Schenkelpolmaschinen Bruchlochwicklungen und schräg gestellte Polschuhe an.

Die Feldkurve des Ankerquerfeldes ist in Abb. 338 gezeigt. Sie besitzt die charakteristische Einsattelung infolge der geringen Leitfähigkeit der Pollücke. Die Feldlinien schließen sich hauptsächlich quer durch den Polschuh. In gleicher Weise wie beim Ankerlängsfeld können wir auch hier den magnetischen Grundwellenleitwert Λ_q in der Querachse mit dem Grundwellenleitwert Λ_E des Polradfeldes vergleichen und setzen daher

$$k_q = \frac{\Lambda_q}{\Lambda_E}. \tag{288}$$

Der Faktor k_q schwankt etwa von 0,2 bis 0,45 in gleicher Abhängigkeit vom Polbogenverhältnis wie k_l. Aus $k_l/k_q \approx 2$ ergibt sich, daß der magnetische Grundwellenleitwert in der Längsachse etwa doppelt so groß ist wie in der Querachse.

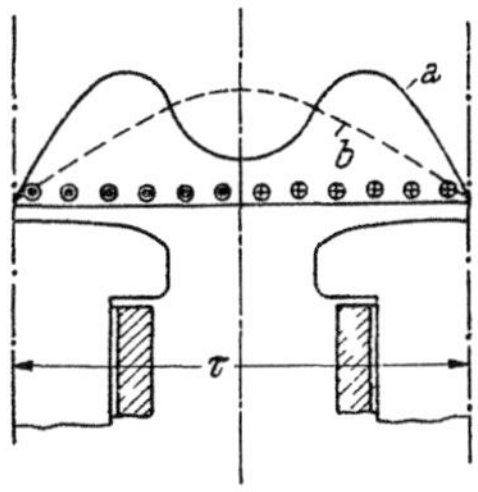

Abb. 338. a Feldkurve des Ankerquerfeldes; b Grundwelle des Ankerquerfeldes.

3. Ankerrückwirkung.

Das Ankerlängsfeld stärkt oder schwächt das Polradfeld, indem beide Felder sich algebraisch addieren oder subtrahieren. Den für das Ankerlängsfeld maßgebenden Ankerstrom $J_l = J \sin \psi$ wollen wir wie bei der Vollpolmaschine auf die Erregerwicklung umrechnen. Bei den konzentrierten Erregerspulen ist die Erregerdurchflutung

$$\Theta_E = \frac{w_E}{p} J_E, \tag{289}$$

wenn w_E die in Reihe liegende Windungszahl aller Pole ist. Die Ankerlängsdurchflutung ist[1])

$$\Theta_{Al} = m \frac{2\sqrt{2}}{\pi} \frac{w_A \xi_A}{p} J \sin \psi. \tag{290}$$

Diese Ankerlängsdurchflutung erzeugt aber ein im Verhältnis k_l geringeres Grundwellenfeld als die gleich große Erregerdurchflutung. Mithin ist die „wirksame“ Ankerlängsdurchflutung

$$\Theta_{Al}' = k_l \Theta_{Al}. \tag{291}$$

Setzen wir nun $\Theta_{Al}' = \Theta_E$ und $J_l' = J_E$, dann erhalten wir damit für den „wirksamen“ Ankerrückwirkungsstrom

$$\boxed{J_l' = k_l g J \sin \psi} \tag{292}$$

mit dem Umrechnungsfaktor

$$\boxed{g = m \frac{2\sqrt{2}}{\pi} \frac{w_A \xi_A}{w_E}.} \tag{293}$$

Aus der Leerlaufkennlinie entnehmen wir für J_l' die zugehörige induzierte Spannung E_{Al}, die von der Grundwelle des Ankerlängsfeldes induziert wird. Aus

$$E_{Al} = J_l X_l \tag{294}$$

erhalten wir dann schließlich den Blindwiderstand X_l für das Ankerlängsfeld.

[1]) Es handelt sich hier und bei allen folgenden Betrachtungen stets um die Grundwellen!

Die Ankerrückwirkung des Ankerquerfeldes besteht in einer Verzerrung des Polradfeldes, wie Abb. 339 zeigt. Durch die an der Polkante auftretende Feldspitze wird der Gesamtfluß infolge erhöhter Sättigung in den Polschuhkanten verringert, d. h. der Gesamtfluß ist nicht so groß, wie sich aus der Addition der einzelnen Flüsse, sofern sie eben allein vorhanden wären, ergeben würden, weil mit zunehmender Felddichte die Leitfähigkeit des Eisens abnimmt. Dieser Verlust soll durch die schraffierte Fläche in Abb. 339 angedeutet werden. Durch die Überlagerung des Ankerquerfeldes wird also der Fluß des Polradfeldes kleiner.

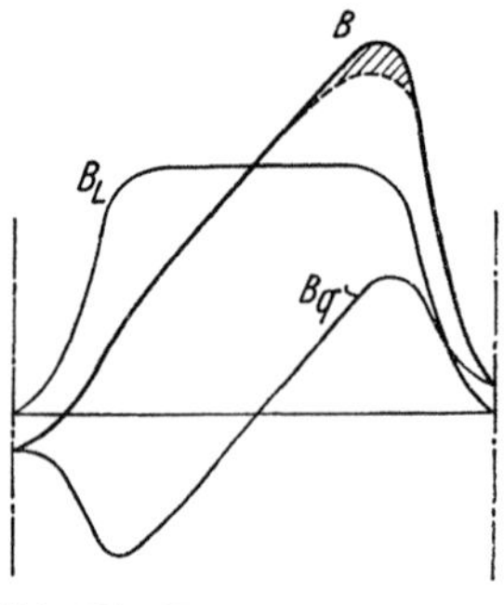

Abb. 339. Verzerrung des Polradfeldes durch das Ankerquerfeld.

Um die von der Grundwelle des Ankerquerfeldes induzierte Spannung E_q ermitteln zu können, rechnen wir auch $J_q = J \cos \psi$ auf die Feldmagnetwicklung um unter Berücksichtigung der verschiedenen Leitwerte. Es ist entsprechend Gl. 292:

$$\boxed{J_q' = k_q\, g\, J \cos \psi.} \tag{295}$$

Mit J_q' entnehmen wir aus der Leerlaufkennlinie E_q und aus

$$E_q = J_q X_q \tag{296}$$

erhalten wir den Blindwiderstand X_q für das Ankerquerfeld.

4. Vektordiagramm der Schenkelpolmaschine.

Bei der Schenkelpolmaschine unterscheiden wir drei Felder, nämlich Polradfeld, Ankerlängsfeld und Ankerquerfeld. Diese Zerlegung könnte man bei der Vollpolmaschine auch durchführen, doch liegt hierfür kein Grund vor und ein Vorteil ergäbe sich auch nicht. Die zu den Grundwellen dieser Felder gehörigen drei Spannungen setzen sich zur resultierenden Spannung E zusammen. Da Polradfeld und Ankerlängsfeld gleichachsig sind, haben die Spannungen E_p und E_{Al} gleiche Phase, so daß wir sie zu einer resultierenden Spannung des Längsfeldes

$$E_l = E_p \pm E_{Al} \tag{297}$$

zusammenfassen können. Das Positiv-Zeichen gilt für Aufnahme ind. Blindleistung (Untererregung), das Negativ-Zeichen für Abgabe ind. Blindleistung (Übererregung). Dann erscheinen im Vektordiagramm nur noch die beiden Spannungen E_l und E_q, die um 90° phasenverschoben sind, weil die Felder — resultierendes Längsfeld und Ankerquerfeld — räumlich um 90° (in Polteilungsgraden gemessen) verschoben sind. Zur Bestimmung der resultierenden Erregung J_μ ist der Ankerrückwirkungsstrom der Längsachse J_l' zum Erregerstrom J_E hinzuzuschlagen. Die resultierende Erregung für das Längsfeld ist also

$$J_\mu = J_E \pm J_l'. \tag{298}$$

Die Vorzeichen sind wie bei Gl. 297 zu wählen. Aus Gl. 298 kann umgekehrt, wenn E und damit J_μ bekannt sind, der erforderliche Erregerstrom J_E bestimmt werden. Auch hier tritt zu dem so berechneten Erregerstrom noch eine zusätzliche Erhöhung wegen der schon in Abschn. V B 9 besprochenen Erhöhung der Polstreuung. Die genaue Berechnung unter Berücksichtigung der zusätzlichen Polstreuung erfolgt auf anderem Wege an Hand der getrennten Magnetisierungskennlinie für Anker einschließlich Luftspalt und Feldmagnet.[1])

[1]) Siehe z. B. W. PUTZ, ETZ 54 (1933) S. 701; RICHTER, El. M. II, S. 142.

Das vollständige Diagramm ergibt sich, indem wir zur Spannung E noch die Streuspannung $J\,X_\sigma$ und die OHMsche Spannung $J\,R$ vektoriell addieren, wie es Abb. 340 zeigt. Die Richtigkeit des eingetragenen Winkels ψ ergibt sich aus der eingangs gegebenen Festlegung, daß die Stromkomponente $J_l = J \sin\psi$ wie der Erregerstrom J_E in der Längsachse magnetisieren soll; die zugehörige induzierte Spannung liegt um 90° phasenverschoben. Die Erregung für die Querfeldspannung E_q wird von der Ankerstromkomponente $J_q = J \cos\psi$ geliefert.

Um das Diagramm für einen gegebenen Betriebszustand zeichnen zu können, muß der Winkel ψ bekannt sein, da er sich im Diagramm nicht von selbst einstellt. Hierzu benutzen wir die Hilfskonstruktion der Abb. 341. Das aus E_l, E_q und E gebildete Vektordiagramm stimmt mit dem der Abb. 340 überein. Ziehen wir nun durch den Punkt B ein Lot senkrecht zum Stromvektor und verlängern E_l über C hinaus, dann erhalten wir in dem Schnitt beider Linien den Punkt A und dadurch das Hilfsdreieck ABC. Wie eine Betrachtung der Winkel ohne weiteres zeigt, ist der $\measuredangle ABC$ gleich ψ. Infolgedessen ist die Strecke $\overline{AB}$ gleich $E_q/\cos\psi$; wir wollen sie mit E_{q_0} bezeichnen.

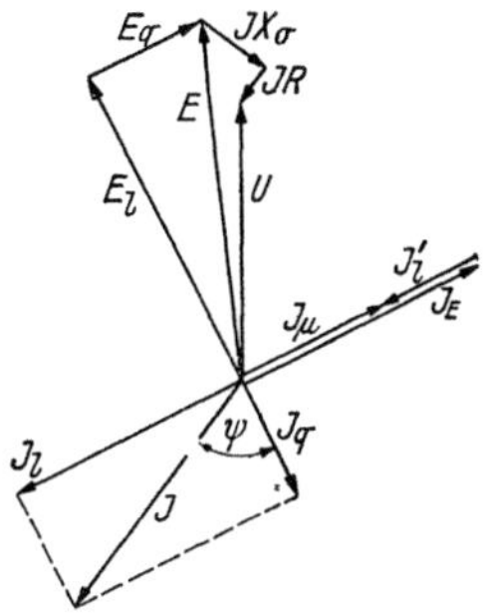

Abb. 340. Vektordiagramm der Schenkelpolmaschine.

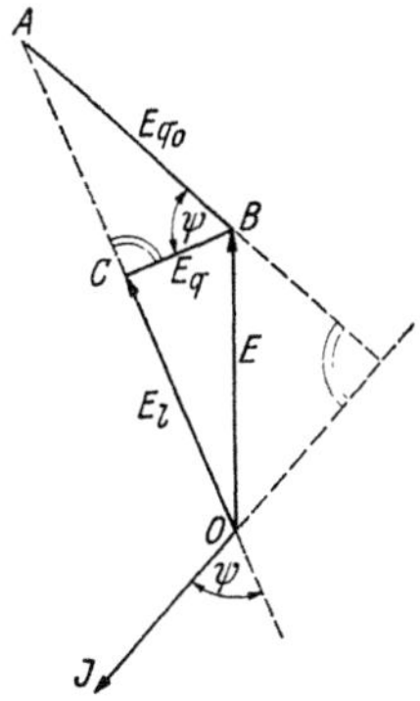

Abb. 341. Hilfskonstruktion zur Bestimmung des Winkels ψ.

Während E_q vom Strom $J_q = J\cos\psi$ erzeugt wird, würde man für $E_{q_0} = E_q/\cos\psi$ einen Strom $J_q/\cos\psi = J$ benötigen. Man kann also in dieser Hilfskonstruktion E_{q_0} als die Spannung des Querfeldes bezeichnen, die auftreten würde, wenn der volle Ankerstrom in der Querachse magnetisieren würde. Entnimmt man also für $J_{q_0}' = k_q\,g\,J$ aus der Leerlaufkennlinie die Spannung E_{q_0} und trägt sie gemäß Abb. 341 an E senkrecht zum Stromvektor an, erhält man den Punkt A und durch die Verbindungslinie OA die Richtung des Vektors der Längsfeldspannung E_l. Durch das Lot BC von B auf OA werden dann E_l und E_q nach Größe und Phase festgelegt. Außerdem ist durch E_l und J auch der Winkel ψ bestimmt. Der vollständigen Aufstellung des Diagramms nach Abb. 340 steht damit nichts mehr im Wege.

5. Drehmoment der Schenkelpolmaschine.

Nach Gl. 283 ist das Drehmoment einer nichterregten Vollpolmaschine Null; das vom Ankerstrom erzeugte Drehfeld ist nicht in der Lage, eine Kraft auf den Läufer auszuüben. Bei der Schenkelpolmaschine dagegen ist das anders. Man sieht leicht ein, daß ein umlaufendes, vom Anker erregtes Drehfeld versuchen wird, das Polrad mitzunehmen, so wie ein Eisenkern in ein Magnetfeld hereingezogen wird. Das auf diese Weise ohne Erregung des Polrades durch magnetischen Zug zustande kommende Drehmoment nennen wir das „Reaktionsmoment", durch das sich die Schenkelpolmaschine von der Vollpolmaschine unterscheidet. Hierzu kommt natürlich bei Erregung noch das Hauptdrehmoment des Polradfeldes mit dem Ankerstrom. Unter Vernachlässigung des Ankerwiderstandes lautet die Beziehung für das Drehmoment:

$$M = -m \frac{p}{\omega} U J_K \left[\sin\beta + \frac{U}{E_p} \frac{X_l - X_q}{2(X_q + X_\sigma)} \sin 2\beta \right]. \tag{299}$$

Hierin ist $J_K = E_p/(X_l + X_\sigma)$. Der Beweis für diese Gleichung folgt in Abschn. E 2. Das erste Glied dieser Gleichung entspricht dem Drehmoment der Gl. 284, während das zweite Glied das neu hinzugekommene Reaktionsmoment ist. Der Gesamtverlauf des Drehmoments ist von dem Verhältnis E_p/U, das den Grad der Erregung in bezug auf $E_p/U = 1$ bei Leerlauf angibt, sowie vom Lastwinkel β abhängig. In Abb. 342 ist dieses Gesamtdrehmoment in Abhängigkeit vom Lastwinkel β für verschiedene Werte E_p/U dargestellt; der Einfluß des doppelperiodischen Reaktionsmoments auf das sinusförmige Hauptmoment ist unverkennbar. Gemäß unserer Vorzeichenfestlegung erscheint das Motormoment positiv und das Generatormoment negativ!

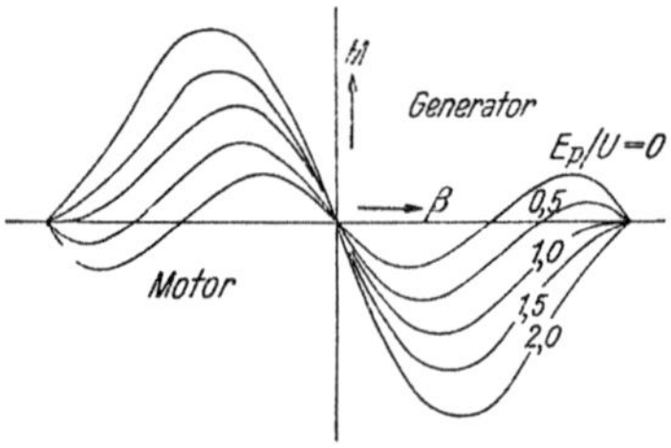

Abb. 342. Drehmoment einer Schenkelpolmaschine in Abhängigkeit vom Lastwinkel.

Auch hier trennt das Kippmoment sowohl im Motor- wie im Generatorbereich den stabilen Betriebsbereich vom labilen. Im Gegensatz zur Vollpolmaschine tritt das Kippmoment nicht bei $\beta = 90°$ auf, sondern bei kleineren Winkeln zwischen 45° bei $E_p/U = 0$ und 90° bei $E_p/U = \infty$. Infolgedessen ist auch der Nennlastwinkel kleiner als bei der Vollpolmaschine; die Überlastbarkeit dagegen ist nicht unwesentlich größer.

Sowohl bei der Vollpol- wie bei der Schenkelpolmaschine, wenn wir von dem andersartigen Verhalten des Reaktionsmoments absehen, ist das Drehmoment proportional der Klemmenspannung U, während es sich bei der Induktionsmaschine mit dem Quadrat der Klemmenspannung ändert; das bedeutet, daß das Drehmoment der Synchronmaschine nicht so empfindlich gegen Netzspannungsabsenkungen ist wie das des Induktionsmotors.

Aus obiger Drehmomentgleichung erhalten wir das Drehmoment der unerregten Schenkelpolmaschine, das Reaktionsmoment, mit $J_K = 0$ zu

$$M = -\frac{m}{2} \frac{p}{\omega} U^2 \frac{X_l - X_q}{(X_l + X_\sigma)(X_q + X_\sigma)} \sin 2\beta. \tag{300}$$

Mit $X_l \approx 2 X_q$ ist das bei $\sin 2\beta = 1$ auftretende größte Reaktionsmoment halb so groß wie das bei $\sin\beta = 1$ und Leerlauferregung mit $E_p = U$ auftretende größte Hauptmoment. In manchen Fällen genügt dieses Reaktionsmoment für kleine Hilfsantriebe, so daß dann die Erregerwicklung gespart werden kann. Bei der gewöhnlichen Synchronmaschine erhöht das Reaktionsmoment im stabilen Bereich das Hauptmoment und somit die Stabilität.

D. Die Synchronmaschine im Parallelbetrieb.

Die meisten Synchronmaschinen laufen nicht im Einzelbetrieb, sondern mit anderen Synchronmaschinen am gleichen Netz. In einem solchen Parallelbetrieb sind verschiedene Eigentümlichkeiten zu beachten.

1. Anlauf und Synchronisierung.

Bei einem Generator macht der Anlauf keine Schwierigkeiten; der Generator wird von der Kraftmaschine auf synchrone Drehzahl gebracht, synchronisiert und aufs Netz geschaltet.

Das Synchronisieren geschieht unter folgenden Bedingungen:

Die Spannungen des Netzes und der Synchronmaschine müssen gleiche Größe, gleiche Frequenz und gleiche Phase haben. Außerdem muß bei Drehstrommaschinen die richtige Phasenfolge festgestellt werden.

Gleiche Größe der Spannungen wird durch Änderung der Erregung unter Voltmetervergleich beiderseits hergestellt. Bequem für diesen Vergleich sind die sogenannten Doppelspannungsmesser, die zwei Meßsysteme mit zwei Zeigern und eine gemeinsame Skala besitzen.

Wir betrachten zuerst das Parallelschalten von einphasigen Synchronmaschinen. In allen Bildern der Abb. 343 sind die Schalter durch „Phasenlampen" überbrückt. Sind nun die Frequenzen des zuzuschaltenden Generators und des Netzes nicht gleich, so ergibt sich an den Lampen eine resultierende Spannung mit einer Frequenz gleich der halben Summe der Netz- und Generatorfrequenz, deren Amplituden aber sich mit der halben Differenz der genannten Frequenzen ändern, d. h. die Lampen zeigen Schwebungen in der Lichtstärke (Abb. 343f). Diese Schwebungen erfolgen um so langsamer, je näher die Generatorfrequenz der Netzfrequenz kommt. Man schließt die Schalter bei „Dunkelschaltung" der Phasenlampen (in Abb. 343a) dann, wenn die Lampen verlöschen. Dann stimmen nämlich die Phasen der Spannungen von zuzuschaltender Maschine und Netz gerade überein, wie aus Abb. 343f und Abb. 343a hervorgeht. Bei der „Hellschaltung" in Abb. 343b müssen die Schalter in jenem Augenblick eingelegt werden, in dem die Lampen am hellsten brennen, da dann Übereinstimmung der Phasen besteht (vgl. Abb. 343f mit 343b). Bei der Dunkelschaltung kann man auch einen Nullspannungszeiger und bei der Hellschaltung einen Summenspannungszeiger verwenden, die wie die Phasenlampen angeschlossen werden.

Bei Dreiphasenstrom gibt es drei verschiedene Möglichkeiten der Schaltung der Phasenlampen, die in den Abb. 343c, d und e dargestellt sind und Dunkel-, Hell- und gemischte Schaltung heißen. Bleiben wir zuerst bei der Dunkelschaltung. Da ist der zuzuschaltende Generator in richtiger Phasenfolge ans Netz gelegt, wenn alle drei Lampen gleichzeitig aufleuchten und verlöschen. Ist dies nicht der Fall, leuchten sie nacheinander auf, so ist die Phasenfolge verkehrt und wir haben zwei beliebige Anschlüsse miteinander zu vertauschen. Nun stellen wir nach einem Spannungsvergleich wieder ganz langsame Schwebungen durch Änderung der Drehzahl der Antriebsmaschine ein und schließen die Schalter, wenn die Lampen verlöschen.

Die Hellschaltung ist bei Dreiphasenstrom unbrauchbar, wie aus Abb. 343g hervorgeht. Die Lampen erreichen nämlich dann die größte Helligkeit, wenn die Phasen der Generator- und Netzspannung um 60° gegeneinander verschoben sind.

In den Abb. 343g und h bis m sind die Spannungsvektoren durch voll ausgezogene, gestrichelte und punktierte Strahlen dargestellt. Weiters ist der Spannungsstern des Netzes stärker ausgezogen als der des Generators. Die Lampenspannungen e_u, e_v und e_w sind die Differenz der Netz- und Maschinenspannung und durch strichpunktierte Strahlen gekennzeichnet.

Schaltet man die Lampen nach Abb. 343e (gemischte Schaltung), so leuchten sie nacheinander auf, wie man sich an Hand der Abb. 343h bis m überzeugen kann. Und zwar ist der Spannungsstern des Netzes als feststehend angenommen. Der Spannungsstern des zuzuschaltenden Generators läuft nun im Sinne positiver oder negativer Winkel gegen diesen Netzspannungsstern um, je nachdem ob

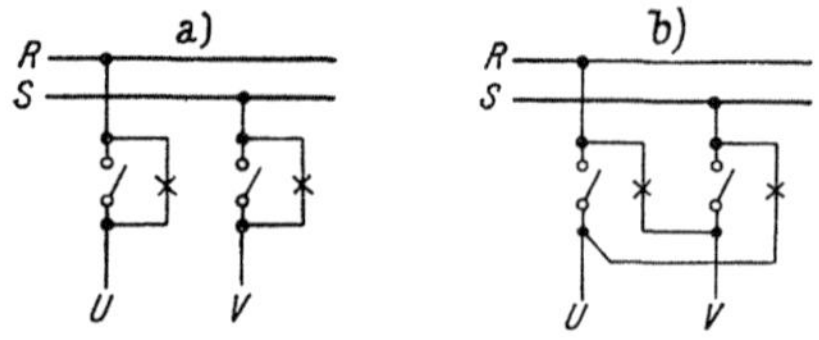

Abb. 343a und b. a) Dunkelschaltung der Phasenlampen bei Einphasenstrom. b) Hellschaltung der Phasenlampen bei Einphasenstrom.

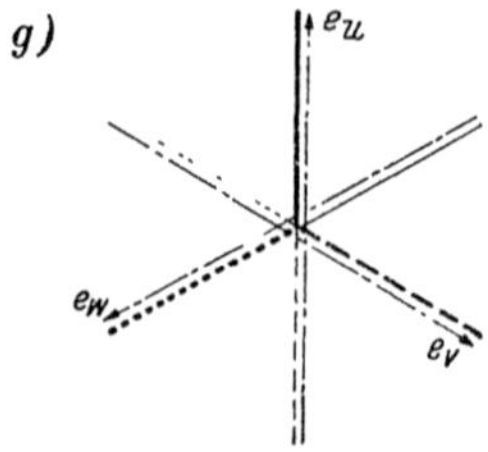

Abb. 343g. Zur Hellschaltung bei Dreiphasenstrom.

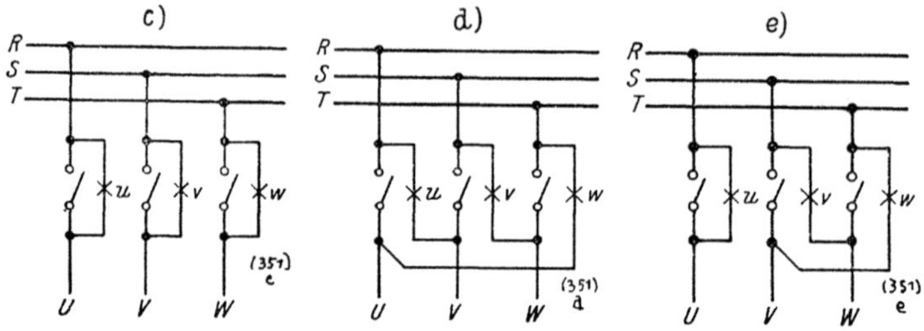

Abb. 343c, d, e. c) Dunkelschaltung der Phasenlampen bei Dreiphasenstrom. d) Hellschaltung der Phasenlampen bei Dreiphasenstrom. e) Gemischte Schaltung der Phasenlampen bei Dreiphasenstrom.

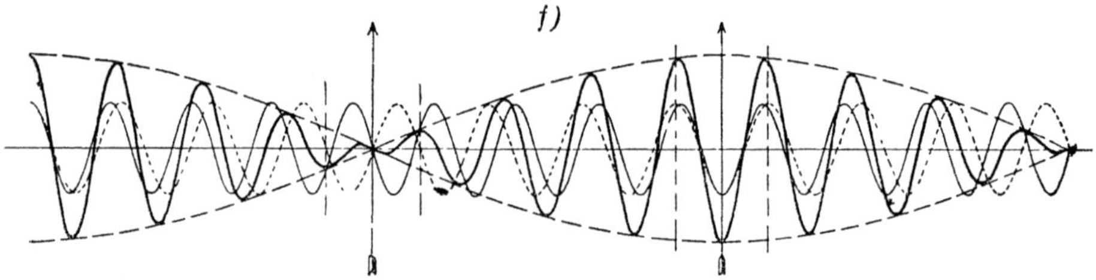

Abb. 343f. Überlagerung frequenzbenachbarter Spannungen (Schwebung).

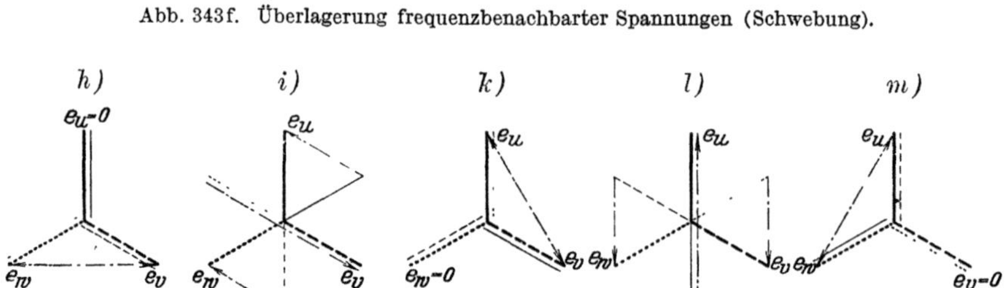

Abb. 343h bis m. Zur gemischten Schaltung der Phasenlampen bei Drehstrom.

die zuzuschaltende Maschine zu schnell oder zu langsam läuft. Ordnet man die drei Lampen *u*, *v* und *w* in einem Dreieck an, so wandert das Licht im Kreise herum. Aus dem Umlaufsinn dieser drehenden Lichterscheinung kann geschlossen werden, ob die Maschine zu langsam oder zu schnell läuft.

Im Zeitpunkt, der durch das Diagramm Abb. 343h gekennzeichnet ist, brennt die Lampe *u* nicht, während die Lampen *v* oder *w* mit einer Helligkeit brennen, die den Spannungen $e_v = e_w$ entspricht. Nach einer $^1/_6$-Schwebungsperiode erreicht die Lampe *v* die größte Helligkeit; die Lampe *u* leuchtet bereits und die Lampe *w* wird dunkler. Nach abermals einer $^1/_6$-Schwebungsperiode hat die Helligkeit der Lampe *u* weiter zugenommen, während die Lampe *w* erloschen ist und die Lampe *v* ihre größte Helligkeit eingebüßt hat. In Abb. 343 l strahlt die Lampe *u* am hellsten usw. Somit ist die größte Helligkeit von Lampe *v* zu Lampe *u* gewandert und kommt dann zu Lampe *w*: das Aufleuchten geht in der Reihenfolge *v u w* vor sich. Würde der Spannungsstern des zuzuschaltenden Generators im entgegengesetzten Sinne gegen den Netzspannungsstern umlaufen, so geschähe das Aufleuchten der Lampen in der Reihenfolge *w u v*, also entgegengesetzt wie früher.

Da das Synchronisieren einige Anforderungen an die Aufmerksamkeit und Geschicklichkeit des Bedienungspersonals stellt, wird es vielfach mit Hilfe von selbsttätigen Synchronisiervorrichtungen durchgeführt, was zudem auch noch Zeitersparnis bedeutet. In manchen Fällen, wo größere Stromstöße zulässig sind und schnellste Inbetriebnahme erforderlich ist, wird die annähernd auf synchrone Drehzahl gebrachte Maschine über Drosselspulen ans Netz gelegt und durch die auftretenden Ströme in den synchronen Lauf gezogen. Nach Beruhigung der Maschine werden die Drosselspulen kurzgeschlossen. Dieses Verfahren nennt man „Grobsynchronisieren".

Der Anlauf von Synchronmotoren und Phasenschiebern erfordert besondere Einrichtungen. Das meistverwendete Verfahren ist der asynchrone Selbstanlauf mit Hilfe eines in die Polschuhe eingebauten Käfigs. Mit diesem Käfig läuft die Synchronmaschine wie ein Asynchronmotor mit Käfiganker an, wobei alle Vor- und Nachteile auch hier sich geltend machen. Einzelheiten folgen im Abschn. D 5. Da während des Anlaufs das Ankerfeld mit der Schlupfdrehzahl über das Polrad hinwegläuft und in der offenen Erregerwicklung hohe Spannungen, die die Wicklung und die Bedienung gefährden könnten, induziert, ist es üblich, die Erregerwicklung während des Anlaufs über einen nicht zu hohen Widerstand zu schließen.

Ein anderes Verfahren ist der Anlauf mittels eines Anwurfmotors. Das Anlassen und Synchronisieren erfolgt dann in gleicher Weise wie beim Generator.

Ein drittes Verfahren, der sogenannte Frequenzanlauf, kann immer dann verwendet werden, wenn ein besonderer Generator zur Verfügung steht. Dieser wird mit Hilfe der Antriebsmaschine langsam hochgefahren und nimmt den Synchronmotor in synchronem Lauf mit. Die Erregerströme der beiden im Frequenzanlauf hochzuziehenden Maschinen sind möglichst hoch einzustellen, wobei man aber nicht über die Leerlauferregung hinausgehen soll. Wichtig für den synchronen Anlauf ist die relative Lage der beiden Läufer. Weiters ist zu beachten, daß der Motor durch eine Vorrichtung daran gehindert wird, sich entgegen der beabsichtigten Drehrichtung zu bewegen.[1]) Dieses Verfahren kann z. B. dann mit Vorteil angewendet werden, wenn mehrere Synchronphasenschieber vorhanden sind. Eine von diesen Maschinen wird mit einem Anwurfmotor ausgerüstet und dient als Generator zum Frequenzanlauf der übrigen, um schließlich zuletzt ans Netz geschaltet und als erste wieder abgeschaltet zu werden.

---

[1]) D. Harms, Elektrotechn. u. Masch.-Bau 59 (1941) S. 565.

2. Die Synchronmaschine am Netz.

a) Belasten der Synchronmaschine. Eine Synchronmaschine am Netz wird als Motor belastet, indem man eine mechanische Last an die Welle anhängt. Zum Betrieb als Generator muß man umgekehrt Leistung an der Welle zuführen. Das geschieht durch kurzzeitigen Eingriff in den Regler der Antriebsmaschine. Die Wirkleistung einer Synchronmaschine muß also mechanisch von der Welle aus geregelt werden, dabei eilt das Polrad beim Motor um den Lastwinkel β gegenüber dem Leerlauf nach und beim Generator vor. Wie Abb. 344 zeigt, bewirkt die hierbei zwischen der Netzspannung U und der Polradspannung E_p auftretende Differenzspannung einen Strom, der annähernd in Phase oder Gegenphase mit der Netzspannung ist und eine Wirklast kennzeichnet. In geringem Maße stellt sich mit dieser Wirklastregelung auch eine Blindlast ein, aber eine beliebige Änderung der Blindlast ist auf diese Weise nicht möglich. Ändert man dagegen den Erregerstrom, macht man also E_p größer oder kleiner, dann stellt sich ein Blindstrom ein, wie Abb. 345 zeigt. Bei Übererregung gibt die Synchronmaschine induktive Blindleistung ab, bei Untererregung dagegen nimmt sie induktive Blindleistung auf. Bei induktiver Netzlast muß also die Synchronmaschine übererregt und bei kapazitiver Netzlast untererregt, gegebenenfalls überhaupt nicht erregt werden.

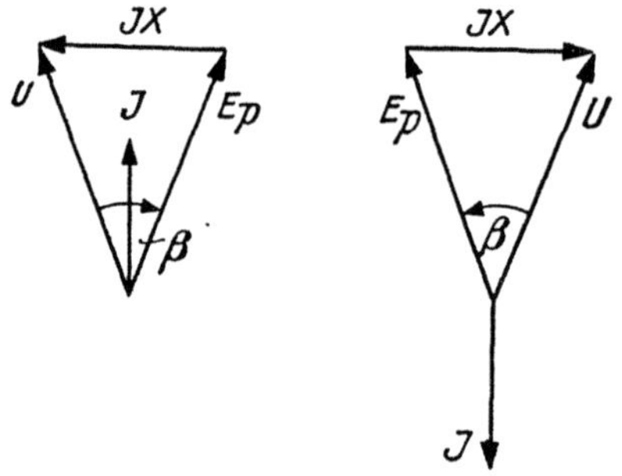

a Motor b Generator

Abb. 344. Wirkbelastung einer Synchronmaschine.

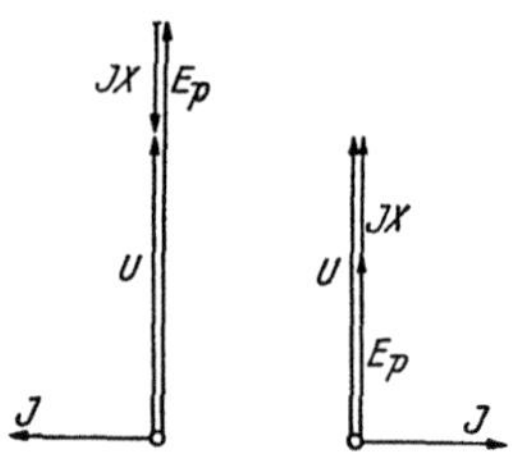

a b

Abb. 345. Blindbelastung einer Synchronmaschine. a Übererregung, Abgabe ind. Blindleistung. b Untererregung, Aufnahme ind. Blindleistung.

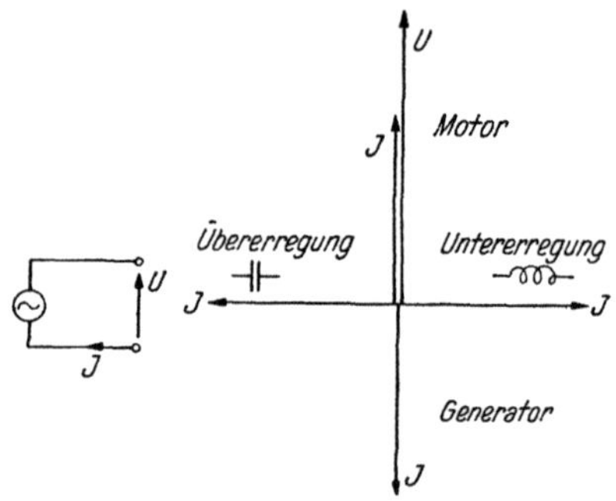

Abb. 346. Die verschiedenen Betriebszustände der Synchronmaschine.

Für das Belasten einer Synchronmaschine am Netz erhalten wir also folgende Regel:

Die Blindleistung kann nur mit Hilfe der Erregung geändert werden.

Die Wirkleistung kann nur durch Änderung der mechanisch zu- oder abgeführten Leistung an der Welle geregelt werden.

Indem man beides gleichzeitig regelt, kann man jeden beliebigen Betriebszustand einstellen. Abb. 346 zeigt diese verschiedenen Möglichkeiten unter Zugrundelegung des Verbraucher-Zählpfeilsystems (vgl. Abb. 42).

Da in unseren Drehstromnetzen stets Motoren und Drosselspulen, die induktive Blindleistung benötigen, vorhanden sind, müssen die vorhandenen Synchrongeneratoren im allgemeinen zur Abgabe von induktiver Blindleistung neben der Wirklast mit Übererregung laufen. Vielfach werden auch die Synchronmotoren zur Blindleistungslieferung etwa bei $\cos\varphi = 0{,}9$ herangezogen. Im Verbundbetrieb großer Kraftwerke über große Entfernungen werden auch mechanisch unbelastete Synchronmaschinen lediglich zur Blindleistungslieferung (sogenannte Phasenschieber) aufgestellt, die mit $\cos\varphi \approx 0$ und Übererregung laufen.

b) *V*-Kurven. Liegt die Synchronmaschine an einem Netz mit konstanter Spannung, lassen sich durch Änderung der Erregung bei gleichbleibender mechanischer Last die wegen ihrer Form sogenannten *V*-Kurven (Abb. 347) aufnehmen. In diesen Kurven kommt eben die Tatsache zum Ausdruck, daß eine Änderung der Erregung eine Änderung des Blindstromes bewirkt. Im Minimum der Kurve ist $\cos\varphi = 1$, der Ankerstrom entspricht der Wirklast. Die *V*-Kurven für Motor- und Generatorbetrieb überschneiden sich. Da die praktische Bedeutung gering ist und auch sonst keine weitere physikalische Einsicht gewonnen werden kann, verzichten wir auf die eingehende Behandlung dieser Kurven.

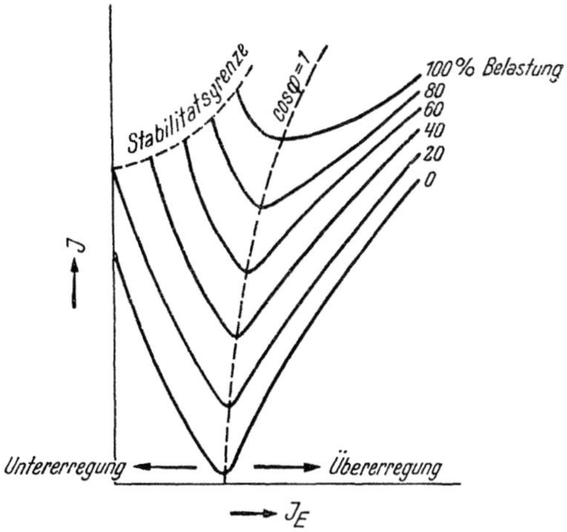

Abb. 347. *V*-Kurven bei verschiedener mechanischer Last.

3. Das synchronisierende Drehmoment im Parallelbetrieb.

Ein Synchrongenerator, der im Alleinbetrieb ein Netz speist, fällt bei Belastung in der Drehzahl ab, bis der Regler der Antriebsmaschine wieder nachgeregelt hat; ebenso würde bei Entlastung die Drehzahl ansteigen usw. Das heißt also, die Drehzahl und mit ihr die Frequenz eines Generators im Alleinbetrieb schwanken mit der Belastung; die Stärke der Schwankung hängt von den Eigenschaften des Kraftmaschinenreglers ab. Ganz anders dagegen im Parallelbetrieb. Solange die Synchronmaschine im Tritt läuft, ist ihre Drehzahl durch die Frequenz des Netzes bestimmt. Eine Änderung der Drehzahl kann nur eintreten, wenn alle Synchronmaschinen des Netzes diese Änderung gleichzeitig mitmachen und dadurch die Netzfrequenz ändern. — Um nun bei Störungen des synchronen Laufes die Vorgänge im Parallelbetrieb überblicken zu können, muß man beachten, daß das mechanische Drehmoment, beim Motor an der Welle bremsend und beim Generator treibend, stets den Lastwinkel β zu vergrößern und die Maschine aus dem Tritt zu werfen versucht. Das in der Maschine elektrisch erzeugte Drehmoment dagegen hat stets das Bestreben, den Lastwinkel β zu verringern. Bei Entlastung geht eine Synchronmaschine unter dem Einfluß des elektrisch erzeugten Drehmoments auf den Winkel $\beta = 0$ zurück, der Motor wird also bei Entlastung kurzzeitig beschleunigt und der Generator kurzzeitig gebremst, um dann im synchronen Lauf zu verharren. So wie das Drehmoment des Asynchronmotors die Tendenz hat, die Drehzahl auf die synchrone zu bringen, hat das Drehmoment der Synchronmaschine das Bestreben, den synchronen Lauf bei $\beta = 0$ einzuhalten. Ohne diese selbsttätige synchronisierende Eigenschaft des Drehmoments der Synchronmaschine wäre ein Verbundbetrieb von Kraftwerken überhaupt nicht denkbar, denn auch die genauesten Regler würden einen synchronen Lauf aller Maschinen nicht einregeln können. Eine anfallende elektrische Last verteilt sich auf parallelarbeitende Generatoren selbsttätig so, daß der gemeinsame synchrone Lauf erhalten bleibt. Über die bei Stoßlast auftretenden dynamischen Vorgänge s. Abschn. E 3.

Als Maß für die synchronisierenden Eigenschaften einer Synchronmaschine benutzt man das auf die Winkeleinheit bezogene Drehmoment, das „synchronisierende Moment". Dieses Moment benutzt man aber nicht, um das im Beharrungszustand vorhandene elektrische Drehmoment, das dem mechanischen Drehmoment gleich ist, zu bestimmen, sondern nur, um die Vorgänge bei Laständerungen, bei denen überschüssige Drehmomente auftreten, zu beschreiben. Ist z. B. ein Generator durch einen kurzzeitigen mechanischen Stoß um den Winkel $\Delta\beta$ vorwärtsgetrieben worden, wie Abb. 348 zeigt, dann ist das nach dem Verschwinden des Stoßes vorhandene freie, überschüssige Moment gleich ΔM, welches das Polrad wieder auf den alten Winkel β_0 zurückbringt; das synchronisierende Moment ist also $\Delta M/\Delta\beta$. Wenn wir zu Differentialen übergehen, erhalten wir für das „synchronisierende Moment":

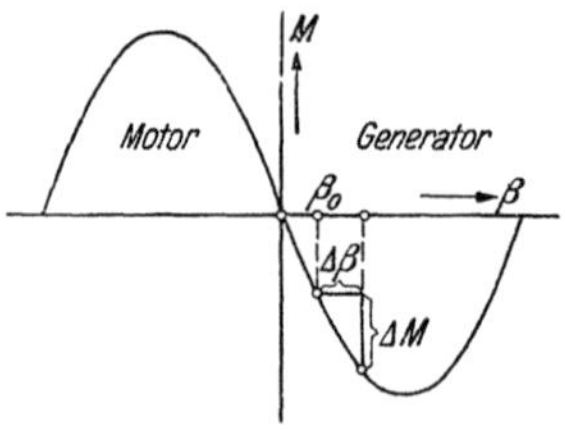

Abb. 348. Zur Bestimmung des synchronisierenden Momentes.

$$\boxed{c = -\frac{\partial M}{\partial \beta},} \tag{301}$$

wobei das Vorzeichen berücksichtigt, daß c im stabilen Drehmomentbereich einen positiven Wert haben soll.

Für den vereinfachten Fall mit $R \approx 0$ und unter Vernachlässigung des Reaktionsmoments der Schenkelpolmaschine ist nach Gl. 284:

$$c \approx m \frac{p}{\omega} U J_K \cos\beta. \tag{302}$$

Die Maßeinheit für c ist Joule/Winkelgrad; je größer die Ankerrückwirkung, desto kleiner der Kurzschlußstrom und das synchronisierende Moment. Bei schnelleren Änderungen des Winkels β können die hier bei Zustandsänderungen in der Anker- und Feldmagnetwicklung stets auftretenden Ausgleichsvorgänge, die auch das synchronisierende Drehmoment der Synchronmaschine verändern bzw. vergrößern, nicht mehr vernachlässigt werden. Anderseits ist bei schwereren Laststößen im allgemeinen auch mit einer Spannungsabsenkung, die wieder eine Verminderung des Drehmoments zur Folge hat, zu rechnen. Auf diese Vorgänge können wir hier jedoch im einzelnen nicht eingehen, da sie zu kompliziert sind und eine besondere Betrachtungsweise erfordern.

Bei zwei über eine Fernleitung parallellaufenden Synchrongeneratoren muß man zum Ankerwiderstand auch den Leitungswiderstand hinzuzählen, wodurch der Kurzschlußstrom und das synchronisierende Moment kleiner werden, so daß der Parallelbetrieb um so schwieriger wird, je weiter die Kraftwerke entfernt liegen. Eine kurzzeitige Unterbrechung der synchronisierenden Wirkung, etwa durch einen Kurzschluß auf der Verbindungsleitung, führt vielfach zum Außertrittfallen der Kraftwerke.[1])

[1]) A. EINSELE, Elektrotechn. u. Masch.-Bau 57 (1939) S. 145.

4. Die Eigenschwingung der Synchronmaschine.

Das synchronisierende Drehmoment bedingt noch eine Besonderheit der Synchronmaschine im Parallelbetrieb. Wird z. B. ein Synchronmotor plötzlich entlastet, beschleunigt das freiwerdende elektrische Drehmoment das Polrad, um den Winkel $\beta = 0$ zu erreichen. Infolge der durch die Beschleunigung im Polrad aufgespeicherten Bewegungsenergie wird das Polrad über die Nullage hinausschwingen. Das nunmehr auftretende Generatormoment bremst das Polrad, was eine Beschleunigung in umgekehrter Richtung bedeutet. Dadurch gelangt das Polrad wieder in den Motorbereich und das Spiel wiederholt sich so lange, bis durch die unvermeidliche Dämpfung die Polradpendelungen allmählich zur Ruhe kommen und die Maschine im neuen Gleichgewichtszustand weiterläuft. Das Polrad der Synchronmaschine ist also in der Lage, freie Pendelungen auszuführen; die Synchronmaschine bildet ein elektromechanisches Schwingungssystem, das ohne weiteres mit den Drehschwingungen umlaufender Schwungräder, die durch elastische Wellen angetrieben werden, vergleichbar ist. Jede Laständerung, d. h. jeder Übergang von einem Lastwinkel zum andern, erfolgt unter aperiodischen Schwingungen des Polrades. Diese Schwingungsfähigkeit der Synchronmaschine hat unter Umständen sehr unangenehme Wirkungen, auf die wir in Abschn. E 3 näher eingehen.

5. Die Synchronmaschine als Motor und als Blindleistungsmaschine.

Nachdem die Anlaufschwierigkeiten, die anfänglich der Verwendung von Synchronmotoren entgegenstanden, behoben werden konnten, wird die Synchronmaschine heutzutage auch als Motor bis zu den größten Leistungen sehr viel verwendet, namentlich bei schnellaufenden Umformern und Kreiselverdichtern, bei langsamlaufenden Kolbenverdichtern und schließlich im elektrischen Schiffsantrieb als Antriebsmotor für die Schiffsschraube. Auch zum Antrieb von Walzenstraßen wird er in gewissen Fällen benutzt.[1]) Man wird dem Synchronmotor vor allem dann gegenüber dem Asynchronmotor mit Käfiganker den Vorzug geben, wenn es darauf ankommt, den Synchronmotor zwecks Verbesserung des Gesamtleistungsfaktors einer Anlage zur Blindleistungslieferung heranzuziehen. Der den Synchronmaschinen eigentümliche große Luftspalt bedeutet besonders bei großen, langsamlaufenden Motoren eine erhöhte Betriebssicherheit, die ebenfalls beim Vergleich mit dem Asynchronmotor in Betracht zu ziehen ist. Auch das Verhalten des Drehmoments, das sich, wie wir schon auseinandergesetzt haben, bei Spannungsschwankungen nur linear und nicht quadratisch wie beim Asynchronmotor ändert, kann als Vorteil angesehen werden. Vielfach ist auch der Wirkungsgrad wegen des guten Leistungsfaktors besser als beim Asynchronmotor. Nachteilig ist natürlich der Aufwand für die Erregung und die Schalteinrichtungen für den asynchronen Anlauf. Ferner muß bei ungleichförmigem Lastmoment, wie z. B. bei Kolbenverdichtern, noch die Pendelneigung und ihre Rückwirkung auf das speisende Netz auf der Seite der unangenehmen Eigenschaften in Rechnung gestellt werden. Schließlich verbietet die starre, unnachgiebige Drehzahl bei manchen Arbeitsvorgängen die Anwendung eines Synchronmotors von selbst.

Die Eigenschaften der Synchronmaschine im Betrieb sind in den vorausgegangenen Abschnitten zur Genüge besprochen worden. Damit der Synchronmotor neben der mechanischen Leistung noch induktive Blindleistung zur Ver-

---

[1]) W. Putz, Elektrotechn. u. Masch.-Bau 58 (1940) S. 82. — W. Leukert, Elektrotechn. u. Masch.-Bau 58 (1940) S. 345.

besserung des Leistungsfaktors der übrigen Anlage abgeben kann, muß der Synchronmotor entsprechend Abb. 346 übererregt werden; meist genügt schon ein $\cos\varphi \approx 0{,}9$ bei Übererregung. Wie aus der Drehmomentformel hervorgeht, nimmt das Kippmoment mit der Erregung — weil J_K damit zunimmt — zu, so daß die Übererregung zwecks Blindleistungslieferung gleichzeitig die Überlastbarkeit des Synchronmotors erhöht.

Synchrone Blindleistungsmaschinen sind leerlaufende Synchronmotoren, die zur Lieferung von induktiver und auch kapazitiver Blindleistung dienen. In dieser Eigenschaft werden sie zur Aufrechterhaltung der Stabilität und zur feinstufigen Spannungsregelung und Lastverteilung in großen, ausgedehnten Netzen benötigt. Die je nach dem Betriebszustand des Netzes erforderliche Blindleistung wird durch Änderung der Erregung eingestellt; die Blindleistungsabgabe oder -aufnahme richtet sich, wie auch aus den V-Kurven hervorgeht, nach dem Grad der Über- oder Untererregung, also nach dem Verhältnis E_p/U. Der Leistungsfaktor der Blindleistungsmaschinen ist praktisch $\cos\varphi \approx 0$. Die größte ind.. Blindleistungsaufnahme (kapazitive Blindleistungsabgabe) tritt auf, wenn die Erregung Null ist. Dieser Wert kann jedoch nur bei Schenkelpolmaschinen erreicht werden, da ja nur diese als Reaktionsmaschinen ohne Erregung laufen können. Bis zu einer gewissen Grenze kann die ind. Blindleistungsaufnahme bei Schenkelpolmaschinen durch Gegenerregung (Umpolen der Erregung) im Hinblick auf ihr Verhalten als Reaktionsmaschine noch gesteigert werden, jedoch dürfte dies im allgemeinen nicht nötig sein. Die größte induktive Blindleistungsabgabe bei Übererregung ist durch die Erwärmung des Polrades und durch die zulässige Spannungserhöhung bei plötzlicher Entlastung gegeben.

Das zurzeit wichtigste Anlaßverfahren von Synchronmotoren und Blindleistungsmaschinen ist der asynchrone Selbstanlauf mit Hilfe von Anlaufkäfigen, die in die Polschuhe eingebaut sind und untereinander durch kräftige Kurzschlußringe in Verbindung stehen. Mit diesem Käfig läuft die Synchronmaschine wie ein asynchroner Käfigankermotor an. Hat der Motor im asynchronen Lauf die höchst erreichbare Drehzahl erreicht, wird der Motor durch Einschalten der Gleichstromerregung ruckartig beschleunigt und unter größeren oder geringeren Pendelungen in den Synchronismus gezogen. Das ist aber nur dann einwandfrei und sicher möglich, wenn der asynchrone Schlupf nicht zu groß (etwa 3 bis 5%) und auch die zu beschleunigenden Massen (Schwungmoment) nicht zu groß sind. Auch darf schließlich das Lastmoment nicht zu groß sein, damit ein genügend großes, überschüssiges Drehmoment vorhanden ist, um die Maschine in den synchronen Lauf zu ziehen. Hierbei ist zu beachten, daß durch die Stromstöße beim Synchronisieren etwa hervorgerufene Spannungsabsenkungen das Drehmoment im Augenblick des Synchronisierens verringern. — Die Anlaufströme sind im allgemeinen wie bei Käfigankern ziemlich groß und die Anlaufdrehmomente klein. Insbesondere bei den Motoren großer Leistung bis zu mehreren 1000 kW sind diese Anlaufstromstöße sehr unangenehm. Durch den Einbau von Käfigen mit hohem Widerstand kann das Drehmoment beträchtlich herauf- und auch der Anlaufstrom herabgesetzt werden, aber diesem Mittel sind doch bald Grenzen gezogen, weil mit zunehmendem Käfigwiderstand gleichzeitig auch der asynchrone Schlupf anwächst und dadurch die Schwierigkeiten, den Motor in den Synchronismus zu ziehen, zunehmen. Sobald daher die Anlaufströme bei unmittelbarem Einschalten zu groß werden, geht man dazu über, den Motor über einen Stufentransformator oder nur mit einem Teil der Wicklung anzulassen (Teilspannungs- und Teilwicklungsanlauf).

Bei Maschinen für Teilwicklungsanlauf[1]) besteht die Ankerwicklung in jedem Wicklungsstrang aus zwei ineinander verschachtelten, parallelen Zweigen, und zwar so, daß jeweils die Spulen mehrerer aufeinanderfolgender Pole Gruppen bilden und in einem Zweig mehrere solcher Gruppen, symmetrisch am Ankerumfang verteilt, vorhanden sind. Daraus geht schon hervor, daß im allgemeinen nur vielpolige Maschinen für den Teilwicklungsanlauf in Betracht kommen. Beim Anlauf wird zunächst nur der halbe Teil der Ankerwicklung (ein Zweig in jedem Wicklungsstrang) eingeschaltet, während die andere Hälfte stromlos bleibt. Die entstehenden Felder sind unsymmetrisch, sie enthalten starke Felder anderer Polzahlen und haben dadurch eine beträchtliche Erhöhung der Induktivität und damit eine Verringerung des Anlaufstromes zur Folge; auch das Drehmoment geht etwa in gleichem Maße zurück. Nach erfolgtem Anlauf wird die andere Hälfte der Ankerwicklung dazugeschaltet und dann durch Einschalten der Gleichstromerregung synchronisiert. Gegenüber dem Teilspannungsanlauf hat der Teilwicklungsanlauf den Vorteil eines einfacheren und wegen Fortfall des Transformators auch billigeren Schaltzubehörs, während der Anlaufstrom höher liegt.

In manchen Fällen verwendet man auch sogenannte „synchronisierte Asynchronmotoren". Das sind Asynchronmotoren mit Schleifringanker, die mit einem gewöhnlichen Anlasser angelassen werden und dann durch Einschalten von Gleichstrom auf die Läuferwicklung synchronisiert und als Synchronmaschine betrieben werden. Bei der Speisung mit Gleichstrom werden meist zwei Wicklungsstränge verwendet, während der dritte nach dem Synchronisieren offen und stromlos bleibt. Bei diesen Maschinen ist es schwierig, gleich gute Eigenschaften als Asynchronmotor wie als Synchronmotor zu erzielen; ein kleiner Luftspalt ist für den Betrieb als Synchronmotor wegen der großen Ankerrückwirkung und der damit verbundenen geringen Überlastbarkeit nicht günstig, ein großer Luftspalt dagegen ist für den asynchronen Betrieb nicht zuträglich. Ein gewisser Vorteil besteht natürlich darin, daß man noch nachträglich einen Asynchronmotor mit Schleifringanker auf den synchronen Betrieb umstellen kann.

E. Theorie der Synchronmaschine.

1. Vollpolmaschine.

Eine einheitliche Theorie der Synchronmaschine mit Vollpol- oder Schenkelpolläufer läßt sich ohne weiteres durchführen, wenn man die Vollpolmaschine als Sonderfall der Schenkelpolmaschine für $X_q = X_l$ auffaßt. Da aber die Theorie bei Erfassung aller Umstände ziemlich umständlich ist, ist es für viele Zwecke vorteilhaft, beide Maschinen getrennt zu behandeln.

a) Stromdiagramm der Vollpolmaschine. Die Spannungsgleichung lautet nach Abb. 323b mit $\mathfrak{Z} = R + jX$:

$$\boxed{\mathfrak{U} = \mathfrak{J}\,\mathfrak{Z} + \mathfrak{E}_p.} \tag{303}$$

Die Stromgleichung ergibt sich daraus mit

$$\mathfrak{J} = \frac{\mathfrak{U}}{\mathfrak{Z}} - \frac{\mathfrak{E}_p}{\mathfrak{Z}}. \tag{304}$$

Diese ist in Abb. 349 für einen willkürlichen Fall dargestellt. Der Winkel zwischen

---

[1]) H. Jordan und E. Tüxen, Jahrb. der AEG-Forschung 8 (1941) Lfg. 2, S. 115; H. Raymund, Siemens-Z. 20 (1940) S. 255; DRP. 693695.

$\mathfrak{U}$ und $\mathfrak{E}_p$ bzw. $\mathfrak{U}/\mathfrak{Z}$ und $\mathfrak{E}_p/\mathfrak{Z}$ ist der bekannte Lastwinkel β, hier für Motorbetrieb negativ! Bei veränderlichem Lastwinkel β im Bereich von 0° bis 360°, konstanter Erregung und konstanter Klemmenspannung ist die Lage von $\mathfrak{U}/\mathfrak{Z}$ fest gegeben, der Vektor $\mathfrak{E}_p/\mathfrak{Z}$ ändert jedoch mit dem Winkel β seine Lage im Vergleich zu $\mathfrak{U}/\mathfrak{Z}$, jedoch nicht seine Größe. Es entsteht also ein Kreis mit dem Radius E_p/Z um den Endpunkt des Vektors $\mathfrak{U}/\mathfrak{Z}$, wenn β den Winkel von 0° bis 360° durchläuft,[1]) wie aus Abb. 349 ohne weiteres hervorgeht und in Abb. 350 für verschiedene Erregungszustände gezeichnet worden ist. Verstehen wir nun unter $\mathfrak{E}_{p_0}$ einen Vektor, der

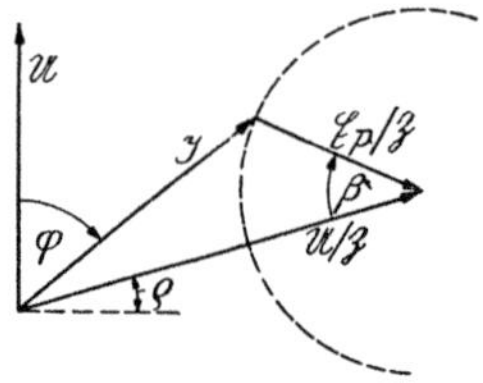

Abb. 349. Vektordiagramm der Ströme nach Gl. (305).

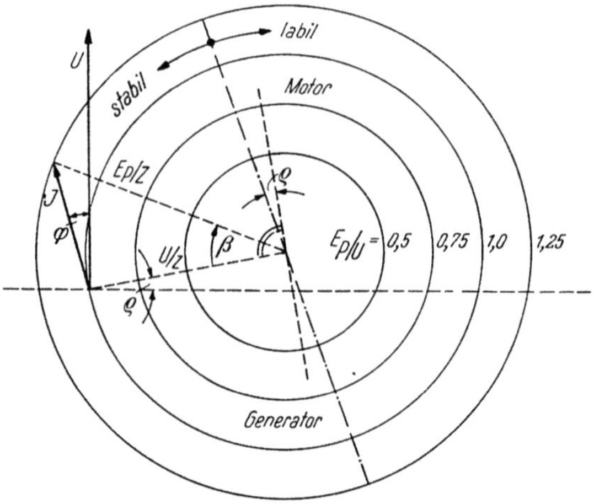

Abb. 350. Kreisdiagramm der Vollpolmaschine für verschiedene Erregungen.

die gleiche Richtung wie $\mathfrak{U}$ hat, dann lautet unsere Strom- bzw. Kreisgleichung (304) für veränderlichen Lastwinkel:

$$\mathfrak{J} = \frac{\mathfrak{U}}{\mathfrak{Z}} - \frac{\mathfrak{E}_{p_0}}{\mathfrak{Z}} e^{j\beta}. \tag{305}$$

b) Drehmoment. Wie bei allen Drehfeldmaschinen, läßt sich das Drehmoment aus der Ständerdrehfeldleistung bestimmen.

$$M = m \frac{p}{\omega} \Re e\, [\mathfrak{E}^* \mathfrak{J}]. \tag{306}$$

Mit $\mathfrak{E} = \mathfrak{E}_p + j\,\mathfrak{J}\,X$ wird $\Re e\,[\mathfrak{E}^*\mathfrak{J}] = \Re e\,[(\mathfrak{E}_p{}^* - j\,\mathfrak{J}^*\,X)\,\mathfrak{J}]$ und daraus erhalten wir mit Gl. (304):

$$M = m \frac{p}{\omega} \Re e\,[\mathfrak{E}_p{}^* \mathfrak{J}] = m \frac{p}{\omega} \Re e \left[\frac{\mathfrak{E}_p{}^* \mathfrak{U}}{\mathfrak{Z}} - \frac{E_p{}^2}{\mathfrak{Z}}\right]. \tag{307}$$

$\mathfrak{E}_p{}^*$ ist der zu $\mathfrak{E}_p$ konjugierte Wert. Setzen wir $\mathfrak{U} = U$, dann ist $\mathfrak{E}_p{}^* = E_p\, e^{-j\beta}$. Setzen wir ferner $\mathfrak{Z} = Z\, e^{j(\pi/2-\varrho)}$ mit $\operatorname{tg} \varrho = R/X$, läßt sich der Realteil ohne Schwierigkeiten trennen, und wir erhalten für das Drehmoment:

$$\boxed{M = -m \frac{p}{\omega} U J_K \left[\sin(\beta - \varrho) + \frac{E_p}{U} \sin \varrho\right].} \tag{308}$$

Hierbei ist noch $E_p/Z = J_K$ gesetzt. Bei Motorbetrieb (β = negativ!) ergeben sich positive und bei Generatorbetrieb negative Werte für das Drehmoment; das entspricht dem in Abb. 323 b festgelegten Verbraucher-Zählpfeilsystem. Die sich aus obiger Formel ergebende Maßeinheit ist Joule = 0,102 mkg, wenn die üblichen Einheiten Volt, Amp und Sekunde verwendet werden.

[1]) Im folgenden haben wir bei allen diesbezüglichen Abbildungen der bequemen Darstellung wegen negative, also rechtsherum drehende Winkel β benutzt.

Da das Drehmoment in Abhängigkeit von β eine Sinuskurve durchläuft, ist ohne weiteres klar, daß man das Drehmoment aus dem Kreis entnehmen kann. Für $\sin(\beta - \varrho) = \pm 1$ bzw. $(\beta - \varrho) = \pm \pi/2$ ergibt sich das Kippmoment, das den stabilen Bereich vom labilen trennt, wie Abb. 350 zeigt.

Da sich jedoch das Drehmoment schneller und sicherer nach Gl. 283 berechnen läßt, ist diese graphische Konstruktion praktisch ohne Bedeutung; wir wollen daher nicht weiter auf sie eingehen, ebenso nicht auf weitere Untersuchungen an diesem Kreis.

c) Belastungskennlinien. Den durch Gl. 304 vermittelten Zusammenhang zwischen Strom, Netzspannung und Polradspannung benutzen wir weiter, um die Abhängigkeit der Netzspannung vom Belastungsstrom bei gegebener Erregung zu bestimmen.

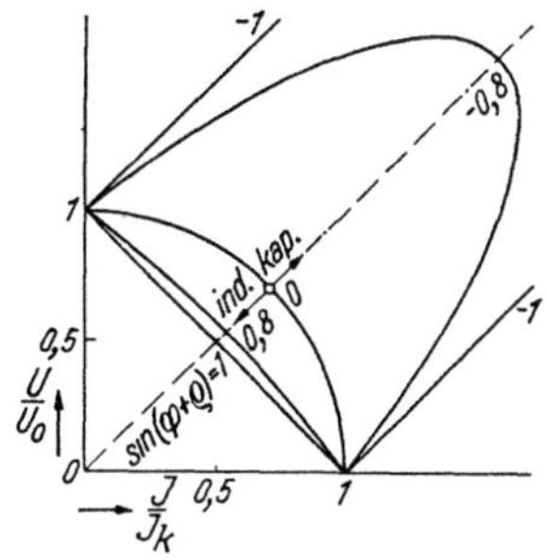

Abb. 351. Belastungskennlinien der Synchronmaschine bei konstantem $\cos\varphi$ und konstanter Erregung.

Aus Abb. 349 geht unter Anwendung des bekannten Dreiecksatzes:

$$J^2 + (U/Z)^2 - 2\,J\,(U/Z)\cos(\pi/2 - \varphi - \varrho) = \\ = (E_p/Z)^2 \tag{309}$$

hervor. Setzen wir nun $E_p/Z = J_K$, ferner die Leerlaufspannung $U_0 = E_p$ für $J = 0$ und $\cos(\pi/2 - \varphi - \varrho) = \sin(\varphi + \varrho)$, dann ergibt sich:

$$\left(\frac{J}{J_K}\right)^2 + \left(\frac{U}{U_0}\right)^2 - 2\,\frac{J}{J_K}\,\frac{U}{U_0}\sin(\varphi + \varrho) = 1. \tag{310}$$

Diese Gleichung hat die Form $x^2 + y^2 - 2\,a\,x\,y = 1$. Für $\sin(\varphi + \varrho) = a = 0$ erhalten wir einen Kreis; $\sin(\varphi + \varrho) = a = \pm 1$ ergibt Gerade, in allen übrigen Fällen erhalten wir Ellipsen. Abb. 351 zeigt die zugehörigen Kurven. Man entnimmt diesen Kurven den Abfall der Spannung mit zunehmender Belastung bei konstanter Erregung und konstantem Leistungsfaktor. Praktisch kommt etwa ein Bereich von $J/J_K \leqq 0{,}5$ in Betracht.

2. Schenkelpolmaschine.

a) Spannungs- und Stromgleichungen. Nach Abb. 340 lautet unsere Spannungsgleichung:

$$\boxed{\mathfrak{U} = \mathfrak{J}\,\mathfrak{Z} + \mathfrak{E}_q + \mathfrak{E}_{Al} + \mathfrak{E}_p.} \tag{311}$$

Beachten wir, daß

$$\mathfrak{E}_q = j\,\mathfrak{J}_q\,X_q,\quad \mathfrak{E}_{Al} = j\,\mathfrak{J}_l\,X_l \text{ und } \mathfrak{J} = \mathfrak{J}_q + \mathfrak{J}_l \tag{312}$$

ist, dann erhalten wir aus Gl. 311:

$$\mathfrak{U} = \mathfrak{J}_q\,[R + j\,(X_q + X_\sigma)] + \\ + \mathfrak{J}_l\,[R + j\,(X_l + X_\sigma)] + \mathfrak{E}_p. \tag{313}$$

Abb. 352. Zerlegung der Spannung U in die Komponenten U_q und U_l.

Die Spannung $\mathfrak{U}$ zerlegen wir in zwei Komponenten, die Komponente $\mathfrak{U}_l$ in Richtung von $\mathfrak{E}_p$ und $\mathfrak{U}_q$ senkrecht dazu. Es ist also $\mathfrak{U} = \mathfrak{U}_q + \mathfrak{U}_l$, und nach Abb. 352

$$\left.\begin{aligned} \mathfrak{U}_l &= \mathfrak{U}\cos\beta\, e^{j\beta} \\ \text{und}\qquad \mathfrak{U}_q &= -j\,\mathfrak{U}\sin\beta\, e^{j\beta}. \end{aligned}\right\} \tag{314}$$

Mit dieser Zerlegung von $\mathfrak{U}$ besteht Gl. **313** nur aus Vektoren, die entweder gleichachsig liegen oder senkrecht zueinander stehen. Die Gleichung läßt sich daher so aufspalten, wie wir eine komplexe Gleichung in Real- und Imaginärteil trennen.

Es gilt also:

$$\left.\boxed{\begin{aligned}\mathfrak{U}_q &= \mathfrak{J}_l\, R + j\,\mathfrak{J}_q\,(X_q + X_\sigma) = -j\,\mathfrak{U}\sin\beta\, e^{j\beta},\\ \mathfrak{U}_l &= \mathfrak{J}_q\, R + j\,\mathfrak{J}_l\,(X_l + X_\sigma) + \mathfrak{E}_p = \mathfrak{U}\cos\beta\, e^{j\beta}.\end{aligned}}\right\} \tag{315}$$

Diese beiden Gleichungen lassen sich nach $\mathfrak{J}_l$ und $\mathfrak{J}_q$ auflösen, und ihre Addition ergibt den Strom $\mathfrak{J}$ als Funktion von $\mathfrak{U}$ bzw. $\mathfrak{E}_p$ bzw. β. Einer genauen Rechnung stehen keinerlei Schwierigkeiten entgegen; aber sie erfordert ziemlich viel Schreibarbeit. Mit $R = 0$ jedoch läßt sich das grundsätzliche Verhalten der Maschine schnell und einfach verfolgen. Mit $R = 0$ ergibt sich aus Gl. 315:

$$\mathfrak{J} = j\,\frac{\mathfrak{E}_p}{X_l + X_\sigma} - j\,\frac{\mathfrak{U}\cos\beta}{X_l + X_\sigma}\, e^{j\beta} - \frac{\mathfrak{U}\sin\beta}{X_q + X_\sigma}\, e^{j\beta}. \tag{316}$$

Drücken wir in bekannter Weise $\cos\beta$ und $j\sin\beta$ durch $(e^{j\beta} \pm e^{-j\beta})/2$ aus, dann erhalten wir aus Gl. **316**:

$$\boxed{\begin{aligned}\mathfrak{J} = -j\,\frac{\mathfrak{U}}{2}\left[\frac{1}{X_q + X_\sigma} + \frac{1}{X_l + X_\sigma}\right] + \\ + j\,\frac{\mathfrak{U}}{2}\left[\frac{1}{X_q + X_\sigma} - \frac{1}{X_l + X_\sigma}\right] e^{j2\beta} + j\,\frac{\mathfrak{E}_p}{X_l + X_\sigma}.\end{aligned}} \tag{317}$$

Zur Diskussion dieser Stromgleichung setzen wir

$$\mathfrak{J} = \mathfrak{J}' + \mathfrak{J}'' + \mathfrak{J}'''. \tag{318}$$

Der Strom $\mathfrak{J}$ setzt sich aus drei charakteristischen Teilen zusammen: $\mathfrak{J}'$ ist unabhängig von β, proportional der Netzspannung $\mathfrak{U}$ und proportional dem Mittelwert aus den Leitwerten für Längs- und Querachse einschließlich Streuung; $\mathfrak{J}'$ ist also bei gegebener Maschine und gegebener Klemmenspannung fest gegeben, wie Abb. **353** a zeigt. $\mathfrak{J}''$ ist ebenfalls eine nur von $\mathfrak{U}$ abhängige Stromkomponente, die proportional der Differenz der Leitwerte für Längs- und Querachse ist und außerdem ihre Phase mit 2β ändert. $\mathfrak{J}''$ durchläuft in Abhängigkeit von 2β einen Kreis, wie Abb. **353** b zeigt. Schließlich bleibt noch die von der Polradspannung erzeugte Stromkomponente $\mathfrak{J}'''$ übrig, die in der Längsachse wirksam ist und als Kurzschlußstrom bei Kurzschluß auftritt. Da die Phase von $\mathfrak{E}_p$ mit dem Lastwinkel β sich ändert, durchläuft auch $\mathfrak{J}'''$ in Abhängigkeit von β einen Kreis, wie in Abb. **353** c gezeigt.

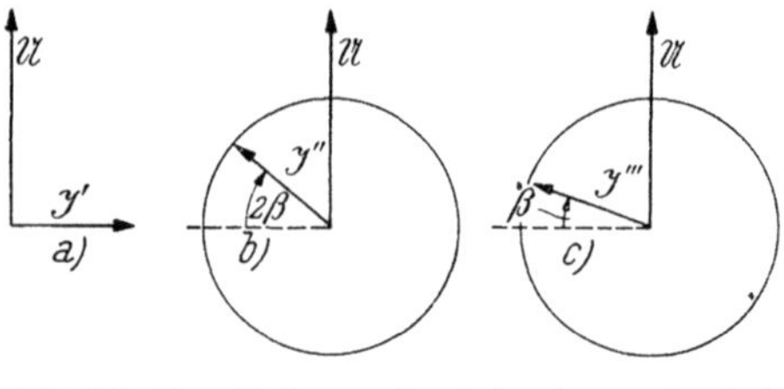

Abb. 353. Zur Zerlegung des Ankerstromes in drei Komponenten nach Gl. (318). Die Vektoren J'' und J''' beschreiben bei Änderung von 2β bzw. β von 0° bis 360° Kreise.

b) Drehmoment. Das Drehmoment berechnen wir wieder wie bei der Vollpolmaschine aus der Drehfeldleistung. Da wir aber der Einfachheit wegen den OHMschen Widerstand des Ankers vernachlässigen wollen, ist die Drehfeldleistung gleich der Netzleistung (Eisenverluste wie immer ebenfalls nicht berücksichtigt) und das Drehmoment somit:

$$M = m\,\frac{p}{\omega}\,\Re\mathrm{e}\,[\mathfrak{U}^*\,\mathfrak{J}]. \tag{319}$$

Führen wir $\mathfrak{J}$ nach Gl. 317 ein, setzen willkürlich $\mathfrak{U} = U = \mathfrak{U}^*$ und demgemäß $\mathfrak{E}_p = E_p\, e^{j\beta}$, was uns freisteht, und trennen die Gleichung in Real- und Imaginärteil, dann erhalten wir ohne Schwierigkeiten für das Drehmoment der Schenkelpolmaschine:

$$\boxed{M = -m\,\frac{p}{\omega}\,U\,J_K\left[\sin\beta + \frac{U}{E_p}\,\frac{X_l - X_q}{2\,(X_q + X_\sigma)}\,\sin 2\,\beta\right].} \qquad (320)$$

Hierin ist $J_K = E_p/(X_l + X_\sigma)$ gesetzt. Erläuterungen zu dieser Formel sind schon in Abschn. C 5 gegeben worden.

c) Stromdiagramm der Reaktionsmaschine. Ohne Erregung ist die Schenkelpolmaschine imstande, als Reaktionsmaschine zu laufen. Mit $E_p = 0$ ist dann

$$\mathfrak{J} = \mathfrak{J}' + \mathfrak{J}''.$$

Mit dieser Beziehung ergibt sich an Hand der Abb. 353a und b das Kreisdiagramm in Abb. 354. Während sich β von 0° bis 360° ändert, durchläuft $\mathfrak{J}$ den Kreis zweimal, was mit dem doppelperiodischen Verlauf des Reaktionsmoments der Gl. 300 übereinstimmt.

Die Beträge J' und J'' sind aus Gl. 317 zu entnehmen. Ihr Verhältnis ist $J''/J' = (X_l - X_q)/(X_l + X_q + 2\,X_\sigma)$. Vernachlässigt man X_σ und setzt $X_l \approx 2\,X_q$, ergibt sich $J''/J' \approx 1/3$.

d) Stromdiagramm der Schenkelpolmaschine mit Erregung. Ist $E_p \neq 0$, kommt noch die dritte Stromkomponente $\mathfrak{J}'''$ hinzu. Diese ist unter dem Winkel β gegenüber der Abszisse an $\mathfrak{J}''$ anzutragen. Wie Abb. 355 zeigt, läßt sich dies

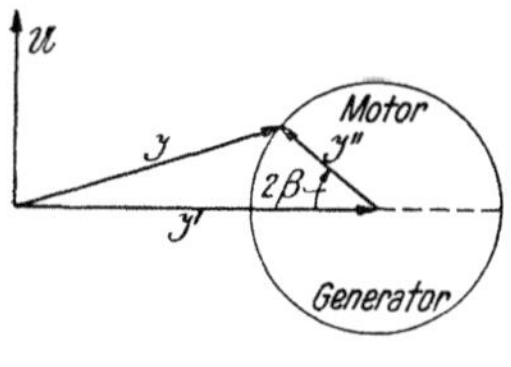

Abb. 354. Kreisdiagramm der Reaktionsmaschine.

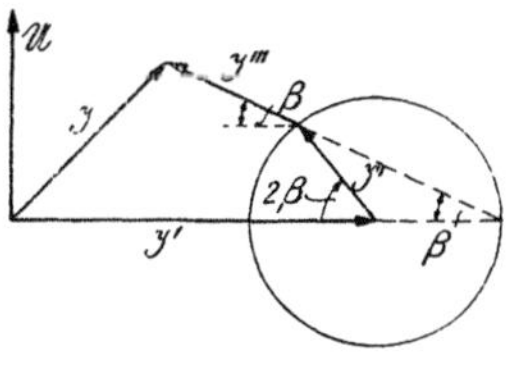

Abb. 355. Addition der Stromkomponenten einer Schenkelpolmaschine nach Gl. (318).

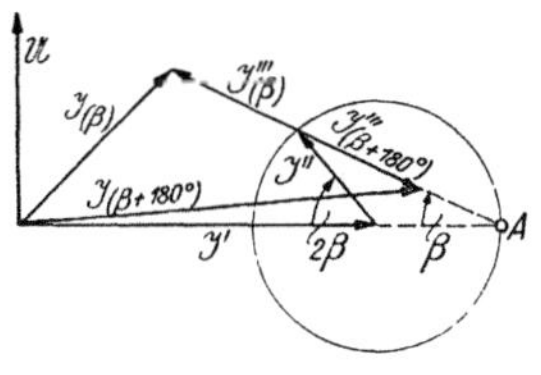

Abb. 356. Zur Konstruktion des Kreisdiagramms der Schenkelpolmaschine mit $R = 0$.

graphisch in einfachster Weise durchführen, wenn man beachtet, daß der Winkel β an der Basis des gleichschenkeligen Dreiecks im Kreis halb so groß ist wie der Außenwinkel $2\,\beta$ an der Spitze des Dreiecks. Da $\mathfrak{J}''$ sich mit $2\,\beta$ dreht, $\mathfrak{J}'''$ aber nur mit β, so hat bei $(\beta + 180°)$ der Vektor $\mathfrak{J}''$ mit $2\,(\beta + 180°)$ wieder dieselbe Lage wie für $2\,\beta$. Man muß also an einen Vektor $\mathfrak{J}''\,(2\,\beta)$ zwei Vektoren $\mathfrak{J}'''\,(\beta)$ und $\mathfrak{J}'''\,(\beta + 180°)$ antragen, wie Abb. 356 zeigt. Diese Konstruktion ist die einer Pascalschen Schnecke, die sich in der angegebenen Weise punktweise leicht ermitteln läßt. Die praktische Ausführung der graphischen Konstruktion der Pascal-Schnecke vereinfacht sich insofern etwas, als der Vektor $\mathfrak{J}''$ nicht besonders gezeichnet zu werden braucht. Es genügt, vom singulären Punkt A aus Sehnen in den J''-Kreis zu ziehen und auf diesen beiderseits J''' abzutragen, wie Abb. 356 zeigt.

In Abb. 357 ist das Stromdiagramm der Schenkelpolmaschine für verschiedene Erregerströme, bzw. für verschiedene Werte J''' oder E_p auf Grund der Konstruktion nach Abb. 356 aufgezeichnet worden. Bei Vernachlässigung des Ohmschen Widerstandes und der Eisenverluste ist die Wirkkomponente des Stromes proportional dem Drehmoment der Maschine. Das Kippmoment, das den stabilen Bereich vom labilen trennt, tritt also im Scheitelpunkt des Stromdiagramms auf; die gestrichelte Kurve in Abb. 357 verbindet diese Scheitelpunkte miteinander und bildet somit die Grenze für den stabilen Bereich.

e) Stromdiagramm mit Berücksichtigung des Ohmschen Widerstandes der Ankerwicklung. Da R^2 stets klein gegen X_l^2 oder X_q^2 oder $X_q X_l$ ist und deshalb in solchen Fällen vernachlässigt werden kann, ergeben sich hinsichtlich der Beträge der Stromkomponenten keine Änderungen, lediglich die Phasenwinkel ändern sich. Dazu lösen wir die genauen Gl. 315 nach $\mathfrak{J}_l$ und $\mathfrak{J}_q$ auf, setzen beide zum resultierenden Strom $\mathfrak{J}$ zusammen und zerlegen diesen Strom in die Komponenten $\mathfrak{J}'$, $\mathfrak{J}''$ und $\mathfrak{J}'''$, wobei wir die Beträge unverändert lassen und nur die Änderung der Phase berücksichtigen. Die an sich einfache, aber immerhin umständliche Rechnung wollen wir uns hier ersparen. Es zeigt sich, daß $\mathfrak{J}'$ um ϱ' und $\mathfrak{J}'''$ um ϱ''' in der Phase gegenüber früher voreilen. Dabei ist

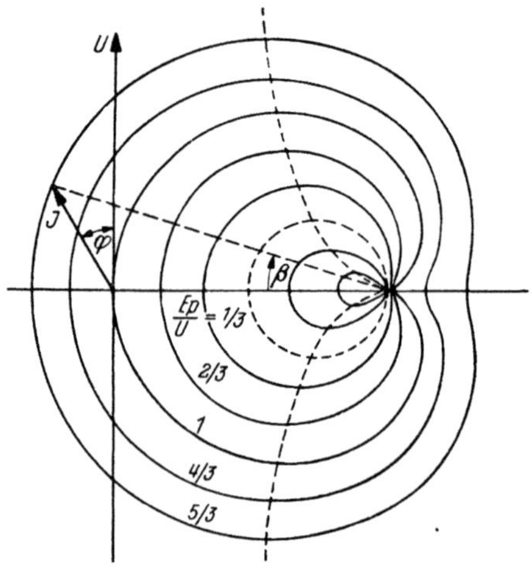

Abb. 357. Stromdiagramm der Schenkelpolmaschine mit $R = 0$.

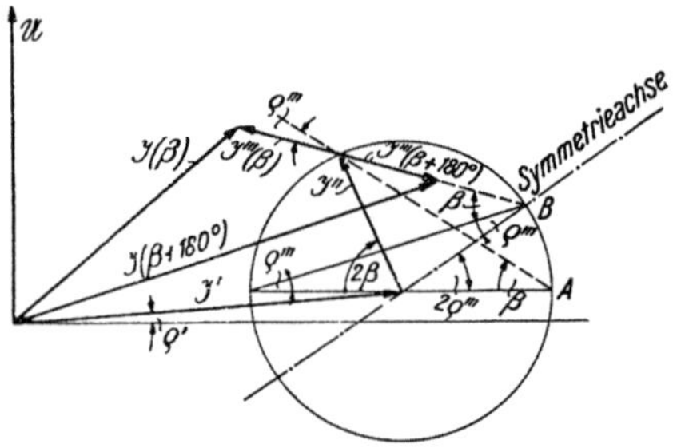

Abb. 358. Zur Konstruktion des Stromdiagramms der Schenkelpolmaschine unter Berücksichtigung des Ankerwiderstandes.

$$\left.\begin{aligned} \operatorname{tg} \varrho' &= 2\, R/(X_l + X_q + 2\, X_\sigma) \\ \text{und} \qquad \operatorname{tg} \varrho''' &= R/(X_q + X_\sigma) \end{aligned}\right\}. \quad (321)$$

Größenordnungsmäßig ist etwa $\varrho' \approx {}^2/_3 \cdot \varrho'''$. Dieses Ergebnis hat zur Folge, daß der Mittelpunktsvektor $\mathfrak{J}'$ des $\mathfrak{J}''$-Kreises um ϱ' im positiven Sinne gedreht wird und die Symmetrieachse der Pascalschen Schnecke um $2\,\varrho'''$; dabei wandert der singuläre Punkt von A nach B, wie Abb. 358 zeigt. An der Einfachheit der Konstruktion ändert sich nichts: man ziehe also nunmehr vom Punkt B Sehnen in den $\mathfrak{J}''$-Kreis und trage auf diesen Sehnen von der Peripherie nach beiden Seiten $\mathfrak{J}'''$ ab. Wie Punkt B zu finden ist, geht aus Abb. 358 hervor. Zum Verständnis beachte man, daß ϱ' und ϱ''' positive Winkel sind, während wir in allen unseren diesbezüglichen Abbildungen negative Winkel β (im Motorbereich) aus rein zeichnerischen Gründen zur Konstruktion benutzt haben. Abb. 359 zeigt das Stromdiagramm der Schenkelpolmaschine mit Berücksichtigung des Ankerwiderstandes.

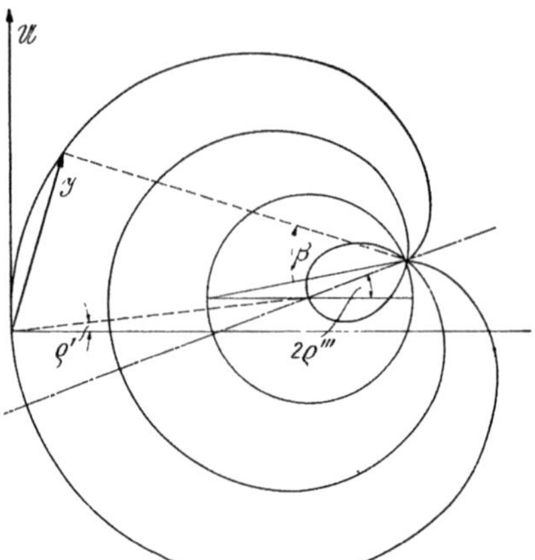

Abb. 359. Stromdiagramm der Schenkelpolmaschine mit $R \neq 0$.

3. Elektromechanische Pendelungen der Synchronmaschine.

a) Bewegungsgleichung. Das Gleichgewicht der Drehmomente liefert die allgemeine Bewegungsgleichung der Synchronmaschine für synchronen und asynchronen Lauf:

$$\boxed{\frac{\Theta}{p}\frac{d^2\beta}{dt^2} - M - M_m = 0.} \tag{322}$$

Im Beschleunigungsdrehmoment der vorstehenden Gleichung ist Θ das Trägheitsmoment und β/p der räumliche Drehwinkel des Polrades; im synchronen Lauf ist β identisch mit dem Lastwinkel. M ist das elektrisch erzeugte Drehmoment und M_m das mechanische Drehmoment an der Welle; beide sind positiv, wenn sie in der Drehrichtung wirken, d. h. M ist im Motorbetrieb und M_m im Generatorbetrieb positiv.

Im ungestörten synchronen Lauf ist das Beschleunigungsmoment Null und

$$M_0 + M_{m_0} = 0. \tag{323}$$

Störungen des synchronen Laufes treten auf, wenn die Gleichmäßigkeit eines oder beider Drehmomente gestört wird. Störungen des elektrischen Drehmoments treten auf durch Schwankungen der Netzspannung, des Netzstromes oder des Erregerstromes und schließlich noch durch besondere elektrische Eigenschaften der Synchronmaschine, die zu selbsterregten Pendelungen führen. Mechanische Störmomente treten in erster Linie durch den ungleichförmigen Lauf von Kolbenmaschinen auf; auch Reglerschwingungen der Antriebsmaschine und Labilität der Erregermaschine[1]) können die Ursache sein.

Störungen des synchronen Laufes einer Synchronmaschine übertragen sich je nach Umständen auch auf die übrigen angeschlossenen Synchronmaschinen durch Spannungsschwankungen. Auch angeschlossene Drehstrommotoren mit periodisch schwankender Belastung, z. B. Kompressoren, Pumpen usw., können zu Störungen der Synchronmaschinen Anlaß geben.

Die Einführung der Beziehung für das von der Maschine entwickelte Drehmoment, wie wir sie in Gl. 283 oder Gl. 299 abgeleitet haben, in die Gl. 322, würde auf eine n i c h t l i n e a r e Differentialgleichung führen, weil das Drehmoment vom Lastwinkel β abhängig ist. Um den Schwierigkeiten, die solche nichtlineare Differentialgleichungen mit sich bringen, aus dem Wege zu gehen, beschränken wir uns zur Klärung der grundsätzlichen Vorgänge auf kleine Pendelungen um den mittleren Gleichgewichtszustand unter Annahme konstanter Koeffizienten. Wir setzen deshalb

$$\beta = \beta_0 + \alpha. \tag{324}$$

β_0 ist der Mittelwert des Lastwinkels, der dem Grunddrehmoment M_0 bzw. M_{m_0} entspricht, während α der veränderliche, kleine Pendelwinkel ist, mit dem das Polrad um die mittlere Lage pendelt. — In gleicher Weise setzen wir für die elektrische Winkelgeschwindigkeit des Polrades:

$$\Omega = \omega_0 + \omega. \tag{325}$$

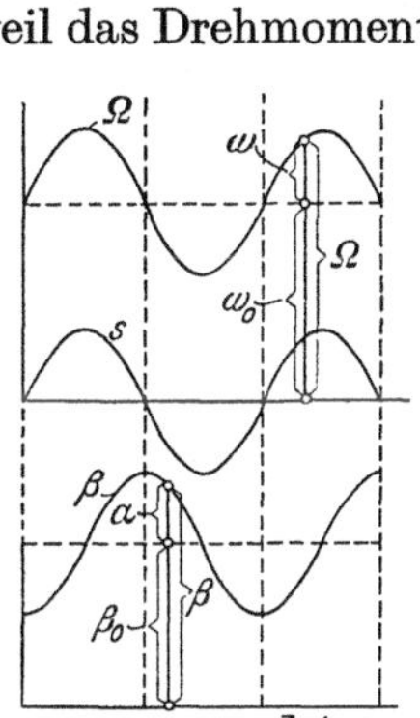

Abb. 360. Zur Definition der Winkelgeschwindigkeit Ω, des Schlupfes s und des Winkels β.

$\omega_0 = 2\pi f$ ist die mittlere synchrone Winkelgeschwindigkeit und ω die augenblickliche Abweichung von dieser synchronen Winkelgeschwindigkeit ω_0. Da eine Abweichung von der synchronen Winkelgeschwindigkeit nur dann eintritt, wenn und solange sich der Lastwinkel β ändert, so ist $\omega = d\alpha/dt$. Abb. 360

[1]) A. v. Timascheff, Wiss. Veröff. Siemens-Werk 17 (1938) H. 3, S. 1.

erläutert diese Zusammenhänge. Die mechanische Winkelgeschwindigkeit ist Ω/p.

Wenn die Winkelgeschwindigkeit von der synchronen abweicht, schlüpft das Polrad; wie beim Asynchronmotor bezeichnen wir die Abweichung von der synchronen Winkelgeschwindigkeit im Verhältnis zur synchronen Winkelgeschwindigkeit als Schlupf. Es ist also der Schlupf

$$S = \frac{\omega}{\omega_0}. \tag{326}$$

Allerdings erscheint hier der Schlupf im Vergleich zum Asynchronmotor mit vertauschten Vorzeichen, also übersynchron positiv und untersynchron negativ, was an sich belanglos ist und nur zur Kenntnis genommen werden muß. Um eine mathematische Reihenentwicklung vorzubereiten, zerlegen wir aus rein formalen Gründen auch den Schlupf in

$$S = s_0 + s. \tag{327}$$

Solange der synchrone Lauf im Mittel vorhanden ist, ist natürlich der mittlere Schlupf $s_0 = 0$. Mit s bezeichnen wir den Pendelschlupf und mit $s_0 = 0$ ist $s = d\alpha/\omega_0\, dt$.

Im pendelnden synchronen Lauf tritt eine Relativbewegung des Polrades gegenüber dem synchron umlaufenden Ankerdrehfeld auf; das Polrad läuft mit einem um die Nullinie pendelnden Schlupf s, wie Abb. 360 zeigt. Infolge dieses Schlupfes, bzw. der Relativbewegung zwischen Ankerdrehfeld und Polrad treten in der Erreger- und Dämpferwicklung Pendelungsströme auf, die, ähnlich wie bei der Asynchronmaschine, Drehmomente bilden. Aber auch im Anker treten Ströme mit Schlupffrequenz auf, da der vom Polrad mitgenommene Erregerfluß den Anker nicht mehr mit konstanter synchroner, sondern mit pendelnder synchroner Drehzahl induziert. Auch diese Ankerpendelungsströme erzeugen Drehmomente. Das Gesamtdrehmoment der pendelnden Synchronmaschine unterscheidet sich also grundsätzlich von dem bisher entwickelten Drehmoment für den ungestörten synchronen Lauf; es ist eine Funktion nicht nur des Winkels β, sondern auch des Schlupfes S, also $M = f(\beta, S)$. Diese uns noch unbekannte Drehmomentfunktion,[1] welche wir hier auch nicht ableiten können, entwickeln wir in eine TAYLORsche Reihe:

$$M = M_0 + \frac{\partial M}{\partial \beta}\alpha + \frac{\partial M}{\partial S}s, \tag{328}$$

indem wir die Definitionen nach den Gl. 323 bis 327 benutzen und die Reihe nach den linearen Gliedern abbrechen. Führen wir zur Abkürzung

$$c = -\partial M/\partial \beta \text{ und } k = -\partial M/\omega_0\,\partial S \tag{329}$$

ein, dann erhalten wir mit diesen Beziehungen aus Gl. 322 die Schwingungsgleichung:

$$\boxed{\frac{\Theta\, d^2\alpha}{p\, dt^2} + k\frac{d\alpha}{dt} + c\,\alpha = M_0 + M_m.} \tag{330}$$

Diese Gleichung zeigt, daß die Synchronmaschine im Parallelbetrieb ein schwingungsfähiges Gebilde ist, deren Schwingungen mit den bekannten Drehschwingungen von umlaufenden Massen mit federnden Wellen zu vergleichen sind. Die Massen liegen im Polrad, die Torsionskraft wird durch das synchronisierende Moment c gebildet und $k\, d\alpha/dt$ ist das Dämpfungsmoment. M_0 ist das dem

[1] TH. BÖDEFELD, Elektrotechn. u. Masch.-Bau 51 (1943) S. 281.

Winkel β_0 entsprechende mittlere Moment der Synchronmaschine und M_m das mechanische Moment.

b) Freie und selbsterregte Pendelungen. Zur Untersuchung dieser Vorgänge[1]) im Parallelbetrieb nehmen wir ein von den Pendelungen unabhängiges, konstantes Moment $M_m = M_{m_0}$ an. Nach Gl. 323 und 330 erhalten wir dann die Gleichung der freien Schwingungen:

$$\frac{\Theta\, d^2\alpha}{p\, d t^2} + k\frac{d\alpha}{d t} + c\,\alpha = 0. \tag{331}$$

Mit dem bekannten Lösungsansatz für freie gedämpfte Schwingungen,

$$\alpha = A\, e^{-\delta t} \sin \mu\, t, \tag{332}$$

erhalten wir für die Kreisfrequenz μ der gedämpften Eigenschwingungen:

$$\mu = \sqrt{\frac{p\,c}{\Theta} - \left(\frac{p\,k}{2\,\Theta}\right)^2} \tag{333a}$$

und für den Dämpfungsfaktor:

$$\delta = \frac{p\,k}{2\,\Theta}. \tag{334}$$

$T_d = 1/\delta$ ist die Dämpfungszeitkonstante der freien und selbsterregten Pendelungen einer Synchronmaschine. Aus abklingenden Schwingungen nach Gl. 332 werden angefachte bzw. ansteigende Schwingungen, wenn k bzw. δ negativ wird.

Mit Vernachlässigung der Dämpfung nennen wir

$$\nu_0 = \sqrt{p\,c/\Theta} \tag{333b}$$

die „ungedämpfte Eigenkreisfrequenz" der Synchronmaschine. Zur numerischen Berechnung von ν_0 benötigen wir das synchronisierende Drehmoment $c = -\partial M/\partial\beta$. Wie oben schon besprochen worden ist, ist das synchronisierende Drehmoment durch die Rückwirkung der Ankerpendelungsströme im pendelnden Lauf im allgemeinen größer als im ungestörten Lauf, so daß man vielfach beide auch durch die Bezeichnungen „dynamisches" und „statisches" synchronisierendes Drehmoment unterscheidet. Mit Rücksicht auf die bereits erwähnten Schwierigkeiten beschränken wir uns hier zur angenäherten Berechnung der Eigenfrequenz auf die Benutzung des statischen synchronisierenden Drehmoments, für das wir mit R bzw. $\varrho = 0$ aus Gl. 284 erhalten:

$$c \approx m\frac{p}{\omega_0}\, U\, J_K \cos\beta_0. \tag{335}$$

Für Vollpolmaschinen ist diese Annäherung genügend genau, für Schenkelpolmaschinen empfiehlt sich jedoch in kritischen Fällen die Differentiation und numerische Auswertung der Gl. 299. Für den gewöhnlichen Fall setzen wir auch noch $\cos\beta_0 \approx 1$. Mit diesen Vereinfachungen erhalten wir dann für die Eigenkreisfrequenz:

$$\nu_0 \approx p\sqrt{\frac{m\,U\,J_K}{\omega_0\,\Theta}}. \tag{333c}$$

Um die Eigenfrequenz $\nu_0 = 2\,\pi\, z_0$ in Hz zu erhalten, ist Θ in Joulesek², U in Volt, J_K in Amp und ω_0 in Hz einzuführen. Mit GD^2 in kgm² erhält man $\Theta = GD^2/4$ Joulesek². Es ist $\omega_0 = 2\,\pi\, f$ die elektrische Kreisfrequenz und m die Phasenzahl der Synchronmaschine. z_0 liegt etwa in den Grenzen von 1 bis 2 Hz.

Die eingehende Untersuchung der Dämpfung zeigt, daß drei verschiedene Arten der elektrischen Dämpfung auftreten. Wir setzen daher

[1]) TH. BÖDEFELD, Elektrotechn. u. Masch.-Bau 48 (1930) S. 689 u. 712.

$k = k_1 + k_2 + k_3$. Das wichtigste Dämpfungsmoment von diesen drei ist das „asynchrone Dämpfungsmoment“, das wie beim Asynchronmotor entsteht, wenn der Läufer gegenüber dem Ständerdrehfeld schlüpft. Es ist

$$k_1 \approx m \frac{p}{\omega_0} U^2 \left[\frac{T_l}{\eta_l^2 X_l} \sin^2 \beta_0 + \frac{T_q}{\eta_q^2 X_q} \cos^2 \beta_0 \right]. \tag{336}$$

X_l und X_q sind die Ankerblindwiderstände für die Längs- und Querachse nach Abschn. V C 3 und $\eta_l = 1 + X_\sigma / X_l$ sowie $\eta_q = 1 + X_\sigma / X_q$. T_l ist die resultierende Zeitkonstante der Polradwicklungen in der Längsachse (Erregerwicklung und Dämpferkäfig) und T_q die Zeitkonstante des Dämpferkäfigs in der Querachse. Beide Zeitkonstanten sind ohne die Streuung zu berechnen, d. h. nur auf die Hauptfelder zu beziehen. Obige Beziehung für k_1 gilt streng nur für langsame Schwingungen, bei denen die Rückwirkung der Ankerpendelungsströme vernachlässigbar ist.[1]) Da bei Synchronmaschinen stets $T_l > T_q$ ist, auch wenn ein Dämpferkäfig vorhanden ist, erreicht dieses asynchrone Dämpfungsmoment erst bei größeren Werten β_0, d. h. bei größerer Belastung, seinen überragenden Einfluß. Im Leerlauf mit $\beta_0 \approx 0$ ist es meist klein. Mit $\cos^2 \beta_0 + \sin^2 \beta_0 = 1$ wird das Dämpfungsmoment $k_1 \, d\alpha/dt = m\, p\, U^2 s / \omega_0 R_2$ gleich dem Drehmoment einer gewöhnlichen Asynchronmaschine in der Nähe des Synchronismus, wovon man sich mit $s/s_K \ll 1$ an Hand der Gl. 223 und 224 leicht überzeugt.

Bei Pendelungen der Synchronmaschine entstehen nicht nur in den Polradwicklungen, sondern auch im Anker Pendelungsströme. Diese Pendelungsströme des Ankers bilden mit dem Feld Drehmomente, die proportional $d\alpha/dt$ sind und daher als Dämpfung wirken. Wir nennen diese Dämpfung die „synchrone Dämpfung“. Es ist

$$k_2 \approx -m \frac{p}{\omega_0^2} E_p J_K \frac{\sin 4\varrho}{4}. \tag{337}$$

Da dieser Koeffizient der synchronen Dämpfung stets negativ ist, wirkt das synchrone Dämpfungsmoment nicht dämpfend, sondern anfachend. Da E_p und J_K proportional der Erregung sind, ändert sich k_2 quadratisch mit der Erregung, wenn man die Eisensättigung vernachlässigt. Am wichtigsten ist jedoch der Einfluß des Ankerwiderstandes in $\sin 4\varrho$ mit $\operatorname{tg} \varrho = R/X$. Auch das Auftreten dieser negativen, synchronen Dämpfung läßt sich aus bekannten Vorgängen bei der Asynchronmaschine in einfacher und anschaulicher Weise erklären,[2]) worauf wir jedoch hier nicht näher eingehen können.

Das „wechselseitige Dämpfungsmoment“ tritt durch die Wechselwirkung der Pendelungsströme im Anker und im Polrad auf. Es ist

$$k_3 \approx m \frac{p}{\omega_0} U J_K T_l \sin 2\varrho \sin(\beta_0 - \varrho). \tag{338}$$

Da β_0 für Motorbetrieb negativ ist, wirkt dieses Moment im Generatorbetrieb ($\beta_0 > \varrho$) dämpfend und im Motorbetrieb anfachend. Der Einfluß ist jedoch nicht groß, da im allgemeinen $\sin 2\varrho$ klein ist.

Wie oben schon angedeutet ist, überwiegt bei größerer Last die asynchrone Dämpfung, die Gesamtdämpfung ist also positiv. Darüber hinaus kann man bei größerer Last auch noch mit einer zusätzlichen, positiven mechanischen Dämpfung rechnen, so daß die durch Laständerungen oder sonstwie angestoßenen Pendelungen im allgemeinen schnell exponentiell abklingen und zu keinen Störungen Anlaß geben.

[1]) Th. Bödefeld, a. a. O.

[2]) A. v. Timascheff, Siemens-Z. 15 (1935) S. 269.

Bei starken Laständerungen, besonders dann, wenn z. B. durch gleichzeitige Änderung der Netzwiderstände, bzw. Absinken der Netzspannung noch eine Verringerung des synchronisierenden Moments hinzukommt, ist es allerdings auch möglich, daß eine Maschine überschwingt, d. h. bei großem Pendelwinkel über das Kippmoment hinaus in den labilen Bereich des Drehmoments gerät und außer Tritt fällt, sobald das elektrische Moment im labilen Bereich kleiner wird als das antreibende mechanische Moment.

Bei Leerlauf oder geringer Last, vor allem im Motorbetrieb, können aber unter Umständen die negativen Faktoren überwiegen und eine resultierende negative Dämpfung bilden. Das bedeutet, daß ohne äußere Eingriffe Pendelungen der Maschine auftreten. Die Amplituden dieser selbsterregten Pendelungen wachsen so lange, bis durch die Änderung der Koeffizienten mit den Pendelamplituden ein dynamisches Gleichgewicht der Kräfte entsteht und sich konstante Pendelamplituden einstellen. Diese selbsterregten Pendelungen sind bei völlig leerlaufenden Synchronmaschinen fast immer vorhanden, ohne daß sie besonders auffallen. Bei Schenkelpolmaschinen ohne Dämpferkäfig und ohne massive Pole können sie aber unter Umständen den Betrieb unmöglich machen; dies ist dann zu befürchten, wenn $\operatorname{tg} \varrho \geqq 0{,}06$ bis $0{,}12$ wird.[1]) Solche Werte können erreicht werden, wenn Synchronmotoren über lange Leitungen angeschlossen sind. Wie in solchen Fällen Abhilfe zu schaffen ist, geht aus der eingehenden Betrachtung der zuständigen Faktoren k_1, k_2 und k_3 hervor. Die einfachste und wirksamste Maßnahme ist die Verringerung der Erregung, wenn dies mit Rücksicht auf die Überlastbarkeit der Maschine zulässig ist.

c) Erzwungene Pendelungen bei Parallelbetrieb am ruhigen Netz. Erzwungene Pendelungen treten auf, wenn von außen periodische Störimpulse an die Synchronmaschine herangetragen werden, was sowohl elektrisch wie auch mechanisch erfolgen kann. Wir wollen zunächst den einfachsten und grundlegenden Fall betrachten: Eine Synchronmaschine werde von einer Kolbenmaschine mit ungleichförmigem Drehmoment angetrieben; dabei soll eine Rückwirkung des elektrischen Netzes nicht berücksichtigt werden. Wir nehmen also an, daß Frequenz und Spannung des Netzes trotz Pendelungen der Synchronmaschine konstant bleiben; das Netz soll „starr“ oder „ruhig“ sein.

Das pulsierende mechanische Antriebsmoment lösen wir durch die Fouriersche Analyse in ein konstantes Grundmoment M_{m_0} und überlagerte, sinusförmig pulsierende Oberwellenmomente auf, also

$$M_m = M_{m_0} + M_1 \cos(\nu_1 t + \gamma_1) + M_2 \cos(\nu_2 t + \gamma_2) + \dots \qquad (339)$$

Auf Grund des Überlagerungsgesetzes können wir die Wirkung der Oberwellenmomente einzeln betrachten und aus der Überlagerung aller Einzelwirkungen zum Schluß den resultierenden Schwingungsverlauf bestimmen. In den meisten Fällen wird man nur die Oberwelle mit der größten Amplitude oder diejenige, die der Eigenfrequenz der Synchronmaschine am nächsten liegt, zu betrachten brauchen. Zur Untersuchung der Vorgänge greifen wir daher die n-te Oberwelle heraus. Aus Gl. 330 erhalten wir dann mit $\nu = 2\pi z$ unter Beachtung von Gl. 323 die Differentialgleichung der erzwungenen Schwingungen für die n-te Oberwelle:

$$\boxed{\frac{\Theta\, d^2\alpha}{p\, d t^2} + k\frac{d\alpha}{d t} + c\,\alpha = M_n \cos \nu t.} \qquad (340)$$

[1]) A. v. Timascheff, a. a. O.

Unter dem Einfluß eines solchen Pendelmoments wird das Polrad ebenfalls Pendelungen von der Frequenz z ausführen, so daß wir für den Lösungsansatz in komplexer Schreibweise setzen können:

$$\alpha = \Re e\,[A\, e^{j(\nu t - \varphi)}] = \Re e\,[\mathfrak{A}] \text{ und } M_n \cos \nu t = \Re e\,[M_n\, e^{j \nu t}] = \Re e\,[\mathfrak{M}_n]. \quad (341)$$

Indem wir die erforderlichen Differentiationen ausführen und vom Realteil zum Zeitvektor selbst übergehen, erhalten wir aus Gl. 340 für die Gleichung der Pendelmomente:

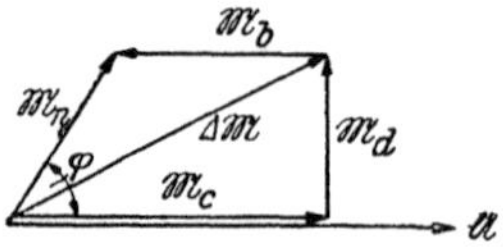

Abb. 361. Vektordiagramm der Pendelmomente.

$$-\frac{\Theta}{p}\nu^2 \mathfrak{A} + j \nu k \mathfrak{A} + c \mathfrak{A} = \mathfrak{M}_n. \quad (342)$$

Aus Gl. 342 ergibt sich der Zeitvektor A der Polradpendelungen zu

$$\mathfrak{A} = \frac{\mathfrak{M}_n}{c - \nu^2 \Theta/p + j \nu k}, \quad (343)$$

und der Zeitvektor $\dot{\omega}_m$ der Pendelwinkelgeschwindigkeit zu

$$\dot{\omega}_m = \frac{d\mathfrak{A}}{dt} = j \nu \mathfrak{A}. \quad (344)$$

Die Amplitude des Pendelwinkels und die Phase der Polradpendelungen haben also die Werte:

$$A = \frac{M_n}{\sqrt{(c - \nu^2 \Theta/p)^2 + (\nu k)^2}} \text{ und } \operatorname{tg} \varphi = \frac{\nu k}{c - \nu^2 \Theta/p}. \quad (345)$$

Entsprechend den Gl. 341 und 343 bedeuten positive Werte für $\operatorname{tg} \varphi$ Phasennacheilung der Polradpendelungen gegenüber dem Oberwellendrehmoment M_n. Der größte, kurzzeitig auftretende Lastwinkel ist $\beta_m = \beta_0 + A$.

Die Anwendung der bekannten Maximumrechnung (Differentiation und Nullsetzen) auf den Wurzelausdruck in Gl. 345 ergibt einen Höchstwert der Pendelamplitude A für

$$\boxed{\nu_R = \sqrt{\frac{p c}{\Theta} - \frac{1}{2}\left(\frac{p k}{\Theta}\right)^2}.} \quad (346)$$

Wenn also die Stör- oder Pendelfrequenz ν mit dieser Frequenz ν_R übereinstimmt, treten die größtmöglichen Pendelungen auf; bei Abwesenheit von Dämpfung werden die Pendelamplituden sogar unendlich groß. Diese kritische Frequenz heißt daher „Resonanzfrequenz“, die sich lediglich im Dämpfungsglied von μ und von ν_0 unterscheidet. Unter Vernachlässigung dieser feinen Unterschiede im Dämpfungsglied setzen wir im allgemeinen die „Resonanzfrequenz“ gleich der Eigenfrequenz.

Bei ungleichförmigem mechanischem Drehmoment muß natürlich die Hauptsorge darauf gerichtet sein, daß keine Frequenz der störenden Oberwellendrehmomente mit dieser gefährlichen Resonanzfrequenz übereinstimmt, weil sonst die Pendelungen so groß würden, daß ein ordnungsgemäßer Betrieb nicht mehr möglich wäre. Wir müssen also die Resonanz der Stör- oder Pendelfrequenz mit der Resonanzfrequenz (d. i. annähernd Eigenfrequenz) unter allen Umständen vermeiden.

Resonanzmodul. Um ein Vergleichsmaß für die Stärke der Pendelungen zu haben, vergleichen wir die erzwungenen Pendelungen des Polrades einer Synchronmaschine im Parallelbetrieb mit den Pendelungen der leerlaufenden Maschine, wenn sie nicht am Netz hängt. Da bei der leerlaufenden Maschine keine Ströme im Anker fließen können, ist in den Gl. 330ff. $k = c = 0$ zu setzen. Auf diese Weise erhalten wir für das Verhältnis der Pendelamplituden im Parallelbetrieb zu denen im Leerlauf bei Alleinbetrieb:

$$\zeta = \frac{-\nu^2 \Theta/p}{c - \nu^2 \Theta/p + j\,\nu\,k}. \tag{347}$$

ζ heißt „Resonanzmodul“ oder „Verstärkungsfaktor“. Unter Einführung von $\nu_0^2 = p\,c/\Theta$ und $d = p\,k/\nu\,\Theta = 2\,\delta/\nu$ erhalten wir

$$\zeta = \frac{1}{1 - (\nu_0/\nu)^2 - j\,d}. \tag{348}$$

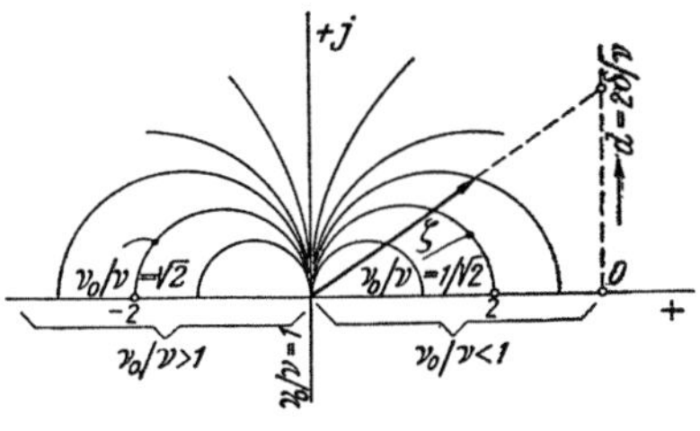

Abb. 362. Ortskreise der komplexen Zahl ζ in Abhängigkeit von d für verschiedene Werte ν_0/ν.

Bei Vernachlässigung der Dämpfung ergibt sich die einfache Form:

$$\boxed{\zeta_0 = \frac{1}{1 - (\nu_0/\nu)^2}.} \tag{349}$$

In Abhängigkeit von d durchläuft ζ als komplexe Zahl einen Kreis durch den Nullpunkt; für veränderliche Werte ν_0/ν ergeben sich Kreisscharen, und zwar liegen, wie Abb. 362 zeigt, die Halbkreise bei positiver Dämpfung für $\nu_0/\nu < 1$ rechts und für $\nu_0/\nu > 1$ links der imaginären Achse. Für $\nu_0/\nu = 1$ geht der Kreis in die imaginäre Achse über und es ist $|\zeta| = 1/d$.

Abb. 363 zeigt die Abhängigkeit des Betrages $|\zeta|$ des Resonanzmoduls von ν_0/ν bzw. ν/ν_0 für verschiedene Werte d. In diesen „Resonanzkurven“ erkennt man vor allem die starke Zunahme der Pendelungen bei Annäherung an die Resonanz $\nu_0/\nu = 1$. Damit der synchrone Lauf nicht gefährdet wird, muß man je nach den Dämpfungsverhältnissen einen mehr oder weniger großen Bereich um die Resonanz, mindestens aber den Bereich $0{,}8 \leqq \nu_0/\nu \leqq 1{,}25$ meiden. Da die Störfrequenz meist durch die Art des Antriebes festliegt, ist beim Entwurf der Synchronmaschine die Eigenfrequenz passend zu wählen, was vor allem durch richtige Wahl des Schwungmoments erreicht werden kann.

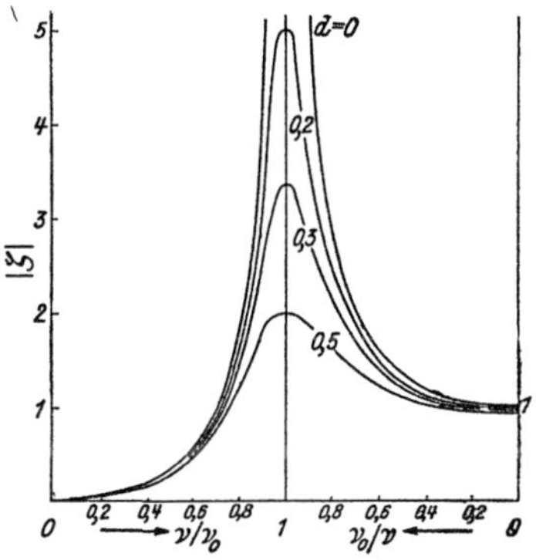

Abb. 363. Resonanzmodul $|\zeta|$ in Abhängigkeit vom Frequenzverhältnis für verschiedene Dämpfungswerte d.

Leistungspendelungen. Für die Beurteilung des Betriebszustandes sind nun nicht so sehr die mechanischen Pendelungen des Polrades maßgebend als vielmehr die elektrischen Leistungsschwankungen. Diese berechnen wir aus der elektromechanisch umgesetzten Leistung, d. h. der Drehmomentleistung $N_D = M\,\Omega/p$. Unter Einführung von $M = M_0 + \Delta M$ in Anlehnung an Gl. 328 erhalten wir mit Gl. 325 für die Drehmomentleistung:

$$N_D = \frac{1}{p}(\omega_0 + \omega)(M_0 + \Delta M). \tag{350}$$

Die reine Schwingungsleistung $\Delta M\,\omega/p$ wollen wir als klein nicht weiter betrachten; außer der Grundlast $N_0 = M_0\,\omega_0/p$ erscheinen dann noch zwei Pendelleistungen, nämlich $\Delta M\,\omega_0/p$ und $M_0\,\omega/p$. Während ΔM die Größe des Nennmoments erreichen kann, ist ω im Vergleich zu ω_0 stets klein, da ja sonst ein synchroner Lauf nicht mehr möglich wäre. Das Verhältnis ω/ω_0 ist etwa 1/100, so daß als größte Pendelleistung nur $\Delta N = \Delta M\, \omega_0/p$ zu betrachten wäre. Diese elektrische Pendelleistung, um die die elektrische Grundleistung schwankt, soll mit der mechanischen Pendelleistung $\Delta N_m = M_n\, \omega_0/p$ der n-ten Drehmomentoberwelle verglichen werden. Nach Gl. 328 bzw. 330 ist $\Delta M = c\,\alpha + k\, d\alpha/dt$ unter Fortlassung eines unwesentlichen Gesamt-Minuszeichens und damit ergibt sich nach Gl. 342 für den Zeitvektor des elektrischen Pendelmoments:

$$\Delta \mathfrak{M} = c\, \mathfrak{A} + j\, \nu\, k\, \mathfrak{A}. \tag{351}$$

In Abb. 361 ist diese Gleichung der Pendelmomente in einem Vektordiagramm dargestellt: $\mathfrak{M}_c = c\,\mathfrak{A}$ ist das synchronisierende Drehmoment, $\mathfrak{M}_d = j\,\nu\, k\,\mathfrak{A}$ das Dämpfungsmoment, $\mathfrak{M}_b = -\nu^2\,\mathfrak{A}\,\Theta/p$ das Beschleunigungsmoment und $\Delta\mathfrak{M} = \mathfrak{M}_c + \mathfrak{M}_d$ das resultierende elektrische Pendelmoment. Das Verhältnis der elektrischen Pendelleistung zur mechanischen Pendelleistung der n-ten Oberwelle ist also:

$$\xi = \frac{\Delta\mathfrak{N}}{\Delta\mathfrak{N}_m} = \frac{\Delta\mathfrak{M}}{\mathfrak{M}_n} = \frac{c + j\,\nu\, k}{c - \nu^2\,\Theta/p + j\,\nu\, k}. \tag{352}$$

ξ heißt „Pendelleistungsfaktor". Mit den früheren Abkürzungen der Gl. 348 ergibt sich:

$$\xi = \frac{(\nu_0/\nu)^2 + j\,d}{(\nu_0/\nu)^2 - 1 + j\,d}. \tag{353}$$

Bei $d = 0$ ist

$$\boxed{\xi_0 = \frac{1}{1 - (\nu/\nu_0)^2}.} \tag{354}$$

Zwischen dem Resonanzmodul ζ nach Gl. 348 und dem Pendelleistungsfaktor ξ besteht die Beziehung:

$$\zeta + \xi = 1, \tag{355}$$

wovon man sich leicht durch Nachrechnen überzeugt. Zur Vermeidung von Irrtümern ist aber zu beachten, daß ξ und ζ in Gl. 355 komplexe Zahlen sind und sich nur bei Vernachlässigung der Dämpfung (unter Beachtung der Vorzeichen) als reelle Zahlen algebraisch zu 1 ergänzen. $\xi\,(d)$ durchläuft als komplexe Zahl, ebenso wie ζ, Kreise bzw. Kreisscharen für verschiedene Werte ν_0/ν. Diese in Abb. 364 dargestellten Kreise[1]) gehen aus den ζ-Kreisen in Abb. 362 durch Spiegelung an der imaginären und reellen Achse sowie durch eine Nullpunktsverschiebung um die Strecke 1 hervor. Der in Abb. 364 stark hervorgehobene Kreis, dessen Mittelpunkt in den Nullpunkt fällt, trennt die Kreise in zwei Scharen. Für diesen Grenzkreis selbst ist $\xi_0 = -1$; daraus ergibt sich gemäß Gl. 354 ein Wert $\nu_0/\nu = 1/\sqrt{2}$ bzw. $\nu/\nu_0 = \sqrt{2}$. Die Bedeutung dieses Kreises liegt darin, daß der Betrag $|\xi|$ unabhängig von der Dämpfung stets gleich 1 ist. Für die Kreise innerhalb dieses Grenzkreises $\nu/\nu_0 > \sqrt{2}$ wird ξ bei zunehmender

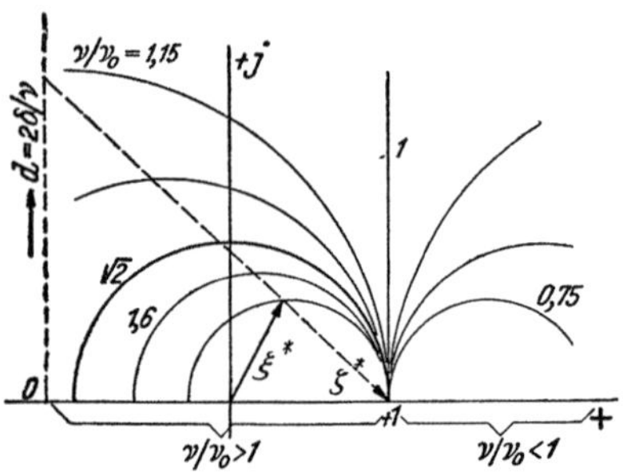

Abb. 364. Ortskreise des Pendelleistungsfaktors ξ^* in Abhängigkeit von der Dämpfung d bei verschiedenen Werten ν/ν_0.

[1]) Der übersichtlichen Darstellung wegen ist in Abb. 364 der zu ξ konjungierte Wert ξ^* aufgetragen worden. Die ξ-Halbkreise bei positiver Dämpfung würden in der unteren Halbebene spiegelbildlich zu den dargestellten Halbkreisen liegen.

Dämpfung größer, um bei $d = \infty$ die obere Grenze $\xi = +1$ zu erreichen. Bei $\nu/\nu_0 > \sqrt{2}$ wirkt also die Dämpfung schädlich. Für $\nu/\nu_0 < \sqrt{2}$, d. h. für die Kreise außerhalb des Grenzkreises, wird mit zunehmender Dämpfung ξ stets kleiner; der untere Grenzwert $\xi = +1$ wird allerdings erst bei unendlich großer Dämpfung erreicht. Daraus ergeben sich kurz folgende Richtlinien: Für $\nu/\nu_0 > \sqrt{2}$ ist die elektrische Pendelleistung stets kleiner als die mechanische; eine Dämpfung ist überflüssig, ja sogar schädlich. Für $\nu/\nu_0 < \sqrt{2}$ ist die elektrische Pendelleistung stets größer als die mechanische. Pendelleistung: gute Dämpfung ist um so mehr erforderlich, je näher man dem Resonanzpunkt kommt. Die mechanischen Polradpendelungen werden dagegen entsprechend dem Resonanzmodul ζ durch die Dämpfung stets verringert. Bei Feststellung des Arbeitspunktes ν/ν_0 ist zu beachten, daß sich die Eigenfrequenz mit dem Kurzschlußstrom, d. h.

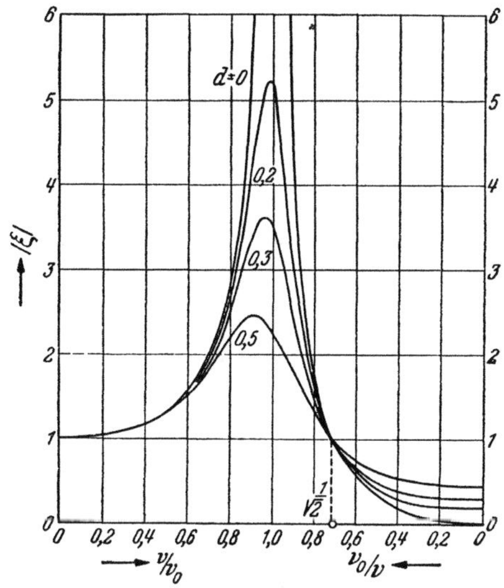

Abb. 365. Pendelleistungsfaktor $|\xi|$ in Abhängigkeit von ν/ν_0 bzw. ν_0/ν.

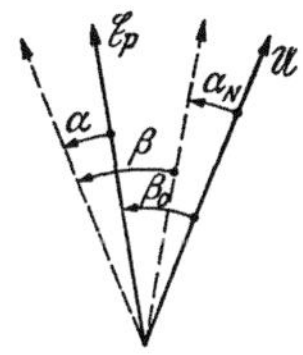

Abb. 366. Festlegung des Pendelwinkels β bei pendelndem Netz.

mit der Erregung, ändert. Ist bei Nennlast $\nu/\nu_0 > 1$, kann man bei Halblast mit verringerter Erregung unter Umständen in Resonanznähe kommen!

Abb. 365 zeigt den Betrag $|\xi|$ in Abhängigkeit von ν/ν_0 bzw. ν_0/ν für verschiedene d-Werte. Für gegebene Werte d und ν/ν_0 lassen sich die zu erwartenden Leistungsschwankungen entnehmen. Schätzt man z. B. die n-te mechanische Drehmomentoberwelle etwa zu 20% des konstanten Drehmomentanteiles M_{m_0} und entnimmt aus Abb. 365 etwa $|\xi| = 3$, dann beträgt die Schwankung der elektrischen Leistung $\Delta N/N_0 = \pm 3 \cdot 20\% = \pm 60\%$. Eine solche Schwankung der elektrischen Leistung würde einen geordneten Betrieb der Synchronmaschine unmöglich machen. $\Delta N/N_0 = \pm 30\%$ dürfte schon an der Grenze des Erträglichen liegen.

Der Pendelleistungsfaktor $\xi = \Delta\mathfrak{M}/\mathfrak{M}_n$ kann auch aus Abb. 361 entnommen werden. Durch Multiplikation sämtlicher Vektoren mit ω_0/p erhält man aus Abb. 361 das Vektordiagramm der Pendelleistungen.

d) Pendelungen der Synchronmaschine bei einem pendelnden Netz. Während für die Polradbewegung der Pendelwinkel α des Polrades maßgebend ist, hängen die elektrischen Momente von dem Winkel β zwischen $\mathfrak{E}_p$ und $\mathfrak{U}$ ab. Ist α_N der Pendelwinkel des Netzvektors, dann ist $\beta = \beta_0 + \alpha - \alpha_N$ statt wie bisher $\beta = \beta_0 + \alpha$ zu setzen, wie aus Abb. 366 ersichtlich. Damit lautet unsere Bewegungsgleichung für kleine Schwingungen um den synchronen Lauf:

$$\frac{\Theta}{p}\frac{d^2\alpha}{dt^2} + k\frac{d}{dt}(\alpha - \alpha_N) + c(\alpha - \alpha_N) = M_0 + M_m. \qquad (356)$$

Diese Gleichung läßt sich umschreiben in

$$\frac{\Theta\, d^2 \alpha}{p\, d t^2} + k \frac{d \alpha}{d t} + c\, \alpha = \left(c\, \alpha_N + k \frac{d \alpha_N}{d t}\right) + M_0 + M_m. \qquad (357)$$

Daraus geht hervor, daß eine **Netzpendelung gegebener Größe auf eine Synchronmaschine wie ein mechanisches Pendelmoment einwirkt.** Auf diese Gleichung lassen sich alle im vorhergehenden Abschnitt angestellten Untersuchungen anwenden, indem man $M_n \equiv c\, \alpha_N + k\, d\alpha_N/dt$ setzt. Diese Gleichung ist auch geeignet, das dynamische Verhalten von parallel arbeitenden Synchrongeneratoren bei plötzlicher Änderung der Belastung wenigstens im grundsätzlichen zu verfolgen:

Bei Eintritt einer elektrischen Stoßlast bleibt der Spannungsvektor um den elektrischen Winkel α_N zurück und zwingt die Generatoren zur Abgabe von Leistung, die sich nach Gl. 350, 351 und 357 zu

$$\Delta N = \frac{\omega_0}{p} \left(c\, \alpha_N + k \frac{d\alpha_N}{dt}\right)$$

berechnet. Der erste Teil ist eine synchronisierende Leistung $c\, \alpha_N\, \omega_0/p$ und der zweite Teil eine asynchrone Leistung $\omega_0\, k\, d\, \alpha_N/p\, dt$, die in diesem Fall, da sich mit dem zurückbleibenden Spannungsvektor auch das Drehfeld verzögert, eine asynchrone Generatorleistung ist, die so lange auftritt, als der Läufer sich schneller als das Drehfeld dreht. Daraus ergibt sich auch kurzzeitig eine Beteiligung der im Netz vorhandenen Asynchronmaschinen an der Stoßlast, die jedoch nicht überschätzt werden darf, weil dieses Drehmoment im allgemeinen klein sein dürfte. Ist der Stoß vorbei, also $d\alpha_N/dt = 0$, dann verteilt sich die Stoßlast nur noch nach Maßgabe der synchronisierenden Drehmomente der beteiligten Synchronmaschinen. Die hierbei auftretenden Drehmomente werden von den Antriebsmaschinen noch nicht übernommen, weil ihre trägen Regler nachhinken; bis zu deren Eingreifen müssen die Drehmomente von der kinetischen Energie der Polräder übernommen werden, so daß diese also gebremst werden und in der Drehzahl abfallen. Die **Verzögerung eines Polrades** $b = -d\,\omega/dt$ berechnet sich aus der übernommenen Stoßlast $\Delta N = \Delta M \cdot \omega_0/p = c\, \alpha_N\, \omega_0/p$ im elektrischen Winkelmaß zu

$$b = \frac{p\, \Delta M}{\Theta} \approx \frac{p\, c}{\Theta}\, \alpha_N = \nu_0^2\, \alpha_N. \qquad (358)$$

Da beim ersten Auftreffen der Stoßlast der Winkel α_N für alle parallellaufenden Generatoren gleich ist, ist die eintretende Verzögerung des Polrades proportional dem Quadrat der Eigenfrequenz. Sind die Verzögerungen der einzelnen Maschinen verschieden, weil die Eigenfrequenzen verschieden sind, treten nunmehr Ausgleichsvorgänge auf, welche den gemeinsamen synchronen Lauf aufrechtzuerhalten versuchen, indem sie die Maschinen bremsen oder beschleunigen, um eine gemeinsame mittlere Verzögerung b_{mit} aller Maschinen zu erreichen. Die sich hierbei unter Polradpendelungen neu einstellende Verteilung der Stoßlast berechnet sich für eine Maschine zu $\Delta N = \omega_0\, b_{\text{mit}}\, \Theta/p^2$. Die Lastverteilung in diesem zweiten Stadium der Ausgleichsvorgänge ist also proportional Θ/p^2, da ja ω_0 und b_{mit} allen Maschinen gemeinsam sind. An dieser einheitlichen Verzögerung, d. h. auch Frequenzverringerung, nehmen auch die im Netz vorhandenen Asynchronmaschinen mit ihren Schwungmassen teil.

Die Ausgleichsvorgänge im Übergang zu der gemeinsamen mittleren Verzögerung entfallen, wenn alle Maschinen gleiche Eigenfrequenz haben und damit von vornherein gleiche Verzögerung erleiden. Dies wird man nach Möglichkeit wenigstens unter den Maschinen desselben Kraftwerkes anstreben; denn bei stark ungleichen Verzögerungen besteht die Gefahr, daß ein schwacher Generator mit kleiner Eigenfrequenz, d. h. mit kleinem synchronisierenden Drehmoment und großem Schwungmoment, infolge seiner anfangs geringen, nachher aber — durch die Ausgleichspendelung — besonders gesteigerten Verzögerung durch Überschwingen den Anschluß an die übrigen Maschinen verliert und außer Tritt fällt.

Am Ende der Ausgleichsvorgänge wird die endgültige neue Lastverteilung durch die Reglercharakteristik der einzelnen Maschinen bestimmt, und auch dieser Übergang erfolgt, wie immer, unter aperiodischen Schwingungen.

Die Stabilitätsprobleme, die beim Parallelbetrieb von großen Kraftwerken auftreten, sind für unsere heutige Großkraftversorgung von der größten Bedeutung. Auf diese Probleme tiefer einzugehen, liegt aber nicht im Rahmen dieses Buches. Hierfür muß auf das einschlägige Schrifttum[1]) verwiesen werden. Insbesondere sei auch auf die Möglichkeit, die Vorgänge an Hand von mechanischen Modellen zu studieren, aufmerksam gemacht.

e) Parallelbetrieb beliebig vieler Synchronmaschinen. Der allgemeine Fall des Parallelbetriebes von Synchronmaschinen ist dann gegeben, wenn durch die Pendelungen einer Synchronmaschine Pendelungen der Netzspannung auftreten und diese dann auch die übrigen Synchronmaschinen zum Pendeln veranlassen oder deren eigene Pendelung beeinflussen. Für diesen Fall können die bisher abgeleiteten Beziehungen außer der Gl. 322 nicht mehr verwendet werden, da sie eine konstante Netzspannung voraussetzen. Man muß vielmehr für sämtliche, am Netz hängenden Maschinen die Drehmomentengleichung unter Berücksichtigung der Netzpendelung aufstellen und erhält bei n parallelgeschalteten Maschinen ein System von n simultanen Differentialgleichungen. Die Durchführung dieser Rechnungen würde uns hier zu weit führen; wir begnügen uns, einige wichtige Ergebnisse mitzuteilen. Zunächst sind die Resonanzfrequenzen nicht mehr gleich den Eigenfrequenzen, sondern liegen jeweils zwischen den Eigenfrequenzen der beteiligten Maschinen; bei n Maschinen treten somit $n - 1$ Resonanzfrequenzen auf. Sind alle Maschinen einschließlich Antrieb gleich, fallen diese Resonanzfrequenzen zu einer einzigen zusammen, die wie früher gleich der Eigenfrequenz ist. Ein besonderes Problem bei diesem Parallelbetrieb ist die Phase der mechanischen Pendelmomente, die bei Kolbenmaschinen durch die Phase der Kurbelwellen bestimmt ist. Läßt man alle Maschinen mit Kurbelphasengleichheit laufen, ergeben sich für alle Maschinen Pendelungen gleicher Phase, und zwar so groß, wie wenn die Maschinen im Einzellauf betrieben würden. Die Kurbelphasengleichheit ist als günstigster Fall anzustreben; zur Herstellung der Phasengleichheit beim Synchronisieren sind besondere Anzeigevorrichtungen erforderlich. Sind die Kurbelwellen in der Phase symmetrisch versetzt, addieren sich die elektrischen Pendelleistungen geometrisch und ergeben bei gleichen Maschinen zusammen Null; das Netz pendelt infolgedessen nicht und jede Maschine pendelt für sich wie bei einem ruhigen Netz. Dagegen empfiehlt es sich nicht, mehrere Maschinen kurbelphasengleich und nur wenige oder gar nur eine mit anderer Kurbelphase laufen zu lassen, weil die gleichphasigen Pendelleistungen sich addieren und diese Summe von der andersphasigen Maschine aufgenommen werden muß. — In besonderen Fällen, vor allem wenn verschiedenartige Maschinen zusammenarbeiten, lohnt es sich, die Frage der günstigsten Kurbelphase einer eingehenden Untersuchung zu unterziehen.[2])

---

[1]) A. v. TIMASCHEFF, Stabilität elektrischer Drehstromkraftübertragungen. Berlin, J. Springer, 1940. — Th. BUCHHOLD, Elektrische Kraftwerke und Netze. Berlin, J. Springer, 1938.

[2]) S. z. B. H. GÖSCHEL u. E. LAMPEL, Siemens-Z. 18 (1938) Heft 8.

f) Pendelungen im Alleinbetrieb. Im Einzellauf folgen Spannung, Frequenz und Drehzahl dem Verhalten des Polrades. Ein synchronisierendes Moment[1]) sowie die asynchrone und die synchrone Dämpfung treten nicht auf. Es gilt daher im Leerlauf die Gl. 342 mit $c = k = 0$; bei Belastung tritt noch ein elektrisches Dämpfungsmoment, aber anderer Art, hinzu. Im Leerlauf ist nach Gl. **343** mit $c = k = 0$ die Winkelamplitude

$$A = \frac{p\, M_n}{\nu^2\, \Theta}, \tag{359)^2)}$$

und die Winkelgeschwindigkeitsamplitude der Polradpendelungen gemäß Gl. 344:

$$\omega_{\max} = \nu\, A = \frac{p\, M_n}{\nu\, \Theta}. \tag{360)^2)}$$

Da die erzeugte elektrische Spannung der Winkelgeschwindigkeit proportional ist, wird sie in gleichem Maße wie die Winkelgeschwindigkeit schwanken. Dies ist von Bedeutung für die Lichtbelastung, da Lichtschwankungen bei gewisser Stärke und innerhalb eines gewissen Frequenzbereiches als Flimmern unangenehm auf die Augen wirken. Es ist daher üblich, die zulässigen Polradpendelungen bei Einzellauf durch die Flimmergrenze festzulegen.

Bei Belastung hat die Schwankung der Netzspannung eine Schwankung der Netzleistung zur Folge. Diese zusätzlich abgegebene Leistung, die hier nicht als Pendelleistung zur Maschine zurückkehrt, ist proportional der Winkelgeschwindigkeit und wirkt als positive Dämpfung, die die mechanischen Polradpendelungen stets verringert. Da sie jedoch nicht besonders groß ist, wollen wir nicht weiter auf sie eingehen. Es genügt im allgemeinen, dafür zu sorgen, daß bei Leerlauf die Pendelungen in erträglichen Grenzen bleiben.

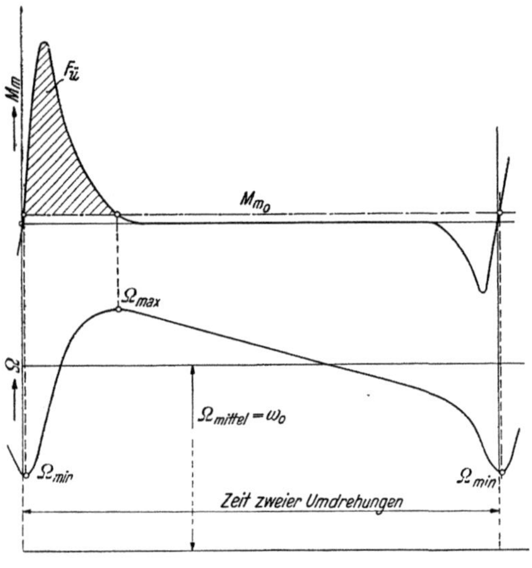

Abb. 367. Zur Bestimmung des Ungleichförmigkeitsgrades und des Schwungmomentes. Drehmomentkurve eines Viertakt-Verbrennungsmotors

Die bei Leerlauf im Alleinbetrieb zulässigen Pendelungen werden meistens[3]) nicht durch die Winkelamplitude, sondern durch die Winkelgeschwindigkeit mit Hilfe des „Ungleichförmigkeitsgrades" festgelegt. Dieser ist

$$\delta = \frac{\Omega_{\max} - \Omega_{\min}}{\Omega_{\text{mittel}}}. \tag{361}$$

Dieser Ungleichförmigkeitsgrad liegt etwa in den Grenzen von $^1/_{80}$ bis $^1/_{200}$. Obige Definition ist nun unabhängig davon, ob die Pendelungen sinusförmig erfolgen oder nicht; es kommt nur auf den Höchstwert $\Omega_{\max}$, den Kleinstwert $\Omega_{\min}$ und den Mittelwert[4]) Ω_{mittel} an, gleichgültig, wie zwischen-

[1]) Ausnahmen s. R. Brüderlink, VDE-Fachberichte 1935, S. 10.

[2]) Es sei darauf hingewiesen, daß A und ω_m in elektrischen Graden ausgedrückt sind; beim Übergang zum räumlichen Winkelmaß würde aus obigen Formeln p herausfallen.

[3]) S. W. Benz, MTZ 1 (1939) S. 17.

[4]) Dieser Mittelwert Ω_{mittel} ist natürlich stets gleich ω_0.

durch die Kurve verläuft. Dies ist auch berechtigt, da im Einzellauf keine Eigenschwingung und daher auch keine Resonanz auftreten kann; es wird also keine Oberwelle besonders verstärkt. **Die Kenntnis der Oberwellen ist mithin für den Einzellauf ohne Bedeutung.** Die Kurve der Winkelgeschwindigkeit ist die Integralkurve der Drehmoment-Zeitkurve, s. Abb. 367.

Wenn wir, wie bisher, nur **eine Drehmomentoberwelle** betrachten, ergibt sich die einfache Beziehung

$$\delta = \frac{2\,\omega_m}{\omega_0} = \frac{2\,\nu\,A}{\omega_0} \qquad (362)^{1)}$$

zwischen dem Ungleichförmigkeitsgrad und der Winkelamplitude.

g) Pendelmomente von Kolbenmaschinen. Die wichtigsten Störungen gehen von den Kolbenmaschinen aus. Die in den Drehmomenten dieser Maschinen enthaltenen Störfrequenzen stehen in festem Zusammenhang mit der Drehzahl und der Arbeitsweise. Das Drehmoment eines Viertakt-Einzylinders mit einem

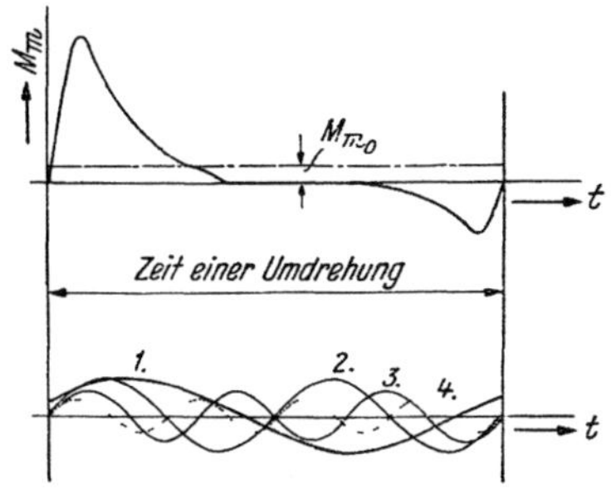

Abb. 368. Bestimmung der Drehmomentoberwellen durch FOURIERsche Analyse. Drehmomentkurve eines Zweitakt-Verbrennungsmotors.

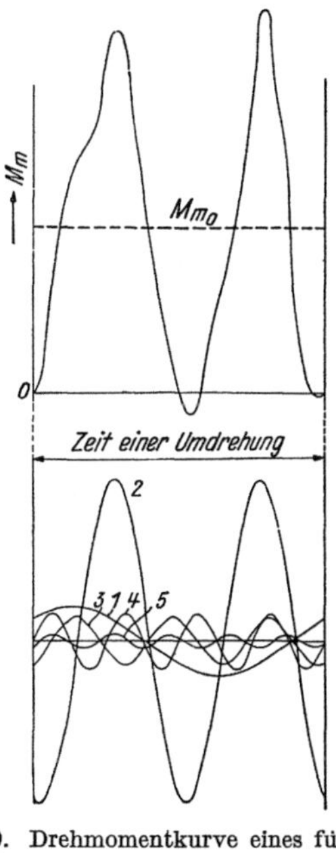

Abb. 369. Drehmomentkurve eines fünfstufigen Einkurbel-Gasverdichters. Bestimmung der Drehmoment-Oberwellen.

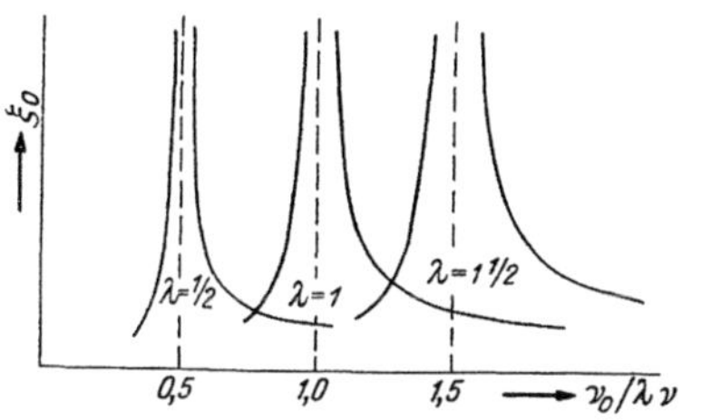

Abb. 370. Resonanzkurven eines Viertakters.

Kraftstoß auf zwei Umdrehungen muß ganz natürlich eine Störfrequenz $z = n/2$ enthalten, weil ja $n/2$ Stöße in der Sekunde auf die Welle kommen. Die Untersuchung der Drehmomentkurve eines Viertakters aber zeigt, daß, wie zu erwarten, auch noch andere Frequenzen auftreten, die auf Grund der FOURIERschen Analyse im ganzzahligen Verhältnis zueinander stehen. Die Grundfrequenz ist durch die Taktzahl festgelegt. Allgemein können wir also die Störfrequenz

$$z = \lambda\,n \quad \text{und} \quad \nu = 2\,\pi\,\lambda\,n \qquad (363)$$

setzen, wobei

$\lambda = {}^1/_2,\ 1,\ 1^1/_2,\ 2, \ldots$ bei Viertaktmaschinen und
$\lambda = 1,\ 2,\ 3, \ldots$ bei Zweitakt- und Dampfmaschinen

ist. Die Abb. 368 und 369 zeigen typische Drehmomentkurven und ihre Zer-

[1]) Man verwechsle den Ungleichförmigkeitsgrad δ nicht mit dem Dämpfungsfaktor δ nach Gl. 334.

legung in das konstante Moment und die überlagerten sinusförmigen Pendelmomente.

Bei Mehrzylinder-, Tandem- und Zwillingsmaschinen sind im einwandfreien Lauf höhere Grundfrequenzen zu erwarten, da auf eine Umdrehung mehrere Kraftstöße erfolgen; aber da keineswegs alle Zylinder gleichmäßig arbeiten, ist es durchaus möglich, daß der Grundtakt eines Zylinders stärker hervortritt. Man muß also zur Sicherheit auch in solchen Fällen die Störfrequenzen des Einzelzylinders beachten. Für den Resonanzfall ist es auch gleichgültig, wie groß die betreffende Oberwelle ist; die Dämpfung der Maschine ist nie so groß, daß nicht bei Resonanz unzulässig hohe Pendelungen auftreten würden. Die Kleinheit einer Oberwelle in der Nähe der Resonanz darf also nicht zu deren Nichtbeachtung verleiten.

Liegen Drehzahl und Antriebsart fest, so haben wir für die Wahl der Eigenfrequenz beim Entwurf der Synchronmaschine mehrere, streng genommen unendlich viele Resonanzbereiche zu beachten bzw. zu meiden, was unter Umständen beträchtliche Schwierigkeiten bereitet. Der günstigste Fall — Eigenfrequenz kleiner als die kleinste Störfrequenz ($\lambda = {}^1/_2$ bzw. 1) — läßt sich vielfach nicht erreichen, weil dazu viel zu große und teure Polräder bzw. Schwungmomente erforderlich wären. Abb. 370 zeigt die verschiedenen Resonanzbereiche eines Viertakters.

h) Berechnung des Schwungmoments bei ungleichförmigem Antrieb. Alleinbetrieb der Synchronmaschine. Im Alleinbetrieb der Synchronmaschine ist der Ungleichförmigkeitsgrad mit Rücksicht auf die Flimmergrenze des Lichtes festzulegen. Als Flimmergrenze bezeichnen wir die Helligkeitsschwankungen des Lichtes, bei denen das Auge gerade noch ein Flimmern wahrnimmt. Als physiologische Eigenschaft des Auges ist die Flimmergrenze natürlich individuell verschieden; eine einheitlich anerkannte Normkurve existiert noch nicht. Helligkeitsschwankung und Spannungsschwankung sind durch die Eigenschaften der Glühlampen, die ebenfalls voneinander abweichen, verbunden, so daß es schwierig ist, den zulässigen Ungleichförmigkeitsgrad auf diese Weise festzulegen. Die zurzeit meistverwendete Kurve ist die von SIMONS,[1]) die für 32-kerzige 220-Volt-Lampen die zulässigen Spannungsschwankungen bzw. den zulässigen Ungleichförmigkeitsgrad in Abhängigkeit von der Schwankungsfrequenz angibt.

Die Überschußarbeit $A_ü$, die aus der Überschußfläche einer Drehmoment-Zeitkurve, in Abb. 367 mit $F_ü$ bezeichnet, zu berechnen ist, steht in einem einfachen Zusammenhang mit dem Trägheitsmoment Θ und dem Ungleichförmigkeitsgrad δ. Es ist

$$A_ü = \left(\frac{\omega_0}{p}\right)^2 \Theta\, \delta. \tag{364}$$

Hiervon überzeugt man sich leicht, wenn man beachtet, daß $A_ü = \frac{\omega_0}{p}\int M\, dt$ und $M = \Theta\, d\omega/p\, dt$ ist; die Integrationsgrenzen sind hierbei durch die Überschußfläche festgelegt. Mit Hilfe dieser Formel kann man das erforderliche Trägheitsmoment aus der Überschußarbeit, wenn der Ungleichförmigkeitsgrad gegeben ist, berechnen. Berechnet man das Schwungmoment $G\,D^2$ (Gewicht der umlaufenden Massen mal Quadrat des Schwerkreisdurchmessers) in kgm², dann ist

$$\Theta = \frac{G\,D^2}{4}\ \text{Joulesek}^2 \text{ oder } \Theta = \frac{G\,D^2}{4 \cdot 9{,}81}\ \text{kgmsek}^2. \tag{365}$$

Parallelbetrieb. Im Parallelbetrieb ist nicht der Ungleichförmigkeits-

---

[1]) K. SIMONS, ETZ 38 (1917) S. 453. — S. a. G. NIDETZKY, MTZ 1 (1939) S. 154.

grad, sondern die Resonanzgefahr für die Bestimmung des Schwungmoments maßgebend. Wir wollen zunächst das „kritische Schwungmoment" bestimmen, bei dem die Eigenfrequenz ν_0 mit der Störfrequenz ν zusammenfallen würde. Es ist nach Gl. 333b mit $\nu_0 = \nu$:

$$G\,D^2_{Krit} = \frac{4\,p\,c}{\nu^2} \approx \frac{4\,p^2\,m\,U\,J_K}{\omega_0\,\nu^2}\ \text{Joulesek}^2. \tag{366}$$

p ist die Polpaarzahl, U die Strangspannung, J_K der Kurzschlußstrangstrom, m die Strangzahl, $\omega_0 = 2\,\pi\,f$ die synchrone, elektrische Kreisfrequenz und $\nu = 2\,\pi\,\lambda\,n$ in 1/sek die betreffende Störkreisfrequenz, für die das kritische Schwungmoment berechnet werden soll.

Um das wirklich einzubauende $G\,D^2$ zu bestimmen, berechne man zunächst die mechanische Pendelleistung $\Delta\,N_m = \omega_0\,M_n/p$, wobei zuvor die n-te Drehmomentoberwelle M_n aus der Drehmomentkurve mit Hilfe der Fourierschen Analyse zu ermitteln ist. Gleichzeitig ist die zulässige elektrische Leistungsschwankung $\Delta\,N/N_0$ mit $N_0 = \omega_0\,M_0/p$ (d. i. Nennleistung) festzulegen; im allgemeinen dürfte eine elektrische Leistungsschwankung von etwa 30% gerade noch zulässig sein. Mit den so ermittelten Werten bestimmt man aus $\Delta\,N = |\xi|\cdot\Delta\,N_m$ den zulässigen Wert $|\xi|$ und für diesen aus Abb. 365 das erforderliche Verhältnis ν/ν_0. Das einzubauende Schwungmoment ist dann

$$G\,D^2 = \left(\frac{\nu}{\nu_0}\right)^2 G\,D^2_{Krit}. \tag{366 a}$$

Wie groß bei der zugelassenen Leistungsschwankung die Spannungsschwankung ist, läßt sich ohne eingehende Untersuchung der vorliegenden Netzverhältnisse nicht angeben. Obige Formeln für den Parallelbetrieb sind ja unter der Annahme einer konstanten Netzspannung abgeleitet worden. Wenn Befürchtungen wegen des Flimmerns bestehen, müssen unter Umständen die elektrischen Leistungsschwankungen besonders klein gehalten werden.

F. Die Einphasen-Synchronmaschine.

Die Einphasen-Synchronmaschine findet hauptsächlich als Generator für Wechselstrom-Bahnnetze Verwendung, in erster Linie als Generator für Vollbahnen mit geringer Frequenz, $16^2/_3$ oder 25 Hz. Der Aufbau ist grundsätzlich derselbe wie beim Dreiphasengenerator, im Anker bleibt lediglich der Raum für den dritten Wicklungsstrang frei, während die beiden anderen als Einphasenwicklung zusammengeschaltet werden. Das Polrad ist im allgemeinen mit ausgeprägten Polen ausgeführt und besitzt stets eine kräftige Dämpferwicklung, d. h. Kurzschlußkäfige in den geblechten Polschuhen (Abb. 371).

Das Polrad erzeugt wie beim Drehstromgenerator in der Ankerwicklung eine Spannung; der Ankerstrom erzeugt als Einphasenwicklung aber kein Drehfeld, sondern ein Wechselfeld. Die Wirkung dieses Ankerwechselfeldes auf das Polrad verfolgen wir am besten, indem wir uns das Wechselfeld in bekannter Weise in zwei entgegengesetzt umlaufende Drehfelder zerlegt denken. Das rechtläufige Drehfeld läuft synchron mit dem Polrad um und bewirkt das gleiche Verhalten der Maschine wie bei Drehstrom. Das gegenläufige Drehfeld läuft dagegen mit doppelt synchroner Drehzahl über das Polrad hinweg und erzeugt in der Erregerwicklung, sofern keine Dämpferwicklung vorhanden ist, kräftige Ströme bzw. bei plötzlich geöffneter Erregerwicklung hohe Spannungen doppelter Netzfrequenz. Diese Ströme doppelter Netzfrequenz im Erregerstrom erzeugen ihrerseits wieder ein Wechselfeld, das wir wieder in zwei entgegengesetzt mit doppelt synchroner Geschwindigkeit gegenüber dem Polrad umlaufende Drehfelder zerlegen. Das mit dem Polrad umlaufende Drehfeld hat dann dem Anker gegenüber die dreifache synchrone Geschwindigkeit und erzeugt also Spannungen bzw. Ströme im Anker von dreifacher Netzfrequenz, während das in entgegengesetzter Richtung umlaufende Drehfeld einfache synchrone Geschwindigkeit hat. Der Ankerstrom dreifacher Frequenz erzeugt nun seinerseits wieder in der Erregerwicklung Ströme zwei- und vierfacher Netzfrequenz. Das heißt also: durch das Auftreten des gegenläufigen Ankerdrehfeldes entstehen in der Erregerwicklung Ströme von zwei-, vier-, sechs- und mehrfacher Netzfrequenz, im Anker dagegen Spannungen und Ströme von drei-, fünf-, sieben- und mehrfacher Frequenz, so daß bei einem Einphasengenerator ohne Dämpferwicklung Ankerstrom und Ankerspannung nicht sinusförmig sein können, sondern starke Oberschwingungen ungerader Ordnungszahl enthalten.

Abb. 371. Einphasen-Synchrongenerator mit Schenkelpolen.

Abgesehen von diesem unerwünschten Zustand, bildet das gegenläufige Ankerdrehfeld eine ständige Gefahr für die Erregerwicklung und die angeschlossenen Geräte, falls einmal der Erregerstromkreis aus irgendeinem Grunde plötzlich unterbrochen wird, so daß die induzierten hohen Spannungen einen Wicklungsdurchschlag oder sonstige Gefahren im Erregerkreis hervorrufen können.

Die Abdämpfung des gegenläufigen Drehfeldes erfolgt am besten durch eine möglichst kräftige Dämpferwicklung, wie sie z. B. in Abb. 371 zu sehen ist. Diese Dämpferwicklung verhält sich im großen und ganzen wie der Käfig eines Kurzschlußankermotors. Die Ströme im Käfig erzeugen ein Drehfeld, das mit dem erzeugenden gegenläufigen Drehfeld synchron umläuft und dieses bis auf einen kleinen Rest aufhebt. Das restliche gegenläufige Drehfeld muß gerade noch ausreichen, um in der Käfigwicklung die Ohmsche Spannung und die Streuspannung zu erzeugen. Je geringer der Widerstand und die Streuung sind, um so kleiner ist dann auch das restliche gegenläufige Drehfeld; es beträgt im allgemeinen nur wenige Prozente des rechtläufigen Ankerdrehfeldes, so daß die Erregerwicklung von den Wechselströmen entlastet wird. Da die Dämpferwicklung auf das gegenläufige Drehfeld gleichfalls mit einem gleich schnell umlaufenden Drehfeld und nicht mit einem Wechselfeld antwortet, treten daher auch im Anker keine Oberschwingungen im Strom und in der Spannung auf; Spannung und Strom im Anker sind dann genau so sinusförmig wie bei Drehstromgeneratoren.

Auch beim Drehstromgenerator können diese mit dem gegenläufigen Drehfeld des Einphasengenerators zusammenhängenden Erscheinungen auftreten, wenn der Drehstromgenerator einphasig oder, was auf dasselbe hinausläuft, unsymmetrisch belastet oder ein- bzw. zweipolig kurzgeschlossen wird, wie wir es schon in Abschn. V B 5 b besprochen haben. Man wird natürlich diese einphasige Belastung eines Drehstromgenerators möglichst vermeiden; ist das aber aus irgendwelchen Gründen nicht möglich, muß der Drehstromgenerator unter allen Umständen eine kräftige Dämpferwicklung erhalten.

In den Umformerstationen von Bahnanlagen, die neben den eigenen Einphasen-

Bahnkraftwerken bestehen, wird der Einphasenstrom aus dem Drehstromnetz verschiedentlich über Synchron-Synchronumformer entnommen. Ein solcher Umformersatz besteht aus einem Drehstrom-Synchronmotor und einem direkt gekuppelten Einphasengenerator, deren Polzahlen entsprechend dem Frequenzverhältnis $50:16^2/_3$ sich wie $3:1$ verhalten. Da sich ein solcher, von einem Synchronmotor angetriebener Einphasengenerator von der Welle aus nicht beliebig beschleunigen oder bremsen läßt, so muß zur Regelung der Spannungsphase beim Synchronisieren und Belasten auf das $16^2/_3$-Netz der Ständer des Generators drehbar angeordnet werden. Um z. B. den Generator nach dem Synchronisieren zur Wirkleistungsübernahme zu veranlassen, muß ja nach Abb. 344 b das Polrad um den Winkel β vorgedreht werden. Das erreicht man in diesem Fall dadurch, daß man den Anker eben um diesen Winkel β zurückdreht.

Die Änderung der Polradachse um den Winkel β kann man auch auf elektrischem Wege dadurch erreichen, daß man eine dreiphasig verteilte Erregerwicklung benutzt und diese durch zwei Erregermaschinen mit Gleichstrom beschickt. Je nach dem Verhältnis der Ströme läßt sich die Achse des resultierenden Erregerfeldes beliebig verdrehen, jedoch bedeutet diese Art eine nicht unbeträchtliche Verteuerung der Maschine und des Betriebes.

VI. Die Gleichstrommaschine.

A. Aufbau und Wirkungsweise der Gleichstrommaschinen.

1. Der Stromwender und der mechanische Aufbau.

Wir haben bei der Besprechung der Spannungserzeugung in umlaufenden elektrischen Maschinen gelesen, wie eine Wechsel- und wie eine Gleichspannung entsteht. Wir wollen uns die Erzeugung einer Gleichspannung noch einmal vor Augen führen.

Drehen wir eine Trommel, den Anker, auf dem eine Ankerspule liegt, so, daß die Leiter der Spule die Feldlinien eines magnetischen Feldes schneiden, so wird in der Ankerspule eine Spannung induziert. Verbinden wir die Spulenenden mit Schleifringen, so kann an diesen Wechselspannung abgenommen werden. Sind jedoch die Enden der Ankerspule an zwei voneinander isolierten Ringhälften angeschlossen, so wechselt die Spannung zwischen den auf den Ringhälften schleifenden Bürsten nicht mehr ihre Richtung, es entsteht somit zwischen diesen Bürsten keine Wechselspannung mehr, sondern eine Gleichspannung, deren Größe aber zwischen einem Höchstwert und Null schwankt. Eine solche Spannung wird Wellenspannung oder pulsierende Gleichspannung genannt. Die beiden voneinander isolierten Ringhälften wenden somit für den äußeren Stromkreis die Spannung bzw. den Strom immer dann, wenn die in der Spule induzierte Spannung negative Werte annimmt: man heißt daher diesen zusammengesetzten Ring einen Stromwender oder Kommutator.

In Abb. 372 a ist ein Anker mit vier Spulen belegt, die alle hintereinandergeschaltet und an Ringviertel, die voneinander isoliert sind, angeschlossen werden. Die Bürsten zerlegen diese in sich geschlossene Ankerwicklung in zwei parallele Zweige. Jeder dieser Zweige besteht aus einer vollgezeichneten und aus einer gestrichelt angedeuteten Spule, die räumlich um 90° gegeneinander verschoben sind. Die in den beiden Spulen jedes Zweiges induzierten Spannungen addieren sich zu einer Gesamtspannung zwischen den Bürsten, wie es Abb. 372 b zeigt. Der räumlichen Verschiebung der beiden Spulen jedes Zweiges entspricht eine Phasenverschiebung der induzierten Spannungen. Je mehr Spulen auf den

Anker gelegt werden, um so geringer werden die Schwankungen der Gesamtspannung.

Eine Gleichstrommaschine setzt sich nach diesen Erklärungen aus folgenden Teilen zusammen. In einem feststehenden Gehäuse aus Gußeisen, Stahlguß oder Schmiedeeisen sind die Hauptpole befestigt. Sie sind entweder aus massivem Stahl-

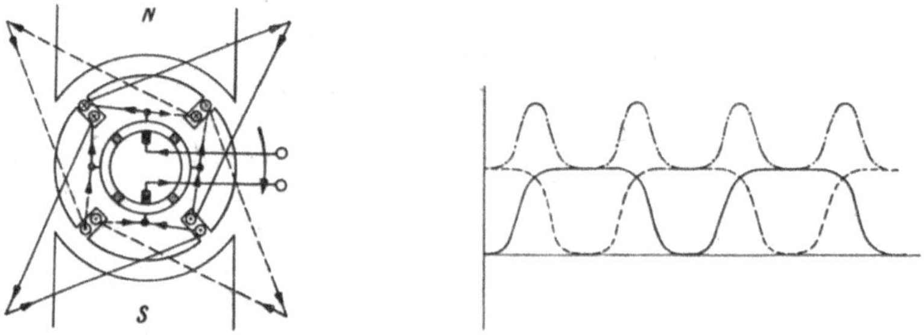

Abb. 372. a Gleichstromanker mit 4 Spulen (die hinteren Stirnverbindungen sind der besseren Deutlichkeit halber aus dem Anker herausgezeichnet). b Zusammensetzung der Spulenspannungen zur Zweigspannung.

guß, Gußeisen oder Flußeisen hergestellt oder aus Blechen aufgebaut (Abb. 373). Meist sitzen zwischen den Hauptpolen noch Hilfs- oder Wendepole, deren Zweck später besprochen wird. Neuerdings werden die Magnetjochringe aus

Abb. 373. Einzelteile einer Gleichstrommaschine.

Walzstahlplatten gerollt und verschweißt. Auch die Füße werden aus Walzstahl gemacht und angeschweißt. An den Stirnseiten des Magnetjochringes werden die Lagerschilde angeschraubt (Abb. 273 und 274). Bei den größeren Gleichstrommaschinen ist der Anker in getrennt aufgestellten Lagerböcken gelagert. Der Anker ist aus Blechen zusammengesetzt. In meist offenen oder halbgeschlossenen Nuten liegt die Ankerwicklung, die zum Stromwender geführt wird. Dieser Stromwender setzt sich aus einzelnen Kupferstegen oder -lamellen oder -segmenten zusammen, die voneinander durch Zwischenstege aus Mikanit oder Glimmer isoliert sind und durch Schwalbenschwänze in der Stromwendernabe und einem Druckring befestigt sind. Die Ankerwicklung wird mit Hilfe von sogenannten Fahnen mit den Stromwenderstegen verbunden. Der gesamte Stegkörper wird gegen Druckring und Nabe durch Kappen aus Mikanit isoliert.

Die Stromabnehmer, die Bürsten, sind aus Kohle, Graphit oder Mischungen aus beiden hergestellt und sitzen in Bürstenhaltern, wo sie durch Federn auf die Schleiffläche gepreßt werden. Die Bürstenhalter wieder sind auf Bürstenbolzen oder -stifte aufgereiht, die in einem Träger, der Bürstenbrücke oder dem Bürstenträger, befestigt sind (Abb. 373 rechts). Diese Bürstenbrücke ist verdrehbar und umfaßt meist ebenso viele Bürstenstifte als Pole vorhanden sind. Die Entfernung der Bürstenbolzen entspricht im allgemeinen einer Polteilung, ihre Polarität wechselt. Je ein Sammelring verbindet alle positiven und alle negativen Bürstenbolzen miteinander. Biegsame Kupferleiter stellen dann die Verbindung dieser Sammelringe mit den Maschinenklemmen her.

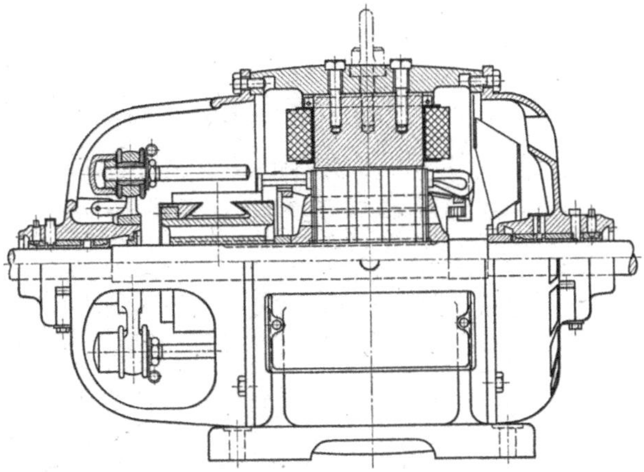

Abb. 374. Gleichstrommaschine fur eine Leistung von etwa 30 kW.

2. Schaltungen von Gleichstrommaschinen.

Mit Rücksicht auf die Erregung der Hauptpole unterscheidet man folgende Gleichstrommaschinen: solche mit Fremderregung, Abb. 375a, bei denen die Erregung durch eine fremde Stromquelle erfolgt, solche mit Eigenerregung, wenn sie den Erregerstrom einer eigenen Erregermaschine entnehmen, die mit der Hauptmaschine unmittelbar oder mittelbar gekuppelt ist, und schließlich mit Selbsterregung, wobei der Erregerstrom von der Maschine selbst erzeugt wird.

Die Gleichstrommaschinen mit Selbsterregung können wieder unterteilt werden in Nebenschluß-, Hauptschluß- und Doppelschlußmaschinen (Abb. 375). Bei den Nebenschlußmaschinen (Abb. 375b) liegt die Erregerwicklung parallel zum Anker; sie wird mit Rücksicht auf die notwendige Durchflutung und den kleinen Erregerstrom aus vielen Windungen dünnen Drahtes bestehen. Die Feldwicklung der Hauptschlußmaschinen (Abb. 375c) wird, da sie in Reihe mit dem Anker liegt, vom Ankerstrom durchflossen; daher genügen bei gegebener Durchflutung wenig Windungen mit großem Querschnitt. Die Doppelschlußmaschinen besitzen neben einer Nebenschlußwicklung noch eine Hauptschluß-

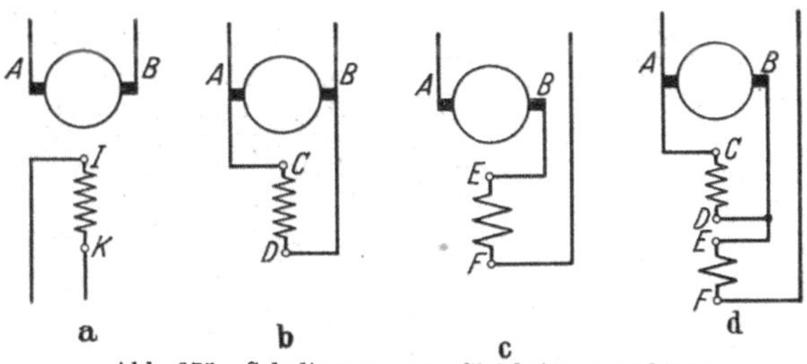

Abb. 375. Schaltungen von Gleichstrommaschinen.

wicklung (Abb. 375d). Eine Maschine kann sich nur selbst erregen, wenn sie einen Restmagnetismus besitzt. Fehlt dieser, so muß die Maschine zuerst fremderregt werden, so daß sie einen Restmagnetismus gewinnt. Die Fremderregung bleibt ein paar Minuten eingeschaltet; nachher stellt man die Schaltung für Selbsterregung wieder her. Selbstverständlich muß dabei auf die richtige Polarität geachtet werden.

B. Gleichstromankerwicklungen.

1. Spulen der Ankerwicklung.

Die Wicklung eines Gleichstromankers besteht aus einzelnen Spulen, wie Abb. 376 eine zeigt. Diese Spulen werden so in die Nuten eingelegt, daß die eine

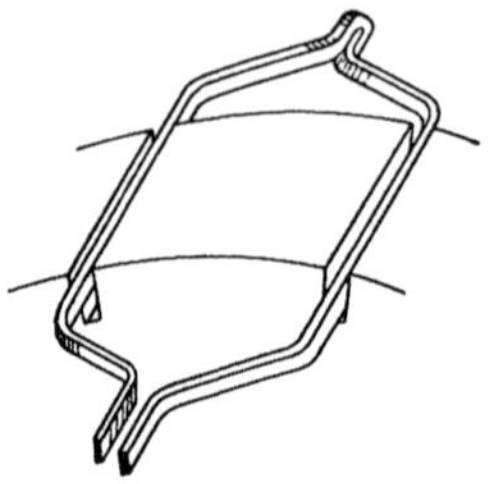

Abb. 376. Spule einer Zweischichtwicklung eines Gleichstromankers.

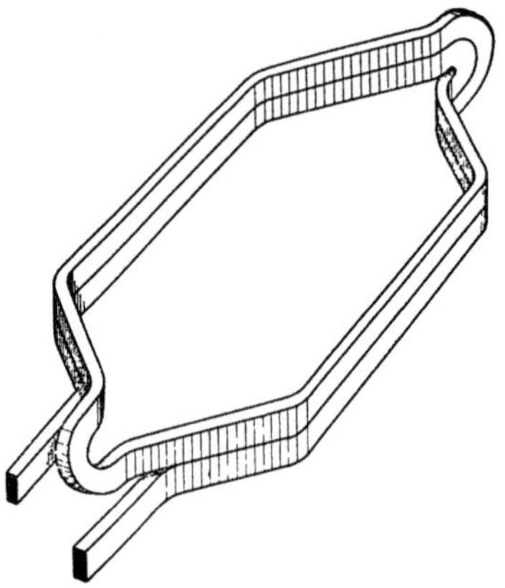

Abb. 377. Spule einer Zweischichtwicklung mit zwei Windungen.

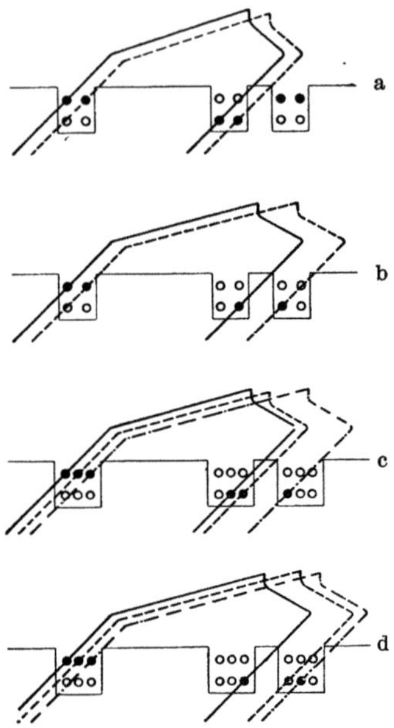

Abb. 378. Lage zusammengehöriger Spulenseiten in den Nuten bei einer gewöhnlichen (a) und bei Treppenwicklungen (b, c und d).

Seite jeder Spule in der einen Nut gegen die Nutöffnung zu liegt, die andere Seite der Spule in der anderen Nut am Nutengrunde eingebettet ist. Eine solche Wicklung heißt, wie wir schon bei den Wechselstrommaschinen gehört haben, Zweischichtwicklung.

Die Spule in Abb. 376 hat eine Windung. Jede Spule kann aber auch mit zwei (Abb. 377) und mehr Windungen ausgeführt werden.

Bisher wurde nur der Fall betrachtet, daß zwei Spulenseiten in der Nut übereinander untergebracht sind, die verschiedenen Spulen angehören. Jede Spulenseite umfaßt so viele Drähte, als die Spule Windungen besitzt. Im allgemeinen werden mehrere Spulen nebeneinander in einer Nut angeordnet, wie es Abb. 378 zeigt. Dabei können alle Spulen die gleiche Weite haben, so daß, wie z. B. in Abb. 378a, die oberschichtigen Seiten von zwei Spulen in einer Nut nebeneinander und auch die unterschichtigen Spulenseiten in einer Nut nebeneinander liegen. Wir wollen uns in den folgenden Betrachtungen nur mit solchen Wicklungen befassen.

Liegen im ganzen Anker k Spulen mit je w_s Windungen in N Nuten, so ist die Gesamtzahl der Spulenseiten im Anker $2\,k$, da ja jede Spule zwei Seiten hat, und die Spulenseitenzahl in einer Nut ist

$$2\,u = \frac{2\,k}{N}. \tag{367}$$

Die Zahl der in der Ober- und Unterschicht einer Nut nebeneinander liegenden Spulenseiten ist dann u.

Die Gesamtzahl der Leiter auf dem Anker ist

$$z = 2\,k\,w_s, \tag{368}$$

da jede Spulenseite w_s Drähte umfaßt.

In den Abb. 378b, c und d liegen die oberschichtigen Seiten von zwei bzw. drei Spulen in einer Nut nebeneinander, die unterschichtigen Seiten jedoch in verschiedenen Nuten. Solche Wicklungen werden Treppenwicklungen genannt. Die Weiten ihrer Spulen sind ungleich.

Bei der gewöhnlichen Ankerwicklung nach Abb. 378a kann man die u nebeneinander in einer Nut liegenden Spulen zu einer Wicklungseinheit vereinigen. Bei der Verwendung von Runddrähten lassen sich dann die u in einer Nut nebeneinander liegenden Spulen gemeinsam herstellen. Die aus u Spulen bestehende Wicklungseinheit wird als Ganzes gegen die Nut abisoliert (Abb. 379).

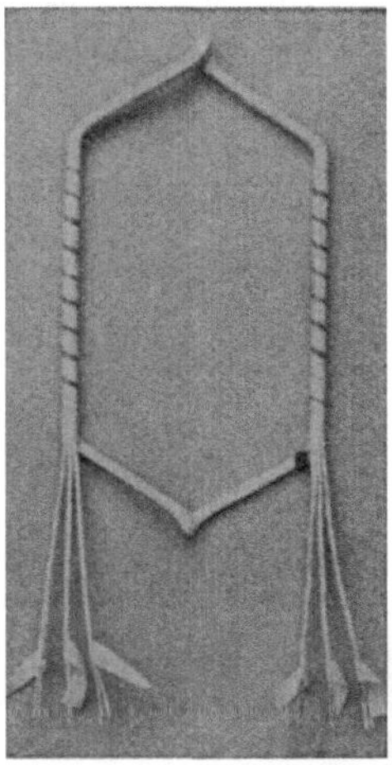

Abb. 379. Wicklungseinheit, die aus $u = 3$ in einer Nut nebeneinanderliegenden Spulen besteht.

Da die Querverbindungen der Ankerspulen, die außerhalb der Nuten liegen, selbst einen Zylindermantel bilden, so heißt die Wicklung Oberflächen-, Mantel- oder Zylinderwicklung (Abb. 373, 376, 377).

Die Spulenenden werden, wie es der Schaltplan vorschreibt, mit den Stegen des Stromwenders verbunden.

2. Der Spulenseitenstern.

Wir nehmen wie bei der Besprechung der Wechselstromwicklungen an, daß die Normalkomponente der Induktion am Ankerumfang sinusförmig verteilt ist, d. h. wir ersetzen die Feldkurve durch ihre Grundwelle. Dann können wir wie bei den Wechselstromwicklungen die Spannungen, die in den Spulenseiten bei der Drehung des Ankers induziert werden, durch Strahlen darstellen, die insgesamt einen Strahlenstern bilden, den Spulenseitenstern.[1])

Dieser Spulenseitenstern besteht aus $\frac{N}{t}$ ungleichphasigen Strahlen, wenn t den größten Teiler darstellt, den die Nutenzahl N des Ankers und die Polpaarzahl p der Maschine gemeinsam haben. Die $\frac{N}{t}$ ungleichphasigen Strahlen sind um den Winkel

$$\alpha' = \frac{t}{N}\,360° \tag{369}$$

[1]) H. SEQUENZ, Elektrotechn. u. Masch.-Bau 51 (1933) S. 469.

gegeneinander verdreht. Jeder der $\frac{N}{t}$ ungleichphasigen Strahlen setzt sich aus

$$2\,u\,t$$

gleichphasigen Strahlen zusammen, da einerseits je t Nuten gleichphasig sind, und anderseits in jeder Nut $2\,u$ Spulenseiten liegen. Die Gesamtzahl der Strahlen des Spulenseitensternes ist somit

$$2\,u\,\frac{N}{t}\,t = 2\,u\,N = 2\,k,$$

gleich der Gesamtzahl der Spulenseiten am Ankerumfange.

Um die $2\,k$ Strahlen des Spulenseitensternes den $2\,k$ Spulenseiten am Anker zuzuordnen, müssen wir die Spulenseiten und Strahlen beziffern. Und zwar sollen die Spulenseiten rechts oder links um den Anker herum so beziffert werden, daß die oberschichtigen Spulenseiten jeder Nut die ungeraden Zahlen, die unterschichtigen Spulenseiten die geraden Zahlen erhalten (Abb. 380). Dann wählen wir einen beliebigen der $\frac{N}{t}$ ungleichphasigen Gesamtstrahlen des Spulenseitensternes und beziffern die ersten $2\,u$ der $2\,u\,t$ gleichphasigen Teilstrahlen vom Sternmittelpunkt nach außen mit

$$1,\ 2,\ 3,\ 4,\ \ldots\ 2\,u.$$

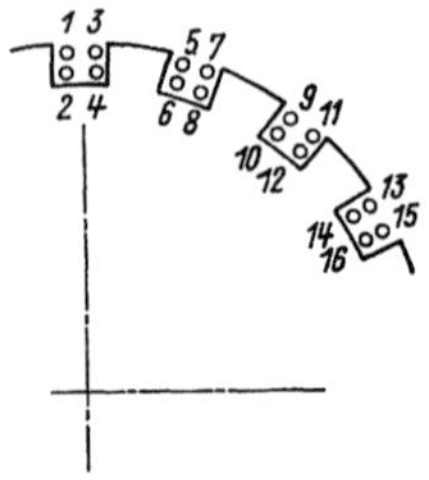

Abb. 380. Bezifferung der Spulenseiten.

Hierauf suchen wir jenen Gesamtstrahl, der um den Winkel

$$\alpha = \frac{p}{N}\,360^\circ = \frac{p}{t}\,\alpha' \qquad (370)$$

gegen den soeben bezifferten Gesamtstrahl rechts- oder linksherum im Spulenseitenstern verdreht ist, und beziffern die ersten $2\,u$ seiner $2\,u\,t$ gleichphasigen Teilstrahlen vom Sternmittelpunkt nach außen mit

$$(2\,u+1),\quad (2\,u+2),\quad (2\,u+3),\quad (2\,u+4),\quad \ldots\ 4\,u,\ \text{usw.}$$

3. Schaltung der Spulenseiten zu Spulen.

Die Schaltung der Spulenseiten zu Ankerspulen soll an einem einfachen Beispiele gezeigt werden. In Abb. 381 ist der Spulenseitenstern für $2\,k = 46$ Spulenseiten in $N = 23$ Nuten eines Ankers einer Gleichstrommaschine für $2\,p = 4$ Pole gezeichnet. $\left(2\,u = \frac{2\,k}{N} = 2\right)$. Nutenzahl und Polpaarzahl haben außer eins keinen gemeinsamen Teiler ($t = 1$). Somit umfaßt der Spulenseitenstern $\frac{N}{t} = 23$ ungleichphasige Gesamtstrahlen, die aus je $2\,u\,t = 2$ gleichphasigen Teilstrahlen sich zusammensetzen. Diese zwei gleichphasigen Teilstrahlen wurden in Abb. 381 durch einen einzigen Strahl dargestellt, der dann eine mehrfache Bezifferung tragen muß. Der Winkel zwischen den 23 ungleichphasigen Gesamtstrahlen ist $\alpha' = \frac{t}{N}\,360^\circ = 360^\circ/23$; der Winkel $\alpha = \frac{p}{N}\,360^\circ = \frac{p}{t}\,\alpha' = 2\,\alpha'$. Ein beliebiger Gesamtstrahl wird mit 1, 2 beziffert, der um den Winkel $\alpha = 2\,\alpha'$ rechtsherum gegen ihn verdrehte Gesamtstrahl mit 3, 4 usw., entsprechend den $2\,u = 2$ Teilstrahlen, die in jedem Gesamtstrahl vereinigt zu denken sind.

Als erste Regel bei der Vereinigung von Spulenseiten zu Spulen ist zu beachten, daß die eine Spulenseite eine oberschichtige Spulenseite sein muß, also nach unserer Bezifferungsvorschrift eine ungerade Zahl als Bezifferung tragen muß, während die andere Spulenseite einer Spule einer Unterschicht angehören und somit eine gerade Bezifferungszahl besitzen muß.

Weiters werden solche Spulenseiten zu Spulen zusammengeschlossen, deren Strahlen im Spulenseitenstern bei Durchmesserwicklungen um 180°, bei Sehnenwicklungen um mehr oder weniger als 180° gegeneinander verdreht sind.

Eine Durchmesserwicklung ist nach Abb. 381 in unserem Beispiele nicht möglich. Die Spulenseite 1 kann somit je nach der gewünschten Sehnung der Spule mit irgendeiner der mit geraden Zahlen bezifferten Spulenseiten zusammen-

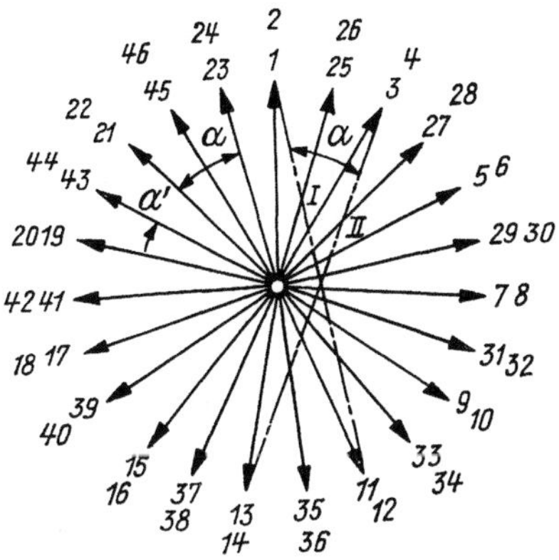

Abb. 381. Spulenseitenstern für $2k = 46$, $N = 23$, $2p = 4$.

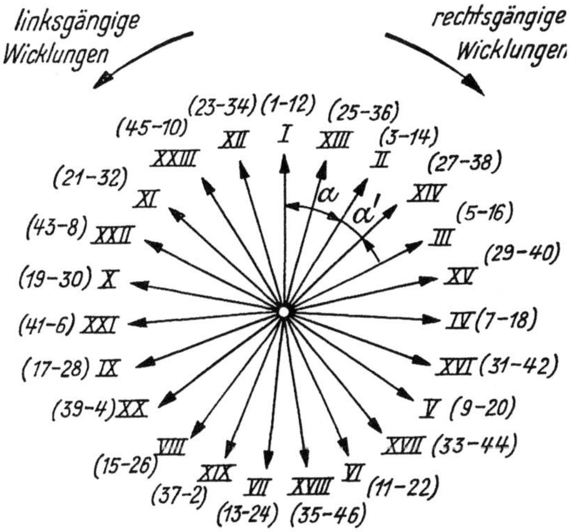

Abb. 382. Stern der Spannungen der $k = 23$ Ankerspulen in Abb. 381.

geschaltet werden. In Abb. 381 wurde die Spulenseite 12 als jene unterschichtige Spulenseite gewählt, die zusammen mit der Spulenseite 1 eine Ankerspule gibt. Die Spannung dieser Spule wird durch den gestrichelt-gepunkteten Strahl *I* in Abb. 381 dargestellt. Die Spannung der nächsten Ankerspule, die durch die Spulenseiten 3 und 14 gebildet wird, versinnbildet der Strahl *II*. Die $2\,k = 46$ Spulenseiten geben insgesamt $k = 23$ Spulen. Ihre Spannungsstrahlen sind, wie aus Abb. 381 zu ersehen ist, wieder um den Winkel α gegeneinander in der Phase verschoben. Wir vereinigen diese $k = 23$ Spannungsstrahlen wieder zu einem Stern, der in Abb. 382 gezeichnet ist. Wie beim Stern der in den einzelnen Spulenseiten induzierten Spannungen, sind die ungleichphasigen Strahlen im Stern der Spulenspannungen um den Winkel α' gegeneinander verdreht. Im Spulenspannungsstern sind über den römischen Ziffern, die die Spulen benennen, in der Klammer mit arabischen Ziffern die beiden die Spule bildenden Spulenseiten angeschrieben.

Wir bezeichnen den Schritt von der Spulenseite 1 zur Spulenseite 12 der Ankerspule *I* oder den Schritt von der Spulenseite 3 zur Spulenseite 14 der Spule *II* usw. als ersten Teilschritt y_1. Er gibt die Spulenweite an. In unserem Beispiele ist er $y_1 = 11$.

Will man den ersten Teilschritt oder die Spulenweite durch die Zahl der Nuten ausdrücken, die die Spule umschließt, so läßt sich dieser Nutenschritt aus der Beziehung berechnen:

$$y_n \gtreqless \frac{180^\circ}{\alpha} = \frac{180^\circ}{\frac{p}{N}\,360^\circ} = \frac{N}{2p}, \tag{371}$$

die besagt, daß zu Durchmesserspulen solche Spulenseiten vereinigt werden, die um 180° gegeneinander phasenverschoben sind, zu Sehnenspulen jedoch Spulenseiten mit mehr oder weniger als 180° Phasenverschiebung. α ist der Phasenverschiebungswinkel benachbarter Nuten.

Der Zusammenhang zwischen dem ersten Teilschritt y_1 und dem Nutenschritt y_n ergibt sich zu

$$y_1 = 2\,u\,y_n + 1. \tag{372}$$

Liegen nämlich zwischen den beiden Seiten einer Spule y_n Nuten, so umschließen diese Nuten $2\,u\,y_n$ Spulenseiten. Da die Spule einer Zweischichtwicklung angehört, also eine ober- und eine unterschichtige Spulenseite besitzen muß, so müssen wir nach unserer Art der Bezifferung der Spulenseiten (in der Oberschicht mit ungeraden, in der Unterschicht mit geraden Zahlen) immer 1 dazuzählen, um von einer oberschichtigen Spulenseite zur unter ihr liegenden unterschichtigen Spulenseite zu gelangen.

Die Wahl des Nutenschrittes y_n ist entscheidend dafür, ob die Wicklung eine gewöhnliche oder Treppenwicklung, eine Wicklung mit Durchmesser- oder Sehnenspulen wird. Und zwar gilt:

$$y_n = \text{ganze Zahl} \ldots \text{gewöhnliche Wicklung} \begin{cases} y_n = \dfrac{N}{2p} \ldots \text{Durchmesserspulen} \\ y_n \gtrless \dfrac{N}{2p} \ldots \text{Sehnenspulen} \end{cases}$$

$$y_n = \text{gebrochene Zahl} = \text{ganze Zahl} + \frac{x}{2u} \ldots \text{Treppenwicklung } (x = \text{gerade Zahl}).$$

Z. B. ergibt sich die Weite für die Spulen nach Abb. 383 und 384 aus dem Nutenschritt $y_n \gtreqless \frac{23}{4}$, also z. B. $y_n = 5$, zu $y_1 = 2\,u\,y_n + 1 = 5 \cdot 2 + 1 = 11$.

4. Schaltung der Spulen zur Wicklung.[1]

Wie kann man die Spulen zu einer Wicklung schalten und an einen Stromwender anschließen? Diese Frage soll an Hand des Spulenspannungssternes der Abb. 382 beantwortet werden. Wir wollen nach folgendem einfachen Plan vorgehen. Wir schalten zuerst die Spulen so hintereinander, wie ihre Spannungsstrahlen im Stern der Spulenspannungen rechtsherum aufeinanderfolgen. Auf diese Weise werden wir die erste Wicklung erhalten. Dann werden wir jene Spulen hintereinanderschalten, die zu Spannungsstrahlen gehören, zwischen denen im Stern der Spulenspannungen ein Spannungsstrahl ausbleibt. Wieder soll die Aneinanderreihung dieser Spulen so erfolgen, daß die Strahlen im Stern der Spulenspannungen rechtsherum durchlaufen werden. So ergibt sich dann die zweite Wicklung. Dann könnten wir Spulen hintereinanderschalten, denen Spannungsstrahlen entsprechen, zwischen denen im Spulenspannungsstern zwei Strahlen ausbleiben. Dies gäbe eine dritte Wicklung. Dann könnten jene Strahlen im Spannungsstern, zwischen denen drei Strahlen ausbleiben, die Spulen angeben, die zu einer vierten Wicklung vereinigt werden usw. Bei allen diesen Wicklungen soll der Stern der Spulenspannungen rechtsherum durchlaufen werden. Wir können solche Wicklungen rechtsgängige Wicklungen nennen.

Die gleiche Aneinanderreihung der Spulen könnten wir bei einem Durchlaufen

[1]) H. Sequenz, Arch. Elektrotechn. 31 (1937) S. 524 u. 33 (1939) S. 367.

des Sternes der Spulenspannungen linksherum vornehmen. Die Wicklungen, die auf diese Art sich ergeben, werden linksgängige Wicklungen sein. Sie sind den rechtsgängigen Wicklungen gleichwertig.

a) Hintereinanderschaltung von Spulen, denen im Stern aufeinanderfolgende Strahlen entsprechen. (Wellenwicklung erster Art mit zwei parallelen Ankerzweigen.) Wir schalten nun zuerst die einzelnen Ankerspulen so hintereinander, wie ihre zugehörigen Strahlen im Stern der Spulenspannungen rechts herum aufeinanderfolgen und erhalten folgende Schaltanordnung:

Spule *I* — Anfang: Spulenseite 1 — Ende: Spulenseite 12 ($y_1 = 11$)
$y_2 = 13$; $y = y_1 + y_2 = 11 + 13 = 24$
Spule *XIII* — Anfang: Spulenseite 25 — Ende: Spulenseite 36 ($y_1 = 11$)
$y_2 = 13$; $y = y_1 + y_2 = 11 + 13 = 24$
Spule *II* — Anfang: Spulenseite 3 — Ende: Spulenseite 14 ($y_1 = 11$)
$y_2 = 13$; $y = y_1 + y_2 = 11 + 13 = 24$
Spule *XIV* — Anfang: Spulenseite 27 — Ende: Spulenseite 38 ($y_1 = 11$)
usw.

Aus dieser Zusammenstellung ergibt sich, daß bei der Hintereinanderschaltung der Spulen stets Spulenseiten miteinander verbunden werden, die um 13 Spulenseiten voneinander entfernt sind, z. B. Spulenseite 12 mit Spulenseite 25, Spulenseite 36 mit Spulenseite 3, Spulenseite 14 mit Spulenseite 27 usw. Wir nennen diesen Schritt 13 den zweiten Teilschritt oder Schaltschritt und bezeichnen ihn mit y_2.

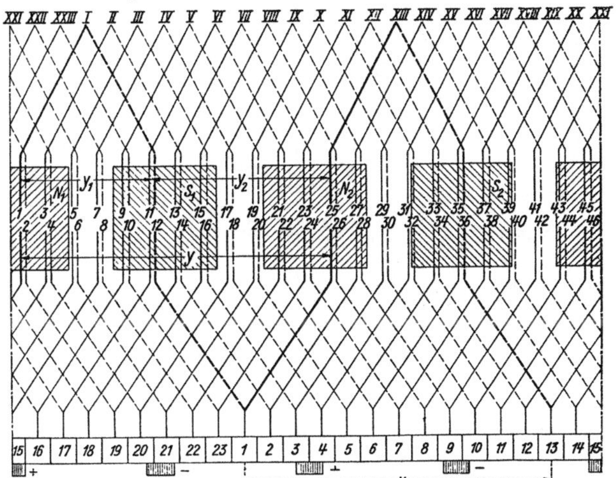

Abb. 383. Einfach geschlossene Wellenwicklung erster Art mit 23 Spulen in 23 Nuten für 4 Pole und 2 parallele Ankerzweige.

Die Anfänge jener Spulen, die hintereinandergeschaltet werden, sind, wie aus der vorstehenden Aufschreibung zu ersehen ist, um 24 Spulenseiten voneinander entfernt; z. B. Spulenseite 1 der Spule *I* von Spulenseite 25 der Spule *XIII*, Spulenseite 25 der Spule *XIII* von Spulenseite 3 der Spule *II*, Spulenseite 3 der Spule *II* von Spulenseite 27 der Spule *XIV* usw. Diesen Schritt 24 nennen wir den resultierenden Wicklungsschritt und bezeichnen ihn mit y.

Aus der Schaltanordnung ist sofort zu erkennen, daß der resultierende Wicklungsschritt y gleich der Summe der beiden Teilschritte y_1 und y_2 ist, daß also gilt

$$y = y_1 + y_2. \tag{373}$$

In Abb. 383 ist der Schaltplan dieser Wicklung gezeichnet. Auch die Verbindungen der $k = 23$ Spulen mit den $k = 23$ Stromwenderstegen sind eingetragen. Dabei mußte in der Zeichnung der Durchmesser des Stromwenders auf den Ankerdurchmesser vergrößert werden, damit die Abwicklung des Stromwender- und Ankermantels gleiche Länge erhalten.

Wir heißen diese Wicklung eine W e l l e n w i c k l u n g, weil sie, wie der stark nachgezogene Wicklungszug zeigt, wellenartig um den Anker herum fortschreitet (). Aus der Eintragung des ersten und zweiten Teilschrittes und des resultierenden Wicklungsschrittes im Schaltplan folgt unmittelbar wieder die Beziehung

$$y = y_1 + y_2.$$

Drücken wir den resultierenden Schritt durch die Zahl der Ankerspulen aus, die er überschreitet, so ergibt sich seine Größe zu

$$y_k = \frac{y}{2}. \tag{374}$$

Wir können ihn den r e s u l t i e r e n d e n S p u l e n s c h r i t t zum Unterschied vom r e s u l t i e r e n d e n S p u l e n s e i t e n s c h r i t t y nennen. In Abb. 383 führt $y = 24$ von Spulenseite 1 zu Spulenseite 25 oder $y_k = 12$ von Spule *I* zu Spule *XIII*. Weiters erkennen wir aus der Abb. 383, daß die Zahl der Stege zwischen den beiden Enden einer Ankerspule, der S t e g s c h r i t t, gleich dem resultierenden Spulenschritt, also y_k ist.

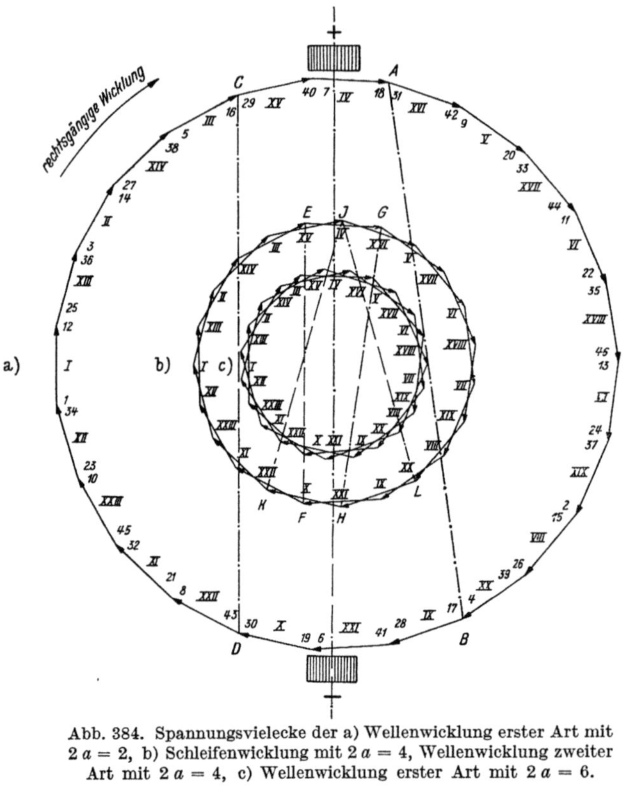

Abb. 384. Spannungsvielecke der a) Wellenwicklung erster Art mit $2a = 2$, b) Schleifenwicklung mit $2a = 4$, Wellenwicklung zweiter Art mit $2a = 4$, c) Wellenwicklung erster Art mit $2a = 6$.

Setzen wir die Strahlen der Spulenspannungen so wie die Spulen zusammen, so erhalten wir ein Spannungsvieleck, das in Abb. 384a gezeichnet ist.

Trägt man im Bild des Spannungsvieleckes noch die $2p$ Bürsten ein, die auf dem Stromwender in gleichen Abständen sitzen (Abb. 383), und von denen in dieser zweipoligen Darstellung die p positiven und p negativen Bürsten zusammenfallen, so läßt sich aus dem Spannungsvieleck erkennen, in wie viele parallelgeschaltete Stromzweige die Wicklung zerfällt. In Abb. 384a erhalten wir zwei Stromzweige. Den einen Stromzweig bilden die Spulen *XVI*, *V*, *XVII*, *VI*, *XVIII*, *VII*, *XIX*, *VIII*, *XX*, den anderen die Spulen *III*, *XIV*, *II*, *XIII*, *I*, *XII*, *XXIII*, *XI*, *XXII*, während aus Abb. 383 folgt, daß die Spulen *IV*, *IX*, *X*, *XV* und *XXI* von gleichnamigen Bürsten kurzgeschlossen werden. Dies gilt natürlich nur für jenen Augenblick, in dem das Spannungsvieleck die gezeichnete Lage gegen die Bürsten einnimmt. Wir haben uns nämlich vorzustellen, daß eine Zeitlinie gegenüber dem Vieleck mit der Winkelgeschwindigkeit $\omega = 2\pi f = 2\pi n p$

umläuft. Es ist aber bei Maschinen mit feststehenden Feldmagneten vielleicht anschaulicher, die Zeitlinie ruhen und das Spannungsvieleck mit ω umlaufen zu lassen. Diese ruhende Zeitlinie kann mit der Verbindungslinie der Bürsten in Abb. 384 zusammenfallen. Somit kann man im Spannungsvieleck die Spannungen der einzelnen parallelgeschalteten Ankerstromzweige angeben. Z. B. ist die Spannung des Stromzweiges, der die Spulen *XVI*, *V*, *XVII* usw. enthält, im Augenblick, für den die Abb. 384a gilt, gleich der Projektion der Strecke *AB* auf die Bürstenverbindungs- oder Zeitlinie und die Spannung des Stromzweiges mit den Spulen *III*, *XIV*, *II* usw. gleich der Projektion der Strecke *CD* auf die Bürstenverbindungs- oder Zeitlinie. Wie man sieht, sind die Spannungen der beiden parallelgeschalteten Stromzweige in diesem Augenblicke ungleich groß. Wir werden darauf später noch einmal zurückkommen. Erwähnt soll noch werden, daß die Zahl der parallelgeschalteten Zweige eines Ankers mit $2a$ bezeichnet wird. In diesem Beispiel ist also $2a = 2$.

b) Hintereinanderschaltung von Spulen, denen Strahlen entsprechen, zwischen denen im Stern ein Strahl ausbleibt. α) Schleifenwicklung mit vier parallelen Ankerzweigen. Schalten wir Spulen hintereinander, denen im Stern der Spulenspannungen Strahlen entsprechen, zwischen denen ein Strahl liegt, so vereinigen sich diese Spulen nach folgender Schaltanordnung:

Spule *I*	Anfang: Spulenseite 1 ↓	$y_1 = 11$			
	Ende: Spulenseite 12 ↓		↑ $y_2 = 9$	$y = y_1 - y_2 = 11 - 9 = 2$
Spule *II*	Anfang: Spulenseite 3 ↓	$y_1 = 11$		
	Ende: Spulenseite 14 ↓		↑ $y_2 = 9$	$y = y_1 - y_2 = 11 - 9 = 2$
Spule *III*	Anfang: Spulenseite 5 ↓	$y_1 = 11$		
	Ende: Spulenseite 16 ↓		↑ $y_2 = 9$	$y = y_1 - y_2 = 11 - 9 = 2$
Spule *IV*	Anfang: Spulenseite 7 ↓	$y_1 = 11$		
	Ende: Spulenseite 18 ↓			

usw.

Aus dieser Zusammenstellung ist der Zusammenhang zwischen dem resultierenden Wicklungsschritt und den zwei Teilschritten herauszulesen:

$$y = y_1 - y_2. \quad (375)$$

In Abb. 385 ist das Wicklungsbild gezeichnet. Man nennt eine solche Wicklung eine Schleifenwicklung, weil die Wicklung in Schleifen () um den Anker herumgeht.

Abb. 384b gibt das Spannungsvieleck für diese neue Wicklung an, das durch Aneinandersetzen der

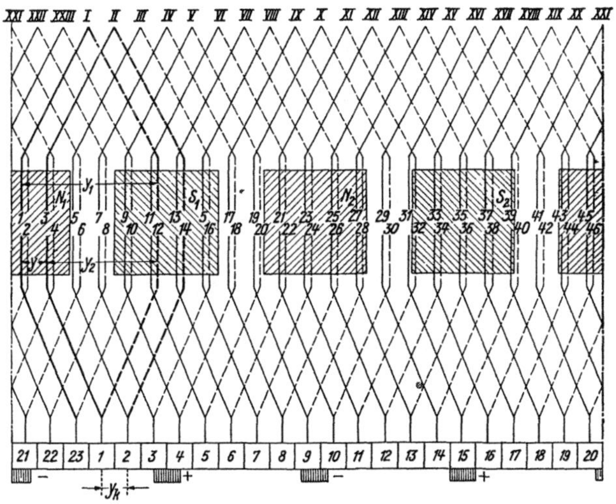

Abb. 385. Einfach geschlossene Schleifenwicklung mit 23 Spulen in 23 Nuten für 4 Pole und 4 parallele Ankerzweige.

Strahlen *I, II, III* usw. des Spulenspannungssternes entsteht. Die Wicklung zerfällt in vier parallele Ankerstromzweige, wie Abb. 384b zeigt.

Der erste Ankerstromzweig enthält die Spulen *XXII, XXIII, I, II, III*; seine Spannung ist die Projektion der Strecke *EF* auf die Bürstenverbindungs- oder Zeitlinie. Der zweite Ankerstromzweig umfaßt die Ankerspulen *V, VI, VII, VIII, IX* und seine Spannung wird durch die Projektion der Strecke *GH* auf die Zeitlinie dargestellt. Der dritte Stromzweig besteht aus den Spulen *XI, XII, XIII, XIV, XV*; die Projektion der Strecke *JK* auf die Zeitlinie ist seine Spannung. Und der vierte Stromzweig, der sich aus den Spulen *XVI, XVII, XVIII, XIX, XX* zusammensetzt, liefert eine Spannung, die der Projektion der Strecke *JL* auf die Bürstenverbindungslinie gleich ist. Von den Bürsten kurzgeschlossen sind die Spulen *IV, X* und *XXI*, wie aus Abb. 385 entnommen werden kann.

β) Wellenwicklung zweiter Art mit vier parallelen Ankerzweigen.[1]) Es lassen sich in der vorhin abgeleiteten Wicklung die Spulen *I, II, III* usw. auch dadurch aneinanderreihen, daß man nicht wie vorhin den Schaltschritt y_2 in der umgekehrten Richtung wie den ersten Teilschritt y_1 zurückgeht, um die Spulenenden 12, 14, 16, 18 usw. mit den Spulenanfängen 3, 5, 7, 9 usw. zu verbinden, sondern daß man diesen Schaltschritt in der gleichen Richtung ausführt wie den ersten Teilschritt. In diesem Falle wird die Spulenschaltung:

Spule *I*	Anfang:	Spulenseite 1	$y_1 = 11$		
	Ende:	Spulenseite 12 ↓		$y_2 = 37$	$y = y_1 + y_2 = 48$
Spule *II*	Anfang:	Spulenseite 3	$y_1 = 11$		
	Ende:	Spulenseite 14 ↓		$y_2 = 37$	$y = y_1 + y_2 = 48$
Spule *III*	Anfang:	Spulenseite 5	$y_1 = 11$		
	Ende:	Spulenseite 16 ↓		$y_2 = 37$	$y = y_1 + y_2 = 48$
Spule *IV*	Anfang:	Spulenseite 7	$y_1 = 11$		
	Ende:	Spulenseite 18 ↓			
			usw.		

Und die Wicklung wird, wie auch aus Abb. 386 zu erkennen ist, wieder eine Wellenwicklung, für die gilt:

$$y = y_1 + y_2.$$

Das Spannungsvieleck ist das gleiche wie für die Schleifenwicklung, die unter b) abgeleitet wurde, so daß diese Wellenwicklung in vier parallele Ankerzweige zerfällt.

Schaltet man Spulen hintereinander, denen Strahlen entsprechen, zwischen denen im Spulenspannungsstern zwei Strahlen ausbleiben, so ließe sich in der geschilderten Weise durch Anschreiben der Schaltanordnung zeigen, daß wir eine Wellenwicklung erster Art mit sechs parallelen Ankerzweigen bekommen, deren Spannungsvieleck in Abb. 384c dargestellt ist. Ihre Teilschritte sind $y_1 = 11$ und $y_2 = 15$, so daß der resultierende Wicklungsschritt $y = y_1 + y_2 = 26$ wird. Bei der Hintereinanderschaltung von Spulen, denen Strahlen im Spulenspannungs-

[1]) H. SEQUENZ, Elektrotechn. u. Masch.-Bau 52 (1934) S. 273.

stern entsprechen, zwischen denen drei Strahlen ausbleiben, ergibt sich entweder eine Schleifenwicklung mit acht parallelen Ankerzweigen oder eine Wellenwicklung zweiter Art mit der gleichen Zahl von parallelen Zweigen. Und so ließe sich diese Theorie weiterspinnen. Wird eine Gleichstromankerwicklung mit $2a$ parallelen Ankerzweigen verlangt, so sind Spulen hintereinanderzuschalten, denen Strahlen im Stern der Spulenspannungen entsprechen, zwischen denen $(a - 1)$ ungleichphasige Strahlen liegen.

5. Wicklungsformeln.

Aus der allgemeinen Theorie[1]) ergibt sich für den resultierenden Wicklungsschritt die Formel

$$\boxed{y = 2\frac{n u N \pm a}{p} = \frac{2nk \pm 2a}{p},} \tag{376}$$

wobei das Pluszeichen für rechtsgängige, das Minuszeichen für linksgängige Wicklungen zu setzen ist. n ist eine positive ganze Zahl, einschließlich Null, die y zu einer ganzen Zahl macht.

Ist $2a$ durch p ganzzahlig teilbar, so kann in vorstehender Formel $n = 0$ gesetzt werden, so daß

$$y = \pm\frac{2a}{p} \tag{377}$$

wird. Solche Wicklungen sind Schleifenwicklungen. In Abb. 385 z. B. wurden für $N = k = 23$ Nuten oder Spulen ($2k = 46$ Spulenseiten) und $2p = 4$ Pole, $2a = 4$ Ankerzweige gefunden. Mithin läßt sich y berechnen zu $y = \frac{4}{2} = 2$ für eine rechtsgängige Wicklung.

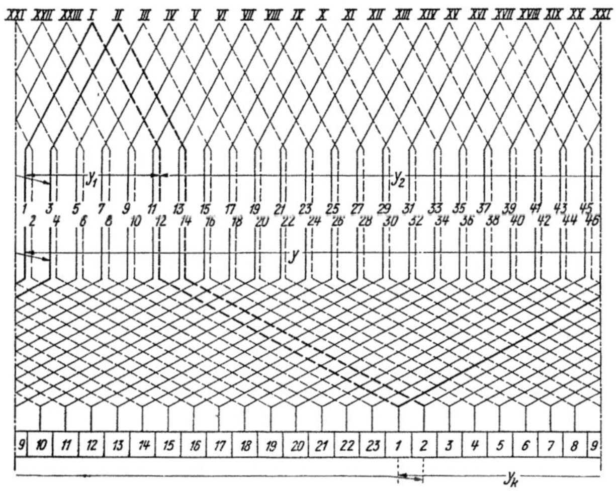

Abb. 386. Einfach geschlossene Wellenwicklung zweiter Art mit 23 Spulen in 23 Nuten für 4 Pole und 4 parallele Ankerzweige.

Da der erste Teilschritt $y_1 = 11$ in allen Wicklungen dieses Beispiels ist, so muß sich aus der allgemeinen Formel $y = y_1 + y_2$ der Schaltschritt bei der genannten Schleifenwicklung zu $y_2 = -9$ ergeben. Schleifenwicklungen können nur entstehen, wenn $\operatorname{sign} y_2 \neq \operatorname{sign} y_1$ ist.

Wir konnten diese Wicklung jedoch auch als Wellenwicklung ausführen. In Abb. 386 wurde dann der resultierende Wicklungsschritt

$$y = \frac{2nk \pm 2a}{p} = \frac{n \cdot 46 \pm 4}{2} = 48$$

mit $n = 2$. Wir bezeichnen eine Wellenwicklung, bei der in der Formel für den resultierenden Wicklungsschritt $n = 1, 2, 3, \ldots$ gesetzt ist, eine Wellenwicklung erster, zweiter, dritter usw. Art.

[1]) H. SEQUENZ, Arch. Elektrotechn. 27 (1933) S. 709.

Die Wellenwicklung in Abb. 383 ist eine Wellenwicklung erster Art. Ihr resultierender Wicklungsschritt ist mit $n = 1$

$$y = \frac{2\,n\,k \pm 2\,a}{p} = \frac{n \cdot 46 + 2}{2} = 24.$$

Zum besseren Verständnis sei noch folgende Übersicht gegeben:

$$\boxed{y = \frac{2\,n\,k \pm 2\,a}{p}} \begin{cases} n = 0, & \text{Schleifenwicklungen (Wellenwicklungen nullter Art)} \\ n = 1, & \text{Wellenwicklungen erster Art} \\ n > 1, & \text{Wellenwicklungen höherer Art} \end{cases} \qquad (376)$$

+ für rechtsgängige Wicklungen
— für linksgängige Wicklungen

$$\boxed{y = y_1 \pm y_2} \begin{cases} + & \text{für Wellenwicklungen} \\ - & \text{für Schleifenwicklungen} \end{cases} \qquad (378)$$

Die Spulenseitenzahl $2\,k$ ist selbstverständlich stets eine gerade Zahl, ebenso muß wegen $y_k = \frac{y}{2}$ der resultierende Wicklungsschritt y eine gerade Zahl sein. Die Teilschritte y_1 und y_2 jedoch müssen ungeradzahlig sein, weil einerseits $y = y_1 \pm y_2$ eine gerade Zahl geben muß und weil anderseits $y_1 = 2\,u\,y_n + 1$ stets eine ungerade Zahl ist.

Der resultierende Spulenschritt oder Stegschritt ist

$$y_k = \frac{y}{2} = \frac{n\,k \pm a}{p}. \qquad (376\,\text{a})$$

Weiters leuchtet ein, daß die Wicklung in g in sich geschlossene Teilwicklungen zerfällt, wenn y und $2\,k$ außer zwei noch den gemeinsamen Teiler g haben oder wenn $y_k = \frac{y}{2}$ und k den gemeinsamen Teiler g besitzen. Denn in diesem Falle kann der resultierende Wicklungsschritt $\frac{y}{g}$ je $\frac{2\,k}{g}$ Spulenseiten g-mal zu einer eigenen Wicklung verbinden.

6. Allgemeine Gleichstromankerwicklungen.

Daß die in Punkt 4 abgeleiteten Gleichstromankerwicklungen einfache Sonderfälle darstellen, erhellt aus den dafür gültigen Wicklungsformeln. Denn für diese Wicklungen müssen die Nutenzahl N, die Spulenseitenzahl je Nut $2\,u$, die Zahl der parallelen Ankerzweige $2\,a$ und die Polpaarzahl p durch die Formel

$$y = \frac{2\,n\,k \pm 2\,a}{p} = \frac{2\,n\,u\,N \pm 2\,a}{p}.$$

so verbunden werden können, daß für y eine gerade Zahl entsteht.

Im allgemeinen wird das nicht der Fall sein.[1])

Die Theorie lehrt, daß die allgemeinste Gleichstromankerwicklung eine künstlich geschlossene Wicklung ist, deren Spulen sich sowohl in Wellen- als auch in Schleifenwicklungsart aneinanderreihen.

---

[1]) H. SEQUENZ, Elektrotechn. u. Masch.-Bau 47 (1929) S. 845.

7. Symmetriebedingungen für Gleichstromankerwicklungen und Ausgleichsverbindungen.

a) Symmetriebedingungen.[1]) Wir konnten aus der Abb. 384 entnehmen, daß im allgemeinen die Spannungen der durch die Bürsten parallelgeschalteten Ankerzweige nicht gleich groß sind. Wir haben bei der Wellenwicklung mit zwei parallelen Zweigen, deren Spannungsvieleck in Abb. 384a gezeichnet ist, darauf hingewiesen. Dieser Spannungsunterschied ruft einen Ausgleichstrom hervor, der über die Bürsten fließt und zu einem Feuern der Bürsten Anlaß geben kann. Wie muß man eine Wicklung auslegen, damit die Spannungen ihrer parallelgeschalteten Ankerzweige in jedem Augenblicke genau einander gleich sind?

Die erste Bedingung dafür wird sein, daß die a Umgänge des Spannungsvieleckes der Wicklung sich decken. Die zweite Bedingung verlangt, daß das Spannungsvieleck bei jeder Lage gegen die Bürstenverbindungs- oder Zeitlinie in zwei genau gleichwertige Hälften durch die Bürsten zerlegt wird. Es läßt sich unschwer zeigen, daß für eine solche Wicklung die Nutenzahl N und die Polzahl $2p$ durch die Zahl der parallelen Ankerzweige ganzzahlig teilbar sein müssen.

Sollen sich nämlich die a Umgänge des Spannungsvieleckes decken, so muß nicht nur die Zahl der Seiten jedes Umganges $\frac{k}{a}$ eine ganze Zahl sein, sondern es muß die Zahl der gleichartigen Seitengruppen, die aus je u Seiten bestehen, in jedem Umgange eine ganze Zahl sein. Dies ergibt die Bedingung, daß $\frac{k}{a\,u} = \frac{N}{a}$ ganzzahlig sein muß. Weiters müssen so viele phasengleiche Spulenspannungen oder besser Gruppen von u Spulenspannungen vorhanden sein, als das Spannungsvieleck Umläufe hat, also a. Dies ist nur möglich, wenn die Maschine mindestens $p = a$ Polpaare besitzt oder ein Vielfaches von a an Polpaaren aufweist. Diese Überlegung führt zur Bedingung, daß $\frac{p}{a}$ ganzzahlig sein muß. Soll außerdem das Spannungsvieleck bei jeder Lage gegen die Bürstenverbindungs- oder Zeitlinie in zwei genau gleichwertige Hälften zerfallen, so muß die Zahl der gleichartigen Seitengruppen jedes Umganges $\frac{N}{a}$ eine gerade Zahl oder es muß $\frac{N}{2a}$ eine ganze Zahl sein.

b) Ausgleichsverbindungen. Es können nun, trotzdem die Wicklung symmetrisch nach vorstehenden Vorschriften ausgelegt ist, die Spannungen ihrer parallelgeschalteten Ankerzweige ungleich werden. Die Gründe dafür können bei Schleifenwicklungen folgende sein: Vergleichen wir die Abb. 384b mit der Abb. 385, so erkennen wir, daß z. B. die Spannung des Ankerzweiges, der für die in Abb. 384b gezeichnete augenblickliche Lage des Spannungsvieleckes zu den Bürsten aus den Spulen $XXII, XXIII, I, II, III$ besteht und dessen Spannung durch die Projektion der Strecke EF auf die Bürstenverbindungslinie oder Zeitlinie dargestellt wird, proportional der Summe der Flüsse des ersten Polpaares N_1, S_1 in Abb. 385 ist. Die Spannung des Ankerzweiges mit den Spulen V, VI, VII, VIII und IX ist proportional der Summe der Flüsse des zweiten (S_1) und dritten (N_2) Poles. Die Spannung des dritten Ankerzweiges mit den Spulen $XI, XII, XIII, XIV$ und XV ist proportional der Summe der Flüsse des dritten (N_2) und vierten (S_2) Poles, und die des letzten Zweiges mit den Spulen $XVI, XVII, XVIII, XIX$ und XX der Summe der Flüsse des vierten (S_2)

[1]) H. Sequenz, ETZ 49 (1928) S. 1217.

und ersten (N_1) Poles. Sind nun die Summen der Flüsse zweier benachbarter Pole verschieden groß, weil z. B. der Anker ausmittig gelagert ist oder die Feldmagnete ungenau ausgeführt sind, so wird die Spannung zwischen den Punkten der Wicklung, die im Spannungsvieleck phasengleich sind, nicht mehr Null sein und die Spannungen der einzelnen Ankerzweige werden ungleich groß sein. Man schließt deshalb die phasengleichen Punkte der Wicklung künstlich durch

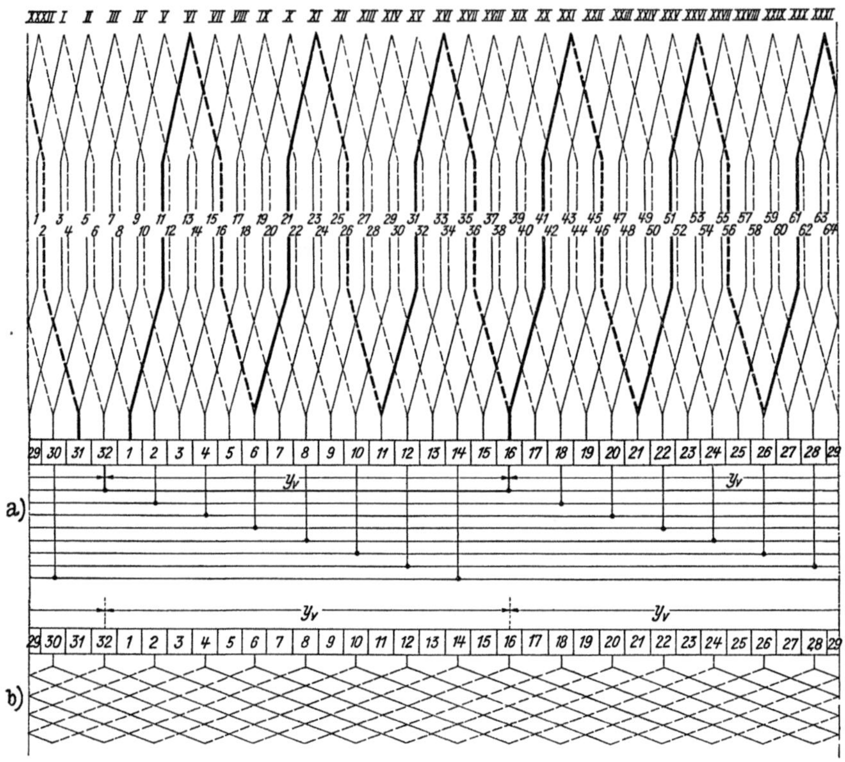

Abb. 387. Einfach geschlossene Wellenwicklung erster Art mit 32 Spulen in 16 Nuten für 12 Pole und 4 parallele Ankerzweige a) mit Ausgleichsverbindungen in Form von Ringleitungen, b) mit Ausgleichsverbindungen nach Art der Querverbindungen von Zweischichtwicklungen.

Ausgleichsverbindungen zusammen. Die Ströme in diesen Ausgleichsverbindungen wirken auf die magnetischen Unsymmetrien zurück und verkleinern die Unterschiede in den Polflüssen.

Bei Wellenwicklungen liegen die Spulen eines Ankerzweiges ungefähr gleichmäßig unter allen Polen, wie ein Vergleich der Abb. 384a mit Abb. 383 lehrt. Deshalb beeinflussen Ungleichheiten in den Polflüssen die Größe der Spannung eines Ankerzweiges hier nicht. Doch ist es auch bei den Wellenwicklungen mit mehr als zwei Ankerzweigen erfahrungsgemäß für die Funkenfreiheit des Betriebes notwendig, phasengleiche Punkte der Wicklung durch Ausgleichsverbindungen miteinander zu verbinden, weil durch ungleiche Widerstände oder ungleiche Ströme in den Ankerzweigen ungleiche Spannungsgefälle auftreten können, so daß zwischen den phasengleichen Punkten im Betrieb Spannungen entstehen und die gleichmäßige Spannungsverteilung am Stromwender gestört wird. Nach einem Umgang der Wicklung um den Anker, der z. B. in Abb. 387

stark nachgezogen ist, kommt man zu einem Steg des Stromwenders (Steg 31 in Abb. 387), der vom Ausgangssteg (1) um (a — 1) Stege entfernt ist (in Abb. 387 um 1 Steg, weil hier $a = 2$ ist). Bei gleichmäßiger Verteilung der Spannung am Stromwender müßten die (a — 1) Stege, die zwischen Anfangs- und Endsteg eines Wicklungsumganges liegen, die Spannung zwischen Anfangs- und Endsteg in genau a gleiche Teile teilen. Ist diese Spannungsverteilung jedoch gestört, so kann die Spannung zwischen benachbarten Stegen größer werden, als es der gleichmäßigen Spannungsverteilung entspricht und dadurch die Gefahr eines Rundfeuers verursacht werden. In Abb. 387 bauen die Spulen *VI*, *XI*, *XVI*, *XXI*, *XXVI* und *XXXI* die Spannung zwischen den Stegen 1 und 31 auf. Soll daher der dazwischenliegende Steg 32 diese Spannung in genau zwei gleiche Teile aufteilen, so werden wir ihn mit dem gleichphasigen Steg 16 verbinden. Wie wir aus Abb. 387 erkennen, liegen zwischen Steg 1 und 16 und Steg 16 und 31 je drei Spulen, so daß tatsächlich durch den Steg 16 die aus sechs Spulen aufgebaute Spannung zwischen den Stegen 31 und 1 in zwei gleiche Teile zerlegt wird.

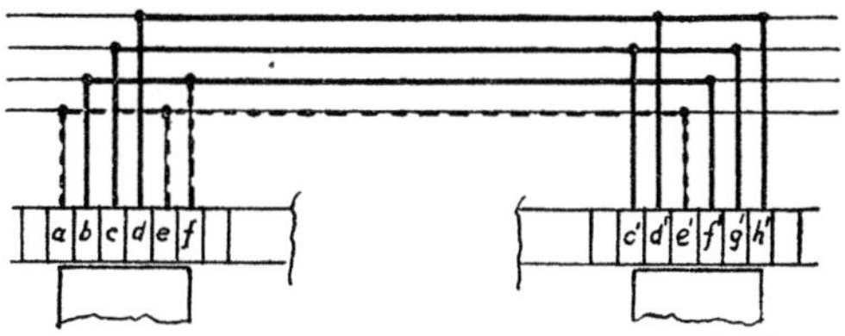

Abb. 388. Sinnbildliche Darstellung von vier Zweigen einer Wellenwicklung mit Stromwenderverbindungen und Bürsten.

Eine andere Anschauung[1]) erklärt die Notwendigkeit von Ausgleichsverbindungen bei Wellenwicklungen folgendermaßen: In Abb. 388 sind durch die vier waagrechten Striche vier Zweige einer Wellenwicklung angedeutet und die Verbindungen mit jenen Stromwenderstegen gezeichnet, auf denen zwei Bürstensätze entgegengesetzter Polarität schleifen. Sitzen nun die Bürsten auf den Stegen a, e und f schlecht auf, dann wird der Strom, der von den sechs Stegen a bis f in die Wicklung fließen muß, die gestrichelt gezeichneten Wege möglichst vermeiden; d. h. im Zweig zwischen den Stegen a, e und e' wird nur ein geringer Strom fließen, auch wenn der Kontakt des Steges e' mit der Bürste gut ist. Die Spannungen der parallelen Stromzweige müssen gleich sein. Der OHMsche Spannungsverlust im gestrichelt hervorgehobenen Zweig ist aber mit Rücksicht auf den kleinen Strom gering; somit muß die Übergangsspannung am Steg e größer sein als an den Stegen b, c und d, die einen guten Kontakt mit dem Bürstensatze haben. Sind jedoch die Ausgleichsverbindungen nach Abb. 389 bei 5, 10 und 15 vorhanden, so wird sich der Strom durch diese Verbindungen gleichmäßig auf alle parallelen Zweige verteilen und nur jener Teil des Wicklungszweiges einen geringen Strom führen, der von den schlecht mit den Bürsten in Verbindung stehenden Stegen a und e bis zur nächsten Ausgleichsverbindung (5 in Abb. 389) reicht. Dadurch wird der Betrag, um den die Übergangsspannung bei e größer wird als bei b, c und d, geringer als in dem Falle, wo Ausgleichsverbindungen fehlen. Während also bei Wicklungen ohne Ausgleichsverbindungen eine hohe Übergangsspannung bei schlecht aufsitzenden Bürsten den Stromübergang erzwingen muß, wird bei Wicklungen mit Ausgleichsverbindungen diese Über-

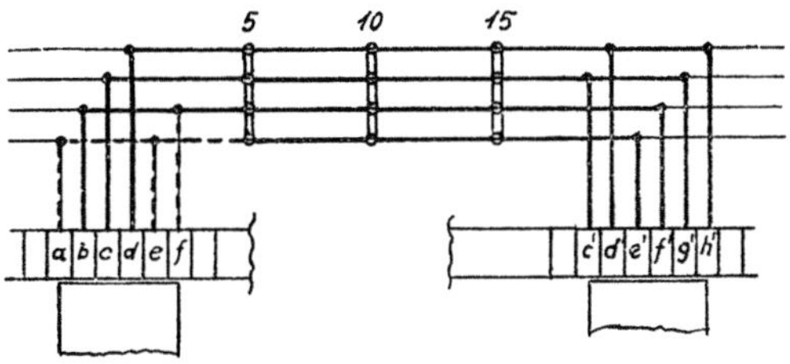

Abb. 389. Abb. 388 mit Ausgleichsverbindungen.

[1]) K. HUMBURG, Elektrotechn. u. Masch.-Bau 58 (1940) S. 203.

gangsspannung so klein, daß die schlecht aufliegenden Stellen der Bürsten stromlos bleiben.

Damit wir je a phasengleiche Ecken oder Seiten im Spannungsvieleck einer Wicklung bekommen, müssen sich die a Umgänge des Vieleckes decken, was, wie wir bei den Symmetriebedingungen für Gleichstromankerwicklungen gehört haben, nur der Fall ist, wenn $\frac{N}{a}$ und $\frac{p}{a}$ ganze Zahlen sind.

Nennen wir die Zahl der Spulen oder Stromwenderstege, die zwischen phasengleichen Spulen oder Stegen liegen, den Verbindungsschritt y_v, so ergibt sich dieser aus der Überlegung, daß wir im Spannungsvieleck einen ganzen Umgang mit $\frac{k}{a}$ Seiten (die den Spulen entsprechen) oder Ecken (die den Stegen des Stromwenders entsprechen) machen müssen, um von einer Seite oder Ecke zu einer phasengleichen zu kommen. Somit wird der Verbindungsschritt

$$y_v = \frac{k}{a}. \tag{379}$$

Bei den Schleifenwicklungen mit einer Ankerzweigzahl, die doppelt so groß ist wie die Zahl der Pole, läßt sich die Bedingung, daß $\frac{p}{a}$ ganzzahlig sein muß, nicht erfüllen. In diesem Falle begnügt man sich mit p phasengleichen Punkten, statt deren a, und verbindet je p phasengleiche Punkte der Wicklung durch Ausgleichsverbindungen. Damit diese p phasengleichen Punkte auftreten, muß $\frac{N}{p}$ eine ganze Zahl sein. Der Verbindungsschritt zwischen phasengleichen Wicklungspunkten ist

$$y_v = \frac{k}{p}. \tag{380}$$

Die Ausgleichsverbindungen werden entweder in Form von Ringleitungen (Abb. 387a) oder in Form von Querverbindungen (Abb. 387b) ausgeführt. Sie können entweder am Stromwender oder an den Wicklungsköpfen angeordnet werden.

Die Zahl der möglichen Ausgleichsverbindungen ist gleich der Zahl der phasengleichen Seiten oder Ecken eines Spannungsvieleckes, also $\frac{k}{a}$. Doch werden meist nicht alle $\frac{k}{a}$ Ausgleichsverbindungen eingebaut.

Bei großen Gleichstrommaschinen führt man mitunter eine Ankerwicklung aus, die aus einer Schleifen- und Wellenwicklung besteht, die zusammen in den Nuten untergebracht sind. Die Wellenwicklungsspule kann mit der Schleifenwicklungsspule zu einer Wicklungseinheit vereinigt werden, deren Aussehen der ganzen Wicklungsart den Namen „Froschbeinwicklung" gegeben hat. Eine solche Wicklung macht Ausgleichsverbindungen jeder Art überflüssig.[1])

8. Angezapfte und aufgeschnittene Gleichstromankerwicklungen.

Eine Gleichstromankerwicklung läßt sich unmittelbar zur Erzeugung von Wechselströmen auslegen, die dann an Schleifringen abgenommen werden können.

a) Angezapfte Gleichstromankerwicklungen. In Abb. 390 ist das Spannungsvieleck einer gewöhnlichen geschlossenen Gleichstromankerwicklung gezeichnet, das ohne weiteres durch den umschriebenen Kreis ersetzt werden kann. Soll dieser Wicklung Dreiphasenstrom entnommen werden, so muß sie in drei Punkten a, b und c angezapft werden, die um 120° gegeneinander verschoben sind. Die

[1]) H. Sequenz, ETZ 52 (1931) S. 995.

Anzapfpunkte werden zu Schleifringen geführt. Die Wechselspannungen zwischen den Anzapfpunkten werden nach Größe und Phase durch die Sehnen $a\,b$, $b\,c$, $c\,a$ dargestellt. Die drei Wicklungsstränge sind in Dreieck geschaltet.

Die Spannungsvielecke für einphasig und für sechsphasig angezapfte Gleichstromankerwicklungen sind in den Abb. 391 und 392 gezeichnet.

Wir wollen annehmen, daß $\frac{k}{a}$, also die Spulenzahl je Ankerzweigpaar, eine ganze Zahl sei. Dann decken sich alle a Umgänge des Spannungsvieleckes der geschlossenen Gleichstromankerwicklung. In Abb. 390, 391 und 392 sind dann a sich deckende Umgänge des Spannungsvieleckes zu denken. Jeder Umgang

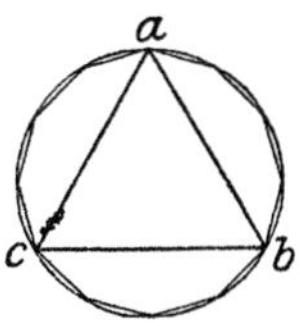

Abb. 390. Spannungsvieleck für dreiphasig angezapfte Gleichstromankerwicklung.

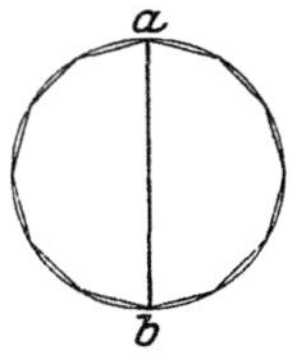

Abb. 391. Spannungsvieleck für einphasig angezapfte Gleichstromankerwicklung.

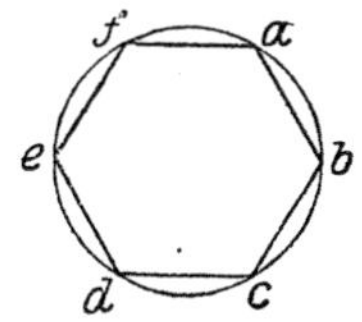

Abb. 392. Spannungsvieleck für sechsphasig angezapfte Gleichstromankerwicklung.

enthält $\frac{k}{a}$ Seiten, die $\frac{k}{a}$ Ankerspulen entsprechen. Bezeichnen wir die Strangzahl der gewünschten Anzapfungen mit m, so liegen neben je zwei benachbarten Anzapfpunkten $\frac{k}{m\,a}$ Ankerspulen. Somit ist also der Schritt von einem bis zum nächsten Anzapfpunkt in der Wicklung

$$y_a = \frac{k}{m\,a}. \tag{381}$$

In jedem Strange sind a Zweige parallelgeschaltet, da ja das Spannungsvieleck a Umgänge hat.

Eine dreiphasig ($m = 3$) angezapfte vierpolige Schleifenwicklung mit vier parallelen Ankerzweigen ($a = 2$) und 18 Ankerspulen ist in Abb. 393 dargestellt.[1]) Der Schritt zwischen zwei Anzapfpunkten ist

$$y_a = \frac{18}{3 \cdot 2} = 3.$$

b) Aufgeschnittene Gleichstromankerwicklungen. Während bei den angezapften Wicklungen die Stränge in Dreieck und die a Zweige je Strang parallel-

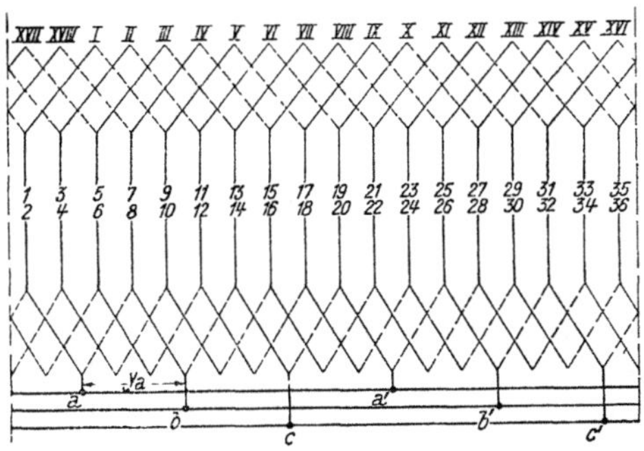

Abb. 393. Dreiphasig angezapfte vierpolige Schleifenwicklung mit vier parallelen Ankerzweigen und 18 Spulen.

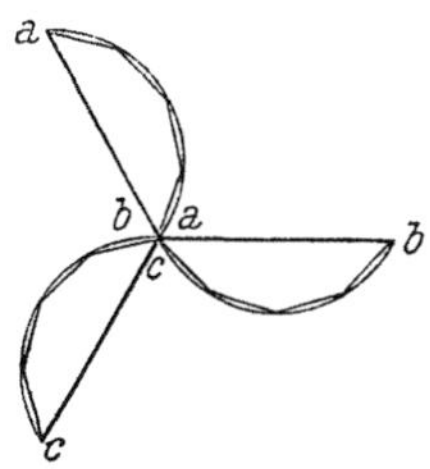

Abb. 394. Zur Sternschaltung der drei Wicklungsstränge einer in drei Punkten aufgeschnittenen Gleichstromankerwicklung.

[1]) Zum Unterschied von den Abb. 383, 385, 386 und 387 sind bei dieser Ab-

geschaltet sind, ist man in der Wahl der Schaltung der Stränge und Zweige frei, wenn man die Wicklungen aufschneidet. Z. B. ergibt ein Aufschneiden der durch ihr Spannungsvieleck in Abb. 390 angedeuteten Wicklung in den Punkten *a*, *b* und *c* die Möglichkeit, die drei Wicklungsstränge in Stern zu schalten, wie es Abb. 394 zeigt. Dabei ist Parallelschaltung der *a* Zweige in jedem Strange angenommen. Man kann aber auch die *a* Zweige je Strang in Reihe schalten.

Besser ausgenutzt ist eine dreiphasige Wicklung aber, wenn man sie in sechs Punkten je paralleles Ankerzweigpaar aufschneidet. Sind *a* bis *f* in Abb. 392

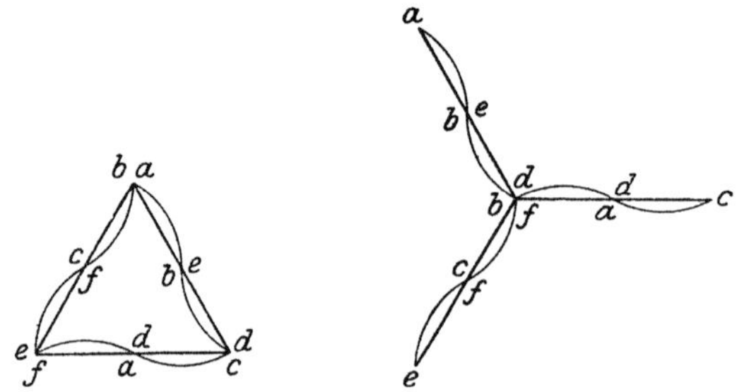

Abb. 395. Gleichstromankerwicklung mit a) Reihenschaltung der Zweige und Dreieckschaltung der Stränge, b) Reihenschaltung der Zweige und Sternschaltung der Stränge, c) Parallelschaltung der Zweige und Sternschaltung der Stränge.

die sechs Punkte, in denen die Wicklung aufgeschnitten wird, so lassen sich die in Abb. 395 angegebenen Schaltungen der einzelnen Wicklungszweige und Stränge ausführen. Dabei ist wieder für eine Wicklung mit $a > 1$ in allen Schaltungen eine a-fache Parallelschaltung zu denken, entsprechend den a Umgängen des Spannungsvieleckes der Ausgangswicklung. Es ist aber auch eine a-fache Reihenschaltung möglich.

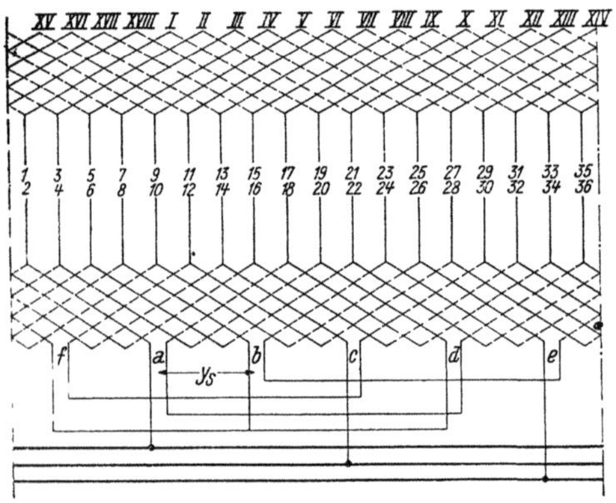

Abb. 396. Dreiphasige, in sechs Punkten aufgeschnittene Schleifenwicklung mit 18 Spulen fur 2 Pole und zwei parallele Ankerzweigpaare.

Der Schritt von einem Schnittpunkt bis zum nächsten beträgt bei einer sechsfach aufgeschnittenen Wicklung

$$y_s = \frac{k}{6a} \tag{382}$$

Ankerspulen, da sich im Spannungsvieleck wieder a Umgänge decken.

In Abb. 396 ist eine Schleifenwicklung mit $k = 18$ Spulen für zwei Pole, also $a = 1$ paralleles Ankerzweigpaar, in sechs Punkten aufgeschnitten. Die drei Wicklungsstränge sind in Stern geschaltet und die einzelnen Zweige in jedem Strange in Reihe, wie es Abb. 395b zeigt.

Bei allen bisher besprochenen angezapften und aufgeschnittenen Gleichstromankerwicklungen liegen die Anzapf- oder Schnittpunkte auf derselben Seite der Ankerwicklung. Dürfen diese Punkte auf verschiedenen Seiten des Ankers sich befinden, dann braucht nicht $y_a = \frac{k}{m\,a}$ bzw. $y_s = \frac{k}{6a}$ eine ganze Zahl zu sein,

---

bildung die ober- und unterschichtige Spulenseite in jeder Nut nicht mehr getrennt voneinander gezeichnet, sondern durch einen gemeinsamen Strich dargestellt worden.

sondern es genügt, wenn $\frac{2k}{ma}$ bzw. $\frac{2k}{6a}$ ganze Zahlen sind. In diesem Falle wird nicht das Vieleck der Spulenspannungen, sondern das Vieleck der Spulenseitenspannungen durch die Anzapf- oder Schnittpunkte symmetrisch zerlegt.

C. Induzierte Spannung und Klemmenspannung, Strombelag, Drehmoment.

1. Berechnung der induzierten Spannung.

Zur Berechnung der in einer Ankerwicklung mit z Leitern und $2a$ parallelgeschalteten Ankerzweigen induzierten Spannung tragen wir uns über dem abgewickelten Ankerumfang die Verteilung der Normalkomponente der Induktion im Luftspalt der Maschine auf und erhalten so die Feldkurve, die in Abb. 397 gezeichnet ist. Jene Stellen des Ankerumfanges, wo die Normalkomponenten der Induktion Null sind, heißen neutrale Zonen. Unter Φ verstehen wir den gesamten in den Ankermantel eintretenden Induktionsfluß eines Poles. Er wird durch den in Abb. 397 dargestellten Körper veranschaulicht. Der Höchstwert der Normalkomponente der Induktion am Ankerumfang ist mit B_L bezeichnet.

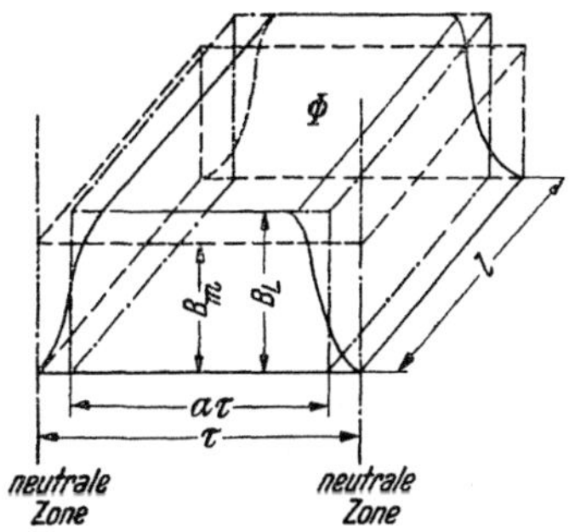

Abb. 397. In den Ankermantel eintretender Gesamtfluß eines Poles.

Verwandeln wir die Fläche der Feldkurve in ein flächengleiches Rechteck mit der Höhe B_L, so ist die Grundlinie $\alpha\,\tau$, die ideeller Polbogen genannt wird. α heißt der Polbedeckungsfaktor. Der Induktionsfluß Φ kann dann angeschrieben werden als

$$\Phi = \alpha\,\tau\,l\,B_L. \qquad (383)$$

Verwandeln wir jedoch die Fläche der Feldkurve in ein flächengleiches Rechteck mit der Grundlinie τ, so wird die Höhe B_m der Mittelwert der Induktion über eine Polteilung τ. Der Induktionsfluß ist somit auch

$$\Phi = \tau\,l\,B_m. \qquad (383\text{a})$$

Nach der Formel

$$u = B\,v\,l$$

errechnet sich dann die im Mittel in einem Ankerleiter induzierte Spannung, wenn $B = B_m$ und $v = D\,\pi\,n = 2\,p\,n\,\tau = 2\,f\,\tau$ gesetzt wird, zu

$$E_1 = 2\,B_m\,\tau\,l\,f = 2\,\Phi\,f.$$

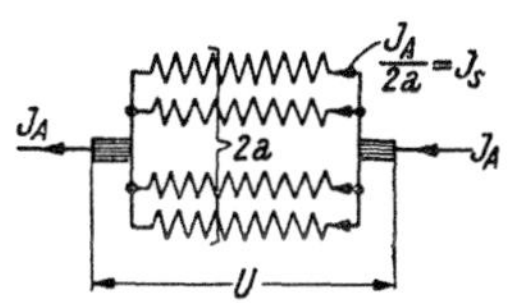

Abb. 398. Ersatzschaltbild eines Gleichstromankers mit $2a$ parallelen Zweigen.

Da aber der Anker in $2a$ parallele Zweige zerfällt (Abb. 398) und daher jeder Ankerzweig $z/2a$ Leiter in Reihenschaltung besitzt, ist die in der Ankerwicklung induzierte Spannung

$$\boxed{E = \frac{z}{2a}\,E_1 = \frac{z}{a}\,\Phi\,f = \frac{z}{a}\,p\,n\,\Phi.} \qquad (384)$$

Für Φ in Maxwell und n in U/min wird

$$E = \frac{z}{a}\,\frac{p\,n}{60}\,\Phi\,10^{-8}\ \text{Volt}. \qquad (384\text{a})$$

Die Formel für die induzierte Spannung kann auch auf folgende Weise gewonnen werden. Wir berücksichtigen vom Erregerfeld bloß die Grundwelle. Der Höchstwert der in einer Ankerspule mit $w_s = \frac{z}{2k}$ Windungen von dieser Grundwelle induzierten Wechselspannung ist nach Gl. 179

$$E_1 \sqrt{2} = 2 \pi f w_s \Phi.$$

Die Spannung eines Ankerzweiges ist

$$E \sqrt{2} = \frac{k}{2a} E_1 \sqrt{2}\, \xi.$$

Setzen wir voraus, daß die Spulenzahl k der Ankerwicklung gleich der Nutenzahl N ist, dann stellt sich das Spannungsvieleck als ein regelmäßiges k-Eck mit a Umläufen dar. Der Phasenwinkel zwischen zwei aufeinanderfolgenden Strahlen des Spannungsvieleckes ist daher

$$\gamma = \frac{2 \pi a}{k}$$

und der Wicklungsfaktor für $\frac{k}{2a}$ in Reihe geschaltete Spulen eines Ankerzweiges ergibt sich nach Gl. 177 zu

$$\xi = \frac{\sin \frac{k}{2a} \frac{\pi a}{k}}{\frac{k}{2a} \sin \frac{\pi a}{k}} = \frac{2a}{k} \frac{1}{\sin \frac{\pi a}{k}}.$$

Ersetzt man die Sinusfunktion durch das Argument, so nimmt mit dem Wicklungsfaktor $\xi = \frac{2}{\pi}$ die Formel für die induzierte Spannung die Form der Gl. 384 an. Der Wicklungsfaktor $\xi = \frac{2}{\pi}$ ist das Verhältnis des Durchmessers zum halben Umfang jenes Kreises, in den das Spannungsvieleck für große Spulenzahlen k übergeht.[1])

2. Klemmenspannung.

Die Klemmenspannung U ist beim Generator um den Ohmschen Spannungsverlust im Ankerkreis kleiner als die in der Ankerwicklung induzierte Spannung, bei Motoren um diesen Betrag größer, wenn die Maschine belastet ist, denn bei Generatoren drückt die induzierte Spannung E den Strom J ins Netz, bei Motoren aber nimmt die Maschine Strom aus dem Netz auf. Deshalb muß bei Generatoren die induzierte Spannung größer als die Netzspannung oder Klemmenspannung sein, bei Motoren aber kleiner. Bezeichnen wir den Ankerstrom mit J_A, den Widerstand in der Ankerwicklung mit R_A und die Übergangsspannung zwischen den Bürsten und dem Stromwender mit $V_Ü$, so gilt der Zusammenhang:

$$U = E \pm (J_A R_A + V_Ü). \qquad (385)$$

Das Pluszeichen gehört zum Motorzustand, das Minuszeichen zum Generatorzustand der Maschine. Bei der Hauptschlußmaschine (Abb. 375c) kommt zu R_A noch der Widerstand der Erregerwicklung dazu. Bei der in Abb. 375d gezeichneten Schaltung einer Doppelschlußmaschine müßte der Zusammenhang zwischen induzierter und Klemmenspannung strenggenommen so lauten:

$$U = E \pm (J_A R_A + V_Ü) \pm J R_H,$$

[1]) H. Sequenz, Elektrotechn. u. Masch.-Bau 60 (1942) S. 445 und 61 (1943) S. 259.

da die Hauptschlußwicklung mit dem Widerstande R_H vom Strom J im Außenkreis und nicht vom Ankerstrom J_A durchflossen wird. Ist J_E der Erregerstrom in der Nebenschlußwicklung, so gilt

$$J_A = J \pm J_E, \qquad (386)$$

wenn das Pluszeichen einen Generator, das Minuszeichen dem Motor zugeordnet wird.

3. Strombelag.

Wir haben insgesamt z Leiter am Ankerumfang. Der Strom in einem Leiter ist nach Abb. 398

$$J_s = \frac{J_A}{2a}. \qquad (387)$$

Somit ist die Durchflutung, die auf 1 cm des Ankerumfanges entfällt,

$$\boxed{A = \frac{z J_A}{2 a D \pi}.} \qquad (388)$$

4. Drehmoment.

Für das Drehmoment wurde in Gl. 197 (III G) angegeben:

$$M = p D A \Phi. \qquad (197)$$

Dafür können wir auch schreiben:

$$\boxed{M = \frac{1}{\pi} \frac{p}{a} \frac{z}{2} \Phi J_A.} \qquad (197\,a)$$

M ist in Joule ausgedrückt, wenn J_A in Amp und Φ in Voltsek eingesetzt werden. Soll M in mkg und Φ in Maxwell erscheinen, so lautet die Formel

$$M = 1{,}02 \frac{1}{\pi} \frac{p}{a} \frac{z}{2} \Phi J_A 10^{-9}, \qquad (197\,b)$$

da 1 Joule = 0,102 mkg und 1 Voltsek = 10^8 Maxwell sind.

D. Ankerrückwirkung.

Wir haben bei der Synchronmaschine die Rückwirkung des Ständerstromes auf das Polradfeld als „Ankerrückwirkung" bezeichnet. Ebenso wie dort, wirkt auch der Ankerstrom einer Gleichstrommaschine auf das Feld der Pole zurück und wir sprechen von einer Ankerrückwirkung.

Um die Verhältnisse möglichst klar zu erkennen, wollen wir uns in den Abb. 399, 400 und 401 das Feld der Pole allein, also in einer Maschine mit stromlosem Anker, dann das Feld des stromdurchflossenen Ankers allein, also in einer Maschine mit unerregten Polen, und schließlich die Zusammensetzung beider Felder, also in einer belasteten Maschine, vor Augen führen. Wir können aus

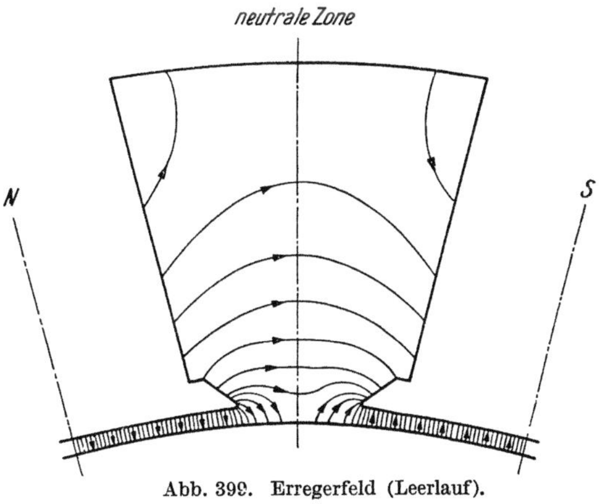

Abb. 399. Erregerfeld (Leerlauf).

diesen Abbildungen schon sagen, welchen Einfluß die Ankerrückwirkung ausübt: An den auflaufenden Polschuhkanten wird bei Generatoren das Feld geschwächt, an den ablaufenden Polkanten verstärkt; bei Motoren, bei denen bei der gleichen Stromrichtung im Anker und der gleichen Polarität der Hauptpole der Umlaufsinn umgekehrt ist, werden die umgekehrten Verhältnisse auftreten; d. h. bei Motoren wird das Erregerfeld an den auflaufenden Polkanten verstärkt und an den ablaufenden geschwächt. Wir sprechen von einer **Feldverzerrung**. Weiters wird die neutrale Zone, wie wir aus Abb. 401 ersehen, verschoben, und zwar bei einem Generator im Umlaufsinne des Ankers, bei einem Motor entgegen diesem Sinne. Damit die Bürsten wieder in eine feldfreie Zone kommen, müssen sie bei einem belasteten Generator im Sinne der Drehrichtung, beim Motor gegen die Drehrichtung verschoben werden, wenn die Ankerrückwirkung nicht durch Hilfspole aufgehoben wird.

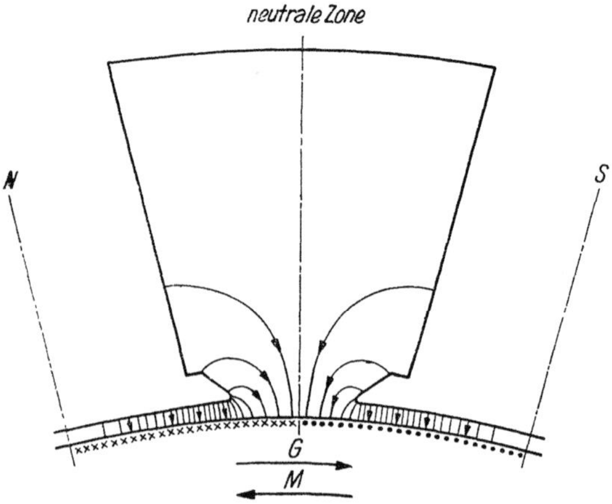

Abb. 400. Ankerfeld (bei unerregten Feldmagneten).

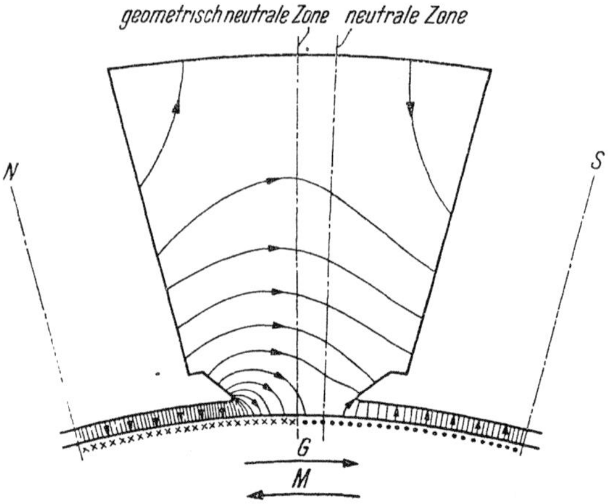

Abb. 401. Resultierendes Feld einer Maschine ohne Wendepole.

1. Ankerrückwirkung bei Bürsten, die in der geometrisch neutralen Zone stehen.

a) Felderregerkurve. In Abb. 402 haben wir den Anker abgewickelt gezeichnet und über dem Ankerumfang den Strombelag aufgetragen. Dabei haben wir die in den Nuten untergebrachte Durchflutung durch einen Strombelag A auf dem glatten Anker ersetzt. Dieser Strombelag wechselt sein Vorzeichen an jenen Stellen, wo die Bürsten stehen. Die Felderregerkurve (F in Abb. 402) ergibt sich leicht, wenn wir den Nullpunkt der x-Zählung in eine Polachse legen und das Vorzeichen des Strombelages berücksichtigen. Dieser Ursprung für die Abszissenzählung ist zweckmäßig, weil sowohl die Polachsen als auch die neutralen Zonen Symmetrieachsen der Felderregerkurve sein müssen. Weiters muß der gesamte Induktionsfluß, der in den Ankermantel eintritt, gleich jenem sein, der aus dem Ankermantel austritt; d. h. für die Felderregerkurve, daß die Flächen ober- und unterhalb der Abszissenachse einander gleich sein müssen, was bei einer Wahl des Abszissennullpunktes in einer Polachse aber der Fall ist. Die Felderregerkurve ist $v(x) = \int_0^x A\,dx = A\,x$, wird also durch eine Gerade dargestellt und erreicht in den neutralen Zonen ihren Höchstwert $\frac{1}{2}\,A\,\tau$.

b) Ankerfeldkurve. Die Ankerfeldkurve ergibt sich aus der Felderregerkurve, wenn wir ihre Ordinaten mit $\frac{\Pi_0}{\delta_x}$ multiplizieren. Dabei verstehen wir unter δ_x die Luftspaltbreite an der Stelle x des Ankerumfanges. Bei dieser Rechnung

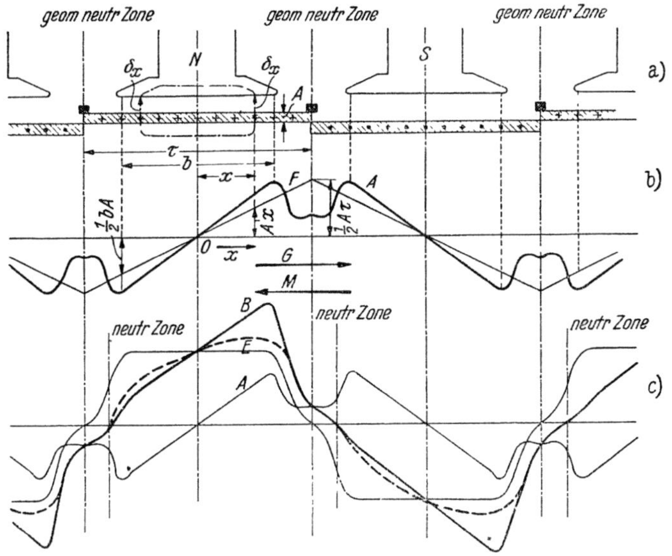

Abb. 402. Felderregerkurve der Ankerwicklung (F), Ankerfeldkurve (A), Erregerfeldkurve (E) und Zusammensetzung der Feldkurven (B).

wird der im Eisen verlaufende Teil des Umlaufweges vernachlässigt, d. h. die Durchlässigkeit im Eisen mit $\mu = \infty$ angenommen und ein glatter Anker vorausgesetzt. Bei gleichbleibender Breite des Luftspaltes über dem ganzen Ankerumfang hätte die Ankerfeldkurve dann die gleiche Dreieckform wie die Felderregerkurve. Mit Rücksicht auf die große Länge der Feldlinien im Luftraum in den Pollücken (Abb. 400) der gewöhnlichen Gleichstrommaschinen aber sattelt sich die Ankerfeldkurve in den Pollücken stark ein (Kurve A in Abb. 402b). (Ermittlung der Ankerfeldkurve, s. RICHTER I, S. 368.)

c) Zusammensetzung der Feldkurven der Anker- und Erregerwicklung. Setzen wir die Feldkurven der Erreger- und Ankerwicklung zusammen, so erhalten wir die bei Belastung auftretende resultierende oder Betriebsfeldkurve (B in Abb. 402c). Wieder erkennen wir die durch das Ankerfeld bewirkte Feldverzerrung: das Feld wird beim Generator an den auflaufenden Polkanten geschwächt, an den ablaufenden verstärkt. Die neutrale Zone wird beim Generator im Umlaufsinne verschoben.

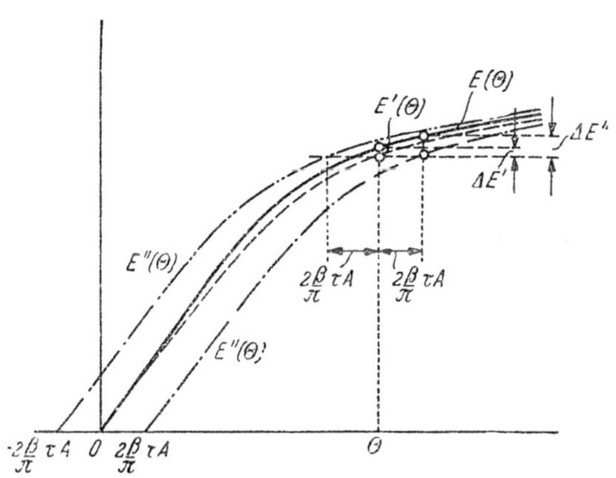

Abb. 403. Leerlauf und Belastungskennlinien. $E(\Theta)$ Leerlaufkennlinie, $E'(\Theta)$ Belastungskennlinie bei unverschobenen Bürsten, $E''(\Theta)$ Belastungskennlinie bei verschobenen Bürsten.

Die gezeichnete Zusammensetzung der beiden Feldkurven gilt für den Fall, daß die Sättigung in den Polschuhen klein ist oder der magnetische Widerstand im Eisen vernachlässigt werden darf. Berücksichtigt man jedoch die Sättigung, so nimmt die Betriebsfeldkurve die in Abb. 402c gestrichelt gezeichnete Form an. Aus dieser Kurve erkennt man, daß durch die Feldverzerrung das Feld unter der einen Polhälfte weniger verstärkt als das Feld unter der anderen Polhälfte geschwächt wird. Das Feld im ganzen erscheint somit geschwächt und die in der Ankerwicklung bei Belastung induzierte Spannung ist daher kleiner als im Leerlauf.

d) Belastungskennlinien. In Abb. 403 ist die Leerlaufkennlinie $E\,(\Theta)$ einer Gleichstrommaschine gezeichnet, also die Abhängigkeit der Leerlaufspannung E von der Durchflutung der Erregerwicklung Θ. Wird nun der Anker mit einem bestimmten Strom belastet, so wird das Erregerfeld, wie wir gehört haben, geschwächt und die im Anker induzierte Spannung kleiner. Den Verlauf der bei Belastung induzierten Spannung E' mit der Durchflutung der Erregerwicklung gibt die Belastungskennlinie $E'\,(\Theta)$ an (Abb. 403). Sie gilt nur für einen bestimmten Ankerstrom. Ankerströme anderer Stärke geben andere Belastungskennlinien.

2. Ankerrückwirkung bei aus der geometrisch neutralen Zone verschobenen Bürsten.

Verschieben wir die Bürsten aus der geometrisch neutralen Zone um den Winkel β (in elektrischen Graden), so läßt sich die Ankerdurchflutung zerlegen in eine Quer- und Längsdurchflutung. Die Längsdurchflutung liegt nach Abb. 404 auf dem Bogen des Ankerumfanges, der sich über 2β erstreckt, die Querdurchflutung auf dem Bogen über $(\pi - 2\beta)$.

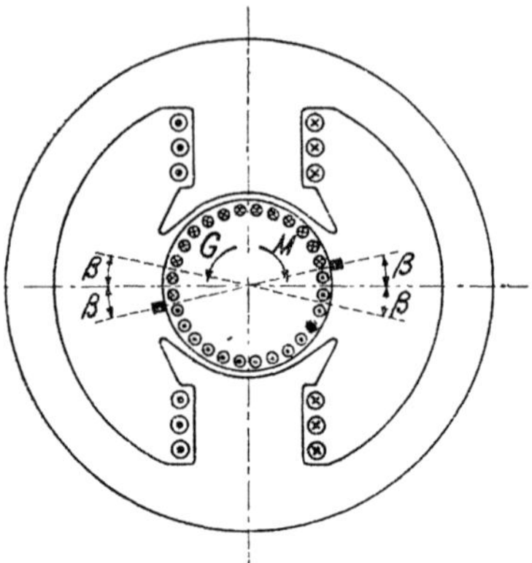

Abb. 404. Ankerlängs- und Ankerquerdurchflutung.

In dem in Abb. 404 dargestellten Falle ist die Längsdurchflutung entgegengesetzt der Feldmagnetdurchflutung, wie man sieht. Ihr Betrag ist $2\,A\,\beta\,\tau/\pi$, wenn $\beta\,\tau/\pi$ am Ankerumfang gemessen wird und wenn A wieder den Strombelag der Ankers vorstellt. Somit ist die resultierende Längsdurchflutung $(\Theta - 2\,A\,\beta\,\tau/\pi)$. Bei einer Bürstenverschiebung im entgegengesetzten Sinne hat die Längsdurchflutung das gleiche Vorzeichen wie die Feldmagnetdurchflutung, so daß die Gesamtlängsdurchflutung $(\Theta + 2\,A\,\beta\,\tau/\pi)$ beträgt.

Die Belastungskennlinien $E''\,(\Theta)$ bei verschobenen Bürsten sind nach dem vorstehend Ausgeführten durch Verschiebung der Belastungskennlinie $E'\,(\Theta)$, die bei Bürstenstellung in der geometrisch neutralen Zone gilt, um die Längsdurchflutung $\pm\,2\,A\,\beta\,\tau/\pi$ in Richtung der Abszissenachse zu erhalten. In Abb. 403 ist dies gezeigt. Und zwar gilt die strichpunktierte Belastungslinie $E''\,(\Theta)$ für den Fall, daß bei einem Generator die Bürsten um den Bogen $\beta\,\tau/\pi$ im Umlaufsinne, bei einem Motor entgegen dem Drehsinn des Ankers verschoben sind. Die mit Strich und zwei Punkten gezeichnete Belastungskennlinie gehört dann zu einem Generator mit entgegen dem Umlaufsinn verschobenen Bürsten oder zu einem Motor mit im Drehsinn des Ankers verschobenen Bürsten.

Für einen bestimmten Strombelag A, also einen gegebenen Ankerstrom, ist nach Abb. 403 $\Delta E''$ der Spannungsverlust, der durch die Ankerrückwirkung bei einem Generator mit im Umlaufsinn um den Bogen $\beta\,\tau/\pi$ verschobenen Bürsten hervorgerufen wird.

Gleich bei den einleitenden Bemerkungen über die Ankerrückwirkung wurde gesagt, daß die Bürsten bei einem Generator ohne Wendepole im Sinne der Umlaufrichtung des Ankers, beim Motor im Gegensinn verschoben werden müssen, damit sie in eine feldfreie Zone kommen. Sonst würde in den von den Bürsten kurzgeschlossenen Spulen eine Spannung induziert werden, die Bürstenfeuer verursachen könnte. Somit werden im allgemeinen Belastungskennlinien zu betrachten sein, wie die strichpunktierte Kurve in Abb. 403 eine darstellt. Selbstverständlich ergeben sich für verschiedene Ankerströme oder Strombeläge A verschiedene Belastungskennlinien.

Zusammenfassend kann also gesagt werden: der Anker bildet für den Fall, daß die Bürsten in der geometrisch-neutralen Zone stehen, ein Querfeld aus, das eine Feldverzerrung hervorruft. Infolge der Sättigung in den Polschuhen und Ankerzähnen wirkt sich diese Feldverzerrung auch als Schwächung des Feldes aus, so daß die in der Ankerwicklung induzierte Spannung kleiner ist als im Leerlauf. Verschieben wir die Bürsten aus der geometrisch neutralen Zone bei einem Generator im Umlaufsinne des Ankers, beim Motor gegen die Drehrichtung, so tritt zur Feldverzerrung noch ein das Hauptfeld schwächendes Ankerlängsfeld. Bei einer Bürstenverschiebung entgegen dem Umlaufsinn des Ankers eines Generators oder im Drehsinn des Ankers eines Motors besteht die Ankerrückwirkung aus einer Feldverzerrung und einem das Hauptfeld stärkenden Ankerlängsfeld.

3. Nachteile der Ankerrückwirkung.

Welches sind nun die Nachteile der Ankerrückwirkung? Die Ankerrückwirkung besteht vor allem in einer Verzerrung des Erregerfeldes, wodurch es zu einer Verdichtung des Feldes unter einer Polhälfte kommt. Diese Feldverdichtung kann zu Rundfeuer führen.

Ein solches Rundfeuer tritt dann auf, wenn die zwischen benachbarten Stegen des Stromwenders herrschende Spannung 25 bis 50 Volt übersteigt, so daß durch den Kohlenstaub, der sich im Betrieb auf die Isolationsstege zwischen den Stromwenderstegen legt, ein kleiner Lichtbogen eingeleitet werden kann. Dieser Lichtbogen kann zu einem Kranz von kleinen Lichtbögen, zu einem Rundfeuer und schließlich zu einem einzigen großen Lichtbogen zwischen den Bürstenhaltern verschiedener Polarität werden, der dann das Netz kurzschließt.

Die zwischen benachbarten Stromwenderstegen unter dem Polschuh auftretende Spannung ist im Leerlauf

$$e_{so} = 2\,w_s \frac{p}{a}\,B_L\,l\,v, \tag{389}$$

wenn w_s die Windungszahl einer Ankerspule, p die Polpaarzahl, a die Paarzahl der parallelen Ankerzweige, B_L den Höchstwert der Feldkurve im Leerlauf, l die Ankerlänge und v die Ankerumfangsgeschwindigkeit bedeuten. $2\,w_s \frac{p}{a}$ ist die Zahl der wirksamen Leiter zwischen zwei benachbarten Stromwenderstegen.[1]) Durch die Feldverzerrung wird nun der Höchstwert der Feldkurve und damit der Stegspannung vergrößert, so daß die Gefahr des Rundfeuers höher wird. Denn wenn einmal ein Lichtbogen zwischen zwei Stegen durch die große Stegspannung eingeleitet ist, so bleibt er bestehen, auch wenn die Spulen zwischen

[1]) H. Sequenz, Elektrotechn. u. Masch.-Bau 59 (1941) S. 585 und 60 (1942) S. 445.

den betreffenden Stegen in ein Feld geringerer Stärke gelangen. Immer neue Spulen kommen jedoch in den Bereich der größten Induktion, so daß der erwähnte Lichtbogenkranz und endlich der Lichtbogen zwischen den Bürstenhaltern auftritt.

Ein weiterer Nachteil der Ankerrückwirkung liegt in der durch die Feldverzerrung bedingten Erhöhung der Eisenwärme im Ankerkern und in den Zähnen, da die Eisenverluste mit dem Quadrate des Höchstwertes der Induktion wachsen.

Über den Spannungsverlust, der durch die Ankerrückwirkung eintritt, wurde schon bei den Belastungskennlinien gesprochen (vgl. Abb. 403).

4. Aufhebung der Ankerrückwirkung durch Kompensations- und Wendepolwicklung.

a) Wendepolwicklung. Wie wir aus Abb. 401 erkennen, kommen bei belasteten Maschinen durch die Verschiebung der neutralen Zone die Bürsten, wenn wir sie in der geometrisch neutralen Zone stehen lassen, in ein Feld. Durch die Bürsten werden Ankerspulen kurzgeschlossen. Und diese kurzgeschlossenen Ankerspulen bewegen sich durch das eben geschilderte Feld, das in der geometrisch neutralen Zone durch das Ankerquerfeld hervorgerufen wird. In den kurzgeschlossenen Ankerspulen werden daher Spannungen induziert und diese Spannungen können ein Bürstenfeuer verursachen.

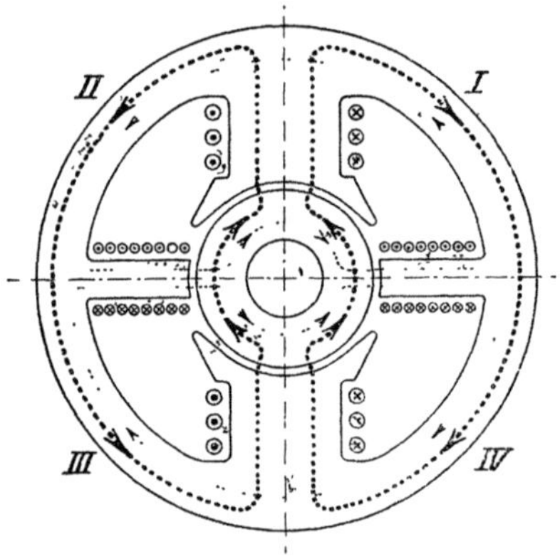

Abb. 405. Gleichstrommaschine mit Wendepolen.

Will man nun die Bürsten in der geometrisch neutralen Zone lassen und nicht in die durch die Ankerrückwirkung bedingte neue neutrale Zone verschieben, so muß das Ankerquerfeld in der geometrisch neutralen Zone aufgehoben werden. Dies gelingt durch sogenannte Wendepole, die in der geometrisch neutralen Zone angeordnet werden (Abb. 405). Die Wicklung auf den Wendepolen, die Wendepolwicklung, wird in Reihe mit dem Anker geschaltet. Ihre Durchflutung muß so groß sein, daß sie erstens das Ankerquerfeld in der geometrisch neutralen Zone aufhebt, und daß sie zweitens noch ein Feld in dieser Zone hervorbringt, das in dem von den Bürsten kurzgeschlossenen Spulen eine Spannung induziert, die eine gute Stromwendung gewährleistet, wie wir im nächsten Abschnitt sehen werden. Es fragt sich jetzt nur, welche Polarität diese Wendepole haben müssen. Dies ergibt sich leicht aus der ersten Aufgabe, die die Wendepole zu erfüllen haben, nämlich aus der Aufhebung des Ankerquerfeldes in der geometrisch neutralen Zone. Durch das Ankerquerfeld wird die neutrale Zone bei Generatoren im Umlaufsinn des Ankers verschoben, d. h. in der geometrisch neutralen Zone tritt bei Generatoren ein Feld auf, das die gleiche Polarität hat wie jenes Hauptpolfeld, aus dem die Ankerwicklung soeben auszutreten im Begriffe ist. Dieses Feld muß aufgehoben werden. Und das kann nur durch ein entgegengesetzt gerichtetes Feld geschehen, das somit einem Wendepol zugehört, der entgegengesetzter Polarität wie der soeben verlassene Hauptpol ist. Daher muß bei Generatoren auf einen Hauptpol im Umlaufsinn des Ankers ein Wendepol entgegengesetzter Polarität folgen. Bei Motoren jedoch folgt auf einen Hauptpol ein Wendepol gleicher Polarität im Ankerdrehsinn.

b) Kompensationswicklung. Die Feldverzerrung unter den Hauptpolschuhen kann dadurch aufgehoben werden, daß man an der Polschuhoberfläche einen Strombelag aufbringt, der entgegengesetzt gleich dem Strombelag des Ankers ist.

Der Strombelag an der Polschuhoberfläche wird durch eine Wicklung ersetzt, die in Nuten des Polschuhes angeordnet ist und in Reihe mit der Ankerwicklung geschaltet wird. Sie heißt Kompensationswicklung. In Abb. 406 ist eine zweipolige Maschine mit Kompensationswicklung gezeichnet. Die Nuten der

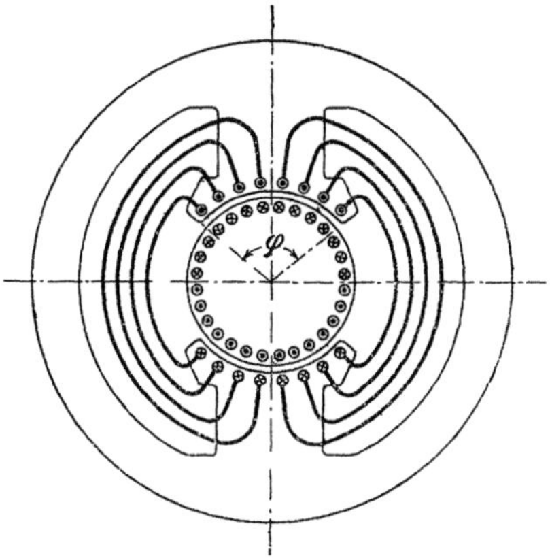

Abb. 406. Gleichstrommaschine mit Kompensationswicklung.

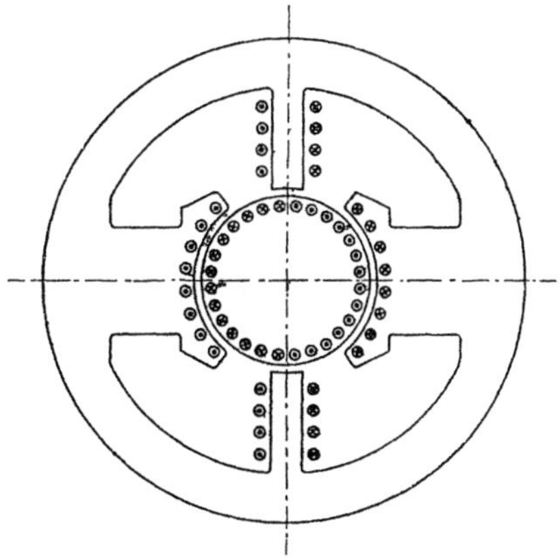

Abb. 407. Gleichstrommaschine mit Wendepolen und Kompensationswicklung.

Kompensationswicklung, die ganz oder halb geschlossen sind, umfassen im allgemeinen nur einen oder zwei Stäbe. Die Stäbe benachbarter Pole werden durch Bügel zu Windungen verbunden.

Die vollendetste Form der Gleichstrommaschine ist also jene mit Kompensationswicklung und Wendepolen (Abb. 407). Die Kompensationswicklung unterdrückt die Feldverzerrung unter den Polschuhen und die Wendepole heben das Ankerquerfeld in der geometrisch neutralen Zone auf und erzeugen überdies ein für eine gute Stromwendung notwendiges Wendefeld.

Auf Seite 306 sind Schaltbilder von Gleichstromgeneratoren mit Wendepolwicklungen (Klemmen *G* — *H*) gezeichnet. Eine Wendepol- oder Kompensationswicklung allein oder eine Wendepol- mit Kompensationswicklung erhält die Klemmenbezeichnung *G* — *H*. Bei getrennter Bezeichnung der beiden Wicklungen sind die Wendepolwicklungsklemmen *GW* — *HW* und die der Kompensationswicklung *GK* — *HK*.

E. Stromwendung.

1. Bürstenfeuer.

Das Bürstenfeuer bei Gleichstrommaschinen kann mechanische oder elektrische Ursachen haben. Bevor auf diese Ursachen näher eingegangen wird, sollen zuerst ein paar Worte über das Bürstenfeuer selbst gesagt werden.

Die Bürsten feuern vorwiegend an ihrer ablaufenden Kante. Tritt das Feuer in runder, kugeliger Form auf, so spricht man von Perlfeuer. Geringes Perlfeuer in Form von kleinen bläulichweißen bis rötlichen Perlen ist im allgemeinen ungefährlich; es greift den Stromwender nicht an. Stärkeres, gelblich gefärbtes

Perlfeuer schwärzt mit der Zeit den Stromwender. Spritzfeuer, das sind aus der Lauffläche herausspritzende Funkenstrahlen, greift den Stromwender in kurzer Zeit an und auf den Bürstenschleifflächen entstehen quer zur Laufrichtung Streifen. Das Spritzfeuer kann gelblich sein; dann deutet es auf elektrische Ursachen hin. Oder es kann eine grünlichweiße Farbe haben, dann ist es auf mechanische Ursachen zurückzuführen. Der grüne Schein rührt vom verbrennenden Kupfer her. Bei vollständiger Unterbrechung des Bürstenkontaktes kann an den Bürsten, in denen der Strom von der Bürste zum Stromwender fließt, ein Lichtbogen zwischen einem Punkte auf dem Stromwender und einem Punkte der Bürstenseitenfläche auftreten; an den Bürsten, wo der Strom vom Stromwender zur Bürste gerichtet ist, erscheint mitunter bei der gleichen Ursache ein breites weißliches oder rötliches Zungenfeuer, das wie eine leckende Zunge von der ablaufenden Bürstenkante her auf dem Stromwender liegt.

2. Mechanische Ursachen des Bürstenfeuers.

Die mechanischen Ursachen des Bürstenfeuers sind mechanische Schwingungen der Bürsten, die entweder vom Stromwender oder von den Bürstenhaltern oder von den Bürsten selbst ausgehen. Mitunter können Gleichstrommaschinen auch durch fremde Schwingungen, z. B. von Arbeitsmaschinen, gestört werden.

Die wichtigsten Ursachen eigenerregter mechanischer Schwingungen sind: nicht achsenmittige Lage des Schwerpunktes des Stromwenders; zurück- oder vorstehende Stege des Stromwenders; vorstehende Glimmerisolationen; Rillen, Bahnen, Vertiefungen, Buckel im Stromwender; Abweichung der Stromwenderoberfläche von der Kreisform; Anflecken der Stege des Stromwenders; Tanzen der Bürsten bei zu großem Spiel im Bürstenhalter; Festklemmen der Bürsten im Halter bei zu enger Führung; zu geringer Bürstendruck; Änderung des Bürstendruckes mit der Bürstenabnutzung; Rasseln oder Tanzen der Bürsten durch Reibung auf dem Stromwender, wenn die Reibungszahl der Bürstensorte der Umfangsgeschwindigkeit des Stromwenders und der Bürstenhalterbauart nicht entspricht.

Im folgenden sollen die elektrischen Ursachen des Bürstenfeuers besprochen werden. Für den funkenfreien Betrieb einer Gleichstrommaschine ist vor allem der Verlauf der Kurzschlußstromkurve oder Übergangskurve maßgebend. Die folgenden Punkte werden dies erläutern. Abschließend werden dann noch einige andere elektrische Ursachen einer schlechten Stromwendung kurz aufgezählt werden.

3. Geradlinige Stromwendung.

Wir verfolgen die in Abb. 408 stark ausgezogene Spule einer zweipoligen Ankerwicklung, während sie über die Bürste hinweggleitet. Zur Zeit $t = 0$ wird sie vom halben Bürstenstrom im Sinne des eingetragenen Pfeiles durchflossen. In diesem Augenblicke wird sie von der Bürste kurzgeschlossen (Abb. 408a). Sie bleibt im Kurzschluß, bis die Isolation zwischen den Stromwenderstegen 1 und 2 die ablaufende Bürstenkante verläßt (Abb. 408c). Die Dauer des Kurzschlusses T_k (Dauer der Stromwendung) ergibt sich aus der Bürstenbreite b und der Umfangsgeschwindigkeit des Stromwenders v_k zu

$$T_k = \frac{b}{v_k}. \tag{390}$$

Nach Ablauf der Kurzschlußdauer T_k verläßt die Spule den Kurzschluß durch die Bürste und wird, wie Abb. 408c zeigt, im entgegengesetzten Sinne vom halben Bürstenstrome durchflossen wie vor dem Kurzschluß; der Strom in der betrachteten Ankerspule wurde gewendet.

Es sollen nun die Erscheinungen untersucht werden, die mit dieser Strom-

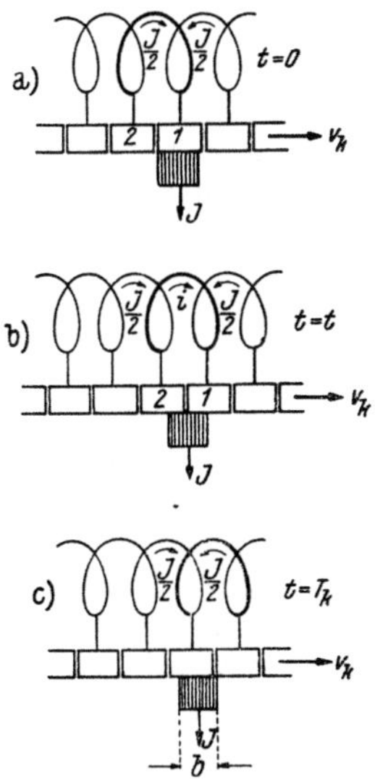

Abb. 408. Zum Begriff der Stromwendung.

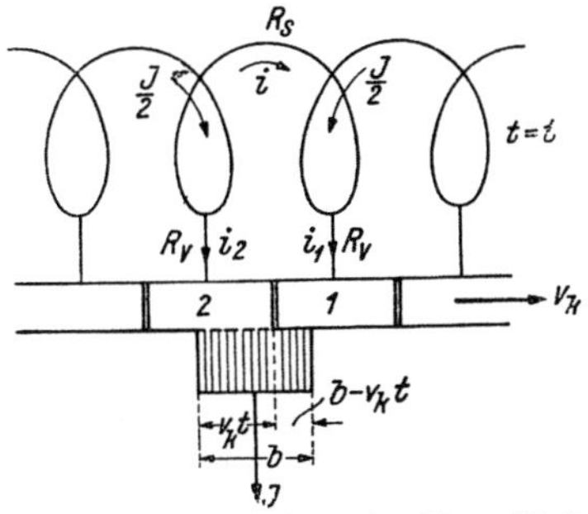

Abb. 409. Zur Ableitung der Kurzschluß-stromkurve.

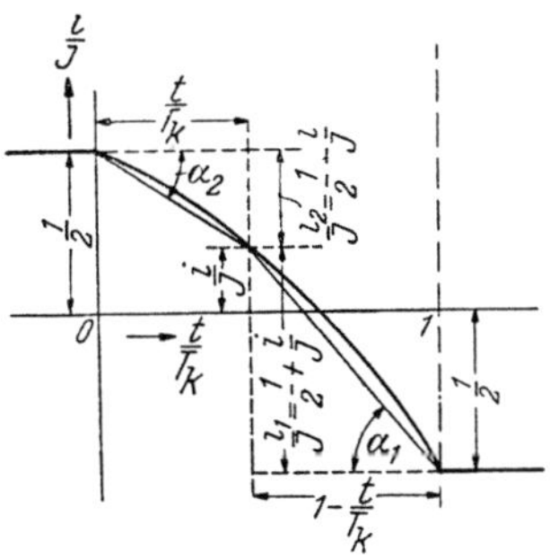

Abb. 410. Zur Darstellung der Stromdichten.

wendung verbunden sind. Nach Abb. 409 ergeben sich die Stromdichten in den beiden Teilen der Bürstenschleiffläche, die teilweise die Stege 1 und 2 des Stromwenders bedecken, zu

$$g_1 = \frac{i_1}{(b - v_k\,t)\,l_b} = \frac{i_1}{b\,l_b\left(1 - \frac{t}{T_k}\right)}$$

und

$$g_2 = \frac{i_2}{v_k\,t\,l_b} = \frac{i_2}{b\,l_b\,\frac{t}{T_k}},$$

wenn mit l_b die Bürstenlänge (in axialer Richtung) bezeichnet, und wenn Gl. 390 berücksichtigt wird. Der zeitliche Verlauf des Kurzschlußstromes kann dabei beliebig sein.

Für die Ströme i_1 und i_2 in Abb. 409 können wir mit dem Kurzschlußstrom i und dem Bürstenstrom J schreiben:

$$\left.\begin{aligned} i_1 &= \frac{J}{2} + i \\ i_2 &= \frac{J}{2} - i \end{aligned}\right\}. \tag{391}$$

Aus Abb. 410 folgt, daß die Stromdichten g_1 und g_2 dargestellt werden können durch

$$g_1 = g_0 \operatorname{tg} \alpha_1 \tag{392a}$$

und

$$g_2 = g_0 \operatorname{tg} \alpha_2, \tag{392b}$$

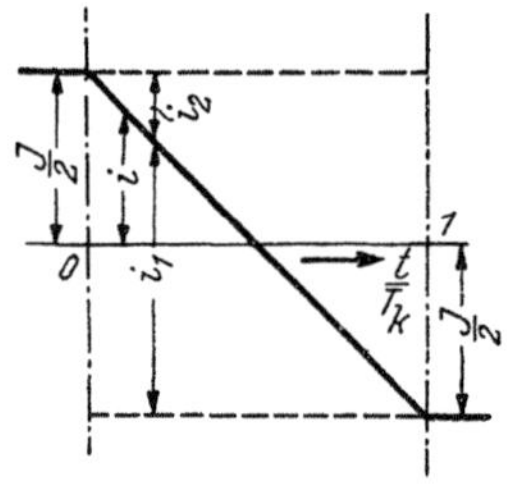

Abb. 411. Kurzschlußstromkurve bei geradliniger Stromwendung.

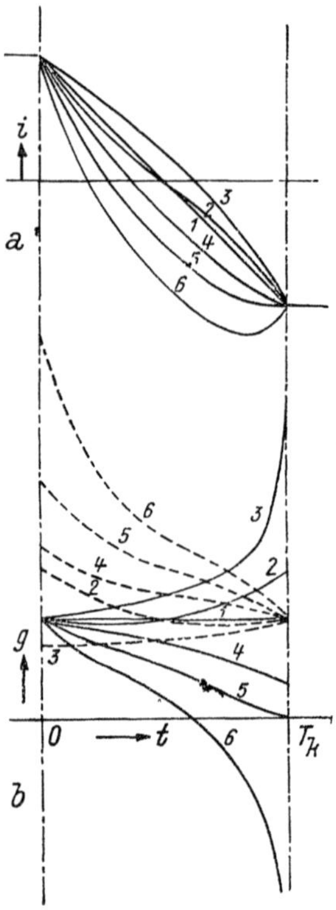

Abb. 412. a) Verschiedene Kurzschlußstromkurven, b) daraus abgeleitete Stromdichten für die ablaufenden (———) und auflaufenden (- - - - - -) Bürstenteilflächen.

wenn g_0 die mittlere Stromdichte in der Bürstenschleiffläche

$$g_0 = \frac{J}{b\, l_b} \tag{392c}$$

bedeutet.

Für den Fall, daß während der Stromwendung sich der Bürstenstrom J in allen Bürstenstellungen gleichmäßig über die Auflagefläche der Bürste verteilt, d. h. daß die Stromdichte in der Bürstenauflagefläche sich während der Stromwendung nicht ändert, muß wegen

$$g_1 = g_2 = g_0,$$

$$\operatorname{tg} \alpha_1 = \operatorname{tg} \alpha_2,$$

also

$$\alpha_1 = \alpha_2$$

in jedem Zeitpunkt während der Kurzschlußdauer T_k sein, was nur durch einen geradlinigen Verlauf der Kurzschlußstrom-Zeit-Kurve erreicht werden kann, wie ihn Abb. 411 zeigt. Eine solche Stromwendung wird als geradlinige Stromwendung bezeichnet.

4. Verschiedene Kurzschlußstrom- oder Übergangskurven.

In Abb. 412a sind verschiedene Kurzschlußstromkurven dargestellt und in Abb. 412b sind daraus die Stromdichten für die ablaufenden (———) und auflaufenden (- - - - -) Bürstenteilflächen abgeleitet. Es erheben sich nun zwei Fragen: Welcher Verlauf der Übergangskurve ist für die Stromwendung günstig und wodurch wird die zeitliche Änderung des Kurzschlußstromes beeinflußt, d. h. unter welchen Bedingungen ergibt sich die eine oder die andere Übergangskurve?

Wie schon einmal gesagt wurde, entsteht das Bürstenfeuer vorwiegend an den ablaufenden Bürstenkanten. Und zwar wird es dann auftreten, wenn im Augenblick der Unterbrechung des Kurzschlusses der Ankerspulen, also zur Zeit T_k, die Stromdichte in der ablaufenden Bürstenteilfläche einen unzulässig hohen Wert annimmt. Aus diesem Grunde werden die Kurzschlußstromkurven 2, 3 und 6 in Abb. 412 die Gefahr des Bürstenfeuers in sich bergen, während die Übergangskurven 1, 4 und 5 hinsichtlich der Stromdichte in den ablaufenden Bürstenkanten günstig sind. Bei der Kurve 5 ist die Stromdichte bei Unterbrechung des Spulenkurzschlusses sogar Null, so daß hier die Bürste am wenigsten zum Feuern neigt. Dagegen ergibt die Stromwendung nach der Kurve 5 hohe Stromdichten in den auflaufenden Bürstenteilflächen, wie aus Abb. 412b zu ersehen ist. Der Strom in der Bürstenfläche ist also ziemlich stark ungleichmäßig verteilt. Anzustreben wird eine Stromwendung sein, bei der einerseits die Stromdichte in der

Bürstenschleiffläche sich während der Kurzschlußdauer T_k nicht allzu stark ändert und bei der anderseits die Stromdichte in den ablaufenden Bürstenkanten möglichst gering ist.

Um die Mittel zu finden, die es ermöglichen, eine solche gewünschte Stromwendung zu erreichen, müssen wir zuerst die Größen kennenlernen, die den Verlauf der Kurzschlußstromkurve beeinflussen.

5. Beeinflussung der Kurzschlußstromkurve durch den Kurzschlußkreiswiderstand, die Stromwendespannung und die Spannung der Drehung, die von der Induktion in der Wendezone am Ankerumfang induziert werden.

a) Einfluß des Kurzschlußkreiswiderstandes auf den Verlauf der Kurzschlußstromkurve. Bezeichnen wir den Widerstand der kurzgeschlossenen Ankerspule mit R_s, den Widerstand der Verbindungsfahne zwischen Wicklung und Stromwendersteg mit R_v und den Übergangswiderstand einer ganzen Bürste und dem Stromwender mit R_b, so gilt

$$i\,R_s + i_1\,R_v + i_1\,R_b\,\frac{b}{b - v_k\,t} - i_2\,R_b\,\frac{b}{v_k\,t} - i_2\,R_v = 0,$$

da die Summe aller Spannungsabfälle im Kreis der kurzgeschlossenen Ankerspule beim Fehlen eines magnetischen Schwundes Null sein muß. Daraus folgt für den Kurzschlußstrom i bei Berücksichtigung von Gl. (391) die Gleichung

$$i = \frac{J}{2}\,\frac{1 - 2\,\frac{t}{T_k}}{1 + \frac{R_s + 2\,R_v}{R_b}\,\frac{t}{T_k}\left(1 - \frac{t}{T_k}\right)}. \tag{393}$$

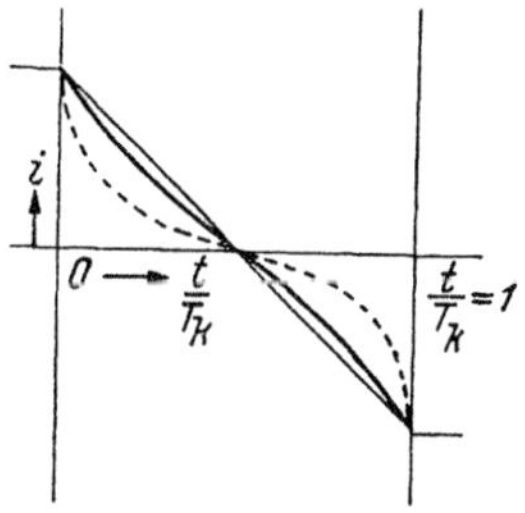

Abb. 413. Kurzschlußstromkurven für $\frac{R_s + 2\,R_v}{R_b} = \begin{cases} 0 \text{ (dunn ausgezogene Kurve)} \\ 1 \text{ (stark ausgezogene Kurve)} \\ 10 \text{ (gestrichelte Kurve).} \end{cases}$

Dabei bedeutet wieder J den Strom einer Bürste. In Abb. 413 sind die aus dieser Gleichung abgeleiteten Kurzschlußstromkurven für drei verschiedene Verhältnisse von $\frac{R_s + 2\,R_v}{R_b}$, nämlich 0 (dünn ausgezogene Kurve), 1 (stark ausgezogene Kurve) und 10 (gestrichelte Kurve) gezeichnet. Man ersieht daraus, daß große Übergangswiderstände zwischen Bürste und Stromwender die Kurzschlußstromkurve geradestrecken. Man spricht von einer reinen Widerstandsstromwendung, wenn die Stromwendung ausschließlich von den Widerständen des Kurzschlußkreises beeinflußt wird. Auch die Kurve 2 in Abb. 412 stellt eine reine Widerstandsstromwendung dar.

b) Einfluß der Stromwendespannung auf den Verlauf der Kurzschlußstromkurve. Aus Abb. 408 ist zu entnehmen, daß sich der Strom in der kurzgeschlossenen Spule während des Kurzschlusses von $+\frac{J}{2}$ in $-\frac{J}{2}$ wendet. Da nun die kurzgeschlossene Ankerspule mit dem Fluß der Streufelder ihrer Nuten und mit dem Fluß der Streufelder ihrer Stirnverbindungen verkettet ist, so erzeugt die durch die Stromänderung von $+\frac{J}{2}$ auf $-\frac{J}{2}$ bedingte Änderung der Streuflüsse eine Spannung der Selbstinduktion in der Ankerspule, die das Abfallen des Stromes verzögert, also einen Verlauf der Kurzschlußstromkurve erzwingt, bei der die Kurzschlußströme gegenüber denen bei geradlinigem Verlauf der Kurve zurückbleiben (z. B. Kurve 3 in Abb. 412). Eine solche Stromwendung bezeichnet man als verzögerte Stromwendung.

In der Zeit T_k ändert sich der Strom also von $+\frac{J}{2}$ auf $-\frac{J}{2}$. Somit ist die mittlere Änderung des Stromes

$$\left(\frac{d\,i}{d\,t}\right)_{\text{mit}} = \frac{J}{T_k}.$$

Infolgedessen ist die mittlere Induktionsspannung, die im Mittel während der Stromänderung durch den mit dem Strom sich ändernden Streufluß entsteht und die wir Stromwendespannung nennen, gleich

$$e_{r\,\text{mit}} = L_\sigma \frac{J}{T_k}.$$

Nach Gl. 17 können wir $L_\sigma = w_s^2 \Lambda_\sigma$ setzen. Führen wir einen mittleren Leitwert λ des Streuflusses einer Nut und Stirnverbindung je cm der axialen Ankerlänge ein, dann ist

$$\Lambda_\sigma = 2\,\Pi_0\,\lambda\,l.$$

Dabei ist berücksichtigt, daß beide Nuten in Rechnung gestellt werden müssen, in denen die Ankerspule eingebettet ist, und beide Stirnverbindungen, so daß für den Leitwert Λ_σ der doppelte Wert von λ eingesetzt werden muß. Drücken wir die Ankerumfangsgeschwindigkeit v durch die Umfangsgeschwindigkeit des Stromwenders v_k aus, indem wir schreiben $v = v_k \frac{D}{D_k}$, wo D und D_k die Durchmesser des Ankers und Stromwenders bedeuten; setzen wir ferner die Bürstenbreite b zunächst gleich der Stegteilung $\tau_k = \frac{D_k\,\pi}{k}$, und führen wir schließlich den Strombelag

$$A = \frac{w_s\,k\,J}{D\,\pi}$$

ein, so ergibt sich für die Induktionsspannung die Formel

$$e_{r\,\text{mit}} = 2\,\Pi_0\,\lambda\,v\,w_s\,A\,l.$$

Schreiben wir $\Pi_0\,\lambda = \zeta$, so erhalten wir die PICHELMAYERsche Formel

$$\boxed{e_{r\,\text{mit}} = 2\,v\,w_s\,\zeta\,A\,l.} \tag{394}$$

Bedeckt eine Bürste mehr als eine Stegteilung, so läßt sich zeigen, daß auch in diesem Falle die gleiche Formel für $e_{r\,\text{mit}}$ gilt. ζ berücksichtigt dann auch die gegenseitige Induktion aller von einer Bürste kurzgeschlossenen Ankerspulen. Um die Stromwendespannung in Volt zu erhalten, haben wir die rechte Seite der Gl. 394 mit 10^{-8} zu multiplizieren:

$$e_{r\,\text{mit}} = 2\,v\,w_s\,\zeta\,A\,l\,10^{-8}\,\text{Volt}. \tag{394a}$$

Dabei ist v in $\frac{\text{cm}}{s}$, l in cm und A in $\frac{A}{\text{cm}}$ einzusetzen.

Der Wert von ζ läßt sich durch Versuche ermitteln und schwankt zwischen 4 und 8.

c) Einfluß des Ankerfeldes in der Wendezone auf die Stromwendung. Stehen die Bürsten in der geometrisch neutralen Zone, so wird in den kurzgeschlossenen Spulen auch eine Spannung durch Bewegung dieser Spulen induziert, da nach Abb. 401 und 402c in der Wendezone eine vom Ankerfeld herrührende Induktion vorhanden ist.

Es leuchtet nun leicht ein, daß diese Spannung im selben Sinne wie die Stromwendespannung wirkt und daher die Stromwendung ebenfalls verzögert. Nach Abb. 414 durchsetzt der Ankerfluß Φ_A vor der Stromwendung (Spule a) und nach der Stromwendung (Spule b) die Spulenfläche stets in der gleichen Weise wie der Streufluß Φ_σ. Die Spannung, die durch Drehung der Spule im Ankerfeld entsteht, muß daher die gleiche Wirkung haben wie die Spannung, die durch die Änderung des Streuflusses während der Stromwendung induziert wird; denn auf welche Weise, ob durch Drehung oder durch Schwund, die Flußänderung erfolgt, ist gleichgültig. Das Ankerfeld wirkt also genau so wie das Streufeld der Spule verzögernd auf die Stromwendung.

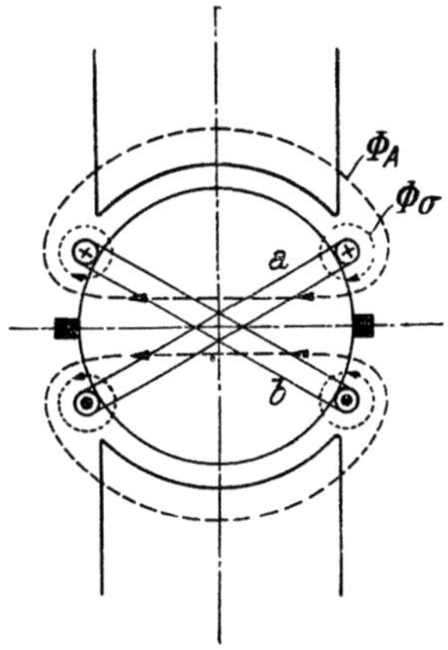

Abb. 414. Zum Einfluß des Ankerfeldes in der Wendezone auf die Stromwendung.

Verschiebt man nun die Bürsten so aus der geometrisch neutralen Zone (Abb. 402c), daß die von ihnen kurzgeschlossenen Ankerspulen in ein resultierendes Feld kommen, das dem Ankerfeld entgegengerichtet ist, so wird in den kurzgeschlossenen Spulen eine Spannung durch ihre Drehung in diesem Felde induziert, die der Stromwendespannung entgegenwirkt, die Stromwendung also beschleunigt. Nach Abb. 402c sind bei einem Generator die Bürsten im Drehsinn des Ankers, bei einem Motor gegen ihn zu verschieben, damit die kurzgeschlossenen Ankerspulen in ein die Stromwendung beschleunigendes Feld kommen.

Hebt die Spannung der Bewegung die Stromwendespannung auf, so ergibt sich eine reine Widerstandsstromwendung. Überwiegt die beschleunigende Spannung der Bewegung die Stromwendespannung, so verläuft der Kurzschlußstrom in Abhängigkeit von der Zeit nach den Kurven 4, 5 oder 6 in Abb. 412, je nach der Größe des Überschusses der Spannung der Bewegung über die Stromwendespannung. Solche Stromwendungen nannten wir bereits beschleunigt.

Eine gute Stromwendung wird eine leicht beschleunigte Stromwendung sein, bei der die Kurzschlußstromkurve z. B. wie Kurve 4 in Abb. 412 verläuft. Verschieben wir nun bei einem Generator die Bürsten im Umlaufsinn so lange, bis durch die Bewegung der kurzgeschlossenen Ankerspulen im resultierenden Feld in der Wendezone in ihnen eine solch große die Stromwendung beschleunigende Spannung induziert wird, daß sie die Stromwendespannung etwas übersteigt, so läßt sich eine solche leicht beschleunigte Stromwendung erzielen. Da sich aber einerseits mit der Belastung die Stärke des Ankerfeldes und damit das resultierende Feld ändert und anderseits auch die Größe der Stromwendespannung vom Belastungsstrom abhängt, so wird jeder Belastung eine andere Bürstenstellung zukommen. Das heißt, entspricht einer bestimmten Last eine bestimmte Bürstenstellung, so wird z. B. die Stromwendung bei einer geringeren Last beschleunigt, bei einer größeren Last verzögert sein. Aus diesem Grund eignet sich die Verbesserung der Stromwendung durch Bürstenverschiebung nicht für Maschinen mit veränderlichen Belastungen.

d) Wendepole. Eine die Stromwendung beschleunigende Spannung in den kurzgeschlossenen Ankerspulen läßt sich jedoch auch erzielen, wenn man Wendepole in der neutralen Zone anordnet (Abb. 405). Diese Hilfspole müssen einerseits das Ankerfeld in den Wendezonen aufheben und anderseits in diesen Zonen ein

Feld erregen, das in den kurzgeschlossenen Spulen eine die Stromwendespannung aufhebende Spannung durch Bewegung induziert.

Diese Wendefeldspannung läßt sich berechnen nach der Formel

$$e_w = 2\, B_w v\, l\, w_s,$$

wenn mit B_w die Normalkomponente der Induktion des von den Wendepolen erregten Feldes bezeichnet wird und wenn die übrigen Formelzeichen die gleiche Bedeutung haben wie in der Formel für die Stromwendespannung. Da die Wendefeldspannung e_w die Stromwendespannung $e_{r\,\mathrm{mit}}$ aufheben soll, so muß

$$e_w = e_{r\,\mathrm{mit}}$$

sein. Daraus folgt

$$B_w = \zeta A. \qquad (395)$$

Über die Polarität der Wendepole wurde bereits in D 4 a gesprochen. Die gleiche Regel, die dort aufgestellt wurde, ergibt sich hier aus folgender Überlegung. Wir mußten nach Punkt c) die Bürsten eines Generators im Umlaufsinn verschieben, um sie in ein Feld zu bringen, das dann in den kurzgeschlossenen Ankerspulen eine beschleunigende Spannung induzieren kann; d. h. wir mußten die Bürsten in das Feld des nächsten Poles stellen. Die Polarität des auf einen Hauptpol im Umlaufsinne eines Generators folgenden Wendepoles wird somit die gleiche sein müssen wie die des auf diesen Hauptpol folgenden Hauptpoles.

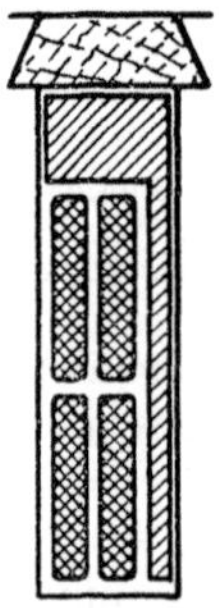

Abb. 415. Ankernut mit 4 Stäben und Dämpferplatte.

Die Schaltung der Wendepolwicklung ergibt sich aus der Bedingung, daß die Wendeinduktion $B_w = \zeta A$, also vom Ankerstrom abhängig sein soll. Daher muß die Wendepolwicklung in Reihe mit dem Anker liegen.

Die Durchflutung der Wendepolwicklung muß erstens die Ankerdurchflutung aufheben, damit das Ankerfeld in der Wendezone verschwindet, das ja nach Punkt c) die Stromwendung verzögernd beeinflußt, und muß zweitens so groß sein, daß sie die gewünschte Induktion B_w in der Wendezone erregen kann. Bezeichnen wir mit V_W die Umlaufspannung im Wendepolkreis (Abb. 405), mit Θ_A die Durchflutung der Ankerwicklung und mit Θ_K die einer etwa vorhandenen Kompensationswicklung, so muß die Durchflutung der Wendepolwickung sein:

$$\Theta_W = \Theta_A - \Theta_K + V_W.$$

6. Verkleinerung der Stromwendespannung durch Nutendämpfer.

Man kann die Stromwendespannung durch Verkleinerung der Gesamtinduktivität — der Selbstinduktion und der gegenseitigen Induktion aller kurzgeschlossenen Ankerspulen — verringern. In den Ankernuten werden zu diesem Zwecke kurzgeschlossene Dämpferwicklungen angeordnet, deren Gegeninduktion die Selbstinduktion vermindert. Dieser Dämpferkreis ist induktiv mit den Nutenleitern gekoppelt. In ihm entlädt sich zum Teil die magnetische Energie des Nutenstreufeldes.

Abb. 415 zeigt einen aus vollem Kupfer hergestellten Nutendämpfer, der nur aus einer Platte mit Kopf besteht. Die mittlere Stromwendespannung kann durch solche Nutendämpfer auf etwa die Hälfte ihres Wertes ohne Dämpfung herabgesetzt werden.[1])

[1]) C. TRETTIN, Wiss. Veröff. Siemens-Werk 15/1 (1936) S. 8.

7. Einige weitere Ursachen des Bürstenfeuers.

Durch Ausgleichströme kann Bürstenfeuer entstehen, wenn die Abstände einzelner Bürstenstifte am Umfange voneinander stark abweichen oder wenn die Luftspalte unter den Hauptpolen verschieden groß sind oder wenn die Stege Abweichungen in der Dicke aufweisen. Auch eine ungeeignete Bürstensorte oder ungleiche Widerstände der Bürstenstifte oder Sammelringe können zum Bürstenfeuer führen.

F. Gleichstromerzeuger.

1. Schaltbilder von Gleichstromerzeugern.

In der Tafel auf S. 306, in der eine Übersicht über Schaltbilder, Kennlinien, Eigenschaften, Kurzschlußverhalten und Anwendungsgebiete der Gleichstromerzeuger zusammengestellt ist, sind die Schaltbilder wohl ohne weiteres verständlich. Einer Erklärung bedarf vielleicht nur der Regelwiderstand im Kreis der Nebenschluß- und fremderregten Wicklung mit den Klemmen *s*, *t* und *q*.

Dieser Regelwiderstand, Feldregler, Regler oder Nebenschlußregler, dient dazu, den Erregerstrom, mit ihm das Hauptfeld und damit die Spannung des Gleichstromerzeugers zu regeln. Will man den Erregerkreis unterbrechen, so stellt man den Regler auf den Kontakt *q*, wodurch gleichzeitig die Erregerwicklung kurzgeschlossen wird. Die große Selbstinduktivität der Erregerwicklung würde nämlich beim raschen Unterbrechen des Erregerkreises Spannungen in der Erregerwicklung hervorrufen, die sowohl die Isolation der Wicklung als auch die Bedienung gefährden könnten. Weiters würde der Ausschaltlichtbogen die Kontakte schädigen. Mit Hilfe des Kurzschlußkontaktes *q* wird nun die Erregerwicklung kurzgeschlossen, bevor der Strom unterbrochen wird. Der Kurzschlußstrom läuft dann mit dem Felde allmählich aus.

Die bei dem Schaltbild der Doppelschlußmaschine angedeutete Ausgleichsleitung wird später beim Parallelschalten der Generatoren besprochen werden.

2. Kennlinien von Gleichstromerzeugern.

Die wichtigste Kennlinie, aus der die Betriebseigenschaften der Gleichstromerzeuger herausgelesen werden können, ist die Klemmenspannungs-Belastungsstrom-Kennlinie $U(J)$, die auch äußere Kennlinie oder äußere Belastungskurve genannt wird. Auf Seite 306 sind diese Kennlinien für die verschiedenen Schaltungen der Gleichstromerzeuger zusammengestellt. Sie geben sowohl Auskunft über die Anhängigkeit der Klemmenspannung vom Belastungsstrom als auch über die Größe des Kurzschlußstromes. Die Voraussetzungen, unter denen diese Kennlinien durch den Versuch ermittelt werden, sind in der Übersicht auf Seite 309 angemerkt.

Die innere Kennlinie oder die innere Belastungskurve zeigt, wie der Verlauf der im Anker induzierten Spannung E' vom Belastungsstrom J abhängt. Diese Kurve kann versuchsmäßig nicht aufgenommen werden, sondern läßt sich aus der äußeren Kennlinie $U(J)$ dadurch finden, daß man zu den Ordinaten U die Spannungsverluste im Ankerkreis $J_A R_A$ und die Bürstenübergangsspannung $V_Ü$ addiert, da ja $E' = U + J_A R_A + V_Ü$ ist. In den Abbildungen der Kurven auf Seite 306 sind der Einfachheit halber unter R_A die Widerstände des ganzen Ankerkreises verstanden, also z. B. der Anker-, Wendepolwicklungs- und Hauptschlußwicklungswiderstand bei Hauptschlußmaschinen. Mit Rücksicht darauf, daß in den Schaltbildern auf Seite 306 Wendepolmaschinen dargestellt sind, haben wir bei der inneren Kennlinie die Spannung E' in Be-

Schaltbilder, Eigenschaften und Verwendung der Gleichstromerzeuger.

Fremderregte Generatoren	Nebenschlußgeneratoren	Reihenschlußgeneratoren	Doppelschlußgeneratoren	
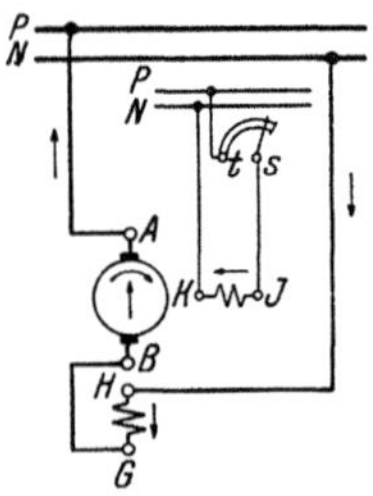	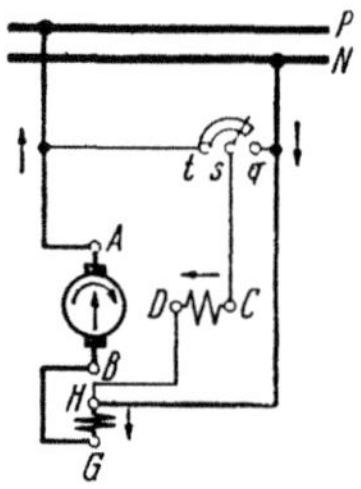	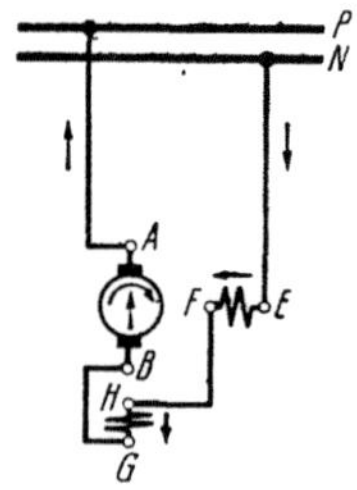	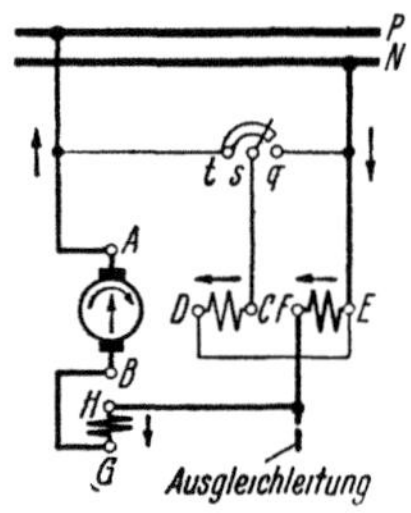	Schaltbilder
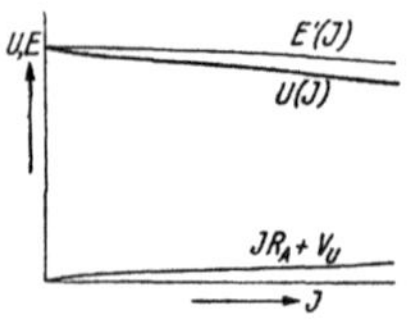	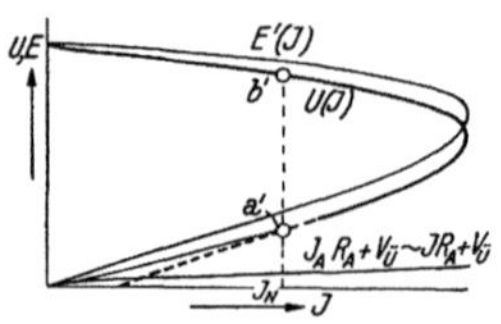	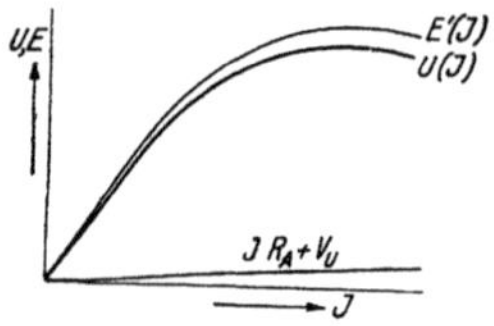	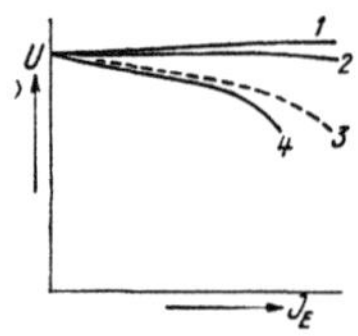	Kennlinien
Maschine liefert bei Kurzschluß den größten Strom.	Ohne Restmagnetismus wäre die Maschine im Kurzschluß stromlos. Der durch den Restmagnetismus bewirkte Kurzschlußstrom ist aus der gestrichelt gezeichneten $U\,(J)$-Kennlinie zu ersehen.	Maschine liefert bei Kurzschluß den größten Strom.	Maschine liefert bei Kurzschluß den größten Strom.	Kurzschluß
Geringe Spannungsänderungen bei allen Belastungen. Regelung der Spannung in weiten Grenzen möglich.	Geringe Spannungsänderungen bei verschiedenen Belastungen.	Spannung steigt zuerst mit dem Strom und fällt nach Erreichung ihres Höchstwertes mit wachsendem Strom wieder ab. Zur Regelung der Spannung muß ein Widerstand parallel zur Hauptschlußwicklung geschaltet werden. Maschine polt sich bei Rückstrom um.	Spannung je nach Schaltsinn und Größe der Durchflutung der Hauptschlußwicklung: steigt mit der Belastung (Kurve 1, Überkompoundierung), bleibt unveränderlich (Kurve 2, Kompoundierung), sinkt mit steigender Belastung weniger (Unterkompoundierung) oder schneller (Kurve 4, Gegenkompoundierung) als bei der Nebenschlußmaschine (Kurve 3).	Eigenschaften
Geeignet, auf ein Netz gleichbleibender Spannung zu arbeiten; zum Laden von Akkumulatorenbatterien. Ähnlich der Nebenschlußmaschine.	Gebräuchlichste Schaltungsart. Maschine in Elektrizitätswerken, elektrochemischen Betrieben. Verwendung im allgemeinen überall dort, wo keine häufigen und allzu stark schwankenden Belastungen auftreten. Für Zusammenarbeit mit Akkumulatoren.	Für Kraftübertragungen auf mehrere in Reihe geschaltete Hauptstrommotoren (selten); für Prüf- und Bremsschaltungen im Straßenbahnbetrieb; als Fernleitungsgenerator zum selbsttätigen Ausgleich des Leistungsverlustes; zur Speisung von Bogenlampen. Keine große praktische Bedeutung.	In Bahnkraftwerken und Anlagen mit starken und häufigen Schwankungen der Belastung, wie z. B. Walz- und Hüttenwerke, wo unveränderte Spannung ohne Nachregelung oder bei Fehlen einer besonderen Pufferung gefordert ist. Nur vereinzelt verwendet.	Anwendungsgebiet

tracht zu ziehen, die bei unverschobenen Bürsten im Anker induziert wird. Bei einem Generator ohne Wendepole und mit Bürsten, die aus der geometrisch neutralen Zone verschoben sind, muß die Spannung E'' in Abhängigkeit vom Belastungsstrom gebracht werden.

In Abb. 416a sind für eine fremderregte Gleichstrommaschine noch einmal die Leerlaufkennlinie $E\,(J_E)$, die Belastungskennlinie $E'\,(J_E)$ bei unverschobenen Bürsten und für den Nennstrom als Belastungsstrom und die Belastungskennlinie $E''\,(J_E)$ der Maschine mit um den Winkel β aus der geometrisch neutralen Zone verschobenen Bürsten gezeichnet. Zieht man von der induzierten Spannung E'' noch die Spannungsverluste im Ankerkreis $J_A\,R_A = J_N\,R_A$ für den Nennstrom J_N und die Bürstenübergangsspannung $V_Ü$ ab, so bleibt die Klemmenspannung U übrig, denn

$$U = E'' - J_A\,R_A - V_Ü.$$

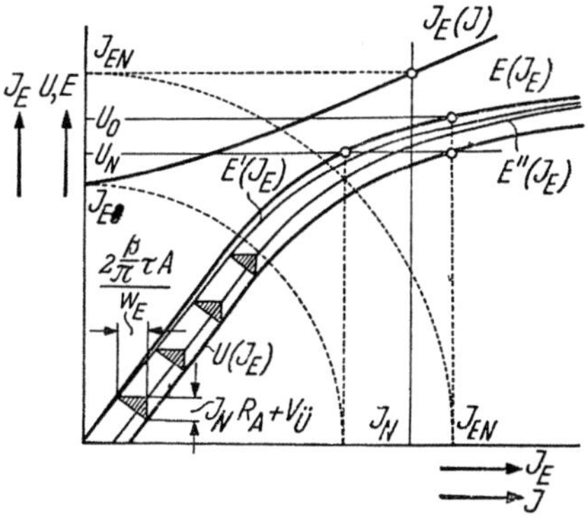

Abb. 416a. Leerlaufkennlinie $E\,(J_E)$, innere magnetische Kennlinien $E'\,(J_E)$ und $E''\,(J_E)$, äußere magnetische Kennlinie $U\,(J_E)$ und Regelkennlinie $J_E\,(J)$ eines fremderregten Generators.

In Abb. 416a stellt $\dfrac{2\frac{\beta}{\pi}\tau\,A}{w_E}$ jenen Erregerstrom dar, der der Längsdurchflutung $2\frac{\beta}{\pi}\tau\,A$ entspricht, wenn mit w_E die Windungszahl der in Reihe geschalteten Erregerwicklungen zweier Pole bezeichnet wird. A ist der zum Nennstrom $J_A = J_N$ gehörige Strombelag. Auf diese Weise erhalten wir die Kennlinie $U\,(J_E)$, die äußere magnetische Kennlinie zum Unterschied von den inneren magnetischen Kennlinien $E'\,(J_E)$ und $E''\,(J_E)$ genannt wird.

In Abb. 416a ist noch die Regelkennlinie $J_E\,(J)$ eingezeichnet, d. i. die Abhängigkeit des Erregerstromes J_E vom Belastungsstrom J für unveränderliche Klemmenspannung U und Drehzahl n. In der Abbildung sind die Punkte für Leerlauf (J_{EO}, $J = 0$) und Nennlast (J_{EN} und J_N) bei der Nennklemmenspannung U_N ermittelt worden.

Abb. 416b zeigt die Leerlaufkennlinie $E\,(J_E)$ eines Nebenschlußgenerators und die äußere magnetische Kennlinie $U\,(J_E)$ für den Nennstrom als Belastungsstrom. Wir nehmen einen unveränderlichen Widerstand des Nebenschlußkreises R_E an und zeichnen die Widerstandsgerade $J_E\,R_E\,(J_E)$. Dabei ist R_E so gewählt, daß bei Nennklemmenspannung U_N der Nennstrom auftritt. Die Widerstandsgerade schneidet die äußere magnetische Kennlinie $U\,(J_E)$ in den beiden Punkten a und b. Somit gehören zum Nennstrom J_N (für den die Kennlinie $U\,(J_E)$ gilt) und zum unveränderlichen Widerstand des Nebenschlußkreises R_E, für den die Widerstandsgerade gilt, zwei verschiedene Klemmenspannungen, die in der äußeren Kennlinie $U\,(J)$ in der Tafel auf Seite 306 durch die Punkte a' und b' gekennzeichnet sind.

Bei der Hauptschlußmaschine fallen die innere magnetische Kennlinie $E'\,(J_E)$ oder $E''\,(J_E)$ mit der inneren Kennlinie $E'\,(J)$ oder $E''\,(J)$ zusammen und die äußere magnetische Kennlinie $U\,(J_E)$ mit der äußeren Kennlinie $U\,(J)$, weil hier $J_E = J$ ist.

Bei der Doppelschlußmaschine erhalten wir aus der Belastungskennlinie $E'\,(J_E)$ für Bürsten in der geometrisch neutralen Zone die Belastungskennlinie

$E''(J_E)$ für Bürsten, die im Umlaufsinn des Ankers aus der geometrisch neutralen Zone um den Winkel β verschoben sind, wenn wir die Kurve $E'(J_E)$ im Sinne negativer Abszissen um den Betrag $\frac{1}{w_E}(J_A w_H - 2 A \beta \tau/\pi)$ verschieben (Abb. 416c). Es bedeuten $J_A w_H$ die Durchflutung der Hauptschlußwicklung eines ganzen magnetischen Kreises, $2 A \beta \tau/\pi$ wieder die Gegenlängsdurchflutung der Ankerwicklung und w_E die Windungszahl der in Reihe geschalteten Neben-

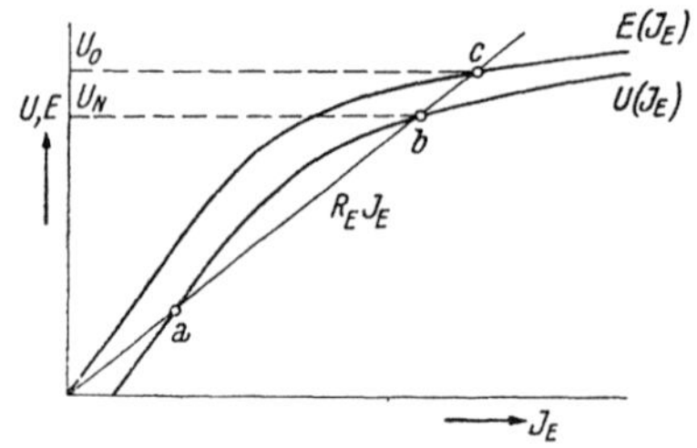

Abb. 416b. Leerlaufkennlinie $E(J_E)$ und äußere magnetische Kennlinie $U(J_E)$ eines Nebenschlußgenerators.

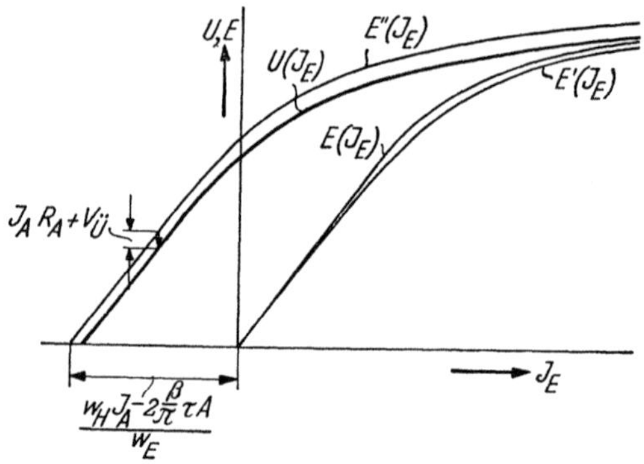

Abb. 416c. Leerlaufkennlinie $E(J_E)$, innere magnetische Kennlinien $E'(J_E)$ und $E''(J_E)$ und äußere magnetische Kennlinie $U(J_E)$ eines Doppelschlußgenerators.

schlußwicklungen zweier Hauptpole. Hier ist angenommen, daß die Durchflutung der Hauptschlußwicklung die der Nebenschlußwicklung unterstützt. Für den Fall, daß die Durchflutung der Hauptschlußwicklung aber der der Nebenschlußwicklung entgegenwirkt, ist die Kurve $E'(J_E)$ im Sinne positiver Abszissen um den Betrag $\frac{1}{w_E}(J_A w_H + 2 A \beta \tau/\pi)$ zu verschieben.

In der Tafel auf S. 309 ist eine Übersicht über die verschiedenen Kennlinien von Gleichstromgeneratoren zusammengestellt.

3. Spannungsänderung bei Gleichstromerzeugern.

Nach den Regeln für die Bewertung und Prüfung von elektrischen Maschinen des VDE (0530 XII. 37) versteht man unter der Spannungsänderung eines Gleichstromgenerators mit Nebenschluß- oder Fremdschlußwicklung die Spannungserhöhung, die bei Übergang von Nennbetrieb auf Leerlauf auftritt, wenn die Drehzahl gleich der Nenndrehzahl bleibt, die Bürsten in der für Nennbetrieb vorgeschriebenen Stellung bleiben und bei Selbsterregung der Erregerwiderstand, bei Eigenerregung oder Fremderregung der Erregerstrom unverändert bleibt. Diese Spannungserhöhungen sind bei den fremderregten und Nebenschlußgeneratoren aus den Kurvenbildern (Abb. 416a und b) zu entnehmen; sie sind $U_0 - U_N$. Bei den fremderregten Maschinen bleibt der Erregerstrom J_{EN} ungeändert, bei den Nebenschlußmaschinen der Erregerwiderstand; dies entspricht bei den letzteren einer Widerstandsgeraden bestimmter Neigung. Diese Widerstandsgerade schneidet die Leerlaufkennlinie im Punkt c und die äußere magnetische Kennlinie im Punkt b.

Bei den Doppelschlußgeneratoren ist die Spannungsänderung der Unterschied zwischen der höchsten und der niedrigsten Spannung, der während des Überganges von Nennbetrieb auf Leerlauf und zurück auf Nennbetrieb auftritt, wenn

Übersicht über die Kennlinien von Gleichstromgeneratoren.

		Bezeichnung	Funktion	Voraussetzungen	Anmerkung
Magnetische Kennlinien		Leerlaufkennlinie	$E(\Theta)$ $E(J_E)$	$n =$ fest, $J_A = 0$ Bürstenstellung unveränderlich	Hauptschlußmaschine muß für die versuchsmäßige Aufnahme dieser Kennlinie fremd erregt werden.
Magnetische Kennlinien	Belastungskennlinien	Innere magnetische Kennlinien	$E'(\Theta)$ oder $E'(J_E)$ $E''(\Theta)$ oder $E''(J_E)$	$n =$ fest, $J_A =$ fest unveränderliche Bürstenstellung	$E'(J_E)$ zeigt den Einfluß der Ankerrückwirkung für den Fall, daß die Bürsten in der geometrisch neutralen Zone stehen, und $E''(J_E)$ für den Fall, daß die Bürsten verschoben sind.
		Äußere magnetische Kennlinien	$U(\Theta)$ oder $U(J_E)$		
Belastungskurven		Äußere Belastungskurve, Äußere Kennlinie, Stromspannungskennlinie, Klemmenspannungskennlinie	$U(J)$	$n =$ fest unveränderlicher Widerstand des Nebenschlußkreises bei Neben- und Doppelschlußmaschinen; unveränderlicher Erregerstrom bei fremderregten Maschinen; unveränderliche Bürstenstellung	
		Innere Belastungskurve, Innere Kennlinie	$E'(J)$ bei unverschobenen Bürsten $E''(J)$ bei verschobenen Bursten		Kann versuchsmäßig nicht aufgenommen werden. E' oder $E'' = U + J_A R_A + V_U$
		Regulierkurve, Regelkennlinie	$J_E(J)$	$U =$ fest, $n =$ fest	
		Kurzschlußkennlinie	$J_K(J_E)$	$n =$ fest	

die gleichen Bedingungen wie bei den Generatoren mit Nebenschluß- und Fremdschlußwicklung eingehalten werden.

4. Bedingung der Selbsterregung von Nebenschlußgeneratoren.

Für verschiedene Widerstände im Nebenschlußkreis zeigt Abb. 417 die Widerstandsgeraden. Die Tangente an die Leerlaufkennlinie entspricht einem bestimmten kritischen Widerstand. Bei Widerstandswerten, die größer sind als dieser kritische Wert, erregt sich die Maschine nicht; bei kleineren Werten bis zu jener Spannung, die dem Schnittpunkt der Widerstandsgeraden mit der Leerlaufkennlinie zugehört. Im allgemeinen kann die Maschine auf dem geradlinigen Teil der Leerlaufkennlinie nicht stabil arbeiten, weil dort keine eindeutigen Schnittpunkte mit der Widerstandsgeraden auftreten.

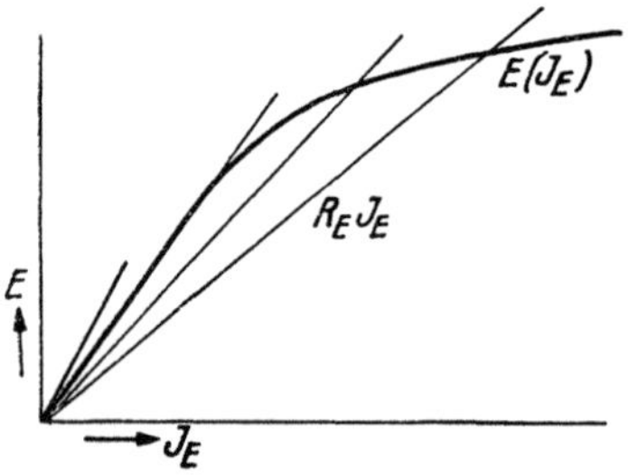

Abb. 417. Leerlaufkennlinie und Widerstandsgerade für verschiedene Werte des Widerstandes im Nebenschlußkreis.

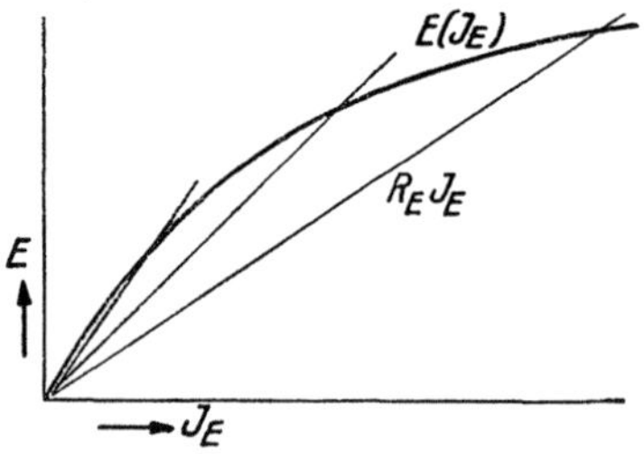

Abb. 418. Leerlaufkennlinie mit Krümmung im unteren Teile.

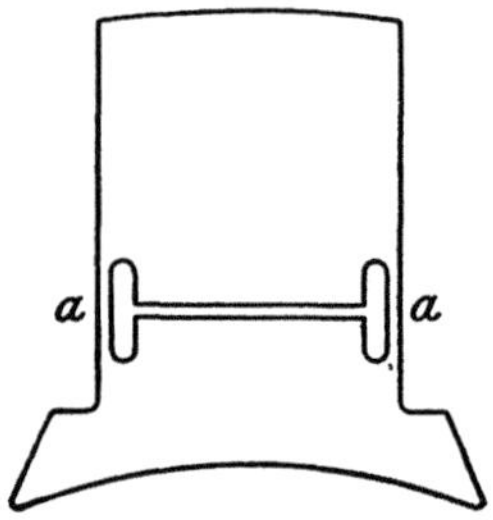

Abb. 419. Pol mit magnetischen Engpässen im Schenkel.

Eine Krümmung der Leerlaufkennlinie im unteren Teil würde den Stabilitätsbereich der Maschine vergrößern (Abb. 418). Dies kann erreicht werden z. B. durch magnetische Engpässe im Polschenkel (Abb. 419) oder durch Einbau dauermagnetischer Stahlplatten in den Polkern.

5. Parallelschalten von Gleichstromerzeugern.

a) Maschinen mit Neben- oder Fremdschluß. Beim Parallelschalten von fremd- und eigenerregten sowie Nebenschlußmaschinen sind folgende Bedingungen zu beachten:

1. Die Klemmenspannung des zuzuschaltenden Generators *II* muß gleich sein der Spannung des Netzes oder der Klemmenspannung des schon das Netz speisenden Generators *I*.

2. Der Anschluß der Klemmen muß unter Beachtung der Polarität erfolgen; d. h. der Pluspol der zuzuschaltenden Maschine *II* muß an den Pluspol des Netzes oder des schon laufenden Generators *I* gelegt werden. Dies läßt sich z. B. folgendermaßen prüfen: Man schließt die Kontakte eines Poles des zweipoligen Schalters des zuzuschaltenden Generators *II* kurz und legt zwischen die Kontakte des anderen Poles dieses Schalters ein Voltmeter oder eine Glühlampe. Bei Gleichheit der Klemmenspannungen der beiden Generatoren und richtigem Anschluß ist die Spannung am Voltmeter oder der Glühlampe Null; bei falschem Polanschluß aber gleich der doppelten Maschinenspannung.

3. Nach diesem Parallelschalten des Generators *II* gibt dieser noch keinen Strom ins Netz ab. Wie man ihn zur Stromabgabe zwingen kann, zeigt folgende Überlegung. Wir bezeichnen mit J_I den Strom des Generators *I*, mit J_{II} den vom Generator *II* zu liefernden Strom; mit R_I und R_{II} die Gesamtmaschinenwiderstände und mit E_I und E_{II} die in den Ankern induzierten Spannungen. Es gilt dann für den Generator *II*

$$J_{II} = \frac{E_{II} - U}{R_{II}},$$

wenn U die Netzspannung darstellt. Solange also $E_{II} = U$ ist, gibt die Maschine *II* keinen Strom ab ($J_{II} = 0$); verstärken wir aber ihre Erregung, so daß $E_{II} > U$ wird, so liefert sie einen Strom J_{II} ins Netz. Bei der gleichen Netzbelastung wird dann der Generator *I* um diesen Strom J_{II} entlastet, so daß sein abgegebener Strom gleich $(J_I - J_{II})$ ist. Für die Maschine I kann geschrieben werden:

$$U = E_I - (J_I - J_{II}) R_I = E_I - J_I R_I + J_{II} R_I.$$

Aus dieser Gleichung folgt, daß die Netzspannung U durch dieses Zuschalten des Generators II und der Verstärkung seiner Erregung gestiegen ist, denn an der Erregung und damit an der induzierten Spannung E_I des Generators I wurde nichts geändert. Um die Netzspannung U auf den ursprünglichen Wert zurückzuführen, muß die Erregung des Generators I entsprechend geschwächt werden.

Um eine Belastung von Generator I auf den Generator II zu übertragen, hätte man nach Zuschaltung des Generators II auch die Erregung des Generators I schwächen können. Dann wäre die Netzspannung U gesunken. Und dies hätte wieder durch Verstärkung der Erregung des Generators II ausgeglichen werden müssen.

Durch Änderung der Erregungen der beiden Generatoren läßt sich bei unveränderlicher Netzspannung eine beliebige Lastverteilung vornehmen. Es kann auch ein Generator von dem anderen als Motor angetrieben werden. Wird z. B. die Erregung des Generators II so weit geschwächt, daß $E_{II} < U$ ist, dann wird J_{II} negativ, d. h. die Maschine ist in den Motorzustand übergegangen.

Beim stoßfreien Abschalten eines Generators muß zuerst die Erregung des abzuschaltenden Generators so lange geschwächt und die des am Netz verbleibenden Generators verstärkt werden, bis bei unveränderter Netzspannung der Strom des abzuschaltenden Generators Null geworden ist.

b) Doppelschlußmaschinen. Wird bei parallelgeschalteten Doppelschlußmaschinen durch irgendeine Ursache, z. B. durch Erhöhung der Drehzahl der

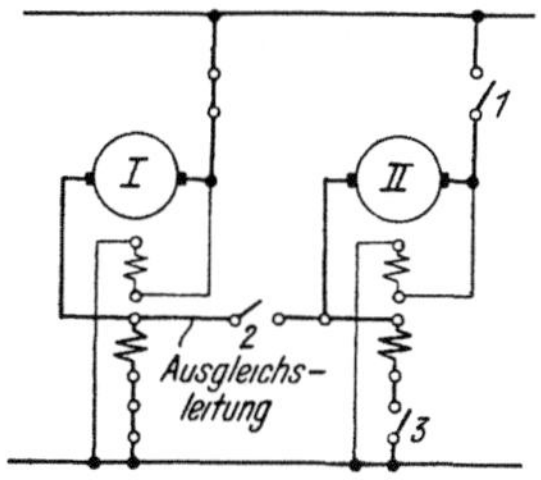

Abb. 420. Zum Parallelschalten von Doppelschlußgeneratoren.

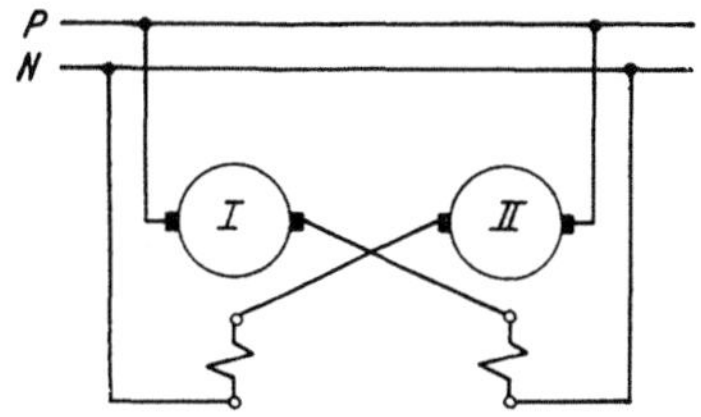

Abb. 421. Zum Parallelschalten von Hauptschlußgeneratoren.

Antriebsmaschine, der abgegebene Strom eines Generators stärker, so wird dadurch dieser Generator noch mehr erregt; er gibt einen noch größeren Strom ins Netz; bis schließlich die anderen parallellaufenden Generatoren nicht nur gänzlich entlastet, sondern von dem in Rede stehenden Generator als Motoren angetrieben werden. Die Ursache für dieses Verhalten ist die Hauptschlußwicklung dieser Generatoren. Um nun zu verhindern, daß sich die Belastung willkürlich auf die parallellaufenden Maschinen aufteilt und z. B., wie geschildert, die eine Maschine bei höherer Erregung oder Zunahme der Drehzahl Strom übernimmt, werden die Hauptschlußwicklungen durch eine Ausgleichsleitung untereinander parallelgeschaltet, wie Abb. 420 zeigt. Der Anschluß der Ausgleichsleitung ist in der Tafel auf Seite 306 im Schaltbild angedeutet.

Ein größerer Strom in einer Maschine verteilt sich auf alle anderen Hauptschlußwicklungen und beeinflußt auf diese Weise die Erregung sämtlicher Maschinen.

Beim Zuschalten einer Doppelschlußmaschine kann man so vorgehen, daß man zuerst die Hauptschlußwicklungen parallelschaltet, dann den Anker der zuzuschaltenden Maschine durch die Nebenschlußwicklung auf die gleiche Spannung bringt, wie sie die anderen Anker aufweisen und ihn parallelschaltet, oder man schließt alle Schalter (1, 2 und 3 in Abb. 420) gleichzeitig. Zur Stromabgabe zwingt man die zugeschaltete Maschine durch Verstärkung ihrer Nebenschlußerregung.

c) Hauptschlußmaschinen. Das Parallelarbeiten von zwei Hauptschlußmaschinen ist z. B. in der Kreuzschaltung nach Abb. 421 möglich. Steigt der Ankerstrom einer Maschine etwa durch Zunahme der Drehzahl seiner Antriebsmaschine, so erregt er die andere Maschine stärker und bewirkt dadurch eine Zunahme des Stromes dieser Maschine.

G. Gleichstrommotoren.

1. Allgemeines.

a) Drehrichtung. Nach den besonderen Erklärungen in DIN VDE 715, Blatt 1, Schaltzeichen für Starkstromanlagen, Maschinen, kann beim Entwerfen von Schaltzeichen die gegenseitige Lage der Wicklungen so gewählt werden, daß ein Stromrichtungspfeil in Richtung der Wicklungsachse gleichzeitig die Richtung des magnetischen Feldes angibt, das der in dieser Wicklung fließende Strom zu erzeugen sucht. Nimmt man dies als Regel für die Aufstellung von Schaltbildern, so läßt sich über das Drehmoment eines stromdurchflossenen Ankers einer Gleichstrommaschine im Felde folgendes sagen. In Abb. 422 geben die Pfeile die Richtung des Stromes im Anker und die Richtung des äußeren Feldes an. Der Anker entwickelt nun ein Drehmoment, durch das er sich auf dem kürzesten Wege in die Richtung des Feldes zu stellen sucht. Dieser „Drehwille“ ist in Abb. 422a angedeutet. Kann der Anker diesem Drehwillen folgen (Abb. 422b), so gibt er mechanische Leistung ab und die Maschine ist ein Motor. Treibt man aber den Anker gegen seinen Drehwillen an, so nimmt er mechanische Leistung auf und wirkt generatorisch (Abb. 422c). Somit läuft der Anker eines Motors so um, daß der Ankerpfeil auf kürzestem Wege in die Richtung des Feldpfeiles kommt; während beim Generator der Ankerpfeil in die Gegenrichtung zum Feldpfeil auf kürzestem Wege sich einstellen muß.

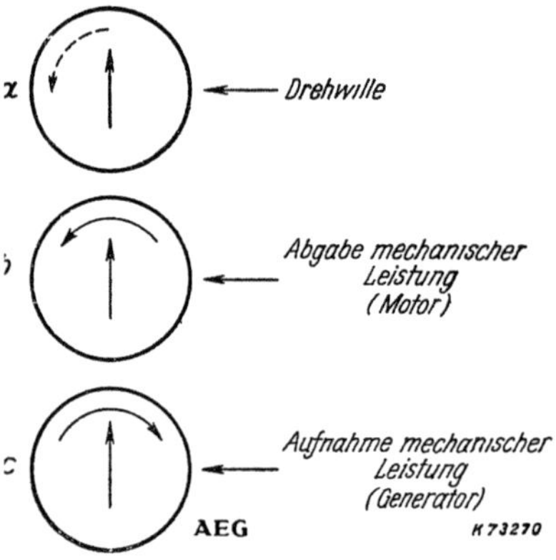

Abb. 422. Drehrichtung eines Motors und Generators.

Diese Festlegungen sind bei den Schaltbildern der Gleichstromerzeuger und -motoren auf S. 306 und 317 berücksichtigt.[1])

Aus vorstehendem folgt, daß man die Drehrichtung eines Gleichstrommotors dadurch umkehren kann, daß man entweder die Richtung des Stromes im Anker oder in der Erregerwicklung verkehrt. Eine Umkehr der Richtungen beider Ströme, sowohl im Anker als auch in der Erregerwicklung, würde die Umlaufrichtung nicht beeinflussen. Im allgemeinen ändert man die Richtung des Stromes im Ankerkreis.

---

[1]) W. Nürnberg, ETZ 62 (1941) S. 998; H. Voigt, Elektrotechn. u. Masch.-Bau 60 (1942) S. 237 u. 305.

Bei Generatoren ändert sich mit dem Drehsinn die Polarität der Ankerklemmen (Abb. 423).

b) Regelung der Drehzahl. Aus der Gleichung

$$U = E + J_A R_A + V_{\ddot{U}}, \tag{385a}$$

und aus der Formel für die induzierte Spannung

$$E = \frac{z}{a} \Phi n p \tag{384}$$

folgt die Drehzahl

$$n = \frac{U - J_A R_A - V_{\ddot{U}}}{\frac{z}{a} \Phi p} = \frac{U - J_A R_A - V_{\ddot{U}}}{C \Phi}. \tag{396}$$

Somit ändert sich die Drehzahl n mit der Klemmenspannung U, der Belastung (J_A), der Erregung Φ und der Größe der Widerstände im Ankerkreis R_A.

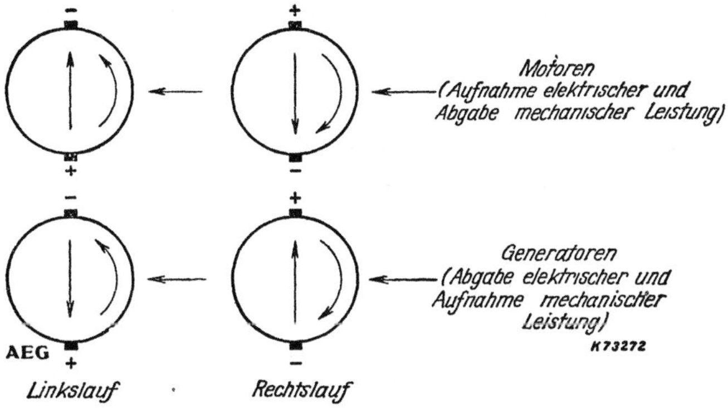

Abb. 423. Rechts- und Linkslauf von Motoren und Generatoren.

Die Klemmenspannung eines Motors kann z. B. durch Einschalten eines Widerstandes vor den Motor geregelt werden. Die Nachteile einer solchen Regelungsart aber liegen auf der Hand. Im Vorschaltwiderstand geht Leistung verloren und überdies ist die in ihm verbrauchte Spannung vom Motorstrom abhängig, so daß mit schwankender Belastung auch die Klemmenspannung und mit ihr die Drehzahl sich ändern. Wie die Klemmenspannung eines Motors verlustfrei geregelt werden kann, wird im Abschnitt c) besprochen werden.

Die Drehzahlregelung durch Feldschwächung wird bei Nebenschluß-, fremderregten und Doppelschlußmotoren verwendet. Zu diesem Zwecke wird in den Erregerkreis ein regelbarer Widerstand gelegt, der Magnetregler oder Feldregler. Im allgemeinen regelt man die Drehzahl durch Feldschwächung von einer Grunddrehzahl nach aufwärts. Doch beschränkt man sich auf Regelverhältnisse bis 1:3, höchstens 1:4. Dies ist darin begründet, daß mit zunehmender Drehzahl das Hauptfeld mehr und mehr geschwächt wird und die Ankerrückwirkung sich um so stärker auswirkt. Wie wir im Abschnitt 2a hören werden, ist es möglich, daß, wenn der Einfluß der Ankerrückwirkung groß ist, die Drehzahl mit steigender Belastung wächst. Je nach dem Verlauf der Momentenkennlinie der vom Motor angetriebenen Arbeitsmaschine kann dadurch der Betrieb unstabil werden. Weiters nimmt bei starker Feldschwächung die Drehzahl sehr rasch zu und der Motor neigt bei geringer Belastung zum Durchgehen; d. h. daß die Drehzahl die Fliehkraftgrenze überschreitet und der Anker durch die Fliehkraftbeanspruchungen zerrissen wird.

Die Regelung der Drehzahl durch Verändern des Motorfeldes kommt vor allem bei durchlaufenden Antrieben in Frage. Bei vielen aussetzenden Betrieben findet man dagegen die Drehzahlregelung mit vorgeschalteten Ankervorwiderständen, weil der Motor bei Beginn jedes Arbeitsspieles angelassen werden muß. Mitunter sind beide Regelungsarten vereinigt: Die Regelung durch Ankervorwiderstände für das Gebiet der niedrigeren Drehzahlen und die Feldregelung für die höheren Drehzahlen, wenn wir von der Nenndrehzahl bei starkem Feld ausgehen.

c) Übergang von Motoren in den Generatorzustand. Für den Ankerstrom läßt sich schreiben:

$$J_A = \frac{U - E - V_{\ddot{U}}}{R_A}. \tag{385b}$$

Ein Gleichstrommotor geht offenbar in den Generatorzustand über, wenn die induzierte Spannung E die Klemmenspannung U überwiegt, wenn also $E > U$ ist. Dann wird J_A negativ, d. h. die Maschine gibt Strom ins Netz ab. (Von der Bürstenübergangsspannung haben wir dabei abgesehen.)

Wird ein Nebenschlußmotor im gleichen Umlaufsinne, in dem er als Motor lief, mit einer so großen Drehzahl angetrieben, daß seine induzierte Spannung E größer als die Klemmenspannung U wird, so geht er, ohne daß an der Schaltung etwas geändert werden muß, in den Generatorzustand über.

Somit kann eine Nebenschlußmaschine ohne Schaltungsänderung im gleichen Drehsinne als Motor und Generator wirken.

Eine Hauptschlußmaschine jedoch hat, wenn man an ihrer Schaltung nichts ändert, als Motor die entgegengesetzte Drehrichtung des Generators, da sich die Stromrichtungen im Anker und in der Erregerwicklung umkehren. Soll also ein Hauptschlußmotor zu einem Generator werden, der im selben Sinne angetrieben wird, in dem die Maschine als Motor gelaufen ist, so muß die Erregerwicklung umgeklemmt werden.

d) Bremsung von Gleichstrommotoren. Ein Nebenschlußmotor geht, wie wir gehört haben, in den Generatorzustand über, wenn er mit einer Drehzahl angetrieben wird, die größer ist als eine bestimmte Umlaufzahl, d. i. die Leerlaufdrehzahl. Von dieser Eigenschaft kann man z. B. bei Bergbahnmotoren Gebrauch machen. Überschreitet bei der Talfahrt der Motor seine Leerlaufdrehzahl, so gibt er Strom ins Netz zurück und bremst ab. Eine solche Bremsung heißt Nutzbremsung oder Rückarbeit.

Beim Reihenschlußmotor ist eine Nutzbremsung nicht möglich. Würde man auch die Erregerwicklung umschalten, so könnte doch der Reihenschlußgenerator wegen des Verlaufes seiner Klemmenspannungs-Belastungsstrom-Kurve nicht auf ein Netz mit gleichbleibender Spannung zurückarbeiten. Man müßte den Motor zur Nutzbremsung fremd erregen.

Verzichtet man auf Rückarbeit, so schaltet man die Motoren vom Netz ab; die Motoren werden von der mechanischen Energie der bewegten Massen als Generatoren angetrieben und verwandeln die mechanische in elektrische Energie und diese in Widerständen in Wärme. Diese Bremsung nennt man Widerstands- oder Kurzschlußbremsung. Soll die Generatorwirkung bei gleichbleibender Drehrichtung eintreten, so muß bei Hauptschlußmotoren die Erregerwicklung umgeschaltet werden, bei Nebenschlußmaschinen nicht. Bei der Kurzschlußbremsung mit entgegengesetzter Drehrichtung muß bei Nebenschlußmotoren die Erregerwicklung umgeschaltet werden, während bei Hauptschlußmotoren die Schaltung ungeändert bleibt. Diese Bremsung kommt beim Senken einer Last in Betracht, und man spricht vom Senkbremsen und von Senkbremsschaltungen.

Schließlich kann man den laufenden Motor auf die entgegengesetzte Drehrichtung umschalten. Ein kräftiger Stromstoß bewirkt ein starkbremsendes Drehmoment. Diese Gegenstrombremsung zieht einen erhöhten Kontaktabbrand im Steuergerät nach sich und wird daher im allgemeinen vermieden. Auch besteht die Gefahr des Anlaufens mit anderer Drehrichtung.

Bei Bahnen im Gefälle und Hebezeugen wirkt das Lastmoment beschleunigend. Wenn dabei auf eine bestimmte Drehzahl gebremst werden muß, so spricht man von einer Dauerbremsung. Die gewünschte Drehzahl kann entweder größer oder kleiner oder gleich der Betriebsdrehzahl sein. Dafür eignen sich die Nutz- und die Kurzschlußbremsung.

Bei der Kurzschlußbremsung läßt sich die Bremsdrehzahl durch die Änderung des Erregerstromes einstellen. Mit der Kurzschlußbremsung kann z. B. die Senkgeschwindigkeit einer Last durch Veränderung des äußeren Widerstandes unterhalb der Nenndrehzahl geregelt werden. Und zwar nimmt die Drehzahl mit dem Widerstande ab. Man kommt mit dieser Bremsung wohl nahe an den Stillstand heran, doch läßt sich mit ihr die Last nicht stillsetzen, da nur durch Bewegung Bremsstrom erzeugt werden kann. Völliges Stillsetzen ist nur mit einer mechanischen Bremse möglich.

Eine elektrische Bremsung bis zum Stillstand ist mit der Gegenstrombremsung zu erreichen.

e) Anlassen. Aus der Gleichung

$$J_A = \frac{U - E - V_{\ddot{U}}}{R_A}$$

folgt, daß beim Einschalten eines Motors mit voller Spannung im allgemeinen ein starker Stromstoß auftreten würde, da ja $n = 0$ und damit die induzierte Spannung $E = 0$ ist. Somit muß für den Anlauf der Motor gegen zu hohen Strom durch Vorschaltwiderstände geschützt werden. Mit steigender Drehzahl und wachsender induzierter Spannung schaltet man diese Widerstände stufenweise ab. In den Schaltbildern in nachstehender Tafel sind diese Anlasser eingezeichnet (Klemmen L, M und R). Nur Gleichstrommotoren kleiner Leistung (einige hundert Watt) werden ohne Anlasser unmittelbar ans Netz gelegt (Grobschaltung, Grobanlassen).

Die Nebenschlußwicklung muß so angeschlossen werden, daß sie bei eingeschaltetem Anlasser stets an der vollen Netzspannung liegt und bei ausgeschaltetem Anlasser über den Anker kurzgeschlossen, aber vom Netz getrennt ist. Würde man nämlich die Erregerwicklung wie bei einem Generator parallel zum Anker legen, so hänge sie an der um den Spannungsverlust in den Anlaßwiderständen verringerten Netzspannung. Der Erregerstrom, mit ihm das Magnetfeld und damit das Anlaßdrehmoment könnten dann so gering sein, daß der Motor nicht anläuft.

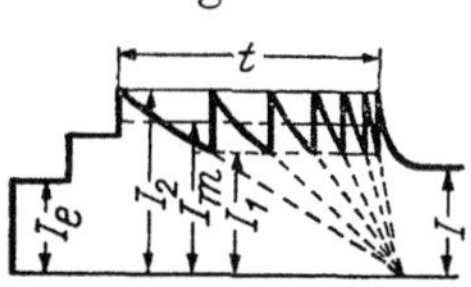

Abb. 424. Zum Anlaßvorgang von Gleichstrommotoren.

Der Anlaßvorgang ist folgender: Die ersten Widerstandsstufen sind Vorstufen. Solange der Schalter auf diesen steht, läuft der Motor noch nicht an. Sie sind dazu da, um die Ein- und Ausschaltfunken zu verringern und das Netz stufenweise zu belasten. Bei Motoren kleiner Leistung fehlen sie. Der Einschaltstrom auf der ersten Vorstufe ist in Abb. 424 mit J_e bezeichnet.

Auf der ersten Anlaßstufe ist der Strom zuerst J_2, der Anlaßspitzenstrom genannt wird. Nun setzt sich der Motor in Bewegung, denn das durch den Anlaßspitzenstrom erzeugte Drehmoment überwindet nicht nur das Lastmoment, sondern kann Motor und Last beschleunigen; die induzierte Spannung wächst mit der Drehzahl und der aufgenommene Strom sinkt bis zu dem Werte J_1, dem Schaltstrom.

Nun wird die erste Anlaßstufe kurzgeschlossen. Der Strom schnellt auf den Anlaßspitzenstrom J_2 hinauf; wieder tritt ein Beschleunigungsmoment auf; die Drehzahl und mit ihr die induzierte Spannung nehmen zu und der aufgenommene Strom verringert sich abermals bis auf den Schaltstrom J_1. Dieses Spiel setzt sich solange fort, bis der Motor hochgelaufen ist.

2. Die Schaltungen der Gleichstrommotoren.

In der Tafel auf S. 317 sind die Schaltbilder der verschiedenen Gleichstrommotoren gezeichnet, außerdem die Drehzahlkennlinien, d. h. die Anhängigkeit der Drehzahl vom Drehmoment, eingetragen und schließlich die Eigenschaften, die Anlaufdrehmomente, die Drehzahlregelung und die Verwendung der Motoren angedeutet.

a) Kennlinien. Wir betrachten zuerst die Drehzahlkennlinie des Motors mit Fremd- oder Nebenschluß. Für die Drehzahl können wir schreiben:

$$n = \frac{U - J_A R_A - V_{\ddot{U}}}{C \Phi}.$$

Bei gleichbleibender Klemmenspannung U und unveränderlicher Feldmagneterregung hängt die Drehzahl n nur ab von der Größe des Ankerstromes J_A und von der durch die Ankerrückwirkung hervorgebrachten Schwächung des Induktionsflusses, wenn wir unter $\Phi = \Phi_0 - \Delta \Phi$ verstehen. $\Delta \Phi$ ist dann die durch die Ankerrückwirkung eintretende mittlere Feldschwächung.

Überwiegt die drehzahlvermindernde Wirkung der Spannungsverluste $(J_A R_A + V_{\ddot{U}})$ mit zunehmender Belastung die drehzahlerhöhende Wirkung der durch die Ankerrückwirkung bedingten Feldschwächung, so sinkt die Drehzahl mit steigendem Drehmoment (Kurve c). Ist aber der Einfluß von $(J_A R_A + V_{\ddot{U}})$ auf die Drehzahl n kleiner als jener der Schwächung des Induktionsflusses durch die Ankerrückwirkung, so steigt die Umlaufzahl mit dem Drehmoment (Kurve a).

Die Drehzahlkennlinie eines Reihenschlußmotors fällt mit steigendem Drehmoment stark ab. Im theoretischen Leerlauf ($M = 0$) wird die Umlaufzahl unendlich groß: Der Motor geht durch.

Der Doppelschlußmotor, bei dem die beiden Erregerwicklungen einander unterstützen, besitzt durch seine Nebenschlußwicklung eine endliche Leerlaufdrehzahl (n_0). Mit zunehmendem Drehmoment sinkt die Drehzahl schneller als beim Nebenschlußmotor. Geht der Doppelschlußmotor in den Generatorzustand über, so wirkt die Hauptschlußwicklung der Nebenschlußwicklung entgegen, so daß der Induktionsfluß geschwächt wird. Das Gegendrehmoment, das die Maschine erzeugt, wird deshalb kleiner. Überwiegt das Antriebsdrehmoment ein kritisches Moment, dann geht die Maschine durch. Beim Übergang in den Generatorzustand kann man die Reihenschlußwicklung kurzschließen; dann ist die Maschine ein Nebenschlußgenerator.

b) Besondere Arten der Drehzahlregelung. α) Leonardschaltung. Bei dieser Schaltung, die zur Drehzahlregelung in weiten Grenzen dient, wird die Klemmenspannung des fremderregten Motors M_2 (Abb. 425) von einem eigenen Generator, dem Steuergenerator G_1, geliefert. Diese Spannung wird durch einen Feldregler geändert. Um die Drehrichtung des Motors M_2 umzukehren, wird

Schaltbilder, Eigenschaften und Verwendung der Gleichstrommotoren.

<table>
<tr><th>Fremderregte Motoren</th><th>Nebenschlußmotoren</th><th>Reihenschlußmotoren</th><th>Doppelschlußmotoren</th><th></th></tr>
<tr><td>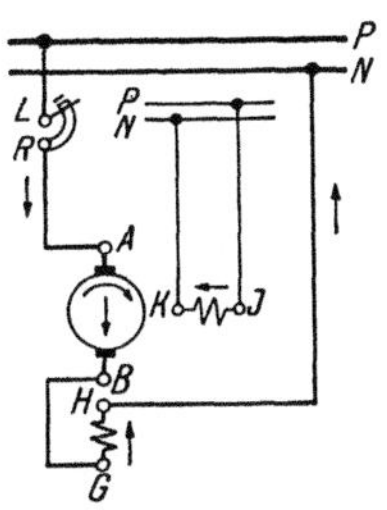
</td><td>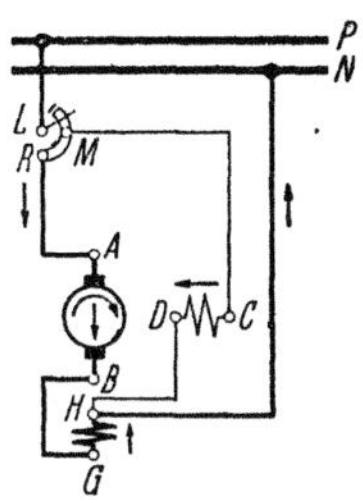
</td><td>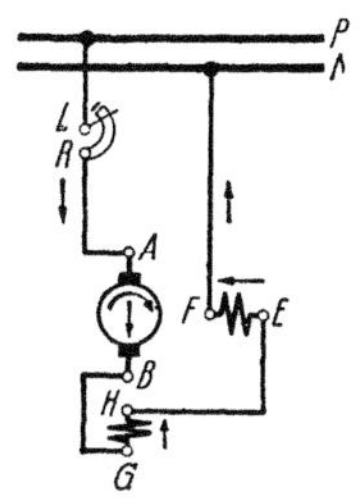
</td><td>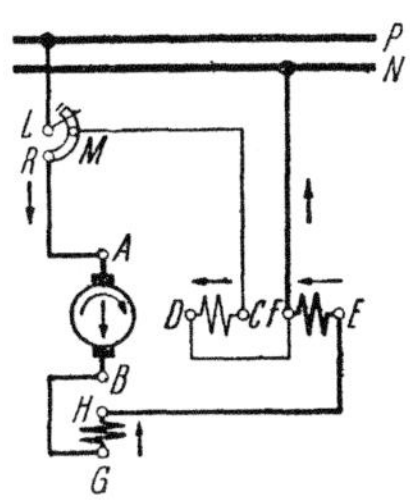
</td><td>Schaltbilder</td></tr>
<tr><td colspan="2">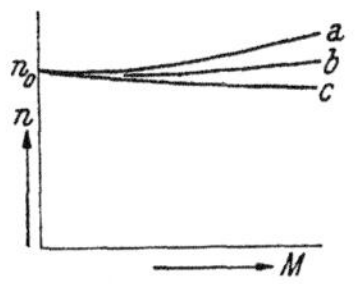
</td><td>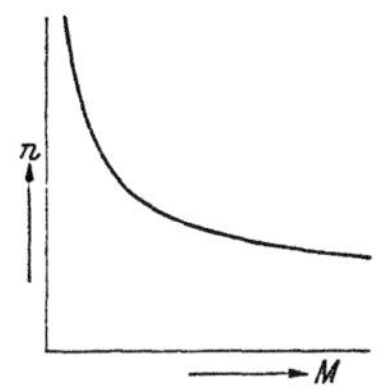
</td><td>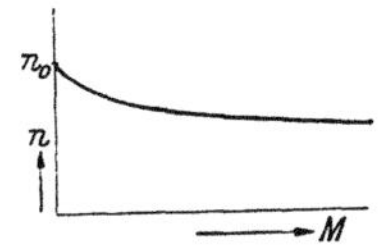
</td><td>Kennlinien</td></tr>
<tr><td colspan="2">Drehzahl bleibt bei unveränderter Netzspannung bei allen Belastungen annähernd gleich. Fluß unabhängig von der Belastung.</td><td>Drehzahl nimmt mit wachsendem Drehmomente rasch ab. Bei $J = 0$ (theoretischer Leerlauf) wird Drehzahl unendlich. Motor paßt seinen Fluß den verschiedenen Belastungen an.</td><td>Bei Leerlauf endliche Drehzahl. Drehzahl nimmt mit wachsender Belastung ab. Betriebseigenschaften zwischen denen eines Nebenschluß- und Reihenschlußmotors.</td><td>Eigenschaften</td></tr>
<tr><td colspan="2">Durch Änderung der Klemmenspannung (LEONARD-Schaltung oder Zu- und Gegenschaltung); durch Vorschaltwiderstand im Ankerkreis (unwirtschaftlich); durch Vorschaltwiderstand im Erregerkreis.</td><td>Durch Vorschaltwiderstand (unwirtschaftlich); durch Nebenschlußwiderstand parallel Erregerwicklung. Bei Verwendung von zwei oder mehreren Motoren Drehzahlregelung durch Reihenparallelschaltung.</td><td>Wie beim Motor mit Fremd- oder Nebenschluß.</td><td>Drehzahlregelung</td></tr>
<tr><td colspan="2">Mit Rücksicht auf den vom Ankerstrom unabhängigen Fluß der Hauptpole ist das Anlaufdrehmoment nur abhängig vom Anlaufstrom.</td><td>Der Fluß der Hauptpole ist abhängig vom Ankerstrom [Φ (J_A)]; daher ist das Anlaufdrehmoment verhältnisgleich dem Produkt [$J_A \Phi (J_A)$]. Großes Anlaufdrehmoment.</td><td>Mit Rücksicht auf die zusätzliche Reihenschlußwicklung großes Anlaufdrehmoment.</td><td>Anlaufdrehmoment</td></tr>
<tr><td colspan="2">Antrieb von Transmissionen, Aufzügen, Werkzeugmaschinen, Pumpen, Gebläsen, Kompressoren, landwirtschaftlichen Maschinen; bei allen Maschinen, die gleichbleibende Drehzahl erfordern.</td><td>Hebezeuge, Fahrzeuge, Drehscheiben, Schiebebühnen, Kreiselpumpen, Ventilatoren, Rollgängen. Für Schweranlauf geeignet.</td><td>Antrieb von Eimerbaggern, Aufzügen, Walzenzugmaschinen; bei Schwungradantrieben von Pressen, Stanzen, Scheren, Schmiedemaschinen. Für Schweranlauf geeignet.</td><td>Anwendungsgebiet</td></tr>
</table>

die Polarität der Bürsten des Steuergenerators G_1 dadurch geändert, daß man die Richtung des Erregerstromes im Generator mit Hilfe eines Umkehrfeldreglers ändert, wie dies im Schaltbild angegeben ist. Der Steuergenerator wird z. B. von einem Induktionsmotor angetrieben. Fehlt ein Gleichstromnetz für die Speisung der Erregerwicklungen vom Motor M_2 und Generator G_1, so muß noch ein Gleichstromgenerator G_2 vom Induktionsmotor angetrieben werden, der diesen Erregerstrom liefert. Verwendet wird die Leonardschaltung zum Antrieb von Walzenzugsmotoren, Werkzeugmaschinen, Förderanlagen, Seilbahnen usw.

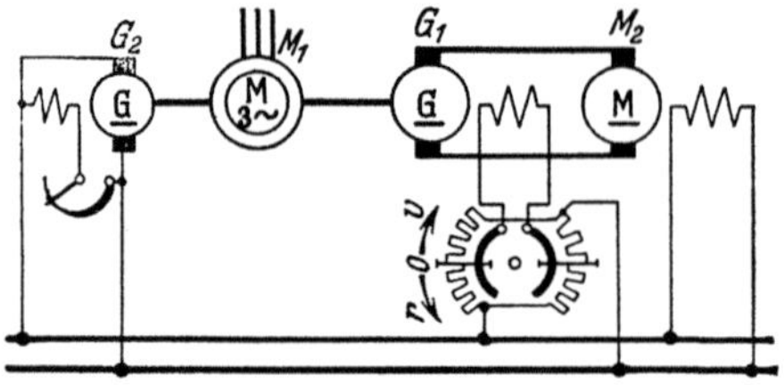

Abb. 425. Leonardschaltung.

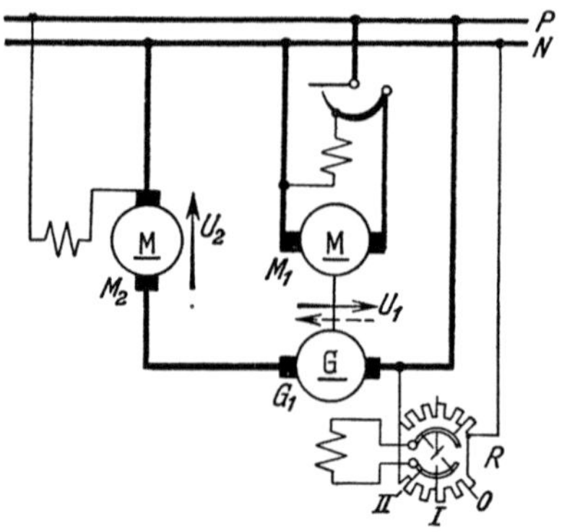

Abb. 426. Zu- und Gegenschaltung.

Zum Ausgleich von Belastungsspitzen wird bei der Leonardschaltung häufig der Umformer mit einem großen Schwungrad gekuppelt. Ein solcher Umformer wird Ilgner-Umformer genannt. Das Schwungrad kann nur Arbeit abgeben, wenn seine Geschwindigkeit sinkt. Für den Fall, daß der Antriebsmotor des Umformers ein Induktionsmotor ist, wie er in Abb. 425 gezeichnet ist, erreicht man den notwendigen Drehzahlabfall durch einen Widerstand im Läufer. Da diese verlorene Schlupfenergie bei großen Leistungen, wie sie bei Förder- oder bei Walzwerksantrieben in Betracht kommen, nicht unerheblich ist, trachtet man, sie zurückzugewinnen, was durch Regelsätze, wie sie im Abschn. IX E besprochen werden, ermöglicht wird.

β) Zu- und Gegenschaltung. Der Motor M_2 bei der in Abb. 426 dargestellten Schaltung liegt an einer Spannung, die gleich ist der Summe aus der Netzspannung und der Spannung des Generators G_1. Wird die Generatorspannung mit Hilfe des Umkehrfeldreglers so eingestellt, daß sie der Netzspannung entgegenwirkt und dieser der Größe nach gleich ist, so ist die Klemmenspannung des Motors M_2 Null. Mit sinkender Generatorerregung nimmt die Generatorspannung ab und damit die Klemmenspannung des Motors M_2 zu. Ist die Spannung des Generators G_1 Null, so liegt der Motor M_2 an der Netzspannung allein. Nun kehrt man durch den Umkehrfeldregler die Richtung des Erregerstromes des Generators G_1 um. Jetzt addiert sich die Generatorspannung zur Netzspannung und mit zunehmender Generatorspannung kommt der Motor an Spannungen zu liegen, die zwischen der Netzspannung und der Summe aus Netz- und voller Generatorspannung, also dem doppelten Wert der Netzspannung sich befinden. Solange sich die Generatorspannung von der Netzspannung subtrahierte, hatten wir es mit einer Gegenschaltung zu tun; bei Addition der beiden Spannungen jedoch mit einer Zuschaltung.

γ) Reihenparallelschaltung (Abb. 427). Bei Hintereinanderschaltung zweier Reihenschlußmotoren und Abschaltung aller Vorschaltwiderstände erreicht jeder Motor seine halbe Drehzahl; bei Parallelschaltung aber die volle Umlaufzahl.

δ) Meyerschaltung. Die Regelung der Drehzahl durch Ankervorwiderstände hat den Nachteil, daß die Drehzahl von der Belastung abhängig ist, wie wir schon gehört haben. Bei kleinem Drehmoment, also geringerem Ankerstrom ist der Spannungsverlust im Vorschaltwiderstand klein, so daß die Drehzahl dadurch nur wenig herabgeregelt werden kann. Schaltet man jedoch parallel zum Motoranker einen Widerstand (Abb. 428), so fließt durch den Vorschaltwiderstand R_v

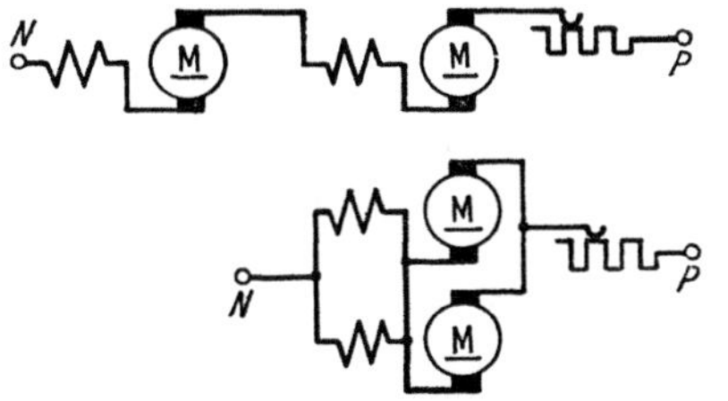

Abb. 427. Reihenparallelschaltung.

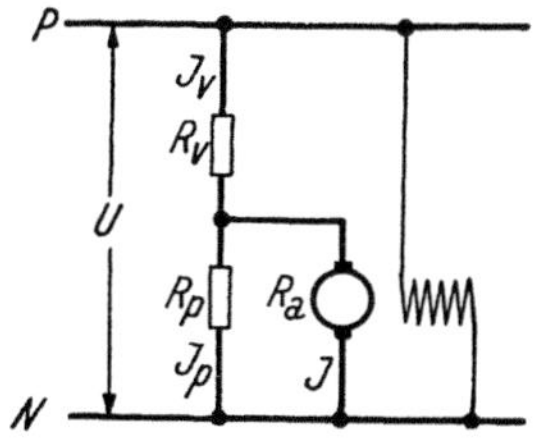

Abb. 428. Meyerschaltung.

die Summe der Ströme, die durch den Anker R_a einerseits und den Parallelwiderstand R_p anderseits gehen, so daß auch bei kleinem Motorstrom der Spannungsverlust im Vorschaltwiderstand groß genug ist, um die Drehzahl des Motors zu vermindern, wenn der Parallelwiderstand entsprechend bemessen wird. Durch den Parallelwiderstand wird die Leerlaufdrehzahl heruntergedrückt. Diese Schaltung wird heute bei aussetzenden Betrieben, wie Hebezeugen, Spillen u. dgl., verwendet und beschränkt sich auf die Regelung der Drehzahl nach abwärts. Ihr Nachteil ist ein höherer Stromverbrauch aus dem Netz, da ja die im Parallelwiderstand in Wärme umgesetzte Leistung gedeckt werden muß.[1])

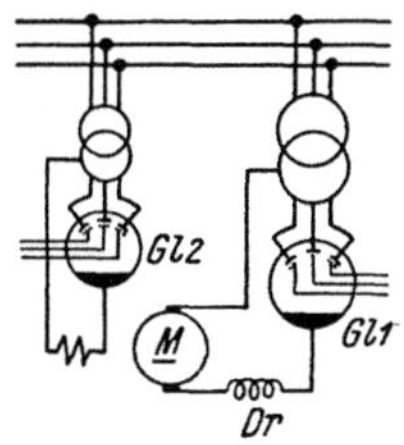

Abb. 429. Grundsätzliches Schaltbild für die Drehzahlregelung von Gleichstrommotoren durch gittergesteuerte Stromrichter.

ε) Drehzahlregelung durch gittergesteuerte Stromrichter. Die Drehzahl von Gleichstrommotoren, die über Stromrichter aus Drehstromnetzen gespeist werden, kann durch Änderung des Erregerstromes oder durch Änderung der zugeführten Klemmenspannung mit Hilfe von gittergesteuerten Stromrichtern geregelt werden. In Abb. 429 wird die Klemmenspannung des Motors *M* durch die Steuerung der Gitter des Gleichrichters Gl_1, der Erregerstrom aber durch die Gittersteuerung des Gleichrichters Gl_2 beeinflußt.[2])

ζ) Drehzahlregelung durch Stromstöße. Bei Motoren kleiner Leistung bis zu einigen kW kann man mit Hilfe von gittergesteuerten Stromrichtern die Drehzahl weitgehend regeln, indem man den Anker des fremderregten Motors in periodischer Folge während einer kurzen, einstellbaren Zeit an die Netzspannung legt und ihn dann wieder abschaltet. Während des Stromstoßes beschleunigt sich der Motor, und in der stromlosen Pause wird er durch das Lastmoment verzögert. Seine Drehzahl schwankt zwischen einem Höchst- und Kleinstwert um einen Mittelwert. Der Motor verhält sich hinsichtlich seiner Regeleigenschaften wie ein durch Widerstände im Ankerkreis geregelter Motor.[3])

---

[1]) H. Geschwinde, Elektrotechn. u. Masch.-Bau 60 (1942) S. 133.
[2]) H. Sequenz, Elektrotechn. u. Masch.-Bau 55 (1937) S. 275.
[3]) K. Blaufuss, Arch. Elektrotechn. 34 (1940) S. 581.

H. Sonderbauarten von Gleichstrommaschinen.

1. Zwischenbürstenmaschinen (Metadynamo, Metadyne).[1]

Die allgemeinste Form einer Gleichstrommaschine stellt die Zwischenbürstenmaschine dar, die beliebig viele Bürstensätze auf dem Stromwender besitzt.

Betrachten wir einen Gleichstromanker ohne Feldmagneten, auf dessen Stromwender die Bürsten $a, b, c, \ldots n$ liegen (Abb. 430). Die Bürstenströme seien mit $J_a, J_b, J_c, \ldots J_n$ bezeichnet. Dann läßt sich zeigen, daß die Spannung, die zwischen zwei beliebigen Bürsten f und k durch das Ankerfeld bei einer Drehung des Ankers induziert wird, angeschrieben werden kann als

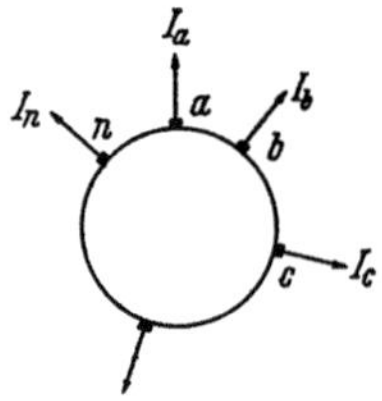

Abb. 430. Gleichstromanker mit n Bürstensätzen.

$$E_{fk} = \sum_{x=a}^{n} C_{xfk} J_x. \tag{397}$$

C_{xfk} sind Festwerte, die sich einerseits auf die Bürsten beziehen, zwischen denen die Spannung induziert wird, und die anderseits auf die Ströme hinweisen. Voraussetzung dabei ist die gleichbleibende Drehzahl des Ankers. Wird der Anker statt von der Luft von einem Ständer umgeben, der zwischen sich und dem Anker einen gleichbleibenden Luftspalt freiläßt, so ändert sich nur die Größe der Festwerte C.

Vorstehende Formel begreift man leicht, wenn man bedenkt, daß die Spannung zwischen zwei Bürsten dem Gesamtfluß zwischen diesen Bürsten verhältnisgleich ist. Der Gesamtfluß selbst aber setzt sich aus den von den einzelnen Ankerströmen erzeugten Feldern zusammen.

Die Maschine kann mangels einer im Raum feststehenden Wicklung kein Drehmoment entwickeln. Sie ist ein Umformer. Für den Fall, daß der

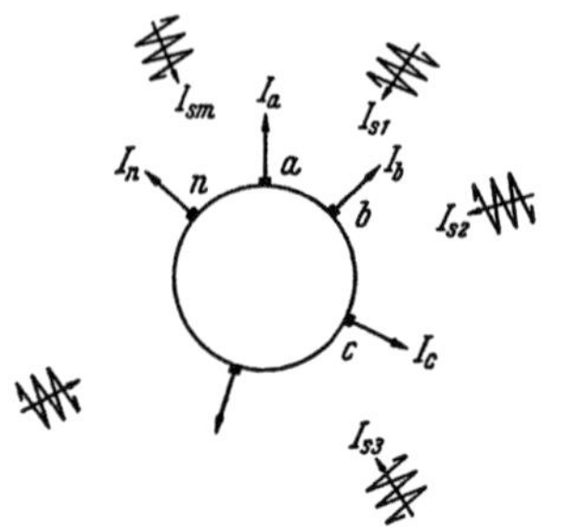

Abb. 431. Zwischenbürstenmaschine mit Ständerwicklungen.

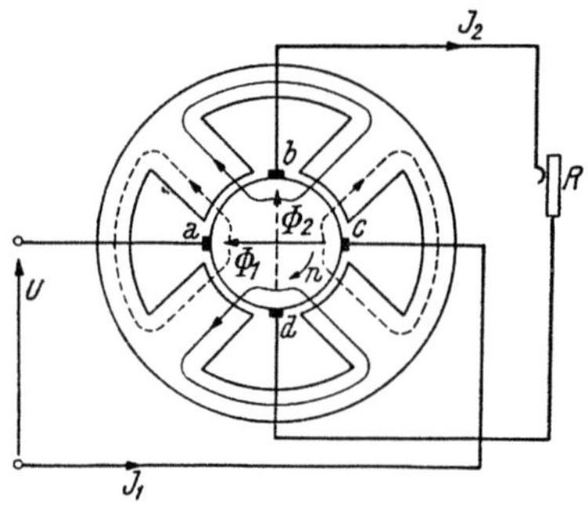

Abb. 432 a. Zwischenbürstenumformer.

Ständer Wicklungen trägt, ändert sich die Gleichung für die Spannung (in Abb. 431):

$$E_{fk} = \sum_{x=a}^{n} C_{xfk} J_x + \sum_{y=1}^{m} C_{syfk} J_{sy}. \tag{398}$$

Das Drehmoment ist bei dem Vorhandensein von Ständerwicklungen von Null verschieden; wird der Anker gegen dieses Drehmoment angetrieben, so haben wir einen Zwischenbürstengenerator vor uns; und läuft der Anker im Sinne des Drehmoments um, einen Zwischenbürstenmotor.

[1]) H. Sequenz, Elektrotechn. u. Masch.-Bau 57 (1939) S. 291.

Ein Zwischenbürstenumformer besteht in der Grundform aus einem zweipoligen Gleichstromanker in einem unbewickelten vierpoligen Ständer (Abb. 432). Über zwei im Durchmesser gegenüberliegende Bürsten a und c wird dem Anker eine gleichbleibende Spannung U aufgedrückt. Der dem Strom J_1 verhältnisgleiche Querfluß Φ_1 induziert zwischen zwei Bürsten b und d, die gegen die ersten um 90° verschoben sind, eine Spannung, die einer veränderlichen Belastung R zugeführt wird. Der Querfluß Φ_2 dieses Belastungsstromes J_2 wieder induziert zwischen den den Anker speisenden Bürsten a und c eine Spannung E.

Für diese Spannung können wir nach Gl. 384 schreiben:

$$E = c_1\, n\, \Phi_2,$$

oder, wenn wir Φ_2 verhältnisgleich dem Strome J_2 annehmen,

$$E \approx c\, n\, J_2.$$

Mit Vernachlässigung der Spannungsverluste ist aber $U \approx E$ und damit

$$U \approx c\, n\, J_2. \tag{399}$$

Bei unveränderlicher zugeführter Klemmenspannung U und unveränderlicher Antriebsdrehzahl n ist der Strom J_2 unabhängig vom Belastungswiderstand R ein Festwert.

Der Zwischenbürstenumformer verwandelt also elektrische Energie gleichbleibender Spannung in solche gleichbleibender Stromstärke.

Bei Kurzschluß der Sekundärseite ist die Spannung zwischen den Bürsten b und d Null; somit muß auch der diese Spannung induzierende Fluß Φ_1 und mit ihm der Strom J_1 Null sein. Bei geöffnetem Sekundärkreis würde J_1 sehr groß werden. Die Größe des Konstantstromwertes J_2 wird durch eine im Ständer untergebrachte Wicklung $i\,k$ beeinflußt (Abb. 432b). Schwächt z. B. ihr Feld

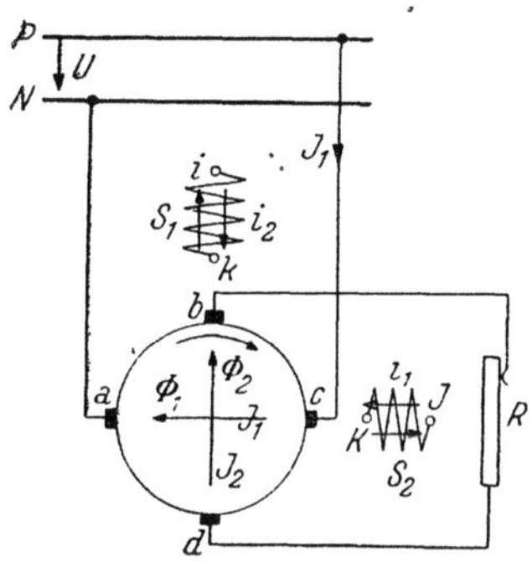

Abb. 432 b. Zwischenbürstenumformer mit Ständerwicklungen.

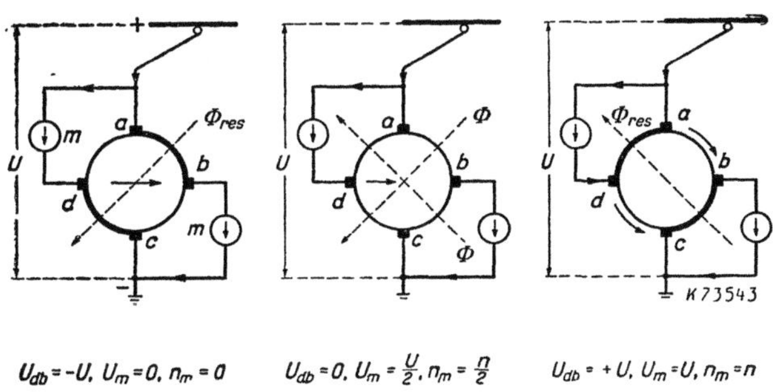

Abb. 432 c. Achterschaltung.

das Ankerfeld Φ_2, so ergibt sich erst bei einem höheren Strome J_2 jenes resultierende Feld in der Achse $b\,d$, das bei der gleichen Drehzahl die unveränderte Klemmenspannung U zwischen den Bürsten a und c induzieren kann. Die Größe des Stromes J_1 kann durch eine Wicklung $J\,K$ geregelt werden. Unterstützt z. B. das Feld dieser Wicklung den Induktionsfluß Φ_1, so fällt J_1, während J_1 bei umgekehrter Speisung von $J\,K$ steigt. Die Ständerwicklungen $i\,k$ und $J\,K$ werden Variator- und Regulierwicklung genannt.

Der Zwischenbürstenumformer wird in Verbindung mit gewöhnlichen Gleichstrommotoren in der Achterschaltung für Untergrundbahnen verwendet (Abb. 432c). Und zwar ist diese Schaltung eine Zu- und Gegenschaltung von Netz und Umformer, bei der jeder der beiden Motoren m bei fast unveränderlichem Strom mit der Spannung Null anfährt und seine höchste Drehzahl bei der vollen Netzspannung erreicht. Dies geschieht auf folgende Weise. Durch entsprechende Erregung der Variator- und Regulierwicklungen des Umformers wird das resultierende Feld Φ_{res} nacheinander so eingestellt, wie es in Abb. 432c eingezeichnet ist. Dabei muß die zur Bürstenachse $a\,c$ senkrechte Komponente des resultierenden Feldes nach Größe und Richtung gleichbleiben, da einerseits die Speisespannung U unveränderlich ist und anderseits auch die Drehzahl des Umformers sich nicht ändern soll. Jene Komponente aber des resultierenden Feldes, die auf der Bürstenachse $b\,d$ senkrecht steht, ändert sich sowohl in der Größe als auch in der Richtung. Und zwar muß sie für das Anlaufen der Motoren eine Spannung $U_{d\,b}$ zwischen den Bürsten $b\,d$ induzieren, die der Netzspannung U entgegenwirkt, so daß die beiden Motoren m in Reihe an der Spannung Null liegen (Abb. 432c, links). Ist $U_{d\,b} = 0$, so hängen die beiden Motoren hintereinander an der Netzspannung und jeder von ihnen läuft mit der halben Drehzahl $\frac{n_m}{2}$, die der halben Netzspannung $\frac{U}{2}$ entspricht (Abb. 432c, mittleres Bild). Ist schließlich $U_{d\,b} = +U$ geworden, so erhalten die zwei Motoren m in Reihe die Gesamtspannung $2\,U$ und jeder Motor läuft mit der Spannung U. Wird die Achse des resultierenden Feldes noch weiter in derselben Richtung gedreht bei gleichzeitiger Feldvergrößerung, so übersteigt die Spannung eines Motors

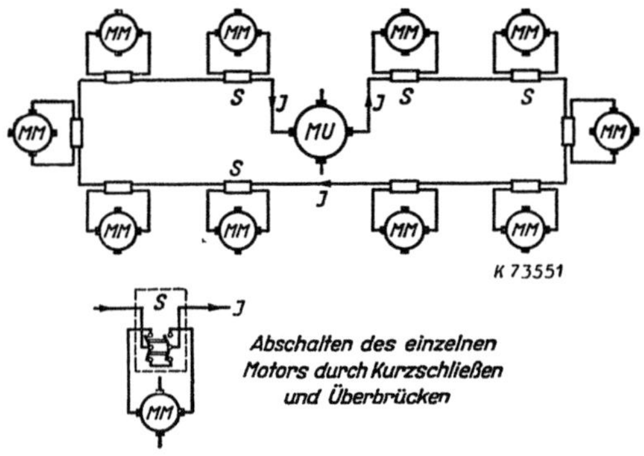

Abb. 433 a. Zwischenbürstenmotoren in einer Konstantstromanlage.

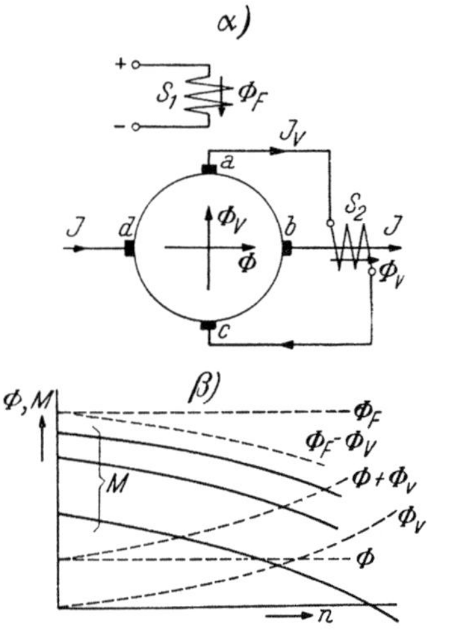

Abb. 433 b. Zwischenbürstenmotor. α) Schaltbild; β) Drehmomentkennlinien.

U_m die Netzspannung U und auch die Motordrehzahl n_m geht über den zur Netzspannung U gehörigen Wert hinaus. In Abb. 432c sind die Strompfeile voll, die Feldpfeile gestrichelt gezeichnet und die vom resultierenden Feld induzierten Ankerviertel stark ausgezogen worden.

Der Zwischenbürstenmotor wird in einem Konstantstromsystem verwendet, wie Abb. 433a eines zeigt. *MU* ist ein Zwischenbürstenumformer (Umformermetadyne) und speist mit konstantem Strom die Zwischenbürstenmotoren *MM* (Motormetadyne). Jeder Motor wird durch ein Anlaßgerät S entweder eingeschaltet oder nach Abschalten der Fremderregung kurzgeschlossen und überbrückt. Ein solches System kommt z. B. zum Antrieb von Ventilatoren oder Winden in Betracht. Der Zwischenbürstenmotor, dessen Schaltbild in Abb. 433bα dargestellt ist, wird also vom konstanten Strom J über die Bürsten b und d durchflossen. Dieser unveränderliche Strom J ruft in der Bürstenachse bd ein gleichbleibendes Feld Φ hervor, das von der Drehzahl unabhängig ist. Der Induktionsfluß Φ induziert zwischen den Bürsten a und c eine Spannung, die der Drehzahl verhältnisgleich ist. Diese Spannung treibt einen Strom J_V durch die Ständerwicklung S_2, so daß ein den Fluß Φ verstärkender Fluß Φ_V entsteht, der aber von der Drehzahl abhängig ist. In der Bürstenachse $a\,c$ ist wirksam der Fluß Φ_F der fremderregten Ständerwicklung S_1, der aber um den Induktionsfluß Φ_V vermindert wird, so daß als resultierender Fluß $\Phi_F - \Phi_V$ übrigbleibt (vgl. Abb. 433b β). Da der Strom J konstant ist, verläuft das Drehmoment M des Motors parallel mit $\Phi_F - \Phi_V$ in Abhängigkeit von der Drehzahl n. Das Drehmoment, das gebildet wird vom Strom J_V und dem Flusse $\Phi + \Phi_V$ wird im praktischen Falle dadurch klein gehalten, daß man der Wicklung S_2 eine große Windungszahl gibt, so daß der Strom J_v sehr klein gegenüber J wird. Die Drehzahlregelung des Motors erfolgt durch Änderung der Größe des Erregerstromes in der Ständerwicklung S_1. Der Zwischenbürstenmotor ist in vielen Abarten entwickelt worden.

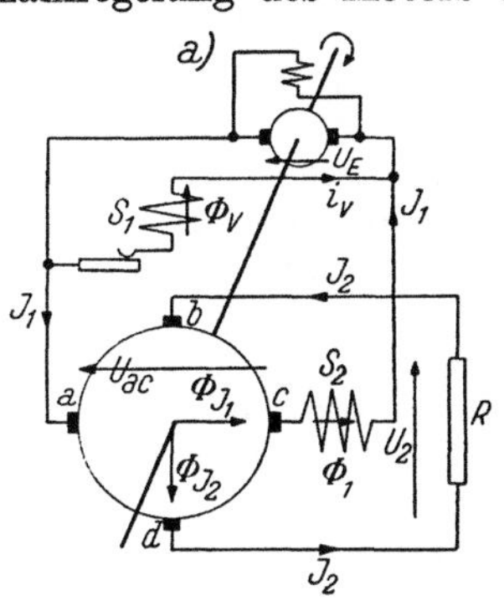

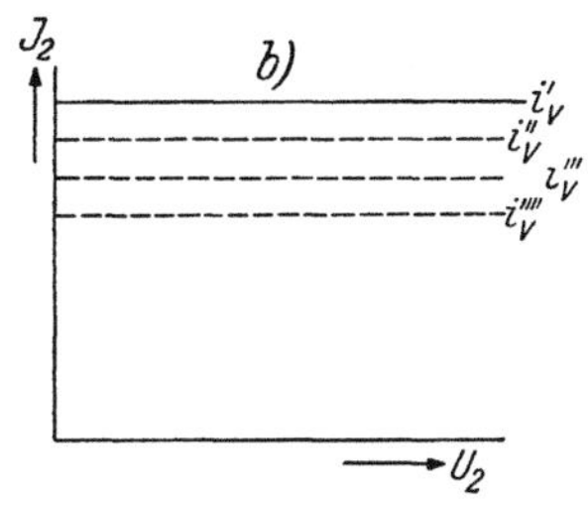

Abb. 434. Zwischenbürstengenerator.

a) Schaltbild. b) Kennlinien.

Eine Schaltung eines **Zwischenbürstengenerators** mit einer Erregermaschine ist in Abb. 434 zu sehen. Dieser Generator erzeugt gleichbleibenden Strom, wie aus folgender Erklärung hervorgeht. Im Kreise Generator—Erregermaschine ist die Spannung $U_E - U_{ac}$ wirksam und treibt einen Strom J_1 durch diesen Kreis. Es entsteht ein Nutzfeld $\Phi = \Phi_1 + \Phi_{J_1}$ in der Richtung der Bürstenachse $a\,c$, das sich aus dem Ankerfeld Φ_{J_1} und dem Fluß Φ_1 der Ständerwicklung S_2 zusammensetzt und zwischen den Bürsten b und d eine Spannung induziert, die den Strom J_2 in den Nutzkreis mit dem Stromverbraucher R schickt. Der Strom J_2 erzeugt in der Bürstenachse $b\,d$ ein Ankerfeld Φ_{J_2}, dem das Feld Φ_V der Variatorwicklung S_1 entgegenwirkt. Das resultierende Feld $\Phi_{J_2} - \Phi_V$ in dieser Achse regelt die Spannung U_{ac} zwischen den Bürsten a und c und damit den Strom J_1. Wächst nun der Strom J_2, so wächst mit ihm das Ankerfeld Φ_{J_2} und dadurch die Spannung U_{ac}. Dann wird aber die Differenzspannung $U_E - U_{ac}$ kleiner, was eine Verringerung des Stromes J_1 nach sich zieht. Ein Sinken des Stromes J_1 verkleinert das Nutzfeld $\Phi = \Phi_1 + \Phi_{J_1}$ und mit ihm die Spannung zwischen den Bürsten b und d, so daß der Nutzstrom J_2 wieder auf seinen ursprünglichen Wert zurückgeht. Bei dieser Betrachtung ist natürlich ein Antrieb des Generators mit gleichbleibender Drehzahl vorausgesetzt. Durch Änderung des Erregerstromes in der Variatorwicklung S_1 kann man das resultierende Feld $\Phi_{J_2} - \Phi_V$ in der Bürstenachse $b\,d$ regeln, mit ihm die Spannung $U_{a\,c}$ und auf diese Weise den Erregerstrom J_1. Dieser bestimmt aber die Höhe der Spannung zwischen den Bürsten b und d und deshalb die Größe des Nutzstromes J_2 (Abb. 434b). Da die Ständerwicklung S_2 mit großer Windungszahl ausgeführt wird, ist der Erregerstrom J_1 nur ein kleiner Bruchteil des Nutzstromes J_2. Der Zwischenbürstengenerator kann zur Speisung einer Konstantstromanlage verwendet werden. Doch läßt sich seine Stromkennlinie durch entsprechende

Wahl der Sättigungen in den einzelnen Teilpolen auch so ändern, daß er z. B. als Schweißgenerator oder zur Speisung von Scheinwerfern sich eignet.

Ein Zwischenbürstengenerator ist auch die in ihrer Grundschaltung in Abb. 434c dargestellte **Verstärkermaschine**, die **Amplidyne** genannt wird. Sie beruht auf folgendem. Nehmen wir z. B. an, daß der magnetische Fluß zur Erzeugung der Spannung zwischen den Bürsten a und c, also der Spannung im Kurzschlußkreis des Verstärkers, nur $^1/_{10}$ jenes Flusses ist, der die Spannung zwischen den Bürsten b und d, also die Spannung des Nutzkreises, induziert. Dann ist offenbar $U_{bd} J = 100\, U_{ac} J_2$. Ist außerdem z. B. die Steuerleistung $^1/_{100}$ der von den Bürsten $a\,c$ abgegebenen Leistung, also $U_{ac} J_2 = 100\, U_1 J_1$, so gilt: $U_{bd} J = 10000\, U_1 J_1$. Der Verstärkungsfaktor des Zwischenbürstenverstärkers ist somit 10000. Die Verstärkung findet, wie wir sehen, in zwei Stufen statt: von der Leistung des Steuerkreises zur Leistung im Kurzschlußkreis und von dieser zur Leistung im Nutzkreis. Zur Erregung des Kurzschlußkreises braucht man nur $^1/_{100}$ der Kurzschlußkreisleistung. Die Leistung des Kurzschlußkreises selbst wieder dient zur Erregung des Nutzkreises; und auch hier ist in unserem Beispiele die Nutzleistung 100mal größer als die Erregerleistung, so daß also tatsächlich die Nutzleistung mit $^1/_{10000}$ der Leistung gesteuert werden kann. In Abb. 434c bedeutet K eine Kompensationswicklung. Je nach Sättigung und Strombelag der Verstärkermaschine können Verstärkungsfaktoren in der Größenordnung von 1000 bis 10000 und darüber erreicht werden. Der Verstärkungsfaktor ist auch davon abhängig, ob die Steuerwicklung S mit Gleich-, Wellen- oder Wechselstrom gespeist wird. Die Pole und Gehäusejoche werden aus Blechen aufgebaut, damit die magnetische Trägheit der zwei Ankerstromkreise möglichst gering wird. Mit Rücksicht auf die kleine Steuerleistung kann der Widerstand des Steuerkreises sehr groß gewählt werden, so daß die Zeitkonstante der Maschine klein und damit ein praktisch trägheitsloses Arbeiten erreicht wird. Anwendungsgebiete des Zwischenbürstenverstärkers sind: Schnellregelung großer Drehstrom- und Gleichstromgeneratoren, Leonardsteuerung von Papiermaschinenantrieben, Walzwerkantriebssteuerung zur Geschwindigkeitsregelung des Walzgutes.[1])

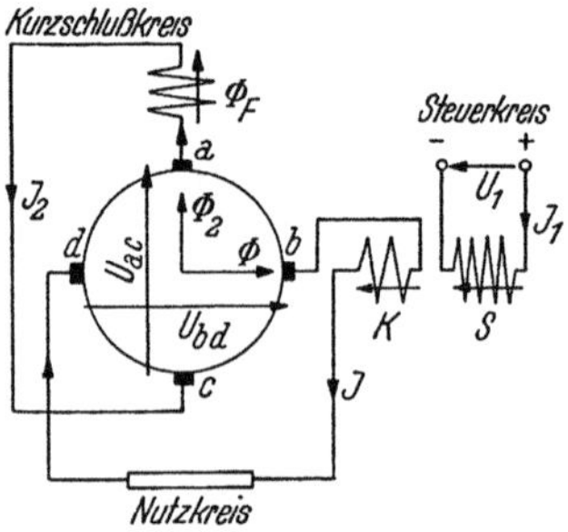

Abb. 434 c. Verstärkermaschine (Amplidyne).

Ein Zwischenbürstengenerator ist auch die in Abb. 435a dargestellte Querfeldmaschine. Bei ihr ist ein Bürstenpaar kurzgeschlossen. Die Polschuhe haben große Abmessungen, damit sich das Ankerquerfeld stark ausbilden kann. Als Zugsbeleuchtungsmaschine wird der Generator fremd erregt und an eine Akkumulatorenbatterie angeschlossen. In diesem Falle liefert die Maschine unabhängig von der Drehrichtung und Drehzahl einen gleichbleibenden Strom, was aus folgender Überlegung hervorgeht. Der durch den Strom J_q über die kurzgeschlossenen Bürsten a und c erzeugte Ankerquerfluß Φ_q induziert eine Spannung zwischen den Bürsten unter den Polen b und d, für die wir schreiben können:

$$U = J\,R = c\,n\,\Phi_q - J\,R_A,$$

wenn wir bezeichnen mit J den Belastungsstrom, mit R den Widerstand der Belastung, mit c den Festwert $z\,\frac{p}{a}$ nach Gl. 384 und mit R_A den Ankerwiderstand

[1]) L. Monath, ETZ 63 (1942) S. 23; W. Nürnberg, ETZ 62 (1941) S. 333.

einschließlich Bürstenübergangswiderstand. Der Belastungsstrom J bildet über die Bürsten b und d einen Querfluß Φ_l'' aus, der dem fremderregten Hauptfluß der Pole Φ_l' entgegenwirkt, so daß der resultierende Längsfluß

$$\Phi_l = \Phi_l' - \Phi_l''$$

ist, wofür gesetzt werden kann:

$$\Phi_l = \Lambda_l\,(\Theta - J w_A').$$

Dabei bedeuten Λ_l den Leitwert des Längsflusses, Θ die Durchflutung der Feldmagnetwicklung und w_A' die wirksame Ankerwindungszahl. Darunter verstehen

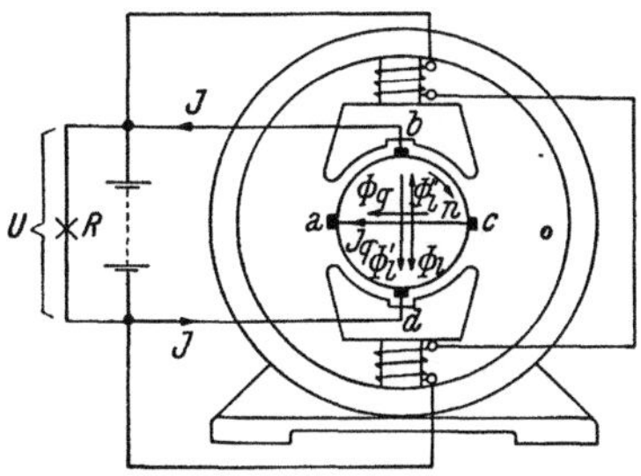

Abb. 435 a. Querfeldmaschine.

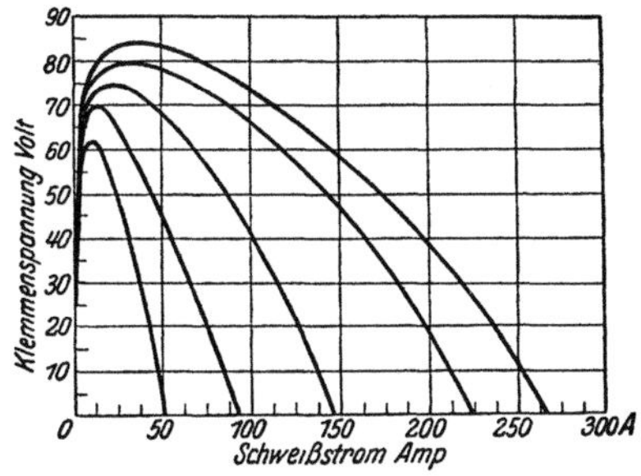

Abb. 435 b. Klemmenspannungskurven eines Querfeldschweißgenerators.

wir die auf eine konzentrierte Wicklung zurückgeführte Windungszahl der Ankerwicklung je Ankerzweig und Polpaar, also $w_A' = \xi \dfrac{k\,w_s}{2\,a\,p}$, wenn ξ den Faktor der Umwandlung der verteilten in eine konzentrierte Wicklung darstellt. Für den Ankerstromkreis $a\,c$ gilt:

$$J_q\,R_A = c\,n\,\Phi_l.$$

Errechnet man noch den Querfluß Φ_q mit seinem Leitwerte Λ_q aus

$$\Phi_q = \Lambda_q\,J_q\,w_A',$$

so wird der Belastungsstrom

$$J = \frac{c^2 \Lambda_q \Lambda_l w_A'\,n^2}{R_A\,(R + R_A) + c^2 \Lambda_q \Lambda_l w_A'^2 n^2}\,\Theta. \tag{400}$$

Kann man den Ankerwiderstand R_A vernachlässigbar klein annehmen, so wird

$$J \approx \frac{\Theta}{w_A'}, \tag{400a}$$

d. h. daß der Belastungsstrom J unabhängig ist von der Drehzahl n. Da in der Formel für den Belastungsstrom die Drehzahl n im Quadrat vorkommt, ist somit auch die Richtung des Stromes J bei jeder Drehrichtung die gleiche.

Als Schweißmaschine wird der Querfeldgenerator im Reihenschluß erregt, d. h. die Erregerwicklung der Pole liegt in Reihe mit dem an die Bürsten unter den Polmitten angeschlossenen Schweißstromkreis. Die Klemmenspannungskurve ist in Abb. 435 zu sehen. Durch Tauchpole, bei denen ein verschiebbarer Kern den magnetischen Widerstand der Hauptpole verändert, läßt sich der Kurzschlußstrom beliebig einstellen.

2. Die Maschine von Kraemer (Dreifeldmaschine).

Man kann einen Generator mit drei Feldern ausrüsten (Abb. 436): einem Hauptschlußfeld, einem Nebenschlußfeld und einem fremderregten Feld, und zwar wirken die Durchflutungen der Nebenschluß- und fremderregten Wicklung im selben Sinne, die der Hauptschlußwicklung aber ihnen entgegen.

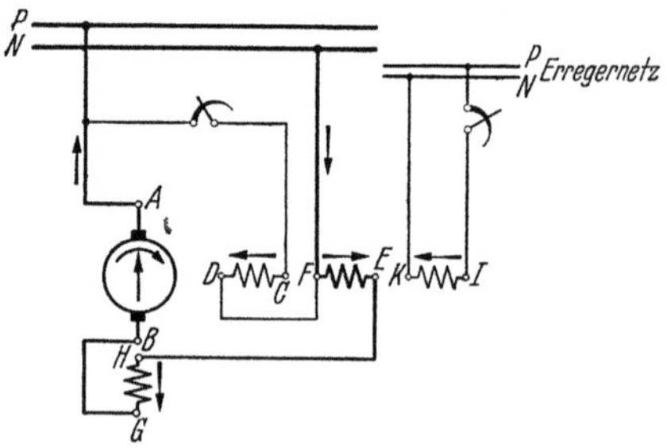

Abb. 436. Schaltbild der Maschine von KRAEMER.

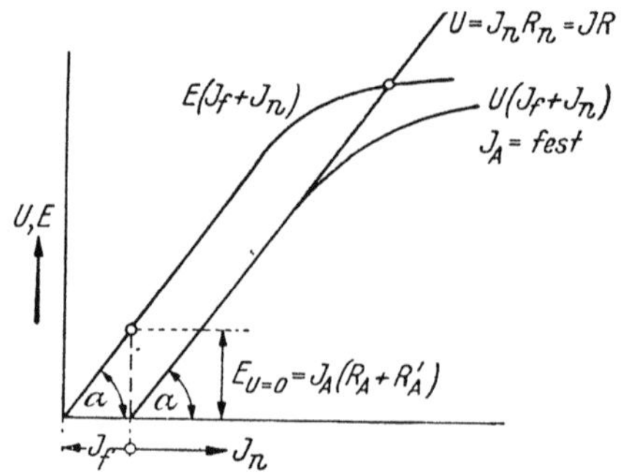

Abb. 437. Zur Wirkungsweise der KRAEMERschen Maschine.

Mit einem solchen Generator kann ein annähernd gleichbleibender Strom J bei unveränderlicher Drehzahl n und einer Spannungsregelung von Null bis zur vollen Spannung erreicht werden. Für die Klemmenspannung U des Generators können wir setzen:

$$U = J\,R = J_n\,R_n,$$

wenn R den äußeren Belastungswiderstand vorstellt und J_n und R_n den Strom und Widerstand im Nebenschlußkreis bedeuten. Weiters ist die Klemmenspannung gleich

$$U = E - \Delta E - J_A\,R_A.$$

Die Leerlaufspannung E vermindert sich bei Belastung um den Spannungsverlust ΔE, der durch die Feldschwächung der Hauptschlußwicklung hervorgerufen wird. Auf die Schwächung des Feldes durch die Feldverzerrung nehmen wir keine Rücksicht. Im Ankerwiderstand R_A ist wieder der Bürstenübergangswiderstand enthalten. Für ΔE können wir auch schreiben:

$$\Delta E = J_A\,R_A',$$

wobei wir dann unter R_A' einen fiktiven Widerstand im Ankerkreis verstehen, dessen Spannungsverlust ΔE der Wirkung der Hauptschlußwicklung gleichkommt. Wir stellen nun die äußere magnetische Kennlinie $U\,(J_f + J_n)$ in Abb. 437 dar, für einen unveränderlichen Ankerstrom J_A. J_f ist der Strom in der fremderregten und J_n jener in der Nebenschlußwicklung. Der Einfachheit halber haben wir in beiden Wicklungen gleiche Windungszahlen angenommen. Für $U = 0$ gilt:

$$E_{U=0} = J_A\,(R_A + R_A').$$

Weiters kommt bei $U = 0$, da der Strom in der Nebenschlußwicklung $J_n = 0$ ist, nur die fremderregte Wicklung mit ihrem Strom J_f zur Wirkung. Aus der Leerlaufkennlinie $E\,(J_f + J_n)$ ergibt sich, daß

$$E_{U=0} = J_A\,(R_A + R_A') = c\,J_f,$$

oder daß

$$J_f = \frac{J_A\,(R_A + R_A')}{c}$$

ist.

Der Strom J_f der fremderregten Wicklung ist also durch den gewünschten Ankerstrom J_A oder Belastungsstrom J festgelegt, d. h. daß wir die Größe des Belastungsstromes durch die Durchflutung der Fremderregung einstellen können. Tragen wir über J_n noch die Gerade $U = J_n\,R_n = J\,R$ auf, so ist leicht einzusehen, daß die Maschine die an sie gestellten Bedingungen nur erfüllt, solange die Gerade $U = J\,R$ und die äußere magnetische Kennlinie $U\,(J_f + J_n)$ zusammenfallen. Das ist nur im geradlinigen, ungesättigten Teil der Kennlinie der Fall. Aus Abb. 437 entnehmen wir, daß $\operatorname{tg}\alpha = \frac{J_n\,R_n}{J_n} = R_n$ für die Gerade und $\operatorname{tg}\alpha = \frac{J_A\,(R_A + R_A')}{J_f} = c$ für den geradlinigen Teil der Leerlaufkennlinie ist. Deshalb muß $c = R_n$ sein. Bei Leerlauf ist die Klemmenspannung durch den Schnittpunkt der Widerstandsgeraden $J_n\,R_n$ mit der Leerlaufkennlinie bestimmt. Der Dreifeldgenerator kann verwendet werden für Scheinwerferspeisung, Lichtbogenschweißung usw.

3. Streupolgeneratoren.

Einen Streupolgenerator zeigt Abb. 438. Dieser Generator hat in den neutralen Zonen Streupole, deren Wicklungen in Reihe mit dem Anker liegen. Die Streupole sind mit dem in der Drehrichtung auf sie folgenden Hauptpolen durch

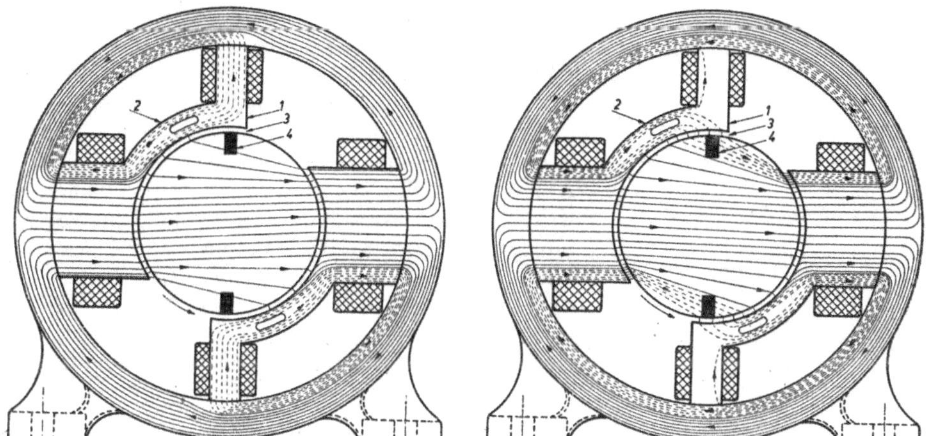

a b

Abb. 438. Streupolgenerator im Leerlauf (a) und bei Belastung (b).

eine magnetische Brücke verbunden. Bei Leerlauf (*a*) fließt kein Strom durch die Erregerwicklung der Streupole, und ein Teil des Flusses der Hauptpole nimmt seinen Weg durch die magnetische Brücke und den Streupol. Dadurch ist der Hauptfluß durch den Luftspalt und mit ihm die erzeugte Spannung im Anker verringert. Die Größe des durch Brücke und Streupol abgeleiteten Flußteiles wird durch Löcher in der Brücke begrenzt. Bei normaler Richtung des Belastungsstromes wirkt die Durchflutung der Streupolwicklungen dem Streufluß des Hauptpoles entgegen, vermehrt somit den in den Anker eintretenden Fluß und erhöht die erzeugte Spannung, so daß der Spannungsverlust im Generator aufgehoben wird (*b*). Im Motorzustand unterstützt die Durchflutung der Streupolwicklung die Ausbildung eines Streuflusses der Hauptpole, wodurch der Fluß im Luftspalt geschwächt und die Drehzahl des Motors erhöht wird. Die Löcher in den Brücken begrenzten jedoch den Streufluß, so daß die Drehzahlzunahme bestimmte Grenzen nicht überschreitet. Die Spannungs-Stromkennlinie eines solchen Generators zeigt gleichbleibende Spannung bis zur Vollast; bei Überlastung fällt die Spannung. Solche Generatoren werden zur Ladung einer Akkumulatorenbatterie mit gleichbleibender Spannung verwendet.

Eine andere Streupolmaschine, die als Schweißstromerzeuger arbeitet, besitzt ebenso wie die soeben beschriebene Maschine Streupole zwischen den Hauptpolen, deren Wicklung vom Arbeitsstrom durchflossen wird. Diese Wicklung bewirkt, daß der Fluß der Hauptpole in den Streupol gesaugt wird, wenn die Maschine kurzgeschlossen ist. In den Anker tritt dann nur ein stark verminderter Fluß ein, so daß die Spannung klein wird. Reißt der Lichtbogen ab, so kehrt der in die Streupole gesaugte Fluß wieder in den Anker zurück und ruft eine hohe Zündspannung hervor.[1])

4. Dreileitermaschinen.

Dreileitermaschinen sind Gleichstromgeneratoren mit Spannungsteilung, die ein Dreileiternetz speisen können. In Dreileiternetzen (Abb. 439 a) besteht zwischen den Außenleitern P und N die doppelte Spannung (z. B. 2×220 Volt) und zwischen dem Mittelleiter M_p und einem Außenleiter P oder N die einfache Spannung.

Nach Dolivo-Dobrowolsky kann man die von einer Gleichstrommaschine erzeugte Spannung auf folgende Weise teilen. Wir zapfen die Ankerwicklung so an, daß man ihr einphasigen Wechselstrom entnehmen kann. Diesen Wechselstrom führen wir über Schleifringe einer Drosselspule zu (UV in Abb. 439 a). Der Mittelpunkt der Drosselspule M_p wird mit dem Mittelleiter des Dreileiternetzes verbunden. Der Wechselstrom, der dem Anker entnommen wird, ist klein, da der Blindwiderstand der Drosselspule hoch ist. Der Mittelpunkt der

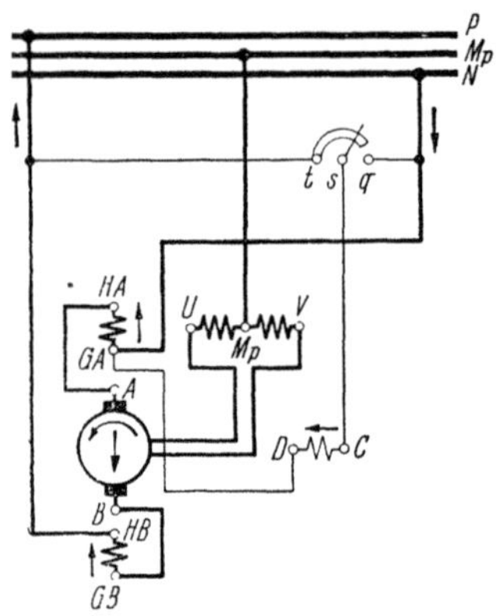

Abb. 439 a. Schaltbild eines Dreileitergenerators mit Drosselspule.

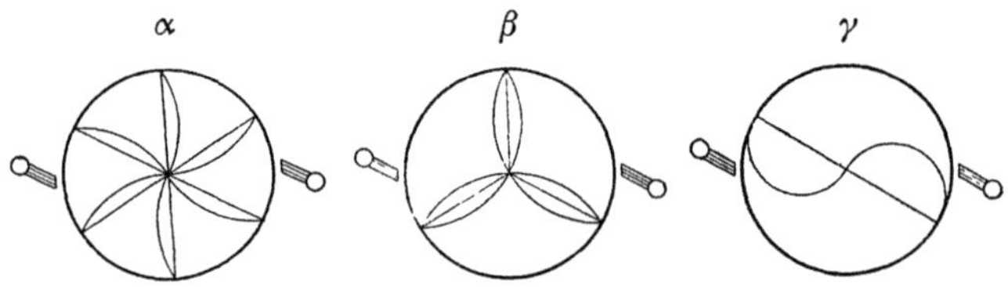

Abb. 439 b. Spannungsvielecke von Wicklungen für Dreileitermaschinen.

Drosselspule teilt die Klemmenspannung der Maschine in jedem Augenblicke in zwei gleiche Teilspannungen. Der Strom im Mittelleiter ist Null, wenn die beiden Hälften des Dreileiternetzes gleich belastet sind. Bei ungleicher Belastung aber muß im Mittelleiter ein Ausgleichstrom fließen, der sich im Mittelpunkt der Drosselspule in zwei gleiche Teilströme aufspaltet, die über die Schleifringe der

[1]) Das Buch der Garbe, Lahmeyer & Co. A. G., S. 266.

Ankerwicklung zufließen und von dort über die Bürsten A und B in die Außenleiter wieder abfließen. In Abb. 439 a ist die Wendepolwicklung GH auf beide Seiten des Ankers gleichmäßig verteilt gezeichnet und die eine Hälfte der Wendepolwicklung auf der Seite der Ankerklemme A mit $GA — HA$, die andere Hälfte auf der Seite der Ankerklemme B mit $GB—HB$ angegeben.

Nach SENGEL zapft man die Ankerwicklung einer Dreileitermaschine so an, daß wir ihr Drehstrom entnehmen können, der über drei Schleifringe drei in Stern geschalteten Drosselspulen zugeführt wird. Der Mittelleiter des Dreileiternetzes wird an den Sternpunkt angeschlossen.

Man kann auch den Anker einer Dreileitermaschine mit zwei Wicklungen ausrüsten: einer geschlossenen, gewöhnlichen Gleichstromankerwicklung, die an den Stromwender angeschlossen ist, und einer aufgeschnittenen Gleichstromankerwicklung, die in Stern geschaltet ist. Der Sternpunkt wird mit einem Schleifring verbunden, an den der Mittelleiter gelegt wird. Abb. 439 b zeigt die Spannungsvielecke dieser Ankerwicklungen. Und zwar ist das Spannungsvieleck der geschlossenen Ankerwicklung als Kreis gezeichnet und in Abb. 439 b α ist die zweite Ankerwicklung sechsmal aufgeschnitten und die sechs Wicklungsstränge sind in Stern geschaltet; in Abb. 439 b β ist die zweite Ankerwicklung in drei Punkten aufgeschnitten und in drei weiteren Punkten angezapft; in Abb. 439 b γ ist die zweite Ankerwicklung in zwei Punkten aufgeschnitten.

5. Gleichstrommaschinen ohne Stromwender (Unipolarmaschinen).

In der letzten Zeit tritt wieder die um das Jahr 1903 allenthalben entwickelte, aber dann verlassene Unipolarmaschine mit den gewöhnlichen Gleichstrommaschinen in Wettbewerb, und zwar als Niederspannungs-Hochstrommaschine für Elektrolyseanlagen für Spannungen von 6 bis 40 Volt und Stromstärken von 6000 bis 50000 Amp.

Eine einfache Skizze einer Gleichstrommaschine ohne Stromwender ist in Abb. 440 a zu sehen. Im aktiven Teil des Läufers tritt am ganzen Mantel der Kraftfluß in gleicher Richtung aus, so daß dieser Läuferteil einem Nordpol gleichkommt. Aus diesem Grunde heißt die Maschine Einpolmaschine oder Unipolarmaschine. Im Läufer sind isoliert Leiter verlegt, die abwechselnd mit zwei Schleifringen verbunden sind. Die Schleifringe selbst können entweder parallel oder in Reihe geschaltet werden.

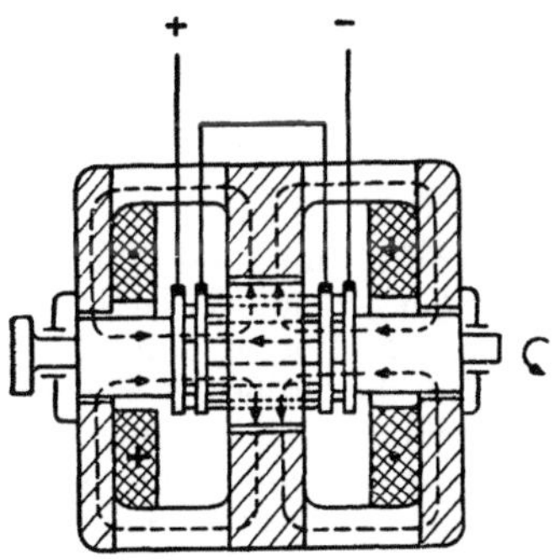

a

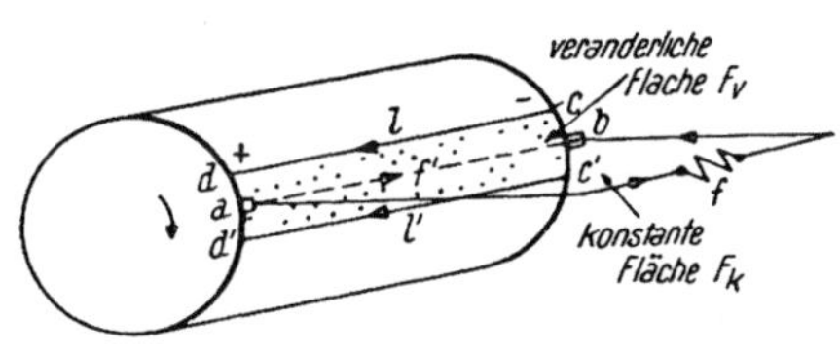

b

Abb. 440. a Gleichstrommaschine ohne Stromwender; b zur Wirkungsweise einer Gleichstrommaschine ohne Stromwender.

Die Wirkungsweise ergibt sich an Hand der Abb. 440 b. Hier ist der aktive Läuferteil herausgezeichnet mit einem Leiter l, der an die Schleifringe c und d angeschlossen ist. Die aus dem Läufermantel austretenden Kraftlinien sind durch Punkte angedeutet. Auf den Schleifringen schleifen die Bürsten a und b und speisen den Verbraucherkreis f. Nach Gl. 38 ist die elektrische Umlaufspannung U_0 einer eingeschlossenen Fläche gleich dem magnetischen Schwund $-d\Psi/dt$, der diese Fläche durchsetzt. Da wir nur eine einzige Windung betrachten, nämlich den geschlossenen Leitungszug a, f, b, c, d, a, ist der Spulenfluß Ψ gleich dem Windungsfluß Φ; und dieser ist $\Phi = B F$. Die magnetische Induktion B ändert sich jedoch nicht, so daß wir schreiben können:

$$U_0 = -B \frac{dF}{dt}.$$

Die von unserem Leitungszuge eingeschlossene Fläche F besteht aus der stets gleichbleibenden Windungsfläche a, f, b und aus der bei der Drehung veränderlichen Fläche auf dem Läufermantel b, c, d, a. Mithin erhalten wir

$$U_0 = -B \frac{dF_v}{dt},$$

wenn F_v die veränderliche Windungsfläche darstellt.

Der Läufer dreht sich nun mit der Geschwindigkeit v in der in Abb. 440b angegebenen Richtung. Die veränderliche Windungsfläche F_v wird stetig kleiner. Aus $dF_v/dt = -l\,v$ folgt $U_0 = B\,l\,v$. Diese Spannung ist von c nach d gerichtet und geht also links um die Windungsfläche herum. In der Lage f' ist die veränderliche Windungsfläche Null und nimmt bei weiterer Läuferdrehung wieder zu; dF_v/dt ändert das Vorzeichen und damit auch die Windungsspannung in bezug auf ihre Umlaufrichtung zur Windungsfläche. Die Spannung wirkt jetzt rechtsherum um die Windungsfläche. Im Leiter l' ist die Spannung aber nach wie vor vom Schleifring c zum Schleifring d gerichtet. Nun wächst die veränderliche Windungsfläche F_v ständig weiter, ist nach einem Umlauf $d\,\pi\,l$, wenn d der Läuferdurchmesser ist, und ist nach z Umläufen $z\,d\,\pi\,l$. Mit der Drehzahl n des Läufers wird die Spannung der Unipolarmaschine

$$U_0 = B\,l\,v = B\,l\,d\,\pi\,n = \Phi\,n,$$

wenn $\Phi = B\,l\,d\,n$ den gesamten aus dem Läufermantel austretenden Fluß bedeutet.[1])

Bei neueren Unipolarmaschinen nimmt man einfach den Strom über Bürsten ab, die auf dem Läuferzylinder oder an den Stirnflächen zu beiden Seiten des Läufermittelteiles schleifen, so daß die isolierten Leiter und Ringe wegfallen.[2])

---

[1]) Der Vorgang bei der Induzierung der Spannung kann auch durch das Schneiden der Feldlinien durch einen offenen Leiter gedeutet werden. Beide Vorstellungen führen zu dem gleichen richtigen Ergebnis, doch hat jede ihre Vor- und Nachteile. Der Vorteil der hier vorgetragenen Erklärung ist der, daß über die Größe des Flusses Φ und daher die im Leiterkreis induzierte Spannung niemals ein Zweifel bestehen wird; ihr Nachteil besteht darin, daß sie ideelle Flächen benötigt, die sich endlos vergrößern. Die Darstellung, die vom Schneiden der Induktionslinien ausgeht, besitzt den Vorteil, daß der physikalische Sachverhalt klarer erfaßt wird und daß keinerlei ideelle Fläche benötigt wird, doch kann sie zu Irrtümern verleiten.

[2]) M. Zorn, Elektrotechn. u. Masch.-Bau 60 (1942) S. 252. Vgl. ETZ 62 (1941) S. 681; Siemens-Z. 22 (1942) S. 22.

VII. Umlaufende Umformer.

Unter einem umlaufenden Umformer versteht man eine Maschine oder einen Maschinensatz zur Umwandlung elektrischer Leistung einer Art mit bestimmten Eigenschaften in elektrische Leistung einer anderen Art mit anderen Kennzeichen. Und zwar wollen wir, wenn nichts anderes angegeben wird, stets die Umformung von Wechselstrom in Gleichstrom voraussetzen.

A. Mechanische Umformer.

Erreicht ein Gerät die Gleichrichtung eines Wechselstromes in Gleichstrom mit mechanischen Mitteln, so nennt man es einen mechanischen Umformer. Den Grundgedanken dieser Umformer haben wir schon bei Besprechung des Stromwenders bei den Gleichstrommaschinen kennengelernt. In dem Augenblick, in dem die Wechselspannung durch Null geht, wird die Verbindung der Wechselstromquelle, bei der Gleichstrommaschine der Ankerspule, mit dem Gleichstromkreis umgekehrt. Eine Fülle von solchen Umformern ist angegeben worden.[1])

Bei manchen Umformern geschieht die Umformung von Wechsel- in Gleichstrom in zwei Arbeitsstufen: Zuerst wird der Wechselstrom geringer Phasenzahl in Wechselstrom hoher Phasenzahl in Transformatoren verwandelt; und dann formt ein Stromwender diesen Wechselstrom hoher Phasenzahl in Gleichstrom um. Der Stromwender kann stillstehen und die Bürsten laufen, durch einen Synchronmotor angetrieben, um. Auf diesem Gedanken beruht z. B. der Aufbau des Transverters, der es erlaubt, Wechselstrom mittlerer Spannung in Gleichstrom sehr hoher Spannung (100000 Volt) umzuformen oder der umgekehrt die Umformung sehr hoch gespannten Gleichstromes in Wechselstrom von Verteilerspannung bewerkstelligt.[2])

B. Motorgeneratoren.

Als Motorgenerator bezeichnet man einen Maschinensatz, der aus je einem oder mehreren unmittelbar miteinander gekuppelten Motoren und Generatoren besteht, wobei die Maschinen elektrisch voneinander unabhängig sind. In diesen Motorgeneratoren wird die elektrische Energie vollständig in mechanische Energie und diese wieder in elektrische Energie umgewandelt.

Solche Motorgeneratoren können z. B. durch die mechanische Kupplung eines Synchronmotors mit einem Gleichstromgenerator oder eines Induktionsmotors mit einem Gleichstromgenerator aufgebaut werden.

C. Einankerumformer.

Bei einem Einankerumformer findet die Umformung in einem Anker statt. Er kann als eine mechanische und elektrische Kupplung einer Synchronmaschine mit einer Gleichstrommaschine angesehen werden.

1. Aufbau und Wirkungsweise.

Zapfen wir bei einer gewöhnlichen Gleichstrommaschine die Ankerwicklung m-phasig an und führen wir die Anzapfpunkte über Schleifringe heraus, so haben

[1]) Vgl. M. Barrère, Commutatrices et convertisseurs rotatifs. Paris 1931, Baillière et fils.

[2]) Oelschläger, ETZ 35 (1924) S. 659.

wir einen Einankerumformer vor uns. Von der Gleichstromseite her ist diese Maschine eine gewöhnliche Gleichstrommaschine. Von der Wechselstromseite aus gesehen aber ist sie eine Synchronmaschine, bei der das Magnetsystem still steht und die Ankerwicklung umläuft (Abb. 441).

Abb. 441. Einankerumformer 1050 kW, 242 V, 750 U/min, Baujahr 1938.

Führt man der Maschine über die Schleifringe Wechselstrom zu, so wirkt sie als Synchronmotor und Gleichstromgenerator, also als *Wechselstrom-Gleichstrom-Umformer*. Auf der Gleichstromseite als Motor gespeist, vermag sie als Synchrongenerator Wechselstrom zu liefern. Die Maschine ist dann ein *Gleichstrom-Wechselstrom-Umformer*. Treibt man den Ein-

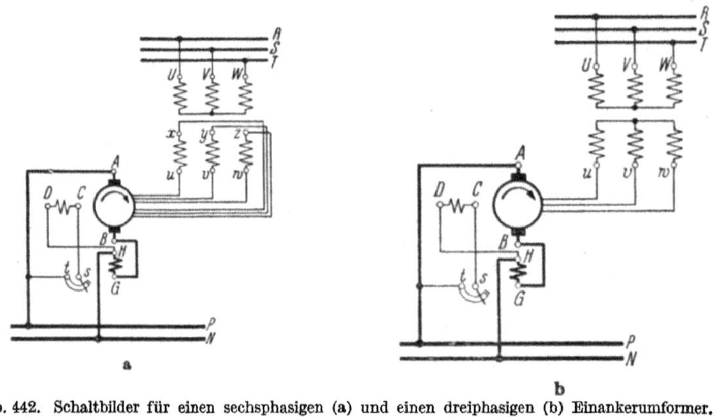

Abb. 442. Schaltbilder für einen sechsphasigen (a) und einen dreiphasigen (b) Einankerumformer.

ankerumformer mechanisch an, so kann er gleichzeitig Gleich- und Wechselstrom erzeugen: er ist ein *Doppelstromgenerator*.

Zwischen Wechselstromnetz und Wechselstromseite des Einankerumformers ist meistens ein Transformator geschaltet, da zwischen Gleich- und Wechselspannung des Einankerumformers ein bestimmtes Verhältnis besteht und daher die Wechselspannung nicht beliebig groß sein kann.

Da es, wie wir später hören werden, von Vorteil ist, den Einankerumformer wechselstromseitig mit großer Phasenzahl auszulegen, so müssen die Transformatoren, über die der Einankerumformer am Drehstromnetz z. B. liegt, den Drehstrom in Sechs- oder Mehrphasenstrom umwandeln. In Abb. 442a und b sind Schaltbilder für Einankerumformer wiedergegeben. In Abb. 442b ist die Ankerwicklung dreiphasig angezapft und über drei Schleifringe an die Sekundärseite eines Transformators gelegt. Abb. 442a zeigt einen Einankerumformer mit sechsphasiger Anzapfung und sechs Schleifringen und seinen Anschluß an ein Dreiphasennetz.

2. Verhältnis der Gleich- und Wechselspannungen und der Ströme.

Das Verhältnis der induzierten Gleich- zur induzierten Wechselspannung in einem Einankerumformer läßt sich am einfachsten aus dem Spannungsvieleck der Ankerwicklung ableiten, das in Abb. 443 gezeichnet ist. Daraus folgt:

$$E_w \sqrt{2} = E_g \sin \frac{\pi}{m}$$

oder, wenn wir für die induzierten Spannungen die Klemmenspannungen setzen,

$$\ddot{u}_U = \frac{U_w}{U_g} \approx \frac{\sin \frac{\pi}{m}}{\sqrt{2}}. \qquad (401)$$

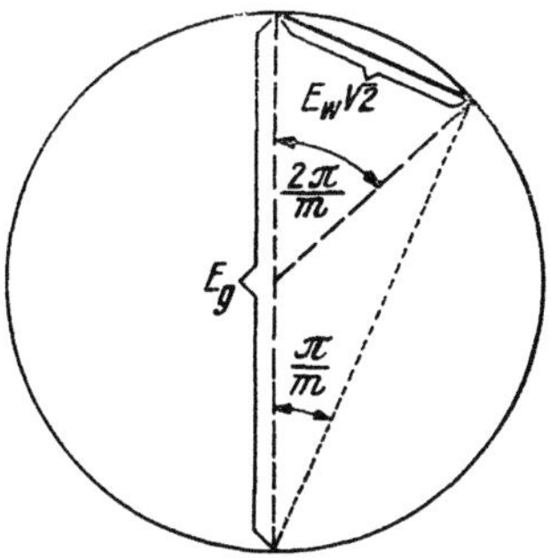

Abb. 443. Spannungsvieleck einer angezapften Gleichstromankerwicklung.

Dieses Übersetzungsverhältnis der Spannungen wird für Einphasenstrom ($m = 2$) gleich $\ddot{u} = 0{,}707$, für Dreiphasenstrom $\ddot{u} = 0{,}612$, für Sechsphasenstrom $\ddot{u} = 0{,}354$.

Da der Einankerumformer nicht mechanisch belastet ist, so muß die zugeführte Leistung gleich der abgegebenen sein:

$$m\, U_w J_w \cos\varphi = U_g J_g.$$

Dabei ist J_w der Strom in einem Strang der Ankerwicklung. Die m Stränge sind bei einer angezapften Gleichstromankerwicklung in Vieleck oder im Ring geschaltet. Der Schleifring- oder Linienstrom ist somit:

$$J_l = 2 J_w \sin \frac{\pi}{m}.$$

Unter J_g verstehen wir den Gleichstrom. Somit ist das Verhältnis von Schleifring- zum Gleichstrom gleich:

$$\ddot{u}_J = \frac{J_l}{J_g} = \frac{2 \sin \frac{\pi}{m}}{m \cos\varphi} \frac{U_g}{U_w} = \frac{2\sqrt{2}}{m \cos\varphi}. \qquad (402)$$

Für den Leistungsfaktor $\cos\varphi = 1$ ergibt sich beim Einphasenumformer ($m = 2$) ein Stromverhältnis $\ddot{u}_J = 1{,}41$, beim Dreiphasenumformer $\ddot{u}_J = 0{,}943$ und beim Sechsphasenumformer $\ddot{u}_J = 0{,}472$.

3. Stromwärmeverlust in der Ankerwicklung.

Wir wollen zuerst überlegen, welchen zeitlichen Verlauf der Strom in einem beliebigen Ankerleiter zeigt. Im Leiter fließen Gleich- und Wechselstrom, die sich überlagern. Der Gleichstrom wird immer wieder gewendet, so daß auch er eigentlich ein Wechselstrom ist. Beim Umformerbetrieb ist immer ein Strom Motorstrom und der andere ein Generatorstrom, so daß sie um eine halbe Periode π gegeneinander in der Phase verschoben sind. Beim Betrieb des Einankerumformers als Doppelstromgenerator fällt diese Phasenverschiebung zwischen den beiden Strömen weg, da sie beide Generatorströme sind.

Wir wählen nun eine Ankerspule S genau in der Mitte zwischen zwei Anzapfpunkten (Abb. 444a). In dem Augenblicke, in dem sie durch die geometrisch neutrale Zone geht, wird der Gleichstrom in ihr gewendet. In diesem Augenblicke aber ist auch die in dem Wicklungsstrange, dem die Spule angehört, induzierte Wechselspannung Null, wie aus Abb. 444b hervorgeht. Abb. 444b ist das Span-

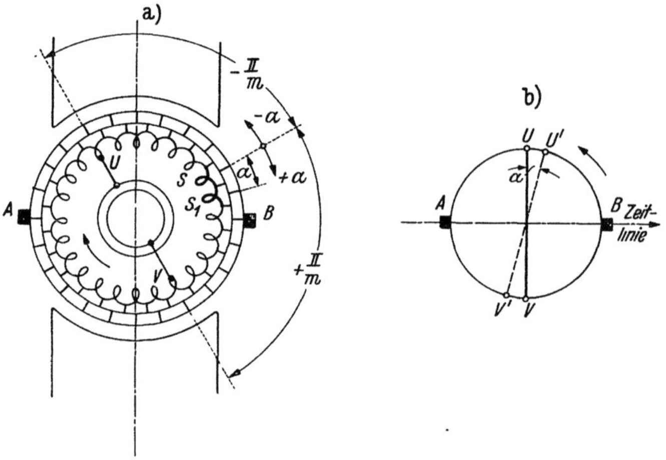

Abb. 444. Zur Darstellung der Ströme in den Ankerleitern.

nungsvieleck der Ankerwicklung. Seine Lage zur Bürstenverbindungslinie als Zeitlinie entspricht dem betrachteten Augenblick, in dem die Spule S durch die neutrale Zone läuft. Der Augenblickswert der Spannung des Stranges $U\,V$ ist Null (Projektion des Strahles $U\,V$ auf die Bürstenverbindungslinie als Zeitlinie). Nehmen wir weiters an, daß der Strangstrom mit der induzierten Strangspannung in Phase wäre, daß also der Winkel ψ zwischen Wechselstrom und induzierter Wechselspannung Null ist, so erhält man das erste Bild in Abb. 445a ($\psi = 0$, $\alpha = 0$). Der Gleichstrom in einem Leiter der Spule S verläuft in Abhängigkeit von der Zeit nach der Rechteckwelle. Der Wechselstrom geht gleichzeitig mit der Wechselspannung durch Null ($\psi = 0$) und deshalb gleichzeitig mit dem Gleichstrom, ändert sich sinusförmig mit der Zeit und außerdem besteht zwischen beiden Strömen noch eine Phasenverschiebung von 180°, wie wir gehört haben. Der resultierende Strom ist stark ausgezogen.

Ist der Wechselstrom gegenüber der induzierten Wechselspannung um einen Winkel ψ in der Phase verzögert, so gehen Gleich- und Wechselstrom in dem betrachteten Ankerleiter nicht gleichzeitig durch Null und der resultierende Ankerstrom zeigt einen Verlauf, wie er in Abb. 445a für $\psi = 15°$ und 30° zu sehen ist.

Nun wählen wir einen Leiter in einer Ankerspule S_1, die gegen die genaue Mitte zwischen zwei Anzapfpunkten um einen Phasenwinkel α (der einem räumlichen Winkel $\frac{\alpha}{p}$ entspricht) im Umlaufsinne des Ankers verschoben ist (Abb. 444a). In dem Augenblicke, in dem der Gleichstrom in der Spule gewendet wird, ist die im Strang der Spule induzierte Wechselspannung nicht Null, sondern erreicht diesen Nullwert um $\omega\, t = \alpha$ später, wie aus Abb. 444b hervorgeht. In Abb. 445b sind die Ankerströme gezeichnet für den Winkel $\alpha = \frac{\pi}{2m}$ und für die Winkel $\psi = 0°$, $15°$ und $30°$. Abb. 445c bezieht sich auf $\alpha = \frac{\pi}{m}$ und $\psi = 0°$, $15°$ und $30°$. m ist für den dargestellten Einphasenumformer gleich 2. Aus diesen Bildern folgt, daß die Strombelastung am kleinsten ist für einen Leiter in der Mitte zwischen zwei Anzapfpunkten und am größten für einen Leiter in den Anzapfpunkten selbst. Weiters wächst die Strombeanspruchung mit zunehmendem ψ.

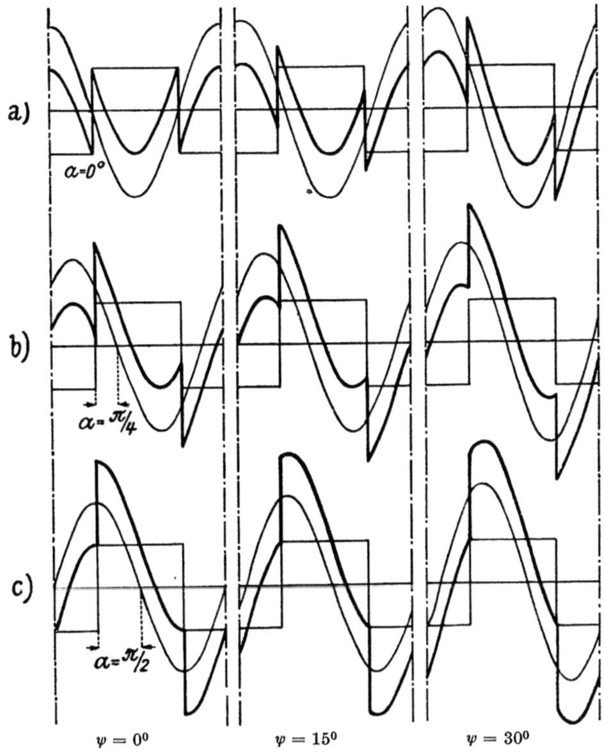

Abb. 445. Gleich- und Wechselstrom (dünn ausgezogen) und resultierender Strom (stark gezeichnet) in einem Ankerleiter in Abhängigkeit von ωt. a) $\alpha = 0°$, b) $\alpha = \pi/4$, c) $\alpha = \pi/2$.

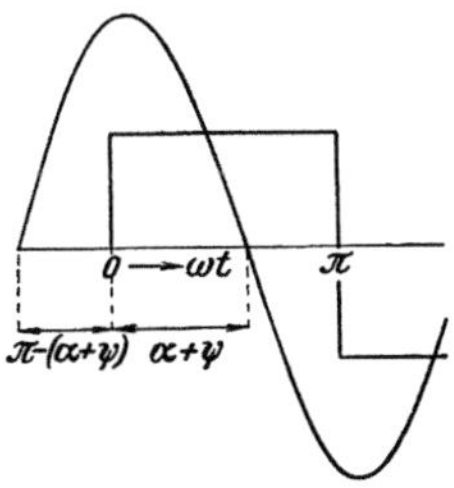

Abb. 446. Gleich- und Wechselstrom in einem Ankerleiter eines Einankerumformers.

Im allgemeinen ergibt sich der in Abb. 446 angedeutete Verlauf des Gleich- und Wechselstromes in einem Ankerleiter in Abhängigkeit von der Zeit. Dabei ist die Ankerspule, der der betrachtete Leiter angehört, um den Winkel α im Drehsinne aus der Mitte zwischen zwei Anzapfpunkten verschoben und der Wechselstrom ist gegen die induzierte Wechselspannung um ψ phasenverzögert.

Die Rechteckwelle des zeitlichen Verlaufes des Gleichstromes in einem Ankerleiter läßt sich darstellen durch die Reihe:

$$i_g = \frac{J_A}{2a} \frac{4}{\pi} \left(\sin \omega t + \frac{1}{3} \sin 3 \omega t + \frac{1}{5} \sin 5 \omega t + \dots \right). \tag{403}$$

J_A ist der Gleichstrom im Anker und $2a$ die Zahl der parallelen Ankerzweige gleichstromseitig. Den Wechselstrom setzen wir sinusförmig voraus, so daß wir schreiben können:

$$i_w = \frac{J_w}{a} \sqrt{2} \sin (\omega t + \pi - \alpha - \psi). \tag{404}$$

J_w ist der Strangstrom, und es ist zu beachten, daß jeder Strang a parallele Zweige hat. Damit ergibt sich der resultierende Strom in einem Ankerleiter zu

$$\left. \begin{aligned} i = i_g + i_w = \frac{J_A}{2a} \frac{4}{\pi} \left(\sin \omega t + \frac{1}{3} \sin 3 \omega t + \frac{1}{5} \sin 5 \omega t + \dots \right) - \\ - \frac{J_w}{a} \sqrt{2} \sin (\omega t - \alpha - \psi). \end{aligned} \right\} \tag{405}$$

Wir berechnen nun den Stromwärmeverlust in einer Ankerspule mit dem Widerstand R_s, die im Drehsinne des Ankers aus der Mitte zwischen zwei Anzapfpunkten um den Winkel α entfernt liegt; und zwar den zeitlichen Mittelwert über eine halbe Periode (Abb. 446): der resultierende Strom in dieser Ankerspule in der halben Periode von 0 bis π kann angeschrieben werden als

$$i = \frac{J_A}{2a} - \frac{J_w}{a}\sqrt{2}\sin(\omega t - \alpha - \psi).$$

Damit wird der Mittelwert der Stromwärme dieser Ankerspule:

$$Q_{ms\alpha} = R_s \frac{1}{\pi}\int_0^\pi i^2 d\omega t = R_s \frac{1}{\pi}\int_0^\pi \left[\frac{J_A}{2a} - \frac{J_w}{a}\sqrt{2}\sin(\omega t - \alpha - \psi)\right]^2 d\omega t =$$

$$= \frac{J_A^2 R_s}{4a^2}\left[1 - \frac{8\sqrt{2}}{\pi}\frac{J_w}{J_A}\cos(\alpha + \psi) + 4\frac{J_w^2}{J_A^2}\right].$$

Für den ganzen Wicklungsstrang, dem die betrachtete Spule angehört, ändert sich der Winkel α zwischen den Grenzen $-\frac{\pi}{m}$ und $+\frac{\pi}{m}$ (Abb. 444a). Wir finden nun den Mittelwert der Stromwärme der Spule dieser Phase, indem wir rechnen:

$$Q_{ms} = \frac{m}{2\pi}\int_{-\frac{\pi}{m}}^{+\frac{\pi}{m}} Q_{ms\alpha}\, d\alpha = \frac{m}{2\pi}\frac{J_A^2 R_s}{4a^2}\int_{-\frac{\pi}{m}}^{+\frac{\pi}{m}}\left[1 - \frac{8\sqrt{2}}{\pi}\frac{J_w}{J_A}\cos(\alpha + \psi) + 4\frac{J_w^2}{J_A^2}\right] d\alpha =$$

$$= \frac{J_A^2 R_s}{4a^2}\left[1 - \frac{8\sqrt{2}}{\pi^2}\, m\, \frac{J_w}{J_A}\sin\frac{\pi}{m}\cos\psi + 4\frac{J_w^2}{J_A^2}\right].$$

Das Verhältnis der Stromwärmeleistung der Ankerwicklung des Umformers zu jener bei einer gewöhnlichen Gleichstrommaschine ist gleich dem Verhältnis der Stromwärmeleistungen einer Umformerankerspule und einer Gleichstromankerspule, also:

$$v = \frac{Q_{ms}}{Q_{gs}} = 1 - \frac{8\sqrt{2}}{\pi^2}\, m\, \frac{J_w}{J_A}\sin\frac{\pi}{m}\cos\psi + 4\frac{J_w^2}{J_A^2},$$

da der Stromwärmeverlust einer Spule der Gleichstromankerwicklung

$$\frac{J_A^2 R_s}{4a^2}$$

ist.

Für das Verhältnis von Schleifring- zum Gleichstrom ergab sich

$$\ddot{u}_J = \frac{J_l}{J_g} = \frac{2\sqrt{2}}{m\cos\varphi}.$$

Außerdem war

$$J_l = 2 J_w \sin\frac{\pi}{m},$$

so daß für $\frac{J_w}{J_g}$ oder für $\frac{J_w}{J_A}$ folgt, wenn wir $J_g = J_A$ voraussetzen,

$$\frac{J_w}{J_A} = \frac{\sqrt{2}}{m\sin\frac{\pi}{m}\cos\varphi}.$$

Weiters setzen wir $\cos\varphi \approx \cos\psi$. Dann erhalten wir für das Stromwärmeverhältnis

$$v = 1 - \frac{16}{\pi^2} + \frac{8}{m^2 \sin^2 \frac{\pi}{m} \cos^2 \varphi}. \tag{406}$$

Der Ohmsche Spannungsverlust in der Umformerankerwicklung ist das $\sqrt{v}$-fache des Spannungsverlustes in der Ankerwicklung jener Gleichstrommaschine, die die gleichen Stromwärmeverluste im Anker aufweist, was leicht einzusehen ist, denn die Stromwärmeleistung ist verhältnisgleich dem Quadrat des Stromes, der Ohmsche Spannungsverlust aber nur der ersten Potenz des Stromes.

Bei der gleichen Gleichstromspannung kann ein Einankerumformer einen $\sqrt{\frac{1}{v}}$-mal größeren Gleichstrom abgeben als diese Maschine bei reinem Gleichstrombetrieb, wenn die Stromwärmeverluste in der Ankerwicklung die gleichen sein sollen. Die Leistung eines Einankerumformers ist somit das $\sqrt{\frac{1}{v}}$-fache der Leistung einer Gleichstrommaschine gleicher Bauart bei denselben Stromwärmeverlusten im Anker.

In Zahlentafel 3 sind die Verlustverhältnisse v und die Ausnutzungsverhältnisse $\sqrt{\frac{1}{v}}$ für verschiedene Leistungsfaktoren und Phasenzahlen angegeben. Dem einphasigen Umformer entspricht $m = 2$.

Zahlentafel 3.

$\cos\varphi$		$m = 2$	$m = 3$	$m = 6$	$m = 12$
1	$v =$	1,38	0,567	0,267	0,207
	$\sqrt{v} =$	1,175	0,75	0,515	0,455
	$\sqrt{\frac{1}{v}} =$	0,85	1,33	1,93	2,20
0,9	$v =$	1,85	0,84	0,48	0,40
	$\sqrt{v} =$	1,36	0,92	0,69	0,63
	$\sqrt{\frac{1}{v}} =$	0,73	1,09	1,45	1,58
0,8	$v =$	2,51	1,23	0,77	0,67
	$\sqrt{v} =$	1,58	1,11	0,88	0,82
	$\sqrt{\frac{1}{v}} =$	0,63	0,90	1,14	1,22
0,7	$v =$	3,46	1,80	1,19	1,06
	$\sqrt{v} =$	1,86	1,34	1,09	1,03
	$\sqrt{\frac{1}{v}} =$	0,54	0,74	0,92	0,97

4. Ankerrückwirkung.

Die Ankerrückwirkung eines Einankerumformers setzt sich aus den Ankerrückwirkungen der Synchron- und Gleichstrommaschine zusammen.

Die Felderregerkurve des Gleichstromes im Anker bleibt bei unveränderlichem Gleichstrom stets die gleiche. Sie ist dreieckförmig (Abb. 402). Die Felderregerkurve des Wechselstromes im mehrphasig angezapften Anker läuft mit synchroner Drehzahl gegenüber der Ankerwicklung um. Der Anker selbst aber läuft in entgegengesetzter Drehrichtung synchron um, so daß die Felderregerkurve des Wechselstromes im Raume, z. B. gegenüber den Polen oder feststehenden Bürsten, stillsteht. In Abb. 210 ist z. B. die Felderregerkurve einer Drehstromwicklung für verschiedene Zeitpunkte gezeichnet. Durch die in entgegengesetzter Richtung mit der gleichen Drehzahl erfolgende Bewegung des Ankers wird diese Felderregerkurve gegenüber dem Raume festgehalten, so daß sich nur mehr die Form der Kurve periodisch mit der Zeit ändert. Bei Einphasenumformern kann man sich das Wechselfeld des Ankers wieder zerlegt denken in zwei gegenläufige Drehfelder halber Amplitude. Das eine dieser Drehfelder steht im Raume still und setzt sich mit dem Gleichstromfeld zusammen. Das andere läuft jedoch mit einer Geschwindigkeit um, die der Frequenz $2f$ entspricht. Wir nehmen an, daß dieses Feld durch Dämpfung unterdrückt ist.

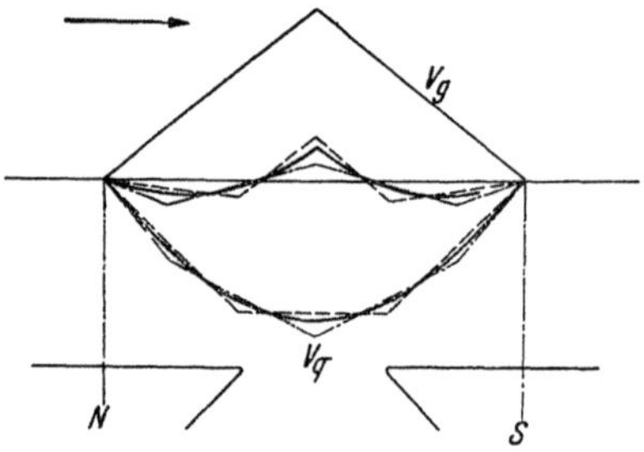

Abb. 447. Zusammensetzung der Erregerkurven der Querfelder des Gleich- und Wechselstromes im Anker eines Einankerumformers.

a) Rückwirkung durch das Querfeld des Ankers. Unter der Voraussetzung, daß der Winkel ψ zwischen dem Wechselstrom und der induzierten Wechselspannung Null wäre, ist der Wechselstrom ein reiner Wirkstrom, und er bildet nur ein Querfeld aus. Stehen überdies die Bürsten in der geometrisch neutralen Zone, so erregt auch der Gleichstrom ein reines Querfeld. Die Erregerkurven dieser beiden Querfelder haben ihren Höchstwert in der geometrisch neutralen Zone und ihre Nullwerte unter den Polmitten (Abb. 447). Die Erregerkurve des Gleichstromes V_g entspricht einem Generator, die des Wechselstromes V_q einem Motor. Die Erregerkurve des Gleichstromes ist unveränderlich mit der Zeit; die des Wechselstromes schwingt um etwa die Sinuslinie. In Abb. 447 sind zwei kennzeichnende Formen der Erregerkurven eines Dreiphasenstromes gezeichnet, der eine zweischichtige Drehstromwicklung mit Durchmesserspulen speist. Da die Form der Erregerkurve des Drehfeldes mit der sechsfachen Periodenzahl schwankt, so beträgt auch die Änderungsfrequenz des resultierenden Ankerquerfeldes die sechsfache Netzfrequenz. Allgemein ist diese Änderungsfrequenz gleich $2\,m\,f$ für eine ungeradzahlige Phasenzahl m, und $m\,f$ für eine gerade Zahl von Phasen.

b) Rückwirkung durch das Längsfeld des Ankers. Die Bürsten sollen weiter in der geometrisch neutralen Zone stehen bleiben, so daß sich die Erregerkurve des Gleichstromes nicht verschiebt. Ihre Höchstwerte fallen in die geometrisch neutralen Zonen (Abb. 448).

Ändern wir jedoch die Erregung des Einankerumformers, so wird dies in bezug auf den Wechselstrom die gleichen Folgen haben wie bei einer Synchronmaschine. Und zwar kann man bei einem Wechselstrom-Gleichstrom-Umformer, der wechselstromseitig ein Synchronmotor ist, durch Vergrößern der Erregung

(Übererregung) bei gleichbleibender Klemmenspannung bewirken, daß der Wechselstrom der induzierten Spannung in der Phase um den Winkel ψ voreilt und durch Untererregung eine Phasenverspätung des Stromes um ψ einstellen.

Die Blindkomponente des Wechselstromes erzeugt ein Längsfeld, das bei Übererregung das Feld der Pole schwächt. In Abb. 448 ist die Erregerkurve des Gleichstromes durch die vollausgezogene Kurve dargestellt. Von der Erregerkurve des Quer- (gestrichelt) und Längsfeldes (Strich-Punkt-Kurve) sind nur die sinusförmig am Ankerumfang verteilten Grundwellen gezeichnet. Weiters ist in Abb. 448 eine Phasenverfrühung des Stromes vorausgesetzt.

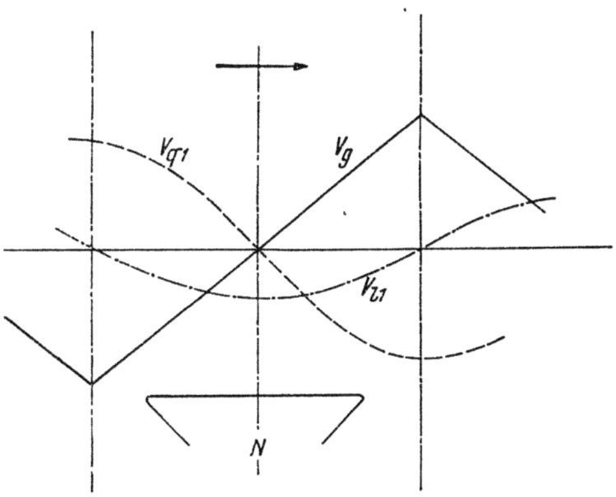

Abb. 448. Erregerkurven des Gleichstromes im Anker eines Einankerumformers und des Wechselstromes (Quer- und Längsfeld).

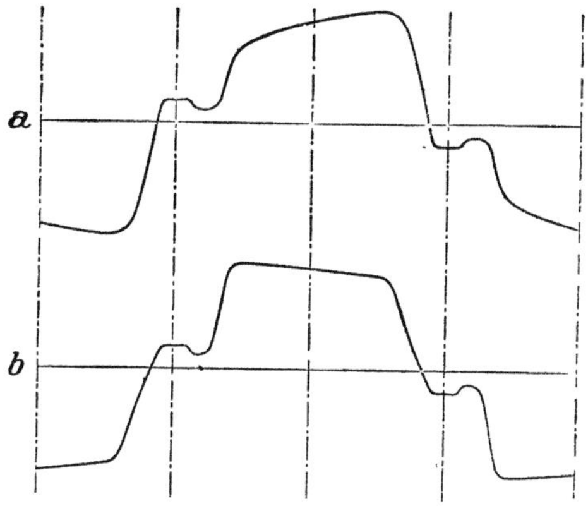

Abb. 449. Feldkurven eines Gleichstromgenerators (*a*) und eines Wechselstrom-Gleichstromumformers (*b*).

In Abb. 449 sind Feldkurven eines Gleichstromgenerators und eines Einankerumformers gezeichnet. Die mit *a* bezeichnete Kurve bezieht sich auf den Gleichstromgenerator. Diese Kurve ist die gleiche wie die in Abb. 402; nur gilt Abb. 402 für eine wendepollose Maschine, während hier Wendepole vorausgesetzt sind. Der Anker läuft von links nach rechts gegenüber der Feldkurve um. Die Kurve *b* gehört zum Einankerumformer, wenn er als Wechselstrom-Gleichstrom-Umformer bei einem Phasenwinkel $\psi = 0$ arbeitet. Die Feldverzerrung ist hier viel geringer und kehrt sich außerdem unter den Polschuhen um.

5. Stromwendung.

Der Strom in einer Ankerspule ist die Summe aus dem Gleich- und Wechselstrom. Durch die Wendung des Gleichstromes wird in den von den Bürsten kurzgeschlossenen Ankerspulen eine Selbstinduktionsspannung induziert, deren Größe bei den Gleichstrommaschinen abgeleitet wurde. Während der Kurzschlußzeit ändert sich aber auch der Wechselstrom, so daß die Selbstinduktionsspannung aus diesem Grunde größer als bei den Gleichstrommaschinen sein muß. Doch ist die Kurzschlußdauer im Vergleich zur Periodendauer so klein, daß auch die Änderung des Wechselstromes so gering ist, daß ihr Einfluß auf die Größe der Selbstinduktionsspannung vernachlässigt werden kann.

Wendepollose Einankerumformer zeigen, sofern sie mehrphasig sind, eine bessere Stromwendung als reine Gleichstrommaschinen, wenn die Bürsten in der geometrisch neutralen Zone stehen. Dies beruht darauf, daß das vom Gleichstrom erregte Ankerquerfeld durch das von der Wirkkomponente des Wechselstromes erzeugte Querfeld in der neutralen Zone fast aufgehoben wird. Nur bei einphasigen Umformern ohne Dämpferwicklung induziert das gegenläufige Drehfeld eine Wechselspannung in den von den Bürsten kurzgeschlossenen Ankerspulen, wodurch die Stromwendung verschlechtert wird.

Ist der Einankerumformer mit Wendepolen ausgerüstet, so zeigt sich der Einfluß des von der Wirkkomponente des Wechselstromes erregten Querfeldes in den neutralen Zonen wohl, da das Feld hier stärker ist. Dieses Querfeld schwingt mit $2\,m\,f$ oder $m\,f$. Deshalb schwankt auch das aus dem Feld der Wendepole und dem Ankerfeld sich ergebende resultierende Feld mit der Zeit und diese Schwankungen beeinflussen die Stromverteilung unter den Bürsten.

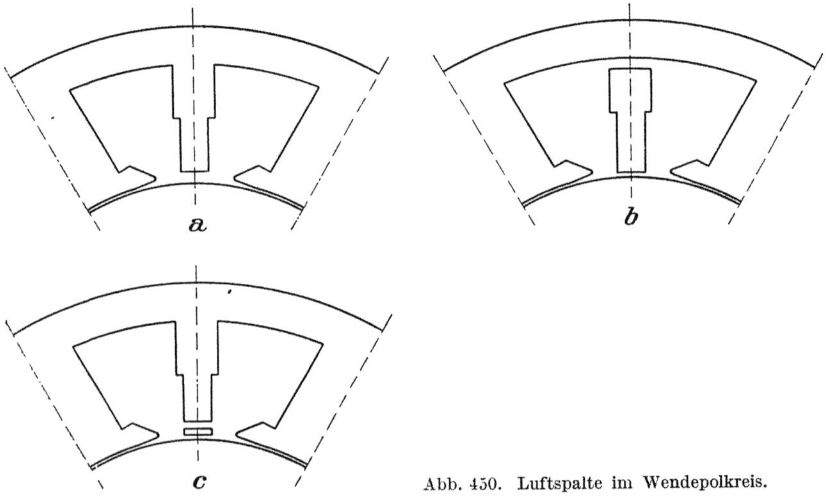

Abb. 450. Luftspalte im Wendepolkreis.

Um den Einfluß der Schwankungen des Ankerfeldes zu verkleinern, macht man die Breite des Luftspaltes zwischen Wendepol und Anker groß (Abb. 450a). Man kann aber auch einen Teil des Luftspaltes zwischen Joch und den Kern des Wendepoles legen (Abb. 450b), oder zwischen Polschuh und Polkern (Abb. 450c). Oder man ordnet auf jedem Wendepol eine Dämpferspule, d. s. Kurzschlußwindungen, an.

6. Spannungsregelung.

Zwischen der Gleich- und Wechselspannung eines Einankerumformers besteht ein festes Verhältnis, wie wir gesehen haben, d. h. man kann z. B. die abgegebene Gleichspannung nur ändern durch Änderung der zugeführten Wechselspannung. Eine Änderung der Erregung würde nur Größe und Phasenlage des aufgenommenen Wechselstromes beeinflussen, wie bei einem Synchronmotor.

a) Durch Stufentransformatoren, Schubtransformatoren, Drehtransformatoren. Die den Schleifringen eines Einankerumformers aufgedrückte Wechselspannung läßt sich z. B. durch vorgeschaltete Transformatoren mit Stufenregelung ändern. Hier erfolgt die Regelung der Spannung sprungweise. Eine stetige Regelung ist mit Schubtransformatoren zu erzielen oder mit Hilfe von Drehtransformatoren. Der Drehtransformator ist z. B. an die Sekundärseite des Haupttransformators angeschlossen, und zwar liegt seine Sekundärwicklung zwischen jener des Haupttransformators und den Schleifringen des Umformers, während seine Primärwicklung von der Sekundärwicklung des Haupttransformators gespeist wird. Man kann aber auch den Drehregler auf die Primärseite des Haupttransformators verlegen. In diesem Falle bleibt die Primärwicklung des Haupttransformators unverkettet und wird in Reihe mit der Sekundärwicklung des Drehtransformators gelegt. Diese Sekundärwicklung wird in Stern geschaltet. Eine solche Schaltung verwendet man bei sehr großen Schleifringströmen.

b) Durch Zusatzmaschinen. α) Auf der Gleichstromseite. Auf der Welle des Einankerumformers sitzt ein Gleichstromgenerator, dessen Spannung sich je nach dem Sinn der Erregung zur Gleichspannung des Umformers addiert oder von dieser subtrahiert. Dabei liegen die beiden Anker in Reihe. Die Zusatzmaschine erhält eine Nebenschluß- oder Reihenschlußwicklung.

β) Auf der Wechselstromseite. Baut man eine Synchronmaschine mit dem Umformer zusammen, so läßt sich durch eine Änderung der Erregung

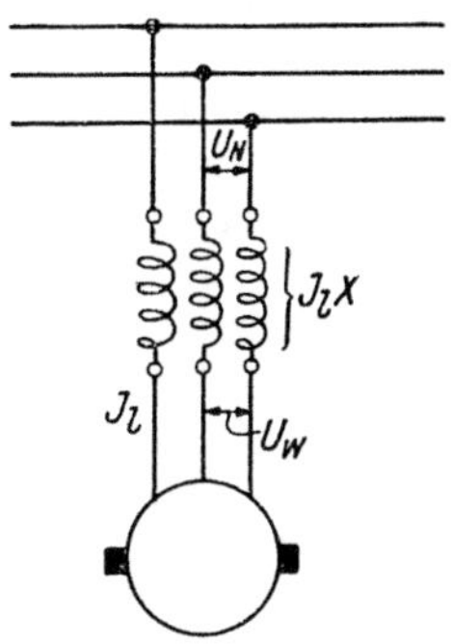

Abb. 451. Einankerumformer mit vorgeschalteten Drosselspulen.

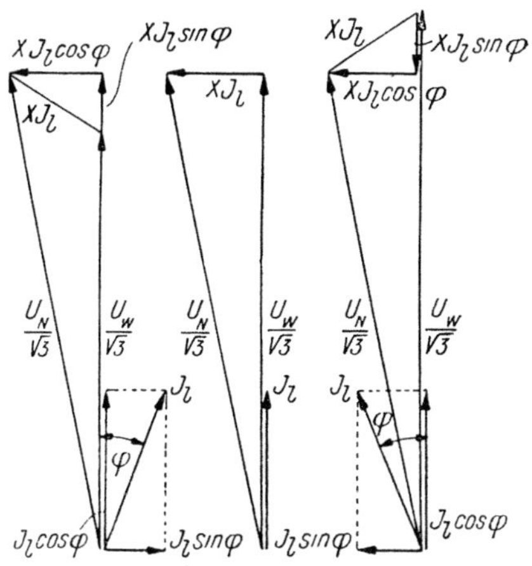

Abb. 452. Zur Spannungsregelung mit Hilfe von Drosselspulen.

der zusätzlichen Synchronmaschine eine Vergrößerung oder eine Verminderung der dem Einankerumformer zugeführten Wechselspannung erreichen. Die beiden Anker des Umformers und der Synchronmaschine sind in Reihe geschaltet und sitzen auf der gleichen Welle. Die Polzahlen beider Maschinen sind gleich. Die synchrone Zusatzmaschine wird von der Gleichstromseite des Umformers entweder im Nebenschluß, Hauptschluß oder Doppelschluß erregt. Und zwar ist die Synchronmaschine ein Generator, wenn sie die Wechselspannung vergrößert. Der Einankerumformer wirkt hier zum Teil als Motor, der den Synchrongenerator antreibt. Die Synchronmaschine ist Motor, wenn sie die Wechselspannung vermindert. Der Einankerumformer wirkt zum Teil als Gleichstromgenerator, der von diesem Synchronmotor angetrieben wird.

c) Durch Drosselspulen. Schaltet man zwischen die Sekundärseite des Haupttransformators oder das Netz unmittelbar und die Schleifringe des Einankerumformers Drosselspulen, so läßt sich die Schleifringspannung und damit die Gleichspannung durch Änderung der Erregung regeln (Abb. 451). Da der Einankerumformer wechselstromseitig ein Synchronmotor ist, so beeinflußt die Erregung die Phasenlage des Wechselstromes gegenüber der Wechselspannung, d. h. die Größe des Blindstromes.

In Abb. 452 bedeutet U_N die Netzspannung und U_w die Schleifringspannung. J_l stellt den Schleifringstrom dar. $U_w/\sqrt{3}$ und $U_N/\sqrt{3}$ sind die Spannungen zwischen einem Schleifring bzw. einem Netzleiter und dem neutralen Punkt.

Der Wirkstrom $J_l \cos \varphi$ ist als unveränderlich angenommen. Durch Änderung der Erregung des Umformers läßt sich die Größe des Blindstromes $J_l \sin \varphi$ regeln, damit die Größe des Blindspannungsverlustes $X J_l \sin \varphi$ in der Drosselspule und damit die Größe der Schleifringspannung U_w. Und zwar wird bei Untererregung die Schleifringspannung kleiner, bei Übererregung größer, so daß letzten Endes eine Schwächung der Erregung des Umformers eine Verminderung der abgegebenen Gleichspannung, eine Verstärkung der Erregung, aber eine Zunahme der Gleichspannung bewirkt.

Diese Art der Regelung ist begrenzt durch die dadurch bedingte Verschlechterung des Leistungsfaktors und des Wirkungsgrades des Umformers, denn die Stromwärmeverluste steigen mit kleiner werdendem Leistungsfaktor, wie wir gesehen haben. Eine selbsttätige Spannungsregelung erhält man bei vorgeschalteten Drosselspulen, wenn man auf den Feldmagneten des Umformers noch eine vom Ankerstrom der Gleichstromseite durchflossene Reihenschlußwicklung anordnet. Einer größeren Belastung entspricht dann eine Verstärkung der Erregung und damit ein Wachsen der Schleifringspannung. Auf diese Weise kann der Umformer kompoundiert oder auch überkompoundiert werden.

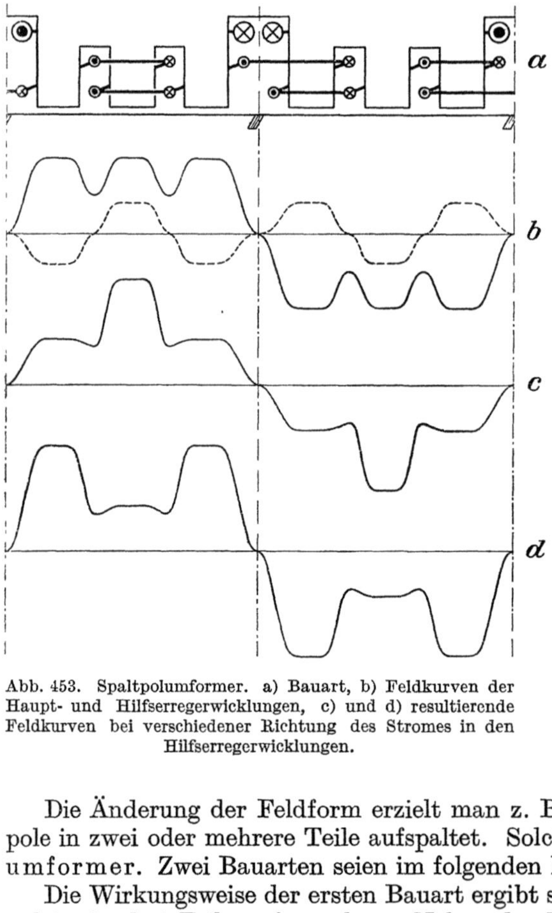

Abb. 453. Spaltpolumformer. a) Bauart, b) Feldkurven der Haupt- und Hilfserregerwicklungen, c) und d) resultierende Feldkurven bei verschiedener Richtung des Stromes in den Hilfserregerwicklungen.

d) Durch Änderung der Feldform. Hat der Anker eines Einankerumformers Durchmesserspulen und stehen die Bürsten in der neutralen Zone, so ist die induzierte Gleichspannung verhältnisgleich dem gesamten in den Ankermantel eintretenden Induktionsfluß eines Poles. Die im gleichen Anker induzierte Wechselspannung ist proportional dem Fluß der Grundwelle der Feldkurve, da die Oberwellen der Feldkurve im allgemeinen nur einen vernachlässigbar kleinen Beitrag zum Effektivwert der Wechselspannung leisten.

Man kann nun durch Änderung der Feldform eine Erhöhung oder eine Erniedrigung der Gleichspannung bewirken, während die Wechselspannung durch die zusätzlichen Oberwellen der verzerrten Feldkurve kaum geändert wird. Somit läßt sich die Gleichspannung regeln, ohne daß der Umformer wechselstromseitig einen phasenverschobenen Strom aufnimmt.

Die Änderung der Feldform erzielt man z. B. dadurch, daß man die Hauptpole in zwei oder mehrere Teile aufspaltet. Solche Umformer heißen Spaltpolumformer. Zwei Bauarten seien im folgenden kurz erläutert.

Die Wirkungsweise der ersten Bauart ergibt sich aus Abb. 453. Jeder Hauptpol ist in drei Teile aufgespalten. Neben der Wicklung der Hauptpole besitzt auch jeder Teilpol eine eigene Hilfserregerwicklung. Die Feldkurve, die die

Haupterregerwicklung erregt, ist in Abb. 453b voll ausgezogen gezeichnet. Verläuft der Strom in den Hilfserregerwicklungen so, wie es in Abb. 453a angedeutet ist, dann erregen diese Hilfswicklungen eine zusätzliche Feldkurve, die in Abb. 453b gestrichelt eingezeichnet ist. Die resultierende Feldkurve ist in Abb. 453c zu sehen. Kehrt man die Richtung des Stromes in den Hilfserregerwicklungen um, so ergibt sich eine resultierende Feldkurve nach Abb. 453d. Bei der ersten Stromrichtung in den Hilfswicklungen entsprechend der Feldkurve *c* wird der in den Ankermantel eintretende Induktionsfluß eines Hauptpoles kleiner und damit die Gleichspannung, während sich der Fluß der Grundwelle der Feldkurve kaum geändert hat, so daß die Wechselspannung ungefähr die gleiche bleibt. Umgekehrt wird bei der Feldkurve *d*, die zur geänderten Stromrichtung in den Hilfserregerwicklungen gehört, der Induktionsfluß des Hauptpoles größer und mit ihm die Gleichspannung.

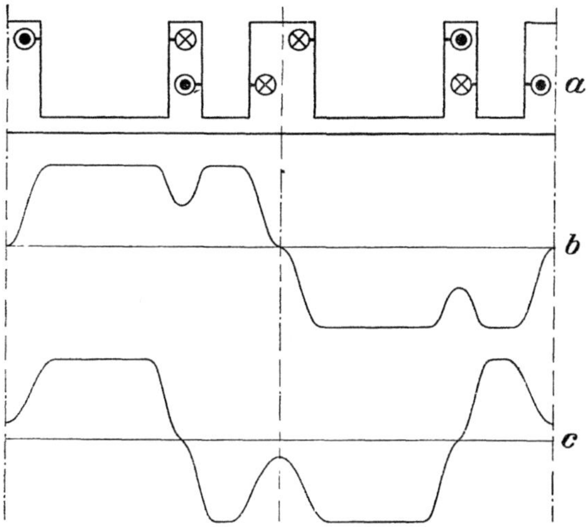

Abb. 454. Spaltpolumformer. a) Bauart, b) und c) Feldkurven bei verschiedener Richtung des Stromes in den Hilfserregerwicklungen.

Die Wirkungsweise der zweiten Bauart eines Spaltpolumformers erkennt man aus Abb. 454. Bild 454b ist wieder die resultierende Feldkurve für jene Richtung des Stromes in der Hilfserregerwicklung, die in Abb. 454a eingetragen ist, und Abb. 454c stellt die Feldkurve für die entgegengesetzte Stromrichtung dar. Die Feldkurve ist also in Abb. 454c gegen jene in Abb. 454b verschoben. Durch Änderung der Erregung der Hilfspole läßt sich somit auch hier die Gleichspannung ändern bei unveränderlicher Wechselspannung.

7. Anlassen.

Ein Einankerumformer kann von der Gleich- oder Wechselstromseite aus hochgefahren werden. Ist eine Gleichstromquelle vorhanden, die die gleiche Spannung besitzt, für die der Umformer ausgelegt ist, so kann er gleichstromseitig wie ein Gleichstrommotor angelassen und wie ein Synchrongenerator mit einer Synchronisiervorrichtung ans Wechselstromnetz gelegt werden.

Das Anlassen von der Wechselstromseite aus ist das gleiche wie das Hochfahren von Synchronmotoren. Am meisten wird auch hier der asynchrone Selbstanlauf verwendet. Zu diesem Zweck muß in den Polschuhen der Feldmagnete eine Käfigwicklung untergebracht sein. Zuerst wird den Schleifringen nur ein Teil der Nennspannung zugeführt, indem die Sekundärwicklung des dem Umformer vorgeschalteten Transformators angezapft wird. Ist der Umformer hochgelaufen, so wird den Schleifringen die volle Spannung zugeführt. Während des Anlaufes schließt man die Erregerwicklung kurz oder unterteilt sie in mehrere Gruppen, damit das Drehfeld, das bei Stillstand des Ankers ja mit der vollen synchronen Drehzahl gegen die Feldmagnete umläuft, keine gefährliche Spannung in der Erregerwicklung induzieren kann.

Auch mit Hilfe von Anwurfmotoren kann ein Einankerumformer angelassen werden. Solche Anwurfmotoren können sein: synchronisierte Induktionsmotoren gleicher Polzahl, die selbst die synchrone Drehzahl erreichen, oder Induktionsmotoren, deren Polzahl um zwei kleiner ist als die des Umformers, damit durch Widerstände im Läuferkreis die zum Synchronisieren notwendige Drehzahl eingestellt werden kann.

Fährt man den Umformer von der Wechselstromseite an und läßt man ihn sich selbst erregen, so ist die Polarität der Gleichstromseite eine durch den Zufall bedingte. Will man die Polarität ändern, so kann man bei kleinen Umformern zwischen Gleichstromnetz und den Gleichstromklemmen des Umformers einen doppelpoligen Umschalter einbauen. Die richtige Polarität des Umformers selbst läßt sich auf folgende Weise herstellen. Man öffnet, wenn die Polarität falsch ist, den Schalter auf der Wechselstromseite, und zwar noch bevor der Umformer an der vollen Wechselspannung hängt, und läßt den Anker gerade um eine Polteilung abschlüpfen. Dann fällt beim Schließen des Schalters der Umformer mit umgekehrter Polarität der Gleichstromseite wieder in den Synchronismus. Das gleiche kann durch eine kurzzeitige Unterbrechung des Erregerkreises erreicht werden. Erregt man beim Anlauf den Umformer fremd, so kann dadurch eine richtige Polarität bedingt werden.

8. Parallellauf.

Sind parallellaufende Einankerumformer auf der Wechselstromseite nicht elektrisch getrennt voneinander, indem sie z. B. alle von einer Sekundärwicklung eines Transformators gespeist werden oder indem sie ohne Transformatoren am Wechselstromnetz hängen (Abb. 455), so können sich durch ungleiche Bürstenübergangswiderstände gleichstromseitig Ausgleichströme ausbilden, die den in Abb. 455 durch Pfeile eingetragenen Verlauf haben: von den negativen Bürsten des einen Umformers über seine Schleifringe zu den Schleifringen des anderen Umformers und über die positiven Bürsten zum Gleichstromnetz. Die dadurch bedingte Überlastung der erwähnten Bürsten verschlechtert die Stromwendung. Man gibt daher jedem Umformer seinen eigenen Transformator. Dann kann der Ausgleichs-Gleichstrom nicht fließen.

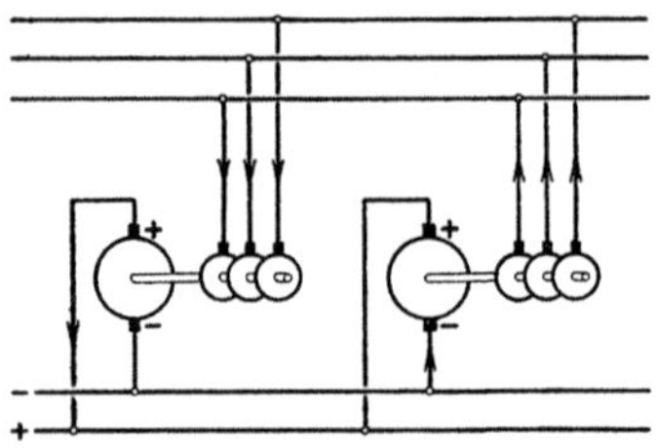

Abb. 455. Parallellauf von Einankerumformern ohne Transformatoren.

Bei Umformern mit Doppelschluß-Erregerwicklung, die parallel arbeiten, müssen die Reihenschlußwicklungen so wie bei parallellaufenden Gleichstrom-Doppelschlußmaschinen durch eine Ausgleichsleitung parallelgeschaltet werden.

D. Kaskadenumformer.

1. Aufbau und Wirkungsweise.

Ein Kaskadenumformer besteht aus einem Asynchronmotor und einer Gleichstrommaschine, besser einem Einankerumformer, deren Läufer elektrisch und mechanisch miteinander gekuppelt sind. Abb. 456 zeigt das Schaltbild. Die Ständerwicklung des Induktionsmotors hängt mit ihren Klemmen U, V und W am Drehstromnetz. Der Läufer des Motors besitzt eine große Zahl von Wicklungssträngen, 9, 12 oder mehr, die durch einen Kurzschließer K in Stern geschaltet werden können. Diese Stränge sind mit Anzapfpunkten der Wicklung des Ankers der Gleichstrommaschine unmittelbar so verbunden, daß das Drehfeld im Einankerumformer entgegengesetzt umläuft wie der Anker selbst. Außerdem sitzen die beiden Läufer auf der gleichen Welle. In Abb. 456 wird der Kaskadenumformer zur Speisung eines Dreileiternetzes verwendet.

Ist die Läuferdrehzahl n, so ergibt sich die Frequenz der Ströme im Läufer des Asynchronmotors aus

$$f_2 = (n_1 - n)\, p_A,$$

wenn mit $n_1 = \frac{f_1}{p_A}$ die synchrone Drehzahl des Induktionsmotors und mit p_A

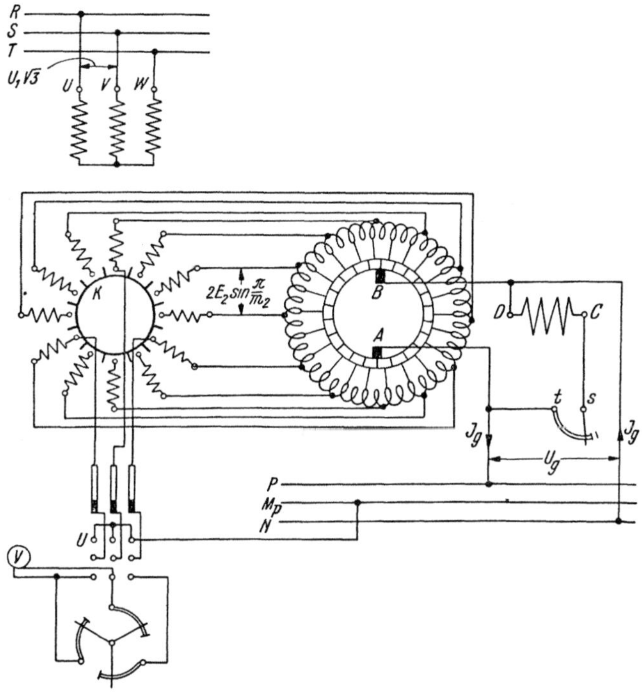

Abb. 456. Schaltbild eines Kaskadenumformers.

seine Polpaarzahl bezeichnet werden. Daraus ergibt sich die synchrone Drehzahl des Einankerumformers zu:

$$n = \frac{f_2}{p_G} = (n_1 - n)\,\frac{p_A}{p_G},$$

die ja gleich der Drehzahl des Läufers des Induktionsmotors sein muß. Diese ist somit:

$$n = n_1 \frac{p_A}{p_A + p_G} = \frac{f_1}{p_A + p_G}. \qquad (407)$$

Die Polpaarzahl der Gleichstrommaschine ist p_G.

Wie wir bei der Besprechung der Induktionsmaschinen festgestellt haben, teilt sich die auf den Läufer übertragene Ständer-Drehfeld-Leistung N_{D1} auf in die mechanische Leistung N_m an der Welle und in die elektrische Läuferleistung N_{D2}, die, abzüglich der Verluste in der Läuferwicklung, an einen Verbraucher abgegeben werden kann. Die mechanische Leistung ist verhältnisgleich der Läuferdrehzahl, die elektrische Läuferleistung aber der Schlüpfung:

$$N_m = \frac{n}{n_1} N_{D1} \quad \text{und} \quad N_{D2} = s\, N_{D1} = \frac{n_1 - n}{n_1} N_{D1}.$$

Nach den soeben abgeleiteten Formeln für die Drehzahl des Kaskadenumformers lassen sich die mechanische und die elektrische Läuferleistung ausdrücken durch:

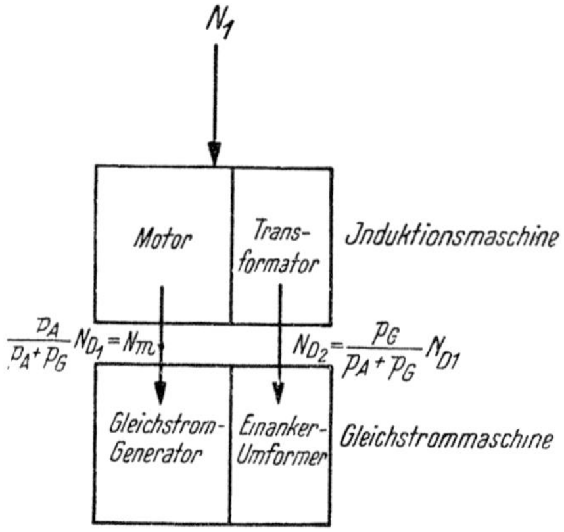

Abb. 457. Zur Arbeitsweise des Kaskadenumformers.

$$N_m = \frac{p_A}{p_A + p_G} N_{D1}$$

und

$$N_{D2} = \frac{p_G}{p_A + p_G} N_{D1}, \qquad \text{(408a und b)}$$

da die Schlüpfung

$$s = \frac{p_G}{p_A + p_G} \qquad (409)$$

ist. Der Induktionsmotor arbeitet mit Rücksicht auf die mechanische Leistung N_m, die er auf die Welle überträgt, als Motor und treibt die Gleichstrommaschine als Gleichstromgenerator an. Hinsichtlich der auf den Läufer übertragenen elektrischen Leistung N_{D2} wirkt der Induktionsmotor als Transformator und die Gleichstrommaschine als Einankerumformer.

Somit arbeitet die Induktionsmaschine zum $\frac{p_A}{p_A + p_G}$ ten Teil als Motor und zum $\frac{p_G}{p_A + p_G}$-ten Teil als Transformator; während die Gleichstrommaschine zum $\frac{p_A}{p_A + p_G}$-ten Teil als Gleichstromgenerator und zum $\frac{p_G}{p_A + p_G}$ ten Teil als Einankerumformer wirkt (Abb. 457).

2. Spannungen und Ströme.

Die im Ständer der Induktionsmaschine induzierte Spannung ist

$$E_1 = 4{,}44\, f_1\, w_1\, \xi_1\, \Phi,$$

und die im Läufer induzierte

$$E_2 = 4{,}44\, f_2\, w_2\, \xi_2\, \Phi = 4{,}44\, f_1\, w_2\, \xi_2\, \Phi\, s = 4{,}44\, f_1\, w_2\, \xi_2\, \Phi \frac{p_G}{p_A + p_G}$$

Hier bedeuten w_1 und w_2 die Zahlen der in Reihe geschalteten Windungen eines Stranges der Ständer- und Läuferwicklung, ξ_1 und ξ_2 die Wicklungsfaktoren und Φ den Induktionsfluß. Für E_2/E_1 kann daher geschrieben werden:

$$\frac{E_2}{E_1} = \frac{w_2\, \xi_2}{w_1\, \xi_1} \frac{p_G}{p_A + p_G}.$$

Die dem Einankerumformer zugeführte Wechselspannung ist, von den Spannungsverlusten abgesehen, gleich der im Läufer induzierten Spannung E_2. Dabei ist E_2 die Strangspannung des Läufers der Induktionsmaschine. Bei

Sternschaltung der m_2 Stränge ist dann die verkettete Spannung $2\,E_2 \sin\frac{\pi}{m_2}$ und dies ist die Wechselspannung zwischen zwei Anzapfpunkten der Ankerwicklung der Gleichstrommaschine. Somit wird die vom Umformer gelieferte Gleichspannung nach dem, was beim Einankerumformer auseinandergesetzt wurde,

$$U_g = 2\,E_2 \sin\frac{\pi}{m_2}\sqrt{2}\,\frac{1}{\sin\frac{\pi}{m_2}} = 2\sqrt{2}\,E_2.$$

Vernachlässigen wir auch die Spannungsverluste im Ständer der Induktionsmaschine, so daß wir setzen können $U_1 \approx E_1$, dann wird das Verhältnis der dem Kaskadenumformer zugeführten Wechselspannung U_1 zur von ihm erzeugten Gleichspannung U_g:

$$\frac{U_1}{U_g} = \frac{1}{2\sqrt{2}}\,\frac{w_1\,\xi_1}{w_2\,\xi_2}\,\frac{p_A + p_G}{p_G}. \tag{410}$$

Der Gleichstrom J_g, den der Kaskadenumformer liefert, wird zum Teil

$$J_g\,\frac{p_G}{p_A + p_G}$$

durch die Gleichstrommaschine als Einankerumformer und zum Teil

$$J_g\,\frac{p_A}{p_A + p_G}$$

durch sie als Gleichstromgenerator erzeugt. Der Wirkstrom, der bei der Wirkungsweise der Gleichstrommaschine als Einankerumformer dem erzeugten Gleichstrom

$$J_g\,\frac{p_G}{p_A + p_G}$$

entspricht, ergibt sich aus dem bei der Besprechung des Einankerumformers abgeleiteten Verhältnis von Schleifring- (hier Strom in einem Strang der Läuferwicklung des Induktionsmotors) zum Gleichstrom. Dieses Verhältnis war

$$\ddot{u}_J = \frac{J_l}{J_g} = \frac{2\sqrt{2}}{m\cos\varphi}.$$

Hier muß für $\varphi = 0$ gesetzt werden, da es sich um den Wirkstrom handelt. Somit errechnet sich der Wirkstrom in einem Strang der Läuferwicklung der Induktionsmaschine zu

$$J_l = \frac{2\sqrt{2}}{m_2}\,J_g\,\frac{p_G}{p_A + p_G}. \tag{411}$$

Der in der Ankerwicklung des Einankerumformers fließende Wirkstrom J_w nimmt dann den Wert

$$J_w = \frac{J_l}{2\sin\frac{\pi}{m_2}} = \frac{\sqrt{2}}{m_2\sin\frac{\pi}{m_2}}\,J_g\,\frac{p_G}{p_A + p_G} \tag{412}$$

an.

Wird die Gleichstrommaschine in der Erregung geregelt, so kann sie als Einankerumformer nicht nur den Wirkstrom aus dem Läufer des Induktionsmotors aufnehmen, sondern auch noch den Blindstrom J_μ für die Erregung des Induktionsmotors erzeugen. Ja, es ist sogar möglich, daß der Ständer des

Induktionsmotors einen Blindstrom J_{bn} ins Netz liefert. Dann ist der gesamte Blindstrom, den der Anker des Einankerumformers erzeugen muß:

$$J_b = J_\mu + J_{bn} \frac{m_1 w_1 \xi_1}{m_2 w_2 \xi_2}. \tag{413}$$

Dabei ist

$$\frac{m_1 w_1 \xi_1}{m_2 w_2 \xi_2}$$

das Übersetzungsverhältnis der Ströme im Ständer und Läufer des Induktionsmotors.

Der Gesamtstrom in einem Strang der Läuferwicklung des Induktionsmotors ist somit:

$$J_2 = \sqrt{J_l^2 + J_b^2}. \tag{414}$$

3. Stromwärmeverluste im Anker der Gleichstrommaschine.

Die Stromwärmeverluste im Anker der Gleichstrommaschine berechnet man ebenso wie jene im Anker eines Einankerumformers. Nur ist hier der Gleichstrom größer, weil ein Teil des Gleichstromes in der Maschine als Gleichstromgenerator erzeugt wird, der vom Induktionsmotor angetrieben wird, und nicht allein durch die Wirkung der Maschine als Einankerumformer.

Und zwar ergibt sich für das Verhältnis der Stromwärmeleistungen in der Ankerwicklung der Gleichstrommaschine des Kaskadenumformers zu jener einer gewöhnlichen Gleichstrommaschine

$$v = 1 - \frac{8\sqrt{2}}{\pi^2} m_2 \frac{J_w}{J_g} \sin\frac{\pi}{m_2} + 4\frac{J_w^2}{J_g^2} + 4\frac{J_b^2}{J_g^2}$$

oder

$$v = 1 - \frac{16}{\pi^2} \frac{p_G}{p_A + p_G} + \frac{8}{m_2^2 \sin^2\frac{\pi}{m_2}} \left(\frac{p_G}{p_A + p_G}\right)^2 + 4\frac{J_b^2}{J_g^2}. \tag{415}$$

Dabei ist angenommen, daß $J_g = J_A$ dem Ankerstrom der Gleichstrommaschine gleich ist.

4. Spannungsregelung.

Die Spannung eines Kaskadenumformers läßt sich durch Änderung der Erregung der Gleichstrommaschine regeln, wenn der Induktionsmotor an einem Wechselstromnetz gleichbleibender Spannung hängt. Und zwar wirkt hinsichtlich einer Änderung der Erregung der Kaskadenumformer wie ein Einankerumformer, dem wechselstromseitig Drosselspulen vorgeschaltet sind. Diese Drosselspulen sind hier die Blindwiderstände der Streuung im Ständer und Läufer des Induktionsmotors. Die Gleichspannung des Kaskadenumformers wächst somit bei einer Verstärkung der Erregung und sinkt, wenn die Erregung geschwächt wird. Auf diese Weise läßt sich die Spannung um etwa 10% leicht regeln.

Eine Spannungsregelung in weiteren Grenzen ist erreichbar, wenn man wie bei den Einankerumformern Spaltpole verwendet, oder durch eine synchrone Wechselstromzusatzmaschine, deren Anker zwischen dem Läufer des Induktionsmotors und dem Anker der Gleichstrommaschine auf der gleichen Welle sitzt. Diese Zusatzmaschine hat die gleiche Polzahl wie die Gleichstrommaschine.

5. Anlassen.

Beim Anlassen eines Kaskadenumformers legt man zuerst den Ständer des Induktionsmotors ans Wechselstromnetz; dann nimmt die Maschine nur den

Magnetisierungsstrom auf. Schaltet man drei Stränge der Läuferwicklung, die um 120° gegeneinander phasenverschoben sind, an ihre Anlaßwiderstände, so läuft der Umformer an (Abb. 456). Mit dem Hochlaufen des Maschinensatzes erregt sich die Gleichstrommaschine von selbst. Die Wechselströme, die der Gleichstromanker erzeugt, fließen über die Stränge der Läuferwicklung des Induktionsmotors und über die Anlaßwiderstände.

In den Läufersträngen überlagern sich nun einerseits die Wechselströme, die das Ständerdrehfeld im Läufer induziert, und anderseits die soeben besprochenen Wechselströme aus dem Gleichstromanker. Die Frequenz der Wechselströme aus dem Gleichstromanker nimmt mit wachsender Drehzahl zu, die der vom Ständer induzierten Wechselströme aber ab.

Der Induktionsmotor ist bestrebt, seine volle Synchrondrehzahl, die seiner Polzahl $2\,p_A$ entspricht, zu erreichen. In dem Maschinensatz eines Kaskadenumformers läuft er jedoch nur mit einer kleineren Drehzahl, nämlich einer zur Polzahl $(2\,p_A + 2\,p_G)$ gehörigen synchronen Drehzahl. Der Induktionsmotor läuft deshalb über diese synchrone Drehzahl des Kaskadenumformers hinaus. Hat sich dabei aber die Gleichstrommaschine voll erregt, so sinkt die Drehzahl wieder. Ein Voltmeter, das zwischen zwei Schleifringen liegt, zeigt die Interferenzschwebungen der in den Läufersträngen sich überlagernden Wechselspannungen an. Je mehr sich die Drehzahl des Kaskadenumformers der Betriebsdrehzahl nähert, um so langsamer erfolgen die Schwebungen. In einem Augenblick, in dem der Zeiger des Voltmeters durch Null geht, können die Schleifringe mit Hilfe des Umschalters U kurzgeschlossen werden. Durch einen Kurzschließer K werden nun die Läuferstränge des Induktionsmotors in Stern geschaltet. Die Bürsten hebt man von den Schleifringen ab. Und der Umformer wird ans Gleichstromnetz gelegt wie ein Gleichstromgenerator.

Kaskadenumformer werden verwendet für Wechselspannungen bis 15000 Volt.

VIII. Stromwendermaschinen für Wechsel- und Drehstrom.

A. Wechselstromwendermaschinen.

1. Allgemeines. Der Anker mit Stromwender im Wechselfeld.

Wie schon in der Bezeichnung zum Ausdruck kommt, sollen im folgenden Wechselstrom- und Drehstrommaschinen besprochen werden, die im Gegensatz zu den bisherigen Maschinen einen Läufer mit Stromwenderwicklung und Stromwender besitzen. Daraus ergibt sich eine Reihe von neuen Schaltungen mit neuen Eigenschaften, von denen die Drehzahlregelung am wichtigsten und für die Verwendung ausschlaggebend ist. Die Ausführung der Stromwenderwicklung ist im allgemeinen dieselbe wie bei Gleichstrommaschinen, der Bürstensatz jedoch teilweise verschieden.

In einem Stromwenderanker, der sich in einem Wechselfeld dreht, treten zwei verschiedene Spannungen auf. Die eine ist uns schon von der Gleichstrommaschine her bekannt; sie entsteht dadurch, daß die Leiter infolge Drehung des Ankers die Feldlinien schneiden. Wir nennen diese Spannung daher die „Spannung der Drehung“, im älteren Schrifttum auch „EMK der Rotation“ genannt. Die andere Spannung entsteht durch das Wechselfeld in der Maschine in gleicher Weise wie bei einem Transformator und soll „Spannung der Transformation“ heißen.

a) Die Spannung der Drehung. Für die an einem Ankerleiter durch Drehung in einem magnetischen Feld nach Abb. 458 erzeugte Spannung gilt nach Gl. 41:

$$e = B\,l\,v, \tag{41}$$

und für die Gesamtspannung zwischen zwei Bürsten gilt wie bei der Gleichstrommaschine (vgl. Gl. 384):

$$e_d = 4\,w\,p\,n\,\Phi. \tag{416}$$

$w = z/4a$ ist die in Reihe liegende Windungszahl eines Ankerzweiges und Φ der zwischen zwei aufeinanderfolgenden Bürsten in den Anker eintretende magnetische Fluß. Mit einer etwaigen Bürstenverschiebung ändert sich also dieser Fluß Φ. Im Gegensatz zu den Gleichstrommaschinen ist nun der Fluß Φ ein Wechsel-

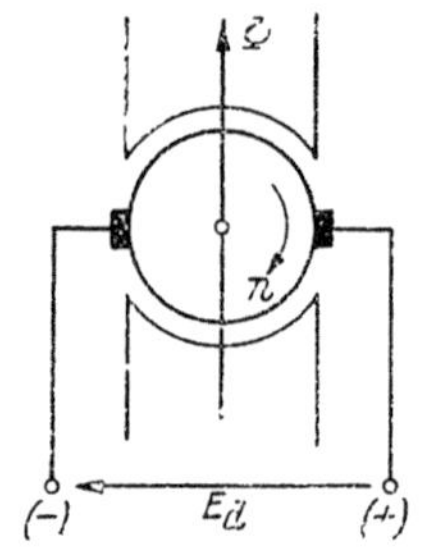

Abb. 458. Erzeugung einer Wechselspannung an einem Stromwenderanker durch Drehung in einem Wechselfeld.

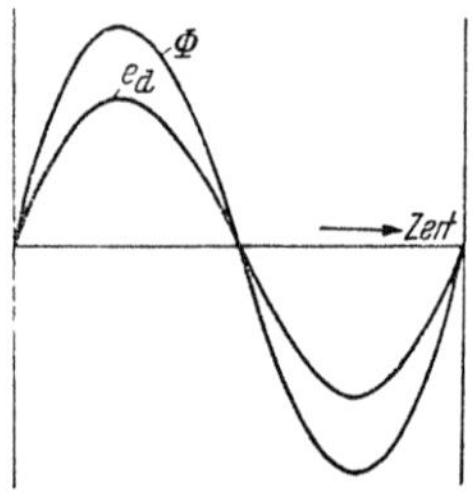

Abb. 459. Zeitlicher Verlauf von Wechselfeld und Drehspannung eines Stromwenderankers.

fluß. Bei zeitlich sinusförmiger Änderung dieses Flusses ändert sich auch die erzeugte Spannung in gleicher Weise, wie Abb. 459 zeigt. Die Frequenz der Wechselspannung an den Bürsten ist also gleich der Frequenz des Wechselfeldes. Der Höchstwert der Drehungsspannung ist gleich der Gleichspannung, die bei einem Gleichfeld in Höhe des Scheitelwertes Φ_m auftreten würde. Der Effektivwert der Drehungsspannung ist $1/\sqrt{2}$ mal kleiner; also ist

$$E_d = 2\sqrt{2}\,w\,p\,n\,\Phi_m. \tag{417}$$

Der Zeitvektor dieser Wechselspannung ist mit den in Abb. 458 bereits festgelegten Zählpfeilen:

$$\boxed{\mathfrak{E}_d = 2\sqrt{2}\,w\,p\,n\,\dot{\Phi}_m.} \tag{418}$$

Bei positiver Drehrichtung im Sinne der Abb. 458 liegt $\mathfrak{E}_d$ in Phase mit dem Flußvektor und bei negativer Drehrichtung in Gegenphase. Die obige Zählpfeilfestsetzung setzt eine rechtsgängige Wicklung[1]) voraus; bei positiver Spannung ist, wie in Abb. 458 in Klammern angedeutet, die rechte Klemme positiv und die linke negativ.

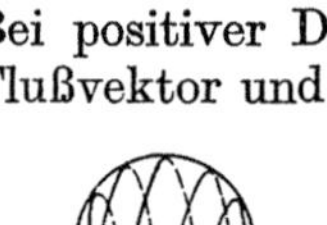

Abb. 460. Ankerwicklung als Spule.

b) Die Spannung der Transformation. Ein pulsierender Fluß erzeugt in einer Stromwenderwicklung wie in einer gewöhnlichen Spule eine Spannung. Die Ankerwicklung ist hierbei wie eine Spule zu behandeln, deren Achse durch die Bürsten geht; Abb. 460 soll dies veranschaulichen. Danach kann offenbar an den Bürsten eine Spannung durch Transformation nur dann entstehen,

[1]) Der Einfachheit und Eindeutigkeit wegen setzen wir bei Stromwenderwicklungen im folgenden stets rechtsgängige Wicklungen voraus.

wenn ein Anker in der Spulenachse bzw. Bürstenachse von einem Wechselfeld durchsetzt wird; die erzeugte Spannung hängt also von dem Winkel zwischen Feldachse und Spulenachse ab. Abb. 461 zeigt die beiden Grenzfälle. In Abb. 461 a erreicht die transformatorisch von der Erregerwicklung induzierte Spannung an den Bürsten den größtmöglichen Wert, in Abb. 461 b dagegen ist sie Null, weil Feld- und Bürstenachse senkrecht zueinander liegen. Mit den Zählpfeilen der Abb. 461 a gilt für die transformatorisch induzierte Spannung:

$$e_t = \frac{d\Psi}{dt}. \tag{419}$$

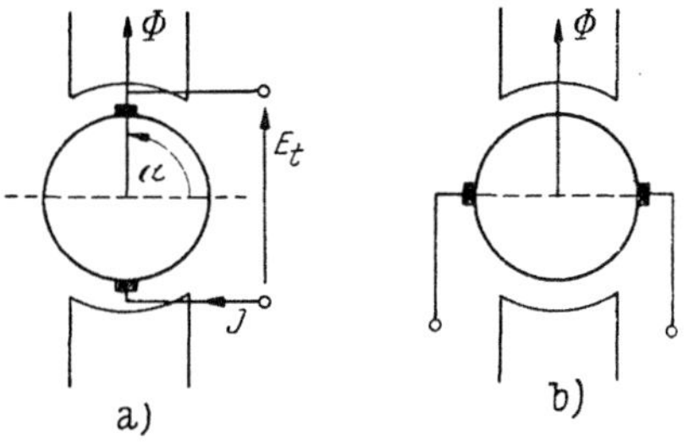

Abb. 461. Spannung der Transformation an den Bürsten bei $\alpha = 90°$ und $\alpha = 0°$.

Ψ ist der mit der Ankerwicklung in bezug auf die Bürstenachse als Spulenachse verkettete Spulenfluß, der hier allerdings nicht wie bei den Drehfeldmaschinen mit Hilfe des Wicklungsfaktors berechnet werden kann, weil der Fluß meistens nicht sinusförmig am Anker verteilt ist und weil die Verkettung zwischen Fluß und Ankerwicklung sich mit der Bürstenstellung ändert. Wenn der Fluß sich zeitlich sinusförmig ändert, läßt sich der Effektivwert der Spannung in bekannter Weise durch Ausführung der Differentiation aus Gl. 419 berechnen. Es ist wie beim Transformator

$$\boxed{E_t = 4{,}44\, f\, \Psi_m,} \tag{420}$$

und für den Zeitvektor gilt:

$$\boxed{\mathfrak{E}_t = j\, 4{,}44\, f\, \dot{\Psi}_m.} \tag{421}$$

Wie oben schon gesagt, ist der zeitliche Höchstwert Ψ_m von der Feldkurve und von der Bürstenstellung abhängig. Die Spannung der Transformation ist proportional der Frequenz des Wechselfeldes und von der Drehzahl unabhängig.

c) **Das Drehmoment.** Bei einem einphasigen Stromwenderanker ist der Strombelag längs der Polteilung konstant, da alle Leiter zu jeder Zeit den gleichen Strom führen. Bei Annahme einer unendlich kleinen Stromwendezone verläuft die Kurve des Strombelages rechteckförmig und die Felderregerkurve dreieckförmig, wie Abb. 462 zeigt. Für einen längs der Polteilung unveränderlichen Wert a erhalten wir aus der allgemeinen Drehmomentformel die bereits früher entwickelte Gl. 196:

$$M(t) = p\, D\, a\, \Phi, \tag{196}$$

wie bei der Gleichstrommaschine, jedoch mit dem Unterschied, daß hier Strombelag und Fluß periodische Funktionen der Zeit sind. Das Drehmoment eines Stromwenderankers im Wechselfeld ist somit grundsätzlich nicht konstant, sondern pulsierend. Setzen wir z. B.

$$a = A\sqrt{2}\sin\omega t \quad \text{und} \quad \Phi = \Phi_m \sin(\omega t - \psi),$$

ergibt sich für den Mittelwert des Drehmoments:

$$M = \frac{1}{\sqrt{2}}\, p\, D\, A\, \Phi_m \cos\psi. \tag{422}$$

Wie aus dem Ansatz hervorgeht, ist ψ der Phasenwinkel zwischen dem Strom und dem Fluß, der zwischen zwei Bürsten in den Anker ein- und austritt. Der zeitliche Verlauf des Drehmoments läßt sich, wie Abb. 463 zeigt, in zwei Sinuslinien zerlegen, von denen die über der Nullinie liegende Sinuskurve das nutzbare Drehmoment liefert, dessen Mittelwert M oben berechnet worden ist.[1])

Mit der allgemeinen Beziehung zwischen Strom und Strombelag und mit der Drehungsspannung E_d nach Gl. 417 erhalten wir aus Gl. 422:

$$\boxed{M = \frac{1}{2\pi n} E_d\, J \cos\psi.} \qquad (198')$$

Da die Drehungsspannung in Phase (oder Gegenphase) mit dem Fluß liegt, so ist ψ auch der Phasenwinkel zwischen Drehungsspannung und Strom;

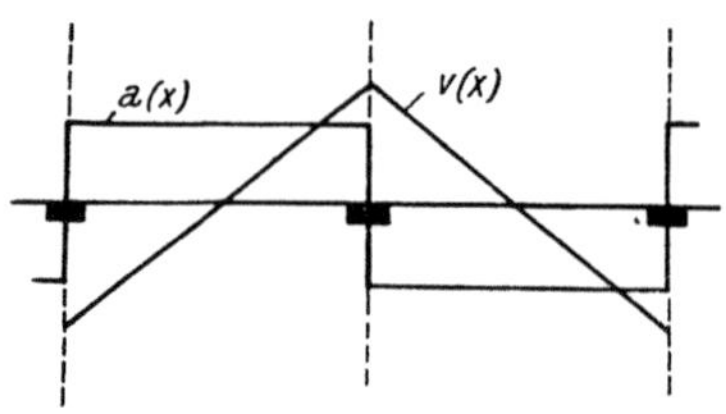

Abb. 462. Strombelag $a(x)$ und Felderregerkurve $v(x)$ bei einem ungenuteten Anker mit Stromwenderwicklung.

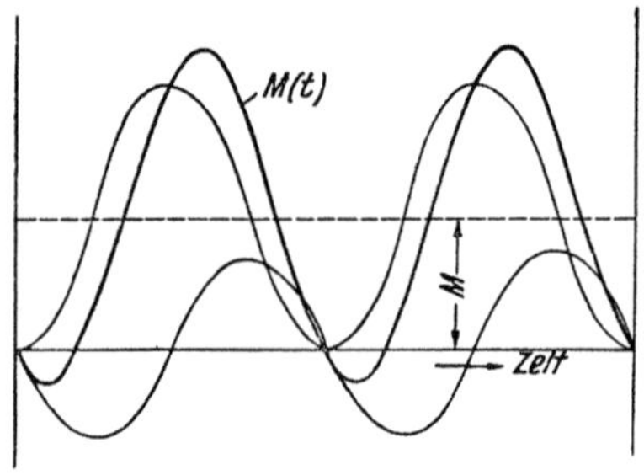

Abb. 463. Zerlegung des pulsierenden Drehmoments $M(t)$ einer Wechselstromwendermaschine.

J ist der Netzstrom. Die Leistung aus Drehmoment und Winkelgeschwindigkeit ist somit

$$\boxed{N_D = E_d\, J \cos\psi.} \qquad (423)$$

Diese Beziehung bringt ein wichtiges Grundgesetz von Wechselstromwendermaschinen (einschließlich Gleichstrommaschinen) zum Ausdruck, nämlich, daß die mechanische Leistung, die unter Vernachlässigung der Verluste gleich N_D ist, nur vom Anker aus umgesetzt werden kann und daher auch immer dem Anker zugeführt werden muß, im Gegensatz zu den Drehfeldmaschinen mit oder ohne Stromwender.

Läßt man in Gl. 422 vergleichsweise den gleichen effektiven Strombelag A und denselben Fluß Φ_m wie bei der Gleichstrommaschine zu, ist das mittlere Drehmoment bei Wechselstrom nur $1/\sqrt{2} = 70{,}7\%$ des Wertes bei Gleichstrom nach Gl. 197. Die Ausnutzung des Ankers ist somit bei Wechselstrom geringer.

Die Pulsationen des Drehmoments erfolgen mit doppelter Netzfrequenz, so daß schon geringe umlaufende Massen ausreichen, um merkbare Schwankungen in der Drehzahl zu verhindern; sie können jedoch mechanische Vibrationen und Geräusche verursachen.

d) Die Stromwendung. In einem beliebigen Augenblick möge der mit Wechselstrom gespeiste Anker die in Abb. 464 gezeigte Stromverteilung aufweisen. Alle Leiterströme sind gleich groß, aber unter den einzelnen Polen von verschiedener Richtung. Wir bezeichnen die Stromrichtung der Ankerströme in die Bildebene hinein als positiv; danach ist in Abb. 464 i_1 im Augenblick positiv und i_2 negativ. Die Ankerströme unter ungleichnamigen Polen haben also entgegengesetzte Phase; für die Beziehung zwischen den Ankerströmen und dem

[1]) Vgl. die Entwicklungen im Anschluß an Gl. 194!

Bürstenstrom gilt daher unter Voraussetzung einer rechtsgängigen Ankerwicklung:

$$i_b = i_1 - i_2. \tag{424}$$

Bei zeitlich sinusförmig veränderlichem Bürstenstrom sind auch die Ankerströme Sinusströme. Von diesen Strömen muß man aber den

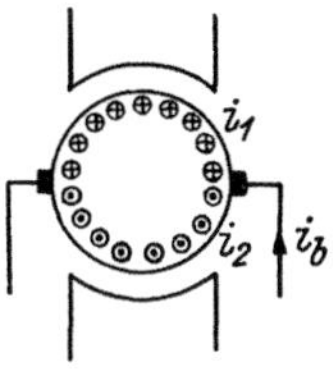

Abb. 464. Zur Festlegung der Vorzeichen für die Ankerströme.

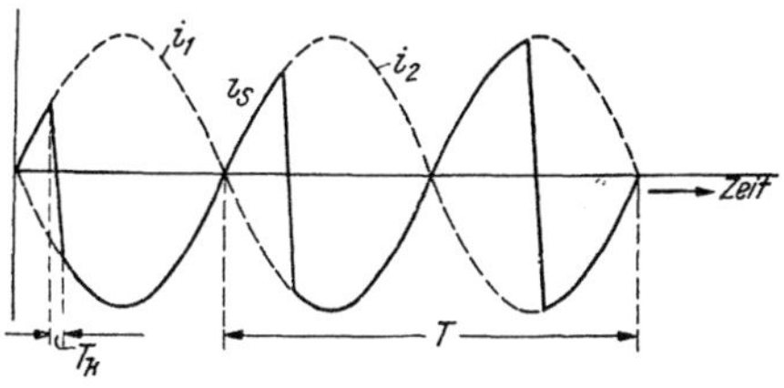

Abb. 465. Zeitlicher Verlauf des Stromes in einem Ankerleiter.

zeitlichen Verlauf des Stromes i_s in einem bestimmten Leiter wohl unterscheiden. Dieser Strom eines Leiters wechselt beim Durchlaufen der Wendezone von einem Ankerzweigstrom zum anderen. Die sich hierbei ergebende Stromkurve ist nicht nur von Drehzahl und Frequenz abhängig, sondern auch von Leiter zu Leiter verschieden. Abb. 465 zeigt den Leiterstrom i_s eines beliebig herausgegriffenen Leiters für eine Drehzahl $n < f/p$, d. h. die Zeit zum Durchlaufen einer doppelten Polteilung ist größer als die Periodendauer T des Wechselstromes. Die Stromkurve eines nachfolgenden Leiters verschiebt und verändert sich entsprechend, da die Stromwendung von i_1 auf i_2 (und umgekehrt) später erfolgt. Für die Stromwendung selbst kommt natürlich nur der Übergang von einem Zweigstrom zum anderen beim Durchlaufen der Wendezone in Betracht. Die nachfolgenden Betrachtungen zeigen, daß die Stromwendung bei Wechsel- und Drehstromwendermaschinen im allgemeinen ungünstiger ist als bei Gleichstrommaschinen; nur in einigen Sonderfällen sind gleiche Bedingungen gegeben.

Die Stromwendespannung. Wie bei der Gleichstrommaschine, tritt auch hier bei der Stromwendung eine Selbstinduktionsspannung auf, die wir „Stromwendespannung"[1]) oder auch „Reaktanzspannung" nennen:

$$e_r = L_\sigma \frac{d\,i}{d\,t}. \tag{425}$$

i ist hierbei der Leiterstrom während der Stromwendung; die Induktivität L_σ umfaßt alle Flüsse, die sich mit dem Leiterstrom ändern, insbesondere also die Streuinduktivität der Nut und der Wickelköpfe; auch die Gegeninduktivität von anderen in der Stromwendung befindlichen Spulen rechnen wir hinzu. Die für Gl. 425 notwendigen Festlegungen sind in Abb. 466 getroffen. Wir betrachten eine Spule, die gerade mit dem positiven

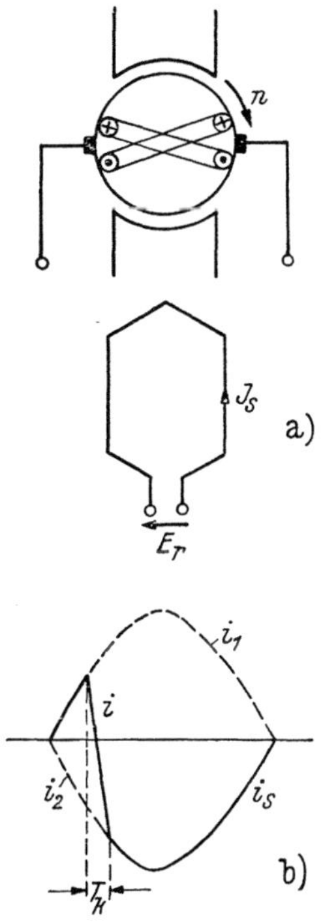

Abb. 466. Zur Festlegung der Vorzeichen für die Stromwendespannung.

[1]) Nicht mit der später auftretenden „Stromwenderspannung", d. i. der Spannung zwischen den Bürsten des Stromwenders, verwechseln!

Strom i_1 im Leiter rechts unter die Bürsten läuft, um sie mit dem negativen Strom i_2 wieder zu verlassen. Dann ist während der Stromwendung:

$$\frac{di}{dt} = -\frac{i_1 - i_2}{T_k} = -\frac{i_b}{T_k},$$

wenn wir zur Vereinfachung geradlinige Stromänderung annehmen. Unabhängig von dem oben angenommenen Fall, ist diese Beziehung für alle Stromverhältnisse und Vorzeichen gültig. Bei der Gleichsetzung $i_1 - i_2 = i_b$ haben wir die während der Stromwendezeit T_k eintretende Änderung der Zweigströme vernachlässigt, da aber die Stromwendezeit T_k nur etwa 0,5 bis 3% der Periodendauer T des Wechselstromes beträgt, ist dies ohne weiteres zulässig. Es ist somit:

$$e_r = -\frac{L\sigma}{T_k} i_b. \tag{426}$$

Die Stromwendespannung in den Spulen unter den Bürsten ändert sich also mit dem Bürstenstrom im gleichen Verhältnis. Mit der Drehzahl n, der Stegzahl k und der relativen Bürstenbreite $\beta = b/\tau_k$ ist die Stromwendezeit $T_k = \beta/k\,n$, wenn b die Bürstenbreite und τ_k die Stegteilung bedeuten. Gehen wir schließlich noch vom Bürstenstrom zum Netzstrom: $i = a\,i_b$ über, dann ist

$$e_r = -c_r\,n\,i \tag{427}$$

mit $c_r = k\,L_\sigma/a\,\beta$. Die Zahl der parallelgeschalteten Ankerzweigpaare ist dabei a. Für den Faktor c_r gilt nach der PICHELMAYERschen Formel etwa:

$$c_r \approx (8 \ldots 12)\,w_s^2\,\frac{k\,l}{a}\,10^{-8}\ \text{Henry} \tag{428}$$

l ist die Ankerlänge und k die Stegzahl. $w_s = z/2\,k$ ist die Windungszahl einer Ankerspule. Wir beschränken uns auf die Betrachtung einer Schleifenwicklung mit $a = p$ parallelen Ankerzweigpaaren, da sie fast ausschließlich bei diesen Maschinen verwendet wird. Bei Motoren nicht zu kleiner Leistung ist im allgemeinen $w_s = 1$.

Die Stromwendespannung e_r ändert sich nach Gl. 427 zeitlich sinusförmig mit dem Bürstenstrom; jede Spule hat eine andere Stromwendespannung je nach der Zeit des Eintrittes in die Stromwendung im Vergleich zur Phase des Bürstenstromes. Die größte Stromwendespannung tritt in derjenigen Spule auf, die dann in die Stromwendung eintritt, wenn die Bürsten gerade den Höchstwert des Bürstenstromes führen. Dennoch können wir auch bei dieser Spannung zum Effektivwert übergehen, indem wir den Effektivwert des Netzstromes einsetzen:

$$E_r = c_r\,n\,J. \tag{429}$$

Auf Grund von Gl. 427 gilt für den Zeitvektor der Stromwendespannung:

$$\boxed{\mathfrak{E}_r = -c_r\,n\,\mathfrak{J}.} \tag{430}$$

Die Konstante c_r ist stets positiv; $\mathfrak{E}_r$ liegt somit in Phase oder Gegenphase zum Strom je nach dem Vorzeichen der Drehzahl n.

Die Wendefeldspannung. Auch bei Wechselstromwendermaschinen hat man die Möglichkeit, durch Wendepole auf die Stromwendung günstig einzuwirken. Die vom Wendefeld in einem Leiter erzeugte Spannung ist

$$e_w = B_w\,v\,l. \tag{431}$$

B_w ist die Felddichte unter dem Wendepol. Wir führen den Fluß eines Wendepoles: $\Phi_w = \alpha_w \tau l B_w$ ein, setzen $v = 2 p \tau n$, gehen zu einer Spule mit $2 w_s$ Leitern über und erhalten

$$e_w = \frac{4}{\alpha_w} w_s p n \Phi_w. \tag{432}$$

α_w ist die Wendepolbreite im Verhältnis zur Polteilung und w_s, wie bei Gl. 428, die Windungszahl einer Ankerspule.

Bei zeitlich sinusförmigem Verlauf des Wendefeldes ist der Effektivwert der Wendefeldspannung:

$$E_w = \frac{2\sqrt{2}}{\alpha_w} w_s p n \Phi_{wm} \tag{433}$$

und der Zeitvektor

$$\boxed{\mathfrak{E}_w = c_w n \dot{\Phi}_{wm}.} \tag{434}$$

Hierbei ist $c_w = 2\sqrt{2}\, w_s p/\alpha_w$. Die für diese Gleichungen erforderlichen Richtungsfestlegungen sind in Abb. 467 angegeben.

Die Querfeldspannung. Wenn keine Wendepole vorhanden sind, tritt in der Querachse oder Bürstenachse ein Querfeld auf, das vom Ständer und Läufer erzeugt wird oder vom Läufer allein, wenn die Bürsten in der geometrisch neutralen Zone stehen. Für die Erzeugung dieser Spannung, die wir mit E_{qk} bezeichnen wollen, gelten dieselben Gesetze wie für die Wendefeldspannung. Es ist also

$$\boxed{\mathfrak{E}_{qk} = c_q n \dot{\Phi}_{qm}.} \tag{435}$$

Φ_{qm} ist der zeitliche Höchstwert des Querfeldes. Der Faktor c_q unterscheidet sich von c_w der Gl. 434 durch den Wert von α_w, der sich entsprechend dem Verlauf der Feldkurve des Querfeldes in der Wendezone etwas ändert.

Die Spannung der Transformation in der kurzgeschlossenen Spule. Während die zuvor besprochenen Spannungen auch bei Gleichstrommaschinen auftreten, ist die Spannung der Transformation naturgemäß nur bei Wechselstrom möglich. Wie Abb. 468 zeigt, liegt die Spule unter den Bürsten in gleicher Achse mit dem Erregerfluß, und die Änderung des Erregerflusses erzeugt in dieser Spule eine Spannung

$$e_{tk} = \frac{d\Psi}{dt}. \tag{436}$$

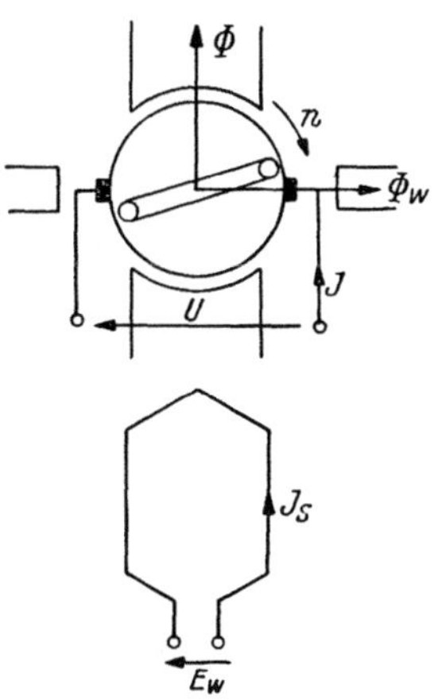

Abb. 467. Zur Festlegung der Vorzeichen für die vom Wendefeld erzeugte Spannung E_w.

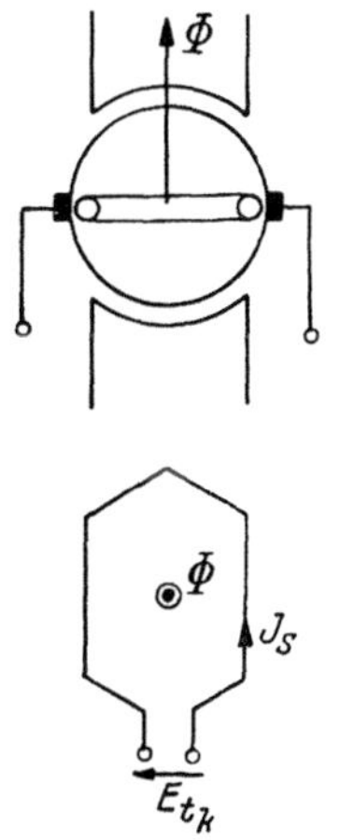

Abb. 468. Zur Festlegung der Vorzeichen für die Spannung der Transformation E_{tk}.

Dies ist dieselbe Spannung der Transformation, die nach Gl. 419 unter Umständen auch an den Bürsten auftreten kann. Da wir jedoch in diesem besonderen Falle nur die im Kurzschluß befindliche Spule meinen, haben wir dieser Spannung noch das Fußzeichen k gegeben. Da die Spule den vollen Erregerfluß umfaßt (solange die Bürsten in der Querachse liegen und wir eine Durchmesserspule annehmen), ist $\Psi = w_s \Phi$.

Bei zeitlich sinusförmig pulsierendem Erregerfluß ist somit der Effektivwert

$$E_{tk} = 4{,}44\, f\, w_s\, \Phi_m \tag{437}$$

und der zugehörige Zeitvektor

$$\boxed{\mathfrak{E}_{tk} = j\, 4{,}44\, f\, w_s\, \dot{\Phi}_m.} \tag{438}$$

Die Funkenspannung. Wie aus der Theorie der Gleichstrommaschine bekannt ist, tritt Bürstenfeuer auf, wenn die Stromdichte unter der auf- oder ablaufenden Bürstenkante zu hoch ist. Diese hohen Stromdichten werden durch die zusätzlichen Kurzschlußströme verursacht, die in Abweichung von der geradlinigen Stromwendung durch die in der kurzgeschlossenen Spule induzierten Spannungen hervorgerufen werden.

Für diese zusätzlichen Kurzschlußströme ist die Differenz zwischen der induzierten Spannung und der Übergangsspannung vom Stromwender zur Bürste und zurück maßgebend. Sobald die induzierte Spannung die Übergangsspannung wesentlich übertrifft, steigen die zusätzlichen Kurzschlußströme so stark an, daß die unter den Bürsten an der auf- oder ablaufenden Bürstenkante auftretende Stromdichte den zulässigen Grenzwert überschreitet und die Bürsten zu funken anfangen. Also die meist an der ablaufenden Bürstenkante infolge der zusätzlichen Kurzschlußströme auftretende hohe Stromdichte ist die letzte Ursache für das Bürstenfeuer, wenn sonst mechanisch alles in Ordnung ist. Für die induzierte Spannung ist es nun gleichgültig, auf welche Weise sie entsteht, und es ist daher auch berechtigt, alle induzierten Spannungen zu addieren und ihre jeweilige Summe als Kriterium für das Funken heranzuziehen. Da nach unserer bisherigen Annahme alle Spannungen zunächst zeitlich sinusförmig verlaufen, setzen wir sie in der bekannten Weise vektoriell zusammen und nennen ihre Summe

$$\boxed{\mathfrak{E}_f = \mathfrak{E}_r + \mathfrak{E}_{tk} + \mathfrak{E}_{qk}} \tag{439}$$

die „Funkenspannung". Wenn die Funkenspannung den oben besprochenen Grenzwert der Übergangsspannung zwischen Stromwender und Bürste übertrifft, besteht Gefahr, daß Bürstenfeuer auftritt. Der Effektivwert der noch zulässigen Funkenspannung wird allgemein mit etwa 2,5 bis 3 Volt im Betrieb und etwa bis 3,8 Volt im Anlauf angegeben; er hat in der Theorie und der Praxis der Stromwendermotoren eine fast ausschlaggebende Rolle beim Entwurf der Maschine gespielt.[1])

Die Spannungen E_r und E_{qk} sind proportional der Drehzahl; sie können wie bei der Gleichstrommaschine bei jeder Drehzahl durch die Wendefeldspannung von richtig bemessenen Wendepolen aufgehoben werden. Auch die Spannung der Transformation E_{tk} kann durch geeignete Wendepolschaltungen aufgehoben werden, aber bei einer gegebenen Schaltung jeweils nur für eine dazugehörige Drehzahl. Im Stillstand dagegen ist das nicht möglich, weil ja dann die Wendepole unwirksam sind. Im Stillstand ist daher die Funkenspannung auf jeden Fall gleich der Transformationsspannung E_{tk}. Auch im Betrieb darf erfahrungsgemäß die Spannung der Transformation unbeschadet der Möglichkeit, sie durch eine geeignete Wendepolschaltung ganz oder teilweise kompensieren zu können,

[1]) Auf die diesbezüglichen Verhältnisse bei Bahnmotoren gehen wir in Abschnitt VIII A 2 h ein.

gewisse Werte nicht überschreiten, wenn die Stromwendung nicht zu ungünstig werden soll. Zum Teil hängt dies schon damit zusammen, daß durch die Grenze für den Anfahrwert der Transformationsspannung auch der Wert im Betrieb festgelegt ist. Die oben genannten Werte von 2,5 bis 3 Volt bzw. 3,8 Volt werden daher aus diesen Gründen auch als die Grenze für die Transformationsspannung angegeben. Die Spannung der Transformation ist daher im allgemeinen, besonders wenn die Maschine häufig und mit schwereren Lasten anfahren muß, für den Entwurf der Maschine maßgebend.

Einfluß der Sättigung und der Nutung auf die Stromwendung. Bei unseren bisherigen Betrachtungen waren wir von sinusförmigen Spannungen ausgegangen und hatten daraus das Recht abgeleitet, alle Spannungen zu einer sogenannten Funkenspannung zusammensetzen zu dürfen. Die genauere Untersuchung zeigt aber, daß der zeitlich sinusförmige Verlauf dieser Spannungen keineswegs vorhanden ist und daß besonders die Spannung der Transformation starke Abweichungen von der Sinusform zeigt. Aus dieser Erkenntnis folgt nun ohne weiteres, daß die vektorielle Zusammensetzung der Effektivwerte kein richtiges Bild von den wirklich auftretenden Spannungen liefert, denn nicht die Effektivwerte, sondern die zu irgendeiner Zeit wirklich auftretende Spannungsspitze ist für die Stromwendung und das Bürstenfeuer maßgebend.[1]) Die oben definierte Funkenspannung, die unter den veränderten Verhältnissen jetzt nur noch als Summe der Grundschwingungen der Spannungen anzusprechen ist, hat nur noch bedingte Bedeutung, insofern als sie zwar gewisse Werte nicht überschreiten darf, aber nicht mehr ausschlaggebend ist.

Es hat sich als vorteilhaft erwiesen, die Stromwendung in zwei Teile zu zerlegen, nämlich in die „Gleichstromwendung" und die „Wechselstromwendung". Unter dem Begriff der Gleichstromwendung faßt man die Wirkung derjenigen Spannungen zusammen, die auch bei der Gleichstrommaschine auftreten und hier mit E_r und E_{qk} bzw. E_w bezeichnet sind, während die Wechselstromwendung die besonderen Vorgänge, die durch den Wechselstrom bedingt sind, umfaßt. Die Gleichstromwendung wird nach denselben Gesetzen und Verfahren wie bei der Gleichstrommaschine berechnet und behandelt, während bei der Wechselstromwendung andere Gesetzmäßigkeiten zu beachten sind.

Auch experimentell ist man durch stroboskopische Beobachtung des Bürstenfeuers in der Lage, zwischen Gleichstrom- und Wechselstromwendung zu unterscheiden.

Die Wechselstromwendung wird in erster Linie von der Transformationsspannung beherrscht. Die Stromkurve eines Einphasen-Reihenschlußmotors oder auch eines Repulsionsmotors ist keine Sinuskurve, sondern enthält aus den gleichen Gründen Oberschwingungen wie der Magnetisierungsstrom eines Transformators; sie enthält also in erster Linie eine dritte Oberwelle, die die Sinuslinie zuspitzt, während in Wechselwirkung damit die Flußkurve eine abgeflachte Sinuskurve ist. Das sind die Folgen der bei größeren Strömen eintretenden Sättigungen, die sich besonders bemerkbar machen, wenn die magnetische Kennlinie einen scharfen Knick aufweist, wie es früher vielfach der Fall war. Ferner treten in gleicher Weise wie bei den Gleichstrommaschinen Nutenoberschwingungen im Fluß auf, die im allgemeinen bei Wechselstromwendermaschinen stärker sind, weil sie nicht wie bei der Gleichstrommaschine durch Wirbelströme in den massiven Eisenteilen des Poles und des

[1]) K. Töfflinger, VDE-Fachberichte 1931, S. 8.

Joches abgedämpft werden, da ja Ständer und Läufer geblecht sind. Die Oberschwingungen des Flusses erzeugen in der kurzgeschlossenen Spule ebenfalls transformatorische Spannungen, die auch bei kleinen Oberschwingungen im Fluß hohe Werte erreichen, weil die Frequenz um so höher ist. Es liegt auf der Hand, daß diese Spannungsoberschwingungen nicht durch Wendepole bekämpft werden können, sondern durch einen entsprechenden Entwurf der Maschine ausreichend klein gehalten werden müssen. In erster Linie darf also die Sättigung[1]) nicht zu hoch, die Nutung nicht zu grob und der Luftspalt nicht zu klein sein. Unbeschadet dieser Maßnahmen darf natürlich auch der Effektivwert der Grundschwingung der Transformationsspannung nicht die gegebenen Grenzen übersteigen. Der oben genannte Grenzwert behält also seine Gültigkeit, nur daß er nicht mehr allein maßgebend ist.

In der Wendepolwicklung erzeugen die Stromoberschwingungen ebensolche Oberschwingungen des Wendepolflusses und damit auch Oberschwingungen der Wendefeldspannung, die auf die Stromwendung ungünstig einwirken. Es zeigt sich jedoch, daß ein Parallelwiderstand zum Wendepol hier glättend wirkt, da die Oberwellen wegen des mit der Frequenz zunehmenden Widerstandes der Wendepolwicklung nicht durch diese, sondern hauptsächlich durch den Parallelwiderstand fließen.

2. Der Einphasen-Reihenschlußmotor.

a) Aufbau. In der Reihe der Stromwendermotoren für Wechsel- oder Drehstrom hat der Einphasen-Reihenschlußmotor als Bahnmotor[2]) die größte praktische Bedeutung erlangt. In der Schaltung stimmt er mit einem

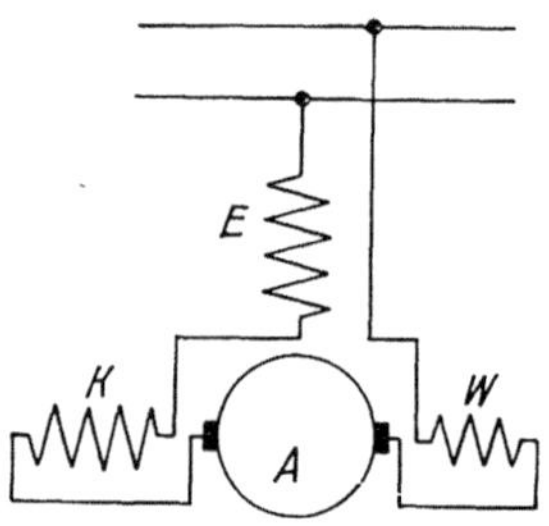

Abb. 469. Schaltung des Einphasen-Reihenschlußmotors.

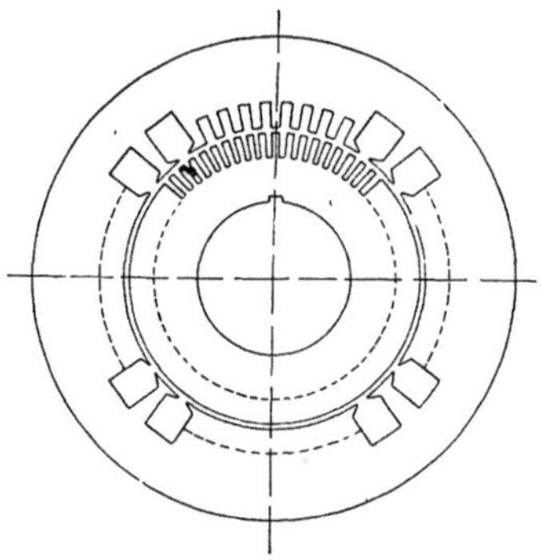

Abb. 470. Blechschnitt eines vierpoligen Einphasen-Bahnmotors.

Gleichstrom-Reihenschlußmotor überein; er besitzt Reihenschluß-, Wendepol- und Kompensationswicklung (Abb. 469). Die konstruktive Ausführung unterscheidet sich von der Gleichstrommaschine naturgemäß durch die erforderliche Blechung des Feldmagneten. Ein solches Ständerblech mit Nuten für Erreger-, Wendepol- und Kompensationswicklung zeigt Abb. 470 für eine vierpolige Maschine. Abb. 471 stellt den Ständer eines Einphasen-Bahnmotors dar. Motoren

---

[1]) K. Töfflinger, ETZ 58 (1938) S. 1031. — A. Grabner, Elektrotechn. u. Masch.-Bau 57 (1939) S. 425. — H. Kother, Elektr. Bahnen 14 (1938) S. 105.

[2]) K. Töfflinger, ETZ 58 (1937) S. 1001. — H. Kother, ETZ 60 (1939) S. 11.

ganz kleiner Leistung für Kleingewerbe und sonstige Kleinantriebe werden als „Universalmotoren" für Gleich- und Wechselstrom ohne Kompensationswicklung und ohne Wendepole mit Polblechen wie bei Gleichstrommaschinen verwendet. Der Anker ist in allen Fällen wie ein Gleichstromanker aufgebaut; zur Verbesserung der Stromwendung wurden früher bei Bahnmotoren vielfach noch Widerstandsverbindungen zwischen Stromwendersteg und Spule eingeschaltet.

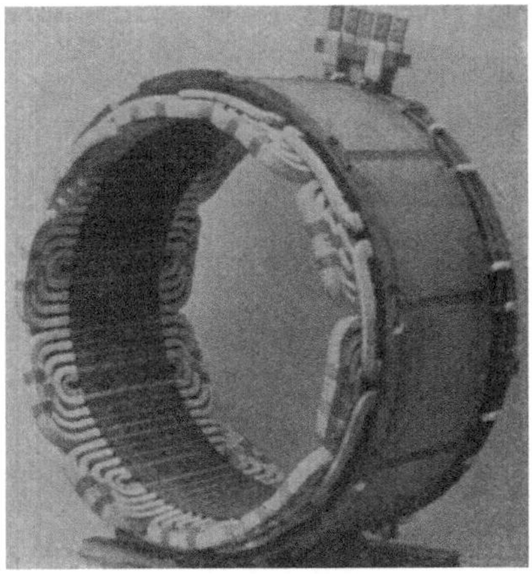

Abb. 471. Ständer eines Einphasen-Bahnmotors.

b) Ersatzstromkreis. Wie bei allen Reihenschlußmaschinen, ist auch hier beim Einphasen-Reihenschlußmotor der Einfluß der Eisensättigung besonders groß, weil die Maschine je nach Belastung und Drehzahl mit einem stark veränderlichen Fluß betrieben wird. Bei der Betrachtung der Stromwendung von Wechselstromwendermaschinen hatten wir schon gesehen, daß wegen der Eisensättigung auch der Belastungsstrom schon nicht mehr sinusförmig ist. Wie eingehende Untersuchungen[1]) gezeigt haben, ist es dennoch durchaus zulässig, für die Untersuchung des Betriebsverhaltens mit Ausnahme der Stromwendung einen zeitlich sinusförmigen Verlauf aller Wechselstromgrößen anzunehmen. Da sich damit die Sättigung nur noch quantitativ, aber nicht mehr qualitativ auswirkt, ist ihre Vernachlässigung berechtigt und bedeutet für das Eindringen in das Verhalten der Maschine eine große Erleichterung; bei zahlenmäßigen Rechnungen verursacht ihre nachträgliche Berücksichtigung keine Schwierigkeiten. Wir untersuchen daher im folgenden das Betriebsverhalten des Reihenschlußmotors unter Vernachlässigung der Eisensättigung.

In der Ankerwicklung wird vom Erregerfluß der Erregerwicklung eine Spannung E_d der Drehung erzeugt; eine Spannung der Transformation tritt, abgesehen von den Spulen im Kurzschluß unter den Bürsten, nicht auf, da Bürstenachse und Feldachse im allgemeinen unveränderlich senkrecht zueinander liegen. Der Erregerfluß erzeugt außerdem in der Erregerwicklung eine zwar unerwünschte, aber unvermeidliche Spannung der Selbstinduktion. Das vom Ankerstrom erzeugte Ankerfeld wird durch die gegengeschaltete Kompensationswicklung und Wendepolwicklung größtenteils aufgehoben; es bleiben nur die Streuflüsse dieser Wicklungen übrig. Die zugehörigen Selbstinduktivitäten fassen wir zu einer einzigen zusammen und bezeichnen ihren Blindwiderstand mit

$$X = X_E + X_{\sigma E} + X_{\sigma A}. \tag{440}$$

$X_E + X_{\sigma E}$ ist der Blindwiderstand der Erregerwicklung — X_E für den zum Anker übertretenden Fluß und $X_{\sigma E}$ für den Streufluß der Erregerwicklung — und $X_{\sigma A}$ der Streublindwiderstand der Anker-, Kompensations- und Wendepolwicklung zusammen. Die Ohmschen Widerstände aller Wicklungen fassen wir ebenfalls zusammen, so daß wir auf diese Weise einen einfachen Ersatzstromkreis des

[1]) K. Töfflinger, Der Einphasenbahnmotor, Oldenbourg, München 1930, S. 34.

Reihenschlußmotors erhalten, wie ihn Abb. 472 zeigt, in welchem aber die Stromwendung nicht berücksichtigt wird. Bei der Benutzung dieses Ersatzstromkreises ist zu beachten, daß die Drehungsspannung E_d außer von der Drehzahl auch vom Erregerfluß und dadurch auch vom Strom abhängt. Diesen Zusammenhang erhalten wir aus Gl. 417 mit der Windungszahl w_A des Ankers und mit $\Phi_m = L_E J \sqrt{2}/w_E = X_E J \sqrt{2}/2\pi f_0 w_E$ zu

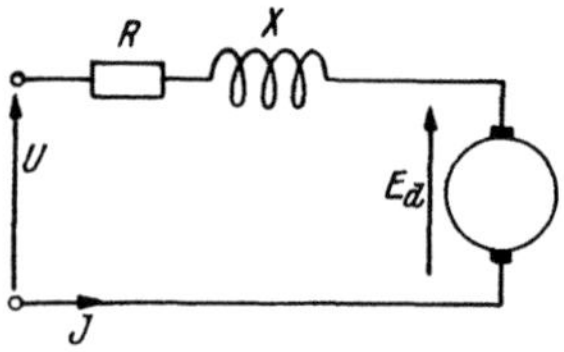

Abb. 472. Ersatzstromkreis des Einphasen-Reihenschlußmotors.

$$E_d = \frac{2}{\pi}\frac{w_A}{w_E}\frac{p n}{f_0} X_E J. \tag{441}$$

w_E ist die Zahl aller in Reihe liegenden Windungen der Erregerwicklung und für die Ankerwindungszahl gilt: $w_A = z/4a = k\, w_S/2a$. Aus Polpaarzahl und Netzfrequenz berechnen wir die sogenannte „synchrone Drehzahl"

$$\boxed{n_0 = \frac{f_0}{p},} \tag{442}$$

die zunächst nur rechnerisch als Vergleichsdrehzahl dient.

Dann läßt sich Gl. 441 schreiben:

$$\boxed{E_d = c\frac{n}{n_0} J} \tag{443}$$

mit

$$c = \frac{2}{\pi}\frac{w_A}{w_E} X_E. \tag{444}$$

Da der Erregerfluß in Phase mit dem Strom ist, sind auch die Zeitvektoren $\mathfrak{E}_d$ und $\mathfrak{J}$ bei Annahme einer positiven Drehzahl gemäß Abb. 458 und Gl. 418 phasengleich.

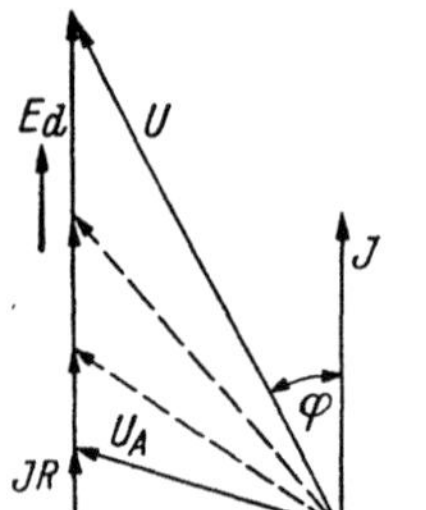

Abb. 473. Vektordiagramm der Spannungen bei verschiedenen Drehzahlen und konstantem Strom.

c) Vektordiagramm. Aus dem Ersatzstromkreis entnehmen wir die Spannungsgleichung:

$$\boxed{\mathfrak{U} = \mathfrak{J}\,\mathfrak{Z} + \mathfrak{E}_d} \tag{445}$$

mit $\mathfrak{Z} = R + jX$. Nach Gl. 444 wird daraus:

$$\boxed{\mathfrak{U} = \mathfrak{J}(R + c\,n/n_0 + jX).} \tag{446}$$

Abb. 473 zeigt ein diesen Gleichungen entsprechendes Vektordiagramm für konstanten Strom bei veränderlicher Drehzahl, denn E_d ist proportional der Drehzahl. Da die Eisensättigung mit dem Strom veränderlich ist, müssen für jeden Strom c und X neu bestimmt werden, wenn sie berücksichtigt werden soll.

An Hand des Diagramms oder der Gl. 446 ergibt sich:

$$\boxed{\operatorname{tg}\varphi = \frac{X}{R + c\,n/n_0} \approx \frac{X}{c\,n/n_0} \approx \frac{\pi}{2}\frac{w_E}{w_A}\frac{X}{X_E}\frac{n_0}{n}.} \tag{447}$$

Um kleine Phasenverschiebung φ, bzw. guten Leistungsfaktor $\cos\varphi$ zu erreichen, muß $\operatorname{tg}\varphi$ möglichst klein werden. Auf konstruktivem Wege kann man dazu beitragen, indem man die Erregerwindungszahl w_E klein hält im Vergleich zur Ankerwindungszahl w_A; dieses Verhältnis w_E/w_A ist vor allem bedeutend kleiner als bei Gleichstrom-Reihenschlußmotoren. Ferner soll X möglichst gleich X_E

sein; es müssen also die Streublindwiderstände klein sein. Den größten Einfluß aber hat das Drehzahlverhältnis n/n_0. Da die Betriebsdrehzahl aus Gründen der mechanischen Festigkeit und mit Rücksicht auf die Art der Verwendung nicht beliebig gesteigert werden kann, muß man die synchrone Drehzahl bzw. die Netzfrequenz heruntersetzen, um einen guten Leistungsfaktor zu erreichen. Dieselbe Forderung ergibt sich auch mit Rücksicht auf die Spannung der Transformation, wie wir noch sehen werden. Bei der Deutschen Reichsbahn ist $f = 16^2/_3$ Hz und das Drehzahlverhältnis bewegt sich etwa in den Grenzen $n/n_0 \approx 3 \ldots 5$; bei den schnellaufenden Motoren neuester Bauart geht dieser Wert sogar bis auf $\frac{n}{n_0} \approx 9$ herauf; der dabei erreichbare Leistungsfaktor ist etwa $\cos\varphi \approx 0{,}98$.

Die zweite wichtige Eigenschaft, die wir aus dem Vektordiagramm entnehmen, besteht in der einfachen Drehzahlregelung. Bei gleichbleibendem Strom und damit gleichbleibendem Drehmoment wird die Drehzahl durch Änderung der zugeführten Klemmenspannung mittels Stufentransformator geregelt. Gerade diese Eigenschaft hat dem Einphasenmotor in erster Linie seine Verwendung als Bahnmotor gesichert.

In Abb. 473 ist die zum Anfahren mit dem Strom J erforderliche Spannung mit U_A bezeichnet worden.

d) Kreisdiagramm. Bei der Aufstellung des Kreisdiagramms wollen wir zuvor noch einmal daran erinnern, daß wir die an sich verhältnismäßig stark veränderliche Eisensättigung vernachlässigen wollen, um die Rechnung nicht zu erschweren. Es ist klar, daß bei ihrer Berücksichtigung von einem Kreis als Ortskurve für den Stromvektor keine Rede sein kann. Wenn wir dennoch das Kreisdiagramm aufstellen, so deswegen, weil es in überaus einfacher Weise die Zusammenhänge klarlegt.

Gl. 446 liefert die Abhängigkeit des Stromes von der Drehzahl bei fester Klemmenspannung:

$$\boxed{\mathfrak{J} = \frac{\mathfrak{U}}{R + c\,n/n_0 + j\,X}.} \qquad (446')$$

$\mathfrak{J}\,(n/n_0)$ ist eine Kreisgleichung. Der größte Strom: $\mathfrak{J}_m = -j\,\mathfrak{U}/X$, tritt bei $R + c\,n/n_0 = 0$, also bei $n/n_0 = -R/c$, auf. Da ferner $\mathfrak{J}\,(\infty) = 0$ ist, erhalten wir einen Kreis durch den Nullpunkt mit dem Strom $J_m = U/X$ als Durchmesser. Abb. 474 zeigt diesen Kreis mit der nach den bekannten Regeln eingezeichneten Drehzahlgeraden.

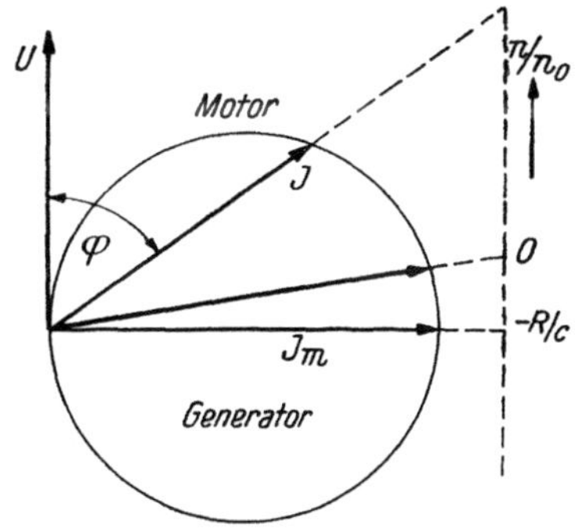

Abb. 474. Kreisdiagramm des Einphasen-Reihenschlußmotors.

Aus dem Kreisdiagramm läßt sich die abgegebene mechanische Leistung in einfacher Weise entnehmen. Dazu betrachten wir noch einmal das Vektordiagramm Abb. 473. Multiplizieren wir sämtliche Spannungsvektoren mit J, dann haben wir sofort die vollständige Leistungsbilanz des Motors. $U\,J$ ist die Scheinleistung, $E_d\,J$ die mechanische Leistung, $J^2\,R$ die Stromwärme und $J^2\,X$ die Blindleistung. Das gleiche Leistungsdreieck erhalten wir auch durch Zerlegung des Stromvektors in seine Komponenten und durch Multiplikation mit U. Wie Abb. 475 zeigt, läßt sich daher die mechanische Leistung $N_m \approx N_D = E_d\,J$ ohne weiteres aus dem Kreisdiagramm entnehmen, ebenso auch die Werte $J^2\,R$ und $J^2\,X$. Die

„Leistungslinie“ ist durch den Stromvektor im Stillstand gegeben mit $\operatorname{tg} \varrho = R/X$.

e) Drehmoment. Gl. 422 benutzen wir, um das Drehmoment des Reihenschlußmotors zu bestimmen. Wie aus dem Vektordiagramm Abb. 473 hervorgeht, sind $\mathfrak{E}_d$ und $\mathfrak{J}$ in Phase; infolgedessen ist $\psi = 0$. Setzen wir noch $A = 2\,w_A\,J/\pi\,D$, dann ist

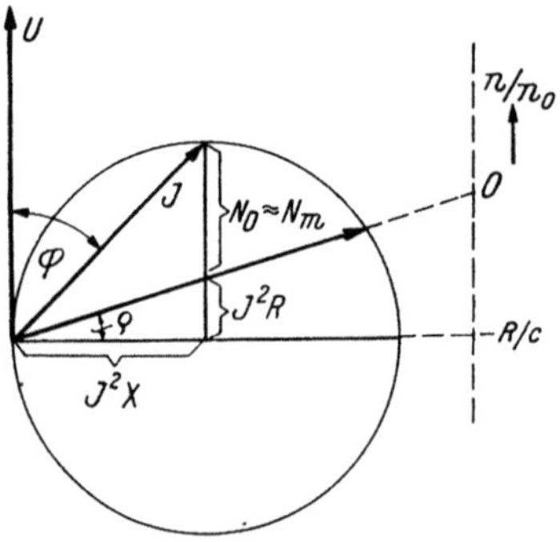

Abb. 475. Leistungslinie im Kreisdiagramm des Einphasen-Reihenschluß-motors.

$$M = \frac{\sqrt{2}}{\pi}\,p\,w_A\,J\,\Phi_m. \qquad (448)$$

Aus der magnetischen Kennlinie: $\Phi_m = \Phi_E = f(J)$, erhält man durch punktweise Ausrechnung obiger Beziehung das Drehmoment als Funktion des Stromes unter Berücksichtigung der Eisensättigung, wie es in Abb. 476 dargestellt ist.

Aus der Leistungsgleichung erhalten wir das Drehmoment nach Gl. 423 mit $\psi = 0$ zu

$$M = \frac{E_d\,J}{2\,\pi\,n}. \qquad (449)$$

Mit $E_d = c\,J\,n/n_0$ wird

$$\boxed{M = \frac{c}{2\,\pi\,n_0}\,J^2.} \qquad (450)$$

Das Drehmoment ist proportional dem Quadrat des Stromes; dadurch ist das Reihenschlußverhalten des Motors bereits gekennzeichnet. Da nach Gl. 444 der Faktor c wegen des Blindwiderstandes $X_E = 2\,\pi\,f\,L_E$ proportional der Frequenz ist und anderseits dasselbe auch für $n_0 = f_0/p$ zutrifft, so folgt, daß obige Gl. 450 von der Frequenz unabhängig ist und daher auch für Gleichstrom gültig ist.

Obige Beziehung gibt uns auch die Möglichkeit, das Drehmoment in überaus einfacher Weise aus dem Kreisdiagramm zu entnehmen. In Abb. 477 ist die Projektion des Stromvektors auf den Durchmesser, der gemäß Abb. 474

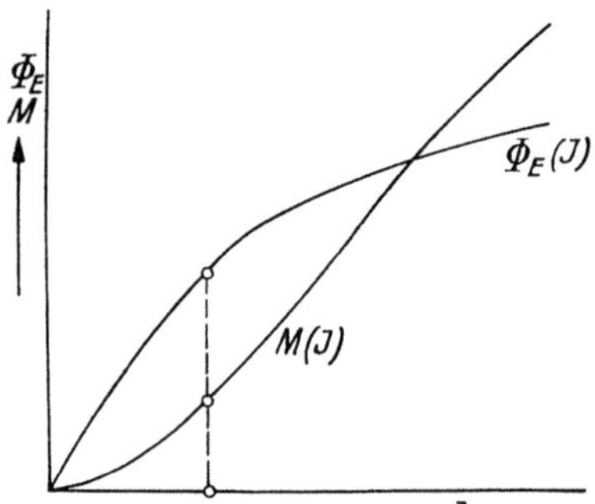

Abb. 476. Drehmoment in Abhängigkeit vom Strom, aus der Magnetisierungskennlinie berechnet.

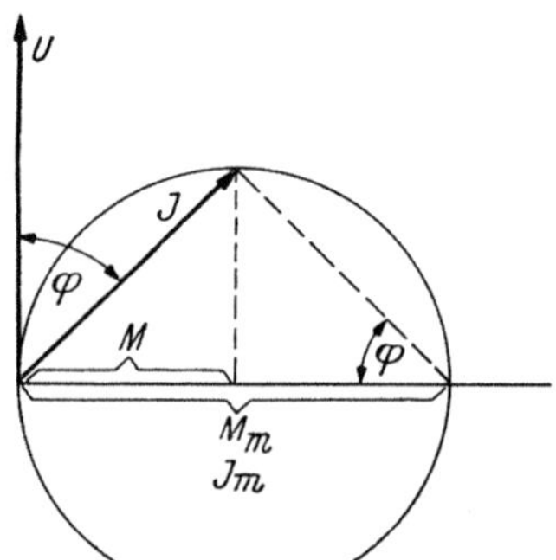

Abb. 477. Entnahme des Drehmoments aus dem Kreisdiagramm.

gleich J_m ist, mit M bezeichnet worden. Aus $M = J \sin\varphi$ und $\sin\varphi = J/J_m$ ergibt sich $M = J^2/J_m$. Mit der verhältnismäßigen Gleichsetzung von M_m und J_m folgt daraus $M/M_m = J^2/J_m{}^2$, wie es der Gl. 450 entspricht. Das Drehmomentverhältnis M/M_m ist also gleich dem Verhältnis der Projektion des Stromvektors zum Kreisdurchmesser.

Da $J/J_m = \sin\varphi$ ist, ist $M/M_m = J^2/J_m{}^2 = \sin^2\varphi$, und daraus folgt:

$$\cos\varphi = \sqrt{1 - M/M_m}. \tag{451}$$

Die Abhängigkeit des Drehmoments von der Drehzahl ist durch die Gl. 446′ festgelegt. Danach ist

$$J^2 = \frac{U^2}{(R + c\,n/n_0)^2 + X^2}$$

und somit das Drehmoment:

$$\boxed{M = \frac{c}{2\pi n_0}\,\frac{U^2}{(R + c\,n/n_0)^2 + X^2}.} \tag{452}$$

Dieser Verlauf des Drehmoments bei konstanter Spannung in Abhängigkeit von der Drehzahl ist in Abb. 478 dargestellt. Die Kurve verläuft symmetrisch zum Höchstwert M_m, der bei $n/n_0 = -R/c$ auftritt.

Bei Vernachlässigung des OHMschen Widerstandes R läßt sich aus dieser Drehmomentformel eine auch für Repulsionsmotoren[1]) gültige Einheitskennlinie[2]) entwickeln: Mit $R = 0$ tritt das Höchstmoment M_m bei $n/n_0 = 0$ auf; das Verhältnis $M/M_m \approx X^2/[(c\,n/n_0)^2 + X^2]$ läßt sich dann nach n/n_0 auflösen, wodurch sich

$$\frac{n}{n_0} = \text{konst.}\sqrt{\frac{1 - M/M_m}{M/M_m}} \tag{453}$$

ergibt. Die Konstante ist gleich X/c und schwankt etwa in den Grenzen von 0,35 bis 0,75. Diese für alle Reihenschlußmotoren gültige Einheitskennlinie ist in Abb. 479 dargestellt.

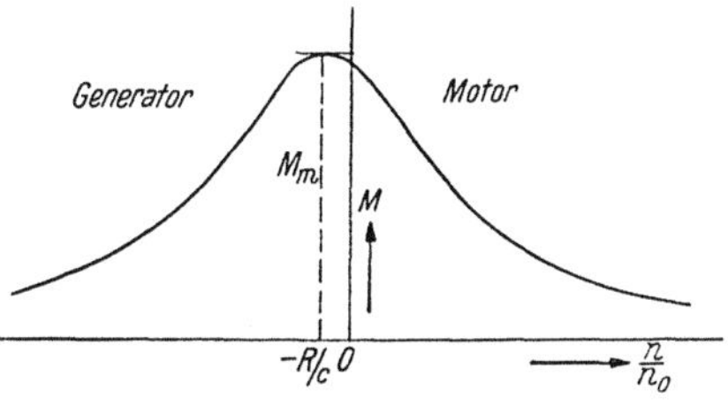

Abb. 478. Drehmoment-Drehzahlkennlinie des Einphasen-Reihenschlußmotors.

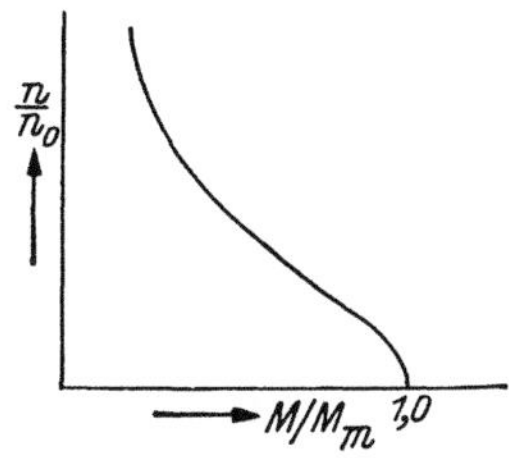

Abb. 479. Einheitskennlinie von Wechselstrom-Reihenschlußmotoren.

f) Drehzahlregelung. Wie eingangs schon besprochen, erfolgt die Drehzahlregelung durch Spannungsregelung mittels Stufentransformators. In gleichem Maße wie die Spannung ändert sich auch der Kreisdurchmesser bei den Kreisscharen der Abb. 480. Entnimmt man diesen Kreisen gemäß Abb. 477 das Drehmoment, so ist zu beachten, daß das maximale Drehmoment sich quadratisch mit der Spannung ändert. Bei 80% Nennspannung z. B. ist somit das maximale Moment nur noch 64% des bei voller Spannung auftretenden maximalen Drehmoments. Abb. 481 zeigt die Drehzahl-Drehmomentkurven bei verschiedenen Spannungen für Motorbetrieb. Zur zahlenmäßigen Orientierung in den Kurven sei bemerkt, daß bei gewöhnlichen Bahnmotoren Nennmoment und Nennleistung etwa bei 70% der Höchstdrehzahl und voller Spannung erreicht werden.[3])

[1]) Repulsionsmotoren sind dem Einphasen-Reihenschlußmotor verwandte einphasige Stromwendermotoren; sie werden im Abschn. VIII A 3 besprochen.

[2]) L. BINDER, ETZ 56 (1935) S. 611.

[3]) Über die neuen Festlegungen der Nennwerte s. VDE 0535/III. 38: Danach

g) Nutzbremsung und Selbsterregung. Bei Gebirgsbahnen und auch bei Bahnen in der Ebene mit hohen Geschwindigkeiten ist die elektrische Nutzbremsung, d. h. Rücklieferung der abgebremsten Energie in das Netz, sehr erwünscht. Wie aus dem Kreisdiagramm ersichtlich, arbeitet die Reihenschlußmaschine im unteren Halbkreis als Generator; aber der Betrieb als Generator an einem Netz mit gegebener Frequenz ist nicht möglich, weil die Reihenschlußmaschine wie alle Stromwendermaschinen mit Reihenschlußverhalten die Eigenschaft hat, sich mit netzfremder Frequenz bzw. Gleichstrom selbst zu erregen. Infolgedessen ist die Nutzbremsung, d. h. also die Rücklieferung der Bremsenergie in das speisende Netz, nicht möglich. Für die sogenannte Widerstands-

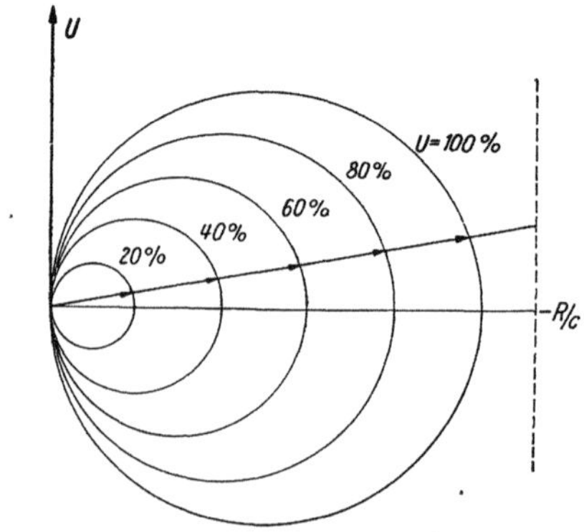

Abb. 480. Kreisdiagramme bei veränderlicher Klemmenspannung.

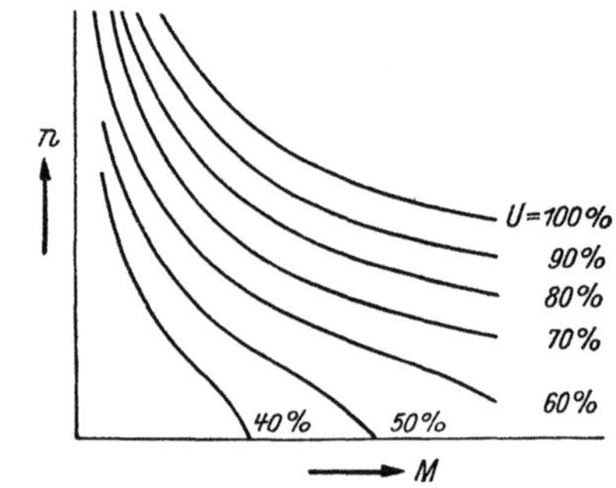

Abb. 481. Drehzahl-Drehmomentkurven eines Einphasen-Reihenschlußmotors bei veränderlicher Klemmenspannung.

bremsung, d. h. für generatorisches Arbeiten auf Widerstände zur Vernichtung der Bremsenergie, ist natürlich der Reihenschlußmotor verwendbar, weil ja hierfür die Frequenz belanglos ist. Für die Nutzbremsung geht man daher zu anderen Schaltungen über, die im wesentlichen als Nebenschlußschaltungen zu bezeichnen sind, bei denen also die Erregerwicklung gesondert gespeist wird. Auf eine Besprechung dieser Sonderschaltungen können wir hier jedoch nicht eingehen; wir verweisen auf das Schrifttum.[1])

Im folgenden sollen nun die Selbsterregungsbedingungen ermittelt werden, weil das Ergebnis für alle derartigen Fälle von grundsätzlicher Bedeutung ist.

Gemäß Gl. 446 setzen wir den Scheinwiderstand der Maschine $\mathfrak{Z}_m = R + c\,n/n_0 + j\,X$ und denken uns die Maschine an ein Netz mit dem Scheinwiderstand $\mathfrak{Z}_n = R_n + j\,X_n$ gelegt. In diesem Netz soll zunächst außer dem betrachteten Generator kein anderer vorhanden sein. Es gelten dann mit den Festlegungen der Abb. 482 folgende Spannungsgleichungen: auf der Maschinenseite:

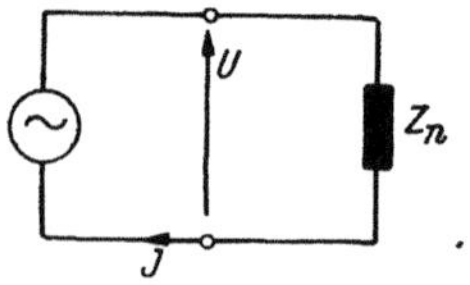

Abb. 482. Zur Erläuterung der Gl. (455) und (456).

$$\mathfrak{U} = \mathfrak{J}\,\mathfrak{Z}_m \tag{454}$$

und auf der Netzseite:

$$\mathfrak{U} = -\mathfrak{J}\,\mathfrak{Z}_n. \tag{455}$$

Durch Gleichsetzung der beiden Gleichungen und Kürzung mit $\mathfrak{J}$ erhalten wir:

$$\mathfrak{Z}_m + \mathfrak{Z}_n = 0. \tag{456}$$

gilt als Nennleistung die Stundenleistung bei 90% der höchsten Transformator-Leerlaufspannung.

[1]) L. MIROW, ETZ 59 (1938) S. 433.

Das ist die Selbsterregungsbedingung: Wenn ein Strom auftreten soll, muß der Gesamtwiderstand von Maschine und Netz Null sein. Diese Selbsterregungsbedingung gilt ohne Ausnahme für alle Maschinen, es kommt lediglich darauf an, bei den einzelnen Maschinen $\mathfrak{Z}_m$ richtig zu bestimmen. Es muß also $\Sigma \mathfrak{Z} = 0$ sein. Diese Bedingung ist erfüllt, wenn die Summe der Wirkwiderstände und die Summe der Blindwiderstände Null ist. Es muß also ein negativer Wirkwiderstand, d. h. ein Wirkleistungsgenerator, vorhanden sein, um die Verluste der Ohmschen Widerstände zu decken, und die induktiven Widerstände müssen durch kapazitive aufgehoben werden oder sie sind Null, weil die Frequenz Null ist, d. h. weil Gleichstrom fließt.

Die Einführung der Wirk- und Blindwiderstände in Gl. 456 ergibt:

$$R + c\, n/n_0 + R_n + j\,(X + X_n) = 0. \tag{457}$$

Aus der Trennung in Real- und Imaginärteil erhalten wir dann die beiden für diesen Fall besonderen Bedingungen:

$$\frac{n}{n_0} = -\frac{R + R_n}{c} \quad \text{und} \quad X + X_n = 0. \tag{458}$$

Die erste Bedingung liefert uns die Drehzahl, bei der Selbsterregung eintritt, weil die generatorische Leistung ausreicht, die entstehenden Verluste zu decken. Die zweite Bedingung liefert uns die auftretende Frequenz. Sind Kondensatoren im Netz vorhanden, dann ist die Frequenz gleich der bekannten Resonanzfrequenz aus $\omega L = 1/\omega C$ zu berechnen. Im allgemeinen werden aber keine Kondensatoren vorhanden sein und X_n wird wie X ein induktiver Blindwiderstand sein; dann muß zur Erfüllung der zweiten Bedingung die Frequenz der selbsterregten Ströme Null sein, d. h. es tritt Selbsterregung mit Gleichstrom ein. Die Größe des sich bei Selbsterregung einstellenden Stromes läßt sich an Hand der magnetischen Kennlinie des Motors bestimmen, indem man die Abhängigkeit der induzierten Spannungen von der Sättigung berücksichtigt. Bei geradliniger Kennlinie würde der Strom nur durch die zur Verfügung stehende mechanische Energie begrenzt werden.

Wir hatten bei den Voraussetzungen für die Gl. 455 angenommen, daß kein fremder Generator vorhanden sein solle. Diese Annahme können wir unbeschadet der durchgeführten Rechnungen fallen lassen. Da die Selbsterregung mit netzfremder Frequenz erfolgt, stören die fremden Gegenspannungen nicht; ihre Ströme überlagern sich den selbsterregten Strömen und die Maschinenwiderstände sind in den allgemeinen Netzwiderstand $\mathfrak{Z}_n$ einzubeziehen. Im allgemeinen ist bei größeren Netzen der Gesamtwiderstand $\mathfrak{Z}_n$ des Netzes so klein, daß er gegenüber $\mathfrak{Z}_m$ der betrachteten Maschine vernachlässigt werden kann.

Selbstverständlich ist eine Beeinflussung der Selbsterregung durch die Netzströme vorhanden, insofern als durch diese eine Vormagnetisierung der Maschine und damit eine Änderung der maßgebenden Konstanten eintritt, wie dies schon bei der Selbsterregung der Asynchronmaschine besprochen wurde. Beim Reihenschlußmotor wird der Faktor c bzw. X_E durch die Vormagnetisierung verringert, so daß die Drehzahl, bei der die Selbsterregung eintritt, nach Gl. 458 höher liegt. Auch die erreichten Ströme werden durch diese Vormagnetisierung geringer.

h) Stromwendung. Im folgenden betrachten wir die Stromwendung zunächst ohne Rücksicht auf die durch Eisensättigung und Nutung entstehenden Oberwellen.

In den kurzgeschlossenen Spulen unter den Bürsten treten auf:

die Stromwendespannung

$$\mathfrak{E}_r = -c_r\, n\, \mathfrak{J},$$

die vom Wendepolfluß erzeugte Wendefeldspannung

$$\mathfrak{E}_w = c_w \, n \, \Phi_{wm}$$

und die Transformatorspannung. Da der Erregerfluß vom Strom J erzeugt wird und mit diesem in Phase liegt, setzen wir für die Spannung der Transformation in der kurzgeschlossenen Spule nach Gl. 438:

$$\mathfrak{E}_{tk} = j \, c_t \, \mathfrak{J}.$$

Die Spannung der Transformation ist dem Strom proportional, solange auch der Fluß dem Strom proportional ist, d. h. solange keine nennenswerte Sättigung vorhanden ist.

Wendefeld in Phase mit dem Ankerstrom. In der einfachen Schaltung nach Abb. 469 wird die Wendepolwicklung vom ganzen Strom durchflossen; der Wendepolfluß Φ_w liegt in Phase mit dem Ankerstrom und ist diesem proportional. Das Vektordiagramm dieser Spannungen ist in Abb. 483 aufgezeichnet. Man erkennt ohne weiteres, daß bei dieser Lage der drei Vektoren die Summe der Spannungen $\mathfrak{E}_r + \mathfrak{E}_w + \mathfrak{E}_{tk}$ niemals Null werden kann. Es läßt sich wohl

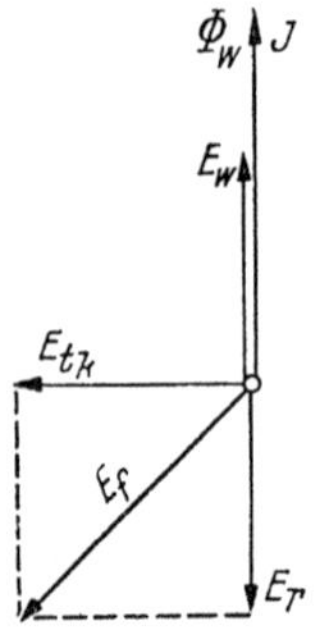

Abb. 483. Vektordiagramm der Spannungen in den kurzgeschlossenen Spulen.

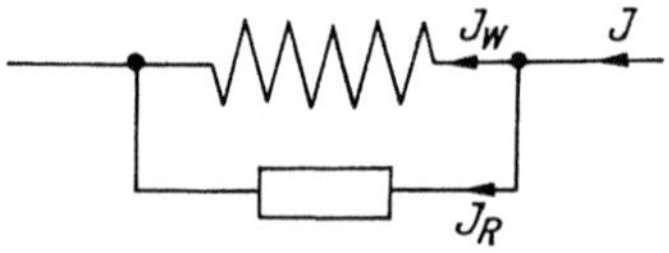

Abb. 484. Wendepol-Hilfsschaltung: Ohmscher Widerstand parallel zur Wendepolwicklung.

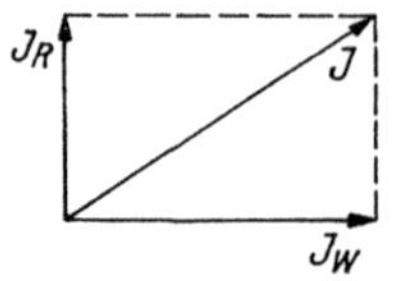

Abb. 485. Aufteilung der Ströme für die Schaltung nach Abb. 484.

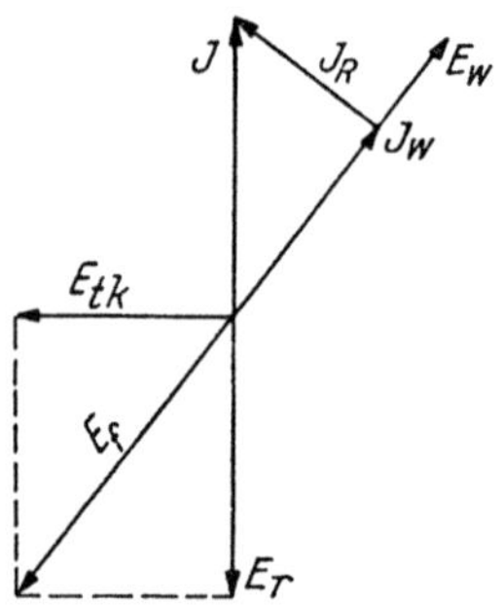

Abb. 486. Vektordiagramm der Spannungen in den kurzgeschlossenen Spulen für die Hilfsschaltung Abb. 484.

$\mathfrak{E}_r + \mathfrak{E}_w = 0$ erreichen, und zwar bei jeder Drehzahl, da beide Spannungen gleicherweise der Drehzahl und dem Strom proportional sind, aber die Spannung der Transformation bleibt stets unverändert übrig. In diesem Fall bleibt also bei jeder Drehzahl $\mathfrak{E}_{tk}$ bestehen, und $\mathfrak{E}_{tk}$ muß so klein gehalten werden, daß eine annehmbare Stromwendung möglich ist.

Hilfsschaltung. Zur Verbesserung der Stromwendung sind verschiedene Hilfsschaltungen vorgeschlagen worden, von denen hier nur die grundsätzlich wichtigste besprochen werden soll. Wie Abb. 484 zeigt, legt man einen Ohmschen Widerstand in den Nebenschluß der Wendepolwicklung, so daß der Ankerstrom sich auf beide Zweige verteilt. Da die Wendepolwicklung überwiegend ein induktiver Widerstand ist, ergibt sich angenähert eine Stromverteilung nach Abb. 485. Das Wendefeld wird nun nicht mehr vom Ankerstrom J, sondern von dem phasenverschobenen Strom J_w erzeugt. Das Vektordiagramm der Spannungen erhält nun ein anderes Gesicht, wie Abb. 486 zeigt. Für eine bestimmte, bevorzugte Drehzahl lassen sich die Verhältnisse so wählen, daß $\mathfrak{E}_f + \mathfrak{E}_w = 0$ wird und eine ausgezeichnete Stromwendung nicht nur bei dieser Drehzahl, sondern in einem ziemlich großen Bereich um diese Drehzahl erzielt wird. Entfernt sich die Maschine weiter von dieser Drehzahl, stellt sich eine restliche Spannung ein, die bei der doppelten Drehzahl und im Stillstand die Größe der Transformationsspannung E_{tk} erreicht. Auf diese Weise hat man also in einem weiten Drehzahlbereich eine wesentliche Verbesserung der Stromwendung erreicht. Man kann nun noch durch Aufteilung der Wendepolwicklung und des Widerstandes R bei verschiedenen Drehzahlen die Aufhebung der Funkenspannung erreichen, aber schließlich bleibt im Stillstand bzw. Anlauf die Transformationsspannung doch in voller Höhe erhalten, so daß diese trotz aller Maßnahmen eine gewisse Größe nicht überschreiten darf.

Einfluß der Eisensättigung und der Nutung auf die Stromwendung. Wie wir schon in den einleitenden Abschnitten über die Stromwendermaschinen gesehen hatten, ist es zweckmäßig, die Stromwendung in zwei getrennte Vorgänge zu zerlegen, in die Gleichstromwendung und die Wechselstromwendung. Von diesem Standpunkt aus hat das Vektordiagramm der Abb. 486 für die Hilfsschaltung des Wendepoles mit Nebenwiderstand keine Berechtigung mehr. Es hat sich in der Praxis denn auch gezeigt, daß der auf Grund dieses Diagramms ermittelte Widerstand keineswegs die günstigste Stromwendung bewirkt. Man ist vielmehr dazu übergegangen, den günstigsten Widerstand auf dem Prüfstand durch Ausprobieren festzulegen. Daraus geht hervor, daß nicht die Grundwelle oder der Effektivwert der Transformationsspannung mit den üblichen Werten für das Bürstenfeuer verantwortlich sind, sondern die Oberwellen. Die Wirkung des Nebenschlußwiderstandes besteht darin, daß einmal die zwangsläufig infolge der Eisensättigung im Strom enthaltenen Oberwellen im wesentlichen über den Widerstand fließen und nicht durch die Wendepolwicklung, und zum anderen bewirkt der Widerstand eine Dämpfung für diejenigen Oberwellen des Wendepolflusses, die durch die Nutung des Ankers entstehen, und zwar dadurch, daß sich die durch diese Nutenoberschwingungen des Flusses in der Wendepolwicklung entstehenden Ströme über den Widerstand kräftig ausbilden können und auf die Flußoberschwingungen dämpfend zurückwirken.

Wie schon bei Besprechung der Funkenspannung gesagt wurde, soll die Spannung der Transformation etwa 2,5 bis 3 Volt bei Nennstrom und etwa 3,8 Volt im Anlauf nicht überschreiten, damit die Stromwendung im Anlauf und Betrieb noch sicher beherrscht werden kann.

Von dieser Festlegung werden nun aber auch andere, derart wichtige Größen mitbetroffen, daß dadurch die gesamte Entwicklung der Reihenschlußmotoren, insbesondere aber der Bahnmotoren, in ausschlaggebender Weise beeinflußt worden ist. Das soll im folgenden kurz erläutert werden.

Aus Gl. 417 und 437 erhalten wir mit $2a = 2p$ für die meistverwendeten Schleifenwicklungen und $w = k\,w_s/2\,p$ für die Spannung der Drehung:

$$E_d = \frac{k}{\pi}\,\frac{n}{f_0}\,E_{tk}. \tag{459}$$

Bei gegebener Wechselstromfrequenz f_0 und der vorgeschriebenen Spannung E_{tk} ist die Spannung der Drehung nur noch mit der Drehzahl n und der Stegzahl k veränderlich, aber auch diese können nicht beliebig gesteigert werden; die Stegzahl ist durch den Ankerdurchmesser und die kleinstmögliche Stegteilung begrenzt und die Drehzahl durch die jeweils vorliegenden Betriebsverhältnisse. Eine möglichst hohe Spannung ist natürlich erstrebenswert, um bei kleinen Motorströmen auch günstigere Abmessungen der übrigen Motor- und Transformatorausrüstung zu erhalten.

Aber nicht nur die Ankerspannung, sondern auch die erreichbare Leistung je Polpaar ist von E_{tk} abhängig. Nach Gl. 437 ist

$$f\, w_s\, \Phi_m = \frac{E_{tk}}{4{,}44}. \tag{460}$$

Mit dem bei Nennstrom etwa auftretenden Wert von $E_{tk} = 3$ Volt ergibt sich $f\, w_s\, \Phi_m \approx 0{,}675$ Volt. Das ist ein kleiner Wert, der nur dann einen hinsichtlich der Ausnutzung der Maschine ausreichenden Wert für den Fluß Φ_m zuläßt, wenn man $f\, w_s$ so klein als möglich macht. Im allgemeinen verwendet man daher Schleifenwicklungen mit $w_s = 1$ und setzt die Frequenz f, wenn möglich, herunter. Bei den Wechselstrom-Bahnmotoren ist in erster Linie aus diesem Grunde die Frequenz auf $16^2/_3$ oder 25 Hz heruntergesetzt worden. Mit den Werten $w_s = 1$ und $f = 16^2/_3$ Hz erhalten wir $\Phi_m \approx 0{,}04$ Voltsek. Da anderseits auch für den Strombelag und die Ankerumfangsgeschwindigkeit gewisse Grenzwerte, wie bei allen Maschinen, nicht überschritten werden können, sind wir in der Lage, die Grenzleistung je Polpaar zu bestimmen. Aus Gl. 422 erhalten wir mit $\cos\psi = 1$ und Multiplikation mit der Winkelgeschwindigkeit $2\pi n$ nach einer kleinen Umformung für die Grenzleistung aller Polpaare

$$N_D = \sqrt{2}\, p\, v\, A\, \Phi_m. \tag{461}$$

Hierbei ist v die Ankerumfangsgeschwindigkeit, p die Polpaarzahl und A der effektive Strombelag. Mit den Grenzwerten $v = 0{,}7 \cdot 65 = 45$ m/s und $A = 465$ Amp/cm für den Nennbetrieb und dem oben berechneten Wert von $\Phi_m = 0{,}04$ Voltsek. erhalten wir eine Grenzleistung von etwa 120 kW je Polpaar im Nennbetrieb bei 70% der Höchstdrehzahl. Eine hohe Gesamtmotorleistung kann also nur durch eine hohe Polzahl erreicht werden.

Durch Anwendung einer zweifach geschlossenen Schleifenwicklung mit $2a = 2 \cdot 2p$ parallelen Ankerzweigen und entsprechenden Ausgleichsverbindungen[1]) kann man $w_s = 1/_2$ machen, so daß sämtliche bei der Stromwendung auftretenden Spannungen, also auch E_{tk}, auf die Hälfte heruntergehen.[2]) Bei einer gleichbleibenden Spannung von $E_{tk} = 3$ Volt kann dann der Fluß auf das Doppelte ansteigen und die Leistung je Polpaar erreicht damit auch den doppelten Wert. Diese Schleifenwicklungen bedingen jedoch besondere konstruktive Voraussetzungen und werden daher heute für Bahnmotoren nicht mehr und für andere Motoren nur noch in besonderen Fällen verwendet.[3])

Eine weitere wichtige Größe, die von der Spannung der Transformation abhängt, ist die Stegspannung. Ihre Berechnung läßt sich in folgender Weise mit Hilfe der Spannung der Drehung durchführen. Da zwischen zwei benachbarten Bürsten einerseits die Spannung E_d erzeugt werden muß und anderseits $k/2p$ Stromwenderstege liegen, ist die mittlere Stegspannung $E_{s\,\mathrm{mit}} = 2pE_d/k$. Diese mittlere Stegspannung verhält sich zu der unter dem Polbogen auftretenden Stegspannung wie der Mittelwert der Luftspaltinduktion zum Wert unter dem Polbogen. Dieses Verhältnis ist aber gleich dem Polbogenverhältnis α, so daß wir für den Effektivwert der Stegspannung

$$E_s = \frac{2p\,E_d}{\alpha k}$$

---

[1]) R. Richter, Ankerwicklungen, S. 114.

[2]) In Gl. 428 rechne man zunächst mit $w_s = 1$ und setze dann E_r auf die Hälfte herunter. $w_s = 1/_2$ würde in dieser Gleichung einen falschen Wert ergeben.

[3]) H. Kother, ETZ 60 (1939) S. 12.

erhalten. Setzen wir diese Beziehung in Gl. 459 ein, dann ergibt sich:

$$\boxed{E_s = \frac{2}{\alpha \pi} \frac{n}{n_0} E_{tk}.} \tag{462}$$

Im allgemeinen ist $\alpha \approx 0{,}7$ und damit ist die Stegspannung bei gegebenem Drehzahlverhältnis n/n_0 der Transformationsspannung unmittelbar proportional.

Wie bei der Gleichstrommaschine ist auch hier die Stegspannung ein Maß für die Rundfeuergefahr; aber, wie die Erfahrung zeigt, ist hierfür nicht der Effektivwert, sondern der zeitliche Höchstwert der Stegspannung $E_{sm} = E_s \sqrt{2}$ maßgebend. Obwohl dieser Wert jeweils nur kurzzeitig auftritt, darf er dennoch eine gewisse Grenze nicht überschreiten, wenn man Rundfeuer vermeiden will. Bei den schnellaufenden, neuzeitlichen Bahnmotoren für $16^2/_3$ Hz ist bei der höchsten Drehzahl $n/n_0 \approx 9$; mit diesem Wert und der bei Nennstrom etwa vorhandenen Transformationsspannung $E_{tk} = 3$ Volt erhält man $E_{sm} \approx 35$ Volt. Das ist schon ein kaum noch zulässiger Wert,[1]) besonders wenn man bedenkt, daß man im rauhen Bahnbetrieb mit starken Spannungsschwankungen und daher mit noch höheren Werten rechnen muß. Das heißt also, daß der Ausnutzung der Motoren bei der höchsten Drehzahl durch die Rundfeuergefahr eine Grenze gesetzt ist. Diese Grenze berührt nicht die Nennleistung, sondern die kurzzeitige Überlastbarkeit bei der höchsten Drehzahl.

Die Rückwirkung der Stromwendung auf das Betriebsverhalten des Motors macht sich besonders im Anlauf unangenehm bemerkbar. Im Stillstand bildet die Erregerwicklung mit den kurzgeschlossenen Spulen unter den Bürsten einen sekundär über Widerstände geschlossenen Transformator. Das resultierende Feld liegt wie beim Transformator in Phase mit dem von Primärstrom und Sekundärstrom gebildeten Magnetisierungsstrom, also nicht entsprechend unserer eingangs gemachten Annahme in Phase mit dem Erregerstrom (Primärstrom). Infolgedessen besteht also nunmehr eine Phasenverschiebung zwischen Fluß und Strom und bei der Berechnung des Drehmoments nach Gl. 422 ist $\cos \psi \neq 1$. Das hat zur Folge, daß nach Abb. 463 ein um Null wechselndes Moment auftritt, das unangenehme mechanische Vibrationen und Geräusche bewirkt. Im Lauf gehen diese Wirkungen zurück, einmal, weil dann die Transformationsspannung durch die Wendepole verringert werden kann, und zum anderen, weil im Lauf die Übergangswiderstände von den Bürsten zum Stromwender größer und die Kurzschlußströme kleiner werden.

i) **Universalmotoren.** Wie schon eingangs erläutert, bezeichnet man einen Reihenschlußmotor, der nach Belieben mit Gleich- oder Wechselstrom betrieben werden kann, als „Universalmotor". Im Gegensatz zum Bahnmotor werden diese Motoren nur als Kleinstmotoren[2]) hergestellt; ihr Leistungsbereich liegt etwa in den Grenzen von 0,5 bis 350 Watt bei Drehzahlen von 18000 bis 9000 bis 1500 U/min. Sie unterscheiden sich demgemäß auch in der Bauart grundlegend vom Bahnmotor. Der Feldmagnet ist geblecht und besitzt ausgeprägte Pole mit konzentrierter Erregerwicklung. Der Universalmotor besitzt ferner keine Wendepole und keine Kompensationswicklung. Die Bürsten sind teils fest und teils verschiebbar angeordnet. Abb. 487 zeigt den Blechschnitt und Abb. 488 das Bild eines Universalmotors.

Das Anwendungsgebiet des Universalmotors ist heute ziemlich groß geworden. Er wird nicht nur in Industrie und Gewerbe als Werkzeugmotor usw., sondern auch für den Antrieb von Büro- und Haushaltmaschinen verwendet.

[1]) Nach K. Töfflinger, ETZ 58 (1937) S. 1031 sind etwa 30 Volt als zulässig anzusehen.

[2]) Das sind nach VDE 0530 Motoren bis einschließlich 500 W Nennleistung.

Gegenüber dem Einphasenasynchronmotor und dem synchronen Reaktionsmotor hat er den Vorzug des großen Anlaufmoments. Wegen seiner Reihenschlußeigenschaft ist er für einen rauhen und überlastbaren Betrieb geeignet.[1])

Obwohl gerade bei sehr kleinen Motoren mannigfache Nebenerscheinungen stets eine Rolle spielen und beim eingehenden Studium des Betriebsverhaltens nicht vernachlässigt werden können, so kann es sich hier doch nur darum handeln, das grundsätzliche Verhalten zu klären. Dazu vernachlässigen wir den OHMschen Widerstand. Da Gl. 453 mit $n_0 = 0$ bei $f_0 = 0$ für den Übergang auf Gleichstrom nicht geeignet ist, formen wir diese um, indem wir für Wechselstrom

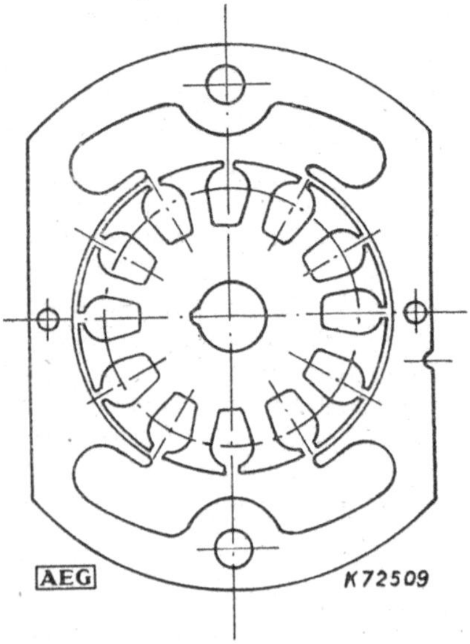

Abb. 487. Blechschnitt eines Universalmotors.

Abb. 488. Ansicht eines Universalmotors ohne Gehäuse.

$$n = \frac{\text{konst.}}{\sqrt{M}} \sqrt{1 - M/M_m} \tag{463}$$

setzen. Hierbei hat die Konstante den Wert $n_0\, X\, \sqrt{M_m}/c$. Führt man die ausführlichen Werte nach den Gl. 442, 444 und 452 ein, erkennt man, daß dieser Ausdruck tatsächlich eine von der Frequenz unabhängige Konstante ist, die beim Übergang auf Gleichstrom unverändert bleibt. Da nun bei Gleichstrom im Stillstand mit $R = 0$ das Drehmoment, ebenso wie der Strom, unendlich groß wird, erhalten wir aus Gl. 463 für Gleichstrom:

$$n_g = \frac{\text{konst.}}{\sqrt{M}}. \tag{464}$$

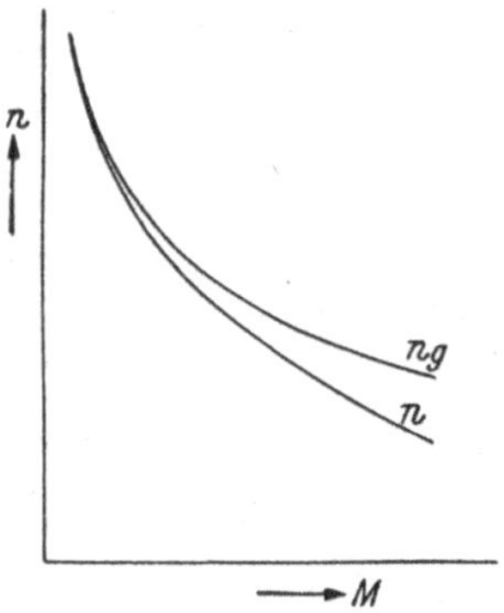

Abb. 489. Drehzahlkurven n_g (M) und n (M) eines Universalmotors bei Betrieb mit Gleich- und Wechselstrom.

Diese Formel ist von der Gleichstrommaschine bekannt. In Abb. 489 sind beide Drehzahlen, n und n_g, gemäß den vorstehenden Formeln Gl. 463 und 464 über dem Drehmoment aufgetragen. Die Beziehung zwischen den beiden Drehzahlen läßt sich noch einfacher gestalten, indem wir Gl. 464 und Gl. 451 in Gl. 463 einführen. Dann ist

$$\boxed{n = n_g \cos\varphi.} \tag{465}$$

[1]) Über weitere Einzelheiten s. ETZ 61 (1940) S. 126, 395 und 445; Elektrotechn. u. Masch.-Bau 56 (1938) S. 604; AEG-Mitt. 1940, Heft 11/12.

Bei gleichbleibendem Drehmoment geht also im Gleichstrombetrieb die Drehzahl auf das $1/\cos\varphi$-fache in die Höhe. Da in Gl. 450 der Faktor $c/2\pi n_0$ frequenzunabhängig ist, gilt diese Gleichung unverändert auch für Gleichstrom, und daraus folgt, daß bei gleichem Drehmoment auch die Ströme gleich sein müssen. Es ändert sich daher beim Übergang von Wechsel- zu Gleichstrom lediglich die Drehzahl.

Wenn die Drehzahl bei Wechselstrom nicht zu sehr abfallen soll, muß der Leistungsfaktor $\cos\varphi$ möglichst hoch sein. Nach den früheren Darlegungen muß dazu in erster Linie die Streuung klein und das Drehzahlverhältnis n/n_0 möglichst groß sein. Da diese Universalmotoren stets an das öffentliche Netz mit 50 Hz angeschlossen werden, ist letztere Bedingung nur durch hohe Betriebsdrehzahlen zu erreichen, denn bei der überwiegend zweipoligen Ausführung ist $n_0 = 3000$ U/min. Je niedriger also die Nenndrehzahl im Vergleich zur synchronen Drehzahl n_0 ist, um so größer ist der Unterschied zwischen den Drehzahlen bei Gleichstrom und Wechselstrom und um so notwendiger sind besondere Hilfsmittel (Fliehkraftregler, Fliehkraftkontaktschalter, Wicklungsanzapfungen usw.), um gleiche Drehzahlen bei beiden Stromarten zu erreichen. In einem gewissen Bereich ist eine Drehzahlregelung auch durch Bürstenverstellung möglich. Dieses Verfahren entspricht der Drehzahlregelung von Repulsionsmotoren.

Obige Beziehung läßt sich auch unmittelbar aus der aufgenommenen Leistung ermitteln. Bei Vernachlässigung der Verluste verhalten sich die Drehmomente bei Wechselstrom und Gleichstrom wie $U\,J\cos\varphi/2\pi n$ und $U\,J/2\pi n_g$. Bei gleichen Spannungen und Strömen ergibt sich hieraus sofort das obige Drehzahlverhältnis.

3. Der Repulsionsmotor.

a) Aufbau. Außer dem Einphasen-Reihenschlußmotor hat sich von den vielen, im Laufe der Zeit angegebenen Schaltungen nur noch der Repulsionsmotor in nennenswertem Umfang durchsetzen können. Er beherrscht das Gebiet der kleinen und mittleren Leistungen und kommt als einfachster und am leichtesten in der Drehzahl regelbarer Stromwendermotor in Spinnereien, Aufzügen und Kranbetrieben zur Anwendung. Der Repulsionsmotor, der seinen Namen einer heute überholten Vorstellung von seiner Wirkungsweise verdankt, besitzt gegenüber dem Reihenschlußmotor bei gleicher Drehzahl-Drehmomentkennlinie den Vorteil der überaus einfachen Drehzahlregelung durch Bürstenverschiebung, muß aber diesen Vorteil mit einer schlechteren Stromwendung erkaufen, da wegen der veränderlichen Bürstenlage die Anbringung von Wendepolen nicht möglich ist. Ein weiterer Vorteil ist die Unabhängigkeit der Stromwenderwicklung von der Netzspannung, da Ständer und Läufer nur transformatorisch, aber nicht leitend in Verbindung stehen. Die Stromwenderwicklung kann also in günstigster Weise entworfen und der Ständer für jede beliebige Netzspannung verwendet werden. Abb. 490a zeigt die Schaltung des Repulsionsmotors; das Ständerblech ist bei nicht zu kleinen Leistungen wie beim gewöhnlichen Induktionsmotor genutet und mit Rücksicht auf eine der Sinusform möglichst angepaßte Feldkurve nur etwa zu 70 bis 80% der Polteilung bewickelt. Der Läufer trägt eine gewöhnliche Stromwenderwicklung; die Bürsten sind kurzgeschlossen und verstellbar. Der Motor wird für Leistungen von 0,4 bis 75 kW für gewöhnliche Anlagen und bis zu 130 kW für Krananlagen zum einphasigen Anschluß an das gewöhnliche Drehstromnetz von 50 Hz gebaut. Gegenüber dem gewöhnlichen Einphasen-Induktionsmotor hat der Repulsionsmotor den Vorzug eines großen Anzugsmoments, das vom 2,5-fachen Nennmoment bei gewöhnlichen Motoren bis zum 6- und 8-fachen Nennmoment bei Kranmotoren ansteigt. Der Anlauf erfolgt stetig vom Stillstand aus ohne Anlasser. Die Drehzahlregelung erfolgt im Dauerbetrieb im allgemeinen etwa vom 0,7- bis zum 1,1-fachen der

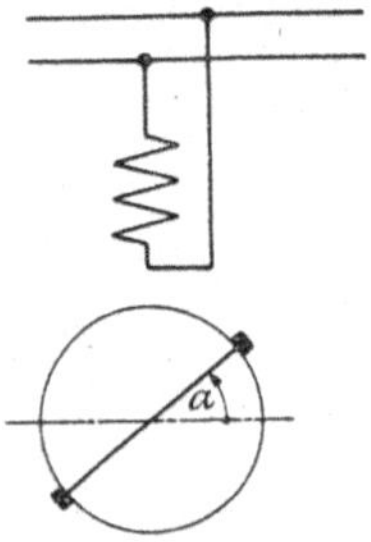

Abb. 490 a. Schaltung des Repulsionsmotors.

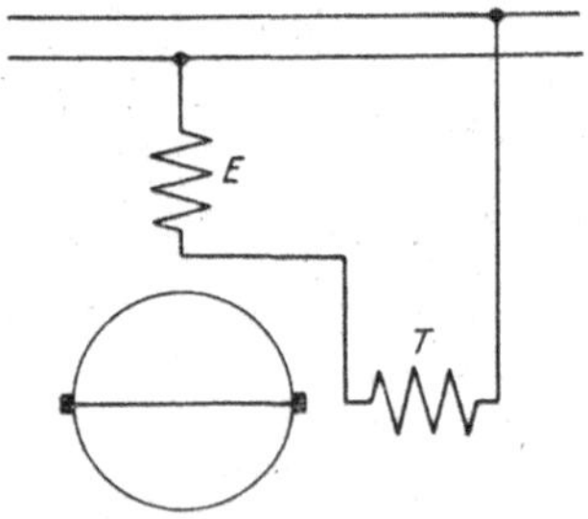

Abb. 490 b. Aufteilung der Ständerwicklung längs und quer zur Bürstenachse.

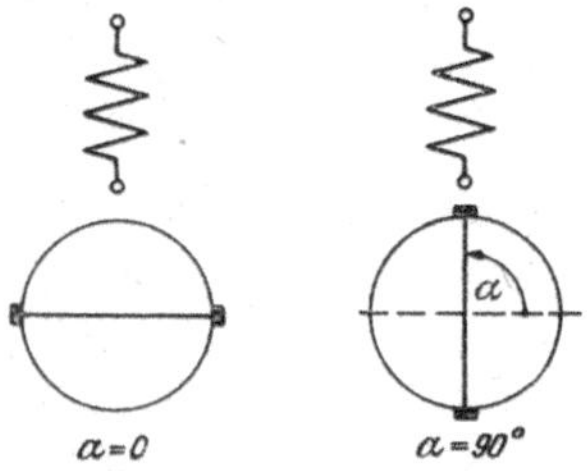

Abb. 491. Bürstenstellungen bei Leerlauf ($\alpha = 0°$) und Kurzschluß ($\alpha = 90°$).

synchronen Drehzahl bei Nennmoment und zwischen 0,4 bis 1,2 der synchronen Drehzahl bei verringertem Moment. Die obere Grenze ist durch die Stromwendung gegeben, die untere durch die nachlassende Kühlung. Infolge seines Reihenschlußverhaltens muß der Motor gegen Durchgehen bei plötzlicher Entlastung gesichert werden; vielfach geschieht dies durch einen besonderen Fliehkraftregler. Abb. 492 zeigt die Ausführung eines Repulsionsmotors für den Kranbetrieb.

Abb. 492. Repulsionsmotor (mit doppeltem Bürstensatz) für 118 kW, 600 U/min, 500 Volt, 50 Hz.

b) Wirkungsweise des Repulsionsmotors mit einfachem Bürstensatz. Die Wirkungsweise des Repulsionsmotors läßt sich auf die des Reihenschlußmotors zurückführen, indem man die Ständerwicklung gemäß Abb. 490 b in zwei Teile zerlegt: Der Wicklungsteil E liefert den Erregerfluß quer zur Bürstenachse, der mit den Ankerströmen das Drehmoment bildet. Die mechanisch umzusetzende Leistung muß der Stromwenderwicklung zugeführt werden; dies besorgt transformatorisch der mit T bezeichnete Wicklungsteil. Bei Annahme einer sinusförmigen Feldkurve ist der Erregerwicklungsteil E proportional $\cos\alpha$ und der Transformatorwicklungsteil T proportional $\sin\alpha$. Wenn wir nun bei dieser transformatorischen Übertragung die geringe Phasenverschiebung und die geringe Größenänderung von Primär- und Sekundärstrom vernachlässigen, können wir die transformatorische Übertragung durch eine leitende Verbindung ersetzen und erhalten auf diese Weise die Schaltung des Reihenschlußmotors.

Zur eingehenderen Untersuchung des Betriebsverhaltens gehen wir jedoch im folgenden von der ungeteilten Ständerwicklung aus und zerlegen nur deren

Feld in Komponenten in Richtung und quer zur Bürstenachse. In der Leerlaufstellung $\alpha = 0$ (Abb. 491) wird in der Ankerwicklung keine Spannung und kein Strom erzeugt, weil die Wicklungsachsen quer zueinander stehen. Hierbei ist aber zu beachten, daß die unter den Bürsten liegenden, kurzgeschlossenen Ankerspulen vom vollen Fluß durchsetzt werden und starke Ströme führen, so daß längeres Unter-Spannung-Stehen in dieser Leerstellung zur Schonung der Bürsten vermieden werden muß. Bei $\alpha = 90^\circ$ arbeitet die Ständerwicklung als Transformator auf den kurzgeschlossenen Anker (Kurzschlußstellung, Abb. 491). Ein Drehmoment tritt nicht auf, weil in der Erregerachse quer zu den Bürsten kein Fluß erzeugt wird. Die Betriebsstellung der Bürsten liegt etwa bei $\alpha = 68^\circ$ bis 78° und das Höchstmoment tritt etwa bei $\alpha = 80^\circ$ bis 85° auf. Gemäß

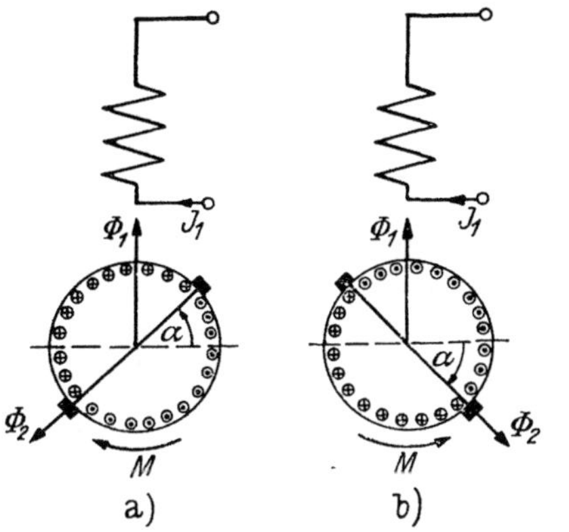

Abb. 493. Zur Bestimmung der Motordrehrichtung.

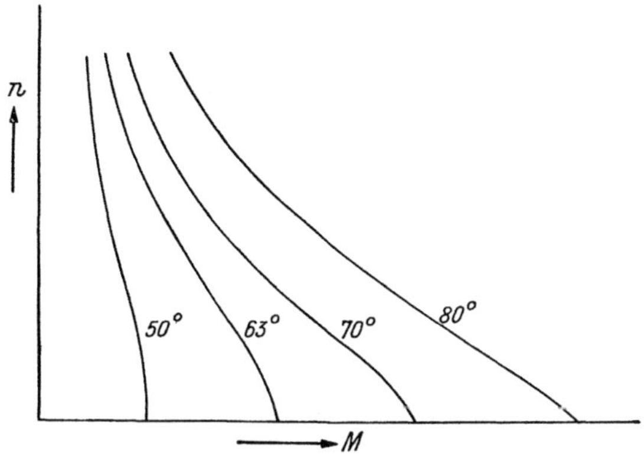

Abb. 494. Drehzahl-Drehmomentkurven des Repulsionsmotors bei verschiedenen Bürstenstellungen.

seinem Reihenschlußverhalten fällt mit zunehmender Last die Drehzahl ab, und zwar im Verhältnis stärker als beim Einphasen-Reihenschlußmotor, so daß der Motor dazu neigt, bei größeren Lasten schnell stehenzubleiben. Wie sich später zeigen wird, kann dieser Übelstand durch die Doppelbürstenschaltung behoben werden.

c) Drehrichtung und Drehmoment. Der transformatorisch übertragene Ankerstrom entwickelt in der Bürstenachse ein Feld, das der vom Ständer in der Bürstenachse erzeugten Feldkomponente entgegenwirkt. Bei positivem Ständerstrom ergibt sich also für eine rechtsgängige Wicklung die in Abb. 493a eingetragene Stromverteilung im Anker. Nach den in Abb. 20 und 21 bzw. Abb. 422 und 423 festgelegten Regeln dreht das auftretende Drehmoment im Uhrzeigersinn. In Abb. 493b ist die Bürstenverschiebung aus der Leerstellung in entgegengesetzter Richtung erfolgt und das Drehmoment wirkt im Gegenuhrzeigersinn. Daraus folgt die wichtige Regel für die Drehrichtung: Die Motordrehrichtung ist entgegengesetzt der Verdrehungsrichtung der Bürsten aus der Leerstellung. Die Änderung der Drehrichtung erfolgt also durch Verdrehung der Bürsten in entgegengesetzter Richtung. Treibt man den Anker gegen das elektrisch erzeugte Drehmoment an, wirkt die Maschine als Generator. Man kann also aus dem Motorbetrieb in zweifacher Weise zum Generatorbetrieb, z. B. zwecks Bremsung, übergehen: Durch Änderung der Drehrichtung bei unveränderter Bürstenstellung oder bei unveränderter Drehrichtung durch Änderung der Bürstenverstellung. Wir wollen die Motordrehrichtung und den Winkel α in Abb. 493a als positiv bezeichnen; in Abb. 493b wären dann Bürstenwinkel und Motordrehrichtung als negativ zu bezeichnen. Die in Abb. 493b gezeigte Bürstenstellung kann man auch erreichen, wenn man die Bürsten über 90°, d. h. über die Kurzschlußstellung hinaus, verschiebt. Daraus ergibt sich: Von der Kurzschlußstellung aus stimmen Bürstenverschiebungsrichtung und Motordrehrichtung überein.

Nach Gl. 198′ ist das Drehmoment eines Stromwenderankers

$$M = \frac{1}{2\pi n} E_d J_2 \cos\psi. \tag{198'}$$

Die Spannung der Drehung E_d ist wie beim Reihenschlußmotor proportional der Drehzahl und dem Strom; wie wir aber eingangs schon gesehen haben, ist der erregende Teil der Ständerwicklung proportional $\cos\alpha$. Mithin ist $E_d \sim n\, J_1 \cos\alpha$. Der transformatorisch übertragene Ankerstrom J_2 ist dagegen proportional $J_1 \sin\alpha$. Unter Annahme einer 180°-Phasenverschiebung zwischen Ständer- und Läuferstrom besteht zwischen der Spannung der Drehung und dem Ankerstrom keine Phasenverschiebung; $\cos\psi$ ist mithin gleich 1. Damit erhalten wir aus Gl. 198′ mit $2\sin\alpha\cos\alpha = \sin 2\alpha$ die einfache Drehmomentformel:

$$M = \text{konst.}\, J_1^2 \sin 2\alpha. \tag{466}$$

Das Drehmoment ändert sich mit dem Quadrat des Stromes und mit $\sin 2\alpha$ in Abhängigkeit vom Bürstenwinkel α. Bei der oben gemachten, vereinfachenden Annahme der 180°-Phasenverschiebung zwischen Ständer- und Läuferstrom ändert sich der Ständerstrom J_1 mit der Drehzahl

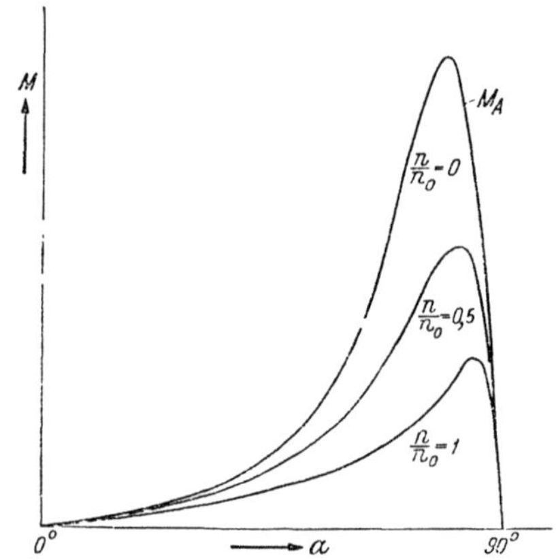

Abb. 495. Änderung des Drehmoments mit dem Burstenwinkel bei konstanter Drehzahl.

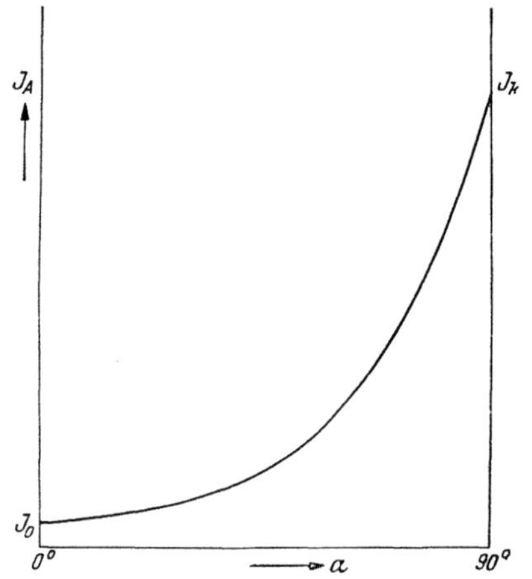

Abb. 496. Anlaufstrom in Abhängigkeit vom Bürstenwinkel.

wie beim Einphasen-Reihenschlußmotor (s. Gl. 446). Bei fester Bürstenstellung verläuft also auch das Drehmoment mit der Drehzahl angenähert wie beim Reihenschlußmotor. Abb. 494 zeigt mehrere Drehzahl-Drehmomentkurven bei verschiedenen Bürstenstellungen. Man erkennt aus diesen Kurven den Reihenschlußcharakter des Motors, d. h. die Abhängigkeit der Drehzahl von der Belastung. Man erkennt ferner, daß bei kleinen Drehmomenten und kleinen Drehzahlen ein stabiles Arbeiten nicht möglich ist, weil die Drehzahl im unteren Bereich der Kurve zu steil abfällt; der Motor wird „unstabil". Abb. 495 zeigt die Abhängigkeit des Drehmoments vom Bürstenwinkel α bei konstanter Drehzahl.

Im Stillstand ändert sich der Bürstenstrom mit dem Bürstenwinkel vom Leerlaufstrom bei $\alpha = 0$ bis zum Kurzschlußstrom bei $\alpha = 90°$ etwa nach Abb. 496. Aus Gl. 466 erhält man mit diesem Stromverlauf die in Abb. 495 bereits dargestellte Abhängigkeit des Anlaufmoments M_A vom Bürstenwinkel.

d) Drehfeld und synchrone Drehzahl. Das vom Ankerstrom in der Bürstenachse erzeugte Feld wird nur teilweise vom Ständerfeld aufgehoben. Da nun die Achse der Ständerwicklung mit der Bürstenachse außer bei $\alpha = 90°$ nicht übereinstimmt, haben wir zwei, zeitlich in der Phase und räumlich in der Achse verschobene Wechselfelder, die resultierend ein elliptisches Drehfeld bilden. Es ist nun die Frage, ob unter Umständen ein Kreisdrehfeld auftreten kann. Zur Untersuchung dieser Frage zerlegen wir das Ständerfeld in zwei zueinander senkrechte Komponenten: Das Längsfeld $\Phi_l = \Phi_1 \cos\alpha$ ist die Komponente des Ständerfeldes in der Erregerachse und $\Phi_1 \sin\alpha$ die Feldkomponente in der Bürstenachse. Das gesamte Querfeld Φ_q in der Bürstenachse setzt sich aus dem Ankerfeld Φ_2 und der Ständerfeldkomponente $\Phi_1 \sin\alpha$ zusammen: $\dot{\Phi}_q = \dot{\Phi}_2 + \dot{\Phi}_1 \sin\alpha$, wobei beide Teilfelder wie die erzeugenden Ströme annähernd 180° phasenverschoben sind (siehe Abb. 507 in Abschn. VIII A 3 h). Vom Längsfeld in der Erregerachse wird die Spannung der Drehung erzeugt:

$$E_d = 2\sqrt{2}\, p\, n\, w_2\, \Phi_l. \tag{467}$$

Das Querfeld erzeugt transformatorisch im Anker die Spannung E_q zur Übertragung der Leistung. Wie beim Transformator ist also

$$E_q = 4{,}44\, f_0\, w_2\, \xi_2\, \Phi_q. \tag{468}$$

Setzen wir $f_0 = p\, n_0$ und beachten, daß für einen einphasigen Stromwenderanker (mit Durchmesserspulen) $\xi_2 = 2/\pi$ ist, dann erhalten wir

$$\boxed{\frac{E_d}{E_q} = \frac{n}{n_0}\,\frac{\Phi_l}{\Phi_q}.} \tag{469}$$

Die auf den Anker übertragene Scheinleistung ist $E_q J_2$ und die mechanisch umgesetzte Wirkleistung ist $E_d J_2$. Bei Vernachlässigung der Ankerverluste und der Streuung müssen beide Leistungen gleich sein, und daraus folgt, daß auch E_q und E_d angenähert nach Größe und Phase gleich sein müssen. Es ist also

$$\boxed{\frac{\Phi_q}{\Phi_l} \approx \frac{n}{n_0}.} \tag{470}$$

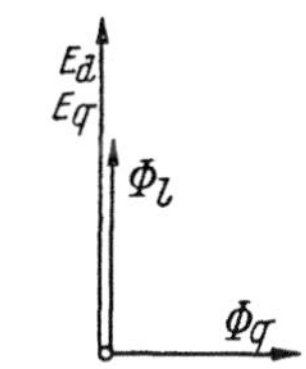

Abb. 497. Zur Erläuterung der Gl. 469 und 470.

Bei der synchronen Drehzahl $n = n_0$ sind danach Längs- und Querfluß angenähert gleich. Da Längsfluß und Spannung der Drehung in Phase sind, die transformatorisch erzeugte Spannung E_q und der erzeugende Fluß Φ_q aber um 90° phasenverschoben (Abb. 497), so folgt, daß im synchronen Lauf Längsfluß und Querfluß nicht nur gleich groß, sondern auch zeitlich um 90° in der Phase und räumlich um 90° in der Achse verschoben sind. Im synchronen Lauf tritt also angenähert ein Kreisdrehfeld auf.

e) Stromwendung. Das im synchronen Lauf auftretende Kreisdrehfeld ist wichtig für die Stromwendung. Da hierbei das Feld genau so schnell umläuft wie die Ankerleiter, werden in den Kurzschlußspulen unter den Bürsten vom

Drehfeld keine Spannungen induziert und die Stromwendung steht nur unter dem Einfluß der Stromwendespannung. Die Stromwendung ist mithin im synchronen Lauf verhältnismäßig günstig. Eine genaue Untersuchung unter Beachtung aller Einzelheiten zeigt, daß die günstigste Stromwendung etwa bei 80 bis 90% der synchronen Drehzahl auftritt.

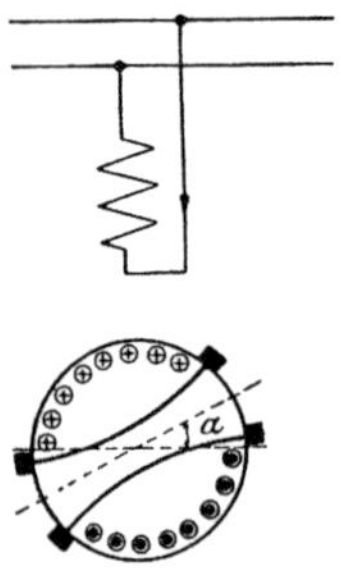

Abb. 498. Schaltung des Repulsionsmotors mit gesehntem Bürstensatz (einfacher Bürstensatz mit Sehnenkurzschluß).

Der Längsfluß Φ_l erzeugt in den Kurzschlußspulen unter den Bürsten eine Spannung der Transformation und der Querfluß eine Spannung der Drehung, die im Vergleich mit dem Reihenschlußmotor die Wendefeldspannung, allerdings mit anderer Phasenlage, vertritt. Bei annähernd synchronem Lauf heben sich, wie gesagt, diese beiden Spannungen auf, aber mit weiter zunehmender Drehzahl tritt die vom Querfeld erzeugte Spannung immer mehr hervor und die Stromwendung verschlechtert sich im übersynchronen Lauf zusehends. Bei größeren Leistungen geht man daher mit der Regelung nicht wesentlich über die synchrone Drehzahl hinaus. Der Regelbereich wird dadurch im Vergleich zum Reihenschlußmotor nicht unwesentlich eingeschränkt.

f) Der Repulsionsmotor mit gesehntem Bürstensatz. Wie schon von der Gleichstrommaschine bekannt ist, entwickelt ein einphasiger Stromwenderanker bei sehr schmaler Wendezone eine dreieckförmige Feldkurve. Zur Annäherung der Feldkurve an die Sinusform ist es günstig, wie im Ständer nicht den ganzen Ankerumfang mit Strom zu beschicken. Dies erreicht man dadurch, daß man sozusagen jede Bürste in zwei Hälften aufteilt und beide Hälften auseinanderrückt, wie es Abb. 498 mit einer der Abb. 493a entsprechenden Stromverteilung im Anker zeigt. Der Winkel zwischen den kurzgeschlossenen Bürsten ist nicht mehr 180°, sondern etwa 120 bis 150°. Die Bürsten werden gemeinsam ohne Änderung ihres gegenseitigen Abstandes wie der einfache Bürstensatz verschoben. Man nennt daher diese Bürstenanordnung vielfach auch „einfachen Bürstensatz mit Sehnenkurzschluß“. Das Verhalten dieses Motors unterscheidet sich nicht von dem zuerst beschriebenen Motor. Die verbesserte Feldkurve bewirkt jedoch durch Wegfall der Feldspitze in der Bürstenachse eine günstigere Stromwendung, darüber hinaus ist die Stromwendung besser, weil der Strom ja in zwei Stufen gewendet wird. Auch hinsichtlich der Streuung ist dieser Motor günstiger. Der gesehnte Bürstensatz wird vor allem für Motoren größerer Leistung verwendet.

g) Der Repulsionsmotor mit doppeltem Bürstensatz. Aus dem Repulsionsmotor mit gesehntem Bürstensatz erhält man den Motor mit doppeltem Bürstensatz, wenn man jedes Bürstenpaar selbständig macht, indem man eine Bürste stillstehen läßt und die andere, über die Sehne verbundene Bürste verschiebt, wie Abb. 499 zeigt. Die beiden feststehenden Bürsten liegen in der Erregerachse, die beiden beweglichen Bürsten liegen ebenfalls auf einem Durchmesser, aber in veränderlicher Lage. Konstruktiv sind die Bürsten an zwei Bürstenträgern axial nebeneinander auf dem Stromwender angeordnet; die feststehenden Bürsten sitzen an dem einen und die beweglichen Bürsten an dem anderen Träger.

Die stromführende Ankerzone ändert sich mit der Bürstenverschiebung; in der Grenzstellung nach Abb. 500a ist der Anker vollständig stromlos, d. i. die Leerstellung. Sie hat gegenüber der Leerstellung des Motors mit einfachem oder geteiltem Bürstensatz den Vorzug, daß in dieser Stellung auch die unter den Bürsten kurzgeschlossenen Spulen transformatorisch nicht induziert werden. Der Motor kann ohne Schaden für die Bürsten in dieser Stellung unter Spannung stehen bleiben. In der Grenzstellung nach Abb. 500b befindet sich der Motor in gleicher Weise wie beim einfachen Bürstensatz im Kurzschluß. Von der Leerlaufstellung bis zur Kurzschlußstellung müssen die Bürsten um 180° verschoben werden, während der Motor mit einfachem oder geteiltem Bürstensatz nur einen Winkelregelbereich von 90° hat. Das hat den Vorteil, daß eine bessere Einstellung der Bürsten und damit eine feinstufigere Regelung möglich ist. Das Betriebsverhalten unterscheidet sich im grundsätzlichen nicht von dem des Motors mit einfachem Bürstensatz. Er hat jedoch den Vorteil, daß das Drehmoment bei kleinen Drehzahlen nicht so schnell gegen Null abfällt und der Motor daher auch auf kleine Drehzahlen herabgeregelt werden kann. Auch hinsichtlich der Stromwendung bestehen noch Vorteile, insofern als bei den feststehenden Bürsten die Spannung der Transformation ganz und bei den beweglichen Bürsten je nach ihrer Lage ganz oder teilweise wegfällt. Abb. 501 zeigt die Drehzahl-Drehmomentkurven eines Motors mit Doppelbürstensatz.

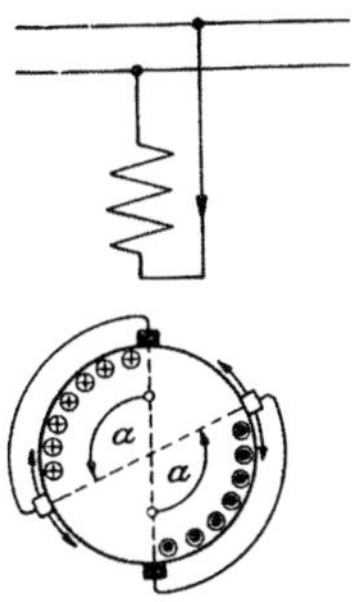

Abb. 499. Schaltung des Repulsionsmotors mit Doppelbürstensatz.

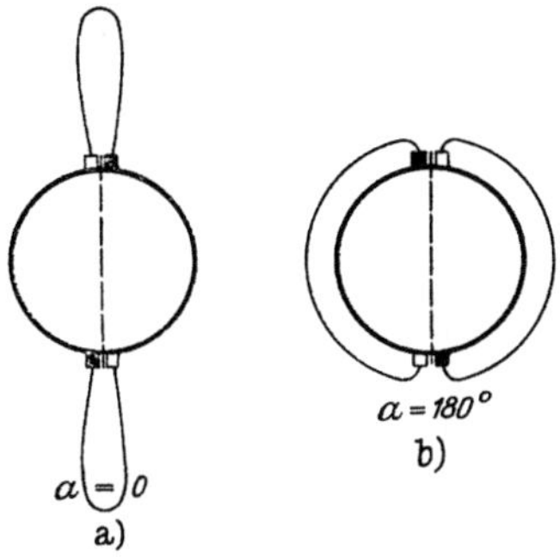

Abb. 500. Leerlauf- (α = 0) und Kurzschlußstellung (α = 180°) des Motors nach Abb. 499.

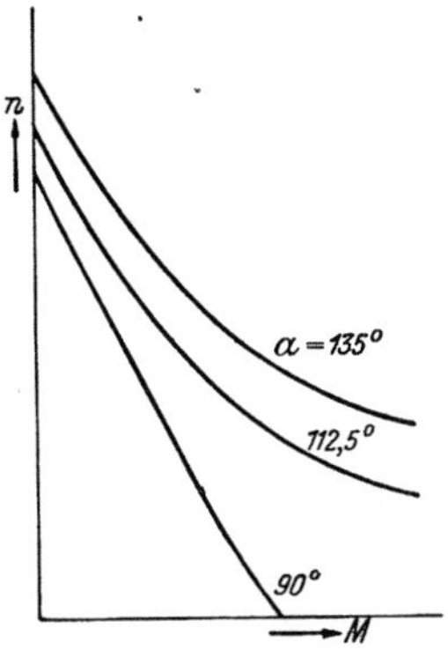

Abb. 501. Drehmomentkurven des Repulsionsmotors mit Doppelbürstensatz.

h) Der Doppel-Repulsionsmotor. Soll ein Repulsionsmotor an ein Drehstromnetz so angeschlossen werden, daß er es halbwegs symmetrisch belastet, so ist dazu ein Doppelmotor notwendig. Ein solcher besteht aus zwei miteinander gekuppelten Repulsionsmotoren. Die Klemmen der Ständerwicklung des einen Motors werden an zwei Phasen des Netzes gelegt. Der Mittelpunkt dieser Ständerwicklung wird mit einer Klemme der Ständerwicklung des zweiten Motors verbunden und die zweite Klemme der zweiten Ständerwicklung an die dritte Netzphase angeschlossen. Diese Schaltung wurde früher zum Antrieb von Fördermaschinen verwendet.

i) Kurze Theorie des Repulsionsmotors. Die genaue Erfassung aller Einzelheiten bereitet beim Repulsionsmotor beträchtliche Schwierigkeiten. Insbesondere ändern sich Flußverkettung und doppelt verkettete Streuung nicht nach einem einfachen, allgemein gültigen Gesetz mit dem Winkel α. Dagegen ist der Einfluß der Eisensättigung, obwohl die Maschine Reihenschlußverhalten zeigt, nicht so groß wie etwa beim Einphasen-Reihenschlußmotor, weil der Fluß in der Ständerachse durch die an der Ständerwicklung liegende konstante Netzspannung annähernd auf gleichem Wert gehalten wird. Es soll daher im folgenden die Theorie für den Motor mit einfachem Bürstensatz nur unter gewissen Vereinfachungen durchgeführt werden. Wir nehmen vor allem sinusförmige Feldkurven an, was ja nur annähernd zutrifft.

Die Zählpfeile für die Ströme sind in Abb. 502 wie beim Transformator so gewählt, daß positive Ströme magnetische Felder in gleicher Richtung (d. h. wenigstens die entsprechenden Komponenten) erzeugen. Bei zunächst offen gedachten Klemmen ist der Klemmenspannungspfeil U_2 so festgelegt, daß eine von den Bürsten aufgenommene Leistung positiv erscheint. Die Drehrichtung ist entgegengesetzt der Bürstenverschiebung. Mit diesen Anordnungen muß gemäß Abb. 458 der Zählpfeil für die Spannung der Drehung E_d entgegengesetzt der Klemmenspannung U_2 gezeichnet werden. Im Leerlauf bei $\alpha = 0$ und $n \neq 0$ würde also $\mathfrak{U}_2 = -\mathfrak{E}_d$ sein. Außer der Spannung der Drehung treten bei $\alpha \neq 0$ auch transformatorische Wechselbeziehungen zwischen Ständer und Läufer auf, und zwar über die Sinuskomponenten der Felder, d. h. das Ständerfeld induziert den Läufer mit seiner Feldkomponente $\Phi_1 \sin\alpha$ in Richtung der Bürstenachse und das Läuferfeld den Ständer mit seiner Feldkomponente $\Phi_2 \sin\alpha$ in der Ständerwicklungsachse. Infolgedessen ergeben sich die Spannungsgleichungen:

$$\mathfrak{U}_1 = \mathfrak{J}_1 \mathfrak{Z}_{11} + \mathfrak{J}_2 \mathfrak{Z}_0 \sin\alpha, \tag{471}$$

$$\mathfrak{U}_2 = \mathfrak{J}_2 \mathfrak{Z}_{22} + \mathfrak{J}_1 \mathfrak{Z}_0 \sin\alpha - \mathfrak{E}_d. \tag{471'}$$

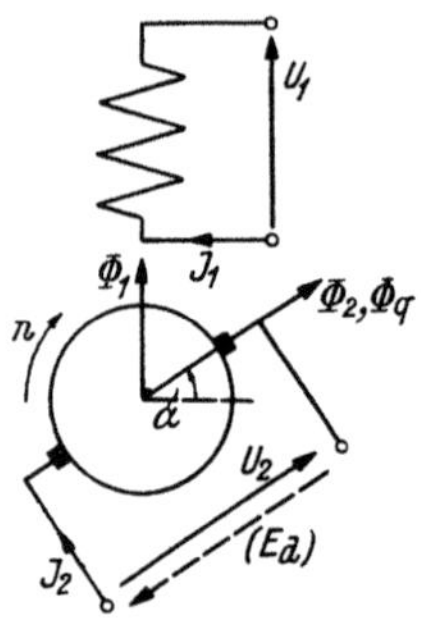

Abb. 502. Zum Ansatz der Spannungsgleichungen.

Hierbei und im folgenden werden gleiche effektive Windungszahlen im Ständer und Läufer vorausgesetzt. Es ist $\mathfrak{Z}_{11} = R_1 + j X_1$ und $\mathfrak{Z}_{22} = R_2 + j X_2$.

Der für $\mathfrak{E}_d$ in Gl. 418 einzusetzende Fluß in der Erregerachse ist hier

$$\dot{\Phi}_m \quad \dot{\Phi}_1 \cos\alpha = \frac{L_{1h} \mathfrak{J}_1 \sqrt{2} \cos\alpha}{w_1 \xi_1} = \frac{X_{1h} \mathfrak{J}_1 \sqrt{2} \cos\alpha}{w_1 \xi_1 2\pi f_0}.$$

Der Wicklungsfaktor einer einphasigen Stromwenderwicklung bei $q \to \infty$ ist $\xi_2 = 2/\pi$; da wir ferner $w_1 \xi_1 = w_2 \xi_2$ vorausgesetzt haben, ist schließlich

$$\mathfrak{E}_d = -j \frac{n}{n_0} \mathfrak{Z}_0 \mathfrak{J}_1 \cos\alpha \tag{472}$$

mit $f_0 = p\, n_0$ und $\mathfrak{Z}_0 = j X_{1h}$. Damit ist $\mathfrak{E}_d$ wie beim Einphasen-Reihenschlußmotor auf den primären Strom zurückgeführt und obige Spannungsgleichungen lauten nunmehr mit $\mathfrak{U}_2 = 0$:

$$\mathfrak{U}_1 = \mathfrak{J}_1 \mathfrak{Z}_{11} + \mathfrak{J}_2 \mathfrak{Z}_0 \sin\alpha, \tag{473}$$

$$0 = \mathfrak{J}_1 \mathfrak{Z}_0 \left(\sin\alpha + j \frac{n}{n_0} \cos\alpha\right) + \mathfrak{J}_2 \mathfrak{Z}_{22}. \tag{473'}$$

Unter Benutzung der Determinante Δ dieses Gleichungssystems:

$$\left.\begin{aligned} \Delta &= \begin{vmatrix} \mathfrak{Z}_{11} & \mathfrak{Z}_0 \sin\alpha \\ \mathfrak{Z}_0 \left(\sin\alpha + j \frac{n}{n_0} \cos\alpha\right) & \mathfrak{Z}_{22} \end{vmatrix} \\ &\text{bzw.} \\ \Delta &= \mathfrak{Z}_{11} \mathfrak{Z}_{22} - \mathfrak{Z}_0^2 \left(\sin^2\alpha + j \frac{n}{n_0} \frac{\sin 2\alpha}{2}\right) \end{aligned}\right\} \tag{474}$$

erhalten wir für die Ströme:

$$\mathfrak{J}_1 = \frac{\mathfrak{Z}_{22}}{\Delta} \mathfrak{U}_1 \quad \text{und} \quad \mathfrak{J}_2 = -\frac{\mathfrak{Z}_0 \left(\sin\alpha + j \frac{n}{n_0} \cos\alpha\right)}{\Delta} \mathfrak{U}_1. \tag{475a u. b}$$

In der Leerstellung $\alpha = 0$ ist $\Delta = \mathfrak{Z}_{11}\,\mathfrak{Z}_{22}$ und

$$\mathfrak{J}_1(0) = \frac{\mathfrak{U}_1}{\mathfrak{Z}_{11}} = \mathfrak{J}_0 \quad \text{und} \quad \mathfrak{J}_2(0) = -j\,\frac{\mathfrak{Z}_0}{\mathfrak{Z}_{11}\,\mathfrak{Z}_{22}}\,\frac{n}{n_0}\,\mathfrak{U}_1 \approx -j\,\frac{n}{n_0}\,\frac{\mathfrak{J}_0}{1+\sigma_2}. \tag{476}$$

Während die Ständerwicklung bei $\alpha = 0$ unabhängig von der Drehzahl den Leerstrom $\mathfrak{J}_0$ aufnimmt, ist der Ankerstrom, der durch die Spannung der Drehung entsteht, von der Drehzahl abhängig. Da Ständer- und Läuferstrom 90° phasenverschoben sind, kann ein Drehmoment nicht auftreten; die Drehzahl ist daher nur dann von Null verschieden, wenn der Anker fremd angetrieben wird oder ausläuft.

Im Kurzschluß bei $\alpha = 90°$ ist $\Delta = \mathfrak{Z}_{11}\,\mathfrak{Z}_{22} - \mathfrak{Z}_0^2$ und wie beim Transformator $\Delta/\mathfrak{Z}_{22} = \mathfrak{Z}_{K_1}$. Also ist

$$\mathfrak{J}_1(90°) = \frac{\mathfrak{U}_1}{\mathfrak{Z}_{K_1}} = \mathfrak{J}_K \quad \text{und} \quad \mathfrak{J}_2(90°) = -\frac{\mathfrak{Z}_0}{\mathfrak{Z}_{22}}\,\frac{\mathfrak{U}_1}{\mathfrak{Z}_{K_1}} \approx -\frac{\mathfrak{J}_K}{1+\sigma_2}. \tag{477}$$

Die Kurzschlußströme haben dieselben Werte wie beim Transformator im Kurzschluß und sind von der Drehzahl unabhängig. Das Drehmoment ist Null, weil der Fluß in der Erregerachse Null ist.

Im Anlauf ($n = 0$) ist der primäre Strom:

$$\mathfrak{J}_A = \frac{\mathfrak{Z}_{22}\,\mathfrak{U}_1}{\mathfrak{Z}_{11}\,\mathfrak{Z}_{22} - \mathfrak{Z}_0^2 \sin^2\alpha}. \tag{478}$$

Wird $\sin^2\alpha = \lambda$ zunächst als beliebig veränderlicher Parameter betrachtet, dann durchläuft $\mathfrak{J}_A(\lambda)$ einen Kreis, der physikalisch jedoch nur im Bereich $\lambda = 0$ bis 1 Existenzberechtigung hat. Bei $\lambda = \infty$ ist $\mathfrak{J}_A(\infty) = 0$; der Kreis geht durch den Nullpunkt. Den größten Strom $\mathfrak{J}_{A\,m}$ als Durchmesser erhalten wir für den negativen Wert λ, bei dem der Realteil des Nenners verschwindet und der Imaginärteil übrig bleibt. Hierfür ist $\mathfrak{J}_{A\,m} = -j\,\mathfrak{Z}_{22}\,\mathfrak{U}_1/(R_1 X_2 + R_2 X_1)$; der Durchmesser ist um den Winkel $\varrho = \operatorname{arc\,tg} R_2/X_2$ gegenüber dem Spannungsvektor $\mathfrak{U}_1$ zurückgedreht. Der Kreis ist somit festgelegt (Abb. 503).

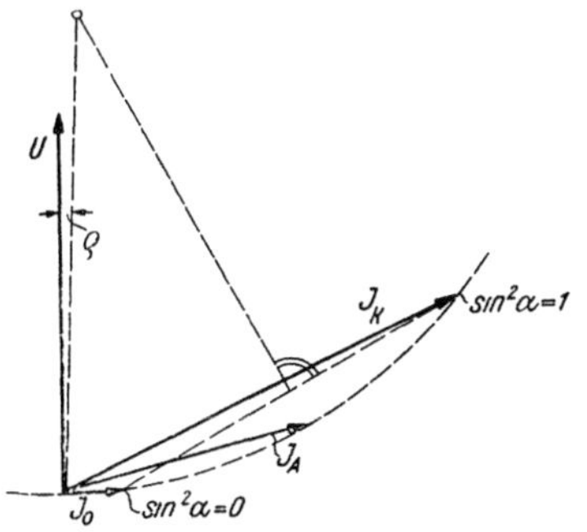

Abb. 503. Kreisdiagramm der Anlaufstrome.

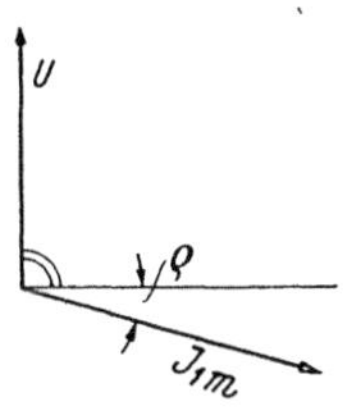

Abb. 504. Zur Bestimmung des Durchmesservektors.

Bei $\lambda = 0$ ist $\mathfrak{J}_A(0) = \mathfrak{J}_0$ und bei $\lambda = 1$ ist $\mathfrak{J}_A(1) = \mathfrak{J}_K$. Bei Änderung des Bürstenwinkels von 0° auf 90° geht der Stromvektor $\mathfrak{J}_A$ im Stillstand von $\mathfrak{J}_0$ längs eines Kreisbogens auf $\mathfrak{J}_K$ über. Die Parametergerade kann auch hier in der bekannten Weise konstruiert werden, da die erforderlichen Peripheriepunkte bekannt sind. Der Anlaufstrom ist unabhängig von der Richtung der Bürstenverschiebung, da $\sin^2\alpha$ stets positiv ist; seine Abhängigkeit vom Winkel α ist bereits in Abb. 496 angegeben, wie sie sich aus dem Kreisdiagramm der Abb. 503 ergibt.

Kreisdiagramm. Bei beliebiger Bürstenverschiebung erhalten wir für beide Ströme J_1 und J_2 in Abhängigkeit von der Drehzahl Kreisscharen. Da nach Gl. 471 zwischen beiden Strömen aber eine feste, drehzahlunabhängige Beziehung, nämlich:

$$\mathfrak{J}_1 = \mathfrak{J}_0 - \frac{\mathfrak{Z}_0}{\mathfrak{Z}_{11}}\,\mathfrak{J}_2 \sin\alpha, \tag{479}$$

ähnlich wie beim Transformator besteht, genügt es, nur die Kreise für den Primärstrom zu zeichnen; der Sekundärstrom läßt sich daraus mit einer kleinen Umrechnung entnehmen. Gl. 475a lautet in ausführlicher Schreibung:

$$\boxed{\mathfrak{J}_1 = \frac{\mathfrak{Z}_{22}\,\mathfrak{U}_1}{\mathfrak{Z}_{11}\,\mathfrak{Z}_{22} - \mathfrak{Z}_0^2 \sin^2\alpha - j\,\dfrac{n}{n_0}\,\mathfrak{Z}_0^2\,\dfrac{\sin 2\alpha}{2}}.} \qquad (480)$$

$\mathfrak{J}_1\,(n/n_0)$ ist ein Kreis; für veränderliche Winkel α ergeben sich Kreisscharen. Da $\mathfrak{J}_1\,(\infty) = 0$ für $n/n_0 = \infty$ ist, gehen alle Kreise durch den Nullpunkt. Der größte Stromvektor ist somit gleichzeitig Kreisdurchmesser. Mit n/n_0 ändert sich

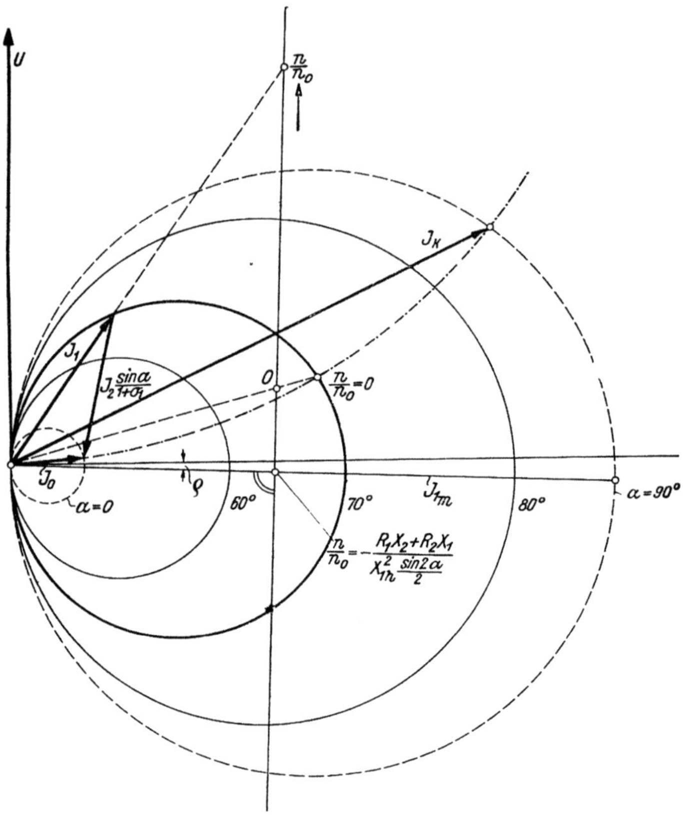

Abb. 505. Kreisdiagramm des Repulsionsmotors.

nur der Imaginärteil des Nenners; der größte Strom $\mathfrak{J}_{1m}$ tritt somit auf, wenn dieser Imaginärteil des Nenners Null wird und der Realteil übrig bleibt. Es ist also

$$\mathfrak{J}_{1m} = -\frac{\mathfrak{Z}_{22}\,\mathfrak{U}_1}{X_1 X_2 - X_{1h}^2 \sin^2\alpha - R_1 R_2}\,. \qquad (481)$$

Die Richtung dieses Stromvektors ist vom Winkel α unabhängig. Daraus folgt, daß die Mittelpunkte aller Kreise für verschiedene Winkel α auf einer Geraden liegen, deren Lage durch den Winkel von $\mathfrak{Z}_{22}$ bestimmt wird, wie Abb. 504 zeigt. Bei nicht zu kleinen Maschinen kann man in Gl. 481 noch $R_1 R_2$ gegen den übrigen Teil des Nenners vernachlässigen und für das Verhältnis der Durchmesser erhält man dann:

$$\boxed{\frac{D}{D_0} = \frac{1}{1 - \dfrac{\sin^2\alpha}{(1+\sigma_1)(1+\sigma_2)}}.} \qquad (482)$$

D_0 ist der Durchmesser bei $\alpha = 0$. Für den größten Durchmesser D_m bei $\alpha = 90°$ ergibt sich $D_m/D_0 = 1/\sigma$. Mit diesen Angaben lassen sich die Kreise bequem zeichnen (Abb. 505).

Um die Drehzahlverteilung auf dem Kreise zu erhalten, benutzen wir zunächst die Drehzahl für $\mathfrak{J}_{1m}$. Diese geht aus der oben erläuterten Bedingung, daß der Imaginärteil des Nenners in Gl. 480 Null sein soll, hervor mit

$$\left(\frac{n}{n_0}\right)_m = -\frac{R_1 X_2 + R_2 X_1}{X_{1h}^2 \dfrac{\sin 2\alpha}{2}}. \qquad (483)$$

Schließlich liegen alle Stromvektoren für $n/n_0 = 0$ in Abhängigkeit von α gemäß Abb. 503 auf einem Kreis. Mit diesen beiden Punkten ist die Drehzahlgerade maßstäblich aufteilbar. Eine einmal gezogene Drehzahlgerade kann zwar für alle Kreise benutzt werden, aber der Maßstab ändert sich für jeden Kreis. In Abb. 505 gilt die Maßeinteilung für den stark ausgezogenen Kreis $\alpha = 70°$. Es ist dort ferner gezeigt, wie man den Läuferstrom J_2 entnehmen kann. Die beiden punktierten Grenzkreise für $\alpha = 0$ und $\alpha = 90°$ sind keine Betriebskreise, von diesen sind nur die Ströme J_0 und J_K zu entnehmen.

Ersatzstromkreis. Die Spannungsgleichungen ermöglichen wie beim Transformator die Aufstellung eines Ersatzstromkreises. Dieser in Abb. 506 dargestellte Ersatzstromkreis zeigt, wie die Leistung über einen Transformator dem Stromwenderanker zur Umsetzung in mechanische Leistung zugeführt wird.

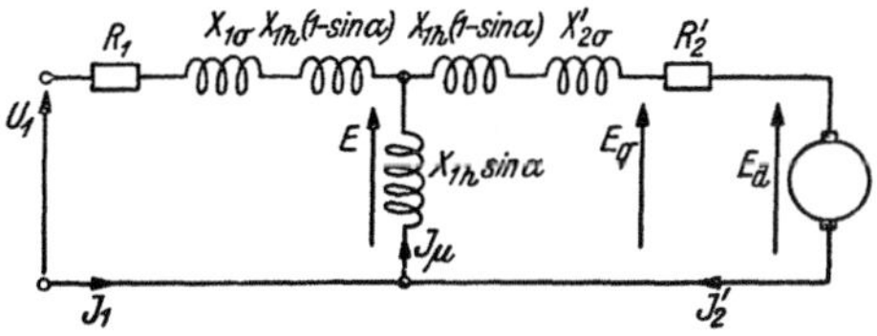

Abb. 506. Ersatzstromkreis des Repulsionsmotors.

Obwohl die Darstellung der Abhängigkeit der Spannung E_d am Stromwenderanker vom Strom J_1 durch Einfügung einer von J_1 durchflossenen Erregerwicklung rein zeichnerisch möglich wäre, ist dies unterblieben, weil die rechnerische Behandlung dadurch nicht erleichtert, der Überblick aber behindert wird. Dieser Zusammenhang zwischen E_d und J_1 erschwert natürlich die Benutzung des Ersatzstromkreises, aber trotzdem ist dieser für zahlenmäßige Rechnungen und zur Unterstützung von qualitativen Überlegungen sehr nützlich.

In diesem Ersatzstromkreis tritt mit dem Blindwiderstand $X_{1h}(1 - \sin\alpha)$ zum erstenmal echte, sogenannte „doppelt verkettete Streuung" auf, weil hier der „Hauptkraftfluß", der auf dem Hauptkraftlinienwege verläuft, nicht gleichzeitig der „gemeinsame Nutzfluß" ist; die im Ersatzstromkreis vorgenommene Aufteilung des Flusses in gemeinsamen Hauptfluß und Streufluß ist nur noch eine rechnerische Angelegenheit auf Grund der Selbst- und Gegeninduktionskoeffizienten. Abb. 507 zeigt ein an Hand des Ersatzstromkreises aufgebautes Vektordiagramm.

Drehmoment. Das Drehmoment erhalten wir aus der Drehmomentleistung N_D, die gleich der elektromechanisch umgesetzten Leistung ist. Es ist

$$M = \frac{1}{2\pi n}\,\mathfrak{Re}\,[\mathfrak{E}_d^*\,\mathfrak{J}_2]. \qquad (484)$$

Unter Einführung der Gl. 472 und 473′ und unter Erweiterung mit $\mathfrak{Z}_{22}^*$ erhalten wir:

$$\mathfrak{E}_d^* \mathfrak{J}_2 = -j\frac{n}{n_0}\left(\frac{Z_0}{Z_{22}}\right)^2 J_1^2\, \mathfrak{Z}_{22}^*\left(\sin\alpha\cos\alpha + j\frac{n}{n_0}\cos^2\alpha\right), \tag{485}$$

wenn man beachtet, daß $\mathfrak{J}_1^* \mathfrak{J}_1 = J_1^2$, $\mathfrak{Z}_0\, \mathfrak{Z}_0^* = Z_0^2$ und $\mathfrak{Z}_{22}\, \mathfrak{Z}_{22}^* = Z_{22}^2$ ist. Es ist angenähert $Z_{22}/Z_0 \approx 1 + \sigma_2$ und der Realteil obiger Gleichung ergibt somit für das Drehmoment:

$$\boxed{M = -\frac{1}{2\pi n_0}\left(\frac{J_1}{1+\sigma_2}\right)^2\left[X_2\frac{\sin 2\alpha}{2} - R_2\frac{n}{n_0}\cos^2\alpha\right].} \tag{486}$$

Das vor dem Klammerausdruck in Gl. 486 stehende Minuszeichen ist durch das für E_d und J_2 in Abb. 502 festgelegte EZS bedingt; das Gesamtvorzeichen für das Drehmoment ist noch von der Drehrichtung bzw. vom Vorzeichen von n

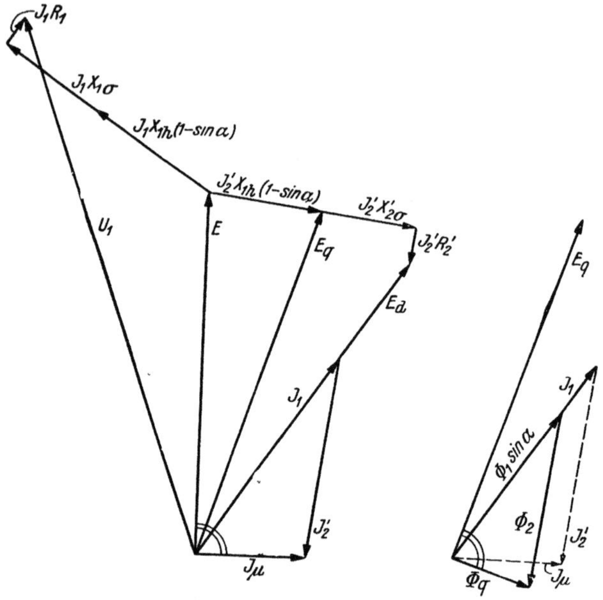

Abb. 507. Vektordiagramm eines Repulsionsmotors.

und α abhängig. Das Motordrehmoment ergibt sich aus Gl. 486 mit negativem Vorzeichen bei positiver Drehzahl und positivem Winkel α, bei negativen Werten von n und α dagegen positiv. Im Generatorbetrieb sind n und α mit verschiedenen Vorzeichen einzuführen, und das Vorzeichen des Generatordrehmoments stimmt mit dem der Drehzahl überein. Ist man sich über die Arbeitsweise, ob Motor oder Generator, klar, so sind die obigen Vorzeichen belanglos, bezüglich des Zahlenwertes ist innerhalb der Klammer beim Motor die Differenz der beiden Glieder und beim Generator die Summe zu nehmen. Der auf das R_2-Glied in Gl. 486 entfallende Drehmomentanteil deckt denjenigen Teil der Läuferstromwärme, der nicht transformatorisch übertragen wird (s. Gl. 476), ist also beim Motor vom mechanischen Moment abzuziehen und beim Generator hinzuzuschlagen. Da $R_2 \ll X_2$ ist, hat dieses Glied nur bei sehr hohen Drehzahlen und kleinen Winkeln Einfluß. Die Drehzahl, bei der das Drehmoment unter dem Einfluß dieses Gliedes Null wird, liegt aber so hoch, daß die dadurch begrenzte Durchgangsdrehzahl des Motors keine praktische Bedeutung hat. Gegebenenfalls benutzt man Fliehkraftschalter, um eine unbeabsichtigte Drehzahlerhöhung zu vermeiden.

Aus den obigen Betrachtungen geht ferner hervor, daß man zur Änderung der Motordrehrichtung die Bürsten entgegengesetzt verschieben muß, während der Übergang zum Generator- bzw. Bremsbetrieb auf zweifache Art und Weise geschehen kann: Durch Bürstenverschiebung bei gleichbleibender Drehrichtung oder Änderung der Drehrichtung bei gleichbleibender Bürstenstellung. Bei feststehenden Bürsten kann man eine Umschaltung des Winkels α vom positiven zum negativen Wert, auch durch Änderung der Ständerwicklungsachse erzielen, wie dies die Abb. 508 in zweierlei Weise zeigt.

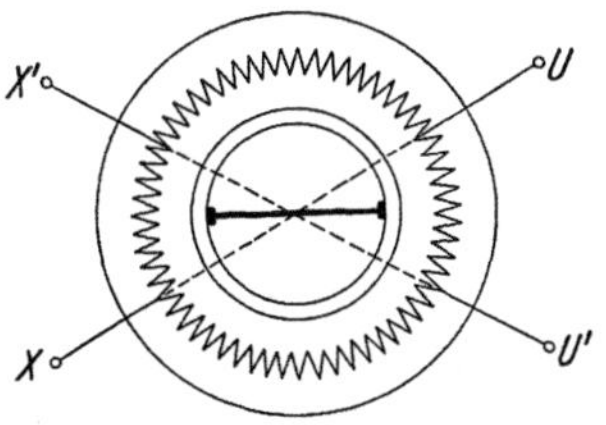

Abb. 508 a. Änderung des Bürstenwinkels durch Drehung der Ständerwicklungsachse mittels Anzapfungen.

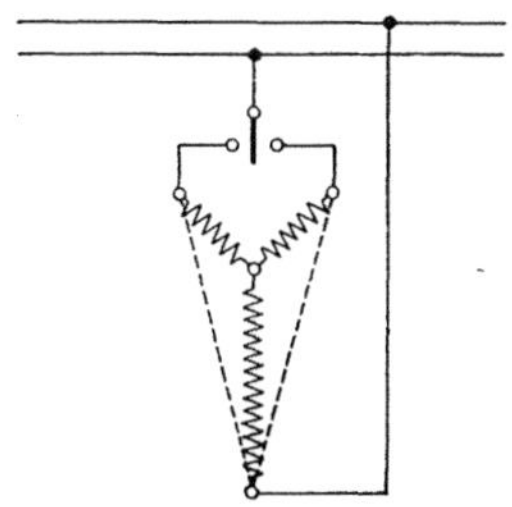
Abb. 508 b. Änderung des Bürstenwinkels durch Drehung der Ständerwicklungsachse mittels Hilfswicklungen.

Diese Schaltungen können sowohl zur Änderung der Motordrehrichtung wie auch zum Übergang auf Generatorbetrieb bei gleichbleibender Drehrichtung benutzt werden. Im allgemeinen gilt also für das Drehmoment:

$$\boxed{M \approx \frac{X_2}{4\pi n_0}\left(\frac{J_1}{1+\sigma_2}\right)^2 \sin 2\alpha.} \tag{487}$$

Wie beim Reihenschlußmotor, kann auch hier das Drehmoment, da es sich quadratisch mit dem Strom ändert und der Stromkreis durch den Nullpunkt geht, aus dem Kreisdiagramm entnommen werden.

Selbsterregung. Bezeichnen wir den Netzwiderstand mit $\mathfrak{Z}_n$, dann gilt für die Selbsterregung wie beim Reihenschlußmotor:

$$\Sigma\,\mathfrak{Z} = \mathfrak{Z}_m + \mathfrak{Z}_n = 0.$$

Rechnen wir die im Netz enthaltenen Blindwiderstände zum Maschinenblindwiderstand X_1 und den Ohmschen Widerstand des Netzes zum Widerstand R_1, dann ergibt obige Gleichung die Bedingung: $\mathfrak{Z}_m = 0$. Wie aus Gl. 475a hervorgeht, ist $\mathfrak{Z}_m = \Delta/\mathfrak{Z}_{22}$ und die Bedingung $\mathfrak{Z}_m = 0$ führt also zur Bedingung $\Delta = 0$ für die Selbsterregung. Die Determinante Δ ist in Gl. 474 gegeben; es sei noch darauf hingewiesen, daß wir alle Größen auf gleiche Windungszahlen im Ständer und Läufer bezogen haben. Aus $\mathfrak{R}_e(\Delta) = 0$ ermitteln wir die Selbsterregungsfrequenz:

$$f = \frac{1}{2\pi L_{1h}} \sqrt{\frac{R_1 R_2'}{(1+\sigma_1)(1+\sigma_2) - \sin^2\alpha}}, \tag{488}$$

und aus $\mathfrak{Im}(\Delta) = 0$ die Drehzahl, bei der Selbsterregung eintritt:

$$\frac{n}{n_0} = -\frac{R_1(1+\sigma_2) + R_2'(1+\sigma_1)}{\pi f L_{1h} \sin 2\alpha}. \tag{489}$$

In diesen Formeln ist $\sigma_1 = X_{1\sigma}/X_{1h}$ und $\sigma_2 = X_{2\sigma}'/X_{1h}$. Das negative Vorzeichen bedeutet, daß Selbsterregung nur bei Generatorbetrieb (negative Drehrichtung bei positivem Winkel α oder umgekehrt) zustande kommt.

Die Selbsterregungsfrequenz ist im allgemeinen klein, etwa 1 bis 3 Hz, und die Drehzahl, bei der die Selbsterregung eintritt, meistens um ein Vielfaches größer als die hier auf die Selbsterregungsfrequenz zu beziehende synchrone Drehzahl n_0. Wir führen den oben gefundenen Wert für die Selbsterregungsfrequenz in die Gleichung für n/n_0 ein und erhalten

$$\frac{n}{n_0} = -\frac{R_1(1+\sigma_2) + R_2'(1+\sigma_1)}{\sqrt{R_1 R_2'}} \frac{2}{\sin 2\alpha} \sqrt{\frac{1}{1-\sigma} - \sin^2\alpha}. \qquad (489\,\text{a})$$

Auf Grund der Gl. 104 haben wir hierbei $(1+\sigma_1)(1+\sigma_2)$ durch $1/(1-\sigma)$ ersetzt. Für eine vereinfachte Rechnung nehmen wir $\sigma_2 \approx \sigma_1$ an, und da der geometrische Mittelwert zweier Größen kleiner oder höchstens gleich dem algebraischen Mittelwert ist, also $\sqrt{R_1 R_2'} \leqq \frac{1}{2}(R_1 + R_2')$ oder $\frac{R_1 + R_2'}{\sqrt{R_1 R_2'}} \geqq 2 \approx$ $\approx (1+\varepsilon)\,2$, so ergibt sich für das Verhältnis der Selbsterregungsdrehzahl zur synchronen Drehzahl der Selbsterregungsfrequenz, also für den Synchronismusgrad in bezug auf die Selbsterregungsfrequenz:

$$\frac{n}{n_0} \approx -\frac{4(1+\sigma)}{\sin 2\alpha} \sqrt{\frac{1}{1-\sigma} - \sin^2\alpha}, \qquad (489\,\text{b})$$

wenn man statt $(1+\varepsilon)(1+\sigma_1) \approx 1+\sigma$ schreibt.

Dieses Verhältnis hängt also praktisch nur von der Streuung σ und dem Bürstenwinkel α ab. Mit $\sigma \approx 0{,}12$ und $\alpha = 70°$ z. B. erhalten wir $n/n_0 \approx 3{,}5$; d. h. die Maschine muß mit 3,5-facher synchroner Drehzahl laufen, um sich selbst erregen zu können, wobei die auf die Selbsterregungsfrequenz zu beziehende synchrone Drehzahlfrequenz noch unbekannt ist. Für Vergleichsrechnungen setzen wir $X_{1h0} = 2\pi f_0 L_{1h}$ in Gl. 488 ein, ersetzen wieder $(1+\sigma_1)(1+\sigma_2)$ durch $1/(1-\sigma)$ und erhalten für das Verhältnis der Selbsterregungsfrequenz zur Netzfrequenz:

$$\frac{f}{f_0} = \sqrt{\frac{R_1 R_2'/X_{1h0}^2}{\frac{1}{1-\sigma} - \sin^2\alpha}}. \qquad (488')$$

Schätzen wir etwa $R_1/X_{1h0} \approx R_2'/X_{1h0} \approx 0{,}04$, erhalten wir $f/f_0 \approx 0{,}08$; die Selbsterregungsfrequenz beträgt also 8% der Netzfrequenz, d. i. 4 Hz bei einer Netzfrequenz von 50 Hz, und die Selbsterregungsdrehzahl beträgt $3{,}5 \cdot 0{,}08 = 28\%$ der Netz-Synchrondrehzahl.

Dieses Verhältnis der Selbsterregungsdrehzahl zur Netz-Synchrondrehzahl läßt sich auch unmittelbar berechnen, indem wir in der vorstehenden Frequenzbeziehung die Wurzel im Nenner mit Hilfe der Drehzahlgleichung eliminieren. Bezeichnen wir hier vorübergehend die Netz-Synchrondrehzahl mit $n_{N0} = f_0/p$, dann ergibt sich

$$\frac{n}{n_{N0}} \approx -\frac{4(1+\sigma)}{\sin 2\alpha} \sqrt{\frac{R_1 R_2'}{X_{1h0}^2}}.$$

In unserem Beispiel hatten wir $n/n_{N0} \approx 0{,}28$ ausgerechnet; soll nun z. B. die Selbsterregungsdrehzahl auf die Netz-Synchrondrehzahl heraufgesetzt werden, weil man etwa mit dieser Drehzahl unter Vermeidung der Selbsterregung bremsen möchte, muß man nach obiger Formel entweder den Winkel α ändern oder die Widerstände heraufsetzen. Es müßte dann in obiger Formel jeder Widerstand, sowohl R_1 als auch R_2, auf das $1/0{,}28 \approx 3{,}6$-fache oder ein Widerstand, Ständer- oder Läuferwiderstand, allein auf das $3{,}6^2 \approx 13$-fache heraufgesetzt werden, um die Selbsterregungsdrehzahl über die netzsynchrone Drehzahl zu bringen.

B. Drehstromwendermaschinen.

1. Allgemeines.

Im Aufbau unterscheidet sich der Ständer einer Drehstromwendermaschine nicht von dem eines gewöhnlichen Induktionsmotors. Der Läufer jedoch hat mindestens eine Stromwenderwicklung mit einem Drehstrombürstensatz; die Wicklung ist im allgemeinen eine Durchmesserwicklung; einige Sonderausführungen haben auch einen auf 120° verkürzten Schritt. Je nach der Maschinenart sind im Ständer und Läufer noch andere Wicklungen untergebracht.

a) Der Stromwenderanker im Drehfeld. Durch die Anzapfung eines Stromwenderankers über einen Drehstrombürstensatz wird die Ankerwicklung in verschiedene Ankerabteilungen aufgeteilt. Eine solche Ankerabteilung zwischen zwei aufeinanderfolgenden Bürsten besteht aus der Oberschicht zwischen den beiden Bürsten und der Unterschicht, die diametral gegenüberliegt, sofern die Ankerwicklung einen Durchmesserschritt — auf $2p = 2$ bezogen — besitzt. In Abb. 509 haben wir dies dargestellt: Die Oberschicht I und die Unterschicht 1 z. B. bilden zusammen eine Ankerabteilung, die natürlich noch aus mehreren parallelen Zweigen, nämlich aus a Zweigen, besteht, was wir aber zeichnerisch nicht zum Ausdruck bringen können. Bei symmetrischer Verteilung der Bürsten, wie dies in Abb. 509 der Fall ist, wollen wir eine solche Ankerabteilung mit „Wicklungsstrang" oder kurz auch „Strang" bezeichnen, während wir bei unsymmetrischer Bürstenstellung die Bezeichnung „Ankerabteilung" bevorzugen werden.

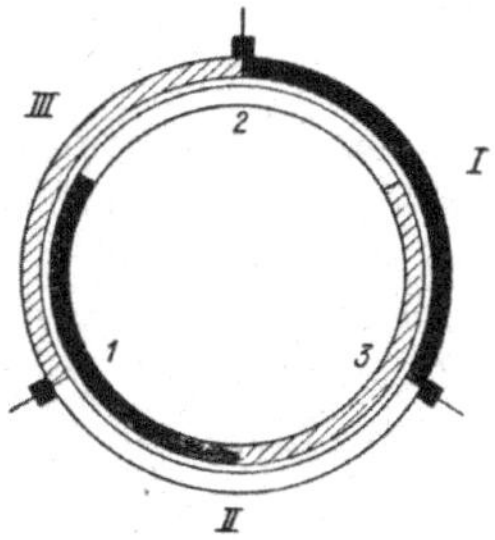

Abb. 509. Aufteilung einer zweipoligen Stromwenderwicklung in drei Wicklungsstränge durch einen Dreibürstensatz.

Bei symmetrischer Bürstenstellung ist die Windungszahl eines solchen Wicklungsstranges $w = z/2\,a\,m$. Es ist z die gesamte Leiterzahl und m die Zahl der Wicklungsstränge. Bei eingängigen Wellenwicklungen ist $2a = 2$ und bei eingängigen Schleifenwicklungen ist $2a = 2p$. Während bei Gleichstrom die Zahl der parallelen Ankerzweige gleich $2a$ ist, ist sie bei $m \geqq 3$ nur gleich a, da wir hier nur eine Ankerabteilung zwischen zwei Bürsten betrachten, bei Gleichstrom aber zwei Ankerabteilungen.

Der Wicklungsfaktor eines solchen Wicklungsstranges ist wie bei einer gewöhnlichen Drehstromwicklung zu berechnen, im Grenzfall $q \to \infty$ ist er gleich dem Verhältnis von Sehne zu Bogen zwischen den beiden in Betracht kommenden Bürsten.

Die am Anker durch das Drehfeld induzierte Spannung ist proportional der Drehzahl, mit der das Drehfeld die Ankerleiter schneidet. Bezeichnen wir, wie bei der Asynchronmaschine, die Drehzahl des Drehfeldes im Raum mit n_1 und die Drehzahl des Läufers mit n, dann ist die Schnittdrehzahl $n_2 = n_1 - n$. Setzen wir noch $f_2 = p\,n_2$, dann gilt für die induzierte Spannung wie beim Asynchronmotor:

$$U_2 = 4{,}44\, f_2\, w_2\, \xi_2\, \Phi. \tag{490}$$

Diese Spannung[1]) messen wir am Stromwender und, wenn die Wicklung auch an Schleifringe angeschlossen ist, auch an den Schleifringen. Für die

[1]) Der Index 2 soll zunächst nur darauf hinweisen, daß es sich um eine Spannung des Läufers handelt.

Größe der Spannung ist es gleichgültig, ob wir eine Wicklung mit Schleifringen oder mit Stromwender haben. Dagegen ist die Frequenz am Stromwender anders als die an den Schleifringen. An den Schleifringen tritt die Frequenz $f_2 = p\,n_2 = s\,f_1$ auf, die wir im folgenden mit „Läuferfrequenz" oder „Schleifringfrequenz" bezeichnen.

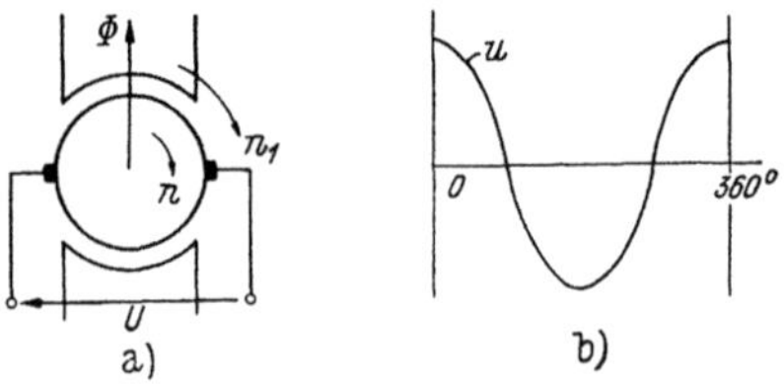

Abb. 510. Zur Bestimmung der Stromwenderfrequenz.

Die Stromwenderfrequenz erhalten wir dagegen durch folgende Überlegung: Abb. 510a zeigt eine Drehfeldmaschine, bei der das Drehfeld durch den umlaufenden Feldmagneten einer Gleichstrommaschine ersetzt ist. Es unterliegt keinem Zweifel, daß der Augenblickswert der induzierten Spannung von zwei Faktoren abhängt: einmal von der Drehzahl, mit der die Ankerleiter die Feldlinien schneiden, also von der Drehzahl $n_2 = n_1 - n$, und zum anderen von der augenblicklichen Lage des Feldes, bzw. der Feldachse zur Bürstenachse. Bei konstanter Drehzahl n_2 tritt der Höchstwert der induzierten Spannung dann auf, wenn Feldachse und Bürstenachse wie bei der Gleichstrommaschine senkrecht zueinander stehen. Bei einer Drehung um 90° aus dieser Stellung liegen Feld und Bürsten gleichachsig und die Spannung ist Null; nach einer 180°-Drehung hat die Spannung wieder den höchsten Wert erreicht, aber die Polarität der Klemmen hat sich geändert; die Spannung wäre als negativ zu bezeichnen, wenn wir sie bei der Ausgangsstellung als positiv angesetzt hätten. Nach einer 360°-Drehung hat die Spannung wieder den alten Höchstwert erreicht. Durch die wechselnde Lage des Drehfeldes zu den Bürsten erhalten wir also eine Wechselspannung. Eine Periode wird innerhalb einer vollen Umdrehung (bzw. innerhalb einer Drehung um zwei Polteilungen) des Drehfeldes gegenüber den stillstehenden Bürsten durchlaufen. Die Frequenz der Wechselspannung an den Bürsten ist gleich der Zahl der Umdrehungen (bei $2\,p = 2$) des Drehfeldes gegenüber den Bürsten in der Sekunde. Die Zahl der Umdrehungen des Drehfeldes gegenüber den Bürsten ist aber auch die Drehzahl des Drehfeldes gegenüber dem Ständer. Daraus ergibt sich also: Der Effektivwert der induzierten Spannung am Stromwender ist proportional der Relativdrehzahl $n_2 = f_2/p$ zwischen Drehfeld und Läufer (siehe Gl. 490). Die Frequenz der Stromwenderspannung ist aber proportional der Drehzahl n_1 des Drehfeldes gegenüber dem Ständer. Ständerfrequenz und Stromwenderfrequenz sind stets gleich. Hinsichtlich der Frequenz können also Ständerwicklung und Stromwenderwicklung stets zusammengeschaltet werden.

Es ergibt sich weiter: Eine Ankerwicklung mit Stromwender und Schleifringen wirkt unter dem Einfluß eines Drehfeldes als Frequenzwandler: Von den Spannungsverlusten im Anker abgesehen, sind Schleifringspannung und Stromwenderspannung gemäß Gl. 490 gleich groß, aber die Frequenz ist verschieden. Die Schleifringfrequenz ist $f_2 = p\,n_2$ und die Stromwenderfrequenz ist $f_1 = p\,n_1$.

b) Stromverteilung im Anker und Erzeugung eines Drehfeldes. Stromverteilung. Zur Festlegung der Zählpfeile zwecks Ansatz der Gleichungen kann man das in Abb. 511 dargestellte Schema benutzen. Die angegebenen Zählpfeile für die Strangströme bedeuten, daß bei einer rechtsgängigen Ankerwicklung diejenigen Ströme, die aus der Papier- bzw. Ankerebene heraustreten, positiv zu zählen sind.

Aus diesem Schema entnehmen wir zunächst, daß die Ankerströme J_a bis J_f aus Symmetriegründen gleich groß und symmetrisch um den Winkel $2\pi/m$ in der Phase versetzt sein müssen. Die Stromvektoren $\mathfrak{J}_a$ bis $\mathfrak{J}_f$ bilden also einen symmetrischen Stern. Aus den Zählpfeilfestlegungen geht ferner hervor, daß der Strom einer Bürste jeweils die Differenz der beiden benachbarten Ankerströme sein muß. Diese Bedingung wird nur durch das Vektordiagramm der Abb. 511

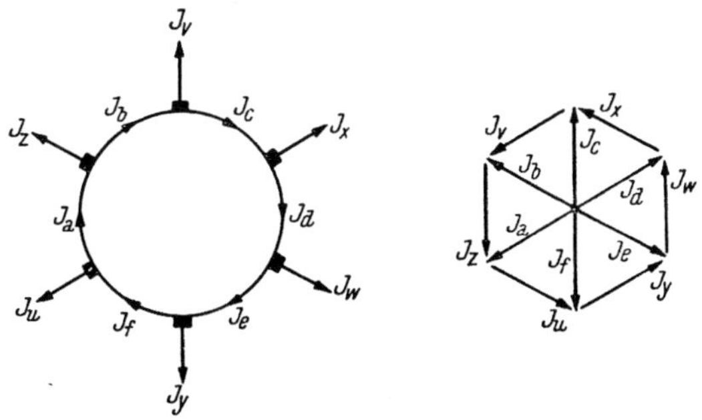

Abb. 511. Stromverteilung im Stromwenderanker mit Drehstrombürstensatz.

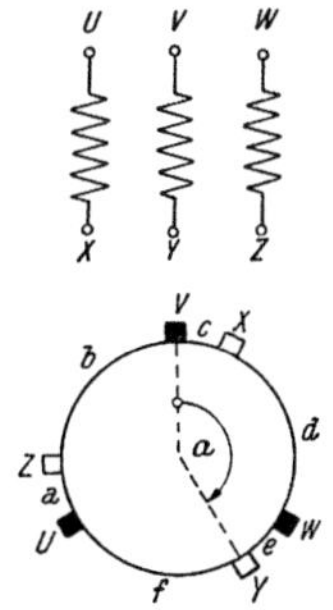

Abb. 512. Drehstrom-Doppelbürstensatz.

erfüllt. Eine Ankerwicklung mit einem Drehstrombürstensatz ist also als eine Drehstromwicklung in Sechseck- oder Dreieckschaltung anzusehen.

Beim Drehstrom-Doppelbürstensatz, bei dem ein Bürstensatz feststeht und der andere beweglich ist, treten im Gegensatz zu den bisher völlig symmetrischen Anordnungen verschieden große Ankerabteilungen auf, die wir daher auch nicht mehr als Wicklungsstränge bezeichnen wollen. Abb. 512 zeigt einen solchen Bürstensatz in beliebiger Stellung; die Schaltungsweise in Verbindung mit der offenen Sekundärwicklung eines Transformators (z. B. Zwischentransformators) ist aus der Klemmenbezeichnung ersichtlich.

Die Frage nach den Strömen in den Ankerabteilungen a bis f ist leicht zu beantworten: An der Verteilung der Ströme ändert sich im Vergleich zur symmetrischen Stellung der Bürsten bei $\alpha = 180°$, die in Abb. 511 gezeigt ist, gar nichts; die Ströme sind und bleiben trotz Änderung des Winkels α in allen Ankerabteilungen gleich groß und sind in der Phase um $2\pi/m$ symmetrisch versetzt. Das ist leicht zu beweisen: Man sieht ohne weiteres ein, daß die Ströme J_a, J_c und J_e der Abteilungen a, c und e aus Symmetriegründen gleich groß und in der Phase um 120° versetzt sein müssen. Aus den gleichen Symmetriegründen müssen auch die Ströme J_b, J_d und J_f der Abteilungen b, d und f einen symmetrischen Stern bilden. An der Bedingung, daß die Bürstenströme die Differenz der benachbarten Ankerströme sind, hat sich nichts geändert. Die symmetrischen Sterne der Stromvektoren $\mathfrak{J}_a$, $\mathfrak{J}_c$ und $\mathfrak{J}_e$ sowie $\mathfrak{J}_b$, $\mathfrak{J}_d$ und $\mathfrak{J}_f$ müssen unter Erfüllung dieser Bedingungen in das Vektorpolygon der Ströme J_U bis J_Z, welche auf Grund des Transformatoranschlusses nach wie vor ein symmetrisches Drehstromsystem bilden, in Abb. 511 eingefügt werden, und das ist nur möglich, wenn alle Ströme J_a bis J_f gleich groß und in der Phase um $2\pi/m$ versetzt sind. Aus diesen Überlegungen geht also hervor, daß auch durch die Verdrehung eines Bürstensatzes (mit drei Bürsten) sich an der Stromverteilung auf die Ankerabteilungen nichts ändert. Dagegen ändert sich natürlich die an den Bürsten auftretende Spannung mit dem Winkel α. Diese Betrachtungen bezüglich der Stromverteilung gelten aber nur so lange, als $\alpha > 120°$ ist. Bei $\alpha = 120°$ kommt in Abb. 512 die Bürste Y mit der Bürste W, Z mit U und X mit V in unmittelbare Verbindung, d. h. die Transformatorwicklung ist nun nicht mehr offen, sondern in Dreieck geschaltet und der Bürstensatz verhält sich wie ein Dreibürstensatz. Für $\alpha < 120°$ stellen sich dagegen genau so wie beim Repulsionsmotor mit doppeltem Bürstensatz stromlose Ankerzonen ein; der Strom tritt bei einer Bürste ein und fließt auf dem nächsten Wege zur zugehörigen zweiten Bürste wieder heraus.

Die Felderregerkurve des Ankers, die durch die resultierenden Ströme in Unter- und Oberschicht gegeben ist, ändert sich natürlich mit dem Winkel α. Wenn die Ströme in den einzelnen Ankerabteilungen bekannt sind, bedeutet es keine Schwierigkeit, für einen beliebig anzunehmenden Zeitpunkt die Verteilung der Augenblickswerte der Ströme auf Ober- und Unterschicht zu ermitteln. Mit kleiner werdendem Winkel α wird die Grundwelle der Felderregerkurve des Ankers bei sonst gleichbleibenden Strömen auch kleiner, d. h. der Anker ist magnetisch nicht mehr so wirksam, weil sich zum Teil die Ströme in Ober- und Unterschicht in ihrer magnetischen Wirkung aufheben.

Drehfelderzeugung. Es ist selbstverständlich, daß im Stillstand ein solcher, mit Drehstrom gespeister Anker wie eine gewöhnliche Drehstromwicklung ein Drehfeld erzeugt, dessen Drehzahl zu $n_1 = f_1/p$ aus der Stromwenderfrequenz zu berechnen ist. Aber auch beim umlaufenden Anker ändert sich nichts an diesem Vorgang. Trotz der Bewegung der einzelnen Leiter bleiben Lage und Windungszahl eines Wicklungsstranges bzw. einer Ankerabteilung zwischen zwei Bürsten unverändert und der Strangstrom dieser Ankerabteilung verläuft zeitlich und örtlich genau so wie im Stillstand. Das erzeugte Drehfeld muß daher auch mit unveränderter Größe und mit derselben Drehzahl wie im Stillstand gegenüber den Bürsten, bzw. gegenüber dem Ständer umlaufen. Gegenüber der Ankerwicklung selbst dagegen ändert sich die Relativdrehzahl auf den Wert $n_2 = n_1 - n$. Bezüglich der augenblicklichen Lage des Drehfeldes gilt, daß die Achse des Drehfeldes jeweils durch die Bürstenachse geht, deren Bürste gerade den Höchstwert des Stromes führt.

c) Stromwendung. Der Stromverlauf in einem einzelnen Leiter ist ähnlich wie bei einem Einphasenanker gemäß Abb. 465. Der Strom verläuft nach Teilstücken von Sinuskurven, die um 120° in der Phase versetzt sind. Der Übergang von einer Sinuskurve zur anderen, d. h. von einem Ankerzweigstrom zum anderen, erfolgt beim Durchlaufen der Wendezone. Während dieser Stromwendung tritt zunächst wie immer die Stromwendespannung auf, die durch die Selbstinduktion entsteht. Wie bei der Wechselstromwendermaschine ist sie proportional und gleichphasig mit dem Bürstenstrom. Außer dieser Stromwendespannung tritt noch die vom Drehfeld in den kurzgeschlossenen Spulen induzierte Spannung auf. Im synchronen Lauf ist sie Null, so daß hier die Stromwendung am günstigsten ist. Die Drehfeldspannung ist wie die Spannung der Transformation bei Wechselstromwendermaschinen für den Entwurf der Maschine ausschlaggebend. Die Drehfeldspannung ist phasengleich mit dem Durchgang des Drehfeldes durch die betreffende Bürstenachse. Zwischen Stromwendespannung und Drehfeldspannung besteht daher in den gewöhnlichen Betriebsfällen eine Phasenverschiebung von etwa 60° bis 90°. Die Anwendung von Wendepolen ist grundsätzlich möglich, wie bei der Scherbius-Maschine gezeigt wird, kommt aber im allgemeinen nicht zur Anwendung, weil die Drehzahl mittels Bürstenverschiebung geregelt wird und die Lage der Wendezone somit veränderlich ist.

2. Der Reihenschlußmotor.

Als selbständige Motoren kommen von den Drehstromwendermaschinen nur der Drehstrom-Reihenschluß- und der Drehstrom-Nebenschlußmotor zur Anwendung. Sie werden dort eingesetzt, wo der gewöhnliche Asynchronmotor wegen seiner schlechten Drehzahlregelung nicht brauchbar ist. Wie aus der Leistungsbilanz des Drehstrommotors, die für alle Drehfeldmaschinen gültig ist, hervorgeht, erfordert eine Drehzahlregelung die Zu- oder Abführung der Schlupfleistung N_{D2} im Sekundäranker. Dies wird bei den beiden genannten Stromwendermaschinen dadurch erreicht, daß man den Stromwender als Frequenzwandler dazwischenschaltet und die Sekundärleistung dem Netz, bzw. der Primärwicklung zuführt oder entnimmt. Je nach der schaltungsmäßigen Verbindung zwischen Primär- und Sekundärwicklung erhält der Motor dadurch Reihen- oder Nebenschlußverhalten.

Abb. 513. Drehstrom-Reihenschlußmotor.

a) Aufbau und Allgemeines. Der Ständer eines Reihenschlußmotors gleicht dem eines gewöhnlichen Drehstrommotors (Abb. 513). Der Läufer trägt eine Stromwenderwicklung in der Ausführung wie bei Gleichstrommaschinen. Der Stromwender ist mit einem Drei- oder Sechsbürstensatz (d. h. drei oder sechs Bürsten je Polpaar) besetzt. Ständer- und Läuferwicklung sind über die Bürsten in Reihe geschaltet, vielfach unter Zwischenschaltung eines „Zwischentransformators“ (Abb. 514a). Bei höheren Netzspannungen ist der Zwischentransformator[1]) notwendig, um eine günstige, nicht zu hohe Stromwenderspannung zu erhalten. Dabei ergibt sich der Vorteil, daß man durch Öffnung der Sekundärwicklung des Transformators vom Dreibürstensatz zum Sechsbürstensatz übergehen kann. Ferner hat man die Möglichkeit, durch Stern-Dreieckschaltung der Ständerwicklung einschließlich der Primärwicklung des Transformators eine Drehmomentveränderung für den Anlauf oder die Regelung bei kleinen Drehzahlen zu erzielen. Schließlich verringert der Zwischentransformator bei

[1]) Über andere Entwicklungsmöglichkeiten s. Patentbericht, Elektrotechn. u. Masch.-Bau 61 (1943) S. 14.

genügender Sättigung den unangenehmen labilen Drehzahlbereich, worauf wir noch näher eingehen werden. Da der Zwischentransformator nur die Schlupfleistung übertragen muß, richtet sich seine Größe nach dem geforderten Drehzahlregelbereich und der zugehörigen Leistung. Er ist meistens so klein, daß er im Motorgehäuse untergebracht werden kann.

Der Drehstrom-Reihenschlußmotor kann stetig und verlustlos in der Drehzahl durch Bürstenverschiebung von Hand oder durch ferngesteuerten Verstellmotor geregelt werden. Der Drehzahlregelbereich reicht bei Regelung mit Nennmoment von etwa 50 bis 100% der synchronen Drehzahl; bei verringertem Drehmoment ist der Regelbereich meist 1:3 bis 1:4. In Sonderausführungen können auch noch größere Regelbereiche erzielt werden, insbesondere durch Spannungsverringerung bei kleinen Drehzahlen, bei denen Fremdbelüftung vorgesehen werden muß. Zulässige Leerlaufdrehzahl des Motors bis zu 180% der synchronen Drehzahl.

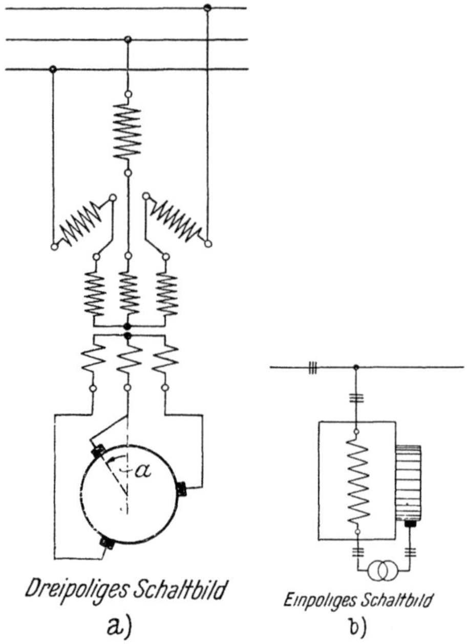

Abb. 514. Schaltung eines Drehstrom-Reihenschlußmotors mit Zwischentransformator und Dreibürstensatz.

Anwendungsbereich des Drehstrom-Reihenschlußmotors ist der Antrieb von Arbeitsmaschinen, die leichte Drehzahlregelung, hohes Anzugsmoment, sanftes Anfahren und Anpassung der Drehzahl an die Belastung verlangen. Hierfür kommen z. B. Lüfter, Pumpen, Verdichter, Pressen, Förder- und Hubwerke usw. in Betracht.

b) Wirkungsweise. Die folgenden Betrachtungen sollen, um das Grundsätzliche herauszustellen, unter vereinfachenden Annahmen durchgeführt werden. Wir untersuchen zunächst die einfachste Schaltung ohne Zwischentransformator, setzen gleiche effektive Windungszahlen im Ständer und Läufer voraus und vernachlässigen im allgemeinen die Ohmschen Widerstände und die Streuung im Ständer und Läufer. Schließlich vernachlässigen wir auch noch die Eisensättigung, obwohl gerade diese wegen ihrer starken Veränderlichkeit (Reihenschlußverhalten!) zahlenmäßig einen besonderen Einfluß hat.

Der Drehstrom, der Ständer und Läufer durchfließt, erzeugt vom Ständer aus ein Drehfeld und ebenso vom Läufer aus. Bei gleichen effektiven Windungszahlen sind auch beide Drehfelder gleich groß, aber ihre Achsen sind um den Bürstenwinkel α verdreht. Bei $\alpha = 0$ sind Ständerwicklung und Läuferwicklung achsengleich und ebenso die Drehfelder; infolgedessen addieren sich in dieser Stellung bei $\alpha = 0$ beide Drehfelder algebraisch zum größtmöglichen Feld bei diesem Strom. Da aber beide Drehfelder in gleicher Richtung liegen, kann ein Drehmoment nicht auftreten; der hierbei aufgenommene Strom ist der kleinstmögliche. Wir nennen daher diese Stellung bei $\alpha = 0$ die „Leerstellung“. Der Leerstrom ist kleiner als beim Asynchronmotor, weil Ständer und Läufer an der Magnetisierung teilnehmen; er beträgt etwa 5 bis 15 bis 30% des Nennstromes.

Verdrehen wir in Abb. 514a die Bürsten um 180°, heben Ständer- und Läuferdrehfeld sich auf; der von der Netzspannung geforderte Fluß kann nur auf dem Streuwege aufgebracht werden. Ein Drehmoment tritt wiederum nicht auf. $\alpha = 180°$ ist also die Kurzschlußstellung; der Kurzschlußstrom beträgt wie beim Asynchronmotor etwa das Vier- bis Sechsfache des Nennstromes. Ein Anschlag am Stromwender sorgt dafür, daß betriebsmäßig diese Kurzschlußstellung nicht eingeschaltet werden kann, um den Motor nicht zu gefährden. Die Betriebsstellung der Bürsten liegt etwa bei 100 bis 160°.

Bei einem beliebigen Bürstenwinkel α sind die Achsen der Ständer- und der Läuferdrehdurchflutung ebenfalls um den Winkel α verdreht. In Abb. 515a ist ein Raumdiagramm für einen beliebig herausgegriffenen Augenblick dargestellt worden. Wie in Abb. 514a, sollen die Bürsten aus der Leerstellung um den Winkel α linksherum gedreht sein, daher ist auch die Achse der Läufer-

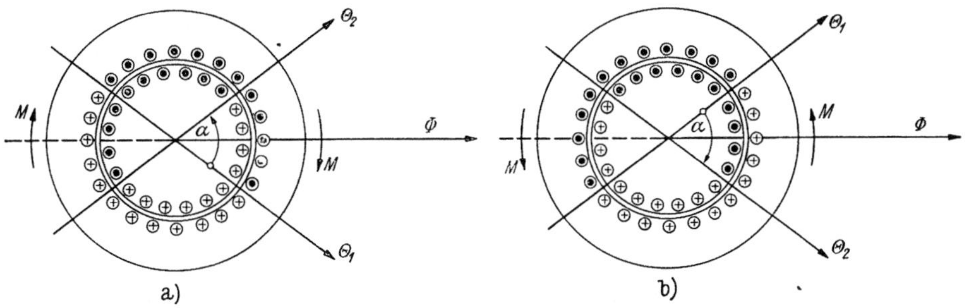

Abb. 515. Raumdiagramme der Ständer- und Läuferdrehdurchflutungen bei Verschiebung von Bursten.

drehdurchflutung Θ_2 um den Winkel α in gleicher Richtung gegenüber der Ständerdurchflutung Θ_1 linksherum vorgedreht, und zwar gilt dieses Bild unabhängig von der Drehrichtung der Drehdurchflutungen bzw. des Drehfeldes. Die Achse des von diesen Drehdurchflutungen erzeugten, resultierenden Feldes liegt, da gemäß Annahme $\Theta_1 = \Theta_2$ ist, in der Winkelhalbierenden von α zwischen Θ_1 und Θ_2. Nach den bekannten Regeln bildet die im Bereich des Winkels α stromführende Läuferzone mit dem Fluß ein Drehmoment, das den Läufer rechtsherum drehen würde (vgl. VI G 1 a). In Abb. 515b sind die Bürsten nach der entgegengesetzten Richtung verschoben worden: Die stromführende Zone des Läufers im Bereich des Winkels α bildet wiederum mit dem Fluß ein Drehmoment, das aber jetzt linksherum dreht. Da bei diesen Überlegungen über den Drehsinn des Drehfeldes nichts festgelegt zu werden brauchte, erhalten wir mithin folgende Regel:

Der Reihenschlußmotor kann sowohl mit dem Drehfeld als auch gegen das Drehfeld laufen. Die Drehrichtung ist entgegen der Bürstenverschiebung aus der Leerstellung. Im allgemeinen läuft der Motor mit dem Drehfeld, weil das für die Stromwendung günstiger ist. Bei Änderung der Drehrichtung werden die Bürsten in der Gegenrichtung verschoben, und durch Vertauschung zweier Zuleitungen wird dann anschließend der Drehsinn des Drehfeldes geändert.

c) Drehmoment. Nach Gl. 194 ist das Drehmoment proportional $A\,\Phi \cos\psi$. Wir gehen vom Strombelag A zu der ihm proportionalen Drehdurchflutung Θ über und setzen $M \sim \Theta\,\Phi \cos\psi$. Da sinngemäß unter Θ die Durchflutung zu verstehen ist, die mit dem Fluß das Drehmoment bildet, in diesem Fall also Θ_2, so ist $M \sim \Theta_2\,\Phi \cos\psi$. Es war ψ der Winkel zwischen der Achse des Strombelages und der Achse des Feldes. Da die Achse des Strombelages quer zur Achse der Durchflutung steht, ist hier $\psi = \pi/2 - \alpha/2$ und $\cos(\pi/2 - \alpha/2) = \sin\alpha/2$.

Damit ist also $M \sim \Theta_2 \Phi \sin \alpha/2$. Diese Beziehung wollen wir auf den Strom umrechnen. Der resultierende Fluß Φ ist proportional der resultierenden Durchflutung Θ. Für diese erhalten wir aus dem Parallelogramm der Durchflutungen in Abb. 516 die Beziehung $\Theta = 2\,\Theta_2 \cos \alpha/2$. Damit ist $\Phi \sim 2\,\Theta_2 \cos \alpha/2$ und $M \sim 2\,\Theta_2^2 \sin \alpha/2 \cos \alpha/2$. Ersetzen wir noch die sekundäre Durchflutung Θ_2 durch den Strom J, da beide einander proportional und unabhängig von α sind, so ergibt sich mit $2 \sin \alpha/2 \cos \alpha/2 = \sin \alpha$ für das Drehmoment:

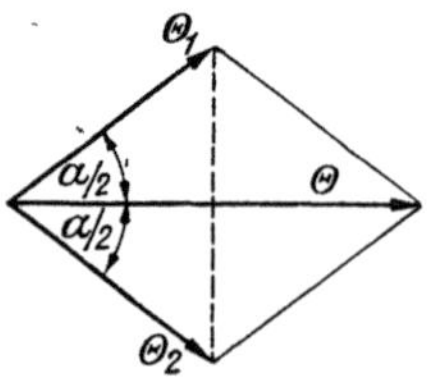

Abb. 516. Vektordiagramm der Durchflutungen.

$$M = c\,J^2 \sin \alpha. \tag{491 a}$$

c ist hierbei eine nicht weiter interessierende Konstante: Wie sich später zeigen wird, ist $c = m\,\ddot{u}\,X_{1h}/2\,\pi\,n_1$.[1]) Die Abhängigkeit des Drehmoments vom Quadrat des Stromes bringt den Reihenschlußcharakter der Maschine zum Ausdruck. Die Formel bestätigt ferner unsere obigen Erkenntnisse über die Abhängigkeit der Drehrichtung des Drehmoments von der Bürstenverschiebung, nämlich Änderung des Vorzeichens von α ergibt Änderung der Motordrehrichtung. Ebenso ist, wie oben schon festgestellt worden ist, bei $\alpha = 0°$ und $180°$ das Drehmoment Null. Allerdings darf man zur richtigen Berechnung des Stromes bei $\alpha = 180°$ die Ohmschen und die Streublindwiderstände nicht vernachlässigen, weil sonst der Strom theoretisch unendlich groß werden würde und ebenso das Drehmoment.

Obige Formel benutzen wir zunächst, um das Anlaufmoment in Abhängigkeit vom Bürstenwinkel zu bestimmen. Im Stillstand ist der Stromwender wirkungslos; die Bürsten können als Wicklungsanzapfungen angesehen werden. Eine Bürstenverschiebung ist dann einer Drehung des Läufers gleichzusetzen. Der Motor verhält sich somit im Stillstand wie ein als Induktionsregler geschalteter Asynchronmotor mit Reihenschluß von Ständer und Läufer. Der resultierende Blindwiderstand ergibt sich hierfür[2]) zu $X = X_\sigma + 2\,X_{1h}\,(1 + \cos \alpha)$ und der Strom im Stillstand ist daher $J_A = U/X$, wenn der Ohmsche Widerstand vernachlässigt wird. Mit $X_\sigma/X_{1h} \approx \sigma$ erhalten wir damit aus Gl. 491 a für das Anlaufdrehmoment:

$$M_A = \frac{c \sin \alpha}{[\sigma + 2\,(1 + \cos \alpha)]^2}\,. \tag{491 b}$$

Die Konstante hat nunmehr den Wert $c = m\,\ddot{u}\,U^2/2\,\pi\,n_1\,X_{1h}$. Anlaufstrom und Anlaufdrehmoment sind in Abb. 517 dargestellt. Der Anlaufstrom bewegt sich in den Grenzen vom Leerlaufstrom bei $\alpha = 0°$ bis zum Kurzschlußstrom bei $\alpha = 180°$. Das Drehmoment erreicht Werte bis zum Sechsfachen des Nennmoments. σ liegt etwa in den Grenzen von 5 bis 15%, je nach Leistung und Polzahl.

Abhängigkeit des Drehmoments von der Drehzahl: Aus dem Parallelogramm der Abb. 516 erhalten wir $\Theta_2 = \Theta/2 \cos \alpha/2$. Mit $\Phi \sim \Theta$ wird daher $\Theta_2 \sim \Phi/2 \cos \alpha/2$ und aus $M \sim \Theta_2 \Phi \sin \alpha/2$ wird nunmehr:

$$M \sim \Phi^2 \operatorname{tg} \alpha/2. \tag{491 c}$$

Das resultierende Drehfeld erzeugt in der Ständerwicklung die Spannung E_1, die nach den Bezeichnungen der Abb. 518 a gleich der Spannung U_1 ist, weil wir die Spannungsverluste durch den Ohmschen und den Streublindwiderstand vernachlässigen wollen. Da die Drehzahl des Drehfeldes gegenüber dem Ständer

---

[1]) $\ddot{u} = w_2\,\xi_2/w_1\,\xi_1$ ist das Übersetzungsverhältnis, das wir zunächst mit $\ddot{u} = 1$ angenommen haben.

[2]) Geht aus Gl. 503 mit $R = 0$, $\ddot{u} = 1$ und $s = 1$ hervor.

stets gleich der synchronen ist, besteht zwischen dem resultierenden Drehfeld Φ und der Spannung U_1 eine feste Beziehung, so daß

$$M \sim U_1^2 \operatorname{tg} \alpha/2$$

gesetzt werden kann. Die im Läufer induzierte Spannung $E_2 = U_2$ hängt von der Schnittdrehzahl $n_2 = n_1 - n$ des Drehfeldes gegenüber dem Läufer ab. Wie beim gewöhnlichen Drehstrommotor, ist $n_2 = s\, n_1$, und daraus folgt, daß $U_2 = s\, U_1$ ist. Außerdem ist U_2 entsprechend Abb. 518a um den Winkel α gegen-

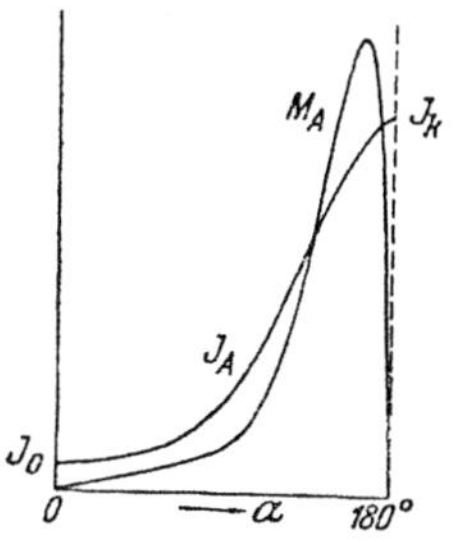

Abb. 517. Anlaufmoment und Anlaufstrom in Abhängigkeit vom Bürstenwinkel α.

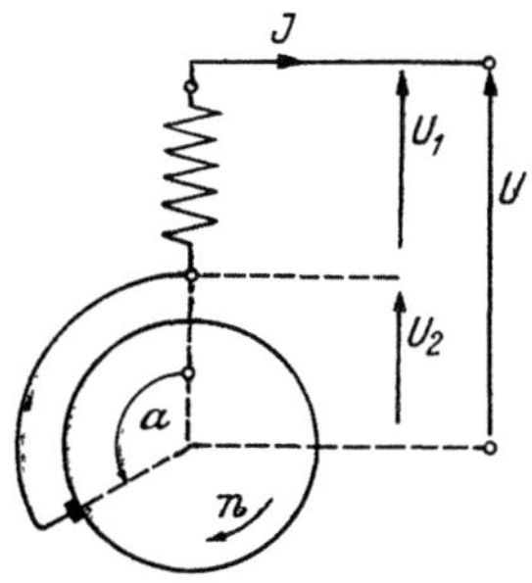

Abb. 518a. Einpoliges Schaltbild zum Ansatz der Gleichungen.

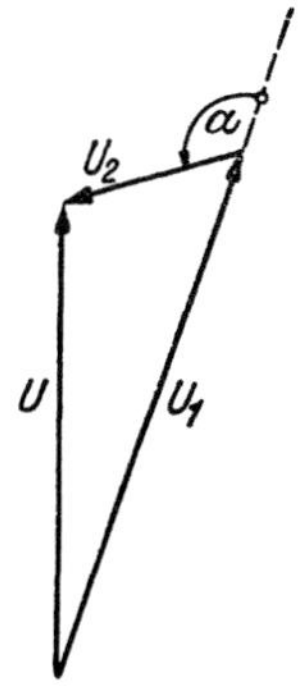

Abb. 518b. Vereinfachtes Vektordiagramm der Spannungen nach Abb. 518a.

über U_1 phasenverfrüht, da das Drehfeld erst um den Winkel α später die Achse des zugehörigen Ständerwicklungsstranges durchläuft. Da sich die Klemmenspannung aus den beiden Teilspannungen U_1 und U_2 zusammensetzt, gilt also für eine beliebige Drehzahl, bzw. für einen beliebigen Schlupf das Spannungsdiagramm der Abb. 518b. Aus diesem Spannungsdreieck entnehmen wir die Beziehung:

$$U^2 = U_1^2 + (s\, U_1)^2 + 2\, s\, U_1^2 \cos \alpha, \quad (492)$$

die wir benutzen, um U_1 durch U auszudrücken. Für das Drehmoment erhalten wir dann:

$$M = \frac{c\, U^2 \operatorname{tg} \alpha/2}{1 + s^2 + 2\, s \cos \alpha}, \quad (493)$$

unter den eingangs gemachten vereinfachenden Annahmen; c ist eine Konstante, die nicht näher bestimmt werden soll. Den Verlauf dieser Drehmoment-Drehzahlkurven zeigt Abb. 519 für $\alpha > 90°$. Die wirklichen Kurven ändern sich etwas infolge der mit dem Strom und dem Bürstenwinkel veränderlichen Eisensättigung und, weil wir die Spannungsverluste nicht berücksichtigt haben. Bei Ausführungen mit Zwischentransformator kommen noch weitere Änderungen hinzu.

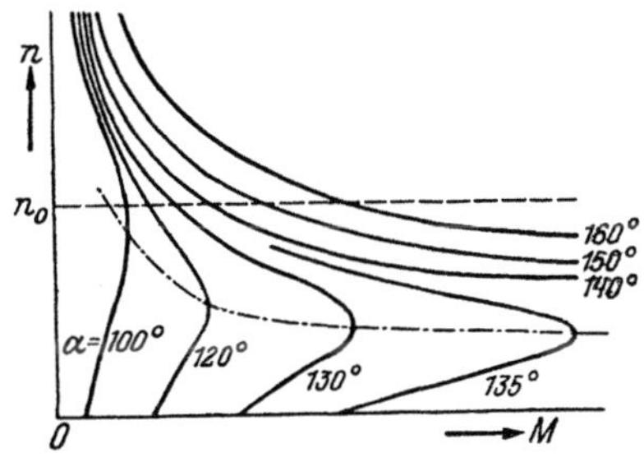

Abb. 519. Drehzahl-Drehmomentkurven des Drehstrom-Reihenschlußmotors ohne Zwischentransformator.

In obigen Drehmomentkurven tritt bei

$$s_K = -\cos \alpha \quad (494)$$

das Kippmoment auf, wovon man sich durch Differentiation des Nenners in Gl. 493 und Nullsetzen überzeugen kann. Mit diesem Kippschlupf erhalten wir für das Kippmoment:

$$M_K = \frac{c\, U^2 \operatorname{tg} \alpha/2}{\sin^2 \alpha}, \quad (495)$$

und für das relative Drehmoment:

$$\frac{M}{M_K} = \frac{\sin^2 \alpha}{1 + s^2 + 2\,s \cos \alpha}. \tag{496}$$

Mit $\alpha = 180°$ wird das Drehmoment nach Gl. 493 unendlich groß, was auf die Vernachlässigung der Spannungsverluste in dieser Formel zurückgeht. In Wirklichkeit ist es jedoch bei $\alpha = 180°$ wie bei $\alpha = 0°$ gleich Null; obige Formel darf daher nur etwa bis $\alpha = 160°$ benutzt werden. Das gleiche gilt für die Gl. 495, während die Gl. 496 diesen Nachteil vermeidet.

Stabilität. Unterhalb des Kippmoments bei $s > s_K$ ist ein stabiler Betrieb des Motors nicht möglich. Für die Drehzahlregelung kommen nur Drehzahlen oberhalb der Kippdrehzahl in Betracht. Nach Gl. 494 ist $s_K = -\cos \alpha$; für $\alpha \leqq 90°$ ist daher $s_K \leqq 0$. Bürstenwinkel $\alpha \leqq 90°$ kommen für den stationären Betrieb nicht in Betracht, da hierfür die Kippgrenze bei oder oberhalb der synchronen Drehzahl liegt. Der labile Drehzahlbereich unterhalb des Kippmoments ist eine unangenehme Eigenschaft des Reihenschlußmotors, die jedoch durch Verwendung eines Doppelbürstensatzes oder durch einen stark gesättigten Zwischentransformator beseitigt werden kann.

d) Drehzahlregelung. Wie schon aus den Kurven der Abb. 519 hervorgeht, ist die einfachste Art der Drehzahlregelung die Regelung durch Bürstenverschiebung. Dazu sind weiter keine besonderen Einrichtungen usw. erforderlich. Solange man bei großen Drehmomenten regelt, ist der Stabilitätsbereich auch ohne Zwischentransformator ausreichend. Bei kleinen Drehmomenten muß man aber auf kleine Bürstenverschiebungen zurückgehen; damit verringert sich aber wegen $s_K = -\cos \alpha$ der stabile Drehzahlbereich.

In solchen Fällen, wo man aus besonderen Gründen mit kleinen Momenten bei niedrigen Drehzahlen arbeiten muß, z. B. sanfter Anlauf usw., ist es vorteilhaft, die Spannung wie beim Einphasen-Reihenschlußmotor zu ändern bzw. herabzusetzen. Das Drehmoment ändert sich dabei nach Gl. 493 quadratisch mit der Spannung, und man kann auf diese Weise bei kleinen Drehmomenten mit großen Bürstenwinkeln arbeiten. Hierbei ist nicht nur die Drehmomentkurve günstiger, auch der Leistungsfaktor ist besser. Die Änderung der Netzspannung erfordert natürlich besondere Einrichtungen, wie Stufentransformator oder Drehregler, so daß diese Art der Drehzahlregelung nur für Sonderfälle in Betracht zu ziehen ist. Bei Verwendung eines Zwischentransformators besteht die Möglichkeit, von der betriebsmäßigen Dreieckschaltung auf Sternschaltung überzugehen, wodurch sich eine Verminderung der Strangspannung auf $1/\sqrt{3}$ und des Drehmoments auf ein Drittel ergibt.

Wie schon eingangs dargelegt wurde, hat der Stromwender die Aufgabe, als Frequenzwandler die Zu- oder Abführung der Schlupfleistung zu ermöglichen. Auf Grund der beim Drehstrommotor aufgestellten Leistungsbilanz beträgt die Schlupfleistung N_{D_2} das s-fache der Ständerdrehfeldleistung N_{D_1}. Je größer man nun den Regelbereich und das zu regelnde Drehmoment wählt, um so größer wird die Schlupfleistung und um so größer muß der Stromwender gehalten werden, was selbstverständlich die Kosten und den Werkstoffaufwand wesentlich erhöht. Hinzu kommt, daß bei kleinen Drehzahlen die Lüftung so schlecht wird, daß besondere Zusatzbelüftung erforderlich wird. Man tut also gut daran, den Regelbereich nicht größer als unbedingt nötig zu wählen. Der meist verwendete Regelbereich im Dauerbetrieb ist etwa 1:3 vom 0,5- bis zum 1,5-fachen der synchronen Drehzahl.

e) Vektordiagramm. Kreisdiagramm. In Abb. 520 ist das vollständige Vektordiagramm der Spannungen und Ströme für einen Betriebsfall bei $\alpha = 120°$ und $s = 0{,}35$ mit Berücksichtigung der Spannungsverluste aufgezeichnet worden. Die genaue Bestimmung der Streuspannung eines Stromwenderankers bereitet besondere Schwierigkeiten, auf die beim Drehstrom-Nebenschlußmotor näher eingegangen wird. Hier ist es am einfachsten, die Streuung wie beim gewöhnlichen Asynchronmotor zu bestimmen und — auf Netzfrequenz bezogen — als konstant anzusehen, da ihr Einfluß unwesentlich ist. Das Spannungsdreieck aus E, E_1 und E_2 entspricht dem Dreieck in Abb. 518 b. Das Stromdreieck steht in Abb. 520 als Vertreter des Durchflutungsdreiecks; primäre und sekundäre

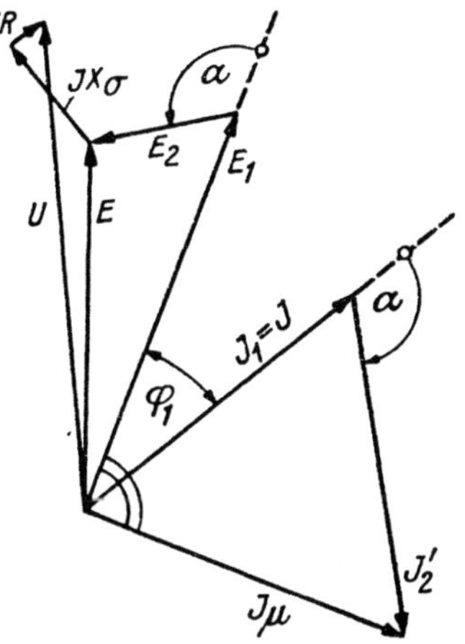

Abb. 520. Vektordiagramm der Spannungen und Ströme eines Drehstrom-Reihenschlußmotors für einen Betriebsfall bei $\alpha = 120°$, $s = 0{,}35$ und $ü = 1$.

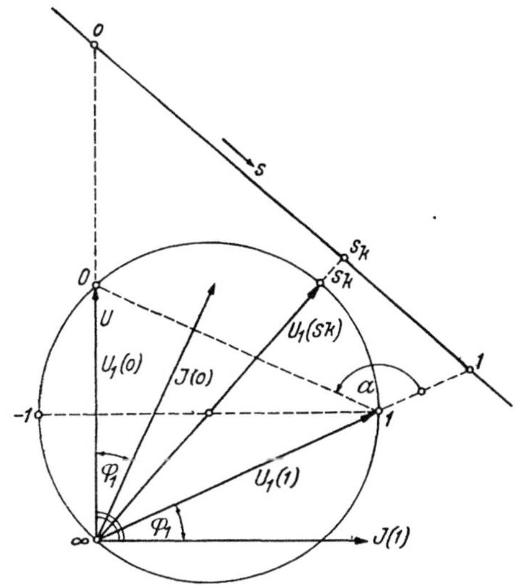

Abb. 521. Kreisdiagramm der Ständerspannung U_1 bei $ü = 1$.

Durchflutung bilden die resultierende, magnetisierende Durchflutung. Die Phasen der Durchflutungen sind in bezug auf die Achse der Ständerwicklung festgelegt worden, infolgedessen muß der Vektor der resultierenden Durchflutung, bzw. des Magnetisierungsstromes J_μ senkrecht zum Vektor der Spannung E_1 liegen. Der die primäre Durchflutung vertretende Strom J_1 ist nach Größe und Phase gleich dem wirklichen Strom J. Der sekundäre, auf den Ständer bezogene Strom J_2' ist der Größe nach ebenfalls gleich dem wirklichen Strom; der Phase nach ist er aber als Vertreter der sekundären Durchflutung um den Winkel α später anzutragen, weil die Läuferdurchflutung die Ständerachse um den Winkel α später durchläuft.

Für einen beliebigen Betriebsfall sind bei gegebener Spannung drei Größen zu bestimmen: Der Bürstenwinkel α, der Schlupf s und der Strom J. Legt man zwei Größen fest, kann die dritte aus dem Diagramm bestimmt werden, wobei man unter Umständen den richtigen Wert durch Probieren suchen muß.

Das Drehmoment ist aus der primären Drehfeldleistung $N_{D_1} = m\, E_1\, J_1 \cos \varphi_1$ zu berechnen.

Aus dem Vektordiagramm der Abb. 518 b läßt sich ein Kreisdiagramm für U_1 in Abhängigkeit vom Schlupf entwickeln. Die Spitze des Dreiecks über der konstanten Basis U ändert ihre Lage mit dem Schlupf. Da aber der Winkel α an der Spitze konstant ist, verläuft die Spitze auf der Peripherie eines Kreises, denn der Peripheriewinkel über der Sehne eines Kreises ist konstant. Für veränderliche Winkel α erhalten wir Kreisscharen.

Abb. 521 zeigt einen Kreis $\mathfrak{U}_1 = f(s)$ für $\alpha = 120°$. Aus dem rechtwinkligen Dreieck im Halbkreis mit den Peripheriepunkten $s = \infty$, $s = 0$ und $s = s_K$ bestimmen wir den Kreisdurchmesser zu $D = U/\sin\alpha$, wobei zu beachten ist, daß $\sin\alpha = -\sin(180 - \alpha)$ ist.

Aus Abb. 518b entnehmen wir, daß die Stromdreiecke bei fest gegebenem Winkel α für beliebige Ströme einander ähnlich sind, wenn wir eine geradlinige Magnetisierungskennlinie annehmen. Daraus folgt, daß die im Ständer induzierte Spannung E_1 nicht nur dem Magnetisierungsstrom J_μ,

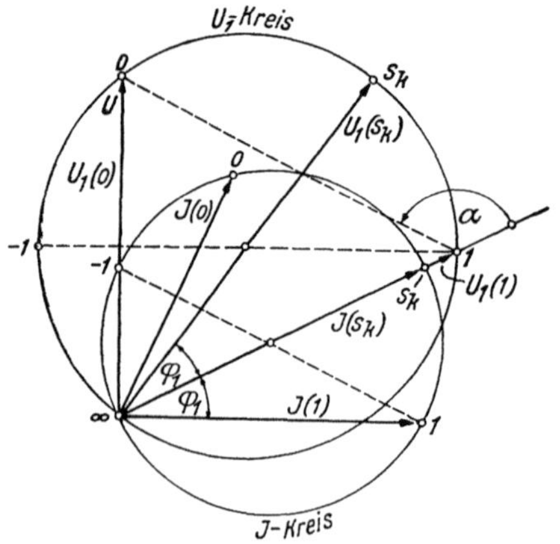

Abb. 522. U_1-Kreis und J-Kreis bei $ü = 1$.

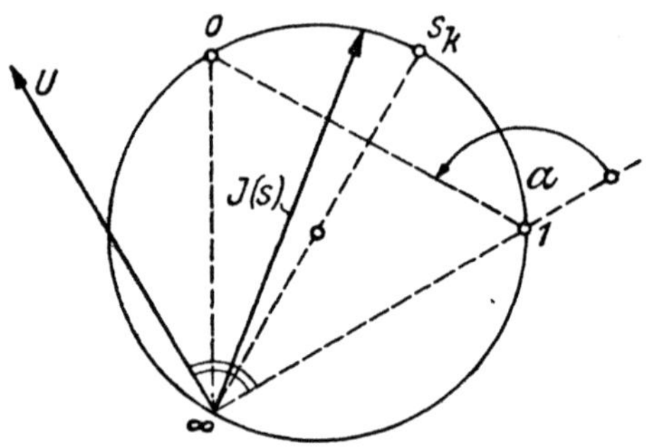

Abb. 523. Umwandlung des U_1-Kreises in einen J-Kreis.

sondern ebenso auch dem Strom J_1 bzw. J proportional ist. Daraus folgt weiter, daß bei gegebenem Winkel α der Winkel φ_1 zwischen J_1 und E_1 unveränderlich ist. Für das Kreisdiagramm bedeutet dies, daß der Spannungsvektor $\mathfrak{U}_1$ bei seiner Wanderung auf der Kreisperipherie den Stromvektor $\mathfrak{J}$ mit dem Winkel φ_1 gleichsam nachschleppt. Im Kreisdiagramm ist der Winkel φ_1 leicht bestimmbar, wenn man beachtet, daß im Stillstand wegen der Vernachlässigung aller Verluste $\mathfrak{J}(1) \perp \mathfrak{U}$ ist.

Im Synchronismus fällt $\mathfrak{U}_1$ mit $\mathfrak{U}$ zusammen und der Phasenwinkel φ zwischen Klemmenspannung $\mathfrak{U}$ und dem Strom $\mathfrak{J}$ wird gleich φ_1. Es ist also $\varphi_1 = (\pi - \alpha)/2$ die im Synchronismus auftretende Phasenverschiebung. Der Leistungsfaktor ist daher im gewöhnlichen Betriebsbereich um so besser, je größer α ist. Im übersynchronen Lauf kann der Strom sogar voreilend werden. Das erklärt sich physikalisch daraus, daß zwar die Magnetisierung vom Ständer und vom Läufer mit dem gleichen Strom erfolgt, aber die hierbei dem Läufer zuzuführende Blindleistung beträgt nur das s-fache der Ständerblindleistung. Im übersynchronen Lauf mit $s < 0$ wird die Läuferblindleistung kapazitiv; $\cos\varphi = 1$ tritt dann auf, wenn die kapazitive Blindleistung des Läufers die induktive Blindleistung des Ständers gerade aufhebt. Das ist bei gleichen effektiven Windungszahlen bei $s = -1$, d. h. bei doppelt synchroner Drehzahl, der Fall.

Da zwischen der Spannung U_1 und dem Strom J, wie oben schon dargelegt wurde, bei gegebenem Winkel α eine feste Beziehung besteht, muß auch der

Stromvektor in Abhängigkeit vom Schlupf einen Kreis durchlaufen. Beide Kreise, der U_1-Kreis und der J-Kreis, sind im Punkt P_∞ um den Winkel φ_1 gegeneinander verdreht, wie Abb. 522 zeigt.

Aus dem Stromkreis entnehmen wir, daß die Maschine auch als Generator arbeiten kann, in Abb. 522 bei $s > 1$ allerdings mit sehr schlechtem Leistungsfaktor. Bessere Verhältnisse ergeben sich, wenn man die Bürsten in Richtung des Drehfeldes verschiebt und die Maschine in gleicher Richtung antreibt, aber auch bei dieser Maschine leidet der Generatorbetrieb an Selbsterregung mit netzfremder Frequenz.

Den U_1-Kreis kann man in einfacher Weise in einen J-Kreis verwandeln, wenn man $\mathfrak{U}$ senkrecht zu $\mathfrak{U}_1$ (1) anträgt und den Maßstab entsprechend ändert, wie Abb. 523 zeigt.

Nach Gl. 491a ist das Drehmoment proportional J^2. Wie beim Einphasen-Reihenschlußmotor und beim Repulsionsmotor läßt sich auch hier das Drehmoment aus dem Kreisdiagramm entnehmen, indem man den Stromvektor oder den Spannungsvektor U_1 auf den anliegenden Durchmesser projiziert. Der Durchmesser ist dem Kippmoment gleichzusetzen. Der Kippschlupf trennt den labilen Motorbereich vom stabilen (s. Abb. 524).

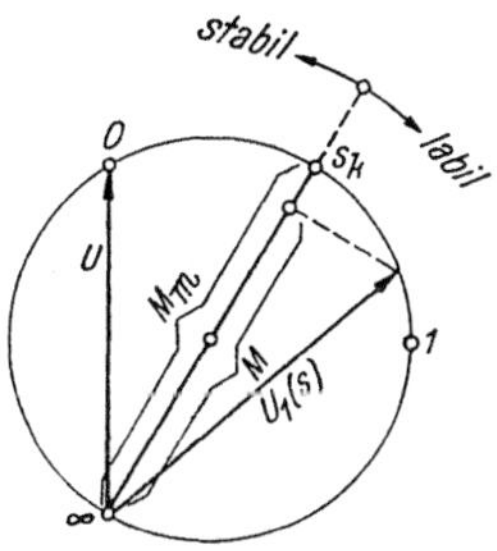

Abb. 524. Zur Entnahme des Drehmomentes aus dem Kreisdiagramm.

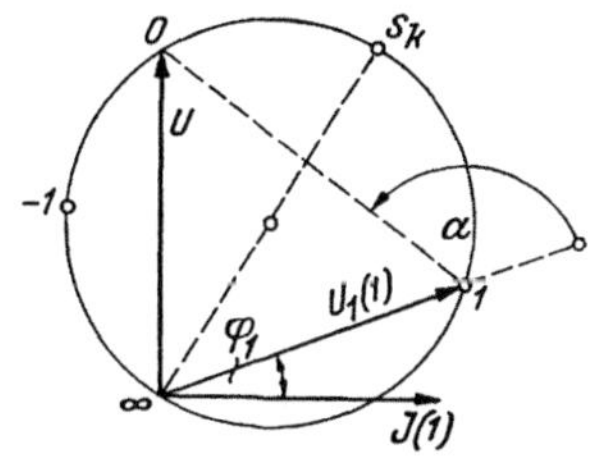

Abb. 525. U_1-Kreis bei $\ddot{u} = 1{,}15$.

f) Einfluß verschiedener Windungszahlen im Ständer und Läufer. Es war oben erklärt worden, daß die dem Läufer zuzuführende Magnetisierungsblindleistung proportional dem Schlupf ist und daß diese im Übersynchronismus, d. h. bei negativem Schlupf, kapazitiv wird. Es liegt daher nahe, die Magnetisierung vorwiegend vom Läufer aus vorzunehmen, um den Leistungsfaktor zu verbessern. Dies erreicht man durch eine größere Windungszahl im Läufer, so daß bei gleichem Strom die Läuferdurchflutung größer als die Ständerdurchflutung ist.

Setzen wir $\ddot{u} = w_2\,\xi_2/w_1\,\xi_1$, wobei die Windungszahl des Läufers auf eine gleichwertige Sternschaltung umzurechnen ist, dann ist $U_2 = \ddot{u}\,s\,U_1$. Das Vektorbild in Abb. 520 bleibt im grundsätzlichen unverändert und ebenso das Kreisdiagramm, es ändert sich lediglich die Schlupfverteilung auf der Peripherie. Abb. 525 zeigt das Kreisdiagramm für $\alpha = 120°$ und $\ddot{u} \approx 1{,}15$. Der Winkel φ_1 wird kleiner und der Leistungsfaktor im synchronen Lauf mit $\cos\varphi = \cos\varphi_1$ wird besser; aber dieser Vorteil muß mit einem größeren Labilitätsbereich $1 \geqq s \geqq s_K$ erkauft werden, so daß der Vergrößerung der Windungszahl im Läufer Grenzen gesetzt sind. Man wählt praktisch etwa $\ddot{u} \approx 1{,}05$ bis $1{,}2$. Wie wir später noch sehen werden, ist der Kippschlupf hierbei

$$s_K = -\frac{\cos\alpha}{\ddot{u}}. \tag{497}$$

g) Der Zwischentransformator. Der Zwischentransformator hat die Aufgabe, den labilen Drehzahlbereich zu verringern oder zu beseitigen, so daß der Motor stabil bis auf kleine Drehzahlen heruntergeregelt werden kann. Da die OHMschen Widerstände und die Streublindwiderstände des Zwischentransformators den Widerständen der Maschine im Ständer und im Läufer hinzugezählt werden können, so leuchtet ein, daß die Wirkung des Zwischentransformators nur in seinem Magnetisierungsstrom zu suchen ist. Diese Wirkung des Transformators kann aber auch durch eine gewöhnliche Drosselspule hervorgerufen werden, wie bekannt ist.

Abb. 526 zeigt das aus dieser Überlegung hervorgehende einphasige Schema, wobei wir uns, wie immer, die Ringschaltung der Stromwenderwicklung durch

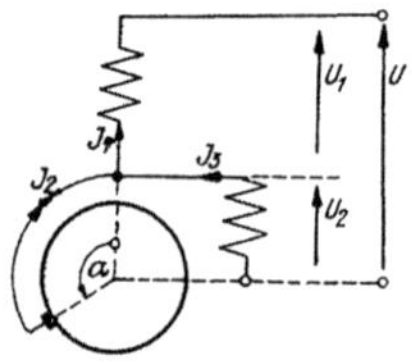

Abb. 526. Einphasiges Schaltbild des Drehstrom-Reihenschlußmotors mit Zwischentransformator. Ersatz des Zwischentransformators durch eine Drosselspule.

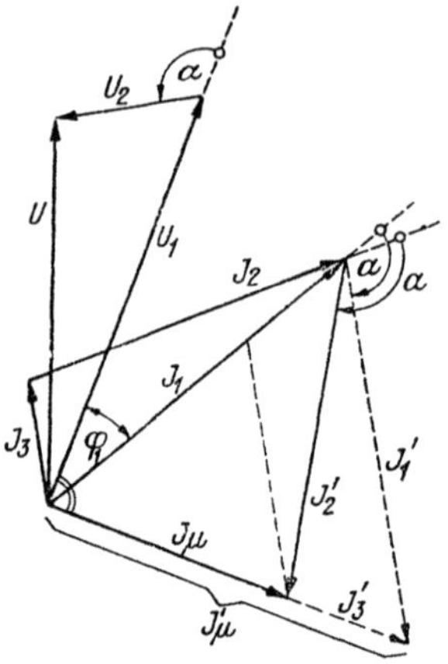

Abb. 527. Vektordiagramm des Reihenschlußmotors mit Zwischentransformator.

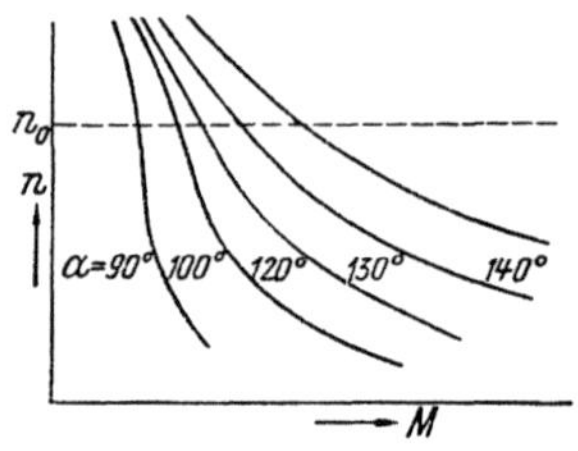

Abb. 528. Drehmomentkurven des Drehstrom-Reihenschlußmotors mit stark gesättigtem Zwischentransformator.

eine gleichwertige Sternschaltung ersetzt denken. In Abb. 527 ist hierfür das Vektordiagramm für einen untersynchronen Betriebszustand bei $\alpha = 120°$ gezeichnet; das aus U_1, U_2 und U gebildete Spannungsdreieck stimmt mit dem der Abb. 518 b überein. Die Aufteilung der Klemmenspannung auf Ständerspannung und Läuferspannung wird bei Vernachlässigung der Spannungsverluste durch den Zwischentransformator nicht beeinflußt; sie ist durch den Bürstenwinkel und den Schlupf festgelegt. Der Strom J_3 der Drosselspule eilt gegenüber der Spannung U_2 um 90° nach. Da schaltungsgemäß $\mathfrak{J}_2 + \mathfrak{J}_3 = \mathfrak{J}_1$ ist, können wir, nachdem wir den Strom J_1 zunächst als gegeben betrachten, auch den Strom J_2 im Vektordiagramm bestimmen.

Drehen wir die drei Stromvektoren um den Winkel α zurück, erhalten wir das Stromdreieck J_1', J_2', J_3', das dem Stromdreieck J_1, J_2, J_3 gleich ist. $\mathfrak{J}_\mu = \mathfrak{J}_1 + \mathfrak{J}_2'$ ist der wirklich erforderliche Magnetisierungsstrom der Maschine, während $\mathfrak{J}_\mu' = \mathfrak{J}_1 + \mathfrak{J}_1'$ entsprechend Abb. 520 derjenige Magnetisierungsstrom ist, der sich bei gleichbleibendem Primärstrom ohne Zwischentransformator einstellen würde. Da J_3' in Phase mit J_μ liegt und $J_3' = J_3$ ist, so ist $J_\mu' = J_\mu + J_3$. Die Wirkung des Zwischentransformators im untersynchronen Lauf, den wir der Abb. 527 zugrunde gelegt haben, besteht also darin, daß die resultierende Magnetisierung der Maschine um den Magnetisierungsstrom J_3 des Zwischentransformators geschwächt wird.

Umgekehrt ergibt sich daraus, daß zur Erzeugung einer geforderten Magnetisierung der Primärstrom ansteigen muß, um die schwächende Wirkung des Zwischentransformators auszugleichen.

Wie die in Abb. 527 gestrichelte Parallele zu J_1' andeutet, würde die wirklich erforderliche Magnetisierung J_μ ohne Zwischentransformator einen viel kleineren Primärstrom erfordern. Bei gleichbleibender Magnetisierung erhöht sich der Primärstrom infolge der Verwendung eines Zwischentransformators im Verhältnis $J_\mu'/J_\mu = 1 + J_3/J_\mu$, wie aus dem Stromdreieck in Abb. 527 ohne weiteres zu entnehmen ist. Bezeichnen wir den Hauptblindwiderstand des Zwischentransformators auf der Primärseite mit X_T und den der Maschine mit X_{1h} und setzen $J_3 \approx U_2/X_T \approx s\,U_1/X_T$ sowie $J_\mu \approx U_1/X_{1h}$, dann ist $J_\mu'/J_\mu = 1 + s\,X_{1h}/X_T$. Wie wir später noch zeigen, ist bei $\ddot{u} \neq 1$ das Verhältnis

$$\frac{J_\mu'}{J_\mu} = 1 + \ddot{u}\,\frac{J_3}{J_\mu} = 1 + s\,\ddot{u}^2\,\frac{X_{1h}}{X_T}.$$

Die Vergrößerung des Primärstromes im Verhältnis $J_\mu'/J_\mu = 1 + s\,\ddot{u}^2\,X_{1h}/X_T$ ist vom Schlupf abhängig, weil die Läuferspannung U_2 vom Schlupf abhängt und U_2 die vom Zwischentransformator zu übertragende Spannung ist. Im synchronen Lauf mit $s = 0$ ist danach der Zwischentransformator ohne Einfluß auf das Verhalten der Maschine. Übersynchron wird dagegen der primäre Strom verringert, da der Schlupf negativ ist; das ist leicht einzusehen, da im übersynchronen Lauf die Stromwenderwicklung kapazitives Verhalten zeigt und der Zwischentransformator nun von der Sekundärseite aus magnetisiert wird. Aus $1 + s\,\ddot{u}^2\,X_{1h}/X_T = 0$ erhalten wir den übersynchronen Schlupf, bei dem der Primärstrom theoretisch den Wert Null erreicht; praktisch fließt aber primär noch der Leerverluststrom. Die zugehörige Drehzahl ist die Leerlaufdrehzahl; der Magnetisierungsstrom des Zwischentransformators schließt sich bei dieser Drehzahl vollständig über den Läufer.

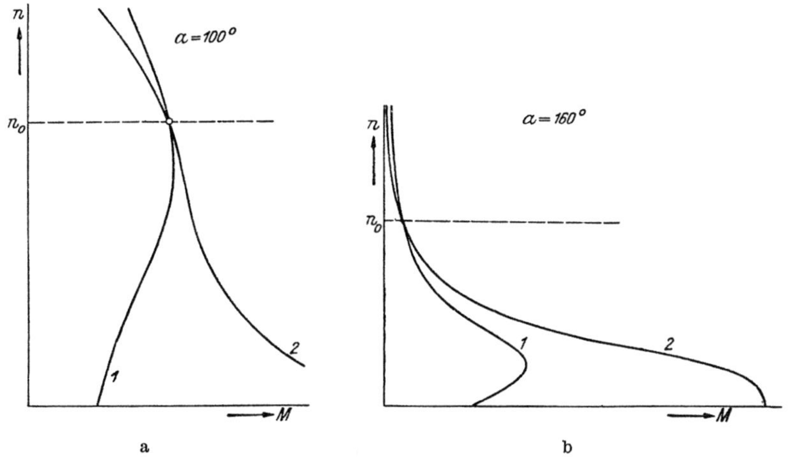

Abb. 529. Wirkung des stark gesättigten Zwischentransformators auf die Drehmomentkurve bei $\alpha = 100°$ und $160°$.
1 ohne Zwischentransformator, 2 mit Zwischentransformator.

Bei gleichbleibender Magnetisierung, bzw. gleichbleibendem Fluß muß der Primärstrom, wie wir gesehen haben, durch die Wirkung des Zwischentransformators ansteigen. Da das Drehmoment dem Primärstrom proportional ist, so folgt daraus, daß unter Einwirkung des Zwischentransformators das Drehmoment sich ebenso wie der Primärstrom ändert; im untersynchronen Lauf wird das Drehmoment verstärkt und im übersynchronen Lauf geschwächt. Durch den Zwischentransformator wird daher eine Abflachung der Drehmomentkurve und eine Verringerung des labilen Drehzahlbereiches erreicht. Diese Wirkung des Zwischentransformators läßt sich durch hohe Sättigung des Transformatoreisenkernes steigern, weil dadurch der Magnetisierungsstrom und ebenso das Verhältnis X_{1h}/X_T stärker als linear mit der Läuferspannung bzw. dem Schlupf ansteigen, so daß die dadurch bewirkte weitere Zunahme des Drehmoments ausreicht, um den sonst bei kleinen Drehzahlen auftretenden Rückgang des Drehmoments zu vermeiden und den labilen Drehzahlbereich verschwinden zu lassen (s. Abb. 528, 529a und b).

Die Verringerung des Drehmoments im übersynchronen Lauf setzt auch die Leerlaufdrehzahl des Motors wesentlich herab, so daß ein Durchgehen des Reihenschlußmotors mit Zwischentransformator im Leerlauf nicht eintritt. Die Leerlaufdrehzahl beträgt etwa das 1,8-fache der synchronen Drehzahl.

Einen weiteren Vorteil bietet der Zwischentransformator insofern, als dadurch die Stromwenderwicklung unabhängig von der Netzspannung wird. Die Größe des Zwischentransformators hängt von der zu übertragenden Schlupfleistung, d. h. also vom Regelbereich und der zu regelnden Leistung ab. Bei nicht zu großen Spannungsunterschieden im Ständer und Läufer kann der Zwischentransformator auch in Sparschaltung verwendet werden. Im allgemeinen fällt der Zwischentransformator so klein aus, daß er, ohne ins Auge zu fallen, im Motorgehäuse untergebracht werden kann.

h) Der Stromwender mit doppeltem Bürstensatz. Bei Verwendung eines Zwischentransformators kann man statt eines Dreibürstensatzes auch einen Sechsbürstensatz nach Abb. 511 verwenden. Dadurch erreicht man eine bessere Ausnutzung des Ankers; auch die Stromwendung ist günstiger, weil bei gleicher Leistung der Strom nur halb so groß ist.

Verfährt man bei diesem Doppelbürstensatz in gleicher Weise wie beim Repulsionsmotor mit Doppelbürstensatz, indem man drei Bürsten fest (z. B. U, V, W) und die anderen drei (X, Y, Z) beweglich macht (Abb. 512), erreicht man ebenfalls die Beseitigung des labilen Drehzahlbereiches, muß aber dafür im untersynchronen Betrieb eine Verschlechterung des Leistungsfaktors in Kauf nehmen. Auf weitere Einzelheiten soll hier nicht eingegangen werden, da der Doppelbürstensatz praktisch kaum noch verwendet wird.

i) Die Stromwendung. Außer der Stromwendespannung tritt in den kurzgeschlossenen Spulen unter den Bürsten noch die vom Drehfeld induzierte Spannung auf, die proportional dem Schlupf ist. Aus diesem Grunde vermeidet man es daher, den Motor gegen das Drehfeld laufen zu lassen. In der Nähe der synchronen Drehzahl ist die Stromwendung am günstigsten, weil hier der Einfluß des Drehfeldes gering ist. Da der Fluß um so größer ist, je kleiner $\sin\alpha$, ist auch die Stromwendung bei größeren Bürstenwinkeln $\alpha \to 180°$ schwieriger als bei $\alpha \to 90°$. Die Stromwendespannung könnte grundsätzlich auch bei Drehstrom durch Wendepole kompensiert werden, aber wegen der Bürstenverschiebung, auf die man nicht verzichten kann, muß dies unterbleiben. Auch noch andere schaltungstechnische und konstruktive Gründe sprechen gegen die Verwendung von solchen Wendepolen.[1])

---

[1]) M. Schenkel, Die Kommutatormaschinen, W. de Gruyter & Co., Berlin 1924, S. 178.

k) Kurze Theorie des Drehstrom-Reihenschlußmotors. α) Ohne Zwischentransformator. Zunächst ist wiederum wie bei allen Reihenschlußmaschinen, die mit stark veränderlichen Flüssen arbeiten, darauf hinzuweisen, daß die Eisensättigung zahlenmäßig einen erheblichen Einfluß hat, ohne aber das grundsätzliche Verhalten zu ändern. Im folgenden vernachlässigen wir daher die Eisensättigung.

Die Spannungsgleichung lautet:

$$\mathfrak{U} = \mathfrak{J}\,\mathfrak{Z}_\sigma + \mathfrak{E}_1 + \mathfrak{E}_2 = \mathfrak{U}_1 + \mathfrak{U}_2. \tag{498}$$

$\mathfrak{Z}_\sigma = R + j\,X_\sigma$ umfaßt die Wirk- und Streublindwiderstände von Ständer und Läufer, hierbei ist die Läuferwicklung in eine gleichwertige Sternschaltung umzurechnen. Wir haben schon früher betont, daß die Streuung eines Stromwenderankers schwer zu erfassen ist, worauf beim Nebenschlußmotor kurz eingegangen wird. Hier fassen wir Ständer- und Läuferstreuung zu einem einzigen, konstanten Wert zusammen.

$\mathfrak{E}_1$ und $\mathfrak{E}_2$ sind die Drehfeldspannungen im Ständer und Läufer. Zwischen beiden besteht eine feste Beziehung:

$$\mathfrak{E}_2 = s\,\ddot{u}\,\mathfrak{E}_1\,e^{j\alpha}. \tag{499}$$

$\ddot{u} = w_2\,\xi_2/w_1\,\xi_1$ ist das Übersetzungsverhältnis der Windungszahlen, auf Sternschaltung des Läufers bezogen. Da die Achse der Läuferwicklung um den Winkel α gegen das Drehfeld verschoben ist, ist auch die vom Drehfeld erzeugte Spannung E_2 in der Phase um den Winkel α früher als E_1.

Wie beim gewöhnlichen Induktionsmotor, wird das Drehfeld von der resultierenden Durchflutung erzeugt, wir setzen daher

$$\mathfrak{E}_1 = \mathfrak{Z}_0\,(\mathfrak{J}_1 + \mathfrak{J}_2'). \tag{500}$$

Mit $\mathfrak{J}_1 = \mathfrak{J}$ und

$$\mathfrak{J}_2' = \ddot{u}\,\mathfrak{J}\,e^{-j\alpha} \tag{501}$$

erhalten wir

$$\mathfrak{E}_1 = \mathfrak{J}\,\mathfrak{Z}_0\,(1 + \ddot{u}\,e^{-j\alpha}). \tag{502}$$

Die endgültige Spannungsgleichung lautet:

$$\mathfrak{U} = \mathfrak{J}\,[\mathfrak{Z}_\sigma + \mathfrak{Z}_0\,(1 + \ddot{u}\,e^{-j\alpha})\,(1 + s\,\ddot{u}\,e^{j\alpha})]. \tag{503}$$

Nach dieser Gleichung durchläuft $\mathfrak{J}\,(s)$ einen Kreis, der durch den Nullpunkt geht und dessen Lage durch Ausrechnen von zwei weiteren Punkten ohne Schwierigkeiten bestimmt werden kann. Für die theoretische Behandlung genügen aber im allgemeinen die vereinfachte Form mit $\mathfrak{Z}_\sigma = 0$ und die Konstruktion des Kreises, wie sie schon früher angegeben worden ist.

Das Drehmoment berechnen wir wie beim gewöhnlichen Induktionsmotor aus der Ständerdrehfeldleistung. Es ist also

$$M = \frac{m}{2\,\pi\,n_1}\,\mathfrak{Re}\,(\mathfrak{E}_1\,\mathfrak{J}^*). \tag{504}$$

Mit Gl. 502 erhalten wir, indem wir gleich den Realteil von $\mathfrak{Z}_0\,(1 + \ddot{u}\,e^{-j\alpha})$ bestimmen:

$$M = \frac{m}{2\,\pi\,n_1}\,J^2\,\ddot{u}\,X_{1h}\sin\alpha. \tag{505}$$

Diese Formel entspricht der früher aus einfachen Überlegungen abgeleiteten Gl. 491 a. Wird J unter Berücksichtigung aller Umstände bestimmt und ebenso X_{1h} dem Sättigungszustand entsprechend eingesetzt, gilt obige Formel genau.

Schreiben wir Gl. 503 in der Form $\mathfrak{U} = \mathfrak{J}\mathfrak{Z}$ und führen $J = U/Z$ in Gl. 505 ein, erhalten wir

$$M = \frac{m}{2\pi n_1}\left(\frac{U}{Z}\right)^2 \ddot{u}\, X_{1h} \sin\alpha. \tag{506}$$

Die Abhängigkeit des Drehmoments vom Schlupf ist in $Z(s)$ enthalten. Aus $\partial Z/\partial s = 0$ erhalten wir mit $\mathfrak{Z}_\sigma = 0$ den Kippschlupf zu

$$s_K = -\frac{\cos\alpha}{\ddot{u}}. \tag{497}$$

Die Erhöhung von $\ddot{u}$ wirkt günstig auf den Leistungsfaktor, denn nach Gl. 502 ist

$$\operatorname{tg}\varphi_1 = \frac{1 + \ddot{u}\cos\alpha}{\ddot{u}\sin\alpha}. \tag{507}$$

$\operatorname{tg}\varphi_1 = 0$ erhält man für $\ddot{u} = -1/\cos\alpha$. Wie früher schon erläutert wurde, ist im synchronen Lauf $\varphi = \varphi_1$. Die Verbesserung des Leistungsfaktors muß nach Gl. 497 mit einer Erhöhung der Kippdrehzahl, bzw. Vergrößerung des labilen Drehzahlbereiches erkauft werden. Allerdings wird dieser Einfluß durch die Wirkung des stark gesättigten Zwischentransformators wieder behoben.

β) Mit Zwischentransformator. Indem wir die Wirk- und Streublindwiderstände von Ständer, Läufer und Transformator zur Vereinfachung vernachlässigen, behandeln wir den Zwischentransformator wie eine Drosselspule parallel zur Stromwenderwicklung unter Annahme einer Transformatorübersetzung 1:1.

Es ist nach Abb. 526

$$\mathfrak{J}_2' = \ddot{u}\,\mathfrak{J}_2\, e^{-j\alpha} \quad \text{und} \quad \mathfrak{J}_2 = \mathfrak{J}_1 - \mathfrak{J}_3. \tag{508}$$

Hierbei ist

$$\mathfrak{J}_3 = \frac{\mathfrak{U}_2}{\mathfrak{Z}_T} \tag{509}$$

der Strom der Drosselspule oder der Magnetisierungsstrom des Zwischentransformators. Mit $\mathfrak{Z}_\sigma = 0$ ist $\mathfrak{U}_2 = \mathfrak{E}_2 = s\,\ddot{u}\,\mathfrak{U}_1\, e^{j\alpha}$, und für den Strom erhalten wir mit $\mathfrak{Z}_0/\mathfrak{Z}_T \approx X_{1h}/X_T$ aus den Gl. 491a, 500, 508 und 509:

$$\mathfrak{J}_1 = \frac{\mathfrak{U}}{\mathfrak{Z}_0}\,\frac{1 + s\,\ddot{u}^2 X_{1h}/X_T}{(1 + s\,\ddot{u}\, e^{j\alpha})(1 + \ddot{u}\, e^{-j\alpha})}. \tag{510}$$

Unter dem Einfluß des Zwischentransformators erscheint also der Primärstrom J_1 auf das $(1 + s\,\ddot{u}^2 X_{1h}/X_T)$-fache vergrößert, wie wir durch Vergleich der Gl. 510 mit der Gl. 503 feststellen. Die Phase des Ständerstromes ändert sich nicht. Im untersynchronen Lauf mit $s > 0$ nimmt der Strom zu, im übersynchronen Lauf mit $s < 0$ ab. X_T ist der Hauptblindwiderstand des Zwischentransformators auf der Primärseite und X_{1h} derjenige der Maschine. Bei stark gesättigtem Zwischentransformator ist X_{1h}/X_T vom Schlupf abhängig, so daß sich $s\,\ddot{u}^2 X_{1h}/X_T$ stärker als linear mit dem Schlupf ändert.

Bei gleichbleibendem Fluß ändert sich das Drehmoment in gleicher Weise wie der Primärstrom, so daß wir auf Grund von Gl. 504 bzw. 506 sofort schreiben können:

$$M = \frac{m}{2\pi n_1}\left(\frac{U}{Z}\right)^2 \ddot{u}\, X_{1h}\,(1 + s\,\ddot{u}^2 X_{1h}/X_T)\sin\alpha. \tag{511}$$

In Z ist die Abhängigkeit vom Schlupf s nach Gl. 503 bzw. 506 zu beachten. Bei $s = -X_T/X_{1h}\,\ddot{u}^2$ ist das Drehmoment Null; die Leerlaufdrehzahl geht soweit herunter, daß der Motor im allgemeinen auch unbelastet laufen kann. Setzt man in Gl. 511 die jeweils der Sättigung entsprechenden Werte für die Widerstände ein, kann der Drehmomentverlauf auch bei Sättigung durch punktweise Rechnung bestimmt werden (s. Abb. 528, 529a, b).

Über günstige Einwirkung auf die Drehzahl-Drehmomentkurve durch Wirkwiderstände siehe das Schrifttum.[1])

γ) Nutzbremsung und Selbsterregung. Die Drehstrom-Reihenschlußmaschine geht vom Motorbetrieb in den Generatorbetrieb über, indem man entweder die Bürsten in entgegengesetzter Richtung verdreht oder die Drehrichtung ändert. Während beim Motorbetrieb Drehrichtung und Bürstenverstellung gegensinnig sind, sind diese beim Generator gleichsinnig, wobei die Verstellrichtung der Bürsten immer von der Leerstellung aus zu beurteilen ist. Auch für den Generatorbetrieb ist es zur Erzielung guter Leistungen und Drehmomente vorteilhaft, den Läufer bei großen Bürstenverschiebungen im Sinne des Drehfeldes umlaufen zu lassen.

Da der Drehstrom-Reihenschlußmotor in Förderbetrieben, Hubwerken usw. verwendet wird, liegt es nahe, die Generatorwirkung in Nutzbremsung auszunutzen.

Auch bei dieser Maschine tritt häufig Selbsterregung mit netzfremder Frequenz ein, die eine Nutzbremsung unmöglich macht, abgesehen davon, daß durch ruckartiges Einsetzen der Selbsterregung Wellenbrüche usw. zu befürchten sind. Die Bedingung für die Selbsterregung erhalten wir aus

$$\mathfrak{Z} = 0,$$

wobei es gleichgültig ist, ob wir $\mathfrak{Z}$ entsprechend dem Ansatz $\mathfrak{U} = \mathfrak{J}\mathfrak{Z}$ aus Gl. 503 oder Gl. 510 entnehmen. Es zeigt sich nämlich, daß der Zwischentransformator auf das grundsätzliche Verhalten ohne Einfluß ist. Mit $n = (1 - s)\,\omega/2\,\pi\,p$ erhalten wir aus $\mathfrak{Im}(\mathfrak{Z}) = 0$ für die Drehzahl, bei der Selbsterregung eintritt:

$$n = -\frac{1}{2\,\pi\,p}\,\frac{R}{\ddot{u}\,L_{1h}\sin\alpha}. \tag{512}$$

Bei positivem Winkel α ist die Drehzahl negativ; entsprechend den eingangs gegebenen Festlegungen bedeutet dies Generatorbetrieb. Bei negativem Winkel α wird n positiv. Aus $\mathfrak{Re}(\mathfrak{Z}) = 0$ erhalten wir eine Beziehung für den Schlupf s, die wir in $\mathfrak{Im}(\mathfrak{Z}) = 0$ einführen, um damit die primäre Kreisfrequenz der Selbsterregung zu erhalten:

$$\omega' = -\frac{R}{L_{1h}\sin\alpha}\,\frac{\ddot{u} + \cos\alpha}{1 + \sigma + \ddot{u}^2 + 2\,\ddot{u}\cos\alpha}. \tag{513}$$

Hierbei ist $\sigma = X_\sigma/X_{1h} = L_\sigma/L_{1h}$. Das Vorzeichen der Kreisfrequenz legt die Drehrichtung des Drehfeldes fest. Durch Vergleich von Gl. 512 und 513 erkennt man, daß bei Selbsterregung das Drehfeld wegen des gleichen Vorzeichens im gleichen Sinn wie der Läufer umläuft.

Bezeichnen wir mit $2\,\pi\,p\,n = \omega_n$ die Drehzahl-Kreisfrequenz und führen die entsprechend umgeformte Gl. 512 in die Gl. 513 ein, so erhalten wir für das Verhältnis der Selbsterregungsfrequenz zur Drehzahlfrequenz

$$\frac{\omega'}{\omega_n} = \frac{\ddot{u}^2 + \ddot{u}\cos\alpha}{1 + \sigma + \ddot{u}^2 + 2\,\ddot{u}\cos\alpha}.$$

Mit $\ddot{u} \approx 1$ und $\sigma \approx 0$ ergibt sich in erster Annäherung $\omega'/\omega_n \approx 0{,}5$, d. h. die Selbsterregungsfrequenz ist etwa gleich der halben Drehzahlfrequenz, oder umgekehrt: Die Maschine läuft bei Selbsterregung etwa mit der auf Selbsterregungsfrequenz bezogenen doppelt synchronen Drehzahl. Im Kreisdiagramm nach Abb. 521, das von der Netzfrequenz unabhängig ist, findet man, daß beim Schlupf

[1]) L. Weiler, Siemens-Z. 6 (1926) S. 502.

$s = -1$ gerade der Leistungsfaktor $\cos\varphi = 1$ erreicht wird; d. h. unter den oben angegebenen Voraussetzungen $\ddot{u} = 1$ und $\sigma = 0$ wird die grundsätzliche Bedingung der Selbsterregung, nach der die Summe der Blindwiderstände Null sein muß, gerade bei der doppeltsynchronen Drehzahl erfüllt.

Die Maßnahmen zur Vermeidung der Selbsterregung sind aus den beiden Gleichungen erkenntlich, insbesondere ist der große Einfluß des Ohmschen Widerstandes ohne weiteres ersichtlich. Im allgemeinen wird die Einschaltung von Ohmschen Widerständen daher auch benutzt, um die Selbsterregung zu unterdrücken. Eine genaue Untersuchung unter Beachtung aller Einzelheiten zeigt,[1]) daß es dabei am günstigsten ist, den Widerstand auf der Sekundärseite des Zwischentransformators vor den Läufer zu schalten.

Über eine weitere Möglichkeit einer Selbsterregung mit Einphasenstrom siehe Kozisek.[2])

3. Der Drehstrom-Nebenschlußmotor.

Der Nebenschlußmotor kommt in seinem Verhalten dem gewöhnlichen Drehstrommotor am nächsten. Seine Drehzahl-Drehmomentkurve zeigt Nebenschlußverhalten; die Drehzahl fällt also bei Belastung nur wenig ab. Im Gegensatz zum Drehstrommotor kann diese Drehmomentkurve aber beliebig gehoben und gesenkt werden, so daß jede Drehzahl erreichbar ist. Seine Anwendung findet der Nebenschlußmotor überall da, wo annähernd belastungsunabhängige, regelbare Drehzahl verlangt wird. Vor allem findet er dort immer mehr Eingang, wo bisher unwirtschaftliche und umständliche elektrische oder mechanische Regelantriebe verwendet wurden. Infolge seines verhältnismäßig einfachen Aufbaues und der einfachen Handhabung ist er geeignet, die Verwendung eines regelbaren Antriebes zu fördern, um durch bessere und veränderliche Anpassung der Drehzahl an den jeweiligen Arbeitsvorgang wirtschaftliche Vorteile in der industriellen Fertigung zu erzielen.

Der geringe Drehzahlabfall bei Belastung, d. h. sein Nebenschlußverhalten, bedeutet in den meisten Fällen, mit Ausnahme z. B. der Hub- und Förderantriebe, einen entscheidenden Vorteil gegenüber dem Reihenschlußmotor. Selbst dort, wo das Reihenschlußverhalten für den Antrieb ohne Bedeutung wäre, wird heute vielfach der Nebenschlußmotor aus dem Grunde vorgezogen, weil man die im Leerlauf auftretende hohe Leerlaufdrehzahl vermeiden will. Die Verdrängung des Reihenschlußmotors durch den Nebenschlußmotor ist erst in den letzten Jahren zum Durchbruch gekommen, weil die Entwicklung des Nebenschlußmotors aus mancherlei Gründen viel später einsetzte und erst in letzter Zeit einen gewissen Abschluß erreichte.

a) Aufbau. Obwohl beide Ausführungsarten grundsätzlich das gleiche Verhalten zeigen, unterscheidet man doch wegen verschiedener betriebstechnischer und konstruktiver Eigenheiten den ständergespeisten und den läufergespeisten Motor.

Der ständergespeiste Motor hat im Ständer eine gewöhnliche Drehstromwicklung, die als Primärwicklung ans Netz gelegt wird, und im Läufer als Sekundärwicklung eine Stromwenderwicklung mit einem Drehstrombürstensatz. Diesem Bürstensatz wird eine nach Größe und Phase veränderliche „Regelspannung“ von Netzfrequenz zugeführt, was auf verschiedene Weise möglich ist.

Abb. 530 zeigt die Schaltung eines ständergespeisten Motors, bei der die Regelspannung von Anzapfungen der Primärwicklung im Ständer abgenommen

[1]) A. Leonhard, Wiss. Veröff. Siemens-Konz. 9 (1930) S. 290.

[2]) J. Kozisek, ETZ 56 (1935) S. 1121.

wird; Abb. 531 zeigt dieselbe Schaltung im einpoligen Schema. Eine weitere Möglichkeit zeigt Abb. 532, in der die Regelspannung von einer Hilfswicklung, die mit der Primärwicklung in den gleichen Nuten des Ständers transformatorisch verbunden ist, geliefert wird. Abb. 533 zeigt den Ersatz der Anzapfungen der Hilfswicklung durch einen Einfach- oder Doppeldrehregler, der unmittelbar vom Netz gespeist wird. Diese Schaltung wird heute wohl am meisten verwendet. Bei Anwendung eines Doppeldrehreglers[1]) kann man auf die Bürstenverschiebung verzichten. Eine Abänderung dieser Schaltung besteht darin,

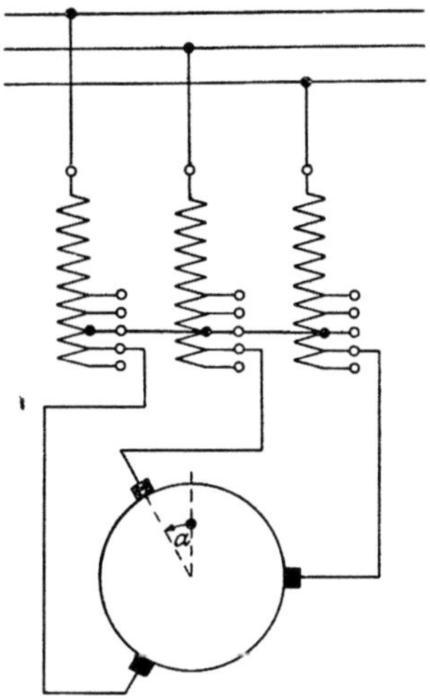

Abb. 530. Schaltung eines ständergespeisten Drehstrom-Nebenschlußmotors mit Anzapfungen der Primärwicklung.

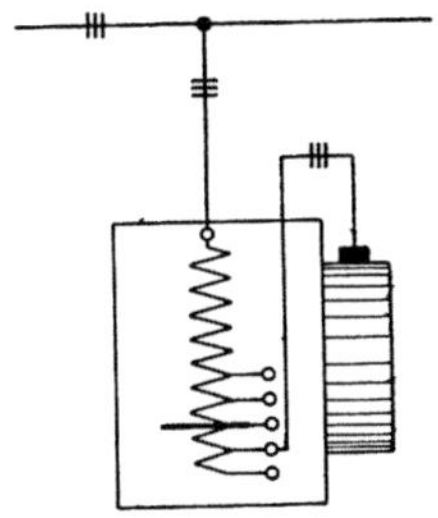

Abb. 531. Einpoliges Schaltbild der Abb. 530.

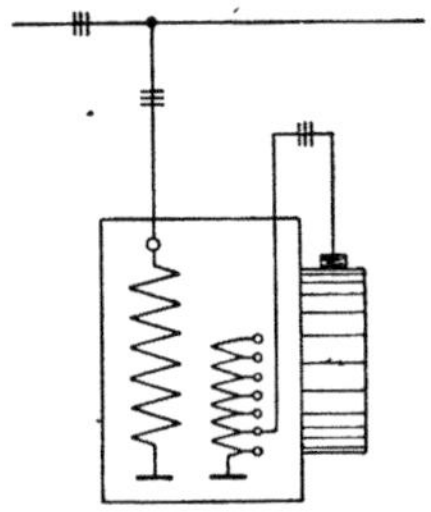

Abb. 532. Ständergespeister Drehstrom-Nebenschlußmotor mit Hilfswicklung im Ständer.

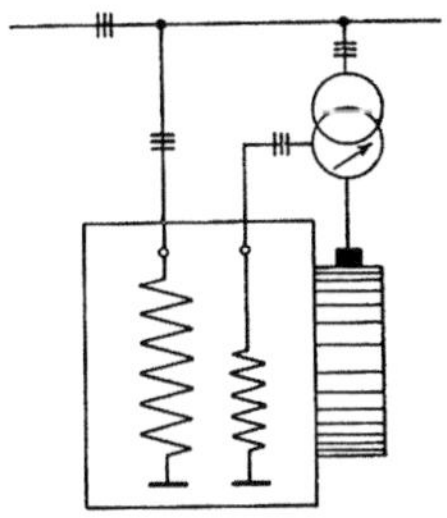

Abb. 533. Ständergespeister Drehstrom-Nebenschlußmotor mit Hilfswicklung und Drehregler.

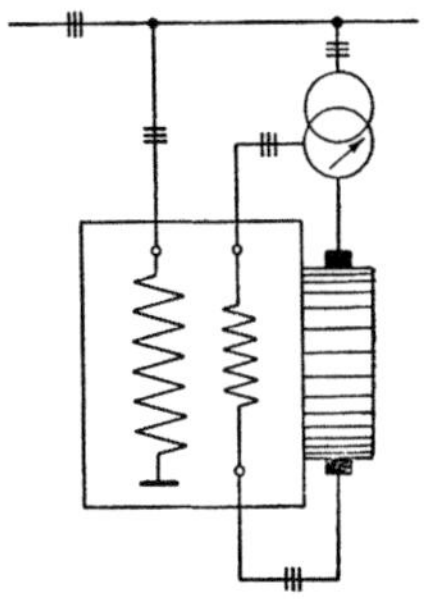

Abb. 534. Ständergespeister Drehstrom-Nebenschlußmotor mit Sechsbürstensatz.

die konstante Spannung nicht durch eine Hilfswicklung im Ständer, sondern durch einen besonderen Transformator zu erzeugen, so daß der Ständer nur die Netzwicklung (Primärwicklung) und der Läufer die Stromwenderwicklung (Sekundärwicklung) enthält und alle Hilfswicklungen zur Erzeugung der Regelspannung (einschließlich „Kompensationsspannung“) außerhalb des Motors untergebracht sind.

Bei allen gezeigten Schaltungen kann man vom Drei- zum Sechsbürstensatz übergehen, indem man die Hilfswicklung offen ausführt. Abb. 534 zeigt die Schaltung der Abb. 533 mit Sechsbürstensatz. Abb. 535 stellt einen solchen Nebenschlußmotor mit aufgebautem Drehregler dar. Die Winkellage des Läufers des Drehreglers kann durch ein Schneckengetriebe eingestellt werden. Im Bild ist die Schutzkappe abgenommen.

Abb. 536 endlich zeigt die Speisung des Stromwenders aus dem Netz lediglich über einen Drehregler, eine Schaltung, die das Grundsätzliche aller Schaltungen am besten erkennen läßt.

[1]) Unter einem „Doppeldrehregler“ soll hier ein zweifacher Scherendrehregler verstanden werden, der es ermöglicht, eine Spannung beliebig nach Größe und Phase zu verändern.

Der läufergespeiste Motor[1]) hat im Ständer ebenfalls eine gewöhnliche Drehstromwicklung, die aber als Sekundärwicklung arbeitet, während der Läufer zwei Wicklungen trägt, eine Schleifringwicklung als die vom Netz gespeiste Primärwicklung und in den gleichen Nuten eine Stromwenderwicklung als Hilfswicklung, die über den Stromwender der offenen Sekundärwicklung im Ständer die Regelspannung gleicher Schlupffrequenz zuführt (Abb. 537 a und 537 b). Der Stromwender hat einen Doppelbürstensatz, d. h. zwei Drehstrombürstensätze, die axial hintereinander angeordnet sein müssen und einzeln oder gemeinsam verdrehbar sind. Der eine Bürstensatz ist mit den drei Wicklungsanfängen der Sekundärwicklung verbunden, der andere mit den drei Wicklungsenden. Die gleichmäßige Verdrehung der beiden Bürstensätze in entgegengesetzten Richtungen ändert die Größe der abgenommenen Regelspannung; die gemeinsame Verschiebung beider Bürstensätze in einer Richtung ändert die Phase. Man kann beide Wirkungen vereinigen, wenn man die Bürsten mit verschiedenen Geschwindigkeiten nach entgegengesetzten Richtungen dreht. In Abb. 538 sehen wir den Läufer *a* mit der Drehstromwicklung *b*, die mit den Schleifringen *d* verbunden ist, und mit der Stromwenderwicklung *c*, die an den Stromwender *e* angeschlossen ist. Der Ständer *f* trägt eine Drehstromwicklung *g* mit offenen Phasen. Die zwei Bürstensätze *k* können mit dem Handrad *l* gegeneinander verstellt werden. Die Bürsten sind im Klemmenkasten *h* mit den Ständerklemmen verbunden. Die Netzanschlußklemmen *i* sind an die Bürsten auf den Schleifringen angeschlossen.

Abb. 535. Ständergespeister Drehstrom-Nebenschlußmotor mit aufgebautem Einfachdrehregler und Sechsbürstensatz.

Der schaltungstechnische Unterschied der beiden Bauarten ist ohne weiteres erkennbar: Bei Ständerspeisung muß die Regelspannung mit Hilfe eines besonderen Drehreglers stetig geregelt werden oder sie kann nur stufenweise und nicht ohne Unterbrechung geändert werden, während bei Läuferspeisung die feinstufige Änderung der Regelspannung nach Phase und Größe in einfachster Weise durch den Doppelbürstensatz auf den Stromwender möglich ist. Allerdings erfordert der Doppelbürstensatz wegen der axial hintereinander liegenden Anordnung der beiden Bürstensätze eine etwas größere Baulänge des Stromwenders als der einfache Drei- oder Sechsbürstensatz beim ständergespeisten Motor.

Anderseits ist der läufergespeiste Motor hinsichtlich der Größe des Stromwenders insofern wieder im Vorteil, als sich die Größe des Stromwenders nach

[1]) Der Nebenschlußmotor dieser Bauart wird vielfach auch „SCHRAGE-Motor" genannt. Hinsichtlich der Priorität der Erfindung müssen wir jedoch auf das Schrifttum und die diesbezüglichen Patentanmeldungen verweisen: s. R. RICHTER, ETZ 46 (1925) S. 1828; vgl. TH. LAIBLE, Bull. Oerlikon Nr. 229 (1941) S. 1409.

dem Regelbereich und der geregelten Leistung (Schlupfleistung) richtet, während bei Ständerspeisung der Stromwender für die volle Leistung ausgelegt werden muß, denn bei gleichen Strömen (bzw. Drehmoment) muß der Strom-

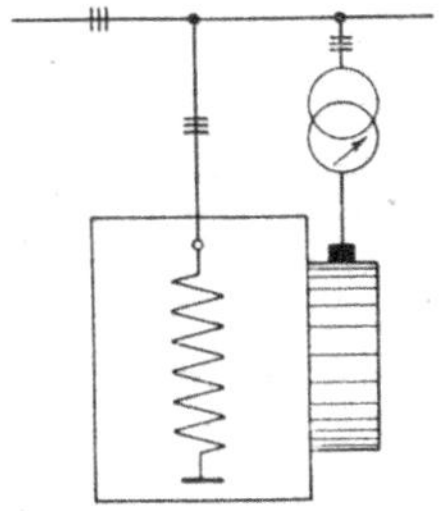

Abb. 536. Standergespeister Drehstrom-Nebenschlußmotor mit Einfach- oder Doppeldrehregler.

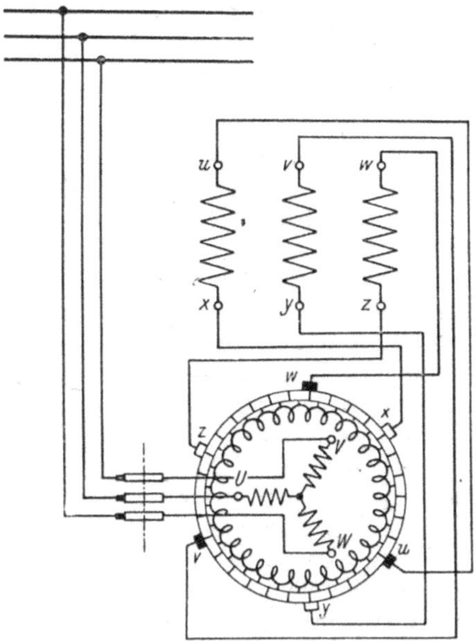

Abb. 537 a. Läufergespeister Drehstrom-Nebenschlußmotor.

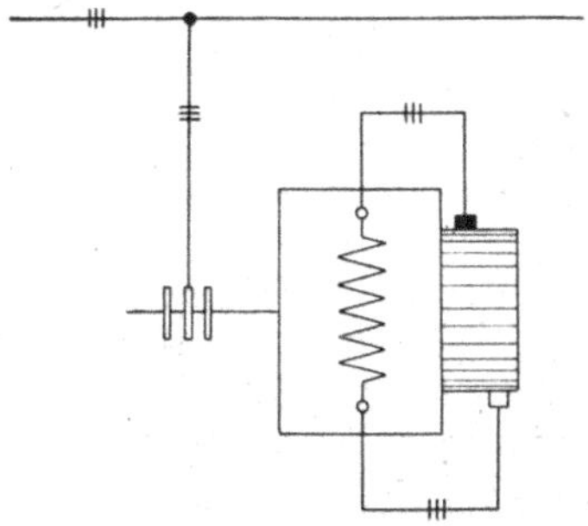

Abb. 537 b. Einpoliges Schaltbild der Schaltung nach Abb. 537 a.

wender bei Ständerspeisung die volle Stillstandsspannung aufbringen, bei Läuferspeisung dagegen nur die vom Regelbereich abhängige Regelspannung.

Dem ständergespeisten Motor kann man wieder zum Vorteil anrechnen, daß seine Netzwicklung im Ständer liegt und somit nicht über Schleifringe

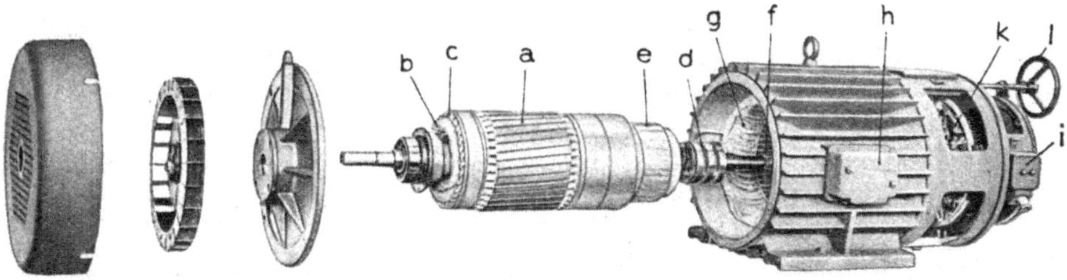

Abb. 538. Geschlossener läufergespeister Drehstrom-Nebenschlußmotor, in seine Bestandteile zerlegt (Werkbild Oerlikon).

gespeist werden muß. Beim ständergespeisten Motor ist also der Anschluß an ein Hochspannungsnetz ohne Vortransformator möglich. Die Unterbringung der Netzwicklung im Läufer bei der Läuferspeisung bereitet besonders bei höheren Netzspannungen Schwierigkeiten hinsichtlich des Platzes und der Beanspruchung der Isolation durch die Fliehkräfte.

Welche Bauart vorzuziehen ist, kann offenbar allgemeingültig nicht entschieden werden, sondern muß von Fall zu Fall geprüft werden, wobei auch die

Anlaufverhältnisse und die Anlaßhäufigkeit eine besondere Rolle spielen. Vielfach ist auch eine gewisse, nicht näher begründete Vorliebe für die eine oder andere Bauart vorhanden.

Auf die Unterschiede beider Bauarten in der Stromwendung kommen wir weiter unten noch zu sprechen.

b) Wirkungsweise. Bei beiden Schaltungen besteht das Grundsätzliche darin, daß die bei der Regelung eines Drehstrommotors freiwerdende Schlupfleistung der Sekundärwicklung von einem Hilfsnetz abgenommen und im Kreislauf dem primären Netz oder der primären Wicklung wieder zugeführt wird. Dazu ist die Zwischenschaltung eines Stromwenders als Frequenzwandler erforderlich. Das Hilfsnetz wird durch die Hilfswicklung im Ständer oder Läufer gebildet und steht mit dem Primärnetz transformatorisch in Verbindung. Die Regelung der Drehzahl und des Leistungsfaktors erfolgt durch Änderung der Spannung dieses Hilfsnetzes nach Größe und Phase. Das Nebenschlußverhalten ist dadurch bedingt, daß für einen eingestellten Regelbereich die Regelspannung konstant ist, sich also mit zunehmender Belastung, von den üblichen Spannungsverlusten abgesehen, nicht ändert. Die Drehmomentbildung erfolgt wie beim gewöhnlichen Drehstrommotor: Das umlaufende Drehfeld erzeugt mit den umlaufenden Strombelägen des Läufers bzw. des Ständers ein Drehmoment. Die Aufteilung der übertragenen Leistung auf Sekundärwicklung und Welle in Abhängigkeit vom Schlupf erfolgt nach den vom Drehstrommotor bekannten Gesetzen.

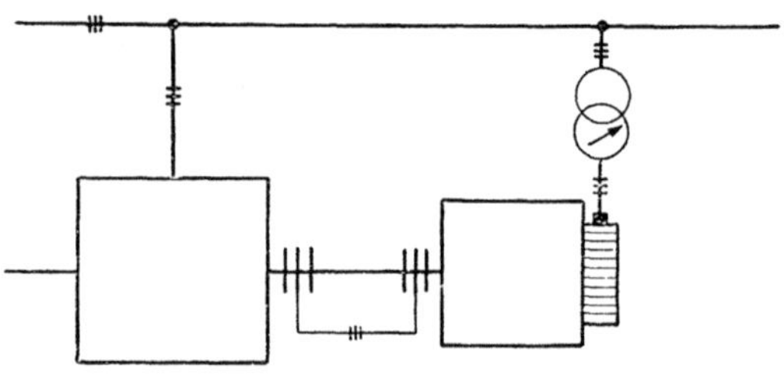

Abb. 539. Induktionsmotor mit Frequenzwandler.

Die genaue Berücksichtigung aller Umstände beim Drehstrom-Nebenschlußmotor führt zu wenig übersichtlichen Diagrammen und verwickelten Betrachtungen; für die Einführung wollen wir daher von einer einfachen Schaltung,

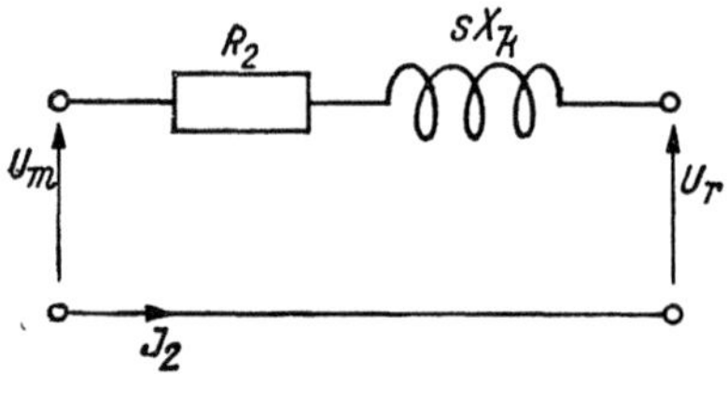

Abb. 540. Ersatzstromkreis der vereinfachten Schaltung des Drehstrom-Nebenschlußmotors.

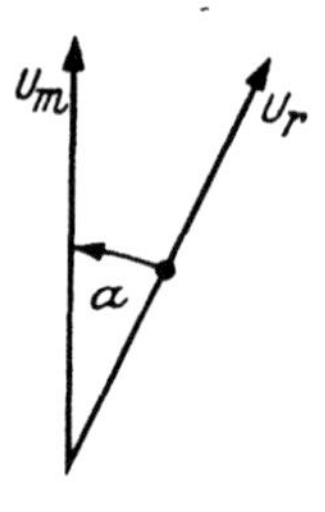

Abb. 541. Zur Festlegung des Vorzeichens für den Winkel α.

die das Grundlegende des ständergespeisten wie des läufergespeisten Nebenschlußmotors erkennen läßt, ausgehen, nämlich von der Schaltung nach Abb. 536. Hier hat der Drehregler die Aufgabe, der Sekundärwicklung die nach Größe und Phase beliebig veränderliche Regelspannung zu liefern, während der Stromwender die Frequenzwandlung von Netzfrequenz auf Schlupffrequenz besorgt.

Denken wir uns nun den Stromwender durch einen besonderen Frequenzwandler ersetzt, dann wäre die Läuferwicklung (Sekundärwicklung) über Schleifringe mit diesem Frequenzwandler zu verbinden und der Frequenzwandler auf der anderen Seite über den Drehregler mit dem primären Netz zu verbinden. Wir ersetzen also den Nebenschlußmotor hinsichtlich seines grundsätzlichen Verhaltens durch einen gewöhnlichen Drehstrommotor, dem an den Schleifringen über Drehregler und Frequenzwandler eine größen- und phasenveränderliche Regelspannung zugeführt wird, wie Abb. 539 zeigt.

Bei Vernachlässigung der Spannungsverluste im Drehregler und im Frequenzwandler schrumpft der Ersatzstromkreis dieser Anordnung auf den bekannten sekundären Ersatzstromkreis der Asynchronmaschine zusammen. In Abb. 540 ist dieser Ersatzstromkreis gezeigt: Er entspricht der Abb. 250, wenn sämtliche Größen mit s multipliziert werden: $U_m = s\,U_{20}$ wollen wir „Maschinenspannung" nennen; statt U_2 erscheint die „Regelspannung" U_r und unter Vernachlässigung des primären Widerstandes R_1 wird aus $s\,R_{K_2}$ dann R_2. Alle Spannungen haben Schlupffrequenz. Man beachte noch, daß wir in Abb. 541 den Strompfeil für J_2 gegenüber Abb. 250 umgedreht haben; bei diesem Zählpfeil ist der Sekundärstrom im wesentlichen in Phase mit dem Primärstrom, nicht in Gegenphase.

Als Übersetzung bezeichnen wir das Verhältnis $ü = U_r/U_{20}$; U_{20} ist die sekundäre Spannung im Stillstand bei offenen Schleifringen. Den Phasenwinkel α zwischen den Spannungen U_r und U_m zählen wir positiv, wenn U_r gegenüber U_m nacheilt (Abb. 541).

c) Leerlauf. Wie aus Abb. 540 zu entnehmen, ist die Sekundärwicklung stromlos (und die Primärwicklung führt nur den Magnetisierungsstrom), wenn die Regelspannung U_r nach Phase und Größe mit der Maschinenspannung U_m übereinstimmt; d. h., wenn $\alpha = 0$ und $U_r = U_m$ ist. Dann ist also $ü\,U_{20} = s\,U_{20}$; den sich hieraus ergebenden Schlupf

$$s_0 = ü, \tag{514}$$

bei dem die Sekundärwicklung stromlos ist und der Motor leerläuft (ideeller Leerlauf ohne Reibungsverluste), nennen wir den Leerlaufschlupf. Ist z. B. $ü = 0{,}5$ bei $\alpha = 0$, also $s_0 = 0{,}5$, dann läuft der Motor im unbelasteten Zustand annähernd mit halber synchroner Drehzahl. Belasten wir den so leerlaufenden Motor, dann sinkt die Drehzahl ein wenig ab und die Maschinenspannung $U_m = s\,U_{20}$ steigt an. Die auf diese Weise entstehende Differenzspannung zwischen der Maschinenspannung und der Regelspannung bewirkt einen Strom, der mit dem Drehfeld ein Drehmoment erzeugt. Abb. 542 zeigt ein entsprechendes Vektordiagramm für untersynchrone Drehzahl.

Die vom Drehstrommotor bekannte Läuferdrehfeldleistung oder Schlupfleistung ist die von der Maschinenspannung U_m und dem Strom J_2 gebildete Wirkleistung:

$$N_{D_2} = s\,N_{D_1} = m\,U_m\,J_2 \cos\varphi_2. \tag{515}$$

Das Drehmoment berechnen wir aus dieser Schlupfleistung wie beim Drehstrommotor mit $U_m = s\,U_{20}$ zu

$$M = \frac{N_{D_2}}{s\,2\,\pi\,n_1} = \frac{m}{2\,\pi\,n_1}\,U_{20}\,J_2 \cos\varphi_2. \tag{516}$$

Mit Ausnahme des Sonderfalles $s = 0$ erhalten wir daraus als allgemeine Bedingung für den Leerlauf, der durch das Verschwinden des Drehmoments gekennzeichnet ist, daß die Schlupfleistung Null sein muß. Das kann auf zweifache Art und Weise geschehen, dadurch, daß der sekundäre Strom Null ist oder gegen die Maschinenspannung um 90° phasenverschoben ist. Den ersten Fall haben wir oben besprochen, den zweiten Fall erläutern die Abb. 543a und 543b. Sie zeigen die beiden Vektordiagramme für Leerlauf mit vor- und nacheilendem Blindstrom bei untersynchroner Drehzahl.

Aus Abb. 543a entnehmen wir folgende Beziehungen:

$$U_r \sin\alpha = J_2 R_2 \quad \text{und} \quad U_r \cos\alpha = U_m + J_2 s X_K.$$

Mit $U_r = \ddot{u}\, U_{20}$ und $s_K = R_2/X_{K_2}$ erhalten wir hieraus die allgemeine Bedingung für den Leerlaufschlupf:

$$\boxed{s_0 = \frac{s_K \ddot{u} \cos\alpha}{s_K + \ddot{u} \sin\alpha}.} \qquad (517)$$

s_K ist der Kippschlupf des gewöhnlichen Drehstrommotors, der sich auch beim Nebenschlußmotor einstellt, wenn man ihn mit kurzgeschlossener Sekundärwicklung bzw. kurzgeschlossenen Bürsten betreibt. Aus Abb. 543b erhält man die gleiche Beziehung, wenn man beachtet, daß dort der Winkel α negativ ist.

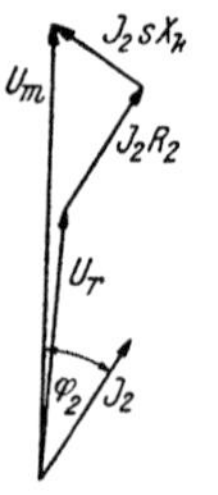

Abb. 542. Vektordiagramm für den Sekundärkreis bei Belastung.

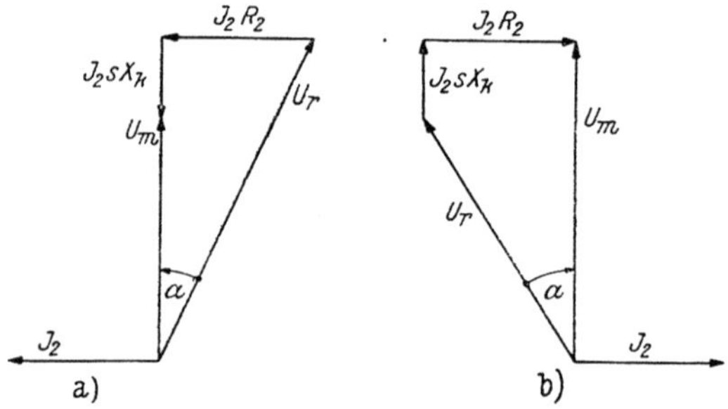

Abb. 543. Vektordiagramme für den Sekundärkreis bei Leerlauf untersynchron mit vor- und nacheilendem Blindstrom.

Im Leerlauf nach Abb. 543a gibt die Sekundärwicklung induktive Blindleistung, die vom Hilfsnetz geliefert wird, an die Primärwicklung ab und verringert die primäre Magnetisierungsblindleistung; in Abb. 543b dagegen nimmt die Sekundärwicklung induktive Blindleistung auf, die die Primärwicklung zusätzlich zu liefern hat und die somit den primären Leistungsfaktor verschlechtert. Bei der Beurteilung dieser Leistungsverhältnisse muß man beachten, daß in Abb. 540 für die Klemmen links das Verbraucher-Zählpfeilsystem, für die Klemmen rechts aber das Erzeuger-Zählpfeilsystem gilt. Bei der Beurteilung der gesamten Blindleistungsbilanz darf man nicht vergessen, daß zur Erzielung eines Drehfeldes im Sekundärkreis eine bedeutend geringere Blindleistung erforderlich ist, nämlich nur das s-fache derjenigen, die dem Primärkreis zugeführt werden müßte. Aus diesen Betrachtungen ergibt sich also, daß untersynchron bei negativen Phasenwinkeln α eine Vergrößerung und bei positiven Phasenwinkeln eine Verringerung der primären Phasenverschiebung eintritt. Wie sich noch zeigen wird, gilt dieses Ergebnis allerdings nur für einen Leerlaufschlupf s_0, der nicht allzu groß ist im Vergleich zum Kippschlupf s_K. Bei Leerlaufdrehzahlen in der Nähe des Stillstandes wird die Blindleistung in erster Linie durch eine Größenänderung der Spannungen, nicht durch Phasenänderung geregelt.[1]) Da im untersynchronen Lauf bei positiven Phasen-

---

[1]) Beachte hierbei die Bemerkung auf S. 413.

winkeln eine Verbesserung der Blindleistungsverhältnisse eintritt, wird man bei $s_0 > 0$ nur positive Phasenwinkel verwenden. Es wird sich noch zeigen, daß dies auch zur Erzielung günstigerer Drehmomentverhältnisse erforderlich ist. Beide Forderungen, günstiger Leistungsfaktor und brauchbare Drehmomentkurven, führen im untersynchronen Lauf auf positive Phasenwinkel, d. h. die Regelspannung muß gegenüber der Maschinenspannung nacheilen (s. Abb. 541).

Im übersynchronen Lauf ergeben sich dagegen andere Bedingungen, um diese Forderungen zu erfüllen. In Abb. 544a und 544b haben wir die beiden möglichen Fälle des übersynchronen Leerlaufes mit vor- und nacheilendem Blindstrom in Vektordiagrammen dargestellt. Da s_0 nunmehr negativ geworden ist, hat sich die Phase der Maschinenspannung $U_m = s\, U_{20}$ um 180° gegenüber U_1 geändert, und gleicherweise muß sich auch U_r ändern. Für die Frage, ob primär eine Phasenverbesserung oder -verschlechterung auftritt, ist natürlich die Phasenlage des Stromes J_2 gegenüber U_1 ausschlaggebend. In Abb. 544a hat der Strom J_2, da er ja nach unserer obigen Feststellung im wesentlichen in Phase mit J_1 liegt, einen voreilenden Primärstrom zur Folge und ist daher gegenüber dem der Abb. 544b vorzuziehen. In bezug auf die primäre Spannung als Ausgangspunkt ist der Winkel α wie im entsprechenden Fall der Abb. 543a für den untersynchronen Lauf positiv, aber größer als 90°. Im Vergleich zur Maschinenspannung dagegen ist α' negativ und kleiner als 90°. Damit die Regelspannung aber zuvor bei $\alpha' = 0$ in Phase mit der Maschinenspannung liegt, muß sie in der Phase um 180° gedreht werden, entweder dadurch, daß man beim wirklichen Nebenschlußmotor die Bürsten oder den Drehregler um 180° verstellt oder in der Nullstellung der Bürsten die Zuleitungen umpolt. Diese Drehung der Phase um 180° bedeutet den Übergang zu negativen $\ddot{u}$-Werten. Um bei übersynchroner Leerlaufdrehzahl Phasenverbesserung zu erzielen, muß man also entweder bei positivem $\ddot{u}$-Wert auch α positiv, und zwar $\alpha > 90°$ oder bei negativem $\ddot{u}$-Wert auch negative Winkel α, und zwar $|\alpha| < 90°$ wählen.

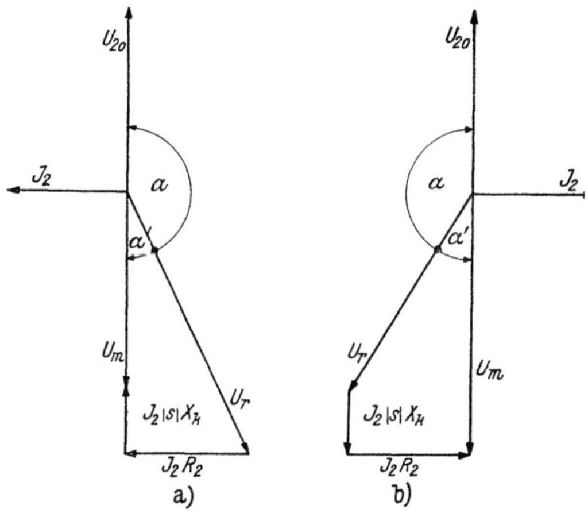

Abb. 544. Vektordiagramm für den Sekundärkreis bei Leerlauf übersynchron und vor- bzw. nacheilendem Blindstrom.

Abb. 545 zeigt die Abhängigkeit des Leerlaufschlupfes vom Phasenwinkel α nach Gl. 517 im Bereich $\alpha = 0°$ bis 180° für verschiedene positive Werte der Übersetzung $\ddot{u}$. Aus Gl. 517 erhält man die gleichen Schlupfwerte, wenn man zu negativen $\ddot{u}$-Werten übergeht und den Winkel α durch seinen negativen Supplementwinkel $\alpha' = -(\pi - \alpha)$ ersetzt, wie man durch Einsetzen in Gl. 517 leicht nachweisen kann. Z. B. ergeben $\ddot{u}' = -0{,}5$ und $\alpha' = -60°$ denselben Leerlaufschlupf wie $\ddot{u} = 0{,}5$ und $\alpha = 120°$. Daraus ergibt sich der Vorteil, daß die Bürsten zur Erreichung von gleich großen Leerlaufschlupfen für untersynchronen, wie für übersynchronen Betrieb um gleiche Winkel nach entgegengesetzten Richtungen unter gleichzeitiger Änderung der Phase um 180° zu verschieben sind und der größte Bürstenwinkel damit von der Nullstellung aus nur noch 90° statt 180° beträgt. Die Einführung von negativen $\ddot{u}$- oder

α-Werten allein führt zur Verschlechterung der Blindleistungsverhältnisse und der Drehmomentkurve und kommt daher praktisch nicht in Betracht.

Bei Ständerspeisung erreicht man positive Phasenwinkel α, sofern sie nicht durch einen Drehregler eingestellt werden, durch Verdrehen der Bürsten gegen das Drehfeld, bzw. gegen die Drehrichtung. Bei Läuferspeisung dagegen sind beide Bürstensätze gemeinsam mit dem Drehfeld, d. h. gegen die Drehrichtung, zu verschieben, um positive Phasenwinkel zu erreichen; bei negativem Phasenwinkel sind sie dagegen mit der Drehrichtung zu verschieben. Der Übergang von positiven zu negativen $\ddot{u}$-Werten erfolgt bei Läuferspeisung durch Aneinandervorbeidrehen der beiden Bürstensätze über die Deckungsstellung hinaus, was einer Vertauschung der Zuleitungen gleichkommt.

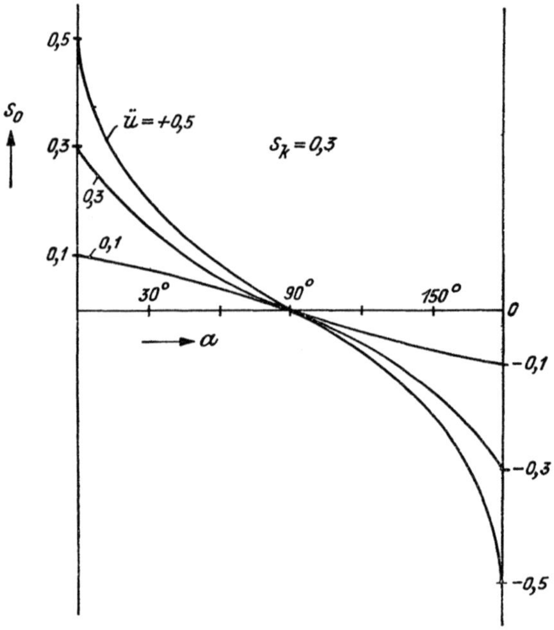

Abb. 545. Leerlaufschlupf s_0 in Abhängigkeit vom Bürstenwinkel α bei verschiedenen Werten $\ddot{u}$ der Übersetzung für $s_K = 0{,}3$.

In Abb. 545 kommt auch die verschiedene Wirkung des Phasenwinkels auf den Leerlaufschlupf zum Ausdruck. In der Nähe des Synchronismus, etwa im Bereich $|s_0| < s_K$, ändert sich der Leerlaufschlupf nur wenig, außerhalb dieses Bereiches dagegen stark mit dem Phasenwinkel α. Das läßt sich leicht erklären: Bei $s_0 = s_K$ ist der Blindwiderstand $s_K X_K = R_2$; im Bereich $|s_0| < s_K$ überwiegt also der Ohmsche Widerstand, im Bereich $|s_0| > s_K$ dagegen der Blindwiderstand. Eine Änderung des Winkels α hat daher im ersten Bereich in erster Linie einen Blindstrom zur Folge, wie Abb. 546b für den Grenzfall $s_0 X_K \to 0$ bzw. $s_0 \to 0$ zeigt, und im Bereich $|s_0| > s_K$ bewirkt eine Änderung des Winkels α in erster Linie einen Wirkstrom, wie Abb. 546c für $R_2 \to 0$ zeigt. Eine Änderung der Wirkleistung bedeutet aber eine Änderung des Drehmoments und damit unter sonst gleichbleibenden Verhältnissen eine Änderung der Drehzahl. Es zeigt sich also, daß der Phasenwinkel bei kleinem Schlupf vorwiegend die Blindleistung und bei großem Schlupf die Drehzahl regelt; die Grenze zwischen beiden Bereichen bildet etwa der Kippschlupf.

Auf Grund der Abb. 545 und 546 gibt es auch noch eine andere Formulierung für dieses Regelgesetz: Die gegenüber der Maschinenspannung U_m um 90° phasenverschobene Komponente $U_r \sin\alpha$ der Regelspannung regelt bei kleinem Schlupf die Blindleistung und bei großem Schlupf die Drehzahl, während die Komponente $U_r \cos\alpha$ (strenger die Differenz $U_m - U_r \cos\alpha$) bei kleinem Schlupf die Drehzahl und bei großem Schlupf die Blindleistung regelt. Da in den meisten Fällen bei kleinem Schlupf geregelt wird, hat die Komponente $U_r \sin\alpha$ auch einen besonderen Namen gefunden und wird „Kompensationsspannung“ genannt, weil sie, wie soeben erläutert, bei kleinem Schlupf die Blindleistung regelt. Ihre Erzeugung wird manchmal auch einer besonderen Hilfswicklung übertragen.[1])

Es darf nicht übersehen werden, daß bei großem Schlupf, d. h. $s \approx 1$, durch „die Blindleistungsregelung“ wohl eine Verschiebung der Blindleistungsverhältnisse auf der primären und sekundären Seite erreicht werden kann, aber keine Verringerung der Gesamtblindleistung im Netz, denn bei $s = 1$ ist es hinsichtlich der aufzuwendenden Blindleistung gleichgültig, ob man von der Primär- oder Sekundärwicklung aus magnetisiert. Man erreicht also durch diese Blindleistungsregelung bei $s \approx 1$ lediglich einen Kreislauf der Blindleistung.

d) Drehmoment. Zur Berechnung des Drehmoments entnehmen wir dem Vektordiagramm der Abb. 547 für stark untersynchronen Lauf bei positivem Winkel α folgende Beziehungen:

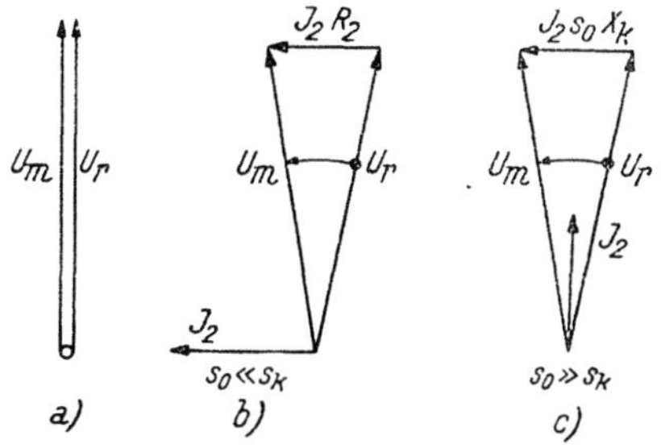

Abb. 546. Einwirkung des Phasenwinkels α auf den Sekundarstrom im Bereich $s_0 \ll s_K$ und $s_0 \gg s_K$.

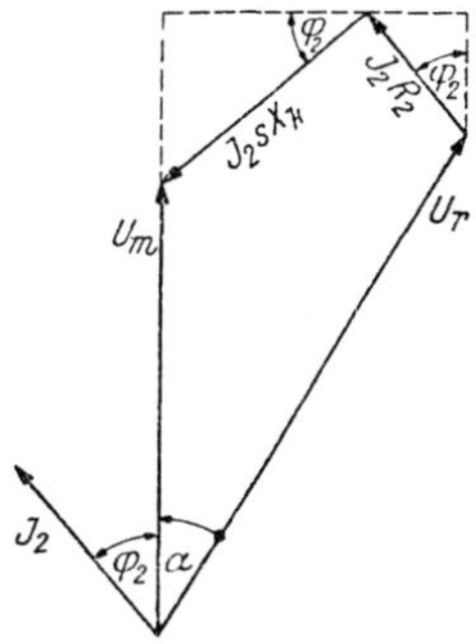

Abb. 547. Zum Ansatz der Gl. (518).

$$\left.\begin{aligned} U_r \cos\alpha + J_2 R_2 \cos\varphi_2 &= U_m + J_2 s X_K \sin\varphi_2 \\ \text{und} \qquad U_r \sin\alpha &= J_2 s X_K \cos\varphi_2 + J_2 R_2 \sin\varphi_2. \end{aligned}\right\} \tag{518}$$

Aus diesen beiden Gleichungen ermitteln wir $J_2 \cos\varphi_2$ und berechnen damit nach Gl. 516 das Drehmoment. Mit $U_m = s\,U_{20}$, $U_r = \ddot{u}\,U_{20}$ und $s_K = R_2/X_K$ erhalten wir:

$$M = \frac{m}{2\pi n_1} \frac{U_{20}^2}{X_K} \frac{s(s_K + \ddot{u}\sin\alpha) - s_K \ddot{u}\cos\alpha}{s_K^2 + s^2}. \tag{519}$$

Mit $\ddot{u} = 0$ geht diese Gleichung in die Formel für den gewöhnlichen Drehstrommotor über, wovon man sich überzeugen kann, wenn man den Wert für M_K nach Gl. 223 in die Gl. 224 einführt.

Obige Gleichung für das Drehmoment läßt sich zur Bestätigung der früher abgeleiteten Formel für den Leerlaufschlupf benutzen, indem wir $M = 0$ setzen und dadurch aus dem Zähler des Hauptbruches ohne weiteres Gl. 517 erhalten. Aus Gl. 519 entnehmen wir weiter, daß für $s = \infty$ das Drehmoment in Übereinstimmung mit dem gewöhnlichen Drehstrommotor Null wird.

Eine Betrachtung der Gl. 519 zeigt ferner, daß im Stillstand ein negatives Drehmoment auftreten kann; es ist also eine Umkehr der Drehrichtung, ein Motorbetrieb gegen die Drehfeld-Drehrichtung möglich, und zwar dann, wenn bei positivem Phasenwinkel die Übersetzung $\ddot{u} > 1$ gewählt oder bei negativem Phasenwinkel die Bedingung $|\ddot{u} \sin\alpha| \geqq s_K$ erfüllt wird. Beide Fälle haben

---

[1]) Schorch-Berichte 1938 S. 25 und AEG-Mitt. 1940 S. 142.

keine praktische Bedeutung, da das erzielbare Drehmoment zu klein, die Stromwendung infolge des Laufes gegen das Drehfeld zu ungünstig und die Belastung des Stromwenders zu groß wird. Im gewöhnlichen Betrieb wird die Drehrichtung durch Vertauschung zweier Zuleitungen, d. h. Änderung der Drehfeld-Drehrichtung, und entsprechende Änderung der Bürstenstellung geändert.

Obige Gleichung für das Drehmoment läßt zwar die Abhängigkeit von den Größen s, $ü$ und α klar erkennen, jedoch nicht die Abhängigkeit vom Leerlaufschlupf s_0, obwohl dieser durch die Wahl von $ü$ und α gemäß Gl. 517 bereits festgelegt und als wichtigste Veränderliche anzusehen ist. Zur Umformung obiger Drehmomentgleichung ermitteln wir daher aus der Formel für den Leerlaufschlupf:

$$s_K\, ü \cos\alpha = s_0\,(s_K + ü \sin\alpha) \quad \text{und} \quad ü \sin\alpha = \frac{s_0\, s_K \operatorname{tg}\alpha}{s_K - s_0 \operatorname{tg}\alpha}.$$

Indem wir als laufende Veränderliche noch $S = s - s_0$ einführen, erhalten wir schließlich aus Gl. 519 für das Drehmoment:

$$M = \frac{m}{2\pi n_1}\,\frac{U_{20}^2}{R_2}\left[1 + \frac{s_0 \operatorname{tg}\alpha}{s_K - s_0 \operatorname{tg}\alpha}\right]\frac{S}{1 + \left(\dfrac{S + s_0}{s_K}\right)^2}. \tag{520}$$

$M(S)$ ist die Drehmomentkurve des Nebenschlußmotors in Abhängigkeit vom relativen Schlupf S. Ihr Verlauf ist in Abb. 548 für ein Beispiel mit $s_0 = 0{,}25$, $s_K = 0{,}3$, $ü = 0{,}5$ und $\alpha = 27°\,38'$ aufgezeichnet. $S > 0$ ist der Motorbereich und $S < 0$ Generatorbereich. Wird der Nebenschlußmotor über seine Leerlaufdrehzahl angetrieben, so arbeitet er als Generator. Zwecks schneller Abbremsung und Stillsetzung kann man ihn daher als Generator auf das Netz zurückarbeiten lassen, und dies um so mehr, als er durch entsprechende Regulierung von s_0 bei jeder Drehzahl als Generator betrieben werden kann.

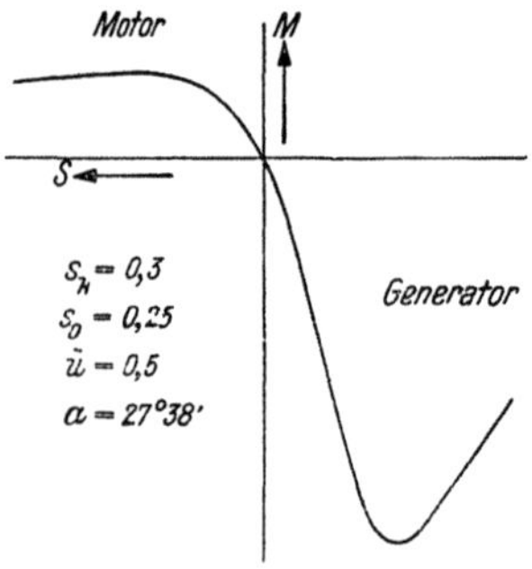

Abb. 548. Drehmoment des Drehstrom-Nebenschlußmotors in Abhängigkeit vom Schlupf bei gegebenen Werten s_0, s_K, $ü$ und α.

Für $s_0 = 0$ stellt obige Gleichung das Drehmoment des Asynchronmotors in Abhängigkeit vom Schlupf dar. Im Vergleich damit treten beim Nebenschlußmotor in zweifacher Weise Änderungen auf: durch den Klammerausdruck $[1 + s_0 \operatorname{tg}\alpha/(s_K - s_0 \operatorname{tg}\alpha)]$ und durch den Nenner des letzten Bruches $[1 + (S + s_0)^2/s_K^2]$. Um den Einfluß des letztgenannten Ausdruckes betrachten zu können, setzen wir $\alpha = 0$, so daß die erste Klammer gleich 1 wird. Das bedeutet eine Regelung des Nebenschlußmotors mittels veränderlicher Regelspannung bei konstanter Phase. Abb. 549a zeigt diese Kurven, welche die Änderungen gegenüber dem gewöhnlichen Asynchronmotor bei dieser Regelungsart klar erkennen lassen: Untersynchron nimmt das Kippmoment mit zunehmendem s_0 stark ab, und der Drehzahlabfall bei Belastung ist groß, so daß nur mit verhältnismäßig kleinen Drehmomenten geregelt werden kann. Übersynchron nimmt das Kippmoment zwar sehr stark zu, aber der Drehzahlabfall bei Belastung ist dennoch infolge des andersartigen Kurvenverlaufes auch ziemlich groß. Es zeigt sich, daß bei dieser Regelungsart die Drehmomentverhältnisse, besonders bei großem s_0, keineswegs günstig sind.

Es ist also die Frage, inwieweit der Drehmomentverlauf durch Änderung des Phasenwinkels α geändert werden kann. Hierüber gibt uns der Klammerausdruck in Gl. 520 Auskunft. Der Zahlenwert dieses Ausdruckes soll möglichst groß werden. Daraus ergibt sich zunächst, daß bei positivem s_0 auch tg α positiv, und bei negativem s_0 auch tg α negativ sein muß, damit das Produkt $s_0 \operatorname{tg} \alpha$ stets positiv wird. Untersynchron ist also eine Vergrößerung des Drehmoments nur bei positivem tg α, d. h. bei $0^\circ \leqq \alpha \leqq +90^\circ$, und übersynchron nur bei negativem tg α, d. h. entweder bei $+90^\circ \leqq \alpha \leqq 180^\circ$ oder bei $-90^\circ \leqq \alpha \leqq 0^\circ$, in Übereinstimmung mit unseren früheren Überlegungen erreichbar.

Das wichtigste Regelgesetz ist jedoch in dem Nenner $(s_K - s_0 \operatorname{tg} \alpha)$ enthalten. Läßt man $s_0 \operatorname{tg} \alpha \rightarrow s_K$ ansteigen, erreicht das Drehmoment theoretisch

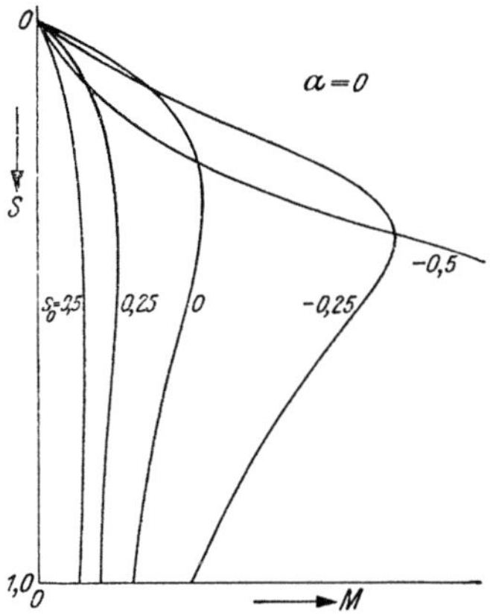

Abb. 549 a. Drehmoment in Abhängigkeit vom relativen Schlupf $S = s - s_0$ bei verschiedenen Leerlaufschlüpfen s_0 und $\alpha = 0$.

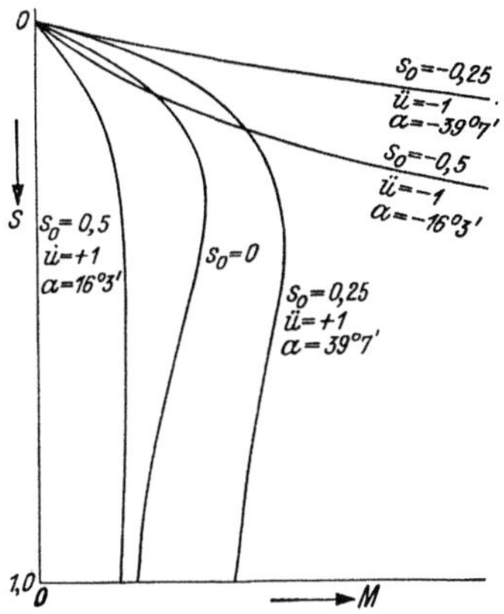

Abb. 549 b. Drehmoment in Abhängigkeit vom relativen Schlupf S bei verschiedenen Leerlaufschlüpfen s_0 und $\alpha \neq 0$ (vgl. Abb. 549 a).

beliebig große Werte; $s_0 \operatorname{tg} \alpha = s_K$ würde ein unendlich großes Drehmoment ergeben und $s_0 \operatorname{tg} \alpha > s_K$ wieder eine Verringerung. Dieses Regelgesetz erscheint zwar als überaus günstig und einfach, aber es ist zu beachten, daß bei gegebenem Leerlaufschlupf s_0 die Übersetzung $ü$ nach Gl. 517 mit zunehmendem Phasenwinkel α gleichfalls ansteigt; bei $s_0 \operatorname{tg} \alpha = s_K$ wird $ü = \infty$. Der erzielbaren Annäherung von s_0 tg α an s_K wird also durch die praktisch ausführbare Übersetzung $ü$ eine Grenze gezogen. Im allgemeinen wird $ü$ entsprechend einem Regelbereich 1:3 nicht größer als 0,5, in Sonderfällen auch noch $ü = 1$ gewählt. Unter Beachtung dieser Beziehungen lautet nun unser Regelgesetz: Um bei einem gegebenen Leerlaufschlupf den günstigsten Drehmomentverlauf zu erhalten, muß die Übersetzung $ü$ so groß als möglich gewählt werden. Aus s_0 und $ü$ ergibt sich der einzustellende Phasenwinkel α auf Grund der Gl. 517.

In Abb. 549 b sind die Drehmomentkurven bei $ü = \pm 1{,}0$ für $s_0 = 0$, $\pm 0{,}25$ und $\pm 0{,}5$ dargestellt. Durch Vergleich mit den entsprechenden Kurven für den gleichen Leerlaufschlupf s_0 in Abb. 549 a erkennt man ohne weiteres den günstigen Einfluß des Phasenwinkels α, bzw. die Wirkung der vergrößerten Übersetzung $ü$ auf den Verlauf der Drehmomentkurve.

Abb. 550 zeigt die Drehmoment-Drehzahlkurven eines ständergespeisten 150-PS-Nebenschlußmotors der AEG für verschiedene Reglerstellungen, deren Verlauf unseren Ergebnissen gut entspricht, besonders wenn man beachtet, daß die Kurven nur bis zum etwa 1,4-fachen Nennmoment aufgetragen worden sind. Im Vergleich zu den früheren Abbildungen muß man also den veränderten Abszissenmaßstab berücksichtigen, während bei den Ordinaten nur eine Verschiebung eingetreten ist.

In obigem Regelgesetz $s_0 \operatorname{tg} \alpha \rightarrow s_K$ kommt auch die bereits früher erkannte, mit dem Schlupf veränderliche Wirkung des Phasenwinkels auf das Verhalten der Maschine zum Ausdruck. Je größer nämlich im Produkt $s_0 \operatorname{tg} \alpha$ der Leerlaufschlupf s_0 wird, um so kleiner muß $\operatorname{tg} \alpha$ werden, d. h. um so kleiner wird der Einfluß des Phasenwinkels auf die Drehmomentkurve, da der Phasenwinkel bei großen Werten s_0 in erster Linie die Drehzahl und nicht die Blindleistung, bzw. den Drehmomentverlauf regelt.

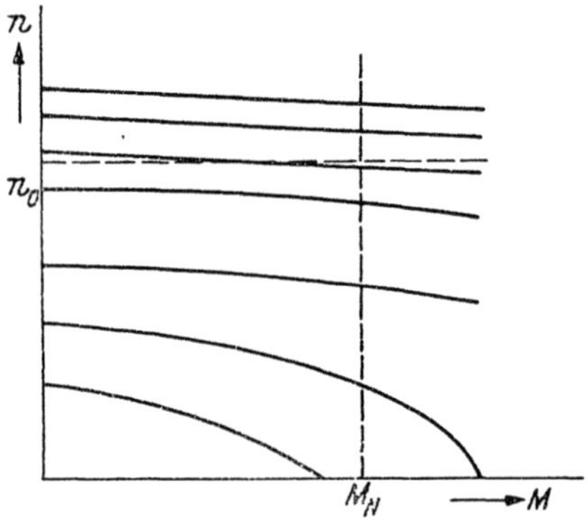

Abb. 550. Drehzahl-Drehmomentkurven eines ständergespeisten Nebenschlußmotors 150 PS.

Aus $\partial M/\partial S = 0$ erhalten wir den relativen Kippschlupf

$$S_K = \sqrt{s_K^2 + s_0^2}. \tag{521}$$

Je größer der Leerlaufschlupf s_0, um so größer ist auch der relative Kippschlupf S_K, d. h. um so mehr fällt die Drehzahl bis zum Erreichen des Kippmoments ab. Da dieser relative Kippschlupf nur von s_K und s_0 abhängt, kann er durch Veränderung von $\ddot{u}$ oder α nicht beeinflußt werden.

Aus obiger Beziehung entnehmen wir ferner, daß im Motorbereich stets $S_K > |s_0|$ ist, so daß der zu S_K gehörende Schlupf $s_m = S_K + s_0$, bei welchem das Kippmoment auftritt, stets positiv ist; das Kippmoment im Motorbetrieb tritt also stets bei untersynchroner Drehzahl auf, auch wenn die Leerlaufdrehzahl beliebig hoch übersynchron liegt.

e) **Kreisdiagramm.** Der unseren bisherigen Betrachtungen zugrunde gelegte, vereinfachte Ersatzstromkreis in Abb. 540 gestattet die Konstruktion eines überaus einfachen Kreisdiagramms für den sekundären und den primären Strom sowie für den Netzstrom. Obwohl dieses Kreisdiagramm aus dem Vektordiagramm der Abb. 547 entwickelt werden kann, ist es zur Erkenntnis der Gesetzmäßigkeiten vorteilhafter, von der Stromgleichung in komplexer Schreibweise auszugehen. Nach Abb. 540 gilt für die Spannungen:

$$\mathfrak{U}_m = \mathfrak{U}_r + \mathfrak{J}_2 (R_2 + j\, s\, X_K). \tag{522}$$

Da $\mathfrak{U}_m = s\, \mathfrak{U}_{20}$ und gemäß Abb. 541 $\mathfrak{U}_r = \ddot{u}\, \mathfrak{U}_{20}\, e^{-j\alpha}$ ist, erhalten wir für den Strom:

$$\mathfrak{J}_2 = \frac{s - \ddot{u}\, e^{-j\alpha}}{R_2 + j\, s\, X_K}\, \mathfrak{U}_{20}. \tag{523}$$

$\mathfrak{J}_2(s)$ ist eine Kreisgleichung in komplexer Form. Nach bekannten Regeln liegen in diesem Fall, da $R_2 \perp j\, X_K$ ist, die Peripheriepunkte P_0 für $s = 0$ und P_∞ für $s = \infty$ auf einem Durchmesser. Zur Bestimmung der Lage des Kreises genügt es also, diese beiden Punkte zu bestimmen. Wie aus Gl. 523 ohne weiteres hervorgeht, ist

$$\mathfrak{J}_2(0) = -\ddot{u}\, \frac{\mathfrak{U}_{20}}{R_2}\, e^{-j\alpha} \quad \text{und} \quad \mathfrak{J}_2(\infty) = -j\, \frac{\mathfrak{U}_{20}}{X_K}. \tag{524}$$

$\mathfrak{J}_2(\infty)$ ist von α unabhängig und stimmt mit dem sekundären Strom des gewöhnlichen Drehstrommotors für $s = \infty$ bei Vernachlässigung des primären

Widerstandes R_1 überein. Sämtliche Kreise gehen also durch diesen einen Punkt P_∞.

Die Konstruktion des Kreises ist in Abb. 551 a gezeigt: Durch Antragung der Stromvektoren $\mathfrak{J}_2$ (0) und $\mathfrak{J}_2$ (∞) erhalten wir die Punkte P_0 und P_∞. Auf der Mitte der Verbindungslinie $\overline{P_0 P_\infty}$ liegt der Kreismittelpunkt.

An Hand der Abb. 543a und 543b hatten wir festgestellt, daß der Motor leerläuft, wenn J_2 gegenüber U_{20} um 90° vor- oder nacheilt. Da J_2 (∞) gegenüber U_{20} um 90° nacheilt, kommt somit für den Leerlauf nur noch der um 90° voreilende Strom J_2 in Betracht, der uns auf der Kreisperipherie den Leerlaufpunkt P (s_0) liefert, wie Abb. 551 a zeigt. Durch die Kenntnis der drei Punkte P_0, P_∞ und P (s_0) ist auch der Maßstab auf der Schlupfgeraden, die nach den gleichen Gesetzen wie beim Drehstrommotor zu zeichnen ist, bekannt und damit auch die Schlupfverteilung auf dem Kreis.

Nach Gl. 516 ist das Drehmoment proportional der Wirkleistung

$$m\, U_{20}\, J_2 \cos \varphi_2;$$

daraus folgt, daß die Wirkkomponente des sekundären Stromes in bezug auf U_{20} unmittelbar ein Maß für das Drehmoment ist, so daß auch hier wie beim Kreis des gewöhnlichen Drehstrommotors das Drehmoment in Abhängigkeit vom Schlupf entnommen werden kann. Die Verbindungslinie $\overline{P_\infty P(s_0)}$ kann auch als „Drehmomentlinie" bezeichnet werden.

Auch die Leistungsverhältnisse am Stromwender können aus dem Kreis entnommen werden. Dazu trage man den Spannungsvektor U_r gegenüber U_{20} um den Winkel α zurückgedreht in den Kreis ein; er muß in der Richtung oder Gegenrichtung von J_2 (0) liegen. Es ist zu beachten, daß nach Abb. 540 für die Schleifringe als Klemmen das Erzeuger-Zählpfeilsystem gilt. Dementsprechend

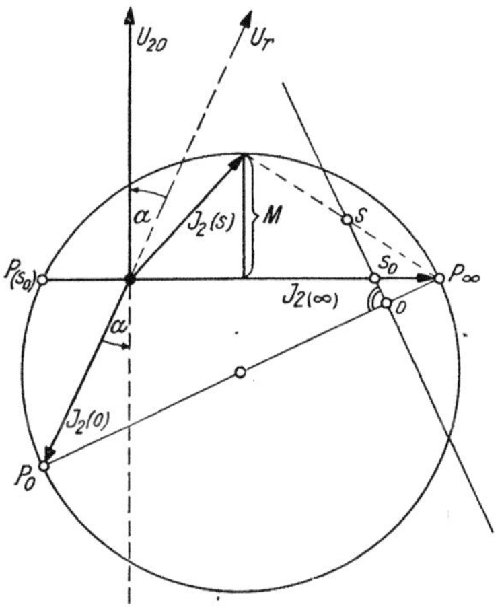

Abb. 551 a. Kreisdiagramm für den Sekundärstrom des Drehstrom-Nebenschlußmotors (in vereinfachter Form).

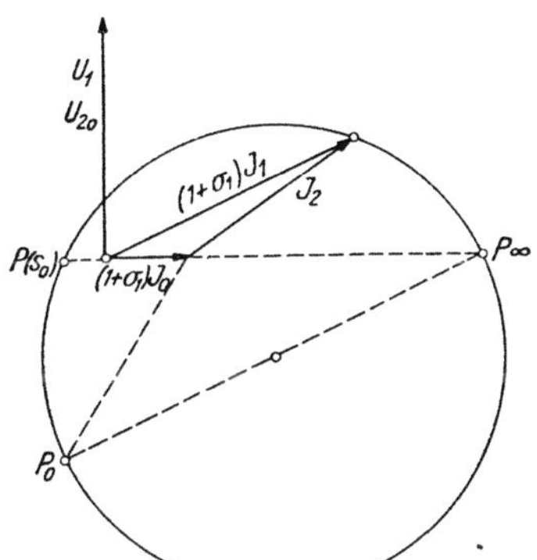

Abb. 551 b. Zur Entnahme des Primärstromes aus dem Kreisdiagramm.

bedeutet in Abb. 551 a die gegenphasige Lage von J_2 (0) in bezug auf U_r, daß die Sekundärwicklung bei $s = 0$ Wirkleistung aufnimmt, damit überhaupt ein Sekundärstrom fließen kann. Will man das Verbraucher-Zählpfeilsystem für den Stromwender benutzen, drehe man den Vektor U_r um 180°.

Durch eine kleine Zusatzkonstruktion läßt sich aus diesem Kreisdiagramm auch der **Primärstrom** (immer noch unter Vernachlässigung von R_1!) entnehmen. Wie beim Drehstrommotor früher gezeigt wurde, gilt die Stromgleichung:

$$\mathfrak{J}_1 = \mathfrak{J}_0 + \frac{\mathfrak{Z}_0}{\mathfrak{Z}_{11}} \mathfrak{J}_2. \tag{525}$$

$\mathfrak{J}_0$ ist der primäre Leerlaufstrom bei offenem Sekundärkreis. Im Vergleich mit Gl. 233 erscheint hier das Pluszeichen, weil im Ersatzstromkreis der Abb. 540 der Zählpfeil für J_2 aus Zweckmäßigkeitsgründen umgedreht wurde. Erweitern wir die obige Gleichung mit $\mathfrak{Z}_{11}/\mathfrak{Z}_0$ und beachten, daß $\mathfrak{Z}_{11}/\mathfrak{Z}_0 \approx 1 + \sigma_1$ ist, dann gilt für den Primärstrom:

$$(1 + \sigma_1)\, \mathfrak{J}_1 = (1 + \sigma_1)\, \mathfrak{J}_0 + \mathfrak{J}_2. \tag{526}$$

Trägt man also im Nullpunkt des Diagramms den $(1 + \sigma_1)$-fach vergrößerten Leerlaufstrom an, erhält man den für den Primärstrom gültigen Nullpunkt, außerdem erscheint der Primärstrom $(1 + \sigma_1)$-fach vergrößert, was man in einfacher Weise dadurch berücksichtigt, daß man den für den Sekundärstrom gültigen Strommaßstab zur Entnahme des Primärstromes auf das $1/(1 + \sigma_1)$-fache heruntersetzt. In der Darstellung der Abb. 551 b ist vorausgesetzt worden, daß $\mathfrak{U}_{20}$ und $\mathfrak{U}_1$ phasengleich sind, was bei Vernachlässigung des primären Widerstandes und der Eisenverluste genau und sonst praktisch genügend genau zutrifft.

Der oben ermittelte Primärstrom ist von Bedeutung für alle diejenigen Schaltungen, bei denen die die Regelspannung liefernde Wicklung nicht mit der Primärwicklung transformatorisch verbunden ist; sonst fließt in der Primärwicklung der Strom, der gemäß unserer Ausgangsschaltung, die mit den der Abb. 540 und den Gl. 525 und 526 entsprechenden

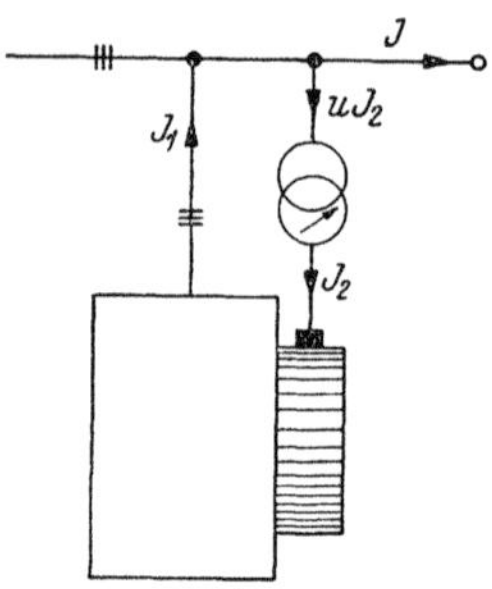

Abb. 552. Zum Ansatz der Gl. 527.

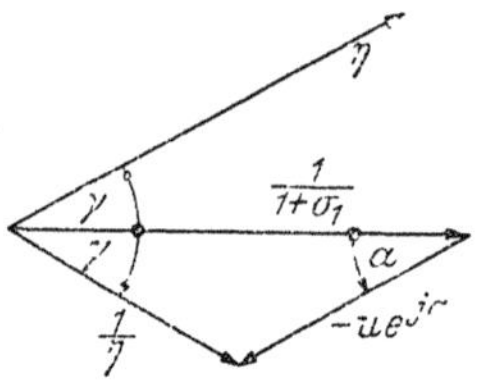

Abb. 553. Graphische Ermittlung von η für Gl. 528.

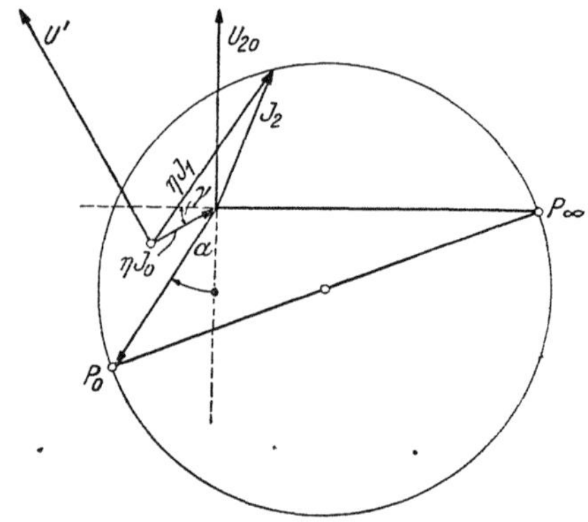

Abb. 554. Zur Entnahme des Netzstromes aus dem Kreisdiagramm.

Zählpfeilen in Abb. 552 noch einmal dargestellt ist, als Netzstrom zu bezeichnen ist. Für diesen Netzstrom gilt an Hand der Abb. 552:

$$\mathfrak{J} = \mathfrak{J}_1 - \ddot{u}\, \mathfrak{J}_2\, e^{j\alpha}. \tag{527}$$

Bei der Aufstellung dieser Gleichung ist zu beachten, daß der Drehregler die Phase von Spannung und Strom in der Richtung vom Netz zum Stromwender wegen der Definition von α nach Abb. 541 in der Phase verspätet. In der umgekehrten Richtung vom Stromwender zum Netz wird also die Phase verfrüht. Der Zählpfeil von J_2 ist an Hand der Abb. 540 festgelegt; der Zählpfeil für J_1 entspricht unseren bisherigen Festsetzungen. Führen wir für J_1 die Beziehung der Gl. 225 ein und erweitern in gleicher Weise wie bei Gl. 526, dann erhalten wir für den Netzstrom:

$$\eta\, \mathfrak{J} = \eta\, \mathfrak{J}_0 + \mathfrak{J}_2. \tag{528}$$

Hierin ist $\eta = 1/(\mathfrak{Z}_0/\mathfrak{Z}_{11} - \ddot{u}\, e^{j\alpha}) = |\eta|\, e^{j\gamma}$. Den Wert von η ermittelt man am besten graphisch, wie in Abb. 553 gezeigt ist. Das Vorzeichen von γ ist zu beachten; in Abb. 553 ist γ positiv. Den mit η multiplizierten Vektor $\mathfrak{J}_0$ des Leerlaufstromes tragen wir in das Diagramm ein, wie Abb. 554 zeigt, und erhalten dadurch den für den Netzstrom gültigen Ursprung. Die Phasen des Netzstromes in bezug auf die Netzspannung erhalten wir, indem wir auch den Netzspannungsvektor in gleicher Weise wie den Leerlaufstromvektor verdrehen; in Abb. 554 ist dieser Spannungsvektor mit U' bezeichnet. Zur Entnahme des Netzstromes ist der Strommaßstab für J_2 auf das $1/|\eta|$-fache zu reduzieren.

f) Vektordiagramm. Dem für einen beliebigen Betriebszustand zu zeichnenden Vektordiagramm der Spannungen und Ströme legen wir die Schaltung Abb. 552 zugrunde, weil diese das Grundsätzliche am klarsten zum Ausdruck bringt. Um in Übereinstimmung mit den Vektordiagrammen des Asynchronmotors zu bleiben, denken wir uns den in Abb. 540 und 552 angegebenen Zählpfeil für J_2 wieder umgekehrt. Für einen beliebig gewählten Primärstrom zeichnen wir das Spannungsdiagramm der Abb. 555a wie beim Asynchronmotor, indem wir die bekannten Spannungsverluste an die primäre Klemmenspannung antragen. In Phase mit dem sekundären Strom müssen wir auch noch die Bürstenübergangsspannung $V_{\ddot{u}}$ berücksichtigen. Es erscheinen natürlich alle Spannungen auf das $1/s$-fache vergrößert, außerdem sind sie alle auf primäre Windungszahl bezogen. U_r' ist die an den Bürsten auftretende Spannung. Zu dieser müssen wir noch die Spannungsverluste im Drehregler hinzuzählen, um U_{r_0}' zu erhalten. U_{r_0}' ist die Leerlaufspannung des Drehreglers auf der sekundären Seite (d. i. auf der Seite des Stromwenders), und zwar ebenfalls auf primäre Ständerwindungszahl bezogen. R_T und X_T sind die Kurzschlußwiderstände des Drehreglers. Auf der Primärseite des Drehreglers herrscht die Spannung U und auf der Sekundärseite im Leerlauf die Spannung U_{r_0}. Der Drehregler muß also um den eingezeichneten Winkel α verdreht sein. Dasselbe könnte man auch ohne Drehregler durch Verschiebung der Bürsten um α gegen das Drehfeld erreichen.

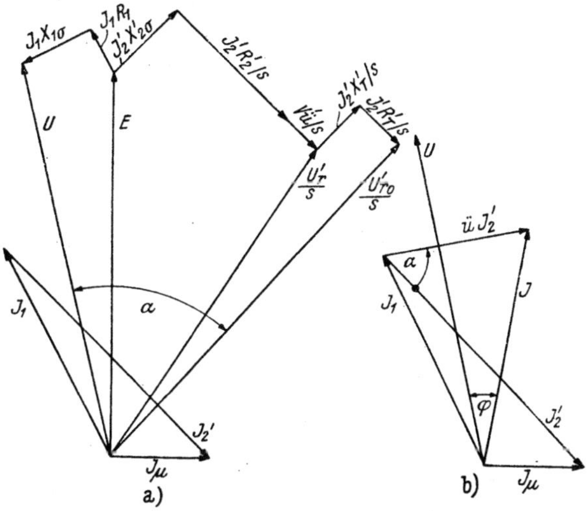

Abb. 555. Vektordiagramm des Nebenschlußmotors nach Abb. 552.

Wir hatten in unseren früheren Überlegungen den Drehregler verlustlos angenommen; in Wirklichkeit muß man aber, wie aus diesem Diagramm hervorgeht, seine Widerstände zu den sekundären Widerständen hinzurechnen. Da der Drehregler mit konstanter Netzfrequenz betrieben wird, der Sekundärkreis dagegen mit Schlupffrequenz, so erscheint bei der Umrechnung auch der Blindwiderstand X_T des Drehreglers $1/s$-fach vergrößert. Streng genommen muß man also im Ersatzstromkreis einen vom Schlupf abhängigen Blindwiderstand $X_{2\sigma}' + X_T/s$ einführen, was zwar die rechnerische Behandlung erschwert, im Vektordiagramm dagegen keinerlei Schwierigkeiten bereitet.

Als zuzuführende Regelspannung ergibt sich nunmehr nicht U_r, sondern U_{r_0}; in Abb. 555 ist demnach $\ddot{u} = U_{r_0}'/U_{20}' \approx (1 + \sigma_1)\, U_{r_0}'/U_1$. Im Vektordiagramm ist $s \approx 0{,}45$ gewählt worden; mit $\sigma_1 \approx 0{,}05$ erhalten wir dann aus dem Diagramm $\ddot{u} \approx 0{,}5$.

Mit diesem Wert für $\ddot{u}$ können wir dann auch den Netzstrom bestimmen. Nach Abb. 552 gilt für diesen Netzstrom $\mathfrak{J} = \mathfrak{J}_1 + \ddot{u}\, \mathfrak{J}_2\, e^{j\alpha}$. Im Gegensatz zur Abb. 552 und zur Gl. 527 steht hier das Pluszeichen, weil wir für die Konstruktion des Vektordiagramms den Zählpfeil für J_2 wieder umgedreht haben, wie eingangs dieses Abschnittes festgelegt wurde. Abb. 555b zeigt das Vektordiagramm der Ströme. Der Magnetisierungsstrom des Drehreglers ist bei diesem Diagramm vernachlässigt worden, könnte aber ohne weiteres an J in Abb. 555 angetragen werden.

Bei den Schaltungen der Abb. 530 bis 532 ist der Drehregler der Abb. 536 durch eine mit der Primärwicklung transformatorisch verbundene Hilfswicklung ersetzt. Ein genaues Vektordiagramm für diese Schaltungen müßte noch den Beitrag der Hilfswicklung zu der Gesamtdurchflutung berücksichtigen, jedoch lohnt es sich im allgemeinen nicht, auf diese Feinheiten einzugehen.

g) Anlauf. Auch die Anlaufverhältnisse können wir aus unserer vereinfachten Schaltung bequem ableiten. Vergleichen wir das Anlaufmoment M_A mit dem Kippmoment M_K im Betrieb als gewöhnlicher Drehstrommotor, so erhalten wir aus Gl. 520 für $m_A = M_A/M_K$:

$$m_A = \left(1 + \frac{s_0 \operatorname{tg} \alpha}{s_K - s_0 \operatorname{tg} \alpha}\right) \cdot \frac{2\, s_K (1 - s_0)}{1 + s_K^2}. \tag{529}$$

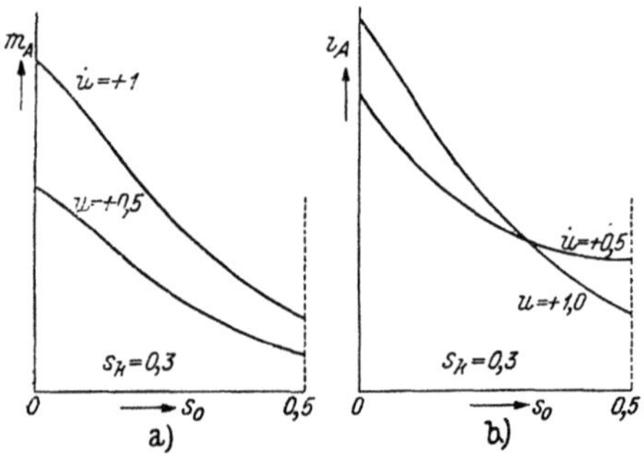

Abb. 556. Anlaufmoment und Anlaufstrom in Abhängigkeit vom Leerlaufschlupf für verschiedene Übersetzungen.

Für M_A ist $s = 1$, also $S = 1 - s_0$ zu setzen, und für M_K ist $S = s_K$, da $s_0 = 0$ ist. Das Anlaufmoment ist also, da M_K ein fester Wert ist, von s_0, $\operatorname{tg} \alpha$ und über Gl. 517 auch von $\ddot{u}$ abhängig. Abb. 556 zeigt den Verlauf M_A/M_K als Funktion von s_0 für $\ddot{u} = 1$ und $\ddot{u} = 0{,}5$: Je größer $\ddot{u}$ ist, um so größer ist auch bei gleichem s_0 das Anlaufdrehmoment. Mit zunehmendem s_0 nimmt anderseits das Drehmoment ab.

In ähnlicher Weise bestimmen wir auch den Anlaufstrom. Als Bezugsgröße wählen wir den Strom $J_2(\infty)$, weil dieser von s_0 und $\ddot{u}$ unabhängig ist. Es ist nämlich nach Gl. 524: $J_2(\infty) = U_{20}/X_K$. Mit $s = 1$ entnehmen wir aus Gl. 523 den Anlaufstrom $J_2(1)$ und erhalten für das Verhältnis $i_A = J_2(1)/J_2(\infty)$:

$$i_A = \sqrt{\frac{1 - 2\,\ddot{u} \cos \alpha + \ddot{u}^2}{1 + s_K^2}}. \tag{530}$$

Bei der Entwicklung dieser Formel war zu beachten, daß $\sin^2 \alpha + \cos^2 \alpha = 1$ ist. In Abb. 556b ist dieses Stromverhältnis i_A aufgetragen. Um einen geringen Anlaufstrom zu erzielen, ist es danach günstig, einen möglichst großen $\ddot{u}$-Wert und einen möglichst großen Leerlaufschlupf s_0 zu wählen. Auch das Verhältnis i_A/m_A nach Abb. 557 bestätigt diese Folgerung.

Der Anlauf eines gewöhnlichen Drehstrom-Nebenschlußmotors kann bis zu gewissen Leistungen ohne zusätzlichen Anlaßwiderstand erfolgen, wenn der Regelbereich nicht zu klein ist. Dabei wird der Motor auf die unterste Drehzahl des Regelbereiches eingestellt und in dieser Stellung auf das Netz geschaltet. Bei einem Regelbereich von 1:3 und günstigster Bürsten- bzw. Drehreglerstellung beträgt das Anlaufmoment bei diesem Anlaßverfahren etwa das Zwei- bis Dreifache des Nennmoments und der Anlaufstrom etwa das 1,6- bis 2,5-fache des Nennstromes — im Vergleich zum Drehstrommotor mit direktem Einschalten als günstig zu bezeichnende Anlaßverhältnisse! Bei größerem Regelbereich geht der Anlaufstrom noch weiter zurück.

Bei großen Leistungen bzw. kleinem Regelbereich müssen zum Anlassen Widerstände in den Sekundärkreis eingeschaltet werden, ohne daß aber die Verbindung des Sekundärkreises mit der Hilfswicklung bzw.

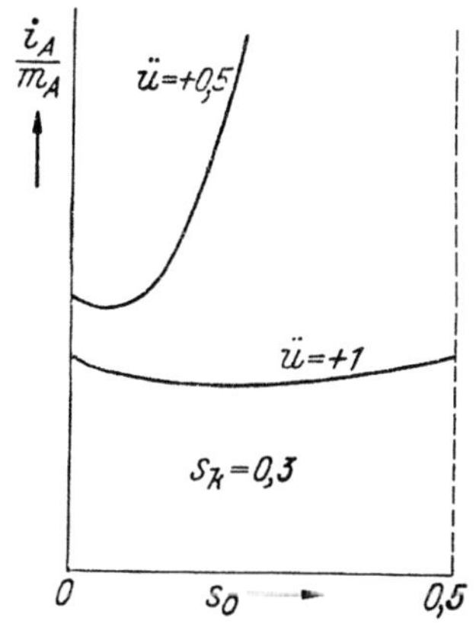

Abb. 557. Anlaufverhältnis $\frac{i_A}{m_A}$ nach Gl. (529) und (530).

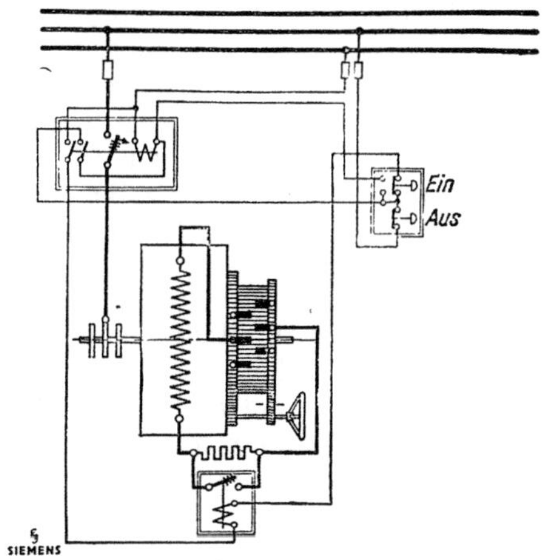

Abb. 558. Anlaßschaltung eines Drehstrom-Nebenschlußmotors der SSW.

mit dem Drehregler aufgehoben wird. Abb. 558 zeigt das Schaltbild eines läufergespeisten Motors der Firma SSW, dessen Anlaßwiderstand nach erfolgtem Anlauf selbsttätig kurzgeschlossen und ausgeschaltet wird. Auch für sanften Anlauf empfiehlt sich die Einschaltung von Anlaßwiderständen.

h) Stromwendung. Wie bei allen Stromwendermaschinen, tritt in den unter den Bürsten kurzgeschlossenen Spulen durch den Wechsel des Stromes von einem Ankerzweigstrom zum benachbarten die Spannung der Selbstinduktion, die Stromwendespannung, auf. Darüber hinaus werden in den kurzgeschlossenen Spulen noch durch das umlaufende Drehfeld entsprechend der Relativgeschwindigkeit zwischen Drehfeld und Stromwenderwicklung Spannungen induziert. Die beiden Motorbauarten, Ständerspeisung und Läuferspeisung, unterscheiden sich einmal durch die Stromwendespannung, weil bei der ersten Art die Stromwenderwicklung eine Hauptarbeitswicklung und bei der zweiten Art nur eine Hilfswicklung ist; dementsprechend dürfte im allgemeinen die Stromwendespannung des ständergespeisten Motors größer sein; und zum anderen durch die induzierten Drehfeldspannungen, weil die Relativgeschwindigkeit des Drehfeldes zur Stromwenderwicklung verschieden ist. Im ersten Falle ist sie proportional dem Schlupf und im zweiten Fall ist sie konstant gleich der synchronen Drehzahl. Abb. 559 zeigt die Ab-

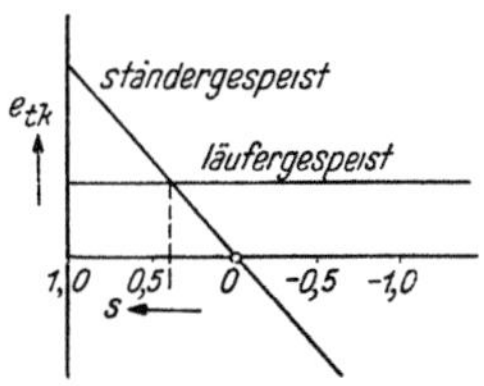

Abb. 559. Abhängigkeit der Drehfeldspannung e_{tk} in den kurzgeschlossenen Spulen vom Schlupf bei Ständer- und Läuferspeisung.

hängigkeit der vom Drehfeld induzierten Spannungen für beide Motorbauarten.

Da beim ständergespeisten Motor auf alle Fälle mit einer größeren Stromwendespannung zu rechnen ist, dürfte die Stromwendung des läufergespeisten der des ständergespeisten Motors dann überlegen sein, wenn die Drehfeldspannung des ständergespeisten Motors nach Abb. 559 in Abhängigkeit vom Schlupf größer ist als die des läufergespeisten Motors. Damit ist im Anlauf, insbesondere bei häufigem Anlassen, der läufergespeiste Motor gegenüber dem ständergespeisten hinsichtlich der Stromwendung im Vorteil.

i) Kompensierte Asynchronmotoren.[1]) Die kompensierten Asynchronmotoren sind Drehstrom-Nebenschlußmotoren, die nur zur Verbesserung des Leistungsfaktors des gewöhnlichen Drehstrommotors, aber nicht für Drehzahlregelung gebaut sind. Sie haben sich allerdings unabhängig von den Drehstrom-Nebenschlußmotoren entwickelt. Bei diesen kompensierten Asynchronmotoren unterscheiden wir ebenfalls ständer- und läufergespeiste Motoren. Bei beiden Bauarten werden die Bürsten fest eingestellt, und zwar so, daß die Hilfswicklung fast ausschließlich Magnetisierungsstrom liefert.

Um bei diesen Motoren den Stromwender klein zu halten, kann man beim ständergespeisten Motor dem Läufer auch zwei Wicklungen geben. Die eine Wicklung ist dann die Hauptwicklung oder Arbeitswicklung, welche den Hauptstrom führt und als Schleifring- oder Käfigwicklung ausgeführt ist, und die andere, die Stromwenderwicklung, dient als Erregerwicklung, welcher von der Hilfswicklung im Ständer wie beim ständergespeisten Motor die Hilfsspannung zugeführt wird.

Durch richtige Einstellung der Bürsten kann man erreichen, daß diese Stromwenderwicklung nur Blindstrom führt und die Maschine magnetisiert, so daß die von der Primärwicklung aufgenommene Blindleistung Null ist und der Leistungsfaktor $\cos\varphi \approx 1$ wird. Natürlich kann dieses Ergebnis nur bei einem Betriebszustand erreicht werden; meist ist dies bei Nennlast der Fall. Im Leerlauf ist dann der Motor etwas überkompensiert, d. h. er gibt induktive Blindleistung ab, $\cos\varphi$ ist kapazitiv. Auch eine geringe Drehzahländerung tritt selbstverständlich ein; meist wird der Motor im Leerlauf etwas übersynchron laufen.

Der läufergespeiste, kompensierte Asynchronmotor unterscheidet sich schaltungsmäßig gar nicht vom Drehstrom-Nebenschlußmotor, abgesehen davon, daß der Bürstenapparat wegen der festen Anordnung einfacher ist. Meistens wird auch statt des Doppelbürstensatzes ein Einfachbürstensatz verwendet, da ja eine Regelung der erzeugten Hilfsspannung nicht erfolgt.

Die kompensierten Asynchronmotoren werden heute nicht mehr gebaut, weil die Verbesserung des Leistungsfaktors viel einfacher durch Kondensatoren erreicht werden kann.

---

[1]) E. Ganssauge, Siemens-Z. 4 (1924) S. 457; L. Hartwagner, Sachsenwerk-Mitt. H. 3 (1928) S. 3.

IX. Kaskadenschaltungen von Induktionsmaschinen mit Stromwendermaschinen.

A. Das Wesen der Kaskadenschaltungen.

Die hauptsächlichsten Nachteile des Induktionsmotors sind die Schwierigkeit einer verlustlosen, stetigen Drehzahlregelung und der ungünstige Leistungsfaktor. Beide Nachteile lassen sich durch Kaskadenschaltungen des Induktionsmotors mit Hintermaschinen, die Stromwendermaschinen sein müssen, aufheben. Wie, soll im folgenden kurz erläutert werden.

Wir gehen von dem in Abb. 250 dargestellten Ersatzstromkreis der Induktionsmaschine aus. Dabei ist nach Gl. 234, 235 und 236

$$\mathfrak{U}_2 = s\,[\mathfrak{U}_{20} + \mathfrak{J}_2\,\mathfrak{Z}_{K_2}] \approx s\,\mathfrak{U}_{20} + \mathfrak{J}_2\,(R_2 + j\,s\,X_{K_2}).$$

$\mathfrak{U}_{20}$ ist die sekundäre Strangspannung im Stillstande des Läufers bei offenem Läuferkreis. Der Primärwiderstand R_1 ist vernachlässigt.

1. Drehzahlregelung.

Wir denken uns nun die Induktionsmaschine angetrieben, also als Generator nach Abb. 250. Bei offenem Läuferkreis ist $J_2 = 0$ und die Maschine hat die Spannung $U_2 = s_0\,U_{20}$. Schaltet man nun eine Hintermaschine mit der Spannung U_r, die der Schleifringspannung $s_0\,U_{20}$ der Größe und Phasenlage nach gleich ist, mit der Induktionsmaschine nach Abb. 560 zusammen, so entsteht im Läuferkreis der Induktionsmaschine kein Strom und es besteht die Gleichung

$$\mathfrak{U}_r = s_0\,\mathfrak{U}_{20},$$

und die Leerlaufdrehzahl wird

$$s_0 = \frac{U_r}{U_{20}}. \tag{531}$$

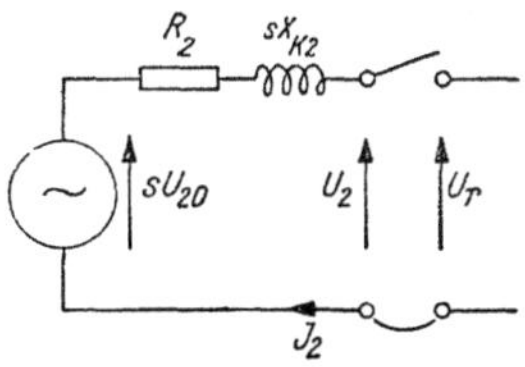

Abb. 560. Zur Erklärung der Kaskadenschaltungen.

Somit ergibt sich folgendes:

Hat die Regelspannung U_r die gleiche Phase wie die Spannung U_{20}, so ist der Quotient positiv und die Schlüpfung s_0 positiv, d. h. der Motor nimmt eine untersynchrone Drehzahl an. Ist jedoch U_r der Spannung U_{20} entgegengesetzt, so entspricht dem negativen Quotienten $\frac{U_r}{U_{20}}$ eine negative Schlüpfung und damit eine übersynchrone Drehzahl. Somit kann man durch Änderung von Größe und Richtung der Regelspannung eine beliebige Leerlaufdrehzahl einstellen.

2. Verbesserung des Leistungsfaktors.[1]

Der Leistungsfaktor eines Induktionsmotors kann verbessert werden dadurch, daß man in den Läuferkreis eine Regelspannung einführt, die bei einer bestimmten Drehzahl die Spannung $J_2\,s\,X_{K_2}$ aufhebt und auf diese Weise den Phasenverschiebungswinkel zwischen J_2 und U_2 zum Verschwinden bringt. Eine solche Spannung muß gegen den Sekundärstrom eine Phasenverschiebung von 90° haben.

Die zweite Ursache aber des schlechten Leistungsfaktors einer Induktions-

---

[1]) Vgl. die Sonderhefte über Kondensatoren, Elektrotechn. u. Masch.-Bau 59 (1941) Hefte 25/26 und 29/30.

maschine ist der Erregerstrom, den sie dem Netz entnehmen muß. Erregt man nun die Maschine vom Läufer aus, so wird das Netz von der Lieferung des Magnetisierungsstromes für die Vordermaschine befreit. Wir gehen wieder vom Ersatzschaltbild in Abb. 250 aus. Im Synchronlauf ($s = 0$) ist die Spannung $s\,U_{20}$ Null. Soll nun der Läuferkreis den Magnetisierungsstrom J_0 führen, so muß ihn eine Regelspannung U_r erzeugen. Da aber wegen $s = 0$ auch $s\,X_{K_2} = 0$ ist, bleibt die Bedingung

$$U_r = J_0\,R_{K_2}.$$

Mit Rücksicht darauf, daß einerseits $\mathfrak{U}_{20} = \mathfrak{J}_0\,\mathfrak{Z}_0$ und anderseits $\mathfrak{Z}_0 = j\,X_{1h}$ ist, muß die Regelspannung U_r gegen die Spannung U_{20} oder die Schlupfspannung $s\,U_{20}$ um 90° in der Phase verschoben sein.

Drückt man dem Läuferkreis eine Regelspannung auf, die sowohl eine die Drehzahl regelnde, als auch eine den Leistungsfaktor verbessernde Komponente besitzt, so lassen sich die beiden Aufgaben gleichzeitig lösen.

3. Regelung der Leistung.

Bei der Leistungsregelung wird verlangt, daß die Leistungsaufnahme oder -abgabe einer Induktionsmaschine unabhängig sein soll von der Drehzahl oder dem Schlupf.

Z. B. überträgt bei der Kupplung von zwei Netzen ein Motorgenerator Leistung von einem Netz auf das andere. Die Frequenzen der beiden Netze müssen nicht gleich sein und brauchen auch nicht unveränderlich zu sein. Doch sollen die Frequenzschwankungen die übertragene Leistung nicht beeinflussen. Deshalb darf die aufgenommene oder abgegebene Leistung des Induktionsmotors des Motorgenerators von der Drehzahl nicht abhängen. Ein anderes Beispiel betrifft die Schlupfregelung von Ilgner-Umformern oder Walzenstraßenmotoren. Treibt ein Induktionsmotor einen Ilgner-Umformer an oder ist er mit Walzenstraßen und Schwungrädern unmittelbar gekuppelt, so soll er dem Netz stets eine gleichbleibende Leistung entnehmen, während die Schwankungen der Belastung das Schwungrad aufnimmt.

Um nun die Leistung wunschgemäß unabhängig von der Drehzahl einstellen zu können, hebt man zuerst die gesamte dem Schlupf verhältnisgleiche Spannung des Sekundärkreises (Abb. 250) $s\,(\mathfrak{U}_{20} + j\,X_{K_2}\,\mathfrak{J}_2)$ durch eine Komponente der Regelspannung auf. Dann erzeugt man durch eine zweite Komponente der Regelspannung den Sekundärstrom J_2 und kann auf diese Weise die vorgeschriebene Leistung einstellen.

Selbstverständlich müssen die Regelspannungen, die dem Läuferkreis aufgedrückt werden, von Schlupffrequenz sein. Zur Erzeugung dieser Spannung kommen Stromwendermaschinen in Betracht, und zwar Gleichstrommaschinen mit vorgeschaltetem Einankerumformer und Drehstromkommutatormaschinen. Man nennt die Schaltung eines Induktionsmotors mit einer Gleichstrommaschine und einem dazwischengeschalteten Einankerumformer eine Gleichstromkaskade. Dabei kann der Einankerumformer durch einen Stromrichter ersetzt werden. Eine Drehstromkommutatorkaskade besteht aus einem Induktionsmotor und einer Drehstromkommutatormaschine (Drehstromwendermaschine), die die schlupffrequente Regelspannung erzeugt.

Die Induktionsmaschine, deren Leistungsfaktor, Drehzahl oder Leistung geregelt werden soll, wird Vorder- oder auch Hauptmaschine genannt. Die Hintermaschine ist mit ihrem Hauptstromkreis in Reihe mit dem Läuferkreis der Vordermaschine gelegt.

Jene Hintermaschinen, die vor allem dazu dienen, den Leistungsfaktor des

Vordermotors zu verbessern, heißt man **Phasenschieber**, **Kompensatoren** oder **Drehstromerregermaschinen**. Dient die Hintermaschine aber im wesentlichen zur Drehzahlregelung des Vordermotors, dann bildet sie mit ihm einen **Regelsatz**.

B. Gleichstromkaskaden.

Wir wollen zuerst die Kaskadenschaltungen von einem Induktionsmotor mit einer Gleichstrommaschine und einem dazwischengeschalteten Einankerumformer besprechen, weil sich diese Schaltungen aus Maschinen aufbauen, die wir bereits kennengelernt haben.

1. Gleichstromkaskade mit Hintermotor.

In Abb. 561 liegt an den Schleifringen des Vordermotors ein Umschalter, mit dessen Hilfe der Läufer des Induktionsmotors entweder an den Anlasser oder an die Schleifringe eines Einankerumformers angeschlossen werden kann. Der Umformer speist gleichstromseitig einen Gleichstrommotor, der mit dem Induktionsmotor mechanisch gekuppelt ist. Diese Schaltung wird auch als **Krämerschaltung** bezeichnet.

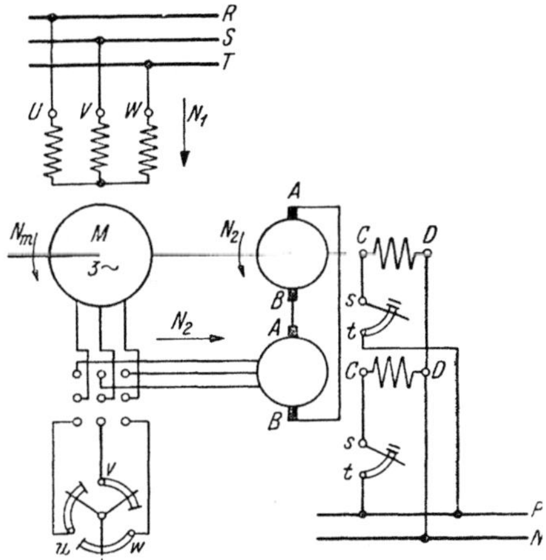

Abb. 561. Schaltbild einer Gleichstromkaskade mit Hintermotor.

Die Drehzahl des Vordermotors regelt sich mit Hilfe der Erregung des Gleichstrommotors. Verstärkt man die Erregung des Gleichstrommotors, so steigt die Spannung an den Bürsten und damit auch die Gleichspannung des Einankerumformers U_g. Für diese Gleichspannung des Motors und Einankerumformers setzen wir:

$$U_g \approx C \Phi n.$$

Die Wechselspannung des Einankerumformers U_w, die im Leerlauf gleich der Schleifringspannung des Induktionsmotors ist, hängt einerseits mit der Gleichspannung U_g durch die Gleichung

$$U_w = \ddot{u}\, U_g$$

zusammen, und drückt sich anderseits durch die Läuferstillstandsspannung U_{20} und den Leerlaufschlupf s_0 aus:

$$U_w = U_2 = U_{20}\, s_0.$$

Für die Leerlaufdrehzahl $n = n_0$ erhalten wir daher mit $s_0 = (n_1 - n_0)/n_1$:

$$\frac{n_0}{n_1} = \frac{U_{20}}{U_{20} + \ddot{u}\, C \Phi n_1}. \tag{532}$$

Dies ist die Gleichung einer Hyperbel, die in Abb. 562 dargestellt ist. Es läßt sich also durch Änderung der Erregung des mit dem Induktionsmotor gekuppelten Gleichstrommotors eine beliebige Leerlaufdrehzahl n_0 einstellen. Doch beschränkt sich die Drehzahlregelung praktisch auf den Untersynchronismus, weil ein Schlupf von 2,5 ... 3,5 Hz notwendig ist, um den Einankerumformer betriebsfähig zu erhalten. Es ließe sich theoretisch auch eine übersynchrone Drehzahl einstellen. Zu diesem Zweck müßte man die Erregung des Hintermotors umschalten, so daß Φ negativ wird.

Die Leistungsverteilung ist aus Abb. 561 und 562 zu ersehen. Der Vordermotor gibt (ohne Berücksichtigung der Reibungsverluste) die mechanische Leistung

$$N_m = \frac{n}{n_1} N_{D_1} \approx \frac{n}{n_1} N_1$$

an die Welle ab und die sekundäre elektrische Leistung $N_2 \approx N_{D_2}$, wobei

$$N_{D_2} = s\, N_{D_1} \approx s\, N_1 \text{ ist,}$$

an die Hintermaschine, wobei die Verluste in der Läuferwicklung des Vordermotors nicht in Rechnung gestellt sind. Diese elektrische Läuferleistung wird im Gleichstrommotor in mechanische Leistung umgesetzt und ebenfalls auf die Welle übertragen, so daß die Kaskade mit gleichbleibender Leistung bei allen Drehzahlen innerhalb des Regelbereiches arbeitet. In Abb. 562 ist $\overline{AB}$ verhältnisgleich der mechanischen Leistung des Gleichstrommotors, $\overline{BC}$ jener des Vordermotors und $\overline{AC}$ der Gesamtleistung des Vordermotors.

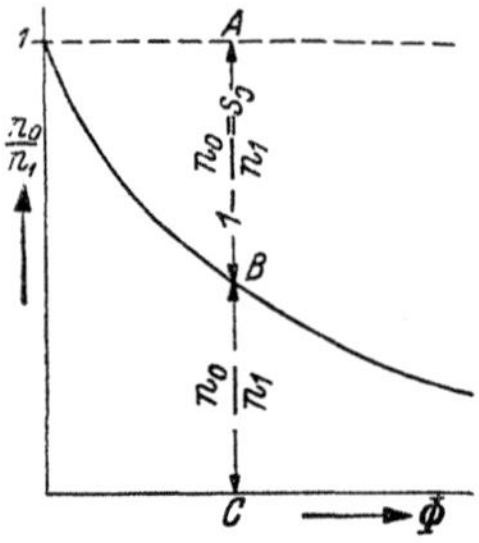

Abb. 562. Änderung der Leerlaufdrehzahl durch Änderung der Erregung des Hintermotors.

Ordnet man auf dem Hintermotor eine zusätzliche Hauptschlußwicklung an, so erreicht man dadurch, daß die Kaskade eine mit steigender Belastung fallende Drehzahlkurve erhält. Dies kann bei der Kupplung mit Schwungrädern vorteilhaft sein, um die Schwungmassen zur Leistungsabgabe heranzuziehen.

Durch Änderung der Erregung des Einankerumformers kann der Leistungsfaktor des Vordermotors beeinflußt werden. Denn der Einankerumformer ist wechselstromseitig ein Synchronmotor, dessen aufgenommener Wechselstrom in Größe und Phase von der Erregung abhängig ist.

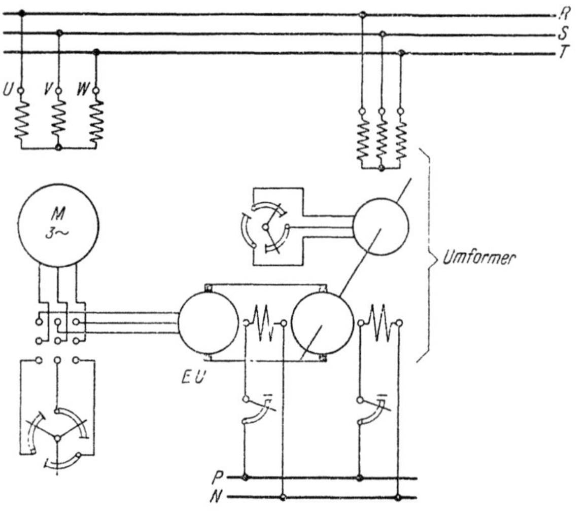

Abb. 563. Schaltbild einer Gleichstromkaskade mit Umformer.

2. Gleichstromkaskade mit Umformer.

Bei der Gleichstromkaskade mit Hinterumformer, die auch SCHERBIUS-Kaskade genannt wird, speist der zwischengeschaltete Einankerumformer einen Hinterumformer, der als Motorgenerator aus einem Gleichstrommotor und einem mechanisch mit ihm gekuppelten Asynchrongenerator besteht. Abb. 563 ist das Schaltbild.

Bei dieser Kaskade wird die elektrische Leistung, die der Läufer des Vordermotors abgibt, nicht wie bei der vorhin besprochenen Kaskadenschaltung als mechanische Leistung auf die Welle übertragen, sondern als elektrische Leistung ans Drehstromnetz zurückgegeben.

In der gleichen Weise wie bei der Kaskade mit Hintermotor läßt sich die Drehzahl des Vordermotors regeln durch Änderung der Erregung des Gleichstrommotors. Und zwar entspricht einer Verstärkung der Erregung ein Drehzahlabfall, einer Schwächung der Erregung eine Beschleunigung des Vordermotors.

Der Leistungsfaktor des Hauptmotors kann wie bei der Krämerkaskade durch Übererregung des Einankerumformers verbessert werden.

Die mechanisch auf die Welle übertragene Leistung ist bei dieser SCHERBIUS-Kaskade nur die mechanische Leistung des Vordermotors

$$N_m = \frac{n}{n_1} N_{D_1}.$$

Das Drehmoment ist nach Gl. 215

$$M = \frac{N_{D_1}}{2\pi n_1}$$

ein Festwert, wenn die Ständerdrehfeldleistung N_{D_1} oder, da $N_{D_1} \approx N_1$ ist, die primäre Netzleistung N_1 des Vordermotors unverändert bleibt. Die SCHERBIUS-Kaskade arbeitet somit bei allen Drehzahlen mit gleichbleibendem Drehmoment, also mit Leistungen, die verhältnisgleich der Drehzahl sind. Selbstverständlich ist damit keine neue Eigenschaft des Induktionsmotors entstanden, denn nach Gl. 215 ist bei unveränderlicher Primärleistung ($N_1 \approx N_{D1}$) das Drehmoment auch dann unveränderlich, wenn die sekundäre Schlupfleistung nicht ans Netz zurückgegeben wird.

C. Die Hintermaschinen für Drehstromkommutatorkaskaden.

Es mögen nun jene Maschinen besprochen werden, die als Hintermaschinen für Drehstrom-Kommutatorkaskaden in Betracht kommen. Bevor wir auf die Besprechung eingehen, soll kurz das grundsätzliche Schaltbild einer Drehstrom-Kommutatorkaskade gestreift werden. Abb. 564 zeigt ein solches Schaltbild für den Fall einer bloß elektrischen

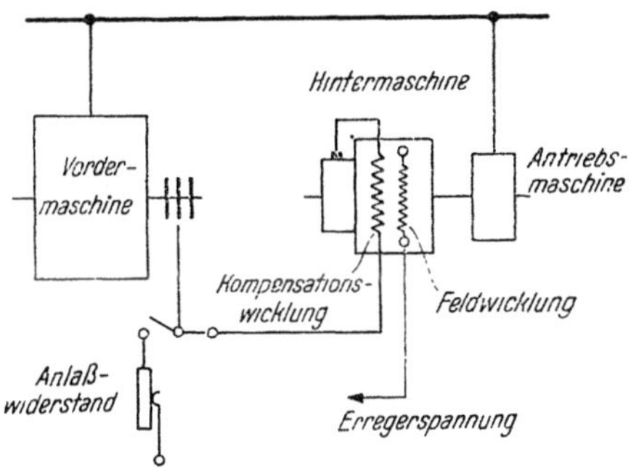

Abb. 564. Schaltbild einer Drehstromkaskade mit elektrischer Kupplung der Vorder- und Hintermaschine.

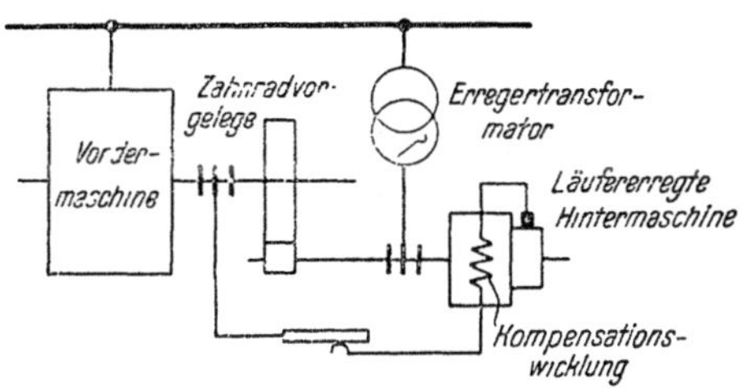

Abb. 565. Schaltbild einer Drehstrom-Kommutator-Kaskade mit elektrischer und mechanischer Kupplung der Vorder- und Hintermaschine.

Kupplung der Hintermaschine mit der Vordermaschine. Hier muß die Hintermaschine durch eine eigene Antriebsmaschine (Belastungsmaschine) angetrieben werden. Diese liefert im untersynchronen Lauf des Vordermotors die Schlupfleistung ins Primärnetz zurück und führt im übersynchronen Lauf des Vordermotors der Hintermaschine die Schlupfleistung zu, die sie an den Vordermotor weitergibt. In Abb. 565 ist die Hintermaschine elektrisch und mechanisch mit der Hauptmaschine gekuppelt. Die mechanische Kupplung muß nicht über ein Zahnradvorgelege geschehen, sondern kann auch unmittelbar erfolgen. Die mechanische Kupplung über Zahnräder ist von dem Polverhältnis, dem verfügbaren Raum und sonstigen Umständen abhängig.

Der Anlauf der Vordermaschine erfolgt entweder über einen getrennten Anlaßwiderstand, wie in Abb. 564, oder der Anlaßwiderstand liegt in Reihe mit der Hintermaschine, wie in Abb. 565. Dann bildet die Hintermaschine den Sternpunkt des Anlassers.

Wirkt die Hintermaschine als Phasenschieber, so liegt die Größenordnung ihrer Scheinleistung bei etwa $^1/_2$ bis 4% der Leistung der Vordermaschine. In einem Regelsatz aber ist die Scheinleistung der Hintermaschine mindestens: (1,10 bis 1,30) × Leistung des Vordermotors × größte geforderte Schlüpfung.

Die Hintermaschinen können eigen- oder fremderregt sein. Eigenerregte Maschinen sind solche, deren Feld vom Läuferstrom oder einem von der Schleifringspannung des Vordermotors abhängigen Strom erregt wird. Bei den fremderregten Hintermaschinen kann die Spannungsquelle entweder das Netz selbst oder eine eigene Erregermaschine sein.

Die Erregung kann im Ständer oder Läufer erfolgen, so daß wir es entweder mit ständer- oder läufererregten Maschinen zu tun haben.

Selbsterregte Maschinen sind solche, die ihren Erregerstrom unabhängig von der Schleifringspannung des Vordermotors erzeugen können.

Eigenerregte Kommutatorhintermaschinen können der Selbsterregung fähig sein. Die Selbsterregung tritt ein, wenn die erzeugte Spannung den Ohmschen Spannungsverlust des gesamten Erregerkreises aufhebt. Die Erregung geschieht im Haupt-, Neben- oder Doppelschluß oder durch eine nur induktiv erregte Käfigwicklung im Ständer.

Nach der Art der Energieumsetzung können die Hintermaschinen unterschieden werden in solche mit Drehmoment und solche ohne Drehmoment.

Weiters können die Hintermaschinen mit oder ohne Kompensationswicklung ausgestattet werden.

Die eigenerregten Hintermaschinen, die der Selbsterregung nicht fähig sind, werden bei theoretischem Leerlauf der Vordermaschine wirkungslos, da der Läuferstrom des Vordermotors in diesem Fall verschwindet.

Die eigenerregten und die im Ständer fremderregten Hintermaschinen laufen asynchron, d. h. ihre Drehzahl ist unabhängig von der Vordermaschine, und sie sind an keine bestimmte Drehzahl gebunden. Die läufererregten Maschinen, insbesondere die Frequenzwandler, arbeiten synchron; ihre Drehzahl ist von der Drehzahl der Vordermaschine, der Netzfrequenz oder von beiden abhängig.

1. Der Phasenschieber von Leblanc.

Diese Maschine arbeitet mit Eigenerregung ohne eigenes Drehmoment und ist unkompensiert. Ein grundsätzliches Schaltbild ist aus Abb. 566 zu entnehmen und ohne Erklärung verständlich.

Der Leblancsche Phasenschieber besteht im wesentlichen bloß aus einem Anker mit einer Gleichstromankerwicklung, die an einen Stromwender angeschlossen ist. Der Ständer trägt keine Wicklung und dient nur als magnetischer Schluß für den vom Anker erzeugten Induktionsfluß. Mitunter verzichtet man auf einen Ständer und legt die Ankerwicklung in geschlossene Nuten ein, die tief im Ankereisen eingebettet sind. Der Raum über den Nuten muß dann den Ständer ersetzen. In Abb. 567 ist diese Bauart angedeutet und in die Zeichnung auch der Induktionsfluß eingetragen. Größere Bauarten werden jedoch gewöhnlich mit einem Ständer versehen, in dem zur Verbesserung der Stromwendung Kommutierungsnuten ausgespart sind (Abb. 568). Nur bei besonders großen Phasenschiebern baut man auch Wendepole ein. Auf dem Stromwender sitzen drei Bürstensätze je Polpaar, die um 120° gegeneinander verschoben sind.

Die Vordermaschine führt dem Phasenschieber über die Bürsten einen Strom zu, dessen Frequenz $f_2 = s f_1$ ist. Dadurch entsteht in dieser Maschine ein Drehfeld, das gegenüber den feststehenden Bürsten oder gegenüber dem feststehenden Ständer mit $n_{2s} = \frac{f_2}{p_s}$ umläuft, gleichgültig mit welcher Drehzahl der Phasenschieberanker angetrieben wird. Unter p_s verstehen wir die Polpaarzahl des Phasenschiebers. Läuft der Anker

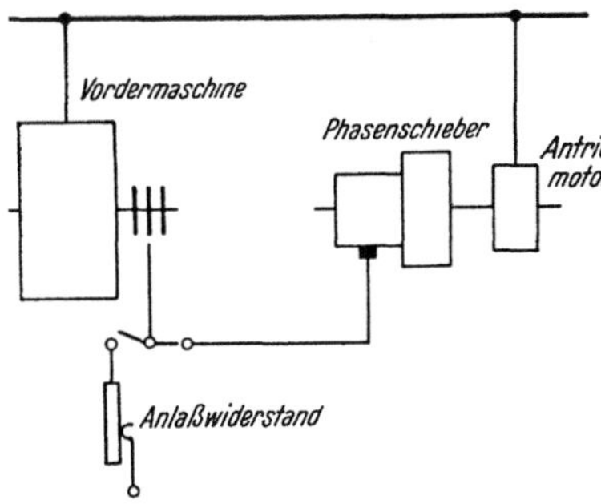

Abb. 566. Schaltbild einer Kaskade mit Phasenschieber.

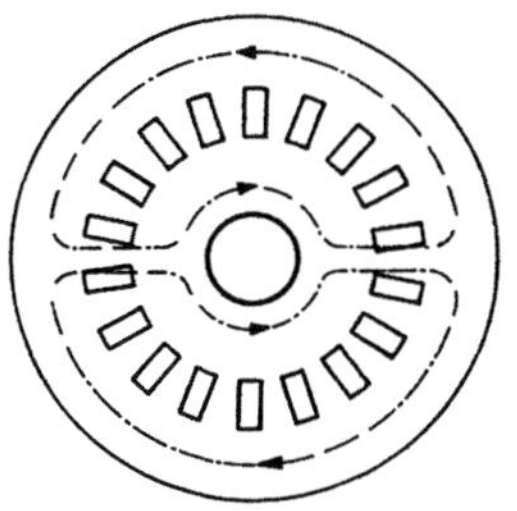

Abb. 567. Phasenschieber nach LEBLANC-SCHERBIUS.

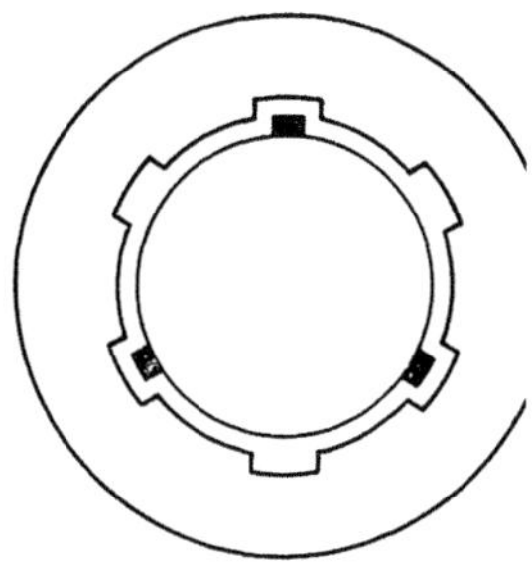

Abb. 568. Phasenschieber mit Kommutierungsnuten.

nicht um, so ist die Drehzahl des Drehfeldes gegenüber dem Anker die gleiche wie gegenüber den Bürsten, und das Drehfeld induziert in der ruhenden Ankerwicklung Strangspannungen, die den Strangströmen um 90° in der Phase voraus-eilen. Der Phasenschieber wirkt wie eine Drosselspule. Treibt der Antriebsmotor aber den Phasenschieber im gleichen Sinne an, in dem das Drehfeld umläuft, so nimmt die Drehzahl des Drehfeldes relativ zum Anker ab. Und läuft schließlich der Anker im selben Sinne wie das Drehfeld synchron mit diesem um, so kann das Drehfeld in der jetzt relativ zu ihm stillstehenden Ankerwicklung keine Spannung induzieren. Der Phasenschieber wirkt in diesem Falle wie ein OHMscher Widerstand, d. h. es kommt nur der Widerstand der Ankerwicklung in Betracht. Wird nun der Anker übersynchron angetrieben, so induziert das Drehfeld in der Ankerwicklung eine Spannung, die aber jetzt dem Strom um 90° in der Phase nacheilt. Der Phasenschieber wirkt wie eine Kapazität.

Die Frequenz der Spannungen in den Ankerspulen des Phasenschiebers ist $(n_{2s} - n_s)\, p_s$; und diese Frequenz wird immer in die Frequenz f_2 des Läuferstromes des Vordermotors kommutiert.

Die Größe der Regelspannung, die der Phasenschieber an den Stromwenderbürsten abgibt, kann durch Änderung der Ankerdrehzahl geregelt werden.

2. Der Phasenschieber mit induktiv erregter Ständerwicklung.

Die Wirkung des vorhin beschriebenen Phasenschiebers läßt mit abnehmender Belastung des Vordermotors nach und hört im Leerlauf ganz auf, da der dem Phasenschieber zugeführte Läuferstrom des Vordermotors mit kleiner werdender Leistung geringer wird und im theoretischen Leerlauf verschwindet. Dies ist ein Nachteil des LEBLANCschen Phasenschiebers.

Um diesen Mangel zu beheben, baut man nach KOZISEK in den Ständer des Phasenschiebers eine verteilte Kurzschlußwicklung ein, die entweder als Käfigwicklung oder als gewöhnliche mehrsträngige kurzgeschlossene Wicklung ausgeführt ist. Das durch den Läuferstrom der Vordermaschine im Anker des Phasenschiebers erregte Drehfeld induziert auch in der Kurzschlußwicklung im Ständer des Phasenschiebers einen Strom. Dieser Phasenschieber kann sich selbst erregen und selbsttätig Blindstrom liefern. Daher läßt sich mit seiner Hilfe der Leistungsfaktor auch bei kleinen Belastungen der Vordermaschine verbessern.

Die von ihm erzeugte Regelspannung ändert man entweder durch Änderung der Drehzahl des Antiebsmotors oder durch Änderung der magnetischen Verkettung zwischen Ständer und Läufer, indem man den Ständer axial verschiebbar macht.

3. Der Frequenzwandler.

a) Aufbau und Wirkungsweise. Diese Maschine besteht aus einem Anker mit Gleichstromankerwicklung, die mit einem Stromwender verbunden ist, auf dem entweder drei Bürstensätze je Polpaar schleifen oder sechs Bürstenreihen je Polpaar. In Abb. 569 ist das Schaltbild für einen Frequenzwandler bei Dreibürsten-

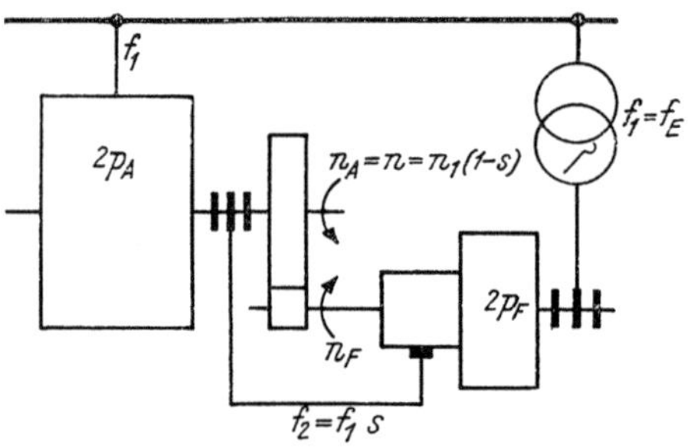

Abb. 569. Schaltbild eines Frequenzwandlers in Dreibürstenschaltung.

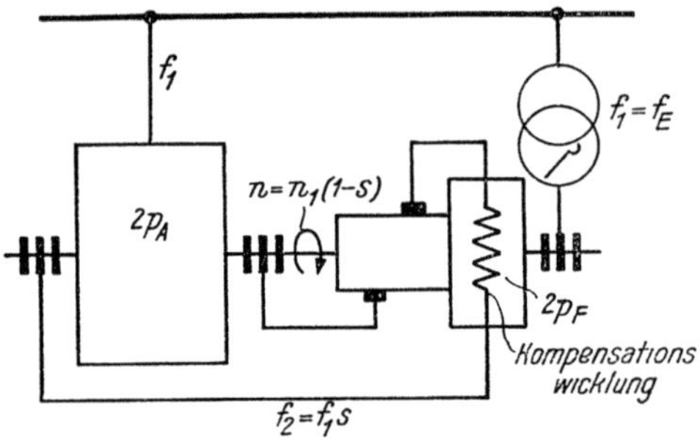

Abb. 570. Schaltbild eines Frequenzwandlers in Sechsbürstenschaltung (mit Kompensationswicklung).

schaltung gezeichnet, in Abb. 570 eine solche in Sechsbürstenschaltung. In diesem Falle muß die Läuferwicklung des Vordermotors unverkettet bleiben und zu sechs Schleifringen geführt werden. Bei Frequenzwandlern ist ein Ständer stets vorhanden. Dieser wird sowohl ohne Wicklung (Abb. 569) als auch mit einer Kompensationswicklung (Abb. 570) versehen.

Der unkompensierte Frequenzwandler arbeitet ohne eigenes Drehmoment; der kompensierte entwickelt mit Rücksicht auf seine Ständerwicklung ein Drehmoment. Versteht man unter einem Frequenzwandler nur eine Maschine, die ohne Drehmomentbildung die Schlupfleistung elektrisch weiterleitet, so dürfte man nicht von einem „kompensierten Frequenzwandler" sprechen. Man nennt daher diese Maschine auch eine läufererregte Schlupffrequenzmaschine.

Der Frequenzwandler ist im allgemeinen mit dem Vordermotor elektrisch und mechanisch gekuppelt. In Abb. 570 ist eine unmittelbare mechanische Kupplung angenommen, in Abb. 569 eine solche mit Zahnradvorgelege. Der Frequenzwandler kann aber auch frei laufen. Hier ist an die Stromwenderbürsten eine mehrphasige Erregerwicklung angeschlossen, die im Ständer untergebracht ist und einen eigenen Antriebsmotor entbehrlich macht (Abb. 571).

Wir führen dem Frequenzwandleranker über seine Schleifringe eine Erregerspannung der Frequenz f_E über einen Transformator zu. Dann entsteht im Frequenzwandler ein Drehfeld, das mit der Drehzahl $n_E = f_E/p_F$ gegenüber dem Anker umläuft, gleichgültig, mit welcher Drehzahl der Anker sich dreht. p_F ist die Polpaarzahl des Frequenzwandlers. Wird der Anker des Wandlers mit der Drehzahl n_F gegen die Drehrichtung des Drehfeldes angetrieben, so ist die Drehzahl des Drehfeldes gegenüber den feststehenden Bürsten $(n_E - n_F)$ und damit die Frequenz der Spannung, die an den Stromwenderbürsten abgenommen wird $(n_E - n_F)\, p_F$. Da diese Bürsten mit den Schleifringen des Vordermotors verbunden sind, so muß die Frequenz der Spannung an den Stromwenderbürsten gleich der Frequenz der Läuferströme im Vordermotor, also $f_2 = f_1 s$ sein, d. h. es muß gelten: $f_2 = (n_E - n_F)\, p_F$.

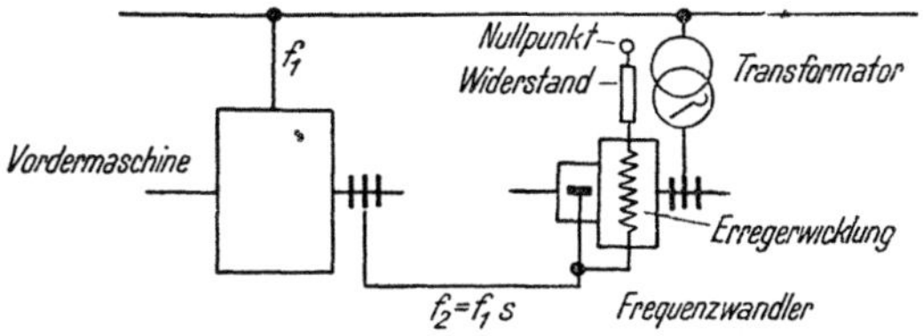

Abb. 571. Schaltbild eines freilaufenden Frequenzwandlers.

Allgemein gilt

$$\pm f_2 = f_E - f_F, \qquad (533)$$

wenn mit $f_F = n_F\, p_F$ die Umdrehungsfrequenz des Frequenzwandlers bezeichnet wird. Das Pluszeichen ist für mechanische, das Minuszeichen für bloß elektrische Kupplung einzusetzen.

Bei mechanischer Kupplung müssen die Umdrehungsfrequenzen des Wandlerankers und des Läufers des Vordermotors einander gleich sein: $f_F = f_1 - f_2$. Dann folgt für die Frequenz der Erregerspannung an den Schleifringen $f_E = f_2 + f_F = f_1$. Die Schleifringe des Frequenzwandlers müssen also bei mechanischer Kupplung an eine Spannung von Netzfrequenz gelegt werden. Aus der Beziehung $f_F = f_1 - f_2$ folgt, daß bei mechanischer Kupplung das Produkt aus Drehzahl und Polzahl im Vordermotor (mit der Polzahl $2\,p_A$) und Frequenzwandler gleichen Wert haben muß: $n_F\, p_F = n\, p_A$. Bei mechanischer Kupplung ohne Vorgelege ist $n_F = n$. Somit müssen hier die Polzahlen einander gleich sein: $p_F = p_A$. Ist ein Vorgelege vorhanden, so verhalten sich die Drehzahlen umgekehrt wie die Polzahlen: $\frac{n_F}{n} = \frac{p_A}{p_F}$. Hier kann man für n_F, also die Drehzahl des Frequenzwandlers, unabhängig vom Vordermotor den günstigsten Wert wählen.

Ist der Frequenzwandler mit der Vordermaschine nur elektrisch gekuppelt und wird er von einem Synchronmotor angetrieben, dessen Umdrehungsfrequenz f_1 ist, so ergibt die Gl. 550 für die Frequenz der Erregerspannung an den Schleifringen des Wandlers

$$f_E = f_1\,(1 - s), \qquad (534)$$

da hier $f_1 = f_F$ ist.

b) Einstellung der Phasenlage der Regelspannung. Die gewünschte Phasenlage der Kommutatorspannung des Frequenzwandlers gegenüber der Schlupfspannung der Asynchronmaschine läßt sich beim unkompensierten Wandler durch Verschiebung der Bürsten einstellen. Beim kompensierten Frequenzwandler müßte man, wenn man die Bürsten verschiebt, auch die Kompensationswicklung und damit den Ständer verdrehen, weil die magnetische Achse der Kompensationswicklung mit den Bürstenachsen zusammenfallen muß. Beim kompensierten Frequenzwandler kann man die geforderte Phasenlage der Regelspannung erzielen, wenn man z. B. die Phasenlage der Schleifringspannung des Frequenzwandlers gegenüber der Klemmenspannung des Vordermotors ändert.

Zu diesem Zwecke liegen die Schleifringe des Frequenzwandlers an der Spannung eines Synchrongenerators, der von einem eigenen Synchronmotor angetrieben wird. Das Polrad dieses Synchrongenerators trägt zwei Erregerwicklungen, die um 90° räumlich gegeneinander verdreht sind. Die Spannung des Synchrongenerators wird durch die geometrische Summe der Durchflutungen der beiden Erregerwicklungen bestimmt. Ändert man das Größenverhältnis der beiden Durchflutungen, so ändert sich damit die Lage des Erregerfeldes des Generators gegenüber dem Polrad. Dadurch wird aber die Phasenverschiebung der Schleifringspannung des Frequenzwandlers gegenüber der Netzspannung oder Klemmenspannung des Vordermotors beeinflußt, denn die Lage des Polrades des Synchrongenerators gegenüber dem Netzvektor ist durch den synchronen Antriebsmotor eindeutig festgelegt. Der Synchronmotor hängt selbstverständlich am selben Netz wie der Vordermotor. Die Phasenlage der Kommutatorspannung des Frequenzwandlers gegenüber der Schlupfspannung des Vordermotors kann somit mit Hilfe der Feldregler der beiden Erregerkreise des Synchrongenerators geregelt werden.

Eine andere Möglichkeit besteht beim kompensierten Frequenzwandler darin, daß man den Schleifringkörper des Frequenzwandlers gegenüber dem Stromwender verdreht, wobei unveränderliche Phasenverschiebung zwischen der Schleifringspannung des Frequenzwandlers und der Klemmenspannung des Vordermotors vorausgesetzt wird. Und zwar ist der auf der Stromwenderseite liegende Schleifringkörper des Frequenzwandlers mit den Ableitungsbolzen gegenüber dem Stromwender verdrehbar, so daß zur Einstellung der Phasenlage der Kommutatorspannung die Ableitungsbolzen mit beliebigen Stromwenderstegen verbunden werden können.

Schließlich kann man sowohl beim kompensierten als auch beim unkompensierten Frequenzwandler die gewünschte Phasenlage der Regelspannung gegenüber der Schlupfspannung des Induktionsmotors durch Verstellen der Kupplung zwischen den beiden Wellen bei unmittelbarer Kupplung der Maschinen einstellen.

c) Einstellung der Größe der Regelspannung. Da zwischen der Schleifring- und Stromwenderspannung des Frequenzwandlers ein festes Verhältnis besteht, so läßt sich die Größe der Regel- oder Stromwenderspannung durch Änderung der den Schleifringen zugeführten Spannung regeln. Und dies kann mit Hilfe von Regeltransformatoren oder Drehtransformatoren geschehen, wenn der Frequenzwandler vom Netz aus erregt wird. Bei der beschriebenen Erregung durch einen eigenen Synchrongenerator kann neben der Phasenlage auch die Größe der Schleifringspannung des Frequenzwandlers durch die Feldregler in den beiden Erregerkreisen des Generators beeinflußt werden.

4. Die ständererregten Hintermaschinen.

Bei den ständererregten Hintermaschinen kann die Erregerwicklung im Ständer entweder als konzentrierte Wicklung, die um ausgeprägte Pole liegt, oder als verteilte Wicklung untergebracht werden. Meist ist im Ständer noch eine Kompensationswicklung vorgesehen, die vom Läuferstrom durchflossen wird und die Durchflutung der Ankerwicklung aufhebt. Diese Kompensationswicklung ist stets als verteilte Wicklung ausgeführt. Zur Verbesserung der Stromwendung kann man Wendepole vorsehen.

Zu den ständererregten Hintermaschinen gehört die von Nehlsen empfohlene Drehstrom-Reihenschlußerregermaschine, die den gleichen Aufbau und die gleiche Schaltung zeigt wie der gewöhnliche Drehstrom-Reihenschluß-Kommutatormotor. Die Größe der Regelspannung kann durch Regelung der Drehzahl, die Phasenlage durch Bürstenverschiebung eingestellt werden. Die Ständerklemmen sind an die Schleifringe des Vordermotors angeschlossen. Die Bürsten sind um 90° aus der Nullstellung verschoben, so daß die Maschine als Generator arbeitet. Sie wird durch einen Motor angetrieben und läuft mit Rücksicht auf die kleine Frequenz des Läufers des Vordermotors stark übersynchron.

Winter und Eichberg haben eine Maschine angegeben, die im Ständer eine verteilte Erreger- und Kompensationswicklung be-

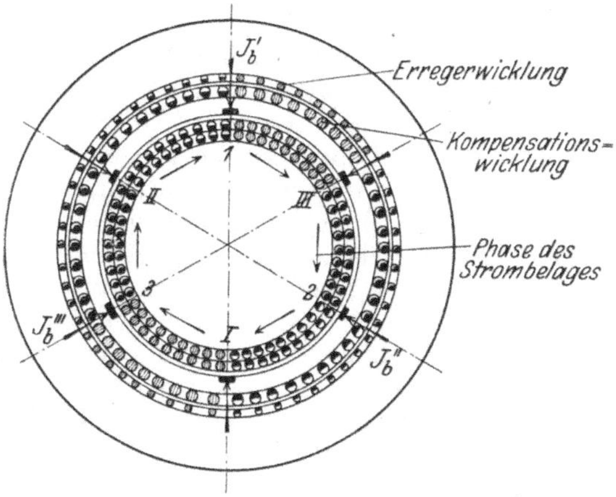

Abb. 572. Ständererregte Drehstromkommutatormaschine nach Winter-Eichberg mit verteilter Erregerwicklung.

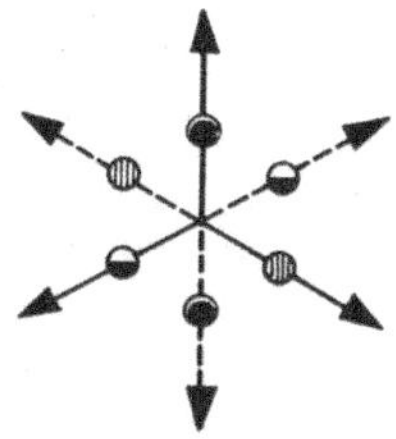

Abb. 573. Zur Erklärung der Phase des Strombelages der Ankerwicklung in Abb. 572.

sitzt. Die Ankerwicklung ist mit unverkürztem Wicklungsschritt, also mit Durchmesserspulen ausgeführt. Abb. 572 zeigt diese Maschine in Sechsbürstenschaltung.

Zur Erklärung der neben der Ankerwicklung eingetragenen Pfeile, die die Phasenlage der Durchflutung der einzelnen Abschnitte der Ankerwicklung angeben, sei auf Abb. 511 und auf Abb. 573 hingewiesen.

Bei größeren Leistungen kann man in den Ständerblechen Wendezähne vorsehen, die Wendepolwicklungen tragen.

Eine zweite Bauart dieser Maschine zeigt Abb. 574. Die Erregerwicklung ist als konzentrierte Wicklung auf ausgeprägten Polen aufgebracht. Und zwar sind sechs Hauptpole in 360° Polteilungsgraden vorgesehen. Diese Maschine ist ebenfalls kompensiert und ihre Ankerwicklung besteht aus Durchmesserspulen.

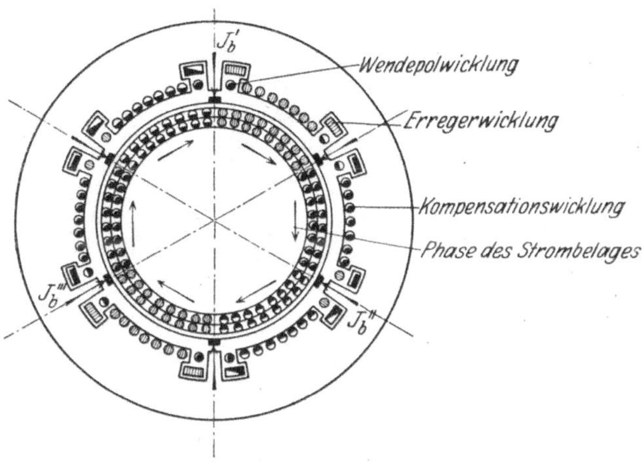

Abb. 574. Ständererregte Drehstromkommutatormaschine nach Winter-Eichberg mit ausgeprägten Polen.

Die in Abb. 574 eingezeichnete Erregung der Wendepole ergibt sich an Hand der Abb. 574 und 573, wenn man bedenkt, daß die Stromwendespannung, die durch die Stromwendung in den von einer Bürste kurzgeschlossenen Spulen der Ankerwicklung hervorgerufen wird, verhältnisgleich der Differenz der Strombeläge des Ankers ist, die die betreffende Bürste trennt.

Zur Aufhebung der vom Erregerfeld in den kommutierenden Spulen induzierten Pulsations- oder Transformationsspannung gibt man den Wendepolen noch eine zweite Wicklung, eine Hilfserreger- oder Unterdrückerwicklung, die über hohe Widerstände an die Erregerklemmen angeschlossen wird. Der Strom in dieser Unterdrückerwicklung ist dann um ungefähr 90° in der Phase gegenüber dem Erregerstrom verschoben und das von ihm erzeugte Wendefeld bringt in der kommutierenden Ankerspule eine Drehungsspannung hervor, die die vom Erregerfeld induzierte Transformationsspannung aufheben kann. Das Schaltbild einer solchen Maschine ist Abb. 575 zu entnehmen.

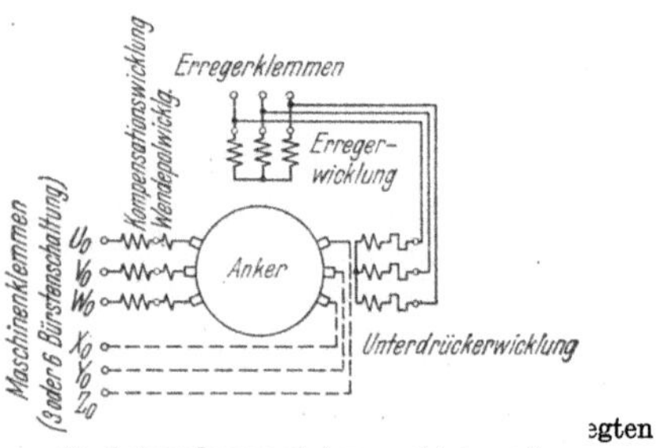

gten Drehstromkommutatormaschine mit ausgeprägten Polen.

Die wichtigste Maschine aber ist die Scherbius-Maschine (Lydall-Siemens-Brothers und Scherbius). Hier kommen nur drei ausgeprägte Hauptpole auf 360° Polteilungsgrade. Man bezeichnet drei solche aufeinanderfolgende Hauptpole, deren Erregerdurchflutungen um je 120° phasenverschoben sind, als Polsatz. Der Induktionsfluß eines Poles schließt sich

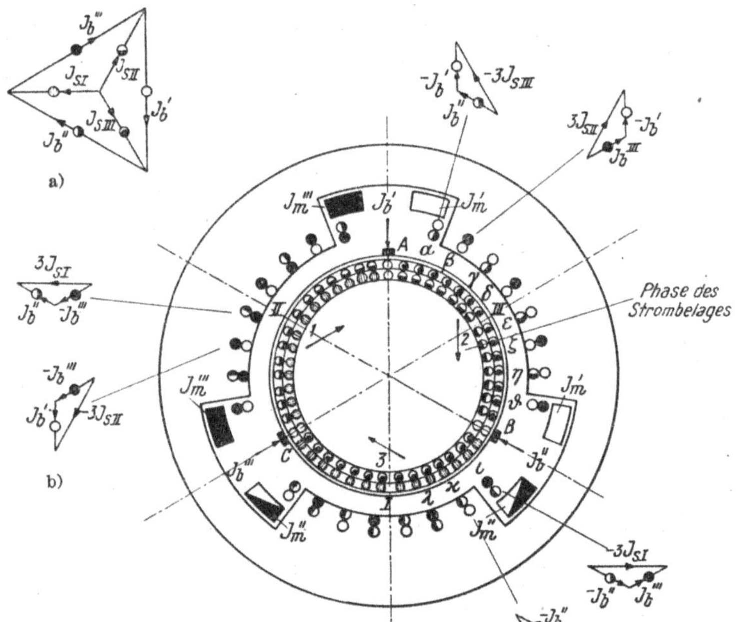

Abb. 576. Scherbius-Maschine. a) Stab- und Bürstenströme. b) Durchflutung der Nuten der Kompensationswicklung.

durch die beiden anderen Pole. Die Ankerwicklung umfaßt Spulen, deren Weite 120° Polteilungsgrade beträgt. Abb. 576 stellt eine Scherbius-Maschine dar.

Die Phasenlage der Durchflutung der Ankerwicklung dürfte aus Abb. 576 leicht abzuleiten sein. Und zwar führt im Teil 1 der Ankerwicklung die Oberschicht den Strom J_{SII}, die Unterschicht den Strom $-J_{SI}$, so daß als Vektorsumme sich J_b''' ergibt. Damit ist der Pfeil erklärt, der die Phasenlage der Durchflutung des Teiles 1 der Ankerwicklung angibt. Die gleichen Überlegungen sind für die Teile 2 und 3 der Ankerwicklung anzustellen.

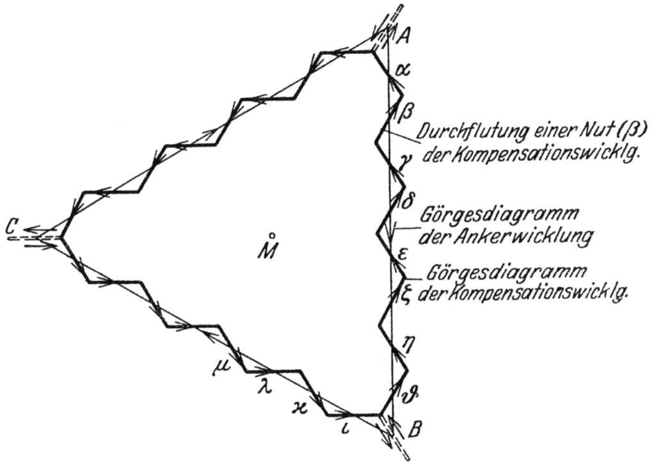

Abb. 577. Durchflutungsdiagramm der Anker- und Kompensationswicklung der SCHERBIUS-Maschine in Abb. 576.

Die Auslegung der Kompensationswicklung macht hier einige Schwierigkeiten. Einerseits soll die Kompensationswicklung das gleiche Durchflutungsdiagramm, aber mit umgekehrter Stromrichtung ergeben, wie die Ankerwicklung

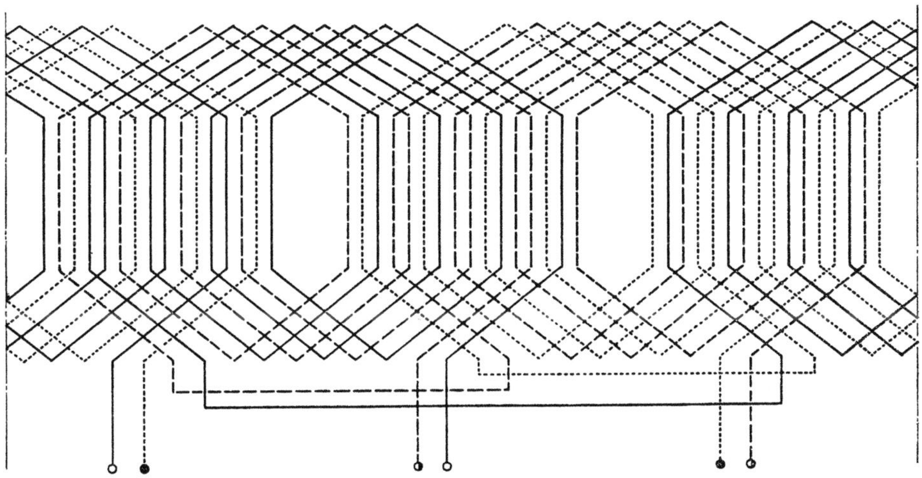

Abb. 578. Kompensationswicklung der SCHERBIUS-Maschine in Abb. 576.

selbst; anderseits sind die Leiterströme der Kompensationswicklung nicht in Phase mit den Strömen in den Leitern der Ankerwicklung. Man kann sich dann z. B. so helfen, wie es in Abb. 576 angegeben ist. Jede Nut der Kompensationswicklung hat zwei Leiter, die von zwei verschiedenen, um 120° in der Phase gegeneinander verschobenen Bürstenströmen durchflossen werden, wie aus den Abb. 576b zu entnehmen ist. Das Durchflutungsdiagramm dieser Kompensationswicklung ist in Abb. 577 zu ersehen. Man erkennt, daß auf diese Weise die

Ankerdurchflutung durch jene der Kompensationswicklung aufgehoben werden kann. Die Spulenseiten oder Stäbe der Kompensationswicklung werden nach Schleifenwicklungsart miteinander verbunden, wie Abb. 578 zeigt.

Auch die Anordnung der Erregerwicklung der Wendepole ist verwickelt. Und zwar bekommt jeder Wendepol drei Wicklungen. Eine Wicklung liegt unmittelbar oder über einem Transformator parallel zur Erregerwicklung des gegenüberliegenden Hauptpoles (Abb. 579); und die beiden anderen Wicklungen werden von den Bürstenströmen der anderen Phasen durchflossen. Damit sich

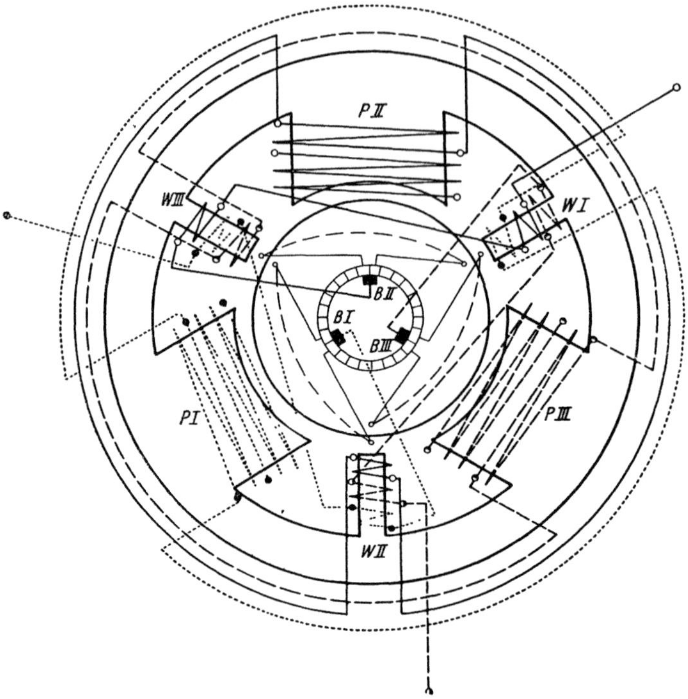

Abb. 579. Zur Schaltung der Wendepolwicklungen einer SCHERBIUS-Maschine.

diese drei Wendepolwicklungen nicht gegenseitig beeinflussen, wird der Wendepol gewöhnlich axial unterteilt. Auf den einen Teil des Wendepoles wird die Wicklung zur Aufhebung der Transformationsspannung aufgebracht, auf den anderen Teil die beiden Wicklungen zur Aufhebung der Stromwendespannung.

Die Notwendigkeit dieser Bauart ist wie folgt zu erklären: Aus Abb. 579 sieht man, daß z. B. der Induktionsfluß des Hauptpoles *PII* in der von der Bürste *BII* kurzgeschlossenen Ankerspule transformatorisch eine Spannung induziert, die um 90° gegen diesen Fluß phasenverschoben ist.

Durch Drehung aber induzieren die Wendepole *WI* und *WIII* in den Spulenseiten dieser Ankerspule Spannungen, die phasengleich mit den Induktionsflüssen der Hauptpole *PI* und *PIII* sind, da die Wendepole *WI* und *WIII* Teilwicklungen besitzen, die parallel zu den Erregerwicklungen der Hauptpole *PI* und *PIII* liegen. Die Differenz dieser Spulenseitenspannungen vermag aber die vom Hauptpol *PII* in der kurzgeschlossenen Ankerspule transformatorisch induzierte Spannung aufzuheben.

Die Stromwendespannung, die durch die Stromwendung hervorgerufen wird, ist verhältnisgleich der Differenz der Strombeläge des Ankers unter dem betrachteten Wendepol. Diese Strombeläge aber haben, wie aus Abb. 576 hervorgeht, die Phasenlage der Bürstenströme. Somit braucht man nur noch jedem Wendepol zwei weitere Teilwicklungen zu geben, die von den Strömen der in Betracht kommenden Bürsten durchflossen werden.

Damit im Anker Spannungen der Schlupffrequenz erzeugt werden, muß die Maschine mit Strom von Schlupffrequenz erregt werden.

Die Größe der Spannung zwischen den Stromwenderbürsten wird geregelt durch Änderung der Erregerspannung; ihre Phasenlage wird durch passende Wahl der Phase der Erregerspannung oder durch passende Schaltung der Erregerwicklung (Stern-, Dreieckschaltung) eingestellt.

Bei der Ausführung der ständererregten Hintermaschine mit einem ausgeprägten Polpaar je Phase stehen Feld- und Bürstenachsen aufeinander senkrecht. Bei der Hintermaschine mit einem ausgeprägten Pol je Phase nach Scherbius sind die Bürsten- gegen die Feldachsen um $\frac{\pi}{3}$ gegeneinander verschoben.

Die Erregung kann eine Fremd- oder Selbsterregung sein. Die Lage des Erregerfeldes kann sowohl durch die räumliche Lage der Erregerwicklung gegenüber

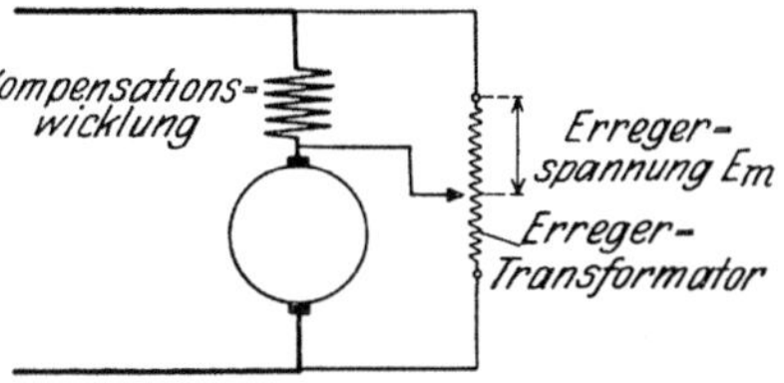

Abb. 580. Verwendung der Kompensationswicklung als Erregerwicklung bei ständererregten Kommutator-Hintermaschinen.

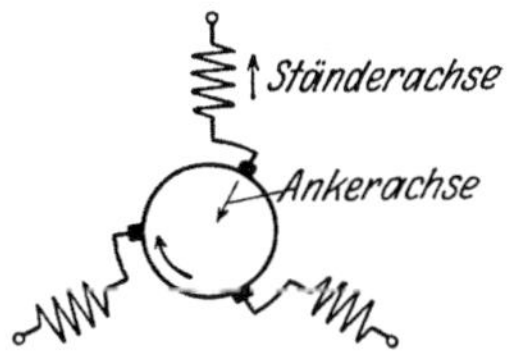

Abb. 581. Hauptschluß- und Kompensationswicklung zu einer Wicklung vereinigt.

den Bürsten als auch durch die zeitliche Phase der Erregerspannung eingestellt werden. Da man also in der Wahl der Wicklungsachse der Erregerwicklung frei ist, kann man die Kompensationswicklung als Erregerwicklung verwenden, wenn man die Kompensationswicklung an eine entsprechende Spannung legt. Wie man dies macht, zeigt z. B. Abb. 580 für Nebenschlußerregung. Bei Hauptschlußerregung müssen die Achsen der Hauptschluß- und Kompensationswicklung aufeinander senkrecht stehen. Hier kann man beide Wicklungen zu einer einzigen vereinigen, wenn nach Abb. 581 Ständer- und Ankerachse gegeneinander verschoben sind. Soll die Hintermaschine mit Doppelschlußerregung arbeiten, so stehen uns zwei Möglichkeiten offen: entweder man ordnet im Ständer der Maschine nur eine einzige Erregerwicklung an und kompoundiert dafür die Erregerspannung oder man baut eine Haupt- und eine Nebenschlußwicklung ein. Im ersten Falle addiert man zur Nebenschlußspannung mit Hilfe eines Stromtransformators eine Hauptstromspannung. Im zweiten Falle muß man vorsorgen, daß sich Haupt- und Nebenschlußwicklung nicht gegenseitig beeinflussen. Das kann durch einen Entkopplungstransformator bewirkt werden, dessen eine Wicklung vom Hauptstrom und dessen zweite Wicklung vom Strom des Nebenschlußkreises durchflossen wird. Die Gegeninduktivität im Transformator muß dann gleich und entgegengesetzt der Gegeninduktivität zwischen Haupt- und Nebenschlußkreis sein.

Laufen die Hintermaschinen untersynchron, so verwandeln sie die Schlupfleistung des Vordermotors in mechanische Leistung. Diese kann auf die Welle des Vordermotors übertragen oder an eine eigene Maschine abgegeben werden. Bei übersynchronem Lauf der Hintermaschinen sind sie Generatoren und müssen angetrieben werden.

D. Kaskadenschaltungen zur Phasenkompensation.

Es soll nun ganz kurz die Phasenverbesserung des Vordermotors mit Hilfe von in Kaskade mit ihm geschalteten Hintermaschinen besprochen werden.

In Abb. 566 ist das Schaltbild eines Induktionsmotors mit einem Phasenkompensator nach LEBLANC gezeichnet. Der Grad der Phasenverbesserung des Vordermotors hängt von der Größe der Regelspannung ab, die der Phasenschieber erzeugt, somit von seiner Drehzahl und der Größe des Induktionsflusses. Im Leerlauf des Vordermotors ist der Phasenschieber wirkungslos; auch bei kleinen Belastungen wirkt sich die Phasenverbesserung kaum aus; erst bei An-

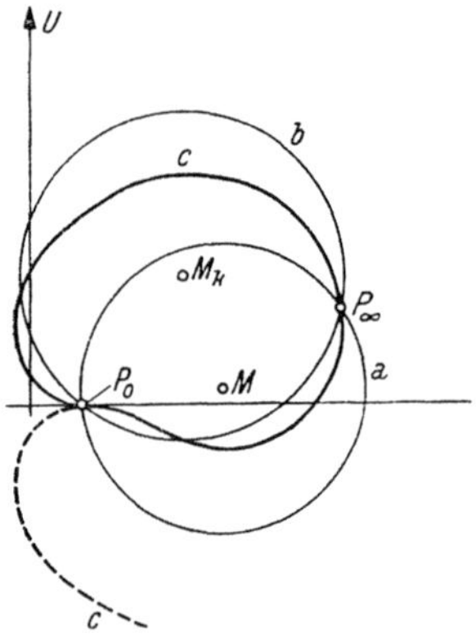

Abb. 582. Stromdiagramm eines unkompensierten Motors (Kreis *a*) und eines Motors mit Phasenschieber (Kurve *c*).

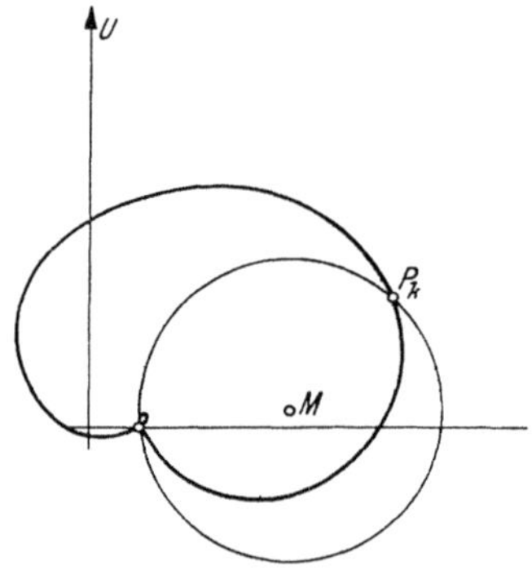

Abb. 583. Stromdiagramm eines Motors mit Phasenschieber mit einer Kurzschlußwicklung.

näherung an die Halblast des Vordermotors kann der Leistungsfaktor auf die Einheit gebracht werden. Bei untersynchronem Lauf des Vordermotors, also dann, wenn die Induktionsmaschine im Motorzustand ist, ergibt die Läuferfrequenz einen positiven Wert, d. h. das Drehfeld läuft gegenüber dem Läufer im gleichen Drehsinne um. Geht jedoch die Induktionsmaschine in den Generatorzustand über, so wird der Läufer übersynchron angetrieben. Die Läuferfrequenz ist dann negativ und das Drehfeld dreht sich gegenüber dem Läufer im entgegengesetzten Sinne. Daher ändert auch das Drehfeld des Phasenschiebers beim Übergang des Vordermotors in den Generatorzustand seine Drehrichtung. Damit der Phasenschieber auch im Generatorzustand phasenverbessernd wirken kann, muß entweder der Umlaufsinn des Drehfeldes im Phasenschieber durch Vertauschen zweier beliebiger Zuleitungen zu den Stromwenderbürsten umgekehrt oder der Anker des Phasenschiebers in entgegengesetztem Drehsinne angetrieben werden.

In Abb. 582 ist das Stromdiagramm eines Induktionsmotors gezeichnet. Und zwar ist der Kreis *a* das Stromdiagramm des unkompensierten Motors; Kreis *b* das Stromdiagramm des Motors mit angeschlossenem Phasenschieber, wenn der magnetische Widerstand des Phasenschiebers unveränderlich ist; und Kurve *c* das Stromdiagramm für den Fall des mit dem Strom veränderlichen magnetischen Widerstandes. Die gestrichelt ausgezogene Kurve *c* ist das Stromdiagramm für generatorisches Arbeiten der Vordermaschine, wenn der Phasenschieber dafür umgeschaltet wird.

Verwendet wird diese Schaltung bei solchen Induktionsmotoren, die mit gleichbleibender Leistung in der Umgebung der Nennlast arbeiten. Der Phasenschieber bewirkt eine Vergrößerung des Kippmoments.

Der Vorteil des Phasenschiebers mit einer Kurzschlußwicklung im Ständer beruht auf seiner Fähigkeit, sich selbst zu erregen, so daß er auch schon bei kleinen Belastungen des Vordermotors seinen Leistungsfaktor verbessern kann, wie auch aus dem Stromdiagramm in Abb. 583 hervorgeht.

Eine Schaltung zur Kompensation der Phasenverschiebung mit der dreiphasigen Reihenschlußmaschine nach NEHLSEN zeigt Abb. 584; das

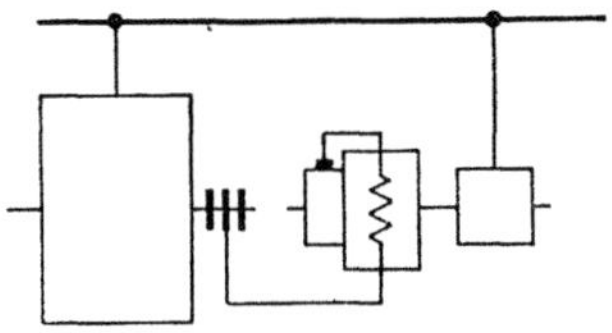

Abb. 584. Schaltung zur Kompensation der Phasenverschiebung mit einer dreiphasigen Reihenschlußmaschine.

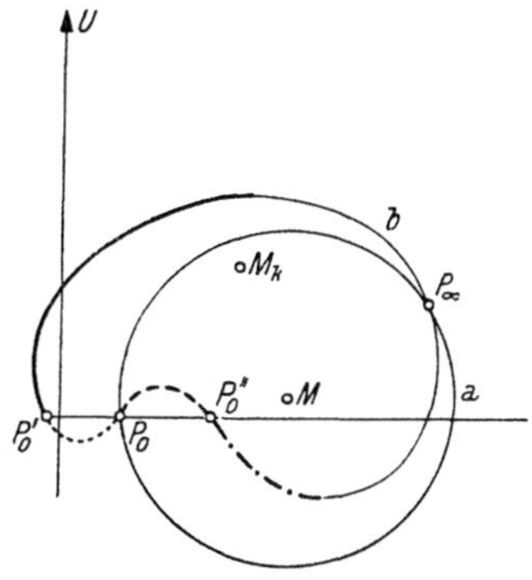

Abb. 585. Stromdiagramm eines Motors mit Reihenschlußmaschine.

Stromdiagramm des Vordermotors ist in Abb. 585 gezeichnet. Der Kreis *a* ist wieder das Stromdiagramm des unkompensierten Motors. Die Ortskurve *b* zerfällt in mehrere Abschnitte: der vollausgezogene und der gestrichelt gezeichnete Teil der Kurve entsprechen dem Motorzustand der Vordermaschine; die gepunktet und mit Strich-Punkt gezeichneten Teile dem Generatorzustand. P_0 ist der synchrone Leerlaufpunkt. In der Praxis haben wir es nur mit den Kurventeilen links von P_0 zu tun; hier läuft der Vordermotor untersynchron. Und zwar ist der normale Belastungsbereich des kompensierten Motors durch den vollausgezogenen Kurvenabschnitt dargestellt. Auf dem Kurventeil $P_0'\,P_0$ bremst sich der Läufer der Vordermaschine, der wenig untersynchron läuft, und gibt Energie an das Netz. Im Kurventeil $P_0\,P_0''$ läuft der Läufer leicht übersynchron, wird beschleunigt, und nimmt Energie aus dem Netz auf. Somit ist der Kurvenabschnitt $P_0'\,P_0''$ ein labiles Arbeitsgebiet der Vordermaschine. P_0' und P_0'' sind Leerlaufpunkte; der erste gehört zu einer untersynchronen, der zweite zu einer übersynchronen Drehzahl.

Die Kaskaden mit Frequenzwandlern sind in den Schaltbildern der Abb. 569 und 570 dargestellt. Als Phasenschieber kommen sowohl die gewöhnlichen als auch die kompensierten Frequenzwandler in Betracht. Das Stromdiagramm ist aus Abb. 586 zu entnehmen.

Die SCHERBIUS-Maschine wird als Phasenschieber entweder fremd oder im Nebenschluß erregt. Das Schaltbild für Nebenschlußerregung zeigt Abb. 587. Die Größe der Regelspannung, d. i. die Stromwenderbürstenspannung, kann durch den Widerstand im Erregerkreis geregelt werden. Das Stromdiagramm ist in Abb. 588 angedeutet. Mit zunehmender Drehzahl wird die Schleife im Pfeilsinn durchwandert. Punkt P_0 entspricht dem synchronen Leerlauf; der Punkt P_0' dem Leerlauf mit kleiner unter- und übersynchroner Schlüpfung, so daß die Maschine drei Leerlaufdrehzahlen besitzt. In den Leerlaufpunkten P_0' arbeitet die Kaskade aber labil.

Bei Fremderregung der SCHERBIUS-Maschine erfolgt diese über einen Frequenzwandler, dessen Ankerwicklung über Schleifringe und einen Hilfstransformator vom Netz gespeist wird. Zwischen die Stromwenderbürsten des Frequenzwandlers und die Erregerwicklung der SCHERBIUS-Maschine ist ein Vorschalt-

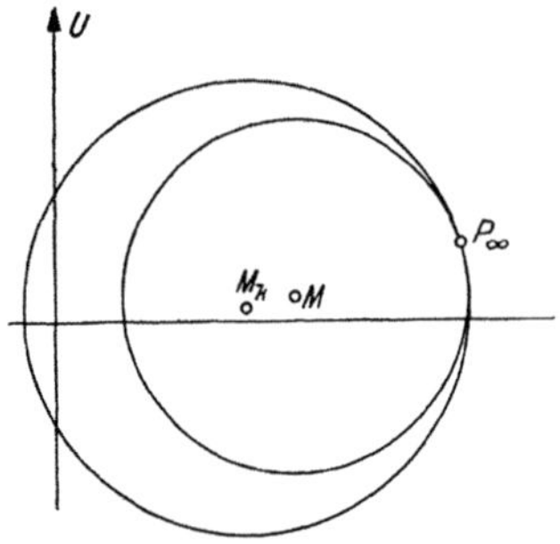

Abb. 586. Stromdiagramm eines Motors mit Frequenzwandler.

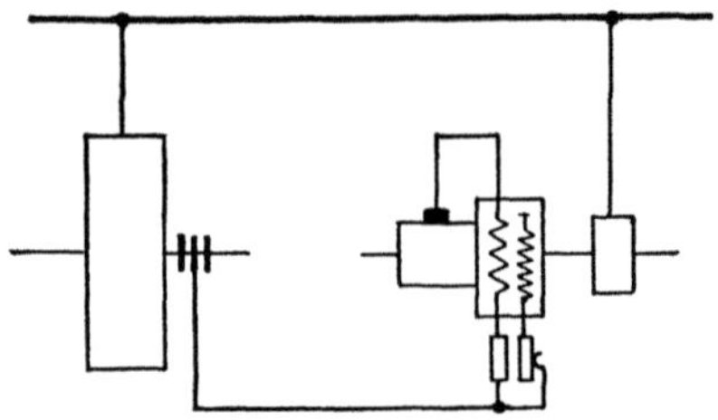

Abb. 587. Schaltung eines Phasenschiebers mit Nebenschlußerregung.

widerstand gelegt, um die Größe der Regelspannung, die von der SCHERBIUS-maschine erzeugt wird, regeln zu können. Vordermaschine, SCHERBIUS-Maschine und Frequenzwandler können entweder unmittelbar miteinander gekuppelt sein oder die SCHERBIUS-Maschine wird von einer eigenen Maschine und nur der Frequenzwandler vom Vordermotor angetrieben. Das Stromdiagramm ist das gleiche wie bei der Kaskade mit Frequenzwandler. Die Einstellung der

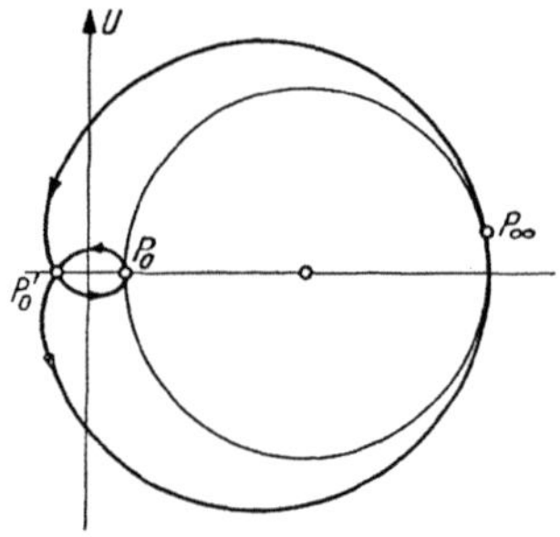

Abb. 588. Stromdiagramm eines Motors mit SCHERBIUS-Maschine als Phasenschieber.

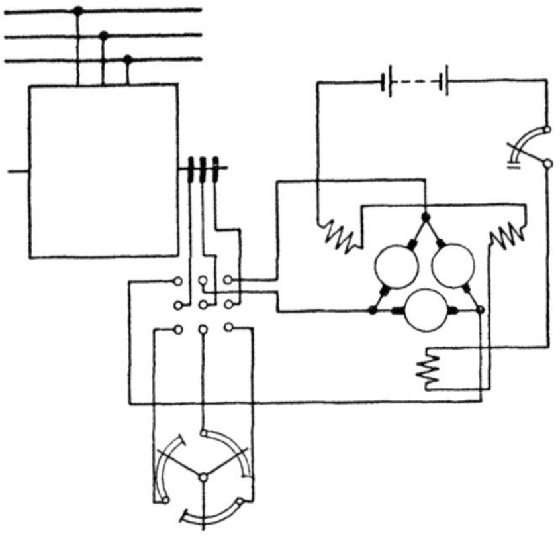

Abb. 589. Schaltung eines Induktionsmotors mit dem Vibrator von KAPP.

Phasenlage der Stromwenderbürstenspannung der SCHERBIUS-Maschine geschieht durch Verstellung der Bürsten des unkompensierten Frequenzwandlers.

Abschließend soll noch der Vibrator von KAPP kurz erwähnt werden. Das Schaltbild zeigt Abb. 589, den Zusammenbau der drei Gleichstrommaschinen zu einer Einheit Abb. 590. Die Gleichstrommaschinen sind mit Gleichstrom erregt; den Ankern wird der Läuferstrom des Vordermotors zugeführt.

Bezeichnen wir das Trägheitsmoment des Ankers mit Θ, so gilt für das Drehmoment

$$M = \Theta \frac{d\Omega}{dt},$$

wenn Ω die mechanische Winkelgeschwindigkeit darstellt. Daraus folgt

$$\Omega = \frac{1}{\Theta}\int M\,dt.$$

Da der Induktionsfluß der Erregerpole der Gleichstrommaschine sich nicht ändert, ist das Drehmoment dem Ankerstrom verhältnisgleich und phasengleich, da der Ankerstrom ein Wechselstrom ist. Im Übergang zu komplexen Zeitvektoren können wir schreiben

$$\mathfrak{M} = c\,\mathfrak{J}_2.$$

Dann ergibt sich aber für den Zeitvektor der mechanischen Winkelgeschwindigkeit

$$\dot{\Omega} = -j\,\frac{c}{\omega_2\,\Theta}\,\mathfrak{J}_2,$$

wenn wir unter $\omega_2 = s\,\omega_1$ die Kreisfrequenz des Läuferstromes des Vordermotors verstehen. Die durch Drehung im gleichbleibenden Erregerfluß in den Ankern der Gleichstrommaschinen induzierte Spannung $\mathfrak{U}$ ist verhältnisgleich der

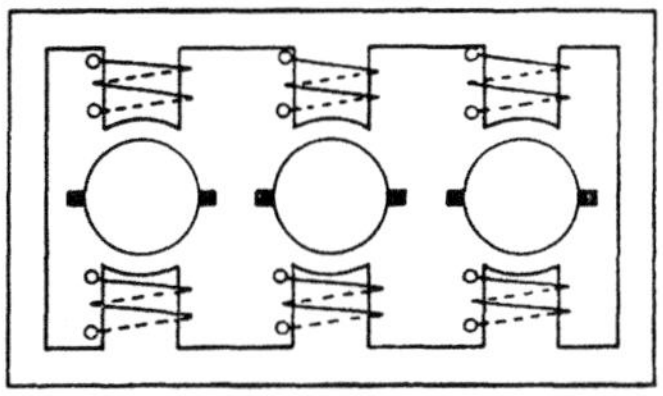

Abb. 590. Zusammenbau der Gleichstrommaschinen.

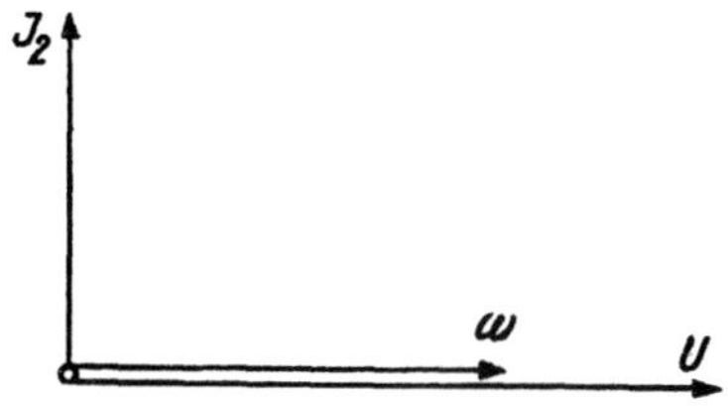

Abb. 591. Zur Wirkungsweise des Vibrators von KAPP.

mechanischen Winkelgeschwindigkeit $\mathfrak{U} = c'\,\dot{\Omega}$. Deshalb pulsiert diese Spannung so wie die Winkelgeschwindigkeit mit Schlupffrequenz und eilt dem Läuferstrom des Vordermotors in der Phase um 90° nach (Abb. 591). Der Vibrator wirkt somit so wie der übersynchron angetriebene Phasenschieber von LEBLANC. Auch das Stromdiagramm des Vordermotors mit Vibrator ist ähnlich dem eines Induktionsmotors mit angeschlossenem Phasenschieber von LEBLANC (Abb. 582).

E. Schaltungen für Drehzahlregelung und Phasenverbesserung. (Regelsätze.)

Mit Rücksicht auf günstige Betriebsverhältnisse wird man mit der Drehzahlregelung stets eine Verbesserung des Leistungsfaktors des Induktionsmotors verbinden. Somit liegen die Vorteile der Regelsätze in einer wirtschaftlichen Drehzahlregelung, in einer Phasenregelung und auch noch in einer Erhöhung der Überlastbarkeit. Und zwar läßt sich die Drehzahl feinstufig oder stetig sowohl untersynchron als auch übersynchron regeln. Man spricht dann von einer Doppelzonenregelung. Bei Untersynchronismus gibt der Hauptmotor die ihm entzogene Schlupfleistung an die Hintermaschine ab: die Hintermaschine arbeitet als Motor. Bei Übersynchronismus ist die Hintermaschine Generator und führt dem Läufer der Vordermaschine Leistung zu.

Die Regelsätze können so ausgelegt werden, daß der Hauptmotor auf jeder Regelstufe mit Nebenschluß- oder mit Reihenschlußverhalten arbeitet. Für den ersten Fall muß die Spannung der Hintermaschine von der Schlüpfung des

Vordermotors unabhängig sein; im zweiten Fall muß die Spannung der Hintermaschine mit steigender Schlüpfung wachsen. Schließlich kann man durch eine Kaskadenschaltung dem Vordermotor noch ein Reihenschlußverhalten verleihen, ohne daß die Drehzahl geregelt wird: der Hauptmotor arbeitet mit Zusatzschlupf. Hier muß die Spannung der Hintermaschine der Schlüpfung des Vordermotors verhältnisgleich sein. Verhält sich der Vordermotor auf jeder Drehzahlstufe wie ein Nebenschlußmotor, so wird durch die Kaskadenschaltung einfach seine Drehzahlkennlinie parallel zu sich selbst verschoben. Geben wir dem Induktionsmotor bloß ein Reihenschlußverhalten, so wird seine Drehzahlkennlinie gedreht. Soll der Induktionsmotor auf jeder Drehzahlstufe die Kennlinie eines Reihenschlußmotors haben, so wird seine Drehzahlkennlinie nicht nur parallel verschoben, sondern auch gedreht.

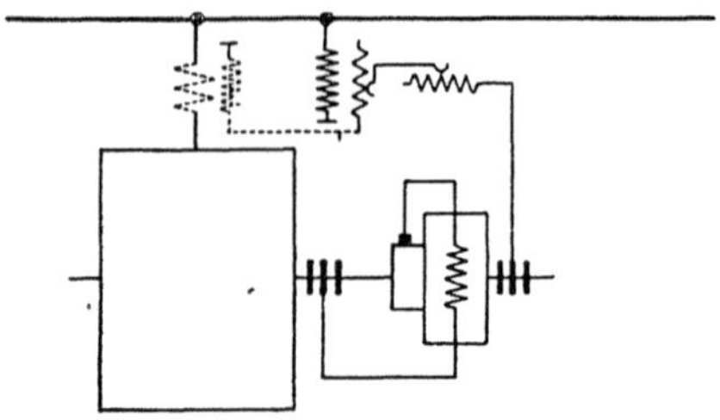

Abb. 592. Regelsatz mit kompensiertem Frequenzwandler.

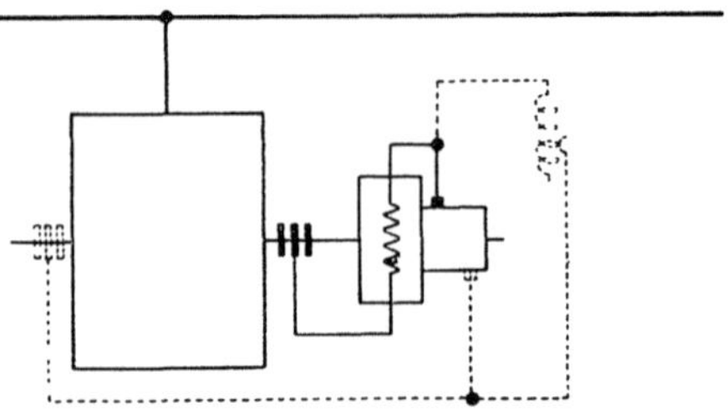

Abb. 593. Kaskadenschaltung mit einer Drehstrom-Reihenschluß-Kommutatormaschine.

Im folgenden sollen ganz kurz ein paar Beispiele für solche Regelsätze gegeben werden. In Abb. 592 ist ein Regelsatz mit einem kompensierten Frequenzwandler als Hintermaschine angegeben. Der Transformator zwischen den Schleifringen des Frequenzwandlers und dem Netz zerfällt in einen Transformator, der die drehzahlregelnde Komponente der Regelspannung hervorbringt (Drehzahltransformator), und in einen Transformator, der die phasenregelnde Komponente der Regelspannung erzeugt (Phasentransformator). Mit der Schaltung, die dem vollausgezogenen Bild entspricht, arbeitet der Induktionsmotor mit Nebenschlußverhalten auf jeder Drehzahlstufe. Diese Drehzahlstufen werden durch den Drehzahltransformator eingestellt. Für eine Doppelzonenregelung muß der Drehzahltransformator Spannungen entgegengesetzter Phase liefern können. Dies kann z. B. durch Sternpunktsverlegung erzielt werden. Bei Änderung der Drehzahl ändert sich auch der Leistungsfaktor, so daß bei den verschiedenen Drehzahlen der Phasentransformator nachgeregelt oder auf einen mittleren Wert eingestellt werden muß.

Durch die gestrichelt angedeutete Ergänzung der Schaltung in Abb. 592 wird eine Drehung der Drehzahlkennlinie erreicht. Die Sekundärspannung des gestrichelt gezeichneten Stromtransformators (Kompoundtransformator) ist dem Strom in seiner Primärwicklung, also dem Belastungsstrom der Vordermaschine verhältnisgleich. Da nun die Schlüpfungsänderung der Belastung proportional sein soll, wird die Sekundärspannung des Stromtransformators mit wachsender Schlüpfung ansteigen.

Bei der Kaskadenschaltung mit einer Dreiphasen-Reihenschluß-Kommutatormaschine (Abb. 593) nimmt die Kommutatorspannung, also die Regelspannung, mit zunehmender Belastung, d. i. mit zunehmendem Schlupf, zu, denn sie wird ja vom Läuferstrom des Vordermotors erregt. Somit ist die Regelspannung dem Schlupf verhältnisgleich und der Induktionsmotor erhält

Reihenschlußverhalten. Phasenverbesserung läßt sich durch Bürstenverschiebung einstellen. Bei Leerlauf ist eine Phasenkompensation nicht möglich.

Ist die Kaskade in Sechsbürstenschaltung angeordnet, so läßt sich die Leerlaufdrehzahl der Kaskade durch eine regelbare Drosselspule einstellen, die parallel zu den Bürsten der Hintermaschine liegt. Der Hauptmotor arbeitet dann auf jeder Drehzahlstufe mit Reihenschlußverhalten.

Abb. 594 und 595 zeigen Schaltungen von Regelsätzen mit SCHERBIUS-Maschinen. In Abb. 594 ist eine Schaltung mit Erregertransformator *ET* gezeichnet; in Abb. 595 eine Schaltung mit einer Erregermaschine *EM*. Bei der

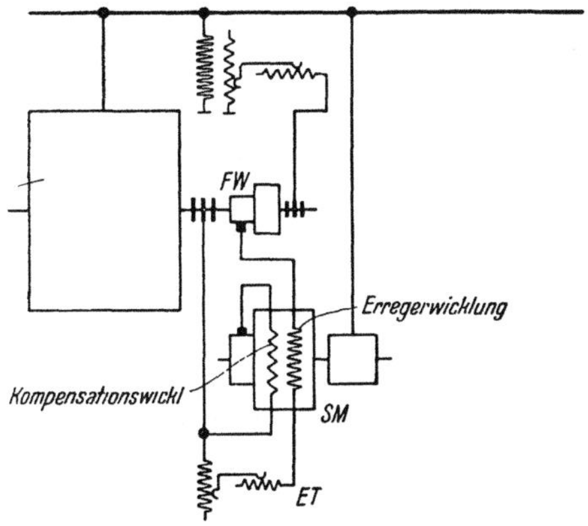

Abb. 594. Regelsatz mit SCHERBIUS-Maschine (*SM*) und Erregertransformator (*ET*).

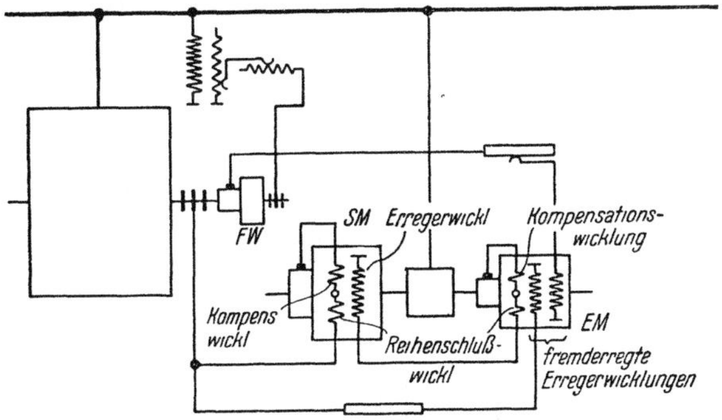

Abb. 595. Regelsatz mit SCHERBIUS-Maschine (*SM*) und Erregermaschine (*EM*).

ersten Schaltung arbeitet der Induktionsmotor mit Doppelzonenregelung und Nebenschlußverhalten auf jeder Regelstufe; bei der zweiten Schaltung besitzt der Vordermotor Reihenschlußverhalten auf jeder Stufe der Doppelzonenregelung.

Der Frequenzwandler *FW* in Abb. 594 muß, um den Durchgang durch den Synchronismus zu ermöglichen, in der Nähe der synchronen Drehzahl die Erregerspannung liefern. Im Synchronismus ist nämlich die Schleifringspannung des Vordermotors Null und die Kaskade labil.

Der Erregerwicklung der SCHERBIUS-Maschine müssen zwei Spannungskomponenten zugeführt werden: eine zur Überwindung des OHMschen, die andere zur Überwindung des induktiven Widerstandes. Der Frequenzwandler *FW* liefert die OHMschen Komponenten sowohl des drehzahlregelnden Teiles als auch des phasenregelnden Teiles der Erregerspannung. Der Erregertransformator *ET* gibt die induktive drehzahlregelnde und die induktive phasenregelnde Komponente der Erregerspannung.

In Abb. 595 liefert der Frequenzwandler an die Erregermaschine *EM* einerseits eine Spannung, die zur Parallelverschiebung der Drehzahlkennlinie dient, und anderseits jene Spannung, die zur Phasenverbesserung der Vordermaschine notwendig ist. Eine zweite Erregerwicklung der Erregermaschine *EM* ist an die Schleifringe des Vordermotors angeschlossen und erzeugt über die Erregermaschine in der Hintermaschine *SM* eine der Schleifringspannung des Hauptmotors verhältnisgleiche Spannung. Diese Spannung vergrößert den Schlupf des Vordermotors mit steigender Belastung, bewirkt also eine Drehung der Drehzahlkennlinie. Die zusätzliche Reihenschlußwicklung in der Erregermaschine dient dazu, den Ankerstrom verhältnisgleich der Durchflutung der fremderregten

Wicklungen zu erhalten, obwohl sich der Blindwiderstand im Ankerkreis der Erregermaschine, der im wesentlichen gleich dem Blindwiderstand der Erregerwicklung der Hintermaschine *SM* ist, bei wechselnder Schlupffrequenz in weiten Grenzen ändert. Die zusätzliche Reihenschlußwicklung auf dem Ständer der Hintermaschine bewirkt eine Vergrößerung der Genauigkeit der Regelung.

F. Kaskaden für Leistungsregelung.

Ein Beispiel für eine Kaskade mit vom Schlupf unabhängiger Leistung zeigt Abb. 596. Hier ist eine beliebige Regelung der Wirk- und Blindleistung der Induktionsmaschine möglich. Die Spannungskomponente zur Überwindung des Ohmschen Widerstandes in der Erregerwicklung der Hintermaschine *HM* wird vom Netz über den Transformator und den kompensierten Frequenzwandler zugeführt. Die Spannung zur Deckung des induktiven Spannungsverlustes liefert über einen Stromtransformator ein unkompensierter Frequenzwandler. Damit im Primärkreis des Vordermotors nicht zu große Ströme auftreten, wird im Läuferkreis ein Ohmscher Widerstand vorgesehen. Die Kaskade verhält sich nun für die einzuführende Regelspannung wie ein Stromkreis mit Ohmschem Widerstand. Auf diesen Widerstand wirkt einerseits die Schleifringspannung; sie erzeugt eine Komponente der Regelspannung, die der Schlupfspannung gleich und entgegengesetzt gerichtet ist, also sie aufhebt. Anderseits wirkt auf den Ohmschen Widerstand noch eine Spannungskomponente, die vom Netz dem kompensierten Frequenzwandler zugeführt wird. Diese liefert den Arbeitsstrom der Vordermaschine.

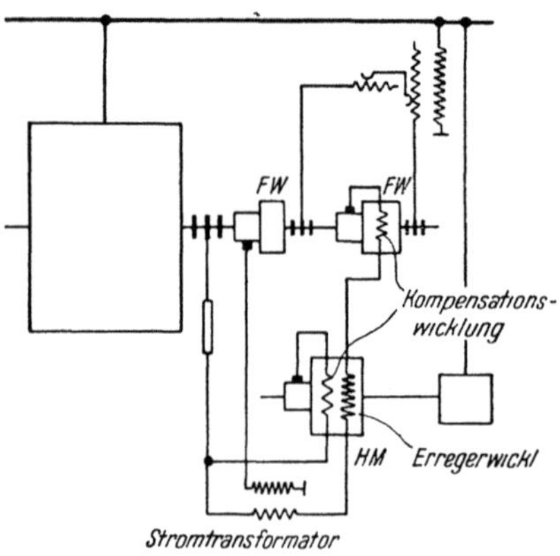

Abb. 596. Kaskade für Leistungsregelung.

Um den durch den Widerstand im Läuferkreis bedingten dauernden Energieverlust zu vermeiden, kann man statt seiner eine Hilfsspannung in den Schlupfstromkreis einführen.

Umrechnungstafeln.[1])

Maßeinheiten mechanischer und kalorischer Größen.

Kraft	Dyn	Joule/cm, Sthen	kg
1 Dyn =	1	10^{-7}	$1{,}02 \cdot 10^{-6}$
1 Joule/cm = 1 Sthen =	10^7	1	10,2
1 kg =	$9{,}81 \cdot 10^5$	$9{,}81 \cdot 10^{-2}$	1

Drehmoment, Arbeit, Energie, Wärmemenge	Erg	Joule	mkg	cal	kWh
1 Erg =	1	10^{-7}	$1{,}02 \cdot 10^{-8}$	$2{,}39 \cdot 10^{-8}$	$2{,}78 \cdot 10^{-14}$
1 Joule = 1 Ws =	10^7	1	0,102	0,239	$2{,}78 \cdot 10^{-7}$
1 mkg =	$9{,}81 \cdot 10^7$	9,81	1	2,34	$2{,}72 \cdot 10^{-6}$
1 cal = [2])	$4{,}19 \cdot 10^7$	4,19	0,427	1	$1{,}16 \cdot 10^{-6}$
1 kWh =	$3{,}6 \cdot 10^{13}$	$3{,}6 \cdot 10^6$	$3{,}67 \cdot 10^5$	$0{,}860 \cdot 10^6$	1

Leistung	Erg/s	Joule/s = Watt	mkg/s	PS
1 Erg/s =	1	10^{-7}	$1{,}02 \cdot 10^{-8}$	$1{,}36 \cdot 10^{-10}$
1 Joule/s = 1 Watt =	10^7	1	0,102	$1{,}36 \cdot 10^{-3}$
1 mkg/s =	$9{,}81 \cdot 10^7$	9,81	1	0,0133
1 PS =	$7{,}36 \cdot 10^9$	736	75	1

Bezeichnung von Vielfachen und Teilen der Einheit.[3])

T	Tera-	$= 10^{12}$	h	Hekto-	$= 10^2$	m	Milli-	$= 10^{-3}$
G	Giga-	$= 10^9$	D	Deka-	$= 10^1$	μ	Mikro-	$= 10^{-6}$
M	Mega-	$= 10^6$	d	Dezi-	$= 10^{-1}$	n	Nano-	$= 10^{-9}$
k	Kilo-	$= 10^3$	c	Centi-	$= 10^{-2}$	p	Pico-	$= 10^{-12}$

[1]) Über die Schreibweise physikalischer Gleichungen siehe DIN 1313.

[2]) 1 cal = 1 Gramm-Kalorie; 1 kcal = 1 WE = 10^3 cal.

[3]) Vgl. DIN 1301.

Maßeinheiten elektrischer und magnetischer Größen.[1])

1 elm = 1 elektromagnetische Einheit im CGS-System.
1 es = 1 elektrostatische Einheit im CGS-System.

Größe	Zeichen	Praktisches Maßsystem		CGS-Maßsystem		Vergleich beider Einheiten
		Einheit	Abkürzung	Einheit	Abkürzung	
Elektrische Ladung	Q	1 Coulomb	C	1 elm	—	$1\,\text{C} = 10^{-1}$ elm
Elektrische Spannung	U	1 Volt	V	1 elm	—	$1\,\text{V} = 10^{8}$ elm
Elektrischer Strom	J	1 Ampere $= 1\,\frac{\text{C}}{\text{s}}$	A	1 elm	—	$1\,\text{A} = 10^{-1}$ elm
Elektrischer Widerstand	R	1 Ohm $= \frac{\text{V}}{\text{A}}$	Ω	1 elm	—	$1\,\Omega = 10^{9}$ elm
Elektrischer Leitwert	G	1 Siemens $= 1\,\frac{\text{A}}{\text{V}}$	S	1 elm	—	$1\,\text{S} = 10^{-9}$ elm
Induktivität	L	1 Henry $= 1\,\frac{\text{Vs}}{\text{A}}$	H	1 elm = 1 cm	—	$1\,\text{H} = 10^{9}$ cm
Elektrische Kapazität	C	1 Farad $= 1\,\frac{\text{C}}{\text{V}}$	F	1 es = 1 cm	—	$1\,\text{F} = 9 \cdot 10^{11}$ cm
Magnetische Induktion (Felddichte)	B	$1\,\frac{\text{Vs}}{\text{cm}^2}$	—	1 Gauß	G	$1\,\frac{\text{Vs}}{\text{cm}^2} = 10^{8}$ G
Magnetischer Induktionsfluß	Φ	1 Vs = 1 Weber	Wb	1 Maxwell = 1 Gcm²	M	$1\,\text{Vs} = 10^{8}$ M
Magnetische Feldstärke	H	$1\,\frac{\text{A}}{\text{cm}}$	—	1 Oersted	Oe	$1\,\frac{\text{A}}{\text{cm}} = 0{,}4\pi$ Oe
Magnetische Spannung	V	1 Ampere	A	1 Gilbert = Oe·cm	Gb	$1\,\text{A} = 0{,}4\,\pi$ Gb
Magnetische Durchlässigkeit[2])	Π	$1\,\frac{\text{H}}{\text{cm}} = 1\,\frac{\text{Vs}}{\text{Acm}}$	—	$1\,\frac{\text{G}}{\text{Oe}}$	—	$1\,\frac{\text{H}}{\text{cm}} = \frac{10^9}{4\,\pi}\,\frac{\text{G}}{\text{Oe}}$
Elektrische Feldstärke	E	$1\,\frac{\text{V}}{\text{cm}}$	—	1 elm	—	$1\,\frac{\text{V}}{\text{cm}} = 10^{8}$ elm
Elektrische Verschiebung (Erregung)	D	$1\,\frac{\text{C}}{\text{cm}^2} = 1\,\frac{\text{As}}{\text{cm}^2}$	—	1 elm	—	$1\,\frac{\text{C}}{\text{cm}^2} = 10^{-1}$ elm
Elektrische[3]) Durchlässigkeit	Δ	$1\,\frac{\text{F}}{\text{cm}} = 1\,\frac{\text{As}}{\text{Vcm}}$	—	—	—	—

[1]) Nach der neuen internationalen Regelung vom 1. Januar 1940.

[2]) Magnetische Durchlässigkeit des Vakuums $\Pi_0 = 4\pi \cdot 10^{-9}\,\frac{\text{H}}{\text{cm}} = 1{,}256637 \cdot 10^{-8}$ H/cm.

[3]) Absolute elektrische Durchlässigkeit des leeren Raumes $\Delta_0 = 0{,}88543 \cdot 10^{-13}$ F/cm. Fortpflanzungsgeschwindigkeit der elektrischen Wellen im Vakuum $c = 2{,}9979 \cdot 10^{10}$ cm/s. Es gilt: $\Pi_0\,\Delta_0 = \frac{1}{c^2}$.

Tafel zur geschichtlichen Entwicklung der elektrischen Maschinen und Transformatoren.

Umlaufende Maschinen.

Allgemeine Grundlagen und erste Maschinen.

1825 Der Engländer W. STURGEON erfindet den Elektromagneten.

1831 Der Engländer M. FARADAY entdeckt die Gesetze der magnetischen Induktion.

1832 Erste Wechselpol-Wechselstrommaschine mit hin- und hergehender Bewegung von dem Italiener S. DAL NEGRO.
Ein Unbekannter P. M. beschreibt den ersten umlaufenden Wechselstromerzeuger.
Der Franzose H. PIXII fertigt den ersten Gleichstromerzeuger an, der zur Stromwendung die Ampèresche Wippe verwendet.

1833 Der Engländer W. RITCHIE erfindet den Stromwender.
H. F. E. LENZ entdeckt mit seinem Gesetze die Umkehrbarkeit von Motor und Generator.

1843 Der Deutsche E. STÖHRER baut die ersten mehrpoligen Maschinen.

1856 W. SIEMENS gibt den Doppel-T-Anker an, der den ersten Nutenanker darstellt.

1866 W. SIEMENS entdeckt das dynamoelektrische Prinzip, wodurch der Großmaschinenbau ermöglicht wurde.

Gleichstrommaschinen.

1860 Der Italiener A. PACINOTTI baut eine magnetelektrische Maschine mit geschlossener Ringwicklung und mehrteiligem Stromwender.

1869 Der Belgier Z. TH. GRAMME vereinigt in seinen Maschinen den Ringanker PACINOTTIs mit dem dynamoelektrischen Prinzip.

1872 Der Deutsche F. v. HEFNER-ALTENECK gibt den Trommelanker an mit einer Einschichtwicklung.

1882 Die Zweischichtwicklung wird von dem Amerikaner E. WESTON zum Patent angemeldet.
Erfindung des Nutenankers der neuzeitlichen Maschinen durch den Schweden WENSTRÖM.

1883 THURY stellt vier- und sechspolige Außenpolmaschinen mit Trommelanker her.
MORDEY gibt die Ausgleichsverbindungen an.

1884 Der Holländer MENGES gibt die Kompensationswicklung an.

1885 Die Kohlebürste wird in England und Amerika geschaffen.
R. H. MATHER gibt die Wendepole an.
Die Firma „Alioth" führt die Schablonenwicklung ein.

1887 Der Deutsche W. LAHMEYER entwickelt die Maschine mit eisengeschlossenem Außenpoljoch.

1891 Einführung der mehrgängigen Wellenwicklungen durch den Deutschen E. ARNOLD. Systematische Behandlung der Ankerwicklungen beginnt mit E. ARNOLDs Buch über „Die Ankerwicklungen der Gleichstrom-Dynamomaschine".

Synchrone Wechselstrommaschinen.

1887 Der Deutsche F. A. HASELWANDER baut eine dreiphasige Ringanker-Innenpolmaschine.
TESLA meldet einen Zweiphasenmotor zum Patent an.
BRADLEY entwickelt einen Mehrphasengenerator mit angezapfter Ringankerwicklung.
1890 Der Deutsche M. v. DOLIVO-DOBROWOLSKY verwendet zuerst Mantelspulen.
1891 Drehstrom-Kraftübertragung Lauffen-Frankfurt a. M.
1895 C. E. L. BROWN führt die Schirmtype ein.
1901 C. E. L. BROWN erfindet den Walzenturboläufer.
1905 Durch die Arbeiten von A. B. FIELD wird die Wirkung der vom Nutenquerfeld herrührenden zusätzlichen Kupferverluste in Wechselstromwicklungen erkannt.
1911 ROEBEL von Brown, Boveri & Cie gibt den Kunststab zur Verminderung der zusätzlichen Verluste an.
1940 Die bisher größten in Europa gebauten Wasserkraftgeneratoren von je 100000 kVA liefern die Siemens-Schuckert-Werke für das Yalu-Kraftwerk im fernen Osten.
Zweipolige Turbogeneratoren können heute mit Leistungen von 100000 kVA und vierpolige mit Leistungen von 200000 kVA gebaut werden.

Induktionsmaschinen.

1889 M. v. DOLIVO-DOBROWOLSKY baut den ersten Drehstrommotor mit Einfach-Käfiganker und entwickelt auch den ersten Motor mit Doppelkäfiganker.
1900 H. W. HOBART beginnt mit der Benutzung des Wirbelstromprinzips im Bau von Käfigankern.
1916 Induktionsmotoren mit Wirbelstromläufern.
1929 Induktionsmotoren mit Doppelstabläufern.

Stromwendermotoren für Wechsel- und Drehstrom.

Die Erkenntnis, daß ein Gleichstromhauptschlußmotor mit Wechselstrom betrieben werden kann, stammt aus der Mitte der achtziger Jahre.
1886 Nach ELIHU THOMSON laufen Stromwenderanker in Wechselfeldern in der Schaltung von Repulsionsmotoren.
1890/91 Der Deutsche GÖRGES erfindet den Drehstrom-Reihenschlußmotor und den ständergespeisten Drehstrom-Nebenschlußmotor (WINTER-EICHBERG, LATOUR).
1901 Ständergespeister kompensierter Induktionsmotor nach HEYLAND.
1902 Läufergespeister kompensierter Induktionsmotor nach OSNOS.
1904 Einphasen-Repulsionsmotor mit Doppelbürstensatz.
1910 Läufergespeister Drehstrom-Nebenschlußmotor nach SCHRAGE und R. RICHTER.
Drehstrom-Reihenschlußmotor mit Doppelbürstensatz nach M. SCHENKEL.

Umformer.

1853 W. SIEMENS baut einen Gleichstrom-Gleichstrom-Umformer, die „Tellermaschine“.
1874 Z. TH. GRAMME schafft einen Einankerumformer mit Ringanker und zwei Wicklungen.
1887 COERPER führt Einanker-Umformer mit einer Ankerwicklung aus.
1891 W. LAHMEYER baut Gleichstrom-Gleichstrom- und Drehstrom-Gleichstrom-Umformer.
Auf der elektrotechnischen Ausstellung in Frankfurt a. M. läuft ein Drehstrom-Gleichstrom-Einankerumformer mit einer Wicklung (M. v. DOLIVO-DOBROWOLSKY).

Transformatoren.

1831 FARADAY verwendet eine Anordnung bei seinen Versuchen, die sich grundsätzlich wenig von einem Transformator unterscheidet: ein geschlossener Eisenring mit zwei Wicklungen.

1851 Der Hannoveraner H. D. RÜHMKORFF verbessert den Funkeninduktor, dessen konstruktive Einzelheiten später beim Bau von Transformatoren als Grundlagen dienten.

1856 Der Engländer S. A. VARLEY stellt einen Transformator mit geschlossenem unterteiltem Eisenkreis und den ersten Manteltransformator her und erfindet die Scheibenspulenwicklung.

1877 JABLOCHKOFF schaltet die Primärwicklungen mehrerer Induktionsspulen in Reihe und betreibt von der Sekundärwicklung jeder Spule seine „Kerzen".

1882 GAULARD und GIBBS schalten Induktionsspulen primär hintereinander; die Sekundärwicklungen speisen Gruppen von Lampen in Parallelschaltung. Sie führen Beleuchtungsanlagen für weite Gebiete aus.

1885 BLATHY, DÉRI und ZIPERNOWSKY erwerben das Patent auf das Parallelschaltungssystem.

1887 Der Deutsche GISBERT KAPP schafft die grundlegenden Arbeiten für die Theorie des Transformators. Von ihm stammen die Bezeichnungen „Kerntransformator" und „Manteltransformator".

1890 M. v. DOLIVO-DOBROWOLSKY erfindet den Drehstromtransformator mit magnetischer Verkettung der Kraftlinienflüsse der drei Phasen.

1891 M. v. DOLIVO-DOBROWOLSKY gibt die heute übliche Bauart von Drehstromtransformatoren mit drei in einer Ebene liegenden Schenkeln an.

1904 Die Firma E. H. GEIST in Köln bringt Transformatoren auf den Markt, die mit legierten Blechen hergestellt sind.

1922/23 Transformatoren mit fünf Schenkeln.

1935 Wicklungen in schwingungsfreier Bauart.

1936 Transformatoren mit sinusförmigem Magnetisierungsstrom.

Wer sich genauer über die Geschichte der Entwicklung der elektrischen Maschinen und Transformatoren unterrichten will, lese z. B. G. DETTMAR, Die Entwicklung der Starkstromtechnik in Deutschland, ETZ-Verlag G. m. b. H., Berlin-Charlottenburg 4, 1940; Geschichtliche Einzeldarstellungen aus der Elektrotechnik, herausgegeben vom Verband Deutscher Elektrotechniker, Bezirk Berlin, Verlag von J. Springer: 1. Bd., L. SCHÜLER, Die Geschichte des Transformators (1928); 5. Bd., O. MAHR, Die Entstehung der Dynamomaschine (1941); und die Zeitschriftenhefte ETZ 63 (1942) H. 1/2; Elektrotechn. u. Masch.-Bau 60 (1942) H. 3/4 u. 5/6; Z. VDI 86 (1942) H. 1/2 u. 3/4; AEG-Mitt. (1941) H. 5/6; Wiss. Veröff. Siemens-Werk 21 (1942) H. 1, S. 1 u. 15; Siemens-Z. 22 (1942) Nr. 1.

Schrifttum.

Wege zum Schrifttum.

Zum Studium des Schrifttums über Fragen, die in diesem Buch behandelt sind, verweisen wir zunächst auf das ausführliche Schrifttumsverzeichnis in den Büchern von R. Richter.

Darüber hinaus stehen folgende Wege zu dem gesamten Schrifttum offen.

Seit Beginn des Jahres 1937 erscheinen die unter Mitwirkung des Verbandes Deutscher Elektrotechniker herausgegebenen „Elektrotechnischen Berichte" (Verlag von Julius Springer). Diese Zeitschrift berichtet vollständig über das Schrifttum der Welt aus dem Gesamtgebiete der Elektrotechnik mit Berücksichtigung der Grundlagen und der Grenzgebiete. Und zwar erscheinen diese Berichte etwa zweimal im Monat und werden zu etwa 4 Bänden im Jahr vereinigt. Dem Inhalts- und Sachverzeichnis jedes Bandes kann das Schrifttum über die bestimmte Frage entnommen werden. Der Leser sucht dann das betreffende Heft der Berichte und findet dort eine ausführliche Inhaltsangabe des gewünschten Aufsatzes mit den wesentlichsten Ergebnissen, so daß er entscheiden kann, ob er noch auf die Originalarbeit zurückgreifen muß oder darauf verzichten kann.

Seit Anfang des Jahres 1935 gibt die Informationsstelle für Technisches Schrifttum an der Bücherei der Technischen Hochschule in Berlin eine „Literaturkartei Elektrotechnik" heraus.[1]) Diese Kartei weist sämtliche seit 1935 erschienenen Veröffentlichungen aus dem Gesamtgebiete der Elektrotechnik (mit Ausnahme von Büchern) nach, unabhängig von Sprache und Herkunft. Da die Kartei seinerzeit in Rückstand geraten war, wurde im Einverständnis mit dem Verband Deutscher Elektrotechniker beschlossen, einen Zeitraum von etwa einem Jahr zu überspringen und ab 1. September 1938 die gesamte Literatur restlos auszuwerten. Mit Hilfe der Kartei kann das Schrifttum über eine bestimmte Frage der Elektrotechnik angegeben und die bezüglichen Aufsätze können im Ausleihverkehr oder aber auch als Fotokopie zum Selbstkostenpreis von der Informationsstelle bezogen werden. Die Kartei bringt nur ganz knapp gehaltene Inhaltsangaben der betreffenden Veröffentlichungen. Sie erscheint etwa zweimal monatlich, umfaßt also 24 Lieferungen im Jahr und ist durch die Bibliothek der Technischen Hochschule in Berlin zu beziehen.

Einen Auszug aus der „Literaturkartei Elektrotechnik" stellt die „Sonderkartei VDE-Schrifttum" dar, die das VDE-Schrifttum vom Jahre 1937 an umfaßt. Sie besteht aus in Karteiform herausgegebenen Inhaltsangaben der Originalaufsätze aus der Elektrotechnischen Zeitschrift, dem Archiv für Elekrotechnik und den VDE-Fachberichten. Rundschauberichte, Beiträge zur Wechselrede, Buchbesprechungen usw. sind im allgemeinen nicht berücksichtigt. Mit Hilfe dieser Sonderkartei ist es leicht möglich, das VDE-Schrifttum auszuwerten. Sie wird gegen Erstattung der Versandkosten vom VDE abgegeben.[2])

Seit dem März 1942 gibt die „Auswertungsstelle der technischen und wirtschaftlichen Weltfachpresse e. V." (TWWA) ein Referatenblatt unter Mitwirkung der Technischen Hochschule Berlin, Informationsstelle, und des Hamburgischen Welt-Wirtschafts-Institutes e. V. heraus, das auszugsweise Inhaltsangaben der wichtigen Aufsätze in den ausländischen technischen und wirtschaftlichen Fachzeitschriften der ganzen Welt bringt, darunter auch Patente. Der gebotene Stoff erstreckt sich nicht nur auf die laufende Zeit und auf das Jahr 1941, sondern es soll auch das Schrifttum seit Kriegsausbruch berücksichtigt werden, um die Kriegslücken zu schließen. Das Referatenblatt erscheint monatlich. Jedes Heft wird durch

---

[1]) ETZ 58 (1937) S. 548 u. 801 und ETZ 59 (1938) S. 1105.

[2]) ETZ 58 (1937) S. 1070.

ein Schlagwörterverzeichnis über die in diesem Hefte gebrachten Auszuge aufgeschlossen. (Aus naheliegenden Gründen fallen in der Berichterstattung bis auf weiteres einige Gebiete aus, wie Australien, Ostasien und Sowjetrußland. Dagegen konnte die britische und nordamerikanische Fachpresse beschafft werden. Die europäische Fachpresse ist vollständig vertreten. Dieses Referatenblatt ist jetzt im Kriege wohl das einzige Mittel, sich über das ausländische Fachschrifttum, auch aus den feindlichen Ländern, zu unterrichten.)

Diese Angaben über die „Literaturkartei Elektrotechnik", die „Sonderkartei VDE-Schrifttum", die „Elektrotechnischen Berichte" und das „Referatenblatt der Auswertungsstelle der technischen und wirtschaftlichen Weltfachpresse" sollen dem Leser den Weg zum neuen und neuesten Schrifttum (seit 1935 bzw. 1937, bzw. 1939/40) weisen. Will sich der Leser jedoch über das frühere Schrifttum unterrichten, so können folgende Wege eingeschlagen werden.

Das älteste Berichtsblatt über das Schrifttum aus dem Gebiete der Elektrotechnik ist die Zeitschrift „Fortschritte der Elektrotechnik", die in den Jahren 1887 bis 1911 über das gesamte elektrotechnische Schrifttum berichtete. Diese Zeitschrift wurde im Auftrage des damaligen Elektrotechnischen Vereines, jetzt Bezirk Berlin-Brandenburg des VDE, herausgegeben.

Als Fortsetzung dieser „Fortschritte der Elektrotechnik" erschien in der Zeit von 1912 bis 1927 das „Jahrbuch der Elektrotechnik", das jährlich mit Unterstützung des Elektrotechnischen Vereines und des Verbandes Deutscher Elektrotechniker von K. Strecker veröffentlicht wurde.

Seine Fortsetzung findet es in dem Abschnitt „Elektrotechnik" der vom Verein Deutscher Ingenieure herausgegebenen „Technischen Zeitschriftenschau". Dieser Abschnitt findet sich in den Jahrgängen 1928 bis 1938.

Als weiterer wertvoller Schrifttumsnachweis kommt das „Generalregister der Elektrotechnischen Zeitschrift 1890 bis 1902" (Verlag von Julius Springer, Berlin, 1904) in Betracht, das aus einem Verzeichnis der Namen der Verfasser und aus einem Sachverzeichnis besteht. In diesem „Generalregister" sind alle Aufsätze und kurzen Mitteilungen zusammengestellt, die in der Elektrotechnischen Zeitschrift in den Jahren 1890 bis 1902 veröffentlicht wurden.

In das Gesamtinhaltsverzeichnis der 25 Jahrgänge 1903 bis 1927 der Elektrotechnischen Zeitschrift (Verlag von Julius Springer, Berlin, 1928) sind auch die Arbeiten aus den Bänden 1 bis 18 des Archivs für Elektrotechnik aufgenommen und die VDE-Fachberichte 1926 und 1927. Die Herausgabe des Gesamtinhaltsverzeichnisses der ETZ 1928 bis 1940, das auch die Arbeiten aus der Zeitschrift „Elektrotechnik und Maschinenbau" aus diesen Jahren einschließen wird, steht in Aussicht, so daß in diesem Bande die Elektrotechnische Zeitschrift, das Archiv für Elektrotechnik, die VDE-Fachberichte und die Zeitschrift „Elektrotechnik und Maschinenbau" berücksichtigt werden. Der Inhalt der ersten zehn Bände der VDE-Fachberichte (1926 bis 1938) ist in einem besonderen Verzeichnis zusammengestellt, das aus einem Sachverzeichnis, einem Namenverzeichnis und einer Übersicht über die Einführenden bei den Fachberichten besteht.

Einen Überblick über die ausländischen Einrichtungen, die über das elektrotechnische Schrifttum berichten, gibt der Aufsatz über den „Quellennachweis der Elektrotechnik" in ETZ 52 (1931) S. 1570, auf den hier verwiesen werden muß.

Bücher.

Im folgenden werden nur die Bücher angeführt, die einem tieferen Eindringen in das eine oder andere Gebiet der elektrischen Maschinen dienen. Wenn kein Verlag angegeben ist, so stammt das Werk aus dem Verlag Julius Springer in Berlin oder Wien.

Zu I. Einführung.

R. Richter: Elektrische Maschinen. Bd. I. Allgemeine Berechnungselemente. Die Gleichstrommaschinen. 1924.

G. Oberdorfer: Lehrbuch der Elektrotechnik, Bd. I. Die wissenschaftlichen Grundlagen der Elektrotechnik. München und Berlin: R. Oldenbourg, 1939.

K. KÜPFMÜLLER: Einführung in die theoretische Elektrotechnik. 1939.
R. W. POHL: Einführung in die Elektrizitätslehre. 1940.
J. FISCHER: Einführung in die klassische Elektrodynamik. 1936.

Zu II. Der Transformator.

R. RICHTER: Elektrische Maschinen, Bd. III. Die Transformatoren. 1932.
J. L. LA COUR und K. FAYE-HANSEN: Die Transformatoren. 1936.
M. VIDMAR: Die Transformatoren. 1925.
K. BÖLTE, R. KÜCHLER: Transformatoren mit Stufenregelung unter Last. München und Berlin: R. Oldenbourg, 1938.
W. SCHÄFER: Transformatoren. Berlin: Walter de Gruyter & Co., 1939, Sammlung Göschen, Bd. 952.
M. WALTER: Strom- und Spannungswandler. München und Berlin: R. Oldenbourg, 1937.

Zu III. Allgemeines über umlaufende Maschinen.

R. RICHTER: Ankerwicklungen für Gleich- und Wechselstrommaschinen. 1920.
F. HEILES: Wicklungen elektrischer Maschinen und ihre Herstellung. 1936.

Zu IV. Induktionsmaschinen.

R. RICHTER: Elektrische Maschinen, Bd. IV. Die Induktionsmaschinen. 1936.
F. UNGER: Induktionsmaschinen. Berlin: Walter de Gruyter & Co., 1940, Sammlung Göschen, Bd. 1140.
F. SALLINGER: Die asynchronen Drehstrommaschinen mit und ohne Stromwender. 1928.
J. IPPEN: Die asynchronen Drehstrommotoren und ihre Verwendungsmöglichkeiten. 1924.
F. PUNGA und O. RAYDT: Drehstrommotoren mit Doppelkäfiganker und verwandte Konstruktionen. 1931.
H. F. SCHAIT: Kompensierte und synchronisierte Asynchronmaschinen. 1929.
— Der Drehstrom-Induktionsregler. 1927.

Zu V. Die Synchronmaschine.

R. RICHTER: Elektrische Maschinen, Bd. II. Synchronmaschinen und Einankerumformer. 1930.
F. SALLINGER: Wechselstromerzeuger. Berlin: Walter de Gruyter & Co., 1922, Sammlung Göschen, Bd. 547.
A. TIMASCHEFF: Stabilität elektrischer Drehstrom-Kraftübertragungen. 1940.

Zu VI. Die Gleichstrommaschine.

R. RICHTER: Elektrische Maschinen, Bd. I. Allgemeine Berechnungselemente. Die Gleichstrommaschinen. 1924.
ARNOLD-LA COUR: Die Gleichstrommaschine, Bd. I. Theorie und Untersuchung. 1919. Bd. II. Konstruktion, Berechnung und Arbeitsweise. 1927.
K. HUMBURG: Die Gleichstrommaschine, Bd. I und II. Berlin: Walter de Gruyter & Co., 1940, Sammlung Göschen, Bd. 257 und 881.
J. NEUKIRCHEN: Kohlebürsten, zugleich eine Darstellung des veränderlichen Verhaltens der Stromwendung bei Gleichstrommaschinen. München und Berlin: R. Oldenbourg, 1934.

Zu VII. Umlaufende Umformer.

R. RICHTER: Elektrische Maschinen, Bd. II. Synchronmaschinen und Einankerumformer. 1930.

Zu VIII. Stromwendermaschinen für Wechsel- und Drehstrom.

M. SCHENKEL: Die Kommutatormaschinen. Berlin: Walter de Gruyter & Co., 1924.
G. BENISCHKE: Die asynchronen Wechselfeldmotoren. 1929.

K. BAUDISCH: Wechselstrom-Kommutatormaschinen. Berlin: Walter de Gruyter & Co., 1928, Sammlung Göschen, Bd. 992.

Zu IX. Kaskadenschaltungen von Induktionsmaschinen mit Stromwendermaschinen.

H. ZABRANSKY: Die wirtschaftliche Regelung der Drehzahl von Drehstrommotoren durch Drehstrom-Gleichstrom-Kaskaden. 1927.
— Die Drehzahlregelung von Asynchronmotoren durch Wechselstrom-Kommutator-Hintermaschinen. Berlin: Carl Heymann, 1934.

Messungen an elektrischen Maschinen.

W. NÜRNBERG: Die Prüfung elektrischer Maschinen. 1940.
G. JAHN: Messungen an elektrischen Maschinen. 1925.
G. BRION und V. VIEWEG: Starkstrommeßtechnik. 1933.

Zusammenfassende Werke.

O. S. BRAGSTAD und R. S. SKANCKE: Theorie der Wechselstrommaschinen. 1932.
W. MICHAEL: Theorie der Wechselstrommaschinen in vektorieller Darstellung. Leipzig und Berlin: B. G. Teubner, 1937.
M. VIDMAR: Wirkungsweise elektrischer Maschinen. 1928.
W. HEINRICH: Das Bürstenproblem im Elektromaschinenbau. München und Berlin: R. Oldenbourg, 1930.
R. SPIESER: Krankheiten elektrischer Maschinen, Transformatoren und Apparate. 1932.
W. LEHMANN: Die Elektrotechnik und die elektromotorischen Antriebe. 1933.
F. MOELLER und O. REPP, Elektromotor und Arbeitsmaschine. 1936.
H. HESS: Die Isolierstoffe elektrischer Maschinen unter Berücksichtigung der Heimstoffe. Braunschweig: Friedr. Vieweg & Sohn.
E. v. RZIHA und J. SEIDENER: Starkstromtechnik, Taschenbuch für Elektrotechniker, Bd. I, 4. Abschnitt: Dynamomaschinen und Transformatoren, und 5. Abschnitt: Beispiele ausgeführter Maschinen. Berlin: Wilhelm Ernst & Sohn, 1930.

Zeitschriften.

Das ständige Studium der Fachzeitschriften ist unerläßlich, wenn der Studierende und der Ingenieur sich über die Fortschritte in der Elektrotechnik unterrichten wollen. Für das Gebiet der elektrischen Maschinen und Stromrichter kommen folgende, in deutscher Sprache geschriebene Zeitschriften in Betracht, die mit ihren Kurztiteln angeführt sind:[1])

AEG-Mitteilungen, Berlin (AEG-Mitt.).
Archiv für Elektrotechnik, Berlin (Arch. Elektrotechn.).
Brown Boveri Mitteilungen, Baden/Schweiz (Brown Boveri Mitt.).
Bulletin Oerlikon, Oerlikon (Bull. Oerlikon).
Bulletin, Schweizer Elektrotechnischer Verein, Zürich (Bull. schweiz. elektrotechn. Ver.).
Elektrische Bahnen, Berlin (Elektr. Bahnen).
Elektrotechnik und Maschinenbau (E und M), Wien (Elektrotechn. u. Masch.-Bau).
Elektrotechnische Zeitschrift (ETZ), Berlin (ETZ).
Jahrbuch der AEG-Forschung, Berlin.
Motortechnische Zeitschrift, Stuttgart (MTZ).
Sachsenwerk-Mitteilungen, Niedersedlitz b. Dresden (Sachsenwerk-Mitt.).
Siemens-Zeitschrift, Berlin (Siemens-Z.).
Wissenschaftliche Veröffentlichungen aus den Siemens-Werken, Berlin (Wiss. Veröff. Siemens-Werk.).

Der Verband Deutscher Elektrotechniker hat der Zeitschrift „Elektrotechnik

[1]) Vgl. Kurztitelverzeichnis technisch-wissenschaftlicher Zeitschriften (nach dem Stande vom Januar 1937). Berlin NW 7, Ingenieurhaus, Hermann Göring-Straße 27, Reichsgemeinschaft der technisch-wissenschaftlichen Arbeit.

und Maschinenbau" (Elektrotechn. u. Masch.-Bau) das Fachgebiet der elektrischen Maschinen, Transformatoren, Stromrichter und der elektromotorischen Antriebe zur besonderen Betreuung zugewiesen.

VDE-Vorschriften und Normen.

Da im Buche wiederholt auf die Vorschriften und Normblätter des Verbandes Deutscher Elektrotechniker hingewiesen wurde, soll im folgenden ein kurzer Überblick über diese Arbeiten gegeben werden.[1])

Die grundlegenden Bestimmungen des VDE für die elektrischen Maschinen sind die „Regeln für die Bewertung und Prüfung von elektrischen Maschinen" (VDE 0530), die „Regeln für Transformatoren" (VDE 0532) und die „Regeln für Klemmenbezeichnungen" (VDE 0570).

Sondergebiete der elektrischen Maschinen und Transformatoren behandeln die „Regeln für elektrische Maschinen und Transformatoren auf Bahn- und anderen Fahrzeugen" (VDE 0535), die „Regeln für Gleichstrom-Lichtbogen-Schweißgeneratoren und -umformer" (VDE 0540), die „Regeln für Lichtbogen-Schweißtransformatoren" (VDE 0541), die „Vorschriften für Bau und Prüfung von Schutz-, Netzfernmelde- und sonstigen Transformatoren für Kleinspannung und Kleinleistung" (VDE 0550). Vorschriften für konstruktive Maßnahmen bei schlagwettergeschützten Maschinen und Transformatoren sind in VDE 0170 zusammengestellt und besondere Bestimmungen für die Ausführung von explosionsgeschützten Maschinen und Transformatoren findet man in VDE 0171. Für die Klein- und Kleinstmotoren in Haushaltgeräten und Elektrowerkzeugen sind die VDE-Vorschriften 0730, 0740 und 0741 maßgebend. Die gebräuchlichsten Schaltungen von Gleichrichtertransformatoren sind in die „Regeln für Stromrichter" (VDE 0555) aufgenommen.

Weitere Angaben über elektrische Maschinen und Transformatoren, über ihre Aufstellung, ihre Schutzeinrichtungen, Bedienung, Überwachung usw. sind in der Gruppe 1, Starkstromanlagen, des Vorschriftenbuches des VDE enthalten. Für Sondermaschinen der Fernmeldetechnik sind die „Vorschriften und Regeln für die Errichtung elektrischer Fernmeldeanlagen" (VDE 0800) zu Rate zu ziehen.

Für den, der sich mit elektrischen Maschinen befaßt, kommen weiters noch folgende VDE-Vorschriften in Betracht: in der Gruppe 6 des Vorschriftenbuches die Bestimmungen über die Anlasser, Steuergeräte und Schaltgeräte; die „Leitsätze für ruhende elektrische Kondensatoren in Starkstromanlagen" (VDE 0560); die „Leitsätze für Maßnahmen an Maschinen und Geräten zur Verminderung von Rundfunkstörungen" (VDE 0874), die „Regeln für die Hochfrequenzstörung von elektrischen Maschinen und Geräten für Nennleistung bis 500 W" (VDE 0875).

Auch die Baustoffe für elektrische Maschinen und Transformatoren werden durch VDE-Bestimmungen gekennzeichnet: Kupfer, Aluminium, Zink, Preßspan, Hartpapier, Hartgewebe, Glimmererzeugnisse, Lackgewebe, Lackpapier, Isolierlacke, Transformatorenöle, Kunststoffolien usw. (VDE 0201, 0202, Gruppe 3 des Vorschriftenbuches).

Bedingungen für den Anschluß von Maschinen an öffentliche Elektrizitätswerke sind ebenfalls bis 1930 vom VDE aufgestellt worden. Nun hat die Wirtschaftsgruppe Elektrizitätsversorgung solche Rahmen-Anschlußbedingungen zusammengestellt.

Der VDE ist auch der verantwortliche Träger für alle Fachnormen der Elektrotechnik. Diese Fachnormen erschienen bis Juli 1940 als DIN VDE-Normblätter innerhalb des deutschen Normenwerkes; seit August 1940 erscheinen sie als DIN-Normen mit Nummern zwischen 40000 und 49999. Uns gehen vor allem die Normblätter der Gruppe 1, Grundnormen, und die der Gruppe 5, Maschinen und Transformatoren, an. Ein Verzeichnis der DIN-Normblätter der Elektrotechnik, der Normen außerhalb der Elektrotechnik, der Festlegungen des Ausschusses für Einheiten und Formelgrößen (AEF) findet man in der Gruppe 0 des Vorschriftenbuches.

---

[1]) VDE-Vorschriftenbuch. Die Bestimmungen des Verbandes Deutscher Elektrotechniker im NS-Bund Deutscher Technik nach dem Stande am 1. Januar 1941. Herausgegeben von der Geschäftsstelle des VDE. 23. Aufl., ETZ-Verlag G. m. b. H., Berlin 1941. — W. Krassowsky, Elektrotechn. u. Masch.-Bau 61 (1943) S. 22.

Nachweis der Abbildungen.

Aus R. RICHTER, Elektrische Maschinen, Bd. I: Abb. 3, 4, 8, 9, 10, 24, 153, 159 c, e, f, 160, 161, 162, 163, 165, 166, 167, 390, 391, 392, 397, 405, 406, 407, 410, 411, 412, 413, 417, 418, 419; Bd. II: Abb. 141, 317, 328, 329, 343 h bis m, 351, 445, 446, 449, 450, 453, 454, 455; Bd. III: Abb. 47, 53, 57, 58, 59, 60, 63, 65, 66, 67, 68, 111, 119, 120, 123, 124, 129, 134, 144, 145, 146, 147, 148, 149; Bd. IV: Abb. 259, 260 a, 260 b, 261, 265, 269, 276, 291, 294, 295; aus R. RICHTER, Ankerwicklungen für Gleich- und Wechselstrommaschinen: Abb. 158, 159 a, b, d, g, h, 168, 169, 170, 172, 230, 280, 377, 378, 395, 439 b; aus R. W. POHL, Einführung in die Elektrizitätslehre: Abb. 1; aus M. VIDMAR, Der Transformator im Betrieb: Abb. 121; aus O. S. BRAGSTAD und R. S. SKANCKE, Theorie der Wechselstrommaschinen: Abb. 113, 347; aus W. NÜRNBERG, Die Prüfung elektrischer Maschinen: Abb. 275, 308, 436, 439 a, 442, 575; aus F. HEILES, Wicklungen elektrischer Maschinen und ihre Herstellung: Abb. 171, 173, 174, 178, 181, 225, 307, 373, 375; aus H. KYSER, Die elektrische Kraftübertragung, Bd. III/2: Abb. 300; F. MOELLER und O. REPP, Elektromotor und Arbeitsmaschine: Abb. 227; W. LEHMANN, Die Elektrotechnik und die elektromotorischen Antriebe: Abb. 425, 426, 427; M. WALTER, Strom- und Spannungswandler: Abb. 150.

Aus K. BÄTZ, Gehäuseformen von Gleichstrom- und Hochfrequenzmaschinen der Gleichpolbauart, ETZ 60 (1939) S. 553: Abb. 374; aus J. BIERMANNS, Fortschritte im Transformatorenbau, ETZ 58 (1937) S. 622: Abb. 116, 125, 126, 127; J. DRABECK, Wandertransformatoren, Elektrotechn. u. Masch.-Bau 59 (1941) S. 110: Abb. 69; K. HUMBURG, Begriff und Aufteilung der Streuung bei synchronen und asynchronen Maschinen, Arch. Elektrotechn. 34 (1940) S. 445: Abb. 49; K. HUMBURG, Die Wirkung der Ausgleichsverbindungen bei Wellenwicklungen, Elektrotechn. u. Masch.-Bau 58 (1940) S. 203: Abb. 388, 389; B. JANSEN, 10 Jahre Regeltransformatoren mit Jansen-Schaltern, ETZ 58 (1937) S. 874: Abb. 131, 133; J. A. KUYSER, Neuerungen im Bau von Turbogeneratoren, J. Inst. El. Engs. London, Jänner 1929: Abb. 182; L. MONATH, Die Entwicklung der Gleichstrom-Querfeldmaschine, ETZ 63 (1942) S. 23: Abb. 432 c, 433 a; H. MOSER, Geräuschuntersuchungen an elektrischen Maschinen, Bull. schweiz. elektrotechn. Ver. 26 (1935) S. 305: Abb. 229; P. MÜLLER, Die elektrische Lokomotivausrüstung, Elektr. Bahnen 12 (1936), Ergänzungsheft S. 58: Abb. 471; F. NATALIS, Kritische Betrachtungen über die Vertikalbewegung von Lasten und ihre Regelung bei elektrischen Aufzügen und Kranen, Wiss. Veröff. Siemens-Werk 7 (1928/29) S. 1: Abb. 290, 292; W. NÜRNBERG, Das Schaltungsschema der Gleichstrommaschine, ETZ 62 (1941) S. 998: Abb. 422, 423; W. SCHUISKY, Die Ersatzschaltungen verschiedener Bauarten von Doppelkäfigmotoren, Elektrotechn. u. Masch.-Bau 59 (1941) S. 153: Abb. 273; C. TRETTIN, Wirbelstromdämpfung des Nutenfeldes in Dynamoankern, Wiss. Veröff. Siemens-Werk 15 (1936) S. 7: Abb. 415; M. ZORN, Gleichstrommaschinen ohne Stromwender, Elektrotechn. u. Masch.-Bau 60 (1942) S. 252: Abb. 440 a, b.

Mehrere von den vorstehend angeführten Abbildungen wurden von der AEG und den Siemens-Werken zur Verfügung gestellt. Außerdem stammen von der AEG die Abb.: 66, 118, 179, 262, 441, 487, 488, 535; von den Siemens-Werken die Abb.: 64, 130, 132, 136, 137, 152, 313, 314, 371, 513, 558. Die Elin und Schorch-Werke stellten die Abb. 224, 228 bei; Brown, Boveri & Cie die Abb. 266, 492; die Maschinenfabrik Oerlikon die Abb. 315, 316, 538.

Die Verfasser schulden Dank den erwähnten Fachgenossen und Werken für die Überlassung der Abbildungen.

Namen- und Sachverzeichnis.

GPSR Compliance

The European Union's (EU) General Product Safety Regulation (GPSR) is a set of rules that requires consumer products to be safe and our obligations to ensure this.

If you have any concerns about our products, you can contact us on ProductSafety@springernature.com

In case Publisher is established outside the EU, the EU authorized representative is:

Springer Nature Customer Service Center GmbH
Europaplatz 3
69115 Heidelberg, Germany

Batch number: 10584556

Printed by Printforce, the Netherlands